DIN-Taschenbuch 78

Für das Fachgebiet Bauleistungen bestehen folgende DIN-Taschenbücher:

TAB		Titel
70 Bauleistungen 1.	VOB/StLB	Putz- und Stuckarbeiten. Normen
71 Bauleistungen 2.	VOB/StLB	Abdichtungsarbeiten. Normen
72 Bauleistungen 3.	VOB/StLB	Dachdeckungsarbeiten, Dachabdichtungsarbeiten. Normen
73 Bauleistungen 4.	VOB/StLB	Estricharbeiten, Gußasphaltarbeiten. Normen
74 Bauleistungen 5.	VOB/StLB	Parkettarbeiten. Bodenbelagarbeiten. Holzpflasterarbeiten. Normen
75 Bauleistungen 6.	VOB/StLB/STLK	Erdarbeiten, Verbauarbeiten, Rammarbeiten, Einpreßarbeiten, Naßbaggerarbeiten, Untertagebauarbeiten. Normen
76 Bauleistungen 7.	VOB/StLB/STLK	Verkehrswegebauarbeiten. Oberbauschichten ohne Bindemittel, Oberbauschichten mit hydraulischen Bindemitteln, Oberbauschichten aus Asphalt, Pflasterdecken, Plattenbeläge und Einfassungen. Normen
77 Bauleistungen 8.	VOB/StLB/STLK	Mauerarbeiten. Normen
78 Bauleistungen 9.	VOB/StLB	Beton- und Stahlbetonarbeiten. Normen
79 Bauleistungen 10.	VOB/StLB	Naturwerksteinarbeiten. Betonwerksteinarbeiten. Normen
80 Bauleistungen 11.	VOB/StLB	Zimmer- und Holzbauarbeiten. Normen
81 Bauleistungen 12.	VOB/StLB/STLK	Landschaftsbauarbeiten. Normen
82 Bauleistungen 13.	VOB/StLB	Tischlerarbeiten. Normen
83 Bauleistungen 14.	VOB/StLB/STLK	Metallbauarbeiten, Schlosserarbeiten. Normen
84 Bauleistungen 15.	VOB/StLB	Heizanlagen und zentrale Wassererwärmungsanlagen. Normen
85 Bauleistungen 16.	VOB/StLB	Lüftungstechnische Anlagen. Normen
86 Bauleistungen 17.	VOB/StLB	Klempnerarbeiten. Normen
87 Bauleistungen 18.	VOB/StLB	Trockenbauarbeiten. Normen
88 Bauleistungen 19.	VOB/StLB	Entwässerungskanalarbeiten, Druckrohrleitungsarbeiten im Erdreich. Dränarbeiten. Sicherungsarbeiten an Gewässern, Deichen und Küstendünen. Normen
89 Bauleistungen 20.	VOB/StLB	Fliesen- und Plattenarbeiten. Normen
90 Bauleistungen 21.	VOB/StLB	Dämmarbeiten an technischen Anlagen. Normen, Verordnungen
91 Bauleistungen 22.	VOB/StLB/STLK	Bohrarbeiten, Brunnenbauarbeiten, Wasserhaltungsarbeiten. Normen
93 Bauleistungen 24.	VOB/StLB	Stahlbauarbeiten. Normen
95 Bauleistungen 26.	VOB/StLB	Gas-, Wasser- und Abwasser-Installationsarbeiten innerhalb von Gebäuden. Normen
96 Bauleistungen 27.	VOB/StLB	Beschlagarbeiten. Normen
97 Bauleistungen 28.	VOB/StLB	Maler- und Lackierarbeiten. Normen
98 Bauleistungen 29.	VOB	Elektrische Kabel- und Leitungsanlagen in Gebäuden. Normen
99 Bauleistungen 30.	VOB/StLB	Verglasungsarbeiten. Normen

Bauen in Europa.
Beton, Stahlbeton, Spannbeton.
Eurocode 2 Teil 1, DIN V ENV 206.
Normen, Technische Regeln

Bauen in Europa.
Beton, Stahlbeton, Spannbeton.
DIN V ENV 1992 Teil 1-1 (Eurocode 2 Teil 1).
Ergänzung

Bauen in Europa.
Stahlbau, Stahlhochbau.
Eurocode 3 Teil 1-1 · DIN V ENV 1993 Teil 1-1. Normen, Richtlinien

DIN-Taschenbücher mit Normen für das Studium:

176 Baukonstruktionen; Lastannahmen, Baugrund, Beton- und Stahlbetonbau, Mauerwerksbau, Holzbau, Stahlbau

189 Bauphysik; Brandschutz, Feuchtigkeitsschutz, Lüftung, Schallschutz, Wärmebedarfsermittlung, Wärmeschutz

DIN-Taschenbücher sind vollständig oder nach verschiedenen thematischen Gruppen auch im Abonnement erhältlich.

Für Auskünfte und Bestellungen wählen Sie bitte im Beuth Verlag Tel.: (0 30) 26 01 - 22 60.

DIN

DIN-Taschenbuch 78

Beton- und Stahlbetonarbeiten VOB/StLB

Normen
(Bauleistungen 9)

4. Auflage
Stand der abgedruckten Normen: Juli 1993

Herausgeber: DIN Deutsches Institut für Normung e.V.

Beuth

Beuth Verlag GmbH · Berlin · Wien · Zürich

Die Deutsche Bibliothek – CIP-Einheitsaufnahme

Bauleistungen
Hrsg.: DIN, Deutsches Institut für Normung e.V.
Berlin; Wien; Zürich: Beuth
(DIN-Taschenbuch; ...)
Teilw. außerdem im Bauverl., Wiesbaden, Berlin
Früher u.d.T.: Bauleistungen ... VOB und: Bauleistungen VOB, StLB, STLK und: Bauleistungen VOB, StLB

9. Beton- und Stahlbetonarbeiten VOB, StLB
4. Aufl., Stand der abgedr. Normen: Juli 1993
1994

Beton- und Stahlbetonarbeiten VOB, StLB: Normen
Hrsg.: DIN, Deutsches Institut für Normung e.V.
4. Aufl., Stand der abgedr. Normen: Juli 1993
Berlin; Wien; Zürich: Beuth
1994
(Bauleistungen; 9)
(DIN-Taschenbuch; 78)
ISBN 3-410-12799-2
NE: Deutsches Institut für Normung: DIN-Taschenbuch

Titelaufnahme nach RAK entspricht DIN 1505.
ISBN nach DIN 1462. Schriftspiegel nach DIN 1504.
Übernahme der CIP-Einheitsaufnahme auf Schrifttumskarten durch Kopieren oder Nachdrucken frei.
536 Seiten A5, brosch.
ISSN 0342-801X
(ISBN 3-410-12223-0 3. Aufl. Beuth Verlag)

Printed in Germany. Druck: PDC Paderborner Druck Centrum GmbH

Inhalt

Die in den Verzeichnissen in Verbindung mit einer DIN-Nummer verwendeten Abkürzungen bedeuten:

E	Entwurf
EN	Europäische Norm (EN), deren Deutsche Fassung den Status einer Deutschen Norm erhalten hat
T	Teil
V	Vornorm

Maßgebend für das Anwenden jeder in diesem DIN-Taschenbuch abgedruckten Norm ist deren Fassung mit dem neuesten Ausgabedatum.

Bei den abgedruckten Norm-Entwürfen wird auf den Anwendungswarnvermerk verwiesen.

Vergewissern Sie sich bitte im aktuellen DIN-Katalog mit neuestem Ergänzungsheft oder fragen Sie: (0 30) 26 01 - 22 60

Die deutsche Normung

Grundsätze und Organisation
Normung ist das Ordnungsinstrument des gesamten technisch-wissenschaftlichen und persönlichen Lebens. Sie ist integrierender Bestandteil der bestehenden Wirtschafts-, Sozial- und Rechtsordnungen.

Normung als satzungsgemäße Aufgabe des DIN Deutsches Institut für Normung e.V.*) ist die planmäßige, durch die interessierten Kreise gemeinschaftlich durchgeführte Vereinheitlichung von materiellen und immateriellen Gegenständen zum Nutzen der Allgemeinheit. Sie fordert die Rationalisierung und Qualitätssicherung in Wirtschaft, Technik, Wissenschaft und Verwaltung. Normung dient der Sicherheit von Menschen und Sachen, der Qualitätsverbesserung in allen Lebensbereichen sowie einer sinnvollen Ordnung und der Information auf dem jeweiligen Normungsgebiet. Die Normungsarbeit wird auf nationaler, regionaler und internationaler Ebene durchgeführt.

Träger der Normungsarbeit ist das DIN, das als gemeinnütziger Verein Deutsche Normen (DIN-Normen) erarbeitet. Sie werden unter dem Verbandszeichen

DIN

vom DIN herausgegeben.

Das DIN ist eine Institution der Selbstverwaltung der an der Normung interessierten Kreise und als die zuständige Normenorganisation für das Bundesgebiet durch einen Vertrag mit der Bundesrepublik Deutschland anerkannt.

Information
Über alle bestehenden DIN-Normen und Norm-Entwürfe informieren der jährlich neu herausgegebene DIN-Katalog für technische Regeln und die dazu monatlich erscheinenden kumulierten Ergänzungshefte.

Die Zeitschrift DIN-MITTEILUNGEN + elektronorm – Zentralorgan der deutschen Normung – berichtet über die Normungsarbeit im In- und Ausland. Deren ständige Beilage „DIN-Anzeiger für technische Regeln" gibt sowohl die Veränderungen der technischen Regeln sowie die neu in das Arbeitsprogramm aufgenommenen Regelungsvorhaben als auch die Ergebnisse der regionalen und internationalen Normung wieder.

Auskünfte über den jeweiligen Stand der Normungsarbeit im nationalen Bereich sowie in den europäisch-regionalen und internationalen Normenorganisationen vermittelt:
Deutsches Informationszentrum für technische Regeln (DITR) im DIN, Postanschrift: 10772 Berlin. Hausanschrift: Burggrafenstraße 6, 10787 Berlin; Telefon (0 30) 26 01 - 26 00, Telefax: 26 28 125.

Bezug der Normen und Normungsliteratur
Sämtliche Deutsche Normen und Norm-Entwürfe, Europäische Normen, Internationale Normen sowie alles weitere Normen-Schrifttum sind beziehbar durch den organschaftlich mit dem DIN verbundenen Beuth Verlag GmbH, Postanschrift: 10772 Berlin. Hausanschrift: Burggrafenstraße 6, 10787 Berlin; Telefon: (0 30) 26 01 - 22 60, Telex: 184 273 din d, Telefax: (0 30) 26 01 - 12 60.

DIN-Taschenbücher
In DIN-Taschenbüchern sind die für einen Fach- oder Anwendungsbereich wichtigen DIN-Normen, auf Format A5 verkleinert, zusammengestellt. Die DIN-Taschenbücher haben in der Regel eine Laufzeit von drei Jahren, bevor eine Neuauflage erscheint. In der Zwischenzeit kann ein Teil der abgedruckten DIN-Normen überholt sein: Maßgebend für das Anwenden jeder Norm ist jeweils deren Fassung mit dem neuesten Ausgabedatum.

---

*) Im folgenden in der Kurzform DIN verwendet

Vorwort

Das vorliegende DIN-Taschenbuch 78 „Beton- und Stahlbetonarbeiten VOB/StLB. Normen (Bauleistungen 9)" enthält in seiner 4. Auflage VOB Teil B: DIN 1961, Ausgabe Dezember 1992, und VOB Teil C: ATV DIN 18299 „Allgemeine Regelungen für Bauarbeiten jeder Art" und ATV DIN 18331 „Beton- und Stahlbetonarbeiten", alle Ausgaben Dezember 1992, sowie Normen, die darin zitiert oder darüber hinaus für deren Anwendungsbereich bedeutsam sind.

Es wurden auch DIN-Normen aufgenommen, die im Leistungsbereich LB 013 „Beton- und Stahlbetonarbeiten" des Standardleistungsbuches (StLB) angesprochen sind. [1])

DIN-Normen aus den Gebieten der Bauphysik sind in diesem DIN-Taschenbuch nicht mehr enthalten. Die Fortschreibung der Bauphysik erfolgt unabhängig von der Weiterentwicklung der VOB. Hierzu wird auf die folgenden DIN-Taschenbücher verwiesen:

Schallschutz (DIN-Taschenbuch 35)

Brandschutzmaßnahmen (DIN-Taschenbuch 120)

Bauwerksabdichtungen, Feuchtigkeitsschutz (DIN-Taschenbuch 129)

Wärmeschutz (DIN-Taschenbuch 158)

Berlin, im Juli 1994

DIN Deutsches Institut für Normung e.V.
Dr.-Ing. P. Kiehl

---

[1]) Zu beziehen durch den Beuth Verlag GmbH, 10772 Berlin, Tel. (0 30) 26 01 - 22 60, Telefax (0 30) 26 01 - 12 31.

[2]) Änderungsvorschläge für die nächste Ausgabe dieses DIN-Taschenbuches werden erbeten an das DIN Deutsches Institut für Normung e. V., Normenausschuß Bauwesen (NABau), 10772 Berlin (Hausanschrift: Burggrafenstraße 6, 10787 Berlin).

Hinweise für das Anwenden des DIN-Taschenbuches

Eine **Norm** ist das herausgegebene Ergebnis der Normungsarbeit.

Deutsche Normen (DIN-Normen) sind vom DIN Deutsches Institut für Normung e.V. unter dem Zeichen DIN herausgegebene Normen.

Sie bilden das Deutsche Normenwerk.

Eine **Vornorm** war bis etwa März 1985 eine Norm, zu der noch Vorbehalte hinsichtlich der Anwendung bestanden und nach der versuchsweise gearbeitet werden konnte. Ab April 1985 wird eine Vornorm nicht mehr als Norm herausgegeben. Damit können auch Arbeitsergebnisse, zu deren Inhalt noch Vorbehalte bestehen oder deren Aufstellungsverfahren gegenüber dem einer Norm abweicht, als Vornorm herausgegeben werden (Einzelheiten siehe DIN 820 Teil 4).

Eine **Auswahlnorm** ist eine Norm, die für ein bestimmtes Fachgebiet einen Auszug aus einer anderen Norm enthält, jedoch ohne sachliche Veränderungen oder Zusätze.

Eine **Übersichtsnorm** ist eine Norm, die eine Zusammenstellung aus Festlegungen mehrerer Normen enthält, jedoch ohne sachliche Veränderungen oder Zusätze.

Teil (früher Blatt genannt) kennzeichnet eine Norm, die den Zusammenhang zu anderen Festlegungen – in anderen Teilen – dadurch zum Ausdruck bringt, daß sich die DIN-Nummer nur in der Zählnummer hinter dem Wort Teil unterscheidet. In den Verzeichnissen dieses DIN-Taschenbuches ist deshalb bei DIN-Nummern generell die Abkürzung „T" für die Benennung „Teil" angegeben; sie steht zutreffendenfalls auch synonym für „Blatt".

Ein **Kreuz** hinter dem Ausgabedatum kennzeichnet, daß gegenüber der Norm mit gleichem Ausgabedatum, jedoch ohne Kreuz, eine unwesentliche Änderung vorgenommen wurde. Seit 1969 werden keine neuen Kreuzausgaben mehr herausgegeben.

Ein **Beiblatt** enthält Informationen zu einer Norm, jedoch keine zusätzlichen genormten Festlegungen.

Ein **Norm-Entwurf** ist das vorläufig abgeschlossene Ergebnis einer Normungsarbeit, das in der Fassung der vorgesehenen Norm der Öffentlichkeit zur Stellungnahme vorgelegt wird.

Die Gültigkeit von Normen beginnt mit dem Zeitpunkt des Erscheinens (Einzelheiten siehe DIN 820 Teil 4). Das Erscheinen wird im DIN-Anzeiger angezeigt.

Hinweise für den Anwender von DIN-Normen

Die Normen des Deutschen Normenwerkes stehen jedermann zur Anwendung frei.

Festlegungen in Normen sind aufgrund ihres Zustandekommens nach hierfür geltenden Grundsätzen und Regeln fachgerecht. Sie sollen sich als „anerkannte Regeln der Technik" einführen. Bei sicherheitstechnischen Festlegungen in DIN-Normen besteht überdies eine tatsächliche Vermutung dafür, daß sie „anerkannte Regeln der Technik" sind. Die Normen bilden einen Maßstab für einwandfreies technisches Verhalten; dieser Maßstab ist auch im Rahmen der Rechtsordnung von Bedeutung. Eine Anwendungspflicht kann sich aufgrund von Rechts- oder Verwaltungsvorschriften, Verträgen oder sonstigen Rechtsgründen ergeben. DIN-Normen sind nicht die einzige, sondern eine Erkenntnisquelle für technisch ordnungsgemäßes Verhalten im Regelfall. Es ist auch zu berücksichtigen, daß DIN-Normen nur den zum Zeitpunkt der jeweiligen Ausgabe herrschenden Stand der Technik berücksichtigen können. Durch das Anwenden von Normen entzieht sich niemand der Verantwortung für eigenes Handeln. Jeder handelt insoweit auf eigene Gefahr.

Jeder, der beim Anwenden einer DIN-Norm auf eine Unrichtigkeit oder eine Möglichkeit einer unrichtigen Auslegung stößt, wird gebeten, dies dem DIN unverzüglich mitzuteilen, damit etwaige Mängel beseitigt werden können.

DIN-Nummernverzeichnis

Hierin bedeuten:

● Neu aufgenommen gegenüber der 3. Auflage des DIN-Taschenbuches 78

□ Geändert gegenüber der 3. Auflage des DIN-Taschenbuches 78

(En) Von dieser Norm gibt es auch eine vom DIN herausgegebene englische Übersetzung

DIN	Seite	DIN	Seite
488 T 1	45	4158	309
488 T 2	53	4159	316
488 T 3	58	4164	325
488 T 4	64	4223	327
488 T 5	70	4226 T 1 (En)	333
488 T 6	73	4226 T 2 (En)	341
488 T 7	82	4226 T 3 (En)	347
1045	87	4226 T 4	355
1048 T 1 □	171	4227 T 1	360
1048 T 2 □	176	V 4227 T 2 (En)	387
1048 T 4 □	182	4227 T 5 (En)	394
1048 T 5 ●	188	V 4227 T 6 (En)	400
1075 (En)	196	4232	407
1084 T 1	209	4243	416
1084 T 2 (En)	219	18 201	420
1084 T 3 (En)	231	18 202	423
1164 T 1 □	240	18 203 T 1	430
E 1164 T 1 ●	246	18 299 □	21
1164 T 2 □	256	18 331 □	33
1164 T 8 (En)	259	EN 196 T 1 ●	433
1164 T 31 ●	264	EN 196 T 2 ●	449
1164 T 100 ●	268	EN 196 T 3 ●	467
1961 □	3	EN 196 T 5 ●	475
4030 T 1 □	271	EN 196 T 6 ●	481
4030 T 2 ●	279	EN 196 T 7 ●	490
4099	292	EN 196 T 21 ●	502

Gegenüber der letzten Auflage nicht mehr abgedruckte Normen

DIN	DIN
1164 T 3 1)	1164 T 7 4)
1164 T 4 2)	1960
1164 T 5 3)	4160
1164 T 6 3)	E EN 199 5)

1) Ersetzt durch DIN 1164 T 31 und DIN EN 196 T 2 und T 21

2) Ersetzt durch DIN EN 196 T 6

3) Ersetzt durch DIN EN 196 T 3

4) Ersetzt durch DIN EN 196 T 1

5) Ersetzt durch V DIN ENV 206

Verzeichnis abgedruckter Normen und Norm-Entwürfe

(nach Sachgebieten geordnet)

VOB Teil B: DIN 1961

VOB Teil C: ATV DIN 18 299 · ATV DIN 18 331

StLB/LB 013

Übersicht über die Leistungsbereiche (LB) des Standardleistungsbuches für das Bauwesen (StLB)

LB-Nr	Bezeichnung
000	Baustelleneinrichtung
001	Gerüstarbeiten
002	Erdarbeiten
003	Landschaftsbauarbeiten
004	Landschaftsbauarbeiten; Pflanzen
005	Brunnenbauarbeiten und Aufschlußbohrungen
006	Verbau-, Ramm- und Einpreßarbeiten
007	Untertagebauarbeiten
008	Wasserhaltungsarbeiten
009	Entwässerungskanalarbeiten
010	Dränarbeiten
011	Abscheideranlagen, Kleinkläranlagen
012	Mauerarbeiten
013	Beton- und Stahlbetonarbeiten
014	Naturwerksteinarbeiten, Betonwerksteinarbeiten
016	Zimmer- und Holzbauarbeiten
017	Stahlbauarbeiten
018	Abdichtungsarbeiten gegen Wasser
020	Dachdeckungsarbeiten
021	Dachabdichtungsarbeiten
022	Klempnerarbeiten
023	Putz- und Stuckarbeiten
024	Fliesen- und Plattenarbeiten
025	Estricharbeiten
027	Tischlerarbeiten
028	Parkettarbeiten, Holzpflasterarbeiten
029	Beschlagarbeiten
030	Rolladenarbeiten; Rollabschlüsse, Sonnenschutz- und Verdunkelungsanlagen
031	Metallbauarbeiten, Schlosserarbeiten
032	Verglasungsarbeiten
033	Gebäudereinigungsarbeiten
034	Maler- und Lackiererarbeiten
035	Korrosionsschutzarbeiten an Stahl- und Aluminiumbaukonstruktionen
036	Bodenbelagarbeiten
037	Tapezierarbeiten
039	Trockenbauarbeiten
040	Heizungs- und zentrale Brauchwassererwärmungsanlagen
042	Gas- und Wasserinstallationsarbeiten; Leitungen und Armaturen
043	Druckrohrleitungen für Gas, Wasser und Abwasser
044	Abwasserinstallationsarbeiten; Leitungen, Abläufe
045	Gas-, Wasser- und Abwasserinstallationsarbeiten; Einrichtungsgegenstände
046	Gas-, Wasser- und Abwasserinstallationsarbeiten; Betriebseinrichtungen
047	Wärme- und Kältedämmarbeiten an betriebstechnischen Anlagen
049	Feuerlöschanlagen, Feuerlöschgeräte
050	Blitzschutz- und Erdungsanlagen
051	Bauleistungen für Kabelanlagen
052	Mittelspannungsanlagen
053	Niederspannungsanlagen
055	Ersatzstromversorgungsanlagen
056	Batterien
058	Leuchten und Lampen
059	Notbeleuchtung
060	Elektroakustische Anlagen, Sprechanlagen, Personenrufanlagen
061	Fernmeldeleitungsanlagen
063	Meldeanlagen
069	Aufzüge
070	Regelung und Steuerung für heiz-, raumluft- und sanitärtechnische Anlagen
074	Raumlufttechnische Anlagen; Zentralgeräte und deren Bauelemente
075	Raumlufttechnische Anlagen; Luftverteilsysteme und deren Bauelemente
076	Raumlufttechnische Anlagen; Einzelgeräte
077	Raumlufttechnische Anlagen; Schutzräume
078	Raumlufttechnische Anlagen; Kälteanlagen
080	Straßen, Wege, Plätze
081	Betonerhaltungsarbeiten
099	Allgemeine Standardbeschreibungen
482	Bauarbeiten an Bahnübergängen
486	Bauarbeiten an Gleisen und Weichen

DK 69(083.78) : 351.712.2 Dezember 1992

VOB Verdingungsordnung für Bauleistungen
Teil B: Allgemeine Vertragsbedingungen für die Ausführung von Bauleistungen

DIN 1961

Contract procedure for building works;
Part B: General conditions of contract for the execution of building works

Cahier des charges pour des travaux du bâtiment;
Partie B: Conditions générales de contrat pour d'execution des travaux du bâtiment

Ersatz für Ausgabe 07.90

Diese Norm wurde vom Deutschen Verdingungsausschuß für Bauleistungen aufgestellt.

Inhalt

Fortsetzung Seite 2 bis 18

DIN Deutsches Institut für Normung e.V.

§ 1

Art und Umfang der Leistung

1. Die auszuführende Leistung wird nach Art und Umfang durch den Vertrag bestimmt. Als Bestandteil des Vertrages gelten auch die Allgemeinen Technischen Vertragsbedingungen für Bauleistungen.
2. Bei Widersprüchen im Vertrag gelten nacheinander:
   a) die Leistungsbeschreibung,
   b) die Besonderen Vertragsbedingungen,
   c) etwaige Zusätzliche Vertragsbedingungen,
   d) etwaige Zusätzliche Technische Vertragsbedingungen,
   e) die Allgemeinen Technischen Vertragsbedingungen für Bauleistungen,
   f) die Allgemeinen Vertragsbedingungen für die Ausführung von Bauleistungen.
3. Änderungen des Bauentwurfs anzuordnen, bleibt dem Auftraggeber vorbehalten.
4. Nicht vereinbarte Leistungen, die zur Ausführung der vertraglichen Leistung erforderlich werden, hat der Auftragnehmer auf Verlangen des Auftraggebers mit auszuführen, außer wenn sein Betrieb auf derartige Leistungen nicht eingerichtet ist. Andere Leistungen können dem Auftragnehmer nur mit seiner Zustimmung übertragen werden.

§ 2

Vergütung

1. Durch die vereinbarten Preise werden alle Leistungen abgegolten, die nach der Leistungsbeschreibung, den Besonderen Vertragsbedingungen, den Zusätzlichen Vertragsbedingungen, den Zusätzlichen Technischen Vertragsbedingungen, den Allgemeinen Technischen Vertragsbedingungen für Bauleistungen und der gewerblichen Verkehrssitte zur vertraglichen Leistung gehören.
2. Die Vergütung wird nach den vertraglichen Einheitspreisen und den tatsächlich ausgeführten Leistungen berechnet, wenn keine andere Berechnungsart (z. B. durch Pauschalsumme, nach Stundenlohnsätzen, nach Selbstkosten) vereinbart ist.
3. (1) Weicht die ausgeführte Menge der unter einem Einheitspreis erfaßten Leistung oder Teilleistung um nicht mehr als 10 v. H. von dem im Vertrag vorgesehenen Umfang ab, so gilt der vertragliche Einheitspreis.

   (2) Für die über 10 v. H. hinausgehende Überschreitung des Mengenansatzes ist auf Verlangen ein neuer Preis unter Berücksichtigung der Mehr- oder Minderkosten zu vereinbaren.

   (3) Bei einer über 10 v. H. hinausgehenden Unterschreitung des Mengenansatzes ist auf Verlangen der Einheitspreis für die tatsächlich ausgeführte Menge der Leistung oder Teilleistung zu erhöhen, soweit der Auftragnehmer nicht durch Erhöhung der Mengen bei anderen Ordnungszahlen (Positionen) oder in anderer Weise einen Ausgleich erhält. Die Erhöhung des Einheitspreises soll im wesent-

lichen dem Mehrbetrag entsprechen, der sich durch Verteilung der Baustelleneinrichtungs- und Baustellengemeinkosten und der Allgemeinen Geschäftskosten auf die verringerte Menge ergibt. Die Umsatzsteuer wird entsprechend dem neuen Preis vergütet.

(4) Sind von der unter einem Einheitspreis erfaßten Leistung oder Teilleistung andere Leistungen abhängig, für die eine Pauschalsumme vereinbart ist, so kann mit der Änderung des Einheitspreises auch eine angemessene Änderung der Pauschalsumme gefordert werden.

4. Werden im Vertrag ausbedungene Leistungen des Auftragnehmers vom Auftraggeber selbst übernommen (z. B. Lieferung von Bau-, Bauhilfs- und Betriebsstoffen), so gilt, wenn nichts anderes vereinbart wird, § 8 Nr. 1 Abs. 2 entsprechend.

5. Werden durch Änderung des Bauentwurfs oder andere Anordnungen des Auftraggebers die Grundlagen des Preises für eine im Vertrag vorgesehene Leistung geändert, so ist ein neuer Preis unter Berücksichtigung der Mehr- oder Minderkosten zu vereinbaren. Die Vereinbarung soll vor der Ausführung getroffen werden.

6. (1) Wird eine im Vertrag nicht vorgesehene Leistung gefordert, so hat der Auftragnehmer Anspruch auf besondere Vergütung. Er muß jedoch den Anspruch dem Auftraggeber ankündigen, bevor er mit der Ausführung der Leistung beginnt.

(2) Die Vergütung bestimmt sich nach den Grundlagen der Preisermittlung für die vertragliche Leistung und den besonderen Kosten der geforderten Leistung. Sie ist möglichst vor Beginn der Ausführung zu vereinbaren.

7. (1) Ist als Vergütung der Leistung eine Pauschalsumme vereinbart, so bleibt die Vergütung unverändert. Weicht jedoch die ausgeführte Leistung von der vertraglich vorgesehenen Leistung so erheblich ab, daß ein Festhalten an der Pauschalsumme nicht zumutbar ist (§ 242 BGB), so ist auf Verlangen ein Ausgleich unter Berücksichtigung der Mehr- oder Minderkosten zu gewähren. Für die Bemessung des Ausgleichs ist von den Grundlagen der Preisermittlung auszugehen. Nummern 4, 5 und 6 bleiben unberührt.

(2) Wenn nichts anderes vereinbart ist, gilt Absatz 1 auch für Pauschalsummen, die für Teile der Leistung vereinbart sind; Nummer 3 Absatz 4 bleibt unberührt.

8. (1) Leistungen, die der Auftragnehmer ohne Auftrag oder unter eigenmächtiger Abweichung vom Vertrag ausführt, werden nicht vergütet. Der Auftragnehmer hat sie auf Verlangen innerhalb einer angemessenen Frist zu beseitigen; sonst kann es auf seine Kosten geschehen. Er haftet außerdem für andere Schäden, die dem Auftraggeber hieraus entstehen, wenn die Vorschriften des BGB über die Geschäftsführung ohne Auftrag (§§ 677 ff.) nichts anderes ergeben.

(2) Eine Vergütung steht dem Auftragnehmer jedoch zu, wenn der Auftraggeber solche Leistungen nachträglich anerkennt. Eine Vergütung steht ihm auch zu, wenn die Leistungen für die Erfüllung des Vertrags notwendig waren, dem mutmaßlichen Willen des Auftraggebers entsprachen und ihm unverzüglich angezeigt wurden.

9. (1) Verlangt der Auftraggeber Zeichnungen, Berechnungen oder andere Unterlagen, die der Auftragnehmer nach dem Vertrag, besonders den Technischen Vertragsbedingungen oder der gewerblichen Verkehrssitte, nicht zu beschaffen hat, so hat er sie zu vergüten.

(2) Läßt er vom Auftragnehmer nicht aufgestellte technische Berechnungen durch den Auftragnehmer nachprüfen, so hat er die Kosten zu tragen.

10. Stundenlohnarbeiten werden nur vergütet, wenn sie als solche vor ihrem Beginn ausdrücklich vereinbart worden sind (§ 15).

§ 3
Ausführungsunterlagen

1. Die für die Ausführung nötigen Unterlagen sind dem Auftragnehmer unentgeltlich und rechtzeitig zu übergeben.

2. Das Abstecken der Hauptachsen der baulichen Anlagen, ebenso der Grenzen des Geländes, das dem Auftragnehmer zur Verfügung gestellt wird, und das Schaffen der notwendigen Höhenfestpunkte in unmittelbarer Nähe der baulichen Anlagen sind Sache des Auftraggebers.

3. Die vom Auftraggeber zur Verfügung gestellten Geländeaufnahmen und Absteckungen und die übrigen für die Ausführung übergebenen Unterlagen sind für den Auftragnehmer maßgebend. Jedoch hat er sie, soweit es zur ordnungsgemäßen Vertragserfüllung gehört, auf etwaige Unstimmigkeiten zu überprüfen und den Auftraggeber auf entdeckte oder vermutete Mängel hinzuweisen.

4. Vor Beginn der Arbeiten ist, soweit notwendig, der Zustand der Straßen und Geländeoberfläche, der Vorfluter und Vorflutleitungen, ferner der baulichen Anlagen im Baubereich in einer Niederschrift festzuhalten, die vom Auftraggeber und Auftragnehmer anzuerkennen ist.

5. Zeichnungen, Berechnungen, Nachprüfungen von Berechnungen oder andere Unterlagen, die der Auftragnehmer nach dem Vertrag, besonders den Technischen Vertragsbedingungen, oder der gewerblichen Verkehrssitte oder auf besonderes Verlangen des Auftraggebers (§ 2 Nr. 9) zu beschaffen hat, sind dem Auftraggeber nach Aufforderung rechtzeitig vorzulegen.

6. (1) Die in Nummer 5 genannten Unterlagen dürfen ohne Genehmigung ihres Urhebers nicht veröffentlicht, vervielfältigt, geändert oder für einen anderen als den vereinbarten Zweck benutzt werden.

(2) An DV-Programmen hat der Auftraggeber das Recht zur Nutzung mit den vereinbarten Leistungsmerkmalen in unveränderter Form auf den festgelegten Geräten. Der Auftraggeber darf zum Zwecke der Datensicherung zwei Kopien herstellen. Diese müssen alle Identifikationsmerkmale enthalten. Der Verbleib der Kopien ist auf Verlangen nachzuweisen.

(3) Der Auftragnehmer bleibt unbeschadet des Nutzungsrechts des Auftraggebers zur Nutzung der Unterlagen und der DV-Programme berechtigt.

§ 4
Ausführung

1. (1) Der Auftraggeber hat für die Aufrechterhaltung der allgemeinen Ordnung auf der Baustelle zu sorgen und das Zusammenwirken der verschiedenen Unternehmer zu regeln. Er hat die erforderlichen öffentlich-rechtlichen Genehmigungen und Erlaubnisse – z. B. nach dem Baurecht, dem Straßenverkehrsrecht, dem Wasserrecht, dem Gewerberecht – herbeizuführen.

(2) Der Auftraggeber hat das Recht, die vertragsgemäße Ausführung der Leistung zu überwachen. Hierzu hat er Zutritt zu den Arbeitsplätzen, Werkstätten und Lagerräumen, wo die vertragliche Leistung oder Teile von ihr hergestellt oder die hierfür bestimmten Stoffe und Bauteile gelagert werden. Auf Verlangen sind ihm die Werkzeichnungen oder andere Ausführungsunterlagen sowie die Ergebnisse von Güteprüfungen zur Einsicht vorzulegen und die erforderlichen Auskünfte zu erteilen, wenn hierdurch keine Geschäftsgeheimnisse preisgegeben werden. Als Geschäftsgeheimnis bezeichnete Auskünfte und Unterlagen hat er vertraulich zu behandeln.

(3) Der Auftraggeber ist befugt, unter Wahrung der dem Auftragnehmer zustehenden Leistung (Nummer 2) Anordnungen zu treffen, die zur vertragsgemäßen Ausführung der Leistung notwendig sind. Die Anordnungen sind grundsätzlich nur dem Auftragnehmer oder seinem für die Leitung der Ausführung bestellten Vertreter zu erteilen, außer wenn Gefahr im Verzug ist. Dem Auftraggeber ist mitzuteilen, wer jeweils als Vertreter des Auftragnehmers für die Leitung der Ausführung bestellt ist.

(4) Hält der Auftragnehmer die Anordnungen des Auftraggebers für unberechtigt oder unzweckmäßig, so hat er seine Bedenken geltend zu machen, die Anordnungen jedoch auf Verlangen auszuführen, wenn nicht gesetzliche oder behördliche Bestimmungen entgegenstehen. Wenn dadurch eine ungerechtfertigte Erschwerung verursacht wird, hat der Auftraggeber die Mehrkosten zu tragen.

2. (1) Der Auftragnehmer hat die Leistung unter eigener Verantwortung nach dem Vertrag auszuführen. Dabei hat er die anerkannten Regeln der Technik und die gesetzlichen und behördlichen Bestimmungen zu beachten. Es ist seine Sache, die Ausführung seiner vertraglichen Leistung zu leiten und für Ordnung auf seiner Arbeitsstelle zu sorgen.

(2) Er ist für die Erfüllung der gesetzlichen, behördlichen und berufsgenossenschaftlichen Verpflichtungen gegenüber seinen Arbeitnehmern allein verantwortlich. Es ist ausschließlich seine Aufgabe, die Vereinbarungen und Maßnahmen zu treffen, die sein Verhältnis zu den Arbeitnehmern regeln.

3. Hat der Auftragnehmer Bedenken gegen die vorgesehene Art der Ausführung (auch wegen der Sicherung gegen Unfallgefahren), gegen die Güte der vom Auftraggeber gelieferten Stoffe oder Bauteile oder gegen die Leistungen anderer Unternehmer, so hat er sie dem Auftraggeber unverzüglich – möglichst schon vor Beginn der Arbeiten – schriftlich mitzuteilen; der Auftraggeber bleibt jedoch für seine Angaben, Anordnungen oder Lieferungen verantwortlich.

4. Der Auftraggeber hat, wenn nichts anderes vereinbart ist, dem Auftragnehmer unentgeltlich zur Benutzung oder Mitbenutzung zu überlassen:

a) die notwendigen Lager- und Arbeitsplätze auf der Baustelle,

b) vorhandene Zufahrtswege und Anschlußgleise,

c) vorhandene Anschlüsse für Wasser und Energie. Die Kosten für den Verbrauch und den Messer oder Zähler trägt der Auftragnehmer, mehrere Auftragnehmer tragen sie anteilig.

5. Der Auftragnehmer hat die von ihm ausgeführten Leistungen und die ihm für die Ausführung übergebenen Gegenstände bis zur Abnahme vor Beschädigung und Diebstahl zu schützen. Auf Verlangen des Auftraggebers hat er sie vor Winter-

schäden und Grundwasser zu schützen, ferner Schnee und Eis zu beseitigen. Obliegt ihm die Verpflichtung nach Satz 2 nicht schon nach dem Vertrag, so regelt sich die Vergütung nach § 2 Nr. 6.

6. Stoffe oder Bauteile, die dem Vertrag oder den Proben nicht entsprechen, sind auf Anordnung des Auftraggebers innerhalb einer von ihm bestimmten Frist von der Baustelle zu entfernen. Geschieht es nicht, so können sie auf Kosten des Auftragnehmers entfernt oder für seine Rechnung veräußert werden.

7. Leistungen, die schon während der Ausführung als mangelhaft oder vertragswidrig erkannt werden, hat der Auftragnehmer auf eigene Kosten durch mangelfreie zu ersetzen. Hat der Auftragnehmer den Mangel oder die Vertragswidrigkeit zu vertreten, so hat er auch den daraus entstehenden Schaden zu ersetzen. Kommt der Auftragnehmer der Pflicht zur Beseitigung des Mangels nicht nach, so kann ihm der Auftraggeber eine angemessene Frist zur Beseitigung des Mangels setzen und erklären, daß er ihm nach fruchtlosem Ablauf der Frist den Auftrag entziehe (§ 8 Nr. 3).

8. (1) Der Auftragnehmer hat die Leistung im eigenen Betrieb auszuführen. Mit schriftlicher Zustimmung des Auftraggebers darf er sie an Nachunternehmer übertragen. Die Zustimmung ist nicht notwendig bei Leistungen, auf die der Betrieb des Auftragnehmers nicht eingerichtet ist.

   (2) Der Auftragnehmer hat bei der Weitervergabe von Bauleistungen an Nachunternehmer die Verdingungsordnung für Bauleistungen zugrunde zu legen.

   (3) Der Auftragnehmer hat die Nachunternehmer dem Auftraggeber auf Verlangen bekanntzugeben.

9. Werden bei Ausführung der Leistung auf einem Grundstück Gegenstände von Altertums-, Kunst- oder wissenschaftlichem Wert entdeckt, so hat der Auftragnehmer vor jedem weiteren Aufdecken oder Ändern dem Auftraggeber den Fund anzuzeigen und ihm die Gegenstände nach näherer Weisung abzuliefern. Die Vergütung etwaiger Mehrkosten regelt sich nach § 2 Nr. 6. Die Rechte des Entdeckers (§ 984 BGB) hat der Auftraggeber.

§ 5
Ausführungsfristen

1. Die Ausführung ist nach den verbindlichen Fristen (Vertragsfristen) zu beginnen, angemessen zu fördern und zu vollenden. In einem Bauzeitenplan enthaltene Einzelfristen gelten nur dann als Vertragsfristen, wenn dies im Vertrag ausdrücklich vereinbart ist.

2. Ist für den Beginn der Ausführung keine Frist vereinbart, so hat der Auftraggeber dem Auftragnehmer auf Verlangen Auskunft über den voraussichtlichen Beginn zu erteilen. Der Auftragnehmer hat innerhalb von 12 Werktagen nach Aufforderung zu beginnen. Der Beginn der Ausführung ist dem Auftraggeber anzuzeigen.

3. Wenn Arbeitskräfte, Geräte, Gerüste, Stoffe oder Bauteile so unzureichend sind, daß die Ausführungsfristen offenbar nicht eingehalten werden können, muß der Auftragnehmer auf Verlangen unverzüglich Abhilfe schaffen.

4. Verzögert der Auftragnehmer den Beginn der Ausführung, gerät er mit der Vollendung in Verzug oder kommt er der in Nummer 3 erwähnten Verpflichtung nicht

nach, so kann der Auftraggeber bei Aufrechterhaltung des Vertrages Schadenersatz nach § 6 Nr. 6 verlangen oder dem Auftragnehmer eine angemessene Frist zur Vertragserfüllung setzen und erklären, daß er ihm nach fruchtlosem Ablauf der Frist den Auftrag entziehe (§ 8 Nr. 3).

§ 6
Behinderung und Unterbrechung der Ausführung

1. Glaubt sich der Auftragnehmer in der ordnungsgemäßen Ausführung der Leistung behindert, so hat er es dem Auftraggeber unverzüglich schriftlich anzuzeigen. Unterläßt er die Anzeige, so hat er nur dann Anspruch auf Berücksichtigung der hindernden Umstände, wenn dem Auftraggeber offenkundig die Tatsache und deren hindernde Wirkung bekannt waren.
2. (1) Ausführungsfristen werden verlängert, soweit die Behinderung verursacht ist:

   a) durch einen vom Auftraggeber zu vertretenden Umstand,

   b) durch Streik oder eine von der Berufsvertretung der Arbeitgeber angeordnete Aussperrung im Betrieb des Auftragnehmers oder in einem unmittelbar für ihn arbeitenden Betrieb,

   c) durch höhere Gewalt oder andere für den Auftragnehmer unabwendbare Umstände.

   (2) Witterungseinflüsse während der Ausführungszeit, mit denen bei Abgabe des Angebots normalerweise gerechnet werden mußte, gelten nicht als Behinderung.
3. Der Auftragnehmer hat alles zu tun, was ihm billigerweise zugemutet werden kann, um die Weiterführung der Arbeiten zu ermöglichen. Sobald die hindernden Umstände wegfallen, hat er ohne weiteres und unverzüglich die Arbeiten wiederaufzunehmen und den Auftraggeber davon zu benachrichtigen.
4. Die Fristverlängerung wird berechnet nach der Dauer der Behinderung mit einem Zuschlag für die Wiederaufnahme der Arbeiten und die etwaige Verschiebung in eine ungünstigere Jahreszeit.
5. Wird die Ausführung für voraussichtlich längere Dauer unterbrochen, ohne daß die Leistung dauernd unmöglich wird, so sind die ausgeführten Leistungen nach den Vertragspreisen abzurechnen und außerdem die Kosten zu vergüten, die dem Auftragnehmer bereits entstanden und in den Vertragspreisen des nicht ausgeführten Teils der Leistung enthalten sind.
6. Sind die hindernden Umstände von einem Vertragsteil zu vertreten, so hat der andere Teil Anspruch auf Ersatz des nachweislich entstandenen Schadens, des entgangenen Gewinns aber nur bei Vorsatz oder grober Fahrlässigkeit.
7. Dauert eine Unterbrechung länger als 3 Monate, so kann jeder Teil nach Ablauf dieser Zeit den Vertrag schriftlich kündigen. Die Abrechnung regelt sich nach Nummern 5 und 6; wenn der Auftragnehmer die Unterbrechung nicht zu vertreten hat, sind auch die Kosten der Baustellenräumung zu vergüten, soweit sie nicht in der Vergütung für die bereits ausgeführten Leistungen enthalten sind.

§ 7
Verteilung der Gefahr

1. Wird die ganz oder teilweise ausgeführte Leistung vor der Abnahme durch höhere Gewalt, Krieg, Aufruhr oder andere unabwendbare vom Auftragnehmer nicht zu vertretende Umstände beschädigt oder zerstört, so hat dieser für die ausgeführten Teile der Leistung die Ansprüche nach § 6 Nr. 5; für andere Schäden besteht keine gegenseitige Ersatzpflicht.
2. Zu der ganz oder teilweise ausgeführten Leistung gehören alle mit der baulichen Anlage unmittelbar verbundenen, in ihre Substanz eingegangenen Leistungen, unabhängig von deren Fertigstellungsgrad.
3. Zu der ganz oder teilweise ausgeführten Leistung gehören nicht die noch nicht eingebauten Stoffe und Bauteile sowie die Baustelleneinrichtung und Absteckungen. Zu der ganz oder teilweise ausgeführten Leistung gehören ebenfalls nicht Baubehelfe, z.B. Gerüste, auch wenn diese als Besondere Leistung oder selbständig vergeben sind.

§ 8
Kündigung durch den Auftraggeber

1. (1) Der Auftraggeber kann bis zur Vollendung der Leistung jederzeit den Vertrag kündigen.

   (2) Dem Auftragnehmer steht die vereinbarte Vergütung zu. Er muß sich jedoch anrechnen lassen, was er infolge der Aufhebung des Vertrags an Kosten erspart oder durch anderweitige Verwendung seiner Arbeitskraft und seines Betriebs erwirbt oder zu erwerben böswillig unterläßt (§ 649 BGB).
2. (1) Der Auftraggeber kann den Vertrag kündigen, wenn der Auftragnehmer seine Zahlungen einstellt, das Vergleichsverfahren beantragt oder in Konkurs gerät.

   (2) Die ausgeführten Leistungen sind nach § 6 Nr. 5 abzurechnen. Der Auftraggeber kann Schadenersatz wegen Nichterfüllung des Restes verlangen.
3. (1) Der Auftraggeber kann den Vertrag kündigen, wenn in den Fällen des § 4 Nr. 7 und des § 5 Nr. 4 die gesetzte Frist fruchtlos abgelaufen ist (Entziehung des Auftrags). Die Entziehung des Auftrags kann auf einen in sich abgeschlossenen Teil der vertraglichen Leistung beschränkt werden.

   (2) Nach der Entziehung des Auftrags ist der Auftraggeber berechtigt, den noch nicht vollendeten Teil der Leistung zu Lasten des Auftragnehmers durch einen Dritten ausführen zu lassen, doch bleiben seine Ansprüche auf Ersatz des etwa entstehenden weiteren Schadens bestehen. Er ist auch berechtigt, auf die weitere Ausführung zu verzichten und Schadenersatz wegen Nichterfüllung zu verlangen, wenn die Ausführung aus den Gründen, die zur Entziehung des Auftrags geführt haben, für ihn kein Interesse mehr hat.

   (3) Für die Weiterführung der Arbeiten kann der Auftraggeber Geräte, Gerüste, auf der Baustelle vorhandene andere Einrichtungen und angelieferte Stoffe und Bauteile gegen angemessene Vergütung in Anspruch nehmen.

(4) Der Auftraggeber hat dem Auftragnehmer eine Aufstellung über die entstandenen Mehrkosten und über seine anderen Ansprüche spätestens binnen 12 Werktagen nach Abrechnung mit dem Dritten zuzusenden.

4. Der Auftraggeber kann den Auftrag entziehen, wenn der Auftragnehmer aus Anlaß der Vergabe eine Abrede getroffen hatte, die eine unzulässige Wettbewerbsbeschränkung darstellt. Die Kündigung ist innerhalb von 12 Werktagen nach Bekanntwerden des Kündigungsgrundes auszusprechen. Die Nummer 3 gilt entsprechend.
5. Die Kündigung ist schriftlich zu erklären.
6. Der Auftragnehmer kann Aufmaß und Abnahme der von ihm ausgeführten Leistungen alsbald nach der Kündigung verlangen; er hat unverzüglich eine prüfbare Rechnung über die ausgeführten Leistungen vorzulegen.
7. Eine wegen Verzugs verwirkte, nach Zeit bemessene Vertragsstrafe kann nur für die Zeit bis zum Tag der Kündigung des Vertrags gefordert werden.

§ 9
Kündigung durch den Auftragnehmer

1. Der Auftragnehmer kann den Vertrag kündigen:
   a) wenn der Auftraggeber eine ihm obliegende Handlung unterläßt und dadurch den Auftragnehmer außerstande setzt, die Leistung auszuführen (Annahmeverzug nach §§ 293 ff. BGB),
   b) wenn der Auftraggeber eine fällige Zahlung nicht leistet oder sonst in Schuldnerverzug gerät.
2. Die Kündigung ist schriftlich zu erklären. Sie ist erst zulässig, wenn der Auftragnehmer dem Auftraggeber ohne Erfolg eine angemessene Frist zur Vertragserfüllung gesetzt und erklärt hat, daß er nach fruchtlosem Ablauf der Frist den Vertrag kündigen werde.
3. Die bisherigen Leistungen sind nach den Vertragspreisen abzurechnen. Außerdem hat der Auftragnehmer Anspruch auf angemessene Entschädigung nach § 642 BGB; etwaige weitergehende Ansprüche des Auftragnehmers bleiben unberührt.

§ 10
Haftung der Vertragsparteien

1. Die Vertragsparteien haften einander für eigenes Verschulden sowie für das Verschulden ihrer gesetzlichen Vertreter und der Personen, deren sie sich zur Erfüllung ihrer Verbindlichkeiten bedienen (§§ 276, 278 BGB).
2. (1) Entsteht einem Dritten im Zusammenhang mit der Leistung ein Schaden, für den auf Grund gesetzlicher Haftpflichtbestimmungen beide Vertragsparteien haften, so gelten für den Ausgleich zwischen den Vertragsparteien die allgemeinen gesetzlichen Bestimmungen, soweit im Einzelfall nichts anderes vereinbart ist. Soweit der Schaden des Dritten nur die Folge einer Maßnahme ist, die der Auftraggeber in dieser Form angeordnet hat, trägt er den Schaden allein, wenn ihn der Auftragnehmer auf die mit der angeordneten Ausführung verbundene Gefahr nach § 4 Nr. 3 hingewiesen hat.

(2) Der Auftragnehmer trägt den Schaden allein, soweit er ihn durch Versicherung seiner gesetzlichen Haftpflicht gedeckt hat oder innerhalb der von der Versicherungsaufsichtsbehörde genehmigten Allgemeinen Versicherungsbedingungen zu tarifmäßigen, nicht auf außergewöhnliche Verhältnisse abgestellten Prämien und Prämienzuschlägen bei einem im Inland zum Geschäftsbetrieb zugelassenen Versicherer hätte decken können.

3. Ist der Auftragnehmer einem Dritten nach §§ 823 ff. BGB zu Schadenersatz verpflichtet wegen unbefugten Betretens oder Beschädigung angrenzender Grundstücke, wegen Entnahme oder Auflagerung von Boden oder anderen Gegenständen außerhalb der vom Auftraggeber dazu angewiesenen Flächen oder wegen der Folgen eigenmächtiger Versperrung von Wegen oder Wasserläufen, so trägt er im Verhältnis zum Auftraggeber den Schaden allein.

4. Für die Verletzung gewerblicher Schutzrechte haftet im Verhältnis der Vertragsparteien zueinander der Auftragnehmer allein, wenn er selbst das geschützte Verfahren oder die Verwendung geschützter Gegenstände angeboten oder wenn der Auftraggeber die Verwendung vorgeschrieben und auf das Schutzrecht hingewiesen hat.

5. Ist eine Vertragspartei gegenüber der anderen nach Nummern 2, 3 oder 4 von der Ausgleichspflicht befreit, so gilt diese Befreiung auch zugunsten ihrer gesetzlichen Vertreter und Erfüllungsgehilfen, wenn sie nicht vorsätzlich oder grob fahrlässig gehandelt haben.

6. Soweit eine Vertragspartei von dem Dritten für einen Schaden in Anspruch genommen wird, den nach Nummern 2, 3 oder 4 die andere Vertragspartei zu tragen hat, kann sie verlangen, daß ihre Vertragspartei sie von der Verbindlichkeit gegenüber dem Dritten befreit. Sie darf den Anspruch des Dritten nicht anerkennen oder befriedigen, ohne der anderen Vertragspartei vorher Gelegenheit zur Äußerung gegeben zu haben.

§ 11
Vertragsstrafe

1. Wenn Vertragsstrafen vereinbart sind, gelten die §§ 339 bis 345 BGB.

2. Ist die Vertragsstrafe für den Fall vereinbart, daß der Auftragnehmer nicht in der vorgesehenen Frist erfüllt, so wird sie fällig, wenn der Auftragnehmer in Verzug gerät.

3. Ist die Vertragsstrafe nach Tagen bemessen, so zählen nur Werktage; ist sie nach Wochen bemessen, so wird jeder Werktag angefangener Wochen als 1/6 Woche gerechnet.

4. Hat der Auftraggeber die Leistung abgenommen, so kann er die Strafe nur verlangen, wenn er dies bei der Abnahme vorbehalten hat.

§ 12
Abnahme

1. Verlangt der Auftragnehmer nach der Fertigstellung – gegebenenfalls auch vor Ablauf der vereinbarten Ausführungsfrist – die Abnahme der Leistung, so hat sie der Auftraggeber binnen 12 Werktagen durchzuführen; eine andere Frist kann vereinbart werden.

2. Besonders abzunehmen sind auf Verlangen:
   a) in sich abgeschlossene Teile der Leistung,
   b) andere Teile der Leistung, wenn sie durch die weitere Ausführung der Prüfung und Feststellung entzogen werden.
3. Wegen wesentlicher Mängel kann die Abnahme bis zur Beseitigung verweigert werden.
4. (1) Eine förmliche Abnahme hat stattzufinden, wenn eine Vertragspartei es verlangt. Jede Partei kann auf ihre Kosten einen Sachverständigen zuziehen. Der Befund ist in gemeinsamer Verhandlung schriftlich niederzulegen. In die Niederschrift sind etwaige Vorbehalte wegen bekannter Mängel und wegen Vertragsstrafen aufzunehmen, ebenso etwaige Einwendungen des Auftragnehmers. Jede Partei erhält eine Ausfertigung.

   (2) Die förmliche Abnahme kann in Abwesenheit des Auftragnehmers stattfinden, wenn der Termin vereinbart war oder der Auftraggeber mit genügender Frist dazu eingeladen hatte. Das Ergebnis der Abnahme ist dem Auftragnehmer alsbald mitzuteilen.
5. (1) Wird keine Abnahme verlangt, so gilt die Leistung als abgenommen mit Ablauf von 12 Werktagen nach schriftlicher Mitteilung über die Fertigstellung der Leistung.

   (2) Hat der Auftraggeber die Leistung oder einen Teil der Leistung in Benutzung genommen, so gilt die Abnahme nach Ablauf von 6 Werktagen nach Beginn der Benutzung als erfolgt, wenn nichts anderes vereinbart ist. Die Benutzung von Teilen einer baulichen Anlage zur Weiterführung der Arbeiten gilt nicht als Abnahme.

   (3) Vorbehalte wegen bekannter Mängel oder wegen Vertragsstrafen hat der Auftraggeber spätestens zu den in den Absätzen 1 und 2 bezeichneten Zeitpunkten geltend zu machen.
6. Mit der Abnahme geht die Gefahr auf den Auftraggeber über, soweit er sie nicht schon nach § 7 trägt.

§ 13
Gewährleistung

1. Der Auftragnehmer übernimmt die Gewähr, daß seine Leistung zur Zeit der Abnahme die vertraglich zugesicherten Eigenschaften hat, den anerkannten Regeln der Technik entspricht und nicht mit Fehlern behaftet ist, die den Wert oder die Tauglichkeit zu dem gewöhnlichen oder dem nach dem Vertrag vorausgesetzten Gebrauch aufheben oder mindern.
2. Bei Leistungen nach Probe gelten die Eigenschaften der Probe als zugesichert, soweit nicht Abweichungen nach der Verkehrssitte als bedeutungslos anzusehen sind. Dies gilt auch für Proben, die erst nach Vertragsabschluß als solche anerkannt sind.
3. Ist ein Mangel zurückzuführen auf die Leistungsbeschreibung oder auf Anordnungen des Auftraggebers, auf die von diesem gelieferten oder vorgeschriebenen Stoffe oder Bauteile oder die Beschaffenheit der Vorleistung eines anderen

Unternehmers, so ist der Auftragnehmer von der Gewährleistung für diese Mängel frei, außer wenn er die ihm nach § 4 Nr. 3 obliegende Mitteilung über die zu befürchtenden Mängel unterlassen hat.

4. Ist für die Gewährleistung keine Verjährungsfrist im Vertrag vereinbart, so beträgt sie für Bauwerke und für Holzerkrankungen 2 Jahre, für Arbeiten an einem Grundstück und für die vom Feuer berührten Teile von Feuerungsanlagen ein Jahr. Die Frist beginnt mit der Abnahme der gesamten Leistung; nur für in sich abgeschlossene Teile der Leistung beginnt sie mit der Teilabnahme (§ 12 Nr. 2a).

5. (1) Der Auftragnehmer ist verpflichtet, alle während der Verjährungsfrist hervortretenden Mängel, die auf vertragswidrige Leistung zurückzuführen sind, auf seine Kosten zu beseitigen, wenn es der Auftraggeber vor Ablauf der Frist schriftlich verlangt. Der Anspruch auf Beseitigung der gerügten Mängel verjährt mit Ablauf der Regelfristen der Nummer 4, gerechnet vom Zugang des schriftlichen Verlangens an, jedoch nicht vor Ablauf der vereinbarten Frist. Nach Abnahme der Mängelbeseitigungsleistung beginnen für diese Leistung die Regelfristen der Nummer 4, wenn nichts anderes vereinbart ist.

   (2) Kommt der Auftragnehmer der Aufforderung zur Mängelbeseitigung in einer vom Auftraggeber gesetzten angemessenen Frist nicht nach, so kann der Auftraggeber die Mängel auf Kosten des Auftragnehmers beseitigen lassen.

6. Ist die Beseitigung des Mangels unmöglich oder würde sie einen unverhältnismäßig hohen Aufwand erfordern und wird sie deshalb vom Auftragnehmer verweigert, so kann der Auftraggeber Minderung der Vergütung verlangen (§ 634 Abs. 4, § 472 BGB). Der Auftraggeber kann ausnahmsweise auch dann Minderung der Vergütung verlangen, wenn die Beseitigung des Mangels für ihn unzumutbar ist.

7. (1) Ist ein wesentlicher Mangel, der die Gebrauchsfähigkeit erheblich beeinträchtigt, auf ein Verschulden des Auftragnehmers oder seiner Erfüllungsgehilfen zurückzuführen, so ist der Auftragnehmer außerdem verpflichtet, dem Auftraggeber den Schaden an der baulichen Anlage zu ersetzen, zu deren Herstellung, Instandhaltung oder Änderung die Leistung dient.

   (2) Den darüber hinausgehenden Schaden hat er nur dann zu ersetzen:

   a) wenn der Mangel auf Vorsatz oder grober Fahrlässigkeit beruht,

   b) wenn der Mangel auf einem Verstoß gegen die anerkannten Regeln der Technik beruht,

   c) wenn der Mangel in dem Fehlen einer vertraglich zugesicherten Eigenschaft besteht oder

   d) soweit der Auftragnehmer den Schaden durch Versicherung seiner gesetzlichen Haftpflicht gedeckt hat oder innerhalb der von der Versicherungsaufsichtsbehörde genehmigten Allgemeinen Versicherungsbedingungen zu tarifmäßigen, nicht auf außergewöhnliche Verhältnisse abgestellten Prämien und Prämienzuschlägen bei einem im Inland zum Geschäftsbetrieb zugelassenen Versicherer hätte decken können.

   (3) Abweichend von Nummer 4 gelten die gesetzlichen Verjährungsfristen, soweit sich der Auftragnehmer nach Absatz 2 durch Versicherung geschützt hat oder hätte schützen können oder soweit ein besonderer Versicherungsschutz vereinbart ist.

(4) Eine Einschränkung oder Erweiterung der Haftung kann in begründeten Sonderfällen vereinbart werden.

§ 14
Abrechnung

1. Der Auftragnehmer hat seine Leistungen prüfbar abzurechnen. Er hat die Rechnungen übersichtlich aufzustellen und dabei die Reihenfolge der Posten einzuhalten und die in den Vertragsbestandteilen enthaltenen Bezeichnungen zu verwenden. Die zum Nachweis von Art und Umfang der Leistung erforderlichen Mengenberechnungen, Zeichnungen und andere Belege sind beizufügen. Änderungen und Ergänzungen des Vertrags sind in der Rechnung besonders kenntlich zu machen; sie sind auf Verlangen getrennt abzurechnen.
2. Die für die Abrechnung notwendigen Feststellungen sind dem Fortgang der Leistung entsprechend möglichst gemeinsam vorzunehmen. Die Abrechnungsbestimmungen in den Technischen Vertragsbedingungen und den anderen Vertragsunterlagen sind zu beachten. Für Leistungen, die bei Weiterführung der Arbeiten nur schwer feststellbar sind, hat der Auftragnehmer rechtzeitig gemeinsame Feststellungen zu beantragen.
3. Die Schlußrechnung muß bei Leistungen mit einer vertraglichen Ausführungsfrist von höchstens 3 Monaten spätestens 12 Werktage nach Fertigstellung eingereicht werden, wenn nichts anderes vereinbart ist; diese Frist wird um je 6 Werktage für je weitere 3 Monate Ausführungsfrist verlängert.
4. Reicht der Auftragnehmer eine prüfbare Rechnung nicht ein, obwohl ihm der Auftraggeber dafür eine angemessene Frist gesetzt hat, so kann sie der Auftraggeber selbst auf Kosten des Auftragnehmers aufstellen.

§ 15
Stundenlohnarbeiten

1. (1) Stundenlohnarbeiten werden nach den vertraglichen Vereinbarungen abgerechnet.

   (2) Soweit für die Vergütung keine Vereinbarungen getroffen worden sind, gilt die ortsübliche Vergütung. Ist diese nicht zu ermitteln, so werden die Aufwendungen des Auftragnehmers für

   Lohn- und Gehaltskosten der Baustelle, Lohn- und Gehaltsnebenkosten der Baustelle, Stoffkosten der Baustelle, Kosten der Einrichtungen, Geräte, Maschinen und maschinellen Anlagen der Baustelle, Fracht-, Fuhr- und Ladekosten, Sozialkassenbeiträge und Sonderkosten,

   die bei wirtschaftlicher Betriebsführung entstehen, mit angemessenen Zuschlägen für Gemeinkosten und Gewinn (einschließlich allgemeinem Unternehmerwagnis) zuzüglich Umsatzsteuer vergütet.
2. Verlangt der Auftraggeber, daß die Stundenlohnarbeiten durch einen Polier oder eine andere Aufsichtsperson beaufsichtigt werden, oder ist die Aufsicht nach den einschlägigen Unfallverhütungsvorschriften notwendig, so gilt Nummer 1 entsprechend.

3. Dem Auftraggeber ist die Ausführung von Stundenlohnarbeiten vor Beginn anzuzeigen. Über die geleisteten Arbeitsstunden und den dabei erforderlichen, besonders zu vergütenden Aufwand für den Verbrauch von Stoffen, für Vorhaltung von Einrichtungen, Geräten, Maschinen und maschinellen Anlagen, für Frachten, Fuhr- und Ladeleistungen sowie etwaige Sonderkosten sind, wenn nichts anderes vereinbart ist, je nach der Verkehrssitte werktäglich oder wöchentlich Listen (Stundenlohnzettel) einzureichen. Der Auftraggeber hat die von ihm bescheinigten Stundenlohnzettel unverzüglich, spätestens jedoch innerhalb von 6 Werktagen nach Zugang, zurückzugeben. Dabei kann er Einwendungen auf den Stundenlohnzetteln oder gesondert schriftlich erheben. Nicht fristgemäß zurückgegebene Stundenlohnzettel gelten als anerkannt.
4. Stundenlohnrechnungen sind alsbald nach Abschluß der Stundenlohnarbeiten, längstens jedoch in Abständen von 4 Wochen, einzureichen. Für die Zahlung gilt § 16.
5. Wenn Stundenlohnarbeiten zwar vereinbart waren, über den Umfang der Stundenlohnleistungen aber mangels rechtzeitiger Vorlage der Stundenlohnzettel Zweifel bestehen, so kann der Auftraggeber verlangen, daß für die nachweisbar ausgeführten Leistungen eine Vergütung vereinbart wird, die nach Maßgabe von Nummer 1 Absatz 2 für einen wirtschaftlich vertretbaren Aufwand an Arbeitszeit und Verbrauch von Stoffen, für Vorhaltung von Einrichtungen, Geräten, Maschinen und maschinellen Anlagen, für Frachten, Fuhr- und Ladeleistungen sowie etwaige Sonderkosten ermittelt wird.

§ 16
Zahlung

1. (1) Abschlagszahlungen sind auf Antrag in Höhe des Wertes der jeweils nachgewiesenen vertragsgemäßen Leistungen einschließlich des ausgewiesenen, darauf entfallenden Umsatzsteuerbetrags in möglichst kurzen Zeitabständen zu gewähren. Die Leistungen sind durch eine prüfbare Aufstellung nachzuweisen, die eine rasche und sichere Beurteilung der Leistungen ermöglichen muß. Als Leistungen gelten hierbei auch die für die geforderte Leistung eigens angefertigten und bereitgestellten Bauteile sowie die auf der Baustelle angelieferten Stoffe und Bauteile, wenn dem Auftraggeber nach seiner Wahl das Eigentum an ihnen übertragen ist oder entsprechende Sicherheit gegeben wird.

   (2) Gegenforderungen können einbehalten werden. Andere Einbehalte sind nur in den im Vertrag und in den gesetzlichen Bestimmungen vorgesehenen Fällen zulässig.

   (3) Abschlagszahlungen sind binnen 18 Werktagen nach Zugang der Aufstellung zu leisten.

   (4) Die Abschlagszahlungen sind ohne Einfluß auf die Haftung und Gewährleistung des Auftragnehmers; sie gelten nicht als Abnahme von Teilen der Leistung.
2. (1) Vorauszahlungen können auch nach Vertragsabschluß vereinbart werden; hierfür ist auf Verlangen des Auftraggebers ausreichende Sicherheit zu leisten. Diese Vorauszahlungen sind, sofern nichts anderes vereinbart wird, mit 1 v. H. über dem Lombardsatz der Deutschen Bundesbank zu verzinsen.

(2) Vorauszahlungen sind auf die nächstfälligen Zahlungen anzurechnen, soweit damit Leistungen abzugelten sind, für welche die Vorauszahlungen gewährt worden sind.

3. (1) Die Schlußzahlung ist alsbald nach Prüfung und Feststellung der vom Auftragnehmer vorgelegten Schlußrechnung zu leisten, spätestens innerhalb von 2 Monaten nach Zugang. Die Prüfung der Schlußrechnung ist nach Möglichkeit zu beschleunigen. Verzögert sie sich, so ist das unbestrittene Guthaben als Abschlagszahlung sofort zu zahlen.

(2) Die vorbehaltlose Annahme der Schlußzahlung schließt Nachforderungen aus, wenn der Auftragnehmer über die Schlußzahlung schriftlich unterrichtet und auf die Ausschlußwirkung hingewiesen wurde.

(3) Einer Schlußzahlung steht es gleich, wenn der Auftraggeber unter Hinweis auf geleistete Zahlungen weitere Zahlungen endgültig und schriftlich ablehnt.

(4) Auch früher gestellte, aber unerledigte Forderungen werden ausgeschlossen, wenn sie nicht nochmals vorbehalten werden.

(5) Ein Vorbehalt ist innerhalb von 24 Werktagen nach Zugang der Mitteilung nach Absätzen 2 und 3 über die Schlußzahlung zu erklären. Er wird hinfällig, wenn nicht innerhalb von weiteren 24 Werktagen eine prüfbare Rechnung über die vorbehaltenen Forderungen eingereicht oder, wenn das nicht möglich ist, der Vorbehalt eingehend begründet wird.

(6) Die Ausschlußfristen gelten nicht für ein Verlangen nach Richtigstellung der Schlußrechnung und -zahlung wegen Aufmaß-, Rechen- und Übertragungsfehlern.

4. In sich abgeschlossene Teile der Leistung können nach Teilabnahme ohne Rücksicht auf die Vollendung der übrigen Leistungen endgültig festgestellt und bezahlt werden.

5. (1) Alle Zahlungen sind aufs äußerste zu beschleunigen.

(2) Nicht vereinbarte Skontoabzüge sind unzulässig.

(3) Zahlt der Auftraggeber bei Fälligkeit nicht, so kann ihm der Auftragnehmer eine angemessene Nachfrist setzen. Zahlt er auch innerhalb der Nachfrist nicht, so hat der Auftragnehmer vom Ende der Nachfrist an Anspruch auf Zinsen in Höhe von 1 v. H. über dem Lombardsatz der Deutschen Bundesbank, wenn er nicht einen höheren Verzugsschaden nachweist. Außerdem darf er die Arbeiten bis zur Zahlung einstellen.

6. Der Auftraggeber ist berechtigt, zur Erfüllung seiner Verpflichtungen aus Nummern 1 bis 5 Zahlungen an Gläubiger des Auftragnehmers zu leisten, soweit sie an der Ausführung der vertraglichen Leistung des Auftragnehmers aufgrund eines mit diesem abgeschlossenen Dienst- oder Werkvertrags beteiligt sind und der Auftragnehmer in Zahlungsverzug gekommen ist. Der Auftragnehmer ist verpflichtet, sich auf Verlangen des Auftraggebers innerhalb einer von diesem gesetzten Frist darüber zu erklären, ob und inwieweit er die Forderungen seiner Gläubiger anerkennt; wird diese Erklärung nicht rechtzeitig abgegeben, so gelten die Forderungen als anerkannt und der Zahlungsverzug als bestätigt.

§ 17
Sicherheitsleistung

1. (1) Wenn Sicherheitsleistung vereinbart ist, gelten die §§ 232 bis 240 BGB, soweit sich aus den nachstehenden Bestimmungen nichts anderes ergibt.

   (2) Die Sicherheit dient dazu, die vertragsgemäße Ausführung der Leistung und die Gewährleistung sicherzustellen.

2. Wenn im Vertrag nichts anderes vereinbart ist, kann Sicherheit durch Einbehalt oder Hinterlegung von Geld oder durch Bürgschaft eines in den Europäischen Gemeinschaften zugelassenen Kreditinstituts oder Kreditversicherers geleistet werden.

3. Der Auftragnehmer hat die Wahl unter den verschiedenen Arten der Sicherheit; er kann eine Sicherheit durch eine andere ersetzen.

4. Bei Sicherheitsleistung durch Bürgschaft ist Voraussetzung, daß der Auftraggeber den Bürgen als tauglich anerkannt hat. Die Bürgschaftserklärung ist schriftlich unter Verzicht auf die Einrede der Vorausklage abzugeben (§ 771 BGB); sie darf nicht auf bestimmte Zeit begrenzt und muß nach Vorschrift des Auftraggebers ausgestellt sein.

5. Wird Sicherheit durch Hinterlegung von Geld geleistet, so hat der Auftragnehmer den Betrag bei einem zu vereinbarenden Geldinstitut auf ein Sperrkonto einzuzahlen, über das beide Parteien nur gemeinsam verfügen können. Etwaige Zinsen stehen dem Auftragnehmer zu.

6. (1) Soll der Auftraggeber vereinbarungsgemäß die Sicherheit in Teilbeträgen von seinen Zahlungen einbehalten, so darf er jeweils die Zahlung um höchstens 10 v. H. kürzen, bis die vereinbarte Sicherheitssumme erreicht ist. Den jeweils einbehaltenen Betrag hat er dem Auftragnehmer mitzuteilen und binnen 18 Werktagen nach dieser Mitteilung auf Sperrkonto bei dem vereinbarten Geldinstitut einzuzahlen. Gleichzeitig muß er veranlassen, daß dieses Geldinstitut den Auftragnehmer von der Einzahlung des Sicherheitsbetrags benachrichtigt. Nr 5 gilt entsprechend.

   (2) Bei kleineren oder kurzfristigen Aufträgen ist es zulässig, daß der Auftraggeber den einbehaltenen Sicherheitsbetrag erst bei der Schlußzahlung auf Sperrkonto einzahlt.

   (3) Zahlt der Auftraggeber den einbehaltenen Betrag nicht rechtzeitig ein, so kann ihm der Auftragnehmer hierfür eine angemessene Nachfrist setzen. Läßt der Auftraggeber auch diese verstreichen, so kann der Auftragnehmer die sofortige Auszahlung des einbehaltenen Betrags verlangen und braucht dann keine Sicherheit mehr zu leisten.

   (4) Öffentliche Auftraggeber sind berechtigt, den als Sicherheit einbehaltenen Betrag auf eigenes Verwahrgeldkonto zu nehmen; der Betrag wird nicht verzinst.

7. Der Auftragnehmer hat die Sicherheit binnen 18 Werktagen nach Vertragsabschluß zu leisten, wenn nichts anderes vereinbart ist. Soweit er diese Verpflichtung nicht erfüllt hat, ist der Auftraggeber berechtigt, vom Guthaben des Auftragnehmers einen Betrag in Höhe der vereinbarten Sicherheit einzubehalten. Im übrigen gelten Nummern 5 und 6 außer Absatz 1 Satz 1 entsprechend.

8. Der Auftraggeber hat eine nicht verwertete Sicherheit zum vereinbarten Zeitpunkt, spätestens nach Ablauf der Verjährungsfrist für die Gewährleistung, zurückzugeben. Soweit jedoch zu dieser Zeit seine Ansprüche noch nicht erfüllt sind, darf er einen entsprechenden Teil der Sicherheit zurückhalten.

§ 18
Streitigkeiten

1. Liegen die Voraussetzungen für eine Gerichtsstandvereinbarung nach § 38 Zivilprozeßordnung vor, richtet sich der Gerichtsstand für Streitigkeiten aus dem Vertrag nach dem Sitz der für die Prozeßvertretung des Auftraggebers zuständigen Stelle, wenn nichts anderes vereinbart ist. Sie ist dem Auftragnehmer auf Verlangen mitzuteilen.
2. Entstehen bei Verträgen mit Behörden Meinungsverschiedenheiten, so soll der Auftragnehmer zunächst die der auftraggebenden Stelle unmittelbar vorgesetzte Stelle anrufen. Diese soll dem Auftragnehmer Gelegenheit zur mündlichen Aussprache geben und ihn möglichst innerhalb von 2 Monaten nach der Anrufung schriftlich bescheiden und dabei auf die Rechtsfolgen des Satzes 3 hinweisen. Die Entscheidung gilt als anerkannt, wenn der Auftragnehmer nicht innerhalb von 2 Monaten nach Eingang des Bescheides schriftlich Einspruch beim Auftraggeber erhebt und dieser ihn auf die Ausschlußfrist hingewiesen hat.
3. Bei Meinungsverschiedenheiten über die Eigenschaft von Stoffen und Bauteilen, für die allgemeingültige Prüfungsverfahren bestehen, und über die Zulässigkeit oder Zuverlässigkeit der bei der Prüfung verwendeten Maschinen oder angewendeten Prüfungsverfahren kann jede Vertragspartei nach vorheriger Benachrichtigung der anderen Vertragspartei die materialtechnische Untersuchung durch eine staatliche oder staatlich anerkannte Materialprüfungsstelle vornehmen lassen; deren Feststellungen sind verbindlich. Die Kosten trägt der unterliegende Teil.
4. Streitfälle berechtigen den Auftragnehmer nicht, die Arbeiten einzustellen.

Frühere Ausgaben

DIN 1961: 05.26, 08.34, 01.37, 06.37, 11.52x, 11.73, 10.79, 09.88, 07.90

Änderungen

Gegenüber der Ausgabe Juli 1990 wurden folgende Änderungen vorgenommen:
Die Festlegungen in § 3, Nr 6 und § 7 wurden erweitert und präzisiert.

Internationale Patentklassifikation

E 04 B 1/00

VOB Verdingungsordnung für Bauleistungen
Teil C: Allgemeine Technische Vertragsbedingungen für Bauleistungen (ATV)

Allgemeine Regelungen für Bauarbeiten jeder Art

DIN 18 299

Contract procedure for building works;
Part C: General technical specifications for building works;
General rules for all kinds of building works

Cahier des charges pour des travaux du bâtiment;
Partie C: Règlements techniques générales pour des travaux du bâtiment;
règles générales pour toute sorte des travaux

Ersatz für Ausgabe 09.88

Diese Norm wurde vom Deutschen Verdingungsausschuß für Bauleistungen aufgestellt.

Inhalt

0 Hinweise für das Aufstellen der Leistungsbeschreibung

Diese Hinweise für das Aufstellen der Leistungsbeschreibung gelten für Bauarbeiten jeder Art; sie werden ergänzt durch die auf die einzelnen Leistungsbereiche bezogenen Hinweise in den Abschnitten 0 der ATV DIN 18 300 ff. Die Beachtung dieser Hinweise ist Voraussetzung für eine ordnungsgemäße Leistungsbeschreibung gemäß A § 9.

Die Hinweise werden nicht Vertragsbestandteil.

In der Leistungsbeschreibung sind nach den Erfordernissen des Einzelfalls insbesondere anzugeben:

0.1 Angaben zur Baustelle

0.1.1 *Lage der Baustelle, Umgebungsbedingungen, Zufahrtsmöglichkeiten und Beschaffenheit der Zufahrt sowie etwaige Einschränkungen bei ihrer Benutzung.*

0.1.2 *Art und Lage der baulichen Anlagen, z. B. auch Anzahl und Höhe der Geschosse.*

0.1.3 *Verkehrsverhältnisse auf der Baustelle, insbesondere Verkehrsbeschränkungen.*

0.1.4 *Für den Verkehr freizuhaltende Flächen.*

0.1.5 *Lage, Art, Anschlußwert und Bedingungen für das Überlassen von Anschlüssen für Wasser, Energie und Abwasser.*

0.1.6 *Lage und Ausmaß der dem Auftragnehmer für die Ausführung seiner Leistungen zur Benutzung oder Mitbenutzung überlassenen Flächen, Räume.*

0.1.7 *Bodenverhältnisse, Baugrund und seine Tragfähigkeit. Ergebnisse von Bodenuntersuchungen.*

0.1.8 *Hydrologische Werte von Grundwasser und Gewässern. Art, Lage, Abfluß, Abflußvermögen und Hochwasserverhältnisse von Vorflutern. Ergebnisse von Wasseranalysen.*

0.1.9 *Besondere wasserrechtliche Vorschriften.*

Fortsetzung Seite 2 bis 11

DIN Deutsches Institut für Normung e. V.

0.1.10 *Besondere Vorgaben für die Entsorgung, z. B. besondere Beschränkungen für die Beseitigung von Abwasser und Abfall.*

0.1.11 *Schutzgebiete oder Schutzzeiten im Bereich der Baustelle, z. B. wegen Forderungen des Gewässer-, Boden-, Natur-, Landschafts- oder Immissionsschutzes; vorliegende Fachgutachten o. ä.*

0.1.12 *Art und Umfang des Schutzes von Bäumen, Pflanzenbeständen, Vegetationsflächen, Verkehrsflächen, Bauteilen, Bauwerken, Grenzsteinen u. ä. im Bereich der Baustelle.*

0.1.13 *Im Baugelände vorhandene Anlagen, insbesondere Abwasser- und Versorgungsleitungen.*

0.1.14 *Bekannte oder vermutete Hindernisse im Bereich der Baustelle, z. B. Leitungen, Kabel, Dräne, Kanäle, Bauwerksreste, und, soweit bekannt, deren Eigentümer.*

0.1.15 *Besondere Anordnungen, Vorschriften und Maßnahmen der Eigentümer (oder der anderen Weisungsberechtigten) von Leitungen, Kabeln, Dränen, Kanälen, Straßen, Wegen, Gewässern, Gleisen, Zäunen und dergleichen im Bereich der Baustelle.*

0.1.16 *Art und Umfang von Schadstoffbelastungen, z. B. des Bodens, der Gewässer, der Luft, der Stoffe und Bauteile; vorliegende Fachgutachten o. ä.*

0.1.17 *Art und Zeit der vom Auftraggeber veranlaßten Vorarbeiten.*

0.1.18 *Arbeiten anderer Unternehmer auf der Baustelle.*

0.2 ***Angaben zur Ausführung***

0.2.1 *Vorgesehene Arbeitsabschnitte, Arbeitsunterbrechungen und -beschränkungen nach Art, Ort und Zeit.*

0.2.2 *Besondere Erschwernisse während der Ausführung, z. B. Arbeiten in Räumen, in denen der Betrieb weiterläuft, oder bei außergewöhnlichen äußeren Einflüssen.*

0.2.3 *Besondere Anforderungen für Arbeiten in kontaminierten Bereichen.*

0.2.4 *Besondere Anforderungen an die Baustelleneinrichtung und Entsorgungseinrichtungen, z. B. Behälter für die getrennte Erfassung.*

0.2.5 *Besonderheiten der Regelung und Sicherung des Verkehrs, gegebenenfalls auch, wieweit der Auftraggeber die Durchführung der erforderlichen Maßnahmen übernimmt.*

0.2.6 *Auf- und Abbauen sowie Vorhalten der Gerüste, die nicht Nebenleistung sind.*

0.2.7 *Mitbenutzung fremder Gerüste, Hebezeuge, Aufzüge, Aufenthalts- und Lagerräume, Einrichtungen und dergleichen durch den Auftragnehmer.*

0.2.8 *Wie lange, für welche Arbeiten und gegebenenfalls für welche Beanspruchung der Auftragnehmer seine Gerüste, Hebezeuge, Aufzüge, Aufenthalts- und Lagerräume, Einrichtungen und dergleichen für andere Unternehmer vorzuhalten hat.*

0.2.9 *Verwendung oder Mitverwendung von wiederaufbereiteten (Recycling-)Stoffen.*

0.2.10 *Anforderungen an wiederaufbereitete (Recycling-)Stoffe und an nicht genormte Stoffe und Bauteile.*

0.2.11 *Besondere Anforderungen an Art, Güte und Umweltverträglichkeit der Stoffe und Bauteile.*

0.2.12 *Art und Umfang der vom Auftraggeber verlangten Eignungs- und Gütenachweise.*

0.2.13 *Unter welchen Bedingungen auf der Baustelle gewonnene Stoffe verwendet werden dürfen bzw. müssen oder einer anderen Verwertung zuzuführen sind.*

0.2.14 *Art, Zusammensetzung und Menge der aus dem Bereich des Auftraggebers zu entsorgenden Böden, Stoffe und Bauteile; Art der Verwertung bzw. bei Abfall die Entsorgungsanlage; Anforderungen an die Nachweise über Transporte, Entsorgung und die vom Auftraggeber zu tragenden Entsorgungskosten.*

0.2.15 *Art, Menge, Gewicht der Stoffe und Bauteile, die vom Auftraggeber beigestellt werden, sowie Art, Ort (genaue Bezeichnung) und Zeit ihrer Übergabe.*

0.2.16 *In welchem Umfang der Auftraggeber Abladen, Lagern und Transport von Stoffen und Bauteilen übernimmt oder dafür dem Auftragnehmer Geräte oder Arbeitskräfte zur Verfügung stellt.*

0.2.17 *Leistungen für andere Unternehmer.*

0.2.18 *Benutzung von Teilen der Leistung vor der Abnahme.*

0.2.19 *Übertragung der Pflege und Wartung während der Dauer der Verjährungsfrist für die Gewährleistungsansprüche für maschinelle und elektrotechnische Anlagen, bei denen eine ordnungsgemäße Pflege und Wartung einen erheblichen Einfluß auf Funktionsfähigkeit und Zuverlässigkeit der Anlage haben, z. B. Aufzugsanlagen, Fahrtreppen, Meß-, Steuer- und Regelungseinrichtungen, Anlagen der Gebäudeleittechnik, Gefahrenmeldeanlagen, Feuerungsanlagen.*

0.2.20 *Abrechnung nach bestimmten Zeichnungen oder Tabellen.*

0.3 Einzelangaben bei Abweichungen von den ATV

0.3.1 *Wenn andere als die in den ATV DIN 18 299 ff. vorgesehenen Regelungen getroffen werden sollen, sind diese in der Leistungsbeschreibung eindeutig und im einzelnen anzugeben.*

0.3.2 *Abweichende Regelungen von der ATV DIN 18 299 können insbesondere in Betracht kommen bei*

Abschnitt 2.1.1, wenn die Lieferung von Stoffen und Bauteilen nicht zur Leistung gehören soll,

Abschnitt 2.2, wenn nur ungebrauchte Stoffe und Bauteile vorgehalten werden dürfen,

Abschnitt 2.3.1, wenn auch gebrauchte Stoffe und Bauteile geliefert werden dürfen.

0.4 Einzelangaben zu Nebenleistungen und Besonderen Leistungen

0.4.1 Nebenleistungen

Nebenleistungen (Abschnitt 4.1 aller ATV) sind in der Leistungsbeschreibung nur zu erwähnen, wenn sie ausnahmsweise selbständig vergütet werden sollen. Eine ausdrückliche Erwähnung ist geboten, wenn die Kosten der Nebenleistung von erheblicher Bedeutung für die Preisbildung sind; in diesen Fällen sind besondere Ordnungszahlen (Positionen) vorzusehen.

Dies kommt insbesondere in Betracht für

- *das Einrichten und Räumen der Baustelle,*
- *Gerüste,*
- *besondere Anforderungen an Zufahrten, Lager- und Stellflächen.*

0.4.2 Besondere Leistungen

Werden Besondere Leistungen (Abschnitt 4.2 aller ATV) verlangt, ist dies in der Leistungsbeschreibung anzugeben; gegebenenfalls sind hierfür besondere Ordnungszahlen (Positionen) vorzusehen.

0.5 Abrechnungseinheiten

Im Leistungsverzeichnis sind die Abrechnungseinheiten für die Teilleistungen (Positionen) gemäß Abschnitt 0.5 der jeweiligen ATV anzugeben.

1 Geltungsbereich

Die ATV „Allgemeine Regelungen für Bauarbeiten jeder Art" – DIN 18 299 – gilt für alle Bauarbeiten, auch für solche, für die keine ATV in C – DIN 18 300 ff. – bestehen.

Abweichende Regelungen in den ATV DIN 18 300 ff. haben Vorrang.

2 Stoffe, Bauteile

2.1 Allgemeines

2.1.1 Die Leistungen umfassen auch die Lieferung der dazugehörigen Stoffe und Bauteile einschließlich Abladen und Lagern auf der Baustelle.

2.1.2 Stoffe und Bauteile, die vom Auftraggeber beigestellt werden, hat der Auftragnehmer rechtzeitig beim Auftraggeber anzufordern.

2.1.3 Stoffe und Bauteile müssen für den jeweiligen Verwendungszweck geeignet und aufeinander abgestimmt sein.

2.2 Vorhalten

Stoffe und Bauteile, die der Auftragnehmer nur vorzuhalten hat, die also nicht in das Bauwerk eingehen, dürfen nach Wahl des Auftragnehmers gebraucht oder ungebraucht sein.

2.3 Liefern

2.3.1 Stoffe und Bauteile, die der Auftragnehmer zu liefern und einzubauen hat, die also in das Bauwerk eingehen, müssen ungebraucht sein. Wiederaufbereitete (Recycling-)Stoffe gelten als ungebraucht, wenn sie Abschnitt 2.1.3 entsprechen.

2.3.2 Stoffe und Bauteile, für die DIN-Normen bestehen, müssen den DIN-Güte- und -Maßbestimmungen entsprechen.

2.3.3 Stoffe und Bauteile, die nach den deutschen behördlichen Vorschriften einer Zulassung bedürfen, müssen amtlich zugelassen sein und den Zulassungsbedingungen entsprechen.

2.3.4 Stoffe und Bauteile, für die bestimmte technische Spezifikationen in der Leistungsbeschreibung nicht genannt sind, dürfen auch verwendet werden, wenn sie Normen, technischen Vorschriften oder sonstigen Bestimmungen anderer Staaten entsprechen, sofern das geforderte Schutzniveau in bezug auf Sicherheit, Gesundheit und Gebrauchstauglichkeit gleichermaßen dauerhaft erreicht wird.

Sofern für Stoffe und Bauteile eine Überwachungs-, Prüfzeichenpflicht oder der Nachweis der Brauchbarkeit, z. B. durch allgemeine bauaufsichtliche Zulassung, allgemein vorgesehen ist, kann von einer Gleichwertigkeit nur ausgegangen werden, wenn die Stoffe und Bauteile ein Überwachungs- oder Prüfzeichen tragen oder für sie der genannte Brauchbarkeitsnachweis erbracht ist.

3 Ausführung

3.1 Wenn Verkehrs-, Versorgungs- und Entsorgungsanlagen im Bereich des Baugeländes liegen, sind die Vorschriften und Anordnungen der zuständigen Stellen zu beachten.

3.2 Die für die Aufrechterhaltung des Verkehrs bestimmten Flächen sind freizuhalten. Der Zugang zu Einrichtungen der Versorgungs- und Entsorgungsbetriebe, der Feuerwehr, der Post und Bahn, zu Vermessungspunkten und dergleichen darf nicht mehr als durch die Ausführung unvermeidlich behindert werden.

3.3 Werden Schadstoffe angetroffen, z. B. in Böden, Gewässern oder Bauteilen, ist der Auftraggeber unverzüglich zu unterrichten. Bei Gefahr im Verzug hat der Auftragnehmer unverzüglich die notwendigen Sicherungsmaßnahmen zu treffen. Die weiteren Maßnahmen sind gemeinsam festzulegen. Die getroffenen und die weiteren Maßnahmen sind Besondere Leistungen (siehe Abschnitt 4.2.1).

4 Nebenleistungen, Besondere Leistungen

4.1 Nebenleistungen

Nebenleistungen sind Leistungen, die auch ohne Erwähnung im Vertrag zur vertraglichen Leistung gehören (B § 2 Nr 1).

Nebenleistungen sind demnach insbesondere:

4.1.1 Einrichten und Räumen der Baustelle einschließlich der Geräte und dergleichen.

4.1.2 Vorhalten der Baustelleneinrichtung einschließlich der Geräte und dergleichen.

4.1.3 Messungen für das Ausführen und Abrechnen der Arbeiten einschließlich des Vorhaltens der Meßgeräte, Lehren, Absteckzeichen usw., des Erhaltens der Lehren und Absteckzeichen während der Bauausführung und des Stellens der Arbeitskräfte, jedoch nicht Leistungen nach B § 3 Nr 2.

4.1.4 Schutz- und Sicherheitsmaßnahmen nach den Unfallverhütungsvorschriften und den behördlichen Bestimmungen.

4.1.5 Beleuchten, Beheizen und Reinigen der Aufenthalts- und Sanitärräume für die Beschäftigten des Auftragnehmers.

4.1.6 Heranbringen von Wasser und Energie von den vom Auftraggeber auf der Baustelle zur Verfügung gestellten Anschlußstellen zu den Verwendungsstellen.

4.1.7 Liefern der Betriebsstoffe.

4.1.8 Vorhalten der Kleingeräte und Werkzeuge.

4.1.9 Befördern aller Stoffe und Bauteile, auch wenn sie vom Auftraggeber beigestellt sind, von den Lagerstellen auf der Baustelle bzw. von den in der Leistungsbeschreibung angegebenen Übergabestellen zu den Verwendungsstellen und etwaiges Rückbefördern.

4.1.10 Sichern der Arbeiten gegen Niederschlagswasser, mit dem normalerweise gerechnet werden muß, und seine etwa erforderliche Beseitigung.

4.1.11 Entsorgen von Abfall aus dem Bereich des Auftragnehmers sowie Beseitigen der Verunreinigungen, die von den Arbeiten des Auftragnehmers herrühren.

4.1.12 Entsorgen von Abfall aus dem Bereich des Auftraggebers bis zu einer Menge von 1 m^3, soweit der Abfall nicht schadstoffbelastet ist.

4.2 Besondere Leistungen

Besondere Leistungen sind Leistungen, die nicht Nebenleistungen gemäß Abschnitt 4.1 sind und nur dann zur vertraglichen Leistung gehören, wenn sie in der Leistungsbeschreibung besonders erwähnt sind.

Besondere Leistungen sind z. B.:

4.2.1 Maßnahmen nach Abschnitt 3.3

4.2.2 Beaufsichtigen der Leistungen anderer Unternehmer.

4.2.3 Sicherungsmaßnahmen zur Unfallverhütung für Leistungen anderer Unternehmer.

4.2.4 Besondere Schutzmaßnahmen gegen Witterungsschäden, Hochwasser und Grundwasser, ausgenommen Leistungen nach Abschnitt 4.1.10.

4.2.5 Versicherung der Leistung bis zur Abnahme zugunsten des Auftraggebers oder Versicherung eines außergewöhnlichen Haftpflichtwagnisses.

4.2.6 Besondere Prüfung von Stoffen und Bauteilen, die der Auftraggeber liefert.

4.2.7 Aufstellen, Vorhalten, Betreiben und Beseitigen von Einrichtungen zur Sicherung und Aufrechterhaltung des Verkehrs auf der Baustelle, z. B. Bauzäune, Schutzgerüste, Hilfsbauwerke, Beleuchtungen, Leiteinrichtungen.

4.2.8 Aufstellen, Vorhalten, Betreiben und Beseitigen von Einrichtungen außerhalb der Baustelle zur Umleitung und Regelung des öffentlichen und Anlieger-Verkehrs.

4.2.9 Bereitstellen von Teilen der Baustelleneinrichtung für andere Unternehmer oder den Auftraggeber.

4.2.10 Besondere Maßnahmen aus Gründen des Umweltschutzes, der Landes- und Denkmalpflege.

4.2.11 Entsorgen von Abfall über die Leistungen nach den Abschnitten 4.1.11 und 4.1.12 hinaus.

4.2.12 Besonderer Schutz der Leistung, der vom Auftraggeber für eine vorzeitige Benutzung verlangt wird, seine Unterhaltung und spätere Beseitigung.

4.2.13 Beseitigen von Hindernissen.

4.2.14 Zusätzliche Maßnahmen für die Weiterarbeit bei Frost und Schnee, soweit sie dem Auftragnehmer nicht ohnehin unterliegen.

4.2.15 Besondere Maßnahmen zum Schutz und zur Sicherung gefährdeter baulicher Anlagen und benachbarter Grundstücke.

4.2.16 Sichern von Leitungen, Kabeln, Dränen, Kanälen, Grenzsteinen, Bäumen, Pflanzen und dergleichen.

5 Abrechnung

Die Leistung ist aus Zeichnungen zu ermitteln, soweit die ausgeführte Leistung diesen Zeichnungen entspricht. Sind solche Zeichnungen nicht vorhanden, ist die Leistung aufzumessen.

Zitierte Normen

DIN 1960	VOB Verdingungsordnung für Bauleistungen; Teil A: Allgemeine Bestimmungen für die Vergabe von Bauleistungen
DIN 1961	VOB Verdingungsordnung für Bauleistungen; Teil B: Allgemeine Vertragsbedingungen für die Ausführung von Bauleistungen
DIN 18 300	VOB Verdingungsordnung für Bauleistungen; Teil C: Allgemeine Technische Vertragsbedingungen für Bauleistungen (ATV); Erdarbeiten
DIN 18 301	VOB Verdingungsordnung für Bauleistungen; Teil C: Allgemeine Technische Vertragsbedingungen für Bauleistungen (ATV); Bohrarbeiten
DIN 18 302	VOB Verdingungsordnung für Bauleistungen; Teil C: Allgemeine Technische Vertragsbedingungen für Bauleistungen (ATV); Brunnenbauarbeiten
DIN 18 303	VOB Verdingungsordnung für Bauleistungen; Teil C: Allgemeine Technische Vertragsbedingungen für Bauleistungen (ATV); Verbauarbeiten
DIN 18 304	VOB Verdingungsordnung für Bauleistungen; Teil C: Allgemeine Technische Vertragsbedingungen für Bauleistungen (ATV); Rammarbeiten
DIN 18 305	VOB Verdingungsordnung für Bauleistungen; Teil C: Allgemeine Technische Vertragsbedingungen für Bauleistungen (ATV); Wasserhaltungsarbeiten
DIN 18 306	VOB Verdingungsordnung für Bauleistungen; Teil C: Allgemeine Technische Vertragsbedingungen für Bauleistungen (ATV); Entwässerungskanalarbeiten
DIN 18 307	VOB Verdingungsordnung für Bauleistungen; Teil C: Allgemeine Technische Vertragsbedingungen für Bauleistungen (ATV); Druckrohrleitungsarbeiten im Erdreich
DIN 18 308	VOB Verdingungsordnung für Bauleistungen; Teil C: Allgemeine Technische Vertragsbedingungen für Bauleistungen (ATV); Dränarbeiten
DIN 18 309	VOB Verdingungsordnung für Bauleistungen; Teil C: Allgemeine Technische Vertragsbedingungen für Bauleistungen (ATV); Einpreßarbeiten
DIN 18 310	VOB Verdingungsordnung für Bauleistungen; Teil C: Allgemeine Technische Vertragsbedingungen für Bauleistungen (ATV); Sicherungsarbeiten an Gewässern, Deichen und Küstendünen
DIN 18 311	VOB Verdingungsordnung für Bauleistungen; Teil C: Allgemeine Technische Vertragsbedingungen für Bauleistungen (ATV); Naßbaggerarbeiten
DIN 18 312	VOB Verdingungsordnung für Bauleistungen; Teil C: Allgemeine Technische Vertragsbedingungen für Bauleistungen (ATV); Untertagebauarbeiten
DIN 18 313	VOB Verdingungsordnung für Bauleistungen; Teil C: Allgemeine Technische Vertragsbedingungen für Bauleistungen (ATV); Schlitzwandarbeiten mit stützenden Flüssigkeiten
DIN 18 314	VOB Verdingungsordnung für Bauleistungen; Teil C: Allgemeine Technische Vertragsbedingungen für Bauleistungen (ATV); Spritzbetonarbeiten

DIN 18 315 VOB Verdingungsordnung für Bauleistungen; Teil C: Allgemeine Technische Vertragsbedingungen für Bauleistungen (ATV); Verkehrswegebauarbeiten, Oberbauschichten ohne Bindemittel

DIN 18 316 VOB Verdingungsordnung für Bauleistungen; Teil C: Allgemeine Technische Vertragsbedingungen für Bauleistungen (ATV); Verkehrswegebauarbeiten, Oberbauschichten mit hydraulischen Bindemitteln

DIN 18 317 VOB Verdingungsordnung für Bauleistungen; Teil C: Allgemeine Technische Vertragsbedingungen für Bauleistungen (ATV); Verkehrswegebauarbeiten, Oberbauschichten aus Asphalt

DIN 18 318 VOB Verdingungsordnung für Bauleistungen; Teil C: Allgemeine Technische Vertragsbedingungen für Bauleistungen (ATV); Verkehrswegebauarbeiten, Pflasterdecken, Plattenbeläge, Einfassungen

DIN 18 319 VOB Verdingungsordnung für Bauleistungen; Teil C: Allgemeine Technische Vertragsbedingungen für Bauleistungen (ATV); Rohrvortriebsarbeiten

DIN 18 320 VOB Verdingungsordnung für Bauleistungen; Teil C: Allgemeine Technische Vertragsbedingungen für Bauleistungen (ATV); Landschaftsbauarbeiten

DIN 18 325 VOB Verdingungsordnung für Bauleistungen; Teil C: Allgemeine Technische Vertragsbedingungen für Bauleistungen (ATV); Gleisbauarbeiten

DIN 18 330 VOB Verdingungsordnung für Bauleistungen; Teil C: Allgemeine Technische Vertragsbedingungen für Bauleistungen (ATV); Mauerarbeiten

DIN 18 331 VOB Verdingungsordnung für Bauleistungen; Teil C: Allgemeine Technische Vertragsbedingungen für Bauleistungen (ATV); Beton- und Stahlbetonarbeiten

DIN 18 332 VOB Verdingungsordnung für Bauleistungen; Teil C: Allgemeine Technische Vertragsbedingungen für Bauleistungen (ATV); Naturwerksteinarbeiten

DIN 18 333 VOB Verdingungsordnung für Bauleistungen; Teil C: Allgemeine Technische Vertragsbedingungen für Bauleistungen (ATV); Betonwerksteinarbeiten

DIN 18 334 VOB Verdingungsordnung für Bauleistungen; Teil C: Allgemeine Technische Vertragsbedingungen für Bauleistungen (ATV); Zimmer- und Holzbauarbeiten

DIN 18 335 VOB Verdingungsordnung für Bauleistungen; Teil C: Allgemeine Technische Vertragsbedingungen für Bauleistungen (ATV); Stahlbauarbeiten

DIN 18 336 VOB Verdingungsordnung für Bauleistungen; Teil C: Allgemeine Technische Vertragsbedingungen für Bauleistungen (ATV); Abdichtungsarbeiten

DIN 18 338 VOB Verdingungsordnung für Bauleistungen; Teil C: Allgemeine Technische Vertragsbedingungen für Bauleistungen (ATV); Dachdeckungs- und Dachabdichtungsarbeiten

DIN 18 339 VOB Verdingungsordnung für Bauleistungen; Teil C: Allgemeine Technische Vertragsbedingungen für Bauleistungen (ATV); Klempnerarbeiten

DIN 18 349 VOB Verdingungsordnung für Bauleistungen; Teil C: Allgemeine Technische Vertragsbedingungen für Bauleistungen (ATV); Betonerhaltungsarbeiten

DIN 18 350 VOB Verdingungsordnung für Bauleistungen; Teil C: Allgemeine Technische Vertragsbedingungen für Bauleistungen (ATV); Putz- und Stuckarbeiten

DIN 18 352 VOB Verdingungsordnung für Bauleistungen; Teil C: Allgemeine Technische Vertragsbedingungen für Bauleistungen (ATV); Fliesen- und Plattenarbeiten

DIN 18 353 VOB Verdingungsordnung für Bauleistungen; Teil C: Allgemeine Technische Vertragsbedingungen für Bauleistungen (ATV); Estricharbeiten

DIN 18 354 VOB Verdingungsordnung für Bauleistungen; Teil C: Allgemeine Technische Vertragsbedingungen für Bauleistungen (ATV); Gußasphaltarbeiten

DIN 18 355 VOB Verdingungsordnung für Bauleistungen; Teil C: Allgemeine Technische Vertragsbedingungen für Bauleistungen (ATV); Tischlerarbeiten

DIN 18 356 VOB Verdingungsordnung für Bauleistungen; Teil C: Allgemeine Technische Vertragsbedingungen für Bauleistungen (ATV); Parkettarbeiten

DIN 18 357 VOB Verdingungsordnung für Bauleistungen; Teil C: Allgemeine Technische Vertragsbedingungen für Bauleistungen (ATV); Beschlagarbeiten

DIN 18 358 VOB Verdingungsordnung für Bauleistungen; Teil C: Allgemeine Technische Vertragsbedingungen für Bauleistungen (ATV); Rolladenarbeiten

DIN 18 360 VOB Verdingungsordnung für Bauleistungen; Teil C: Allgemeine Technische Vertragsbedingungen für Bauleistungen (ATV); Metallbauarbeiten, Schlosserarbeiten

DIN 18 361 VOB Verdingungsordnung für Bauleistungen; Teil C: Allgemeine Technische Vertragsbedingungen für Bauleistungen (ATV); Verglasungsarbeiten

DIN 18 363 VOB Verdingungsordnung für Bauleistungen; Teil C: Allgemeine Technische Vertragsbedingungen für Bauleistungen (ATV); Maler- und Lackierarbeiten

DIN 18 364 VOB Verdingungsordnung für Bauleistungen; Teil C: Allgemeine Technische Vertragsbedingungen für Bauleistungen (ATV); Korrosionsschutzarbeiten an Stahl- und Aluminiumbauten

DIN 18 365 VOB Verdingungsordnung für Bauleistungen; Teil C: Allgemeine Technische Vertragsbedingungen für Bauleistungen (ATV); Bodenbelagarbeiten

DIN 18 366 VOB Verdingungsordnung für Bauleistungen; Teil C: Allgemeine Technische Vertragsbedingungen für Bauleistungen (ATV); Tapezierarbeiten

DIN 18 367 VOB Verdingungsordnung für Bauleistungen; Teil C: Allgemeine Technische Vertragsbedingungen für Bauleistungen (ATV); Holzpflasterarbeiten

DIN 18 379 VOB Verdingungsordnung für Bauleistungen; Teil C: Allgemeine Technische Vertragsbedingungen für Bauleistungen (ATV); Raumlufttechnische Anlagen

DIN 18 380 VOB Verdingungsordnung für Bauleistungen; Teil C: Allgemeine Technische Vertragsbedingungen für Bauleistungen (ATV); Heizanlagen und zentrale Wassererwärmungsanlagen

DIN 18 381 VOB Verdingungsordnung für Bauleistungen; Teil C: Allgemeine Technische Vertragsbedingungen für Bauleistungen (ATV); Gas-, Wasser- und Abwasser-Installationsarbeiten innerhalb von Gebäuden

DIN 18 382 VOB Verdingungsordnung für Bauleistungen; Teil C: Allgemeine Technische Vertragsbedingungen für Bauleistungen (ATV); Elektrische Kabel und Leitungsanlagen in Gebäuden

DIN 18 384 VOB Verdingungsordnung für Bauleistungen; Teil C: Allgemeine Technische Vertragsbedingungen für Bauleistungen (ATV); Blitzschutzanlagen

DIN 18 421 VOB Verdingungsordnung für Bauleistungen; Teil C: Allgemeine Technische Vertragsbedingungen für Bauleistungen (ATV); Dämmarbeiten an technischen Anlagen

DIN 18 451 VOB Verdingungsordnung für Bauleistungen; Teil C: Allgemeine Technische Vertragsbedingungen für Bauleistungen (ATV); Gerüstarbeiten

Frühere Ausgaben

DIN 18 299: 09.88
DIN 18 300: 07.55, 12.58, 08.74, 10.79, 09.88
DIN 18 301: 07.55, 12.58, 07.74, 09.76, 10.79, 09.88
DIN 18 302: 12.58, 07.74, 10.79, 09.88
DIN 18 303: 07.55, 12.58, 08.74, 10.79, 09.88
DIN 18 304: 07.55, 12.58, 09.76, 09.88
DIN 18 305: 07.55, 12.58, 07.74, 10.76, 09.88
DIN 18 306: 07.55, 12.58, 07.74, 10.79, 09.88
DIN 18 307: 02.61, 07.74, 10.79, 09.88
DIN 18 308: 02.61, 07.74, 10.79, 09.88
DIN 18 309: 10.65, 07.74, 10.79, 09.88
DIN 18 310: 07.74, 09.88
DIN 18 311: 10.79, 09.88
DIN 18 312: 09.84, 09.88
DIN 18 313: 09.84, 09.88
DIN 18 314: 09.84, 09.88
DIN 18 315: 07.74, 10.79, 09.88
DIN 18 316: 08.74, 10.79, 09.88
DIN 18 317: 07.74, 10.79, 09.88
DIN 18 318: 07.74, 10.79, 09.88
DIN 18 320: 07.55, 12.58, 08.74, 09.76, 09.84, 09.88
DIN 18 325: 10.79, 09.88
DIN 18 330: 12.58, 08.74, 09.76, 10.79, 09.88
DIN 18 331: 12.58, 08.74, 09.76, 10.79, 09.88
DIN 18 332: 07.55x, 12.58, 08.74, 10.79, 09.88
DIN 18 333: 07.55, 12.58, 08.74, 09.76, 10.79, 09.88

DIN 18 334: 12.58, 08.74, 09.76, 10.79, 11.85, 09.88
DIN 18 335: 12.58, 10.65x, 10.79, 09.88
DIN 18 336: 10.65, 10.79, 09.88
DIN 18 338: 12.58, 08.74, 10.79, 09.84, 09.88
DIN 18 339: 07.55, 12.58, 08.74, 10.79, 09.84, 09.88
DIN 18 350: 12.58, 08.74, 09.76, 10.79, 11.85, 09.88
DIN 18 352: 12.58, 08.74, 10.79, 11.85, 09.88
DIN 18 353: 02.61, 08.74, 09.76, 10.79, 09.88
DIN 18 354: 02.61, 10.79, 09.88
DIN 18 355: 12.58, 08.74, 10.79, 09.88
DIN 18 356: 02.61, 08.74, 10.79, 09.88
DIN 18 357: 10.65, 08.74, 10.79, 09.88
DIN 18 358: 10.65, 09.76, 09.88
DIN 18 360: 10.65, 08.74, 09.76, 10.79, 09.88
DIN 18 361: 12.58, 08.74, 09.76, 10.79, 09.88
DIN 18 363: 07.55, 12.58, 08.74, 09.76, 10.79, 09.88
DIN 18 364: 02.61, 10.79, 09.88
DIN 18 365: 10.65, 08.74, 10.79, 09.88
DIN 18 366: 10.65, 09.76, 10.79, 09.88
DIN 18 367: 10.65, 09.76, 10.79, 09.88
DIN 18 379: 08.74, 09.76, 10.79, 09.88
DIN 18 380: 07.55, 12.58, 08.74, 09.76, 10.79, 09.88
DIN 18 381: 07.55, 12.58, 08.74, 10.79, 09.88
DIN 18 382: 07.55, 12.58, 08.74, 10.79, 09.88
DIN 18 384: 07.55, 12.58, 08.74, 09.88
DIN 18 421: 02.61, 09.76, 10.79, 09.88
DIN 18 451: 06.65, 05.70, 10.79, 09.88

Änderungen

Gegenüber der Ausgabe September 1988 wurden folgende Änderungen vorgenommen:

Die Norm wurde fachtechnisch überarbeitet, wobei insbesondere die Regeln zur Verwendung von Baustoffen und Bauteilen im Hinblick auf den Europäischen Binnenmarkt und die Bestimmungen zur Behandlung von Abfall- und Schadstoffen präzisiert wurden.

Internationale Patentklassifikation

E 04 G 21/00

DK 69(083.78):693.5 Dezember 1992

VOB Verdingungsordnung für Bauleistungen
Teil C: Allgemeine Technische Vertragsbedingungen für Bauleistungen (ATV)

Beton- und Stahlbetonarbeiten

DIN 18 331

Contract procedure for building works;
Part C: General technical specifications for building works;
concrete and reinforced concrete works

Cahier des charges pour des travaux du bâtiment;
Part C: Règlements techniques générales pour des travaux du bâtiment;
travaux de béton et de béton armé

Ersatz für Ausgabe 09.88

Diese Norm wurde vom Deutschen Verdingungsausschuß für Bauleistungen aufgestellt.

Inhalt

0 Hinweise für das Aufstellen der Leistungsbeschreibung

Diese Hinweise ergänzen die ATV DIN 18 299 „Allgemeine Regelungen für Bauarbeiten jeder Art", Abschnitt 0. Die Beachtung dieser Hinweise ist Voraussetzung für eine ordnungsgemäße Leistungsbeschreibung gemäß A § 9.

Die Hinweise werden nicht Vertragsbestandteil.

In der Leistungsbeschreibung sind nach den Erfordernissen des Einzelfalls insbesondere anzugeben:

0.1 Angaben zur Baustelle

0.1.1 *Gründungstiefe, Gründungsarten, Ausbildung von Baugruben und Lasten benachbarter Bauwerke.*

0.1.2 *Art, Lage und konstruktive Ausbildung benachbarter Bauteile gegen die betoniert werden soll.*

0.2 Angaben zur Ausführung

0.2.1 *Für Beton und Fertigteile die Arten der Bauteile, des Betons und Stahlbetons, die geforderte Festigkeitsklasse, die Betongruppe und die Anforderungen an Beton mit besonderen Eigenschaften nach DIN 1045 „Beton- und Stahlbeton; Bemessung und Ausführung" sowie bei sichtbar bleibenden Betonflächen die Art der Oberfläche, z. B. glatt, Brettstruktur, getrennt nach:*

- *Beton oder Stahlbeton ohne Schalung,*
- *Beton oder Stahlbeton mit einseitiger oder mehrseitiger Schalung,*
- *Beton besonderer Fertigung, z. B. Vakuumbeton,*
- *Beton besonderer Zusammensetzung, z. B. Leichtbeton, Faserbeton, Beton mit Farbzusatz, Beton unter Verwendung von weißem Zement.*

Fortsetzung Seite 2 bis 11

DIN Deutsches Institut für Normung e. V.

0.2.2 *Verwendung von Beton-Zusatzmitteln.*

0.2.3 *Besonderes Schalverfahren.*

0.2.4 *Neigung, Krümmung und Höhensprünge von Flächen.*

0.2.5 *Sorten, Mengen und Maße des Betonstahls.*

0.2.6 *Besonderheiten der Bewehrungsführung und von Bewehrungsstößen, z. B. Schweiß- und Schraubverbindungen.*

0.2.7 *Art, Lage, Größe und Anzahl von Aussparungen u.ä.*

0.2.8 *Art, Stoff, Anzahl, Maße und Gewichte von Einbauteilen.*

0.2.9 *Ausbildung von Bewegungsfugen und Anschlüssen an Bauwerke bzw. Bauteile.*

0.2.10 *Besondere Anforderungen an die Ausführung von Schalungsstößen sowie Arbeits- und Scheinfugen und deren Anordnung bei sichtbar bleibenden Betonflächen.*

0.2.11 *Art, Ausführung und Abmessungen von Schrägen (Vouten) an Decken, Wänden, Balken und Unterzügen sowie von Konsolen und aus der Fläche hervortretenden Profilierungen.*

0.2.12 *Erhöhte Betondeckung der Stahleinlagen, z. B. für werksteinmäßige Bearbeitung; besondere Anforderungen an Abstandshalter.*

0.2.13 *Art und Beschaffenheit des Untergrundes, z. B. Art, Dicke und Zusammendrückbarkeit von Dämm-, Trenn- und Schutzschichten, Feuchtigkeitsabdichtungen.*

0.2.14 *Besondere Ausbildung der Bauteile und Beschaffenheit der Oberfläche des Betons, z. B. für Abdichtungen, Beschichtungen, Tapezierungen.*

0.2.15 *Besondere Anforderungen hinsichtlich der Nachbehandlung des Betons sowie Besonderheiten u. a. bei der Verwendung von Trenn- sowie Nachbehandlungsmitteln.*

0.2.16 *Besondere Oberflächenbehandlung nicht geschalter Flächen, z. B. Maschinenglättung, Einstreuungen.*

0.2.17 *Anforderungen an den Schall-, Wärme- und Feuchteschutz.*

0.2.18 *Besondere Anforderungen an die Ausbildung von Pfahlfußverbreiterungen und Pfahlköpfen sowie deren Bewehrungen.*

0.3 Einzelangaben bei Abweichungen von der ATV

0.3.1 *Wenn andere als die in dieser ATV vorgesehenen Regelungen getroffen werden sollen, sind diese in der Leistungsbeschreibung eindeutig und im einzelnen anzugeben.*

0.3.2 *Abweichende Regelungen können insbesondere in Betracht kommen bei*

Abschnitt 3.1.2,	*wenn von den dort aufgeführten Maßtoleranzen abgewichen werden soll,*
Abschnitt 3.2,	*wenn zum Erreichen der geforderten Betongüte ein besonderes Zusammensetzen, Mischen, Verarbeiten und Nachbehandeln vereinbart werden soll,*
Abschnitt 3.3,	*wenn für die Schalung eine bestimmte Art oder ein bestimmter Stoff vereinbart werden soll, oder wenn an die Betonflächen besondere Anforderungen gestellt werden sollen, z. B. glatte Oberfläche, Waschbeton, werksteinmäßige Bearbeitung, gebrochene Kanten, Entgraten, besondere Maßnahmen für Putzhaftung und Werksteinverkleidungen (Aufrauhen, Einsetzen von Drahtschlaufen),*
Abschnitt 4.1.4,	*wenn als Arbeitsgerüste vollständige Fassadengerüste vereinbart werden sollen,*
Abschnitt 5.3.1.3,	*wenn Verschnitt bei der Ermittlung des Abrechnungsgewichts berücksichtigt werden soll.*

0.4 Einzelangaben zu Nebenleistungen und Besonderen Leistungen

Als Nebenleistungen, für die unter den Voraussetzungen der ATV DIN 18 299, Abschnitt 0.4.1, besondere Ordnungszahlen (Positionen) vorzusehen sind, kommen insbesondere in Betracht:

- *Auf-, Um- und Abbauen sowie Vorhalten der Arbeits- und Schutzgerüste sowie der Traggerüste der Gruppe I nach DIN 4421 „Traggerüste; Berechnung, Konstruktion und Ausführung" (siehe Abschnitt 4.1.4),*
- *Auf-, Um- und Abbauen sowie Vorhalten von Traggerüsten der Gruppe II und III nach DIN 4421,*
- *Auf-, Um- und Abbauen sowie Vorhalten von Abdeckungen oder Umwehrungen,*
- *Anfertigen und Liefern von statischen Verformungsberechnungen und Zeichnungen für Baubehelfe (siehe Abschnitt 4.1.5),*
- *Schutz des jungen Betons gegen Witterungseinflüsse bis zum genügenden Erhärten (siehe Abschnitt 4.1.2).*

0.5 Abrechnungseinheiten

Im Leistungsverzeichnis sind die Abrechnungseinheiten wie folgt vorzusehen:

0.5.1 *Raummaß (m^3), getrennt nach Bauart und Maßen, für*

- *Massige Bauteile, z. B. Fundamente, Stützmauern, Widerlager, Füll- und Mehrbeton,*
- *Brückenüberbauten, Pfeiler.*

0.5.2 *Flächenmaß (m^2), getrennt nach Bauart und Maßen, für*

- *Beton-Sauberkeitsschichten (Unterbeton),*
- *Wände, Silo- und Behälterwände, Fundament- und Bodenplatten, Decken,*
- *Fertigteile,*
- *Treppenlaufplatten mit oder ohne Stufen, Treppenpodestplatten,*
- *Herstellen von Aussparungen, z. B. Öffnungen, Nischen, Hohlräume, Schlitze, Kanäle, sowie von Profilierungen,*
- *Schließen von Aussparungen,*
- *Dämm-, Trenn- und Schutzschichten sowie gleichzustellende Maßnahmen,*
- *Abdeckungen,*
- *besondere Ausführungen von Betonflächen, z. B. Anforderungen an die Schalung, nachträgliche Bearbeitung oder sonstige Maßnahmen,*
- *Schalung.*

0.5.3 *Längenmaß (m), getrennt nach Bauart und Maßen, für*

- *Stützen, Pfeilervorlagen, Balken, Fenster- und Türstürze, Unterzüge,*
- *Fertigteile,*
- *Stufen,*
- *Herstellen von Schlitzen, Kanälen, Profilierungen,*
- *Schließen von Schlitzen und Kanälen,*
- *Herstellen von Fugen einschl. Liefern und Einbauen von Fugenbändern, Fugenblechen, Verpreßschläuchen, Fugenfüllungen,*
- *Betonpfähle,*
- *Umwehrungen,*
- *Schalung für Plattenränder, Schlitze, Kanäle, Profilierungen.*

0.5.4 *Anzahl (Stück), getrennt nach Bauart und Maßen, für*

- *Stützen, Pfeilervorlagen, Balken, Fenster- und Türstürze, Unterzüge,*
- *Fertigteile, Fertigteile mit Konsolen, Winkelungen u. ä.,*

- *Stufen,*
- *Herstellen von Aussparungen, z. B. Öffnungen, Nischen, Hohlräume, Schlitze, Kanäle, sowie von Profilierungen,*
- *Schließen von Aussparungen,*
- *Herstellen von Vouten, Auflagerschrägen, Konsolen,*
- *Einbauen bzw. Liefern und Einsetzen von Einbauteilen, Bewehrungsanschlüssen, Dübelleisten, Ankerschienen, Verbindungselementen, ISO-Körben u. ä.,*
- *Betonpfähle, Herrichten der Pfahlköpfe, Fußverbreiterungen,*
- *Abdeckungen, Umwehrungen,*
- *Schalung für Aussparungen, Profilierungen, Vouten, Konsolen u. ä.,*
- *Vorkonfektionierte Formteile, z. B. Ecken und Knoten bei Fugenbändern u. ä.,*
- *Fertigteile mit besonders bearbeiteter oder strukturierter Oberfläche.*

0.5.5 *Gewicht (kg, t), getrennt nach Bauart und Maßen, für*
- *Liefern, Schneiden, Biegen und Verlegen von Bewehrungen und Unterstützungen,*
- *Einbauteile, Verbindungselemente, u. ä..*

1 Geltungsbereich

1.1 Die ATV „Beton- und Stahlbetonarbeiten" – DIN 18 331 – gilt für das Herstellen von Bauteilen aus bewehrtem oder unbewehrtem Beton jeder Art.

1.2 Die ATV DIN 18 331 gilt nicht für
- Einpreßarbeiten (siehe ATV DIN 18 309 „Einpreßarbeiten"),
- Schlitzwandarbeiten (siehe ATV DIN 18 313 „Schlitzwandarbeiten"),
- Spritzbetonarbeiten (siehe ATV DIN 18 314 „Spritzbetonarbeiten"),
- Oberbauschichten mit hydraulischen Bindemitteln (siehe ATV DIN 18 316 „Verkehrswegebauarbeiten; Oberbauschichten mit hydraulischen Bindemitteln"),
- Betonwerksteinarbeiten (siehe ATV DIN 18 333 „Betonwerksteinarbeiten"),
- Betonerhaltungsarbeiten (siehe ATV DIN 18 349 „Betonerhaltungsarbeiten"),
- Estricharbeiten (siehe ATV DIN 18 353 „Estricharbeiten").

1.3 Ergänzend gelten die Abschnitte 1 bis 5 der ATV DIN 18 299 „Allgemeine Regelungen für Bauarbeiten jeder Art". Bei Widersprüchen gehen die Regelungen der ATV DIN 18 331 vor.

2 Stoffe, Bauteile

Ergänzend zur ATV DIN 18 299, Abschnitt 2, gilt:

Für die gebräuchlichsten genormten Stoffe und Bauteile sind die DIN-Normen nachstehend aufgeführt:

2.1 Beton

DIN 1045	Beton- und Stahlbeton; Bemessung und Ausführung
DIN 4219 Teil 1 und Teil 2	Leichtbeton und Stahlleichtbeton mit geschlossenem Gefüge
DIN V ENV 206	Beton; Eigenschaften, Herstellung, Verarbeitung und Gütenachweis

2.2 Bindemittel

Normen der Reihe DIN 1164 Portland-, Eisenportland-, Hochofen- und Traßzement

DIN 51 043 Traß; Anforderungen, Prüfung

Normen der Reihe DIN EN 196 Prüfverfahren für Zement

DIN EN 197 Teil 1 bis Teil 3 (z. Z. Entwürfe) Zement

2.3 Betonzuschlag

DIN 4226 Teil 1 bis Teil 4 Zuschlag für Beton

2.4 Betonstahl

DIN 488 Teil 1 bis Teil 7 Betonstahl

DIN 4099 Schweißen von Betonstahl; Ausführung und Prüfung

DIN EN 10 080 (z. Z. Entwurf) Betonbewehrungsstahl; Schweißgeeigneter gerippter Betonstahl B 500; Technische Lieferbedingungen für Stäbe, Ringe und geschweißte Matten; Deutsche Fassung prEN 10 080 : 1991

DIN EN 10 138 Teil 1 bis Teil 5 (z. Z. Entwürfe) Spannstähle

2.5 Wand-, Dach- und Deckenplatten

DIN 4028 Stahlbetondielen aus Leichtbeton mit haufwerksporigem Gefüge; Anforderungen, Prüfung, Bemessung, Ausführung, Einbau

DIN 4166 Gasbeton-Bauplatten und Gasbeton-Planbauplatten

DIN 4223 Bewehrte Dach- und Deckenplatten aus dampfgehärtetem Gas- und Schaumbeton; Richtlinien für Bemessung, Herstellung, Verwendung und Prüfung

2.6 Zwischenbauteile für Decken, Deckenziegel, Betongläser und -fenster

DIN 4158 Zwischenbauteile aus Beton für Stahlbeton- und Spannbetondecken

DIN 4159 Ziegel für Decken und Wandtafeln; statisch mitwirkend

DIN 4160 Ziegel für Decken, statisch nicht mitwirkend

DIN 4243 Betongläser; Anforderungen, Prüfung

DIN 18 057 Betonfenster; Betonrahmenfenster, Betonfensterflächen; Bemessung, Anforderungen, Prüfung

3 Ausführung

Ergänzend zur ATV DIN 18 299, Abschnitt 3, gilt:

3.1 Allgemeines

3.1.1 Für die Ausführung gelten insbesondere:

DIN 1045 Beton und Stahlbeton; Bemessung und Ausführung

Normen der Reihe DIN 1048 Prüfverfahren für Beton

DIN 1075 Betonbrücken; Bemessung und Ausführung

DIN 1084 Teil 1 bis Teil 3 Überwachung (Güteüberwachung) im Beton- und Stahlbetonbau

DIN 4014 Bohrpfähle; Herstellung, Bemessung und Tragverhalten

DIN 4026 Rammpfähle; Herstellung, Bemessung und zulässige Belastung

DIN 4030 Teil 1 und Teil 2 Beurteilung betonangreifender Wässer, Böden und Gase

DIN 4099 Schweißen von Betonstahl; Ausführung und Prüfung

DIN 4128 Verpreßpfähle (Ortbeton- und Verbundpfähle) mit kleinem Durchmesser; Herstellung; Bemessungsgrad, zulässige Belastung

DIN 4164 Gas- und Schaumbeton; Herstellung, Verwendung und Prüfung; Richtlinien

DIN 4219 Teil 1 und Teil 2 Leichtbeton und Stahlleichtbeton mit geschlossenem Gefüge

DIN 4227 Teil 1 bis Teil 6 Spannbeton

DIN 4232 Wände aus Leichtbeton mit haufwerksporigem Gefüge; Bemessung und Ausführung

DIN V ENV 206 Beton; Eigenschaften, Herstellung, Verarbeitung und Gütenachweis

3.1.2 Abweichungen von vorgeschriebenen Maßen sind in den durch

DIN 18 201 Toleranzen im Bauwesen; Begriffe, Grundsätze, Anwendungen, Prüfung

DIN 18 202 Toleranzen im Hochbau; Bauwerke

DIN 18 203 Teil 1 Toleranzen im Hochbau; Vorgefertigte Teile aus Beton, Stahlbeton und Spannbeton

bestimmten Grenzen zulässig.
Werden an die Ebenheit von Flächen erhöhte Anforderungen gemäß DIN 18 202 gestellt, so sind die zu treffenden Maßnahmen Besondere Leistungen (siehe Abschnitt 4.2.1).

3.1.3 Der Auftragnehmer hat bei seiner Prüfung Bedenken (siehe B § 4 Nr 3) insbesondere geltend zu machen bei:

- unzureichenden Gründungsflächen, z. B: aufgelockerter Sohle, ungenügendem Arbeitsraum,
- abweichender Beschaffenheit des Baugrundes von den vom Auftraggeber zur Verfügung gestellten Unterlagen.

3.2 Herstellen des Betons

Es bleibt dem Auftragnehmer überlassen, wie er den Beton zur Erreichung der geforderten Güte zusammensetzt, mischt, verarbeitet und nachbehandelt.

3.3 Betonflächen

Die Wahl der Schalung nach Art und Stoffen bleibt dem Auftragnehmer überlassen. Geschalte Flächen des Betons sind schalungsrauh, d. h. unbearbeitet nach dem Ausschalen, nicht geschalte Flächen roh abgezogen herzustellen.

4 Nebenleistungen, Besondere Leistungen

4.1 Nebenleistungen sind ergänzend zur ATV DIN 18 299, Abschnitt 4.1, insbesondere:

4.1.1 Herstellen von Verbindungen beim Einbau von Betonfertigteilen mit Ausnahme der Fugendichtung, soweit der Einbau der Betonfertigteile zu den Leistungen des Auftragnehmers gehört.

4.1.2 Schutz des jungen Betons gegen Witterungseinflüsse bis zum genügenden Erhärten.

4.1.3 Leistungen zum Nachweis der Güte der Stoffe, Bauteile und des Betons nach den Bestimmungen des Deutschen Ausschusses für Stahlbeton.

4.1.4 Auf-, Um- und Abbauen sowie Vorhalten der Arbeits- und Schutzgerüste, soweit diese für die eigene Leistung notwendig sind.

4.1.5 Anfertigen und Liefern von statischen Verformungsberechnungen und Zeichnungen, soweit sie für Baubehelfe nötig sind.

4.1.6 Vorhalten der Gerüste sowie der Abdeckungen und Umwehrungen von Öffnungen zum Mitbenutzen durch andere Unternehmer bis zu drei Wochen über die eigene Benutzungsdauer hinaus. Der Abschluß der eigenen Benutzung ist dem Auftraggeber unverzüglich schriftlich mitzuteilen.

4.1.7 Liefern und Einbauen von Zubehör zur Spannbewehrung, z. B. Hüllrohre, Spannköpfe, Kupplungsstücke, Einpreßmörtel, sowie Spannen und Verpressen.

4.2 Besondere Leistungen sind ergänzend zur ATV DIN 18 299, Abschnitt 4.2, z. B.:

4.2.1 Maßnahmen nach Abschnitt 3.1.2.

4.2.2 Boden- und Wasseruntersuchungen.

4.2.3 Vorhalten der Gerüste, der Abdeckungen und Umwehrungen länger als drei Wochen über die eigene Benutzungsdauer hinaus für andere Unternehmer.

4.2.4 Umbau von Gerüsten und Vorhalten von Hebezeugen, Aufzügen, Aufenthalts- und Lagerräumen, Einrichtungen und dergleichen für Zwecke anderer Unternehmer.

4.2.5 Liefern bauphysikalischer Nachweise sowie statischer Berechnungen für den Nachweis der Standfestigkeit des Bauwerks und der für diese Nachweise erforderlichen Zeichnungen.

4.2.6 Vorsorge- und Schutzmaßnahmen für das Betonieren unter + 5 °C Lufttemperatur (siehe DIN 1045).

4.2.7 Herstellen von Aussparungen, z. B. Öffnungen, Nischen, Schlitze, Kanäle.

4.2.8 Herstellen von Profilierungen.

4.2.9 Schließen von Aussparungen und dergleichen.

4.2.10 Herstellen von Vouten, Auflagerschrägen und Konsolen.

4.2.11 Liefern und Einsetzen von Einbauteilen, z. B. Lager, Zargen, Anker, Verbindungselemente, Rohre, Dübel.

4.2.12 Herstellen von Bewegungs- und Scheinfugen sowie Fugendichtungen.

4.2.13 Zusätzliche Leistungen zum Nachweis der Güte der Stoffe, der Bauteile und des Betons über Abschnitt 4.1.3 hinaus.

4.2.14 Zusätzliche Schutzmaßnahmen gegen betonschädigende Einwirkungen und gegen Fremderschütterungen.

4.2.15 Zusätzliche Maßnahmen zum Erzielen einer bestimmten Betonoberfläche.

4.2.16 Abstemmen des erforderlichen Überbetons des Pfahlkopfes bis zur planmäßigen Höhe, einschließlich Herrichten der Anschlußbewehrung.

4.2.17 Maßnahmen zum Beseitigen überschüssigen Betons an den Pfahlschäften, z. B. Abstemmen, Abfräsen.

4.2.18 Maßnahmen zum Schutz gegen Feuchtigkeit und zur Wärme- und Schalldämmung.

5 Abrechnung

Ergänzend zur ATV DIN 18 299, Abschnitt 5, gilt:

5.1 Beton und Stahlbeton mit oder ohne Schalung

5.1.1 Allgemeines

5.1.1.1 Der Ermittlung der Leistung – gleichgültig, ob sie nach Zeichnung oder nach Aufmaß erfolgt – sind zugrunde zu legen:

- für Bauteile aus Beton oder Stahlbeton deren Maße,
- für Bauteile mit werksteinmäßiger Bearbeitung die Maße, die die Bauteile vor der Bearbeitung hatten,
- für besonders bearbeitete oder strukturierte Oberflächen die Maße der besonders bearbeiteten Fläche.

5.1.1.2 Durch die Bewehrung, z. B. Betonstabstähle, Profilstähle, Spannbetonbewehrungen mit Zubehör, Ankerschienen, verdrängte Betonmengen werden nicht abgezogen.

Einbetonierte Pfahlköpfe, Walzprofile und Spundwände werden nicht abgezogen.

5.1.1.3 Bauteile mit abgeschrägten bzw. profilierten Kopf- oder Stirnflächen, z. B. Bauteile mit Ausklinkungen, werden mit den größten Maßen gerechnet.

5.1.1.4 Schräge oder gekrümmte Bauteile, z. B. Decken, werden mit den größten Maßen gerechnet.

5.1.1.5 Decken werden zwischen den äußeren Begrenzungsflächen der Decke oder Auskragung gerechnet.

5.1.1.6 Sind Bauteile durch vorgegebene Betonfugen oder in anderer Weise baulich voneinander abgegrenzt, so wird jedes Bauteil mit seinen tatsächlichen Maßen abgerechnet.

5.1.1.7 Durchdringungen, Einbindungen

- Durchdringungen

  Bei Wänden wird nur eine Wand durchgerechnet, bei ungleicher Dicke die dickere.

  Bei Unterzügen und Balken wird nur ein Unterzug bzw. Balken durchgerechnet, bei ungleicher Höhe der höhere, bei gleicher Höhe der breitere.

- Einbindungen

  Bei Wänden, Pfeilervorlagen und Stützen, die in Decken einbinden, wird die Höhe von Oberfläche Rohdecke bzw. Fundament bis Unterfläche Rohdecke gerechnet.

  Bei Stürzen und Unterzügen wird die Höhe von deren Unterfläche bis Unterfläche Deckenplatte gerechnet.

  Binden Stützen in Unterzüge oder Balken ein, werden die Unterzüge und Balken durchgemessen, wenn sie breiter als die Stützen sind. Die Stützen werden in diesem Fall bis Unterfläche Unterzug oder Balken gerechnet.

5.1.1.8 Bei Abrechnung von Bauteilen nach Flächenmaß werden Nischen, Schlitze, Kanäle, Fugen u. ä. nicht abgezogen.

5.1.1.9 Fugenbänder und -bleche u. ä. werden nach ihrer größten Länge (Schrägschnitte, Gehrungen) gerechnet, Formteile sowie vorkonfektionierte Knoten und Ecken werden dabei übermessen.

5.1.1.10 Betonpfähle werden von planmäßiger Oberseite Pfahlkopf (Ortbetonpfähle von der Oberseite nach Bearbeitung) bis zur vorgeschriebenen Unterseite Pfahlfuß bzw. Pfahlspitze gerechnet.

Bei Ortbetonpfählen bleiben Mehrmengen des Betons bis zu 10% über die theoretische Menge hinaus unberücksichtigt.

5.1.2 Es werden abgezogen:

5.1.2.1 Bei Abrechnung nach Raummaß (m^3):

- Öffnungen, Nischen, Kassetten, Hohlkörper u. ä. über 0,5 m^3 Einzelgröße sowie Schlitze, Kanäle, Profilierungen u. ä. über 0,1 m^3 je m Länge.
- Durchdringungen und Einbindungen von Bauteilen, z. B. Einzelbalken, Balkenstege bei Plattenbalkendecken, Stützen, Einbauteile, Betonfertigteile, Stahl- oder Steinzeugrohre über 0,5 m^3 Einzelgröße, wenn sie durch vorgegebene Betonierfugen oder in anderer Weise baulich abgegrenzt sind; als ein Bauteil gilt dabei auch jedes aus Einzelteilen zusammengesetzte Bauteil, z. B. Fenster- und Türumrahmungen, Fenster- und Türstürze, Gesimse.

5.1.2.2 Bei Abrechnung nach Flächenmaß (m^2):

Öffnungen, Durchdringungen und Einbindungen über 2,5 m^2 Einzelgröße.

5.2 Schalung

5.2.1 Allgemeines

5.2.1.1 Die Schalung von Bauteilen wird in der Abwicklung der geschalten Flächen gerechnet. Nischen, Schlitze, Kanäle, Fugen u. ä. werden übermessen.

5.2.1.2 Deckenschalung wird zwischen Wänden und Unterzügen oder Balken nach den geschalten Flächen der Deckenplatten gerechnet. Die Schalung von freiliegenden Begrenzungsseiten der Deckenplatte wird gesondert gerechnet.

5.2.1.3 Schalung für Aussparungen, z. B. für Öffnungen, Nischen, Hohlräume, Schlitze, Kanäle, sowie für Profilierungen wird bei der Abrechnung nach Flächenmaß in der Abwicklung der geschalten Betonfläche gerechnet.

5.2.2 Es werden abgezogen:

Öffnungen, Durchdringungen, Einbindungen, Anschlüsse von Bauteilen u. ä. über 2,5 m^2 Einzelgröße.

5.3 Bewehrung

5.3.1 Allgemeines

5.3.1.1 Das Gewicht der Bewehrung wird nach den Stahllisten abgerechnet.

Zur Bewehrung gehören auch die Unterstützungen, z. B. Stahlböcke, Abstandhalter aus Stahl, sowie Spiralbewehrungen, Verspannungen, Auswechselungen, Montageeisen, nicht jedoch Zubehör zur Spannbewehrung gemäß Abschnitt 4.1.7.

5.3.1.2 Maßgebend ist das errechnete Gewicht, bei genormten Stählen die Gewichte der DIN-Normen (Nenngewichte), bei anderen Stählen die Gewichte des Profilbuchs des Herstellers.

5.3.1.3 Bindedraht, Walztoleranzen und Verschnitt werden bei der Ermittlung des Abrechnungsgewichtes nicht berücksichtigt.

Zitierte Normen

DIN 1960	VOB Verdingungsordnung für Bauleistungen; Teil A: Allgemeine Bestimmungen für die Vergabe von Bauleistungen
DIN 1961	VOB Verdingungsordnung für Bauleistungen; Teil B: Allgemeine Vertragsbedingungen für die Ausführung von Bauleistungen
DIN 4421	Traggerüste; Berechnung, Konstruktion und Ausführung
DIN 18 299	VOB Verdingungsordnung für Bauleistungen; Teil C: Allgemeine Technische Vertragsbedingungen für Bauleistungen (ATV); Allgemeine Regelungen für Bauarbeiten jeder Art
DIN 18 309	VOB Verdingungsordnung für Bauleistungen; Teil C: Allgemeine Technische Vertragsbedingungen für Bauleistungen (ATV); Einpreßarbeiten
DIN 18 313	VOB Verdingungsordnung für Bauleistungen; Teil C: Allgemeine Technische Vertragsbedingungen für Bauleistungen (ATV); Schlitzwandarbeiten mit stützenden Flüssigkeiten
DIN 18 314	VOB Verdingungsordnung für Bauleistungen; Teil C: Allgemeine Technische Vertragsbedingungen für Bauleistungen (ATV); Spritzbetonarbeiten
DIN 18 316	VOB Verdingungsordnung für Bauleistungen; Teil C: Allgemeine Technische Vertragsbedingungen für Bauleistungen (ATV); Verkehrswegebauarbeiten, Oberbauschichten mit hydraulischen Bindemitteln
DIN 18 333	VOB Verdingungsordnung für Bauleistungen; Teil C: Allgemeine Technische Vertragsbedingungen für Bauleistungen (ATV); Betonwerksteinarbeiten
DIN 18 349	VOB Verdingungsordnung für Bauleistungen; Teil C: Allgemeine Technische Vertragsbedingungen für Bauleistungen (ATV); Betonerhaltungsarbeiten
DIN 18 353	VOB Verdingungsordnung für Bauleistungen; Teil C: Allgemeine Technische Vertragsbedingungen für Bauleistungen (ATV); Estricharbeiten

Übrige zitierte Normen siehe Abschnitt 2 sowie Abschnitte 3.1.1 und 3.1.2.

Frühere Ausgaben

DIN 1967: 08.25, 02.33, 01.37, 05.43

DIN 18 331: 12.58, 08.74, 09.76, 10.79, 09.88

Änderungen

Gegenüber der Ausgabe September 1988 wurden folgende Änderungen vorgenommen:

Die Norm wurde fachtechnisch vollständig überarbeitet.

DK 669.14-422.1 : 691.714 : 691.328 : 001.4
: 62-777

September 1984

Betonstahl

Sorten, Eigenschaften, Kennzeichen

DIN 488 Teil 1

Reinforcing steels; grades, properties, marking
Aciers pour béton armé; nuances, propriétés, marquage

Ersatz für Ausgabe 04.72

Diese Norm ist den obersten Bauaufsichtsbehörden vom Institut für Bautechnik, Berlin, zur bauaufsichtlichen Einführung empfohlen worden.

Die ersetzte DIN 488 Teil 1, Ausgabe 04.72, darf noch bis zur Veröffentlichung der Folgeausgabe aller weiteren zu DIN 488 gehörenden Teile angewendet werden.

Zusammenhang mit der von der Europäischen Gemeinschaft für Kohle und Stahl herausgegebenen EURONORM 80 siehe Erläuterungen.

Zusammenhang mit einer bei der International Organization for Standardization (ISO) in Vorbereitung befindlichen Norm siehe Erläuterungen.

Zu dieser Norm gehören

DIN 488 Teil 2	(z. Z. Entwurf)	Betonstahl; Betonstabstahl; Maße und Gewichte
DIN 488 Teil 3	(z. Z. Entwurf)	Betonstahl; Betonstabstahl; Prüfungen
DIN 488 Teil 4	(z. Z. Entwurf)	Betonstahl; Betonstahlmatten und Bewehrungsdraht; Aufbau, Maße und Gewichte
DIN 488 Teil 5	(z. Z. Entwurf)	Betonstahl; Betonstahlmatten und Bewehrungsdraht; Prüfungen
DIN 488 Teil 6	(z. Z. Entwurf)	Betonstahl; Überwachung (Güteüberwachung)
DIN 488 Teil 7	(z. Z. Entwurf)	Betonstahl; Nachweis der Schweißeignung von Betonstabstahl; Durchführung und Bewertung der Prüfungen

1 Anwendungsbereich

1.1 Diese Norm gilt für die im Abschnitt 3 sowie in Tabelle 1 beschriebenen schweißgeeigneten Stahlsorten zur Bewehrung von Beton.

Die Norm gilt nicht für Spannstahl zur Bewehrung von Spannbeton nach DIN 4227 Teil 1.

1.2 Die Verwendung von Betonstählen, die von dieser Norm abweichen, bedarf nach den bauaufsichtlichen Vorschriften im Einzelfall der Zustimmung der obersten Bauaufsichtsbehörde oder der von ihr beauftragten Behörde, sofern nicht eine allgemeine bauaufsichtliche Zulassung erteilt ist.

2 Begriffe

2.1 Betonstahl

2.1.1 Betonstahl ist ein Stahl mit nahezu kreisförmigem Querschnitt zur Bewehrung von Beton.

2.1.2 Betonstahl wird als Betonstabstahl (S), Betonstahlmatte (M) oder als Bewehrungsdraht hergestellt.

2.2 Betonstabstahl

Betonstabstahl ist ein in technisch geraden Stäben gelieferter Betonstahl für die Einzelstabbewehrung.

2.3 Betonstahlmatte

Betonstahlmatte ist eine werkmäßig vorgefertigte Bewehrung aus sich kreuzenden Stäben, die an den Kreuzungsstellen durch Widerstands-Punktschweißung scherfest miteinander verbunden sind.

2.4 Bewehrungsdraht

Bewehrungsdraht ist glatter oder profilierter Betonstahl, der als Ring hergestellt und vom Ring werkmäßig zu Bewehrungen weiterverarbeitet wird (siehe Abschnitt 3.3 und Abschnitt 8).

3 Sorteneinteilung

3.1 Die Betonstahlsorten BSt 420 S und BSt 500 S nach Tabelle 1 werden als gerippter Betonstabstahl (siehe Abschnitt 2.2) geliefert.

3.2 Die Betonstahlsorte BSt 500 M nach Tabelle 1 wird als geschweißte Betonstahlmatte (siehe Abschnitt 2.3) aus gerippten Stäben geliefert.

3.3 Die Betonstahlsorten BSt 500 G und BSt 500 P nach Abschnitt 8 werden als glatter und profilierter Bewehrungsdraht (siehe Abschnitt 2.4) geliefert.

Fortsetzung Seite 2 bis 8

Normenausschuß Eisen und Stahl (FES) im DIN Deutsches Institut für Normung e.V.
Normenausschuß Bauwesen im DIN

Tabelle 1. **Sorteneinteilung und Eigenschaften der Betonstähle**

	1		2	3	4	5
Betonstahlsorte	Kurzname		BSt 420 S	BSt 500 S	BSt 500 M 2)	Wert p % 3)
	Kurzzeichen 1)		III S	IV S	IV M	
	Werkstoffnummer		1.0428	1.0438	1.0466	
	Erzeugnisform		Betonstabstahl	Betonstabstahl	Betonstahlmatte 2)	
1	Nenndurchmesser d_s	mm	6 bis 28	6 bis 28	4 bis 12 4)	–
2	Streckgrenze R_e (β_s) 5) bzw. 0,2%-Dehngrenze $R_{p\,0,2}$ ($\beta_{0,2}$) 5)	N/mm²	420	500	500	5,0
3	Zugfestigkeit R_m (β_Z) 5)	N/mm²	500 6)	550 6)	550 6)	5,0
4	Bruchdehnung A_{10} (δ_{10}) 5)	%	10	10	8	5,0
5	Dauerschwingfestigkeit gerade Stäbe 7)	N/mm² Schwingbreite $2\,\sigma_A$ $(2 \cdot 10^6)$	215	215	–	10,0
6	gebogene Stäbe	$2\,\sigma_A$ $(2 \cdot 10^6)$	170	170	–	10,0
7	gerade freie Stäbe von Matten mit Schweißstelle	$2\,\sigma_A$ $(2 \cdot 10^6)$	–	–	100	10,0
8		$2\,\sigma_A$ $(2 \cdot 10^5)$	–	–	200	10,0
9	Rückbiegeversuch mit Biegerollendurchmesser für Nenndurchmesser d_s mm	6 bis 12	5 d_s	5 d_s	–	1,0
10		14 und 16	6 d_s	6 d_s	–	1,0
11		20 bis 28	8 d_s	8 d_s	–	1,0
12	Biegedorndurchmesser beim Faltversuch an der Schweißstelle		–	–	6 d_s	5,0
13	Knotenscherkraft S	N	–	–	$0{,}3 \cdot A_s \cdot R_e$	5,0
14	Unterschreitung des Nennquerschnittes A_s 8)	%	4	4	4	5,0
15	Bezogene Rippenfläche f_R		Siehe DIN 488 Teil 2	Siehe DIN 488 Teil 2	Siehe DIN 488 Teil 4	0
16	Chemische Zusammensetzung bei der Schmelzen- und Stückanalyse 9) Massengehalt in %, max.	C	0,22 (0,24)	0,22 (0,24)	0,15 (0,17)	–
17		P	0,050 (0,055)	0,050 (0,055)	0,050 (0,055)	–
18		S	0,050 (0,055)	0,050 (0,055)	0,050 (0,055)	–
19		N 10)	0,012 (0,013)	0,012 (0,013)	0,012 (0,013)	–
20	Schweißeignung für Verfahren 11)		E, MAG, GP, RA, RP	E, MAG, GP, RA, RP	E 12), MAG 12), RP	–

1) Für Zeichnungen und statische Berechnungen.

2) Mit den Einschränkungen nach Abschnitt 8.3 gelten die in dieser Spalte festgelegten Anforderungen auch für Bewehrungsdraht.

3) p-Wert für eine statistische Wahrscheinlichkeit $W = 1 - a = 0{,}90$ (einseitig) (siehe auch Abschnitt 5.2.2).

4) Für Betonstahlmatten mit Nenndurchmessern von 4,0 und 4,5 mm gelten die in Anwendungsnormen festgelegten einschränkenden Bestimmungen; die Dauerschwingfestigkeit braucht nicht nachgewiesen zu werden.

5) Früher verwendete Zeichen.

6) Für die Istwerte des Zugversuchs gilt, daß R_m min. $1{,}05 \cdot R_e$ (bzw. $R_{p\,0,2}$), beim Betonstahl BSt 500 M mit Streckgrenzenwerten über 550 N/mm² min. $1{,}03 \cdot R_e$ (bzw. $R_{p\,0,2}$) betragen muß.

7) Die geforderte Dauerschwingfestigkeit an geraden Stäben gilt als erbracht, wenn die Werte nach Zeile 6 eingehalten werden.

8) Die Produktion ist so einzustellen, daß der Querschnitt im Mittel mindestens dem Nennquerschnitt entspricht.

9) Die Werte in Klammern gelten für die Stückanalyse.

10) Die Werte gelten für den Gesamtgehalt an Stickstoff. Höhere Werte sind nur dann zulässig, wenn ausreichende Gehalte an stickstoffabbindenden Elementen vorliegen.

11) Die Kennbuchstaben bedeuten: E = Metall-Lichtbogenhandschweißen, MAG = Metall-Aktivgasschweißen, GP = Gaspreßschweißen, RA = Abbrennstumpfschweißen, RP = Widerstandspunktschweißen.

12) Der Nenndurchmesser der Mattenstäbe muß mindestens 6 mm beim Verfahren MAG und mindestens 8 mm beim Verfahren E betragen, wenn Stäbe von Matten untereinander oder mit Stabstählen ≤ 14 mm Nenndurchmesser verschweißt werden.

4 Bezeichnung

4.1 Die Normbezeichnung von Erzeugnissen nach Normen der Reihe DIN 488 ist in der angegebenen Reihenfolge wie folgt zu bilden:

- Benennung (Betonstabstahl, Betonstahlmatte, Bewehrungsdraht),
- DIN-Hauptnummer der Norm (DIN 488),
- Kurzname oder Werkstoffnummer für die Betonstahlsorte (siehe Tabelle 1),
- Nenndurchmesser bei Betonstabstahl und Bewehrungsdraht bzw. kennzeichnende Nennmaße bei Betonstahlmatten.

4.2 Beispiele für die Normbezeichnung
(siehe auch DIN 488 Teil 2 und DIN 488 Teil 4):

a) Bezeichnung von geripptem Betonstabstahl der Sorte BSt 500 S mit einem Nenndurchmesser von d_s = 20 mm:

Betonstabstahl DIN 488 – BSt 500 S – 20

oder

Betonstabstahl DIN 488 – 1.0438 – 20

b) Bezeichnung von glattem Bewehrungsdraht der Sorte BSt 500 G mit einem Nenndurchmesser von d_s = 6 mm:

Bewehrungsdraht DIN 488 – BSt 500 G – 6

oder

Bewehrungsdraht DIN 488 – 1.0464 – 6

c) Beispiele für die Bezeichnung von Betonstahlmatten siehe DIN 488 Teil 4.

5 Anforderungen

5.1 Herstellverfahren

5.1.1 Betonstabstahl nach dieser Norm wird wie folgt hergestellt:

- warmgewalzt, ohne Nachbehandlung, oder
- warmgewalzt und aus der Walzhitze wärmebehandelt, oder
- kaltverformt (durch Verwinden oder Recken der warmgewalzten Ausgangserzeugnisse).

5.1.2 Die Stäbe für Betonstahlmatten nach dieser Norm werden durch Kaltverformung (d. h. durch Ziehen und/oder Kaltwalzen der warmgewalzten Ausgangserzeugnisse) hergestellt.

5.1.3 Für die Herstellung von Bewehrungsdraht gelten die Festlegungen des Abschnitts 8.1.

5.1.4 Das Herstellverfahren bleibt im Rahmen der Festlegungen in den Abschnitten 5.1.1 bis 5.1.3 dem Hersteller überlassen, sofern er die in DIN 488 Teil 6 (z. Z. Entwurf) festgelegten Nachweise erbracht hat.

5.2 Eigenschaften

5.2.1 Betonstahl muß die in DIN 488 Teil 1 bis Teil 7 (Teil 2 bis Teil 7 z. Z. Entwurf) festgelegten Eigenschaften und Anforderungen erfüllen. Stähle, die nicht diesen Anforderungen entsprechen, dürfen nicht als Betonstahl nach DIN 488 Teil 1 bis Teil 7 (Teil 2 bis Teil 7 z. Z. Entwurf) bezeichnet werden.

Die ordnungsgemäße Herstellung von Betonstahl nach dieser Norm sowie die Einhaltung der geforderten Eigenschaften sind entsprechend den Festlegungen in DIN 488 Teil 6 (z. Z. Entwurf) zu überwachen. Die Prüfverfahren zum Nachweis der Eigenschaften sind in DIN 488 Teil 3 und Teil 5 (z. Z. Entwurf) angegeben.

5.2.2 Bei den Angaben in Tabelle 1 (Merkmale der Zeilen 2 bis 15 in den Spalten 2 bis 4) handelt es sich um p-Quantile der Grundgesamtheit. Als Grundgesamtheit gilt die Produktion eines Werkes für den in DIN 488 Teil 6 (z. Z. Entwurf) angegebenen Zeitraum. Die Anforderungen sind erfüllt, wenn die in den Spalten 2 bis 4 festgelegten p-Quantile von einem Anteil der Grundgesamtheit von höchstens dem in Spalte 5 festgelegten Wert p unterschritten werden.

5.2.3 Die Verformungsfähigkeit der Erzeugnisse einschließlich der Eignung zum Biegen unter den in DIN 1045 festgelegten Bedingungen gilt als sichergestellt, wenn die Anforderungen an den Rückbiegeversuch oder den Faltversuch an der Schweißstelle entsprechend Tabelle 1 (Zeilen 9 bis 12) erfüllt werden.

5.2.4 Für die chemische Zusammensetzung (Schmelzen- und Stückanalyse) gelten die Angaben in Tabelle 1 (Zeilen 16 bis 19) sowie die Festlegungen in DIN 488 Teil 7 (z. Z. Entwurf).

5.2.5 Die Betonstahlsorten nach dieser Norm sind zum Schweißen nach den in Tabelle 1 (Zeile 20) angegebenen Verfahren geeignet.

Für den Nachweis der Schweißeignung der Betonstahlsorten BSt 420 S und BSt 500 S gelten die Festlegungen in DIN 488 Teil 7 (z. Z. Entwurf).

Für die Betonstahlsorte BSt 500 M sowie für Bewehrungsdraht gilt der Nachweis der Schweißeignung als erbracht, wenn die Werte für die chemische Zusammensetzung nach Tabelle 1 eingehalten sind.

5.2.6 Die Anforderungen an die Oberflächengestalt sowie die Maße und zulässigen Maßabweichungen sind für Betonstabstahl in DIN 488 Teil 2 (z. Z. Entwurf), für Betonstahlmatten und Bewehrungsdraht in DIN 488 Teil 4 (z. Z. Entwurf) festgelegt.

6 Kennzeichnung der Erzeugnisse

6.1 Kennzeichnung der Stahlsorte

6.1.1 Allgemeines

Die Betonstahlsorten unterscheiden sich voneinander durch die Oberflächengestalt und/oder durch die Verarbeitungsform der Erzeugnisse (siehe auch DIN 488 Teil 2 und Teil 4, z. Z. Entwurf).

6.1.2 Betonstabstahl

a) Betonstabstahl der Sorte BSt 420 S ist durch zwei einander gegenüberliegenden Reihen paralleler Schrägrippen gekennzeichnet. Außer bei dem durch Kaltverwinden hergestellten Betonstabstahl weisen die Schrägrippen auf den beiden Umfangshälften unterschiedliche Abstände auf (siehe Bild 1).

b) Betonstabstahl der Sorte BSt 500 S ist durch zwei Reihen Schrägrippen gekennzeichnet, wobei eine Reihe zueinander parallele Schrägrippen und die andere Reihe zur Stabachse alternierend geneigte Schrägrippen aufweist (siehe Bild 2).

6.1.3 Betonstahlmatte

Die Betonstahlmatten BSt 500 M sind durch ihre Verarbeitungsform und die Rippung ihrer Stäbe gekennzeichnet. Die Stäbe der Betonstahlmatten besitzen drei auf einem Umfangsteil von je $\approx d \cdot \pi/3$ angeordnete Reihen von Schrägrippen.

6.1.4 Bewehrungsdraht

Siehe Abschnitt 8.4

6.2 Kennzeichnung des Herstellerwerkes

6.2.1 Allgemeines

Die Betonstähle müssen mit einem für jedes Herstellerwerk festgelegten Werkkennzeichen versehen sein [1]).

6.2.2 Betonstabstahl

6.2.2.1 Land und Herstellerwerk sind jeweils durch eine bestimmte Anzahl von normalen Schrägrippen zwischen verbreiterten Schrägrippen nach dem in den Bildern 1 und 2 dargestellten System zu kennzeichnen.

6.2.2.2 Das Werkkennzeichen beginnt mit zwei verbreiterten Schrägrippen. Es folgt das Nummernfeld des Landes mit einer bestimmten Anzahl von normalen Schrägrippen, das durch eine verbreiterte Schrägrippe abgeschlossen wird. Darauf folgt die Werknummer mit einer bestimmten Anzahl von normalen Schrägrippen (siehe Bilder 1 und 2, Beispiel a); dieses Feld kann auch durch eine verbreiterte Schrägrippe in Zehner- und Einerstellen unterteilt sein (siehe Bilder 1 und 2, Beispiel b). Den Abschluß des gesamten Kennzeichens bildet wiederum eine verbreiterte Schrägrippe.

6.2.2.3 Die Werkkennzeichen sollen sich auf dem Stab in Abständen von $\approx$ 1 m wiederholen.

---

1) Ein Verzeichnis der gültigen Werkkennzeichen wird vom Institut für Bautechnik, Reichpietschufer 72–76, 1000 Berlin 30, geführt.

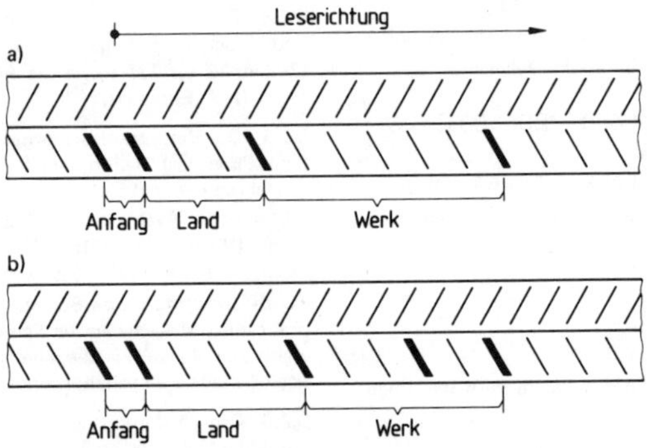

Bild 1. Kennzeichnung von Betonstabstahl BSt 420 S
Beispiel a): Land Nr 2, Werknummer 5
Beispiel b): Land Nr 3, Werknummer 21

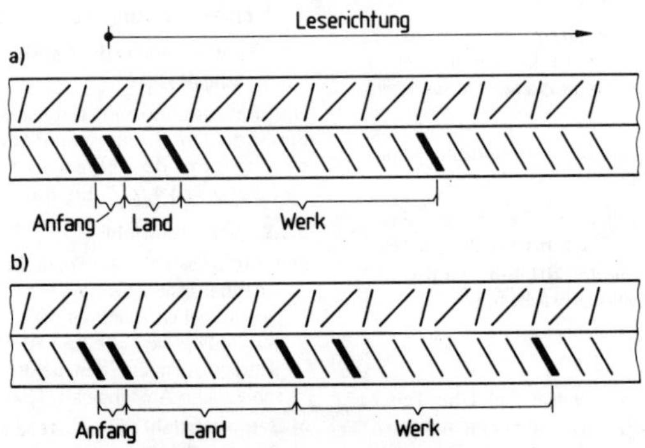

Bild 2. **Kennzeichnung von Betonstabstahl BSt 500 S**
Beispiel a): Land Nr 1, Werknummer 8
Beispiel b): Land Nr 5, Werknummer 16

6.2.3 Betonstahlmatte

6.2.3.1 Betonstahlmatten sind mit einem witterungsbeständigen Anhänger zu versehen, aus welchem die Nummer des Herstellerwerkes und die Mattenbezeichnung erkennbar sind.

6.2.3.2 Zusätzlich sind die Stäbe auf einer der drei Rippenreihen nach dem in Bild 3 dargestellten System zu kennzeichnen.

6.2.3.3 Das Werkkennzeichen ist durch die Anzahl von Schrägrippen bestimmt, die zwischen kürzeren oder punktförmigen, zusätzlich eingeschalteten Zwischenrippen liegen (siehe Bild 3, Beispiel a). Statt durch diese kürzeren Zwischenrippen oder Punkte darf die Kennzeichnung auch durch größere Rippenabstände (Weglassen einer Rippe, siehe Bild 3, Beispiel b) erfolgen.

7 Lieferschein

7.1 Nach dieser Norm hergestellter Betonstahl ist mit numerierten Lieferscheinen auszuliefern, die folgende Angaben enthalten:

a) Hersteller und Werk,

b) Werkkennzeichen bzw. Werknummer,

c) Überwachungszeichen,

d) vollständige Bezeichnung des Betonstahls,

e) Liefermenge,

f) Tag der Lieferung,

g) Empfänger.

7.2 Bei Lieferung von Betonstahl ab Händlerlager oder ab Biegebetrieb ist vom Lieferer auf dem Lieferschein zu bestätigen, daß er Betonstahl nur aus Herstellerwerken bezieht, die einer Überwachung nach DIN 488 Teil 6 (z. Z. Entwurf) unterliegen.

8 Bewehrungsdraht

8.1 Sorteneinteilung, Herstellverfahren, Lieferform

Bewehrungsdraht wird in den im Abschnitt 3.3 genannten Stahlsorten durch Kaltverformung hergestellt und in der Regel als Draht (in Ringen) geliefert.

Die Erzeugnisse müssen eine glatte Oberfläche (Sorte BSt 500 G, Werkstoffnummer 1.0464, Kurzzeichen IV G) oder eine profilierte Oberfläche (Sorte BSt 500 P, Werkstoffnummer 1.0465, Kurzzeichen IV P) aufweisen (siehe auch DIN 488 Teil 4, z. Z. Entwurf).

8.2 Lieferung und Verwendung

8.2.1 Bewehrungsdraht darf nur durch Herstellerwerke von geschweißten Betonstahlmatten ausgeliefert werden. Er ist unmittelbar vom Herstellerwerk an den Verarbeiter zu liefern.

8.2.2 Die Verarbeitung von Bewehrungsdraht ist auf werkmäßig hergestellte Bewehrungen zu beschränken, deren Fertigung, Überwachung und Verwendung in technischen Baubestimmungen (z. B. DIN 4035 oder DIN 4223) geregelt ist.

8.3 Anforderungen

Für Bewehrungsdraht gelten die in den Spalten 4 und 5 der Tabelle 1 festgelegten Anforderungen mit Ausnahme der Festlegungen in den Zeilen 7, 8, 12, 13 und 15.

8.4 Kennzeichnung

8.4.1 Die einzelnen Ringe oder Bunde sind mit einem witterungsbeständigen Anhänger zu versehen, aus dem die Nummer des Herstellerwerkes und der Nenndurchmesser des Erzeugnisses erkennbar sind.

8.4.2 Profilierter Bewehrungsdraht BSt 500 P ist zusätzlich zu den Angaben im Abschnitt 8.4.1 mit einem Werkkennzeichen nach dem im Bild 4 dargestellten System zu versehen. Die Werknummer geht aus der Anzahl der erhabenen Profilteile hervor, die zwischen senkrecht zur Stabachse (entsprechend Bild 4, Beispiel a) angeordneten oder zwischen fehlenden erhabenen Profilteilen (entsprechend Bild 4, Beispiel b) angeordnet sind.

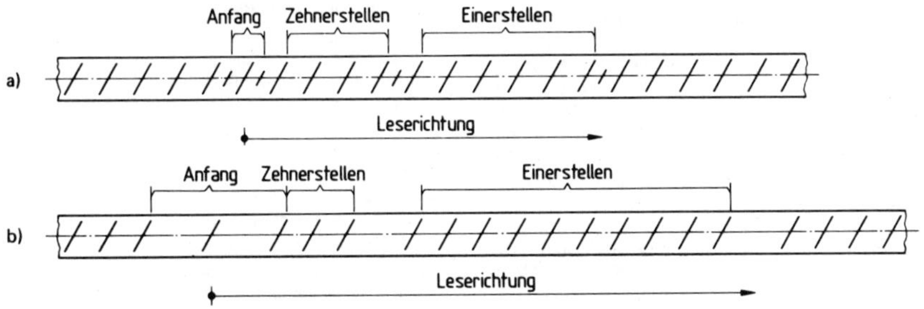

Bild 3. Werkkennzeichen für Betonstahlmatten
Beispiel a): Werknummer 46
Beispiel b): Werknummer 40 (= 3 · 10 + 10)

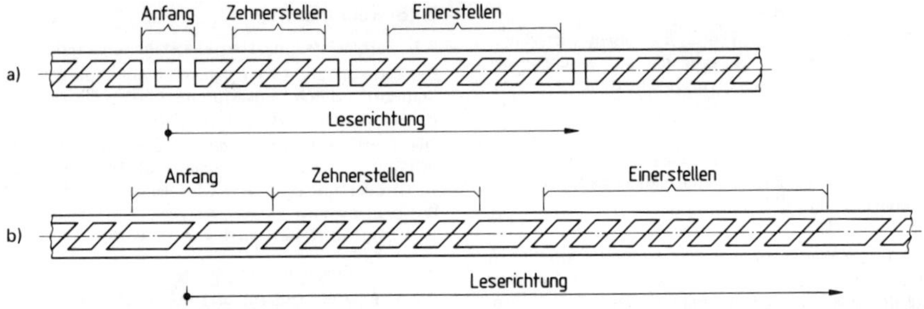

Bild 4. Werkkennzeichen von profiliertem Bewehrungsdraht
Beispiel a): Werknummer 35
Beispiel b): Werknummer 68

Zitierte Normen

DIN 488 Teil 2	(z. Z. Entwurf)	Betonstahl; Betonstabstahl; Maße und Gewichte
DIN 488 Teil 3	(z. Z. Entwurf)	Betonstahl; Betonstabstahl; Prüfungen
DIN 488 Teil 4	(z. Z. Entwurf)	Betonstahl; Betonstahlmatten und Bewehrungsdraht; Aufbau, Maße und Gewichte
DIN 488 Teil 5	(z. Z. Entwurf)	Betonstahl; Betonstahlmatten und Bewehrungsdraht; Prüfungen
DIN 488 Teil 6	(z. Z. Entwurf)	Betonstahl; Überwachung (Güteüberwachung)
DIN 488 Teil 7	(z. Z. Entwurf)	Betonstahl; Nachweis der Schweißeignung von Betonstabstahl; Durchführung und Bewertung der Prüfungen
DIN 1045		Beton und Stahlbeton; Bemessung und Ausführung
DIN 4035		Stahlbetonrohre, Stahlbetondruckrohre und zugehörige Formstücke aus Stahlbeton; Maße, Technische Lieferbedingungen
DIN 4223	(z. Z. Entwurf)	Gasbeton; Bewehrte Bauteile
DIN 4227 Teil 1		Spannbeton; Bauteile aus Normalbeton mit beschränkter oder voller Vorspannung

Frühere Ausgaben

DIN 488: 07.23, 05.32, 03.39; DIN 488 Teil 1: 04.72

Änderungen

Gegenüber der Ausgabe April 1972 wurden folgende Änderungen vorgenommen:

a) Einteilung der Stahlsorten,
b) Schweißeignung der Stähle,
c) Mechanische und technologische Eigenschaften,
d) Weitere Änderungen siehe Erläuterungen.

Erläuterungen

Die vorliegende Neuausgabe von DIN 488 Teil 1 wurde in einem Gemeinschaftsausschuß des NA Eisen und Stahl sowie des NA Bauwesen erarbeitet, in dem die Hersteller und Anwender von Betonstahl, die Baubehörden, Prüfinstitute und Hochschulen vertreten sind. Dieser Ausschuß befaßt sich auch mit der Überarbeitung der bisherigen DIN 488 Teil 2 bis Teil 6 sowie mit der Erstellung eines neuen Teils 7 mit Festlegungen über den Nachweis der Schweißeignung von Betonstahl. Er dient ferner als Spiegelausschuß bei der internationalen Normungstätigkeit auf dem Gebiet des Betonstahls. Die Verhandlungen über die Neufassung der EURONORM 80 – Betonstahl für nicht vorgespannte Bewehrung – (z. Z. Ausgabe März 1969) sowie über die Erstfassung einer entsprechenden ISO-Norm (DP 6935/2, z. Z. fünfter Entwurfsvorschlag September 1981, Dokument-Nummer ISO/TC 17/SC 16 N 211) sind im Gange und wurden bei den Gesprächen über die Folgeausgaben von Normen der Reihe DIN 488 mit in Betracht gezogen.

Hauptziele der Neufassung der DIN-Norm waren die Verminderung der Anzahl der genormten Sorten, die alleinige Berücksichtigung schweißgeeigneter Betonstähle und die Aufnahme des Betonstabstahls BSt 500 S (IV S).

Sorteneinteilung

a) Der schon seit Jahren nicht mehr hergestellte quergerippte Betonstabstahl BSt 22/34 RU (IR) wurde aus der Norm herausgenommen.

b) Ebenso blieb der glatte Betonstabstahl BSt 22/34 GU (IG) unberücksichtigt, der nicht gezielt mit fortlaufender Güteüberwachung hergestellt wird. An seine Stelle kann zukünftig der schweißgeeignete Baustahl St 37-2 nach DIN 17 100 (Maße und zulässige Abweichungen nach DIN 1013 Teil 1 und Teil 2) treten.

c) Eine wesentliche Rolle spielte die Frage, welche Betonstahlsorten für die Einzelstabbewehrung vorzusehen seien. Im Arbeitsausschuß wurde zunächst mehrheitlich der Vorschlag unterstützt, im Hinblick auf die Vorteile für die Vereinfachung der Erzeugung und Lagerhaltung, die Vereinheitlichung der Verarbeitungs- und Anwendungsbedingungen sowie die Vermeidung von Werkstoffverwechslungen nur **eine** Sorte zu berücksichtigen, nämlich den Stahl BSt 500 (Betonstabstahl IV) mit einer charakteristischen Streckgrenze von 500 N/mm², der in Deutschland seit etwa zehn Jahren allgemein bauaufsichtlich zugelassen ist, seit 1969 in der EURONORM 80 steht und auch in die geplante ISO-Norm aufgenommen werden soll. In den Stellungnahmen zu dem auf dieser Grundlage veröffentlichten Entwurf, Ausgabe Februar 1983, für DIN 488 Teil 1 wurde der genannte Vorschlag jedoch von der überwiegenden Mehrheit der Anwender abgelehnt. Die meisten bauausführenden Firmen, Fachverbände der Bauwirtschaft und Ingenieurbüros sahen in der Beschränkung auf die Sorte BSt 500 keine wesentlichen technischen und wirtschaftlichen Vorteile; sie beantragten – auch im Hinblick auf die Angleichung an die internationalen Lieferbedingungen und die leichtere Anwendbarkeit der DIN-Norm beim Bauen im Ausland – die Beibehaltung eines Betonstahls mit der charakteristischen Streckgrenze 420 N/mm² (BSt 420), auf den zur Zeit noch der weitaus größte Anteil des Verbrauchs entfalle.

Diesem Antrag folgend wurde bei den abschließenden Verhandlungen entschieden, in die endgültige Fassung der Folgeausgabe von DIN 488 Teil 1 **beide** Betonstabstahlsorten aufzunehmen. Die für sie in Betracht kommenden Herstellverfahren sind im Abschnitt 5.1.1 genannt.

d) Für geschweißte Betonstahlmatten wurde entsprechend der heutigen Nachfrage nur noch die gerippte Sorte BSt 500 M (bisher BSt 50/55 RK) genormt. Nicht geschweißte Betonstahlmatten werden in Deutschland seit vielen Jahren nicht mehr hergestellt.

e) Für den neu aufgenommenen Bewehrungsdraht wurden unter den im Abschnitt 8 beschriebenen Liefer- und Verwendungsbedingungen die Stahlsorten BSt 500 G (glatt) und BSt 500 P (profiliert) vorgesehen.

f) Beim Betonstabstahl blieb der Bereich der berücksichtigten Nenndurchmesser mit d_s = 6 bis 28 mm unverändert. Das gleiche gilt für die Nenndurchmesser d_s = 4 bis 12 mm bei den Betonstahlmatten; jedoch gelten für die Verwendung der Nenndurchmesser d_s = 4 und 4,5 mm einschränkende Bestimmungen (siehe Fußnote 4 zur Tabelle 1).

g) Sowohl in der EURONORM 80 (derzeit Entwurf Juni 1983 für die Folgeausgabe) als auch in der geplanten ISO-Norm sind für die Einzelstabbewehrung zwei Sorten mit Streckgrenzenwerten von 400 und 500 N/mm² mit Nenndurchmessern bis d_s = 50 mm vorgesehen. Die ISO-Norm soll auch einen warmgewalzten Betonstabstahl mit einem Nennwert der Streckgrenze von 300 N/mm² erfassen, an dem in Deutschland kein Interesse besteht.

Die Sorten für Betonstahlmatten sind international bisher nicht genormt.

Eigenschaften der Stähle

h) Alle Betonstahlsorten dieser Norm sind zum Schweißen nach den in Tabelle 1 (Zeile 20) angegebenen Verfahren geeignet (siehe auch Abschnitt 5.2.5). Damit wird dem Sachverhalt Rechnung getragen, daß die Zahl der nichtplanmäßigen, unkontrollierten und bisweilen unvermeidbaren Schweißungen auf der Baustelle auch bei den Sorten, die nach Normen der Reihe DIN 488 bisher nicht als schweißgeeignet galten, zugenommen hat. Außerdem hat die Entwicklung in der Bewehrungstechnik in Deutschland dazu geführt, daß die Bewehrung überwiegend von fremden Biegebetrieben fertig gebogen und zu Einheiten vorgefertigt auf die Baustellen geliefert wird. Dabei werden Verbindungen in zunehmendem Maße durch Schweißen (Verfahren E und RP) hergestellt. Der Beschluß, in DIN 488 Teil 1 nur noch schweißgeeignete Stähle zu erfassen, kommt dem Wunsch nach verbesserter Sicherheit und nach Vereinheitlichung der Verarbeitungsbedingungen entgegen; er ermöglichte zugleich eine Verminderung der bisherigen Sortenvielfalt. Zu erwähnen ist, daß auch für die Neufassung der EURONORM 80 nur noch schweißgeeignete Betonstähle vorgesehen sind.

i) Die neue Sorte BSt 420 S (III S) enthält auch die bisherige Sorte BSt 42/50 RK (III K). Sie unterscheidet sich von der bisher genormten Sorte BSt 42/50 RU (III U) im wesentlichen durch die zur Sicherstellung der Schweißeignung festgelegten Werte für die chemische Zusammensetzung (siehe Tabelle 1, Zeilen 16 bis 19). Die für die Bemessung nach DIN 1045 maßgebenden Nennwerte der Streckgrenze, Zugfestigkeit und Bruchdehnung wurden gegenüber denjenigen der Sorte III U nicht verändert.

j) Die Werte für die Bruchdehnung beziehen sich in den internationalen Lieferbedingungen auf Proportionalproben mit der Meßlänge $L_0 = 5\,d_0$ (A_5). In den Normen der Reihe DIN 488 wird dagegen weiterhin die lange Proportionalprobe ($L_0 = 10\,d_0$ bzw. A_{10}) vorgeschrieben. Im Ausschuß war man der Meinung, daß die kurze Probe zur Beurteilung der Stähle weniger geeignet sei, da bei den Messungen der Anteil der Einschnürdehnung den der Gleichmaßdehnung mehr überdecke und die Standardabweichungen infolge des stärkeren Einflusses von Meßfehlern größer seien als bei langen Proportionalproben.

k) Es wurden keine Werte für die Gleichmaßdehnung der Stähle aufgenommen. Zur Zeit läuft auf europäischer Ebene ein internationales Forschungsprogramm über die zweckmäßigsten Verfahren zur Ermittlung der Gleichmaßdehnung und zur Sammlung entsprechender Prüfwerte, dessen Ergebnisse jedoch noch nicht vorliegen.

l) Die Angaben für den Rückbiegeversuch (Tabelle 1, Zeilen 9 bis 11) haben keine unmittelbaren Beziehungen zu den in DIN 1045, Ausgabe Dezember 1978, Tabelle 18, genannten Mindestwerten des Biegerollendurchmessers für Haken, Schlaufen und Bügel sowie für Aufbiegungen. Durch den Rückbiegeversuch soll allein das Verformungsvermögen des Betonstahls geprüft werden. Bei Einhaltung der Anforderungen nach Tabelle 1 gilt die Eignung zum Biegen unter den in DIN 1045 festgelegten Bedingungen als sichergestellt.

Es sei vermerkt, daß in den internationalen Normen größere Biegerollendurchmesser für den Rückbiegeversuch als in DIN 488 Teil 1 vorgesehen sind.

m) Bei unter Laborbedingungen durchgeführten Untersuchungen über das Warmbiegeverhalten der Betonstähle bei Temperaturen von 250 bis 1100 °C ergaben sich ebenso wie bei den Eigenschaftsänderungen nach dem Abkühlen sehr große, stark vom Herstellverfahren der Erzeugnisse abhängige Streuungen der Ergebnisse. Rückschlüsse auf die Eigenschaften der Stähle beim und nach dem Warmbiegen unter Baustellenbedingungen sind wegen der dort nicht definierten Verhältnisse (Durchwärmung, Abkühlung) nur bedingt möglich. In der vorliegenden Norm konnten deshalb keine allgemeingültigen Festlegungen getroffen werden.

Kennzeichnung der Erzeugnisse

n) Die Festlegungen zur Kennzeichnung der Betonstähle BSt 420 S und BSt 500 S durch eine spezifische Anordnung der Schrägrippen (siehe Abschnitt 6.1.2) entsprechen der derzeitigen Praxis der Kennzeichnung der schweißgeeigneten Sorten. Sie wurden gleichartig auch für die EURONORM 80 vorgesehen.

Die Art der Kennzeichnung des Herstellerwerks blieb im Grundsatz unverändert. Neu ist, daß der Anfang des Kennzeichens bei den Betonstabstählen nach Normen der Reihe DIN 488 aus zwei aufeinanderfolgenden verbreiterten Schrägrippen besteht.

Internationale Patentklassifikation

E 04 C 5-01

DK 669.14-422.2:691.714:693.554 Juni 1986

Betonstahl
Betonstabstahl
Maße und Gewichte

DIN 488 Teil 2

Reinforcing steels; reinforcing bars; dimensions and masses

Aciers pour béton armé; aciers en barres droites; dimensions et masses linéiques

Ersatz für Ausgabe 04.72

Zusammenhang mit der von der Europäischen Gemeinschaft für Kohle und Stahl herausgegebenen EURONORM 82 siehe Erläuterungen.

Zusammenhang mit einer bei der International Organization for Standardization (ISO) in Vorbereitung befindlichen Internationalen Norm siehe Erläuterungen.

Zu dieser Norm gehören

DIN 488 Teil 1 Betonstahl; Sorten, Eigenschaften, Kennzeichen
DIN 488 Teil 3 Betonstahl; Betonstabstahl; Prüfungen
DIN 488 Teil 4 Betonstahl; Betonstahlmatten und Bewehrungsdraht; Aufbau, Maße und Gewichte
DIN 488 Teil 5 Betonstahl; Betonstahlmatten und Bewehrungsdraht; Prüfungen
DIN 488 Teil 6 Betonstahl; Überwachung (Güteüberwachung)
DIN 488 Teil 7 Betonstahl; Nachweis der Schweißeignung von Betonstabstahl; Durchführung und Bewertung der Prüfungen

1 Anwendungsbereich

Diese Norm gilt für die Maße, Gewichte und zulässigen Abweichungen von geripptem Betonstabstahl der Sorten BSt 420 S und BSt 500 S nach DIN 488 Teil 1 mit den in Tabelle 1 angegebenen Nenndurchmessern.

Für die Maße und Gewichte von Betonstahlmatten und Bewehrungsdraht gilt DIN 488 Teil 4.

2 Begriffe

Nach DIN 488 Teil 1

3 Bezeichnung und Bestellung

3.1 Für die Normbezeichnung von Betonstabstahl gelten die Festlegungen nach DIN 488 Teil 1.

3.2 Bei der Bestellung sind zusätzlich zur Normbezeichnung die gewünschte Liefermenge sowie die gewünschte Stablänge anzugeben.

Beispiel für die Bestellung von 50 t Betonstabstahl nach dieser Norm der Sorte BSt 500 S, Nenndurchmesser 20 mm, Stablänge 12 m:

50 t Betonstabstahl DIN 488 – BSt 500 S – 20 × 12

4 Maße, Gewichte, zulässige Abweichungen

4.1 Durchmesser, Querschnitt, Gewicht

4.1.1 Die lieferbaren Nenndurchmesser und die aus ihnen errechneten Nennquerschnitte und Nenngewichte sind in Tabelle 1 (Spalten 1 bis 3) angegeben.

4.1.2 Der Kernquerschnitt von geripptem Betonstabstahl soll möglichst kreisförmig sein.

Tabelle 1. **Durchmesser, Querschnitt und Gewicht (Nennwerte) von geripptem Betonstabstahl**

1	2	3
Nenndurchmesser d_s	Nennquerschnitt[1)] A_s cm^2	Nenngewicht[2)] G kg/m
6	0,283	0,222
8	0,503	0,395
10	0,785	0,617
12	1,13	0,888
14	1,54	1,21
16	2,01	1,58
20	3,14	2,47
25	4,91	3,85
28	6,16	4,83

1) Siehe DIN 488 Teil 1, Ausgabe September 1984, Tabelle 1 (Zeile 14 und Fußnote 8).

2) Errechnet mit einer Dichte von 7,85 kg/dm^3.

4.2 Oberflächengestalt

4.2.1 Allgemeines

4.2.1.1 Betonstabstahl der Sorte BSt 420 S muß zwei einander gegenüberliegende Reihen zueinander parallel verlaufender Schrägrippen haben. Außer bei den durch Kaltverwinden hergestellten Stäben weisen die Schrägrippen auf den beiden Umfangshälften unterschiedliche Abstände auf (siehe Bilder 1 und 2).

4.2.1.2 Betonstabstahl der Sorte BSt 500 S muß zwei einander gegenüberliegende Reihen von Schrägrippen haben, wobei eine Reihe zueinander parallel verlaufende Schrägrippen, die andere Reihe dagegen zur Stabachse alternierend geneigte Schrägrippen aufweist (siehe Bilder 3 und 4).

Fortsetzung Seite 2 bis 5

Normenausschuß Eisen und Stahl (FES) im DIN Deutsches Institut für Normung e.V.
Normenausschuß Bauwesen im DIN

78/5*

4.2.1.3 Nicht verwundener Betonstabstahl kann mit oder ohne Längsrippen hergestellt werden.

4.2.1.4 Kalt verwundener Betonstabstahl hat eine Ganghöhe von etwa $10 \cdot d_s$ bis $12 \cdot d_s$ und muß Längsrippen aufweisen (siehe Bilder 2 und 4).

4.2.2 Schrägrippen

4.2.2.1 Die Schrägrippen sind in ihrem Längsschnitt sichelförmig ausgebildet, sie dürfen nicht in vorhandene Längsrippen einbinden.

4.2.2.2 Die Flanken der Schrägrippen (Winkel α) sollen möglichst steil ($\alpha \geq 45°$) und am Übergang zum Stabkern ausgerundet sein (siehe Bild 5).

4.2.2.3 Richtwerte für die Neigung der Schrägrippen zur Stabachse (Winkel β) sind in den Bildern 1 bis 4 angegeben.

4.2.2.4 Die Maße und Abstände der Schrägrippen sollen den in Tabelle 2 (Spalten 2 bis 9) angegebenen Werten entsprechen (Bestimmung nach DIN 488 Teil 3). Der gegenseitige Abstand e der Rippenenden soll betragen:

$e \approx 0{,}2 \cdot d_s$ bei nicht verwundenem Betonstabstahl mit oder ohne Längsrippen (gemessen rechtwinklig zur Stabachse; siehe Bilder 1 und 3),

$e \approx 0{,}3 \cdot d_s$ bei kalt verwundenem Betonstabstahl (gemessen rechtwinklig zur Längsrippe; siehe Bilder 2 und 4).

4.2.3 Längsrippen

4.2.3.1 Bei warmgewalztem Betonstabstahl soll die Höhe h_l etwa vorhandener Längsrippen einen Wert von $0{,}1 \cdot d_s$ nicht überschreiten (siehe Bild 6).

Bei kalt verwundenem Betonstabstahl darf die Höhe der Längsrippen max. $0{,}15 \cdot d_s$ betragen.

4.2.3.2 Die Kopfbreite b_l der Längsrippen soll $\simeq 0{,}1 \cdot d_s$ betragen.

4.2.4 Bezogene Rippenfläche

Bei den in Tabelle 2 (Spalte 10) angegebenen Werten für die bezogene Rippenfläche handelt es sich um Mindestwerte (Bestimmung nach DIN 488 Teil 3).

Tabelle 2. **Maße und Abstände der Schrägrippen sowie bezogene Rippenfläche von gerripptem Betonstabstahl (weitere Maße siehe Abschnitte 4.2.2 und 4.2.3)**

1	2	3	4	5	6	7	8	9	10
	Schrägrippen (Richtwerte)								
Nenndurchmesser	Höhe		Kopfbreite	Mittenabstand [2]					Bezogene Rippenfläche
				Betonstabstahl BSt 420 S			Betonstabstahl BSt 500 S		
	in der Mitte	in den Viertelpunkten		nicht verwunden		kalt verwunden	nicht verwunden	kalt verwunden	
d_s	h_s	h_{sv}	b_s [1]	c_{s1}	c_{s2}	c_s	c_s	c_s	f_R *)
6	0,39	0,28	0,6	5,8	4,2	6,0	5,0	6,0	0,039
8	0,52	0,36	0,8	6,6	4,8	8,0	5,7	8,0	0,045
10	0,65	0,45	1,0	7,5	5,5	10,0	6,5	10,0	0,052
12	0,78	0,54	1,2	8,3	6,1	10,8	7,2	10,8	0,056
14	0,91	0,63	1,4	9,7	7,1	12,6	8,4	12,6	0,056
16	1,04	0,72	1,6	11,0	8,2	14,4	9,6	14,4	0,056
20	1,30	0,90	2,0	13,8	10,2	18,0	12,0	18,0	0,056
25	1,63	1,13	2,5	17,3	12,7	22,5	15,0	22,5	0,056
28	1,82	1,26	2,8	19,3	14,3	25,2	16,8	25,2	0,056

*) Verhältnisgröße.

[1] Kopfbreiten in Rippenmitte bis $0{,}2 \cdot d_s$ sind nicht zu beanstanden.

[2] Zulässige Abweichung $\pm$ 15 %.

4.3 Länge

Betonstabstahl nach dieser Norm wird in Regellängen von 12 bis 15 m geliefert.

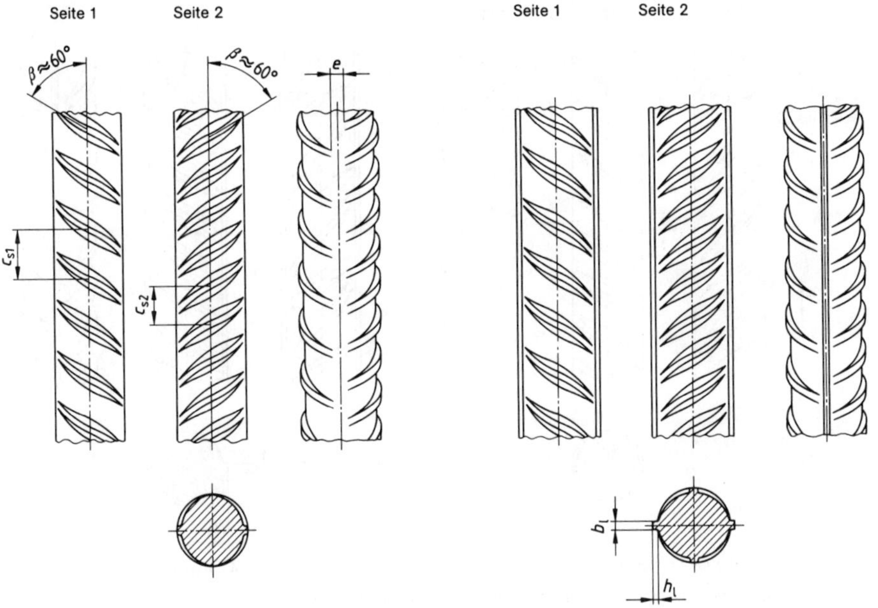

a) ohne Längsrippen

b) mit Längsrippen

Bild 1. Nicht verwundener Betonstabstahl BSt 420 S mit und ohne Längsrippen

c_s[1] $= \dfrac{\text{Abstand der Rippen-Mitten über eine Ganghöhe}}{\text{Anzahl der Rippen-Abstände über eine Ganghöhe}}$

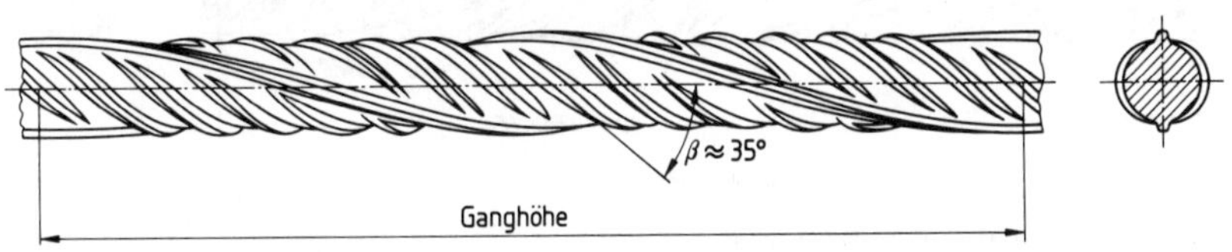

Bild 2. Kalt verwundener Betonstabstahl BSt 420 S

[1]) Kein meßbares Einzelmaß

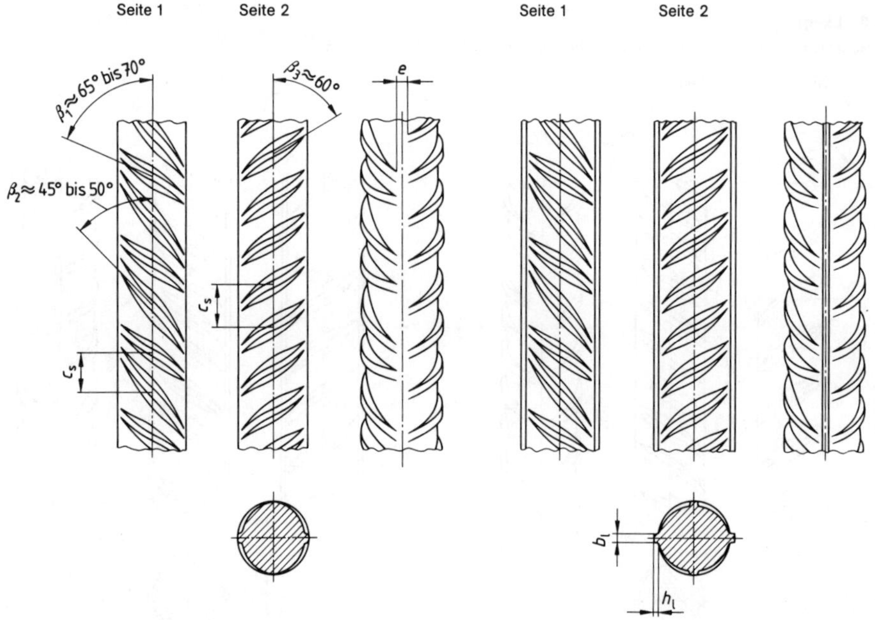

a) ohne Längsrippen

b) mit Längsrippen

Bild 3. Nicht verwundener Betonstabstahl BSt 500 S mit und ohne Längsrippen

$$c_s{}^{1)} = \frac{\text{Abstand der Rippen-Mitten über eine Ganghöhe}}{\text{Anzahl der Rippen-Abstände über eine Ganghöhe}}$$

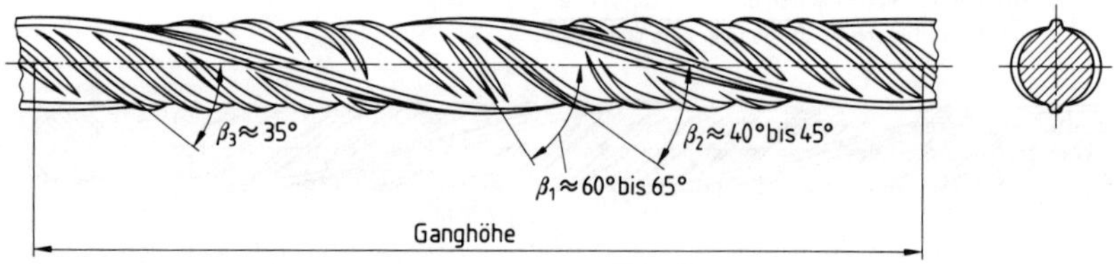

Bild 4. Kalt verwundener Betonstabstahl BSt 500 S

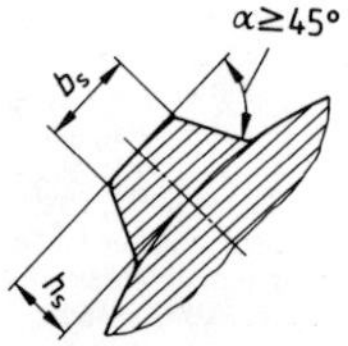

Bild 5. Schrägrippe Querschnitt in Rippenmitte

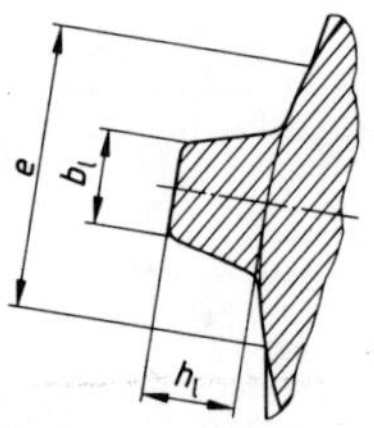

Bild 6. Längsrippe Querschnitt

1) Kein meßbares Einzelmaß

Zitierte Normen

DIN 488 Teil 1 Betonstahl; Sorten, Eigenschaften, Kennzeichen

DIN 488 Teil 3 Betonstahl; Betonstabstahl; Prüfungen

DIN 488 Teil 4 Betonstahl; Betonstahlmatten und Bewehrungsdraht; Aufbau, Maße und Gewichte

Frühere Ausgaben

DIN 488: 07.23, 05.32, 03.39;

DIN 488 Teil 2: 04.72

Änderungen

Gegenüber der Ausgabe April 1972 wurden folgende Änderungen vorgenommen (siehe auch Erläuterungen):

a) Streichung der Sorten BSt 22/34 GU und BSt 22/34 RU; Neuaufnahme der Sorte BSt 500 S,

b) Streichung der Nenndurchmesser 18 und 22 mm (siehe Tabelle 1),

c) Änderung der Werte für die bezogene Rippenfläche sowie für die Höhe der Schrägrippen (siehe Tabelle 2).

Erläuterungen

Die vorliegende Neuausgabe von DIN 488 Teil 2 wurde im Rahmen der Gesamtverhandlungen über die Neufassung der Technischen Lieferbedingungen für Betonstahl in einem Gemeinschaftsausschuß des NA Eisen und Stahl und des NA Bauwesen erarbeitet (siehe auch Erläuterungen zu DIN 488 Teil 1). Die wesentlichen Änderungen im Vergleich zu DIN 488 Teil 2, Ausgabe April 1972, sowie zu den bestehenden oder in Vorbereitung befindlichen Internationalen Normen sind im folgenden beschrieben. Bei den internationalen Lieferbedingungen handelt es sich um

- EURONORM 82 Betonstahl mit verbesserter Verbundwirkung; Maße, Gewichte, zulässige Abweichungen (Ausgabe Februar 1979) sowie um
- ISO/DP 6935/2 (z. Z. 5. Entwurfsvorschlag September 1981, Dokument-Nummer ISO/TC 17/SC 16 N 211).

a) Anwendungsbereich

Entsprechend den Vereinbarungen zur Sorteneinteilung nach DIN 488 Teil 1 werden in der vorliegenden Norm die Anforderungen an die Maße, Gewichte und die Oberflächengestalt der schräggerippten Betonstabstähle BSt 420 S und BSt 500 S festgelegt. Die in der früheren Ausgabe erfaßten Betonstabstähle BSt 22/34 GU (glatte Oberfläche) und BSt 22/34 RU (quergerippt) wurden nicht mehr berücksichtigt.

b) Nenndurchmesser

Der bisher für die Sorten BSt 42/50 RU und BSt 42/50 RK geltende Nenndurchmesser-Bereich von 6 bis 28 mm wurde für die neuen Betonstabstahlsorten beibehalten. Innerhalb dieses Bereichs wurden jedoch die für die geplante ISO-Norm nicht vorgesehenen und in der EURONORM 82 nicht als Vorzugsmaße genannten Nenndurchmesser 18 und 22 mm gestrichen (siehe Tabelle 1).

Der Geltungsbereich der internationalen Lieferbedingungen erstreckt sich auf Nenndurchmesser bis 50 mm.

c) Nennquerschnitt

Im Hinblick auf die bautechnische Sicherheit wurde wie bisher die zulässige **Unter**schreitung des Nennquerschnitts mit 4 % für den Einzelwert festgelegt (siehe DIN 488 Teil 1, Ausgabe September 1984, Tabelle 1, Zeile 14). Auf konkrete Zahlenangaben für die zulässige **Über**schreitung des Nennquerschnitts bzw. Nenngewichts, wie sie im Entwurf DIN 488 Teil 2, Ausgabe September 1984, noch genannt waren, wird in der vorliegenden Norm verzichtet. Bei einigen Verarbeitern und Verbrauchern bestand die Befürchtung, daß sich durch solche Festlegungen das derzeitige Lieferniveau ändern könne. Außerdem stimmten die im Entwurf DIN 488 Teil 2 angegebenen oberen Grenzwerte nicht mit denen in den internationalen Lieferbedingungen überein. Aus diesen Gründen entschied man sich dafür, die Festlegungen im Vergleich zu DIN 488 Teil 2, Ausgabe April 1972, unverändert beizubehalten.

Die internationalen Lieferbedingungen für Betonstabstahl enthalten symmetrische zum Nennwert verteilte Querschnittsabweichungen (z. B. ± 8 % für den Nenndurchmesser 10 mm); die in ihnen genannten Gesamtspannen für die zulässigen Abweichungen können auch bei der Betonstahlfertigung in Deutschland im Durchschnitt nicht wesentlich unterschritten werden. Die Anforderungen nach DIN 488 Teil 1, nach denen einerseits die Unterschreitung des Nennquerschnitts höchstens 4 % betragen darf und andererseits der Querschnitt im Mittel mindestens dem Nennwert entsprechen muß, führen dazu, daß der Nennquerschnitt und damit auch das Nenngewicht im statistischen Mittel der Lieferungen überschritten wird. Nach den Erfahrungen ist bei nicht verwogenem Material davon auszugehen, daß das mittlere Liefergewicht (in kg/m) beim Nenndurchmesser 6 mm um 5 %, bei den Nenndurchmessern 8 bis 20 mm um 3 % und bei den Nenndurchmessern 25 und 28 mm um 2 % über den Nenngewichten nach Tabelle 1, Spalte 3, der vorliegenden Norm liegt.

d) Oberflächengestalt

Die Betonstabstähle BSt 420 S und BSt 500 S sind durch die aus den Bildern 1 bis 4 hervorgehende spezifische Anordnung der Schrägrippen gekennzeichnet (siehe auch Abschnitt 4.2.1).

Diese Oberflächengestalt wurde auch für die Neufassung der EURONORM 80 vorgesehen. Bei den Verhandlungen über die ISO-Norm hat man sich bisher noch nicht auf die Kennzeichnung der Stahlsorte durch die Art der Rippung einigen können.

Die Werte für die bezogene Rippenfläche (siehe Tabelle 2, Spalte 10) wurden den Festlegungen in den Internationalen Normen angeglichen, d. h. im Vergleich zu DIN 488 Teil 2, Ausgabe April 1972, in Abhängigkeit vom Nenndurchmesser um etwa 13 bis 19 % vermindert. Dabei ist allerdings zu berücksichtigen, daß es sich bei den neuen Festlegungen um Mindestwerte, d. h. für jeden Einzelfall gültige Werte handelt. Im Zusammenhang mit dieser Änderung wurden auch die Werte für die Höhe der Schrägrippen vermindert (siehe Tabelle 2, Spalten 2 und 3). Die Kennzeichnung des nicht verwundenen Betonstabstahls BSt 420 S durch unterschiedliche Rippenabstände auf beiden Seiten findet in den unterschiedlichen Richtwerten für die Mittenabstände c_{s1} und c_{s2} (siehe Tabelle 2, Spalten 5 und 6) ihren Niederschlag. Das Mittel aus beiden Werten entspricht den Angaben für BSt 500 S (siehe Spalte 8). Die Festlegungen für den Mittenabstand bei den kalt verwundenen Betonstabstählen blieben unverändert.

Internationale Patentklassifikation

E 04 C 5/03

DK 669.14-422.2:669.714:693.554:620.1 Juni 1986

Betonstahl
Betonstabstahl
Prüfungen

DIN 488 Teil 3

Reinforcing steels; reinforcing bars; testing

Aciers pour béton armé; aciers en barres droites; contrôle

Ersatz für Ausgabe 04.72

Zusammenhang mit den von der Europäischen Gemeinschaft für Kohle und Stahl herausgegebenen EURONORMEN 80 und 82 siehe Erläuterungen.

Zusammenhang mit einer bei der International Organization for Standardization (ISO) in Vorbereitung befindlichen Internationalen Norm siehe Erläuterungen.

Zu dieser Norm gehören:

DIN 488 Teil 1	Betonstahl; Sorten, Eigenschaften, Kennzeichen
DIN 488 Teil 2	Betonstahl; Betonstabstahl; Maße und Gewichte
DIN 488 Teil 4	Betonstahl; Betonstahlmatten und Bewehrungsdraht; Aufbau, Maße und Gewichte
DIN 488 Teil 5	Betonstahl; Betonstahlmatten und Bewehrungsdraht; Prüfungen
DIN 488 Teil 6	Betonstahl; Überwachung (Güteüberwachung)
DIN 488 Teil 7	Betonstahl; Nachweis der Schweißeignung von Betonstabstahl; Durchführung und Bewertung der Prüfungen

Maße in mm

1 Anwendungsbereich

Diese Norm gilt für die Prüfung der in DIN 488 Teil 1 festgelegten Eigenschaften sowie der in DIN 488 Teil 2 festgelegten Maße der gerippten Betonstabstähle BSt 420 S und BSt 500 S.

Für die Durchführung und Bewertung der Prüfungen zum Nachweis der Schweißeignung von Betonstabstahl gilt DIN 488 Teil 7.

Für die Prüfung von Betonstahlmatten und Bewehrungsdraht gilt DIN 488 Teil 5.

2 Querschnitt und Durchmesser

Der Querschnitt A_s wird aus dem Gewicht eines Stababschnitts mit der Zahlenwertgleichung

$$A_s = \frac{1{,}274 \cdot G}{l} \tag{1}$$

und der zugehörige Durchmesser d_s mit der Zahlenwertgleichung

$$d_s = 12{,}74 \sqrt{\frac{G}{l}} \tag{2}$$

ermittelt. Dabei ist das Gewicht G des Stababschnitts in g und seine Länge l in mm einzusetzen, damit sich der Querschnitt in cm^2 und der Durchmesser in mm ergeben.

3 Oberflächengestalt

3.1 Höhe der Schrägrippen

Die Höhe der Schrägrippen in der Mitte h_s und die Höhe der Schrägrippen in den Viertelpunkten h_{sv} sind für jede Rippenreihe als Mittelwert aus Messungen an mindestens je 2 Rippen desselben Neigungswinkel β zur Stabachse auf mindestens 0,01 mm zu ermitteln.

3.2 Mittenabstand der Schrägrippen

Der Mittenabstand c_s der Schrägrippen ist bei nicht verwundenem Betonstabstahl als Mittelwert des Abstands zwischen den Mitten (bezogen auf die Rippenlänge) von mindestens 11 Rippen jeder Rippenreihe auf 0,1 mm zu bestimmen.

Bei kalt verwundenem Betonstabstahl ist der Abstand zwischen den Mitten zweier Schrägrippen, die gegeneinander nicht verdreht sind, also um etwa eine Ganghöhe voneinander entfernt liegen, zu messen; der so ermittelte Wert ist durch die Anzahl der dazwischenliegenden Abstände zu teilen (siehe auch DIN 488 Teil 2, Ausgabe Juni 1986, Bilder 2 und 4).

3.3 Breite, Neigung zur Stabachse, Flankenneigung und Abstand der gegenüberliegenden Enden der Schrägrippen

Die Kopfbreite b_s, die Neigung der Schrägrippen zur Stabachse (Winkel β), der Flankenwinkel α und der gegenseitige Abstand e der Enden der Schrägrippen sind mit geeigneten Meßverfahren zu prüfen. Maßgebend sind die Mittelwerte aus Messungen an mindestens je 2 aufeinanderfolgenden Rippen desselben Neigungswinkels β bei jeder Rippenreihe.

3.4 Höhe und Kopfbreite der Längsrippen

Bei kalt verwundenem Betonstabstahl ist die Höhe h_l und die Kopfbreite b_l der Längsrippen an mehreren Stellen des Probenabschnitts zu messen.

3.5 Bezogene Rippenfläche

Die bezogene Rippenfläche ist die auf eine zur Stabachse rechtwinklig stehende Schnittfläche projizierte Rippenfläche, bezogen auf den Nennumfang und den mittleren Rippenabstand. Falls

- der Mittenabstand c_s der Schrägrippen größer und/oder
- die Höhe der Schrägrippen h_s bzw. h_{sv} kleiner und/oder
- die Höhe der Längsrippen h_l bei kalt verwundenem Betonstabstahl kleiner und/oder
- die gegenseitigen Abstände e der Rippenenden größer

als die in DIN 488 Teil 2 angegebenen Werte sind, muß die mittlere bezogene Rippenfläche f_R nach folgender Zahlenwertgleichung ermittelt werden:

Fortsetzung Seite 2 bis 6

Normenausschuß Eisen und Stahl (FES) im DIN Deutsches Institut für Normung e. V.
Normenausschuß Bauwesen im DIN

$$f_R = \frac{1}{\pi \cdot d_s} \sum_{n=1}^{k} \frac{\frac{1}{m} \sum_{l=1}^{m} F_{R\,(n,\,l)} \cdot \sin \beta_{(n,\,l)}}{c_{s(n)}} + \frac{1}{j \cdot d_s} \sum_{n=1}^{i} h_{l(n)} \qquad (3)$$

Der zweite Summand gilt nur für kalt verwundenen Betonstabstahl und darf nur bis zu einem Wert von 30 % des Gesamtwertes für f_R berücksichtigt werden.

In der Zahlenwertgleichung (3) bedeuten:

$F_R = \sum_{n=1}^{x} (h_{s(n)} \cdot \Delta l)$ Längsschnittfläche einer Rippe in deren Achse (siehe Bild 1)

h_s mittlere Höhe eines beliebigen Schrägrippenabschnitts der Länge Δl der in x Abschnitte unterteilten Schrägrippe

β Neigung der Rippen zur Stabachse in °

d_s Nenndurchmesser des Stabes in mm

c_s Mittenabstand der Schrägrippen in mm

k Anzahl der Schrägrippenreihen am Umfang

m Anzahl der Schrägrippenneigungen je Reihe

i Anzahl der Längsrippen

h_l Höhe der Längsrippen in mm

$j \cdot d_s$ Ganghöhe bei kalt verwundenem Betonstabstahl

$..(n)$; (n, l) Laufvariable

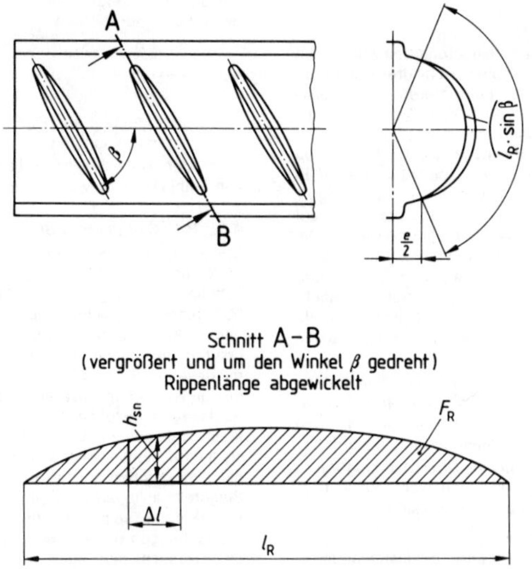

Bild 1. Ermittlung der Längsschnittfläche F_R einer Schrägrippe in Rippenachse.

4 Mechanische und technologische Eigenschaften

4.1 Zugversuch

Die Einhaltung der in DIN 488 Teil 1, Ausgabe September 1984, Tabelle 1, festgelegten Werte für die Streckgrenze bzw. 0,2%-Dehngrenze, die Zugfestigkeit und die Bruchdehnung ist nach DIN 50 145 nachzuweisen. Dabei sind in Abweichung von DIN 50 145 unbearbeitete Proben mit einer freien Länge zwischen den Spannbacken von etwa $15 \cdot d_s$ zu verwenden. Bei nicht ausgeprägter Streckgrenze ist die 0,2%-Dehngrenze zu ermitteln.

Der für die Berechnung der Streckgrenze und Zugfestigkeit maßgebende Stabquerschnitt ist nach Abschnitt 2 zu ermitteln.

Proben aus kalt verwundenen Stäben dürfen vor der Prüfung eine halbe Stunde bei einer Temperatur von 250 °C angelassen (gealtert) und anschließend an Luft auf Raumtemperatur von 15 bis 35 °C nach DIN 50 014 abgekühlt werden. Im Prüfbericht ist anzugeben, ob dies geschehen ist. Im Schiedsfall ist die Prüfung im gealterten Zustand maßgebend.

4.2 Dauerschwingversuch (in einbetoniertem Zustand)

4.2.1 Versuchsbedingungen

Der Dauerschwingversuch ist an einbetonierten Stäben mit Abbiegung durchzuführen. Die Prüfung ist an drei Stabdurchmessern vorzunehmen, die an der unteren und oberen Grenze sowie im mittleren Bereich des Walzprogramms liegen, wobei die kleinen Nenndurchmesser ($d_s \leq 8$ mm) für die Bügel der Prüfkörper zu verwenden sind. Die Bügelstäbe sind hierbei mit $d_{br} = 4 \cdot d_s$, die Längsstäbe mit $d_{br} = 15 \cdot d_s$ in Biegemaschinen, wie sie auf Baustellen üblich sind, zu biegen. Bei den Längsstäben ist das Biegen so auszuführen, daß auf der Innenseite der Krümmung stets Schrägrippen liegen. Die gebogenen Stäbe werden gealtert (Erwärmung auf 250 °C, Halten dieser Temperatur über eine halbe Stunde und anschließendes Abkühlen auf Raumtemperatur). Ein nachträgliches Verformen (z. B. Nachrichten) ist nicht statthaft. Form und Maße der Prüfkörper und der Bewehrung sind den Bildern 2 bis 4 zu entnehmen.

Die Betondruckfestigkeit β_w soll sich während der Prüfung nicht wesentlich verändern und mindestens 40 N/mm² betragen. Die Prüfung darf frühestens im Betonalter von 14 Tagen und spätestens im Alter von 60 Tagen begonnen werden.

Die Dauerschwingfestigkeit ist für eine Oberspannung von $\sigma_0 = 0{,}7 \cdot R_e$ bzw. $0{,}7 \cdot R_{p\,0,2}$ zu bestimmen, wobei für R_e bzw. $R_{p\,0,2}$ die tatsächlichen Werte einzusetzen sind.

Die Grenzlastspielzahl beträgt $2 \cdot 10^6$.

Die Prüfungen sind in einem Pulsator als lastgesteuerter Versuch unter Berücksichtigung des Eigengewichts der Prüfkörper durchzuführen. Die Prüffrequenz soll etwa 300 Lastwechsel je Minute nicht übersteigen.

4.2.2 Einzelheiten zur Probenherstellung und Versuchsdurchführung

Die Maße des Prüfkörpes und der Bewehrung sind in den Bildern 2 bis 4 dargestellt. Zur Sicherung der Verankerung sind über den Auflagern an den zu prüfenden Stab kurze Abschnitte aus gleichdicken Stäben anzuschweißen oder andere geeignete Maßnahmen zu ergreifen. Die vorgeschriebene Betondeckung der Längsbewehrung von 25 mm ist durch geeignete Abstandhalter festzulegen. Die Trenneinlagen zur Erzeugung festgelegter Risse im Beton sind in der Umgebung des Stabes so auszusparen, daß keine Berührung mit dem zu prüfenden Stab vorkommen kann; ihre Dicke darf höchstens 3 mm betragen.

Der Beton ist mit Portlandzement Z 35 F nach DIN 1164 Teil 1 herzustellen. Der Zementanteil soll 300 kg/m³ und die Körnung 0 bis 16 mm betragen. Die Sieblinie ist so zu wählen, daß sie im Bereich 3 nach DIN 1045 liegt. Die Konsistenz soll einem plastischen Beton K2 nach DIN 1045 entsprechen. Der Beton ist mit Innenrüttlern zu verdichten.

Die Prüfkörper sind nach dem Betonieren 7 Tage mit feuchten Tüchern abzudecken. Zu jedem Prüfkörper sind drei 20-cm-Würfel zur Bestimmung der Druckfestigkeit am Prüftag herzustellen und in gleicher Weise wie der Prüfkörper zu behandeln.

Der Prüfkörper ist auf drehbaren Rollenlagern zu lagern.

Die Stahlspannungen sind aus dem Moment in Balkenmitte nach den Bildern 2 bis 4

$$M = P \cdot a + M_G \qquad (4)$$

mit P Prüfkraft

$a = 35$ cm

M_G Moment aus Eigengewicht und Belastungskonstruktion und

unter der Annahme eines Elastizitätsmodul-Verhältnisses von Stahl zu Beton von n = 15 zu berechnen.

4.3 Rückbiegeversuch

Die Stäbe werden bei einer Temperatur zwischen 15 und 25 °C um den in DIN 488 Teil 1, Ausgabe September 1984, Tabelle 1, festgelegten Dorn mit einem Biegewinkel von etwa 90 ° gebogen, anschließend durch Erwärmen auf 250 °C[1]) und Halten dieser Temperatur über eine halbe Stunde gealtert und nach Abkühlung auf Raumtemperatur um mindestens 20 ° zurückgebogen. Die Prüfung gilt als bestanden, wenn hierbei weder Anrisse auf der beim Rückbiegen gezogenen Seite noch ein Bruch der Probe festgestellt werden. Die Stäbe sind in Biegemaschinen, wie sie auf Baustellen üblich sind, zu biegen und so zu legen, daß die Schrägrippen an der Stelle ihrer größten Höhe an der Biegerolle anliegen. Die Rollen der Biegemaschinen müssen frei drehbar sein. Zwischenlagen zur Vermeidung von Quetschungen dürfen nicht angebracht werden. Der Rückbiegeversuch darf auch auf entsprechend umgebauten Werkstoffprüfmaschinen durchgeführt werden.

---

1) In Schiedsfällen ist auf 100 °C zu erwärmen.

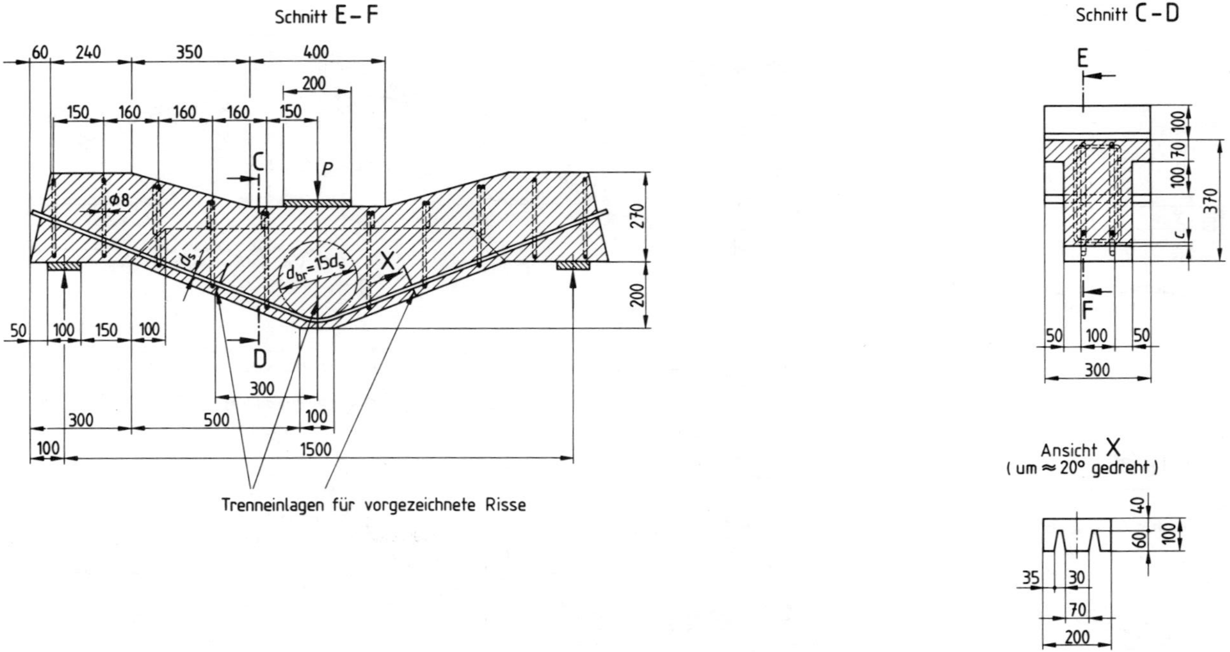

Bild 2. Prüfkörper für Dauerschwingversuche an einbetonierten, abgebogenen Stäben mit Nenndurchmessern $d_s < 12$ mm (Krümmungsdurchmesser $d_{br} = 15 \cdot d_s$)

Betondeckung des Längsstabes = 25 mm

Betondeckung der Bügel $c = 17$ mm

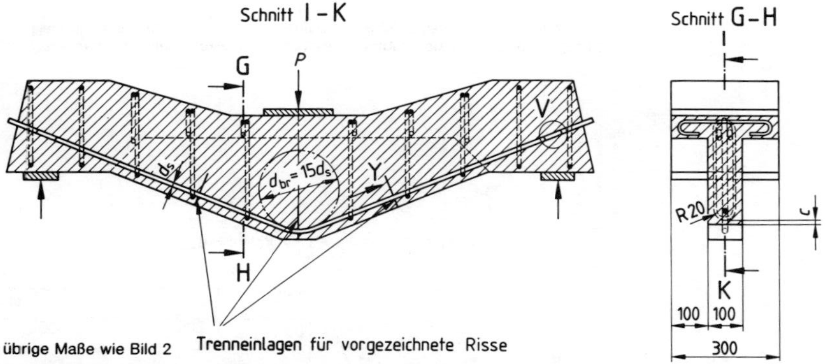

übrige Maße wie Bild 2

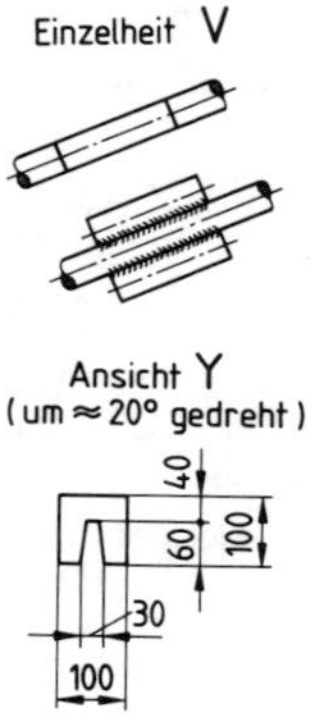

Bild 3. Prüfkörper für Dauerschwingversuche an einbetonierten, abgebogenen Stäben mit Nenndurchmessern d_s von 12 bis 16 mm (Krümmungsdurchmesser $d_{br} = 15 \cdot d_s$)

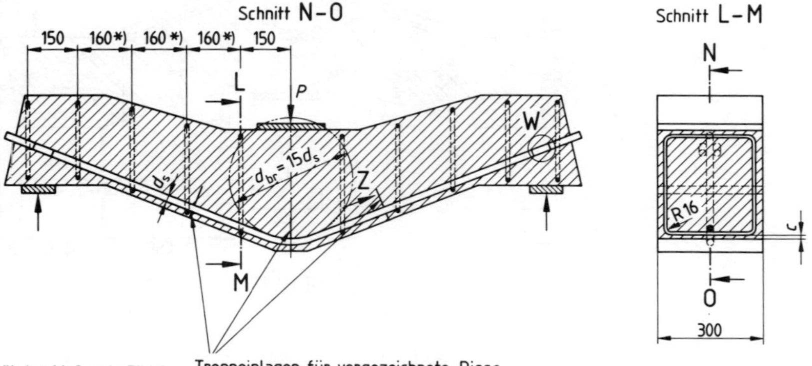

übrige Maße wie Bild 2

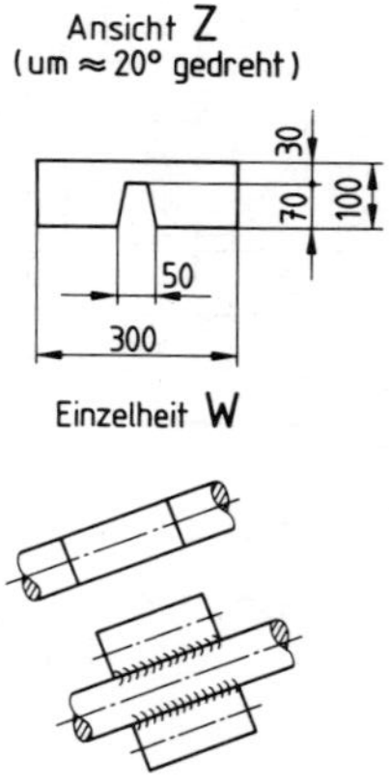

Betondeckung des Längsstabes = 25
Betondeckung der Bügel c = 17 mm

Bild 4. Prüfkörper für Dauerschwingversuche an einbetonierten, abgebogenen Stäben mit Nenndurchmessern d_s von 20 bis 28 mm (Krümmungsdurchmesser $d_{br} = 15 \cdot d_s$)

*) Bei Längsstabdurchmesser d_s = 28 mm: 5 Bügel im Abstand von 120 mm

Zitierte Normen

DIN 488 Teil 1	Betonstahl; Sorten, Eigenschaften, Kennzeichen
DIN 488 Teil 2	Betonstahl; Betonstabstahl; Maße und Gewichte
DIN 488 Teil 5	Betonstahl; Betonstahlmatten und Bewehrungsdraht; Prüfungen
DIN 488 Teil 7	Betonstahl; Nachweis der Schweißeignung von Betonstabstahl; Durchführung und Bewertung der Prüfungen
DIN 1045	Beton und Stahlbeton; Bemessung und Ausführung
DIN 1164 Teil 1	Portland-, Eisenportland-, Hochofen- und Traßzement; Begriffe, Bestandteile, Anforderungen, Lieferung
DIN 50 014	Klimate und ihre technische Anwendung; Normalklimate
DIN 50 145	Prüfung metallischer Werkstoffe; Zugversuch

Frühere Ausgaben

DIN 488 Teil 3: 04.72

Änderungen

Gegenüber der Ausgabe April 1972 wurden folgende Änderungen vorgenommen (siehe auch Erläuterungen):

a) Angleichung des Anwendungsbereichs an die Sorteneinteilung nach DIN 488 Teil 1,

b) Änderung der Gleichung für die bezogene Rippenfläche (siehe Abschnitt 3.5)

c) Streichung der Angaben über die Prüfung der Schweißeignung

d) Ergänzung der Angaben über die anzuwendenden Prüfkörper beim Dauerschwingversuch (siehe Abschnitt 4.2 und Bild 2).

Erläuterungen

Die vorliegende Neuausgabe von DIN 488 Teil 3 wurde im Rahmen der Gesamtverhandlungen über die Neufassung der Technischen Lieferbedingungen für Betonstahl in einem Gemeinschaftsausschuß des NA Eisen und Stahl und des NA Bauwesen erarbeitet. Gegenüber DIN 488 Teil 3, Ausgabe April 1972, wurden im wesentlichen folgende Änderungen vorgenommen:

a) Entsprechend den Vereinbarungen zur Sorteneinteilung und zur Oberflächengestalt der Erzeugnisse in DIN 488 Teil 1 und Teil 2 wurde auch der Anwendungsbereich von DIN 488 Teil 3 auf die schräggerippten Betonstabstähle BSt 420 S und BSt 500 S ausgerichtet. Alle Festlegungen und Hinweise für glatte und quergerippte Betonstabstähle sind entfallen.

b) Die Zahlenwertgleichung für die Ermittlung der bezogenen Rippenfläche im Abschnitt 3.5 wurde formal geändert; sie kann in dieser Fassung universell auf die Betonstabstähle BSt 420 S (mit unterschiedlichen Mittenabständen der Schrägrippen auf den beiden Stabhälften) und BSt 500 S (mit alternierender Neigung der Schrägrippen zur Stabachse in einer der beiden Rippenreihen) sowie auf die gerippten Betonstahlmatten BSt 500 M (mit drei Rippenreihen) angewendet werden

c) Die Angaben zur Form und zu den Maßen der Prüfkörper für den Dauerschwingversuch an einbetonierten Stäben wurden um das Bild 2 für Stabnenndurchmesser unter 12 mm ergänzt.

d) Die Festlegungen zur Durchführung und Bewertung der Prüfungen zum Nachweis der Schweißeignung wurden in DIN 488 Teil 7 zusammengefaßt

e) Für Betonstahl sind folgende Internationale Normen erschienen oder in Vorbereitung:

EURONORM 80 Betonstahl für nicht vorgespannte Bewehrung (Ausgabe März 1969, die Folgeausgabe wurde 1985 verabschiedet),

EURONORM 82 Betonstahl mit verbesserter Verbundwirkung; Maße, Gewichte, zulässige Abweichungen (Ausgabe Februar 1979),

ISO/DP 6935/2 Gerippter Betonstahl (z. Z. 5. Entwurfsvorschlag September 1981, Dokument-Nummer ISO/TC 17/SC 16 N 211).

In diesen Internationalen Normen ist festgelegt bzw. vorgesehen, den Zugversuch in Schiedsfällen an Proben durchzuführen, die eine Stunde auf 100 °C erwärmt wurden. Ebenso sind beim Rückbiegeversuch die Proben auf 100 °C (statt 250 °C) anzulassen. Die sonstigen Prüfbedingungen stimmen weitgehend mit dem Inhalt der vorliegenden Norm überein. Die Internationalen Normen enthalten jedoch keine Angaben über den Dauerschwingversuch.

Internationale Patentklassifikation

E 04 C 5/03

G 01 N 3/00

DK 669.14-427.5:691.714 :693.544 **Juni 1986**

	Betonstahl Betonstahlmatten und Bewehrungsdraht Aufbau, Maße und Gewichte	**DIN** **488** Teil 4

Reinforcing steels; welded fabrics and steel wire; composition, dimensions and masses

Aciers pour béton armé; treillis soudées et fils trefilés; composition, dimensions et masses linéiques

Ersatz für Ausgabe 04.72

Zu dieser Norm gehören

DIN 488 Teil 1 Betonstahl; Sorten, Eigenschaften, Kennzeichen

DIN 488 Teil 2 Betonstahl; Betonstabstahl; Maße und Gewichte

DIN 488 Teil 3 Betonstahl; Betonstabstahl; Prüfungen

DIN 488 Teil 5 Betonstahl; Betonstahlmatten und Bewehrungsdraht; Prüfungen

DIN 488 Teil 6 Betonstahl; Überwachung (Güteüberwachung)

DIN 488 Teil 7 Betonstahl; Nachweis der Schweißeignung von Betonstabstahl; Durchführung und Bewertung der Prüfungen

Maße in mm

1 Anwendungsbereich

Diese Norm enthält die Anforderungen an

- den Aufbau von geschweißten Betonstahlmatten
- die Maße, Gewichte und zulässigen Abweichungen von gerippten Stäben zur Herstellung von geschweißten Betonstahlmatten der Sorte BSt 500 M sowie von glattem und profiliertem Bewehrungsdraht der Sorten BSt 500 G und BSt 500 P nach DIN 488 Teil 1 mit den in den Tabellen 1 und 2 angegebenen Nenndurchmessern.

Für die Maße und Gewichte von Betonstabstahl gilt DIN 488 Teil 2.

2 Begriffe

Siehe auch DIN 488 Teil 1.

2.1 Lagermatten

Lagermatten sind Betonstahlmatten mit vom Hersteller festgelegten standardisiertem Mattenaufbau für bestimmte bevorzugte Maße (siehe Abschnitt 3.3.1 b).

2.2 Listenmatten

Listenmatten sind Betonstahlmatten, deren Mattenaufbau vom Besteller im Rahmen der Bezeichnung (siehe Abschnitt 3.3.1 b) festgelegt wird.

Die Nennmaße für Stababstände und Stabdurchmesser sind für eine Mattenrichtung – gegebenenfalls mit Ausnahme der Randbereiche – jeweils gleich.

2.3 Zeichnungsmatten

Zeichnungsmatten sind Betonstahlmatten, deren Aufbau und Maße ausschließlich in einer Zeichnung festgelegt sind.

3 Betonstahlmatten

3.1 Herstellung

Geschweißte Betonstahlmatten BSt 500 M (Kurzzeichen IV M nach DIN 488 Teil 1) werden aus kaltverformten, gerippten Stäben mit Nenndurchmessern von 4 bis 12 mm hergestellt. Die Stäbe werden als Längs- und Querstäbe durch Widerstandspunktschweißen an allen Kreuzungsstellen miteinander verbunden.

3.2 Aufbau

3.2.1 Die Längs- bzw. Querstäbe sind entweder

a) Einfachstäbe (und/oder)

b) Doppelstäbe aus zwei dicht nebeneinanderliegenden Stäben gleichen Durchmessers.

Betonstahlmatten dürfen nur in **einer** Richtung Doppelstäbe enthalten.

3.2.2 Als Längsstab- bzw. Querstababstand a gilt der Achsabstand der Einfachstäbe bzw. der gemeinsamen Hauptachsen der Doppelstäbe (siehe Bilder 1 und 2).

3.2.3 Die Größtabstände der Mattenstäbe, die Größe der zu verschweißenden Mattenfläche und die größten Längen der Stabüberstände sind so zu wählen, daß eine ausreichende Steifigkeit für Lagerung, Transport und Verarbeitung sichergestellt ist.

3.2.4 Das Raster der Achsabstände beträgt im allgemeinen

50 mm bei Längsstäben,

25 mm bei Querstäben.

Bei Doppelstäben muß der Achsabstand $a \geq 100$ mm sein.

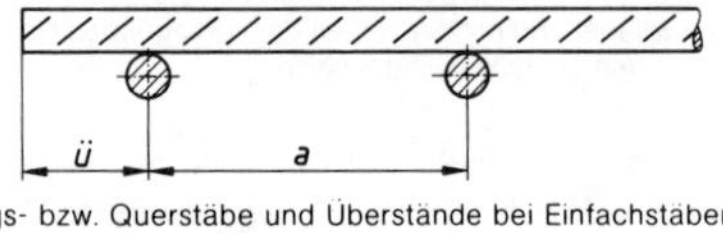

Bild 1. Abstand der Längs- bzw. Querstäbe und Überstände bei Einfachstäben

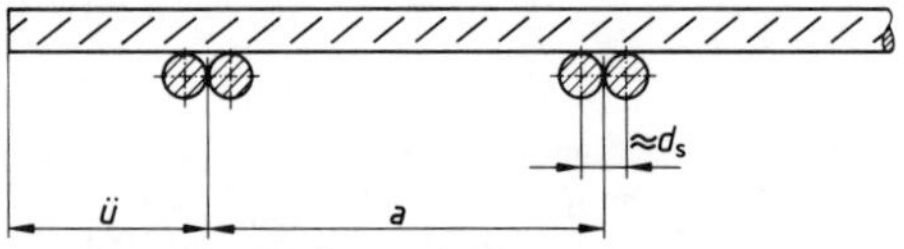

Bild 2. Abstand der Längs- bzw. Querstäbe und Überstände bei Doppelstäben

Fortsetzung Seite 2 bis 6

Normenausschuß Eisen und Stahl (FES) im DIN Deutsches Institut für Normung e. V.
Normenausschuß Bauwesen im DIN

3.2.5 Die Mattenlänge ist stets gleich der größten Stablänge.

3.2.6 In Betonstahlmatten dürfen Zonen mit verringertem Stahlquerschnitt (z. B. dünnere Stäbe, Einfachstäbe bei Doppelstabmatten) angeordnet werden. Ebenso dürfen Bereiche mit kürzeren Stäben vorgesehen werden.

3.2.7 Der Überstand *ü* (siehe Bilder 1 und 2) darf nicht kleiner als 10 mm sein.

3.2.8 Das Verhältnis der Nenndurchmesser d_s sich kreuzender Stäbe muß betragen

a) für Einfachstäbe: $\frac{d_{s\,min}}{d_{s\,max}} \geq 0{,}57$ bei $d_{s\,max} \leq 8{,}5$ mm, $\geq 0{,}7$ bei $d_{s\,max} > 8{,}5$ mm

b) für Doppelstäbe: $0{,}7 \leq \frac{d_{s\,doppel}}{d_{s\,einfach}} \leq 1{,}25$

Wenn die Querstäbe nur als Haltestäbe (mit großem Abstand) dienen, dürfen die oben genannten Verhältniswerte unterschritten werden.

3.2.9 Eine Betonstahlmatte, aus der nicht mehr als ein Stabkreuz zur Prüfung entnommen wurde, gilt als vollwertig.

3.3 Bezeichnung und Bestellung

3.3.1 Normbezeichnung

a) Für die Bildung der Normbezeichnung gelten die allgemeinen Festlegungen nach DIN 488 Teil 1, Ausgabe September 1984, Abschnitt 4.1.

b) Bei Betonstahlmatten sind die kennzeichnenden Nennmaße für Lager- und Listenmatten (siehe Abschnitte 2.1 und 2.2) getrennt nach Längs- und Querrichtung nach folgendem Schema anzugeben:

Längsrichtung: $a_L \times d_{s1}/d_{s2} - n_{links}/n_{rechts}$

Querrichtung: $a_Q \times d_{s3}/d_{s4} - m_{Anf.}/m_{Ende}$

Hierin bedeuten:

a_L Abstand der Längsstäbe in mm

a_Q Abstand der Querstäbe in mm

d_{s1} Durchmesser der Längsstäbe im Innenbereich in mm

d_{s2} Durchmesser der Längsstäbe im Randbereich in mm

d_{s3} Durchmesser der Querstäbe im Innenbereich in mm

d_{s4} Durchmesser der Querstäbe im Randbereich in mm

(Doppelstäbe sind zusätzlich mit dem Buchstaben *d* hinter der Durchmesserangabe zu bezeichnen)

n_{links}/n_{rechts} Anzahl der Längs-Randstäbe d_{s2} links/rechts in Fertigungsrichtung

$m_{Anf.}/m_{Ende}$ Anzahl der Quer-Randstäbe d_{s4} am Anfang/Ende der Matte in Fertigungsrichtung

Bei unsymmetrischer Ausbildung der Mattenränder und/oder der Mattenüberstände ist für die Bezeichnung zu beachten, daß bei der Fertigung die Längsstäbe unten und die Querstäbe oben liegen.

c) Bei Zeichnungsmatten (siehe Abschnitt 2.3) sind die kennzeichnenden Nennmaße in der Zeichnung anzugeben.

d) Beispiele für die Normbezeichnung

- Bezeichnung einer Betonstahlmatte (Lager- oder Listenmatte) nach dieser Norm der Sorte BSt 500 M mit

  a_L = 150 mm, d_{s1} = 7,5 mm als Doppelstab (*d*), d_{s2} = 7,5 mm,

  n_{links} = 3 Stäbe, n_{rechts} = 3 Stäbe, a_Q = 250 mm, d_{s3} = 7,0 mm,

  d_{s4} = 5,5 mm, $m_{Anf.}$ = 4 Stäbe, m_{Ende} = 4 Stäbe:

  Betonstahlmatte DIN 488 – BSt 500 M – 150 × 7,5*d*/7,5 – 3/3 – 250 × 7,0/5,5 – 4/4

  Sofern diese Normbezeichnung zweizeilig geschrieben wird, ist folgende Schreibweise anzuwenden:

  Betonstahlmatte DIN 488 – BSt 500 M – 150 × 7,5*d*/7,5 – 3/3
  250 × 7,0 /5,5 – 4/4

  Anmerkung: Für Lagermatten werden in der Praxis vielfach Kurzbezeichnungen verwendet. Diese bestehen aus einem Kennbuchstaben für den Mattentyp und der Angabe des Stahlquerschnitts der Längsstäbe der Matte in mm^2/m. Der zugehörige Mattenaufbau ist aus Programmtabellen der Hersteller ersichtlich.

- Bezeichnung einer Betonstahlmatte nach dieser Norm der Sorte BSt 500 M als Zeichnungsmatte (Z), Zeichnungs-Nr 511:

  Betonstahlmatte DIN 488 – BSt 500 M – Z 511

3.3.2 Bestellbezeichnung

a) Bei der Bestellung von Betonstahlmatten ist die Normbezeichnung nach Abschnitt 3.3.1 um folgende Angaben zu ergänzen:

- (Angaben vor der Normbezeichnung):
  Bestellte Stückzahl
- (Angaben hinter der Normbezeichnung):
  Sonstige kennzeichnende Nennmaße für Lager- und Listenmatten getrennt nach Längs- und Querrichtung in zwei Zeilen nach folgendem Schema:

  Längsrichtung: – L – $ü_1/ü_2$

  Querrichtung: – B – $ü_3/ü_4$

Hierin bedeuten:

- L Mattenlänge in m
- B Mattenbreite in m
- $ü_1/ü_2$ Längsstabüberstände Mattenanfang/Mattenende in mm
- $ü_3/ü_4$ Querstabüberstände links/rechts in mm

b) Beispiel für die Bestellung von 48 Stück Betonstahlmatten mit der Normbezeichnung nach Abschnitt 3.3.1 d) mit L = 5,50 m, $ü_1$ = 125 mm, $ü_2$ = 125 mm, B = 2,45 m, $ü_3$ = 25 mm und $ü_4$ = 25 mm:

48 Stück Betonstahlmatten – DIN 488 – BSt 500 M – 150 · 7,5*d* /7,5 – 3/3 – 5,50 – 125/125 –
250 · 7,0 /5,5 – 4/4 – 2,45 – 25/25

3.4 Maße, Gewichte, zulässige Abweichungen der Stäbe

3.4.1 Durchmesser, Querschnitt, Gewicht

Die Nenndurchmesser der Stäbe sowie die aus ihnen errechneten Nennquerschnitte und Nenngewichte sind in Tabelle 1 (Spalten 1 bis 3) angegeben.

Tabelle 1. **Durchmesser, Querschnitt und Gewicht (Nennwerte) der Stäbe von Betonstahlmatten und von Bewehrungsdraht sowie Maße der Schrägrippen und bezogene Rippenfläche bei Betonstahlmatten** (siehe auch Abschnitte 3.4.2 und 4.3)

1	2	3	4	5	6	7	8
			Schrägrippen (Richtwerte)				
			Höhe				
Nenndurchmesser d_s	Nennquerschnitt[1]) A_s cm²	Nenngewicht[2]) G kg/m	in der Mitte h	in den Viertelpunkten $h_{1/4}$ $h_{3/4}$	Kopfbreite b[3])	Mittenabstand c[4])	Bezogene Rippenfläche f_R*)
4,0	0,126	0,099	0,30	0,24			0,036
4,5	0,159	0,125				4,0	
5,0	0,196	0,154	0,32	0,26			
5,5	0,238	0,187	0,40	0,32			0,039
6,0	0,283	0,222				5,0	
6,5	0,332	0,260	0,46	0,37			
7,0	0,385	0,302					
7,5	0,442	0,347			~ 0,1 · d_s		0,045
8,0	0,503	0,395	0,55	0,44		6,0	
8,5	0,567	0,445					
9,0	0,636	0,499					
9,5	0,709	0,556	0,75	0,60		7,0	0,052
10,0	0,785	0,617					
10,5	0,866	0,680					
11,0	0,950	0,746					
11,5	1,039	0,815	0,97	0,77		8,4	0,056
12,0	1,131	0,888					

*) Verhältnisgröße.

1) Siehe DIN 488 Teil 1, Ausgabe September 1984, Tabelle 1 (Zeile 14 und Fußnote 8).

2) Errechnet mit einer Dichte von 7,85 kg/dm³.

3) Kopfbreiten in der Mitte der Rippen bis 0,2 · d_s sind nicht zu beanstanden.

4) Zulässige Abweichung ± 15 %.

3.4.2 Oberflächengestalt

3.4.2.1 Allgemeines

Die Stäbe der Betonstahlmatten besitzen drei Reihen von Schrägrippen. Eine Rippenreihe muß gegenläufig sein; die einzelnen Rippenreihen dürfen gegeneinander versetzt sein (siehe Bild 3).

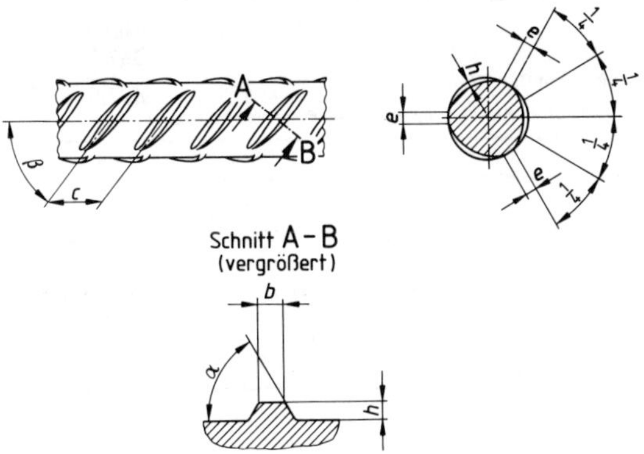

Bild 3. Oberflächengestalt der gerippten Stäbe von Betonstahlmatten BSt 500 M

3.4.2.2 Schrägrippen

Die Schrägrippen sind in ihrem Längsschnitt sichelförmig ausgebildet; die Enden der Rippen müssen stetig in die Oberfläche des Stabes auslaufen.

Die Maße und Abstände der Schrägrippen sollen den in Tabelle 1 (Spalten 4 bis 7) angegebenen Werten entsprechen (Bestimmung nach DIN 488 Teil 3).

Die Flanken der Schrägrippen (Winkel α) sollen möglichst steil ($\alpha \geq 45°$) und am Übergang zum Stabkern ausgerundet sein.

Die Neigung der Schrägrippen zur Stabachse (Winkel β) beträgt $\beta \approx 40$ bis 60°.

Die Summe e des ungerippten Anteils am Stabumfang darf höchstens $0{,}2 \cdot \pi \cdot d_s$ betragen (d_s Nenndurchmesser des Stabes).

3.4.2.3 Bezogene Rippenfläche

Bei den in Tabelle 1 (Spalte 8) angegebenen Werten für die bezogene Rippenfläche handelt es sich um Mindestwerte (Bestimmung nach DIN 488 Teil 5).

4 Bewehrungsdraht

4.1 Herstellung und Verwendung

Bewehrungsdraht der Sorten BSt 500 G und BSt 500 P wird durch Kaltverformung in Nenndurchmessern von 4 bis 12 mm hergestellt. Für die Lieferung und Verwendung gelten die Festlegungen nach DIN 488 Teil 1.

4.2 Bezeichnung und Bestellung

4.2.1 Für die Normbezeichnung von Bewehrungsdraht gelten die Festlegungen nach DIN 488 Teil 1.

4.2.2 Bei der Bestellung sind zusätzlich zur Normbezeichnung die gewünschte Liefermenge und die gewünschte Lieferform (z. B. in Ringen) anzugeben.

Beispiel für die Bestellung von 50 t Bewehrungsdraht nach dieser Norm der Sorte BSt 500 P, Nenndurchmesser 6,5 mm in Ringen:

50 t Bewehrungsdraht DIN 488 – BSt 500 P – 6,5 in Ringen

4.3 Maße, Gewichte, zulässige Abweichungen

4.3.1 Die lieferbaren Nenndurchmesser und die aus ihnen errechneten Nennquerschnitte und Nenngewichte sind in Tabelle 1 (Spalten 1 bis 3) angegeben.

4.3.2 Glatter Bewehrungsdraht BSt 500 G wird mit einer ziehglatten Oberfläche hergestellt.

4.3.3 Bei profiliertem Bewehrungsdraht BSt 500 P sind in die Oberfläche drei möglichst gleichmäßig über den Umfang und die Länge verteilte Profilreihen eingewalzt (siehe Bild 4). Die erhabenen Profilteile müssen einen Winkel β von 40 bis 60° mit der Längsachse bilden.

Die Profilmaße sind in Tabelle 2 angegeben (Bestimmung nach DIN 488 Teil 5).

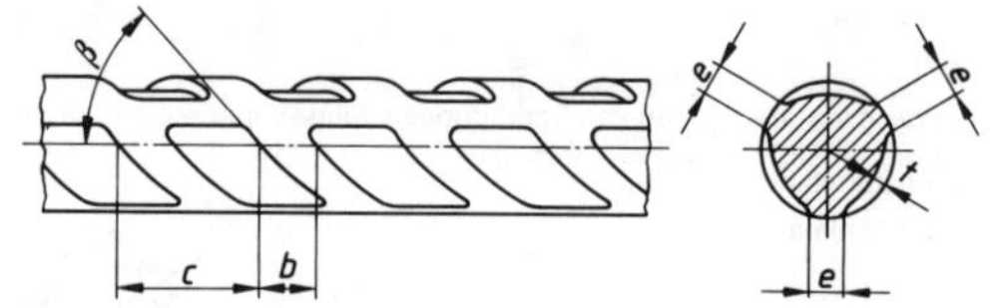

Bild 4. Profilierter Bewehrungsdraht BSt 500 P

Tabelle 2. **Profilmaße bei profiliertem Bewehrungsdraht BSt 500 P** (siehe Bild 4)

1	2	3	4	5
	Profilmaße			
Nenndurchmesser d_s	Tiefe t ± 0,05 [1])	Breite b ± 0,5 [1])	Mittenabstand c ± 1,0 [1])	Summe der Profilreihenabstände Σe max.
4,0 **4,5** **5,0** **5,5** **6,0**	0,20	2,00	6,0	2,5 2,8 3,1 3,5 3,8
6,5 **7,0** **7,5** **8,0** **8,5** **9,0**	0,25	2,50	7,0	4,1 4,4 4,7 5,0 5,3 5,7
9,5 **10,0** **10,5**	0,35	2,75	8,0	6,0 6,3 6,6
11,0 **11,5** **12,0**	0,40	3,00	9,0	6,9 7,2 7,5

[1]) Höchste zulässige Abweichung im Einzelfall

4.4 Lieferart

4.4.1 Bewehrungsdraht wird in der Regel als Draht (in Ringen) geliefert.

4.4.2 Bewehrungsdraht muß entsprechend den Festlegungen nach DIN 488 Teil 1 gekennzeichnet sein.

Zitierte Normen

DIN 488 Teil 1 Betonstahl; Sorten, Eigenschaften, Kennzeichen
DIN 488 Teil 2 Betonstahl; Betonstabstahl; Maße und Gewichte
DIN 488 Teil 3 Betonstahl; Betonstabstahl; Prüfungen
DIN 488 Teil 5 Betonstahl; Betonstahlmatten und Bewehrungsdraht; Prüfungen

Frühere Ausgaben

DIN 488 Teil 4: 04.72

Änderungen

Gegenüber der Ausgabe April 1972 wurden folgende Änderungen vorgenommen (siehe auch Erläuterungen):

a) Streichung aller Angaben für nicht geschweißte Betonstahlmatten,

b) Bewehrungsdraht (bisher als Draht in Ringen bezeichnet) nur noch glatt und profiliert,

c) Angleichung der Sorteneinteilung an DIN 488 Teil 1,

d) Aufnahme von Einzelwerten für die Rippenmaße und Änderung der Werte für die bezogene Rippenfläche bei Betonstahlmatten,

e) Die Bezeichnungen wurden den in der Praxis eingeführten Regelungen angepaßt.

Erläuterungen

Die vorliegende Folgeausgabe von DIN 488 Teil 4 wurde im Rahmen der Gesamtverhandlungen über die Neufassung der Technischen Lieferbedingungen für Betonstahl in einem Gemeinschaftsausschuß des NA Eisen und Stahl und des NA Bauwesen erarbeitet.

Die wesentlichen Änderungen im Vergleich zur Ausgabe April 1972 der DIN-Norm sind im folgenden beschrieben.

a) Anwendungsbereich

Entsprechend den Vereinbarungen zur Sorteneinteilung der Betonstähle nach DIN 488 Teil 1 wurden die Anforderungen an den Aufbau, die Maße und die zulässigen Abweichungen der Stäbe von Betonstahlmatten und Bewehrungsdraht festgelegt.

b) Betonstahlmatten

Nicht geschweißte Betonstahlmatten werden in Deutschland seit vielen Jahren nicht mehr hergestellt und deshalb in der Folgeausgabe von DIN 488 Teil 4 nicht mehr berücksichtigt. Der heutigen Nachfrage entsprechend erfaßt die vorliegende Ausgabe nur noch geschweißte Betonstahlmatten der Sorte BSt 500 M aus gerippten Stäben, die grundsätzlich für die Verwendung bei dynamischer (d. h. nicht vorwiegend ruhender) Beanspruchung geeignet sind.

Der Bereich der erfaßten Nenndurchmesser blieb mit 4 bis 12 mm unverändert, jedoch gelten für die Verwendung von Betonstahlmatten mit den Nenndurchmessern 4,0 und 4,5 mm die in den Anwendungsnormen festgelegten einschränkenden Bestimmungen. Die Tabelle 1 wurde um konkrete Angaben für die bisher bauaufsichtlich geregelten Einzelmaße der Rippen der Mattenstäbe ergänzt; diese Einzelmaße sind auf die Werte für die bezogene Rippenfläche ausgerichtet, die ihrerseits den Festlegungen für Betonstabstahl in DIN 488 Teil 2 angeglichen wurden. Zu erwähnen sind ferner einige Änderungen der Angaben zum Mattenaufbau, z. B. der Werte für die Überstände (Abschnitt 3.2.7) sowie für das Verhältnis der Nenndurchmesser sich kreuzender Stäbe (Abschnitt 3.2.8). Die Bezeichnungen (Abschnitt 3.3) wurden der derzeitigen Bestell- und Lieferpraxis angepaßt. Nach dem Ergebnis der Verhandlungen schien es weder möglich noch erforderlich, weitergehende Festlegungen über die zulässigen Formabweichungen der Betonstahlmatten zu treffen; besondere Anforderungen an die Maßgenauigkeit müssen – falls der Verwendungszweck es erfordert – gegebenenfalls bei der Bestellung vereinbart werden.

c) Bewehrungsdraht

Abschnitt 4 enthält die Anforderungen an die Maße und Oberflächengestalt von glattem und profiliertem Bewehrungsdraht der Sorten BSt 500 G und BSt 500 P im Nenndurchmesserbereich von 4 bis 12 mm. Für die Maße der Profilierung von Erzeugnissen der Sorte BSt 500 P wurden die Werte der in DIN 488 Teil 1, Ausgabe April 1972, erfaßten Bewehrungsstäbe BSt 50/55 PK – jedoch mit geänderten Toleranzen für die Tiefe t – übernommen.

Internationale Patentklassifikation

E 04 C 5/03
E 04 C 5/04

DK 669.14-427.5:691.714:693.554:620.1 Juni 1986

Betonstahl

Betonstahlmatten und Bewehrungsdraht
Prüfungen

DIN 488 Teil 5

Reinforcing steels; welded fabrics and steel wire; testing

Aciers pour béton armé; treillis soudées et fils tréfilés; controle

Ersatz für Ausgabe 04.72

Zu dieser Norm gehören

DIN 488 Teil 1 Betonstahl; Sorten, Eigenschaften, Kennzeichen

DIN 488 Teil 2 Betonstahl, Betonstabstahl; Maße und Gewichte

DIN 488 Teil 3 Betonstahl; Betonstabstahl; Prüfungen

DIN 488 Teil 4 Betonstahl; Betonstahlmatten und Bewehrungsdraht; Aufbau, Maße und Gewichte

DIN 488 Teil 6 Betonstahl; Überwachung (Güteüberwachung)

DIN 488 Teil 7 Betonstahl; Nachweis der Schweißeignung von Betonstabstahl; Durchführung und Bewertung der Prüfungen

Maße in mm

1 Anwendungsbereich

Diese Norm gilt für die Prüfung der in DIN 488 Teil 1 festgelegten Eigenschaften sowie der in DIN 488 Teil 4 festgelegten Maße von gerippten Stäben zur Herstellung von geschweißten Betonstahlmatten der Sorte BSt 500 M sowie von glattem und profiliertem Bewehrungsdraht der Sorten BSt 500 G und BSt 500 P.

Für die Prüfung von Betonstabstahl gilt DIN 488 Teil 3.

2 Querschnitt und Durchmesser

Der Querschnitt A_s wird aus dem Gewicht eines Stababschnitts mit der Zahlenwertgleichung

$$A_s = \frac{1{,}274 \cdot G}{l} \qquad (1)$$

und der zugehörige Durchmesser d_s mit der Zahlenwertgleichung

$$d_s = 12{,}74 \sqrt{\frac{G}{l}} \qquad (2)$$

ermittelt. Dabei ist das Gewicht G des Stababschnitts in g und seine Länge l in mm einzusetzen, damit sich der Querschnitt in cm^2 und der Durchmesser in mm ergeben.

3 Oberflächengestalt

3.1 Gerippte Bewehrungsstäbe für Betonstahlmatten BSt 500 M

Die Prüfung der Maße der Schrägrippen sowie der bezogenen Rippenfläche ist nach DIN 488 Teil 3 durchzuführen.

Abweichend hiervon kann die bezogene Rippenfläche f_R auch nach folgender Näherungsgleichung berechnet werden:

$$f_R = \frac{(d_s \cdot \pi - \Sigma e) \cdot [h + 2\,(h_{1/4} + h_{3/4})]}{6 \cdot d_s \cdot \pi \cdot c} \qquad (3)$$

In dieser Näherungsgleichung bedeuten:

d_s Nenndurchmesser des Stabes,

Σe Summe der ungerippten Umfanganteile zwischen den Rippenreihen,

h Höhe der Schrägrippen in Rippenmitte [1])

$h_{1/4}$, $h_{3/4}$ Höhe der Schrägrippen in den Viertelpunkten [1])

c Mittenabstand der Schrägrippen [1])

3.2 Profilierter Bewehrungsdraht BSt 500 P

3.2.1 Profiltiefe

Die Profiltiefe t ist als Mittelwert aus Messungen an mindestens 2 hintereinanderliegenden Profilierungen jeder Reihe auf 0,01 mm zu ermitteln. Die Messungen sind zwischen der Mitte sich entsprechender Kanten vorzunehmen.

3.2.2 Profilbreite

Die Profilbreite b der erhabenen Oberflächenteile ist als Mittelwert aus Messungen an mindestens 2 hintereinanderliegenden Profilierungen jeder Reihe auf 0,01 mm zu ermitteln.

3.2.3 Mittenabstand der erhabenen Profilteile

Der Mittenabstand c der erhabenen Profilteile ist parallel zur Längsachse als Mittelwert des Abstands von mindestens 11 hintereinanderliegenden Profilierungen jeder Reihe auf 0,1 mm zu ermitteln.

3.2.4 Neigung der Profilierung zur Drahtachse

Die Neigung der erhabenen Profilteile zur Längsachse des Drahtes (Winkel β) ist an mehreren Stellen zu prüfen.

3.2.5 Profilreihenabstand

Die Summe e der Profilreihenabstände über dem Umfang ist als Mittelwert aus Messungen an mindestens 2 Stellen auf 0,1 mm zu ermitteln.

4 Mechanische und technologische Eigenschaften

4.1 Zugversuch

Die Einhaltung der in DIN 488 Teil 1 festgelegten Werte für die Streckgrenze bzw. 0,2%-Dehngrenze, die Zugfestigkeit und die Bruchdehnung ist nach DIN 50 145 nachzuweisen.

Der Zugversuch ist bei Betonstahlmatten an Proben mit mindestens einem aufgeschweißten Querstab, bei Bewehrungsdraht an Proben ohne aufgeschweißten Querstab durchzuführen. Die freie Länge der Proben zwischen den Spannbacken muß mindestens $20 \cdot d_s$ betragen, darf aber nicht kleiner als 180 mm sein.

Der für die Berechnung der Streckgrenze bzw. 0,2%-Dehngrenze und der Zugfestigkeit maßgebende Querschnitt ist nach Abschnitt 2 zu ermitteln.

[1]) Jeweils Mittelwert aus allen drei Rippenreihen

Fortsetzung Seite 2 und 3

Normenausschuß Eisen und Stahl (FES) im DIN Deutsches Institut für Normung e. V.
Normenausschuß Bauwesen im DIN

Die Proben dürfen vor der Prüfung eine halbe Stunde bei einer Temperatur von 250 °C angelassen (gealtert) und anschließend an Luft auf Raumtemperatur von 15 bis 35 °C nach DIN 50 014 abgekühlt werden. Im Prüfbericht ist anzugeben, ob dies geschehen ist. Im Schiedsfall ist die Prüfung im gealterten Zustand maßgebend.

4.2 Scherversuch (bei Betonstahlmatten)

Die Knotenscherkraft S nach DIN 488 Teil 1 ist an Proben nach Bild 1 mit einer Vorrichtung nach Bild 2 nachzuweisen. Diese Proben sind aus einer versandfertigen Betonstahlmatte zu entnehmen. Es können auch die durch einen Zugversuch vorbelasteten Proben verwendet werden, sofern die Schweißstelle außerhalb des Einschnürbereichs des Bruchs liegt.

Bei Scherproben mit Einfachstäben ist stets der dickere Stab zu ziehen. Bei Scherproben mit Doppelstäben wird ein einzelner Stab des Doppelstabes gezogen und die ermittelte Scherkraft entweder auf den Querschnitt des gezogenen Stabes oder, wenn der Querschnitt des verankernden Stabes größer ist als die Summe der Querschnitte der Einzelstäbe des Doppelstabes, auf die Hälfte des Querschnittes des verankernden Stabes bezogen.

Die Scherprobe ist so in die Schervorrichtung einzuspannen, daß der gezogene Stab mittig sitzt und ein Verdrehen des verankernden Stabes möglichst verhindert wird. Das obere freie Ende des Zugstabes ist so abzustützen (z. B. durch Rollen), daß die gemessene Scherkraft durch Reibungskräfte nicht erhöht wird.

Die Spannungszunahme-Geschwindigkeit darf 20 N/(mm$^2 \cdot s$) nicht überschreiten.

Bei der Errechnung der Knotenscherkraft S sind die Nennwerte für den Stabquerschnitt und die Streckgrenze bzw. 0,2 %-Dehngrenze einzusetzen.

4.3 Dauerschwingversuch (bei Betonstahlmatten)

Der Dauerschwingversuch ist an nicht einbetonierten geraden Stäben mit mindestens einem aufgeschweißten Querstab (Einfachstab bzw. Doppelstab) durchzuführen. Es ist der dünnere Stab zu prüfen. Der Umfang der Prüfungen und die zu verwendenen Stabkombinationen richten sich nach DIN 488 Teil 6.

Die Proben sind aus versandfertigen Betonstahlmatten zu entnehmen. Für die Probenform gilt Abschnitt 4.1 sinngemäß; die Querstäbe müssen ≈ 40 mm lang sein mit gleichen Überständen zur Schweißstelle. Zur Vermeidung von Einspannbrüchen dürfen die Proben an den Einspannenden entsprechend präpariert werden.

Die Dauerschwingfestigkeit ist für eine Oberspannung von $\sigma_O = 0{,}7 \cdot R_e$ bzw. $0{,}7 \cdot R_{p0{,}2}$ zu bestimmen, entsprechend einer Oberlast $P_O = 0{,}7 \cdot R_e \cdot A_s$ bzw. $= 0{,}7 \cdot R_{p0{,}2} \cdot A_s$. Dabei sind für R_e bzw. $R_{p0{,}2}$ sowie den Querschnitt A_s die Nennwerte einzusetzen.

Die Prüfungen sind in einem Pulsator als lastgesteuerter Versuch durchzuführen. Die Lastanzeige der Prüfmaschine muß mindestens der Klasse 1 nach DIN 51 220 entsprechen. Die Oberlast darf nicht kleiner sein als 10 % der Maximallast des angewandten Meßbereiches. Die Prüffrequenz darf 15 bis 150 Hz betragen.

5 Prüfung der Widerstands-Punktschweißung (bei Betonstahlmatten)

Am dickeren Stab ist ein Faltversuch sinngemäß nach DIN 50 111 durchzuführen, wobei die Schweißstelle in der Zugzone liegen muß. Der Dorndurchmesser muß $6 \cdot d_s$, der Biegewinkel 60 ° betragen. Kleine Anrisse in der Schweißstelle sind unbedenklich.

Bei Erfüllung der Anforderungen an den Faltversuch sowie an den Zugversuch (nach Abschnitt 4.1) und an den Scherversuch (nach Abschnitt 4.2) gilt der Nachweis der ordnungsgemäßen Verschweißung der Matten als erbracht.

1 Zugstab

2 verankernder Stab

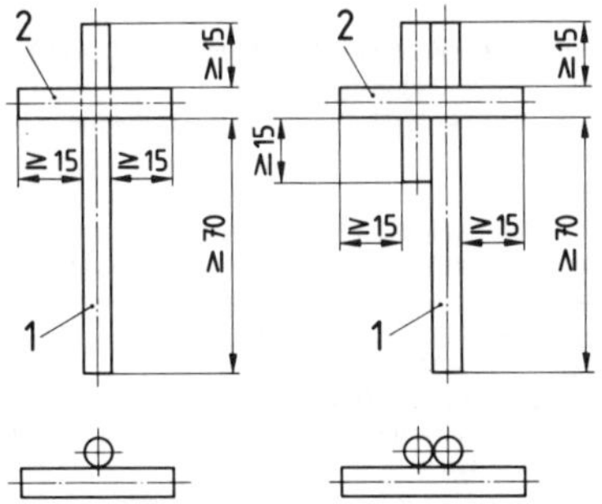

a) bei Einfachstäben b) bei Doppelstäben

Bild 1. Scherproben von geschweißten Betonstahlmatten

1 Zugstab
2 verankernder Stab
3 Ansatzstück für Klemmbacken der Prüfmaschine
4 Gegenhalter für den verankernden Stab
5 Auflager des verankernden Stabes
6 Halterung des Zugstabes gegen Verbiegen
7 reibungsarme Gleitschicht bzw. Rollenlager

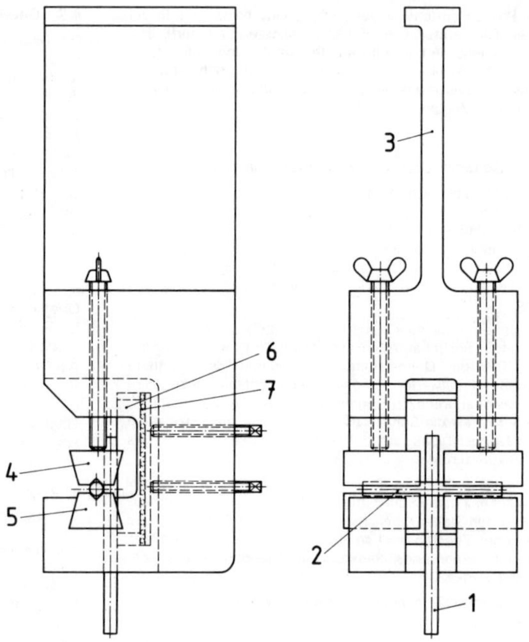

Bild 2. Beispiel einer Vorrichtung zur Durchführung des Scherversuchs

Zitierte Normen

DIN 488 Teil 1	Betonstahl; Sorten, Eigenschaften, Kennzeichen
DIN 488 Teil 3	Betonstahl; Betonstabstahl; Prüfungen
DIN 488 Teil 4	Betonstahl; Betonstahlmatten und Bewehrungsdraht; Aufbau, Maße und Gewinde
DIN 488 Teil 6	Betonstahl; Überwachung (Güteüberwachung)
DIN 50 014	Klimate und ihre technische Anwendung; Normalklimate
DIN 50 111	Prüfung metallischer Werkstoffe; Technologischer Biegeversuch (Faltversuch)
DIN 50 145	Prüfung metallischer Werkstoffe; Zugversuch
DIN 51 220	Werkstoffprüfmaschinen; Allgemeine Richtlinien

Frühere Ausgaben

DIN 488 Teil 5: 04.72

Änderungen

Gegenüber der Ausgabe April 1972 wurden folgende Änderungen vorgenommen (siehe auch Erläuterungen):

a) Streichung aller Angaben für nicht geschweißte Betonstahlmatten,

b) Streichung des Rückbiegeversuchs sowie des Faltversuchs an Betonstahlmatten aus glatten Stäben.

Erläuterungen

Die vorliegende Neuausgabe von DIN 488 Teil 5 wurde im Rahmen der Gesamtverhandlungen über die Technischen Lieferbedingungen für Betonstahl in einem Gemeinschaftsausschuß des NA Eisen und Stahl und des NA Bauwesen erarbeitet. Sie enthält die Festlegungen für die Prüfung der Maße, der Oberflächengestalt und der mechanischen und technologischen Eigenschaften von geschweißten Betonstahlmatten BSt 500 M aus gerippten Stäben sowie von glattem und profiliertem Bewehrungsdraht der Sorten BSt 500 G und BSt 500 P.

Entsprechend den Vereinbarungen zur Sorteneinteilung in DIN 488 Teil 1 wurden alle Angaben über die Prüfung nicht geschweißter Betonstahlmatten, zum Rückbiegeversuch an Betonstahlmatten aus gerippten und profilierten Stäben sowie zum Faltversuch an Betonstahlmatten aus glatten Stäben gestrichen.

Der sonstige Inhalt blieb gegenüber DIN 488 Teil 5, Ausgabe April 1972 sachlich weitgehend unverändert.

Internationale Patentklassifikation

E 04 C 5/03 E 04 C 5/04 G 01 N 3/00

DK 669.14:691.714:693.554:658.562 Juni 1986

Betonstahl
Überwachung (Güteüberwachung)

DIN 488 Teil 6

Reinforcing steels; quality control

Aciers pour béton armé; contrôle de qualité

Ersatz für Ausgabe 08.74

Zusammenhang mit der von der Europäischen Gemeinschaft für Kohle und Stahl herausgegebenen EURONORM 80 siehe Erläuterungen.

Zu dieser Norm gehören:

DIN 488 Teil 1 Betonstahl; Sorten, Eigenschaften, Kennzeichen

DIN 488 Teil 2 Betonstahl; Betonstabstahl; Maße und Gewichte

DIN 488 Teil 3 Betonstahl; Betonstabstahl; Prüfungen

DIN 488 Teil 4 Betonstahl; Betonstahlmatten und Bewehrungsdraht; Aufbau, Maße und Gewichte

DIN 488 Teil 5 Betonstahl; Betonstahlmatten und Bewehrungsdraht; Prüfungen

DIN 488 Teil 7 Betonstahl; Nachweis der Schweißeignung von Betonstabstahl; Durchführung und Bewertung der Prüfungen

1 Anwendungsbereich

Diese Norm beschreibt das System der Überwachung (Eigen- und Fremdüberwachung), mit dem die Einhaltung der in DIN 488 Teil 1, Teil 2 und Teil 4 festgelegten Anforderungen an Betonstabstahl, Betonstahlmatten und Bewehrungsdraht im Herstellerwerk nachzuweisen ist.

Grundlage für das Verfahren der Überwachung ist DIN 18 200 mit den in der vorliegenden Norm genannten Ergänzungen.

Die Prüfverfahren sind in DIN 488 Teil 3, Teil 5 und Teil 7 angegeben.

2 Überwachung

2.1 Allgemeines

2.1.1 Die Überwachung besteht aus der Erstprüfung und Regelprüfungen.

2.1.2 Die Erstprüfung (siehe Abschnitt 3) dient der Feststellung, ob die personellen und einrichtungstechnischen Voraussetzungen für eine ständige ordnungsgemäße Herstellung und Eigenüberwachung geeignet erscheinen und ob die Erzeugnisse den an sie gestellten Anforderungen genügen.

Anschließend wird das Qualitätsniveau durch eine verstärkte Überwachung ermittelt. Sie ist auf einen bestimmten Zeitraum und eine bestimmte Mindestproduktionsmenge begrenzt.

2.1.3 Die Regelprüfungen bestehen aus Eigen- und Fremdüberwachung (siehe Abschnitte 4 und 5).

2.2 Bewertung der Prüfungen

2.2.1 Die Produktion (Grundgesamtheit) ist so einzustellen, daß die Mindestanforderungen nach DIN 488 Teil 1, Ausgabe September 1984, Tabelle 1, für die p-Quantile eingehalten werden. Als Grundgesamtheit gelten dabei alle Teilmengen der laufenden Produktion (Schmelzen, Tagesproduktion) in einem Zeitraum von höchstens 3 Monaten bzw. alle Teilmengen, an denen mindestens 200 Prüfergebnisse ermittelt wurden. Die Mindestanforderungen gelten als erfüllt, wenn jeder Wert p mit einer statistischen Wahrscheinlichkeit $W = 1 - \alpha = 0{,}90$ (einseitig) eingehalten ist. Dies bedeutet die Einhaltung des laufenden Qualitätsniveaus.

2.2.2 Die Einheit für die Überwachung ist das Prüflos. Das Prüflos ist die Werkstoffmenge, die im Hinblick auf die zu untersuchenden Eigenschaften als näherungsweise homogen zu bezeichnen ist, z. B. **eine** Schmelze bei Betonstabstahl desselben Nenndurchmessers oder eine mit **einer** Maschineneinstellung geschweißte Art von Betonstahlmatten.

2.3 Werkkennzeichen

Wenn ein Herstellerwerk die Werksinspektion und die Prüfung der Werkstoffeigenschaften mit positivem Ergebnis abgeschlossen hat, erhält es einen Bescheid über die Zuteilung eines Werkkennzeichens [1]). Dieser Bescheid wird in der Regel zunächst auf ein Jahr befristet und bei Nachweis des Qualitätsniveaus verlängert.

3 Erstprüfung

3.1 Allgemeines

3.1.1 Verfahren

Die Erstprüfung ist durch eine hierfür anerkannte Prüfstelle [2]) durchzuführen.

Die Prüfungen sind für jedes Herstellungsverfahren und jedes Herstellerwerk zu erbringen.

Als Herstellerwerk gilt die Produktionsstätte, in der der Betonstahl seine endgültigen Eigenschaften und die Lieferform erhält.

3.1.2 Prüfberichte

Über die Prüfung der Herstellungsbedingungen nach Abschnitt 3.2 und über den Nachweis der Werkstoffeigenschaften nach Abschnitt 3.3 sind Prüfberichte zu erstellen.

Ein weiterer Bericht ist nach Ermittlung des Qualitätsniveaus nach Abschnitt 3.4 mit den dort erwähnten Angaben zu erstellen.

---

1) Das Werkkennzeichen wird vom Institut für Bautechnik, Reichpietschufer 72-76, 1000 Berlin 30, zugeteilt; dort wird auch ein Verzeichnis der gültigen Werkkennzeichen geführt.

2) Die Prüfstelle wird vom Institut für Bautechnik bestimmt.

Fortsetzung Seite 2 bis 9

Normenausschuß Eisen und Stahl (FES) im DIN Deutsches Institut für Normung e. V.
Normenausschuß Bauwesen im DIN

3.2 Prüfung der Herstellungsbedingungen (Werksinspektion)

3.2.1 Es ist festzustellen, ob

- die Produktionsstätte zur Herstellung von bedingungsgemäßem Betonstahl geeignet ist,
- die personellen und sachlichen Voraussetzungen erfüllt sind,
- geeignete Prüfeinrichtungen vorhanden sind,
- die Eigenüberwachung des Herstellerwerkes durch eine von der Produktion unabhängige Werksabteilung durchgeführt wird,
- das werksinterne Qualitätssicherungssystem eine zuverlässige Steuerung der Qualität ermöglicht.

3.2.2 Bei Fremdbezug von Vormaterial ist zu prüfen, ob dabei technische Lieferbedingungen zugrunde liegen und das System der Eingangskontrollen für die Qualitätssicherung ausreichend ist.

3.3 Nachweis der Werkstoffeigenschaften (Werkstoffprüfung)

3.3.1 Allgemeines

Das Probenmaterial muß auf den für die Fertigung vorgesehenen Anlagen hergestellt werden.

Die Prüfungen müssen den Durchmesserbereich erfassen, der für die spätere Produktion vorgesehen ist.

Die Proben sind durch die Prüfstelle als Zufallsproben aus der zum Zeitpunkt der Probenahme erforderlichen Mindestmenge (siehe Abschnitt 3.3.2) zu entnehmen.

3.3.2 Prüfumfang

3.3.2.1 Betonstabstahl (siehe Tabelle 1)

Wird der gesamte Durchmesserbereich hergestellt, ist je ein Durchmesser aus dem unteren, dem mittleren und dem oberen Teilbereich zu prüfen. Der Durchmesser 8 mm wird beim Dauerschwingversuch nur als Bügel geprüft.

Wird nicht der gesamte Durchmesserbereich gefertigt, ist aus den jeweiligen Teilbereichen je ein Durchmesser zu prüfen.

Wird nur im unteren Teilbereich gefertigt, sind jedoch der kleinste und größte erfaßte Nenndurchmesser zu prüfen, wobei ein Durchmesser dem Dauerschwingversuch im einbetonierten Zustand zu unterwerfen ist.

Die zu prüfenden Nenndurchmesser müssen aus mindestens drei Schmelzen stammen. Je zu prüfendem Durchmesser sollen zum Zeitpunkt der Probenahme mindestens 50 t Betonstabstahl hergestellt sein.

Art und Umfang der durchzuführenden Prüfungen gehen aus Tabelle 1 hervor.

3.3.2.2 Betonstahlmatten

Wird der gesamte Stabdurchmesserbereich gefertigt, sind die in Tabelle 2 angegebenen Stabkombinationen zu prüfen.

Wird nicht der gesamte Stabdurchmesserbereich gefertigt, ist wie folgt zu verfahren:

- Es sind nur diejenigen Stabkombinationen zu prüfen, die innerhalb des hergestellten Bereiches liegen, wobei auf jeden Fall der größte und der kleinste Stabdurchmesser einzubeziehen sind.
- Bei Herstellung von Doppelstabmatten müssen mindestens zwei der Stabkombinationen Doppelstäbe enthalten.
- Im Dauerschwingversuch sind mindestens drei Stabkombinationen zu prüfen; dabei müssen der kleinste und der größte Stabdurchmesser enthalten und die Stäbe mit dem kleinsten für die Prüfung vorgesehenen Durchmesserverhältnis nach Tabelle 2 geschweißt sein.

Von jeder zu prüfenden Stabkombination müssen mindestens 30 Betonstahlmatten mit den üblichen Maßen gefertigt sein.

Art und Umfang der Einzelprüfungen gehen aus Tabelle 3 hervor.

Tabelle 1. **Art und Umfang der Prüfungen bei der Erstprüfung von Betonstabstahl**

	1	2	3	4	5	6	7	8	9	10
1	Teilbereich (zugehörige Nenndurchmesser)	unterer 6 bis 12 mm			mittlerer 14 bis 16 mm			oberer 20 bis 28 mm		
2	Zu prüfender Nenndurchmesser	8 mm[1]) (eventuell 6 mm)			16 mm			28 mm		
3	Schmelze Nr	1	2	3	1	2	3	1	2	3
		Anzahl der Proben								
4	Querschnittsabweichungen	15	15	15	15	15	15	15	15	15
5	Oberflächengestalt	4	4	4	4	4	4	4	4	4
6	Zugversuch[2])	15	15	15	15	15	15	15	15	15
7	Rückbiegeversuch[3])	≥ 10	≥ 10	≥ 10	≥ 10	≥ 10	≥ 10	≥ 10	≥ 10	≥ 10
8	Dauerschwingversuch	≥ 5[4])	≥ 5[4])	≥ 5[4])	≥ 5	≥ 5	≥ 5	≥ 5	≥ 5	≥ 5
9	Schweißeignung	siehe DIN 488 Teil 7								

[1]) Siehe Abschnitt 3.3.2.1

[2]) Bei allen Schmelzen ist die Standardabweichung für Streckgrenze, Zugfestigkeit und Bruchdehnung zu ermitteln.

[3]) Beim Rückbiegeversuch im Rahmen der Erstprüfung muß derjenige Grenzbiegedorndurchmesser ermittelt werden, bei dem kein Bruch oder Anriß auf der Zugseite mehr eintritt. Die Prüfung erfolgt in Anlehnung an DIN 488 Teil 3, Ausgabe Juni 1986, Abschnitt 4.3 (Erwärmung auf 250 °C).

[4]) Erforderlich, wenn nur im unteren Teilbereich gefertigt wird.

Tabelle 2. **Zu prüfende Stabkombinationen bei der Erstprüfung von Betonstahlmatten (Produktion im gesamten Durchmesserbereich)**

	1	2	3	4
	Stabkombinationen für Prüfungen nach Tabelle 3 (Zeilen 1 bis 7) Bei Herstellung von Matten aus		Stabkombinationen für Dauerschwingversuche nach Tabelle 3 (Zeile 8) Bei Herstellung von Matten aus	
	Einfach- und Doppelstäben	**nur** Einfachstäben	Einfach- und Doppelstäben	**nur** Einfachstäben
1	4,0 d × 4,0	4,0 × 4,0	–	–
2	6,0 d × 8,5	6,0 × 5,0	–	–
3	7,0 × 5,0	6,0 × 8,5	5,0 × 7,0	6,0 × 8,5
4	7,0 d × 6,0	7,0 × 6,0	–	–
5	8,5 d × 7,0	8,5 × 7,0	8,5 d × 7,0	8,5 × 7,0
6	10,0 × 7,0	10,0 × 7,0	7,0 × 10,0	7,0 × 10,0
7	12,0 × 8,5	12,0 × 8,5	–	–
8	12,0 d × 10,0	12,0 × 10,0	10,0 × 12,0 d	10,0 × 12,0

Tabelle 3. **Anzahl der Prüfungen bei Betonstahlmatten je Stabkombination bzw. je erfaßtem Durchmesser**

	1	2
	Art der Prüfung/ zu prüfendes Merkmal	Anzahl und Zuordnung der Prüfungen
1	Querschnitt	15 je Längs- und Querstab je Stabkombination
2	Oberflächengestalt	10 je Durchmesser
3	Zugversuch	15 je Längs- und Querstab je Stabkombination
4	Scherversuch	30 je Stabkombination
5	Rückbiegeversuch	10 je Durchmesser [1])
6	Schweißausführung (Biegeversuch an der Schweißstelle)	15 je Stabkombination
7	Schweißeignung	Ermittlung der chemischen Zusammensetzung an allen Drahtdurchmessern
8	Dauerschwing-versuch-	20 je Durchmesserkombination nach Tabelle 2 [2])

[1]) Beim Rückbiegeversuch im Rahmen der Erstprüfung muß derjenige Grenzbiegedorndurchmesser ermittelt werden, bei dem kein Bruch oder Anriß auf der Zugseite mehr eintritt. Die Prüfung erfolgt in Anlehnung an DIN 488 Teil 3, Ausgabe Juni 1986, Abschnitt 4.3.

[2]) 10 Proben je Kombination sind bei einer Schwingbreite von 120 N/mm² und 10 Proben bei 240 N/mm² zu prüfen.

3.3.2.3 Bewehrungsdraht

Soll profilierter und glatter Bewehrungsdraht hergestellt werden, ist im Rahmen der Erstprüfung nur profilierter Bewehrungsdraht zu prüfen. In allen anderen Fällen ist der jeweils hergestellte Bewehrungsdraht zu prüfen.

Für die Prüfungen sind geschweißte Bewehrungselemente aus den Stabkombinationen nach Tabelle 2 (Spalte 2) herzustellen. Art und Umfang der Prüfungen richten sich nach Tabelle 3 (Zeilen 1 bis 7).

3.3.3 Bewertung der Prüfungen

3.3.3.1 Allgemeines

Bei der Werkstoffprüfung im Rahmen der Erstprüfung müssen in der Regel alle Einzelwerte mindestens den jeweiligen Nennwerten entsprechen.

Es ist eine statistische Abschätzung vorzunehmen, mit welcher Wahrscheinlichkeit die vorgeschriebenen Werte p des Quantils eingehalten werden. Hierbei ist eine Zusammenfassung aller Prüfwerte oder eine maßbezogene Gruppierung möglich, je nachdem, wie eine eindeutige Aussage gewonnen werden kann.

Die Prüfergebnisse sind entsprechend der gewählten Gruppierung grafisch darzustellen.

Die Prüfstelle hat die Einzelergebnisse, ihre Auswertung und eine zusammenfassende Beurteilung der Prüfergebnisse im Prüfbericht anzugeben.

3.3.3.2 Variablenprüfung

Die Variablenprüfung, bei der für jede Probe ein Meßwert für das untersuchte Qualitätsmerkmal anfällt, ist vorzunehmen bei der Bewertung von

Streckgrenze R_e

Zugfestigkeit R_m

Bruchdehnung A_{10}

Scherkraft S (bei Betonstahlmatten und Bewehrungsdraht)

Querschnittsabweichungen

bezogene Rippenfläche f_R

Verhältnis R_m/R_e

Bei der Variablenprüfung ist anhand der ermittelten Werte für die Standardabweichungen (schmelzenbezogen bei Stabstahl, sämtliche Versuche bei Betonstahlmatten) zu überprüfen, ob die Vorhaltewerte für die Eigenüberwachung nach Abschnitt 4 benutzt werden können.

3.3.3.3 Attributenprüfung

Die Attributenprüfung, bei der das Ergebnis der Prüfung des untersuchten Qualitätsmerkmals nur eine „Gut-Schlecht-Aussage" zuläßt, wird vorgenommen bei der Bewertung von

- Rückbiegeversuch
- Schweißausführungsprüfung bei Betonstahlmatten

3.3.3.4 Prüfung unter häufig wiederholter Belastung

Für den Nachweis der Dauerschwingfestigkeit gilt folgendes:

a) Betonstabstahl

Es ist nachzuweisen, daß bei $2 \cdot 10^6$ Lastspielen ein Mittelwert von mindestens 200 N/mm² und ein 10%-Quantil von mindestens 170 N/mm² eingehalten wird.

Jeder Durchmesser ist für sich zu beurteilen.

b) Betonstahlmatten

Bei geschweißten Betonstahlmatten ist für die Schwingbreite der Spannung bei $2 \cdot 10^6$ Lastspielen ein Mittelwert von mindestens 120 N/mm² und ein 10%-Quantil von mindestens 100 N/mm², bei $2 \cdot 10^5$ Lastspielen ein Mittelwert von mindestens 240 N/mm² und ein 10%-Quantil von mindestens 200 N/mm² nachzuweisen.

Jede Durchmesserkombination ist für sich zu beurteilen.

3.4 Ermittlung des Qualitätsniveaus

Zur Ermittlung des Qualitätsniveaus ist eine verstärkte Überwachung (siehe Abschnitte 4.1.5 und 5.2.2) durchzuführen. Sie erstreckt sich in der Regel über ein Jahr, wobei vorausgesetzt wird, daß in diesem Zeitraum mindestens 12000 t Betonstabstahl bzw. 6000 t Betonstahlmatten hergestellt und überwacht worden sind.

4 Eigenüberwachung

4.1 Allgemeines

4.1.1 Die Eigenüberwachung ist nach DIN 18 200, Ausgabe Juni 1980, Abschnitt 3, mit den Änderungen und Ergänzungen nach den Abschnitten 4.1.2 bis 4.1.5 durchzuführen.

4.1.2 Die Bewertung der Prüfergebnisse muß auf statistischer Grundlage erfolgen, im Regelfall unter Nachweis der Werte p des Quantils nach DIN 488 Teil 1, Ausgabe September 1984, Tabelle 1, mittels eines Vorhaltewertes (siehe Abschnitte 4.2 und 4.3).

4.1.3 Beim Vorliegen gesicherter Vorinformationen kann mit einem von Abschnitt 4.1.2 abweichenden Prüfplan gearbeitet werden. Dieser muß aber sicherstellen, daß die Mindestanforderungen an die Grundgesamtheit eingehalten sind (siehe Abschnitt 5.4).

4.1.4 Für den Rückbiegeversuch gelten ebenfalls die Anforderungen nach Abschnitt 2.2.1. Tritt bei der Prüfung jedoch ein nicht bedingungsgemäßes Ergebnis auf, so sind weitergehende Untersuchungen erforderlich (siehe Abschnitt 4.2.4.3).

4.1.5 Zur Ermittlung des Qualitätsniveaus nach Abschnitt 3.4 ist der Prüfumfang nach Tabelle 4 (Betonstabstahl und Betonstahlmatten) bzw. gemäß Abschnitt 3.4 (Bewehrungsdraht) zu verdoppeln.

4.2 Eigenüberwachung von Betonstabstahl mittels Vorhaltewert

4.2.1 Prüflos

Das Prüflos ist die Schmelze.

4.2.2 Anzahl der Proben

Die Anzahl der Proben für die Eigenüberwachung (Stichprobe) bei schmelzenweiser Prüfung ist in Abhängigkeit von der Schmelzengröße in Tabelle 4 (Spalten 1 bis 4) angegeben.

4.2.3 Prüfplan

Bei der Variablenprüfung wird als Merkmalsverteilung näherungsweise eine Normalverteilung vorausgesetzt.

Für jedes Element j ($j = 1$ bis n) der Stichprobe wird der Wert x_j des zu prüfenden Merkmals ermittelt und aus ihnen der Stichprobenmittelwert $\bar{x}$ sowie der kleinste Einzelwert $x_{(1)}$ der geordneten Stichprobe bestimmt.

Die Prüfgrößen sind

$$z_1 = \bar{x}$$

$$z_2 = x_{(1)}$$

Das Prüflos gilt als angenommen, wenn folgendes Entscheidungskriterium erfüllt ist:

$$z_1 \geq x_N + V \text{ und}$$

$$z_2 \geq x_N \cdot \delta$$

Hierin bedeuten:

$\bar{x}$ Mittelwert der Stichprobe

x_i beliebiger Einzelwert

x_N Nennwert des Qualitätsmerkmals

V Vorhaltewert

δ Beiwert für Einzelwert

4.2.4 Anforderungen

4.2.4.1 Bei der Prüfung nach den Abschnitten 4.2.1 bis 4.2.3 sind die Anforderungen nach Tabelle 5 zu erfüllen.

4.2.4.2 An der Grundgesamtheit (siehe Abschnitt 2.2.1) ist nachzuweisen, daß der Querschnitt im Mittel mindestens dem Nennwert entspricht.

4.2.4.3 Bei der Prüfung des Biegeverhaltens beim Rückbiegeversuch muß jeder einzelne Versuch bedingungsgemäß sein.

Tritt ein nicht bedingungsgemäßer Wert auf, ist die Ursache aufzuklären.

Wenn es sich nicht um einen Ausreißerwert handelt, ist mit Hilfe einer größeren Probenanzahl der Grenzbiegedorndurchmesser festzustellen und zu beurteilen, ob die in DIN 488 Teil 1, Ausgabe September 1984, Abschnitt 5.2.3, geforderte Verformungsfähigkeit vorhanden ist.

4.2.4.4 Zur Prüfung der Schweißeignung ist die Einhaltung der vorgesehenen Grenzen der chemischen Zusammensetzung anhand der Schmelzenanalyse nachzuweisen. Wird im Einzelfall von diesen Grenzwerten abgewichen, ist für die betreffenden Schmelzen der Nachweis der Schweißeignung durch Versuche zu erbringen.

4.2.4.5 Die Dauerschwingfestigkeit ist im Rahmen der Fremdüberwachung (siehe Abschnitt 5.3.1) nachzuweisen.

4.3 Eigenüberwachung von Betonstahlmatten mittels Vorhaltewert

4.3.1 Prüflos

Das Prüflos ist die Tagesproduktion eines Mattentyps.

Tabelle 4. **Prüfumfang bei Eigenüberwachung**

	Spalte Nr.	1	2	3	4	5	6	7	8	9	10
	Art der Prüfung	Anzahl der Proben je								Durchführung der Prüfung für	
		Schmelze und Durchmesser bei Gewicht der Schmelze				Tagesproduktion[1] bei monatlicher Durchschnitts-produktion				Betonstabstahl	Betonstahlmatten, geschweißt
		bis 50 t	über 50 t bis 100 t	über 100 t bis 150 t	über 150 t	bis 1000 t	über 1000 t bis 2000 t	über 2000 t bis 3000 t	über 3000 t	nach DIN 488 Teil 3*)	nach DIN 488 Teil 5*)
		mindestens				mindestens					
1	Querschnittsbestimmung	2	3	4	5	15	20	25	30	Abschnitt 2	Abschnitt 2
2	Bestimmung der Oberflächengestalt – profiliert[2]	2	3	4	5	je Durchmesser und je 25 t Tagesproduktion: 1 Probe				–	Abschnitt 3.2
3	Bestimmung der Oberflächengestalt – gerippt[2]									Abschnitt 3	Abschnitt 3.1
4	Zugversuch	2	3	4	5	15	20	25	30	Abschnitt 4.1	Abschnitt 4.1
5	Scherversuch	–	–	–	–	15	20	25	30	–	Abschnitt 4.2
6	Rückbiegeversuch	2	3	4	5	–	–	–	–	Abschnitt 4.3	–
7	Faltversuch für Schweißausführung[3]	–	–	–	–	4	6	8	10	–	Abschnitt 5
8	Dauerschwingversuch	–	–	–	–	Siehe Abschnitt 4.3.3.4				Abschnitt 4.2	Abschnitt 4.3

*) Ausgabe Juni 1986.
[1]) Anteilmäßig auf die hergestellten Produkte gleicher Nennmaße verteilt.
[2]) Dabei wird vorausgesetzt; daß die Oberflächengestalt laufend in geeigneter Weise geprüft wird.
[3]) Bei Einhaltung der Schmelzenanalyse nach DIN 488 Teil 1, Ausgabe September 1984, Tabelle 1.

Tabelle 5. **Anforderungen bei der Eigenüberwachung von Betonstabstahl**

	1	2	3
	Qualitätsmerkmal	Anforderungen[1]) x_i min.	$\bar{x}$ min.
1	Querschnitt A_S	$0{,}96 \cdot A_{S,N}$	siehe Abschnitt 4.2.4.2
2	Bezogene Rippenfläche f_R	$f_{R,N}$	
3	Streckgrenze R_e	$R_{e,N}$	$R_{e,N}$ + 15 N/mm²
4	Zugfestigkeit R_m	$R_{m,N}$ $1{,}05 \cdot R_{e,ist}$	
5	Bruchdehnung A_{10}	$A_{10,N}$	$A_{10,N}$ + 1,5%
6	Biegeverhalten	siehe Abschnitt 4.2.4.3	
7	Schweißeignung	siehe Abschnitt 4.2.4.4	
8	Dauerschwingfestigkeit	siehe Abschnitt 4.2.4.5	

[1]) Siehe Abschnitt 4.2.4

4.3.2 Prüfumfang, Bewertungsschema

Die Anzahl der Proben für die Eigenüberwachung (Stichprobe) in Abhängigkeit von der monatlichen Durchschnittsproduktion ist in Tabelle 4 (Spalten 5 bis 8) angegeben.

Für die Variablenprüfung gilt Abschnitt 4.2.3.

4.3.3 Anforderungen

4.3.3.1 Bei der Prüfung nach den Abschnitten 4.3.1 und 4.3.2 sind die Anforderungen nach Tabelle 6 zu erfüllen.

4.3.3.2 An der Grundgesamtheit (siehe Abschnitt 2.2.1) ist nachzuweisen, daß der Querschnitt im Mittel mindestens dem Nennwert entspricht.

4.3.3.3 Die Prüfung der Schweißausführung ist nach DIN 488 Teil 5, Ausgabe Juni 1986, Abschnitt 5, durchzuführen und zu bewerten.

4.3.3.4 Die Prüfungen der Dauerschwingfestigkeit sind nach DIN 488 Teil 5, Ausgabe Juni 1986, Abschnitt 4.3, durchzuführen. Dabei sollen möglichst die gleichen Stabkombinationen wie bei den Erstprüfungen nach Abschnitt 3.3.2.2 geprüft werden. Ist dies nicht möglich, sind andere Stabkombinationen zu wählen, die an der Grenze des ungünstigsten hergestellten Durchmesserverhältnisses liegen. Die Proben sind gleichmäßig über einen Produktionszeitraum verteilt zu entnehmen. Jährlich sind von je fünf Durchmesserkombinationen aus den am häufigsten gefertigten Mattentypen je vier Proben am dünneren Stab der jeweiligen Durchmesserkombination nach DIN 488 Teil 5, Ausgabe Juni 1986, Abschnitt 4.3, bei einer Schwingbreite der Spannung von 120 N/mm², weiter je zwei Proben bei der Schwingbreite der Spannung von 240 N/mm² zu prüfen.

Die Versuche gelten als bestanden, wenn je Durchmesserkombination bei einer Schwingbreite der Spannung von 120 N/mm² mindestens zwei Proben nicht vor Erreichen der Grenzlastspielzahl von $2 \cdot 10^6$ brechen und keine der restlichen Proben eine Bruchlastspielzahl von weniger als $0{,}5 \cdot 10^6$ und bei einer Schwingbreite der Spannung von 240 N/mm² alle zwei Proben jeweils eine größere Bruchlastspielzahl als $1{,}5 \cdot 10^5$ aufweisen.

Werden diese Bedingungen nicht erfüllt, so ist die Dauerschwingfestigkeit nach Abschnitt 3.3.3.4 b) nachzuweisen.

4.4 Eigenüberwachung von Bewehrungsdraht

4.4.1 Die Eigenüberwachung von Bewehrungsdraht erfolgt sinngemäß nach Abschnitt 4.3.

4.4.2 Der Prüfumfang der Eigenüberwachung wird in Abhängigkeit von der Liefermenge wie folgt festgelegt:

- Liefermenge bis 5 t: je Nenndurchmesser 2 Zugproben
- Liefermenge über 5 t: je 5 t und Nenndurchmesser 1 Zugversuch
- Bestimmung der Oberflächengestalt:

je 1 Versuch je 25 t und Durchmesser, jedoch mindestens eine Messung je Durchmesser und Lieferlos.

4.4.3 Es sind die Einzelanforderungen nach Tabelle 6 (Zeilen 1 bis 5) einzuhalten.

4.4.4 Der Nachweis der Dauerschwingfestigkeit im Rahmen der Eigen- und Fremdüberwachung gilt durch die Prüfung an geschweißten Matten des Herstellers nach Abschnitt 4.3.3.4 als erbracht.

4.4.5 Die Prüfergebnisse sind sowohl im Rahmen der Eigenals auch der Fremdüberwachung getrennt von den Ergebnissen für Betonstahlmatten aufzuzeichnen und zu bewerten.

Tabelle 6. **Anforderungen bei der Eigenüberwachung von Betonstahlmatten**

	1	2	3
	Qualitätsmerkmal	Anforderungen 1)	
		x_i min.	$\bar{x}$ min.
1	Querschnitt A_S	$0{,}96 \cdot A_{S,N}$	siehe Abschnitt 4.3.3.2
2	Bezogene Rippenfläche f_R	$f_{R,N}$	
3	Streckgrenze R_e	$R_{e,N}$ ($R_{e,N}$ + 20 N/mm²)2)	$R_{e,N}$ + 40 N/mm² ($R_{e,N}$ + 60 N/mm²)2)
4	Zugfestigkeit R_m	$R_{m,N}$ $1{,}05 \cdot R_{e,ist}$3) $1{,}03 \cdot R_{e,ist}$4)	
5	Bruchdehnung A_{10}	$A_{10,N}$	$A_{10,N}$ + 1,5%
6	Knotenscherkraft S	$0{,}3 \cdot A_{S,N} \cdot R_{e,N}$	$0{,}4 \cdot A_{S,n} \cdot R_{e,N}$
7	Schweißausführung	siehe Abschnitt 4.2.4.4	
8	Dauerschwingfestigkeit	siehe Abschnitt 4.2.4.5	

1) Siehe Abschnitt 4.3.3

2) Diese Anforderung gilt bei $0{,}96 \cdot A_{S,N} \leq A_{S,ist} < 1{,}0 \cdot A_{S,N}$

3) Diese Anforderung gilt bei $R_{e,ist} \leq R_{e,N}$ + 50 N/mm²

4) Diese Anforderung gilt bei $R_{e,ist} > R_{e,N}$ + 50 N/mm²

5 Fremdüberwachung

5.1 Allgemeines

5.1.1 Die Fremdüberwachung ist nach DIN 18 200 mit den Änderungen und Ergänzungen nach den Abschnitten 5.1.2 bis 5.1.8 durchzuführen.

5.1.2 Die Überwachungsprüfungen sind in Zeitabständen von 4 bis 8 Wochen durchzuführen.

5.1.3 Es sind diejenigen Eigenschaften durch Versuche zu überprüfen, die der Eigenüberwachung unterliegen. Die Ergebnisse sind statistisch auszuwerten und den Ergebnissen der Eigenüberwachung gegenüberzustellen.

5.1.4 Im Rahmen der Fremdüberwachung ist ferner die Eigenüberwachung auf systematische Fehler bei Probenahme, Prüfvorgang und Auswertung zu kontrollieren.

5.1.5 Die Einhaltung der Richtwerte für die chemische Zusammensetzung nach DIN 488 Teil 1 ist zu prüfen.

5.1.6 Die Probenanzahl ist so abzustimmen, daß das Qualitätsniveau der Produktion erfaßt wird und durch Zusammenfassung der Ergebnisse der Überwachungsprüfungen eine gesicherte Aussage möglich ist.

5.1.7 Ruht die der Überwachung nach dieser Norm unterworfene Produktion länger als 12 Monate, so ist bei Wiederaufnahme der Produktion die Überwachung nach Abschnitt 5.2 zu wiederholen.

Dasselbe gilt, wenn innerhalb von 12 Monaten nicht mindestens 12 000 t bei Betonstabstahl und 6000 t bei Betonstahlmatten hergestellt wurden.

Ruht die Produktion für länger als 3 Jahre, so verfällt der Werkkennzeichenbescheid.

5.1.8 Werden Produktionsanlagen gegenüber dem Zustand bei der Erstprüfung wesentlich geändert, so ist die Prüfung nach Abschnitt 5.2 durchzuführen.

5.2 Besonderheiten bei der Ermittlung des Qualitätsniveaus

5.2.1 Es wird das Qualitätsniveau bestimmt um festzustellen, ob langfristig die Anforderungen nach DIN 488 Teil 1 eingehalten sind und das Qualitätsniveau gleichmäßig ist. Die Ergebnisse sind dem Ergebnis der Prüfungen nach Abschnitt 3.3 gegenüberzustellen. Weiterhin ist zu überprüfen, ob die Ergebnisse der Eigen- und Fremdüberwachung einander entsprechen.

5.2.2 Bei der Ermittlung des Qualitätsniveaus nach Abschnitt 3.4 sind mindestens 50 % der Schmelzen bzw. der Gesamtproduktion von Betonstahlmatten zu prüfen. Die Zeitabstände für die Werksbesuche sind dieser Forderung anzupassen.

5.2.3 Außerdem sind die Kontrollversuche für den Nachweis der Schweißeignung nach DIN 488 Teil 7 durchzuführen und die endgültigen Grenzen für die chemische Zusammensetzung für Betonstabstahl festzulegen.

5.2.4 Die Dauerschwingversuche nach Abschnitt 5.3 sind zweimal vorzunehmen.

5.3 Prüfung unter häufig wiederholter Belastung

5.3.1 Betonstabstahl

Wird im gesamten Durchmesserbereich produziert, sind jährlich Kontrollversuche an Proben mit 16 und 28 mm Durchmesser unter folgenden Bedingungen durchzuführen. Wird nur im unteren Teilbereich produziert, so ist der größte Durchmesser zu prüfen.

Je Durchmesser sind drei Proben nach DIN 488 Teil 3, Ausgabe Juni 1986, Abschnitt 4.2, bei einer Schwingbreite der Spannung von 200 N/mm² zu prüfen; davon muß je eine Probe mindestens $2 \cdot 10^6$, $1,2 \cdot 10^6$ und $0,4 \cdot 10^6$ Lastspiele ertragen.

Werden diese Anforderungen nicht erfüllt, sind für jeden Durchmesser der nicht bedingungsgemäßen Proben erneut je 5 Proben zu prüfen. Dabei müssen folgende Anforderungen erfüllt werden:

- Zwei Proben müssen mindestens $2 \cdot 10^6$ Lastspiele
- eine Probe muß mindestens $0,6 \cdot 10^6$ Lastspiele
- zwei Proben müssen mindestens $0,3 \cdot 10^6$ Lastspiele

ertragen.

Wird auch diese Prüfung nicht bestanden, ist wie bei der Erstprüfung nach Abschnitt 3.3.3.4 vorzugehen.

5.3.2 Betonstahlmatten

Es sind jährlich 20 Kontrollversuche durchzuführen. Die Proben sind auf mindestens vier Durchmesserkombinationen aufzuteilen. 15 Versuche sind bei einer Schwingbreite von 120 N/mm² und 5 Versuche bei einer Schwingbreite von 240 N/mm² vorzunehmen. Für die Durchführung und die Bewertung der Prüfungen gilt Abschnitt 4.3.3.4 sinngemäß.

5.4 Anforderungen bei Aufstellung abweichender Prüfpläne

Abweichende Prüfpläne für die Eigenüberwachung können verwendet werden, wenn genügend Vorinformationen über die Fertigung vorliegen und das Produktionsniveau eine stabile Lage erreicht hat. Der Prüfplan ist mit dem Institut für Bautechnik oder der von ihm beauftragten Stelle abzustimmen.

Nachweis für die Voraussetzung (Parameter) des Prüfplans sind zu erbringen. Im jährlich zu erstellenden zusammenfassenden Bericht ist der Prüfplan anzugeben und seine Wirksamkeit zu bewerten.

5.5 Überwachungsbericht

5.5.1 Einzelbericht

Über jede Prüfung im Rahmen der Fremdüberwachung ist ein Bericht zu erstellen und dem Werk zuzuleiten. Dabei sind die Einzelergebnisse zu beurteilen und eine Schätzung über das Qualitätsniveau des Produktionsabschnittes abzugeben, aus dem die Proben entstammen.

Der Überwachungsbericht muß die in DIN 18 200 festgelegten Angaben enthalten.

5.5.2 Jahresbericht

Die Ergebnisse der Fremdüberwachung eines Jahres sind zur Ermittlung des langfristigen Qualitätsniveaus in einem zusammenfassenden Bericht darzustellen. In diesem Bericht muß ein Vergleich mit den Ergebnissen der Eigenüberwachung vorgenommen werden. Dieser Bericht muß dem Institut für Bautechnik vorgelegt werden.

Der zusammenfassende Bericht muß ferner folgende Angaben enthalten:

- Durchmesserbereich der laufenden Produktion,
- Angaben über Produktionspausen (Zeitspanne, Sonderprüfung),
- Angaben über Produktionsmengen,
- Anzahl der Werksbesuche (Entnahmen),
- Angaben über Beanstandungen.

Die Berichte sind beim Hersteller und bei der fremdüberwachenden Stelle mindestens 5 Jahre aufzubewahren.

5.6 Maßnahmen bei Nichteinhaltung der Anforderungen

5.6.1 Entsprechend dem Grad der Abweichung von den Anforderungen nach DIN 488 Teil 1, Ausgabe September 1984, Tabelle 1, muß die Prüfstelle angemessene Maßnahmen ergreifen. Als solche können in der Regel, geordnet nach zunehmender Schärfe, gelten:

- Intensivierung der Prüfungen (Eigen- und Fremdüberwachung),
- Wiederholung der Erstprüfung nach Änderung der technologischen Voraussetzungen im Herstellerwerk,
- Einstellung der Fremdüberwachung.

5.6.2 Bei allen Maßnahmen nach Abschnitt 5.6.1 ist das Institut für Bautechnik zu unterrichten.

Zitierte Normen

DIN 488 Teil 1	Betonstahl; Sorten, Eigenschaften, Kennzeichen
DIN 488 Teil 2	Betonstahl; Betonstabstahl; Maße und Gewichte
DIN 488 Teil 3	Betonstahl; Betonstabstahl; Prüfungen
DIN 488 Teil 4	Betonstahl; Betonstahlmatten und Bewehrungsdraht; Aufbau, Maße und Gewichte
DIN 488 Teil 5	Betonstahl; Betonstahlmatten und Bewehrungsdraht; Prüfungen
DIN 488 Teil 7	Betonstahl; Nachweis der Schweißeignung von Betonstabstahl; Durchführung und Bewertung der Prüfungen
DIN 18 200	Überwachung (Güteüberwachung) von Baustoffen, Bauteilen und Bauarten; Allgemeine Grundsätze

Frühere Ausgaben

DIN 488 Teil 6: 09.73, 08.74

Änderungen

Gegenüber der Ausgabe August 1974 wurden Änderungen zu folgenden Punkten vorgenommen (siehe auch Erläuterungen):

a) Beschreibung der Qualität
b) Erstprüfung
c) System der Eigenüberwachung
d) Erstprüfung von Bewehrungsdraht

Erläuterungen

Die Überarbeitung von DIN 488 Teil 6, Ausgabe August 1974 war notwendig, weil neue Stahlsorten zu berücksichtigen waren, die fortgeschrittenen Erkenntnisse über die Zusammenhänge im Rahmen der Überwachung zur Anwendung kommen sollten und neue Erkenntnisse über die Wirksamkeit von Prüfplänen vorliegen.

Gegenüber der bisherigen Ausgabe der Norm wurden folgende Änderungen vorgenommen:

a) Beschreibung der Qualität

In Übereinstimmung mit den Überlegungen bei der Erörterung der Sicherheitsrichtlinien wurden die Mindestanforderungen, wie auch in DIN 488 Teil 1, Ausgabe September 1984, Tabelle 1, bereits festgelegt, als p-Quantile der Grundgesamtheit (Produktion) des Herstellerwerkes beschrieben. Es wurde darauf verzichtet, zusätzlich noch eine maximale Standardabweichung aufzunehmen, da durch die Hinzunahme dieses Kennwertes eine wesentliche Erhöhung des Prüfaufwandes notwendig geworden wäre.

b) Erstprüfung

Im Rahmen der Erstprüfung war es bisher üblich, die Entscheidung über die Eignung eines Herstellerwerkes nahezu ausschließlich auf das Ergebnis der Werkstoffprüfung an einer sehr beschränkten Anzahl von Schmelzen zu beziehen.

Wegen der fortgeschrittenen, zum Teil komplizierten Technologien wird es für notwendig erachtet, vor Aufnahme der Werkstoffprüfungen eine eingehende Werksinspektion durchzuführen. Sind diese Werksinspektion und die Werkstoffprüfungen mit positivem Ergebnis abgeschlossen, erhält das Werk die Erlaubnis, die Produktion aufzunehmen. Während eines auf ungefähr ein Jahr bemessenen Zeitraumes wird dann jedoch eine intensivierte Überwachung (sowohl bei der Eigen- als auch bei der Fremdüberwachung) vorgenommen.

Zweck dieser Maßnahme ist – in Übereinstimmung mit den Anforderungen als Quantil des langfristigen Qualitätsniveaus – die Überprüfung, ob im Rahmen der laufenden Produktion das Qualitätsniveau eingehalten wird.

Für die Prüfung unter wiederholter Belastung im Rahmen der Erstprüfung wird kein Bewertungsschema zum Nachweis des Quantils (Wert $p = 10\,\%$) der Dauerschwingfestigkeit angegeben. Die Art des Nachweises ist freigestellt. Sie kann beispielsweise mit Hilfe des Treppen-Stufenverfahrens oder eines Eingrenzungsverfahrens erfolgen. Selbstverständlich sind auch andere Nachweisverfahren gestattet. Die bisher übliche Vorgabe eines festen Prüfplanes, z. B. eines Ein-Stufen-Prüfversuches, reduziert die Informationsmenge, die aus dieser Prüfung gewonnen werden kann.

c) System der Eigenüberwachung

DIN 488 Teil 6, Ausgabe Juni 1974, enthielt zwei Prüfschemata. Das eine Prüfschema gestattete relativ niedrige Probenanzahlen und arbeitete mit sogenannten Vorhaltewerten.

Das zweite Prüfschema war ein relativ kompliziert aufgebauter Prüfplan mit Vorinformation, der – soweit bekannt wurde – in der Praxis nicht zur Anwendung kam.

Für die Folgeausgabe von DIN 488 Teil 6 wurde als Regelprüfschema nur noch der erstgenannte Prüfplan vorgesehen.

Dem Hersteller ist aber bei Vorliegen von ausreichenden Vorinformationen und dem Nachweis der Einhaltung des vorgeschriebenen Qualitätsniveaus gestattet, einen speziellen Prüfplan aufzustellen.

Die bisher festgelegten Prüfpläne mit erhöhter Probenanzahl wurden fallengelassen. Dies erfolgte in bezug auf die Variablenprüfung, weil die in DIN 488 Teil 6, Ausgabe August 1974, enthaltenen Annahmekennlinien nicht mehr Grundlage der Überwachung sind. Der Prüfplan für die Attributenprüfung mußte vollständig entfallen, da die Mindestanforderungen für den Rückbiegeversuch auf einen Wert p von 1 % zurückgenommen wurden und die in der bisherigen Ausgabe der Norm enthaltenen Folgepläne statistisch nicht korrekt waren.

In den Fällen, in denen bei der Prüfung mit der Probenanzahl nach Tabelle 4 keine eindeutige Aussage über die Qualität eines Loses erzielt werden kann, ist selbstverständlich eine Prüfung mit erhöhter Probenanzahl möglich.

Unter Zugrundelegung der von der Norm geforderten einseitigen statistischen Wahrscheinlichkeit kann die Probenanzahl beispielsweise DIN ISO 3207 entnommen werden.

d) Bewehrungsdraht

Nach Abschnitt 3.3.2.3 wird die Erstprüfung von Bewehrungsdraht anhand von geschweißten Bewehrungselementen vorgenommen, um auf diesem Wege den notwendigen Nachweis auch der Schweißeignung zu erbringen.

e) Sonstiges

Die bisher in DIN 488 Teil 6 enthaltenen Festlegungen für die Kennzeichnung und die Lieferscheine wurden in DIN 488 Teil 1 übernommen.

f) Zusammenhang mit Euronorm 80

Die in ihrem sachlichen Inhalt verabschiedete, jedoch noch nicht veröffentlichte Folgeausgabe der Euronorm 80 – Betonstahl für nicht vorgespannte Bewehrung; Technische Lieferbedingungen – enthält in einem Anhang die international vereinbarten Festlegungen zur kontinuierlichen Güteüberwachung. Diese Festlegungen gelten für die Eignungsprüfung (Erstprüfung) sowie die Eigen- und Fremdüberwachung. Die Grundlagen der Bewertung dieser Prüfungen stimmen mit denen nach DIN 488 Teil 6 überein; in den Einzelheiten gibt es mehr oder weniger große Unterschiede. Der Anwendungsbereich der Euronorm ist auf Betonstabstähle begrenzt; Betonstahlmatten und Bewehrungsdraht sind nicht erfaßt.

Internationale Patentklassifikation

E 04 C 5/00

DK 669.14-422.2:691.714:693.554:620.179.2 Juni 1986

Betonstahl

Nachweis der Schweißeignung von Betonstabstahl
Durchführung und Bewertung der Prüfungen

DIN 488 Teil 7

Reinforcing steels; verification of the suitability for welding of reinforcing steel bars, test methods and assessment of test results

Aciers pour béton armé; vérification de l'aptitude au soudage des barres, exécution des contrôles et évaluation des résultats

Zusammenhang mit der von der Europäischen Gemeinschaft für Kohle und Stahl herausgegebenen EURONORM 80 siehe Erläuterungen.

Zu dieser Norm gehören:

DIN 488 Teil 1 Betonstahl; Sorten, Eigenschaften, Kennzeichen
DIN 488 Teil 2 Betonstahl, Betonstabstahl; Maße und Gewichte
DIN 488 Teil 3 Betonstahl; Betonstabstahl; Prüfungen
DIN 488 Teil 4 Betonstahl; Betonstahlmatten und Bewehrungsdraht; Aufbau, Maße und Gewichte
DIN 488 Teil 5 Betonstahl; Betonstahlmatten und Bewehrungsdraht; Prüfungen
DIN 488 Teil 6 Betonstahl; Überwachung (Güteüberwachung)

1 Anwendungsbereich

1.1 Diese Norm gilt für den Nachweis der Schweißeignung von Betonstabstählen im Rahmen der Erstprüfung und Überwachung nach DIN 488 Teil 6.

1.2 Sie enthält für das gewählte Herstellverfahren die Festlegungen über die Durchführung und Bewertung der Schweißeignungsprüfungen sowie die Anforderungen an die chemische Zusammensetzung der Betonstähle bei der laufenden Fertigung.

2 Schweißeignung

2.1 Unter Schweißeignung wird der mit dem Werkstoff verbundene Anteil der Schweißbarkeit verstanden. Außer von der Schweißeignung des Werkstoffes hängt die Schweißbarkeit auch von der Schweißmöglichkeit (fertigungsbedingte Schweißsicherheit) und der Schweißsicherheit (konstruktionsbedingte Schweißsicherheit) ab.

2.2 Der an Proben bei Raumtemperatur von 15 bis 35 °C nach DIN 50 014 erbrachte Nachweis der Schweißeignung gilt bis herab zu Werkstofftemperaturen von 0 °C.

3 Anforderungen an die chemische Zusammensetzung

3.1 Für die chemische Zusammensetzung schweißgeeigneter Betonstähle gelten die in DIN 488 Teil 1 für die Elemente Kohlenstoff, Phosphor, Schwefel und Stickstoff festgelegten oberen Grenzwerte bei der Schmelzen- und Stückanalyse.

3.2 Das Herstellerwerk legt für die laufende Fertigung die chemische Zusammensetzung fest, und zwar für die in Tabelle 1 angegebenen Elemente. In der Regel kommen für diese Elemente nur obere Grenzwerte in Betracht. Wird, abhängig von der Stahlerzeugung, auch die Einhaltung unterer Grenzwerte für bestimmte Elemente als erforderlich angesehen, so sind diese ebenfalls festzulegen; ebenso kann es erforderlich sein, daß auch für andere Elemente bzw. Element-Kombinationen Grenzwerte festzulegen sind. Die festgelegten Werte der chemischen Zusammensetzung sind gleichzeitig Grundlage für die Überwachung.

3.3 Beabsichtigt ein Hersteller aufgrund der Änderung der Fertigungsgegebenheiten eine Änderung der chemischen Zusammensetzung, so müssen die für die Erstprüfung vorgesehenen Schweißeignungsprüfungen erneut vorgenommen werden.

Tabelle 1. **Chemische Zusammensetzung**

	1	2	3
	Element	Grenzwerte der Schmelzenanalyse 1) Massenanteil %	Zulässige Abweichungen der Stückanalyse von den Grenzwerten der Schmelzenanalyse nach Spalte 2 1) Massenanteil %
1	C	max.	+ 0,02
2	Si	max.	+ 0,05
3	Mn	max.	+ 0,10
4	P	max.	+ 0,005
5	S	max.	+ 0,005
6	N_{gesamt} 2)	max.	+ 0,001
7	Cr	max.	+
8	Cu	max.	+
9	Mo	max.	+
10	Ni	max.	+
11	V	von bis	− +
12	Nb	von bis	− +
13	Ti	von bis	− +

1) Soweit in der Tabelle nicht bereits angegeben, sind die Werte vom Herstellerwerk festzulegen (siehe Abschnitt 3.2).

2) Bei $N_{gesamt} > 0{,}012\,\%$ ist die Angabe der den Stickstoff abbindenden Elemente erforderlich.

Fortsetzung Seite 2 bis 5

Normenausschuß Eisen und Stahl (FES) im DIN Deutsches Institut für Normung e. V.
Normenausschuß Bauwesen im DIN

4 Nachweis der Schweißeignung

4.1 Allgemeines

4.1.1 Der Nachweis der Schweißeignung der Betonstabstähle erfolgt anhand einer Beurteilung der chemischen Zusammensetzung und anhand der Prüfung von Schweißverbindungen.

4.1.2 Diese Nachweise sind zum Teil bei der Erstprüfung und zum Teil bei der Ermittlung des Qualitätsniveaus (siehe DIN 488 Teil 6) zu führen.

4.2 Probenwerkstoff

4.2.1 Erstprüfung

4.2.1.1 Der Probenwerkstoff für die Erstprüfung muß charakteristisch für die vom Hersteller für die spätere Fertigung festgelegte chemische Zusammensetzung sein. An dem Probenwerkstoff ist für jede Schmelze die chemische Zusammensetzung (Stückanalyse) zu ermitteln und der Schmelzenanalyse gegenüberzustellen.

4.2.1.2 Die zum Vergleich benötigten Werte der mechanischen Eigenschaften (Zugfestigkeit, Streckgrenze, deren Verhältniswert und Bruchdehnung) dürfen von der Erstprüfung der mechanischen Eigenschaften übernommen werden, wenn der Werkstoff aus denselben Schmelzen stammt. Ist dies nicht der Fall, so sind diese Werte an einer ausreichenden Anzahl von Proben (mindestens 10) zu ermitteln. Damit wird gleichzeitig der Nachweis geführt, daß der Probenwerkstoff hinsichtlich dieser Eigenschaften bedingungsgemäß ist.

4.2.2 Nachweis des Qualitätsniveaus

4.2.2.1 Der Probenwerkstoff ist im Einvernehmen mit der fremdüberwachenden Stelle so auszuwählen, daß die Grenzwerte derjenigen Elemente bzw. Element-Kombinationen erfaßt werden, die die Schweißeignung wesentlich beeinflussen.

4.2.2.2 Die zum Vergleich benötigten Werte der mechanischen Eigenschaften dürfen von den Überwachungsprüfungen dieser Schmelzen übernommen werden.

Tabelle 2. **Prüfumfang für den Nachweis der Schweißeignung bei der Erstprüfung**

	1	2	3	4	5	6	7	8	9
	Schweißverfahren[1]	Verbindungsart	Durchmesser-Kombination mm	Anzahl der Schmelzen	Anzahl der Proben	Anzahl der Proben für den Zugversuch	Faltversuch	Aufbiegeversuch	Scherversuch
1		Stumpfstoß	16/16[2]	3 je Durchmesser	6 je Schmelze	9	9	–	–
2	GP		28/28			9	9	–	–
3		zu beurteilende Probenanzahl				18	18	–	–
4	E	Überlappstoß	8/ 8	2 je Durchmesser	2 je Schmelze	4	–	–	–
5	MAG		16/16[3]			4	–	–	–
6	E		28/28[3]			4	–	–	–
7	E		28/28[3]		8	4	4	–	–
8	E	Kreuzungsstoß	28/28[3]	3 insgesamt	16	4[5]	4[6]	4[7]	4[5]
9	MAG		28/16[3]		16 je Kombination[4]	4[5]	4[6]	4[7]	4[5]
10	E		16/ 8[3]		16	4[5]	4[6]	4[7]	4[5]
11	MAG		8/ 8		16	4	4	4	4
12		zu beurteilende Probenanzahl				32	20	16	16
13			28/16[3]		4	4[6]	–	–	–
14		Kreuzungsstoß	28/ 8[3]	3 insgesamt	16	4[5]	4[6]	4[7]	4[5]
15	RP		28/16[3]		16 je Kombination[4]	4[5]	4[6]	4[7]	4[5]
16			16/ 8[3]		16	4[5]	4[6]	4[7]	4[5]
17			8/ 8		16	4	4	4	4
18		zu beurteilende Probenanzahl				20	16	16	16

1) GP = Gaspreßschweißen, E = Metall-Lichtbogenhandschweißen, MAG = Metall-Aktivgasschweißen, RP = Widerstandspunktschweißen.

2) Die Prüfungen werden nur an Durchmessern über 12 mm vorgenommen.

3) Bezieht sich die Erstprüfung auf Nenndurchmesser unter 16 mm, so ist der Nenndurchmesser 16 mm durch den geprüften größten Durchmesser zu ersetzen, die Versuche mit Nenndurchmesser 28 mm entfallen.

4) Beliebige Zuordnung zu den Schmelzen.

5) Am dünneren Stab gezogen.

6) Am dicken Stab.

7) Am dünneren Stab, der vor dem Schweißen mit $4 \cdot d_s$ um 90° gebogen wurde.

4.3 Schweißeignungsprüfungen

4.3.1 Erstprüfung

4.3.1.1 Art und Umfang der durchzuführenden Prüfungen zum Nachweis der Schweißeignung bei der Erstprüfung sind in Tabelle 2 angegeben.

4.3.1.2 Es sind diejenigen Nenndurchmesser zu prüfen, die nach DIN 488 Teil 6 für den Nachweis der anderen Werkstoffeigenschaften herangezogen werden.

Für Kreuzungsstöße ist gegebenenfalls der fehlende Nenndurchmesser durch eine entsprechende schweißgeeignete Sorte aus Fremdbezug zu ersetzen. Hierbei sind für die Beurteilung jedoch nur die am eigenen Werkstoff gefundenen Ergebnisse maßgebend.

4.3.1.3 Wenn ein Herstellerwerk die Schweißeignung für eine vergleichbare Betonstahlsorte bereits nachgewiesen hat, so kann in Abstimmung zwischen der Prüfstelle und dem Institut für Bautechnik Art und Umfang der Schweißeignungsprüfungen abweichend festgelegt werden.

4.3.2 Nachweis des Qualitätsniveaus

Art und Umfang der durchzuführenden Prüfungen sind in Tabelle 3 angegeben.

4.3.3 Form und Herstellung der Proben

Die Schweißeignungsprüfungen sind an Schweißverbindungen nach DIN 4099 durchzuführen; die Schweißungen sind an nicht vorbehandelten Proben vorzunehmen.

4.3.4 Durchführung und Bewertung der Prüfungen

4.3.4.1 Allgemeines

4.3.4.1.1 Die Prüfungen sind nach DIN 4099 durchzuführen. Beim Überlappstoß wird die Probe mit der Schweißverbindung nach DIN 4099 Ausgabe November 1985, Bild 1, geprüft, ohne daß ein Stab durchtrennt wird.

4.3.4.1.2 In der Regel sind alle Prüfungen an Proben im ungealterten Zustand durchzuführen.

4.3.4.1.3 Bei Schweißverbindungen mittels Metall-Lichtbogenhandschweißen und Metall-Aktivgasschweißen sind zur Erzielung eines einheitlichen Prüfzustandes die Proben zwischen Herstellung der Schweißverbindungen und Prüfung mindestens 3 Tage bei Raumtemperatur zu lagern.

4.3.4.2 Zugversuch

4.3.4.2.1 Bei Überlappstößen gilt der Zugversuch als bestanden, wenn der Bruch eines Stabes außerhalb der Schweißstelle auftritt oder bei einem Bruch im Bereich der Schweißstelle der Abfall der Zugfestigkeit gegenüber der Zugfestigkeit des ungeschweißten Stabes höchstens 10% beträgt und die Nennzugfestigkeit nicht unterschritten wird. Im Prüfbericht sind die Zugfestigkeit und die Lage der Bruchstelle anzugeben.

4.3.4.2.2 Bei Stumpf- und Kreuzungsstößen gilt der Zugversuch als bestanden, wenn ein Zugfestigkeitsabfall gegenüber dem Mittelwert der Vergleichsproben von höchstens 10% auftritt und die Bruchdehnung A_{10} mindestens 10% beträgt. Im Prüfbericht sind anzugeben:

- Zugfestigkeit
- prozentualer Abfall der Zugfestigkeit gegenüber dem Mittelwert der Zugfestigkeit der Vergleichsproben,
- Bruchdehnung A_{10},
- prozentualer Abfall der Bruchdehnung gegenüber der Bruchdehnung der Vergleichsproben,
- Lage der Bruchstelle.

4.3.4.3 Biegeversuch an der Schweißstelle

Der Biegeversuch gilt als bestanden, wenn bis zu einem Biegewinkel von 60° keine Brüche aufgetreten sind; Anrisse müssen vom Grundwerkstoff aufgefangen werden.

4.3.4.4 Aufbiegeversuch

4.3.4.4.1 Der Aufbiegeversuch wird am vorgebogenen (dünneren) Stab durchgeführt.

4.3.4.4.2 Der Versuch kann mit Biegemaschinen, wie sie auf den Baustellen üblich sind, oder auf entsprechend eingerichteten Werkstoffprüfmaschinen (siehe Bild 1) durchgeführt werden.

Tabelle 3. **Prüfumfang für den Nachweis des Qualitätsniveaus**

	1	2	3	4	5	6	7	8	9
	Schweiß-ver fahren[1]	Ver-bindungs-art	Durch-messer bzw. Durch-messer-Kombi-nation	Anzahl der Schmelzen insgesamt	Durchzuführende Versuche[2]				Anzahl der Versuche insgesamt
					Zug-versuch	Falt-versuch	Aufbiege-versuch	Scher-versuch	
1	RA und GP	Stumpfstoß	nach DIN 4099	≥ 6	×	×	–	–	≥ 36
2	E und MAG	Überlappstoß	nach DIN 4099	≥ 12	×	–	–	–	≥ 24
		Kreuzungsstoß			×	×	×	×	≥ 90
3	RP	Kreuzungsstoß	nach DIN 4099	≥ 12	×	×	×	×	≥ 60

[1]) Siehe Tabelle 2.

[2]) Die Anzahl der Proben bei einer Versuchsart (je Schmelze bzw. Durchmesser-Kombination) beträgt 3. Bei der Überprüfung einer Schmelze brauchen nicht alle Schweißverfahren und Versuchsarten angewendet zu werden. Für die Versuchsdurchführung bei Kombinationen mit unterschiedlichen Durchmessern gelten die Angaben in Tabelle 2.

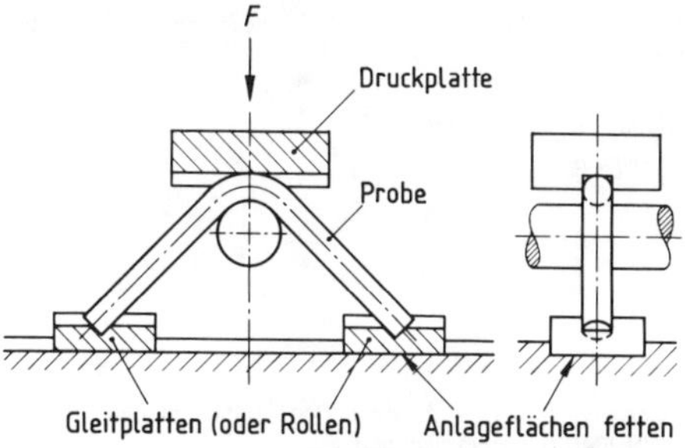

Bild 1. Beispiel für die Durchführung des Aufbiegeversuchs in einer Prüfmaschine und Probenform

4.3.4.4.3 Der Aufbiegeversuch gilt als bestanden, wenn bis zu einem Aufbiegewinkel von 20° kein Bruch auftritt. Anrisse müssen vom Grundwerkstoff aufgefangen werden; teilweises Ablösen an der Schweißstelle ist nicht zu beanstanden.

4.3.4.5 Scherversuch

Der Scherversuch gilt als bestanden, wenn die zum Abscheren erforderliche Kraft $S \geq 0{,}3 \cdot A_s \cdot R_e$ beträgt. Dabei bedeuten A_s und R_e den Nennquerschnitt und die Nennstreckgrenze des gezogenen, dünneren Stabes.

4.3.4.6 Gesamtbeurteilung der Erstprüfung

Die Prüfung gilt als bestanden, wenn je zu beurteilender Probenanzahl (siehe Tabelle 2, Zeilen 3, 12 und 18) höchstens ein nicht bedingungsgemäßes Ergebnis auftritt. Bei den Zugversuchen insgesamt dürfen außerdem höchstens zwei Schweißstellenbrüche auftreten.

4.3.4.7 Gesamtbeurteilung beim Nachweis des Qualitätsniveaus

4.3.4.7.1 Die Versuchsergebnisse sind einzeln, getrennt nach Verbindungs- und Versuchsart, aufzuführen.

4.3.4.7.2 Bei nicht bedingungsgemäßen Ergebnissen an einer Schmelze ist die Versagensursache (Entfestigung, Aufhärtung) unter Berücksichtigung der chemischen Zusammmensetzung sowie der Schweiß- und Prüfbedingungen anzugeben.

4.3.4.7.3 Es sind die endgültigen Grenzwerte für die chemische Zusammensetzung anzugeben.

Zitierte Normen

DIN 488 Teil 1	Betonstahl; Sorten, Eigenschaften, Kennzeichen
DIN 488 Teil 6	Betonstahl; Überwachung (Güteüberwachung)
DIN 4099	Schweißen von Betonstahl; Ausführung und Prüfung
DIN 50 014	Klimate und ihre technische Anwendung; Normalklimate

Weitere Normen

DIN 8528 Teil 1	Schweißbarkeit; metallische Werkstoffe; Begriffe

Erläuterungen

Die in DIN 488 Teil 1 bis Teil 5 (Ausgabe April 1972) und DIN 488 Teil 6 (Ausgabe August 1974) enthaltenen Bestimmungen über den Nachweis der Schweißeignung von Betonstählen bezogen sich auf die naturharten und kaltverfestigten Betonstahlsorten. Außerdem gab es Einschränkungen in bezug auf die verwendeten Schweißverfahren und die zu schweißenden Stabnenndurchmesser. Zwischenzeitlich wurden neue, schweißgeeignete Betonstahlsorten entwikkelt, es fanden weitere Schweißverfahren Eingang und der Bereich der zu schweißenden Stabnenndurchmesser wurde erweitert. Regelungen hierzu fanden sich in entsprechenden Zulassungen.

Aus den genannten Gründen war eine Überprüfung der Schweißeignungsversuche erforderlich. Dabei zeigte es sich als sinnvoll, diese in DIN 488 Teil 7 zusammenzufassen. Auf diese Weise ließen sich die erforderlichen Angaben übersichtlich anordnen, außerdem bietet sich die Möglichkeit, falls eine Überarbeitung zu einem späteren Zeitpunkt erforderlich wird, diese unabhängig von den anderen Normen der Reihe DIN 488 vornehmen zu können.

Abweichend von der bisherigen Regelung werden für die Schweißeignungsversuche an Betonstabstählen Proben vorgeschrieben, die den mit den verschiedenen Schweißverfahren herstellbaren Verbindungen entsprechen. Auf den „simulierenden“ Aufschweißbiegeversuch nach DIN 488 Teil 3, Ausgabe April 1972, Abschnitt 4.2.2, wurde verzichtet.

Für die Begriffsfindung richtungsweisend ist DIN 8528 Teil 1. In dieser Norm werden die drei Kenngrößen „Schweißeignung – Schweißmöglichkeit – Schweißsicherheit“ dem übergeordneten Begriff „Schweißbarkeit“ zugeordnet. Die Schweißeignung wird als der vom Werkstoff abhängige Teil des Begriffes Schweißbarkeit dargestellt. Jedoch stehen die genannten Größen in Wechselwirkung, was die Schweißeignung selbst relativiert. So sind z. B. beim Betonstahl die aus der Fertigung (Schweißmöglichkeit) bereits existierenden Schweißausführungsbestimmungen (siehe DIN 4099) oder die von der Seite der Konstruktion (Schweißsicherheit) schon bestehenden Bestimmungen nach DIN 1045 zu berücksichtigen.

Die Schweißeignung eines Werkstoffes ist um so besser, je weniger die werkstoffbedingten Faktoren bei der schweißtechnischen Fertigung und bei der Konstruktion beachtet werden müssen.

Die bei Betonstählen wesentlichen Faktoren sind die Härtungsneigung und die Gefahr der Entfestigung. Ein schweißgeeigneter Betonstahl liegt vor, wenn nach Ausführung der Schweißarbeiten im Bereich der Schweißung für das Stahlbetonbauteil ausreichendes Verformungsvermögen und Festigkeitsverhalten vorhanden ist.

Im Rahmen der Überwachung ist die Schweißeignung auch zukünftig durch Einhaltung der vom Werk vorgegebenen Werte für die chemische Zusammensetzung nachzuweisen. Aus diesem Grunde sind bei der Erstprüfung ausführliche Angaben hierzu zu machen.

Für geschweißte Betonstahlmatten bzw. deren Ausgangsmaterial, und für Bewehrungsdraht wird ein besonderer Nachweis der Schweißeignung nicht verlangt. Dafür maßgebend war, daß für diese Erzeugnisse in DIN 488 Teil 1 die obere Grenze für den Kohlenstoffgehalt erheblich niedriger festgelegt worden ist als für Betonstabstähle. Bei der Überprüfung geschweißter Betonstahlmatten wird außerdem die Schweißeignung zumindest für das Widerstandspunktschweißen überprüft. Um hierbei keine unzulässigen Ausschußanteile zu erhalten, besteht die Möglichkeit, über das Vormaterial eine entsprechende Steuerung vorzunehmen.

Für die Neufassung der EURONORM 80 – Betonstahl für nicht vorgespannte Bewehrung; Technische Lieferbedingungen –, die ebenfalls nur noch schweißgeeignete Betonstabstähle enthalten wird, sind keine technologischen Prüfungen zum Nachweis der Schweißeignung vorgesehen. Die Schweißeignung gilt als erwiesen, wenn die festgelegten Höchstwerte für die chemische Zusammensetzung (einschließlich des Kohlenstoffäquivalents) im Rahmen der Eignungsprüfung sowie der Eigen- und Fremdüberwachung eingehalten werden.

Internationale Patentklassifikation

E 04 C 5/03
G 01 N 3/00
B 23 K 31/02

DK 666.97/.98:624.92.012.4:691.32 Juli 1988

Beton und Stahlbeton

Bemessung und Ausführung

DIN 1045

Reinforced concrete structures; design and construction

Béton et béton armé; dimensionnement et réalisation

Ersatz für Ausgabe 12.78

Diese Norm wurde im Fachbereich VII Beton und Stahlbeton/Deutscher Ausschuß für Stahlbeton des NABau ausgearbeitet.
Die Benennung „Last" wird für Kräfte verwendet, die von außen auf ein System einwirken; das gleiche gilt auch für zusammengesetzte Wörter mit der Silbe ... „Last" (siehe DIN 1080 Teil 1).

Entwurf, Berechnung und Ausführung von baulichen Anlagen und Bauteilen aus Beton und Stahlbeton erfordern gründliche Kenntnis und Erfahrung in dieser Bauart.

Inhalt

Fortsetzung Seite 2 bis 84

Normenausschuß Bauwesen (NABau) im DIN Deutsches Institut für Normung e. V.

Tabellen

1 Allgemeines

1.1 Anwendungsbereich

Diese Norm gilt für tragende und aussteifende Bauteile aus bewehrtem oder unbewehrtem Normal- oder Schwerbeton mit geschlossenem Gefüge. Sie gilt auch für Bauteile mit biegesteifer Bewehrung, für Stahlsteindecken und für Tragwerke aus Glasstahlbeton.

1.2 Abweichende Baustoffe, Bauteile und Bauarten

(1) Die Verwendung von Baustoffen für bewehrten und unbewehrten Beton sowie von Bauteilen und Bauarten, die von dieser Norm abweichen, bedarf nach den bauaufsichtlichen Vorschriften im Einzelfall der Zustimmung der zuständigen obersten Bauaufsichtsbehörde oder der von ihr beauftragten Behörde, sofern nicht eine allgemeine bauaufsichtliche Zulassung oder ein Prüfzeichen erteilt ist.

(2) Stahlträger in Beton, deren Steghöhe einen erheblichen Teil der Dicke des Bauteils ausmacht, sind so zu bemessen, daß sie die Lasten allein aufnehmen können. Sind Stahlträger und Beton schubfest zu gemeinsamer Tragwirkung verbunden, so ist das Bauteil als Stahlverbundkonstruktion zu bemessen.

2 Begriffe

2.1 Baustoffe

2.1.1 Stahlbeton

(1) Stahlbeton (bewehrter Beton) ist ein Verbundbaustoff aus Beton und Stahl (in der Regel Betonstahl) für Bauteile, bei denen das Zusammenwirken von Beton und Stahl für die Aufnahme der Schnittgrößen nötig ist.

(2) Stahlbetonbauteile, die der Witterung unmittelbar ausgesetzt sind, werden als Außenbauteile bezeichnet.

2.1.2 Beton

(1) Beton ist ein künstlicher Stein, der aus einem Gemisch von Zement, Betonzuschlag und Wasser – gegebenenfalls auch mit Betonzusatzmitteln und Betonzusatzstoffen (Betonzusätze) – durch Erhärten des Zementleims (Zement-Wasser-Gemisch) entsteht.

(2) Nach der Trockenrohdichte werden unterschieden:

a) Leichtbeton
Leichtbeton ist Beton mit einer Trockenrohdichte von höchstens 2,0 kg/dm^3.

b) Normalbeton
Normalbeton ist Beton mit einer Trockenrohdichte von mehr als 2,0 kg/dm^3 und höchstens 2,8 kg/dm^3. In allen Fällen, in denen keine Verwechslung mit Leichtbeton oder Schwerbeton möglich ist, wird Normalbeton als Beton bezeichnet.

c) Schwerbeton
Schwerbeton ist Beton mit einer Trockenrohdichte von mehr als 2,8 kg/dm^3.

(3) Nach der Festigkeit werden unterschieden:

d) Beton B I
Beton B I ist ein Kurzzeichen für Beton der Festigkeitsklassen B 5 bis B 25.

e) Beton B II
Beton B II ist ein Kurzzeichen für Beton der Festigkeitsklassen B 35 und höher und in der Regel für Beton mit besonderen Eigenschaften (siehe Abschnitt 6.5.7).

(4) Nach dem Ort der Herstellung oder der Verwendung oder dem Erhärtungszustand werden unterschieden:

f) Baustellenbeton
Baustellenbeton ist Beton, dessen Bestandteile auf der Baustelle zugegeben und gemischt werden.
Als Baustellenbeton gilt auch Beton, der von einer Baustelle (nicht Bauhof) eines Unternehmens oder einer Arbeitsgemeinschaft an eine bis drei benachbarte Baustellen desselben Unternehmens oder derselben Arbeitsgemeinschaft übergeben wird. Als benachbart gelten Baustellen mit einer Luftlinienentfernung bis etwa 5 km von der Mischstelle (siehe auch Abschnitt 9.4.2).

g) Transportbeton
Transportbeton ist Beton, dessen Bestandteile außerhalb der Baustelle zugemessen werden und der in Fahrzeugen an der Baustelle in einbaufertigem Zustand übergeben wird.
- Werkgemischter Transportbeton
  Werkgemischter Transportbeton ist Beton, der im Werk fertig gemischt und in Fahrzeugen zur Baustelle gebracht wird.
- Fahrzeuggemischter Transportbeton
  Fahrzeuggemischter Transportbeton ist Beton, der während der Fahrt oder nach Eintreffen auf der Baustelle im Mischfahrzeug gemischt wird.

h) Frischbeton

Frischbeton heißt der Beton, solange er verarbeitet werden kann.

i) Ortbeton

Ortbeton ist Beton, der als Frischbeton in Bauteile in ihrer endgültigen Lage eingebracht wird und dort erhärtet.

k) Festbeton

Festbeton heißt der Beton, sobald er erhärtet ist.

l) Beton für Außenbauteile

Beton für Außenbauteile ist Beton, der so zusammengesetzt, fest und dicht ist, daß er im oberflächennahen Bereich gegen Witterungseinflüsse einen ausreichend hohen Widerstand aufweist und daß der Bewehrungsstahl während der gesamten vorausgesetzten Nutzungsdauer in einem korrosionsschützenden, alkalischen Milieu verbleibt.

(5) Nach der Konsistenz werden unterschieden:

m) Fließbeton

Fließbeton ist Beton des Konsistenzbereiches KF mit gutem Fließ- und Zusammenhaltevermögen, dessen Konsistenz durch Zumischen eines Fließmittels eingestellt wird.

n) Beton mit Fließmittel

Beton mit Fließmittel ist Beton der Konsistenzbereiche KP oder KR, dessen Konsistenz durch Zumischen eines Fließmittels eingestellt wird.

o) Steifer Beton

Steifer Beton ist Beton des Konsistenzbereiches KS

2.1.3 Andere Baustoffe

2.1.3.1 Zementmörtel

Zementmörtel ist ein künstlicher Stein, der aus einem Gemisch von Zement, Betonzuschlag bis höchstens 4 mm und Wasser und gegebenenfalls auch von Betonzusatzmitteln und von Betonzusatzstoffen durch Erhärten des Zementleimes entsteht.

2.1.3.2 Betonzuschlag

Betonzuschlag besteht aus natürlichem oder künstlichem, dichtem oder porigem Gestein, in Sonderfällen auch aus Metall, mit Korngrößen, die für die Betonherstellung geeignet sind (siehe DIN 4226 Teil 1 bis Teil 4).

2.1.3.3 Bindemittel

Bindemittel für Beton sind Zemente nach den Normen der Reihe DIN 1164[1]).

2.1.3.4 Wasser

(1) Wasser, das dem Beton im Mischer zugegeben wird, wird Zugabewasser genannt.

(2) Zugabewasser und Oberflächenfeuchte des Betonzuschlags ergeben zusammen den Wassergehalt w.

(3) Der Wassergehalt w zuzüglich der Kernfeuchte des Betonzuschlags wird Gesamtwassermenge genannt.

2.1.3.5 Betonzusatzmittel

Betonzusatzmittel sind Betonzusätze, die durch chemische oder physikalische Wirkung oder durch beide die Betoneigenschaften, z. B. Verarbeitbarkeit, Erhärten oder Erstarren, ändern. Als Volumenanteil des Betons sind sie ohne Bedeutung.

[1]) Die Normen der Reihe DIN 1164 werden künftig durch die Normen der Reihe DIN EN 196 und DIN EN 197 (z. Z. Entwurf) ersetzt. Die Anwendungsbereiche der in DIN EN 197 Teil 1/Entwurf Juni 1987, Tabelle 1, genannten Zementarten werden in einer Ergänzenden Bestimmung geregelt.

2.1.3.6 Betonzusatzstoffe

Betonzusatzstoffe sind fein aufgeteilte Betonzusätze, die bestimmte Betoneigenschaften beeinflussen und als Volumenbestandteile zu berücksichtigen sind (z. B. puzzolanische Stoffe, Pigmente zum Einfärben des Betons).

2.1.3.7 Bewehrung

(1) Bewehrung heißen die Stahleinlagen im Beton, die für Stahlbeton nach Abschnitt 2.1.1 erforderlich sind.

(2) Biegesteife Bewehrung ist eine vorgefertigte Bewehrung, die aus stählernen Fachwerken oder profilierten Stahlleichtträgern gegebenenfalls mit werkmäßig hergestellten Gurtstreifen aus Beton besteht und gegebenenfalls auch für die Aufnahme von Deckenlasten vor dem Erhärten des Ortbetons verwendet wird.

2.1.3.8 Zwischenbauteile und Deckenziegel

Zwischenbauteile und Deckenziegel sind statisch mitwirkende oder nicht mitwirkende Fertigteile aus bewehrtem oder unbewehrtem Normal- oder Leichtbeton oder aus gebranntem Ton, die bei Balkendecken oder Stahlbetonrippendecken oder Stahlsteindecken verwendet werden (siehe DIN 4158, DIN 4159 und DIN 4160). Statisch mitwirkende Zwischenbauteile und Deckenziegel müssen mit Beton verfüllbare Stoßfugenaussparungen zur Sicherstellung der Druckübertragung in Balken- oder Rippenlängsrichtung und gegebenenfalls zur Aufnahme der Querbewehrung haben. Sie können über die volle Dicke der Rohdecke oder nur über einen Teil dieser Dicke reichen.

2.2 Begriffe für die Berechnungen

2.2.1 Lasten

Als Lasten werden in dieser Norm Einzellasten in kN sowie längen- und flächenbezogene Lasten in kN/m und kN/m^2 bezeichnet. Diese Lasten können z. B. Eigenlasten sein; sie können auch verursacht werden durch Wind, Bremsen u. ä.

2.2.2 Gebrauchslast

Unter Gebrauchslast werden alle Lastfälle verstanden, denen ein Bauteil im vorgesehenen Gebrauch unterworfen ist.

2.2.3 Bruchlast

Unter Bruchlast wird bei der Bemessung nach den Abschnitten 17.1 bis 17.4 die Last verstanden, unter der die Grenzwerte der Dehnungen des Stahles oder des Betons oder beider nach Bild 13 rechnerisch erreicht werden.

2.2.4 Übliche Hochbauten

Übliche Hochbauten sind Hochbauten, die für vorwiegend ruhende, gleichmäßig verteilte Verkehrslasten $p \leq 5{,}0\,\text{kN/m}^2$ (siehe DIN 1055 Teil 3), gegebenenfalls auch für Einzellasten $P \leq 7{,}5\,\text{kN}$ und für Personenkraftwagen, bemessen sind, wobei bei mehreren Einzellasten je m^2 kein größerer Verkehrslastanteil als 5,0 kN entstehen darf.

2.2.5 Zustand I

Zustand I ist der Zustand des Stahlbetons bei Annahme voller Mitwirkung des Betons in der Zugzone.

2.2.6 Zustand II

Zustand II ist der Zustand des Stahlbetons unter Vernachlässigung der Mitwirkung des Betons in der Zugzone.

2.2.7 Zwang

Zwang entsteht nur in statisch unbestimmten Tragwerken durch Kriechen, Schwinden und Temperaturänderungen des Betons, durch Baugrundbewegungen u. a.

2.3 Betonprüfstellen

2.3.1 Betonprüfstellen E[2])

Betonprüfstellen E sind die ständigen Betonprüfstellen für die Eigenüberwachung von Beton B II auf Baustellen, von Beton- und Stahlbetonfertigteilen und von Transportbeton.

2.3.2 Betonprüfstellen F

Betonprüfstellen F sind die anerkannten Prüfstellen für die Fremdüberwachung von Baustellenbeton B II, von Beton- und Stahlbetonfertigteilen und von Transportbeton, die die im Rahmen der Überwachung (Güteüberwachung) vorgesehene Fremdüberwachung an Stelle einer anerkannten Überwachungsgemeinschaft oder Güteschutzgemeinschaft durchführen können.

2.3.3 Betonprüfstellen W[3])

Betonprüfstellen W stehen für die Prüfung der Druckfestigkeit und der Wasserundurchlässigkeit an in Formen hergestellten Probekörpern zur Verfügung.

3 Bautechnische Unterlagen

3.1 Art der bautechnischen Unterlagen

Zu den bautechnischen Unterlagen gehören die wesentlichen Zeichnungen, die statische Berechnung und – wenn nötig, wie in der Regel bei Bauten mit Stahlbetonfertigteilen – eine ergänzende Baubeschreibung sowie etwaige Zulassungs- und Prüfbescheide.

3.2 Zeichnungen

3.2.1 Allgemeine Anforderungen

(1) Die Bauteile, ihre Bewehrung und alle Einbauteile sind auf den Zeichnungen eindeutig und übersichtlich darzustellen und zu bemaßen. Die Darstellungen müssen mit den Angaben in der statischen Berechnung übereinstimmen und alle für die Ausführung der Bauteile und für die Prüfung der Berechnungen erforderlichen Maße enthalten.

(2) Auf zugehörige Zeichnungen ist hinzuweisen. Bei nachträglicher Änderung einer Zeichnung sind alle in Betracht kommenden Zeichnungen entsprechend zu berichtigen.

(3) Auf den Bewehrungszeichnungen sind insbesondere anzugeben:

a) die Festigkeitsklasse und – soweit erforderlich – besondere Eigenschaften des Betons nach Abschnitt 6.5.7;

b) die Stahlsorten nach Abschnitt 6.6 (siehe auch DIN 488 Teil 1);

c) Anzahl, Durchmesser, Form und Lage der Bewehrungsstäbe, der mechanischen Verbindungsmittel, z. B. Muffenverbindungen oder Ankerkörper, gegenseitiger Abstand, Rüttellücken, Übergreifungslängen an Stößen und Verankerungslängen, z. B. an Auflagern, Anordnung und Ausbildung von Schweißstellen mit Angabe der Schweißzusatzwerkstoffe, Maße und Ausführung;

d) das Nennmaß nom c der Betondeckung und die Unterstützungen der oberen Bewehrung;

e) besondere Maßnahmen zur Lagesicherung der Bewehrung, wenn die Nennmaße der Betondeckung nach Tabelle 10 unterschritten werden (siehe „Merkblatt Betondeckung" und DAfStb-Heft 400);

f) die Mindestdurchmesser der Biegerollen;

(4) Bei Verwendung von Fertigteilen sind ferner anzugeben:

g) die auf der Baustelle zusätzlich zu verlegende Bewehrung in gesonderter Darstellung;

h) die zur Zeit des Transports oder des Einbaues erforderliche Druckfestigkeit des Betons;

i) die Eigenlasten der einzelnen Fertigteile;

k) die Maßtoleranzen der Fertigteile und der Unterkonstruktion, soweit erforderlich;

l) die Aufhängung oder Auflagerung für Transport und Einbau.

3.2.2 Verlegepläne für Fertigteile

Bei Bauten mit Fertigteilen sind für die Baustelle Verlegepläne der Fertigteile mit den Positionsnummern der einzelnen Teile und eine Positionsliste anzufertigen. In dem Verlegeplan sind auch die beim Zusammenbau erforderlichen Auflagertiefen und die etwa erforderlichen Abstützungen der Fertigteile (siehe Abschnitt 19.5.2) einzutragen.

3.2.3 Zeichnungen für Schalungs- und Traggerüste

Für Schalungs- und Traggerüste, für die eine statische Berechnung erforderlich ist, z. B. bei freistehenden und bei mehrgeschossigen Schalungs- oder Traggerüsten, sind Zeichnungen für die Baustelle anzufertigen; ebenso für Schalungen, die hohen seitlichen Druck des Frischbetons aufnehmen müssen.

3.3 Statische Berechnungen

(1) Die Standsicherheit und die ausreichende Bemessung der baulichen Anlage und ihrer Bauteile sind in der statischen Berechnung übersichtlich und leicht prüfbar nachzuweisen.

(2) Das Verfahren zur Ermittlung der Schnittgrößen nach der Elastizitätstheorie (siehe Abschnitt 15.1.2) ist freigestellt. Die Bemessung ist nach den in dieser Norm angegebenen Grundlagen durchzuführen. Wegen Näherungsverfahren siehe DAfStb-Heft 220 und DAfStb-Heft 240. Für außergewöhnliche Formeln ist die Fundstelle anzugeben, wenn diese allgemein zugänglich ist, sonst sind die Ableitungen soweit zu entwickeln, daß ihre Richtigkeit geprüft werden kann.

(3) Wegen zusätzlicher Berechnungen bei Fertigteilkonstruktionen siehe auch Abschnitt 19.

(4) Bei Bauteilen, deren Schnittgrößen sich nicht durch Berechnung ermitteln lassen, kann diese durch Versuche ersetzt werden. Ebenso sind zur Ergänzung der Berechnung der Schnittgrößen Versuche zulässig.

3.4 Baubeschreibung

(1) Angaben, die für die Bauausführung oder für die Prüfung der Zeichnungen oder der statischen Berechnung notwendig sind, die aber aus den Unterlagen nach den Abschnitten 3.2 und 3.3 nicht ohne weiteres entnommen werden können, müssen in einer Baubeschreibung enthalten und – soweit erforderlich – erläutert sein.

(2) Bei Bauten mit Fertigteilen sind Angaben über den Montagevorgang einschließlich zeitweiliger Stützungen, über das Ausrichten und über die während der Montage auftretenden, für die Sicherheit wichtigen Zwischenzustände erforderlich. Der Montagevorgang ist besonders genau zu beschreiben, wenn die Fertigteile nicht vom Hersteller, sondern von einem anderen zusammengebaut werden.

4 Bauleitung

4.1 Bauleiter des Unternehmens

Der Unternehmer oder der von ihm beauftragte Bauleiter oder ein fachkundiger Vertreter des Bauleiters muß während der Arbeiten auf der Baustelle anwesend sein. Er hat für die ordnungsgemäße Ausführung der Arbeiten nach den bautechnischen Unterlagen zu sorgen, insbesondere für

a) die planmäßigen Maße der Bauteile;

[2]) Siehe auch „Merkblatt für Betonprüfstellen E"

[3]) Siehe auch „Merkblatt für Betonprüfstellen W"

b) die sichere Ausführung und räumliche Aussteifung der Schalungen, der Schalungs- und Traggerüste und die Vermeidung ihrer Überlastung, z. B. beim Fördern des Betons, durch Lagern von Baustoffen und dergleichen (siehe Abschnitt 12);

c) die ausreichende Güte der verwendeten Baustoffe, namentlich des Betons (siehe Abschnitte 6.5.1 und 7);

d) die Übereinstimmung der Betonstahlsorte, der Durchmesser und der Lage der Bewehrung sowie gegebenenfalls der mechanischen Verbindungsmittel, z. B. Muffenverbindungen oder Ankerkörper und der Schweißverbindungen mit den Angaben auf den Bewehrungszeichnungen (siehe Abschnitte 3.2.1 b) bis e) und 13.2);

e) die richtige Wahl des Zeitpunktes für das Ausschalen und Ausrüsten (siehe Abschnitt 12.3);

f) die Vermeidung der Überlastung fertiger Bauteile;

g) das Ausschalten von Fertigteilen mit Beschädigungen, die das Tragverhalten beeinträchtigen können und

h) den richtigen Einbau etwa notwendiger Montagestützen (siehe Abschnitt 19.5.2).

4.2 Anzeigen über den Beginn der Bauarbeiten

Der bauüberwachenden Behörde oder dem von ihr mit der Bauüberwachung Beauftragten sind bei Bauten, die nach den bauaufsichtlichen Vorschriften genehmigungspflichtig sind, möglichst 48 Stunden vor Beginn der betreffenden Arbeiten vom Unternehmen oder vom Bauleiter anzuzeigen:

a) bei Verwendung von Baustellenbeton das Vorliegen einer schriftlichen Anweisung auf der Baustelle für die Herstellung mit allen nach Abschnitt 6.5 erforderlichen Angaben;

b) der beabsichtigte Beginn des erstmaligen Betonierens, bei mehrgeschossigen Bauten auf Verlangen der Beginn des Betonierens für jedes einzelne Geschoß; bei längerer Unterbrechung – besonders nach längeren Frostzeiten – der Wiederbeginn der Betonarbeiten;

c) bei Verwendung von Beton B II die fremdüberwachende Stelle;

d) bei Bauten aus Fertigteilen der Beginn des Einbaues und auf Verlangen der Beginn der Herstellung der für die Gesamttragwirkung wesentlichen Verbindungen;

e) der Beginn von wesentlichen Schweißarbeiten auf der Baustelle.

4.3 Aufzeichnungen während der Bauausführung

Bei genehmigungspflichtigen Arbeiten sind entsprechend ihrer Art und ihrem Umfang auf der Baustelle fortlaufend Aufzeichnungen über alle für die Güte und Standsicherheit der baulichen Anlage und ihrer Teile wichtigen Angaben in nachweisbarer Form, z. B. auf Vordrucken (Bautagebuch), vom Bauleiter oder seinem Vertreter zu führen. Sie müssen folgende Angaben enthalten, soweit sie nicht schon in den Lieferscheinen (siehe Abschnitt 5.5 und wegen der Aufbewahrung Abschnitt 4.4 (1)) enthalten sind:

a) die Zeitabschnitte der einzelnen Arbeiten (z. B. des Einbringens des Betons und des Ausrüstens);

b) die Lufttemperatur und die Witterungsverhältnisse zur Zeit der Ausführung der einzelnen Bauabschnitte oder Bauteile bis zur vollständigen Entfernung der Schalung und ihrer Unterstützung sowie Art und Dauer der Nachbehandlung. Frosttage sind dabei unter Angabe der Temperatur und der Ablesezeit besonders zu vermerken. Während des Herstellens, Einbringens und Nachbehandelns von Beton B II (auch von Transportbeton B II) sind bei Lufttemperaturen unter +8 °C und über +25 °C die Maximal- und Mindesttemperatur des Tages – gemessen im Schatten – einzutragen. Bei Lufttemperaturen unter +5 °C und über +30 °C ist auch die Temperatur des Frischbetons festzustellen und einzutragen;

c) bei Verwendung von Baustellenbeton den Namen der Lieferwerke und die Nummern der Lieferscheine für Zement, Zuschlaggemische oder getrennte Zuschlagkorngruppen, werkgemischten Betonzuschlag, Betonzusätze; ferner Betonzusammensetzung, Zementgehalt je m^3 verdichteten Betons, Art und Festigkeitsklasse des Zements, Art, Sieblinie und Korngruppen des Betonzuschlags, gegebenenfalls Zusatz von Mehlkorn, Art und Menge von Betonzusatzmitteln und -zusatzstoffen, Frischbetonrohdichte der hergestellten Probekörper und Konsistenzmaß des Betons und bei Beton B II auch den Wasserzementwert (w/z-Wert);

d) bei Verwendung von Fertigteilen den Namen der Lieferwerke und die Nummern der Lieferscheine. Es ist ferner anzugeben, für welches Bauteil oder für welchen Bauabschnitt diese verwendet wurden. Wegen des Inhalts der Lieferscheine siehe Abschnitt 5.5.2;

e) bei Verwendung von Transportbeton den Namen der Lieferwerke und die Nummern der Lieferscheine, das Betonsortenverzeichnis nach Abschnitt 5.4.4 und das Fahrzeugverzeichnis nach Abschnitt 5.4.6, falls die Fahrzeuge nicht mit einer Transportbeton-Fahrzeug-Bescheinigung ausgestattet sind. Es ist ferner anzugeben, für welches Bauteil oder für welchen Bauabschnitt dieser verwendet wurde. Wegen des Inhalts der Lieferscheine siehe Abschnitt 5.5.3;

f) die Herstellung aller Betonprobekörper mit ihrer Bezeichnung, dem Tag der Herstellung und Angabe der einzelnen Bauteile oder Bauabschnitte, für die der zugehörige Beton verwendet wurde, das Datum und die Ergebnisse ihrer Prüfung und die geforderte Festigkeitsklasse. Dies gilt auch für Probekörper, die vom Transportbetonwerk oder von seinem Beauftragten hergestellt werden, soweit sie für die Baustelle angerechnet werden (siehe Abschnitt 7.4.3.5.1 (3)). Ferner sind aufzuzeichnen Art und Ergebnisse etwaiger Nachweise der Betonfestigkeit am Bauwerk (siehe Abschnitt 7.4.5);

g) gegebenenfalls die Ergebnisse von Frischbetonuntersuchungen (Konsistenz, Rohdichte, Zusammensetzung), von Prüfungen der Bindemittel nach Abschnitt 7.2, des Betonzuschlags nach Abschnitt 7.3 (z. B. Sieblinien) – auch von werkgemischtem Betonzuschlag –, der gewichtsmäßigen Nachprüfung des Zuschlaggemisches bei Zugabe nach Raumteilen (siehe Abschnitt 9.2.2), der Zwischenbauteile usw.;

h) Betonstahlsorte und gegebenenfalls die Prüfergebnisse von Betonstahlschweißungen (siehe DIN 4099).

4.4 Aufbewahrung und Vorlage der Aufzeichnungen

(1) Die Aufzeichnungen müssen während der Bauzeit auf der Baustelle bereitliegen und sind den mit der Bauüberwachung Beauftragten auf Verlangen vorzulegen. Sie sind ebenso wie die Lieferscheine (siehe Abschnitt 5.5) nach Abschluß der Arbeiten mindestens 5 Jahre vom Unternehmen aufzubewahren.

(2) Nach Beendigung der Bauarbeiten sind die Ergebnisse aller Druckfestigkeitsprüfungen einschließlich der an ihrer Stelle durchgeführten Prüfungen des Wasserzementwertes der bauüberwachenden Behörde, bei Verwendung von Beton B II auch der fremdüberwachenden Stelle, zu übergeben.

5 Personal und Ausstattung der Unternehmen, Baustellen und Werke

5.1 Allgemeine Anforderungen

(1) Herstellen, Verarbeiten, Prüfen und Überwachen des Betons erfordern von den Unternehmen, die Beton- und Stahlbetonarbeiten ausführen, den Einsatz zuverlässiger Führungskräfte (Bauleiter, Poliere usw.), die bei Beton- und

Stahlbetonarbeiten bereits mit Erfolg tätig waren und ausreichende Kenntnisse und Erfahrungen für die ordnungsgemäße Ausführung solcher Arbeiten besitzen.

(2) Betriebe, die auf der Baustelle oder in Werkstätten Schweißarbeiten an Betonstählen durchführen, müssen über einen gültigen „Eignungsnachweis für das Schweißen von Betonstählen nach DIN 4099" verfügen.

5.2 Anforderungen an die Baustellen

5.2.1 Baustellen für Beton B I

5.2.1.1 Anwendungsbereich und Anforderungen an das Unternehmen

Auf Baustellen für Beton B I darf nur Baustellen- und Transportbeton der Festigkeitsklassen B 5 bis B 25 verwendet werden. Das Unternehmen hat dafür zu sorgen, daß die Anforderungen der Abschnitte 5.2.1.2 bis 5.2.1.5 erfüllt werden und daß die nach Abschnitt 7 geforderten Prüfungen durchgeführt werden.

5.2.1.2 Geräteausstattung für die Herstellung von Beton B I

(1) Für das Herstellen von Baustellenbeton B I müssen auf der Baustelle diejenigen Geräte und Einrichtungen vorhanden sein und ständig gewartet werden, die eine ordnungsgemäße Ausführung der Arbeiten und eine gleichmäßige Betonfestigkeit ermöglichen.

(2) Dies sind insbesondere Einrichtungen und Geräte für das

a) Lagern der Baustoffe, z. B. trockene Lagerung der Bindemittel, saubere Lagerung des Betonzuschlags – soweit erforderlich getrennt nach Art und Korngruppen (siehe Abschnitte 6.2.3 und 6.5.5.2) – und des Betonstahls;

b) Abmessen der Bindemittel, des Betonzuschlags, des Wassers und gegebenenfalls der Betonzusatzmittel und der Betonzusatzstoffe (siehe Abschnitt 9.2);

c) Mischen des Betons (siehe Abschnitt 9.3).

5.2.1.3 Geräteausstattung für die Verarbeitung von Beton B I

Für das Fördern, Verarbeiten und Nachbehandeln (siehe Abschnitt 10) von Baustellenbeton B I und Transportbeton B I müssen auf der Baustelle diejenigen Einrichtungen und Geräte vorhanden sein und ständig gewartet werden, die einen ordnungsgemäßen Einbau und eine gleichmäßige Betonfestigkeit ermöglichen.

5.2.1.4 Geräteausstattung für die Prüfung von Beton B I

(1) Das Unternehmen muß über Einrichtungen und Geräte für die Durchführung der Prüfungen nach Abschnitt 7.4 und gegebenenfalls nach Abschnitt 7.3 verfügen[4]). Das gilt insbesondere für das

a) Prüfen der Bestandteile des Betons, z. B. Siebversuche an Betonzuschlag;

b) Prüfen des Betons, z. B. Messen der Konsistenz, Nachprüfen des Zementgehalts am Frischbeton;

c) Herstellen und Lagern der Probekörper zur Prüfung der Druckfestigkeit und gegebenenfalls der Wasserundurchlässigkeit.

(2) Die Aufzählungen b) und c) gelten auch für Baustellen, die Transportbeton B I verarbeiten.

5.2.1.5 Überprüfung der Geräte und Prüfeinrichtungen

Alle in den Abschnitten 5.2.1.2 bis 5.2.1.4 genannten Geräte und Einrichtungen sind auf der Baustelle vor Beginn des ersten Betonierens und dann in angemessenen Zeitabständen auf ihr einwandfreies Arbeiten zu überprüfen.

5.2.2 Baustellen für Beton B II

5.2.2.1 Anwendungsbereich und Anforderungen an das Unternehmen

(1) Auf Baustellen für Beton B II darf Baustellen- und Transportbeton der Festigkeitsklassen B 35 und höher verwendet werden, der unter den in den Abschnitten 5.2.2.2 und 5.2.2.3 genannten Bedingungen hergestellt und verarbeitet wird.

(2) Das Unternehmen hat dafür zu sorgen, daß die Anforderungen der Abschnitte 5.2.2.2 bis 5.2.2.8 erfüllt werden, daß die Überwachung (Güteüberwachung) nach Abschnitt 8 (vergleiche DIN 1084 Teil 1) durchgeführt wird und daß die Voraussetzungen für die Fremdüberwachung erfüllt sind.

(3) Wird auf diesen Baustellen auch Beton der Festigkeitsklassen bis B 25 verwendet, so gelten hierfür die Bestimmungen für Beton B I.

5.2.2.2 Geräteausstattung für die Herstellung von Beton B II

Für die Herstellung von Baustellenbeton B II muß die Geräteausstattung nach Abschnitt 5.2.1.2 vorhanden sein, jedoch Mischmaschinen mit besonders guter Wirkung und bei ausnahmsweiser Zuteilung des Betonzuschlags nach Raumteilen selbsttätige Vorrichtungen nach Abschnitt 9.2.2 für das Abmessen der Zuschlagkorngruppen und des Zuschlaggemisches.

5.2.2.3 Geräteausstattung für die Verarbeitung von Beton B II

Für die Verarbeitung von Beton B II müssen die in Abschnitt 5.2.1.3 genannten Einrichtungen und Geräte vorhanden sein.

5.2.2.4 Geräteausstattung für die Prüfung von Beton B II

(1) Für die Überwachung (Güteüberwachung) (siehe Abschnitte 7 und 8) ist außer den in Abschnitt 5.2.1.4 geforderten Einrichtungen und Geräten eine ausreichende Ausrüstung während der erforderlichen Zeit vorzuhalten für die

a) Ermittlung der abschlämmbaren Bestandteile (siehe DIN 4226 Teil 3);

b) Bestimmung der Eigenfeuchte des Betonzuschlags;

c) Prüfung der Zusammensetzung des Frischbetons und der Rohdichte des verdichteten Frischbetons (siehe DIN 1048 Teil 1);

d) Bestimmung des Luftgehalts im Frischbeton bei Verwendung von luftporenbildenden Betonzusatzmitteln (z. B. nach dem Druckausgleichverfahren, siehe DIN 1048 Teil 1);

e) zerstörungsfreie Prüfung von Beton (siehe DIN 1048 Teil 2 und Teil 4);

f) Kontrolle der Meßanlagen (z. B. durch Prüfgewichte).

(2) Zur Überprüfung in Zweifelsfällen gelten c) bis e) auch für Baustellen, die Transportbeton B II verarbeiten.

5.2.2.5 Überprüfung der Geräte und Prüfeinrichtungen

Alle in den Abschnitten 5.2.2.2 bis 5.2.2.4 genannten Geräte und Einrichtungen sind auf der Baustelle vor Beginn des ersten Betonierens und dann in angemessenen Zeitabständen auf ihr einwandfreies Arbeiten zu überprüfen.

[4]) Diese Bedingung ist im allgemeinen erfüllt, wenn die Prüfschränke des Deutschen Beton-Vereins sowie ein großer klimatisierter Behälter (Lagerungstruhe) oder Raum für die Lagerung der Probekörper (siehe DIN 1048 Teil 1) vorhanden sind.

5.2.2.6 Ständige Betonprüfstelle für Beton B II (Betonprüfstelle E)[2])

(1) Das Unternehmen muß über eine ständige Betonprüfstelle verfügen, die mit allen Geräten und Einrichtungen ausgestattet ist, die für die Eignungs- und Güteprüfungen und die Überwachung von Beton B II notwendig sind. Die Prüfstelle muß so gelegen sein, daß eine enge Zusammenarbeit mit der Baustelle möglich ist. Bedient sich das Unternehmen einer nicht unternehmenseigenen Prüfstelle, so sind die Prüfungs- und Überwachungsaufgaben vertraglich der Prüfstelle zu übertragen. Diese Verträge sollen eine längere Laufzeit haben.

(2) Mit der Eigenüberwachung darf das Unternehmen keine Prüfstelle E beauftragen, die auch einen seiner Zulieferer überwacht.

(3) Die ständige Betonprüfstelle hat insbesondere folgende Aufgaben:

a) Durchführung der Eignungsprüfung des Betons;
b) Durchführung der Güte- und Erhärtungsprüfung, soweit sie nicht durch das Personal der Baustelle – gegebenenfalls in Verbindung mit einer Betonprüfstelle W – durchgeführt werden;
c) Überprüfung der Geräteausstattung der Baustellen nach den Abschnitten 5.2.2.2 bis 5.2.2.4 vor Beginn der Betonarbeiten, laufende Überprüfung und Beratung bei Herstellung, Verarbeitung und Nachbehandlung des Betons. Die Ergebnisse dieser Überprüfungen sind aufzuzeichnen;
d) Beurteilung und Auswertung der Ergebnisse der Baustellenprüfungen aller von der Betonprüfstelle betreuten Baustellen eines Unternehmens und Mitteilung der Ergebnisse an das Unternehmen und dessen Bauleiter;
e) Schulung des Baustellenfachpersonals.

5.2.2.7 Personal auf Baustellen mit Beton B II und in der ständigen Betonprüfstelle

(1) Das Unternehmen darf auf Baustellen mit Beton B II nur solche Führungskräfte (Bauleiter, Poliere usw.) einsetzen, die bereits an der Herstellung, Verarbeitung und Nachbehandlung von Beton mindestens der Festigkeitsklasse B 25 verantwortlich beteiligt gewesen sind.

(2) Die ständige Betonprüfstelle muß von einem in der Betontechnologie und Betonherstellung erfahrenen Fachmann (z. B. Betoningenieur) geleitet werden. Seine für diese Tätigkeit notwendigen erweiterten betontechnischen Kenntnisse sind durch eine Bescheinigung (Zeugnis, Prüfungsurkunde) einer hierfür anerkannten Stelle nachzuweisen.

(3) Das Unternehmen hat dafür zu sorgen, daß die Führungskräfte und das für die Betonherstellung maßgebende Fachpersonal (z. B. Mischmaschinenführer) der Baustelle und das Fachpersonal der ständigen Betonprüfstelle in Abständen von höchstens 3 Jahren über die Herstellung, Verarbeitung und Prüfung von Beton B II so unterrichtet und geschult werden, daß sie in der Lage sind, alle Maßnahmen für eine ordnungsgemäße Durchführung des Bauvorhabens einschließlich der Prüfungen und der Eigenüberwachung zu treffen.

(4) Das Unternehmen oder der Leiter der ständigen Betonprüfstelle hat die Schulung seiner Fachkräfte in Aufzeichnungen festzuhalten.

(5) Bei fremden Betonprüfstellen E hat deren Leiter für die Unterrichtung und Schulung seiner Fachkräfte zu sorgen.

(6) Eine fremde Betonprüfstelle E darf ein Unternehmen nur benutzen, wenn feststeht, daß diese Prüfstelle die vorgenannten Anforderungen und die des Abschnitts 5.2.2.6 erfüllt.

5.2.2.8 Verwertung der Aufzeichnungen

Die von der ständigen Betonprüfstelle mitgeteilten Prüfergebnisse und die Erfahrungen der Baustellen sind von dem Unternehmen für weitere Arbeiten auszuwerten.

5.3 Anforderungen an Betonfertigteilwerke (Betonwerke)

5.3.1 Allgemeine Anforderungen

Werke, deren Erzeugnisse als werkmäßig hergestellte Fertigteile aus Beton oder Stahlbeton gelten sollen, müssen den Anforderungen der Abschnitte 5.3.2 bis 5.3.4 genügen, auch wenn sie nur vorübergehend, z. B. auf einer Baustelle oder in ihrer Nähe, errichtet werden. In diesen Werken darf Beton aller Festigkeitsklassen hergestellt und verwendet werden.

5.3.2 Technischer Werkleiter

(1) Während der Arbeitszeit muß der technische Werkleiter oder sein fachkundiger Vertreter im Werk anwesend sein. Er hat sinngemäß die gleichen Aufgaben zu erfüllen, die (z. B. nach Abschnitt 4.1) dem Bauleiter des Unternehmens auf der Baustelle obliegen, soweit sie für die im Werk durchzuführenden Arbeiten in Betracht kommen.

(2) Der Werkleiter hat weiterhin dafür zu sorgen, daß

a) die Anforderungen der Abschnitte 5.3.3 und 5.3.4 erfüllt werden;
b) nur Bauteile das Werk verlassen, die ausreichend erhärtet und nach Abschnitt 19.6 gekennzeichnet sind und die keine Beschädigungen aufweisen, die das Tragverhalten beeinträchtigen;
c) die Lieferscheine (siehe Abschnitt 5.5) alle erforderlichen Angaben enthalten.

5.3.3 Ausstattung des Werkes

Die Ausstattung des Werkes muß den folgenden Bedingungen und sinngemäß den Anforderungen des Abschnitts 5.2.2 genügen:

a) Für die Herstellung müssen überdachte Flächen vorhanden sein, soweit nicht Formen verwendet werden, die den Beton vor ungünstiger Witterung schützen.
b) Soll auch bei Außentemperaturen unter + 5 °C gearbeitet werden, so müssen allseitig geschlossene Räume – auch für die Lagerung bis zum ausreichenden Erhärten der Fertigteile – vorhanden sein, die so geheizt werden, daß die Raumtemperatur dauernd mindestens + 5 °C beträgt.
c) Sollen Fertigteile im Freien nacherhärten, so müssen Vorrichtungen vorhanden sein, die sie gegen ungünstige Witterungseinflüsse schützen (siehe Abschnitte 10.3 und 11.2).

5.3.4 Aufzeichnungen

Im Betonwerk sind fortlaufend Aufzeichnungen sinngemäß nach Abschnitt 4.3, z. B. auf Vordrucken (Werktagebuch), zu machen. Wegen ihrer statistischen Auswertung siehe DIN 1084 Teil 2. Für die Vorlage und Aufbewahrung dieser Aufzeichnungen gilt Abschnitt 4.4 (1) sinngemäß.

5.4 Anforderungen an Transportbetonwerke

5.4.1 Allgemeine Anforderungen

Werke, die Transportbeton herstellen und zur Baustelle liefern oder an Abholer abgeben, müssen die Bestimmungen der Abschnitte 5.4.2 bis 5.4.6 erfüllen, auch wenn sie nur vorübergehend errichtet werden. In Transportbetonwerken darf Beton aller Festigkeitsklassen hergestellt werden. Abschnitt 5.4.6 gilt auch für den Abholer, falls der Beton vom Verbraucher oder einem Dritten vom Transportbetonwerk abgeholt wird.

5.4.2 Technischer Werkleiter und sonstiges Personal

(1) Für die Aufgaben und die Anwesenheit des technischen Werkleiters und seines fachkundigen Vertreters gilt Abschnitt 5.3.2 sinngemäß. Der technische Werkleiter hat ferner dafür zu sorgen, daß die Anforderungen der Abschnitte 5.4.3 bis 5.4.6 erfüllt werden.

2) Siehe Seite 12

(2) Für das mit der Herstellung von Beton B II betraute Fachpersonal gelten die Anforderungen des Abschnitts 5.2.2.7 (3) sinngemäß.

5.4.3 Ausstattung des Werkes

Für die Ausstattung des Werkes gelten die Anforderungen der Abschnitte 5.2.2.2, 5.2.2.4 bis 5.2.2.8 sinngemäß.

5.4.4 Betonsortenverzeichnis

In einem im Transportbetonwerk zur Einsichtnahme vorliegenden Verzeichnis müssen für jede zur Lieferung vorgesehene Betonsorte (unterschieden nach Festigkeitsklasse, Konsistenz und Betonzusammensetzung) die unter a) bis i) genannten Angaben enthalten sein, wobei alle Mengenangaben auf 1 m^3 des aus der Mischung entstehenden verdichteten Frischbetons – bei Betonzusatzmitteln auf seinen Zementgehalt – zu beziehen sind:

a) Eignung für unbewehrten Beton, für Stahlbeton oder für Beton für Außenbauteile (siehe auch die Abschnitte 6.5.1, 6.5.5.1, 6.5.6.1 und 6.5.6.3);

b) Festigkeitsklasse des Betons nach Abschnitt 6.5.1;

c) Konsistenz des Frischbetons;

d) Art, Festigkeitsklasse und Menge des Bindemittels;

e) Wassergehalt w und der w/z-Wert;

f) Art, Menge, Sieblinienbereich und Größtkorn des Betonzuschlags sowie gegebenenfalls erhöhte oder verminderte Anforderungen nach DIN 4226 Teil 1 und Teil 2;

g) gegebenenfalls Art und Menge des zugesetzten Mehlkorns;

h) gegebenenfalls Art und Menge der Betonzusätze;

i) Festigkeitsentwicklung des Betons für Außenbauteile (siehe Abschnitt 2.1.1) nach Tafel 2 der „Richtlinie zur Nachbehandlung von Beton".

5.4.5 Aufzeichnungen

(1) Im Transportbetonwerk sind für jede Lieferung Aufzeichnungen, z. B. auf Vordrucken (Werktagebuch), zu machen. Für ihren Inhalt gilt Abschnitt 4.3, soweit er die Herstellung und Prüfung des Betons regelt. Wegen ihrer statistischen Auswertung siehe DIN 1084 Teil 3.

(2) Für Vorlage und Aufbewahrung dieser Aufzeichnungen gilt Abschnitt 4.4 (1) sinngemäß.

5.4.6 Fahrzeuge für Mischen und Transport des Betons

(1) Mischfahrzeuge müssen für alle vorgesehenen Betonsorten (Festigkeitsklasse, Konsistenz und gegebenenfalls Zusammensetzung des Betons) die Herstellung und die Übergabe eines gleichmäßig und gut durchmischten Betons ermöglichen. Sie müssen mit Wassermeßvorrichtungen (Abweichungen der abgegebenen Wassermenge nur vom angezeigten Wert bis 3 % zulässig) ausgestattet sein. Mischfahrzeuge dürfen zur Herstellung von Beton B II nur verwendet werden, wenn der Füllungsgrad der Mischtrommel 65 % nicht überschreitet und die technische Ausrüstung der Mischer – insbesondere der Zustand der Mischwerkzeuge – so ist, daß auch bei erschwerten Bedingungen die Übergabe eines gleichmäßig durchmischten Betons sichergestellt werden kann.

(2) Fahrzeuge für den Transport von werkgemischtem Beton müssen so beschaffen sein, daß beim Entleeren auf der Baustelle stets ein gleichmäßig durchmischter Beton übergeben werden kann. Fahrzeuge für den Transport von werkgemischtem Beton der Konsistenzbereiche KP, KR und KF müssen entweder während der Fahrt die ständige Bewegung des Frischbetons durch ein Rührwerk (Fahrzeug mit Rührwerk oder Mischfahrzeug) oder das nochmalige Durchmischen vor Übergabe des Betons auf der Baustelle (Mischfahrzeug) ermöglichen.

(3) Beton der Konsistenz KS darf auch in Fahrzeugen ohne Rührwerk (siehe Abschnitt 9.4.3) angeliefert werden. Die Behälter dieser Fahrzeuge müssen innen glatt und so ausgestattet sein, daß sie eine ausreichend langsame und gleichmäßige Entleerung ermöglichen.

(4) Die Misch- und Rührgeschwindigkeit von Mischfahrzeugen muß einstellbar sein. Die Rührgeschwindigkeit soll etwa die Hälfte der Mischgeschwindigkeit betragen, und zwar soll sie beim Mischen im allgemeinen zwischen 4 und 12, beim Rühren zwischen 2 und 6 Umdrehungen je Minute liegen.

(5) Art, Fassungsvermögen und polizeiliches Kennzeichen der Transportbetonfahrzeuge sind in einem besonderen Verzeichnis numeriert aufzuführen. Dieses Verzeichnis ist spätestens mit der ersten Lieferung dem Bauleiter des Unternehmens zu übergeben.

(6) Auf die Vorlage des Verzeichnisses kann verzichtet werden, wenn das Fahrzeug mit einer gültigen, sichtbar am Fahrzeug angebrachten Transportbeton-Fahrzeug-Bescheinigung ausgestattet ist (siehe „Merkblatt für die Ausstellung von Transportbeton-Fahrzeug-Bescheinigungen").

5.5 Lieferscheine

5.5.1 Allgemeine Anforderungen

(1) Jeder Lieferung von Stahlbetonfertigteilen, von Zwischenbauteilen aus Beton und gebranntem Ton und von Transportbeton ist ein numerierter Lieferschein beizugeben. Er muß die in den Abschnitten 5.5.2 und 5.5.3 genannten Angaben enthalten, soweit sie nicht aus anderen, dem Abnehmer zu übergebenden Unterlagen, z. B. einer allgemeinen bauaufsichtlichen Zulassung, zu entnehmen sind. Wegen der Lieferscheine für Zement – namentlich auch wegen des am Silo zu befestigenden Scheines – siehe DIN 1164 Teil 1, für Betonzuschlag DIN 4226 Teil 1 und Teil 2, für Betonstahl DIN 488 Teil 1, für Betonzusatzmittel „Richtlinien für die Zuteilung von Prüfzeichen für Betonzusatzmittel", für Zwischenbauteile aus Beton DIN 4158, für solche aus gebranntem Ton DIN 4159 und DIN 4160 sowie für Betongläser DIN 4243.

(2) Jeder Lieferschein muß folgende Angaben enthalten:

a) Herstellwerk, gegebenenfalls mit Angabe der fremdüberwachenden Stelle oder des Überwachungszeichens oder des Gütezeichens;

b) Tag der Lieferung;

c) Empfänger der Lieferung.

(3) Jeder Lieferschein ist von je einem Beauftragten des Herstellers und des Abnehmers zu unterschreiben. Je eine Ausfertigung ist im Werk und auf der Baustelle aufzubewahren und zu den Aufzeichnungen nach Abschnitt 4.3 zu nehmen.

(4) Bei losem Zement ist das nach DIN 1164 Teil 1 vom Zementwerk mitzuliefernde farbige, verwitterungsfeste Blatt sichtbar am Zementsilo anzuheften.

5.5.2 Stahlbetonfertigteile

Bei Stahlbetonfertigteilen sind neben den im Abschnitt 5.5.1 geforderten Angaben noch folgende erforderlich:

a) Festigkeitsklasse des Betons;

b) Betonstahlsorte;

c) Positionsnummern nach Abschnitt 3.2.2;

d) Betondeckung nom c nach Abschnitt 13.2.

5.5.3 Transportbeton

(1) Bei Transportbeton sind über Abschnitt 5.5.1 hinaus folgende Angaben erforderlich:

a) Menge, Festigkeitsklasse und Konsistenz des Betons; Eignung für unbewehrten Beton oder für Stahlbeton; Eignung für Außenbauteile (siehe Abschnitt 2.1.1) einschließlich Festigkeitsentwicklung des Betons nach Tafel 2 der „Richtlinie zur Nachbehandlung von Beton";

Nummer der Betonsorte nach dem Verzeichnis nach Abschnitt 5.4.4, soweit erforderlich auch besondere Eigenschaften des Betons nach Abschnitt 6.5.7;

b) Uhrzeit der Be- und Entladung sowie Nummer des Fahrzeugs nach dem Verzeichnis nach Abschnitt 5.4.6;

c) Im Falle des Abschnitts 7.4.3.5.1 (4) Hinweis, daß eine fremdüberwachte statistische Qualitätskontrolle durchgeführt wird.

d) Verarbeitbarkeitszeit bei Zugabe von verzögernden Betonzusatzmitteln (siehe „Vorläufige Richtlinie für Beton mit verlängerter Verarbeitbarkeitszeit (Verzögerter Beton); Eignungsprüfung, Herstellung, Verarbeitung und Nachbehandlung");

e) Ort und Zeitpunkt der Zugabe von Fließmitteln (siehe „Richtlinie für Beton mit Fließmittel und für Fließbeton; Herstellung, Verarbeitung und Prüfung").

(2) Darüber hinaus ist für Beton B I mindestens bei der ersten Lieferung und für Beton B II stets das Betonsortenverzeichnis entweder vollständig oder ein entsprechender Auszug daraus mit dem Lieferschein zu übergeben.

6 Baustoffe

6.1 Bindemittel

6.1.1 Zement

Für unbewehrten Beton und für Stahlbeton muß Zement nach den Normen der Reihe DIN 1164 verwendet werden.

6.1.2 Liefern und Lagern der Bindemittel

Bindemittel sind beim Befördern und Lagern vor Feuchtigkeit zu schützen. Behälterfahrzeuge und Silos für Bindemittel dürfen keine Reste von Bindemitteln oder Zement anderer Art oder niedrigerer Festigkeitsklasse oder von anderen Stoffen enthalten; in Zweifelsfällen ist dies vor dem Füllen sorgfältig zu prüfen.

6.2 Betonzuschlag

6.2.1 Allgemeine Anforderungen

Es ist Betonzuschlag nach DIN 4226 Teil 1 zu verwenden. Das Zuschlaggemisch soll möglichst grobkörnig und hohlraumarm sein (siehe Abschnitt 6.2.2). Das Größtkorn ist so zu wählen, wie Mischen, Fördern, Einbringen und Verarbeiten des Betons dies zulassen; seine Nenngröße darf 1/3 der kleinsten Bauteilmaße nicht überschreiten. Bei engliegender Bewehrung oder geringer Betondeckung soll der überwiegende Teil des Betonzuschlags kleiner als der Abstand der Bewehrungsstäbe untereinander und von der Schalung sein.

6.2.2 Kornzusammensetzung des Betonzuschlags

(1) Die Kornzusammensetzung des Betonzuschlags wird durch Sieblinien (siehe Bilder 1 bis 4) und – wenn nötig – durch einen darauf bezogenen Kennwert für die Kornverteilung oder den Wasseranspruch[5][6]) gekennzeichnet. Bei Betonzuschlag, der aus Korngruppen mit wesentlich verschiedener Kornrohdichte zusammengesetzt wird, sind die Sieblinien nicht auf Massenanteile des Betonzuschlags, sondern auf Stoffraumanteile[7]) zu beziehen.

(2) Die Zusammensetzung einzelner Korngruppen und des Betonzuschlags wird durch Siebversuche nach DIN 4226 Teil 3 mit Prüfsieben nach DIN 4188 Teil 1 oder DIN 4187 Teil 2 ermittelt[8]). Die Sieblinien können stetig oder unstetig sein.

5) Zum Beispiel F-Wert, Körnungsziffer, Feinheitsziffer, Feinheitsmodul, Sieblinienflächen, Wasseranspruchszahlen.

6) Zur Ermittlung der Kennwerte für die Kornverteilung oder den Wasseranspruch ist der Siebdurchgang für 0,125 mm auszulassen. Als Kornanteil bis 0,5 mm ist im allgemeinen der tatsächlich vorhandene Kornanteil zu berücksichtigen. Lediglich bei Vergleich der Kennwerte mit denen der Sieblinien nach den Bildern 1 bis 4 ist in beiden Fällen der sich bei geradliniger Verbindung zwischen dem 0,25- und dem 1-mm-Prüfsieb bei 0,5 mm ergebende Kornanteil einzusetzen; für die Sieblinien nach den Bildern 1 bis 4 sind dies die Klammerwerte.

7) Die Stoffraumanteile sind die durch die Kornrohdichte geteilten Massenanteile. An der Ordinatenachse der Sieblinienendarstellung ist dann statt „Siebdurchgang in Masse-%" anzuschreiben „Siebdurchgang in Stoffraum-%".

8) Die Grenzkorngröße 32 mm wird mit einem Prüfsieb mit Quadratlochung (im folgenden Text kurz Quadratlochsiebe genannt) und einer Lochweite von 31,5 mm nach DIN 4187 Teil 2 geprüft.

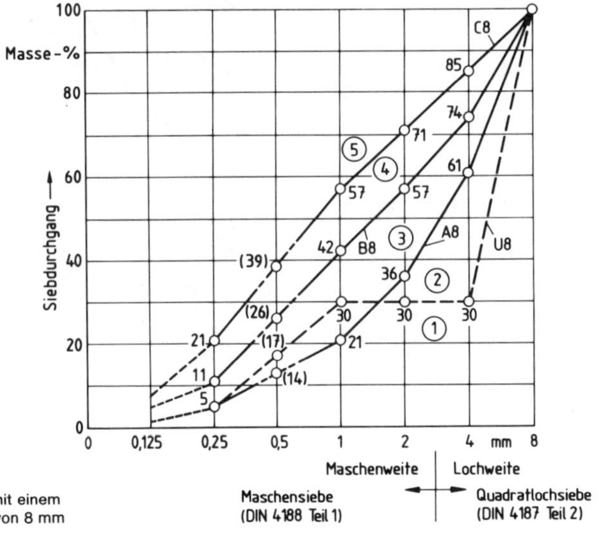

Bild 1. Sieblinien mit einem Größtkorn von 8 mm

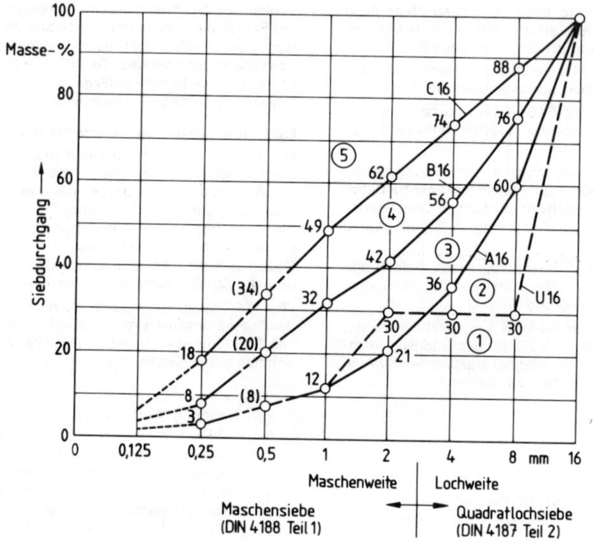

Bild 2. Sieblinien mit einem Größtkorn von 16 mm

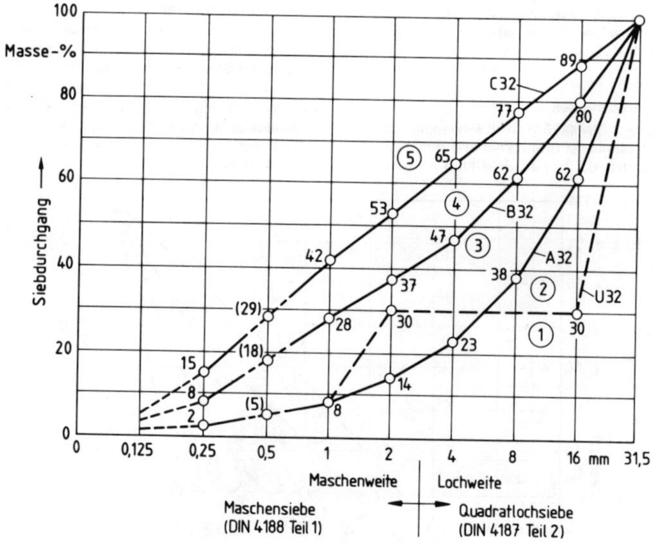

Bild 3. Sieblinien mit einem Größtkorn von 32 mm

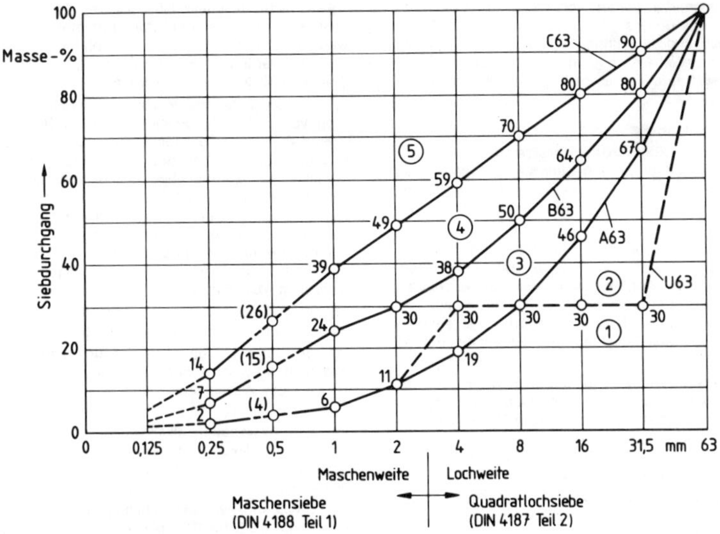

Bild 4. Sieblinien mit einem Größtkorn von 63 mm

Tabelle 1. **Festigkeitsklassen des Betons und ihre Anwendung**

	1	2	3	4	5	6
	Beton-gruppe	Festigkeits-klasse des Betons	Nennfestigkeit[10]) β_{WN} (Mindestwert für die Druckfestigkeit β_{W28} jedes Würfels nach Abschnitt 7.4.3.5.2) N/mm²	Serienfestigkeit β_{WS} (Mindestwert für die mittlere Druck-festigkeit β_{Wm} jeder Würfelserie) N/mm²	Zusammen-setzung nach	Anwendung
1	Beton B I	B 5	5	8	Abschnitt 6.5.5	Nur für unbe-wehrten Beton
2		B 10	10	15		
3		B 15	15	20		Für bewehrten und unbewehrten Beton
4		B 25	25	30		
5	Beton B II	B 35	35	40	Abschnitt 6.5.6	
6		B 45	45	50		
7		B 55	55	60		

10) Der Nennfestigkeit liegt das 5%-Quantil der Grundgesamtheit zugrunde.

6.2.3 Liefern und Lagern des Betonzuschlags

Der Betonzuschlag darf während des Transports und bei der Lagerung nicht durch andere Stoffe verunreinigt werden. Getrennt anzuliefernde Korngruppen (siehe Abschnitte 6.5.5.2 und 6.5.6.2) sind so zu lagern, daß sie sich an keiner Stelle vermischen. Werkgemischter Betonzuschlag (siehe Abschnitt 6.5.5.2 und DIN 4226 Teil 1) ist so zu entladen und zu lagern, daß er sich nicht entmischt.

9) Prüfzeichen erteilt das Institut für Bautechnik (IfBt), Berlin.

6.3 Betonzusätze

6.3.1 Betonzusatzmittel

(1) Für Beton und Zementmörtel – auch zum Einsetzen von Verankerungen – dürfen nur Betonzusatzmittel (siehe Abschnitt 2.1.3.5) mit gültigem Prüfzeichen und nur unter den im Prüfbescheid angegebenen Bedingungen verwendet werden[9]).

(2) Chloride, chloridhaltige oder andere, die Stahlkorrosion fördernde Stoffe dürfen Stahlbeton, Beton und Mörtel, der mit Stahlbeton in Berührung kommt, nicht zugesetzt werden.

(3) Betonzusatzmittel werden verwendet, um bestimmte Eigenschaften des Betons günstig zu beeinflussen. Da sie jedoch zugleich andere wichtige Eigenschaften ungünstig verändern können, ist eine Eignungsprüfung für den damit herzustellenden Beton Voraussetzung für ihre Anwendung (siehe Abschnitt 7.4.2).

6.3.2 Betonzusatzstoffe

(1) Dem Beton dürfen Betonzusatzstoffe nach Abschnitt 2.1.3.6 zugegeben werden, wenn sie das Erhärten des Zements, die Festigkeit und Dauerhaftigkeit des Betons sowie den Korrosionsschutz der Bewehrung nicht beeinträchtigen.

(2) Betonzusatzstoffe, die nicht DIN 4226 Teil 1 für natürliches Gesteinsmehl oder DIN 51 043 für Traß entsprechen, dürfen nur verwendet werden, wenn für sie ein Prüfzeichen erteilt ist[9]). Farbpigmente nach DIN 53 237 dürfen nur verwendet werden, wenn der Nachweis der ordnungsgemäßen Überwachung der Herstellung und Verarbeitung des Betons erbracht ist.

(3) Ein latenthydraulischer oder puzzolanischer Betonzusatzstoff darf bei Festlegung des Mindestzementgehaltes und gegebenenfalls des höchstzulässigen Wasserzementwertes nur berücksichtigt werden, soweit dies besonders geregelt ist, z. B. durch Prüfbescheid oder Richtlinien. Wegen Eignungsprüfungen siehe Abschnitt 7.4.2.1.

(4) Für Liefern und Lagern gilt Abschnitt 6.1.2 sinngemäß.

6.4 Zugabewasser

Als Zugabewasser ist das in der Natur vorkommende Wasser geeignet, soweit es nicht Bestandteile enthält, die das Erhärten oder andere Eigenschaften des Betons ungünstig beeinflussen oder den Korrosionsschutz der Bewehrung beeinträchtigen, z. B. gewisse Industrieabwässer. Im Zweifelsfall ist eine Untersuchung über die Eignung des Wassers zur Betonherstellung nötig.

6.5 Beton

6.5.1 Festigkeitsklassen des Betons und ihre Anwendung

(1) Der Beton wird nach seiner bei der Güteprüfung im Alter von 28 Tagen an Würfeln mit 200 mm Kantenlänge ermittelten Druckfestigkeit in Festigkeitsklassen B 5 bis B 55 eingeteilt (siehe Tabelle 1).

(2) Je drei aufeinanderfolgend hergestellte Würfel bilden eine Serie. Die drei Würfel einer Serie müssen aus drei verschiedenen Mischerfüllungen stammen, bei Transportbeton – soweit möglich – aus verschiedenen Lieferungen derselben Betonsorte.

(3) Eine bestimmte Würfeldruckfestigkeit kann auch für einen früheren Zeitpunkt als nach 28 Tagen entsprechend der vorgesehenen Beanspruchung erforderlich sein, z. B. für den Transport von Fertigteilen. Sie darf auch für einen späteren Zeitpunkt vereinbart werden, wenn dies z. B. durch die Verwendung von langsam erhärtendem Zement in besonderen Fällen zweckmäßig und mit Rücksicht auf die Beanspruchung zulässig ist.

(4) Beton B 55 ist vor allem der werkmäßigen Herstellung von Fertigteilen in Betonwerken vorbehalten.

(5) Ortbeton, der in Verbindung mit Stahlbetonfertigteilen als mittragend gerechnet wird, muß mindestens der Festigkeitsklasse B 15 entsprechen.

(6) Beton für Außenbauteile (siehe Abschnitt 2.1.1) muß mindestens der Festigkeitsklasse B 25 entsprechen[11]).

6.5.2 Allgemeine Bedingungen für die Herstellung des Betons

(1) Für die Zusammensetzung, Herstellung und Verarbeitung von Beton der Festigkeitsklassen B 5 bis B 25 (Beton B I) sind die Bedingungen des Abschnitts 6.5.5 zu beachten, sofern nicht Abschnitt 6.5.7 gilt. Die für eine bestimmte Festigkeitsklasse erforderliche Zusammensetzung muß entweder nach Tabelle 4 mit den dazugehörigen Bestimmungen oder auf Grund einer vorherigen Eignungsprüfung nach Abschnitt 7.4.2 festgelegt werden.

(2) Für die Zusammensetzung, Herstellung und Verarbeitung von Beton der Festigkeitsklassen B 35 und höher (Beton B II) sind die Bedingungen des Abschnitts 6.5.6 zu beachten. Die für eine bestimmte Festigkeitsklasse erforderliche Betonzusammensetzung ist stets auf Grund einer Eignungsprüfung nach Abschnitt 7.4.2 festzulegen. Wegen der besonderen Anforderungen an die Herstellung, Baustelleneinrichtung und -besetzung und an die Überwachung (Güteüberwachung) siehe die Abschnitte 5.2.2, 6.5.6, 7.4 und 8. Für Beton mit besonderen Eigenschaften siehe außerdem Abschnitt 6.5.7.

(3) Wegen des Mindestzementgehalts und des Wasserzementwertes siehe die Abschnitte 6.5.5.1, 6.5.6.1 und 6.5.6.3.

(4) Bei Beton B I und B II, der für Außenbauteile (siehe Abschnitt 2.1.1) verwendet wird, ist der Betonzusammensetzung ein Wasserzementwert $w/z \leq 0{,}60$ zugrunde zu legen[12]).

(5) Bei Verwendung alkaliempfindlichen Betonzuschlags ist die „Richtlinie Alkalireaktion im Beton; Vorbeugende Maßnahmen gegen schädigende Alkalireaktion im Beton" zu beachten.

(6) Unabhängig von der Einhaltung der Bestimmungen der Abschnitte 6.5.5. bis 6.5.7 bleibt in allen Fällen maßgebend, daß der erhärtete Beton die geforderten Eigenschaften aufweist.

(7) Beton, der durch Zugabe verzögernder Betonzusatzmittel gegenüber dem zugehörigen Beton ohne Betonzusatzmittel eine um mindestens drei Stunden verlängerte Verarbeitbarkeitszeit aufweist (verzögerter Beton), ist als Beton B II entsprechend der „Vorläufigen Richtlinie für Beton mit verlängerter Verarbeitbarkeitszeit (Verzögerter Beton); Eignungsprüfung, Herstellung, Verarbeitung und Nachbehandlung" zusammenzusetzen, herzustellen und einzubauen.

(8) Fließbeton und Beton mit Fließmittel sind entsprechend der „Richtlinie für Beton mit Fließmittel und für Fließbeton; Herstellung, Verarbeitung und Prüfung" herzustellen und einzubauen.

(9) Wird ein Betonzusatzmittel zugegeben, ist die Zugabemenge auf 50 ml/kg bzw. 50 g/kg der Zementmenge begrenzt. Bei Anwendung mehrerer Betonzusatzmittel darf die insgesamt zugegebene Menge 60 ml/kg bzw. 60 g/kg Zement nicht überschreiten. Hierbei dürfen, außer bei Fließmitteln, nicht mehrere Betonzusatzmittel derselben Wirkungsgruppe angewendet werden. Für die Herstellung eines Betons mit mehreren Betonzusatzmitteln muß der Hersteller über eine Betonprüfstelle E (siehe Abschnitt 2.3.1) verfügen.

(10) Bei Anwendung von Betonzusatzmitteln soll eine Mindestzugabemenge von 2 ml/kg bzw. 2 g/kg Zement nicht unterschritten werden. Flüssige Betonzusatzmittel sind dem Wassergehalt bei der Bestimmung des Wasserzementwertes zuzurechnen, wenn ihre gesamte Zugabemenge 2,5 l/m^3 verdichteten Betons oder mehr beträgt.

---

[9]) Siehe Seite 19

[11]) Die zusätzlichen Anforderungen der Abschnitte 6.5.2 (4) und 6.5.5.1 (3) oder 6.5.6.1 (2) bedingen in der Regel eine Nennfestigkeit $\beta_{WN} \geq 32$ N/mm^2.

[12]) Diese Anforderung, zusammen mit jenen der Abschnitte 6.5.5.1 (3) oder 6.5.6.1 (2), ist in der Regel erfüllt, wenn der Beton eine Nennfestigkeit $\beta_{WN} \geq 32$ N/mm^2 aufweist.

Tabelle 2. **Konsistenzbereiche des Frischbetons**

	1	2	3	4
	Konsistenzbereiche		Ausbreitmaß a cm	Verdichtungsmaß v
	Bedeutung	Kurzzeichen		
1	steif	KS	–	≥ 1,20
2	plastisch	KP	35 bis 41	1,19 bis 1,08 [13])
3	weich	KR	42 bis 48	1,07 bis 1,02 [13])
4	fließfähig	KF	49 bis 60	–

[13]) Das Verdichtungsmaß empfiehlt sich vor allem für Betone nach Absatz (3).

6.5.3 Konsistenz des Betons

(1) Beim Frischbeton werden vier Konsistenzbereiche unterschieden (siehe Tabelle 2). Beton mit der fließfähigen Konsistenz KF darf nur als Fließbeton entsprechend der „Richtlinie für Beton mit Fließmittel und für Fließbeton; Herstellung, Verarbeitung und Prüfung" unter Zugabe eines Fließmittels (FM) verwendet werden.

(2) Im Übergangsbereich zwischen steifem und plastischem Beton kann im Einzelfall je nach Zusammenhaltevermögen des Frischbetons die Anwendung des Verdichtungsmaßes oder des Ausbreitmaßes zweckmäßiger sein.

(3) In den Konsistenzbereichen KP und KR kann bei Verwendung von Splittbeton, sehr mehlkornreichem Beton, Leicht- oder Schwerbeton das Verdichtungsmaß zweckmäßiger sein.

(4) In den beiden vorgenannten Fällen sind Vereinbarungen über das anzuwendende Prüfverfahren und die einzuhaltenden Konsistenzmaße zu treffen. Sinngemäß gilt dies auch für andere, in DIN 1048 Teil 1 aufgeführte Konsistenzprüfverfahren.

(5) Die Verarbeitbarkeit des Frischbetons muß den baupraktischen Gegebenheiten angepaßt sein. Für Ortbeton der Gruppe B I ist vorzugsweise weicher Beton KR (Regelkonsistenz) oder fließfähiger Beton KF zu verwenden.

6.5.4 Mehlkorngehalt sowie Mehlkorn- und Feinstsandgehalt

(1) Der Beton muß eine bestimmte Menge an Mehlkorn enthalten, damit er gut verarbeitbar ist und ein geschlossenes Gefüge erhält. Der Mehlkorngehalt setzt sich zusammen aus dem Zement, dem im Betonzuschlag enthaltenen Kornanteil 0 bis 0,125 mm und gegebenenfalls dem Betonzusatzstoff. Ein ausreichender Mehlkorngehalt ist besonders wichtig bei Beton, der über längere Strecken oder in Rohrleitungen gefördert wird, bei Beton für dünnwandige, eng bewehrte Bauteile und bei wasserundurchlässigem Beton (siehe Abschnitt 6.5.7.2).

(2) Bei Beton für Außenbauteile (siehe Abschnitt 2.1.1) und bei Beton mit besonderen Eigenschaften nach den Abschnitten 6.5.7.3, 6.5.7.4 und 6.5.7.6 sind der Mehlkorngehalt sowie der Mehlkorn- und Feinstsandgehalt nach Tabelle 3 zu begrenzen.

(3) Bei Zementgehalten zwischen 300 kg/m³ und 350 kg/m³ ist zwischen den Werten der Tabelle 3 linear zu interpolieren.

(4) Die Werte der Tabelle 3, Spalten 2 und 3, dürfen erhöht werden, wenn

a) der Zementgehalt 350 kg/m³ übersteigt, um den über 350 kg/m³ hinausgehenden Zementgehalt, jedoch höchstens um 50 kg/m³;

b) ein puzzolanischer Betonzusatzstoff (z. B. Traß, Steinkohlenflugasche) verwendet wird, um den Gehalt an puzzolanischem Betonzusatzstoff, jedoch höchstens um 50 kg/m³;

c) das Größtkorn des Betonzuschlaggemisches 8 mm beträgt, um 50 kg/m³.

(5) Die unter a) und b) genannten Möglichkeiten dürfen insgesamt nur zu einer Erhöhung von 50 kg/m³ führen.

Tabelle 3. **Höchstzulässiger Mehlkorngehalt sowie höchstzulässiger Mehlkorn- und Feinstsandgehalt für Beton mit einem Größtkorn des Zuschlaggemisches von 16 mm bis 63 mm**

	1	2	3
	Zementgehalt kg/m³	Höchstzulässiger Gehalt in kg/m³ an	
		Mehlkorn	Mehlkorn und Feinstsand
		bei einer Prüfkorngröße von	
		0,125 mm	0,250 mm
1	≤ 300	350	450
2	350	400	500

6.5.5 Zusammensetzung von Beton B I

6.5.5.1 Zementgehalt

(1) Der Beton muß so viel Zement enthalten, daß die geforderte Druckfestigkeit und bei bewehrtem Beton ein ausreichender Schutz der Stahleinlagen vor Korrosion erreicht werden.

(2) Wird der Zementgehalt auf Grund einer Eignungsprüfung nach Abschnitt 7.4.2.1 a) festgelegt, so muß er je m³ verdichteten Betons mindestens betragen

a) bei unbewehrtem Beton 100 kg;

b) bei Stahlbeton mit Rücksicht auf den Korrosionsschutz der Stahleinlagen
   - 240 kg bei Zement der Festigkeitsklasse Z 35 und höher;
   - 280 kg bei Zement der Festigkeitsklasse Z 25.

(3) Bei Beton für Außenbauteile (siehe Abschnitt 2.1.1) muß der Zementgehalt mindestens 300 kg/m³ verdichteten Betons betragen; er darf auf 270 kg/m³ ermäßigt werden, wenn Zement der Festigkeitsklassen Z 45 oder Z 55 verwendet wird.

(4) Eine Eignungsprüfung ist bei Beton ohne Betonzusätze nicht erforderlich, wenn die Betonzusammensetzung mindestens den Bedingungen der Tabelle 4 und den folgenden Angaben entspricht.

(5) Der Zementgehalt nach Tabelle 4 muß vergrößert werden um

– 15 % bei Zement der Festigkeitsklasse Z 25;

– 10 % bei einem Größtkorn des Betonzuschlags von 16 mm;

– 20 % bei einem Größtkorn des Betonzuschlags von 8 mm.

(6) Der Zementgehalt nach Tabelle 4, Zeilen 1 bis 8, darf verringert werden um höchstens 10 % bei Zement der Festigkeitsklasse Z 45 und höchstens 10 % bei einem Größtkorn des Betonzuschlags von 63 mm.

(7) Die Vergrößerungen des Zementgehalts müssen, die Verringerungen dürfen zusammengezählt werden; jedoch darf bei Stahlbeton der im Absatz (2) angegebene Zementgehalt nicht unterschritten werden.

Tabelle 4. **Mindestzementgehalt für Beton B I bei Betonzuschlag mit einem Größtkorn von 32 mm und Zement der Festigkeitsklasse Z 35 nach DIN 1164 Teil 1**

	1	2	3	4	5
	Festigkeitsklasse des Betons	Sieblinienbereich des Betonzuschlags[14])	Mindestzementgehalt in kg je m^3 verdichteten Betons für Konsistenzbereich		
			KS	KP	KR
1	B 5[15])	③	140	160	–
2		④	160	180	–
3	B 10[15])	③	190	210	230
4		④	210	230	260
5	B 15	③	240	270	300
6		④	270	300	330
7	B 25 allgemein	③	280	310	340
8		④	310	340	380
9	B 25 für Außenbauteile	③	300	320	350
10		④	320	350	380

[14]) Siehe Bild 3
[15]) Nur für unbewehrten Beton

6.5.5.2 Betonzuschlag

(1) Bei einer Betonzusammensetzung nach Tabelle 4 und den zusätzlichen Angaben in Abschnitt 6.5.5.1 muß die Sieblinie des Betonzuschlags stetig sein und den Sieblinienbereichen der Tabelle 4, Spalte 2, entsprechen.

(2) Wird die Betonzusammensetzung aufgrund einer Eignungsprüfung festgelegt, so muß die dabei verwendete Kornzusammensetzung des Betonzuschlags bei der Herstellung dieses Betons eingehalten werden (siehe Abschnitt 7.3). Außer stetigen Sieblinien dürfen dann auch Ausfallkörnungen verwendet werden.

(3) Betonzuschlag, der hinsichtlich bestimmter Eigenschaften nur verminderte Anforderungen erfüllt, darf unter Bedingungen nach DIN 4226 Teil 1/04.83, Abschnitt 7.1.3, verwendet werden, wenn die Eignung des Betonzuschlags für die Anwendung nachgewiesen ist.

(4) Ungetrennter Betonzuschlag aus Gruben oder Baggereien darf nur für Beton der Festigkeitsklassen B 5 und B 10 verwendet werden, sofern er den Anforderungen von DIN 4226 Teil 1 und seine Kornzusammensetzung den Anforderungen dieser Norm entsprechen.

(5) Für Beton der Festigkeitsklassen B 15 und B 25 muß der Betonzuschlag wenigstens nach zwei Korngruppen, von denen eine im Bereich 0 bis 4 mm liegt, getrennt angeliefert und getrennt gelagert werden. Sie sind an der Mischmaschine derart zuzugeben, daß die geforderte Kornzusammensetzung des Gemisches entsteht. An Stelle getrennter Korngruppen darf bei Korngemischen mit einem Größtkorn bis 32 mm auch werkgemischter Betonzuschlag nach DIN 4226 Teil 1 verwendet werden, wenn seine Kornzusammensetzung den Bedingungen des Abschnitts 6.2 entspricht.

6.5.6 Zusammensetzung von Beton B II

6.5.6.1 Zementgehalt

(1) Der erforderliche Zementgehalt ist aufgrund der Eignungsprüfung festzulegen. Er muß jedoch bei Stahlbeton mit Rücksicht auf den Korrosionsschutz der Stahleinlagen je m^3 verdichteten Betons mindestens betragen

– 240 kg bei Zement der Festigkeitsklasse Z 35 und höher;

– 280 kg bei Zement der Festigkeitsklasse Z 25.

(2) Der Zementgehalt bei Beton für Außenbauteile (siehe Abschnitt 2.1.1) muß mindestens 270 kg/m^3 verdichteten Betons betragen.

6.5.6.2 Betonzuschlag

(1) Der Betonzuschlag, seine Aufteilung nach Korngruppen und seine Kornzusammensetzung müssen bei der Herstellung des Betons der Eignungsprüfung entsprechen.

(2) Für stetige Sieblinien 0 bis 32 mm (siehe Abschnitt 6.2.2) muß der Betonzuschlag nach mindestens drei, für unstetige nach mindestens zwei Korngruppen getrennt angeliefert, gelagert und zugegeben werden; eine der Korngruppen muß im Bereich 0 bis 2 mm liegen oder der Korngruppe 0/4 a entsprechen. Für Sieblinien 0 bis 8 mm und 0 bis 16 mm genügt die Trennung des Betonzuschlags in eine Korngruppe 0 bis 2 mm oder in eine Korngruppe entsprechend 0/4 a und eine gröbere Korngruppe.

(3) Ein Mehlkornzusatz (siehe Abschnitt 6.5.4) gilt nicht als Korngruppe.

(4) Betonzuschlag, der hinsichtlich bestimmter Eigenschaften nur verminderte Anforderungen erfüllt, darf unter Bedingungen nach DIN 4226 Teil 1/04.83, Abschnitt 7.1.3 verwendet werden, wenn die Eignung des Betonzuschlags für die Anwendung nachgewiesen ist.

6.5.6.3 Wasserzementwert (w/z-Wert) und Konsistenz

(1) Als Wasserzementwert (w/z-Wert) wird das Verhältnis des Wassergehalts w zum Zementgehalt z im Beton bezeichnet.

(2) Der Beton darf mit keinem größeren Wasserzementwert hergestellt werden, als durch die Eignungsprüfung nach Abschnitt 7.4.2 festgelegt worden ist (siehe auch Abschnitt 7.4.3.3). Erweist sich der Beton mit der so erreichten Konsistenz für einzelne schwierige Betonierabschnitte als nicht ausreichend verarbeitbar und soll daher der Wassergehalt erhöht werden, so muß der Zementanteil im gleichen Gewichtsverhältnis vergrößert werden. Beides muß in der Mischmaschine geschehen.

(3) Bei Stahlbeton darf der w/z-Wert wegen des Korrosionsschutzes der Bewehrung bei Zement der Festigkeitsklasse Z 25 den Wert 0,65 und bei Zementen der Festigkeitsklassen Z 35 und höher den Wert 0,75 nicht überschreiten.

(4) Bei Beton für Außenbauteile (siehe Abschnitt 2.1.1) gilt Abschnitt 6.5.2 (4).

6.5.7 Beton mit besonderen Eigenschaften

6.5.7.1 Allgemeine Anforderungen

Voraussetzung für die Erzielung besonderer Eigenschaften des Betons ist, daß er sachgemäß zusammengesetzt, hergestellt und eingebaut wird, daß er sich nicht entmischt und daß er vollständig verdichtet und sorgfältig nachbehandelt wird. Für seine Herstellung und Verarbeitung gelten die Bedingungen für Beton B II (siehe Abschnitte 5.2.2 und 6.5.6), soweit die nachfolgenden Bestimmungen nicht ausdrücklich die Herstellung und Verarbeitung unter den Bedingungen für Beton B I gestatten.

6.5.7.2 Wasserundurchlässiger Beton

(1) Wasserundurchlässiger Beton für Bauteile mit einer Dicke von etwa 10 cm bis 40 cm muß so dicht sein, daß die größte Wassereindringtiefe bei der Prüfung nach DIN 1048 Teil 1 (Mittel von drei Probekörpern) 50 mm nicht überschreitet.

(2) Bei Bauteilen mit einer Dicke von etwa 10 cm bis 40 cm darf der Wasserzementwert 0,60 und bei dickeren Bauteilen 0,70 nicht überschreiten.

(3) Wasserundurchlässiger Beton geringerer Festigkeitsklasse als B 35 darf auch unter den Bedingungen für Beton B I hergestellt und verarbeitet werden, wenn der Zementgehalt bei Betonzuschlag 0 bis 16 mm mindestens 370 kg/m^3, bei Betonzuschlag 0 bis 32 mm mindestens 350 kg/m^3 beträgt und wenn die Kornzusammensetzung des Betonzuschlags im Sieblinienbereich (③) der Bilder 2 oder 3 liegt.

6.5.7.3 Beton mit hohem Frostwiderstand

(1) Beton, der im durchfeuchteten Zustand häufigen und schroffen Frost-Tau-Wechseln ausgesetzt wird, muß mit hohem Frostwiderstand hergestellt werden. Dazu sind Betonzuschläge mit erhöhten Anforderungen an den Frostwiderstand eF (siehe DIN 4226 Teil 1) und ein wasserundurchlässiger Beton nach Abschnitt 6.5.7.2 notwendig.

(2) Der Wasserzementwert darf 0,60 nicht überschreiten. Er darf bei massigen Bauteilen bis zu 0,70 betragen, wenn luftporenbildende Betonzusatzmittel (siehe Abschnitt 6.3.1) in solcher Menge zugegeben werden, daß der Luftgehalt im Frischbeton den Werten der Tabelle 5 entspricht.

Tabelle 5. **Luftgehalt im Frischbeton unmittelbar vor dem Einbau**

	1	2
	Größtkorn des Zuschlaggemisches mm	Mittlerer Luftgehalt Volumenanteil in %[16]
1	8	≥ 5,5
2	16	≥ 4,5
3	32	≥ 4,0
4	63	≥ 3,5

[16]) Einzelwerte dürfen diese Anforderungen um einen Volumenanteil von höchstens 0,5 % unterschreiten.

(3) Für Beton mit hohem Frostwiderstand und geringerer Festigkeitsklasse als B 35 darf Abschnitt 6.5.7.2 (3) sinngemäß angewendet werden.

6.5.7.4 Beton mit hohem Frost- und Tausalzwiderstand

(1) Beton, der im durchfeuchteten Zustand Frost-Tauwechseln und der gleichzeitigen Einwirkung von Tausalzen ausgesetzt ist, muß mit hohem Frost- und Tausalzwiderstand hergestellt und entsprechend verarbeitet werden. Dazu sind Portland-, Eisenportland-, Hochofen- oder Portlandölschieferzement nach den Normen der Reihe DIN 1164 mindestens der Festigkeitsklasse Z 35 und Betonzuschläge mit erhöhten Anforderungen an den Widerstand gegen Frost- und Taumittel eFT (siehe DIN 4226 Teil 1) notwendig.

(2) Der Wasserzementwert darf 0,50 nicht überschreiten.

(3) Abgesehen von sehr steifem Beton mit sehr niedrigem Wasserzementwert ($w/z < 0{,}40$) ist ein luftporenbildendes Betonzusatzmittel (Luftporenbildner LP) in solcher Menge zuzugeben, daß der in Tabelle 5 angegebene Luftgehalt eingehalten wird.

(4) Für Beton, der einem sehr starken Frost-Tausalzangriff, wie bei Betonfahrbahnen, ausgesetzt ist, sind Portland-, Eisenportland- oder Portlandölschieferzement mindestens der Festigkeitsklasse Z 35 oder Hochofenzement mindestens der Festigkeitsklasse Z 45 L zu verwenden.

6.5.7.5 Beton mit hohem Widerstand gegen chemische Angriffe

(1) Betonangreifende Flüssigkeiten, Böden und Dämpfe sind nach DIN 4030 zu beurteilen und in Angriffe mit „schwachem", „starkem" und „sehr starkem" Angriffsvermögen einzuteilen.

(2) Die Widerstandsfähigkeit des Betons gegen chemische Angriffe hängt weitgehend von seiner Dichtigkeit ab. Der Beton muß daher mindestens so dicht sein, daß die größte Wassereindringtiefe bei Prüfung nach DIN 1048 Teil 1 (Mittel von drei Probekörpern) bei „schwachem" Angriff nicht mehr als 50 mm und bei „starkem" Angriff nicht mehr als 30 mm beträgt. Der Wasserzementwert darf bei „schwachem" Angriff 0,60 und bei „starkem" Angriff 0,50 nicht überschreiten.

(3) Bei Beton mit hohem Widerstand gegen „schwachen" chemischen Angriff und geringerer Festigkeitsklasse als B 35 darf Abschnitt 6.5.7.2 (3) sinngemäß angewendet werden.

(4) Beton, der längere Zeit „sehr starken" chemischen Angriffen ausgesetzt wird, muß vor unmittelbarem Zutritt der angreifenden Stoffe geschützt werden (siehe auch Abschnitt 13.3). Außerdem muß dieser Beton so zusammengesetzt sein, wie dies bei „starkem" Angriff notwendig ist.

(5) Für Beton, der dem Angriff von Wasser mit mehr als 600 mg SO_4 je l oder von Böden mit mehr als 3000 mg SO_4 je kg ausgesetzt wird, ist stets Zement mit hohem Sulfatwiderstand nach DIN 1164 Teil 1 zu verwenden. Bei Meerwasser ist trotz seines hohen Sulfatgehalts die Verwendung von Zement mit hohem Sulfatwiderstand nicht erforderlich, da Beton mit hohem Widerstand gegen „starken" chemischen Angriff auch Meerwasser ausreichend widersteht.

6.5.7.6 Beton mit hohem Verschleißwiderstand

(1) Beton, der besonders starker mechanischer Beanspruchung ausgesetzt wird, z. B. durch starken Verkehr, durch rutschendes Schüttgut, durch häufige Stöße oder durch Bewegung von schweren Gegenständen, durch stark strömendes und Feststoffe führendes Wasser u. a., muß einen hohen Verschleißwiderstand aufweisen und mindestens der Festigkeitsklasse B 35 entsprechen. Der Zementgehalt sollte nicht zu hoch sein, z. B. bei einem Größtkorn von 32 mm nicht über 350 kg/m^3. Beton, der nach dem Verarbeiten Wasser absondert oder zu einer Anreicherung von Zementschlämme an der Oberfläche neigt, ist ungeeignet.

(2) Der Betonzuschlag bis 4 mm Korngröße muß überwiegend aus Quarz oder aus Stoffen mindestens gleicher Härte bestehen, das gröbere Korn aus Gestein oder künstlichen Stoffen mit hohem Verschleißwiderstand (siehe auch DIN 52 100). Bei besonders hoher Beanspruchung sind Hartstoffe zu verwenden. Die Körner aller Zuschlagarten sollen mäßig rauhe Oberfläche und gedrungene Gestalt haben. Das Zuschlaggemisch soll möglichst grobkörnig sein (Sieblinie nahe der Sieblinie A oder bei Ausfallkörnungen zwischen den Sieblinien B und U der Bilder 1 bis 4).

(3) Der Beton soll nach der Herstellung mindestens doppelt so lange nachbehandelt werden, wie in der „Richtlinie zur Nachbehandlung von Beton" gefordert wird.

6.5.7.7 Beton für hohe Gebrauchstemperaturen bis 250 °C

(1) Der Beton ist mit Betonzuschlägen herzustellen, die sich für diese Beanspruchung als geeignet erwiesen haben. Er soll mindestens doppelt so lange nachbehandelt werden, wie in der „Richtlinie zur Nachbehandlung von Beton" für die Umgebungsbedingung III gefordert wird. Noch vor der ersten Erhitzung soll der Beton austrocknen können. Die erste Erhitzung soll möglichst langsam erfolgen.

(2) Bei ständig einwirkenden Temperaturen über 80 °C sind die Rechenwerte für die Druckfestigkeit (siehe Tabelle 12) und den Elastizitätsmodul (siehe Tabelle 11) des jeweils verwendeten Betons aus Versuchen abzuleiten.

(3) Wirken Temperaturen über 80 °C nur kurzfristig bis etwa 24 Stunden ein, so sind die Rechenwerte der Druckfestigkeit (siehe Tabelle 12) und des Elastizitätsmoduls (siehe Tabelle 11) abzumindern (DAfStb-Heft 337). Ohne genaueren experimentellen Nachweis dürfen bei einer Temperatur von 250 °C die Rechenwerte der Betonfestigkeit nur mit ihren 0,7fachen Werten, die Rechenwerte des Elastizitätsmoduls nur mit ihren 0,6fachen Werten angesetzt werden. Rechenwerte für Temperaturen zwischen 80 °C und 250 °C dürfen linear interpoliert werden.

6.5.7.8 Beton für Unterwasserschüttung (Unterwasserbeton)

(1) Muß Beton für tragende Bauteile unter Wasser eingebracht werden, so soll er im allgemeinen ein Ausbreitmaß von etwa 45 cm bis 50 cm haben (siehe auch Abschnitt 10.4), jedoch darf auch Fließbeton nach der „Richtlinie für Beton mit Fließmittel und für Fließbeton; Herstellung, Verarbeitung und Prüfung" verwendet werden. Der Wasserzementwert (w/z-Wert) darf 0,60 nicht überschreiten; er muß kleiner sein, wenn Betongüte oder chemische Angriffe es erfordern. Der Zementgehalt muß bei Zuschlägen mit einem Größtkorn von 32 mm mindestens 350 kg/m³ fertigen Betons betragen.

(2) Der Beton muß beim Einbringen als zusammenhängende Masse fließen, damit er auch ohne Verdichtung ein geschlossenes Gefüge erhält. Zu bevorzugen sind Kornzusammensetzungen mit stetigen Sieblinien, die etwa in der Mitte des Sieblinienbereiches (③) der Bilder 1 bis 4 liegen. Der Mehlkorngehalt muß ausreichend groß sein (siehe Abschnitt 6.5.4).

6.6 Betonstahl

6.6.1 Betonstahl nach den Normen der Reihe DIN 488

(1) Betonstahlsorte, Kennzeichnung, Nenndurchmesser (Stabdurchmesser d_s ist stets Nenndurchmesser), Oberflächengestalt und Festigkeitseigenschaften müssen den Normen der Reihe DIN 488 entsprechen. Die dort geforderten Eigenschaften sind in Tabelle 6 wiedergegeben, soweit sie für die Verwendung von Betonstahl maßgebend sind.

(2) Wird Betonstahl nach DIN 488 Teil 1 bei der Verarbeitung warm gebogen ($\geq$ 500 °C oder Rotglut), so darf er nur mit einer rechnerischen Streckgrenze von $\beta_S = 220$ N/mm² in Rechnung gestellt werden (siehe Abschnitt 18.3.3 (3)). Diese Einschränkung gilt nicht für Betonstähle, die nach DIN 4099 geschweißt wurden.

6.6.2 Rundstahl nach DIN 1013 Teil 1

Als glatter Betonstabstahl darf nur Rundstahl nach DIN 1013 Teil 1 aus St 37-2 nach DIN 17 100 in den Nenndurchmessern d_s = 8, 10, 12, 14, 16, 20, 25 und 28 mm verwendet werden. Rechenwerte und Bewehrungsrichtlinien können den DAfStb-Heften 220 und 400 entnommen werden.

6.6.3 Bewehrungsdraht nach DIN 488 Teil 1

(1) Die Verarbeitung von glattem Bewehrungsdraht BSt 500 G oder profiliertem Bewehrungsdraht BSt 500 P ist auf werkmäßig hergestellte Bewehrungen beschränkt, deren Fertigung, Überwachung und Verwendung in anderen technischen Baubestimmungen geregelt ist (siehe DIN 488 Teil 1/09.84, Abschnitt 8).

Tabelle 6. **Sorteneinteilung und Eigenschaften der Betonstähle**

	1			2	3	4
	Betonstahlsorte	Erzeugnisform Kurzname		Betonstabstahl BSt 420 S	Betonstabstahl BSt 500 S	Betonstahlmatten BSt 500 M
		Kurzzeichen[17]		III S	IV S	IV M
		Werkstoffnummer		1.0428	1.0438	1.0466
1	Nenndurchmesser d_s		mm	6 bis 28	6 bis 28	4 bis 12[18]
2	Streckgrenze $\beta_S(R_e)$[19] bzw. 0,2%-Dehngrenze $\beta_{0,2}(R_{p0,2})$[19]		N/mm²	420	500	500
3	Zugfestigkeit $\beta_Z(R_m)$[19]		N/mm²	500	550	550
4	Bruchdehnung $\delta_{10}(A_{10})$[19]		%	10	10	8
5	Schweißeignung für Verfahren[20]			E, MAG, GP, RA, RP	E, MAG, GP, RA, RP	E[21], MAG[21], RP

[17]) Für Zeichnungen und statische Berechnungen.

[18]) Betonstahlmatten mit Nenndurchmessern von 4,0 mm und 4,5 mm dürfen nur bei vorwiegend ruhender Belastung und – mit Ausnahme von untergeordneten vorgefertigten Bauteilen, wie eingeschossigen Einzelgaragen – nur als Querbewehrung bei einachsig gespannten Platten, bei Rippendecken und bei Wänden verwendet werden.

[19]) Zeichen in () nach DIN 488 Teil 1.

[20]) Die Kennbuchstaben bedeuten: E = Metall-Lichtbogenhandschweißen, MAG = Metall-Aktivgasschweißen, GP = Gaspreßschweißen, RA = Abbrennstumpfschweißen, RP = Widerstandspunktschweißen.

[21]) Der Nenndurchmesser der Mattenstäbe muß mindestens 6 mm beim Verfahren MAG und mindestens 8 mm beim Verfahren E betragen, wenn Stäbe von Matten untereinander oder mit Stabstählen $\leq$ 14 mm Nenndurchmesser verschweißt werden.

(2) Kaltverformter Draht (z. B. für Bügel nach Abschnitt 18.8.2.1 mit einem Durchmesser $d_s \geq 3$ mm) muß die Eigenschaften von Betonstahl BSt 420 S (III S) oder BSt 500 S (IV S) haben. Rechenwerte und Bewehrungsrichtlinien können den DAfStb-Heften 220 und 400 entnommen werden.

6.7 Andere Baustoffe und Bauteile

6.7.1 Zementmörtel für Fugen

(1) Zementmörtel muß für Fugen bei Fertigteilen und Zwischenbauteilen folgende Bedingungen erfüllen:

a) Zement nach DIN 1164 Teil 1 der Festigkeitsklasse Z 35 F oder höher;

b) Zementgehalt: mindestens 400 kg/m^3 verdichteten Mörtels;

c) Betonzuschlag: gemischtkörniger, sauberer Sand 0 bis 4 mm.

(2) Hiervon darf nur abgewichen werden, wenn im Alter von 28 Tagen an Würfeln von 100 mm Kantenlänge eine Druckfestigkeit des Mörtels von mindestens 15 N/mm^2 nach DIN 1048 Teil 1 nachgewiesen wird.

6.7.2 Zwischenbauteile und Deckenziegel

Zwischenbauteile aus Beton müssen DIN 4158, solche aus gebranntem Ton und Deckenziegel müssen DIN 4159 oder DIN 4160 entsprechen.

7 Nachweis der Güte der Baustoffe und Bauteile für Baustellen

7.1 Allgemeine Anforderungen

(1) Für die Durchführung und Auswertung der in diesem Abschnitt vorgeschriebenen Prüfungen und für die Berücksichtigung ihrer Ergebnisse bei der Bauausführung ist der Bauleiter des Unternehmens verantwortlich. Wegen der Aufzeichnung und Aufbewahrung der Ergebnisse siehe Abschnitte 4.3 und 4.4.

(2) Die in den Abschnitten 7.2, 7.3 und 7.4.2 vorgesehenen Prüfungen brauchen bei Bezug von Transportbeton auf der Baustelle nicht durchgeführt zu werden. Die Abschnitte 7.4.1, 7.4.3, 7.4.4 und 7.4.5 gelten, soweit dort nichts anderes festgelegt ist, auch für Baustellen, die Transportbeton beziehen.

7.2 Bindemittel, Betonzusatzmittel und Betonzusatzstoffe

(1) Bei jeder Lieferung ist zu prüfen, ob die Angaben und die Kennzeichnung auf der Verpackung oder dem Lieferschein mit der Bestellung und den bautechnischen Unterlagen übereinstimmen und der Nachweis der Überwachung erbracht ist.

(2) Bei Betonzusatzmitteln ist festzustellen, ob die Verpackung ein gültiges Prüfzeichen trägt (siehe Abschnitt 6.3.1).

(3) Bei Betonzusatzstoffen ist festzustellen, ob sie den Anforderungen des Abschnitts 6.3.2 genügen.

7.3 Betonzuschlag

(1) Bei jeder Lieferung ist zu prüfen, ob die Angaben auf dem Lieferschein mit der Bestellung und den bautechnischen Unterlagen übereinstimmen und der Nachweis der Überwachung erbracht ist.

(2) Der Betonzuschlag ist laufend durch Besichtigung auf seine Kornzusammensetzung und auf andere, nach DIN 4226 Teil 1 bis Teil 3 wesentliche Eigenschaften zu prüfen. In Zweifelsfällen ist der Betonzuschlag eingehender zu untersuchen.

(3) Siebversuche sind bei der ersten Lieferung und bei jedem Wechsel des Herstellwerks erforderlich, außerdem in angemessenen Abständen bei

a) Beton B I (siehe Abschnitt 6.5.5), wenn eine Betonzusammensetzung nach Tabelle 4 mit einer Kornzusammensetzung des Betonzuschlags im Sieblinienbereich (③) gewählt oder wenn die Betonzusammensetzung auf Grund einer Eignungsprüfung festgelegt worden ist;

b) Beton B II (siehe Abschnitt 6.5.6) stets;

c) Beton mit besonderen Eigenschaften (siehe Abschnitt 6.5.7) stets.

(4) Bei der Prüfung gilt die Kornzusammensetzung von Zuschlaggemischen noch als eingehalten, wenn der Durchgang durch die einzelnen Prüfsiebe nicht mehr als 5 % der Gesamtmasse von der festgelegten Sieblinie abweicht – bei Korngruppen mit sehr unterschiedlicher Kornrohdichte nicht mehr als 5 % des Gesamtstoffraumes (siehe Fußnote 7) – und ihr Kennwert für die Kornverteilung oder den Wasseranspruch nicht ungünstiger ist als bei der festgelegten Sieblinie. Bei der Korngruppe 0 bis 0,25 mm sind Abweichungen nur bis zu 3 % zulässig.

7.4 Beton

7.4.1 Grundlage der Prüfung

Die Durchführung der Prüfung sowie die Herstellung und Lagerung der Probekörper richten sich nach DIN 1048 Teil 1.

7.4.2 Eignungsprüfung

7.4.2.1 Zweck und Anwendung

(1) Die Eignungsprüfung dient dazu, vor Verwendung des Betons festzustellen, welche Zusammensetzung der Beton haben muß, damit er mit den in Aussicht genommenen Ausgangsstoffen und der vorgesehenen Konsistenz unter den Verhältnissen der betreffenden Baustelle zuverlässig verarbeitet werden kann und die geforderten Eigenschaften sicher erreicht. Bei Beton B II und bei Beton mit besonderen Eigenschaften ist außerdem festzustellen, mit welchem Wasserzementwert der Beton hergestellt werden muß.

(2) Eignungsprüfungen sind durchzuführen bei

a) Beton B I, wenn der Beton nicht nach Tabelle 4 zusammengesetzt ist oder wenn zu seiner Herstellung Betonzusätze verwendet werden (siehe Abschnitte 6.3 und 6.5.5.1);

b) Beton B II stets und

c) Beton mit besonderen Eigenschaften, wenn nicht Abschnitt 6.5.7.2 (3) zutrifft und angewendet wird.

(3) Neue Eignungsprüfungen sind durchzuführen, wenn sich die Ausgangsstoffe des Betons oder die Verhältnisse der Baustelle, die bei der vorhergehenden Eignungsprüfung zugrunde lagen, wesentlich geändert haben.

(4) Auf der Baustelle darf auf eine Eignungsprüfung verzichtet werden, wenn sie von der ständigen Betonprüfstelle (siehe Abschnitt 5.2.2.6) vorgenommen worden ist, wenn Transportbeton verwendet wird oder wenn unter gleichen Arbeitsverhältnissen für Beton gleicher Zusammensetzung und aus den gleichen Stoffen die geforderten Eigenschaften bei früheren Prüfungen sicher erreicht wurden.

(5) Für jede bei der Eignungsprüfung angesetzte Mischung und für jedes vorgesehene Prüfalter sind mindestens drei Probekörper zu prüfen.

(6) Die Eignungsprüfung soll mit einer Frischbetontemperatur von 15 °C bis 22 °C durchgeführt werden. Zur Erfassung des Ansteifens ist die Konsistenz 10 Minuten und 45 Minuten nach Wasserzugabe zu bestimmen.

(7) Sind bei der Bauausführung stark abweichende Temperaturen oder Zeiten zwischen Herstellung und Einbau, die 45 Minuten wesentlich überschreiten, zu erwarten, so muß zusätzlich Aufschluß über deren Einflüsse auf die Konsistenz und die Konsistenzveränderungen gewonnen werden. Bei stark abweichenden Temperaturen ist auch deren Einfluß auf die Festigkeit zu prüfen.

(8) Bei Anwendung einer Wärmebehandlung ist durch zusätzliche Eignungsprüfungen nachzuweisen, daß mit dem vorgesehenen Verfahren die geforderten Eigenschaften erreicht werden (siehe „Richtlinie über Wärmebehandlung von Beton und Dampfmischen").

(9) Erweiterte Eignungsprüfungen sind durchzuführen, wenn Beton hergestellt wird, der durch Zugabe verzögernder Betonzusatzmittel gegenüber dem zugehörigen Beton ohne Betonzusatzmittel eine um mindestens drei Stunden verlängerte Verarbeitbarkeitszeit aufweist (siehe „Vorläufige Richtlinie für Beton mit verlängerter Verarbeitbarkeitszeit (Verzögerter Beton)").

7.4.2.2 Anforderungen

Bei der Eignungsprüfung muß der Mittelwert der Druckfestigkeit von drei Würfeln aus derjenigen Betonmischung, deren Zusammensetzung für die Bauausführung maßgebend sein soll, die Werte β_{WS} der Tabelle 1, Spalte 4 (siehe Abschnitt 6.5.1) um ein Vorhaltemaß überschreiten:

a) Das Vorhaltemaß beträgt für Beton der Festigkeitsklasse B 5 mindestens 3,0 N/mm^2, der Festigkeitsklassen B 10 bis B 25 mindestens 5,0 N/mm^2.

   Die Konsistenz des Betons B I muß bei der Eignungsprüfung, bezogen auf den voraussichtlichen Zeitpunkt des Einbaus, an der oberen Grenze des gewählten Konsistenzbereiches (z. B. obere Grenze des Ausbreitmaßes) liegen.

   Für die Herstellung in Betonfertigteilwerken nach Abschnitt 5.3 gelten diese Anforderungen nicht, sondern die unter b).

b) Bei Beton B II und bei Beton mit besonderen Eigenschaften bleibt es dem Unternehmen überlassen, das Vorhaltemaß nach seinen Erfahrungen unter Berücksichtigung des zu erwartenden Streubereiches der betreffenden Baustelle zu wählen. Das Vorhaltemaß muß aber so groß sein, daß bei der Güteprüfung die Anforderungen des Abschnitts 7.4.3.5.2 sicher erfüllt werden.

7.4.3 Güteprüfung

7.4.3.1 Allgemeines

(1) Die Güteprüfung dient dem Nachweis, daß der für den Einbau hergestellte Beton die geforderten Eigenschaften erreicht.

(2) Die Betonproben für die Güteprüfung sind für jeden Probekörper und für jede Prüfung der Konsistenz und des *w/z*-Wertes aus einer anderen Mischerfüllung zufällig und etwa gleichmäßig über die Betonierzeit verteilt zu entnehmen (siehe auch DIN 1048 Teil 1/12.78, Abschnitt 2.2, erster Absatz).

(3) In gleicher Weise sind bei Transportbeton und bei Baustellenbeton von einer benachbarten Baustelle nach Abschnitt 2.1.2 f) die Betonproben bei Übergabe des Betons möglichst aus verschiedenen Lieferungen des gleichen Betons zu entnehmen.

(4) Sind besondere Eigenschaften nach Abschnitt 6.5.7 nachzuweisen, so ist der Umfang der Prüfung im Einzelfall festzulegen.

(5) In allen Zweifelsfällen hat sich das Unternehmen unabhängig von dem in dieser Norm festgelegten Prüfumfang durch Prüfung der Betonzusammensetzung (Zementgehalt und gegebenenfalls *w/z*-Wert) oder der entsprechenden Eigenschaften von der ausreichenden Beschaffenheit des frischen oder des erhärteten Betons zu überzeugen.

7.4.3.2 Zementgehalt

Bei Beton B I ist der Zementgehalt je m^3 verdichteten Betons beim erstmaligen Einbringen und dann in angemessenen Zeitabständen während des Betonierens zu prüfen, z. B. nach DIN 1048 Teil 1/12.78, Abschnitt 3.3.2. Bei Verwendung von Transportbeton darf der Zementgehalt dem Lieferschein (siehe Abschnitt 5.5.3) oder dem Betonsortenverzeichnis (siehe Abschnitt 5.4.4) entnommen werden.

7.4.3.3 Wasserzementwert

(1) Bei Beton B II sowie bei Beton für Außenbauteile (siehe Abschnitt 2.1.1), der unter den Bedingungen für B I hergestellt wird, ist der Wasserzementwert (*w/z*-Wert) für jede verwendete Betonsorte beim ersten Einbringen und einmal je Betoniertag zu ermitteln.

(2) Der für diese Betonsorte bei der Eignungsprüfung festgelegte *w/z*-Wert darf vom Mittelwert dreier aufeinanderfolgender *w/z*-Wert-Bestimmungen nicht, von Einzelwerten um höchstens 10 % überschritten werden.

(3) Bei Beton für Außenbauteile (siehe Abschnitt 2.1.1) darf kein Einzelwert den *w/z*-Wert von 0,65 überschreiten.

(4) Die für Beton mit besonderen Eigenschaften oder wegen des Korrosionsschutzes der Bewehrung (siehe Abschnitte 6.5.6.3 und 6.5.7) festgelegten *w/z*-Werte dürfen auch von Einzelwerten nicht überschritten werden.

(5) Bei der Verwendung von Transportbeton dürfen die *w/z*-Werte dem Lieferschein (siehe Abschnitt 5.5.3) oder dem Betonsortenverzeichnis (siehe Abschnitt 5.4.4) entnommen werden. Dies gilt nicht, wenn Druckfestigkeitsprüfungen durch die doppelte Anzahl von *w/z*-Wert-Bestimmungen nach Abschnitt 7.4.3.5.1 (2) ersetzt werden sollen.

7.4.3.4 Konsistenz

(1) Die Konsistenz des Frischbetons ist während des Betonierens laufend durch augenscheinliche Beurteilung zu überprüfen. Die Konsistenz ist für jede Betonsorte beim ersten Einbringen und jedesmal bei der Herstellung der Probekörper für die Güteprüfung durch Bestimmung des Konsistenzmaßes nachzuprüfen.

(2) Bei Beton B II und bei Beton mit besonderen Eigenschaften ist die Ermittlung des Konsistenzmaßes außerdem in angemessenen Zeitabständen zu wiederholen.

(3) Die vereinbarte Konsistenz muß bei Übergabe des Betons auf der Baustelle vorhanden sein.

7.4.3.5 Druckfestigkeit

7.4.3.5.1 Anzahl der Probewürfel

(1) Bei Baustellen- und Transportbeton B I der Festigkeitsklassen B 15 und B 25 und bei tragenden Wänden und Stützen aus B 5 und B 10 ist für jede verwendete Betonsorte (siehe Abschnitt 5.4.4), und zwar jeweils für höchstens 500 m^3 Beton, jedes Geschoß im Hochbau und je 7 Arbeitstage, an denen betoniert wird, eine Serie von 3 Probewürfeln herzustellen.

(2) Diejenige Forderung, die die größte Anzahl von Würfelserien ergibt, ist maßgebend. Bei Beton B II ist – soweit bei der Verwendung von Transportbeton im folgenden nichts anderes festgelegt ist – die doppelte Anzahl der im Absatz (1) geforderten Würfelserien zu prüfen. Die Hälfte der hiernach geforderten Würfelprüfungen kann ersetzt werden durch die doppelte Anzahl von *w/z*-Wert-Bestimmungen nach DIN 1048 Teil 1/12.78, Abschnitt 3.4.

(3) Die vom Transportbetonwerk bei der Eigenüberwachung (siehe DIN 1084 Teil 3) durchzuführenden Festigkeitsprüfungen dürfen auf die vom Bauunternehmen durchzuführenden Festigkeitsprüfungen von Beton B I und von Beton B II angerechnet werden, soweit der Beton für die Herstellung der Probekörper auf der betreffenden Baustelle entnommen wurde.

(4) Werden auf einer Baustelle in einem Betoniervorgang weniger als 100 m^3 Transportbeton B I eingebracht, so kann das Prüfergebnis einer Würfelserie, die auf einer anderen Baustelle mit Beton desselben Werkes und derselben Zusammensetzung in derselben Woche hergestellt wurde, auf die im Absatz (1) geforderten Prüfungen angerechnet werden, wenn das Transportbetonwerk für diese Betonsorte unter statistischer Qualitätskontrolle steht (siehe DIN 1084 Teil 3) und diese ein ausreichendes Ergebnis hatte.

7.4.3.5.2 Festigkeitsanforderungen

(1) Die Festigkeitsanforderungen gelten als erfüllt, wenn die mittlere Druckfestigkeit jeder Würfelserie (siehe Abschnitt

6.5.1 (2)) mindestens die Werte der Tabelle 1, Spalte 4 und die Druckfestigkeit jedes einzelnen Würfels mindestens die Werte der Spalte 3 erreicht.

(2) Bei Beton gleicher Zusammensetzung und Herstellung darf jedoch jeweils einer von 9 aufeinanderfolgenden Würfeln die Werte der Tabelle 1, Spalte 3, um höchstens 20 % unterschreiten; dabei muß jeder Serien-Mittelwert von 3 aufeinanderfolgenden Würfeln die Werte der Tabelle 1, Spalte 4, mindestens erreichen.

(3) Von den vorgenannten Anforderungen darf bei einer statistischen Auswertung nach DIN 1084 Teil 1 oder Teil 3/12.78, Abschnitt 2.2.6, abgewichen werden.

7.4.3.5.3 Umrechnung der Ergebnisse der Druckfestigkeitsprüfung

(1) Werden an Stelle von Würfeln mit 200 mm Kantenlänge (siehe Abschnitt 6.5.1) solche mit einer Kantenlänge von 150 mm verwendet, so darf die Beziehung $\beta_{W200} = 0{,}95\,\beta_{W150}$ verwendet werden.

(2) Bei Zylindern mit 150 mm Durchmesser und 300 mm Höhe darf bei gleichartiger Lagerung die Würfeldruckfestigkeit β_{W200} aus der Zylinderdruckfestigkeit β_C abgeleitet werden

- für die Festigkeitsklassen B 15 und geringer zu $\beta_{W200} = 1{,}25\,\beta_C$ und
- für die Festigkeitsklassen B 25 und höher $\beta_{W200} = 1{,}18\,\beta_C$.

(3) Bei Verwendung von Würfeln oder Zylindern mit anderen Maßen oder wenn die vorher genannten Druckfestigkeitsverhältniswerte nicht angewendet werden, muß das Druckfestigkeitsverhältnis zum 200-mm-Würfel für Beton jeder Zusammensetzung, Festigkeit und Altersstufe bei der Eignungsprüfung gesondert nachgewiesen werden, und zwar an mindestens 6 Körpern je Probekörperart.

(4) Für Druckfestigkeitsverhältniswerte bei aus dem Bauwerk entnommenen Probekörpern siehe DIN 1048 Teil 2.

(5) Wird bei Eignungs- und Güteprüfungen bereits von der 7-Tage-Würfeldruckfestigkeit β_{W7} auf die zu erwartende 28-Tage-Würfeldruckfestigkeit β_{W28} geschlossen, so dürfen im allgemeinen je nach Festigkeitsklasse des Zements die Angaben der Tabelle 7 zugrunde gelegt werden.

(6) Andere Verhältniswerte dürfen zugrunde gelegt werden, wenn sie bei der Eignungsprüfung ermittelt wurden.

Tabelle 7. **Beiwerte für die Umrechnung der 7-Tage- auf die 28-Tage-Würfeldruckfestigkeit**

	1	2
	Festigkeitsklasse des Zements	28-Tage-Würfeldruckfestigkeit β_{W28}
1	Z 25	$1{,}4\,\beta_{W7}$
2	Z 35 L	$1{,}3\,\beta_{W7}$
3	Z 35 F; Z 45 L	$1{,}2\,\beta_{W7}$
4	Z 45 F; Z 55	$1{,}1\,\beta_{W7}$

7.4.4 Erhärtungsprüfung

(1) Die Erhärtungsprüfung gibt einen Anhalt über die Festigkeit des Betons im Bauwerk zu einem bestimmten Zeitpunkt und damit auch für die Ausschalfristen. Die Erhärtung kann nach DIN 1048 Teil 1, Teil 2 und Teil 4 zerstörend und/oder zerstörungsfrei ermittelt werden.

(2) Die Probekörper für diesen Nachweis sind aus dem Beton, der für die betreffenden Bauteile bestimmt ist, herzustellen, unmittelbar neben oder auf diesen Bauteilen zu lagern und wie diese nachzubehandeln (Einfluß der Temperatur und der Feuchte). Für die Erhärtungsprüfung sind mindestens drei Probekörper herzustellen; eine größere Anzahl von Probekörpern empfiehlt sich aber, damit die Festigkeitsprüfung bei ungenügendem Ergebnis zu einem späteren Zeitpunkt wiederholt werden kann.

(3) Bei der Beurteilung der aus den Probekörpern gewonnenen Ergebnisse ist zu beachten, daß Bauteile, deren Maße von denen der Probekörper wesentlich abweichen, einen anderen Erhärtungsgrad aufweisen können als die Probekörper, z. B. infolge verschiedener Wärmeentwicklung im Beton.

7.4.5 Nachweis der Betonfestigkeit am Bauwerk

(1) In Sonderfällen, z. B. wenn keine Ergebnisse von Druckfestigkeitsprüfungen vorliegen oder die Ergebnisse ungenügend waren oder sonst erhebliche Zweifel an der Betonfestigkeit im Bauwerk bestehen, kann es nötig werden, die Betondruckfestigkeit durch Entnahme von Probekörpern aus dem Bauwerk oder am fertigen Bauteil durch zerstörungsfreie Prüfung nach DIN 1048 Teil 2 oder durch beides nach DIN 1048 Teil 4 zu bestimmen. Dabei sind Alter und Erhärtungsbedingungen (Temperatur, Feuchte) des Bauwerkbetons zu berücksichtigen.

(2) Für die Festlegung von Art und Umfang der zerstörungsfreien Prüfungen und der aus dem Bauwerk zu entnehmenden Proben und für die Bewertung der Ergebnisse dieser Prüfungen ist ein Sachverständiger hinzuzuziehen, soweit dies nach DIN 1048 Teil 4 erforderlich ist.

7.5 Betonstahl

7.5.1 Prüfung am Betonstahl

Bei jeder Lieferung von Betonstahl ist zu prüfen, ob das nach DIN 488 Teil 1 geforderte Werkkennzeichen vorhanden ist. Betonstahl ohne Werkkennzeichen darf nicht verwendet werden. Dies gilt nicht für Bewehrungsstahl aus Rundstahl St 37-2.

7.5.2 Prüfung des Schweißens von Betonstahl

Die Arbeitsprüfungen, die vor oder während der Schweißarbeiten durchzuführen sind, sind in DIN 4099 geregelt.

7.6 Bauteile und andere Baustoffe

7.6.1 Allgemeine Anforderungen

Bei Bauteilen nach den Abschnitten 7.6.2 bis 7.6.4 ist zu prüfen, ob sie aus einem Werk stammen, das einer Überwachung (Güteüberwachung) unterliegt.

7.6.2 Prüfung der Stahlbetonfertigteile

Bei jeder Lieferung von Fertigteilen muß geprüft werden, ob hierfür ein Lieferschein mit allen Angaben nach Abschnitt 5.5.2 vorliegt, die Fertigteile nach Abschnitt 19.6 gekennzeichnet sind und ob die Fertigteile die nach den bautechnischen Unterlagen erforderlichen Maße haben.

7.6.3 Prüfung der Zwischenbauteile und Deckenziegel

Bei jeder Lieferung statisch mitwirkender Zwischenbauteile aus Beton nach DIN 4158 und aus gebranntem Ton nach DIN 4159 und statisch mitwirkender Deckenziegel nach DIN 4159 ist zu prüfen, ob sie die nach den bautechnischen Unterlagen erforderlichen Maße und die nach DIN 4158 und DIN 4159 erforderliche Form der Stoßfugen haben. Bei jeder Lieferung statisch nicht mitwirkender Zwischenbauteile nach DIN 4158 und nach DIN 4160 ist zu prüfen, ob sie die geforderten Maße und Formen aufweisen.

7.6.4 Prüfung der Betongläser

Bei jeder Lieferung von Betongläsern ist zu prüfen, ob die Angaben im Lieferschein nach DIN 4243 den bautechnischen Unterlagen entsprechen.

7.6.5 Prüfung von Zementmörtel

Für jede verwendete Mörtelsorte und für höchstens 200 m damit hergestellter tragender Fugen, jedes Geschoß im

Hochbau und je 7 Arbeitstage, an denen nacheinander Mörtel hergestellt wird, ist eine Serie von drei Würfeln mit 100 mm Kantenlänge aus Mörtel verschiedener Mischerfüllungen nach DIN 1048 Teil 1 zu prüfen (siehe auch Abschnitt 6.7.1). Diejenige Forderung, die die größte Anzahl von Würfelserien ergibt, ist maßgebend.

8 Überwachung (Güteüberwachung) von Baustellenbeton B II, von Fertigteilen und von Transportbeton

Für Baustellenbeton B II, Beton- und Stahlbetonfertigteile und Transportbeton ist eine Überwachung (Güteüberwachung), bestehend aus Eigen- und Fremdüberwachung, durchzuführen. Die Durchführung ist in DIN 1084 Teil 1 bis Teil 3 geregelt.

9 Bereiten und Befördern des Betons

9.1 Angaben über die Betonzusammensetzung

Zur Herstellung von Beton muß der Mischerführer im Besitz einer schriftlichen Mischanweisung sein, die folgende Angaben über die Zusammensetzung einer Mischerfüllung enthält:

a) Betonsortenbezeichnung (Nummer des Betonsortenverzeichnisses);

b) Festigkeitsklasse des Betons;

c) Art, Festigkeitsklasse und Menge des Zements sowie Zementgehalt in kg/m^3 verdichteten Betons;

d) Art und Menge des Betonzuschlags, gegebenenfalls Menge der getrennt zuzugebenden Korngruppenanteile oder Angabe „werkgemischter Betonzuschlag";

e) Konsistenzmaß des Frischbetons;

f) gegebenenfalls Art und Menge von Betonzusatzmitteln und Betonzusatzstoffen;

für Beton B II sowie für Beton für Außenbauteile außerdem:

g) Wasserzementwert (w/z-Wert);

h) Wassergehalt w (Zugabewasser und Oberflächenfeuchte des Betonzuschlags und gegebenenfalls Betonzusatzmittelmenge, vergleiche Abschnitt 6.5.2).

9.2 Abmessen der Betonbestandteile

9.2.1 Abmessen des Zements

Der Zement ist nach Gewicht, das auf 3% einzuhalten ist, zuzugeben.

9.2.2 Abmessen des Betonzuschlags

(1) Der Betonzuschlag oder die einzelnen Korngruppen sind unabhängig von der Art des Abmessens nach Gewicht, das auf 3% einzuhalten ist, zuzugeben.

(2) In der Regel sind sie nach Gewicht abzumessen. Dies gilt auch für Betonzuschlag mit wesentlich unterschiedlicher Kornrohdichte, dessen Mengenanteile dann aus den Stoffraumanteilen (siehe Abschnitt 6.2.2) zu errechnen sind.

(3) Für Beton B II (siehe Abschnitt 6.5.6) ist das Abmessen des Betonzuschlags oder der einzelnen Korngruppen nach Raumteilen nur dann gestattet, wenn selbsttätige Abmeßvorrichtungen verwendet werden, an deren Einstellung notwendige Änderungen leicht und zutreffend vorzunehmen sind und mit denen Korngruppen und Gesamtzuschlagmenge mit der geforderten Genauigkeit abgemessen werden können. Die Abmeßvorrichtungen müssen die Nachprüfung der Menge der abgemessenen Korngruppen auf einfache Weise zuverlässig gestatten.

(4) Wird nach Raumteilen abgemessen, so sind die Mengen der abgemessenen Korngruppen häufig nachzuprüfen. Dies gilt auch dann, wenn selbsttätige Abmeßvorrichtungen vorhanden sind.

9.2.3 Abmessen des Zugabewassers

(1) Die Menge des Zugabewassers ist auf 3% einzuhalten. Die höchstzulässige Zugabewassermenge richtet sich bei Beton B I nach dem einzuhaltenden Konsistenzmaß (siehe Abschnitt 6.5.3) und bei Beton B II nach dem festgelegten Wasserzementwert (siehe Abschnitte 6.5.6.3 und 6.5.7). Dabei ist die Oberflächenfeuchte des Betonzuschlags zu berücksichtigen.

(2) Wassersaugender Betonzuschlag muß vorher so angefeuchtet werden, daß er beim Mischen und danach möglichst kein Wasser mehr aufnimmt.

9.3 Mischen des Betons

9.3.1 Baustellenbeton

(1) Beim Zusammensetzen des Betons muß dem Mischerführer die Mischanweisung vorliegen.

(2) Die Stoffe müssen in Betonmischern, die für die jeweilige Betonzusammensetzung geeignet sind, so lange gemischt werden, bis ein gleichmäßiges Gemisch entstanden ist. Um dies zu erreichen, muß der Beton bei Mischern mit besonders guter Mischwirkung wenigstens 30 Sekunden, bei den übrigen Betonmischern wenigstens 1 Minute nach Zugabe aller Stoffe gemischt werden.

(3) Die Mischer müssen von erfahrenem Personal bedient werden, die in der Lage sind, die festgelegte Konsistenz einzuhalten.

(4) Mischen von Hand ist nur in Ausnahmefällen für Beton der Festigkeitsklassen B 5 und B 10 bei geringen Mengen zulässig.

(5) Wegen der Temperatur des Frischbetons siehe Abschnitte 9.4.1 und 11.1 sowie „Richtlinie über Wärmebehandlung von Beton und Dampfmischen".

9.3.2 Transportbeton

(1) Beim Zusammensetzen des Betons muß dem Mischerführer der Lieferschein vorliegen.

(2) Für werkgemischten Transportbeton gilt Abschnitt 9.3.1.

(3) Bei fahrzeuggemischtem Transportbeton richten sich der höchstzulässige Füllungsgrad des Mischers und die Mindestdauer des Mischens nach der Bauart des Mischfahrzeugs und der Konsistenz des Betons (siehe Abschnitt 5.4.6). Der Beton soll dabei mit Mischgeschwindigkeit durch mindestens 50 Umdrehungen gemischt werden; er ist unmittelbar vor Entleeren des Mischfahrzeugs nochmals durchzumischen.

(4) Nach Abschluß des Mischvorgangs darf die Zusammensetzung des Frischbetons nicht mehr verändert werden. Davon ausgenommen ist die Zugabe eines Fließmittels entsprechend der „Richtlinie für Beton mit Fließmittel und für Fließbeton; Herstellung, Verarbeitung und Prüfung".

9.4 Befördern von Beton zur Baustelle

9.4.1 Allgemeines

Während des Beförderns ist der Frischbeton vor schädlichen Witterungseinflüssen zu schützen. Wegen der bei kühler Witterung und bei Frost einzuhaltenden Frischbetontemperaturen siehe Abschnitt 11.1. Auch bei heißer Witterung darf die Frischbetontemperatur bei der Entladung +30 °C nicht überschreiten, sofern nicht durch geeignete Maßnahmen sichergestellt ist, daß keine nachteiligen Folgen zu erwarten sind (siehe z. B. ACI Standard „Recommended Practice of Hot Weather Concreting" (ACI 305-72) und „Richtlinie über Wärmebehandlung von Beton und Dampfmischen"). Bei Anwendung des Betonmischens mit Dampfzuführung darf die Frischbetontemperatur +30 °C überschreiten.

9.4.2 Baustellenbeton

(1) Wird Baustellenbeton der Konsistenzen KP, KR oder KF von einer benachbarten Baustelle (siehe Abschnitt 2.1.2 f)) verwendet und nicht in Fahrzeugen mit Rührwerk oder in

Mischfahrzeugen (siehe Abschnitt 9.3.2) zur Verwendungsstelle befördert, so muß er spätestens 20 Minuten, Beton der Konsistenz KS spätestens 45 Minuten nach dem Mischen vollständig entladen sein.

(2) Für die Entladung von Mischfahrzeugen und Fahrzeugen mit Rührwerk gelten die Zeitspannen nach Abschnitt 9.4.3.

9.4.3 Transportbeton

(1) Werkgemischter Frischbeton der Konsistenz KS darf mit Fahrzeugen ohne Mischer oder Rührwerk befördert werden.

(2) Frischbeton der Konsistenzen KP, KR oder KF darf nur in Mischfahrzeugen oder in Fahrzeugen mit Rührwerk zur Verwendungsstelle befördert werden. Während des Beförderns ist dieser Beton mit Rührgeschwindigkeit (siehe Abschnitt 5.4.6) zu bewegen. Das ist nicht erforderlich, wenn der Beton im Mischfahrzeug befördert und unmittelbar vor dem Entladen nochmals so durchgemischt wird, daß er auf der Baustelle gleichmäßig durchmischt übergeben wird.

(3) Mischfahrzeuge und Fahrzeuge mit Rührwerk sollen spätestens 90 Minuten, Fahrzeuge ohne Rührwerk für die Beförderung von Beton der Konsistenz KS spätestens 45 Minuten nach Wasserzugabe vollständig entladen sein. Ist beschleunigtes Ansteifen des Betons (z. B. durch Witterungseinflüsse) zu erwarten, so sind die Zeitabstände bis zum Entladen entsprechend zu kürzen. Bei Beton mit Verzögerern dürfen die angegebenen Zeiten angemessen überschritten werden.

(4) Bei der Übergabe des Betons muß die vereinbarte Konsistenz vorhanden sein.

10 Fördern, Verarbeiten und Nachbehandeln des Betons

10.1 Fördern des Betons auf der Baustelle

(1) Die Art des Förderns (z. B. in Transportgefäßen, mit Transportbändern, Pumpen, Druckluft) und die Zusammensetzung des Betons sind so aufeinander abzustimmen, daß ein Entmischen verhindert wird.

(2) Auch beim Abstürzen in Stützen- und Wandschalungen darf sich der Beton nicht entmischen. Er ist z. B. durch Fallrohre zusammenzuhalten, die erst kurz über der Verarbeitungsstelle enden.

(3) Für das Fördern des Betons durch Pumpen ist die Verwendung von Leichtmetallrohren nicht zulässig.

(4) Förderleitungen für Pumpbeton sind so zu verlegen, daß der Betonstrom innerhalb der Rohre nicht abreißt. Beim Fördern mit Transportbändern sind Abstreifer und Vorrichtungen zum Zusammenhalten des Betons an der Abwurfstelle anzuordnen.

(5) Beim Einbringen des Betons ist darauf zu achten, daß Bewehrung, Einbauteile, Schalungsflächen usw. eines späteren Betonierabschnittes nicht durch Beton verkrustet werden.

10.2 Verarbeiten des Betons

10.2.1 Zeitpunkt des Verarbeitens

Beton ist möglichst bald nach dem Mischen, Transportbeton möglichst sofort nach der Anlieferung zu verarbeiten, in beiden Fällen aber, ehe er ansteift oder seine Zusammensetzung ändert.

10.2.2 Verdichten

(1) Die Bewehrungsstäbe sind dicht mit Beton zu umhüllen. Der Beton muß möglichst vollständig verdichtet werden[22], z. B. durch Rütteln, Stochern, Stampfen, Klopfen an der Schalung usw., und zwar besonders sorgfältig in den Ecken und längs der Schalung. Unter Umständen empfiehlt sich ein Nachverdichten des Betons (z. B. bei hoher Steiggeschwindigkeit beim Einbringen).

(2) Beton der Konsistenzen KS, KP oder KR (siehe Abschnitt 6.5.3) ist in der Regel durch Rütteln zu verdichten. Dabei sind DIN 4235 Teil 1 bis Teil 5 zu beachten. Oberflächenrüttler sind so langsam fortzubewegen, daß der Beton unter ihnen weich wird und die Betonoberfläche hinter ihnen geschlossen ist. Unter kräftig wirkenden Oberflächenrüttlern soll die Schicht nach dem Verdichten höchstens 20 cm dick sein. Bei Schalungsrüttlern ist die beschränkte Einwirkungstiefe zu beachten, die auch von der Ausbildung der Schalung abhängt.

(3) Beton der Konsistenz KR und – soweit erforderlich – der Konsistenz KF kann auch durch Stochern verdichtet werden. Dabei ist der Beton so durchzuarbeiten, daß die in ihm enthaltenen Luftblasen möglichst entweichen und der Beton ein gleichmäßig dichtes Gefüge erhält.

(4) Beton der Konsistenz KS kann durch Stampfen verdichtet werden. Dabei soll die fertiggestampfte Schicht nicht dicker als 15 cm sein. Die Schichten müssen durch Hand- oder besser Maschinenstampfer so lange verdichtet werden, bis der Beton weich wird und eine geschlossene Oberfläche erhält. Die einzelnen Schichten sollen dabei möglichst rechtwinklig zu der im Bauwerk auftretenden Druckrichtung verlaufen und in Druckrichtung gestampft werden. Wo dies nicht möglich ist, muß die Konsistenz mindestens KP entsprechen, damit gleichlaufend zur Druckrichtung keine Stampffugen entstehen.

(5) Wird keine Arbeitsfuge vorgesehen, so darf beim Einbau in Lagen das Betonieren nur so lange unterbrochen werden, bis die zuletzt eingebrachte Betonschicht noch nicht erstarrt ist, so daß noch eine gute und gleichmäßige Verbindung zwischen beiden Betonschichten möglich ist. Bei Verwendung von Innenrüttlern muß die Rüttelflasche noch in die untere, bereits verdichtete Schicht eindringen (siehe DIN 4235 Teil 2).

(6) Beim Verdichten von Fließbeton ist die „Richtlinie für Beton mit Fließmittel und für Fließbeton; Herstellung, Verarbeitung und Prüfung“ zu beachten.

10.2.3 Arbeitsfugen

(1) Die einzelnen Betonierabschnitte sind vor Beginn des Betonierens festzulegen. Arbeitsfugen sind so auszubilden, daß alle auftretenden Beanspruchungen aufgenommen werden können.

(2) In den Arbeitsfugen muß für einen ausreichend festen und dichten Zusammenschluß der Betonschichten gesorgt werden. Verunreinigungen, Zementschlamm und nicht einwandfreier Beton sind vor dem Weiterbetonieren zu entfernen. Trockener älterer Beton ist vor dem Anbetonieren mehrere Tage feucht zu halten, um das Schwindgefälle zwischen jungem und altem Beton gering zu halten und um weitgehend zu verhindern, daß dem jungen Beton Wasser entzogen wird. Zum Zeitpunkt des Anbetonierens muß die Oberfläche des älteren Betons jedoch etwas abgetrocknet sein, damit sich der Zementleim des neu eingebrachten Betons mit dem älteren Beton gut verbinden kann.

(3) Das Temperaturgefälle zwischen altem und neuem Beton kann dadurch gering gehalten werden, daß der alte Beton warm gehalten oder der neue gekühlt eingebracht wird.

(4) Bei Bauwerken aus wasserundurchlässigem Beton sind auch die Arbeitsfugen wasserundurchlässig auszubilden.

(5) Sinngemäß gelten die Bestimmungen dieses Abschnitts auch für ungewollte Arbeitsfugen, die z. B. durch Witterungseinflüsse oder Maschinenausfall entstehen.

[22]) Solcher Beton kann noch einzelne sichtbare Luftporen enthalten.

10.3 Nachbehandeln des Betons

(1) Beton ist bis zum genügenden Erhärten seiner oberflächennahen Schichten gegen schädigende Einflüsse zu schützen, z. B. gegen starkes Abkühlen oder Erwärmen, Austrocknen (auch durch Wind), starken Regen, strömendes Wasser, chemische Angriffe, ferner gegen Schwingungen und Erschütterungen, sofern diese das Betongefüge lockern und die Verbundwirkung zwischen Bewehrung und Beton gefährden können. Dies gilt auch für Vergußmörtel und Beton der Verbindungsstellen von Fertigteilen.

(2) Um den frisch eingebrachten Beton gegen vorzeitiges Austrocknen zu schützen und eine ausreichende Erhärtung der oberflächennahen Bereiche unter Baustellenbedingungen sicherzustellen, ist er ausreichend lange feucht zu halten. Dabei sind die Einflüsse, welchen der Beton im Laufe der Nutzung des Bauwerks ausgesetzt ist, zu berücksichtigen. Die erforderliche Dauer richtet sich in erster Linie nach der Festigkeitsentwicklung des Betons und den Umgebungsbedingungen während der Erhärtung. Die „Richtlinie zur Nachbehandlung von Beton" ist zu beachten.

(3) Das Erhärten des Betons kann durch eine betontechnologisch richtige Wärmebehandlung beschleunigt werden. Auch Teile, die wärmebehandelt wurden, sollen feucht gehalten werden, da die Erhärtung im allgemeinen am Ende der Wärmebehandlung noch nicht abgeschlossen ist und der Beton bei der Abkühlung sehr stark austrocknet (vergleiche „Richtlinie über Wärmebehandlung von Beton und Dampfmischen").

10.4 Betonieren unter Wasser

(1) Unter Wasser geschütteter Beton kommt in der Regel nur für unbewehrte Bauteile in Betracht und nur für das Einbringen mit ortsfesten Trichtern.

(2) Unterwasserbeton muß Abschnitt 6.5.7.8 entsprechen. Er ist ohne Unterbrechung zügig einzubringen. In der Baugrube muß das Wasser ruhig, also ohne Strömung, stehen. Die Wasserstände innerhalb und außerhalb der Baugrube sollen sich ausgleichen können.

(3) Bei Wassertiefen bis 1 m darf der Beton durch vorsichtiges Vortreiben mit natürlicher Böschung eingebracht werden. Der Beton darf sich hierbei nicht entmischen und muß beim Vortreiben über dem Wasserspiegel aufgeschüttet werden.

(4) Bei Wassertiefen über 1 m ist der Beton so einzubringen, daß er nicht frei durch das Wasser fällt, der Zement nicht ausgewaschen wird und sich möglichst keine Trennschichten aus Zementschlamm bilden.

(5) Für untergeordnete Bauteile darf der Beton mit Klappkästen oder fahrbaren Trichtern auf der Gründungssohle oder auf der Oberfläche der einzelnen Betonschichten lagenweise geschüttet werden.

(6) Mit ortsfesten Trichtern oder solchen geschlossenen Behältern, die vor dem Entleeren ausreichend tief in den noch nicht erstarrten Beton eintauchen, dürfen Bauteile aller Art in gut gedichteter Schalung hergestellt werden.

(7) Die Trichter müssen in den eingebrachten Beton ständig ausreichend eintauchen, so daß der aus dem Trichter nachdringende Beton den zuvor eingebrachten seitlich und aufwärts verdrängt, ohne daß er mit dem Wasser in Berührung kommt. Die Abstände der ortsfesten Trichter sind so zu wählen, daß die seitlichen Fließwege des Betons möglichst kurz sind.

(8) Beim Betonieren wird der Trichter vorsichtig hochgezogen; auch dabei muß das Trichterrohr ständig ausreichend tief im Beton stecken. Werden mehrere Trichter angeordnet, so sind sie gleichzeitig und gleichmäßig mit Beton zu beschicken.

(9) Der Beton ist beim Einbringen in die Trichter oder anderen Behälter durch Tauchrüttler zu verdichten (entlüften).

(10) Unterwasserbeton darf auch dadurch hergestellt werden, daß ein schwer entmischbarer Mörtel von unten her in eine Zuschlagschüttung mit geeignetem Kornaufbau (z. B. ohne Fein- und Mittelkorn) eingepreßt wird. Die Mörteloberfläche soll dabei gleichmäßig hoch steigen.

11 Betonieren bei kühler Witterung und bei Frost

11.1 Erforderliche Temperatur des frischen Betons

(1) Bei kühler Witterung und bei Frost ist der Beton wegen der Erhärtungsverzögerung und der Möglichkeit der bleibenden Beeinträchtigung der Betoneigenschaften mit einer bestimmten Mindesttemperatur einzubringen. Dies gilt auch für Transportbeton. Der eingebrachte Beton ist eine gewisse Zeit gegen Wärmeverluste, Durchfrieren und Austrocknen zu schützen.

(2) Bei Lufttemperaturen zwischen + 5 und − 3 °C darf die Temperatur des Betons beim Einbringen + 5 °C nicht unterschreiten. Sie darf + 10 °C nicht unterschreiten, wenn der Zementgehalt im Beton kleiner ist als 240 kg/m^3 oder wenn Zemente mit niedriger Hydratationswärme verwendet werden.

(3) Bei Lufttemperaturen unter − 3 °C muß die Betontemperatur beim Einbringen mindestens + 10 °C betragen. Sie soll anschließend wenigstens 3 Tage auf mindestens + 10 °C gehalten werden. Anderenfalls ist der Beton so lange zu schützen, bis eine ausreichende Festigkeit erreicht ist.

(4) Die Frischbetontemperatur darf im allgemeinen + 30 °C nicht überschreiten (siehe Abschnitt 9.4.1).

(5) Bei Anwendung des Betonmischens mit Dampfzuführung darf die Frischbetontemperatur + 30 °C überschreiten (siehe „Richtlinie über Wärmebehandlung von Beton und Dampfmischen").

(6) Junger Beton mit einem Zementgehalt von mindestens 270 kg/m^3 und einem w/z-Wert von höchstens 0,60, der vor starkem Feuchtigkeitszutritt (z. B. Niederschlägen) geschützt wird, darf in der Regel erst dann durchfrieren, wenn seine Temperatur bei Verwendung von rasch erhärtendem Zement (Z 35 F, Z 45 L, Z 45 F und Z 55) vorher wenigstens 3 Tage + 10 °C nicht unterschritten oder wenn er bereits eine Druckfestigkeit von 5,0 N/mm^2 erreicht hat (wegen der Erhärtungsprüfung siehe Abschnitt 7.4.4).

11.2 Schutzmaßnahmen

(1) Die im Einzelfall erforderlichen Schutzmaßnahmen hängen in erster Linie von den Witterungsbedingungen, den Ausgangsstoffen und der Zusammensetzung des Betons sowie von der Art und den Maßen der Bauteile und der Schalung ab.

(2) An gefrorene Betonteile darf nicht anbetoniert werden. Durch Frost geschädigter Beton ist vor dem Weiterbetonieren zu entfernen. Betonzuschlag darf nicht in gefrorenem Zustand verwendet werden.

(3) Wenn nötig, sind das Wasser und – soweit erforderlich – auch der Betonzuschlag vorzuwärmen. Hierbei ist die Frischbetontemperatur nach Abschnitt 11.1 zu beachten. Wasser mit einer Temperatur von mehr als + 70 °C ist zuerst mit dem Betonzuschlag zu mischen, bevor Zement zugegeben wird. Vor allem bei feingliedrigen Bauteilen empfiehlt es sich, den Zementgehalt zu erhöhen oder Zement höherer Festigkeitsklasse zu verwenden oder beides zu tun.

(4) Die Wärmeverluste des eingebrachten Betons sind möglichst gering zu halten, z. B. durch wärmedämmendes Abdecken der luftberührten frischen Betonflächen, Verwendung wärmedämmender Schalungen, späteres Ausschalen, Umschließen des Arbeitsplatzes, Zuführung von Wärme. Dabei darf dem Beton das zum Erhärten notwendige Wasser nicht entzogen werden.

(5) Die erforderlichen Maßnahmen sind so rechtzeitig vorzubereiten, daß sie bei Bedarf sofort angewendet werden können.

12 Schalungen, Schalungsgerüste, Ausschalen und Hilfsstützen

12.1 Bemessung der Schalung

(1) Die Schalung und die sie stützende Konstruktion aus Schalungsträgern, Kanthölzern, Ankern usw. sind so zu bemessen, daß sie alle lotrechten und waagerechten Kräfte sicher aufnehmen können, wobei auch der Einfluß der Schüttgeschwindigkeit und die Art der Verdichtung des Betons zu berücksichtigen sind. Für Stützen und Wände, die höher als 3 m sind, ist die Schüttgeschwindigkeit auf die Tragfähigkeit der Schalung abzustimmen.

(2) Für die Bemessung ist neben der Tragfähigkeit oft die Durchbiegung maßgebend. Ausziehbare Schalungsträger und -stützen müssen ein Prüfzeichen besitzen. Sie dürfen nur nach den Regeln eingebaut und belastet werden, die im Bescheid zum Prüfzeichen enthalten sind.

12.2 Bauliche Durchbildung

(1) Die Schalung soll so dicht sein, daß der Feinmörtel des Betons beim Einbringen und Verdichten nicht aus den Fugen fließt. Holzschalung soll nicht zu lange ungeschützt Sonne und Wind ausgesetzt werden. Sie ist rechtzeitig vor dem Betonieren ausgiebig zu nässen.

(2) Die Schalung und die Formen – besonders für Stahlbetonfertigteile – müssen möglichst maßgenau hergestellt werden. Sie sind – vor allem für das Verdichten mit Rüttelgeräten oder auf Rütteltischen – kräftig und gut versteift auszubilden und gegen Verformungen während des Betonierens und Verdichtens zu sichern.

(3) Die Schalungen sind vor dem Betonieren zu säubern. Reinigungsöffnungen sind vor allem am Fuß von Stützen und Wänden, am Ansatz von Auskragungen und an der Unterseite von tiefen Balkenschalungen anzuordnen.

(4) Ungeeignete Trennmittel können die Betonoberfläche verunreinigen, ihre Festigkeit herabsetzen und die Haftung von Putz und anderen Beschichtungen vermindern.

12.3 Ausrüsten und Ausschalen

12.3.1 Ausschalfristen

(1) Ein Bauteil darf erst dann ausgerüstet oder ausgeschalt werden, wenn der Beton ausreichend erhärtet ist (siehe Abschnitt 7.4.4), bei Frost nicht etwa nur hartgefroren ist und wenn der Bauleiter des Unternehmens das Ausrüsten und Ausschalen angeordnet hat. Der Bauleiter darf das Ausrüsten oder Ausschalen nur anordnen, wenn er sich von der ausreichenden Festigkeit des Betons überzeugt hat.

(2) Als ausreichend erhärtet gilt der Beton, wenn das Bauteil eine solche Festigkeit erreicht hat, daß es alle zur Zeit des Ausrüstens oder Ausschalens angreifenden Lasten mit der in dieser Norm vorgeschriebenen Sicherheit (siehe Abschnitt 17.2.2) aufnehmen kann.

(3) Besondere Vorsicht ist geboten bei Bauteilen, die schon nach dem Ausrüsten nahezu die volle rechnungsmäßige Belastung tragen (z. B. bei Dächern oder bei Geschoßdecken, die durch noch nicht erhärtete obere Decken belastet sind).

(4) Das gleiche gilt für Beton, der nach dem Einbringen niedrigen Temperaturen ausgesetzt war.

(5) War die Temperatur des Betons seit seinem Einbringen stets mindestens + 5 °C, so können für das Ausschalen und Ausrüsten im allgemeinen die Fristen der Tabelle 8 als Anhaltswerte angesehen werden. Andere Fristen können notwendig oder angemessen sein, wenn die nach Abschnitt 7.4.4 ermittelte Festigkeit des Betons noch gering ist. Die Fristen der Tabelle 8, Spalten 3 oder 4, gelten – bezogen auf das Einbringen des Ortbetons – als Anhaltswerte auch für Montagestützen unter Stahlbetonfertigteilen, wenn diese Fertigteile durch Ortbeton ergänzt werden und die Tragfähigkeit der so zusammengesetzten Bauteile von der Festigkeitsentwicklung des Ortbetons abhängig ist (siehe z. B. Abschnitte 19.4 und 19.7.6).

(6) Die Ausschalfristen sind gegenüber der Tabelle 8 zu vergrößern, unter Umständen zu verdoppeln, wenn die Betontemperatur in der Erhärtungszeit überwiegend unter + 5 °C lag. Tritt während des Erhärtens Frost ein, so sind die Ausschal- und Ausrüstfristen für ungeschützten Beton mindestens um die Dauer des Frostes zu verlängern (siehe Abschnitt 11).

Tabelle 8. **Ausschalfristen (Anhaltswerte)**

	1	2	3	4
	Festigkeitsklasse des Zements	Für die seitliche Schalung der Balken und für die Schalung der Wände und Stützen Tage	Für die Schalung der Deckenplatten Tage	Für die Rüstung (Stützung) der Balken, Rahmen und weitgespannten Platten Tage
1	Z 25	4	10	28
2	Z 35 L	3	8	20
3	Z 35 F Z 45 L	2	5	10
4	Z 45 F Z 55	1	3	6

(7) Für eine Verlängerung der Fristen kann außerdem das Bestreben bestimmend sein, die Bildung von Rissen – vor allem bei Bauteilen mit sehr verschiedener Querschnittsdicke oder Temperatur – zu vermindern oder zu vermeiden oder die Kriechverformungen zu vermindern, z. B. auch infolge verzögerter Festigkeitsentwicklung.

(8) Bei Verwendung von Gleit- oder Kletterschalungen kann in der Regel von kürzeren Fristen als in der Tabelle 8 angegeben ausgegangen werden.

(9) Stützen, Pfeiler und Wände sollen vor den von ihnen gestützten Balken und Platten ausgeschalt werden. Rüstungen, Schalungsstützen und frei tragende Deckenschalungen (Schalungsträger) sind vorsichtig durch Lösen der Ausrüstvorrichtungen abzusenken. Es ist unzulässig, diese ruckartig wegzuschlagen oder abzuzwängen. Erschütterungen sind zu vermeiden.

12.3.2 Hilfsstützen

(1) Um die Durchbiegungen infolge von Kriechen und Schwinden klein zu halten, sollen Hilfsstützen stehenbleiben oder sofort nach dem Ausschalen gestellt werden. Das gilt auch für die in Abschnitt 12.3.1 (5) genannten Bauteile aus Fertigteilen und Ortbeton.

(2) Hilfsstützen sollen möglichst lange stehen bleiben, besonders bei Bauteilen, die schon nach dem Ausschalen einen großen Teil ihrer rechnungsmäßigen Last erhalten oder die frühzeitig ausgeschalt werden. Die Hilfsstützen sollen in den einzelnen Stockwerken übereinander angeordnet werden.

(3) Bei Platten und Balken mit Stützweiten bis etwa 8 m genügen Hilfsstützen in der Mitte der Stützweite. Bei größeren Stützweiten sind mehr Hilfsstützen zu stellen. Bei

Platten mit weniger als 3 m Stützweite sind Hilfsstützen in der Regel entbehrlich.

12.3.3 Belastung frisch ausgeschalter Bauteile

Läßt sich eine Benutzung von Bauteilen, namentlich von Decken, in den ersten Tagen nach dem Herstellen oder Ausschalen nicht vermeiden, so ist besondere Vorsicht geboten. Keineswegs dürfen auf frisch hergestellten Decken Steine, Balken, Bretter, Träger usw. abgeworfen oder abgekippt oder in unzulässiger Menge gestapelt werden.

13 Einbau der Bewehrung und Betondeckung

13.1 Einbau der Bewehrung

(1) Vor der Verwendung ist der Stahl von Bestandteilen, die den Verbund beeinträchtigen können, wie z. B. Schmutz, Fett, Eis und losem Rost, zu befreien. Besondere Sorgfalt ist darauf zu verwenden, daß die Stahleinlagen die den Bewehrungszeichnungen (siehe Abschnitt 3.2) entsprechende Form (auch Krümmungsdurchmesser), Länge und Lage (siehe Abschnitt 18) erhalten. Bei Verwendung von Innenrüttlern für das Verdichten des Betons ist die Bewehrung so anzuordnen, daß die Innenrüttler an allen erforderlichen Stellen eingeführt werden können (Rüttellücken).

(2) Die Zug- und die Druckbewehrung (Hauptbewehrung) sind mit den Quer- und Verteilerstäben oder Bügeln durch Bindedraht zu verbinden. Diese Verbindungen dürfen bei vorwiegend ruhender Belastung durch Schweißung ersetzt werden, soweit dies nach Tabelle 6 und DIN 4099 zulässig ist.

(3) Die Stahleinlagen sind zu einem steifen Gerippe zu verbinden und durch Abstandhalter, deren Dicke dem Nennmaß der Betondeckung nach Abschnitt 13.2.1 (3) entspricht und die den Korrosionsschutz nicht beeinträchtigen, in ihrer vorgesehenen Lage so festzulegen, daß sie sich beim Einbringen und Verdichten des Betons nicht verschieben.

(4) Die obere Bewehrung ist gegen Herunterdrücken zu sichern.

(5) Bei Fertigteilen muß die Bewehrung wegen der oft geringen Auflagertiefen besonders genau abgelängt und vor allem an den Auflager- und Gelenkpunkten besonders sorgfältig eingebaut werden.

(6) Wird ein Bauteil mit Stahleinlagen auf der Unterseite unmittelbar auf dem Baugrund hergestellt (z. B. Fundamentplatte), so ist dieser vorher mit einer mindestens 5 cm dikken Betonschicht oder mit einer gleichwertigen Schicht abzudecken (Sauberkeitsschicht).

(7) Für die Verwendung von verzinkten Bewehrungen gilt Abschnitt 1.2. Verzinkte Stahlteile dürfen mit der Bewehrung in Verbindung stehen, wenn die Umgebungstemperatur an der Kontaktstelle + 40 °C nicht übersteigt.

Bild 5. ist entfallen.

13.2 Betondeckung

13.2.1 Allgemeine Bestimmungen

(1) Die Bewehrungsstäbe müssen zur Sicherung des Verbundes, des Korrosionsschutzes und zum Schutz gegen Brandeinwirkung ausreichend dick und dicht mit Beton ummantelt sein.

(2) Die Betondeckung jedes Bewehrungsstabes, auch der Bügel, darf nach allen Seiten die Mindestmaße min c der Tabelle 10, Spalte 3, nicht unterschreiten, falls nicht nach Abschnitt 13.2.2 größere Maße oder andere Maßnahmen (siehe Abschnitt 13.3) erforderlich sind.

(Tabelle 9 ist entfallen)

Tabelle 10. **Maße der Betondeckung in cm, bezogen auf die Umweltbedingungen** (Korrosionsschutz) **und die Sicherung des Verbundes**

	1	2	3	4
	Umweltbedingungen	Stabdurchmesser d_s mm	Mindestmaße für ≥ B 25 min c cm	Nennmaße für ≥ B 25 nom c cm
1	Bauteile in geschlossenen Räumen, z. B. in Wohnungen (einschließlich Küche, Bad und Waschküche), Büroräumen, Schulen, Krankenhäusern, Verkaufsstätten – soweit nicht im folgenden etwas anderes gesagt ist. Bauteile, die ständig trocken sind.	bis 12 14, 16 20 25 28	1,0 1,5 2,0 2,5 3,0	2,0 2,5 3,0 3,5 4,0
2	Bauteile, zu denen die Außenluft häufig oder ständig Zugang hat, z. B. offene Hallen und Garagen. Bauteile, die ständig unter Wasser oder im Boden verbleiben, soweit nicht Zeile 3 oder Zeile 4 oder andere Gründe maßgebend sind. Dächer mit einer wasserdichten Dachhaut für die Seite, auf der die Dachhaut liegt.	bis 20 25 28	2,0 2,5 3,0	3,0 3,5 4,0
3	Bauteile im Freien. Bauteile in geschlossenen Räumen mit oft auftretender, sehr hoher Luftfeuchte bei üblicher Raumtemperatur, z. B. in gewerblichen Küchen, Bädern, Wäschereien, in Feuchträumen von Hallenbädern und in Viehställen. Bauteile, die wechselnder Durchfeuchtung ausgesetzt sind, z. B. durch häufige starke Tauwasserbildung oder in der Wasserwechselzone. Bauteile, die „schwachem" chemischem Angriff nach DIN 4030 ausgesetzt sind.	bis 25 28	2,5 3,0	3,5 4,0
4	Bauteile, die besonders korrosionsfördernden Einflüssen auf Stahl oder Beton ausgesetzt sind, z. B. durch häufige Einwirkung angreifender Gase oder Tausalze (Sprühnebel- oder Spritzwasserbereich) oder durch „starken" chemischen Angriff nach DIN 4030 (siehe auch Abschnitt 13.3).	bis 28	4,0	5,0

(3) Zur Sicherstellung der Mindestmaße sind dem Entwurf und der Ausführung die Nennmaße nom c der Tabelle 10, Spalte 4, zugrunde zu legen. Die Nennmaße entsprechen den Verlegemaßen der Bewehrung. Sie setzen sich aus den Mindestmaßen min c und einem Vorhaltemaß zusammen, das in der Regel 1,0 cm beträgt.

(4) Werden bei der Verlegung besondere Maßnahmen (siehe z. B. „Merkblatt Betondeckung") getroffen, dürfen die in Tabelle 10, Spalte 4, angegebenen Nennmaße um 0,5 cm verringert werden. Absatz (2) ist dabei zu beachten.

(5) Bei Beton der Festigkeitsklasse B 35 und höher dürfen die Mindest- und Nennmaße um 0,5 cm verringert werden. Zur Sicherung des Verbundes dürfen die Mindestmaße jedoch nicht kleiner angesetzt werden als der Durchmesser der eingelegten Bewehrung oder als 1,0 cm. Bei Anwendung besonderer Maßnahmen nach Absatz (4) muß das Vorhaltemaß für die Umweltbedingungen nach Tabelle 10, Zeilen 2 bis 4, mindestens 0,5 cm betragen. Weitere Regelungen für besondere Anwendungsgebiete, z. B. werkmäßig hergestellte Betonmaste, Beton für Entwässerungsgegenstände, sind in Normen (siehe DIN 4035, DIN 4228 (z. Z. Entwurf), DIN 4281) festgelegt oder können aus den Angaben im DAfStb-Heft 400 abgeleitet werden.

(6) Das Nennmaß der Betondeckung ist auf den Bewehrungszeichnungen anzugeben (siehe Abschnitt 3.2.1) und den Standsicherheitsnachweisen zugrunde zu legen.

(7) Für Bauteile mit Umweltbedingungen nach Tabelle 10, Zeile 1, ist auch Beton der Festigkeitsklasse B 15 zulässig. Hierfür sind bei Stabdurchmessern $d_s \leq 12$ mm min $c = 1{,}5$ cm und nom $c = 2{,}5$ cm anzusetzen. Für größere Durchmesser gelten die entsprechenden Werte nach Tabelle 10, Zeile 1.

(8) An solchen Flächen von Stahlbetonfertigteilen, an die Ortbeton mindestens der Festigkeitsklasse B 25 in einer Dicke von mindestens 1,5 cm unmittelbar anbetoniert und nach Abschnitt 10.2.2 verdichtet wird, darf im Fertigteil und im Ortbeton das Mindestmaß der Betondeckung der Bewehrung gegenüber den obengenannten Flächen auf die Hälfte des Wertes nach Tabelle 10, höchstens jedoch auf 1,0 cm, bei Fertigteilplatten mit statisch mitwirkender Ortbetonschicht nach Abschnitt 19.7.6 auf 0,5 cm vermindert werden. Absatz (4) gilt hierbei nicht.

(9) Schichten aus natürlichen oder künstlichen Steinen, Holz oder Beton mit haufwerkporigem Gefüge dürfen nicht auf die Betondeckung angerechnet werden.

13.2.2 Vergrößerung der Betondeckung

(1) Die in Abschnitt 13.2.1 genannten Mindest- und Nennmaße der Betondeckung sind bei Beton mit einem Größtkorn des Betonzuschlags von mehr als 32 mm um 0,5 cm zu vergrößern; sie sind auch um mindestens 0,5 cm zu vergrößern, wenn die Gefahr besteht, daß der noch nicht hinreichend erhärtete Beton durch mechanische Einwirkungen beschädigt wird.

(2) Eine Vergrößerung kann auch aus anderen Gründen, z. B. des Brandschutzes nach DIN 4102 Teil 4, notwendig sein.

(3) Bei besonders dicken Bauteilen, bei Betonflächen aus Waschbeton oder bei Flächen, die z. B. gesandstrahlt, steinmetzmäßig bearbeitet oder durch Verschleiß stark abgenutzt werden, ist die Betondeckung darüber hinaus angemessen zu vergrößern. Dabei ist die Tiefenwirkung der Bearbeitung und die durch sie verursachte Gefügestörung zu berücksichtigen.

13.3 Andere Schutzmaßnahmen

(1) Bei Umweltbedingungen der Tabelle 10, Zeilen 3 und 4, können andere Schutzmaßnahmen in Betracht kommen, wie außenliegende Schutzschichten (nach Normen der Reihe DIN 18 195) oder dauerhafte Bekleidungen mit dichten Schichten. Dabei sind aber mindestens die Angaben der Tabelle 10, Zeile 2, einzuhalten, wenn nicht aus Brandschutzgründen größere Betondeckungen erforderlich sind.

(2) Die Schutzmaßnahmen sind auf die Art des Angriffs abzustimmen. Bauteile aus Stahlbeton, an die lösliche, die Korrosion fördernde Stoffe anschließen (z. B. chloridhaltige Magnesiaestriche), müssen stets durch Sperrschichten von diesen getrennt werden.

14 Bauteile und Bauwerke mit besonderen Beanspruchungen

14.1 Allgemeine Anforderungen

Für Bauteile, an deren Wasserundurchlässigkeit, Frostbeständigkeit oder Widerstand gegen chemische Angriffe, mechanische Angriffe oder langandauernde Hitze besondere Anforderungen gestellt werden, ist Beton mit den in Abschnitt 6.5.7 angegebenen besonderen Eigenschaften zu verwenden.

14.2 Bauteile in betonschädlichen Wässern und Böden nach DIN 4030

(1) Der Beton muß den Bestimmungen des Abschnitts 6.5.7.5 entsprechen.

(2) Betonschädliches Wasser soll von jungem Beton möglichst ferngehalten werden. Die Betonkörper sind möglichst in einem ununterbrochenen Arbeitsgang herzustellen und besonders sorgfältig nachzubehandeln. Scharfe Kanten sollen möglichst vermieden werden. Arbeitsfugen müssen wasserundurchlässig sein; im Bereich wechselnden Wasserstandes sind sie möglichst zu vermeiden. Bei Wasser, das den Beton chemisch „sehr stark" angreift (Angriffsgrade siehe DIN 4030), ist der Beton dauernd gegen diese Angriffe zu schützen, z. B. durch Sperrschichten nach den Normen der Reihe DIN 18 195 (siehe auch Abschnitt 13.3).

14.3 Bauteile unter mechanischen Angriffen

Sind Bauteile starkem mechanischen Angriff ausgesetzt, z. B. durch starken Verkehr, rutschendes Schüttgut, Eis, Sandabrieb oder stark strömendes und Feststoffe führendes Wasser, so sind die beanspruchten Oberflächen durch einen besonders widerstandsfähigen Beton (siehe Abschnitt 6.5.7.6) oder einen Belag oder Estrich gegen Abnutzung zu schützen.

14.4 Bauwerke mit großen Längenänderungen

14.4.1 Längenänderungen infolge von Wärmewirkungen und Schwinden

(1) Bei längeren Bauwerken oder Bauteilen, bei denen durch Wärmewirkungen und Schwinden Zwänge entstehen können, sind zur Beschränkung der Rißbildung geeignete konstruktive Maßnahmen zu treffen, z. B. Bewegungsfugen, entsprechende Bewehrung und zwangfreie Lagerung.

(2) Bei Stahlbetondächern und ähnliche durch Wärmewirkungen beanspruchten Bauteilen empfiehlt es sich, die hier besonders großen temperaturbedingten Längenänderungen zu verkleinern, z. B. durch Anordnung einer ausreichenden Wärmedämmschicht auf der Oberseite der Dachplatte (siehe DIN 4108 Teil 2) oder durch Verwendung von Beton mit kleinerer Wärmedehnzahl oder durch beides. Die Wirkung der verbleibenden Längenänderungen auf die unterstützenden Teile kann durch bauliche Maßnahmen abgemindert werden, z. B. durch möglichst kleinen Abstand der Bewegungsfugen, durch Gleitlager oder Pendelstützen. Liegt ein Stahlbetondach auf gemauerten Wänden oder auf unbewehrten Betonwänden, so sollen unter seinen Auflagern Gleitschichten und zur Aufnahme der verbleibenden Reibungskräfte Stahlbeton-Ringanker am oberen Ende der Wände angeordnet werden, um Risse in den Wänden möglichst zu vermeiden.

14.4.2 Längenänderungen infolge von Brandeinwirkung

Bei Bauwerken mit erhöhter Brandgefahr und größerer Längen- oder Breitenausdehnung ist bei Bränden mit großen

Längenänderungen der Stahlbetonbauteile zu rechnen; daher soll der Abstand *a* der Dehnfugen möglichst nicht größer sein als 30 m, sofern nicht nach Abschnitt 14.4.1 kürzere Abstände erforderlich sind. Die wirksame lichte Fugenweite soll mindestens *a*/1200 sein. Bei Gebäuden, in denen bei einem Brand mit besonders hohen Temperaturen oder besonders langer Branddauer zu rechnen ist, soll diese Fugenweite bis auf das doppelte vergrößert werden.

14.4.3 Ausbildung von Dehnfugen

(1) Die Dehnfugen müssen durch das ganze Bauwerk einschließlich der Bekleidung und des Daches gehen. Die Fugen sind so abzudecken, daß das Feuer durch die Fugen nicht unmittelbar oder durch zu große Durchwärmung (siehe DIN 4102 Teil 2 und Teil 4) übertragen werden kann, die Ausdehnung der Bauteile jedoch nicht behindert wird. Die Wirkung der Fugen darf auch nicht durch spätere Einbauten, z. B. Wandverkleidungen, maschinelle Einrichtungen, Rohrleitungen und dergleichen aufgehoben werden.

(2) Die Bauteile zwischen den Dehnfugen sollen sich beim Brand möglichst gleichmäßig von der Mitte zwischen den Fugen nach beiden Seiten ausdehnen können, um beim Brand zu starke Überbeanspruchung der stützenden Bauteile zu vermeiden. Dehnfugen sollen daher möglichst so angeordnet werden, daß besonders steife Einbauten, z. B. Treppenhäuser oder Aufzugschächte, in der Mitte zwischen zwei Fugen bzw. Fuge und Gebäudeende liegen.

15 Grundlagen zur Ermittlung der Schnittgrößen

15.1 Ermittlung der Schnittgrößen

15.1.1 Allgemeines

Die Schnittgrößen sind für alle während der Errichtung und im Gebrauch auftretenden maßgebenden Lastfälle zu berechnen, wobei auch die räumliche Steifigkeit, Stabilität und gegebenenfalls ungünstige Umlagerungen der Schnittgrößen infolge von Kriechen zu berücksichtigen sind.

15.1.2 Ermittlung der Schnittgrößen infolge von Lasten

(1) Für die Ermittlung der Schnittgrößen sind Verkehrslasten in ungünstigster Stellung vorzusehen. Wenn nötig, ist diese mit Hilfe von Einflußlinien zu ermitteln. Soweit bei Hochbauten mit gleichmäßig verteilten Verkehrslasten gerechnet werden darf, genügt jedoch im allgemeinen die Vollbelastung der einzelnen Felder in ungünstigster Anordnung (feldweise veränderliche Belastung).

(2) Die Schnittgrößen statisch unbestimmter Tragwerke sind nach Verfahren zu berechnen, die auf der Elastizitätstheorie beruhen, wobei im allgemeinen die Querschnittswerte nach Zustand I mit oder ohne Einschluß des 10fachen Stahlquerschnitts verwendet werden dürfen.

(3) Bei üblichen Hochbauten (siehe Abschnitt 2.2.4) dürfen für durchlaufende Platten, Balken und Plattenbalken (siehe Abschnitt 15.4.1.1) mit Stützweiten bis 12 m und gleichbleibendem Betonquerschnitt die nach den vorstehenden Angaben ermittelten Stützmomente um bis zu 15% ihrer Höchstwerte vermindert oder vergrößert werden, wenn bei der Bestimmung der zugehörigen Feldmomente die Gleichgewichtsbedingungen eingehalten werden. Auf diesen Grundlagen aufbauende Näherungsverfahren, z. B. nach DAfStb-Heft 240, sind zulässig.

(4) Wegen der Berücksichtigung von Torsionssteifigkeiten bzw. Torsionsmomenten siehe Abschnitt 15.5.

(5) Die Querdehnzahl ist mit $\mu = 0{,}2$ anzunehmen; zur Vereinfachung darf jedoch auch mit $\mu = 0$ gerechnet werden.

15.1.3 Ermittlung der Schnittgrößen infolge von Zwang

(1) Die Einflüsse von Schwinden, Temperaturänderungen, Stützensenkungen usw. müssen berücksichtigt werden, wenn hierdurch die Summe der Schnittgrößen wesentlich in ungünstiger Richtung verändert wird; sie dürfen berücksichtigt werden, wenn die Summe der Schnittgrößen in günstiger Richtung verändert wird. Im ersten Fall darf, im zweiten Fall muß die Verminderung der Steifigkeit durch Rißbildung (Zustand II) berücksichtigt werden (siehe z. B. DAfStb-Heft 240). Der Abbau der Zwangschnittgrößen durch das Kriechen darf berücksichtigt werden.

(2) Bei Bauten, die durch Fugen in genügend kurze Abschnitte unterteilt sind, darf der Einfluß von Kriechen, Schwinden und Temperaturänderungen in der Regel vernachlässigt werden (siehe auch Abschnitt 14.4.1).

15.2 Stützweiten

(1) Ist die Stützweite nicht schon durch die Art der Lagerung (z. B. Kipp- oder Punktlager) eindeutig gegeben, so gilt als Stützweite l:

a) Bei Annahme frei drehbarer Lagerung der Abstand der vorderen Drittelpunkte der Auflagertiefe (Schwerpunkte der dreieckförmig angenommenen Auflagerpressung) bzw. bei sehr großer Auflagertiefe die um 5% vergrößerte lichte Weite. Der kleinere Wert ist maßgebend (siehe auch Abschnitte 20.1.2 und 21.1.1)

b) Bei Einspannung der Abstand der Auflagermitten oder die um 5% vergrößerte lichte Weite. Der kleinere Wert ist maßgebend.

c) Bei durchlaufenden Bauteilen der Abstand zwischen den Mitten der Auflager, Stützen oder Unterzüge.

(2) Wegen Mindestanforderungen für Auflagertiefen siehe Abschnitte 18.7.4, 18.7.5, 20.1.2 und 21.1.1.

15.3 Mitwirkende Plattenbreite bei Plattenbalken

Die mitwirkende Plattenbreite von Plattenbalken ist nach der Elastizitätstheorie zu ermitteln. Vereinfachende Angaben enthält DAfStb-Heft 240.

15.4 Biegemomente

15.4.1 Biegemomente in Platten und Balken

15.4.1.1 Allgemeines

Durchlaufende Platten und Balken dürfen im allgemeinen als frei drehbar gelagert berechnet werden. Platten zwischen Stahlträgern oder Stahlbetonfertigbalken dürfen nur dann als durchlaufend in Rechnung gestellt werden, wenn die Oberkante der Platte mindestens 4 cm über der Trägeroberkante liegt und die Bewehrung zur Deckung der Stützmomente über die Träger hinweggeführt wird.

15.4.1.2 Stützmomente

(1) Die Momentenfläche darf, wenn bei der Berechnung eine frei drehbare Lagerung angenommen wurde, über den Unterstützungen nach den Bildern 6 und 7 parabelförmig ausgerundet werden.

(2) Bei biegesteifem Anschluß von Platten und Balken an die Unterstützung bzw. bei Verstärkungen (Vouten) darf die Nutzhöhe nicht größer angenommen werden als sie sich bei einer Neigung der Verstärkung von 1:3 ergeben würde (siehe Bild 7).

(3) Bei Platten und Balken in Hochbauten, die biegesteif mit ihrer Unterstützung verbunden sind, ist die Bemessung für die Momente am Rand der Unterstützung (siehe Bild 7) durchzuführen. Bei gleichmäßig verteilter Belastung ist dieses Moment, sofern kein genauerer Nachweis (z. B. unter Berücksichtigung der teilweisen Einspannung in die Unterstützungen) geführt wird, mindestens anzusetzen mit

$$M = q \cdot l_w^2/12 \text{ an der ersten Innenstütze im Endfeld} \quad (1)$$

$$M = q \cdot l_w^2/14 \text{ an den übrigen Innenstützen} \quad (2)$$

Bei anderer Belastung ist entsprechend zu verfahren.

(4) Bei durchlaufenden kreuzweise gespannten Platten sind in den Gleichungen (1) und (2) die Lastanteile q_x bzw. q_y einzusetzen.

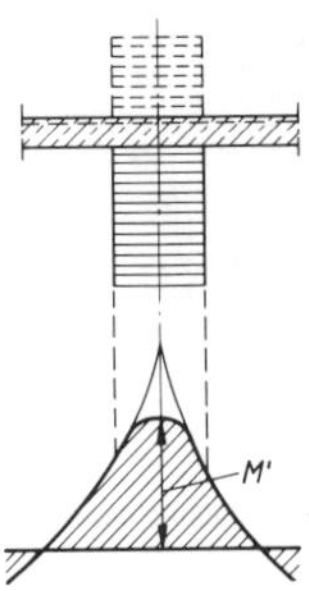

Bild 6. Momentenausrundung bei nicht biegesteifem Anschluß an die Unterstützung, z. B. bei Auflagerung auf Wänden

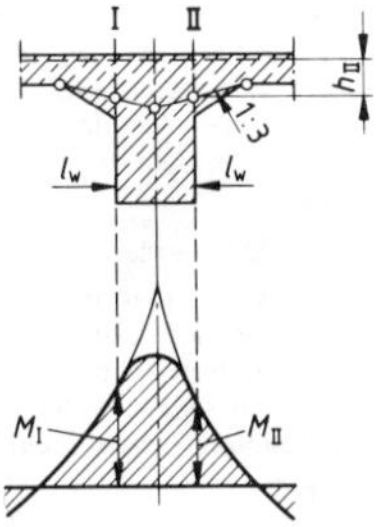

Bild 7. Momentenausrundung und Bemessungsmomente bei biegesteifem Anschluß an die Unterstützung

15.4.1.3 Positive Feldmomente

Das positive Moment darf nicht kleiner in Rechnung gestellt werden als bei Annahme voller beidseitiger Einspannung, bei Endfeldern nicht kleiner als bei voller einseitiger Einspannung an den ersten Innenstützen, sofern kein genauerer Nachweis (z. B. unter Berücksichtigung der teilweisen Einspannung in die Unterstützungen) geführt wird.

15.4.1.4 Negative Feldmomente

Die negativen Momente aus Verkehrslast brauchen – wenn sie trotz biegesteif angeschlossener Unterstützungen für frei drehbare Lagerung ermittelt wurden – bei durchlaufenden Platten und Rippendecken nur mit der Hälfte, bei durchlaufenden Balken nur mit dem 0,7fachen ihres nach Abschnitt 15.1.2 berechneten Wertes berücksichtigt zu werden.

15.4.1.5 Berücksichtigung einer Randeinspannung

Bei Berechnung des Feldmomentes im Endfeld darf eine Einspannung am Endauflager nur soweit berücksichtigt werden, wie sie durch bauliche Maßnahmen gesichert und rechnerisch nachgewiesen ist (siehe z. B. Abschnitt 15.4.2). Der Torsionswiderstand von Balken darf hierbei nur dann berücksichtigt werden, wenn ihre Torsionssteifigkeit in wirklichkeitsnaher Weise erfaßt wird (siehe DAfStb-Heft 240). Andernfalls ist die Torsionssteifigkeit zu vernachlässigen und nach Abschnitt 15.5 (2) zu verfahren.

15.4.2 Biegemomente in rahmenartigen Tragwerken

(1) In Hochbauten, bei denen unter Gebrauchslast alle horizontalen Kräfte von aussteifenden Scheiben aufgenommen werden können, dürfen bei Innenstützen, die mit Stahlbetonbalken oder -platten biegefest verbunden sind, unter lotrechter Belastung im allgemeinen die Biegemomente aus Rahmenwirkung vernachlässigt werden.

(2) Randstützen sind jedoch stets als Rahmenstiele in biegefester Verbindung mit Platten, Balken oder Plattenbalken zu berechnen. Wenn bei den Randstützen die Rahmenwirkung nicht genauer bestimmt wird, dürfen die Eckmomente nach den in DAfStb-Heft 240 angegebenen Näherungsverfahren ermittelt werden. Dies gilt auch für Stahlbetonwände in Verbindung mit Stahlbetonplatten.

15.5 Torsion

(1) In Trägern (Balken, Plattenbalken o. ä.) ist die Aufnahme von Torsionsmomenten nur dann nachzuweisen, wenn sie für das Gleichgewicht notwendig sind.

(2) Die Torsionssteifigkeit von Trägern darf bei der Ermittlung der Schnittgrößen vernachlässigt werden. Wird sie berücksichtigt, so ist der beim Übergang von Zustand I in Zustand II infolge der Rißbildung eintretende stärkere Abfall der Torsionssteifigkeit gegenüber der Biegesteifigkeit zu berücksichtigen. Bleibt der Einfluß der Torsionssteifigkeit beim Nachweis der Schnittgrößen außer Betracht, so sind die vernachlässigten Torsionsmomente und ihre Weiterleitung in die unterstützenden Bauteile bei der Bewehrungsführung konstruktiv zu berücksichtigen.

15.6 Querkräfte

(1) Die für die Ermittlung der Schub- und Verbundspannungen maßgebenden Querkräfte dürfen in Hochbauten für Vollbelastung aller Felder bestimmt werden, wobei gegebenenfalls die Durchlaufwirkung oder Einspannung zu berücksichtigen ist. Bei ungleichen Stützweiten darf Vollbelastung nur dann zugrunde gelegt werden, wenn das Verhältnis benachbarter Stützweiten nicht kleiner als 0,7 ist.

(2) In Feldern mit größeren Querschnittsschwächungen (Aussparungen, stark wechselnde Steghöhe) ist für die Ermittlung der Querkräfte im geschwächten Bereich die ungünstigste Teilstreckenbelastung anzusetzen.

15.7 Stützkräfte

(1) Die von einachsig gespannten Platten und Rippendecken sowie von Balken und Plattenbalken auf andere Bauteile übertragenen Stützkräfte dürfen im allgemeinen ohne Berücksichtigung einer Durchlaufwirkung unter der Annahme berechnet werden, daß die Tragwerke über allen Innenstützen gestoßen und frei drehbar gelagert sind.

(2) Die Durchlaufwirkung muß bei der ersten Innenstütze stets, bei den übrigen Innenstützen dann berücksichtigt werden, wenn das Verhältnis benachbarter Stützweiten kleiner als 0,7 ist.

(3) Für zweiachsig gespannte Platten gilt Abschnitt 20.1.5.

15.8 Räumliche Steifigkeit und Stabilität

15.8.1 Allgemeine Grundlagen

(1) Auf die räumliche Steifigkeit der Bauwerke und ihre Stabilität ist besonders zu achten. Konstruktionen, bei denen das Versagen oder der Ausfall eines Bauteiles zum Einsturz einer Reihe weiterer Bauteile führen kann, sind nach Möglichkeit zu vermeiden (z. B. Gerberbalken mit Gelenken in aufeinanderfolgenden Feldern). Ist bei einem Bauwerk nicht von vornherein erkennbar, daß Steifigkeit und Stabilität gesichert sind, so ist ein rechnerischer Nachweis der Standsicherheit der waagerechten und lotrechten aussteifenden Bauteile erforderlich; dabei sind auch Maßabweichungen des Systems und ungewollte Ausmitten der lotrechten Lasten nach Abschnitt 15.8.2 zu berücksichtigen.

(2) Bei großer Nachgiebigkeit der aussteifenden Bauteile müssen darüber hinaus die Formänderungen bei der Ermittlung der Schnittgrößen berücksichtigt werden. Für die

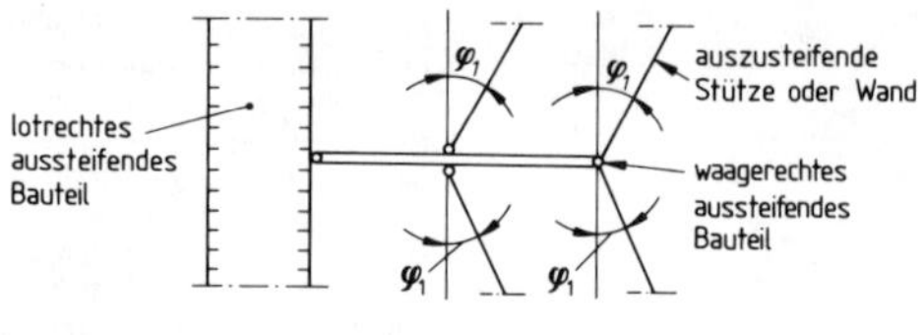

Bild 8. Schiefstellung φ_1 aller auszusteifenden Stützen und Wände

lotrechten aussteifenden Bauteile ist ein Knicksicherheitsnachweis nach Abschnitt 17.4 zu führen. Dieser Nachweis darf entfallen, wenn z. B. Wandscheiben oder Treppenhausschächte die lotrechten aussteifenden Bauteile bilden, diese annähernd symmetrisch angeordnet sind bzw. nur kleine Verdrehungen des Gebäudes um die lotrechte Achse zulassen und die Bedingung der Gleichung (3) erfüllen.

$$\alpha = h \cdot \sqrt{\frac{N}{E_b I}} \leq 0{,}6 \qquad \text{für } n \geq 4 \qquad (3)$$
$$\leq 0{,}2 + 0{,}1 \cdot n \text{ für } 1 \leq n \leq 4$$

In Gleichung (3) bedeuten:

h Gebäudehöhe über der Einspannebene für die lotrechten aussteifenden Bauteile

N Summe aller lotrechten Lasten des Gebäudes

$E_b I = \sum_{r=1}^{k} E_b I_r$ Summe der Biegesteifigkeiten $E_b I_r$ aller k lotrechten aussteifenden Bauteile (z. B. Wandscheiben, Treppenhausschächte). Das Flächenmoment 2. Grades I_r kann unter Ansatz des vollen Betonquerschnitts jedes einzelnen lotrechten aussteifenden Bauteils r ermittelt werden. Der Elastizitätsmodul E_b des Betons darf Tabelle 11 in Abschnitt 16.2.2 entnommen werden.

Ändert sich $E_b I$ über die Gebäudehöhe h, so darf für den Nachweis nach Gleichung (3) ein mittlerer Steifigkeitswert $(E_b I)_m$ über die Kopfauslenkung der aussteifenden Bauteile ermittelt werden.

n Anzahl der Geschosse

(3) Werden Mauerwerkswände zur Aussteifung herangezogen, so gelten sie als tragende Wände nach DIN 1053 Teil 1. Sie sind für alle auf sie einwirkenden Kräfte zu bemessen.

15.8.2 Maßabweichungen des Systems und ungewollte Ausmitten der lotrechten Lasten

15.8.2.1 Rechenannahmen

(1) Als Ersatz für Maßabweichungen des Systems bei der Ausführung und für unbeabsichtigte Ausmitten des Lastangriffs ist eine Lotabweichung der Schwerachsen aller Stützen und Wände in Rechnung zu stellen. Dieser Lastfall „Lotabweichung" ist mit Vollast zu rechnen, und zwar für den Nachweis der waagerechten aussteifenden Bauteile nach Abschnitt 15.8.2.2 und für den Nachweis der lotrechten aussteifenden Bauteile nach Abschnitt 15.8.2.3.

(2) Schiefstellungen infolge größerer Setzungsunterschiede und Fundamentverdrehungen sind hiermit noch nicht erfaßt.

15.8.2.2 Waagerechte aussteifende Bauteile

(1) Bei Geschoßbauten sind die Decken als Scheiben auszubilden, sofern für die Weiterleitung der auftretenden Horizontalkräfte keine anderen Maßnahmen getroffen werden. Für die waagerechten aussteifenden Bauteile ist der Lastfall „Lotabweichung" durch eine Schiefstellung φ_1 nach Gleichung (4) aller auszusteifenden Stützen und Wände im Geschoß unter und über dem betrachteten waagerechten aussteifenden Bauteil in ungünstigster Richtung nach Bild 8 einzuführen.

$$\varphi_1 = \pm \frac{1}{200 \cdot \sqrt{h_1}} \qquad (4)$$

Darin sind:

φ_1 Winkel in Bogenmaß zwischen den Achsen der auszusteifenden Stützen und Wände und der Lotrechten

h_1 Mittel aus den jeweiligen Stockwerkshöhen unter und über dem waagerechten aussteifenden Bauteil in m.

(2) Die Einleitung der aus Gleichung (4) sich ergebenden waagerechten Kräfte in die aussteifenden lotrechten Bauteile ist nachzuweisen; ihre Weiterleitung in den lotrechten aussteifenden Bauteilen braucht dagegen rechnerisch nicht nachgewiesen zu werden.

15.8.2.3 Lotrechte aussteifende Bauteile

Bei den lotrechten aussteifenden Bauteilen (z. B. Treppenhausschächten oder Wandscheiben) ist der Lastfall „Lotabweichung" durch eine Schiefstellung φ_2 nach Gleichung (5) aller auszusteifenden und aussteifenden lotrechten Bauteile in ungünstigster Richtung nach Bild 9 einzuführen.

$$\varphi_2 = \pm \frac{1}{100 \cdot \sqrt{h}} \qquad (5)$$

Darin sind:

φ_2 Winkel in Bogenmaß zwischen der Lotrechten und den auszusteifenden sowie den aussteifenden lotrechten Bauteilen

h Gebäudehöhe in m über der Einspannebene für die lotrechten aussteifenden Bauteile

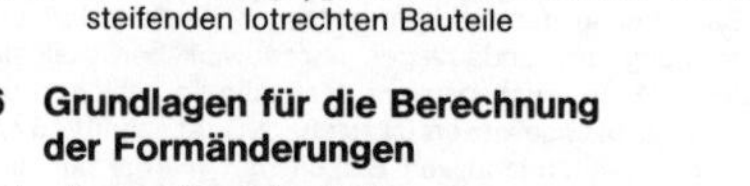

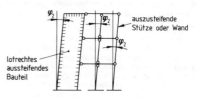

Bild 9. Schiefstellung φ_2 aller auszusteifenden und aussteifenden lotrechten Bauteile

16 Grundlagen für die Berechnung der Formänderungen

16.1 Anwendungsbereich

Die nachfolgenden Abschnitte dienen der Ermittlung der

a) Zwangschnittgrößen (siehe Abschnitt 15.1.3),

b) Knicksicherheit (siehe Abschnitt 17.4),

c) Durchbiegungen (siehe Abschnitt 17.7).

Sie beschreiben das durchschnittliche Formänderungsverhalten der Baustoffe. Auf der sicheren Seite liegende Vereinfachungen (siehe z. B. DAfStb-Heft 240) sind zulässig.

Tabelle 11. **Rechenwerte des Elastizitätsmoduls des Betons**

	1	2	3	4	5	6	7
1	Festigkeitsklasse des Betons	B 10	B 15	B 25	B 35	B 45	B 55
2	Elastizitätsmodul E_b in N/mm^2	22000	26000	30000	34000	37000	39000

16.2 Formänderungen unter Gebrauchslast

16.2.1 Stahl

Die Rechenwerte der Spannungsdehnungslinien der Betonstähle sind in Bild 12 (siehe Abschnitt 17.2.1) dargestellt. Der Elastizitätsmodul E_s des Stahls ist für Zug und Druck gleich und mit 210000 N/mm^2 anzunehmen.

16.2.2 Beton

(1) Für die Berechnung der Formänderungen des Betons unter Gebrauchslast ist ein konstanter, für Druck und Zug gleich großer Elastizitätsmodul zugrunde zu legen. Wenn genauere Angaben nicht erforderlich sind, dürfen die Werte nach Tabelle 11 verwendet werden. Die dort angegebenen Rechenwerte gelten nur für Beton mit Betonzuschlag nach DIN 4226 Teil 1.

(2) Sofern der Einfluß der Querdehnung von wesentlicher Bedeutung ist, ist er mit $\mu \approx 0{,}2$ zu berücksichtigen (siehe auch Abschnitt 15.1.2).

16.2.3 Stahlbeton

Für die Berechnungen der Formänderungen von Stahlbetonbauteilen unter Gebrauchslast gelten die in den Abschnitten 16.2.1 und 16.2.2 angegebenen Grundlagen. Unter Gebrauchslast darf ein Mitwirken des Betons auf Zug näherungsweise durch Annahme eines um 10% vergrößerten Querschnitts der Zugbewehrung berücksichtigt werden.

16.3 Formänderungen oberhalb der Gebrauchslast

Für die Berechnung der Formänderungen des Betons in bewehrten und unbewehrten Bauteilen unter kurzzeitigen Belastungen, die über der Gebrauchslast liegen (z.B. beim Nachweis der Knicksicherheit nach Abschnitt 17.4), darf an der Stelle der Spannungsdehnungslinie nach Bild 11 in Abschnitt 17.2.1 auch die vereinfachte Spannungsdehnungslinie nach Bild 10 zugrunde gelegt werden.

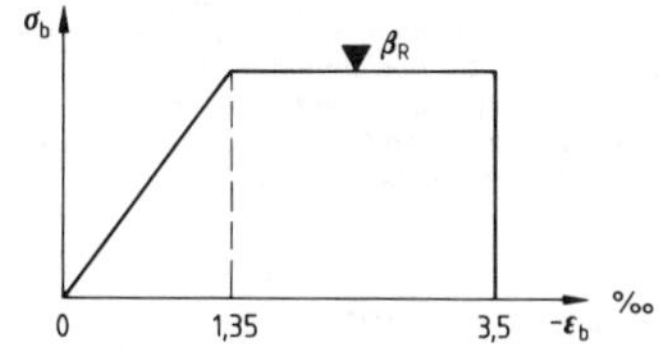

Bild 10. Spannungsdehnungslinie des Betons zum Nachweis der Formänderungen oberhalb der Gebrauchslast (β_R siehe Tabelle 12, Abschnitt 17.2.1).

16.4 Kriechen und Schwinden des Betons

(1) Das Kriechen und Schwinden des Betons hängt vor allem ab von der Feuchte der umgebenden Luft, dem Wasser- und Zementgehalt des Betons und den äußeren Maßen des Bauteils. Das Kriechen wird außerdem von dem Erhärtungsgrad des Betons bei Belastungsbeginn und von der Art, Dauer und Größe der Beanspruchung des Betons beeinflußt.

(2) Bei Stahlbetontragwerken kann im allgemeinen ein Nachweis entfallen; ist ein Nachweis erforderlich, so ist dieser nach DIN 4227 Teil 1 zu führen.

16.5 Wärmewirkungen

(1) Beim Nachweis der von Wärmewirkungen hervorgerufenen Schnittgrößen oder Verformungen darf in der Regel angenommen werden, daß die Temperatur im ganzen Tragwerk gleich ist.

(2) Als Grenzen der durch Witterungseinflüsse hervorgerufenen Temperaturschwankungen in den Bauteilen sind in Rechnung zu stellen

a) im allgemeinen .... ± 15 K

b) bei Bauteilen, deren geringstes Maß 70 cm und mehr beträgt .... ± 10 K

c) bei Bauteilen, die durch Überschüttung oder andere Vorkehrungen vor größeren Temperaturschwankungen geschützt sind .... ± 7,5 K

(3) Bei Bauteilen im Freien sind die Werte unter a) und b) um je 5K zu vergrößern, wenn der Abbau der Zwangschnittgrößen nach Zustand II in Rechnung gestellt wird.

(4) Treten erhebliche Temperaturunterschiede innerhalb eines Bauteils oder zwischen fest miteinander verbundenen Bauteilen auf, so ist ihr Einfluß zu berücksichtigen.

(5) Als Wärmedehnzahl ist für den Beton und die Stahleinlagen $\alpha_T = 10^{-5}$ K^{-1} anzunehmen, wenn nicht im Einzelfall für den Beton ein anderer Wert durch Versuche nachgewiesen wird.

17 Bemessung

17.1 Allgemeine Grundlagen

17.1.1 Sicherheitsabstand

(1) Die Bemessung muß einen ausreichenden Sicherheitsabstand zwischen Gebrauchslast und rechnerischer Bruchlast und ein einwandfreies Verhalten der Konstruktion unter Gebrauchslast sicherstellen.

(2) Bei Biegung, bei Biegung mit Längskraft und bei Längskraft allein ist die Bemessung nach Abschnitt 17.2 durchzuführen unter Berücksichtigung des nicht proportionalen Zusammenhangs zwischen Spannung und Dehnung. Die Sicherheit ist ausreichend, wenn die Schnittgrößen, die vom Querschnitt im Bruchzustand (siehe Abschnitt 17.2.1) rechnerisch aufgenommen werden können, mindestens gleich sind den mit den Sicherheitsbeiwerten (siehe Abschnitt 17.2.2) vervielfachten Schnittgrößen unter Gebrauchslast. Moment und Längskraft sind im ungünstigsten Zusammenwirken anzusetzen und mit dem gleichen Sicherheitsbeiwert zu vervielfältigen.

(3) Bei Querkraft und Torsion wird der Sicherheitsabstand durch Begrenzung der unter Gebrauchslast auftretenden Spannungen nach Abschnitt 17.5 sichergestellt. Bei Einhaltung der Werte der Tabelle 13 kann mindestens ein Sicherheitsbeiwert von $\gamma = 1{,}75$ vorausgesetzt werden.[23]

17.1.2 Anwendungsbereich

Die im nachfolgenden angegebenen Regeln gelten für Träger mit $l_0/h \geq 2$ und Kragträger mit $l_k/h \geq 1$. Dabei ist l_0 der Abstand der Momenten-Nullpunkte und l_k die Kraglänge. Für wandartige Träger siehe Abschnitt 23.

[23]) Zwangschnittgrößen brauchen nur mit dem 1/1,75fachen Wert in Rechnung gestellt zu werden.

17.1.3 Verhalten unter Gebrauchslast

(1) Das einwandfreie Verhalten unter Gebrauchslast ist nach den Angaben der Abschnitte 17.6 bis 17.8 nachzuweisen. Dabei werden die unter Gebrauchslast auftretenden Spannungen auf der Grundlage linear elastischen Verhaltens von Stahl und Beton berechnet, und zwar unter der Annahme, daß sich die Dehnungen wie die Abstände von der Nullinie verhalten. Das Verhältnis der Elastizitätsmoduln von Stahl und Beton darf bei der Ermittlung von Querschnittswerten und Spannungen einheitlich mit $n = 10$ angenommen werden.

(2) Die Stahlzugspannung darf näherungsweise nach Gleichung (6) ermittelt werden, wobei z aus der Bemessung nach Abschnitt 17.2.1 übernommen werden darf. M_s ist dabei das auf die Zugbewehrung A_s bezogene Moment.

$$\sigma_s = \frac{1}{A_s}\left(\frac{M_s}{z} + N\right) \qquad (6)$$

(N ist als Druckkraft mit negativem Vorzeichen einzusetzen.)

17.2 Bemessung für Biegung, Biegung mit Längskraft und Längskraft allein

17.2.1 Grundlagen, Ermittlung der Bruchschnittgrößen

(1) Die folgenden Bestimmungen gelten für Tragwerke mit Biegung, Biegung mit Längskraft und Längskraft allein, bei denen vorausgesetzt werden kann, daß sich die Dehnungen der einzelnen Fasern des Querschnitts wie ihre Abstände von der Nullinie verhalten (siehe auch Abschnitt 17.1.2).

(2) Der für die Bemessung nach Abschnitt 17.1.1 maßgebende Zusammenhang zwischen Spannung und Dehnung ist für Beton in Bild 11, für Betonstahl in Bild 12 dargestellt. Wie weit diese Spannungsdehnungslinien im einzelnen ausgenützt werden dürfen, zeigen die Dehnungsdiagramme in Bild 13. Diese Bemessungsgrundlagen gelten für alle Querschnittsformen.

(3) Zur Vereinfachung darf für die Bemessung auch die Spannungsdehnungslinie des Betons nach Abschnitt 16.3, Bild 10, oder das in DAfStb-Heft 220 beschriebene Verfahren mit einer rechteckigen Spannungsverteilung verwendet werden.

Tabelle 12. **Rechenwerte β_R der Betondruckfestigkeit in N/mm²**

	1	2	3	4	5	6	7	8
1	Nennfestigkeit β_{WN} des Betons (siehe Tabelle 1)	5,0	10	15	25	35	45	55
2	Rechenwert β_R	3,5	7,0	10,5	17,5	23	27	30

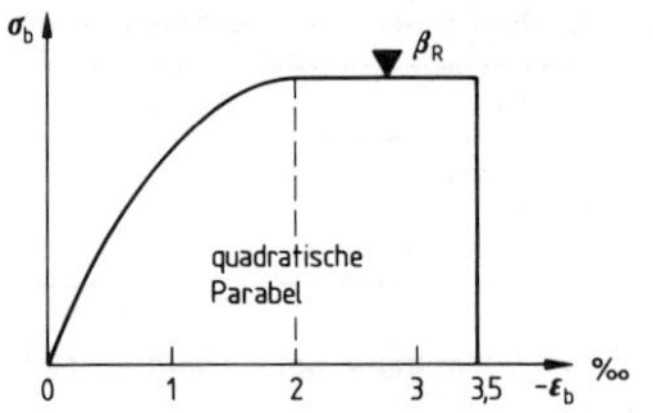

Bild 11. Rechenwerte für die Spannungsdehnungslinie des Betons (β_R siehe Tabelle 12)

(4) Ein Mitwirken des Betons auf Zug darf nicht berücksichtigt werden.

(5) Als Bewehrung dürfen im gleichen Querschnitt gleichzeitig alle in Tabelle 6 genannten Stahlsorten mit den dort angegebenen Festigkeitswerten und mit den zugeordneten Spannungsdehnungslinien nach Bild 12 in Rechnung gestellt werden.

(6) Bei Bauteilen mit Nutzhöhen $h < 7$ cm sind für die Bemessung die Schnittgrößen (M, N) im Verhältnis $\frac{15}{h + 8}$ vergrößert in Rechnung zu stellen. Bei werkmäßig hergestellten flächentragwerkartigen Bauteilen (z. B. Platten und Wänden) für eingeschossige untergeordnete Bauten (z. B. freistehende Einzel- oder Reihengaragen) brauchen die Schnittgrößen nicht vergrößert zu werden.

(7) Im DAfStb-Heft 220 sind Hilfsmittel für die Bemessung angegeben, die von den vorstehenden Grundlagen ausgehen.

17.2.2 Sicherheitsbeiwerte

(1) Bei Lastschnittgrößen betragen die Sicherheitsbeiwerte für Stahlbeton

$\gamma = 1{,}75$ bei Versagen des Querschnitts mit Vorankündigung,

$\gamma = 2{,}10$ bei Versagen des Querschnitts ohne Vorankündigung.

(2) Zwangschnittgrößen brauchen nur mit einem Sicherheitsbeiwert $\gamma = 1{,}0$ in Rechnung gestellt zu werden.

(3) Als Vorankündigung gilt die Rißbildung, welche von der Dehnung der Zugbewehrung ausgelöst wird. Mit Vorankündigung kann gerechnet werden, wenn die rechnerische Dehnung der Bewehrung nach Bild 13 $\varepsilon_s \geq 3$‰ ist, mit Bruch ohne Vorankündigung, wenn $\varepsilon_s \leq 0$‰ ist. Zwischen diesen beiden Grenzen ist der Sicherheitsbeiwert linear zu interpolieren (siehe Bild 13).

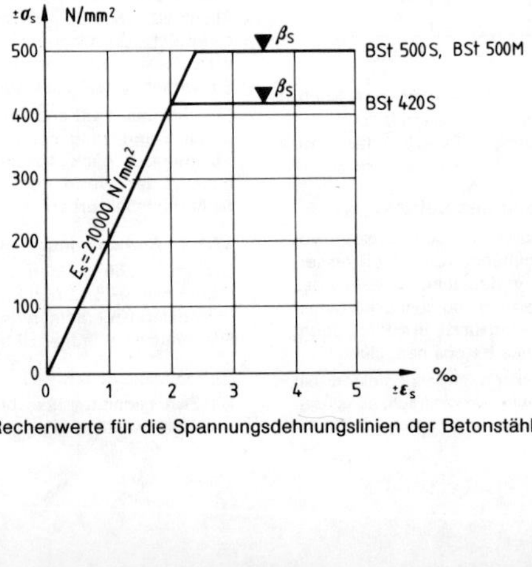

Bild 12. Rechenwerte für die Spannungsdehnungslinien der Betonstähle

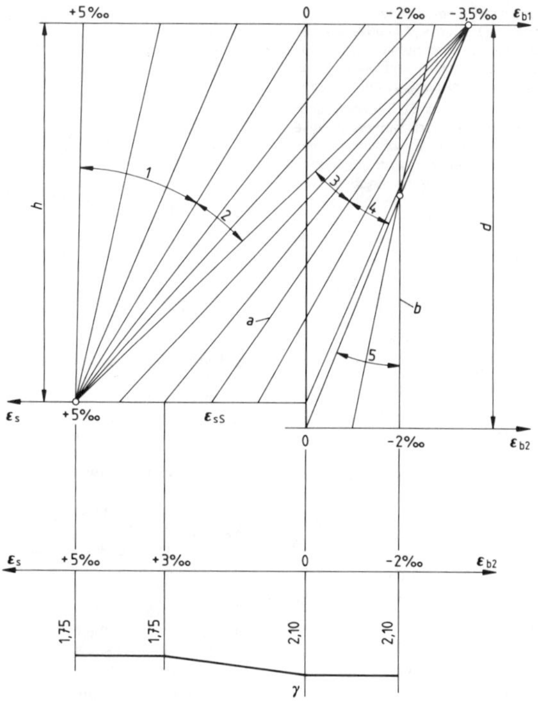

Bild 13. Dehnungsdiagramme und Sicherheitsbeiwerte
(Angabe der Bereiche 1 bis 5 siehe unten)

Bereich 1: Mittige Zugkraft und Zugkraft mit geringer Ausmitte.

Bereich 2: Biegung oder Biegung mit Längskraft bis zur Ausnutzung der Betondruckfestigkeit ($|\varepsilon_{b1}| \leq 3{,}5$ ‰) und unter Ausnutzung der Stahlstreckgrenze ($\varepsilon_s > \varepsilon_{sS}$).

Bereich 3: Biegung oder Biegung mit Längskraft bei Ausnutzung der Betondruckfestigkeit und der Stahlstreckgrenze.

Linie *a*: Grenze der Ausnutzung der Stahlstreckgrenze ($\varepsilon_s = \varepsilon_{sS}$).

Bereich 4: Biegung mit Längskraft ohne Ausnutzung der Stahlstreckgrenze ($\varepsilon_s < \varepsilon_{sS}$) bei Ausnutzung der Betondruckfestigkeit.

Bereich 5: Druckkraft mit geringer Ausmitte und mittige Druckkraft. Innerhalb dieses Bereiches ist $\varepsilon_{b1} = -3{,}5‰ - 0{,}75\ \varepsilon_{b2}$ in Rechnung zu stellen, für mittigen Druck (Linie *b*) ist somit $\varepsilon_{b1} = \varepsilon_{b2} = -2{,}0$ ‰.

(4) Wegen des Sicherheitsbeiwertes bei unbewehrtem Beton siehe Abschnitt 17.9, beim Befördern und Einbau von Fertigteilen Abschnitt 19.2.

17.2.3 Höchstwerte der Längsbewehrung

(1) Die Bewehrung eines Querschnitts, auch im Bereich von Übergreifungsstößen, darf höchstens 9% von A_b, bei B 15 jedoch nur 5% von A_b betragen. Die Höchstwerte der Längsbewehrung sind aber in jedem Fall so zu begrenzen, daß das einwandfreie Einbringen und Verdichten des Betons sichergestellt bleibt.

(2) Eine Druckbewehrung A'_s darf bei der Ermittlung der Tragfähigkeit höchstens mit dem Querschnitt A_s der am gezogenen bzw. am weniger gedrückten Rand liegenden Bewehrung in Rechnung gestellt werden. Im Bereich überwiegender Biegung soll die Druckbewehrung jedoch nicht mit mehr als 1% von A_b in Rechnung gestellt werden.

(3) Wegen der Mindestbewehrung in Bauteilen siehe Abschnitte 17.6 und 18 bis 25.

17.3 Zusätzliche Bestimmungen bei Bemessung für Druck

17.3.1 Allgemeines

Bei der Bemessung für Druck sind die Abschnitte 17.4 und 25 zu beachten, soweit im nachfolgenden nichts anderes bestimmt wird.

17.3.2 Umschnürte Druckglieder

(1) Als umschnürt gelten Druckglieder, deren Längsbewehrung durch eine kreisförmige Wendel umschlossen ist. Die Wendel muß sich auch in die anschließenden Bauteile erstrecken, soweit dort die erhöhte Tragwirkung nicht durch andere Maßnahmen gesichert ist und diese Bauteile nicht in anderer Weise gegen Querdehnung bzw. Spaltzugkräfte ausreichend gesichert sind.

(2) Der traglaststeigernde Einfluß einer Umschnürung nach Gleichung (7) darf nur bei Druckgliedern mit mindestens der Festigkeitsklasse B 25 und nur bis zu einer Schlankheit $\lambda \leq 50$ (berechnet aus dem Gesamtquerschnitt) und bis zu einer Ausmitte der Last von $e \leq d_k/8$ in Rechnung gestellt werden.

(3) Der Einfluß der Zusatzmomente nach der Theorie II. Ordnung ist zu berücksichtigen; hierbei darf näherungsweise nach Abschnitt 17.4.3 gerechnet werden. Soweit umschnürte Druckglieder als mittig gedrückte Innenstützen angesehen werden dürfen (siehe Abschnitt 15.4.2), darf der Nachweis der Knicksicherheit entfallen, wenn diese beiderseits eingespannt sind und $h_s/d \leq 5$ ist (h_s Geschoßhöhe). Die Bruchlast des umschnürten Druckgliedes darf um den Wert ΔN_u nach Gleichung (7) größer angenommen werden als die eines nur verbügelten Druckgliedes (siehe Abschnitte 17.1 und 17.2) mit gleichen Außenmaßen.

$$\Delta N_u = [\nu A_w \cdot \beta_{Sw} - (A_b - A_k) \cdot \beta_R] \cdot \left(1 - \frac{8M}{N\, d_k}\right) \geq 0 \qquad (7)$$

worin für:	B 25	B 35	B 45	B 55
$\nu =$	1,6	1,7	1,8	1,9.

Diese ν-Werte gelten nur für Schlankheiten $\lambda \leq 10$. Für $\lambda \geq 20$ bis $\lambda \leq 50$ sind jeweils nur die halben angegebenen Werte in Rechnung zu stellen.

Für Schlankheiten $10 < \lambda < 20$ dürfen die ν-Werte linear interpoliert werden.

Außerdem muß der Wert $A_w \beta_{Sw}$ der Gleichung (8) genügen.

$$A_w \beta_{Sw} \leq \delta \cdot [(2{,}3\, A_b - 1{,}4\, A_k) \cdot \beta_R + A_s \beta_S] \qquad (8)$$

worin für:	B 25	B 35	B 45	B 55
$\delta =$	0,42	0,39	0,37	0,36.

In den Gleichungen (7) und (8) sind:

- A_w $\pi \cdot d_k\, A_{sw}/s_w$
- d_k Kerndurchmesser = Achsdurchmesser der Wendel
- A_{sw} Stabquerschnitt der Wendel
- s_w Ganghöhe der Wendel
- β_{Sw} Streckgrenze der Wendelbewehrung
- A_b Gesamtquerschnitt des Druckglieds
- A_k Kernquerschnitt des Druckgliedes $\pi \cdot d_k^2/4$
- A_s Gesamtquerschnitt der Längsbewehrung
- M, N Schnittgrößen im Gebrauchszustand;
- β_R ist Tabelle 12 in Abschnitt 17.2.1 zu entnehmen,
- β_S ist Bild 12 in Abschnitt 17.2.1 entsprechend $\varepsilon_s = 2$ ‰ zu entnehmen.

17.3.3 Zulässige Druckspannung bei Teilflächenbelastung

(1) Wird nur die Teilfläche A_1 (Übertragungsfläche) eines Querschnitts durch eine Druckkraft F belastet, dann darf A_1 mit der Pressung σ_1 nach Gleichung (9) beansprucht werden, wenn im Beton unterhalb der Teilfläche die Spaltzugkräfte aufgenommen werden können (z. B. durch Bewehrung).

$$\sigma_1 = \frac{\beta_R}{2{,}1} \sqrt{\frac{A}{A_1}} \leq 1{,}4\, \beta_R \qquad (9)$$

(2) Die für die Aufnahme der Kraft F vorgesehene rechnerische Verteilungsfläche A muß folgenden Bedingungen genügen (siehe Bild 14):

a) Die zur Lastverteilung in Belastungsrichtung zur Verfügung stehende Höhe muß den Bedingungen des Bildes 14 genügen.

b) Der Schwerpunkt der rechnerischen Verteilungsfläche A muß in Belastungsrichtung mit dem Schwerpunkt der Übertragungsfläche A_1 übereinstimmen.

c) Die Maße der rechnerischen Verteilungsfläche A dürfen in jeder Richtung höchstens gleich dem dreifachen Betrag der entsprechenden Maße der Übertragungsfläche sein.

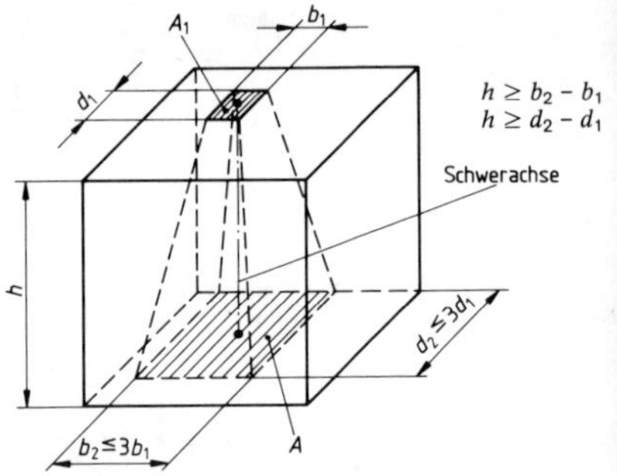

Bild 14. Rechnerische Verteilungsfläche

d) Wirken auf den Betonquerschnitt mehrere Druckkräfte F, so dürfen sich die rechnerischen Verteilungsflächen innerhalb der Höhe h nicht überschneiden.

17.3.4 Zulässige Druckspannungen im Bereich von Mörtelfugen

(1) Bei dünnen Mörtelfugen mit Zementmörtel nach Abschnitt 6.7.1, bei denen das Verhältnis der kleinsten tragenden Fugenbreite zur Fugendicke $b/d \geq 7$ ist, dürfen Druckspannungen in den anschließenden Bauteilen nach Gleichung (9) in Rechnung gestellt werden.

Dabei ist einzusetzen:

- A_1 Querschnittsfläche des Fugenmörtels
- A Querschnittsfläche des kleineren der angrenzenden Bauteile
- β_R Rechenwert der Betondruckfestigkeit der anschließenden Bauteile nach Tabelle 12.

(2) Überschreitet die Druckspannung in der Mörtelfuge den Wert $\beta_R/2{,}1$ des Betons der anschließenden Bauteile, so muß die Aufnahme der Spaltzugkräfte in den anschließenden Bauteilen nachgewiesen werden (z. B. durch Bewehrung).

(3) Für dickere Fugen ($b/d < 7$) gelten die Bemessungsgrundlagen nach Abschnitt 17.9.

17.4 Nachweis der Knicksicherheit

17.4.1 Grundlagen

(1) Zusätzlich zur Bemessung nach Abschnitt 17.2 für die Schnittgrößen am unverformten System ist für Druckglieder die Tragfähigkeit unter Berücksichtigung der Stabauslenkung zu ermitteln (Nachweis der Knicksicherheit nach Theorie II. Ordnung).

(2) Bei Druckgliedern mit mäßiger Schlankheit ($20 < \lambda \leq 70$) darf dieser Nachweis näherungsweise auch nach Abschnitt 17.4.3, bei Druckgliedern mit großer Schlankheit ($\lambda > 70$) muß er nach Abschnitt 17.4.4 geführt werden; Schlankheiten $\lambda > 200$ sind unzulässig. Kann ein Druckglied nach zwei Richtungen ausweichen, ist Abschnitt 17.4.8 zu beachten. Für Druckglieder aus unbewehrtem Beton gilt Abschnitt 17.9.

(3) Der Nachweis der Knicksicherheit darf entfallen für bezogene Ausmitten des Lastangriffs $e/d \geq 3{,}50$ bei Schlankheiten $\lambda \leq 70$; bei Schlankheiten $\lambda > 70$ darf der Knicksicherheitsnachweis entfallen, wenn $e/d \geq 3{,}50\, \lambda/70$ ist.

(4) Soweit Innenstützen als mittig gedrückt angesehen werden dürfen (siehe Abschnitt 15.4.2) und beiderseits eingespannt sind, darf der Nachweis der Knicksicherheit entfallen, wenn ihre Schlankheit $\lambda \leq 45$ ist. Hierbei ist als Knicklänge s_K die Geschoßhöhe in Rechnung zu stellen. Nähere Angaben enthält DAfStb-Heft 220.

17.4.2 Ermittlung der Knicklänge

(1) Die Knicklänge von geraden oder gekrümmten Druckgliedern ergibt sich in der Regel als Abstand der Wendepunkte der Knickfigur; sie darf mit Hilfe der Elastizitätstheorie nach dem Ersatzstabverfahren – gegebenenfalls unter Berücksichtigung der Verschieblichkeit der Stabenden – ermittelt werden (siehe DAfStb-Heft 220, Zusammenstellung der Knicklängen für häufig benötigte Fälle).

(2) Druckglieder in hinreichend ausgesteiften Tragsystemen dürfen als unverschieblich gehalten angesehen werden. Ein Tragsystem darf ohne besonderen Nachweis als hinreichend ausgesteift angenommen werden, wenn die Bedingungen der Gleichung (3) in Abschnitt 15.8.1 erfüllt werden.

17.4.3 Druckglieder aus Stahlbeton mit mäßiger Schlankheit

(1) Für Druckglieder aus Stahlbeton mit gleichbleibendem Querschnitt und einer Schlankheit $\lambda = s_K/i \leq 70$ darf der Einfluß der ungewollten Ausmitte und der Stabauslenkung näherungsweise durch eine Bemessung im mittleren Drittel der Knicklänge unter Berücksichtigung einer zusätzlichen Ausmitte f nach den Gleichungen (10) bzw. (11) bzw. (12) erfaßt werden.

(2) Für f ist einzusetzen bei:

$$0 \leq e/d < 0{,}30: \quad f = d \cdot \frac{\lambda - 20}{100} \cdot \sqrt{0{,}10 + e/d} \geq 0 \quad (10)$$

$$0{,}30 \leq e/d < 2{,}50: \quad f = d \cdot \frac{\lambda - 20}{160} \geq 0 \quad (11)$$

$$2{,}50 \leq e/d \leq 3{,}50: \quad f = d \cdot \frac{\lambda - 20}{160} \cdot (3{,}50 - e/d) \geq 0 \quad (12)$$

Hierin sind:

$\lambda = s_K/i > 20$ Schlankheit

s_K Knicklänge

$i = \sqrt{I_b/A_b}$ Trägheitsradius in Knickrichtung, bezogen auf den Betonquerschnitt

I_b Flächenmoment 2. Grades des Betonquerschnitts bezogen auf die Knickrichtung

A_b Fläche des Betonquerschnitts

$e = |M/N|$ größte planmäßige Ausmitte des Lastangriffs unter Gebrauchslast im mittleren Drittel der Knicklänge

d Querschnittsmaß in Knickrichtung.

(3) Bei verschieblichen Systemen liegen die Stabenden im mittleren Drittel der Knicklänge. Der Knicksicherheitsnachweis ist daher durch eine Bemessung an diesen Stabenden unter Berücksichtigung der zusätzlichen Ausmitte f zu führen.

(4) DAfStb-Heft 220 zeigt vereinfachte Nachweisverfahren für die Stiele von unverschieblichen Rahmensystemen.

17.4.4 Druckglieder aus Stahlbeton mit großer Schlankheit

(1) Die Knicksicherheit von Druckgliedern aus Stahlbeton mit einer Schlankheit $\lambda = s_K/i > 70$ gilt als ausreichend, wenn nachgewiesen wird, daß unter den in ungünstigster Anordnung einwirkenden 1,75fachen Gebrauchslasten ein stabiler Gleichgewichtszustand unter Berücksichtigung der Stabauslenkungen (Theorie II. Ordnung) möglich ist und die zulässigen Schnittgrößen nach den Abschnitten 17.2.1 und 17.2.2 unter Gebrauchslast im unverformten System nicht überschritten werden. Es darf keine kleinere Bewehrung angeordnet werden, als für die Berechnung der Stabauslenkungen vorausgesetzt wurde.

(2) Für die Berechnung der Schnittgrößen am verformten System zum Nachweis der Knicksicherheit gelten folgende Grundlagen:

a) Es ist von den Spannungsdehnungsgesetzen für Beton nach Abschnitt 17.2.1 auszugehen. Zur Vereinfachung darf die Spannungsdehnungslinie des Betons nach Bild 10 in Rechnung gestellt werden. Ein Mitwirken des Betons auf Zug darf nicht berücksichtigt werden.

b) Neben den planmäßigen Ausmitten ist eine ungewollte Ausmitte bzw. Stabkrümmung nach Abschnitt 17.4.6 im ungünstigsten Sinne wirkend anzunehmen. Gegebenenfalls sind Kriechverformungen nach Abschnitt 17.4.7 zu berücksichtigen. Stabauslenkungen aus Temperatur- oder Schwindeinflüssen dürfen in der Regel vernachlässigt werden.

c) Die Beschränkung der Stahlspannungen bei nicht vorwiegend ruhender Belastung nach Abschnitt 17.8 bleibt beim Knicksicherheitsnachweis unberücksichtigt.

(3) Näherungsverfahren für den Nachweis der Knicksicherheit und Rechenhilfen für den genaueren Nachweis sind in DAfStb-Heft 220 angegeben.

17.4.5 Einspannende Bauteile

(1) Wurde für den Knicksicherheitsnachweis eine Einspannung der Stabenden des Druckgliedes durch anschließende Bauteile vorausgesetzt (z. B. durch einen Rahmenriegel), so sind bei verschieblichen Tragwerken die unmittelbar anschließenden, einspannenden Bauteile auch für diese Zusatzbeanspruchung zu bemessen. Dies gilt besonders dann, wenn die Standsicherheit des Druckgliedes von der einspannenden Wirkung eines einzigen Bauteils abhängt.

(2) Bei unverschieblichen oder hinreichend ausgesteiften Tragsystemen in üblichen Hochbauten darf auf einen rechnerischen Nachweis der Aufnahme dieser Zusatzbeanspruchungen in den unmittelbar anschließenden, aussteifenden Bauteilen verzichtet werden.

17.4.6 Ungewollte Ausmitte

(1) Ungewollte Ausmitten des Lastangriffes und unvermeidbare Maßabweichungen sind durch Annahme einer zur Knickfigur des untersuchten Druckgliedes affinen Vorverformung mit dem Höchstwert

$$e_v = s_K/300 \quad (13)$$

(s_K Knicklänge des Druckgliedes)

zu berücksichtigen.

(2) Vereinfacht darf die Vorverformung durch einen abschnittsweise geradlinigen Verlauf der Stabachse wiedergegeben oder durch eine zusätzliche Ausmitte der Lasten berücksichtigt werden. Für Nachweise am Gesamtsystem nach Abschnitt 17.4.9 darf die Vorverformung vereinfacht als Schiefstellung angesetzt werden; bei eingeschossigen Tragwerken als $\alpha_v = 1/150$ und bei mehrgeschossigen Tragwerken als $\alpha_v = 1/200$.

(3) Bei Sonderbauwerken – z. B. Brückenpfeilern oder Fernsehtürmen – mit einer Gesamthöhe von mehr als 50 m und eindeutig definierter Lasteintragung, bei deren Herstellung Abweichungen von der Planform durch besondere Maßnahmen – wie z. B. optisches Lot – weitgehend vermieden werden, darf die ungewollte Ausmitte aufgrund eines besonderen Nachweises im Einzelfall abgemindert werden.

17.4.7 Berücksichtigung des Kriechens

(1) Kriechverformungen sind in der Regel nur dann zu berücksichtigen, wenn die Schlankheit des Druckgliedes im unverschieblichen System $\lambda > 70$ und im verschieblichen System $\lambda > 45$ ist und wenn gleichzeitig die planmäßige Ausmitte der Last $e/d < 2$ ist.

(2) Kriechverformungen sind unter den im Gebrauchszustand ständig einwirkenden Lasten (gegebenenfalls auch Verkehrslasten) und ausgehend von den ständig vorhandenen Stabauslenkungen und Ausmitten einschließlich der ungewollten Ausmitte nach Gleichung (13) zu ermitteln.

(3) Hinweise zur Abschätzung des Kriecheinflusses enthält DAfStb-Heft 220.

17.4.8 Knicken nach zwei Richtungen

(1) Ist die Knickrichtung eines Druckgliedes nicht eindeutig vorgegeben, so ist der Knicksicherheitsnachweis für schiefe Biegung mit Längsdruck zu führen. Dabei darf im Regelfall eine drillfreie Knickfigur angenommen werden. Die ungewollten Ausmitten e_{vy} und e_{vz} sind getrennt für beide Hauptachsenrichtungen nach Gleichung (13) zu ermitteln und zusammen mit der planmäßigen Ausmitte zu berücksichtigen.

(2) Für Druckglieder mit Rechteckquerschnitt und Schlankheiten $\lambda > 70$ darf das im DAfStb-Heft 220 angegebene Näherungsverfahren angewendet werden:

a) bei einem Seitenverhältnis $d/b \leq 1{,}5$ unabhängig von der Lage der planmäßigen Ausmitte;

b) bei einem Seitenverhältnis $d/b > 1{,}5$ nur dann, wenn die planmäßige Ausmitte im Bereich B nach Bild 14.1 liegt.

(3) Bei Druckgliedern mit Rechteckquerschnitt dürfen näherungsweise Knicksicherheitsnachweise getrennt für jede der beiden Hauptachsenrichtungen geführt werden, wenn das Verhältnis der kleineren bezogenen planmäßigen Lastausmitte zur größeren den Wert 0,2 nicht überschreitet, d. h. wenn die Längskraft innerhalb der schraffierten Bereiche nach Bild 14.2 angreift. Die planmäßigen Lastausmitten e_y und e_z sind auf die in ihrer Richtung verlaufende Querschnittsseite zu beziehen.

(4) Bei Druckgliedern mit einer planmäßigen Ausmitte $e_z \geq 0{,}2d$ in Richtung der längeren Querschnittsseite d muß beim Nachweis in Richtung der kürzeren Querschnittsseite b die dann maßgebende Querschnittsbreite d verkleinert werden. Als maßgebende Querschnittsbreite ist die Höhe der Druckzone infolge der Lastausmitte $e_z + e_{vz}$ im Gebrauchszustand anzunehmen.

17.4.9 Nachweis am Gesamtsystem

Stabtragwerke dürfen zum Nachweis der Knicksicherheit abweichend von Abschnitt 17.4.2 auch als Gesamtsystem unter 1,75facher Gebrauchslast nach Theorie II. Ordnung untersucht werden; hierbei sind Schiefstellungen des Gesamtsystems bzw. Vorverformungen nach Abschnitt 17.4.6 zu berücksichtigen. Die in Rechnung gestellten Biegesteifigkeiten der einzelnen Stäbe müssen ausreichend mit den vorhandenen Querschnittswerten und mit dem zugehörigen Beanspruchungszustand aufgrund der nachgewiesenen Schnittgrößen übereinstimmen.

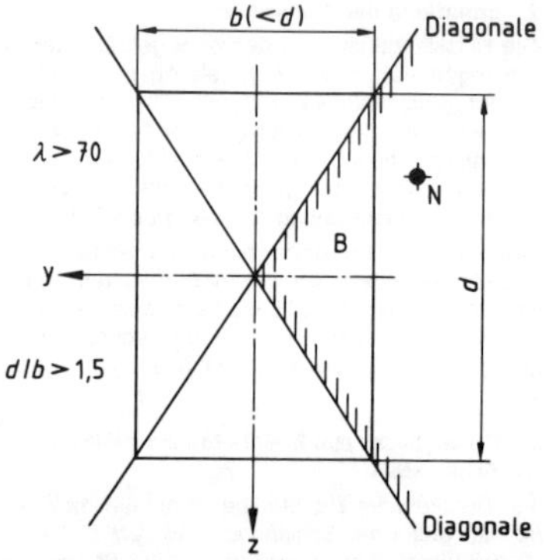

Bild 14.1. Rechteckquerschnitt unter schiefer Biegung mit Längsdruck; Anwendungsgrenzen für das Näherungsverfahren nach Abschnitt 17.4.8 b) für $d/b > 1{,}5$ und $\lambda > 70$

17.5 Bemessung für Querkraft und Torsion

17.5.1 Allgemeine Grundlage

Die Schubbewehrung ist ohne Berücksichtigung der Zugfestigkeit des Betons zu bemessen (siehe auch Abschnitt 17.2.1).

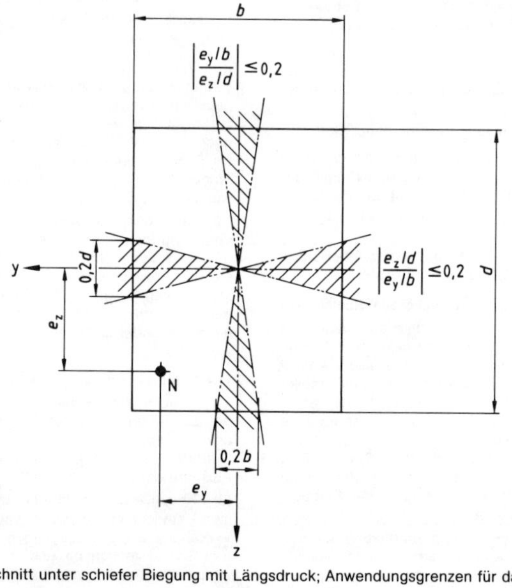

Bild 14.2. Rechteckquerschnitt unter schiefer Biegung mit Längsdruck; Anwendungsgrenzen für das Näherungsverfahren

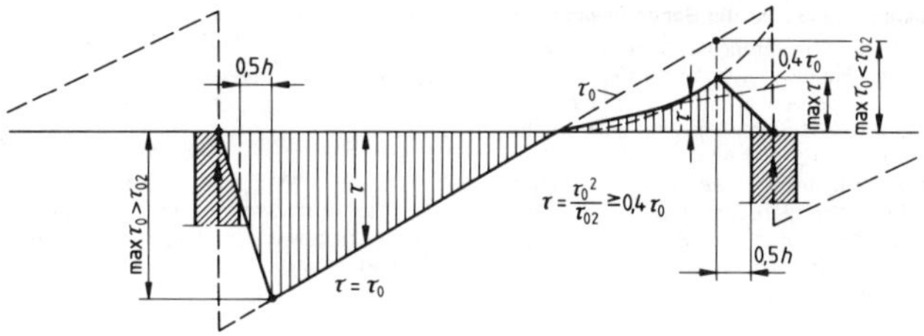

Bild 15. Grundwerte τ_0 und Bemessungswerte τ bei unmittelbarer Unterstützung (siehe Abschnitte 17.5.2 und 17.5.5)

17.5.2 Maßgebende Querkraft

(1) Im allgemeinen ist als Rechenwert der Querkraft die nach Abschnitt 15.6 ermittelte größte Querkraft am Auflagerrand zugrunde zu legen. Wenn die Auflagerkraft jedoch normal zum unteren Balkenrand mit Druckspannungen eingetragen wird (unmittelbare Stützung), darf für die Berechnung der Schubspannungen und die Bemessung der Schubbewehrung die Querkraft im Abstand 0,5 h vom Auflagerrand zugrunde gelegt werden (siehe Bild 15). Für die Bemessung der Schubbewehrung darf außerdem der Querkraftanteil aus einer Einzellast F im Abstand $a \leq 2h$ von der Auflagermitte im Verhältnis $a/2h$ abgemindert werden. Der Querkraftverlauf darf von den vorgenannten Höchstwerten bis zur rechnerischen Auflagermitte geradlinig auf Null abnehmend angenommen werden.

(2) Auswirkungen von Querschnittsänderungen (Balkenschrägen bzw. Aussparungen) auf die Schubspannungen müssen bei ungünstiger Wirkung bzw. dürfen bei günstiger Wirkung berücksichtigt werden.

17.5.3 Grundwerte τ_0 der Schubspannung

(1) Der Grundwert der Schubspannung darf die in Tabelle 13 angegebenen Grenzen nicht überschreiten.

(2) Bei biegebeanspruchten Bauteilen gilt als Grundwert τ_0 die Schubspannung in Höhe der Nullinie im Zustand II. Verringert sich die Querschnittsbreite in der Zugzone, kann der Grundwert dort größer und damit maßgebend werden. Dies gilt auch bei Biegung mit Längskraft, solange die Nulllinie innerhalb des Querschnitts liegt.

(3) In Abschnitten von Bauteilen, die über den ganzen Querschnitt Längsdruckspannungen aufweisen (Biegung mit Längsdruckkraft, Nullinie außerhalb des Querschnittes), darf der Grundwert τ_0 in der Größe der nach Zustand I auftretenden größten Haupt z u g spannung angenommen werden. Außerdem ist nachzuweisen, daß die schiefe Haupt d r u c k-spannung im Zustand II den Wert $2 \cdot \tau_{03}$ nicht überschreitet; dabei ist die Neigung der Druckstrebe des gedachten Fachwerkes entsprechend der Richtung der schiefen Hauptdruckspannung im Zustand I anzunehmen.

(4) Bei Biegung mit Längszug und Nullinie außerhalb des Querschnitts darf der nach Zustand II allein aus der Querkraft ermittelte Grundwert τ_0 der Schubspannung die Werte der Tabelle 13, Zeilen 2 bzw. 4, nicht überschreiten. Die Bemessung der Schubbewehrung ist ebenfalls mit dem aus der Querkraft allein ermittelten Grundwert τ_0 der Schubspannung durchzuführen; eine Abminderung (siehe Abschnitt 17.5.5) ist nicht zulässig. Bei Platten darf jedoch auf eine Schubbewehrung verzichtet werden, wenn die nach Zustand I auftretende größte Hauptzugspannung – gegebenenfalls unter Berücksichtigung von Zwang – die Werte der Tabelle 13, Zeilen 1 a und 1 b, nicht überschreitet.

Tabelle 13. **Grenzen der Grundwerte der Schubspannung τ_0 in N/mm² unter Gebrauchslast**

	1	2	3	4	5	6	7	8	9
	Bauteil	Schubbereich	Grenzen der Grundwerte der Schubspannung τ_0 in N/mm² für die Festigkeitsklasse des Betons						Schubdeckung
				B 15	B 25	B 35	B 45	B 55	
1a 1b	Platten	1[24]	τ_{011}	0,25 0,35	0,35 0,50	0,40 0,60	0,50 0,70	0,55 0,80	siehe Abschnitt 17.5.5
2	Platten	2	τ_{02}	1,20	1,80	2,40	2,70	3,00	verminderte Schubdeckung nach Gleichung (17) zulässig
3	Balken	1	τ_{012}	0,50	0,75	1,00	1,10	1,25	siehe Abschnitt 17.5.5
4	Balken	2	τ_{02}	1,20	1,80	2,40	2,70	3,00	verminderte Schubdeckung nach Gleichung (17) zulässig
5	Balken	3	τ_{03}	2,00	3,00	4,00	4,50	5,00	volle Schubdeckung
				nur bei d bzw. $d_0 \geq 30$ cm					

24) Die Werte der Zeile 1a gelten bei gestaffelter, d. h. teilweise im Zugbereich verankerter Feldbewehrung (siehe auch Abschnitt 20.1.6.2 (1)).

17.5.4 Bemessungsgrundlagen für die Schubbewehrung

(1) Die erforderliche Schubbewehrung ist für die in den Zugstreben eines gedachten Fachwerks unter der Gebrauchslast wirkenden Kräfte zu bemessen. Die Schubbewehrung ist entsprechend dem Schubspannungsdiagramm (siehe Bild 15) unter Berücksichtigung von Abschnitt 18.8 zu verteilen. Die Neigung der Zugstreben des Fachwerks gegen die Stabachse darf bei Schrägstreben zwischen 45° und 60° und bei Bügeln zwischen 45° und 90° angenommen werden. Bei Biegung mit Längszug darf die Neigung der Zugstreben der flacheren Neigung der Hauptzugspannungen angepaßt werden.

(2) Die Neigung der Druckstreben des gedachten Fachwerks ist im allgemeinen mit 45° (volle Schubdeckung) anzunehmen. Unter den in Abschnitt 17.5.5 genannten Voraussetzungen dürfen für die dort angegebenen Bereiche 1 und 2 auch flachere Neigungen der Druckstreben angenommen werden (verminderte Schubdeckung nach Gleichung (17)).

(3) Die zulässige Stahlspannung ist mit $\beta_S/1{,}75$ in Rechnung zu stellen. Wegen der Stahlspannungen bei nicht vorwiegend ruhenden Lasten siehe Abschnitt 17.8, und wegen der Bewehrungsführung siehe auch Abschnitt 18.8.

(4) Für die Bemessung der Schubbewehrung bei Fertigteilen siehe Abschnitte 19.4 und 19.7.2, bei Stahlsteindecken Abschnitt 20.2.6.2, bei Glasstahlbeton Abschnitt 20.3.3, bei Rippendecken Abschnitt 21.2.2.2, bei punktförmig gestützten Platten Abschnitt 22.5, bei Fundamentplatten Abschnitt 22.7 bei wandartigen Trägern Abschnitt 23.2.

17.5.5 Bemessungsregeln für die Schubbewehrung (Bemessungswerte τ)

17.5.5.1 Allgemeines

(1) Breite Balken mit Rechteckquerschnitt ($b > 5\,d$) dürfen wie Platten behandelt werden.

(2) Bei mittelbarer Lasteintragung oder Auflagerung ist stets eine Aufhängebewehrung nach den Abschnitten 18.10.2 bzw. 18.10.3 anzuordnen.

(3) Je nach Größe von max τ_0 (siehe Bild 15) gelten neben den Bewehrungsrichtlinien nach Abschnitt 18.8 für die Bemessung der Schubbewehrung die Abschnitte 17.5.5.2 bis 17.5.5.4.

17.5.5.2 Schubbereich 1

(1) Schubbereich 1:

für Platten: max $\tau_0 \leq k_1\,\tau_{011}$ bzw. $k_2\,\tau_{011}$

für Balken: max $\tau_0 \leq \tau_{012}$

(2) Bei Platten darf auf eine Schubbewehrung verzichtet werden, wenn der Grundwert max $\tau_0 < k_1\,\tau_{011}$ bzw. max $\tau_0 < k_2\,\tau_{011}$ ist.

(3) Für den Beiwert k_1 gilt die Beziehung

$$k_1 = \frac{0{,}2}{d} + 0{,}33 \geq 0{,}5 \quad \leq 1 \qquad (14)$$

(d Plattendicke in m)

(4) Bei Platten darf in Bereichen, in denen die Höchstwerte des Biegemoments und die Querkraft nicht zusammentreffen, anstelle von k_1 der Beiwert k_2 gesetzt werden. Dafür gilt:

$$k_2 = \frac{0{,}12}{d} + 0{,}6 \geq 0{,}7 \quad \leq 1 \qquad (15)$$

(5) In Balken (mit Ausnahme von Tür- und Fensterstürzen mit $l \leq 2{,}0$ m, die nach DIN 1053 Teil 1/11.74, Abschnitt 5.5.3, belastet werden) und in Plattenbalken und Rippendecken (Ausnahmen siehe Abschnitt 21.2.2.2) ist stets eine Schubbewehrung anzuordnen. Sie ist mit dem Bemessungswert τ nach Gleichung (16) zu ermitteln:

$$\tau = 0{,}4\,\tau_0 \qquad (16)$$

(6) Der Anteil der Bügel dieser Schubbewehrung richtet sich nach Abschnitt 18.8.2.2.

17.5.5.3 Schubbereich 2

(1) Schubbereich 2:

für Platten: $k_1\,\tau_{011}$ bzw. $k_2\,\tau_{011} <$ max $\tau_0 \leq \tau_{02}$

für Balken: $\tau_{012} <$ max $\tau_0 \leq \tau_{02}$

(2) Der Grundwert τ_0 darf in jedem Querschnitt auf den Bemessungswert τ abgemindert werden (verminderte Schubdeckung):

$$\tau = \frac{\text{vorh}\ \tau_0^2}{\tau_{02}} \geq 0{,}4\,\tau_0 \qquad (17)$$

(3) Wegen der verminderten Schubdeckung bei Fertigteilen siehe Abschnitte 19.4 und 19.7.2.

(4) Bei Platten darf in Abschnitten, in denen die Grundwerte der Schubspannung τ_0 den Wert $k_1\,\tau_{011}$ bzw. $k_2\,\tau_{011}$ nicht überschreiten, auf die Anordnung einer Schubbewehrung verzichtet werden.

17.5.5.4 Schubbereich 3

(1) Schubbereich 3: $\tau_{02} <$ max $\tau_0 \leq \tau_{03}$

(2) Liegt der Grundwert τ_0 zwischen τ_{02} und τ_{03}, sind bei der Ermittlung der Schubbewehrung im ganzen zugehörigen Querkraftbereich gleichen Vorzeichens die Grundwerte τ_0 zugrunde zu legen (volle Schubdeckung).

17.5.6 Bemessung bei Torsion

(1) Wegen der Notwendigkeit des Nachweises siehe Abschnitt 15.5. Der Grundwert τ_T ist mit den Querschnittswerten für Zustand I und für die Schnittgrößen unter Gebrauchslast ohne Berücksichtigung der Bewehrung zu ermitteln.

(2) Die Grundwerte τ_T dürfen die Werte τ_{02} der Tabelle 13, Zeile 4, nicht überschreiten; Abminderungen nach Gleichung (17) sind unzulässig.

(3) Ein Nachweis der Torsionsbewehrung ist nur erforderlich, wenn die Grundwerte τ_T die Werte $0{,}25\,\tau_{02}$ nach Tabelle 13, Zeilen 2 bzw. 4, überschreiten. Die Torsionsbewehrung ist für die schiefen Hauptzugkräfte zu bemessen, die in den Stäben eines gedachten räumlichen Fachwerks mit Druckstreben unter 45° Neigung entstehen.

(4) Die Mittellinie des gedachten räumlichen Fachwerks verläuft durch die Mitten der Längsstäbe der Torsionsbewehrung (Eckstäbe).

17.5.7 Bemessung bei Querkraft und Torsion

(1) Wirken Querkraft und Torsion gleichzeitig, so ist zunächst nachzuweisen, daß die Grundwerte τ_0 und τ_T jeder für sich die in den Abschnitten 17.5.3 und 17.5.6 angegebenen Höchstwerte nicht überschreiten.

(2) Außerdem ist die Einhaltung von Gleichung (17.1) nachzuweisen:

$$\frac{\tau_0}{\tau_{03}} + \frac{\tau_T}{\tau_{02}} \leq 1{,}3 \qquad (17.1)$$

(3) Beträgt die Bauteildicke d bzw. d_0 weniger als 30 cm, so tritt an die Stelle des Höchstwertes τ_{03} der Höchstwert τ_{02}.

(4) Die erforderliche Schubbewehrung ist getrennt für die Teilwerte τ_0 bzw. τ nach Abschnitt 17.5.5 und τ_T nach Abschnitt 17.5.6 zu ermitteln. Die so errechneten Querschnittswerte der Schubbewehrung sind zu addieren.

17.6 Beschränkung der Rißbreite unter Gebrauchslast [25]

17.6.1 Allgemeines

(1) Zur Sicherung der Gebrauchsfähigkeit und Dauerhaftigkeit der Stahlbetonteile ist die Rißbreite durch geeig-

[25] Siehe Seite 45

nete Wahl von Bewehrungsgrad, Stahlspannung und Bewehrungsanordnung dem Verwendungszweck entsprechend zu beschränken.

(2) Wenn die Konstruktionsregeln nach den Abschnitten 17.6.2 und 17.6.3 eingehalten werden, wird die Rißbreite in dem Maße beschränkt, daß das äußere Erscheinungsbild und die Dauerhaftigkeit von Stahlbetonteilen nicht beeinträchtigt werden.

(3) Die Konstruktionsregeln unterscheiden zwischen Anforderungen an Innenbauteile (siehe Tabelle 10, Zeile 1) und Bauteile in Umweltbedingung nach Tabelle 10, Zeilen 2 bis 4. Bei Bauteilen mit Umweltbedingungen nach Tabelle 10, Zeile 4, müssen auch dann die nachfolgenden Regeln eingehalten werden, wenn besondere Schutzmaßnahmen nach Abschnitt 13.3 getroffen werden.

(4) Werden Anforderungen an die Wasserundurchlässigkeit gestellt, z. B. bei Flüssigkeitsbehältern und Weißen Wannen, sind im allgemeinen weitergehende Maßnahmen erforderlich.

(5) Bauteile, bei denen Risse zu erwarten sind, die über den gesamten Querschnitt reichen, bedürfen eines besonderen Schutzes nach Abschnitt 13.3, wenn auf sie stark chloridhaltiges Wasser (z. B. aus Tausalzanwendung) einwirkt.

(6) Als rißverteilende Bewehrung sind stets Betonrippenstähle zu verwenden.

17.6.2 Mindestbewehrung

(1) In den oberflächennahen Bereichen von Stahlbetonbauteilen, in denen Betonzugspannungen (auch unter Berücksichtigung von behinderten Verformungen, z. B. aus Schwinden, Temperatur und Bauwerksbewegungen) entstehen können, ist im allgemeinen eine Mindestbewehrung einzulegen.

(2) Auf eine Mindestbewehrung darf in den folgenden Fällen verzichtet werden:

a) in Innenbauteilen nach Tabelle 10, Zeile 1, des üblichen Hochbaus,

b) in Bauteilen, in denen Zwangauswirkungen nicht auftreten können,

c) in Bauteilen, für die nachgewiesen wird, daß die Zwangschnittgröße die Rißschnittgröße nach Absatz (3) nicht erreichen kann. Dann ist die Bewehrung für die nachgewiesene Zwangschnittgröße auf der Grundlage von Abschnitt 17.6.3 zu ermitteln,

d) wenn breite Risse unbedenklich sind.

(3) Die Mindestbewehrung ist nach Gleichung (18) festzulegen. Mit dieser Mindestbewehrung wird die Rißschnittgröße aufgenommen. Dabei ist die Rißschnittgröße diejenige Schnittgröße M und N, die zu einer Randspannung gleich der Betonzugfestigkeit nach Gleichung (19) führt.

$$\mu_z = \frac{k_0 \cdot \beta_{bZ}}{\sigma_s} \qquad (18)$$

Hierbei sind:

μ_z der auf die Zugzone A_{bZ} nach Zustand I bezogene Bewehrungsgehalt A_s/A_{bZ}

k_0 Beiwert zur Beschränkung der Breite von Erstrissen in Bauteilen
unter Biegezwang $k_0 = 0{,}4$
unter zentrischem Zwang $k_0 = 1{,}0$

σ_s Betonstahlspannung im Zustand II. Sie ist in Abhängigkeit vom gewählten Stabdurchmesser der Tabelle 14 zu entnehmen, darf jedoch folgenden Wert nicht überschreiten:

$$\sigma_s = 0{,}8\ \beta_S$$

$$\beta_{bZ} = 0{,}25\ \beta_{WN}^{2/3} \qquad (19)$$

β_{WN} Nennfestigkeit nach Abschnitt 6.5. In Gleichung (19) ist die aus statischen oder betontechnologischen Gründen vorgesehene Nennfestigkeit, jedoch mindestens $\beta_{WN} = 35$ N/mm², einzusetzen.

(4) Bei Zwang im frühen Betonalter darf mit der dann vorhandenen, geringeren wirksamen Betonzugfestigkeit β_{bZw} gerechnet werden. Dann ist jedoch der Grenzdurchmesser nach Tabelle 14 im Verhältnis $\beta_{bZw}/2{,}1$ zu verringern.

(5) Für Zwang aus Abfließen der Hydratationswärme ist die wirksame Betonzugfestigkeit β_{bZw} entsprechend der zeitlichen Entwicklung des Zwanges und der Betonzugfestigkeit zu wählen. Ohne genaueren Nachweis ist im Regelfall $\beta_{bZw} = 0{,}5\ \beta_{bZ}$ mit β_{bZ} nach Gleichung (19) anzunehmen.

17.6.3 Regeln für die statisch erforderliche Bewehrung

(1) Die nach Abschnitt 17.2 ermittelte Bewehrung ist in Abhängigkeit von der Betonstahlspannung σ_s entweder nach Tabelle 14 oder nach Tabelle 15 anzuordnen. Sofern sich danach zu kleine Stabdurchmesser oder zu geringe Stababstände ergeben, ist der Bewehrungsquerschnitt gegenüber dem Wert nach Abschnitt 17.2 zu vergrößern, so daß sich eine kleinere Stahlspannung und damit größere Stabdurchmesser oder Stababstände ergeben. Diese Bewehrung braucht nicht zusätzlich zu der Bewehrung nach Abschnitt 17.6.2 eingelegt zu werden.

[25]) Die Grundlagen sowie weitergehende Konstruktionsregeln und Nachweise enthält das DAfStb-Heft 400

Tabelle 14. **Grenzdurchmesser d_s** (Grenzen für den Vergleichsdurchmesser d_{sV}) **in mm.** Nur einzuhalten, wenn die Werte der Tabelle 15 nicht eingehalten sind und stets einzuhalten bei Ermittlung der Mindestbewehrung nach Abschnitt 17.6.2

	1		2	3	4	5	6	7
1	Betonstahlspannung σ_s in N/mm²		160	200	240	280	350	400[26])
2	Grenzdurchmesser in mm bei Umweltbedingungen nach Tabelle 10,	Zeile 1	36	36	28	25	16	10
3		Zeilen 2 bis 4	28	20	16	12	8	5

Die Grenzdurchmesser dürfen im Verhältnis

$$\frac{d}{10\,(d-h)} \geq 1 \text{ vergrößert werden.}$$

d Bauteildicke, h statische Nutzhöhe – jeweils rechtwinklig zur betrachteten Bewehrung

Bei Verwendung von Stabbündeln mit $d_{sV} > 36$ mm ist immer eine Hautbewehrung nach Abschnitt 18.11.3 erforderlich.
Zwischenwerte dürfen linear interpoliert werden.

[26]) Hinsichtlich der Größe der Betonstahlspannung σ_s siehe Erläuterung zu Gleichung (18).

Tabelle 15. **Höchstwerte der Stababstände in cm.** Nur einzuhalten, wenn die Werte der Tabelle 14 nicht eingehalten sind.

	1		2	3	4	5	6
1	Betonstahlspannung σ_s in N/mm^2		160	200	240	280	350
2	Höchstwerte der Stababstände in cm bei Umweltbedingungen nach Tabelle 10,	Zeile 1	25	25	25	20	15
3		Zeilen 2 bis 4	25	20	15	10	7
Für Platten ist Abschnitt 20.1.6.2 zu beachten. Zwischenwerte dürfen linear interpoliert werden.							

(Tabelle 16 ist entfallen)

(2) Die Betonstahlspannung σ_s ist die Stahlspannung unter dem häufig wirkenden Lastanteil. Sie ist für Zustand II nach Gleichung (6) zu ermitteln. Zu den Schnittgrößen aus häufig wirkendem Lastanteil zählen solche aus ständiger Last, aus Zwang (wenn dessen Berücksichtigung in Normen gefordert ist), sowie nach Abschnitt 17.6.2 c) und aus einem abzuschätzenden Anteil der Verkehrslast. Wenn für den Anteil der Verkehrslast keine Werte in Normen angegeben sind, darf der häufig wirkende Lastanteil mit 70% der zulässigen Gebrauchslast, aber nicht kleiner als die ständige Last einschließlich Zwang, angesetzt werden.

(3) Als Grenzdurchmesser d_s nach Tabelle 14 gilt – auch bei Betonstahlmatten mit Doppelstäben – der Durchmesser des Einzelstabes. Abweichend davon ist bei Stabbündeln nach Abschnitt 18.11 der Vergleichsdurchmesser d_{sV} zu ermitteln.

(4) Die Stababstände nach Tabelle 15 gelten für die auf der Zugseite eines auf Biegung (mit oder ohne Druck) beanspruchten Bauteils liegende Bewehrung. Bei auf mittigen Zug beanspruchten Bauteilen dürfen die halben Werte der Stababstände nach Tabelle 15 nicht überschritten werden. Bei Beanspruchungen auf Biegung mit Längszug darf ein Stababstand zwischen den vorgenannten Grenzen gewählt werden.

17.7 Beschränkung der Durchbiegung unter Gebrauchslast

17.7.1 Allgemeine Anforderungen

Wenn durch zu große Durchbiegungen Schäden an Bauteilen entstehen können oder ihre Gebrauchsfähigkeit beeinträchtigt wird, so ist die Größe dieser Durchbiegungen entsprechend zu beschränken, soweit nicht andere bauliche Vorkehrungen zur Vermeidung derartiger Schäden getroffen werden. Der Nachweis der Beschränkung der Durchbiegung kann durch eine Begrenzung der Biegeschlankheit nach Abschnitt 17.7.2 geführt werden.

17.7.2 Vereinfachter Nachweis durch Begrenzung der Biegeschlankheit

(1) Die Schlankheit l_i/h von biegebeanspruchten Bauteilen, die mit ausreichender Überhöhung der Schalung hergestellt sind, darf nicht größer als 35 sein. Bei Bauteilen, die Trennwände zu tragen haben, soll die Schlankheit $l_i/h \leq 150/l_i$ (l_i und h in m) sein, sofern störende Risse in den Trennwänden nicht durch andere Maßnahmen vermieden werden.

(2) Bei biegebeanspruchten Bauteilen, deren Durchbiegung vorwiegend durch die im betrachteten Feld wirkende Belastung verursacht wird, kann die Ersatzstützweite $l_i = \alpha \cdot l$ in Rechnung gestellt werden als Stützweite eines frei drehbar gelagerten Balkens auf 2 Stützen mit konstantem Flächenmoment 2. Grades, der unter gleichmäßig verteilter Last das gleiche Verhältnis der Mittendurchbiegung zur Stützweite (f/l) und die gleiche Krümmung in Feldmitte (M/EI) besitzt wie das zu untersuchende Bauteil. Beim Kragträger ist die Durchbiegung am Kragende und die Krümmung am Einspannquerschnitt für die Ermittlung der Ersatzstützweite maßgebend. Bei vierseitig gestützten Platten ist die kleinste Ersatzstützweite maßgebend, bei dreiseitig gestützten Platten die Ersatzstützweite parallel zum freien Rand.

(3) Für häufig vorkommende Anwendungsfälle kann der Beiwert α DAfStb-Heft 240 entnommen werden.

17.7.3 Rechnerischer Nachweis der Durchbiegung

Zum Abschätzen der anfänglichen und nachträglichen Durchbiegung eines Bauteils dienen die in den Abschnitten 16.2 und 16.4 enthaltenen Grundlagen. Vereinfachte Berechnungsverfahren können DAfStb-Heft 240 entnommen werden.

17.8 Beschränkung der Stahlspannungen unter Gebrauchslast bei nicht vorwiegend ruhender Belastung

(1) Bei Betonstabstahl III S und IV S darf unter der Gebrauchslast die Schwingbreite der Stahlspannungen folgende Werte nicht überschreiten,

- in geraden oder schwach gekrümmten Stababschnitten (Biegerollendurchmesser $d_{br} \geq 25\ d_s$): 180 N/mm^2,
- in gekrümmten Stababschnitten mit einem Biegerollendurchmesser $25\ d_s > d_{br} \geq 10\ d_s$: 140 N/mm^2,
- in gekrümmten Stababschnitten mit einem Biegerollendurchmesser $d_{br} < 10\ d_s$: 100 N/mm^2.

(2) Beim Nachweis der Schwingbreite in der Schubbewehrung sind die Spannungen nach der Fachwerkanalogie zu ermitteln, wobei die Neigung der Druckstreben mit 45° anzusetzen ist. Der Anteil aus der nicht vorwiegend ruhenden Beanspruchung darf mit dem Faktor 0,60 abgemindert werden.

(3) Bei Betonstahlmatten IV M und bei geschweißten Verbindungen darf die Schwingbreite der Stahlspannungen allgemein bis zu 80 N/mm^2 betragen.

(4) Betonstahlmatten mit tragenden Stäben $d_s \leq 4{,}5$ mm dürfen nur in Bauteilen mit vorwiegend ruhender Beanspruchung verwendet werden.

(5) Zur Vereinfachung darf bei Betonstabstahl III S und IV S für Biegung ohne Längskraft der Nachweis geführt werden, daß der durch häufige Lastwechsel verursachte Momentenanteil ΔM bei geraden oder nur schwach gekrümmten Stäben 75% und an Abbiegestellen 60% des maximalen Momentes nicht überschreitet; entsprechend genügt der Nachweis bei Bügeln, wenn der durch häufige Lastwechsel verursachte Querkraftanteil ΔQ nicht mehr als 60% der größten Querkraft beträgt.

(6) Bei Betonstahlmatten IV M gilt sinngemäß für den Momentenanteil ΔM 30% des maximalen Momentes und bei Bügelmatten für den Querkraftanteil ΔQ 30% der größten Querkraft.

(7) Bei Biegung mit Längskraft genügt zur Vereinfachung der gleiche Nachweis für die zugbeanspruchten Bewehrungsstäbe, wenn der Momentenanteil ΔM um den Schwer-

punkt der Betondruckzone gebildet wird (gegebenenfalls unter Berücksichtigung einer Druckbewehrung).

(8) Erfährt die Bewehrung Wechselbeanspruchungen, so darf die Stahldruckspannung zur Vereinfachung gleich der 10fachen, im Schwerpunkt der Bewehrung auftretenden Betondruckspannung gesetzt werden. Diese darf hierfür unter der Annahme einer geradlinigen Spannungsverteilung nach Zustand I ermittelt werden.

17.9 Bauteile aus unbewehrtem Beton

(1) Die Tragfähigkeit von Druckgliedern aus unbewehrtem Beton ist unter Zugrundelegung der in den Bildern 11 und 13 angegebenen Dehnungsdiagramme zu ermitteln, wobei die Mitwirkung des Betons auf Zug nicht in Rechnung gestellt werden darf. Dabei darf eine klaffende Fuge höchstens bis zum Schwerpunkt des Gesamtquerschnitts entstehen.

(2) Der traglastmindernde Einfluß der Bauteilauslenkung ist abweichend von Abschnitt 17.4.1 auch für Schlankheiten $\lambda \leq 20$ zu berücksichtigen. Für die ungewollte Ausmitte e_v gilt Gleichung (13). DAfStb-Heft 220 enthält Diagramme, aus welchen die Traglasten unbewehrter Rechteck- bzw. Kreisquerschnitte für $\lambda \leq 70$ in Abhängigkeit von Lastausmitte und Schlankheit entnommen werden können. Für Bauteile mit Schlankheiten $\lambda > 70$ ist stets ein genauerer Nachweis nach Abschnitt 17.4.1 (1) mit Berücksichtigung des Kriechens zu führen.

(3) Die zulässige Last ist mit dem Sicherheitsbeiwert $\gamma = 2{,}1$ zu ermitteln. Es darf rechnerisch keine höhere Festigkeitsklasse des Betons als B 35 ausgenützt werden; unbewehrte Bauteile aus Beton einer Festigkeitsklasse niedriger als B 10 dürfen nur bis zu einer Schlankheit $\lambda \leq 20$ ausgeführt werden.

(4) Die Einflüsse von Schlankheit und ungewollter Ausmitte auf die Tragfähigkeit von Druckgliedern aus unbewehrtem Beton dürfen näherungsweise durch Verringerung der ermittelten zulässigen Last mit dem Beiwert $\varkappa$ nach Gleichung (20) berücksichtigt werden:

$$\varkappa = 1 - \frac{\lambda}{140} \cdot \left(1 + \frac{m}{3}\right) \tag{20}$$

Hierin sind:

$m = e/k$ bezogene Ausmitte des Lastangriffs im Gebrauchszustand;

$e = M/N$ größte planmäßige Ausmitte des Lastangriffs unter Gebrauchslast im mittleren Drittel des zugrunde gelegten Knickstabes;

$k = W_d/A_b$ Kernweite des Betonquerschnitts, bezogen auf den Druckrand (bei Rechteckquerschnitten $k = d/6$).

(5) Gleichung (20) darf für bezogene Ausmitten $m \leq 1{,}20$ nur bis $\lambda \leq 70$ angewendet werden; ihre Anwendung ist für $m \leq 1{,}50$ auf den Bereich $\lambda \leq 40$ und für $m \leq 1{,}80$ auf den Bereich $\lambda \leq 20$ zu begrenzen. Zwischenwerte dürfen interpoliert werden.

(6) In Bauteilen aus unbewehrtem Beton darf eine Lastausbreitung bis zu einem Winkel von 26,5°, entsprechend einer Neigung 1 : 2 zur Lastrichtung, in Rechnung gestellt werden.

Tabelle 17. **n-Werte für die Lastausbreitung**

Bodenpressung σ_0 in kN/m² ≤	100	200	300	400	500
B 5	1,6	2,0	2,0	unzulässig	
B 10	1,1	1,6	2,0	2,0	2,0
B 15	1,0	1,3	1,6	1,8	2,0
B 25	1,0	1,0	1,2	1,4	1,6
B 35	1,0	1,0	1,0	1,2	1,3

(7) Bei unbewehrten Fundamenten (Gründungskörpern) darf für die Lastausbreitung anstelle einer Neigung 1 : 2 zur Lastrichtung eine Neigung 1 : n in Rechnung gestellt werden. Die n-Werte sind in Abhängigkeit von der Betonfestigkeitsklasse und der Bodenpressung σ_0 in Tabelle 17 angegeben.

18 Bewehrungsrichtlinien

18.1 Anwendungsbereich

(1) Der Abschnitt 18 gilt, soweit nichts anderes gesagt ist, sowohl für vorwiegend ruhende als auch für nicht vorwiegend ruhende Belastung (siehe DIN 1055 Teil 3). Die in diesem Abschnitt geforderten Nachweise sind für Gebrauchslast zu führen.

(2) Die Abschnitte 18.2 bis 18.10 gelten für Einzelstäbe und Betonstahlmatten. Für Stabbündel ist Abschnitt 18.11 zu beachten.

18.2 Stababstände

Der lichte Abstand von gleichlaufenden Bewehrungsstäben außerhalb von Stoßbereichen muß mindestens 2 cm betragen und darf nicht kleiner als der Stabdurchmesser d_s sein. Dies gilt nicht für den Abstand zwischen einem Einzelstab und einem an die Querbewehrung (z. B. an einen Bügelschenkel) angeschweißten Längsstab mit $d_s \leq 12$ mm. Die Stäbe von Doppelstäben von Betonstahlmatten dürfen sich berühren.

18.3 Biegungen

18.3.1 Zulässige Biegerollendurchmesser

Die Biegerollendurchmesser d_{br} für Haken, Winkelhaken, Schlaufen, Bügel sowie für Aufbiegungen und andere gekrümmte Stäbe dürfen die Mindestwerte nach Tabelle 18 nicht unterschreiten.

18.3.2 Biegungen an geschweißten Bewehrungen

(1) Werden geschweißte Bewehrungsstäbe und Betonstahlmatten nach dem Schweißen gebogen, gelten die Werte der Tabelle 18 nur dann, wenn der Abstand zwischen Krümmungsbeginn und Schweißstelle mindestens 4 d_s beträgt.

(2) Dieser Abstand darf unter den folgenden Bedingungen unterschritten bzw. die Krümmung darf im Bereich der Schweißstelle angeordnet werden:

a) bei vorwiegend ruhender Belastung bei allen Schweißverbindungen, wenn der Biegerollendurchmesser mindestens 20 d_s beträgt;

b) bei nicht vorwiegend ruhender Belastung bei Betonstahlmatten, wenn der Biegerollendurchmesser bei auf der Krümmungsaußenseite liegenden Schweißpunkten mindestens 100 d_s, bei auf der Krümmungsinnenseite liegenden Schweißpunkten mindestens 500 d_s beträgt.

18.3.3 Hin- und Zurückbiegen

(1) Das Hin- und Zurückbiegen von Betonstählen stellt für den Betonstahl und den umgebenden Beton eine zusätzliche Beanspruchung dar.

(2) Beim Kaltbiegen von Betonstählen sind die folgenden Bedingungen einzuhalten:

a) Der Stabdurchmesser darf nicht größer als $d_s = 14$ mm sein. Ein Mehrfachbiegen, bei dem das Hin- und Zurückbiegen an derselben Stelle wiederholt wird, ist nicht zulässig.

b) Bei vorwiegend ruhender Beanspruchung muß der Biegerollendurchmesser beim Hinbiegen mindestens das 1,5fache der Werte nach Tabelle 18, Zeile 2, betragen. Die Bewehrung darf höchstens zu 80% ausgenutzt werden.

c) Bei nicht vorwiegend ruhender Beanspruchung muß der Biegerollendurchmesser beim Hinbiegen mindestens 15 d_s betragen. Die Schwingbreite der Stahlspannung darf 50 N/mm² nicht überschreiten.

d) Verwahrkästen für Bewehrungsanschlüsse sind so auszubilden, daß sie weder die Tragfähigkeit des Betonquerschnitts noch den Korrosionsschutz der Bewehrung beeinträchtigen (siehe DAfStb-Heft 400 und DBV-Merkblatt „Rückbiegen").

(3) Für das Warmbiegen von Betonstahl gilt Abschnitt 6.6.1. Bei nicht vorwiegend ruhender Beanspruchung darf die Schwingbreite der Stahlspannung 50 N/mm^2 nicht überschreiten.

Tabelle 18. **Mindestwerte der Biegerollendurchmesser d_{br}**

	1	2
1	Stabdurchmesser d_s mm	Haken, Winkelhaken Schlaufen, Bügel
2	< 20	$4\ d_s$
3	20 bis 28	$7\ d_s$
4	Betondeckung (Mindestmaß) rechtwinklig zur Krümmungsebene	Aufbiegungen und andere Krümmungen von Stäben (z. B. in Rahmenecken)[27]
5	> 5 cm und $> 3\ d_s$	$15\ d_s$[28]
6	≤ 5 cm oder $\leq 3\ d_s$	$20\ d_s$

[27]) Werden die Stäbe mehrerer Bewehrungslagen an einer Stelle abgebogen, sind für die Stäbe der inneren Lagen die Werte der Zeilen 5 und 6 mit dem Faktor 1,5 zu vergrößern.

[28]) Der Biegerollendurchmesser darf bei vorwiegend ruhender Beanspruchung auf $d_{br} = 10\ d_s$ vermindert werden, wenn das Mindestmaß der Betondeckung rechtwinklig zur Krümmungsebene und der Achsabstand der Stäbe mindestens 10 cm und mindestens $7\ d_s$ betragen.

18.4 Zulässige Grundwerte der Verbundspannungen

(1) Die zulässigen Grundwerte der Verbundspannungen sind Tabelle 19 zu entnehmen. Sie gelten nur unter der Voraussetzung, daß der Verbund während des Erhärtens des Betons nicht ungünstig beeinflußt wird (z. B. durch Bewegen der Bewehrung).

(2) Die angegebenen Werte dürfen um 50 % erhöht werden, wenn allseits Querdruck oder eine allseitige durch Bewehrung gesicherte Betondeckung von mindestens 10 d_s vorhanden ist. Dies gilt nicht für die Übergreifungsstöße nach Abschnitt 18.6 und für Verankerungen am Endauflager nach Abschnitt 18.7.4.

(3) Verbundbereich I gilt für

– alle Stäbe, die beim Betonieren zwischen 45° und 90° gegen die Waagerechte geneigt sind,
– flacher als 45° geneigte Stäbe, wenn sie beim Betonieren entweder höchstens 25 cm über der Unterkante des Frischbetons oder mindestens 30 cm unter der Oberseite des Bauteils oder eines Betonierabschnittes liegen.

(4) Verbundbereich II gilt für

– alle Stäbe, die nicht dem Verbundbereich I zuzuordnen sind,
– alle Stäbe in Bauteilen, die im Gleitbauverfahren hergestellt werden. Für innerhalb der horizontalen Bewehrung angeordnete lotrechte Stäbe darf die Verbundspannung nach Tabelle 19, Zeile 2, um 30 % erhöht werden.

Tabelle 19. **Zulässige Grundwerte der Verbundspannung zul τ_1 in N/mm^2**

	1	2	3	4	5	6
	Verbundbereich	Zulässige Grundwerte der Verbundspannung zul τ_1 in N/mm^2 für Festigkeitsklassen des Betons				
		B 15	B 25	B 35	B 45	B 55
1	I	1,4	1,8	2,2	2,6	3,0
2	II	0,7	0,9	1,1	1,3	1,5

18.5 Verankerungen

18.5.1 Grundsätze

(1) Soweit nichts anderes gesagt wird, gelten die folgenden Angaben sowohl für Zug- als auch für Druckstäbe.

(2) Die Verankerung kann erfolgen durch

a) gerade Stabenden,
b) Haken, Winkelhaken, Schlaufen,
c) angeschweißte Querstäbe,
d) Ankerkörper.

(3) Ein der Verankerung dienender Querstab muß nach DIN 488 Teil 4 oder DIN 4099 angeschweißt werden. Die Scherfestigkeit der Schweißknoten muß mindestens 30 % der Nennstreckgrenze des dickeren Stabes betragen. Weiterhin muß die zur Verankerung vorgesehene Fläche des Querstabes je zu verankernden Stab mindestens 5 d_s^2 betragen (d_s Durchmesser des zu verankernden Stabes).

18.5.2 Gerade Stabenden, Haken, Winkelhaken, Schlaufen oder angeschweißte Querstäbe

18.5.2.1 Grundmaß l_0 der Verankerungslänge

(1) Das Grundmaß l_0 ist die Verankerungslänge für voll ausgenutzte Bewehrungsstäbe mit geraden Stabenden.

(2) Für Betonstabstahl sowie für Betonstahlmatten errechnet sich l_0 nach Gleichung (21).

$$l_0 = \frac{F_s}{\gamma \cdot u \cdot \text{zul}\ \tau_1} = \frac{d_s}{4 \cdot \text{zul}\ \tau_1} \cdot \frac{\beta_S}{\gamma} = \alpha_0 \cdot d_s \qquad (21)$$

Hierin sind:

F_s Zug- oder Druckkraft im Bewehrungsstab unter $\sigma_s = \beta_S$,

β_S Streckgrenze des Betonstahles nach Tabelle 6,

γ rechnerischer Sicherheitsbeiwert $\gamma = 1{,}75$,

d_s Nenndurchmesser des Bewehrungsstabes. Für Doppelstäbe von Betonstahlmatten ist der Durchmesser d_{sV} des querschnittsgleichen Einzelstabes einzusetzen ($d_{sV} = d_s \cdot \sqrt{2}$).

u Umfang des Bewehrungstabes,

zul τ_1 Grundwert der Verbundspannung nach Abschnitt 18.4, wobei zul τ_1 über die Länge l_0 als konstant angenommen wird,

$\alpha_0 = \dfrac{\beta_S}{7 \cdot \text{zul}\ \tau_1}$ Beiwert, abhängig von Betonstahlsorte, Betonfestigkeitsklasse und Lage der Bewehrung beim Betonieren.

18.5.2.2 Verankerungslänge l_1

Die Verankerungslänge l_1 für Betonstabstahl sowie für Betonstahlmatten errechnet sich nach Gleichung (22).

$$l_1 = \alpha_1 \cdot \alpha_A \cdot l_0 \qquad (22)$$

$\geq 10\ d_s$ bei geraden Stabenden mit oder ohne angeschweißtem Querstab

$\geq \frac{d_{br}}{2} + d_s$ bei Haken, Winkelhaken oder Schlaufen mit oder ohne angeschweißtem Querstab.

Hierin sind:

α_1 Beiwert zur Berücksichtigung der Art der Verankerung nach Tabelle 20,

$\alpha_A = \frac{\text{erf } A_s}{\text{vorh } A_s}$ Beiwert, abhängig vom Grad der Ausnutzung

erf A_s rechnerisch erforderlicher Bewehrungsquerschnitt,

vorh A_s vorhandener Bewehrungsquerschnitt,

d_{br} vorhandener Biegerollendurchmesser.

(Gleichung (23) entfällt.)

18.5.2.3 Querbewehrung im Verankerungsbereich

(1) Im Verankerungsbereich von Bewehrungsstäben müssen die infolge Sprengwirkung auftretenden örtlichen Querzugspannungen im Beton durch Querbewehrung aufgenommen werden, sofern nicht konstruktive Maßnahmen oder andere günstige Einflüsse (z. B. Querdruck) ein Aufspalten des Betons verhindern.

(2) Bei Platten genügt die in Abschnitt 20.1.6.3, bei Wänden die in Abschnitt 25.5.5.2 vorgeschriebene Querbewehrung. Sie muß bei Stäben mit $d_s \geq 16$ mm im Bereich der Verankerung außen angeordnet werden. Bei geschweißten Betonstahlmatten darf sie innen liegen. Bei Balken, Plattenbalken und Rippendecken reichen die nach Abschnitt 18.8.2 und bei Stützen die nach Abschnitt 25.2.2.2 erforderlichen Bügel als Querbewehrung aus.

18.5.3 Ankerkörper

(1) Ankerkörper sind möglichst nahe der Stirnfläche eines Bauteils, mindestens jedoch zwischen Stirnfläche und Auflagermitte anzuordnen. Sie sind so auszubilden, daß eine kraft- und formschlüssige Einleitung der Ankerkräfte sichergestellt ist. Die auftretenden Spaltkräfte sind durch Bewehrung aufzunehmen. Schweißverbindungen sind nach DIN 4099 auszuführen.

Tabelle 20. **Beiwerte** α_1

	1	2	3
	Art und Ausbildung der Verankerung	Beiwert α_1 Zugstäbe	Beiwert α_1 Druckstäbe
1	a) Gerade Stabenden 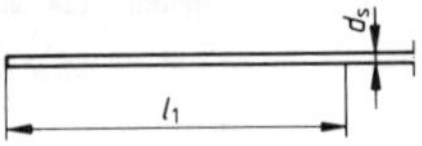	1,0	1,0
2	b) Haken 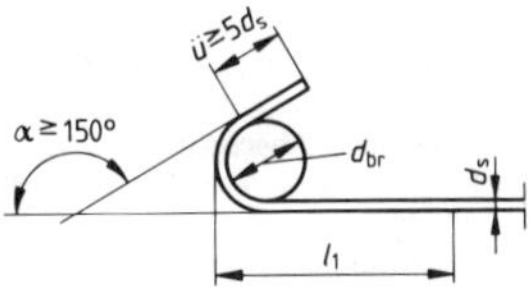 c) Winkelhaken 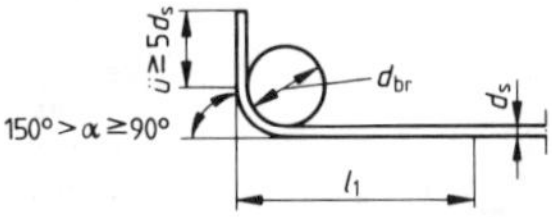 d) Schlaufen 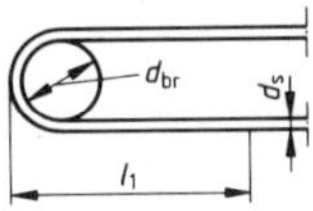	0,7 (1,0)	1,0
3	e) Gerade Stabenden mit mindestens einem angeschweißten Stab innerhalb l_1 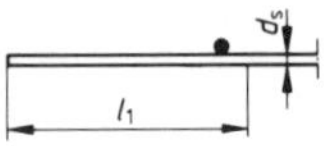	0,7	0,7
4	f) Haken 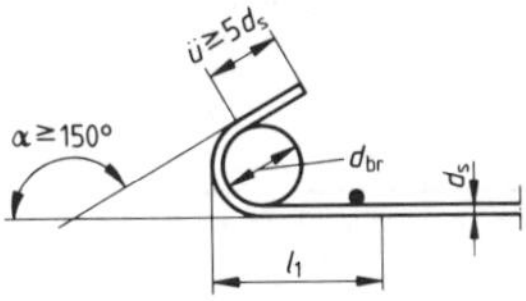 g) Winkelhaken 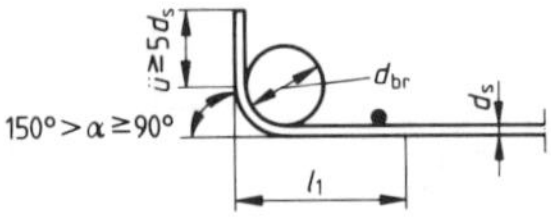 h) Schlaufen (Draufsicht) 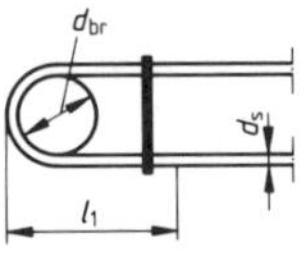 mit jeweils mindestens einem angeschweißten Stab innerhalb l_1 vor dem Krümmungsbeginn	0,5 (0,7)	1,0
5	i) Gerade Stabenden mit mindestens zwei angeschweißten Stäben innerhalb l_1 (Stababstand s_q < 10 cm bzw. ≥ 5 d_s und ≥ 5 cm) nur zulässig bei Einzelstäben mit $d_s \leq 16$ mm bzw. Doppelstäben mit $d_s \leq 12$ mm 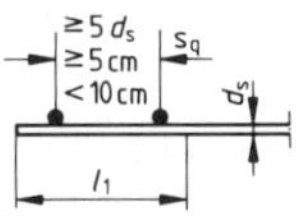	0,5	0,5

Die in Spalte 2 in Klammern angegebenen Werte gelten, wenn im Krümmungsbereich rechtwinklig zur Krümmungsebene die Betondeckung weniger als 3 d_s beträgt bzw. kein Querdruck oder keine enge Verbügelung vorhanden ist.

(2) Die Tragfähigkeit von Ankerkörpern ist durch Versuche nachzuweisen, falls die Betonpressungen die für Teilflächenbelastung zulässigen Werte (siehe Abschnitt 17.3.3) überschreiten. Dies gilt auch für die Verbindung Ankerkörper – Bewehrungsstahl, wenn diese nicht rechnerisch nachweisbar ist oder nicht vorwiegend ruhende Belastung vorliegt. In diesen Fällen dürfen Ankerkörper nur verwendet werden, wenn eine allgemeine bauaufsichtliche Zulassung oder im Einzelfall die Zustimmung der zuständigen obersten Bauaufsichtsbehörde vorliegt.

18.6 Stöße

18.6.1 Grundsätze

(1) Stöße von Bewehrungen können hergestellt werden durch

a) Übergreifen von Stäben mit geraden Stabenden (siehe Bild 16 a), mit Haken (siehe Bild 16 b), Winkelhaken (siehe Bild 16 c) oder mit Schlaufen (siehe Bild 16 d) sowie mit geraden Stabenden und angeschweißten Querstäben, z. B. bei Betonstahlmatten,

b) Verschrauben,

c) Verschweißen,

d) Muffenverbindungen nach allgemeiner bauaufsichtlicher Zulassung (z. B. Preßmuffen),

e) Kontakt der Stabstirnflächen (nur Druckstöße).

(2) Liegen die gestoßenen Stäbe übereinander und wird die Bewehrung im Stoßbereich zu mehr als 80 % ausgenutzt, so ist für die Bemessung nach Abschnitt 17.2 die statische Nutzhöhe der innenliegenden Stäbe zu verwenden.

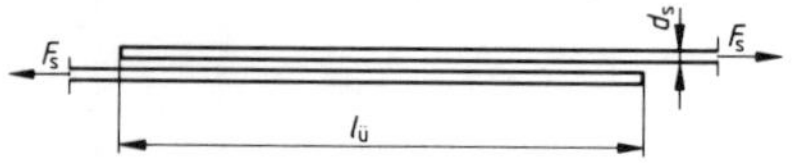

a) gerade Stabenden

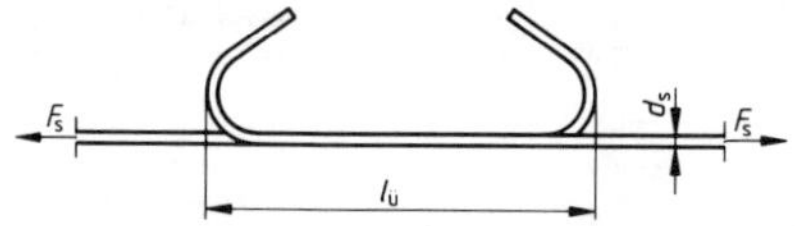

b) Haken

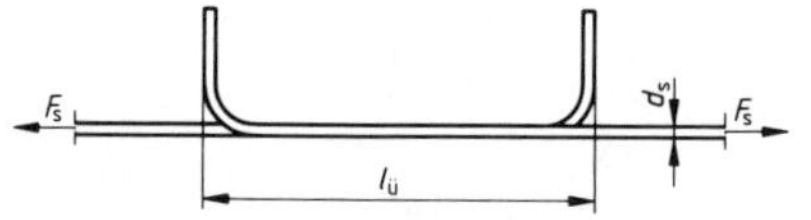

c) Winkelhaken

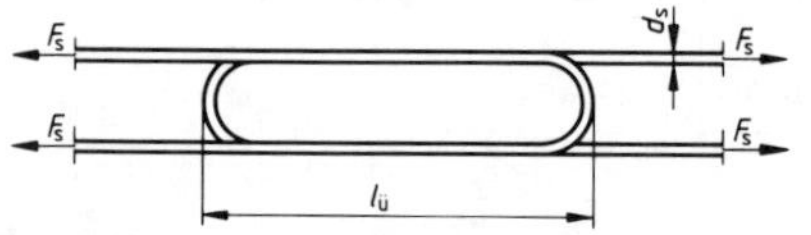

d) Schlaufen

$l_ü$ siehe Abschnitt 18.6.3.2.

Bild 16. Beispiele für zugbeanspruchte Übergreifungsstöße

18.6.2 Zulässiger Anteil der gestoßenen Stäbe

(1) Bei Stäben dürfen durch Übergreifen in einem Bauteilquerschnitt 100 % des Bewehrungsquerschnitts einer Lage gestoßen werden. Verteilen sich die zu stoßenden Stäbe auf mehrere Bewehrungslagen, dürfen ohne Längsversatz (siehe Abschnitt 18.6.3.1) jedoch höchstens 50 % des gesamten Bewehrungsquerschnitts an einer Stelle gestoßen werden.

(2) Der zulässige Anteil der gestoßenen Tragstäbe von Betonstahlmatten wird in Abschnitt 18.6.4 geregelt.

(3) Querbewehrungen nach den Abschnitten 20.1.6.3 und 25.5.5.2 dürfen zu 100 % in einem Schnitt gestoßen werden.

(4) Durch Verschweißen und Verschrauben darf die gesamte Bewehrung in einem Schnitt gestoßen werden.

(5) Durch Kontaktstoß darf in einem Bauteilquerschnitt höchstens die Hälfte der Druckstäbe gestoßen werden. Dabei müssen die nicht gestoßenen Stäbe einen Mindestquerschnitt $A_s = 0{,}008\,A_b$ (A_b statisch erforderlicher Betonquerschnitt des Bauteils) aufweisen und sollen annähernd gleichmäßig über den Querschnitt verteilt sein. Hinsichtlich des erforderlichen Längsversatzes siehe Abschnitt 18.6.7.

18.6.3 Übergreifungsstöße mit geraden Stabenden, Haken, Winkelhaken oder Schlaufen

18.6.3.1 Längsversatz und Querabstand

Übergreifungsstöße gelten als längsversetzt, wenn der Längsabstand der Stoßmitten mindestens der 1,3fachen Übergreifungslänge $l_ü$ (siehe Abschnitte 18.6.3.2 und 18.6.3.3) entspricht. Der lichte Querabstand der Bewehrungsstäbe im Stoßbereich muß Bild 17 entsprechen.

18.6.3.2 Übergreifungslänge $l_ü$ bei Zugstößen

Die Übergreifungslänge $l_ü$ (siehe Bilder 16 a) bis d)) ist nach Gleichung (24) zu berechnen.

$$l_ü = \alpha_ü \cdot l_1 \begin{cases} \geq 20\,\text{cm in allen Fällen} \\ \geq 15\,d_s \text{ bei geraden Stabenden} \\ \geq 1{,}5\,d_{br} \text{ bei Haken, Winkelhaken, Schlaufen} \end{cases} \quad (24)$$

Hierin sind:

$\alpha_ü$ Beiwert nach Tabelle 21; $\alpha_ü$ muß jedoch stets mindestens 1,0 betragen,

l_1 Verankerungslänge nach Abschnitt 18.5.2.2. Für den Beiwert α_1 darf jedoch kein kleinerer Wert als 0,7 in Rechnung gestellt werden.

d_{br} vorhandener Biegerollendurchmesser.

Tabelle 21. **Beiwerte** $\alpha_ü$ [29])

	1	2	3	4	5	6
	Verbundbereich	d_s	Anteil der ohne Längsversatz gestoßenen Tragstäbe am Querschnitt einer Bewehrungslage			Querbewehrung[30])
		mm	≤ 20 %	> 20 % ≤ 50 %	> 50 %	
1	I	< 16	1,2	1,4	1,6	1,0
2		≥ 16	1,4	1,8	2,2	
3	II	75 % der Werte von Verbundbereich I				1,0

[29]) Die Beiwerte $\alpha_ü$ der Spalten 3 bis 5 dürfen mit 0,7 multipliziert werden, wenn der gegenseitige Achsabstand nicht längsversetzter Stöße (siehe Bild 17) $\geq 10\,d_s$ und bei stabförmigen Bauteilen der Randabstand (siehe Bild 17) $\geq 5\,d_s$ betragen.

[30]) Querbewehrung nach den Abschnitten 20.1.6.3 und 25.5.5.2.

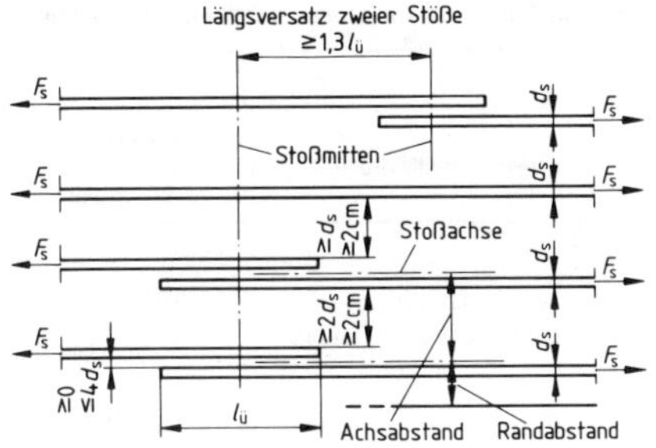

Bild 17. Längsversatz und Querabstand der Bewehrungsstäbe im Stoßbereich

18.6.3.3 Übergreifungslänge $l_ü$ bei Druckstößen

Die Übergreifungslänge muß mindestens l_0 nach Abschnitt 18.5.2.1 betragen. Abminderungen für Haken, Winkelhaken oder Schlaufen sind nicht zulässig.

18.6.3.4 Querbewehrung im Übergreifungsbereich von Tragstäben

(1) Im Bereich von Übergreifungsstößen muß zur Aufnahme der Querzugspannungen stets eine Querbewehrung angeordnet werden. Für die Bemessung und Anordnung sind folgende Fälle zu unterscheiden, wobei eine vorhandene Querbewehrung angerechnet werden darf:

a) Bezogen auf das Bauteilinnere liegen die gestoßenen Stäbe nebeneinander und der Stabdurchmesser beträgt $d_s \geq 16$ mm:

Werden in einem Schnitt mehr als 20 % des Querschnitts einer Bewehrungslage gestoßen, ist die Querbewehrung für die Kraft e i n e s gestoßenen Stabes zu bemessen und außen anzuordnen.

Werden in einem Schnitt mehr als 50 % des Querschnitts gestoßen und beträgt der Achsabstand benachbarter Stöße weniger als 10 d_s, muß diese Querbewehrung die Stöße im Bereich der Stoßenden ($\approx l_ü/3$) bügelartig umfassen. Die Bügelschenkel sind mit der Verankerungslänge l_1 (siehe Abschnitt 18.5.2.2) oder nach den Regeln für Bügel (siehe Abschnitt 18.8.2) im Bauteilinneren zu verankern. Das bügelartige Umfassen ist nicht erforderlich, wenn der Abstand der Stoßmitten benachbarter Stöße mit geraden Stabenden in Längsrichtung etwa 0,5 $l_ü$ beträgt.

b) Bezogen auf das Bauteilinnere liegen die gestoßenen Stäbe übereinander und der Stabdurchmesser ist beliebig. Die Stöße sind im Bereich der Stoßenden ($\approx l_ü/3$) bügelartig zu umfassen (siehe Bild 18). Die Bügelschenkel sind für die Kraft a l l e r gestoßenen Stäbe zu bemessen. Für die Verankerung der Bügelschenkel gilt a).

c) In allen anderen Fällen genügt eine konstruktive Querbewehrung.

(2) Im Bereich der Stoßenden darf der Abstand einer nachzuweisenden Querbewehrung in Längsrichtung höchstens 15 cm betragen. Für den Abstand der Bügelschenkel quer zur Stoßrichtung gilt Tabelle 26. Bei Druckstößen ist ein Bügel bzw. ein Stab der Querbewehrung vor dem jeweiligen Stoßende außerhalb des Stoßbereiches anzuordnen.

18.6.4 Übergreifungsstöße von Betonstahlmatten

18.6.4.1 Ausbildung der Stöße von Tragstäben

Es werden Ein-Ebenen-Stöße (zu stoßende Stäbe liegen nebeneinander) und Zwei-Ebenen-Stöße (zu stoßende Stäbe liegen übereinander) unterschieden (siehe Bild 19). Die Anwendung dieser Stoßausbildungen ist in Tabelle 22 geregelt.

18.6.4.2 Ein-Ebenen-Stöße sowie Zwei-Ebenen-Stöße mit bügelartiger Umfassung der Tragbewehrung

Betonstahlmatten dürfen nach den Regeln für Stäbe nach Abschnitt 18.6.2, (1), (3) und (4) und Abschnitt 18.6.3 gestoßen werden. Die Übergreifungslänge $l_ü$ nach Gleichung (24) ist jedoch ohne Berücksichtigung der angeschweißten Querstäbe zu berechnen. Bei Doppelstabmatten ist der Beiwert $\alpha_ü$ für den dem Doppelstab querschnittsgleichen Einzelstabdurchmesser $d_{sV} = d_s \cdot \sqrt{2}$ zu ermitteln. Für die Quer- bzw. Umfassungsbewehrung im Stoßbereich gilt Abschnitt 18.6.3.4.

18.6.4.3 Zwei-Ebenen-Stöße ohne bügelartige Umfassung der Tragbewehrung

(1) Die Stöße sind möglichst in Bereichen anzuordnen, in denen die Bewehrung nicht mehr als 80 % ausgenutzt wird. Ist diese Anforderung bei Matten mit einem Bewehrungsquerschnitt $a_s \geq 6\ cm^2/m$ nicht einzuhalten und ein Nachweis zur Beschränkung der Rißbreite erforderlich (siehe Abschnitt 17.6.1), muß dieser an der Stoßstelle mit einer um 25 % erhöhten Stahlspannung unter häufig wirkendem Lastanteil geführt werden.

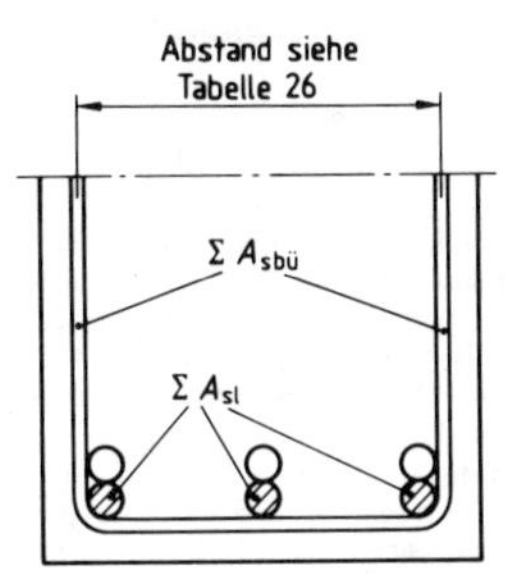

$\sum A_{sbü}$ Querschnittsfläche aller Bügelschenkel

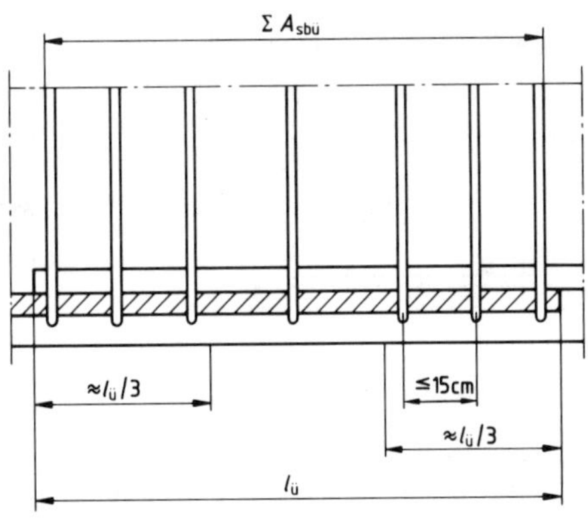

Bild 18. Beispiel für die Anordnung von Bügeln im Stoßbereich von übereinanderliegenden zugbeanspruchten Stäben

Tabelle 22. **Zulässige Belastungsart und maßgebende Bestimmungen für Stöße von Tragstäben bei Betonstahlmatten**

	1	2	3	4
	Stoßart	Querschnitt der zu stoßenden Matte a_s	zulässige Belastungsart	Ausbildung nach Abschnitt
1	Ein-Ebenen-Stoß	beliebig	vorwiegend ruhende und nicht vorwiegend ruhende Belastung	18.6.4.2
2	Zwei-Ebenen-Stoß mit bügelartiger Umfassung der Tragstäbe			
3	Zwei-Ebenen-Stoß ohne bügelartige Umfassung der Tragstäbe	$\leq 6\ cm^2/m$		18.6.4.3
4		$> 6\ cm^2/m$	vorwiegend ruhende Belastung	

(2) Betonstahlmatten mit einem Bewehrungsquerschnitt $a_s \leq 12\ cm^2/m$ dürfen stets in einem Querschnitt gestoßen werden. Stöße von Matten mit größerem Bewehrungsquerschnitt sind nur in der inneren Lage bei mehrlagiger Bewehrung zulässig, wobei der gestoßene Anteil nicht mehr als 60 % des erforderlichen Bewehrungsquerschnitts betragen darf.

(3) Bei mehrlagiger Bewehrung sind die Stöße der einzelnen Lagen stets mindestens um die 1,3fache Übergreifungslänge in Längsrichtung gegeneinander zu versetzen.

(4) Eine zusätzliche Querbewehrung im Stoßbereich ist nicht erforderlich.

(5) Die Übergreifungslänge $l_ü$ von zugbeanspruchten Betonstahlmatten (siehe Bild 19 a)) ist nach Gleichung (24) zu ermitteln, wobei α_1 stets mit 1,0 einzusetzen und der Beiwert $\alpha_ü$ durch $\alpha_{üm}$ nach den Gleichungen (25a) und (25b) zu ersetzen ist.

$$\text{Verbundbereich I}: \alpha_{\text{ümI}} = 0{,}5 + \frac{a_s}{7} \begin{matrix} \geq 1{,}1 \\ \leq 2{,}2 \end{matrix} \quad (25a)$$

$$\text{Verbundbereich II}: \alpha_{\text{ümII}} = 0{,}75 \cdot \alpha_{\text{ümI}} \geq 1{,}0 \quad (25b)$$

Dabei ist a_s der Bewehrungsquerschnitt der zu stoßenden Matte in cm^2/m.

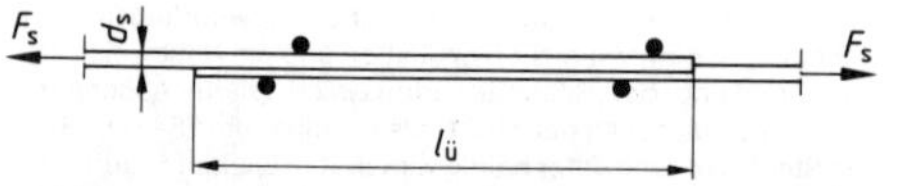

a) Ein-Ebenen-Stoß

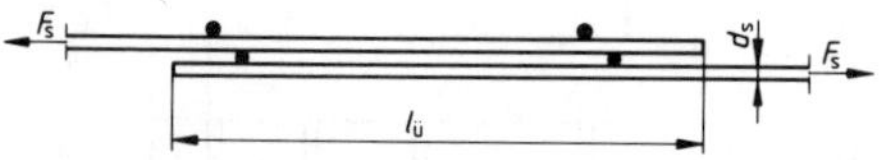

b) Zwei-Ebenen-Stoß

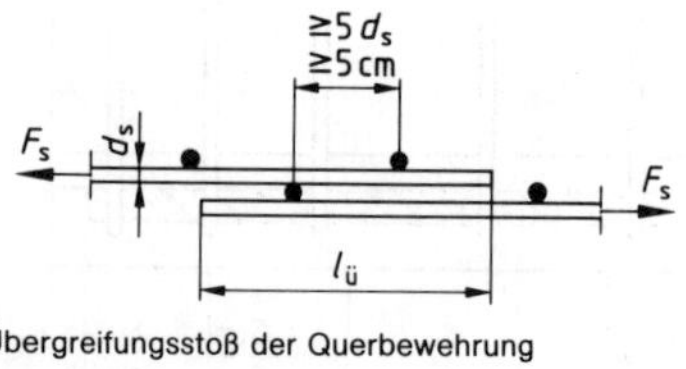

c) Übergreifungsstoß der Querbewehrung

Bild 19. Beispiele für Übergreifungsstöße von Betonstahlmatten

(6) Die Übergreifungslänge von druckbeanspruchten Betonstahlmatten muß mindestens l_0 (siehe Abschnitt 18.5.2.1) betragen.

18.6.4.4 Übergreifungsstöße von Stäben der Querbewehrung

Übergreifungsstöße von Stäben der Querbewehrung nach Abschnitt 20.1.6.3 und 25.5.5.2 dürfen ohne bügelartige Umfassung als Ein-Ebenen- oder Zwei-Ebenen-Stöße ausgeführt werden. Die Übergreifungslänge $l_ü$ richtet sich nach Tabelle 23, wobei innerhalb $l_ü$ mindestens zwei sich gegenseitig abstützende Stäbe der Längsbewehrung mit einem Abstand von $\geq 5\ d_s$ bzw. ≥ 5 cm vorhanden sein müssen (siehe Bild 19 c).

Tabelle 23. **Erforderliche Übergreifungslänge $l_ü$**

	1	2
	Stabdurchmesser der Querbewehrung d_s mm	Erforderliche Übergreifungslänge $l_ü$ cm
1	$\leq 6{,}5$	≥ 15
2	$> 6{,}5$ $\leq 8{,}5$	≥ 25
3	$> 8{,}5$ $\leq 12{,}0$	≥ 35

18.6.5 Verschraubte Stöße

(1) Die Verbindungsmittel (Muffen, Spannschlösser) müssen mindestens

– eine Streckgrenzlast entsprechend $1{,}0 \cdot \beta_S \cdot A_s$ und

– eine Bruchlast entsprechend $1{,}2 \cdot \beta_Z \cdot A_s$

aufweisen. Dabei sind β_S bzw. β_Z die Nennwerte der Streckgrenze bzw. Zugfestigkeit nach Tabelle 6 und A_s der Nennquerschnitt des gestoßenen Stabes. Für die Größe der Betondeckung und den lichten Abstand der Verbindungsmittel im Stoßbereich gelten die Werte nach Abschnitt 13.2 bzw. Abschnitt 18.2, wobei als Bezugsgröße der Durchmesser des gestoßenen Stabes gilt.

(2) Aufstauchungen der gestoßenen Stäbe zur Vergrößerung des Kernquerschnitts sind mit einem Übergang mit der Neigung $\leq 1:3$ zulässig (siehe Bild 20). Die zusätzlich zur elastischen Dehnung auftretende Verformung (Schlupf an beiden Muffenenden) darf unter Gebrauchslast höchstens 0,1 mm betragen. Bei aufgerolltem Gewinde darf der Kernquerschnitt voll, bei geschnittenem Gewinde nur mit 80 % in Rechnung gestellt werden.

(3) Bei nicht vorwiegend ruhender Belastung ist stets ein Nachweis der Wirksamkeit der Stoßverbindungen durch Versuche erforderlich.

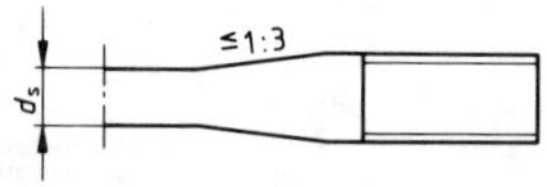

Bild 20. Aufgestauchtes Stabende mit Gewinde für verschraubten Stoß

18.6.6 Geschweißte Stöße

(1) Geschweißte Stöße sind nach DIN 4099 herzustellen. Sie dürfen mit dem Nennquerschnitt des (kleineren) gestoßenen Stabes in Rechnung gestellt werden. Die von der nicht vorwiegend ruhenden Belastung verursachte Schwingbreite der Stahlspannungen darf nicht mehr als 80 N/mm² betragen.

(2) Es dürfen die in Tabelle 24 aufgeführten Schweißverfahren für die genannten Anwendungsfälle eingesetzt werden. Bei übereinander liegenden Stäben von Überlappstößen gilt hinsichtlich der Verbügelung Abschnitt 18.6.3.4 b) sinngemäß. Bei allen anderen Überlappstößen genügt eine konstruktive Querbewehrung.

18.6.7 Kontaktstöße

(1) Druckstäbe mit $d_s \geq 20$ mm dürfen in Stützen durch Kontakt der Stabstirnflächen gestoßen werden, wenn sie beim Betonieren lotrecht stehen, die Stützen an beiden Enden unverschieblich gehalten sind und die gestoßenen Stäbe auch unter Berücksichtigung einer Beanspruchung nach Abschnitt 17.4 zwischen den gehaltenen Enden der Stützen nur Druck erhalten. Der zulässige Stoßanteil ist in Abschnitt 18.6.2 geregelt.

(2) Die Stöße sind gleichmäßig über den auf Druck beanspruchten Querschnittsbereich zu verteilen und müssen in den äußeren Vierteln der Stützenlänge angeordnet werden. Sie gelten als längsversetzt, wenn der Abstand der Stoßstellen in Längsrichtung mindestens $1{,}3 \cdot l_0$ (l_0 nach Gleichung (21)) beträgt. Jeder Bewehrungsstab darf nur einmal innerhalb der gehaltenen Stützenenden gestoßen werden.

(3) Die Stabstirnflächen müssen rechtwinklig zur Längsachse gesägt und entgratet sein. Ihr mittiger Sitz ist durch eine feste Führung zu sichern, die die Stoßfuge vor dem Betonieren teilweise sichtbar läßt.

18.7 Biegezugbewehrung

18.7.1 Grundsätze

(1) Die Biegezugbewehrung ist so zu führen, daß in jedem Schnitt die Zugkraftlinie (siehe Abschnitt 18.7.2) abgedeckt ist.

(2) Die Biegezugbewehrung darf bei Plattenbalken- und Hohlkastenquerschnitten in der Platte höchstens auf einer Breite entsprechend der halben mitwirkenden Plattenbreite nach Abschnitt 15.3 angeordnet werden. Im Steg muß jedoch zur Beschränkung der Rißbreite ein angemessener Anteil verbleiben. Die Berechnung der Anschlußbewehrung für eine in der Platte angeordnete Biegezugbewehrung richtet sich nach Abschnitt 18.8.5.

18.7.2 Deckung der Zugkraftlinie

(1) Die Zugkraftlinie ist die in Richtung der Bauteilachse um das Versatzmaß v verschobene $(M_s/z + N)$-Linie (siehe Bilder 21 und 22 für reine Biegung). M_s ist dabei das auf die Schwerachse der Biegezugbewehrung bezogene Moment und N die Längskraft (als Zugkraft positiv). Längszugkräfte müssen, Längsdruckkräfte dürfen bei der Zugkraftlinie berücksichtigt werden. Die Zugkraftlinie ist stets so zu ermitteln, daß sich eine Vergrößerung der $(M_s/z + N)$-Fläche ergibt.

(2) Bei veränderlicher Querschnittshöhe ist für die Bestimmung von v die Nutzhöhe h des jeweils betrachteten Schnittes anzusetzen.

(3) Das Versatzmaß v richtet sich nach Tabelle 25.

Tabelle 24. **Zulässige Schweißverfahren und Anwendungsfälle**

	1	2	3	4
	Belastungsart	Schweißverfahren	Zugstäbe	Druckstäbe
1		Abbrennstumpfschweißen (RA)	Stumpfstoß	
2		Gaspreßschweißen (GP)	Stumpfstoß mit $d_s \geq 14$ mm	
3	vorwiegend ruhend	Lichtbogenhandschweißen (E) [31] Metall-Aktivgasschweißen (MAG) [32]	Laschenstoß Überlappstoß Kreuzungsstoß [33] Verbindung mit anderen Stahlteilen	Stumpfstoß mit $d_s \geq 20$ mm
4		Widerstandspunktschweißen (RP) (mit Einpunktschweißmaschine)	Überlappstoß mit $d_s \leq 12$ mm Kreuzungsstoß [33]	
5		Abbrennstumpfschweißen (RA)	Stumpfstoß	
6	nicht vorwiegend ruhend	Gaspreßschweißen (GP)	Stumpfstoß mit $d_s \geq 14$ mm	
7		Lichtbogenhandschweißen (E) Metall-Aktivgasschweißen (MAG)		Stumpfstoß mit $d_s \geq 20$ mm

[31]) Der Nenndurchmesser von Mattenstäben muß mindestens 8 mm betragen.

[32]) Der Nenndurchmesser von Mattenstäben muß mindestens 6 mm betragen.

[33]) Bei tragenden Verbindungen $d_s \leq 16$ mm.

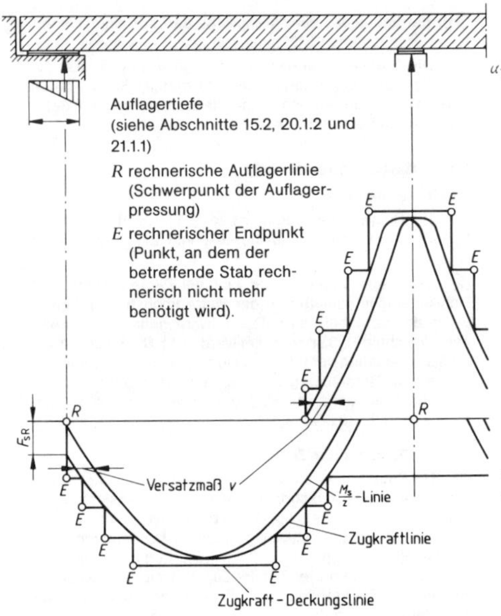

Bild 21. Beispiel für eine Zugkraft-Deckungslinie bei reiner Biegung

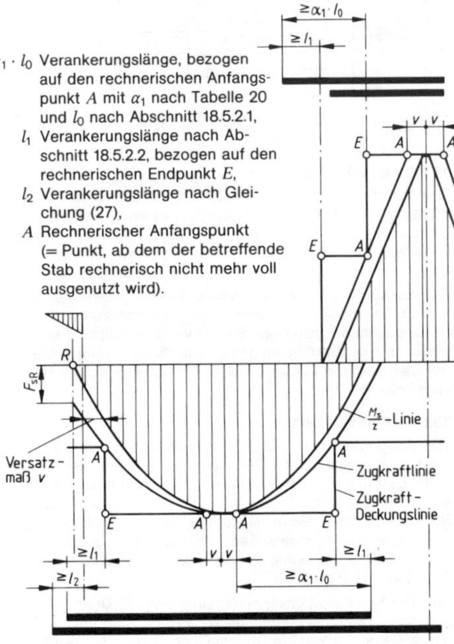

Bild 22. Beispiel für eine gestaffelte Bewehrung bei Platten mit Bewehrungsstäben $d_s < 16$ mm bei reiner Biegung

Tabelle 25. **Versatzmaß** v

	1	2	3
		Versatzmaß v bei	
	Anordnung der Schubbewehrung[34])	voller Schubdeckung[35])	verminderter Schubdeckung[35])
1	schräg Abstand $\leq$ 0,25 h	0,25 h	0,5 h
2	schräg Abstand $>$ 0,25 h	0,5 h	0,75 h
3	schräg und annähernd rechtwinklig zur Bauteilachse		
4	annähernd rechtwinklig zur Bauteilachse	0,75 h	1,0 h

[34]) „schräg" bedeutet: Neigungswinkel zwischen Bauteilachse und Schubbewehrung 45° bis 60°; „annähernd rechtwinklig" bedeutet: Neigungswinkel zwischen Bauteilachse und Schubbewehrung > 60°.

[35]) Siehe Abschnitte 17.5.4 und 17.5.5.

(4) Im Schubbereich 1 darf das Versatzmaß bei Balken und Platten mit Schubbewehrung vereinfachend zu v = 0,75 h angenommen werden, es muß bei Platten ohne Schubbewehrung v = 1,0 h betragen.

(5) Wird bei Plattenbalken ein Teil der Biegezugbewehrung außerhalb des Steges angeordnet, so ist das Versatzmaß v der ausgelagerten Stäbe jeweils um den Abstand vom Stegrand zu vergrößern.

(6) Zur Zugkraftdeckung nicht mehr benötigte Bewehrungsstäbe dürfen gerade enden (gestaffelte Bewehrung) oder auf- bzw. abgebogen werden.

(7) Die Deckung der Zugkraftlinie ist bei gestaffelter Bewehrung oder im Schubbereich 3 (siehe Abschnitt 17.5.5) mindestens genähert nachzuweisen.

18.7.3 Verankerung außerhalb von Auflagern

(1) Die Verankerungslänge gestaffelter bzw. auf- oder abgebogener Stäbe, die nicht zur Schubsicherung herangezogen werden, beträgt $\alpha_1 \cdot l_0$ (α_1 nach Tabelle 20, l_0 nach Abschnitt 18.5.2.1) und ist vom rechnerischen Endpunkt E (siehe Bild 21) nach den Bildern 23 a) oder b) zu messen.

(2) Bei Platten mit Stabdurchmessern $d_s < 16$ mm darf davon abweichend für die vom rechnerischen Endpunkt E gemessene Verankerungslänge das Maß l_1 nach Abschnitt 18.5.2.2 eingesetzt werden, wenn nachgewiesen wird, daß die vom rechnerischen Anfangspunkt A aus gemessene Verankerungslänge den Wert $\alpha_1 \cdot l_0$ nicht unterschreitet (siehe Bild 22).

(3) Aufgebogene oder abgebogene Stäbe, die zur Schubsicherung herangezogen werden, sind im Bereich von Betonzugspannungen mit $1{,}3 \cdot \alpha_1 \cdot l_0$, im Bereich von Betondruckspannungen mit $0{,}6 \cdot \alpha_1 \cdot l_0$ zu verankern (siehe Bilder 23 c) und d)).

18.7.4 Verankerung an Endauflagern

(1) An frei drehbaren oder nur schwach eingespannten Endauflagern ist eine Bewehrung zur Aufnahme der Zugkraft F_{sR} nach Gleichung (26) erforderlich, es muß jedoch mindestens ein Drittel der größten Feldbewehrung vorhanden sein. Für Platten ohne Schubbewehrung ist zusätzlich Abschnitt 20.1.6.2 zu beachten.

$$F_{sR} = Q_R \cdot \frac{v}{h} + N \qquad (26)$$

(2) Diese Bewehrung ist hinter der Auflagervorderkante bei direkter Auflagerung mit der Verankerungslänge l_2 nach Gleichung (27)

$$l_2 = \frac{2}{3}\, l_1 \geq 6\, d_s, \qquad (27)$$

bei indirekter Lagerung mit der Verankerungslänge l_3 nach Gleichung (28) zu verankern, in allen Fällen jedoch mindestens über die rechnerische Auflagerlinie zu führen.

$$l_3 = l_1 \geq 10\, d_s \qquad (28)$$

(3) Dabei ist l_1 die Verankerungslänge nach Abschnitt 18.5.2.2; d_s ist bei Betonstahlmatten aus Doppelstäben auf den Durchmesser des Einzelstabes zu beziehen.

(4) Ergibt sich bei Betonstahlmatten erf A_s/vorh $A_s \leq 1/3$, so genügt zur Verankerung mindestens ein Querstab hinter der rechnerischen Auflagerlinie.

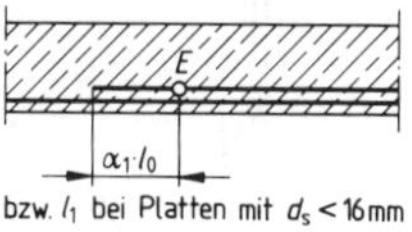

a) Gestaffelte Stäbe

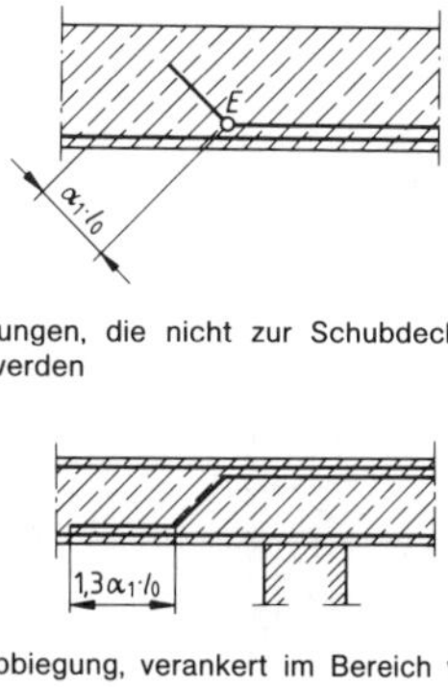

b) Aufbiegungen, die nicht zur Schubdeckung herangezogen werden

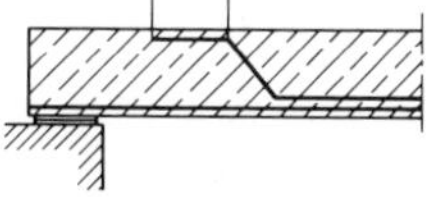

c) Schubabbiegung, verankert im Bereich von Betonzugspannungen

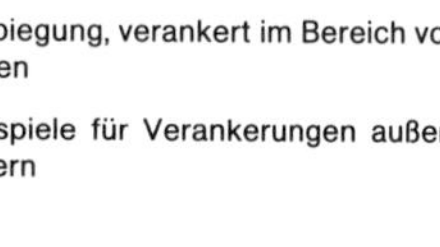

d) Schubaufbiegung, verankert im Bereich von Betondruckspannungen

Bild 23. Beispiele für Verankerungen außerhalb von Auflagern

18.7.5 Verankerung an Zwischenauflagern

(1) An Zwischenauflagern von durchlaufenden Platten und Balken, an Endauflagern mit anschließenden Kragarmen, an eingespannten Auflagern und an Rahmenecken ist mindestens ein Viertel der größten Feldbewehrung mindestens um das Maß 6 d_s bis hinter die Auflagervorderkante zu führen. Für Platten ohne Schubbewehrung ist zusätzlich Abschnitt 20.1.6.2 zu beachten.

(2) Zur Aufnahme rechnerisch nicht berücksichtigter Beanspruchungen (z. B. Brandeinwirkung, Stützensenkung) empfiehlt es sich jedoch, den im Absatz (1) geforderten Anteil der Feldbewehrung durchzuführen oder über dem Auflager kraftschlüssig zu stoßen, insbesondere bei Auflagerung auf Mauerwerk.

18.8 Schubbewehrung

18.8.1 Grundsätze

(1) Die nach Abschnitt 17.5 erforderliche Schubbewehrung muß den Zuggurt mit der Druckzone zugfest verbinden und ist in der Zug- und Druckzone nach den Abschnitten 18.8.2 oder 18.8.3 oder 18.8.4 zu verankern. Die Verankerung muß in der Druckzone zwischen dem Schwerpunkt der Druckzonenfläche und dem Druckrand erfolgen; dies gilt als erfüllt, wenn die Schubbewehrung über die ganze Querschnittshöhe reicht. In der Zugzone müssen die Verankerungselemente möglichst nahe am Zugrand angeordnet werden.

(2) Die Schubbewehrung kann bestehen

- aus vertikalen oder schrägen Bügeln (siehe Abschnitt 18.8.2),
- aus Schrägstäben (siehe Abschnitt 18.8.3),
- aus vertikalen oder schrägen Schubzulagen (siehe Abschnitt 18.8.4),
- aus einer Kombination der vorgenannten Elemente.

(3) Die Schubbewehrung ist mindestens dem Verlauf der Bemessungswerte τ entsprechend zu verteilen. Dabei darf das Schubspannungsdiagramm nach Bild 24 abgestuft abgedeckt werden, wobei jedoch die Einschnittslängen l_E die Werte

$l_E = 1{,}0\, h$ für die Schubbereiche 1 und 2 bzw.

$l_E = 0{,}5\, h$ für den Schubbereich 3

nicht überschreiten dürfen und jeweils die Fläche A_A mindestens gleich der Fläche A_E sein muß.

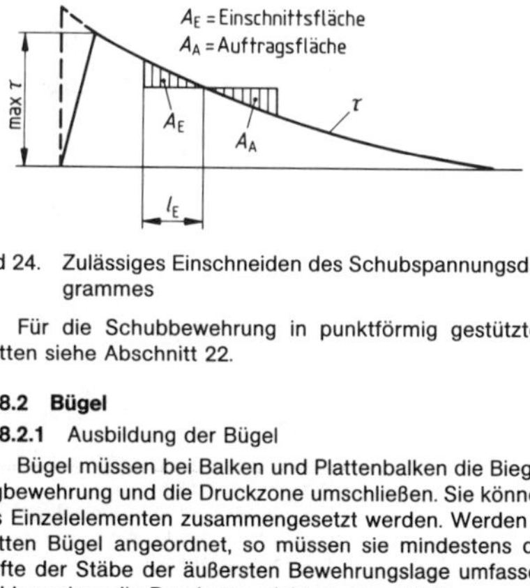

Bild 24. Zulässiges Einschneiden des Schubspannungsdiagrammes

(4) Für die Schubbewehrung in punktförmig gestützten Platten siehe Abschnitt 22.

18.8.2 Bügel

18.8.2.1 Ausbildung der Bügel

(1) Bügel müssen bei Balken und Plattenbalken die Biegezugbewehrung und die Druckzone umschließen. Sie können aus Einzelelementen zusammengesetzt werden. Werden in Platten Bügel angeordnet, so müssen sie mindestens die Hälfte der Stäbe der äußersten Bewehrungslage umfassen und brauchen die Druckzone nicht zu umschließen.

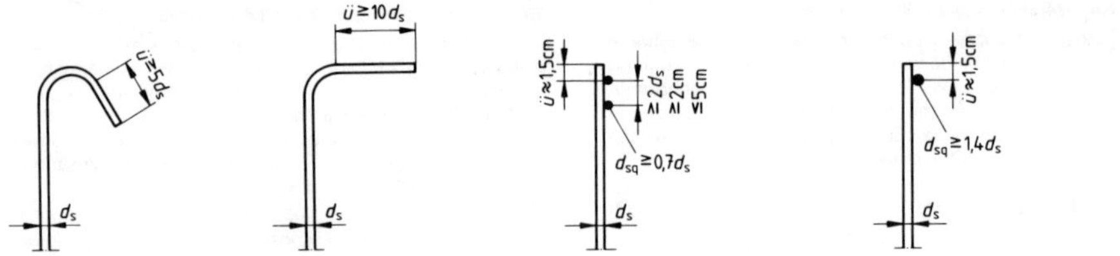

a) Haken

b) Winkelhaken

c) Gerade Stabenden mit zwei angeschweißten Stäben

d) Gerade Stabenden mit einem angeschweißten Stab

Bild 25. Verankerungselemente von Bügeln

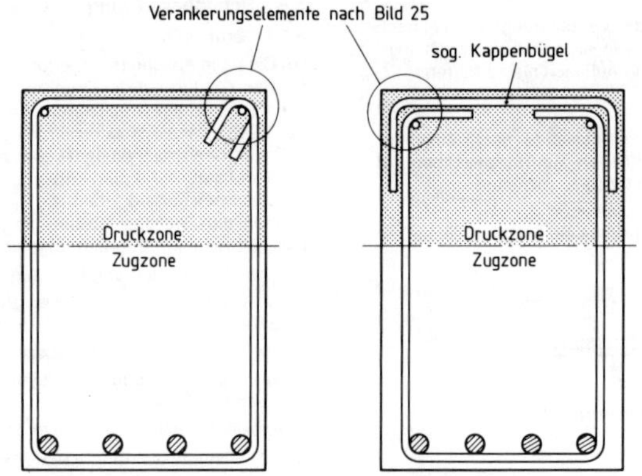

a)

b)

Schließen in der Druckzone

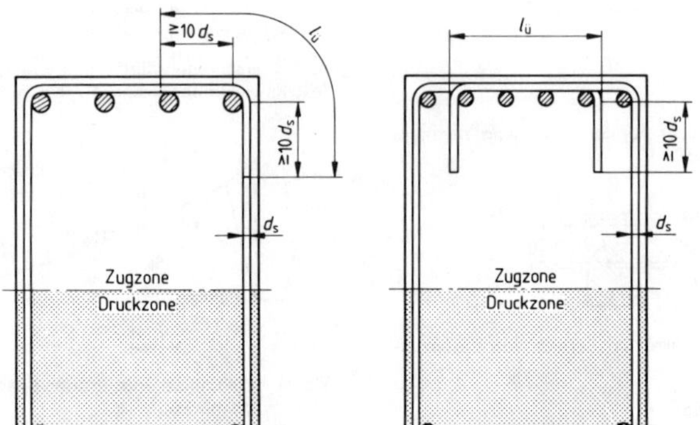

c)

d)

Schließen in der Zugzone

$l_ü$ nach den Abschnitten 18.6.3 bzw. 18.6.4. Beiwert $\alpha_1 = 0,7$ nur zulässig, wenn an den Bügelenden Haken oder Winkelhaken angeordnet werden.

$l_ü$ nach den Abschnitten 18.6.3 bzw. 18.6.4 mit $\alpha_1 = 0,7$.

Bild 26. Beispiele für das Schließen von Bügeln

Schließen in der Zugzone

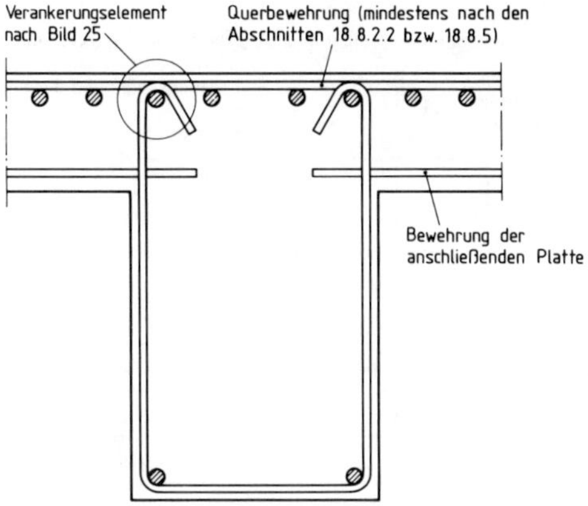

e)

Schließen bei Plattenbalken im Bereich der Platte (in der Druck- und Zugzone zulässig)

Bild 26. Beispiele für das Schließen von Bügeln (Fortsetzung)

(2) Bügel dürfen abweichend von Abschnitt 18.5 in der Zug- und Druckzone mit Verankerungselementen nach Bild 25 verankert werden. Verankerungen nach den Bildern 25 c) und d) sind nur zulässig, wenn durch eine ausreichende Betondeckung die Sicherheit gegenüber Abplatzen sichergestellt ist. Dies gilt als erfüllt, wenn die seitliche Betondeckung (Mindestmaß) der Bügel im Verankerungsbereich mindestens $3\,d_s$ (d_s Bügeldurchmesser) und mindestens 5 cm beträgt, bei geringeren Betondeckungen ist die ausreichende Sicherheit durch Versuche nachzuweisen. Für die Scherfestigkeit der Schweißknoten gilt DIN 488 Teil 1, für die Ausführung der Schweißung DIN 488 Teil 4 bzw. DIN 4099.

(3) Bei Balken sind die Bügel in der Druckzone nach den Bildern 26 a) oder b), in der Zugzone nach den Bildern 26 c) oder d) zu schließen.

(4) Bei Plattenbalken dürfen die Bügel im Bereich der Platte stets mittels durchgehender Querstäbe nach Bild 26 e) geschlossen werden.

(5) Bei Druckgliedern siehe Abschnitt 25.1.

(6) Die Abstände der Bügel und der Querstäbe zum Schließen der Bügel nach Bild 26 e) in Richtung der Biegezugbewehrung sowie die Abstände der Bügelschenkel quer dazu dürfen die Werte der Tabelle 26 nicht überschreiten (die kleineren Werte sind maßgebend).

(7) Die Ausbildung der Übergreifungsstöße von Bügeln im Stegbereich richtet sich nach Abschnitt 18.6.

(8) Bei feingliedrigen Fertigteilen üblicher Hochbauten nach Abschnitt 2.2.4 darf für Bügel auch kaltverformter Draht nach Abschnitt 6.6.3 (2) verwendet werden. Dabei ist die Bemessung jedoch stets mit $\beta_S = 220\ \mathrm{N/mm^2}$ durchzuführen.

18.8.2.2 Mindestquerschnitt

In Balken, Plattenbalken und Rippendecken (Ausnahmen siehe Abschnitt 17.5.5) sind stets Bügel anzuordnen, deren Mindestquerschnitt mit dem Bemessungswert $\tau_{bü}$ nach Gleichung (29) zu ermitteln ist.

$$\tau_{bü} = 0{,}25\ \tau_0 \qquad (29)$$

Dabei ist τ_0 der Grundwert der Schubspannung nach Abschnitt 17.5.3.

18.8.3 Schrägstäbe

(1) Schrägstäbe können als Schubbewehrung angerechnet werden, wenn ihr Abstand von der rechnerischen Auflagerlinie bzw. untereinander in Richtung der Bauteillängsachse Bild 27 entspricht.

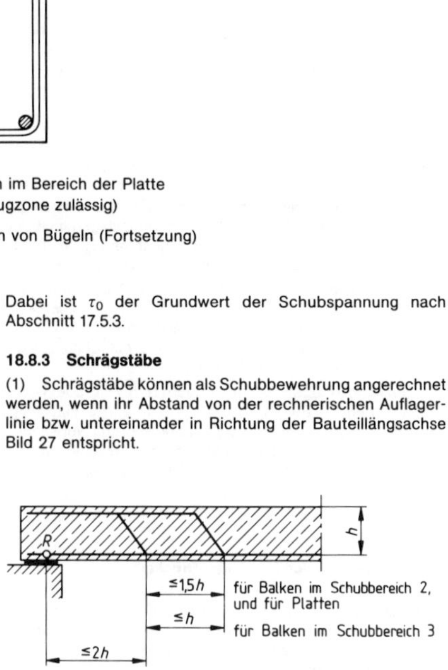

Bild 27. Zulässiger Abstand von Schrägstäben, die als Schubbewehrung dienen

(2) Werden Schrägstäbe im Längsschnitt nur an einer Stelle angeordnet, so darf ihnen höchstens die in einem Längenbereich von 2,0 h vorhandene Schubkraft zugewiesen werden.

(3) Für die Verankerung der Schrägstäbe gilt Abschnitt 18.7.3, Absatz (3).

(4) In Bauteilquerrichtung sollen die aufgebogenen Stäbe möglichst gleichmäßig über die Querschnittsbreite verteilt werden.

18.8.4 Schubzulagen

(1) Schubzulagen sind korb-, leiter- oder girlandenartige Schubbewehrungselemente, die die Biegezugbewehrung nicht umschließen (siehe Bild 28). Sie müssen aus Rippenstäben oder Betonstahlmatten bestehen und sind möglichst gleichmäßig über den Querschnitt zu verteilen. Sie sind beim Betonieren in ihrer planmäßigen Lage zu halten.

Tabelle 26. **Obere Grenzwerte der zulässigen Abstände der Bügel und Bügelschenkel**

	1	2	3
	Abstände der Bügel in Richtung der Biegezugbewehrung		
	Art des Bauteils und Höhe der Schubbeanspruchung	Bemessungsspannung der Schubbewehrung $\sigma_s \leq 240\,N/mm^2$	$\sigma_s = 286\,N/mm^2$
1	Platten im Schubbereich 2	0,6 d bzw. 80 cm	0,6 d bzw. 80 cm
2	Balken im Schubbereich 1	0,8 d_0 bzw. 30 cm[36])	0,8 d_0 bzw. 25 cm[36])
3	Balken im Schubbereich 2	0,6 d_0 bzw. 25 cm	0,6 d_0 bzw. 20 cm
4	Balken im Schubbereich 3	0,3 d_0 bzw. 20 cm	0,3 d_0 bzw. 15 cm
	Abstand der Bügelschenkel quer zur Biegezugbewehrung		
5	Bauteildicke d bzw. $d_0 \leq 40$ cm	40 cm	
6	Bauteildicke d bzw. $d_0 > 40$ cm	d oder d_0 bzw. 80 cm	

[36]) Bei Balken mit $d_0 < 20$ cm und $\tau_0 \leq \tau_{011}$ braucht der Abstand nicht kleiner als 15 cm zu sein.

(2) Schubzulagen sind nach Abschnitt 18.8.2.1 wie Bügel zu verankern. Bei girlandenförmigen Schubzulagen muß der Biegerollendurchmesser jedoch mindestens $d_{br} = 10\ d_s$ betragen.

(3) Bei Platten in Bereichen mit Schubspannungen $\tau_0 \leq 0{,}5\,\tau_{02}$ dürfen Schubzulagen auch allein verwendet werden; in Bereichen mit Schubspannungen $\tau_0 > 0{,}5\ \tau_{02}$ dürfen Schubzulagen nur in Verbindung mit Bügeln nach Abschnitt 18.8.2 angeordnet werden.

(4) Bei feingliedrigen Fertigteilträgern (z. B. I-, T- oder Hohlquerschnitten mit Stegbreiten $b_0 \leq 8$ cm) dürfen einschnittige Schubzulagen allein als Schubbewehrung verwendet werden, wenn die Druckzone und die Biegezugbewehrung nach den Abschnitten 18.8.2.2 bzw. 18.8.5 gesondert umschlossen sind.

(5) Für die Stababstände der Schubzulagen gilt Tabelle 26.

18.8.5 Anschluß von Zug- oder Druckgurten

(1) Bei Plattenbalken, Balken mit I-förmigen oder Hohlquerschnitten u. a. sind die außerhalb der Bügel liegenden Zugstäbe (siehe Abschnitt 18.7.1 (2)) bzw. die Druckplatten (Flansche) mit einer über die Stege durchlaufenden Querbewehrung anzuschließen.

(2) Die Schubspannungen τ_{0a} in den Plattenanschnitten sind nach Abschnitt 17.5 zu berechnen. Sie dürfen τ_{02} nicht überschreiten.

(3) Die erforderliche Anschlußbewehrung ist nach Abschnitt 17.5.5 zu bemessen, wobei τ_0 durch τ_{0a} zu ersetzen ist.

(4) Sie ist bei Schubbeanspruchung allein etwa gleichmäßig auf die Plattenober- und -unterseite zu verteilen, wobei eine über den Steg durchlaufende oder dort mit l_1 nach Abschnitt 18.5.2.2 verankerte Plattenbewehrung auf die Anschlußbewehrung angerechnet werden darf. Wird die Platte außer durch Schubkräfte auch durch Querbiegemomente beansprucht, so genügt es, außer der Bewehrung infolge Querbiegung 50% der Anschlußbewehrung infolge Schubbeanspruchung auf der Biegezugseite der Platte anzuordnen.

(5) Bei Bauteilen üblicher Hochbauten nach Abschnitt 2.2.4 mit beiderseits des Steges anschließenden Platten darf auf einen rechnerischen Nachweis der Anschlußbewehrung verzichtet werden, wenn ihr Querschnitt mindestens gleich der Hälfte der Schubbewehrung im Steg ist. Für Druckgurte ist darüber hinaus ein Nachweis der Schubspannung τ_{0a} im Plattenanschnitt entbehrlich.

(6) Bei konzentrierter Lasteinleitung an Trägerenden ohne Querträger und einer in der Platte angeordneten Biegezugbewehrung ist die Anschlußbewehrung auf einer Strecke entsprechend der halben mitwirkenden Plattenbreite b_m nach Abschnitt 15.3 jedoch immer für τ_{0a} zu bemessen und stets auf die Plattenober- und -unterseite zu verteilen.

(7) Für die größten zulässigen Stababstände der Anschlußbewehrung gilt Tabelle 26, Zeilen 2 bis 4, wobei die im Steg vorhandene Schubspannung zugrunde zu legen ist.

18.9 Andere Bewehrungen

18.9.1 Randbewehrung bei Platten

Freie, ungestützte Ränder von Platten und breiten Balken (siehe Abschnitt 17.5.5) mit Ausnahme von Fundamenten und Bauteilen üblicher Hochbauten nach Abschnitt 2.2.4 im Gebäudeinneren sind durch eine konstruktive Bewehrung (z. B. Steckbügel) einzufassen.

18.9.2 Unbeabsichtigte Einspannungen

Zur Aufnahme rechnerisch nicht berücksichtigter Einspannungen sind geeignete Bewehrungen anzuordnen (siehe z. B. Abschnitt 20.1.6.2,(2) und Abschnitt 20.1.6.4).

18.9.3 Umlenkkräfte

(1) Bei Bauteilen mit gebogenen oder geknickten Leibungen ist die Aufnahme der durch die Richtungsänderung der Zug- oder Druckkräfte hervorgerufenen Zugkräfte nachzuweisen; in der Regel sind diese Umlenkkräfte durch zusätzliche Bewehrungselemente (z. B. Bügel, siehe Bilder 29 a) und b)) oder durch eine besondere Bewehrungsführung (z. B. nach Bild 30) abzudecken.

(2) Stark geknickte Leibungen ($\alpha \geq 45°$, siehe Bild 30) wie z. B. Rahmenecken dürfen in der Regel nur unter Verwendung von Beton der Festigkeitsklasse B 25 oder höher, anderenfalls sind die nach Abschnitt 17.2 aufnehmbaren Schnittgrößen am Anschnitt zum Eckbereich (siehe Bild 30) auf ⅔ zu verringern, d. h. die Bemessungsschnittgrößen sind um den Faktor 1,5 zu erhöhen. Bei Rahmen aus balkenartigen Bauteilen sind Stiele und Riegel auch im Eckbereich konstruktiv zu verbügeln; dies kann dort z. B. durch sich orthogonal kreuzende, haarnadel-

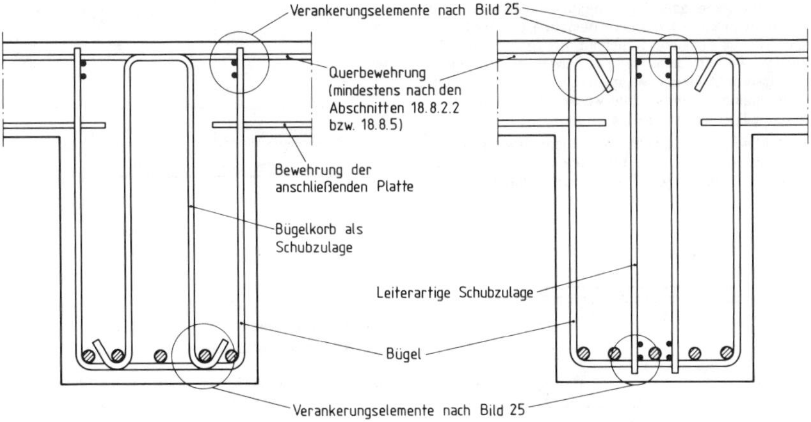

Bild 28. Beispiel für eine Schubbewehrung aus Bügeln und Schubzulagen in Plattenbalken

förmige Bügel (Steckbügel) oder durch eine andere gleichwertige Bewehrung erfolgen. Bei Rahmentragwerken aus plattenartigen Bauteilen ist zumindest die nach den Abschnitten 20.1.6.3 bzw. 25.5.5.2 vorgeschriebene Querbewehrung auch im Eckbereich anzuordnen.

a) Bei Bauteilen mit geknicktem Zuggurt (positives Moment, siehe Bild 30) und einem Knickwinkel $\alpha \geq 45°$ ist stets eine Schrägbewehrung A_{ss} anzuordnen, wenn ein Biegemoment, das einem Bewehrungsanteil von $\mu \geq 0{,}4\,\%$ entspricht, umgeleitet werden soll. Dabei ist μ der größere der beiden Bewehrungsprozentsätze der anschließenden Bauteile. Für $\mu \leq 1\,\%$ muß A_{ss} mindestens der Hälfte dieses Bewehrungsanteils, für $\mu > 1\,\%$ dem gesamten Bewehrungsanteil entsprechen. Überschreitet der Knickwinkel $\alpha = 100°$, ist zur Aufnahme dieser Schrägbewehrung eine Voute auszubilden und A_{ss} stets für das gesamte umzuleitende Moment auszulegen.

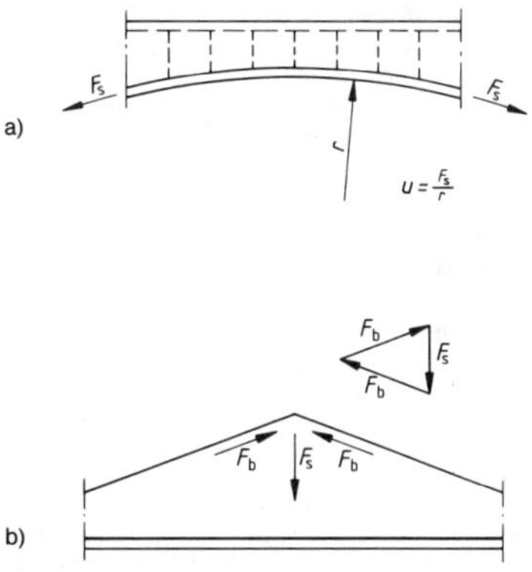

Bild 29. Umlenkkräfte

Bei Bauteilen mit einer Dicke bis etwa $d = 100$ cm genügt zur Aufnahme der Umlenkkräfte eine schlaufenartig die Biegedruckzone umfassende Führung der beiden Biegezugbewehrungen nach Bild 30. Bei dickeren Bauteilen oder bei Verzicht auf eine schlaufenartige Führung der Biegezugbewehrung müssen die gesamten Umlenkkräfte durch Bügel oder eine gleichwertige Bewehrung oder andere Maßnahmen aufgenommen werden.

Bei einer schlaufenartigen Bewehrungsführung und Einhaltung der Angaben in Bild 30 kann ein Nachweis der Verankerungslängen für die Biegezugbewehrungen entfallen. In allen anderen Fällen sind diese jeweils ab der Kreuzungsstelle A mit dem Maß l_0 nach Gleichung (21) zu verankern.

Wird die Bewehrung nicht schlaufenartig geführt, ist entlang des gedrückten Außenrandes im Eckbereich eine über die Querschnittsbreite verteilte Bewehrung anzuordnen, die in den anschließenden Bauteilen mit der Verankerungslänge l_0 nach Abschnitt 18.5.2.1 zu verankern ist.

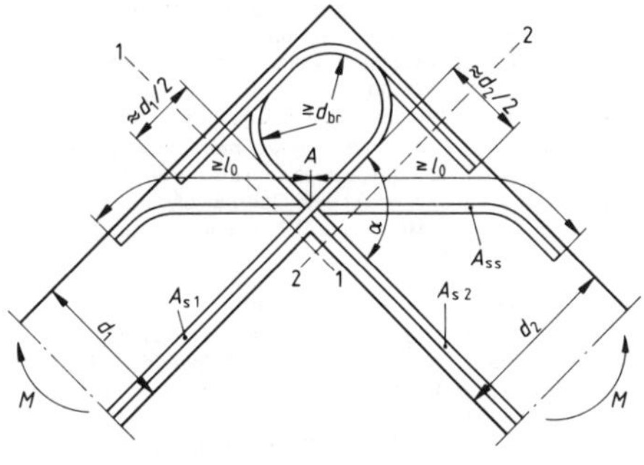

d_{br} nach Tabelle 18, Zeilen 5 oder 6

d_1 bzw. $d_2 \leq 100$ cm

Bemessungsschnitte 1 - - 1 und 2 - - 2

Querbewehrung bzw. Bügel nicht dargestellt

Bild 30. Beispiel für die Ausbildung einer Rahmenecke bei positivem Moment mit einer schlaufenartigen Bewehrungsführung

b) Wird bei Rahmenecken mit negativem Moment die Bewehrung im Bereich der Ecke gestoßen, darf die Übergreifungslänge $l_ü$ (siehe Abschnitt 18.6.3) nach Bild 31 berechnet werden. Dabei darf der Beiwert $\alpha_1 = 0{,}7$ nur in Ansatz gebracht werden, wenn an den Stabenden Haken oder Winkelhaken angeordnet werden. Für die Querbewehrung gilt Abschnitt 18.6.3.4.

(3) Die in Abschnitt 21.1.2 geforderte Zusatzbewehrung zur Beschränkung der Rißbreite bei hohen Stegen ist bei Rahmenecken ab Bauhöhen $d > 70$ cm erforderlich.

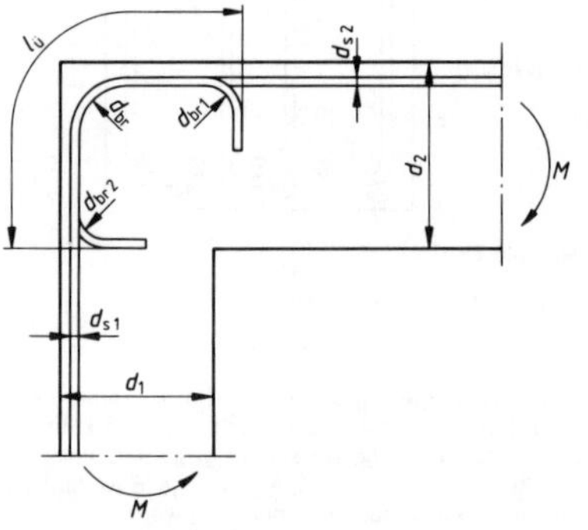

d_{br} nach Tabelle 18, Zeilen 5 oder 6

d_{br1}, d_{br2} nach Tabelle 18, Zeilen 2 oder 3

Querbewehrung bzw. Bügel nicht dargestellt

Bild 31. Beispiel für die Ausbildung einer Rahmenecke bei negativem Moment und Bewehrungsstoß der Rahmenecke

18.10 Besondere Bestimmungen für einzelne Bauteile

18.10.1 Kragplatten, Kragbalken

(1) Die Biegezugbewehrung ist im einspannenden Bauteil nach Abschnitt 18.5 zu verankern oder gegebenenfalls nach Abschnitt 18.6 an dessen Bewehrung anzuschließen. Bei Einzellasten am Kragende ist die Bewehrung nach Abschnitt 18.7.4, Gleichungen (26) bis (28) zu verankern.

(2) Am Ende von Kragplatten ist an ihrer Unterseite stets eine konstruktive Randquerbewehrung anzuordnen. Bei Verkehrslasten $p > 5{,}0\,\mathrm{kN/m^2}$ ist eine Querbewehrung nach Abschnitt 20.1.6.3 (1) anzuordnen. Bei Einzellasten siehe auch Abschnitt 20.1.6.3 (3).

18.10.2 Anschluß von Nebenträgern

(1) Die Last von Nebenträgern, die in den Hauptträger einbinden (indirekte Lagerung), ist durch Aufhängebügel oder Schrägstäbe aufzunehmen. Der überwiegende Teil dieser Aufhängebewehrung ist dabei im unmittelbaren Durchdringungsbereich anzuordnen. Die Aufhängebügel oder Schrägstäbe sind für die volle aufzunehmende Auflagerlast des Nebenträgers zu bemessen. Die im Kreuzungsbereich (siehe Bild 32) vorhandene Schubbewehrung darf auf die Aufhängebewehrung angerechnet werden, sofern der Nebenträger auf ganzer Höhe in den Hauptträger einmündet. Die Aufhängebügel sind nach Abschnitt 18.8.2, die Schrägstäbe nach Abschnitt 18.7.3 (3) zu verankern.

(2) Der größtmögliche, nach Bild 32 definierte Kreuzungsbereich darf zugrunde gelegt werden.

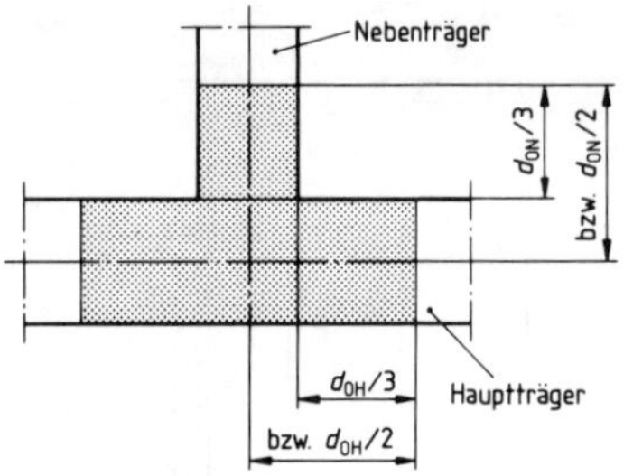

d_{0N} Konstruktionshöhe des Nebenträgers

d_{0H} Konstruktionshöhe des Hauptträgers

Bild 32. Größe des Kreuzungsbereiches beim Anschluß von Nebenträgern

18.10.3 Angehängte Lasten

Bei angehängten Lasten sind die Aufhängevorrichtungen mit der erforderlichen Verankerungslänge l_1 nach Abschnitt 18.5 in der Querschnittshälfte der lastabgewandten Seite zu verankern oder nach Abschnitt 18.6 mit Bügeln zu stoßen.

18.10.4 Torsionsbeanspruchte Bauteile

(1) Für die nach Abschnitt 17.5.6 erforderliche Torsionsbewehrung ist bevorzugt ein rechtwinkliges Bewehrungsnetz aus Bügeln (siehe Abschnitt 18.8.2) und Längsstäben zu verwenden. Die Bügel sind in Balken und Plattenbalken nach den Bildern 26 c) oder d) zu schließen oder im Stegbereich nach Abschnitt 18.6 zu stoßen.

(2) Die Bügelabstände dürfen im torsionsbeanspruchten Bereich das Maß $u_k/8$ bzw. 20 cm nicht überschreiten. Hierin ist u_k der Umfang – gemessen in der Mittellinie – eines gedachten räumlichen Fachwerkes nach Abschnitt 17.5.6.

(3) Die Längsstäbe sind im Einleitungsbereich der Torsionsbeanspruchung nach Abschnitt 18.5 zu verankern. Sie können gleichmäßig über den Umfang verteilt oder in den Ecken konzentriert werden. Ihr Abstand darf jedoch nicht mehr als 35 cm betragen.

(4) Wirken Querkraft und Torsion gleichzeitig, so darf bei einer aus Bügeln und Schubzulagen bestehenden Schubbewehrung die Torsionsbeanspruchung den Bügeln und die Querkraftbeanspruchung den Schubzulagen zugewiesen werden.

18.11 Stabbündel

18.11.1 Grundsätze

(1) Stabbündel bestehen aus zwei oder drei Einzelstäben mit $d_s \leq 28$ mm, die sich berühren und die für die Montage und das Betonieren durch geeignete Maßnahmen zusammengehalten werden.

(2) Sofern nichts anderes bestimmt wird, gelten die Abschnitte 18.1 bis 18.10 unverändert, und es ist bei allen Nachweisen, bei denen der Stabdurchmesser eingeht, anstelle des Einzelstabdurchmessers d_s der Vergleichsdurchmesser d_{sV} einzusetzen. Der Vergleichsdurchmesser d_{sV} ist der Durchmesser eines mit dem Bündel flächengleichen Einzelstabes und ergibt sich für ein Bündel aus n Einzelstäben gleichen Durchmessers d_s zu $d_{sV} = d_s \cdot \sqrt{n}$.

(3) Der Vergleichsdurchmesser darf in Bauteilen mit überwiegendem Zug ($e/d \leq 0{,}5$) den Wert $d_{sV} = 36$ mm nicht überschreiten.

18.11.2 Anordnung, Abstände, Betondeckung

Die Anordnung der Stäbe im Bündel sowie die Mindestmaße für die Betondeckung c_{sb} und für den lichten Abstand der Stabbündel a_{sb} richten sich nach Bild 33. Das Nennmaß der Betondeckung richtet sich entweder nach Tabelle 10 oder ist dadurch zu ermitteln, daß das Mindestmaß $c_{sb} = d_{sV}$ um 1,0 cm erhöht wird. Für die Betondeckung der Hautbewehrung (siehe Abschnitt 18.11.3) gilt Abschnitt 13.2.

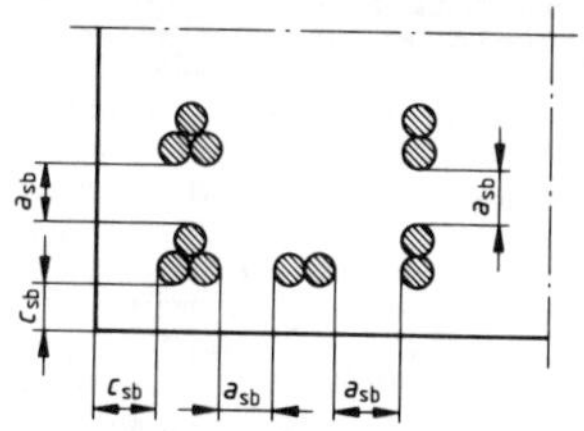

Gegenseitige Mindestabstände

$a_{sb} \geq d_{sV}$

$a_{sb} \geq 2$ cm

Nennmaß der Betondeckung:

c_{sb} nach Tabelle 10 bzw. $\geq d_{sV} + 1{,}0$ cm

Bild 33. Anordnung, Mindestabstände und Mindestbetondeckung bei Stabbündeln

18.11.3 Beschränkung der Rißbreite

(1) Der Nachweis der Beschränkung der Rißbreite ist bei Stabbündeln mit dem Vergleichsdurchmesser d_{sV} zu führen.

(2) Bei Stabbündeln in vorwiegend auf Biegung beanspruchten Bauteilen mit $d_{sV} > 36$ mm ist zur Sicherstellung eines ausreichenden Rißverhaltens immer eine Hautbewehrung in der Zugzone des Bauteils einzulegen.

(3) Als Hautbewehrung sind nur Betonstahlmatten mit Längs- und Querstababständen von jeweils höchstens 10 cm zulässig. Der Querschnitt der Hautbewehrung muß in Richtung der Stabbündel Gleichung (30) entsprechen und quer dazu mindestens 2,0 cm²/m betragen.

$$a_{sh} \geq 2\, c_{sb} \text{ in cm}^2/\text{m} \qquad (30)$$

Hierin sind:

a_{sh} Querschnitt der Hautbewehrung in Richtung der Stabbündel in cm²/m,

c_{sb} Mindestmaß der Betondeckung der Stabbündel in cm.

(4) Die Hautbewehrung muß mindestens um das Maß $5\,d_{sV}$ an den Bauteilseiten über die innerste Lage der Stabbündel (siehe Bild 34 a)) bzw. bei Plattenbalken im Stützbereich über das äußerste Stabbündel reichen (siehe Bild 34 b)). Die Hautbewehrung ist auf die Biegezug-, Quer- oder Schubbewehrung anrechenbar, wenn die für diese Bewehrungen geforderten Bedingungen eingehalten werden. Stöße der Längsstäbe sind jedoch in jedem Fall mindestens nach den Regeln für Querstäbe nach den Abschnitten 18.6.3 bzw. 18.6.4.4 auszubilden.

18.11.4 Verankerung von Stabbündeln

(1) Zugbeanspruchte Stabbündel dürfen unabhängig von d_{sV} über dem End- und Zwischenauflager, bei $d_{sV} \leq 28$ mm auch vor dem Auflager ohne Längsversatz der Einzelstäbe an einer Seite enden. Ab $d_{sV} > 28$ mm sind bei einer Verankerung der Stabbündel vor dem Auflager die Stabenden gegenseitig in Längsrichtung zu versetzen (siehe Bild 35 oder Bild 36).

(2) Bei einer Verankerung der Stäbe nach Bild 35 darf für die Berechnung der Verankerungslänge der Durchmesser des Einzelstabes d_s eingesetzt werden; in allen anderen Fällen ist d_{sV} zugrunde zu legen.

(3) Bei druckbeanspruchten Stabbündeln dürfen alle Stäbe an einer Stelle enden. Ab einem Vergleichsdurchmesser $d_{sV} > 28$ mm sind im Bereich der Bündelenden mindestens vier Bügel mit $d_s = 12$ mm anzuordnen, sofern der Spitzendruck nicht durch andere Maßnahmen (z. B. Anordnung der Stabenden innerhalb einer Deckenscheibe) aufgenommen wird; ein Bügel ist dabei vor den Stabenden anzuordnen.

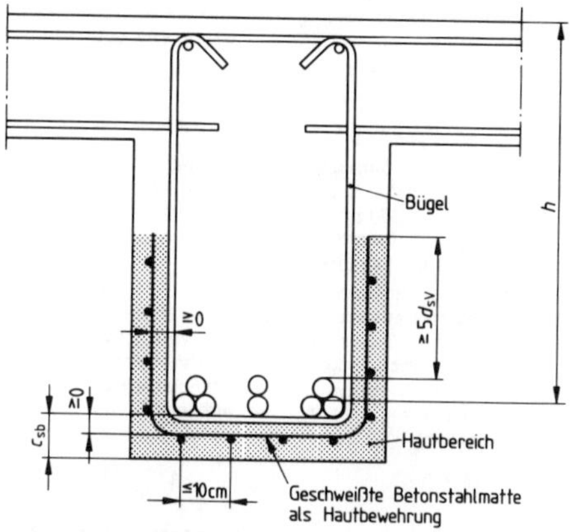

a) Feldbereich

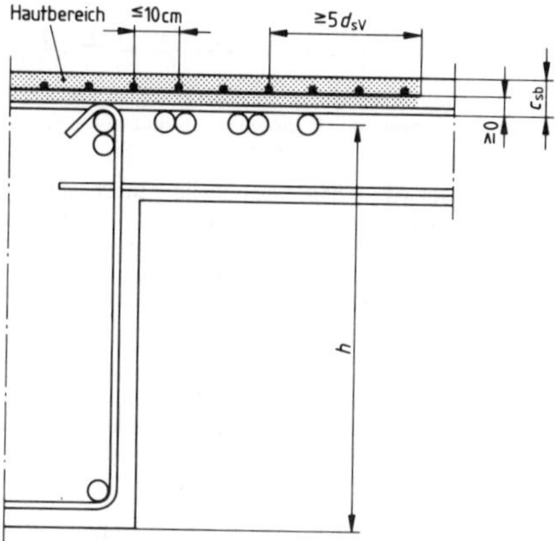

b) Stützbereich

Bild 34. Beispiele für die Anordnung der Hautbewehrung im Querschnitt eines Plattenbalkens

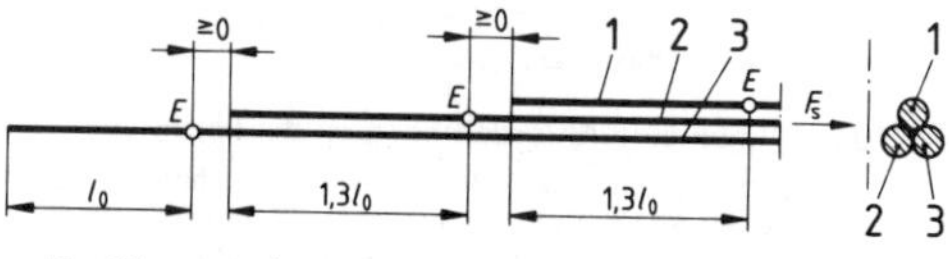

Ermittlung von l_0 mit d_s

Bild 35. Beispiel für die Verankerung von Stabbündeln vor dem Auflager bei auseinandergezogenen rechnerischen Endpunkten E

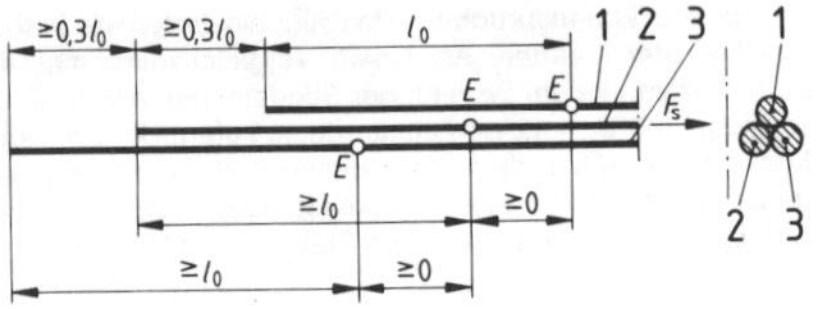

Ermittlung von l_0 mit d_{sV}

Bild 36. Beispiel für die Verankerung von Stabbündeln vor dem Auflager bei dicht beieinander liegenden rechnerischen Endpunkten E

18.11.5 Stoß von Stabbündeln

(1) Die Übergreifungslänge $l_{ü}$ errechnet sich nach den Abschnitten 18.6.3.2 bzw. 18.6.3.3. Stabbündel aus zwei Stäben mit $d_{sV} \leq 28$ mm dürfen ohne Längsversatz der Einzelstäbe gestoßen werden; für die Berechnung von $l_{ü}$ ist dann d_{sV} zugrunde zu legen.

(2) Bei Stabbündeln aus zwei Stäben mit $d_{sV} > 28$ mm bzw. bei Stabbündeln aus drei Stäben sind die Einzelstäbe stets um mindestens 1,3 $l_{ü}$ in Längsrichtung versetzt zu stoßen (siehe Bild 37), wobei jedoch in jedem Schnitt eines gestoßenen Bündels höchstens vier Stäbe vorhanden sein dürfen; für die Berechnung von $l_{ü}$ ist dann der Durchmesser des Einzelstabes einzusetzen.

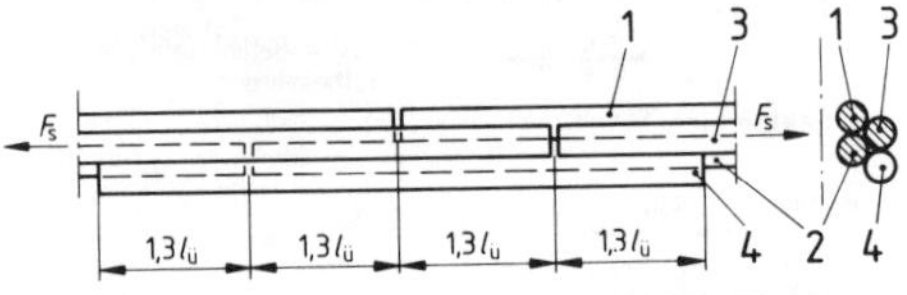

Bild 37. Beispiel für einen zugbeanspruchten Übergreifungsstoß durch Zulage eines Stabes bei einem Bündel aus drei Stäben

18.11.6 Verbügelung druckbeanspruchter Stabbündel

Bei Verwendung von Stabbündeln mit $d_{sV} > 28$ mm als Druckbewehrung muß abweichend von Abschnitt 25.2.2.2 der Mindeststabdurchmesser für Einzelbügel oder Bügelwendeln 12 mm betragen.

19 Stahlbetonfertigteile

19.1 Bauten aus Stahlbetonfertigteilen

(1) Für Bauten aus Stahlbetonfertigteilen und für die Fertigteile selbst gelten die Bestimmungen für entsprechende Bauten und Bauteile aus Ortbeton, soweit in den folgenden Abschnitten nichts anderes gesagt ist.

(2) Auf die Einhaltung der Konstruktionsgrundsätze nach Abschnitt 15.8.1 ist bei Bauten aus Fertigteilen besonders zu achten. Tragende und aussteifende Fertigbauteile sind durch Bewehrung oder gleichwertige Maßnahmen miteinander und gegebenenfalls mit Bauteilen aus Ortbeton so zu verbinden, daß sie auch durch außergewöhnliche Beanspruchungen (Bauwerkssetzungen, starke Erschütterungen, bei Bränden usw.) ihren Halt nicht verlieren.

19.2 Allgemeine Anforderungen an die Fertigteile

(1) Stahlbetonfertigteile gelten als werkmäßig hergestellt, wenn sie in einem Betonfertigteilwerk (Betonwerk) hergestellt sind, das die Anforderungen des Abschnitts 5.3 erfüllt.

(2) Bei der Bemessung der Stahlbetonfertigteile nach den Abschnitten 17.1 bis 17.5 sind die ungünstigsten Beanspruchungen zu berücksichtigen, die beim Lagern und Befördern (z. B. durch Kopf-, Schräg- oder Seitenlage oder durch Unterstützung nur im Schwerpunkt) und während des Bauzustandes und im endgültigen Zustand entstehen können. Werden bei Fertigteilen die Beförderung und der Einbau ständig von einer mit den statischen Verhältnissen vertrauten Fachkraft überwacht, so genügt es, bei der Bemessung dieser Teile nur die planmäßigen Beförderungs- und Montagezustände zu berücksichtigen.

(3) Für die ungünstigsten Beanspruchungen, die beim Befördern der Fertigteile bis zum Absetzen in die endgültige Lage entstehen können, darf der Sicherheitsbeiwert γ für die Bemessung bei Biegung und Biegung mit Längskraft nach Abschnitt 17.2.2 auf $\gamma_M = 1{,}3$ vermindert werden. Fertigteile mit wesentlichen Schäden dürfen nicht eingebaut werden.

(4) Die Bemessung für den Lastfall „Befördern" darf entfallen, wenn die Fertigteile nicht länger als 4 m sind. Bei stabförmigen Bauteilen ist jedoch die Druckzone stets mit mindestens einem 5 mm dicken Bewehrungsstab zu bewehren.

(5) Zur Erzielung einer genügenden Seitensteifigkeit müssen Fertigteile, deren Verhältnis Länge/Breite größer als 20 ist, in der Zug- oder Druckzone mindestens zwei Bewehrungsstäbe mit möglichst grossem Abstand besitzen.

19.3 Mindestmaße

(1) Die Mindestdicke darf bei werkmäßig hergestellten Fertigteilen um 2 cm kleiner sein, als bei entsprechenden Bauteilen aus Ortbeton, jedoch nicht kleiner als 4 cm. Die Plattendicke von vorgefertigten Rippendecken muß jedoch mindestens 5 cm sein. Wegen der Maße von Druckgliedern siehe Abschnitt 25.2.1.

(2) Unbewehrte Plattenspiegel von Kassettenplatten dürfen abweichend hiervon mit einer Mindestdicke von 2,5 cm ausgeführt werden, wenn sie nur bei Reinigungs- und Ausbesserungsarbeiten begangen werden und der Rippenabstand in der einen Richtung höchstens 65 cm und in der anderen bei B 25 höchstens 65 cm, bei B 35 höchstens 100 cm und bei B 45 oder Beton höherer Festigkeit höchstens 150 cm beträgt. Die Plattenspiegel dürfen keine Löcher haben.

(3) Die Dicke d von Stahlbetonhohldielen muß für Geschoßdecken mindestens 6 cm, für Dachdecken, die nur bei Reinigungs- und Ausbesserungsarbeiten betreten werden, mindestens 5 cm sein. Das Maß d_1 muß mindestens $1/4\, d$, das Maß d_2 mindestens $1/5\, d$ sein (siehe Bild 38). Die nach Abzug der Hohlräume verbleibende kleinste Querschnittsbreite $b_0 = b - \Sigma a$ muß mindestens $1/3\, b$ sein, sofern nach Abschnitt 17.5.3 keine größere Breite erforderlich ist.

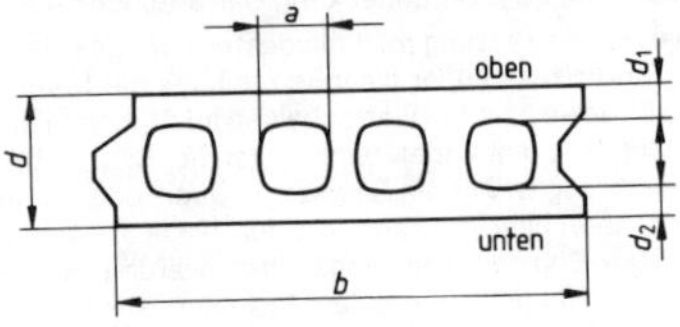

Bild 38. Stahlbetonhohldielen

19.4 Zusammenwirken von Fertigteilen und Ortbeton

(1) Bei der Bemessung von durch Ortbeton ergänzten Fertigteilquerschnitten nach den Abschnitten 17.1 bis 17.5 darf so vorgegangen werden, als ob der Gesamtquerschnitt von Anfang an einheitlich hergestellt worden wäre; das gilt auch für nachträglich anbetonierte Auflagerenden. Voraussetzung hierfür ist, daß die unter dieser Annahme in der Fuge wirkenden Schubkräfte durch Bewehrungen nach den Abschnitten 17.5.4 und 17.5.5 aufgenommen werden und die Fuge zwischen dem ursprünglichen Querschnitt und der Ergänzung rauh oder ausreichend profiliert ausgeführt wird. Die Schub-

sicherung kann auch durch bewehrte Verzahnungen oder geeignete stahlbaumäßige Verbindungen vorgenommen werden.

(2) Bei der Bemessung für Querkraft darf von der in Abschnitt 17.5.5 angegebenen Abminderung der Grundwerte τ_0 nur in den im Abschnitt 19.7.2 angegebenen Fällen Gebrauch gemacht werden. Der Grundwert τ_0 darf τ_{02} (siehe Tabelle 13, Zeilen 2 bzw. 4) nicht überschreiten.

(3) Werden im gleichen Querschnitt Fertigteile und Ortbeton oder auch Zwischenbauteile unterschiedlicher Festigkeit verwendet, so ist für die Bemessung des gesamten Querschnitts die geringste Festigkeit dieser Teile in Rechnung zu stellen, sofern nicht das unterschiedliche Tragverhalten der einzelnen Teile rechnerisch berücksichtigt wird.

19.5 Zusammenbau der Fertigteile

19.5.1 Sicherung im Montagezustand

Fertigteile sind so zu versetzen, daß sie vom Augenblick des Absetzens an – auch bei Erschütterungen – sicher in ihrer Lage gehalten werden; z. B. sind hohe Träger auch gegen Umkippen zu sichern.

19.5.2 Montagestützen

(1) Fertigteile sollen so bemessen sein, daß sich keine kleineren Abstände der Montagestützen als 150 cm, bei Platten 100 cm, ergeben.

(2) Die Aufnahme negativer Momente über den Montagestützen braucht bei Plattendecken nach Abschnitt 19.7.6, Balkendecken nach Abschnitt 19.7.7, Plattenbalkendecken nach Abschnitt 19.7.5, Tabelle 27, Zeile 5, und Rippendecken nach Abschnitt 19.7.8, nicht nachgewiesen zu werden, wenn die Feldmomente unter Annahme frei drehbar gelagerter Balken auf zwei Stützen ermittelt werden. Decken mit biegesteifer Bewehrung nach Abschnitt 2.1.3.7 sind im Montagezustand stets als Balken auf zwei Stützen zu rechnen.

19.5.3 Auflagertiefe

(1) Für die Mindestauflagertiefe im endgültigen Zustand gelten die Bestimmungen für entsprechende Bauteile aus Ortbeton. Bei nachträglicher Ergänzung des Auflagerbereichs durch Ortbeton muß die Auflagertiefe im Montagezustand unter Berücksichtigung möglicher Maßabweichungen mindestens 3,5 cm betragen. Diese Auflagerung kann durch Hilfsunterstützungen in unmittelbarer Nähe des endgültigen Auflagers ersetzt werden.

(2) Die Auflagertiefe von Zwischenbauteilen muß mindestens 2,5 cm betragen. In tragende Wände dürfen nur Zwischenbauteile ohne Hohlräume eingreifen, deren Festigkeit mindestens gleich der des Wandmauerwerks ist.

19.5.4 Ausbildung von Auflagern und druckbeanspruchten Fugen

(1) Fertigteile müssen im Endzustand an den Auflagern in Zementmörtel oder Beton liegen. Hierauf darf bei Bauteilen mit kleinen Maßen und geringen Auflagerkräften, z. B. bei Zwischenbauteilen von Decken und bei schmalen Fertigteilen für Dächer, verzichtet werden. Anstelle von Mörtel oder Beton dürfen andere geeignete ausgleichende Zwischenlagen verwendet werden, wenn nachteilige Folgen für Standsicherheit (z. B. Aufnahme der Querzugspannungen), Verformung, Schallschutz und Brandschutz ausgeschlossen sind.

(2) Für die Berechnung der Mörtelfugen gilt Abschnitt 17.3.4. Die Zusammensetzung des Zementmörtels muß die Bedingungen von Abschnitt 6.7.1, die des Betons von Abschnitt 6.5 erfüllen.

(3) Druckbeanspruchte Fugen zwischen Fertigteilen sollen mindestens 2 cm dick sein, damit sie sorgfältig mit Mörtel oder Beton ausgefüllt werden können. Wenn sie mit Mörtel ausgepreßt werden, müssen sie mindestens 0,5 cm dick sein.

(4) Waagerechte Fugen dürfen dünner sein, wenn das obere Fertigteil auf einem frischen Mörtelbett abgesetzt wird, in dem die planmäßige Höhenlage des Fertigteils durch geeignete Vorrichtungen (Abstandhalter) sichergestellt wird.

19.6 Kennzeichnung

(1) Auf jedem Fertigteil sind deutlich lesbar der Hersteller und der Herstellungstag anzugeben. Abkürzungen sind zulässig. Die Einbaulage ist zu kennzeichnen, wenn Verwechslungsgefahr besteht. Fertigteile von gleichen äußeren Maßen, aber mit verschiedener Bewehrung, Betonfestigkeitsklasse oder Betondeckung, sind unterschiedlich zu kennzeichnen.

(2) Dürfen Fertigteile nur in bestimmter Lage, z. B. nicht auf der Seite liegend, befördert werden, so ist hierauf in geeigneter Weise, z. B. durch Aufschriften, hinzuweisen.

19.7 Geschoßdecken, Dachdecken und vergleichbare Bauteile mit Fertigteilen

19.7.1 Anwendungsbereich und allgemeine Bestimmungen

(1) Geschoßdecken, Dachdecken und vergleichbare Bauteile mit Fertigteilen dürfen verwendet werden

- bei vorwiegend ruhender, gleichmäßig verteilter Verkehrslast (siehe DIN 1055 Teil 3),
- bei ruhenden Einzellasten, wenn hinsichtlich ihrer Verteilung Abschnitt 20.2.5 (1) eingehalten ist,
- bei Radlasten bis 7,5 kN (z. B. Personenkraftwagen),
- bei Fabriken und Werkstätten nur nach den Bedingungen von Tabelle 27 in Abschnitt 19.7.5.

(2) Für Decken mit Fertigteilen gelten die in den Abschnitten 19.7.2 bis 19.7.10 angegebenen zusätzlichen Bestimmungen und Vereinfachungen. Angaben über Regelausführungen für die Querverbindung von Fertigteilen in Abschnitt 19.7.5 gestatten die Wahl ausreichender Querverbindungsmittel in Abhängigkeit von der Höhe der Verkehrslast und der Deckenbauart.

19.7.2 Zusammenwirken von Fertigteilen und Ortbeton in Decken

(1) Bei vorwiegend ruhenden Lasten, nicht aber in Fabriken und Werkstätten, darf der Grundwert τ_0 der Schubspannung bei Decken für die Bemessung der Schub- und der Verbundbewehrung (siehe Abschnitt 19.7.3) zwischen Fertigteilen und Ortbeton nach Abschnitt 17.5.5 abgemindert werden, wenn die Verkehrslast nicht größer als 5,0 kN/m² ist, die Berührungsflächen der Fertigteile rauh sind und der Grundwert τ_0 bei Platten 0,7 τ_{011} (siehe Tabelle 13, Zeile 1 b), bei anderen Bauteilen 0,7 τ_{012} (siehe Tabelle 13, Zeile 3) nicht überschreitet. In diesem Fall ist Gleichung (17) zu ersetzen durch Gleichung (31) bzw. Gleichung (32).

$$\tau = \frac{\text{vorh } \tau_0^2}{0{,}7\ \tau_{011}} \geq 0{,}4\ \tau_0 \tag{31}$$

$$\tau = \frac{\text{vorh } \tau_0^2}{0{,}7\ \tau_{012}} \geq 0{,}4\ \tau_0 \tag{32}$$

(2) Das Zusammenwirken von Ortbeton und statisch mitwirkenden Zwischenbauteilen braucht bei Verkehrslasten bis 5,0 kN/m² nicht nachgewiesen zu werden, wenn die Zwischenbauteile eine rauhe Oberfläche haben oder aus gebranntem Ton bestehen. Von solchen Zwischenbauteilen dürfen jedoch nur die äußeren, unmittelbar am Ortbeton haftenden Stege bis 2,5 cm je Rippe und die Druckplatte als mitwirkend angesehen werden.

19.7.3 Verbundbewehrung zwischen Fertigteilen und Ortbeton

(1) Die Verbundbewehrung zwischen Fertigteilen und Ortbeton ist nach den Abschnitten 19.4 bzw. 19.7.2 zu bemessen.

Sie braucht nicht auf alle Fugenbereiche verteilt zu werden, die zwischen Fertigteil und Ortbeton im Querschnitt entstehen (siehe Bild 39).

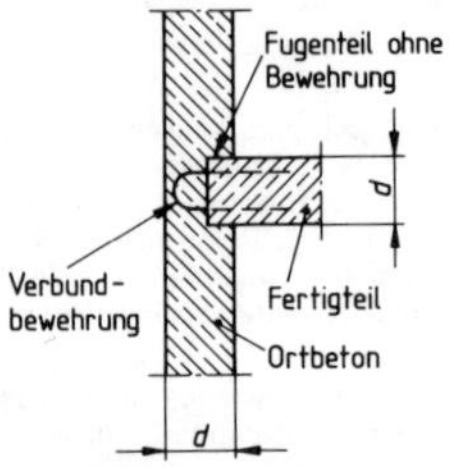

Bild 39. Verbundbewehrung in Fugen

(2) Bügelförmige Verbundbewehrungen müssen ab der Fuge nach Abschnitt 18.5 verankert werden; dies gilt als erfüllt, wenn die Ausführung nach Abschnitt 18.8.2.1 erfolgt. Die Verbundbewehrungen müssen mit Längsstäben kraftschlüssig verbunden werden oder aber in der Druck- und Zugzone mindestens je einen Längsstab umschließen.

(3) Der größte in Spannrichtung gemessene Abstand von Verbundbewehrungen bei Decken soll nicht mehr als das Doppelte der Deckendicke d betragen.

(4) Bei Fertigplatten mit Ortbetonschicht (siehe Abschnitt 19.7.6) darf der Abstand der Verbundbewehrung quer zur Spannrichtung höchstens das 5fache der Deckendicke d, jedoch höchstens 75 cm, der größte Abstand vom Längsrand der Platten höchstens 37,5 cm betragen.

19.7.4 Deckenscheiben aus Fertigteilen

19.7.4.1 Allgemeine Bestimmungen

(1) Eine aus Fertigteilen zusammengesetzte Decke gilt als tragfähige Scheibe, wenn sie im endgültigen Zustand eine zusammenhängende, ebene Fläche bildet, die Einzelteile der Decke in Fugen druckfest miteinander verbunden sind und wenn die in der Scheibenebene wirkenden Lasten durch Bogen- oder Fachwerkwirkung zusammen mit den dafür bewehrten Randgliedern und Zugpfosten aufgenommen werden können. Die zur Fachwerkwirkung erforderlichen Zugpfosten können durch Bewehrungen gebildet werden, die in den Fugen zwischen den Fertigteilen verlegt und in den Randgliedern nach Abschnitt 18 verankert werden. Die Bewehrung der Randglieder und Zugpfosten ist rechnerisch nachzuweisen.

(2) Bei Deckenscheiben, die zur Ableitung der Windkräfte eines Geschosses dienen, darf auf die Anordnung von Zugpfosten verzichtet werden, wenn die Länge der kleineren Seite der Scheibe höchstens 10 m und die Länge der größeren Seite höchstens das 1,5fache der kleineren Seite beträgt und wenn die Scheibe auf allen Seiten von einem Stahlbetonringanker umschlossen wird, dessen Bewehrung unter Gebrauchslast eine Zugkraft von mindestens 30 kN aufnehmen kann (z. B. mindestens 2 Stäbe mit dem Durchmesser $d_s = 12$ mm oder eine Bewehrung mit gleicher Querschnittsfläche).

(3) Fugen, die von Druckstreben des Ersatztragwerks (Bogen oder Fachwerk) gekreuzt werden, müssen nach Abschnitt 19.4 ausgebildet werden, wenn die rechnerische Schubspannung unter Annahme gleichmäßiger Verteilung in den Fugen größer als 0,1 N/mm^2 ist.

19.7.4.2 Deckenscheiben in Bauten aus vorgefertigten Wand- und Deckentafeln

(1) Bei Bauten aus vorgefertigten Wand- und Deckentafeln ohne Traggeripppe sind zusätzlich zu der in Abschnitt 19.7.4.1 geforderten Scheibenbewehrung auch in allen Fugen über tragenden und aussteifenden Innenwänden Bewehrungen anzuordnen, die für eine Zugkraft von mindestens 15 kN zu bemessen sind. Diese Bewehrungen sind mit der Scheibenbewehrung nach Abschnitt 19.7.4.1 und untereinander nach den Bestimmungen der Abschnitte 18.5 und 18.6 zu verbinden. Bei nicht raumgroßen Deckentafeln ist in den Zwischenfugen ebenfalls eine Bewehrung einzulegen, die für eine Zugkraft von mindestens 15 kN zu bemessen und mit den übrigen Bewehrungen nach den Abschnitten 18.5 und 18.6 zu verbinden ist.

(2) Ist bei den vorgenannten Bewehrungen wegen einspringender Ecken o. ä. eine geradlinige Führung nicht möglich, so ist die Weiterleitung ihrer Zugkraft durch geeignete Maßnahmen sicherzustellen.

19.7.5 Querverbindung der Fertigteile

(1) Wird eine Decke, Rampe oder ein ähnliches Bauteil durch nebeneinanderliegende Fertigteile gebildet, so muß durch geeignete Maßnahmen sichergestellt werden, daß an den Fugen aus unterschiedlicher Belastung der einzelnen Fertigteile keine Durchbiegungsunterschiede entstehen.

(2) Ohne Nachweis darf eine ausreichende Querverteilung der Verkehrslasten vorausgesetzt werden, wenn die Mindestanforderungen der Tabelle 27 erfüllt sind; die notwendigen konstruktiven Maßnahmen dürfen auch durch wirksamere (z. B. IV statt III) ersetzt werden.

(3) In den übrigen Fällen ist die Übertragung der Querkräfte in den Fugen unter Ausschluß der Zugfestigkeit des Betons (siehe Abschnitt 17.2.1) nachzuweisen. Dabei sind die Lasten in jeweils ungünstigster Stellung anzunehmen. Bei Decken, die unter der Annahme gleichmäßig verteilter Verkehrslasten berechnet werden, darf der rechnerische Nachweis der Querverbindung für eine entlang der Fugen wirkende Querkraft in Größe der auf 0,5 m Einzugsbreite wirkenden Verkehrslast geführt werden. Die Weiterführung dieser Kraft braucht in den anschließenden Bauteilen im allgemeinen nicht nachgewiesen zu werden. Nur wenn bei Plattenbalken die Fuge in die Platte fällt, ist nachzuprüfen, ob das von der Fugenkraft in der Platte ausgelöste Kragmoment das unter Vollast entstehende Moment übersteigt.

(4) Bei Fertigteilen, die bei asymmetrischer Belastung instabil werden (z. B. bei einstegigen Plattenbalken, die keine Torsionsmomente abtragen können), ist die Querverbindung zur Sicherung des Gleichgewichts biegesteif auszubilden.

(5) Die Kurzzeichen **I** bis **V** der Tabelle 27 bedeuten, geordnet nach ihrer Wirksamkeit für die Querverteilung, folgende konstruktive Maßnahmen:

I Mindestens 2 cm tiefe Nuten in den Fertigteilen an der Seite der Fugen nach Bild 40, die mit Mörtel nach Abschnitt 6.7.1 oder mit Beton mindestens der Festigkeitsklasse B 15 ausgefüllt werden, so daß die Querkräfte auch ohne Inanspruchnahme der Haftung zwischen Mörtel und Fertigteil übertragen werden können.

Bei $p \geq 2{,}75$ kN/m^2 sind stets Ringanker anzuordnen.

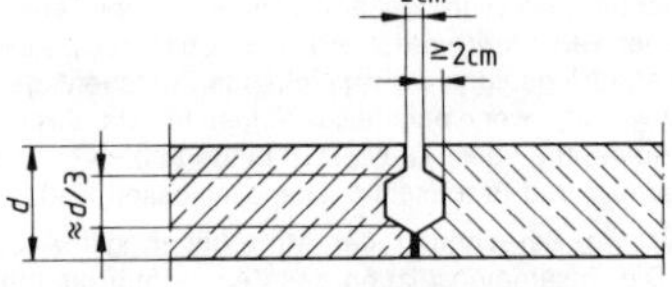

Bild 40. Beispiel für Fugen zwischen Fertigteilen

II Querbewehrung nach Abschnitt 20.1.6.3, Absatz (1), in einer mindestens 4 cm dicken Ortbetonschicht (z. B. nach Bild 41 a)) oder im Fertigteil mit Stoßausbildung (z. B. nach Bild 41 b)).

Tabelle 27. **Maßnahmen für die Querverbindung von Fertigteilen**

	1	2	3	4	5
	Deckenart	vorwiegend ruhende Verkehrslasten			vorwiegend ruhende und nicht vorwiegend ruhende Verkehrslasten
		$p \leq 3{,}5\,\mathrm{kN/m^2}$[37])	$p \leq 5{,}0\,\mathrm{kN/m^2}$	$p \leq 10\,\mathrm{kN/m^2}$	p unbeschränkt
		nicht in Fabriken und Werkstätten	auch in Fabriken und Werkstätten mit leichtem Betrieb		auch in Fabriken und Werkstätten mit schwerem Betrieb
1	Dicht verlegte Fertigteile aller Art (Platten, Stahlbetonhohldielen, Balken, Plattenbalken) mit Ausnahme von Rippendecken	I	II	nur mit Nachweis	
2	Fertigplatten mit statisch mitwirkender Ortbetonschicht (siehe Abschnitt 19.7.6)	III	III	III	III nur mit durchlaufender Querbewehrung
3	Rippendecken mit ganz oder teilweise vorgefertigten Rippen und Ortbetonplatte oder mit statisch mitwirkenden Zwischenbauteilen und Rippendecken nach Abschnitt 21.2.1 mit Ortbetonrippen und statisch mitwirkenden Zwischenbauteilen oder Deckenziegeln	IV	IV	nicht zulässig	
4	Balkendecken aus ganz oder teilweise vorgefertigten Balken im Achsabstand von höchstens 1,25 m mit statisch nicht mitwirkenden Zwischenbauteilen	V	V	nicht zulässig	
5	Plattenbalkendecken a) mit Balken aus Ortbeton und Fertigplatten b) mit ganz oder teilweise vorgefertigten Balken und Ortbetonplatten c) mit vorgefertigten Balken und Fertigplatten	keine Maßnahme außer Nachweis der Durchlaufwirkung der Platte und ihrer biege- und schubfesten Verbindung mit dem Balken			
6	Raumgroße Fertigteile aller Art ohne Ergänzung durch Ortbeton	Bestimmungen für Bauteile aus Ortbeton maßgebend			

[37]) Gilt auch für dazugehörige Flure

a)
b)
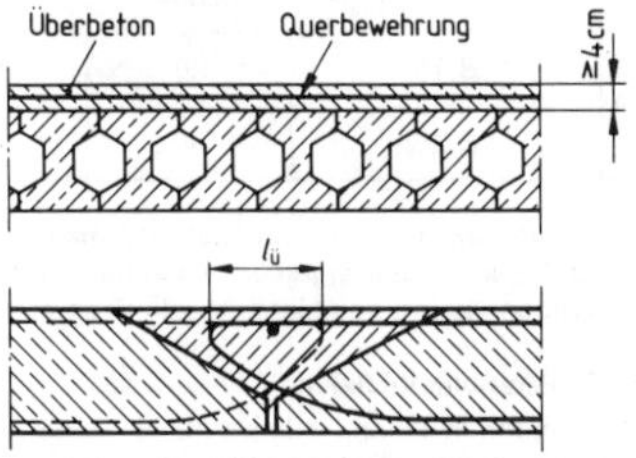

Bild 41. Beispiele für Anordnung einer Querbewehrung

III Querbewehrung nach Abschnitt 20.1.6.3, Absatz (1), im Ortbeton unter Beachtung des Abschnitts 13.2 möglichst weit unten liegend (siehe Bild 42 a)) oder nach Abschnitt 19.7.6 gestoßen (siehe Bild 42 b)).

IV Querrippen nach Abschnitt 21.2.2.3. Die Querrippen sind bei Verkehrslasten über $3{,}5\,\mathrm{kN/m^2}$ für die vollen, sonst für die halben Schnittgrößen der Längsrippe zu bemessen. Sie sind etwa so hoch wie die Längsrippen auszubilden und zu verbügeln.

V wie **IV**, bei Stützweiten über 4 m jedoch stets mindestens eine Querrippe.

19.7.6 Fertigplatten mit statisch mitwirkender Ortbetonschicht

(1) Die Dicke der Ortbetonschicht muß mindestens 5 cm betragen. Die Oberfläche der Fertigplatten im Anschluß an die Ortbetonschicht muß rauh sein.

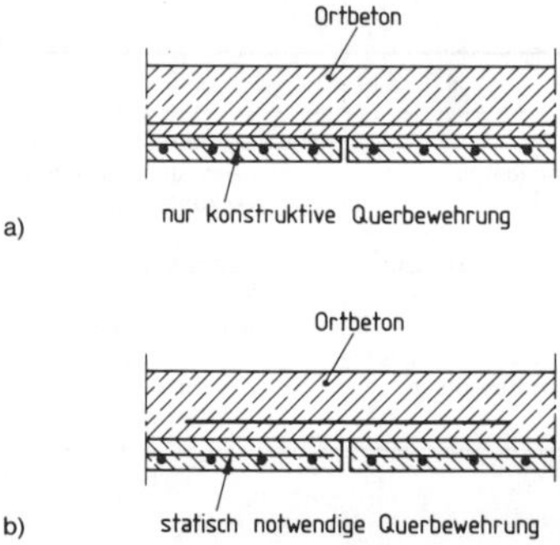

Bild 42. Beispiele für die Anordnung einer Querbewehrung

(2) Bei einachsig gespannten Platten muß die Hauptbewehrung stets in der Fertigplatte liegen. Die Querbewehrung richtet sich nach Abschnitt 20.1.6.3. Sie kann in der Fertigplatte oder im Ortbeton angeordnet werden. Liegt die Querbewehrung in der Fertigplatte, so ist sie an den Plattenstößen nach den Abschnitten 18.5 und 18.6 zu verbinden, z. B. durch zusätzlich in den Ortbeton eingelegte oder dorthin aufgebogene Bewehrungsstäbe mit beidseitiger Übergreifungslänge $l_ü$ nach Abschnitt 18.6.3.2. Liegt die Querbewehrung im Ortbeton, so muß auch in der Fertigplatte eine Mindestquerbewehrung nach Abschnitt 20.1.6.3 (3) liegen.

(3) Bei zweiachsig gespannten Platten ist die Feldbewehrung einer Richtung in der Fertigplatte, die der anderen im Ortbeton anzuordnen. Bei der Ermittlung der Schnittgrößen solcher Platten darf die günstige Wirkung einer Drillsteifigkeit nur dann in Rechnung gestellt werden, wenn sich innerhalb des Drillbereichs nach Abschnitt 20.1.6.4 keine Stoßfuge der Fertigplatte befindet.

(4) Bei raumgroßen Fertigplatten kann die Bewehrung beider Richtungen in die Fertigplatten gelegt werden.

(5) Wegen des Nachweises der Schubsicherung zwischen Fertigplatten und Ortbeton siehe Abschnitt 19.7.2.

19.7.7 Balkendecken mit und ohne Zwischenbauteile

(1) Balkendecken sind Decken aus ganz oder teilweise vorgefertigten Balken im Achsabstand von höchstens 1,25 m mit Zwischenbauteilen, die in der Längsrichtung der Balken nicht mittragen oder Decken aus Balken ohne solche Zwischenbauteile, z. B. aus unmittelbar nebeneinander verlegten Stahlbetonfertigteilen.

(2) Werden Balken am Auflager durch daraufstehende Wände (mit Ausnahme von leichten Trennwänden nach den Normen der Reihe DIN 4103) belastet und ist der lichte Abstand der Balkenstege kleiner als 25 cm, so muß der Zwischenraum zwischen den Balken am Auflager mit Beton gefüllt, darf also nicht ausgemauert werden. Balken mit obenliegendem Flansch und Hohlbalken müssen daher auf der Länge des Auflagers mit vollen Köpfen geliefert oder so ausgebildet werden, z. B. durch Ausklinken eines oberen Flanschteils, daß der Raum zwischen den Stegen am Auflager nach dem Verlegen mit Beton ausgefüllt werden kann.

(3) Ortbeton zur seitlichen Vergrößerung der Druckzone der Balken darf bis zu einer Breite gleich der 1,5fachen Deckendicke und nicht mehr als 35 cm als statisch mitwirkend in Rechnung gestellt werden für die Aufnahme von Lasten, die aufgebracht werden, wenn der Ortbeton mindestens die Druckfestigkeit eines Betons B 15 erreicht hat und der Balken an den Anschlußfugen ausreichend rauh ist. Wegen des Nachweises des Verbundes zwischen Fertigteilbalken und Ortbeton siehe Abschnitt 19.7.2.

19.7.8 Stahlbetonrippendecken mit ganz oder teilweise vorgefertigten Rippen

19.7.8.1 Allgemeine Bestimmungen

Wegen der Definition und der zulässigen Verkehrslast siehe Abschnitt 21.2.1. Vorgefertigte Streifen von Rippendecken müssen an jedem Längs- und Querrand eine Rippe haben.

19.7.8.2 Stahlbetonrippendecken mit statisch mitwirkenden Zwischenbauteilen

(1) Die Stoßfugenaussparungen statisch mitwirkender Zwischenbauteile (siehe Definition nach Abschnitt 2.1.3.8) sind in einem Arbeitsgang mit den Längsrippen sorgfältig mit Beton auszufüllen.

(2) Bei Rippendecken (siehe Abschnitt 21.2) mit statisch mitwirkenden Zwischenbauteilen darf eine Ortbetondruckschicht über den Zwischenbauteilen statisch nicht in Rechnung gestellt werden.

(3) Als wirksamer Druckquerschnitt gelten die im Druckbereich liegenden Querschnittsteile der Stahlbetonfertigteile, des Ortbetons und von den statisch mitwirkenden Zwischenbauteilen der vermörtelbare Anteil der Druckzone. Für die Dicke der Druckplatte ist das Maß s_t (siehe DIN 4158 und DIN 4159) in Rechnung zu stellen, für die Stegbreite bei der Biegebemessung nur die Breite der Betonrippe, bei der Schubbemessung die Breite der Betonrippe zuzüglich 2,5 cm.

(4) Sollen in einem Bereich, in dem die Druckzone unten liegt, Zwischenbauteile als statisch mitwirkend in Rechnung gestellt werden, so dürfen nur solche mit voll vermörtelbarer Stoßfuge nach DIN 4159 oder untenliegende Schalungsplatten, Form GM nach DIN 4158/05.78, verwendet werden. Beim Übergang zu diesem Bereich sind die offenen Querschnittsteile der über die ganze Deckendicke reichenden Zwischenbauteile aus Beton zu verschalen. Schalungsplatten müssen ebenfalls voll vermörtelbare Stoßfugen haben. Auf die sorgfältige Ausfüllung der Stoßfugen mit Beton ist in diesen Fällen ganz besonders zu achten. Die statische Nutzhöhe der Rippendecken ist für diesen Bereich in der Rechnung um 1 cm zu vermindern.

(5) Die Bemessung ist nach Abschnitt 17 so durchzuführen, als ob die ganze mitwirkende Druckplatte aus Beton der in Tabelle 28, Spalte 1, angegebenen Festigkeitsklasse bestünde. Wegen des Zusammenwirkens von Ortbeton und Fertigteil ist Abschnitt 19.4 zu beachten.

Tabelle 28. **Druckfestigkeiten der Zwischenbauteile und des Betons**

	1	2	3
	Festigkeitsklasse des Betons in Rippen und Stoßfugen	Erforderliche Druckfestigkeit der Zwischenbauteile nach DIN 4158 N/mm²	DIN 4159 N/mm²
1	B 15	20	22,5
2	B 25	–	30

(6) Die Mindestquerbewehrung nach Abschnitt 21.2.2.1 ist in den Stoßfugenaussparungen der Zwischenbauteile anzuordnen. Wegen Querrippen siehe Abschnitt 21.2.2.3.

19.7.9 Stahlbetonhohldielen

Bei Stahlbetonhohldielen (Mindestmaße siehe Abschnitt 19.3) mit einer Verkehrslast bis 3,5 kN/m² darf auf Bügel und bei Breiten bis 50 cm auch auf eine Querbewehrung verzichtet werden, wenn die Schubspannungen die Werte der Tabelle 13, Zeile 1b, nicht überschreiten.

19.7.10 Vorgefertigte Stahlsteindecken

Bilden mehrere vorgefertigte Streifen von Stahlsteindecken die Decke eines Raumes, so sind zur Querverbindung Maßnahmen erforderlich, die denen nach Abschnitt 19.7.5 gleichwertig sind.

19.8 Wände aus Fertigteilen

19.8.1 Allgemeines

(1) Für Wände aus Fertigteilen gelten die Bestimmungen für Wände aus Ortbeton (siehe Abschnitt 25.5), sofern in den folgenden Abschnitten nichts anderes gesagt ist.

(2) Tragende und aussteifende Wände (siehe Abschnitt 25.5) dürfen nur aus geschoßhohen Fertigteilen zusammengesetzt werden, mit Ausnahme von Paßstücken im Bereich von Treppenpodesten. Wird zur Aufnahme senkrechter und waagerechter Lasten ein Zusammenwirken der einzelnen Fertigteile vorausgesetzt, so sind die Beanspruchungen in den Fugen nachzuweisen (siehe auch Abschnitt 19.8.5).

(3) Bei Wänden aus zwei oder mehr nicht raumgroßen Wandtafeln gelten die einzelnen Wandtafeln als zwei- oder dreiseitig gehalten nach Abschnitt 25.5.2.

19.8.2 Mindestdicken

19.8.2.1 Fertigteilwände mit vollem Rechteckquerschnitt

Für die Mindestwanddicke tragender Fertigteilwände gilt Abschnitt 25.5.3.2, Tabelle 33.

19.8.2.2 Fertigteilwände mit aufgelöstem Querschnitt oder mit Hohlräumen

(1) Fertigteilwände mit aufgelöstem Querschnitt (z. B. Wände mit lotrechten Hohlräumen) müssen mindestens das gleiche Flächenmoment 2. Grades haben wie Vollwände mit der Mindestwanddicke nach Tabelle 33.

(2) Die kleinste Dicke von Querschnittsteilen solcher Wände muß mindestens gleich 1/10 des lichten Rippen- oder Stegabstandes, mindestens aber 5 cm sein.

19.8.3 Lotrechte Stoßfugen zwischen tragenden und aussteifenden Wänden

(1) Wird die Wand beim Nachweis der Knicksicherheit nach Abschnitt 17.4 als drei- oder vierseitig gehalten angesehen, so müssen die tragenden Wände mit den sie aussteifenden Wänden verbunden sein, z. B. durch Vergußfugen und Bewehrung. Diese Bewehrung soll möglichst in den Drittelpunkten der Wandhöhe angeordnet werden und jeweils 1/100 der senkrechten Last der auszusteifenden tragenden Wand übertragen können. Mindestens sind jedoch in den Drittelpunkten Schlaufen mit Stäben von 8 mm Durchmesser nach Abschnitt 6.6.2 oder gleichwertige stahlbaumäßige Verbindungen anzuordnen. Anschlüsse, die auf die ganze Wandhöhe verteilt den gleichen Bewehrungsquerschnitt aufweisen, gelten als gleichwertig.

(2) Die Fugenbewehrung ist so auszubilden, daß der Fugenbeton einwandfrei eingebracht und verdichtet werden kann.

(3) Werden tragende Wände von beiden Seiten durch in einer Flucht liegende oder höchstens um die 6fache Dicke der tragenden Wand gegeneinander versetzte Wände gehalten, so darf auf eine Fugenbewehrung zwischen der tragenden Wand und den aussteifenden Wänden verzichtet werden.

19.8.4 Waagerechte Stoßfugen

(1) Steht eine Wand über dem Stoß zweier Deckenplatten oder über einer in einen Außenwandknoten einbindenden Deckenplatte, so dürfen bei der Bemessung ohne Berücksichtigung des Knickens nur 50 % des tragenden Wandquerschnitts in Rechnung gestellt werden, sofern nicht durch Versuche – unter Beachtung der Auflagerbedingungen – nachgewiesen wird, daß ein höherer Anteil zulässig ist.

(2) Abweichend davon dürfen bei der Bemessung ohne Berücksichtigung des Knickens am Anschnitt zu Knoten von Außen- und Innenwänden 60 % des tragenden Wandquerschnitts in Rechnung gestellt werden, wenn im anschließenden Wandfuß und Wandkopf mindestens die in Bild 43 dargestellte Querbewehrung angeordnet wird. Bei der Bemessung der Wand im Knoten beträgt hierbei der Sicherheitsbeiwert $\gamma = 2{,}1$.

(3) Der Querschnitt der Querbewehrung muß mindestens betragen:

$$a_{sbü} = b_w/8$$

$a_{sbü}$ in cm²/m, b_w in cm

(4) Der Abstand der Querbewehrung $s_{bü}$ muß in Richtung der Wandlängsachse betragen:

$$s_{bü} \leq b_w$$
$$\leq 20 \text{ cm}$$

(5) Der Durchmesser der Längsstäbe d_{sl} darf bei Betonstabstahl III S 8 mm und bei Betonstabstahl IV S bzw. Betonstahlmatten IV M 6 mm nicht unterschreiten.

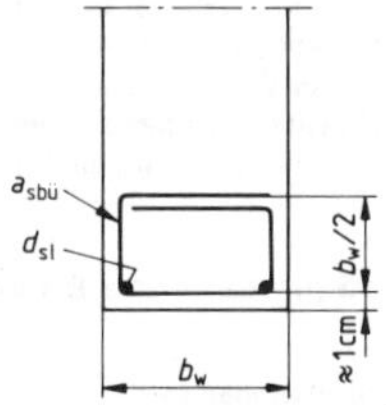

Bild 43. Zusätzliche Querbewehrung

19.8.5 Scheibenwirkung von Wänden

(1) Werden mehrere Wandtafeln zu einer für die Steifigkeit des Bauwerks notwendigen Scheibe zusammengefügt, so ist auch die Übertragung der in den lotrechten und waagerechten Fugen auftretenden Schubkräfte nachzuweisen. Dabei ist die Zugkomponente der Schubkraft, die sich bei einer Zerlegung der Schubkraft in eine horizontale Zugkomponente und eine unter 45° gegen die Stoßfuge geneigte Druckkomponente ergibt, stets durch Bewehrung aufzunehmen; diese darf in Höhe der Decken zusammengefaßt werden, wenn die Gesamtbreite der Scheibe mindestens gleich der Geschoßhöhe ist. Bei Schubspannungen, die größer als 0,2 N/mm² sind, ist auch die Übertragung der Druckkomponente der Schubkraft von einer Wandtafel zur anderen nachzuweisen.

(2) Aussteifende Wandscheiben können bei Gerippebauten auch aus nichttragenden und nichtgeschoßhohen Wandtafeln zusammengefügt werden, wenn Gerippestützen als Randglieder der Scheibe wirken und die Wandscheiben wie eine Deckenscheibe nach Abschnitt 19.7.4 ausgeführt werden.

(3) Bei großer Nachgiebigkeit der Wandscheiben müssen deren Formänderungen bei der Ermittlung der Schnittgrößen berücksichtigt werden. Dieser Nachweis darf entfallen, wenn Gleichung (3) aus Abschnitt 15.8.1 erfüllt ist.

19.8.6 Anschluß der Wandtafeln an Deckenscheiben

(1) Sämtliche tragenden und aussteifenden Außenwandtafeln sind an ihrem oberen Rand – bei Hochhäusern[38]) auch an ihrem unteren Rand – mit den anschlie-

[38]) Auszug aus den „Bauordnungen" der Länder: Hochhäuser sind Gebäude, bei denen der Fußboden mindestens eines Aufenthaltsraumes mehr als 22 m über der festgelegten Geländeoberfläche liegt.

ßenden Deckenscheiben aus Fertigteilen oder Ortbeton durch Bewehrung oder andere Stahlteile zu verbinden. Jede dieser Verbindungen ist für eine rechtwinklig zur Wandebene wirkende Zugkraft von 7,0 kN je m unter Einhaltung der zulässigen Spannungen zu bemessen und zu verankern. Der waagerechte Abstand dieser Verbindungen darf nicht größer als 2 m, ihr Abstand von den senkrechten Tafelrändern nicht größer als 1 m sein.

(2) Bei Außenwandtafeln von Hochhäusern, die zwischen ihren aussteifenden Wänden nicht gestoßen sind und deren Länge zwischen diesen Wänden höchstens das Doppelte ihrer Höhe ist, dürfen die Verbindungen am unteren Rand ersetzt werden durch Verbindungen gleicher Gesamtzugkraft, die in der unteren Hälfte der lotrechten Fugen zwischen der Außenwand und ihren aussteifenden Wänden anzuordnen sind.

(3) Am oberen Rand tragender Innenwandtafeln muß mindestens eine Bewehrung von 0,7 cm^2/m in den Zwischenraum zwischen den Deckentafeln eingreifen. Diese Bewehrung darf an zwei Punkten vereinigt werden, bei Wandtafeln mit einer Länge bis 2,50 m genügt ein Anschlußpunkt etwa in Wandmitte. Die Bewehrung darf durch andere gleichwertige Maßnahmen ersetzt werden.

19.8.7 Metallische Verankerungs- und Verbindungsmittel bei mehrschichtigen Wandtafeln

Für Verankerungs- und Verbindungsmittel mehrschichtiger Wandtafeln ist nichtrostender Stahl zu verwenden, der ausreichend alkali- und säurebeständig und ausreichend kaltverformbar ist[39]).

20 Platten und plattenartige Bauteile

20.1 Platten

20.1.1 Begriff und Plattenarten

(1) Platten sind ebene Flächentragwerke, die quer zu ihrer Ebene belastet sind; sie können linienförmig oder auch punktförmig gelagert sein.

(2) Form und Anordnung der stützenden Ränder oder Punkte bestimmen Größe und Richtung der Plattenschnittgrößen. Die folgenden Abschnitte beziehen sich auf Rechteckplatten. Für Platten abweichender Form (z. B. schiefwinklige oder kreisförmige Platten) mit linienförmiger Lagerung sind diese Bestimmungen sinngemäß anzuwenden. Für punktförmig gestützte Platten und für gemischt gestützte Platten im Bereich der punktförmigen Stützung siehe auch Abschnitt 22.

(3) Je nach ihrer statischen Wirkung werden einachsig und zweiachsig gespannte Platten unterschieden.

(4) Einachsig gespannte Platten tragen ihre Last im wesentlichen in einer Richtung ab (Spannrichtung). Beanspruchungen quer zur Spannrichtung, die aus der Behinderung der Querdehnung, aus der Querverteilung von Einzel- oder Streckenlasten oder durch eine in der Rechnung nicht berücksichtigte Auflagerung parallel zur Spannrichtung entstehen, brauchen nicht nachgewiesen zu werden. Diese Beanspruchungen sind jedoch durch konstruktive Maßnahmen zu berücksichtigen (siehe Abschnitt 20.1.6.3).

(5) Bei zweiachsig gespannten Platten werden beide Richtungen für die Tragwirkung herangezogen. Vierseitig gelagerte Rechteckplatten, deren größere Stützweiten nicht größer als das Zweifache der kleineren ist, sowie dreiseitig oder an zwei benachbarten Rändern gelagerte Rechteckplatten sind im allgemeinen als zweiachsig gespannt zu berechnen und auszubilden.

(6) Werden sie zur Vereinfachung des statischen Systems als einachsig berechnet, so sind die aus den vernachlässigten Tragwirkungen herrührenden Beanspruchungen durch eine geeignete konstruktive Bewehrung zu berücksichtigen.

(7) Bei Hohlplatten sind besonders die Abschnitte 17.5 (Schub), 22.5 (Durchstanzen), 20.1.5 und 20.1.6 (Abheben von den Ecken) sinngemäß zu beachten.

(8) Wegen der Stützweite siehe Abschnitt 15.2.

(9) Wegen vorgefertigter Bauteile siehe Abschnitt 19, insbesondere für Fertigteilplatten mit statisch mitwirkender Ortbetonschicht siehe Abschnitt 19.7.6 für Balkendecken mit oder ohne Zwischenbauteile siehe Abschnitt 19.7.7.

20.1.2 Auflager

(1) Die Auflagertiefe ist so zu wählen, daß die zulässigen Pressungen in der Auflagerfläche nicht überschritten werden (für Beton siehe die Abschnitte 17.3.3 und 17.3.4, für Mauerwerk DIN 1053 Teil 1/11.74, Abschnitt 7.4) und die erforderlichen Verankerungslängen der Bewehrung (siehe die Abschnitte 18.7.4 und 18.7.5) untergebracht werden können.

(2) Die Auflagertiefe muß mindestens sein bei Auflagerung

a) auf Mauerwerk und Beton B 5 oder B 10 ...... 7 cm

b) auf Bauteilen aus Beton B 15 bis B 55 und Stahl .... 5 cm

c) auf Trägern aus Stahlbeton oder Stahl, wenn seitliches Ausweichen der Auflager durch konstruktive Maßnahmen verhindert und die Stützweite der Platte nicht größer als 2,50 m ist .... 3 cm

(3) Auf geneigten Flanschen ist trockene Auflagerung unzulässig.

20.1.3 Plattendicke

(1) Die Plattendicke muß mindestens sein

a) im allgemeinen .... 7 cm

b) bei befahrbaren Platten
für Personenkraftwagen .... 10 cm
für schwere Fahrzeuge .... 12 cm

c) bei Platten, die nur ausnahmsweise, z. B. bei Ausbesserungs- oder Reinigungsarbeiten begangen werden, z. B. Dachplatten .... 5 cm

(2) Wegen der Abhängigkeit der Plattendicke von der zulässigen Durchbiegung siehe Abschnitt 17.7.

20.1.4 Lastverteilung bei Punkt-, Linien- und Rechtecklasten in einachsig gespannten Platten

(1) Wird kein genauerer Nachweis erbracht, so darf bei Punkt-, Linien- und gleichförmig verteilten Rechtecklasten die mitwirkende Lastverteilungsbreite b_m quer zur Tragrichtung nach DAfStb-Heft 240 ermittelt werden.

(2) Die Lasteintragungsbreite t darf angenommen werden zu

$$t = b_0 + 2d_1 + d \qquad (33)$$

Hierin sind:

b_0 Lastaufstandsbreite

d_1 lastverteilende Deckschicht

d Plattendicke

(3) Für die Berechnung des Biegemomentes gilt

$$m = \frac{M}{b_m} \qquad (34)$$

---

39) Hierfür sind z. B. folgende nichtrostende Stähle nach DIN 17 440 mit den Werkstoffnummern 1.4401 und 1.4571 und für Verbindungselemente (Schrauben, Muttern und ähnliche Gewindeteile) die Stahlgruppe A 4 nach DIN 267 Teil 11 entsprechend den Bedingungen der allgemeinen bauaufsichtlichen Zulassung („Nichtrostende Stähle") geeignet. Sie dürfen jedoch nicht in chlorhaltiger Atmosphäre (z. B. über gechlortem Schwimmbadwasser), verwendet werden.

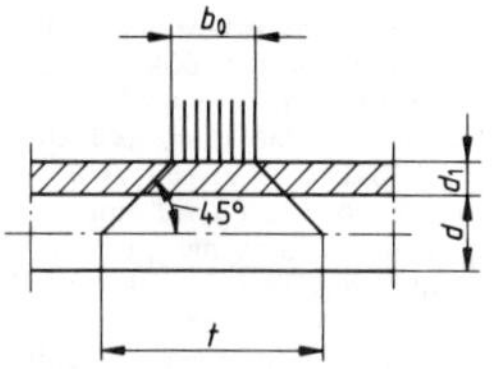

Bild 44. Lasteintragungsbreite

Für die Berechnung der Querkraft gilt

$$q = \frac{Q}{b_m} \tag{35}$$

Es bedeuten:

M größtes Balkenmoment (Feldmoment M_F bzw. Stützmoment M_S infolge der auf der Länge t gleichmäßig verteilten Last

m Plattenmoment je m Breite

Q Balkenquerkraft am Auflager

q Plattenquerkraft je m Breite am Auflager

b_m mitwirkende Lastverteilungsbreite an der Stelle des größten Feldmomentes bzw. am Auflager

t Lasteintragungsbreite

(4) Die mitwirkende Lastverteilungsbreite der Platte darf nicht größer als die mögliche angesetzt werden (z. B. unter einer Last nahe am ungestützten Rand, siehe Bild 45).

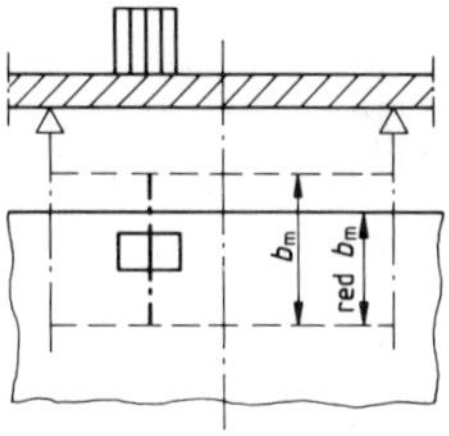

Bild 45. Reduzierte mitwirkende Lastverteilungsbreite bei Lasten in Randnähe

(5) Für den Nachweis gegen Durchstanzen gilt Abschnitt 22.5.

20.1.5 Schnittgrößen

(1) Für die Ermittlung der Schnittgrößen in Platten jeder Form und Lagerungsart gelten die Bestimmungen des Abschnitts 15. Auf der sicheren Seite liegende Näherungsverfahren sind zulässig, z. B. darf für zweiachsig gespannte Rechteckplatten die Berechnung näherungsweise mit sich kreuzenden Plattenstreifen gleicher größter Durchbiegung erfolgen. Zur Ermittlung der Schnittgrößen aus Punkt-, Linien- und Rechtecklasten darf die mitwirkende Lastverteilungsbreite nach DAfStb-Heft 240 ermittelt werden.

(2) Die nach der Plattentheorie ermittelten Feldmomente sind angemessen zu erhöhen (siehe z. B. DAfStb-Heft 240), wenn

a) die Ecken nicht gegen Abheben gesichert sind oder

b) bei Ecken, an denen zwei frei drehbar gelagerte Ränder bzw. ein frei aufliegender und ein eingespannter Rand zusammenstoßen, keine Eckbewehrung nach Abschnitt 20.1.6.4 eingelegt wird.

c) Aussparungen in den Ecken vorhanden sind, die die Drillsteifigkeit wesentlich beeinträchtigen.

(3) Ausreichende Sicherung gegen Abheben von Ecken kann angenommen werden, wenn mindestens eine der an die Ecke anschließenden Seiten der Platte mit der Unterstützung oder der benachbarten Platte biegesteif verbunden ist oder ausreichende Auflast vorhanden ist, d. h. mindestens 1/16 der auf die Gesamtplatte entfallenden Last.

(4) Durchlaufende, zweiachsig gespannte Platten (siehe auch DAfStb-Heft 240), deren Stützweitenverhältnis min l/max l in einer Durchlaufrichtung nicht kleiner als 0,75 ist, dürfen bei der Ermittlung der Stützmomente als über den Stützen voll eingespannt betrachtet werden. Die größten und kleinsten Feldmomente dürfen dadurch ermittelt werden, daß für die Vollbelastung mit $q' = g + p/2$ volle Einspannung und für die feldweise wechselnde Belastung mit $q'' = \pm\, p/2$ freie Drehbarkeit über den Stützen angenommen wird.

(5) Die Stützkräfte, die von gleichmäßig belasteten zweiachsig gespannten Platten auf die Balken abgegeben werden und die zur Ermittlung der Schnittgrößen dieser Balken dienen, dürfen aus den Lastanteilen berechnet werden, die sich aus der Zerlegung der Grundrißfläche in Trapeze und Dreiecke nach Bild 46 ergeben.

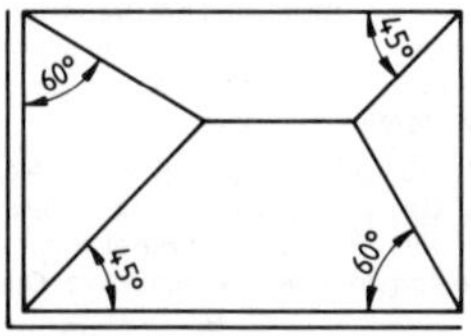

Bild 46. Lastverteilung zur Ermittlung der Stützkräfte

(6) Stoßen an einer Ecke zwei Plattenränder mit gleichartiger Stützung zusammen, so beträgt der Zerlegungswinkel 45°. Stößt ein voll eingespannter mit einem frei aufliegenden Rand zusammen, so beträgt der Zerlegungswinkel auf der Seite der Einspannung 60°. Bei teilweiser Einspannung dürfen die Winkel zwischen 45° und 60° angenommen werden.

20.1.6 Bewehrung

20.1.6.1 Allgemeine Anforderungen

Neben den Bestimmungen des Abschnitts 18 sind die nachstehenden Bewehrungsrichtlinien anzuwenden, soweit nicht bei genauerer Berechnung eine entsprechende Bewehrung eingelegt wird.

20.1.6.2 Hauptbewehrung

(1) Bei Platten ohne Schubbewehrung darf die Feldbewehrung nur dann nach der Zugkraftlinie (siehe Abschnitt 18.7.2) abgestuft werden, wenn der Grundwert $\tau_0 \leq k_1 \cdot \tau_{011}$ bzw. $\tau_0 \leq k_2 \cdot \tau_{011}$ ist (τ_{011} nach Tabelle 13, Zeile 1a, und k_1 nach Gleichung (14) bzw. k_2 nach Gleichung (15) in Abschnitt 17.5.5), und wenn mindestens die Hälfte der Feldbewehrung über das Auflager geführt wird. Sollen für τ_{011} die Werte der Tabelle 13, Zeile 1b, ausgenutzt werden, so ist in Platten ohne Schubbewehrung die volle Feldbewehrung von Auflager zu Auflager durchzuführen.

(2) Zur Deckung des Moments aus einer rechnerisch nicht berücksichtigten Einspannung ist eine Bewehrung von etwa 1/3 der Feldbewehrung anzuordnen.

(3) Der Abstand der Bewehrungsstäbe s darf im Bereich der größten Momente in Abhängigkeit von der Plattendicke d höchstens betragen:

$$\begin{aligned} d &\geq 25\,\text{cm}: s \leq 25\,\text{cm}, \\ d &\leq 15\,\text{cm}: s \leq 15\,\text{cm} \end{aligned} \tag{36}$$

Zwischenwerte sind linear zu interpolieren.

(4) Bei zweiachsig gespannten Platten darf der Abstand der Bewehrungsstäbe in der minderbeanspruchten Stützrichtung nicht größer sein als 2 d bzw. höchstens 25 cm.

(5) Wird bei zweiachsig gespannten Platten die Deckung der Momente nicht genauer nachgewiesen, so darf in den Randstreifen von der Breite $c = 0{,}2 \min l$ die parallel zum stützenden Rand verlaufende Bewehrung auf die Hälfte der in der gleichen Richtung liegenden Bewehrung des mittleren Plattenbereichs abgemindert werden ($a_{s\,\text{Rand}} = 0{,}5\ a_{s\,\text{Mitte}}$).

(6) Der durch Einzel- oder Streckenlasten bedingte Anteil der Längsbewehrung ist auf eine Breite $b = 0{,}5\ b_m$, jedoch mindestens auf t_y nach Gleichung (33), zu verteilen (siehe Bild 47).

(7) Die Bestimmungen dieses Abschnitts gelten auch bei der Verwendung von biegesteifer Bewehrung.

20.1.6.3 Querbewehrung einachsig gespannter Platten

(1) Einachsig gespannte Platten sind mit einer Querbewehrung zu versehen, deren Querschnitt je Meter mindestens 20% der für gleichmäßig verteilte Belastung im Feld erforderlichen Hauptbewehrung sein muß. Besteht die Querbewehrung aus einer anderen Stahlsorte als die Hauptbewehrung, so ist ihr Querschnitt im umgekehrten Verhältnis ihrer Streckgrenzen zu vergrößern. Mindestens sind aber bei Betonstabstahl III S und bei Betonstabstahl IV S drei Stäbe mit Durchmesser $d_s = 6$ mm, und bei Betonstahlmatten IV M drei Stäbe mit Durchmesser $d_s = 4{,}5$ mm je Meter oder eine größere Anzahl von dünneren Stäben mit gleichem Gesamtquerschnitt je Meter anzuordnen.

(2) Diese Querbewehrung genügt in der Regel auch zur Aufnahme der Querzugspannungen nach Abschnitt 18.5.2.3. Bei durchlaufenden Platten ist im Bereich der Zwischenauflager eine geeignete obere konstruktive Querbewehrung anzuordnen.

(3) Unter Einzel- oder Streckenlasten ist – sofern kein genauerer Nachweis geführt wird – zusätzlich eine untere Querbewehrung einzulegen, deren Querschnitt je Meter mindestens 60% des durch die Strecken- oder Einzellast bedingten Anteils der Hauptbewehrung sein muß. Auch bei Kragplatten sind 60% der Bewehrung, die zur Aufnahme des durch die Einzellast verursachten Stützmoments erforderlich ist, auf der Unterseite einzulegen. Die Länge l_q dieser zusätzlichen Querbewehrung darf dabei nach Gleichung (37) ermittelt werden.

$$l_q \geq b_m + 2\ l_1 \qquad (37)$$

Hierin sind:

b_m mitwirkende Lastverteilungsbreite nach Abschnitt 20.1.4

l_1 Verankerungslänge nach Abschnitt 18.5.2.2.

(4) Diese Querbewehrung ist auf eine Breite $b = 0{,}5\ b_m$, jedoch mindestens auf t_x nach Gleichung (33) zu verteilen und soll um $b_m/4$ gestaffelt werden (siehe Bild 47).

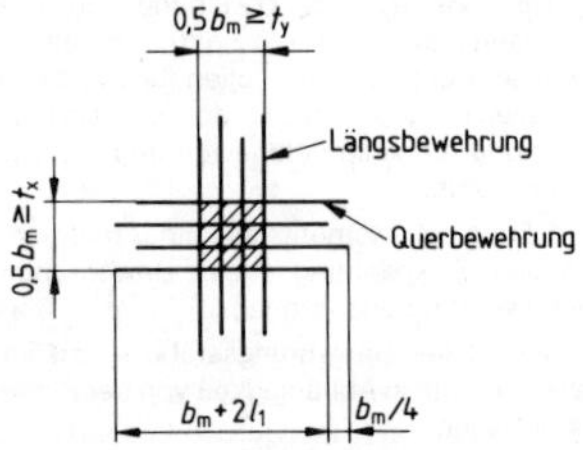

Bild 47. Zusätzliche Bewehrung unter einer Einzellast

(5) Liegt die Hauptbewehrung gleichlaufend mit einer in der Rechnung nicht berücksichtigten Stützung (z. B. Steg, Balken, Wand), so sind die dort auftretenden Zugspannungen durch eine besondere rechtwinklig zu dieser Stützung verlaufende obere Querbewehrung aufzunehmen, die das Abreißen der Platte verhindert. Wird diese Bewehrung nicht besonders ermittelt, so ist je Meter Stützung 60% der Hauptbewehrung a_s der Platte in Feldmitte anzuordnen. Mindestens aber sind fünf Bewehrungsstäbe je Meter anzuordnen, und zwar bei Betonstabstahl III S, Betonstabstahl VI S und Betonstahlmatten IV M mit Durchmesser $d_s = 6$ mm oder eine größere Anzahl von dünneren Stäben mit gleichem Gesamtquerschnitt je Meter Stützung. Diese Bewehrung muß mindestens um ein Viertel der in der Berechnung zugrunde gelegten Plattenstützweite über die Stützung hinausreichen.

(6) Für die nicht mittragend gerechneten Stützungen ist zusätzlich ein angemessener Lastanteil zu berücksichtigen.

20.1.6.4 Eckbewehrung

(1) Wird eine Eckbewehrung (Drillbewehrung) angeordnet, dann ist diese bei vierseitig gelagerten Platten nach Abschnitt 20.1.5 auf eine Breite von $0{,}2 \min l$ und auf eine Länge von $0{,}4 \min l$ an der Oberseite in Richtung der Winkelhalbierenden und an der Unterseite rechtwinklig dazu zu verlegen. Ihr Querschnitt je Meter muß in beiden Richtungen gleich dem der größten unteren Feldbewehrung sein.

Diese Eckbewehrung darf am Auflager und im Feld am Hakenanfang bzw. am ersten Querstab als verankert angesehen werden. Bei Rippenstahl darf hier der Haken durch eine Verankerungslänge von $20\ d_s$ ersetzt werden.

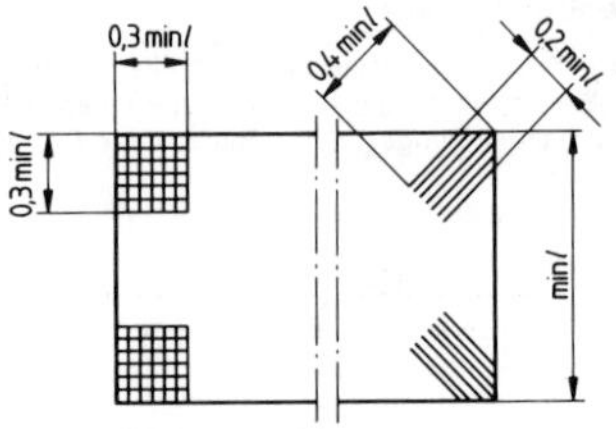

Bild 48. Rechtwinklige und schräge Eckbewehrung, Oberseite

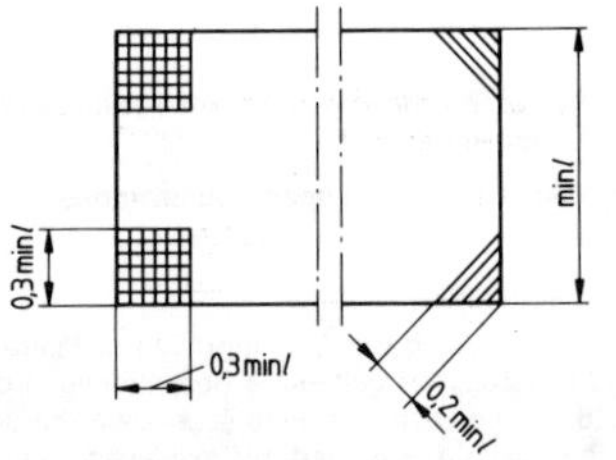

Bild 49. Rechtwinklige und schräge Eckbewehrung, Unterseite

(2) Die Eckbewehrung darf durch eine parallel zu den Seiten verlaufende obere und untere Netzbewehrung ersetzt werden, die in jeder Richtung den gleichen Querschnitt wie die Feldbewehrung hat und $0{,}3 \min l$ (siehe Bilder 48 und 49) lang ist.

(3) In Plattenecken, in denen ein frei aufliegender und ein eingespannter Rand zusammenstoßen, ist die Hälfte der in Absatz (2) angegebenen Eckbewehrung rechtwinklig zum freien Rand einzulegen.

(4) Bei vierseitig gelagerten Platten, die einachsig gespannt gerechnet werden, empfiehlt es sich, zur Beschränkung der Rißbildung in den Ecken ebenfalls eine Eckbewehrung nach Absatz (1) oder Absatz (2) anzuordnen.

(5) Ist die Platte mit Randbalken oder benachbarten Dekkenfeldern biegefest verbunden, so brauchen die zugehörigen Drillmomente nicht nachgewiesen und keine Drillbewehrung angeordnet zu werden.

(6) Bei anderen, z. B. dreiseitig frei gelagerten Platten, ist eine nach der Elastizitätstheorie sich ergebende Eckbewehrung anzuordnen.

20.2 Stahlsteindecken

20.2.1 Begriff

(1) Stahlsteindecken sind Decken aus Deckenziegeln, Beton oder Zementmörtel und Betonstahl, bei denen das Zusammenwirken der genannten Baustoffe zur Aufnahme der Schnittgrößen nötig ist. Der Zementmörtel muß wie Beton verdichtet werden.

(2) Stahlsteindecken sind aus Deckenziegeln mit einer Druckfestigkeit in Strangrichtung von 22,5 N/mm^2 oder von 30 N/mm^2 nach DIN 4159 und Beton mindestens der Festigkeitsklasse B 15 (siehe auch Abschnitt 19.7.8.2, Tabelle 28) und mit einem Achsabstand der Bewehrung von höchstens 25 cm herzustellen.

(3) Stahlsteindecken dürfen nur als einachsig gespannt gerechnet werden.

(4) Für sie gelten die Bestimmungen von Abschnitt 20.1, soweit in den folgenden Abschnitten nichts anderes gesagt ist. Stahlsteindecken, die den Vorschriften dieses Abschnitts entsprechen, gelten als Decken mit ausreichender Querverteilung im Sinne von DIN 1055 Teil 3.

(5) Für vorgefertigte Stahlsteindecken ist außerdem Abschnitt 19, insbesondere Abschnitt 19.7.10, zu beachten.

20.2.2 Anwendungsbereich

(1) Stahlsteindecken dürfen verwendet werden bei den unter a) bis c) angegebenen gleichmäßig verteilten und vorwiegend ruhenden Verkehrslasten nach DIN 1055 Teil 3 und bei Decken, die nur mit Personenkraftwagen befahren werden. Decken mit Querbewehrung nach b) und c) dürfen auch bei Fabriken und Werkstätten mit leichtem Betrieb verwendet werden.

a) $p \leq 3{,}5\,\mathrm{kN/m^2}$ einschließlich dazugehöriger Flure
bei voll- und teilvermörtelten Decken ohne Querbewehrung;

b) $p \leq 5{,}0\,\mathrm{kN/m^2}$
bei teilvermörtelten Decken mit obenliegender Mindestquerbewehrung nach Abschnitt 20.1.6.3 in den Stoßfugenaussparungen der Deckenziegel;

c) p unbeschränkt
bei vollvermörtelten Decken mit untenliegender Mindestquerbewehrung nach Abschnitt 20.1.6.3 in den Stoßfugenaussparungen der Deckenziegel.

(2) Stahlsteindecken dürfen als tragfähige Scheiben z. B. für die Aufnahme von Windlasten, verwendet werden, wenn sie den Bedingungen des Abschnitts 19.7.4.1 entsprechen.

20.2.3 Auflager

(1) Wegen der Auflagertiefe siehe Abschnitt 20.1.2. Werden Stahlsteindecken am Auflager durch daraufstehende Wände mit Ausnahme von leichten Trennwänden nach den Normen der Reihe DIN 4103 belastet, so sind die Deckenauflager aus Beton mindestens der Festigkeitsklasse B 15 herzustellen.

(2) Bei Stahlträgern muß der Auflagerstreifen über den Unterflanschen der Stahlträger voll aus Beton hergestellt werden. Stelzungen am Auflager müssen gleichzeitig mit der Stahlsteindecke hergestellt werden. Schmale, hohe Stelzungen sind zu bewehren.

20.2.4 Deckendicke

Die Dicke von Stahlsteindecken muß mindestens 9 cm betragen.

20.2.5 Lastverteilung bei Einzel- und Streckenlasten

(1) Sind Einzellasten größer als die auf 1 m^2 entfallende gleichmäßig verteilte Verkehrslast p oder größer als 7,5 kN, so sind sie durch geeignete Maßnahmen auf eine größere Aufstandsfläche zu verteilen. Ihre Aufnahme ist nachzuweisen.

(2) Der Nachweis bei Stahlsteindecken mit voll vermörtelbaren und nach Abschnitt 20.1.6.3 bewehrten Querfugen kann nach Abschnitt 20.1.4 geführt werden.

(3) Für alle übrigen Stahlsteindecken darf als mitwirkende Lastverteilungsbreite nur die Lasteintragungsbreite t nach Gleichung (33) angenommen werden.

20.2.6 Bemessung

20.2.6.1 Biegebemessung

(1) Die Bemessung für Biegung ist nach Abschnitt 17 so durchzuführen, als ob der ganze mitwirkende Druckquerschnitt aus Beton bestünde, und zwar aus Beton B 15 bei Deckenziegeln mit einer mittleren Druckfestigkeit in Strangrichtung von mindestens 22,5 N/mm^2 nach DIN 4159 und aus Beton B 25 bei Deckenziegeln mit einer Druckfestigkeit von mindestens 30 N/mm^2. Eine etwa oberhalb der Deckenziegel aufgebrachte Betonschicht darf bei der Ermittlung des Druckquerschnitts nicht in Rechnung gestellt werden.

(2) Bei Stahlsteindecken aus Deckenziegeln mit vollvermörtelbaren Stoßfugen nach DIN 4159, gilt als wirksamer Druckquerschnitt der im Druckbereich liegende Querschnitt der Betonstege und der Deckenziegel ohne Abzug der Hohlräume. Liegt die Druckzone unten, so ist die statische Nutzhöhe h in der Rechnung um 1 cm zu vermindern.

(3) Bei Stahlsteindecken aus Deckenziegeln mit teilvermörtelbaren Stoßfugen nach DIN 4159 gilt als wirksamer Druckquerschnitt der im Druckbereich liegende Querschnitt der Betonstege sowie der Querschnittsteil der Deckenziegel von der Höhe s_t ohne Abzug der Hohlräume. Im Bereich negativer Momente etwa vorhandene Schalungsziegel, z. B. zur Verbreiterung der Betondruckzone, dürfen auf die statische Nutzhöhe nicht angerechnet werden.

20.2.6.2 Schubnachweis

(1) Die Schubspannungen sind nach Abschnitt 17.5 nachzuweisen. Bei der Ermittlung des Grundwertes der Schubspannung τ_0 ist die Breite der Betonrippen und die der in halber Deckenhöhe vorhandenen Stege der Deckenziegel anzusetzen, wobei aber der in Rechnung zu stellende Anteil der Stege der Deckenziegel nicht größer als 5 cm je Betonrippe sein darf.

(2) Eine Schubbewehrung ist nicht erforderlich. Der Grundwert der Schubspannung τ_0 darf die für Beton zugelassenen Werte τ_{011} nach Abschnitt 17.5.3, Tabelle 13, Zeile 1 b, nicht überschreiten. Wird bei Stahlsteindecken aus Deckenziegeln mit einer mittleren Druckfestigkeit in Strangrichtung von mindestens 22,5 N/mm^2 an Stelle eines Betons B 15 ein Beton B 25 verwendet, so darf die zulässige Schubspannung nach Tabelle 13, Zeile 1 b, Spalte 4, um 0,07 N/mm^2 erhöht werden.

(3) Aufbiegungen der Zugbewehrungen sind nicht zulässig.

20.2.7 Bauliche Ausbildung

(1) Die Deckenziegel sind mit durchgehenden Stoßfugen unvermauert zu verlegen. Sie müssen vor dem Einbringen des Betons so durchfeuchtet sein, daß sie nur wenig Wasser aus dem Beton oder Mörtel aufsaugen. Auf die volle Ausfüllung der Fugen und Rippen ist sorgfältig zu achten, besonders, wenn die Druckzone unten liegt.

(2) In Bereichen, in denen die Druckzone unten liegt, müssen Deckenziegel mit voll vermörtelbarer Stoßfuge nach DIN 4159 verwendet werden, soweit hier nicht an Stelle der Deckenziegel Vollbeton verwendet wird. Das Eindringen des Betons in die Hohlräume der Deckenziegel ist durch geeig-

nete Maßnahmen zu verhüten, damit eine ausreichende Verdichtung des Betons möglich ist und das Berechnungsgewicht der Decke nicht überschritten wird.

(3) Stahlsteindecken zwischen Stahlträgern dürfen nur dann als durchlaufende Decken behandelt werden, wenn ihre Oberkante mindestens 4 cm über der Trägeroberkante liegt, so daß die oberen Stahleinlagen mit ausreichender Betondeckung durchgeführt werden können.

20.2.8 Bewehrung

(1) Die Hauptbewehrung ist möglichst gleichmäßig auf alle Längsrippen zu verteilen. Sie muß mit Ausnahme des Höchstabstandes der Bewehrung nach Abschnitt 20.1.6.2 entsprechen.

(2) Wegen der Querbewehrung siehe die Abschnitte 20.2.2 und 20.2.5.

20.3 Glasstahlbeton

20.3.1 Begriff und Anwendungsbereich

(1) Glasstahlbeton ist eine Bauart aus Beton, Betongläsern und Betonstahl, bei der das Zusammenwirken dieser Baustoffe zur Aufnahme der Schnittgrößen nötig ist.

(2) Für Glasstahlbeton gelten die Bestimmungen für Stahlbetonplatten (siehe Abschnitt 20.1), soweit in den folgenden Abschnitten nichts anderes gesagt ist. Die Betongläser müssen DIN 4243 entsprechen.

(3) Bauteile aus Glasstahlbeton dürfen nur als Abschluß gegen die Außenluft (Oberlicht, Abdeckung von Lichtschächten usw.) mit einer Verkehrslast von höchstens 5,0 kN/m^2 und im allgemeinen nur für überwiegend auf Biegung beanspruchten Teile verwendet werden. Jedoch dürfen auch räumliche Bauteile (siehe Abschnitt 24) aus Glasstahlbeton ausgeführt werden, wenn zylindrische, über die ganze Dicke reichende Betongläser verwendet werden. Eine Verwendung für Durchfahrten und befahrbare Decken ist ausgeschlossen.

(4) Werden Bauteile aus Glasstahlbeton in Sonderfällen befahren, so dürfen nur Betongläser nach DIN 4243, Form C und Form D, verwendet werden. Diese dürfen jedoch nicht als statisch mitwirkend in Rechnung gestellt werden.

(5) Bauteile aus Glasstahlbeton dürfen mit Ortbeton oder als Fertigteile ausgeführt werden. Hierzu siehe Abschnitt 19, insbesondere Abschnitt 19.7.9 sinngemäß.

20.3.2 Mindestanforderungen, bauliche Ausbildung und Herstellung

(1) Die Betongläser müssen unmittelbar ohne Zwischenschaltung nachgiebiger Stoffe wie Asphalt oder dergleichen, in den Beton eingebettet sein, so daß ein ausreichender Verbund zwischen Glas und Beton sichergestellt ist.

(2) Hohlgläser müssen über die ganze Plattendicke reichen.

(3) Betonrippen müssen bei einachsig gespannten Tragwerken mindestens 6 cm hoch, bei zweiachsig gespannten Tragwerken mindestens 8 cm hoch und in Höhe der Bewehrung mindestens 3 cm breit sein.

(4) Alle Längs- und Querrippen müssen mindestens einen Bewehrungsstab mit einem Durchmesser von mindestens 6 mm erhalten.

(5) Bauteile aus Glasstahlbeton müssen einen umlaufenden Stahlbetonringbalken mit geschlossener Ringbewehrung erhalten. Der Ringbalken darf innerhalb eines anschließenden Stahlbetonbauteils liegen. Breite und Dicke des Balkens müssen mindestens so groß wie die Dicke des Bauteils selbst sein. Die Ringbewehrung muß so groß sein wie die Bewehrung der Längsrippen. Die Bewehrung aller Rippen ist bis an die äußeren Ränder des umlaufenden Balkens zu führen.

(6) Bauteile aus Glasstahlbeton sind durch besondere Maßnahmen vor erheblichen Zwangkräften aus der Gebäudekonstruktion zu schützen, z. B. durch nachgiebige Fugen.

20.3.3 Bemessung

(1) Bauteile aus Glasstahlbeton können als einachsig oder zweiachsig gespannte Tragwerke berechnet werden. Im letzten Fall darf die größere Stützweite höchstens doppelt so groß wie die kleinere sein.

(2) Die Bemessung auf Biegung ist nach Abschnitt 17 so durchzuführen, als ob ein einheitlicher Stahlbetonquerschnitt vorläge. Dabei dürfen die in der Druckzone liegenden Querschnittsteile der Glaskörper als statisch mitwirkend in Rechnung gestellt werden (siehe jedoch Abschnitt 20.3.1 (4)). Hohlräume brauchen bei allseitig geschlossenen Hohlgläsern nicht abgezogen zu werden. Als Druckfestigkeit ist die des Rippenbetons in Rechnung zu stellen, jedoch keine größere als die von B 25. Der Bewehrungsgrad $\mu = A_s/b\ h$ darf bei Verwendung von Hohlgläsern 1,2 % nicht überschreiten. Für b ist hierbei die volle Breite, d. h. ohne Abzug der Gläser oder Hohlräume, einzusetzen.

(3) Bei Berechnung des Grundwerts der Schubspannung τ_0 (siehe Abschnitt 17.5.3) dürfen die Stege der Betongläser nicht in Rechnung gestellt werden. Die Schubbewehrung ist nach den Abschnitten 17.5.4 und 17.5.5 zu bemessen.

21 Balken, Plattenbalken und Rippendecken

21.1 Balken und Plattenbalken

21.1.1 Begriffe, Auflagertiefe, Stabilität

(1) Balken sind überwiegend auf Biegung beanspruchte stabförmige Träger beliebigen Querschnitts.

(2) Plattenbalken sind stabförmige Tragwerke, bei denen kraftschlüssig miteinander verbundene Platten und Balken (Rippen) bei der Aufnahme der Schnittgrößen zusammenwirken. Sie können als einzelne Träger oder als Plattenbalkendecken ausgeführt werden.

(3) Für die Auflagertiefe von Balken und Plattenbalken gilt Abschnitt 20.1.2 (1); sie muß jedoch mindestens 10 cm betragen. Für die Dicke der Platten von Plattenbalken gilt Abschnitt 20.1.3; sie muß jedoch mindestens 7 cm betragen.

(4) Bei sehr schlanken Bauteilen ist auf die Stabilität gegen Kippen und Beulen zu achten.

21.1.2 Bewehrung

(1) Wegen des Mindestabstandes der Bewehrung siehe Abschnitt 18.2, wegen unbeabsichtigter Einspannung Abschnitt 18.9.2 und wegen der Anordnung einer Abreißbewehrung in angrenzenden Platten Abschnitt 20.1.6.3.

(2) Wegen der Anordnung der Schubbewehrung in Balken, Plattenbalken und Rippendecken siehe die Abschnitte 17.5 und 18.8.

(3) In Balken und in Stegen von Plattenbalken mit mehr als 1 m Höhe sind an den Seitenflächen Längsstäbe anzuordnen, die über die Höhe der Zugzone zu verteilen sind. Der Gesamtquerschnitt dieser Bewehrung muß mindestens 8 % des Querschnitts der Biegezugbewehrung betragen. Diese Bewehrung darf als Zugbewehrung mitgerechnet werden, wenn ihr Abstand zur Nullinie berücksichtigt und wenn sie nach Abschnitt 18.7 ausgebildet wird.

21.2 Stahlbetonrippendecken

21.2.1 Begriff und Anwendungsbereich

(1) Stahlbetonrippendecken sind Plattenbalkendecken mit einem lichten Abstand der Rippen von höchstens 70 cm, bei denen kein statischer Nachweis für die Platten erforderlich ist. Zwischen den Rippen können unterhalb der Platte statisch nicht mitwirkende Zwischenbauteile nach DIN 4158 oder DIN 4160 liegen. An die Stelle der Platte können ganz oder teilweise Zwischenbauteile nach DIN 4158 oder DIN 4159 oder Deckenziegel nach DIN 4159 treten, die in Richtung der Rippen mittragen. Diese Decken sind für Verkehrslasten $p \leq 5{,}0$ kN/m^2 zulässig, und zwar auch bei Fabriken und Werk-

stätten mit leichtem Betrieb, aber nicht bei Decken, die von Fahrzeugen befahren werden, die schwerer als Personenkraftwagen sind. Einzellasten über 7,5 kN sind durch bauliche Maßnahmen (z. B. Querrippen) unmittelbar auf die Rippen zu übertragen.

(2) Wegen der Rippendecken mit ganz oder teilweise vorgefertigten Rippen siehe Abschnitt 19.7.8. Dieser gilt sinngemäß auch für Abschnitt 21.2, soweit nachstehend nichts anderes gesagt ist.

21.2.2 Einachsig gespannte Stahlbetonrippendecken

21.2.2.1 Platte

Ein statischer Nachweis ist für die Druckplatte nicht erforderlich. Ihre Dicke muß mindestens 1/10 des lichten Rippenabstandes, mindestens aber 5 cm betragen. Als Querbewehrung sind mindestens bei Betonstabstahl III S und Betonstabstahl VI S drei Stäbe mit Durchmesser $d_s = 6$ mm und bei Betonstahlmatten IV M drei Stäbe mit Durchmesser $d_s = 4{,}5$ mm oder eine größere Anzahl von dünneren Stäben mit gleichem Gesamtquerschnitt je Meter anzuordnen.

21.2.2.2 Längsrippen

(1) Die Rippen müssen mindestens 5 cm breit sein. Soweit sie zur Aufnahme negativer Momente unten verbreitert werden, darf die Zunahme der Rippenbreite b_0 nur mit der Neigung 1 : 3 in Rechnung gestellt werden.

(2) Die Längsbewehrung ist möglichst gleichmäßig auf die einzelnen Rippen zu verteilen.

(3) Am Auflager darf jeder zweite Bewehrungsstab aufgebogen werden, wenn in jeder Rippe mindestens zwei Stäbe liegen. Über den Innenstützen von durchlaufenden Rippendecken darf nur die durchgeführte Feldbewehrung als Druckbewehrung mit $\mu_d \leq 1\,\%$ von A_b in Rechnung gestellt werden.

(4) Die Druckbewehrung ist gegen Ausknicken, z. B. durch Bügel, zu sichern.

(5) In den Rippen sind Bügel nach Abschnitt 18.8.2 anzuordnen. Auf Bügel darf verzichtet werden, wenn die Verkehrslast 2,75 kN/m^2 und der Durchmesser der Längsbewehrung 16 mm nicht überschreiten, die Feldbewehrung von Auflager zu Auflager durchgeführt wird und die Schubbeanspruchung $\tau_0 \leq \tau_{011}$ nach Tabelle 13, Zeile 1 b, ist.

(6) Im Bereich der Innenstützen durchlaufender Decken und bei Decken, die feuerbeständig sein müssen, sind stets Bügel anzuordnen.

(7) Für die Auflagertiefe der Längsrippen gilt Abschnitt 21.1.1. Wird die Decke am Auflager durch daraufstehende Wände (mit Ausnahme von leichten Trennwänden) belastet, so ist am Auflager zwischen den Rippen ein Vollbetonstreifen anzuordnen, dessen Breite gleich der Auflagertiefe und dessen Höhe gleich der Rippenhöhe ist. Er kann auch als Ringanker nach Abschnitt 19.7.4.1 ausgebildet werden.

21.2.2.3 Querrippen

(1) In Rippendecken sind Querrippen anzuordnen, deren Mittenabstände bzw. deren Abstände vom Rand der Vollbetonstreifen die Werte s_q der Tabelle 29 nicht überschreiten.

(2) Bei Decken, die eine Verkehrslast $p \leq 2{,}75$ kN/m^2 und eine Stützweite bzw. eine lichte Weite zwischen den Rändern der Vollbetonstreifen bis zu 6 m haben, und bei den zugehörigen Fluren mit $p \leq 3{,}5$ kN/m^2 sind Querrippen entbehrlich; bei Verkehrslasten $p > 2{,}75$ kN/m^2 oder bei Stützweiten bzw. lichten Weiten über 6 m ist mindestens eine Querrippe erforderlich.

(3) Die Querrippen sind bei Verkehrslasten über 3,5 kN/m^2 für die vollen, sonst für die halben Schnittgrößen der Längsrippen zu bemessen. Diese Bewehrung ist unten, besser unten und oben anzuordnen. Querrippen sind etwa so hoch wie Längsrippen auszubilden und zu verbügeln.

Tabelle 29. **Größter Querrippenabstand** s_q

	1	2	3
	Verkehrslast p kN/m^2	Abstand der Querrippen bei $s_l \leq \frac{l}{8}$	$s_l > \frac{l}{8}$
1	$\leq 2{,}75$	–	12 d_0
2	$> 2{,}75$	10 d_0	8 d_0

Hierin sind:
s_l Achsabstand der Längsrippen
l Stützweite der Längsrippen
d_0 Dicke der Rippendecke

21.2.3 Zweiachsig gespannte Stahlbetonrippendecken

(1) Bei zweiachsig gespannten Rippendecken sind die Regeln für einachsig gespannte Rippendecken sinngemäß anzuwenden. Insbesondere müssen in beiden Achsrichtungen die Höchstabstände und die Mindestmaße der Rippen und Platten nach den Abschnitten 21.2.2.1 bis 21.2.2.3 eingehalten werden.

(2) Die Schnittgrößen sind nach Abschnitt 20.1.5 zu ermitteln. Die günstige Wirkung der Drillmomente darf nicht in Rechnung gestellt werden.

22 Punktförmig gestützte Platten

22.1 Begriff

Punktförmig gestützte Platten sind Platten, die unmittelbar auf Stützen mit oder ohne verstärktem Kopf aufgelagert und mit den Stützen biegefest oder gelenkig verbunden sind. Lochrandgestützte Platten (z. B. Hubdecken) sind keine punktförmig gestützte Platten im Sinne dieser Norm.

22.2 Mindestmaße

(1) Die Platten müssen mindestens 15 cm dick sein.

(2) Für die Stützen gilt Abschnitt 25.2.

22.3 Schnittgrößen

22.3.1 Näherungsverfahren

(1) Punktförmig gestützte Platten mit einem rechteckigen Stützenraster dürfen für vorwiegend lotrechte Lasten nach dem in DAfStb-Heft 240 angegebenen Näherungsverfahren berechnet werden.

(2) Für die Verteilung der Schnittgrößen ist dabei jedes Deckenfeld in beiden Richtungen in einen inneren Streifen mit einer Breite von 0,6 l (Feldstreifen) und zwei äußere Streifen mit einer Breite von je 0,2 l (½ Gurtstreifen) zu zerlegen.

22.3.2 Stützenkopfverstärkungen

Bei der Ermittlung der Schnittgrößen muß der Einfluß einer Stützenkopfverstärkung berücksichtigt werden, wenn der Durchmesser der Verstärkung größer als 0,3 min l und die Neigung eines in die Stützenkopfverstärkung eingeschriebenen Kegels oder einer Pyramide gegen die Plattenmittelfläche $\geq$ 1 : 3 ist (siehe Bild 50). Als min l ist die kleinere Stützweite einzusetzen.

22.4 Nachweis der Biegebewehrung

(1) Ist eine Stützenkopfverstärkung mit einer Neigung $\geq$ 1 : 3 vorhanden, so darf für die Ermittlung der Biegebewehrung nur diejenige Nutzhöhe angesetzt werden, die sich für eine Neigung dieser Verstärkung gleich 1 : 3 ergeben würde (siehe Bild 50 b)).

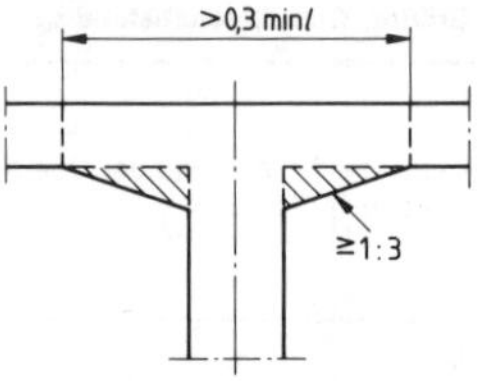

a) bei der Ermittlung der Schnittgrößen

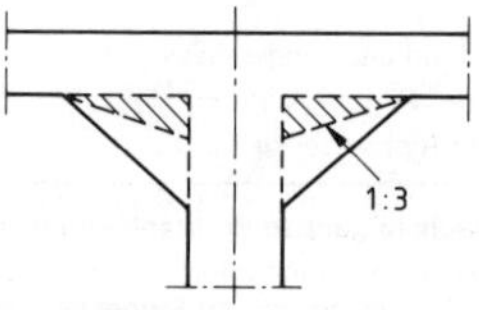

b) bei der Biegebemessung

Bild 50. Berücksichtigung einer Stützenkopfverstärkung

(2) Von der Bewehrung zur Deckung der Feldmomente sind an der Plattenunterseite je Tragrichtung 50 % mindestens bis zu den Stützenachsen gerade durchzuführen. Bei Platten ohne Schubbewehrung muß über den Innenstützen eine durchgehende untere Bewehrung (siehe Bild 55) mit dem Querschnitt $A_s = \max Q_r/\beta_S$ vorhanden sein (Q_r siehe Gleichung (38)).

(3) Wird eine punktförmig gestützte Platte an einem Rand stetig unterstützt, so darf bei Anwendung des Näherungsverfahrens nach DAfStb-Heft 240 in dem unmittelbar an diesem Rand liegenden halben Gurtstreifen und in dem benachbarten Feldstreifen die Bewehrung gegenüber derjenigen des Feldstreifens eines Innenfeldes um 25 % vermindert werden.

(4) An freien Plattenrändern ist die Bewehrung der Gurtstreifen kraftschlüssig zu verankern (siehe Bild 51). Bei Eck- und Randstützen mit biegefester Verbindung zwischen Platte und Stütze ist eine Einspannbewehrung anzuordnen.

(5) Die Biegetragfähigkeit im Bereich des Rundschnitts (siehe Abschnitt 22.5.1.1) ist nachzuweisen; der Biegebewehrungsgrad μ muß hier in jeder der sich an der Plattenoberseite kreuzenden Bewehrungsrichtungen mindestens 0,5 % betragen.

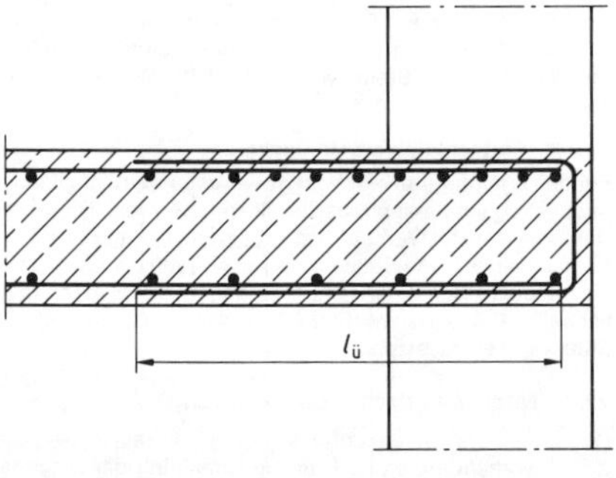

Bild 51. Beispiel für eine schlaufenartige Bewehrungsführung an freien Rändern neben Eck- und Randstützen

22.5 Sicherheit gegen Durchstanzen

22.5.1 Ermittlung der Schubspannung τ_r

22.5.1.1 Punktförmig gestützte Platten ohne Stützenkopfverstärkungen

(1) Zum Nachweis der Sicherheit gegen Durchstanzen der Platten ist die größte rechnerische Schubspannung τ_r in einem Rundschnitt (siehe Bild 52) nach Gleichung (38) zu ermitteln.

$$\tau_r = \frac{\max Q_r}{u \cdot h_m} \tag{38}$$

in Gleichung (38) sind:

max Q_r größte Querkraft im Rundschnitt der Stütze

u u_0 für Innenstützen
0,6 u_0 für Randstützen
0,3 u_0 für Eckstützen

u_0 Umfang des um die Stütze geführten Rundschnitts mit dem Durchmesser d_r

$d_r =$ $d_{st} + h_m$

d_{st} Durchmesser bei Rundstützen

d_{st} $1{,}13\sqrt{b \cdot d}$ bei rechteckigen Stützen mit den Seitenlängen b und d; dabei darf für die größere Seitenlänge nicht mehr als der 1,5fache Betrag der kleineren in Rechnung gestellt werden.

h_m Nutzhöhe der Platte im betrachteten Rundschnitt, Mittelwert aus beiden Richtungen.

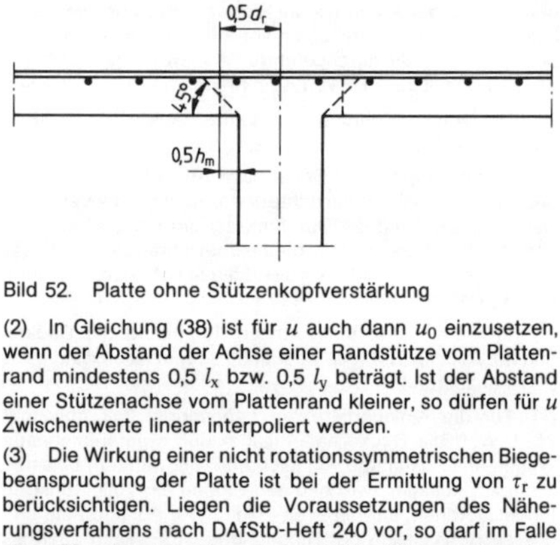

Bild 52. Platte ohne Stützenkopfverstärkung

(2) In Gleichung (38) ist für u auch dann u_0 einzusetzen, wenn der Abstand der Achse einer Randstütze vom Plattenrand mindestens 0,5 l_x bzw. 0,5 l_y beträgt. Ist der Abstand einer Stützenachse vom Plattenrand kleiner, so dürfen für u Zwischenwerte linear interpoliert werden.

(3) Die Wirkung einer nicht rotationssymmetrischen Biegebeanspruchung der Platte ist bei der Ermittlung von τ_r zu berücksichtigen. Liegen die Voraussetzungen des Näherungsverfahrens nach DAfStb-Heft 240 vor, so darf im Falle einer Biegebeanspruchung aus gleichmäßig verteilter lotrechter Belastung bei Randstützen auf eine genaue Ermittlung verzichtet werden, wenn die sich aus der Gleichung (38) ergebende rechnerische Schubspannung τ_r um 40 % erhöht wird. Bei Innenstützen darf in diesem Fall auf die Untersuchung der Wirkung einer Biegebeanspruchung verzichtet, also mit τ_r gerechnet werden.

22.5.1.2 Punktförmig gestützte Platten mit Stützenkopfverstärkungen

(1) Wird eine Stützenkopfverstärkung ausgebildet, deren Länge $l_s \leq h_s$ (siehe Bild 53) ist, so ist ein Nachweis der Sicherheit gegen Durchstanzen im Bereich der Verstärkung nicht erforderlich. Nach Abschnitt 22.5.1.1 ist τ_r für die Platte außerhalb der Stützenkopfverstärkung in einem Rundschnitt mit dem Durchmesser d_{ra} nach Bild 53 zu ermitteln. Für die Ermittlung von u gelten die Angaben des Abschnitts 22.5.1.1 sinngemäß mit

$$d_{ra} = d_{st} + 2\, l_s + h_m \tag{39}$$

Bei rechteckigen Stützen mit den Seitenlängen b und d ist

$$d_{ra} = h_m + 1{,}13 \sqrt{(b + 2\,l_{sx})(d + 2\,l_{sy})} \quad (40)$$

Hierin bedeuten:

l_s Länge der Stützenkopfverstärkung bei Rundstützen

l_{sx} und l_{sy} Längen der Stützenkopfverstärkung bei rechteckigen Stützen

In Gleichung (40) darf für den größeren Klammerwert nicht mehr als der 1,5fache Betrag des kleineren Klammerwertes in Rechnung gestellt werden.

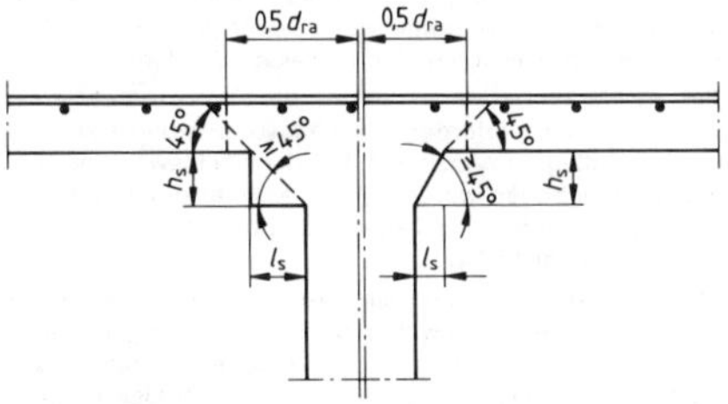

Bild 53. Platte mit Stützenkopfverstärkung nach Absatz (1) mit $l_s \leq h_s$

(2) Wird eine Stützenkopfverstärkung ausgebildet, deren Länge $l_s > h_s$ und $\leq 1{,}5\,(h_m + h_s)$ ist, so ist die rechnerische Schubspannung τ_r so zu ermitteln, als ob nach Absatz (1) $l_s = h_s$ wäre.

(3) Wird eine Stützenkopfverstärkung ausgebildet, deren Länge $l_s > 1{,}5\,(h_m + h_s)$ ist (siehe Bild 54), so ist τ_r sowohl im Bereich der Verstärkung als auch außerhalb der Verstärkung im Bereich der Platte zu ermitteln. Für beide Rundschnitte ist die Sicherheit gegen Durchstanzen nachzuweisen. Für den Nachweis im Bereich der Verstärkung gilt Abschnitt 22.5.1.1, wobei h_m durch h_r und d_r durch d_{ri} zu ersetzen ist; für die Ermittlung von τ_r gilt Gleichung (38). Bei schrägen oder ausgerundeten Stützenkopfverstärkungen darf für h_r nur die im Rundschnitt vorhandene Nutzhöhe eingesetzt werden.

Dabei ist zu setzen:

$$d_{ra} = d_{st} + 2\,l_s + h_m$$
$$d_{ri} = d_{st} + h_s + h_m$$

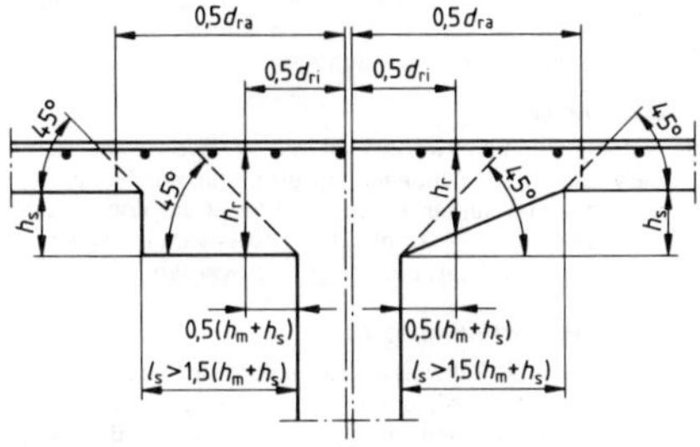

Bild 54. Platte mit Stützenkopfverstärkung nach Absatz (3) mit $l_s > 1{,}5\,(h_m + h_s)$

22.5.2 Nachweis der Sicherheit gegen Durchstanzen

(1) Die nach Gleichung (38) ermittelte rechnerische Schubspannung τ_r ist den mit den Beiwerten $\varkappa_1$ und $\varkappa_2$ versehenen zulässigen Schubspannungen τ_{011} und τ_{02} nach Tabelle 13 in Abschnitt 17.5.3 gegenüberzustellen.

Dabei muß

$$\tau_r \leq \varkappa_2 \cdot \tau_{02} \quad (41)$$

sein.

(2) Für $\tau_r \leq \varkappa_1 \cdot \tau_{011}$ ist keine Schubbewehrung erforderlich; dabei brauchen die Beiwerte k_1 und k_2 nach den Gleichungen (14) und (15) in Abschnitt 17.5.5 nicht berücksichtigt zu werden.

(3) Ist $\varkappa_1 \cdot \tau_{011} < \tau_r \leq \varkappa_2 \cdot \tau_{02}$, so muß eine Schubbewehrung angeordnet werden, die für 0,75 max Q_r (wegen max Q_r siehe Erläuterung zu Gleichung (38)) zu bemessen ist. Die Stahlspannung ist dabei nach Abschnitt 17.5.4 in Rechnung zu stellen. Die Schubbewehrung soll 45° oder steiler geneigt sein und den Bildern 55 und 56 entsprechend im Bereich c verteilt werden. Bügel müssen mindestens je eine Lage der oberen und unteren Bewehrung der Platte umgreifen.

Es bedeuten:

$\varkappa_1 = 1{,}3\ \alpha_s \cdot \sqrt{\mu_g}$
$\varkappa_2 = 0{,}45\ \alpha_s \cdot \sqrt{\mu_g}$ (μ_g ist in % einzusetzen)

$\alpha_s =$ 1,3 für Betonstabstahl III S
1,4 für Betonstabstahl IV S und Betonstahlmatten IV M

a_s das Mittel der Bewehrung a_{sx} und a_{sy} in den beiden sich über der Stütze kreuzenzenden Gurtstreifen an der betrachteten Stütze in cm²/m.

a_{sx}, a_{sy} $A_{s\,Gurt}$ in cm², dividiert durch die Gurtstreifenbreite, auch wenn die Schnittgrößen nicht nach dem Näherungsverfahren berechnet werden.

μ_g $\frac{a_s}{h_m}$ vorhandener Bewehrungsgrad, jedoch mit $\mu_g \leq 25\,\frac{\beta_{WN}}{\beta_S} \leq 1{,}5\,\%$ in Rechnung zu stellen.

h_m Nutzhöhe der Platte im betrachteten Rundschnitt, Mittelwert aus beiden Richtungen.

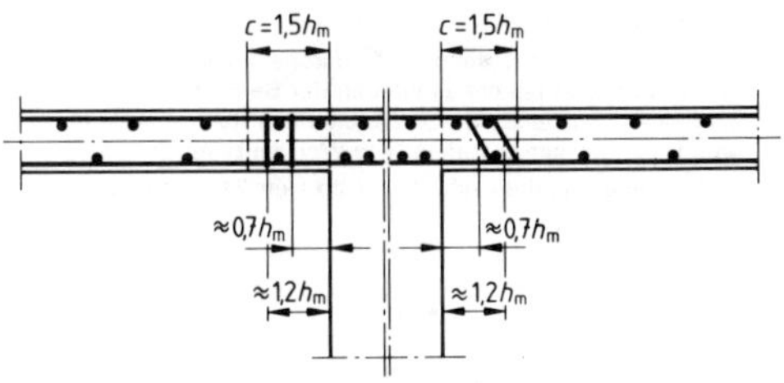

Bild 55. Beispiele für die Schubbewehrung einer Platte ohne Stützenkopfverstärkung

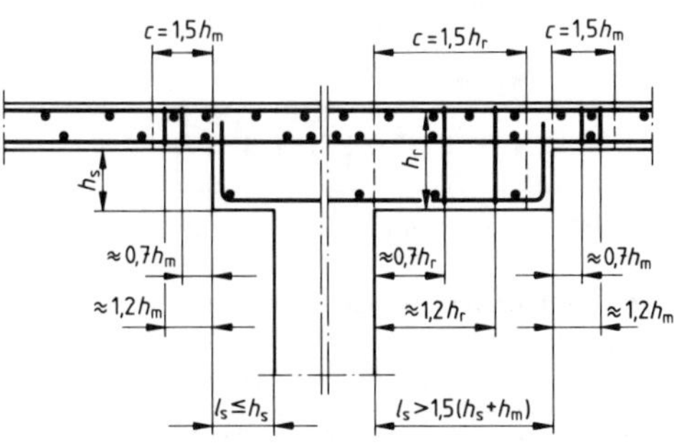

Bild 56. Beispiele für die Schubbewehrung einer Platte mit Stützenkopfverstärkung

22.6 Deckendurchbrüche

(1) Werden in den Bereichen c (siehe Bilder 55 und 56) Deckendurchbrüche vorgesehen, so dürfen ihre Grundrißmaße in Richtung des Umfanges bei Rundstützen bzw. der Seitenlängen bei rechteckigen Stützen nicht größer als $1/3\, d_{st}$ (siehe Erläuterung zu Gleichung (38)), die Summe der Flächen der Durchbrüche nicht größer als ein Viertel des Stützenquerschnitts sein.

(2) Der lichte Abstand zweier Durchbrüche bei Rundstützen muß auf dem Umfang der Stütze gemessen mindestens d_{st} betragen. Bei rechteckigen Stützen dürfen Durchbrüche nur im mittleren Drittel der Seitenlängen und nur jeweils an höchstens zwei gegenüberliegenden Seiten angeordnet werden.

(3) Die nach Gleichung (38) ermittelte rechnerische Schubspannung τ_r ist um 50 % zu erhöhen, wenn die größtzulässige Summe der Flächen der Durchbrüche ausgenutzt wird. Ist die Summe der Flächen der Durchbrüche kleiner als ein Viertel des Stützenquerschnitts, so darf der Zuschlag zu τ_r entsprechend linear vermindert werden.

22.7 Bemessung bewehrter Fundamentplatten

(1) Der Verlauf der Schnittgrößen ist nach der Plattentheorie zu ermitteln. Daraus ergibt sich die Größe der erforderlichen Biegebewehrung und ihre Verteilung über die Breite der Fundamentplatten. Die in Abschnitt 22.4 (5) geltende Begrenzung des Biegebewehrungsgrades darf bei Bemessung dieser Fundamente unberücksichtigt bleiben.

(2) Für die Ermittlung von max Q_r darf eine Lastausbreitung unter einem Winkel von 45° bis zur unteren Bewehrungslage angenommen werden (siehe Bild 57). Es gilt daher:

$$\max Q_r = N_{st} - \frac{\pi \cdot d_k^2}{4} \sigma_0 \qquad (42)$$

mit $d_k = d_r + h_m$

(3) Bei bewehrten Streifenfundamenten darf sinngegemäß verfahren werden.

(4) Bei der Bemessung auf Durchstanzen nach Abschnitt 22.5.2 ist bei der Ermittlung der Beiwerte $\varkappa_1$ bzw. $\varkappa_2$ als Bewehrungsgehalt der im Bereich des Rundschnitts mit dem Durchmesser d_r vorhandene Wert einzusetzen.

(5) Nähere Angaben sind in DAfStb-Heft 240 enthalten.

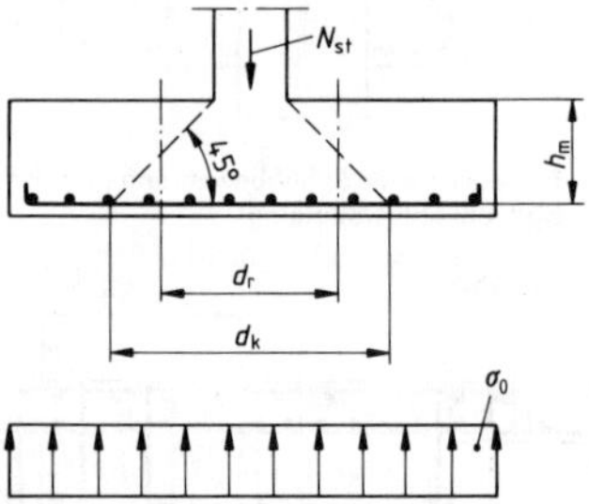

Bild 57. Lastausbreitung

23 Wandartige Träger

23.1 Begriff

Wandartige Träger sind in Richtung ihrer Mittelfläche belastete ebene Flächentragwerke, für die die Voraussetzungen des Abschnitts 17.2.1 nicht mehr zutreffen, sie sind deshalb nach der Scheibentheorie zu behandeln, DAfStb-Heft 240 enthält entsprechende Angaben für einfache Fälle.

23.2 Bemessung

(1) Der Sicherheitsabstand zwischen Gebrauchslast und Bruchlast ist ausreichend, wenn unter Gebrauchslast die Hauptdruckspannungen im Beton den Wert $\beta_R/2{,}1$ und die Zugspannungen im Stahl den Wert $\beta_S/1{,}75$ nicht überschreiten (siehe Abschnitt 17.2).

(2) Die Hauptzugspannungen sind voll durch Bewehrung aufzunehmen. Die Spannungsbegrenzung nach Abschnitt 17.5.3 gilt hier nicht.

23.3 Bauliche Durchbildung

(1) Wandartige Träger müssen mindestens 10 cm dick sein.

(2) Bei der Bewehrungsführung ist zu beachten, daß durchlaufende wandartige Träger wegen ihrer großen Steifigkeit besonders empfindlich gegen ungleiche Stützensenkungen sind.

(3) Die im Feld erforderliche Längsbewehrung soll nicht vor den Auflagern enden, ein Teil der Feldbewehrung darf jedoch aufgebogen werden. Auf die Verankerung der Bewehrung an den Endauflagern ist besonders zu achten (siehe Abschnitt 18.7.4).

(4) Wandartige Träger müssen stets beidseitig eine waagerechte und lotrechte Bewehrung (Netzbewehrung) erhalten, die auch zur Abdeckung der Hauptzugspannungen nach Abschnitt 23.2 herangezogen werden darf. Ihr Gesamtquerschnitt je Netz und Bewehrungsrichtung darf 1,5 cm^2/m bzw. 0,05 % des Betonquerschnitts nicht unterschreiten.

(5) Die Maschenweite des Bewehrungsnetzes darf nicht größer als die doppelte Wanddicke und nicht größer als etwa 30 cm sein.

24 Schalen und Faltwerke

24.1 Begriffe und Grundlagen der Berechnung

(1) Schalen sind einfach oder doppelt gekrümmte Flächentragwerke geringerer Dicke mit oder ohne Randaussteifung.

(2) Faltwerke sind räumliche Flächentragwerke, die aus ebenen, kraftschlüssig miteinander verbundenen Scheiben bestehen.

(3) Für die Ermittlung der Verformungsgrößen und Schnittgrößen ist elastisches Tragverhalten zugrunde zu legen.

24.2 Vereinfachungen bei den Belastungsannahmen

24.2.1 Schneelast

Auf Dächern darf Vollbelastung mit Schnee nach DIN 1055 Teil 5 im allgemeinen mit der gleichen Verteilung wie die ständige Last in Rechnung gestellt werden. Falls erforderlich, sind außerdem die Bildung von Schneesäcken und einseitige Schneebelastung zu berücksichtigen.

24.2.2 Windlast

Bei Schalen und Faltwerken ist die Windverteilung durch Modellversuche im Windkanal zu ermitteln, falls keine ausreichenden Erfahrungen vorliegen. Soweit die Windlast die Wirkung der Eigenlast erhöht darf sie als verhältnisgleicher Zuschlag zur ständigen Last angesetzt werden.

24.3 Beuluntersuchungen

(1) Schalen und Faltwerke sind, sofern die Beulsicherheit nicht offensichtlich ist, unter Berücksichtigung der elastischen Formänderungen infolge von Lasten auf Beulen zu untersuchen. Die Formänderungen infolge von Kriechen und Schwinden, die Verminderung der Steifigkeit bei Übergang vom Zustand I in Zustand II und Ausführungsungenauigkeiten, insbesondere ungewollte Abweichungen von der planmäßigen Krümmung und von der planmäßigen Bewehrungslage sind abzuschätzen. Bei einem nur mittig angeordneten Bewehrungsnetz ist die Verminderung der Steifigkeit beim Übergang vom Zustand I in Zustand II besonders groß.

(2) Die Beulsicherheit darf nicht kleiner als 5 sein. Ist die näherungsweise Erfassung aller vorgenannten Einflüsse bei der Übertragung der am isotropen Baustoff – theoretisch oder durch Modellversuche – gefundenen Ergebnisse auf den anisotropen Stahlbeton nicht ausreichend gesichert oder bestehen größere Unsicherheiten hinsichtlich der möglichen Beulformen, muß die Beulsicherheit um ein entsprechendes Maß größer als 5 gewählt werden.

24.4 Bemessung

(1) Für die Betondruckspannungen und die Stahlzugspannungen gilt Abschnitt 23.2, wobei gegebenenfalls eine weitergehende Begrenzung der Stahlspannungen zweckmäßig sein kann.

(2) Die Bemessung der Schalen und Faltwerke auf Biegung (z.B. im Bereich der Randstörungsmomente) ist nach Abschnitt 17.2 durchzuführen.

(3) Die Zugspannungen im Beton, die sich für Gebrauchslast unter Annahme voller Mitwirkung des Betons in der Zugzone aus den in der Mittelfläche von Schalen und Faltwerken wirkenden Längskräften und Schubkräften rechnerisch ergeben, sind zu ermitteln.

(4) Die in den Mittelflächen wirkenden Hauptzugspannungen sind sinnvoll zu begrenzen, um Spannungsumlagerungen und Verformungen durch den Übergang vom Zustand I in Zustand II klein zu halten; sie sind durch Bewehrung aufzunehmen. Diese ist – insbesondere bei größeren Zugbeanspruchungen – möglichst in Richtung der Hauptlängskräfte zu führen (Trajektorien-Bewehrung). Dabei darf die Bewehrung auch dann noch als Trajektorien-Bewehrung gelten und als solche bemessen werden, wenn ihre Richtung um einen Winkel $\alpha \leq 10°$ von der Richtung der Hauptlängskräfte abweicht. Bei größeren Abweichungen ($\alpha > 10°$) ist die Bewehrung entsprechend zu verstärken. Abweichungen von $\alpha > 25°$ sind möglichst zu vermeiden, sofern nicht die Zugspannung des Betons geringer als $0{,}16 \cdot (\beta_{WN})^{2/3}$ (β_{WN} nach Tabelle 1) sind oder in beiden Hauptspannungsrichtungen nahezu gleich große Zugspannungen auftreten.

24.5 Bauliche Durchbildung

(1) Auf die planmäßige Form und Lage der Schalung ist besonders zu achten.

(2) Bei Dicken über 6 cm soll die Bewehrung unter Berücksichtigung von Tabelle 30 gleichmäßig auf je ein Bewehrungsnetz jeder Leibungsseite aufgeteilt werden. Eine zusätzliche Trajektorien-Bewehrung nach Abschnitt 24.4 ist möglichst symmetrisch zur Mittelfläche anzuordnen. Bei Dicken $d < 6$ cm darf die gesamte Bewehrung in einem mittig angeordneten Bewehrungsnetz zusammengefaßt werden.

(3) Wird auf beiden Seiten eine Netzbewehrung angeordnet, so darf bei den innenliegenden Stäben der Höchstabstand nach Tabelle 30, Zeilen 1 und 2, um 50 % vergrößert werden (siehe Bild 58).

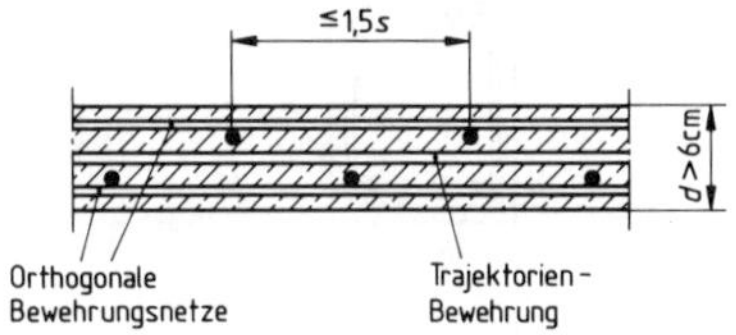

Bild 58. Bewehrungsabstände

Tabelle 30. **Mindestbewehrung von Schalen und Faltwerken**

	1	2	3	4
	Beton-dicke d cm	Bewehrung		
		Art	Stabdurchmesser mm min.	Abstand s der außenliegenden Stäbe cm max.
1	$d > 6$	im allgemeinen	6	20
		bei Betonstahlmatten	5	
2	$d \leq 6$	im allgemeinen	6	15 bzw. $3\,d$
		bei Betonstahlmatten	5	

25 Druckglieder

25.1 Anwendungsbereich

Es wird zwischen stabförmigen Druckgliedern mit $b \leq 5\,d$ und Wänden mit $b > 5\,d$ unterschieden, wobei $b \geq d$ ist. Wegen der Bemessung siehe Abschnitt 17, wegen der Betondeckung Abschnitt 13.2. Druckglieder mit Lastausmitten nach Abschnitt 17.4.1 (3) sind hinsichtlich ihrer baulichen Durchbildung wie Balken oder Platten zu behandeln. Druckglieder, deren Bewehrungsgehalt die Grenzen nach Abschnitt 17.2.3 überschreitet, fallen nicht in den Anwendungsbereich dieser Norm.

25.2 Bügelbewehrte, stabförmige Druckglieder

25.2.1 Mindestdicken

(1) Die Mindestdicke bügelbewehrter, stabförmiger Druckglieder ist in Tabelle 31 festgelegt.

(2) Bei aufgelösten Querschnitten nach Tabelle 31, Zeile 2, darf die kleinste gesamte Flanschbreite nicht geringer sein als die Werte der Zeile 1.

(3) Beträgt die freie Flanschbreite mehr als das 5fache der kleinsten Flanschdicke, so ist der Flansch als Wand nach Abschnitt 25.5 zu behandeln.

(4) Die Wandungen von Hohlquerschnitten sind als Wände nach Abschnitt 25.5 zu behandeln, wenn ihre lichte Seitenlänge größer ist als die 10fache Wanddicke.

Tabelle 31. **Mindestdicken bügelbewehrter, stabförmiger Druckglieder**

	1	2	3
	Querschnittsform	stehend hergestellte Druckglieder aus Ortbeton cm	Fertigteile und liegend hergestellte Druckglieder cm
1	Vollquerschnitt, Dicke	20	14
2	Aufgelöster Querschnitt, z.B. I-, T- und L-förmig (Flansch- und Stegdicke)	14	7
3	Hohlquerschnitt (Wanddicke)	10	5

(5) Bei Stützen und anderen Druckgliedern, die liegend hergestellt werden und untergeordneten Zwecken dienen, dürfen die Mindestdicken der Tabelle 31 unterschritten werden. Als Stützen und Druckglieder für untergeordnete Zwecke gelten nur solche, deren vereinzelter Ausfall weder die Standsicherheit des Gesamtbauwerks noch die Tragfähigkeit der durch sie abgestützten Bauteile gefährdet.

25.2.2 Bewehrung

25.2.2.1 Längsbewehrung

(1) Die Längsbewehrung A_s muß auf der Zugseite bzw. am weniger gedrückten Rand mindestens 0,4 %, im Gesamtquerschnitt mindestens 0,8 % des statisch erforderlichen Betonquerschnitts sein und darf – auch im Bereich von Übergreifungsstößen – 9 % von A_b (siehe Abschnitte 17.2.3 und 25.3.3) nicht überschreiten. Bei statisch nicht voll ausgenutztem Betonquerschnitt darf die aus dem vorhandenen Betonquerschnitt ermittelte Mindestbewehrung im Verhältnis der vorhandenen zur zulässigen Normalkraft abgemindert werden; für die Ermittlung dieser Normalkräfte sind Lastausmitte und Schlankheit unverändert beizubehalten.

(2) Die Druckbewehrung A'_s darf höchstens mit dem Querschnitt A_s der im gleichen Betonquerschnitt am gezogenen bzw. weniger gedrückten Rand angeordneten Bewehrung in Rechnung gestellt werden.

(3) Die Nenndurchmesser der Längsbewehrung sind in Tabelle 32 festgelegt.

Tabelle 32. **Nenndurchmesser d_{sl} der Längsbewehrung**

	1	2
	Kleinste Querschnittsdicke der Druckglieder cm	Nenndurchmesser d_{sl} mm
1	< 10	8
2	≥ 10 bis < 20	10
3	≥ 20	12

(4) Bei Druckgliedern für untergeordnete Zwecke (siehe Abschnitt 25.2.1) dürfen die Durchmesser nach Tabelle 32 unterschritten werden.

(5) Der Abstand der Längsbewehrungsstäbe darf höchstens 30 cm betragen, jedoch genügt für Querschnitte mit $b \leq 40$ cm je ein Bewehrungsstab in den Ecken.

(6) Gerade endende, druckbeanspruchte Bewehrungsstäbe dürfen erst im Abstand l_1 (siehe Abschnitt 18.5.2.2) vom Stabende als tragend mitgerechnet werden. Kann diese Verankerungslänge nicht ganz in dem anschließenden Bauteil untergebracht werden, so darf auch ein höchstens 2 d (siehe Bild 60) langer Abschnitt der Stütze bei der Verankerungslänge in Ansatz gebracht werden. Wenn mehr als 0,5 d als Verankerungslänge benötigt werden (siehe Bilder 59 und 60 a) und b)), ist in diesem Bereich die Verbundwirkung durch allseitige Behinderung der Querdehnung des Betons sicherzustellen (z. B. durch Bügel bzw. Querbewehrung im Abstand von höchstens 8 cm).

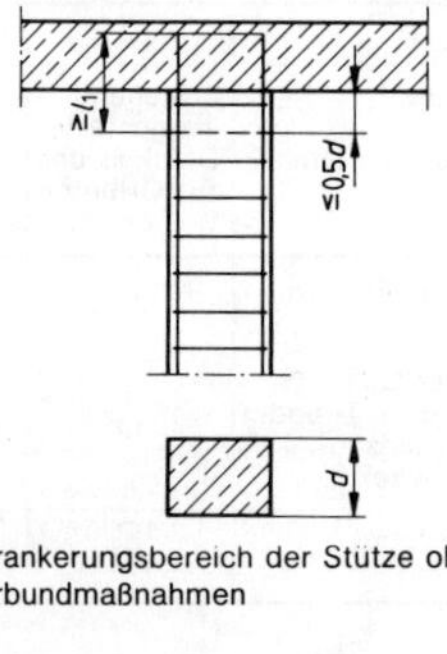

Bild 59. Verankerungsbereich der Stütze ohne besondere Verbundmaßnahmen

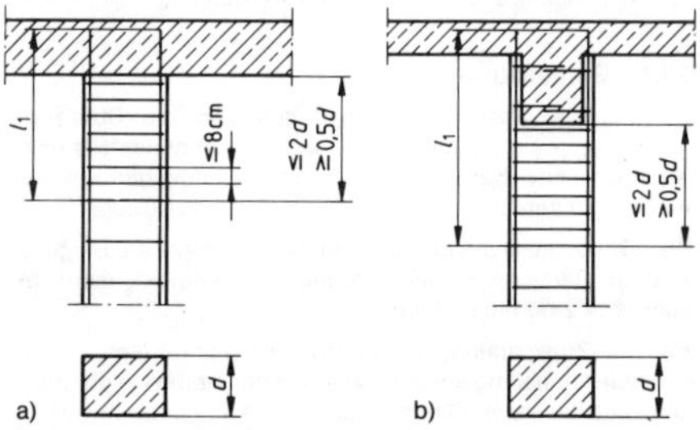

Bild 60. Verstärkung der Bügelbewehrung im Verankerungsbereich der Stützenbewehrung

25.2.2.2 Bügelbewehrung in Druckgliedern

(1) Bügel sind nach Bild 61 zu schließen und die Haken über die Stützenlänge möglichst zu versetzen. Die Haken müssen versetzt oder die Bügelenden nach den Bildern 26 c) oder d) geschlossen werden, wenn mehr als drei Längsstäbe in einer Querschnittsecke liegen.

(2) Der Mindeststabdurchmesser beträgt für Einzelbügel, Bügelwendel und für Betonstahlmatten 5 mm, bei Längsstäben mit $d_{sl} > 20$ mm mindestens 8 mm.

(3) Bügel und Wendel mit dem Mindeststabdurchmesser von 8 mm dürfen jedoch durch eine größere Anzahl dünnerer Stäbe bis zu den vorgenannten Mindeststabdurchmessern mit gleichem Querschnitt ersetzt werden.

(4) Der Abstand $s_{bü}$ der Bügel und die Ganghöhe s_w der Bügelwendel dürfen höchstens gleich der kleinsten Dicke d des Druckgliedes oder dem 12fachen Durchmesser der Längsbewehrung sein. Der kleinere Wert ist maßgebend (siehe Bild 61).

(5) Mit Bügeln können in jeder Querschnittsecke bis zu fünf Längsstäbe gegen Knicken gesichert werden. Der größte Achsabstand des äußersten dieser Stäbe vom Eckstab darf höchstens gleich dem 15fachen Bügeldurchmesser sein (siehe Bild 62).

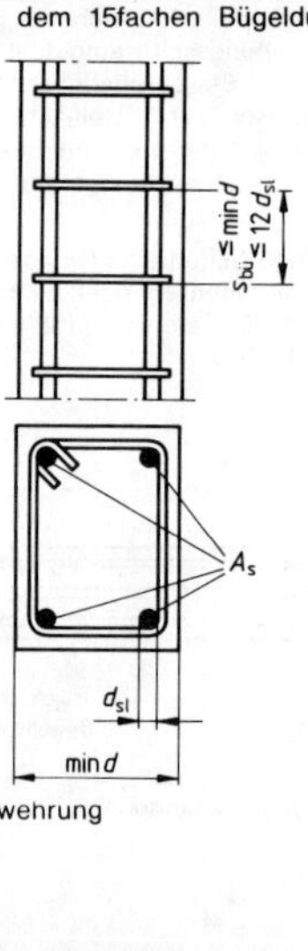

Bild 61. Bügelbewehrung

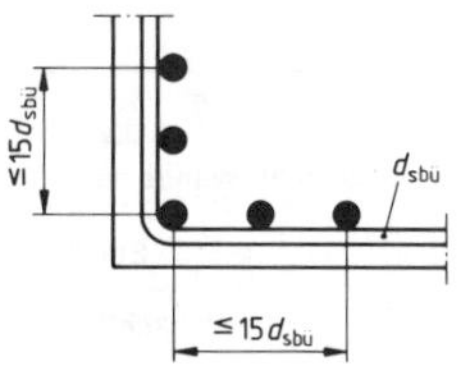

Bild 62. Verbügelung mehrerer Längsstäbe

(6) Weitere Längsstäbe und solche in größerem Abstand vom Eckstab sind durch Zwischenbügel zu sichern. Sie dürfen im doppelten Abstand der Hauptbügel liegen.

25.3 Umschnürte Druckglieder

25.3.1 Allgemeine Grundlagen

(1) Für umschnürte Druckglieder gelten die Bestimmungen für bügelbewehrte Druckglieder (siehe Abschnitt 25.2), sofern in den folgenden Abschnitten nichts anderes gesagt ist.

(2) Wegen der Bemessung umschnürter Druckglieder siehe Abschnitt 17.3.2.

25.3.2 Mindestdicke und Betonfestigkeit

Der Durchmesser d_k des Kernquerschnitts muß bei Ortbeton mindestens 20 cm, bei werkmäßig hergestellten Druckgliedern mindestens 14 cm betragen. Weitere Angaben siehe Abschnitt 17.3.2.

25.3.3 Längsbewehrung

Die Längsbewehrung A_s muß mindestens 2 % von A_k betragen und darf auch im Bereich von Übergreifungsstößen 9 % von A_k nicht überschreiten. Es sind mindestens 6 Längsstäbe vorzusehen und gleichmäßig auf den Umfang zu verteilen.

25.3.4 Wendelbewehrung (Umschnürung)

(1) Die Ganghöhe s_w der Wendel darf höchstens 8 cm oder $d_k/5$ sein. Der kleinere Wert ist maßgebend. Der Stabdurchmesser der Wendel muß mindestens 5 mm betragen. Wegen einer Begrenzung des Querschnitts der Wendel siehe Abschnitt 17.3.2.

(2) Die Enden der Wendel, auch an Übergreifungsstößen sind in Form eines Winkelhakens nach innen abzubiegen oder an die benachbarte Windung anzuschweißen.

25.4 Unbewehrte, stabförmige Druckglieder (Stützen)

Für die Bemessung gilt Abschnitt 17.9. Die Mindestmaße richten sich nach den Tabellen 31 bzw. 33; die Wanddicke von Hohlquerschnitten darf jedoch die in Tabelle 31, Zeile 2, für aufgelöste Querschnitte angegebenen Werte nicht unterschreiten. Wenn bei aufgelösten Querschnitten die freie Flanschbreite größer ist als die kleinste Flanschdicke, gilt der Flansch als unbewehrte Wand.

25.5 Wände

25.5.1 Allgemeine Grundlagen

(1) Wände im Sinne dieses Abschnitts sind überwiegend auf Druck beanspruchte, scheibenartige Bauteile, und zwar

a) tragende Wände zur Aufnahme lotrechter Lasten, z. B. Deckenlasten; auch lotrechte Scheiben zur Abtragung waagerechter Lasten (z. B. Windscheiben) gelten als tragende Wände;

b) aussteifende Wände werden zur Knickaussteifung tragender Wände, dazu können jedoch auch tragende Wände verwendet werden;

c) nichttragende Wände werden überwiegend nur durch ihre Eigenlast beansprucht, können aber auch auf ihre Fläche wirkende Windlasten auf tragende Bauteile, z. B. Wand- oder Deckenscheiben, abtragen.

(2) Wände aus Fertigteilen sind in Abschnitt 19, insbesondere in Abschnitt 19.8, geregelt.

25.5.2 Aussteifung tragender Wände

(1) Je nach Anzahl der rechtwinklig zur Wandebene unverschieblich gehaltenen Ränder werden zwei-, drei- und vierseitig gehaltene Wände unterschieden. Als unverschiebliche Halterung können Deckenscheiben und aussteifende Wände und andere ausreichend steife Bauteile angesehen werden. Aussteifende Wände und Bauteile sind mit den tragenden Wänden gleichzeitig hochzuführen oder mit den tragenden Wänden kraftschlüssig zu verbinden (siehe Abschnitt 19.8.3). Aussteifende Wände müssen mindestens eine Länge von 1/5 der Geschoßhöhe haben, sofern nicht für den zusammenwirkenden Querschnitt der ausgesteiften und der aussteifenden Wand ein besonderer Knicknachweis geführt wird.

(2) Haben vierseitig gehaltene Wände Öffnungen, deren lichte Höhe größer als 1/3 der Geschoßhöhe oder deren Gesamtfläche größer als 1/10 der Wandfläche ist, so sind die Wandteile zwischen Öffnung und aussteifender Wand als dreiseitig gehalten und die Wandteile zwischen Öffnungen als zweiseitig gehalten anzusehen.

25.5.3 Mindestwanddicke

25.5.3.1 Allgemeine Anforderungen

(1) Sofern nicht mit Rücksicht auf die Standsicherheit, den Wärme-, Schall- oder Brandschutz dickere Wände erforderlich sind, richtet sich die Wanddicke nach Abschnitt 25.5.3.2 und bei vorgefertigten Wänden nach Abschnitt 19.8.2.

(2) Die Mindestdicken von Wänden mit Hohlräumen können in Anlehnung an die Abschnitte 25.4 bzw. 25.2.1, Tabelle 31, festgelegt werden.

25.5.3.2 Wände mit vollem Rechteckquerschnitt

(1) Für die Mindestwanddicke tragender Wände gilt Tabelle 33. Die Werte der Tabelle 33, Spalten 4 und 6, gelten auch bei nicht durchlaufenden Decken, wenn nachgewiesen wird, daß die Ausmitte der lotrechten Last kleiner als 1/6 der Wanddicke ist oder wenn Decke und Wand biegesteif miteinander verbunden sind; hierbei muß die Decke unverschieblich gehalten sein.

(2) Aussteifende Wände müssen mindestens 8 cm dick sein.

(3) Die Mindestwanddicken der Tabelle 33 gelten auch für Wandteile mit $b < 5\,d$ zwischen oder neben Öffnungen oder für Wandteile mit Einzellasten, auch wenn sie wie bügelbewehrte, stabförmige Druckglieder nach Abschnitt 25.2 ausgebildet werden.

(4) Bei untergeordneten Wänden, z. B. von vorgefertigten, eingeschossigen Einzelgaragen, sind geringere Wanddicken zulässig, soweit besondere Maßnahmen bei der Herstellung, z. B. liegende Fertigung, dieses rechtfertigen.

25.5.4 Annahmen für die Bemessung und den Nachweis der Knicksicherheit

25.5.4.1 Ausmittigkeit des Lastangriffs

(1) Bei Innenwänden, die beidseitig durch Decken belastet werden, aber mit diesen nicht biegesteif verbunden sind, darf die Ausmitte von Deckenlasten bei der Bemessung in der Regel unberücksichtigt bleiben.

(2) Bei Wänden, die einseitig durch Decken belastet werden, ist am Kopfende der Wand eine dreiecksförmige Spannungsverteilung unter der Auflagerfläche der Decke in Rechnung zu stellen, falls nicht durch geeignete Maßnahmen eine zentrische Lasteintragung sichergestellt ist; am Fußende der Wand darf ein Gelenk in der Mitte der Aufstandsflächen angenommen werden.

Tabelle 33. **Mindestwanddicken für tragende Wände**

	1	2	3	4	5	6
	Festigkeitsklasse des Betons	Herstellung	Mindestwanddicken für Wände aus			
			unbewehrtem Beton		Stahlbeton	
			Decken über Wänden		Decken über Wänden	
			nicht durchlaufend cm	durchlaufend cm	nicht durchlaufend cm	durchlaufend cm
1	bis B 10	Ortbeton	20	14	–	–
2	ab B 15	Ortbeton	14	12	12	10
3		Fertigteil	12	10	10	8

25.5.4.2 Knicklänge

(1) Je nach Art der Aussteifung der Wände ist die Knicklänge h_K in Abhängigkeit von der Geschoßhöhe h_s nach Gleichung (43) in Rechnung zu stellen.

$$h_K = \beta \cdot h_s \quad (43)$$

Für den Beiwert β ist einzusetzen bei:

a) zweiseitig gehaltenen Wänden

$$\beta = 1{,}00 \quad (44)$$

b) dreiseitig gehaltenen Wänden

$$\beta = \frac{1}{1 + \left[\frac{h_s}{3\,b}\right]^2} \geq 0{,}3 \quad (45)$$

c) vierseitig gehaltenen Wänden

$$\text{für } h_s \leq b: \beta = \frac{1}{1 + \left[\frac{h_s}{b}\right]^2} \quad (46)$$

$$\text{für } h_s > b: \beta = \frac{b}{2\,h_s} \quad (47)$$

Hierin ist:

b der Abstand des freien Randes von der Mitte der aussteifenden Wand bzw. Mittenabstand der aussteifenden Wände.

(2) Für zweiseitig gehaltene Wände, die oben und unten mit den Decken durch Ortbeton und Bewehrung biegesteif so verbunden sind, daß die Eckmomente voll aufgenommen werden, braucht nur die 0,85fache Knicklänge h_K angesetzt zu werden.

25.5.4.3 Nachweis der Knicksicherheit

(1) Für den Nachweis der Knicksicherheit bewehrter und unbewehrter Wände gelten die Abschnitte 17.4 bzw. 17.9. Weitere Näherungsverfahren siehe DAfSt-Heft 220.

(2) Bei Nutzhöhen $h < 7$ cm ist Abschnitt 17.2.1 zu beachten.

25.5.5 Bauliche Ausbildung

25.5.5.1 Unbewehrte Wände

(1) Die Ableitung der waagerechten Auflagerkräfte der Deckenscheiben in die Wände ist nachzuweisen.

(2) Wegen der Vermeidung grober Schwindrisse siehe Abschnitt 14.4.1. In die Außen-, Haus- und Wohnungstrennwände sind außerdem etwa in Höhe jeder Geschoß- oder Kellerdecke zwei durchlaufende Bewehrungsstäbe von mindestens 12 mm Durchmesser (Ringanker) zu legen. Zwischen zwei Trennfugen des Gebäudes darf diese Bewehrung nicht unterbrochen werden, auch nicht durch Fenster der Treppenhäuser. Stöße sind nach Abschnitt 18.6 auszubilden und möglichst gegeneinander zu versetzen.

(3) Auf diese Ringanker dürfen dazu parallel liegende durchlaufende Bewehrungen angerechnet werden:

a) mit vollem Querschnitt, wenn sie in Decken oder in Fensterstürzen im Abstand von höchstens 50 cm von der Mittelebene der Wand bzw. der Decke liegen;

b) mit halbem Querschnitt, wenn sie mehr als 50 cm, aber höchstens im Abstand von 1,0 m von der Mittelebene der Decke in der Wand liegen, z. B. unter Fensteröffnungen.

(4) Aussparungen, Schlitze, Durchbrüche und Hohlräume sind bei der Bemessung der Wände zu berücksichtigen, mit Ausnahme von lotrechten Schlitzen bei Wandanschlüssen und von lotrechten Aussparungen und Schlitzen, die den nachstehenden Vorschriften für nachträgliches Einstemmen genügen.

(5) Das nachträgliche Einstemmen ist nur bei lotrechten Schlitzen bis zu 3 cm Tiefe zulässig, wenn ihre Tiefe höchstens 1/6 der Wanddicke, ihre Breite höchstens gleich der Wanddicke, ihr gegenseitiger Abstand mindestens 2,0 m und die Wand mindestens 12 cm dick ist.

25.5.5.2 Bewehrte Wände

(1) Soweit nachstehend nichts anderes gesagt ist, gilt für bewehrte Wände Abschnitt 25.5.5.1 und für die Längsbewehrung Abschnitt 25.2.2.1.

(2) Belastete Wände mit einer geringeren Bewehrung als 0,5 % des statisch erforderlichen Querschnitts gelten nicht als bewehrt und sind daher wie unbewehrte Wände nach Abschnitt 17.9 zu bemessen. Die Bewehrung solcher Wände darf jedoch für die Aufnahme örtlich auftretender Biegemomente, bei vorgefertigten Wänden auch für die Lastfälle Transport und Montage, in Rechnung gestellt werden, ferner zur Aufnahme von Zwangbeanspruchungen, z. B. aus ungleichmäßiger Erwärmung, behinderter Dehnung, durch Schwinden und Kriechen unterstützender Bauteile.

(3) In bewehrten Wänden müssen die Durchmesser der Tragstäbe mindestens 8 mm, bei Betonstahlmatten IV M mindestens 5 mm betragen. Der Abstand dieser Stäbe darf höchstens 20 cm sein.

(4) Außerdem ist eine Querbewehrung anzuordnen, deren Querschnitt mindestens 1/5 des Querschnitts der Tragbewehrung betragen muß. Auf jeder Seite sind je Meter Wandhöhe mindestens anzuordnen, bei Betonstabstahl III S und Betonstabstahl IV S drei Stäbe mit Durchmesser $d_s = 6$ mm und bei Betonstahlmatten IV M drei Stäbe mit Durchmesser $d_s = 4{,}5$ mm je Meter oder eine größere Anzahl von dünneren Stäben mit gleichem Gesamtquerschnitt je Meter.

(5) Die außenliegenden Bewehrungsstäbe beider Wandseiten sind je m^2 Wandfläche an mindestens vier versetzt

angeordneten Stellen zu verbinden, z. B. durch S-Haken, oder bei dicken Wänden mit Steckbügeln im Innern der Wand zu verankern, wobei die freien Bügelenden die Verankerungslänge 0,5 l_0 haben müssen (l_0 siehe Abschnitt 18.5.2.1).

(6) S-Haken dürfen bei Tragstäben mit $d_s \leq 16$ mm entfallen, wenn deren Betondeckung mindestens 2 d_s beträgt. In diesem Fall und stets bei Betonstahlmatten dürfen die druckbeanspruchten Stäbe außen liegen.

(7) Eine statisch erforderliche Druckbewehrung von mehr als 1% je Wandseite ist wie bei Stützen nach Abschnitt 25.2.2.2 zu verbügeln.

(8) An freien Rändern sind die Eckstäbe durch Steckbügel zu sichern.

Zitierte Normen und andere Unterlagen

DIN 267 Teil 11	Mechanische Verbindungselemente; Technische Lieferbedingungen mit Ergänzungen zu ISO 3506, Teile aus rost- und säurebeständigen Stählen
Normen der Reihe DIN 488	Betonstahl
DIN 488 Teil 1	Betonstahl; Sorten, Eigenschaften, Kennzeichen
DIN 488 Teil 4	Betonstahl; Betonstahlmatten und Bewehrungsdraht; Aufbau, Maße und Gewichte
DIN 1013 Teil 1	Stabstahl; Warmgewalzter Rundstahl für allgemeine Verwendung; Maße, zulässige Maß- und Formabweichungen
DIN 1048 Teil 1	Prüfverfahren für Beton; Frischbeton, Festbeton gesondert hergestellter Probekörper
DIN 1048 Teil 2	Prüfverfahren für Beton; Bestimmung der Druckfestigkeit von Festbeton in Bauwerken und Bauteilen; Allgemeines Verfahren
DIN 1048 Teil 4	Prüfverfahren für Beton; Bestimmung der Druckfestigkeit von Festbeton in Bauwerken und Bauteilen, Anwendung von Bezugsgeraden und Auswertung mit besonderen Verfahren
DIN 1053 Teil 1	Mauerwerk; Berechnung und Ausführung
DIN 1055 Teil 3	Lastannahmen für Bauten; Verkehrslasten
DIN 1055 Teil 5	Lastannahmen für Bauten; Verkehrslasten; Schneelast und Eislast
DIN 1084 Teil 1	Überwachung (Güteüberwachung) im Beton- und Stahlbetonbau; Beton B II auf Baustellen
DIN 1084 Teil 2	Überwachung (Güteüberwachung) im Beton- und Stahlbetonbau; Fertigteile
DIN 1084 Teil 3	Überwachung (Güteüberwachung) im Beton- und Stahlbetonbau; Transportbeton
Normen der Reihe DIN 1164	Portland-, Eisenportland-, Hochofen- und Traßzement
DIN 1164 Teil 100	(z. Z. Entwurf) Zemente; Portlandölschieferzement, Anforderungen, Prüfungen, Überwachung
DIN 4030	Beurteilung betonangreifender Wässer, Böden und Gase
DIN 4035	Stahlbetonrohre, Stahlbetondruckrohre und zugehörige Formstücke aus Stahlbeton; Maße, Technische Lieferbedingungen
DIN 4099	Schweißen von Betonstahl; Ausführung und Prüfung
DIN 4102 Teil 2	Brandverhalten von Baustoffen und Bauteilen; Bauteile, Begriffe, Anforderungen und Prüfungen
DIN 4102 Teil 4	Brandverhalten von Baustoffen und Bauteilen; Zusammenstellung und Anwendung klassifizierter Baustoffe, Bauteile und Sonderbauteile
Normen der Reihe DIN 4103	Nichttragende Trennwände
DIN 4108 Teil 2	Wärmeschutz im Hochau; Wärmedämmung und Wärmespeicherung; Anforderungen und Hinweise für Planung und Ausführung
DIN 4158	Zwischenbauteile aus Beton für Stahlbeton- und Spannbetondecken
DIN 4159	Ziegel für Decken und Wandtafeln, statisch mitwirkend
DIN 4160	Ziegel für Decken, statisch nicht mitwirkend
DIN 4187 Teil 2	Siebböden; Lochplatten für Prüfsiebe; Quadratlochung
DIN 4188 Teil 1	Siebböden; Drahtsiebböden für Analysensiebe, Maße
DIN 4226 Teil 1	Zuschlag für Beton; Zuschlag mit dichtem Gefüge; Begriffe, Bezeichnung und Anforderungen
DIN 4226 Teil 2	Zuschlag für Beton; Zuschlag mit porigem Gefüge (Leichtzuschlag); Begriffe, Bezeichnung und Anforderungen
DIN 4226 Teil 3	Zuschlag für Beton; Prüfung von Zuschlag mit dichtem oder porigem Gefüge
DIN 4226 Teil 4	Zuschlag für Beton; Überwachung (Güteüberwachung)
DIN 4227 Teil 1	Spannbeton; Bauteile aus Normalbeton mit beschränkter oder voller Vorspannung
DIN 4228	(z. Z. Entwurf) Werkmäßig hergestellte Betonmaste
DIN 4235 Teil 1	Verdichten von Beton durch Rütteln; Rüttelgeräte und Rüttelmechanik
DIN 4235 Teil 2	Verdichten von Beton durch Rütteln; Verdichten mit Innenrüttlern
DIN 4235 Teil 3	Verdichten von Beton durch Rütteln; Verdichten bei der Herstellung von Fertigteilen mit Außenrüttlern

DIN 4235 Teil 4	Verdichten von Beton durch Rütteln; Verdichten von Ortbeton mit Schalungsrüttlern
DIN 4235 Teil 5	Verdichten von Beton durch Rütteln; Verdichten mit Oberflächenrüttlern
DIN 4243	Betongläser; Anforderungen, Prüfung
DIN 4281	Beton für Entwässerungsgegenstände; Herstellung, Anforderungen und Prüfungen
DIN 17 100	Allgemeine Baustähle; Gütenorm
DIN 17 440	Nichtrostende Stähle; Technische Lieferbedingungen für Blech, Warmband, Walzdraht, gezogenen Draht, Stabstahl, Schmiedestücke und Halbzeug
Normen der Reihe DIN 18 195	Bauwerksabdichtungen
DIN 51 043	Traß; Anforderungen, Prüfung
DIN 52 100	Prüfung von Naturstein; Richtlinien zur Prüfung und Auswahl von Naturstein
DIN 53 237	Prüfung von Pigmenten; Pigmente zum Einfärben von zement- und kalkgebundenen Baustoffen
Normen der Reihe DIN EN 196	Prüfverfahren für Zement
Normen der Reihe DIN EN 197	Zement; Zusammensetzung, Anforderungen und Konformitätskriterien
DIN EN 197 Teil 1	(z.Z. Entwurf) Zement; Zusammensetzung, Anforderungen und Konformitätskriterien; Definitionen und Zusammensetzung, Deutsche Fassung pr EN 197 - 1: 1986

Vorläufige Richtlinie für Beton mit verlängerter Verarbeitbarkeitszeit (Verzögerter Beton); Eignungsprüfung, Herstellung, Verarbeitung und Nachbehandlung[40]) (Vertriebs-Nr 65 008)

Richtlinie zur Nachbehandlung von Beton[40]) (Vertriebs-Nr 65 009)

Richtlinie für Beton mit Fließmittel und für Fließbeton; Herstellung, Verarbeitung und Prüfung[40]) (Vertriebs-Nr 65 0011)

Richtlinie Alkalireaktion im Beton; Vorbeugende Maßnahmen gegen schädigende Alkalireaktion im Beton[40]) (Vertriebs-Nr 65 0012)

DAfStb-Heft 220	„Bemessung von Beton- und Stahlbetonbauteilen nach DIN 1045"[40])
DAfStb-Heft 240	„Hilfsmittel zur Berechnung der Schnittgrößen und Formänderungen von Stahlbetontragwerken"[40])
DAfStb-Heft 337	„Verhalten von Beton bei hohen Temperaturen"[40])
DAfStb-Heft 400	Erläuterungen zu DIN 1045 „Beton und Stahlbeton", Ausgabe 07.88

Merkblatt für Betonprüfstellen E[41])

Merkblatt für Betonprüfstellen W[41])

Richtlinien für die Zuteilung von Prüfzeichen für Betonzusatzmittel (Prüfrichtlinien)[41])

Merkblatt für die Ausstellung von Transportbeton-Fahrzeug-Bescheinigungen[41])

Richtlinie über Wärmebehandlung von Beton und Dampfmischen

Merkblatt Betondeckung
Herausgeber Deutscher Beton-Verein, e. V., Fachvereinigung Betonfertigteilbau im Bundesverband Deutsche Beton- und Fertigteilindustrie e. V. und Bundesfachabteilung Fertigteilbau im Hauptverband der Deutschen Bauindustrie e. V.

DBV-Merkblatt „Rückbiegen"

ACI Standard Recommended Practice of Hot Weather Concreting (ACI 305-72)

Weitere Normen und andere Unterlagen

DIN 1055 Teil 1	Lastannahmen für Bauten; Lagerstoffe, Baustoffe und Bauteile; Eigenlasten und Reibungswinkel
DIN 1055 Teil 2	Lastannahmen für Bauten; Bodenkenngrößen; Wichte, Reibungswinkel, Kohäsion, Wandreibungswinkel
DIN 1055 Teil 4	Lastannahmen für Bauten; Verkehrslasten; Windlasten bei nicht schwingungsanfälligen Bauwerken
DIN 1055 Teil 6	Lastannahmen für Bauten; Lasten in Silozellen

Merkblatt für die Anwendung des Betonmischens mit Dampfzuführung
Herausgeber Verein Deutscher Zementwerke e. V. (Veröffentlicht z. B. in „beton" Heft 9/1974)

Merkblatt für Schutzüberzüge auf Beton bei sehr starken Angriffen auf Beton nach DIN 4030
Herausgeber Verein Deutscher Zementwerke e. V. (Veröffentlicht z. B. in „beton" Heft 9/1973)

Vorläufige Richtlinien für die Prüfung von Betonzusatzmitteln zur Erteilung von Prüfzeichen[41])

Richtlinien für die Überwachung von Betonzusatzmitteln (Überwachungsrichtlinien)[41])

Frühere Ausgaben

DIN 1045: 09.25, 04.32, 05.37, 04.43xxx, 11.59, 01.72, 12.78

---

[40]) Herausgeber:
Deutscher Ausschuß für Stahlbeton, Berlin; zu beziehen über: Beuth Verlag GmbH, Burggrafenstraße 6, 1000 Berlin 30

[41]) Herausgeber:
Institut für Bautechnik, Berlin; zu beziehen über: Deutsches Informationszentrum für Technische Regeln (DITR) im DIN, Burggrafenstraße 6, 1000 Berlin 30

Änderungen

Gegenüber der Ausgabe Dezember 1978 wurden folgende Änderungen vorgenommen:

a) Umbenennung der Konsistenzbereiche
b) Einführung einer Regelkonsistenz
c) Erweiterung der Sieblinien für Betonzuschlag
d) Verbesserte Regelungen für Außenbauteile
e) Erweiterte Regelungen für Betonzusatzmittel
f) Feinstanteile von Betonzuschlägen
g) Wasserundurchlässiger Beton
h) Beton mit hohem Frost- und Tausalzwiderstand
i) Beton für hohe Gebrauchstemperaturen
k) Anpassung an die Normen der Reihe DIN 488 Betonstahl
l) Verarbeitung und Nachbehandlung von Beton
m) Erhöhung der Betondeckung
n) Bemessungskonzept bei Knicken nach zwei Richtungen
o) Verbesserung der Schubbemessung
p) Beschränkung der Rißbreite
q) Regelungen für Hin- und Zurückbiegen von Betonstahl
r) Schweißen von Betonstahl
s) Verbesserung konstruktiver Bewehrungsregeln

Allgemeine redakionelle Anpassungen an die zwischenzeitlichen Normenfortschreibung

Erläuterungen

Formelzeichen und Kurzzeichen

Zeichen	Erläuterung	Abschnitt
A_b	Gesamtquerschnitt des Betons	17.2.3, 17.4.3, 18.6, 21.2, 25.2
A_{bZ}	Zugzone des Betons	17.6.2
A_s	Querschnitt der Längs-Zugbewehrung	17.2.3, 17.6.2, 18.5, 18.6, 18.7, 20.3, 22.4, 25.2, 25.3
A'_s	Querschnitt der Längs-Druckbewehrung	17.2.3, 25.2
KF	Konsistenz fließend	6.5.3, 9.4.2, 9.4.3, 21.2
KP	Konsistenz plastisch	2.1.2, 5.4.6, 6.5.3, 6.5.5, 9.4.2, 9.4.3, 10.2.2
KR	Konsistenz weich (Regelkonsistenz)	2.1.2, 5.4.6, 6.5.3, 6.5.5, 9.4.2, 9.4.3
KS	Konsistenz steif	5.4.6, 6.5.3, 6.5.5, 9.4.2, 9.4.3, 10.2.2
min c	Mindestmaß der Betondeckung	13.2.1
nom c	Nennmaß der Betondeckung	13.2.1
d_{br}	Biegerollendurchmesser	18.3, 18.5, 18.6, 18.8, 18.9
d_s	Nenndurchmesser Betonstahl	6.6.2, 6.6.3, 17.6.3, 17.8, 18, 20.1, 21.2, 25.5
d_{sV}	Vergleichsdurchmesser	17.6, 18.5, 18.6, 18.11
k_0	Beiwert	17.6.2
k_1	Beiwert	17.5.5, 20.1, 22.5
k_2	Beiwert	17.5.5, 20.1, 22.5
l_0	Grundmaß der Verankerungslänge	18.5, 18.6, 18.7, 18.9, 25.5
l_1	Verankerungslänge	18.5, 18.6, 18.7, 18.8, 18.10, 20.1
$l_ü$	Übergreifungslänge	18.6, 18.9, 18.11, 19.7
w/z	Wasserzementwert	4.3, 5.4.4, 6.5.2, 6.5.6, 6.5.7, 7.4.3, 9.1, 11.1
β_C	Zylinderfestigkeit ∅ 150 mm	7.4.3.5
β_R	Rechenwert der Betondruckfestigkeit	16.2.3, 17.2.1, 17.3.2, 17.3.3, 17.3.4, 23.2
β_{W7}	7-Tage-Würfeldruckfestigkeit	7.4.3.5
β_{W28}	28-Tage-Würfeldruckfestigkeit	6.2.2, 7.4.3.5
β_{W150}	Würfeldruckfestigkeit 150 mm Kantenlänge	7.4.3.5
β_{W200}	Würfeldruckfestigkeit 200 mm Kantenlängen	7.4.3.5
β_{WN}	Nennfestigkeit eines Würfels	6.2.2, 6.5.1, 6.5.2, 17.2.1, 17.6.2, 22.4, 22.5.2
β_{WS}	Serienfestigkeit einer Würfelserie	6.2.2, 7.4.2
β_{Wm}	mittlere Festigkeit einer Würfelserie	6.2.2
$\beta_S(R_e)$	Streckgrenze des Betonstahls	6.6.1, 6.6.3, 17.5.4, 17.6.2, 18.5, 18.6, 22.5, 23.2

Zeichen	Erläuterung	Abschnitt
$\beta_Z(R_m)$	Zugfestigkeit des Betonstahls	6.6.3, 18.6.5
$\beta_{0,2}(R_{p0,2})$	0,2%-Dehngrenze des Betonstahls	6.6.3
β_{bZ}	Biegezugfestigkeit des Betons	17.6.2
β_{bZw}	wirksame Biegezugfestigkeit des Betons	17.6.2
γ	Sicherheitsbeiwert	17.1, 17.2.2, 17.9, 18.5, 19.2
μ	Querdehnzahl	15.1.2, 16.2.2, 20.3, 21.2, 22.4
τ	Bemessungswert der Schubspannung	17.5.2, 17.5.5, 17.5.7, 18.8, 19.7
τ_0	Grundwert der Schubspannung	17.5.2, 17.5.3, 17.5.5, 17.5.7, 18.8, 19.4, 19.7, 20.1, 20.2, 20.3, 21.2
τ_{0a}	Schubspannung in Plattenanschnitt	18.8
τ_1	Grundwert der Verbundspannung	18.4, 18.5
τ_T	Grundwert der Torsionsspannung	17.5.6, 17.5.7
$\tau_{bü}$	Bemessungswert der Bügelschubspannung	18.8
τ_r	rechnerische Schubspannung in einem Rundschnitt	22.5, 22.6

Internationale Patentklassifikation

E 04 Gesamtkl.
B 28 B Gesamtkl.
B 28 C Gesamtkl.
C 04 B 28/00
G 01 L 5/00
G 01 N 3/00
G 01 N 33/38

DK 666.972 : 691.32 : 620.1

Juni 1991

Prüfverfahren für Beton

Frischbeton

DIN 1048 Teil 1

Testing methods for concrete; fresh concrete
Méthodes d'essais pour le béton; béton frais

Mit DIN 1048 T 5/06.91 als Ersatz für DIN 1048 T 1/12.78

Diese Norm wurde vom Fachbereich VII Beton- und Stahlbetonbau/Deutscher Ausschuß für Stahlbeton des NABau ausgearbeitet.

Maße in mm

Inhalt

1 Anwendungsbereich

(1) Diese Norm gilt für alle Betonarten im Sinne von DIN 1045/07.88, Abschnitt 2.1 und DIN 4232.

(2) Die Norm enthält keine Angaben über die Bewertung der Prüfergebnisse und die an den Beton gestellten Anforderungen; hierfür ist DIN 1045 maßgebend.

2 Probenahme

2.1 Eignungsprüfung

(1) Die Proben für eine Eignungsprüfung sind aus besonders dafür hergestelltem Beton zu entnehmen.

(2) Der Beton ist aus den Stoffen herzustellen, die für das Bauwerk vorgesehen sind. Die Herkunft der verwendeten Stoffe und die Zusammensetzung des Frischbetons sind aufzuzeichnen.

(3) Der Beton ist mit Betonmischern nach DIN 459 herzustellen und nach Zugabe aller Ausgangsstoffe ausreichend lange zu mischen.

(4) Mischerart und Mischzeit sowie Raum- und Betontemperaturen sind aufzuzeichnen. Die Probenahme muß so erfolgen, daß die Konsistenzmessungen mindestens zu den in DIN 1045 vorgesehenen Zeitpunkten erfolgen können. In der Zwischenzeit ist der Beton gegen Austrocknen zu schützen.

(5) Vor jeder Frischbetonprüfung ist der Beton kurz durchzumischen. Der Frischbeton ist in der Nähe der Mischstelle zu prüfen.

2.2 Güte- und Erhärtungsprüfung

(1) Proben für Güte- und Erhärtungsprüfungen sind aus Beton, der für Bauteile bestimmt ist, im allgemeinen auf der Baustelle zu entnehmen und möglichst sofort in der Nähe der jeweiligen Entnahmestelle zu prüfen.

(2) Die Entnahme aus Transportbetonfahrzeugen soll während des laufenden Entladevorganges erfolgen.

(3) Läßt sich ein Transport der Frischbetonprobe nicht vermeiden, so ist sie während des Transportes vor Veränderungen (Wasserverlust, Wasserzutritt, Frost, Hitze usw.) zu schützen. Die Probe ist dann in geschlossenen Behältern zu transportieren, die aus nicht wassersaugendem Material bestehen und vor Einfüllen des Betons innen leicht angefeuchtet werden müssen.

(4) Der Frischbeton ist vor der Prüfung nochmals gründlich durchzumischen.

2.3 Probemenge

Für die jeweilige Prüfung ist mindestens das 1,5fache des tatsächlich erforderlichen Bedarfs — wenigstens aber 20 l — zu entnehmen.

3 Prüfung

Bei allen im folgenden beschriebenen Geräten sind in angemessenem Abstand die geforderten Geräteeigenschaften zu überprüfen; die Geräte sind gegebenenfalls zu kalibrieren.

Fortsetzung Seite 2 bis 5

Normenausschuß Bauwesen (NABau) im DIN Deutsches Institut für Normung e.V.

3.1 Frischbetontemperatur

3.1.1 Gerät

Thermometer mit einem Skalenteilungswert von mindestens 1 °C.

3.1.2 Durchführung

Die Temperatur des Frischbetons (T_f) ist in mindestens 5 cm Tiefe etwa 30 s nach Einführen des Thermometers zu messen und auf 1 °C anzugeben.

3.2 Konsistenz

(1) Das Konsistenzmaß des Frischbetons ist unter Beachtung der Eignung für den jeweiligen Konsistenzbereich nach DIN 1045 (siehe Tabelle 1) wahlweise mit dem

— Ausbreitversuch (siehe Abschnitt 3.2.1)
oder
— Verdichtungsversuch (siehe Abschnitt 3.2.2)
zu bestimmen.

(2) Für die Eignungs- und Güteprüfung ist dasselbe Verfahren anzuwenden.

(3) Die Konsistenz kann nach besonderer Vereinbarung mit dem Setzversuch (Slump-Test; siehe DIN ISO 4109; geeignet für KP und KR) oder dem Setzzeitversuch (Vébé-Test; siehe DIN ISO 4110; geeignet für KS und KP) geprüft werden.

Tabelle 1. **Eignung der Prüfverfahren**

Verfahren	Anwendbar bis zum Zuschlag Größtkorn	geeignet für Konsistenzbereich steif KS	plastisch KP	weich KR	fließend KF
Ausbreitversuch	32 [1])	–	+	+	+
Verdichtungsversuch	63 [1])	+	+	(+) [2])	–

+ brauchbar; (+) bedingt brauchbar;
– nicht geeignet.

[1]) Für Beton mit einem gröberen Zuschlaggrößtkorn wird auf das DAfSt-Heft 329 verwiesen.

[2]) Die Anwendung ist auf Beton mit gebrochenem Zuschlag zu beschränken.

Bild 1. Ausbreittisch, Kegelstumpfform, Stößel

Allgemeintoleranzen: DIN 7168 — sg

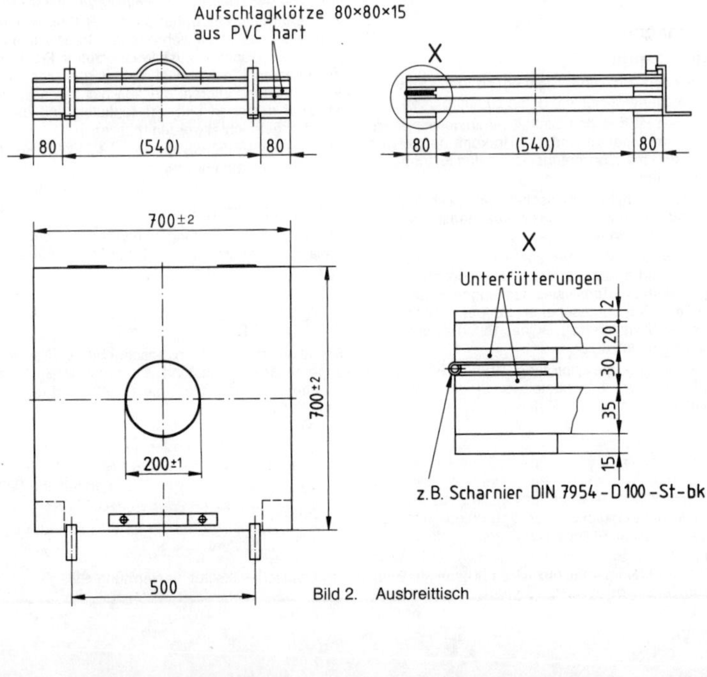

Bild 2. Ausbreittisch

(4) Da die Konsistenz zeitabhängig ist, muß die Zeitspanne von der Wasserzugabe bei der Herstellung des Betons bis zum Zeitpunkt der Konsistenzprüfung in min angegeben werden (Index beim Kennbuchstaben; siehe Beispiele in den Abschnitten 3.2.1 bis 3.2.2).

3.2.1 Ausbreitversuch

3.2.1.1 Geräte

(1) Ausbreittisch mit einer Fläche von (700 ± 2) mm × (700 ± 2) mm, bei dem die bewegliche obere Platte aus 20 mm dicken, wasserfest verleimten Sperrholz besteht, auf die eine 2 mm dicke, feuerverzinkte, ebene Stahlblechplatte aufgeschraubt ist. Dieser bewegliche Teil muß 16 kg wiegen. Die Ausbreittischmitte ist durch ein Kreuz parallel zu den Tischkanten und einen Kreis von (200 ± 1) mm Durchmesser, dessen Mittelpunkt die Ausbreittischmitte bildet, zu kennzeichnen. Die vorderen Ecken der Ausbreittischplatte sind mit Aufschlagklötzen 80 mm × 80 mm × 15 mm aus PVC-hart zu versehen, die mit der Platte fest verschraubt sind.

(2) Der Aufstellrahmen ist möglichst drillsteif auszuführen. Hierzu sind wasserfest imprägnierte Hartholzleisten mit einem Querschnitt 35 mm × 80 mm zu verwenden, die in den Stößen durch Dübel oder Nut-Feder-Verbindungen aneinanderzufügen sind. Der Rahmen ist auf 3 PVC-hart-Füße 80 mm × 80 mm × 15 mm aufzulegen, dabei sind ein Fuß mittig auf der Scharnierseite und die beiden anderen an den gegenüberliegenden Ecken des Rahmens anzubringen. Auf den vorderen Rahmenecken sind oben Aufschlagklötze 80 mm × 80 mm × 15 mm aus PVC-hart fest aufzuschrauben. Am rückwärtigen Rand sind Platte und Rahmen durch leichtgängige, nichtrostende Scharniere so zu verbinden, daß die Aufschlagklötze vollflächig aufeinanderschlagen.

(3) Die Hub-/Fallhöhe der Ausbreittischplatte ist mittig durch einen Anschlag auf (40 ± 0,5) mm zu begrenzen. Zum Anheben der Ausbreittischplatte ist am anzuhebenden Rand mittig ein Handgriff oder eine Hubmechanik, die ein ruckfreies Anheben und einen freien Fall der Tischplatte über die gesamte Hubhöhe sicherstellt, anzuordnen. Der Aufstellrahmen soll vorn über zwei Trittbleche mit einem Abstand von etwa 500 mm verfügen, deren Unterkante mit der Aufstellebene bündig ist.

(4) Die Kegelstumpfform zur Aufnahme des Frischbetons (siehe Bild 1) hat oben einen Innendurchmesser von (130 ± 2) mm, unten einen Innendurchmesser von (200 ± 2) mm und eine Höhe von (200 ± 2) mm. Die Form ist aus mindestens 1,5 mm dickem Blech herzustellen und muß eine glatte Innenfläche aufweisen. Es sind je 2 Handgriffe und Haltebleche vorzusehen. Zu empfehlen ist zudem ein sogenannter Schmutzkragen im oberen Drittel der Form.

(5) Zum Ebnen der Betonoberfläche ist ein Holzstab mit einer Querschnittsfläche von etwa 1500 mm^2 und einer Länge von etwa 550 mm zu verwenden.

(6) Als Einfüllschaufel ist eine Handschaufel mit einem Fassungsvermögen von ≈ 0,6 l zu verwenden.

(7) Meßgerät z. B. Meßschieber nach DIN 862 oder Zentimeterstab.

3.2.1.2 Durchführung

(1) Der Ausbreittisch ist auf festem, waagerechtem Untergrund aufzustellen. Vor Beginn jedes Versuchs sind die richtige Höhe des Anschlags für die Begrenzung der Hubhöhe, die Leichtgängigkeit der Scharniere und die Sauberkeit der Aufschlagflächen zu prüfen; die Tischplatte und die Innenflächen der Form sind feucht abzuwischen (mattfeuchte Oberfläche). Die Form wird mittig auf die Tischplatte gestellt und an den Halteblechen gegen Verschieben gesichert. Dann wird der Beton lose in die Kegelstumpfform eingefüllt. Dazu läßt man ihn mit der Handschaufel reihum etwa bis zur halben Höhe gleichmäßig verteilt in die Kegelstumpfform rutschen. Mit Hilfe des Holzstabes ist dann der Beton ohne Verdichtungswirkung etwa horizontal zu ebnen. Danach wird die Kegelstumpfform auf gleiche Weise mit Überstand gefüllt.

(2) Nach dem Füllen der Form ist der Überstand ohne Verdichtungseinwirkung bündig abzustreichen.

(3) Die Tischplatte ist zu reinigen und feucht nachzuwischen; dabei ist die Form mittig fest auf den Ausbreittisch zu drücken. Danach ist die Form mit beiden Händen lotrecht hochzuziehen und beiseitezustellen. Während der Laborant auf den Trittblechen des Aufstellrahmens steht, wird innerhalb von 15 s die Tischplatte ruckfrei 15 mal bis zum Anschlag angehoben und frei fallengelassen. Dies erfolgt entweder durch manuelles vorsichtiges Anheben bis zum Anschlag, ohne jedoch ruckartig daran zu stoßen, und freies Fallenlassen (rasches Herausziehen der Finger aus dem Griff, während sich die Platte am oberen Anschlag befindet) oder durch die ruckfrei arbeitende Hubmechanik. Im Hinblick auf die Beurteilung des Betonverhaltens nach Absatz (5) ist das Ausbreiten des Betons während des Versuches zu beobachten. Der gesamte Versuch soll innerhalb von 90 s ausgeführt sein.

(4) Die Durchmesser des Betonkuchens werden parallel zu den Tischkanten auf 5 mm gemessen. Zweckmäßig ist die Verwendung eines Meßschiebers. Als Ausbreitmaß *a* gilt das Mittel beider gemessenen Durchmesser; es ist auf 10 mm gerundet anzugeben.

Beispiel:

> a_{10} = 450 mm, d. h. Konsistenz von 450 mm Ausbreitmaß bei Prüfung 10 min nach Wasserzugabe

(5) Ergibt sich beim Ausbreitversuch kein geschlossener Kuchen[1]) oder weichen die beiden Durchmesser um mehr als 50 mm voneinander ab, so ist der Versuch an einer weiteren gleichartigen Betonprobe zu wiederholen. Ergibt sich bei zwei aufeinanderfolgenden Prüfungen kein geschlossener Kuchen bzw. größere Abweichungen als 50 mm der Einzeldurchmesser, so ist der Ausbreitversuch nicht aussagekräftig. Statt des Ausbreitmaßes ist in diesem Fall „zerfallen" anzugeben.

3.2.2 Verdichtungsversuch

3.2.2.1 Geräte

(1) Der oben offene Kasten aus mindestens 2,5 mm dickem Blech hat eine Grundfläche von (200 ± 2) mm × (200 ± 2) mm und ist (400 ± 2) mm hoch (siehe Bild 3). Zum leichteren Entleeren des Behälters kann die Bodenplatte mit Löchern versehen sein, die beim Versuch mit einer höchstens 1 mm dicken Kunststoffolie so abgedeckt werden, daß ein Wasser- oder Feinmörtelverlust sicher vermieden wird.

(2) Maurerkelle Form B nach DIN 6440, mit einer Länge von 180 mm, einer vorderen Breite von 95 mm und einer hinteren Breite von 125 mm.

(3) Verdichtungsgerät: z. B. Rütteltisch

3.2.2.2 Durchführung

(1) In den erschütterungsfrei aufgestellten, sauberen, feucht ausgewischten oder leicht eingeölten Behälter wird

---

[1]) Dies ist insbesondere der Fall, wenn
- starke Wasser- oder Leimabsonderungen,
- starke Absonderungen von Grobzuschlag oder
- ein Umfallen des Betonkegels zu Beginn des Ausbreitversuchs aufgetreten sind.

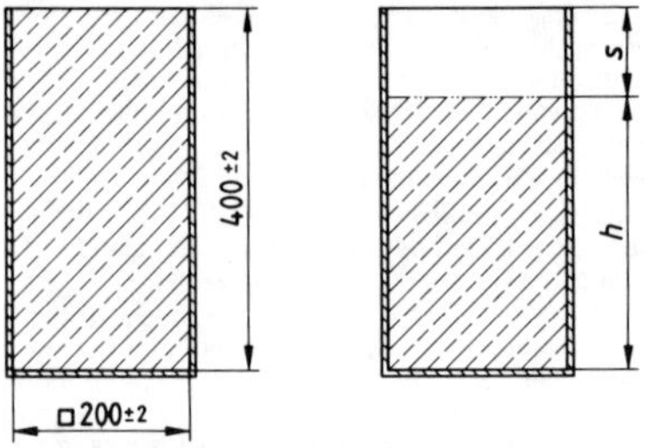

Bild 3. Verdichtungsversuch

der Beton lose eingefüllt. Dazu wird er mit der Kelle reihum von den einzelnen Behälterkanten aus über eine Längskante der Kelle in den Behälter gekippt, bis dieser gehäuft gefüllt ist. Danach wird zunächst der überstehende Beton mit einem Stahllineal ohne Verdichtungseinwirkung bündig abgestrichen und sodann der Beton im Behälter — zweckmäßigerweise auf einem Rütteltisch — so lange verdichtet, bis sein Volumen nicht mehr weiter abnimmt. Beim Verdichten ist (gegebenenfalls durch Auflegen einer höchstens 10 mm dicken Stahlplatte) sicherzustellen, daß kein Beton durch Herausspritzen oder Auslaufen verloren geht. Entsteht beim Verdichten eine gewölbte Betonoberfläche, so ist sie vor dem Bestimmen des Verdichtungsmaßes durch leichtes Stampfen zu ebnen.

(2) Als Konsistenzmaß gilt das Verdichtungsmaß

$$v = 400/h = 400/(400 - s),$$

wobei s das Mittel aus 4 Messungen (jeweils in der Mitte der Seitenflächen des Behälters) des in vollen mm gemessenen Abstandes der Oberfläche der auf die Höhe h verdichteten Füllung vom oberen Behälterrand ist (siehe Bild 3). Das Verdichtungsmaß v ist auf 0,01 gerundet anzugeben.

Beispiel:

v_{45} = 1,26, d.h. Konsistenz von 1,26 Verdichtungsmaß bei Prüfung 45 min nach Wasserzugabe

3.3 Rohdichte

(1) Die Rohdichte des Frischbetons wird im 8-l-Topf des Luftgehalt-Prüfgerätes (siehe Abschnitt 3.5.1) oder beim Anfertigen von Probekörpern nach DIN 1048 Teil 5 unmittelbar nach dem bündigen Abstreichen der freien Oberfläche des verdichteten Betons bestimmt. In Zweifelsfällen ist das erstgenannte Verfahren maßgebend.

(2) Beim Verdichten durch Rütteln oder Stampfen können Aufsatzrahmen benutzt werden. Es muß dann soviel Beton eingefüllt werden, daß er nach dem Verdichten noch etwa 20 bis 30 mm über die Form übersteht. Anschließend muß der überstehende Beton abgestrichen werden.

(3) Die Rohdichte ergibt sich zu

$$\varrho_R = m/V.$$

Sie ist in kg/m^3 anzugeben. Dazu sind die Masse (das Gewicht) m des in der Form enthaltenen Betons als Unterschied der Massen der leeren und gefüllten Form durch Wägen und der vom Beton eingenommene Raum V durch Ausmessen des Hohlraumes der Form festzustellen. Die Massen sind auf 20 g, die Maße auf 1 mm gerundet zu ermitteln, die Rohdichte auf 10 kg/m^3 gerundet anzugeben.

3.4 Betonzusammensetzung

3.4.1 Allgemeines

(1) Die Betonzusammensetzung kann nach DIN 52171 (z.Z. Entwurf) bestimmt werden.

(2) Der Wasserzementwert kann am Frischbeton nur ermittelt werden, wenn der Beton keine Zusatzstoffe enthält, der Kornanteil ≤ 0,25 mm an einer Zuschlagprobe nach DIN 4226 Teil 3 festgestellt werden kann und bei Verwendung von Restwasser dessen Feststoffgehalt berücksichtigt wird.

(3) Einen Anhalt für die Gleichmäßigkeit der Zusammensetzung des Betons gibt sein Wassergehalt.

3.4.2 Wassergehalt

(1) Die Zeit zwischen Herstellung des Frischbetons und Prüfbeginn sollte 1 h nicht überschreiten.

(2) Eine Probemenge von mindestens 5000 g Frischbeton ist in das Darrgefäß auf 1 g einzuwägen (Masse $m_{b,h,1}$) und sofort unter ständigem Rühren rasch und scharf zu trocknen, bis keine Klumpen mehr zu beobachten sind und kein Dampf mehr aufsteigt (Kontrolle mit Glasplatte). Die Wärme soll möglichst großflächig zugeführt werden, so daß die Probe nach spätestens 20 min trocken ist. Die trockene und abgekühlte Probe ist zu wägen (Masse $m_{b,d,1}$). Der entstandene Masseverlust ($m_{b,h,1} - m_{b,d,1}$) entspricht der Gesamtwassermenge der Probe.

(3) Es sind zwei Versuche durchzuführen. Unterscheiden sich die Ergebnisse beider Versuche um mehr als 20 g, so ist ein dritter Versuch notwendig. Für die Beurteilung ist der arithmetische Mittelwert aus zwei bzw. drei Versuchen maßgebend.

(4) Die Kernfeuchte der Zuschläge muß berücksichtigt werden. Ist sie unbekannt, so kann sie nach DIN 52171/Entwurf 10.89, Abschnitt 6.5 bestimmt werden.

3.5 Luftgehalt

3.5.1 Geräte

(1) Der Luftgehalt von Frischbeton aus Zuschlägen mit dichtem Gefüge ist mit einem kalibrierten Prüfgerät von 8 l Inhalt nach dem Druckausgleichverfahren zu messen. Der Probenbehälter muß ein Verhältnis von $h/d \approx 1,2$ haben. Der Luftgehalt des Frischbetons wird auf einem Druckmeßgerät angezeigt; dessen Fehlergrenze muß bis zu einem Meßwert von 6% mindestens 0,1% (absolut), darüber hinaus mindestens 0,5% (absolut) betragen.

(2) Das Prüfgerät hat eine Druckkammer, in der ein definierter Druck erzeugt wird. Durch Öffnen eines Überströmventils wird der Druckausgleich zum Probenbehälter (Meßgefäß), der mit Frischbeton gefüllt ist, hergestellt. Der Druckabfall ist ein Maß für den im Frischbeton vorhandenen Luftgehalt.

(3) Bei Leichtbeton mit porigen Zuschlägen ist das Roll-a-meter-Verfahren nach ASTM C 173 : 1978 anzuwenden.

3.5.2 Durchführung

Im Anschluß an die Bestimmung der Rohdichte des auf dem Rütteltisch verdichteten Frischbetons nach Abschnitt 3.3, wobei ein Aufsatzrahmen benutzt werden muß, wird das Oberteil des Prüfgerätes auf den gesäuberten Rand des Behälters gesetzt und das Gerät verschlossen. Das noch freie Volumen zwischen Druckkammer und Betonoberfläche wird mit Wasser aufgefüllt und die Druckkammer auf den vorgeschriebenen Druck gebracht. Nach Druckausgleich wird der Luftgehalt abgelesen; er ist bis zu einem Volumenanteil von 6,0% auf 0,1% (absolut) und für größere Volumenanteile auf 0,5% (absolut) anzugeben.

4 Prüfzeugnis

Das Prüfzeugnis muß alle für die Beurteilung des Prüfergebnisses wichtigen Angaben enthalten:

- Hersteller,
- Baustelle,
- Bauteil,
- Bezeichnung des Betons (Betonsorte),
- Tag und Uhrzeit der Herstellung, der Probenahme und der Prüfung,
- Art und Ort der Probenahme,
- Ort der Prüfung,
- Behandlung des Frischbetons bis zur Prüfung,
- Form, mit der die Frischbetonrohdichte ermittelt wurde,
- Verwendung von Aufsatzrahmen,
- Angestrebte Eigenschaften des Betons,
- Einzel- und Mittelwerte der geprüften Eigenschaften,
- Vom Üblichen abweichender Befund bei der Prüfung.

Zitierte Normen und andere Unterlagen

DIN 459	Betonmischer; Begriffe, Größen, Anforderungen
DIN 862	Meßschieber; Anforderungen, Prüfung
DIN 1045	Beton- und Stahlbetonbau; Bemessung und Ausführung
DIN 1048 Teil 5	Prüfverfahren für Beton; Festbeton, gesondert hergestellte Probekörper
DIN 4226 Teil 3	Zuschlag für Beton; Prüfung von Zuschlag mit dichtem oder porigem Gefüge
DIN 4232	Wände aus Leichtbeton mit haufwerksporigem Gefüge; Bemessung und Ausführung
DIN 6440	Maurerkellen
DIN 7168 Teil 1	Allgemeintoleranzen; Längen- und Winkelmaße
DIN 7954	Beschlagteile; Gerollte Scharniere
DIN 52 171	(z. Z. Entwurf) Bestimmung der Zusammensetzung von Frischbeton
DIN ISO 4109	Frischbeton — Bestimmung der Konsistenz — Setzversuch; Identisch mit ISO 4109 : 1980
DIN ISO 4110	Frischbeton — Bestimmung der Konsistenz — Vébé-Test (Setzzeitversuch); Identisch mit ISO 4110 : 1979
ASTM C 173 — 78	Standard Test Method for Air Content of Freshly Mixed Concrete by the Volumetric Method [2])
DAfStb-Heft 329	Sachstandsbericht „Massenbeton" von Deutscher Beton-Verein e.V. (1982) Vertrieb: Beuth Verlag, Burggrafenstr. 6, 1000 Berlin 30

Frühere Ausgaben

DIN 1048: 09.25, 04.32, 10.37, 43x
DIN 1048 Teil 3: 01.75
DIN 1048 Teil 1: 01.72, 12.78

Änderungen

Gegenüber der Ausgabe Dezember 1978 wurden folgende Änderungen vorgenommen:

a) Die Norm ist aufgeteilt worden in
   - DIN 1048 Teil 1 mit Festlegungen über Frischbeton

   und
   - DIN 1048 Teil 5 mit Festlegungen über Festbeton, gesondert hergestellte Probekörper.

b) Übernahme der Bezeichnungen für Betonkonsistenz nach DIN 1045/7.88.

c) Technische und redaktionelle Anpassung des Textes an den aktuellen Stand der Prüftechnik.

Internationale Patentklassifikation

E 04 G 21/02
E 04 G 21/24
G 01 N 33/38

[2]) Zu beziehen durch: Beuth Verlag GmbH (Auslandsnormenvermittlung), Burggrafenstr. 6, 1000 Berlin 30

DK 666.972 : 691.32 : 620.173 Juni 1991

Prüfverfahren für Beton

Festbeton in Bauwerken und Bauteilen

DIN 1048 Teil 2

Testing methods for concrete; hardened concrete in structures and components

Méthodes d'essais pour le béton; Béton durci dans les ouvrages et éléments du construction

Ersatz für Ausgabe 02.76

Diese Norm wurde vom Fachbereich VII Beton- und Stahlbetonbau/Deutscher Ausschuß für Stahlbeton des NABau ausgearbeitet.

Inhalt

1 Anwendungsbereich

(1) Diese Norm gilt für die Überprüfung der Druckfestigkeit und der Oberflächenzugfestigkeit in Bauwerken und Bauteilen von Beton.

(2) Beton im Sinne dieser Norm ist Festbeton in Bauwerken und Bauteilen nach DIN 1045.

1.1 Druckfestigkeit

(1) Der Bestimmung der Druckfestigkeit von Normalbeton in Bauwerken und Bauteilen liegt DIN 1045/07.88, Abschnitte 7.4.4 und 7.4.5 zugrunde. Die Norm kann bei zerstörender Prüfung auch für Leichtbeton nach DIN 4219 Teil 1 angewendet werden. Für die Bestimmung der Druckfestigkeit von Beton anhand von gesondert hergestellten Probekörpern gilt DIN 1048 Teil 5.

(2) Für besondere Anwendungsgebiete (z.B. Betonfahrbahndecken, Spritzbeton) sind die entsprechenden Regelwerke, z.B. DIN 18551, zu beachten.

1.2 Oberflächenzugfestigkeit

Die Oberflächenzugfestigkeit kennzeichnet Festigkeitseigenschaften von Betonoberflächen bzw. oberflächennahen Schichten. Sie bezieht sich auf die jeweilige Prüffläche.

2 Allgemeines

2.1 Druckfestigkeit

(1) Die Druckfestigkeit des Betons im Bauwerk/Bauteil kann an entnommenen Proben (zerstörende Prüfung) oder durch Schlagprüfungen (zerstörungsfreie Prüfung) oder durch beides bestimmt werden.

Fortsetzung Seite 2 bis 6

Normenausschuß Bauwesen (NABau) im DIN Deutsches Institut für Normung e.V.

(2) Die Prüfung des Betons im Bauwerk entspricht einer Erhärtungsprüfung (siehe DIN 1045/07.88, Abschnitt 7.4.4). Beton gleicher Zusammensetzung kann deshalb bei der Prüfung nach dieser Norm und bei der Güteprüfung nach DIN 1048 Teil 5 unterschiedliche Druckfestigkeiten aufweisen.

2.2 Oberflächenzugfestigkeit

(1) Das Verfahren läßt sich an Bauteilen und an Probekörpern anwenden.

(2) Je nach Prüfzweck können die Untersuchungen an den ursprünglichen bzw. für die Klebung gereinigten oder auch an vorbehandelten Oberflächen durchgeführt werden.

(3) Der Abzugversuch kann mit oder ohne Freischneiden der Prüffläche mit einer Ringnut vorgenommen werden.

Anmerkung: Siehe auch Anhang A

3 Begriffe

(1) **Prüfbereich** ist der Teil eines Bauwerks oder Bauteils, an dem die Druckfestigkeit oder die Oberflächenzugfestigkeit bestimmt werden soll.

(2) **Meßstelle** ist eine Fläche im Prüfbereich, an der eine Probe für den Druckversuch entnommen, eine Schlagprüfung oder eine Prüfung der Oberflächenzugfestigkeit durchgeführt wird.

(3) **Prüffläche** ist die bei der Prüfung auf Oberflächenzugfestigkeit dem Prüfstempel entsprechende Kreisfläche auf der Betonoberfläche.

4 Formelzeichen

β Druckfestigkeit des Betons an einer Meßstelle (Meßstellenwert). Zur Unterscheidung notwendige Zusatzbezeichnungen sind durch die Fußzeiger auszudrücken, z.B. β_{C150} = Druckfestigkeit eines Bohrkerns mit 150 mm Durchmesser.

R Rückprallstrecke eines Einzelschlags in Skalenteilen (Skt).

R_m Meßstellenwert in Skalenteilen (Skt). Er ist das arithmetische Mittel aus 10 Werten R einer Meßstelle.

$\overline{R}_m$ Prüfbereichswert in Skalenteilen (Skt). Er ist das arithmetische Mittel aus den Meßstellenwerten R_m.

β_{OZ} Oberflächenzugfestigkeit an einer Prüffläche.

F Höchstkraft, die bei der Prüfung der Oberflächenzugfestigkeit an einer Prüffläche gemessen wird.

d_S Durchmesser des für die Prüfung auf Oberflächenzugfestigkeit benutzten Stempels.

5 Druckfestigkeitsprüfung

5.1 Prüfverfahren

5.1.1 Zerstörendes Prüfverfahren

5.1.1.1 Gestalt und Größe der Probekörper

(1) Probekörper zum Prüfen der Druckfestigkeit sollen die Form eines Zylinders haben. Die Probekörperhöhe einschließlich der gegebenenfalls aufgebrachten Abgleichschichten (siehe Abschnitt 5.1.1.4) soll dem Durchmesser des Probekörpers gleich sein. Eine Grenzabweichung im einzelnen von ±10% ist zulässig. Das Verhältnis des kleinsten Maßes des fertigen Probekörpers zum Größtkorn des Zuschlags sollte 3:1 nicht unterschreiten. Die Druckflächen der Probekörper müssen rechtwinklig zur Probekörperachse liegen.

(2) Der Durchmesser von Bohrkernen soll 150 mm oder 100 mm sein. In Sonderfällen, z.B. bei Prüfung feingliedriger oder stark bewehrter Bauteile, dürfen auch Bohrkerne mit kleinerem Durchmesser verwendet werden. Der Mindestdurchmesser beträgt jedoch 50 mm.

5.1.1.2 Entnahme der Proben und Beschaffenheit der Probekörper

(1) Bohrkerne sind vorsichtig im Naßbohrverfahren zu entnehmen. Die Zylinderflächen sollten glatt sein.

(2) In den Probekörpern dürfen keine in Druckrichtung verlaufenden Bewehrungsstäbe vorhanden sein. Bewehrungsstäbe senkrecht oder schräg zur Druckrichtung beeinflussen im allgemeinen die Festigkeit vor allem dann, wenn der Anteil der Bewehrung des Probekörpers ≥ 5% des Probekörpervolumens ist oder wenn im mittleren Drittel der Probekörperhöhe der Bewehrungsanteil, bezogen auf das Volumen des gesamten Probekörpers, ≥ 1% beträgt. Dieser Einfluß ist zu beachten.

5.1.1.3 Kennzeichnen der Probekörper

Die Probekörper sind sofort nach dem Herausbohren und erforderlichenfalls erneut nach dem Absägen von Randzonen eindeutig zu kennzeichnen. Die Kennzeichen sind im Meßstellenprotokoll (siehe Abschnitt 5.4.1) zu vermerken.

5.1.1.4 Vorbereiten der Probekörper für die Prüfung

Die Probekörper sollen nach dem Bearbeiten Maße nach Abschnitt 5.1.1.1 haben. Für das Vorbereiten der Probekörper zur Prüfung gilt DIN 1048 Teil 5.

5.1.1.5 Lagern und Prüfen der Probekörper

(1) Für das Lagern der Probekörper und das Durchführen der Prüfung gelten sinngemäß die Bestimmungen von DIN 1048 Teil 5/06.91, Abschnitte 4.1 und 4.2. Die Probekörper müssen bei der Prüfung lufttrocken sein. Hierzu sind sie mindestens einen Tag trocken und vor Zugluft geschützt bei 15 bis 22 °C[1]) auf einem Lattenrost zu lagern.

(2) Beim Einsetzen der Bohrkerne in die Prüfmaschine wird die Verwendung einer Zentriervorrichtung empfohlen.

5.1.2 Zerstörungsfreies Prüfverfahren

5.1.2.1 Allgemeines

(1) Als zerstörungsfreies Prüfverfahren wird in dieser Norm nur die Prüfung mit dem Rückprallhammer behandelt. Damit wird ein Kennwert für das elastische Verhalten des Betons in oberflächennahen Schichten ermittelt, aus dem unter bestimmten Voraussetzungen auf die Druckfestigkeit geschlossen werden kann. Bei Betonflächen, die durch besondere Einwirkungen verändert sind, z.B. durch Feuer, Frost oder chemischen Angriff, sind Schlagprüfungen zur Beurteilung der vorhandenen Druckfestigkeit nicht anwendbar.

(2) Der Rückprallhammer soll während der Schlagversuche eine Temperatur zwischen 10 und 30 °C haben.

5.1.2.2 Prüfung

Als Rückprallhammer nach dieser Norm darf nur der Rückprallhammer nach E. Schmidt, Modell N bzw. NR verwendet werden. Meßstellenwerte R_m müssen bei waagerechtem Schlag mindestens 20 Skalenteile (Skt) aufweisen, anderenfalls kann die Druckfestigkeit des Betons wegen der erheblichen Streuungen der Ergebnisse nicht beurteilt werden.

---

[1]) Es ist jedoch ein Temperaturbereich von (20 ± 2) °C anzustreben.

5.1.2.2.1 Wirkungsweise und Nachprüfen des Rückprallhammers

(1) Bei der Schlagprüfung mit dem Rückprallhammer trifft ein am vorderen Ende leicht gerundetes Schlaggewicht, das durch eine Feder — gegebenenfalls unter Mitwirkung der Fallbeschleunigung — beschleunigt worden ist, auf die Oberfläche des zu prüfenden Betons. Die Schlagenergie bewirkt am Ende des Schlags mit dem federnd gespeicherten Anteil einen Rückprall des Schlaggewichts. Mit zunehmender Betondruckfestigkeit wird die am Rückprallhammer in Skt ablesbare Rückprallstrecke R größer.

(2) Der Rückprallhammer ist vor jeder Anwendung an einem Prüfamboß zu überprüfen. Falls die dabei gemessene Rückprallstrecke R mehr als 2 Skt von dem in der Gebrauchsanweisung angegebenen Sollwert abweicht, ist der Rückprallhammer zu reinigen, erneut nachzuprüfen und, wenn er weiterhin mehr als 2 Skt abweicht, zu justieren[2]).

5.1.2.2.2 Durchführen der Schlagprüfung

(1) Der Rückprallhammer ist mit weit herausragendem Schlagbolzen möglichst rechtwinklig zur Betonfläche anzusetzen und mit langsam und stetig gesteigertem Druck auf die Bodenfläche des Hammergehäuses so weit gegen den Beton zu drücken, bis der Schlag ausgelöst ist. Die durch den Zeiger an der Skale angezeigte Rückprallstrecke R muß sodann, falls die Zeigerstellung nicht anderweitig festgehalten wird, noch bei angedrücktem Rückprallhammer abgelesen werden.

(2) Die Schlagstellen sind möglichst gleichmäßig über eine etwa 200 cm^2 groß zu wählende Meßstelle zu verteilen. Erkennbare Zuschlagkörner und Fehlstellen, z.B. Grobporen, Kiesnester, Stahleinlagen, sind zu vermeiden. Die Schläge sollen mindestens 30 mm von Kanten liegen und untereinander einen Mittenabstand von mindestens 25 mm haben. Sollte der Schlagabdruck Verquetschungen oder Einbrüche z.B. infolge oberflächennaher Luftporen, aufweisen, dann muß der Schlag an anderer Stelle wiederholt werden.

5.1.2.3 Erforderliche Anzahl der Einzelwerte und Errechnen des Meßstellenwertes

An einer Meßstelle sind jeweils 10 Werte R zu ermitteln. Aus ihnen wird der Meßstellenwert R_m als arithmetisches Mittel errechnet.

5.1.2.4 Einfluß der Schlagrichtung

Der Einfluß der Schlagrichtung bei der Prüfung ist beim Abweichen von der Waagerechten (siehe Bild 1) durch Berichtigung des nach Abschnitt 5.1.2.3 errechneten Meßstellenwertes R_m nach Tabelle 1 zu berücksichtigen.

5.2 Anwenden der Prüfverfahren

5.2.1 Anzahl der Meßstellen

(1) Die erforderliche Anzahl der Meßstellen richtet sich nach der in DIN 1045/7.88, Abschnitt 7.4.3.5.1 für die Güteprüfung geforderten Anzahl der Probekörper.

(2) Bei zerstörender Prüfung sind mindestens notwendig:

a) die einfache Anzahl der Proben bei Probekörpern mit einem Durchmesser ≥ 100 mm,

b) die eineinhalbfache Anzahl der Proben bei Probekörpern mit einem Durchmesser < 100 mm und einem Größtkorn des Zuschlags ≤ 16 mm,

c) die doppelte Anzahl der Proben bei Probekörpern mit einem Durchmesser < 100 mm und einem Größtkorn des Zuschlags > 16 mm.

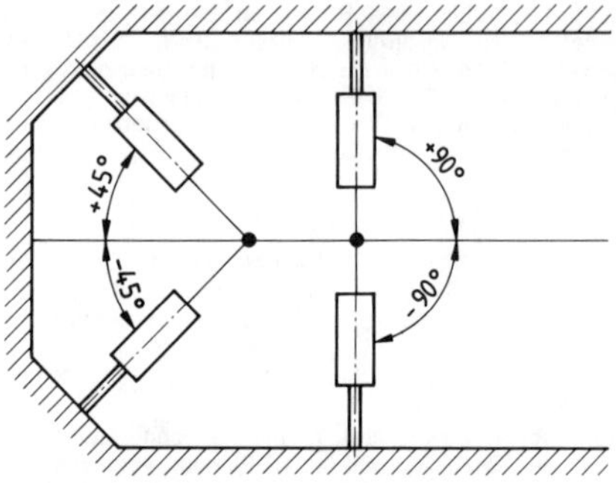

Bild 1. Abweichen der Schlagrichtung von der Waagerechten

Tabelle 1. **Korrekturwerte (Skt) für nicht waagerechte Schläge nach Bild 1**

Meßstellenwert R_m	Korrekturwerte[1]) in Skt bei Abweichen der Schlagrichtung von der Waagerechten um			
Skt	+ 90°	+ 45°	− 45°	− 90°
20	− 6	− 4	+ 2	+ 3
30	− 5	− 3	+ 2	+ 3
40	− 4	− 3	+ 2	+ 2
50	− 3	− 2	+ 1	+ 2
60	− 2	− 2	+ 1	+ 2

[1]) Zwischenwerte dürfen linear interpoliert werden.

(3) Bei zerstörungsfreier Prüfung ist mindestens die dreifache Anzahl von Meßstellen gegenüber der in DIN 1045/07.88, Abschnitt 7.4.3.5.1 festgelegten Probekörperanzahl zu prüfen.

5.2.2 Wahl und Beschaffenheit der Meßstellen

(1) Die Lage der Meßstellen muß so gewählt werden, daß die Prüfergebnisse repräsentativ für den zu prüfenden Beton sind. Die Meßstellen sind deshalb über den Prüfbereich zu verteilen oder nach statistischen Gesichtspunkten festzulegen. Die Meßstellen sind zu kennzeichnen, die Kennzeichnung im Meßstellenprotokoll (siehe Abschnitt 5.4.1) zu vermerken.

(2) Bei der Wahl der Meßstellen ist zu berücksichtigen, daß die Druckfestigkeit des Betons in einem Bauteil (in Betonierrichtung) von unten nach oben abnehmen kann. Sie kann aber auch bei unzureichender Verdichtung — vor allem bei schlanken und stark bewehrten Stützen — im unteren Teil geringer sein. Bei der Prüfung von Stützen sind daher stets auch Meßstellen am Stützenkopf und am Stützenfuß anzuordnen.

(3) Entnahmestellen von Proben sollen so gewählt werden, daß die Tragfähigkeit des Bauteils nicht beeinträchtigt wird. Stellen mit geringem Bewehrungsgehalt sind zu bevorzugen[3]).

[2]) Wegen der Schwierigkeiten des Justierens empfiehlt es sich, damit die Lieferfirma oder eine Materialprüfanstalt zu beauftragen.

[3]) Es wird die Verwendung eines Bewehrungssuchgeräts empfohlen.

(4) Meßstellen für Schlagprüfungen dürfen nicht durchfeuchtet sein. Zweckmäßig werden lufttrockene, möglichst ebene Flächen benutzt, die beliebig geneigt sein können. Die Meßstelle muß von lose anhaftenden Teilen und von Überzügen, z.B. Putz, Anstrich, frei sein; bei erheblicher Unebenheit, z.B. auch infolge rauher Schalung, ist sie mit einem Schmirgelstein o. ä. zu glätten.

(5) Sollen auf Flächen, die beim Betonieren oben gelegen haben, Schlagprüfungen durchgeführt werden, so muß die oberste Schicht bis auf die Zuschlagkörner geglättet werden. Es ist dann nicht auf die groben Körner zu schlagen.

(6) Schläge auf dünne Bauteile, z.B. weniger als 100 mm dicke Platten, oder Bauteile geringer Masse, z.B. kleine Konsolen an Stützen, können das Prüfergebnis durch das Federn der Bauteile verfälschen. Deshalb soll in diesen Fällen möglichst in der Nähe von Auflagern, Einspann- oder Kreuzungsstellen geprüft werden.

5.3 Auswertung

5.3.1 Allgemeines

(1) Die Auswertung der Prüfergebnisse nach dieser Norm gestattet nur eine Aussage über die Druckfestigkeit zur Zeit der Prüfung. Eine Umrechnung auf ein anderes Alter ist im allgemeinen nicht möglich.

(2) Die Druckfestigeit von Probekörpern nach Abschnitt 5.1.1 darf der Druckfestigkeit von Würfeln mit 200 mm Kantenlänge gleichgesetzt werden. Für Bohrkerne mit 50 mm Durchmesser gilt 0,9 $\beta_{c50} = \beta_{W200}$.

5.3.2 Beurteilen der Prüfergebnisse

(1) Bauwerksbeton, der im Alter von 28 bis 90 Tagen geprüft wird, darf für den Tragfähigkeitsnachweis einer Festigkeitsklasse nach DIN 1045 zugeordnet werden, wenn

a) die Ergebnisse von zerstörenden Prüfungen mindestens 85% der für diese Festigkeitsklasse nach DIN 1045/07.88, Tabelle 1, Spalten 3 und 4 festgelegten Werte betragen oder

b) die Ergebnisse von Schlagprüfungen den Werten der Tabelle 2 entsprechen.

(2) Bei Unterschieden zwischen den Ergebnissen von Schlag- und Bohrkernprüfungen ist die aus Bohrkernen abgeleitete Aussage maßgebend.

(3) Die Werte in Tabelle 2 gelten für Normalbeton und für die waagerechte Schlagrichtung. Weicht die Schlagrichtung von der Waagerechten ab, so ist R_m nach Tabelle 1 zu korrigieren.

Tabelle 2. **Mittlere Rückprallstrecken und vergleichbare Betonfestigkeitsklassen nach DIN 1045**

Vergleichbare Betonfestigkeitsklasse	Mindestwert für jede Meßstelle R_m Skalenteile	Mindestwert für jeden Prüfbereich $\overline{R}_m$ Skalenteile
B 10	26	30
B 15	30	33
B 25	35	38
B 35	40	43
B 45	44	47
B 55	48	51

5.4 Meßstellenprotokoll und Prüfzeugnis

5.4.1 Meßstellenprotokoll

Das Meßstellenprotokoll soll folgende Angaben enthalten:

a) Baustelle,
b) Bauteil,
c) Lage der Meßstellen,
d) Kennzeichen der Meßstellen,

außerdem bei Entnahme von Proben:

e) Tag der Entnahme,
f) Entnahmegerät,
g) Maße der Proben,
h) Kennzeichen der Proben,

bei Schlagprüfungen:

i) Tag der Schlagprüfung,
j) Zustand der Meßstellen,
k) Werte R der einzelnen Meßstellen.

Das Meßstellenprotokoll ist in der Prüfstelle mindestens 5 Jahre aufzubewahren.

5.4.2 Prüfzeugnis

Das Prüfzeugnis muß — soweit zutreffend — außer den in DIN 1048 Teil 5/06.91, Abschnitt 8 genannten Angaben enthalten:

a) Lage der Meßstellen,
b) Kennzeichen der Meßstellen,
c) Angabe des Prüfbereichs,

außerdem bei zerstörender Prüfung:

d) gegebenenfalls Lage und Volumenanteil der Bewehrung,

bei zerstörungsfreier Prüfung:

e) Soll- und Istwert des Rückprallhammers bei der Überprüfung,
f) Schlagrichtung,
g) Meßstellenwerte R_m,
h) Prüfbereichswerte $\overline{R}_m$.

6 Prüfung der Oberflächenzugfestigkeit [4]

6.1 Anforderungen an die Prüffläche

(1) Bei der Auswahl der Prüfflächen sind Oberflächenbeschaffenheit sowie Porenstruktur, gegebenenfalls auch die Lage von Bewehrungsstäben zu beachten.

(2) Bauteil oder Probekörper sollten in Kraftrichtung mindestens doppelt so dick sein wie die Durchmesser der Prüffläche.

(3) Der Abstand der Prüfflächenränder untereinander bzw. zum Bauteilrand sollte mindestens gleich dem Prüfflächendurchmesser, bei nicht freigeschnittener Prüffläche gleich dem 1,5fachen Prüfflächendurchmesser sein.

6.2 Prüfgerät

6.2.1 Prüfstempel

Es werden Prüfstempel (Abzugplatten) aus Stahl mit kreisförmiger Klebefläche verwendet. Bis zu einem Größtkorn der Betonzuschläge von 32 mm muß der Durchmesser d_s der Prüfstempelfläche mindestens 50 mm betragen. Die Dicke des Prüfstempels muß mindestens dem halben Durchmesser entsprechen. Die Zugstange ist an den Prüfstempeln so anzubringen, daß eine querkraft- und momentenfreie zentrische Krafteinleitung sichergestellt ist. Der Durchmesser von Bohrungen in den Prüfstempeln darf $d_S/4$, die Tiefe das 1/2fache der Stempeldicke nicht überschreiten.

[4]) Siehe auch Anhang A

6.2.2 Zugvorrichtung

(1) Die Prüfungen können mit transportablen oder stationären Zugvorrichtungen durchgeführt werden. Letztere müssen DIN 51 221 Teil 1 entsprechen und mindestens der Klasse 3 zugeordnet werden können. Transportable Prüfvorrichtungen müssen die in DIN 51 220 aufgeführten, für die Kraft-Messung relevanten Anforderungen erfüllen, was durch ein amtliches Prüfzeugnis nachzuweisen ist, das höchstens 2 Jahre alt ist. Die Geräte müssen über eine Einrichtung zur Konstanthaltung der Belastungsgeschwindigkeit verfügen.

(2) Für Prüfungen an vertikalen Flächen ist eine Halterung bzw. geeignete Auflagerung erforderlich. Die Vorrichtungen müssen senkrecht über dem Prüfstempel justiert werden können, so daß die Achse des Prüfstempels und die der Zugstange der Zugvorrichtung in einer Kraftwirkungslinie liegen.

6.3 Prüfung

6.3.1 Vorbereiten der Prüffläche

(1) Je nach Prüfzweck ist die Prüffläche unbehandelt zu lassen oder vorzubehandeln. Die Vorbehandlung der Prüffläche bzw. der Bauteiloberfläche kann bis zum Oberflächenabtrag reichen.

(2) Für das Aufkleben des Prüfstempels ist die Prüffläche im allgemeinen von Schmutz, losen Bestandteilen, Trennmitteln usw. zu befreien.

(3) Je nach Prüfzweck und Anforderung wird der Zugversuch entweder ohne Ringnut oder an der durch eine Ringnut begrenzten Prüffläche durchgeführt. Die Ringnut wird mit einer diamantbesetzen Krone naß oder trocken vorsichtig gebohrt. Sie soll etwa 1/5, mindestens aber 1/10 des Zylinderstumpfdurchmessers in den Beton eingreifen. Der Innendurchmesser der Bohrkrone und der Außendurchmesser des Prüfstempels müssen so aufeinander abgestimmt sein, daß der Stempel bündig auf den freigebohrten Zylinder aufgeklebt werden kann. Bohrmehl bzw. Bohrschlamm ist gründlich zu entfernen.

6.3.2 Aufkleben der Prüfstempel

(1) Die Prüffläche muß vor dem Kleben ausreichend trocken sein. Die Klebefläche des Prüfstempels ist gegebenenfalls zu reinigen und zu entfetten.

(2) Als Kleber sind im allgemeinen schnellhärtende, pastöse Reaktionsharzkleber nach Herstellerangabe zu verwenden. Dabei ist darauf zu achten, daß während des Klebens der für den Kleber nach Herstellerangabe vorgesehene Temperaturbereich sowie die Anforderungen an den Feuchtegehalt des Betons eingehalten werden.

(3) Der Prüfstempel ist so aufzusetzen, daß überschüssiges Reaktionsharz aus der Klebefuge herausgedrückt und Lufteinschlüsse vermieden werden. Überstehender oder gegebenenfalls in die Ringnut gelaufener Kleber ist zu entfernen.

(4) Die Stempelfläche soll im aufgeklebten Zustand parallel zur Prüffläche liegen; die Klebefuge soll möglichst gleichmäßig und dünn sein.

6.3.3 Zugversuch

(1) Während des Versuchs sind die Umgebungsbedingungen zu beachten, dies gilt vor allem bei Versuchen an Bauteilen im Freien.

(2) Die Zugvorrichtung ist auszurichten und so zu zentrieren, daß die Achse des Prüfstempels und die der Zugstange der Zugvorrichtung auf einer Kraftwirkungslinie liegen.

(3) Die Kraft soll bis zum Bruch ruckfrei stetig so gesteigert werden, daß die Zugspannung in der Klebefuge um etwa 0,05 N/mm² je s zunimmt. (Für d_S = 50 mm entspricht dies einer Kraftsteigerung von ≈ 100 N je s.)

6.4 Auswertung

6.4.1 Trennfälle

(1) Die Bruchfläche ist nach Augenschein zu beurteilen; dabei ist wie folgt zu unterscheiden:

B — Bruch im Beton

K — Bruch in der Klebefuge

A — Bruch an der Grenzfläche Kleber/Beton (Adhäsionsbruch)

Bei wechselndem Bruchverlauf sind erforderlichenfalls Flächenanteile abzuschätzen.

(2) Wenn ein Versagen in der Klebefuge zu erkennen ist und der Prüfwert die Anforderungen nicht erfüllt, darf er zur Festigkeitsberechnung nicht herangezogen werden.

6.4.2 Oberflächenzugfestigkeit

Aus der erreichten Höchstkraft wird die Oberflächenzugfestigkeit errechnet:

$$\beta_{OZ} = \frac{4 \cdot F}{\pi \cdot d_S^2} \text{ in N/mm}^2,$$

für d_S = 50 mm und F in N:

$$\beta_{OZ} = \frac{0{,}51 \cdot F}{1000} \text{ in N/mm}^2.$$

Die Festigkeit ist auf 0,1 N/mm² anzugeben.

6.4.3 Anzahl der Versuche

Die erforderliche Anzahl an Versuchen ist der jeweiligen Anwendungsbestimmung zu entnehmen.

6.4.4 Prüfzeugnis

Das Prüfzeugnis muß alle für die Zuordnung und Beurteilung der Ergebnisse wichtigen Angaben enthalten, insbesondere

- Tag der Prüfung
- Name des Prüfers
- Baustelle, Bauteil
- Typ des Prüfgerätes
- Lage und Kennzeichnung der Prüffläche
- Zustand der Betonoberfläche an der Prüffläche, z.B. Oberflächenstruktur, gegebenenfalls Art der Vorbehandlung des Betons
- Prüfstempeldurchmesser
- Witterungsbedingungen bei Vorbereitung und Durchführung der Versuche
- Vorbereitung der Prüffläche, gegebenenfalls Art und Tiefe des Vorbohrens
- Verlauf und gegebenenfalls Tiefe des Bruchs bzw. Beschreibung des Trennfalls
- Höchstkraft und errechnete Oberflächenzugfestigkeit (Einzelwerte, Mittelwert)

Anhang A

Erklärungen zur Prüfung der Oberflächenzugfestigkeit

(1) Diese Verfahrensbeschreibung soll die Prüftechnik im sogenannten Abreißversuch vereinheitlichen und die Vergleichbarkeit der Festigkeitswerte verbessern.

(2) Von Einfluß auf das Versuchsergebnis sind sowohl Geräteparameter als auch die Vorbereitung der Prüfflächen sowie die Umgebungsbedingungen des Versuches. Dieser kann einerseits an „unmittelbar" aufgeklebten Prüfstempeln durchgeführt werden, andererseits auch nach Freibohren der Prüffläche.

(3) Das Freibohren kann gegebenenfalls eine Gefügeschädigung des Betons bewirken. Für das Bohren sind deshalb gut schneidende Bohrkronen mit abgerundetem Besatz zu verwenden, so daß insbesondere auch eine kerbfreie Ringnutwurzel entsteht. Am freigebohrten Zylinder ist jedoch ein eindeutiger Bezug der Kraft auf den Zylinderquerschnitt bei definierter Krafteinleitung möglich. Bei nicht freigebohrter Prüffläche wird im allgemeinen ein den Prüfstempel überkragender Kegel aus der Oberfläche gerissen. Gestalt des Kegels und ermittelter Wert hängen offenbar in erheblichem Maße von der Festigkeit des Betons sowie vom jeweiligen Größtkorn ab. Die Versuchsergebnisse liegen der Tendenz nach oberhalb derer für die freigebohrte Prüffläche. Die Angabe einer allgemein gültigen Verhältniszahl für beide Bedingungen scheint nicht möglich zu sein.

(4) Die Entscheidung über das Freibohren muß in der jeweiligen Anwendungsbestimmung in Verbindung mit der zu stellenden Mindestanforderung für die Oberflächenzugfestigkeit und die notwendige Anzahl der Versuche getroffen werden.

(5) Eine Abschätzung der erforderlichen Anzahl von Versuchen kann auch anhand der Standardabweichung der Stichprobe vorgenommen werden. Bei einseitigem Vertrauensbereich gilt für den gesuchten Mittelwert μ der Grundgesamtheit der Festigkeitswerte:

$$\mu \geq \bar{\beta}_{OZ} - k \cdot s$$

(6) Dabei sind $\bar{\beta}_{OZ}$ der Mittelwert und s die Standardabweichung der Stichprobe. Der Faktor k kann in Abhängigkeit vom Stichprobenumfang n der nachfolgenden Tabelle entnommen werden.

n	k [1])
5	0,953
6	0,823
7	0,734
8	0,670
9	0,620
10	0,580
15	0,455
20	0,387
25	0,342
30	0,310
35	0,286

[1]) $k = \frac{t_{n-1;\,1-S;}}{\sqrt{n}}$

einseitig berechnet für eine statistische Sicherheit von S = 95 %; t aus Studentverteilung.

Zitierte Normen

DIN 1045	Beton und Stahlbeton; Bemessung und Ausführung
DIN 1048 Teil 5	Prüfverfahren für Beton; Festbeton, gesondert hergestellte Prüfkörper
DIN 4219 Teil 1	Leichtbeton und Stahlleichtbeton mit geschlossenem Gefüge; Anforderungen an den Beton, Herstellung und Überwachung
DIN 18551	Hohlblöcke aus Leichtbeton
DIN 51 220	Werkstoffprüfmaschinen; Allgemeine Richtlinien
DIN 51 221 Teil 1	Werkstoffprüfmaschinen; Zugprüfmaschinen, Allgemeine Anforderungen.

Frühere Ausgaben

DIN 4240: 09.54, 11.60, 04.62
DIN 1048: 09.25, 04.32, 10.37, 43x
DIN 1048 Teil 2: 01.72, 02.76

Änderungen

Gegenüber der Ausgabe Februar 1976 wurden folgende Änderungen vorgenommen:

a) Titel geändert.
b) Prüfverfahren für die Oberflächenzugfestigkeit von Beton aufgenommen.
c) Technische und redaktionelle Anpassung des Textes an den aktuellen Stand der Prüftechnik.

Internationale Patentklassifikation

E 04 G 23/00 G 01 N 33/38

78/13*

DK 666.972 : 691.32 : 620.173 Juni 1991

Prüfverfahren für Beton

Bestimmung der Druckfestigkeit von Festbeton in Bauwerken und Bauteilen
Anwendung von Bezugsgeraden und Auswertung mit besonderen Verfahren

DIN 1048 Teil 4

Test methods for concrete; Determination of the compressive strength in hardened concrete in structures and components, application of reference lines and evaluation with special methods

Méthode d'essai pour le béton; Détermination de la résistance à la compression du béton durci dans des bâtiments et des composants, application des alignements de références et évaluation utilisant des méthodes spéciales

Ersatz für Ausgabe 12.78

Diese Norm wurde vom Fachbereich VII Beton- und Stahlbetonbau/Deutscher Ausschuß für Stahlbeton des NABau ausgearbeitet.

Die Benennung „Last" wird für Kräfte verwendet, die von außen auf ein System einwirken; dies gilt auch für zusammengesetzte Wörter mit der Silbe ... „Last" (siehe DIN 1080 Teil 1).

Inhalt

1 Anwendungsbereich und Zweck

1.1 Anwendungsbereich

(1) Diese Norm gilt für die Bestimmung der Betondruckfestigkeit von Bauwerken und Bauteilen, wenn nach DIN 1048 Teil 2 zerstörend und zerstörungsfrei gewonnene Prüfergebnisse zusammen oder eine größere Anzahl von Prüfergebnissen, die an herausgearbeiteten Probekörpern ermittelt wurden, allein ausgewertet werden sollen.

(2) Diese Prüfung und deren Beurteilung darf nur von Sachverständigen durchgeführt werden, die über ausreichende Erfahrung und Kenntnis auf diesem Prüfgebiet verfügen und deren Ausbildung mindestens den Anforderungen nach DIN 1045/07.88, Abschnitt 5.2.2.7, Absatz 2 entsprechen.

1.2 Zweck

(1) Die Norm darf für die Bestimmung der Druckfestigkeit des Betons angewendet werden, wenn

a) Erhärtungsprüfungen am Bauwerk/Bauteil durchgeführt werden (siehe DIN 1045/07.88, Abschnitt 7.4.4).

b) Prüfungen der Betondruckfestigkeit nach DIN 1084 Teil 2/12.78, Tabelle 1, Zeile 33 durchgeführt werden.

c) der Festigkeitsnachweis nach DIN 1048 Teil 2 unzureichende Werte ergibt (siehe DIN 1045/07.88, Abschnitt 7.4.5).

d) umfassende Aussagen über die Druckfestigkeit des Betons eines Bauwerks/Bauteils gemacht werden sollen.

(2) Die Bestimmungen über die Güteprüfung nach DIN 1045 bleiben hiervon unberührt.

2 Prüf- und Auswerteverfahren

(1) Angewendet werden:

a) zerstörende Prüfverfahren an nach DIN 1048 Teil 5/06.91, Abschnitt 5, gesondert hergestellten Probekörpern,

b) zerstörende Prüfverfahren nach DIN 1048 Teil 2/06.91, Abschnitt 5.1.1,

c) zerstörungsfreies Prüfverfahren nach DIN 1048 Teil 2/06.91, Abschnitt 5.1.2.

(2) In dieser Norm werden die Bohrkernprüfung[1]) und die Schlagprüfung mit dem Rückprallhammer[2]) behandelt. Die zusammenfassende Auswertung von zerstörender und zerstörungsfreier Prüfung bedingt eine Bezugsgerade (Bezugskurve) nach Abschnitt 3.

---

[1]) Bei Verwendung von Würfeln von 150 mm Kantenlänge ist analog zu verfahren. Die Festigkeiten sind dann nach DIN 1045 auf β_{W200} umzurechnen.

[2]) Siehe DIN 1048 Teil 2

Fortsetzung Seite 2 bis 6

Normenausschuß Bauwesen (NABau) im DIN Deutsches Institut für Normung e.V.

(3) Die Prüfverfahrenen nach den Aufzählungen a) bis c) werden in folgender Zuordnung angewendet:

- Aufstellen einer Beziehung zwischen zerstörend und zerstörungsfrei ermittelten Prüfwerten an gesondert hergestellten Probekörpern (Bezugsgerade W).
- Aufstellen einer Beziehung zwischen zerstörungsfrei an dem Beton des Bauwerks/Bauteils ermittelten Schlagwerten und zerstörend bestimmten Druckfestigkeiten von Bohrkernen, die dem Bauwerk/Bauteil entnommen wurden (Bezugsgerade B).
- Die Ergebnisse aus Prüfverfahren nach Aufzählung b) können außer nach dem in DIN 1048 Teil 2 angegebenen Verfahren auch statistisch nach Abschnitt 5 b) ausgewertet werden.

3 Aufstellen der Bezugsgeraden

3.1 Bezugsgerade W

(1) Als Probekörper für das Aufstellen der Bezugsgeraden W (Prüfung an Würfeln) dienen nach DIN 1048 Teil 5/06.91, Abschnitt 5, hergestellte Würfel von 200 mm Kantenlänge[1]). Die Würfel sind nach DIN 1048 Teil 5/06.91, Abschnitt 6.1 Absatz (5), zu lagern.

(2) Vor Beginn der Schlagprüfung ist der Würfel in die Druckprüfmaschine einzusetzen und mit etwa 2,5 N/mm^2 zu belasten. Mit mindestens 30 mm Kantenabstand und mindestens 25 mm Mittenabstand sind auf zwei frei einander gegenüber liegenden Seitenflächen des Würfels jeweils 5 Einzelschläge auszuführen und aus den 10 gemessenen Rückprallstrecken der Wert R_m als arithmetisches Mittel zu bestimmen. Anschließend ist nach DIN 1048 Teil 5/06.91, Abschnitt 7.2, die Würfeldruckfestigkeit β_{W200} zu bestimmen.

(3) Für jede Bezugsgerade müssen einander zugeordnete Punktwerte β_{W200} und R_m an mindestens 10 Würfeln ermittelt werden. Die Druckfestigkeiten der Würfel sollten sich möglichst gleichmäßig über den zu untersuchenden Bereich verteilen.

(4) Der Höchstwert und der Mindestwert β_{W200} der Würfel sollten sich um mindestens 20 N/mm^2 und in der Regel um nicht mehr als 30 N/mm^2 unterscheiden. Zu diesem Zweck darf

a) bei sonst gleichbleibender Betonzusammensetzung und gleicher Altersstufe des Betons der Wassergehalt

oder

b) bei gleichbleibender Betonzusammensetzung das Prüfalter der Würfel

verändert werden.

(5) Die in ein Koordinatensystem (siehe Bild A.1) mit β_{W200} als Ordinate und R_m als Abzisse einzutragende Bezugsgerade ist zu berechnen nach der Gleichung

$$\text{cal}\,\beta_{W200} = \overline{\beta}_{W200} + r_{\beta R}\,\frac{s_\beta}{s_R}\,(R_m - \overline{R}_m) \qquad (1)$$

Hierin bedeuten:

cal β_{W200}	die durch die Bezugsgerade dem R_m-Wert zugeordnete, auf den Würfel mit 200 mm Kantenlänge bezogene Druckfestigkeit.
R_m	arithmetisches Mittel aus den 10 an einem Würfel gemessenen Rückprallstrecken
$\overline{\beta}_{W200}$, $\overline{R}_m$	Mittelwert der Druckfestigkeiten bzw. Rückprallstrecken aller Würfel.
s_β, s_R	Standardabweichung der Druckfestigkeiten bzw. Rückprallstrecken.
$r_{\beta R}$	Korrelationskoeffizient für den Stichprobenumfang n mit

$$r_{\beta R} = \frac{\frac{1}{n-1}\sum_{1}^{n}(R_m - \overline{R}_m)(\beta_{W200} - \overline{\beta}_{W200})}{s_R \cdot s_\beta}$$

(6) Die berechnete Bezugsgerade darf nur angewendet werden, wenn der Korrelationskoeffizient $r_{\beta R}$ gleich oder größer als der in Tabelle 1 in Abhängigkeit vom Stichprobenumfang n angegebene Korrelationskoeffizient r ist. Hierbei dürfen Zwischenwerte geradlinig interpoliert werden.

Tabelle 1. **Mindestens erforderlicher Korrelationskoeffizient**

Anzahl der Proben n	Korrelationskoeffizient r
10	0,89
12	0,87
14	0,86
16	0,85
18	0,84
20	0,83
25	0,82
30	0,81
≥ 35	0,80

3.2 Bezugsgerade B

(1) Die Bezugsgerade B (Prüfung an Bohrkernen) kann nur aufgestellt werden, wenn die geprüften Betone etwa gleich zusammengesetzt, verarbeitet und nachbehandelt wurden.

(2) Durch eine orientierende Überprüfung am Bauwerk/Bauteil sind Bereiche mit kleinen und großen Rückprallstrecken festzustellen. Dann sind in diesen Bereichen Meßstellen festzulegen, an ihnen zunächst Schlagprüfungen nach DIN 1048 Teil 2/06.91, Abschnitt 5.1.2, durchzuführen, anschließend Bohrkerne zu entnehmen und deren Druckfestigkeit zu ermitteln.

(3) Die Anzahl der Meßstellen ergibt sich aus der notwendigen Anzahl der Bohrkerne. Insgesamt sind aus den Bereichen mit kleinen und großen Rückprallstrecken mindestens zu entnehmen:

a) 6 Bohrkerne bei Probekörpern mit einem Durchmesser ≥ 100 mm,

b) 9 Bohrkerne bei Probekörpern mit einem Durchmesser < 100 mm und einem Größtkorn des Zuschlags ≤ 16 mm,

c) 12 Bohrkerne bei Probekörpern mit einem Durchmesser < 100 mm und einem Größtkorn des Zuschlags > 16 mm.

(4) Die Zylinderdruckfestigkeiten sind nach DIN 1048 Teil 2/06.91, Abschnitt 5.3.1 in Würfeldruckfestigkeiten β_{W200} umzurechnen.

(5) Die so erhaltenen Wertepaare sind in ein Diagramm (Druckfestigkeit β_{W200} auf der Ordinate und Rückprallstrecke R_m auf der Abzisse) einzuzeichnen (siehe Bild A.2).

(6) Die Bezugsgerade B ist diejenige Gerade mit der Steigung $\beta_{W200} : R_{m} = 2:1$, die durch das ungünstigste Wertepaar (R_m, β_{W200}) verläuft, das nicht zum ungünstigsten Drittel der Wertepaare gehört. Sie entspricht damit der Gleichung

$$\text{cal}\,\beta_{W200} = 2 \cdot (R_m - \overline{R}_m) + \beta_{W200} \qquad (2)$$

[1]) Siehe Seite 1

(7) Statt der Geraden darf die durch die Wertepaare nach DIN 1048 Teil 2/06.91, Tabelle 2, wiedergegebene Kurve verwendet werden, wobei die Kurve parallel zur cal β_{W200}-Achse so zu verschieben ist, daß die obige Bedingung erfüllt wird (siehe Bild A.3).

(8) In begründeten Fällen dürfen Regressionsgeraden oder -kurven verwendet werden, wenn sie unterhalb der vorstehend definierten Geraden bzw. Kurve verlaufen.

4 Anwendung der Bezugsgeraden

4.1 Bezugsgerade W

(1) Die Bezugsgerade W darf nur für die Beurteilung der Druckfestigkeit solcher Betone benutzt werden, die mit dem für das Aufstellen der Bezugsgeraden verwendeten Beton in folgendem übereinstimmen:

a) Art und Festigkeitsklasse des Zements,
b) Betonzuschläge mit dichtem Gefüge stammen aus geologisch gleichen Vorkommen,
c) Betonzuschläge mit porigem Gefüge sind von denselben Werken hergestellt und haben die gleiche Kornrohdichte,
d) die Mischungsanteile der Einzelstoffe sind etwa gleich,
e) die Betone sind gleichartig verarbeitet worden,
f) die Betone sind etwa unter gleichartigen Temperatur- und Feuchteverhältnissen erhärtet.

(2) Die Bezugsgerade W soll nur für untersuchte Zeit- und Rückprallbereiche angewendet werden [3]).

4.2 Bezugsgerade B

Die Bezugsgerade B soll nur für die Beurteilung der Druckfestigkeit des Betons in dem Prüfbereich des Bauwerks/Bauteils und nur in dem Rückprallbereich benutzt werden, für den die Bezugsgerade gewonnen worden ist [3]).

5 Auswerten und Beurteilen der Prüfergebnisse

(1) Die an den einzelnen Meßstellen eines Bauwerks/Bauteils erhaltenen Rückprallwerte R_m werden über die Bezugsgerade W bzw. B unmittelbar in Druckfestigkeiten umgerechnet. Diese Druckfestigkeiten cal β_{W200} sind Betondruckfestigkeiten, die auf den Würfel mit 200 mm Kantenlänge bezogen sind. Sie gelten für das Prüfalter des Betons. Eine Umrechnung auf andere Prüfalter ist im allgemeinen nicht möglich.

(2) Für den Tragfähigkeitsnachweis darf der geprüfte Bauwerksbeton zum Zeitpunkt der Prüfung einer Festigkeitsklasse nach DIN 1045 zugeordnet werden, wenn

a) der kleinste Einzelwert und der Mittelwert 85% der für diese Festigkeitsklasse in DIN 1045, Ausgabe 07.88, Tabelle 1, Spalten 3 und 4, festgelegten Werte nicht unterschreiten,
b) bei statistischer Auswertung der Festigkeiten β_{W200}, ermittelt aus den Bohrkernergebnissen $n \geq 12$ oder cal β_{W200} aus den Schlagergebnissen über die Bezugsgeraden W oder B ($n \geq 35$), nachgewiesen wird, daß bei unbekannter Standardabweichung σ der Grundgesamtheit die Prüfgröße

$$z = \bar{\beta} - k_s \cdot s \qquad (3)$$

85% des für diese Festigkeitsklasse in DIN 1045/07.88, Tabelle 1, Spalte 3, festgelegten Wertes nicht unterschreitet.

Hierin bedeuten:

z Prüfgröße.
$\bar{\beta}$ Mittelwert einer Zufallsstichprobe vom Umfang n.
k_s Annahmefaktor für den Stichprobenumfang n bei unbekannter Standardabweichung nach Tabelle 2.
s Standardabweichung der Zufallsstichprobe vom Umfang n, jedoch mindestens 3,0 N/mm^2.

Tabelle 2. **Annahmefaktor k_s**

Anzahl der Proben n	Annahmefaktor k_s
12	2,10
15	1,97
20	1,84
25	1,75
30	1,70
≥ 35	1,64

(3) Die Annahmefaktoren $k_s(n)$ der Tabelle 2 basieren auf dem Vorschlag einer Annahmekennlinie für Beton [1] mit fester Annahmewahrscheinlichkeit $A(p)$ = 5% für einen Schlechtanteil p = 11%. Für n = 35 ist die Annahmewahrscheinlichkeit A (5) 50%, für n = 12 ist A (5) 20% [2].

6 Prüfzeugnis

Das Prüfzeugnis muß außer den in DIN 1048 Teil 2/06.91, Abschnitt 5.4, genannten Angaben enthalten:

— grafische Darstellung der Wertepaare und der Bezugsgeraden;

außerdem bei Bezugsgerade W:

— Korrelationskoeffizient
— Gleichung der Bezugsgeraden
— die im Abschnitt 4.1 geforderten Angaben.

[3]) In begründeten Fällen können die Bereiche überschritten werden.

Anhang A

Beispiele für Bezugsgeraden

Nachfolgend wird anhand von Beispielen gezeigt, wie die Bezugsgeraden (Bezugskurven) aufgestellt und wie die Prüfergebnisse für die verschiedenen Anwendungsbereiche beurteilt werden.

A.1 Ermitteln der Bezugsgeraden W nach Abschnitt 3.1

(1) Zur Bestimmung der Bezugsgeraden W eines Betons wurden bei sonst gleichbleibender Betonzusammensetzung der Wassergehalt verändert und im Alter von 28 Tagen bei zerstörungsfreier Prüfung mit dem Rückprallhammer und bei zerstörender Prüfung die in Tabelle A.1 angegebenen Werte ermittelt. Die Mittelwerte und Standardabweichungen der Stichproben und der Korrelationskoeffizient sind in Tabelle A.1, Zeilen 11 bis 13, zusammengestellt.

(2) Der Höchstwert und der Mindestwert der gemessenen Würfeldruckfestigkeiten unterscheiden sich um 60,5-31,0 = 29,5 N/mm² (20,0 ≤ 29,5 ≤ 30,0).

Aufstellen der Bezugsgeraden W aus den Wertepaaren β_{W200} und R_m

$$\text{cal } \beta_{W200} = \bar{\beta}_{W200} + r_{\beta R} \frac{s_\beta}{s_R} (R_m - \bar{R}_m) \qquad (A.1)$$

$$\text{cal } \beta_{W200} = 44{,}9 + 0{,}978 \frac{10{,}6}{4{,}6} (R_m - 38{,}6) \qquad (A.2)$$

$$\text{cal } \beta_{W200} = 2{,}25 \cdot R_m - 42{,}1 \text{ (siehe Bild A.1)} \qquad (A.3)$$

A.2 Ermitteln der Bezugsgeraden B (Bezugskurve B) nach Abschnitt 3.2

(1) Um eine umfassende Aussage über die Druckfestigkeit des Betons eines Bauwerks machen zu können, soll die Bezugsgerade B (Bezugskurve B) des Bauwerkbetons aufgestellt werden. Der Beton ist im ganzen Bauwerk gleich zusammengesetzt und in gleicher Weise verarbeitet und nachbehandelt worden. Da Bohrkerne mit einem Durchmesser von 100 mm entnommen wurden, waren nach Abschnitt 3.2 mindestens 6 Bohrkerne zu entnehmen. Die Würfeldruckfestigkeit β_{W200} errechnet sich nach DIN 1048 Teil 2/06.91, Abschnitt 5.1.2, zu $\beta_{W200} = \beta_{C100}$. Die ermittelten Werte sind in Tabelle A.2 zusammengestellt.

Tabelle A.1. **Mittelwert, Standardabweichung und Korrelationskoeffizient für verschiedene Würfeldruckfestigkeiten und Meßstellenwerte**

Zeile	Benennung	Nr der Meßstelle	Würfeldruckfestigkeit β_{W200} N/mm²	Meßstellenwert R_m Skt
1	Würfeldruckfestigkeiten	1	31,0	32
2	und Meßstellenwerte	2	32,5	35
3		3	35,1	35
4		4	40,0	36
5		5	42,0	37
6		6	45,6	37
7		7	50,5	41
8		8	54,2	43
9		9	58,0	44
10		10	60,5	46
11	Mittelwert der Stichproben $\bar{\beta}_{W200}$, $\bar{R}_m$		44,9	38,6
12	Standardabweichung der Stichproben s_β, s_R,		10,6	4,6
13	Korrelationskoeffizient $r_{\beta R}$; $r_{\beta R} \geq 0{,}89$ (siehe Tabelle 1)			0,978

Tabelle A.2. **Festigkeit der Probekörper und entsprechende Würfeldruckfestigkeiten**

Zeile	Benennung	Nr der Meßstelle	Festigkeit des Probekörpers β_{C100} N/mm²	entsprechende Würfeldruckfestigkeit β_{W200} N/mm²	Meßstellenwert R_m Skt
1	Festigkeiten und	1	25,0	25,0	27,5
2	Meßstellenwerte	2	28,0	28,0	29,3
3		3	26,7	26,7	32,5
4		4	35,9	35,9	32,8
5		5	29,4	29,4	34,6
6		6	35,5	35,5	35,0

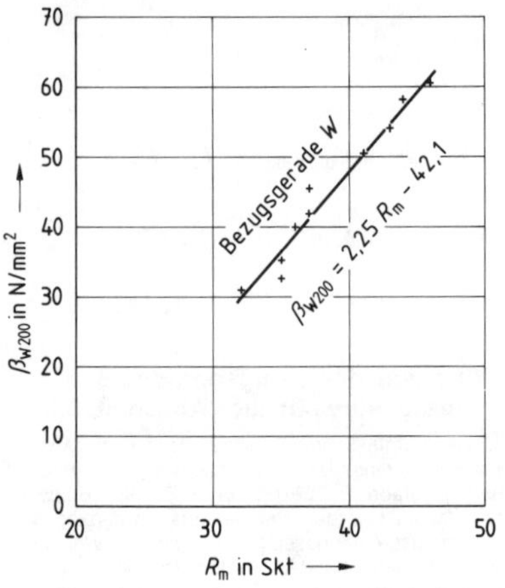

Bild A.1. Beispiel für das Aufstellen der Bezugsgeraden W

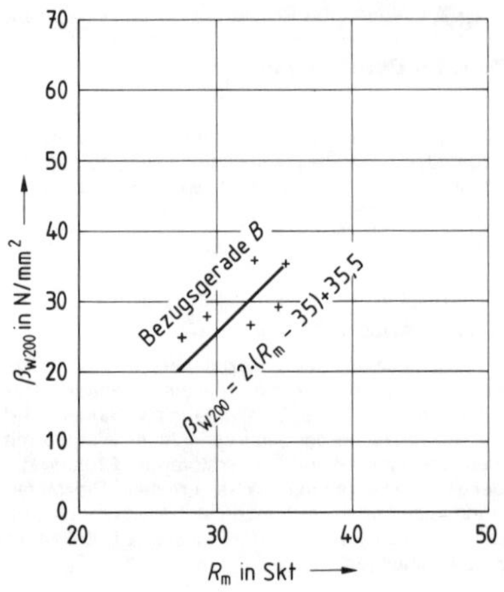

Bild A.2. Beispiel für das Aufstellen der Bezugsgeraden B

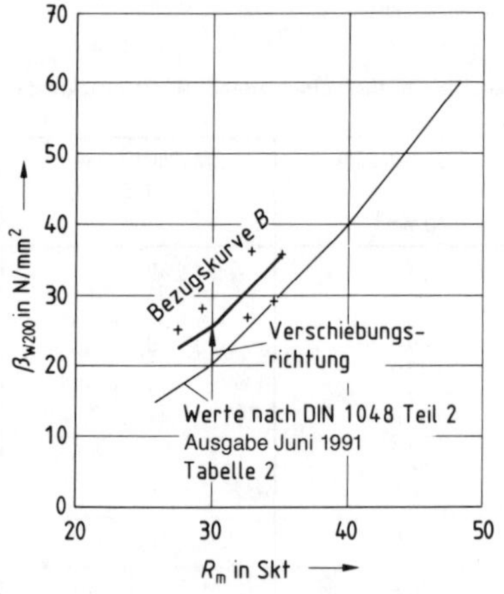

Bild A.3. Beispiel für das Aufstellen der Bezugskurve B

(2) Die Bezugsgerade B ist in Bild A.2 und die Bezugskurve B ist in Bild A.3 nach Abschnitt 3.2 zeichnerisch ermittelt. Sie sollen nur für den Bereich der Rückprallwerte zwischen $R_m = 27$ und max $R_m = 35$ angewendet werden.

A.3 Auswerten und Beurteilen der Prüfergebnisse nach Abschnitt 5

(3) Um festzustellen, welcher Festigkeitsklasse nach DIN 1045/07.88, Abschnitt 6.5.1, ein Bauwerkbeton für den Tragfähigkeitsnachweis zuzuordnen ist, wurden aus dem Bauwerk 15 Bohrkerne entnommen. Der Durchmesser der Bohrkerne betrug abhängig von den baulichen Gegebenheiten 100 mm bzw. 50 mm. Die Berechnung der entsprechenden Würfeldruckfestigkeit β_{W200} erfolgt nach DIN 1048 Teil 2/06.91, Abschnitt 5.1.2, zu $\beta_{W200} = \beta_{C100} = 0,9 \cdot \beta_{C50}$. Tabelle A.3 enthält die ermittelten Werte.

Mittelwert:

$$\beta_{W200} = 21,9\ \text{N/mm}^2$$

Standardabweichung:

$$s = 4,50\ \text{N/mm}^2 > 3,0\ \text{N/mm}^2$$

Fall a): Auswertung nach Abschnitt 5a

Der Mittelwert der Zufallsstichprobe $\bar{\beta} = 21,9\ \text{N/mm}^2$ ist größer als 85 % des für einen Beton der Festigkeitsklasse B 15 in DIN 1045/07.88, Tabelle 1, festgelegten Wertes ($0,85 \cdot 20,0 = 17,0\ \text{N/mm}^2$); jedoch unterschreitet der kleinste Einzelwert (min $\beta = 11,5\ \text{N/mm}^2$) den erforderlichen Wert von $0,85 \cdot 15,0 = 12,8\ \text{N/mm}^2$, weshalb der vorliegende Bauwerkbeton für den Tragfähigkeitsnachweis nur einem Beton der Festigkeitsklasse B 10 zugeordnet werden darf:

Mittelwert:

$$\bar{\beta} = 21,9\ \text{N/mm}^2 > 0,85 \cdot 15,0 = 12,8\ \text{N/mm}^2$$

Kleinster Einzelwert:

$$\min \beta_{W200} = 11,5\ \text{N/mm}^2 > 0,85 \cdot 10,0 = 8,5\ \text{N/mm}^2$$

Fall b): Statistische Auswertung nach Abschnitt 5b

Für den vorliegenden Stichprobenumfang $n = 15$ ergibt sich ein Annahmefaktor $k_s = 1,97$ nach Tabelle 2.

Die Prüfgröße

$$z = \bar{\beta} - k_s \cdot s$$

errechnet sich zu

$$z = 21,9 - 1,97 \cdot 4,50 = 13,0\ \text{N/mm}^2$$

Der Bauwerkbeton kann für den Tragfähigkeitsnachweis einem Beton der Festigkeitsklasse B 15 zugeordnet werden, da die errechnete Prüfgröße größer als 85 % der Nennfestigkeit der Festigkeitsklasse B 15 ist:

$$z = 13,0\ \text{N/mm}^2 > 0,85 \cdot 15,0 = 12,8\ \text{N/mm}^2.$$

Tabelle A.3. **Festigkeit der Probekörper und entsprechende Würfeldruckfestigkeiten**

Zeile	Benennung	Nr der Meßstelle	Durchmesser des Bohrkerns d mm	Festigkeit des Probekörpers β_C N/mm²	entsprechende Würfeldruckfestigkeit β_{W200} N/mm²
1	Festigkeiten der Bohrkerne und entsprechende Würfeldruckfestigkeiten	1	50	27,4	24,7
2		2	50	28,4	25,6
3		3	50	29,0	26,1
4		4	50	19,8	17,8
5		5	50	26,1	23,5
6		6	50	17,6	15,8
7		7	50	23,7	21,3
8		8	50	20,3	18,3
9		9	100	11,5	11,5
10		10	100	22,5	22,5
11		11	100	25,4	25,4
12		12	100	27,2	27,2
13		13	100	25,9	25,9
14		14	100	23,4	23,4
15		15	100	19,3	19,3

Zitierte Normen und andere Unterlagen

DIN 1045 Beton und Stahlbeton; Bemessung und Ausführung

DIN 1048 Teil 2 Prüfverfahren für Beton; Festbeton in Bauwerken und Bauteilen

DIN 1048 Teil 5 Prüfverfahren für Beton; Festbeton, gesondert hergestellte Probekörper

DIN 1080 Teil 1 Begriffe, Formelzeichen und Einheiten im Bauingenieurwesen; Grundlagen

DIN 1084 Teil 2 Überwachung (Güteüberwachung) in Beton- und Stahlbetonbau; Fertigteile

[1] Bonzel, J.; Manns, W.: Beurteilung der Betondruckfestigkeit mit Hilfe von Annahmekennlinien. In: beton 19 (1969), S. 303—307 und S. 355—360

Weitere Normen und Unterlagen

DIN 1048 Teil 1 Prüfverfahren für Beton; Frischbeton

Deutsches Institut für Normung e.V. DIN — NABau: Grundlagen zur Festlegung von Anforderungen und von Prüfplänen für die Überwachung von Baustoffen und Bauteilen mit Hilfe statistischer Betrachtungsweisen (GRUPRÜBAU), Entwurf Juli 1985

Änderungen

Gegenüber der Ausgabe Februar 1976 wurde folgende Änderung vorgenommen:

— Redaktionelle Anpassung des Textes.

Internationale Patentklassifikation

E 04 G 23/00
G 01 N 33/38

Prüfverfahren für Beton

Festbeton, gesondert hergestellte Probekörper

DIN 1048 Teil 5

Testing methods for concrete; hardened concrete, specially prepared specimens
Méthodes d'essais pour béton; béton durci, éprouvettes séparément préparées

Mit DIN 1048 T 1/06.91 als Ersatz für DIN 1048 T 1/12.78

Diese Norm wurde vom Fachbereich VII Beton- und Stahlbetonbau/Deutscher Ausschuß für Stahlbeton des NABau ausgearbeitet.

Maße in mm

Inhalt

1 Anwendungsbereich

(1) Diese Norm gilt für alle Betonarten im Sinne von DIN 1045/07.88, Abschnitt 2.1 und DIN 4232.

(2) Die Norm enthält keine Angaben über die Bewertung der Prüfergebnisse und die an den Beton gestellten Anforderungen.

2 Probenahme

2.1 Eignungsprüfung

(1) Die Proben für die Eignungsprüfung sind je nach ihrem Verwendungszweck (siehe DIN 1045) aus besonders dafür hergestelltem Beton zu entnehmen.

(2) Der Beton muß aus den Stoffen bestehen, die für das Bauwerk vorgesehen sind. Die Herkunft der verwendeten Stoffe und die Zusammensetzung des Frischbetons sind aufzuzeichnen.

(3) Der Beton ist mit Betonmischern nach DIN 459 herzustellen und nach Zugabe aller Ausgangsstoffe ausreichend lange zu mischen.

(4) Mischerart und Mischzeit sowie Raum- und Betontemperaturen sind aufzuzeichnen.

2.2 Güteprüfung, Erhärtungsprüfung

Proben für Güte- und Erhärtungsprüfungen sind aus Beton, der für Bauteile bestimmt ist, im allgemeinen auf der Baustelle zu entnehmen und möglichst auch dort zu Probekörpern zu verarbeiten.

Fortsetzung Seite 2 bis 8

Normenausschuß Bauwesen (NABau) im DIN Deutsches Institut für Normung e.V.
Deutscher Ausschuß für Stahlbeton (DAfStb)

2.3 Probenanzahl

Für jede Prüfung sind jeweils 3 Proben bzw. 3 Probekörper erforderlich, soweit nicht in den einschlägigen Normen oder Bestimmungen anderes bestimmt ist, z. B. in DIN 1045.

3 Probekörper

3.1 Allgemeines

Das kleinste Maß des Probekörpers soll mindestens das Vierfache des Maßes des Größtkorns des verwendeten Zuschlags betragen.

3.2 Druckfestigkeit

(1) Die Druckfestigkeit des Betons wird an Würfeln oder an Zylindern ermittelt.

(2) Würfel sollen 100 mm, 150 mm, 200 mm oder 300 mm Kantenlänge haben. Zylinder sollen einen Durchmesser von 100 mm, 150 mm, 200 mm oder 300 mm, jeweils mit einer Höhe gleich dem doppelten Durchmesser haben.

3.3 Biegezugfestigkeit

(1) Die Biegezugfestigkeit des Betons wird an balkenförmigen Probekörpern ermittelt.

(2) Vorzugsweise sind Balken von 150 mm Höhe, 150 mm Breite und 700 mm Länge zu verwenden[1]). Falls mit Rücksicht auf das Größtkorn Balken mit größerem Querschnitt erforderlich werden, sind Maße von 200 mm × 200 mm × 900 mm zu wählen.

3.4 Spaltzugfestigkeit

Die Spaltzugfestigkeit des Betons wird in der Regel an Zylindern mit 150 mm Durchmesser und 300 mm Länge bestimmt, für deren Herstellung Abschnitt 5 gilt. Sie kann auch an Probekörpern mit rechteckigem Querschnitt bis zum Seitenverhältnis 1 : 1,5 ermittelt werden.

3.5 Elastizitätsmodul

(1) Vorzugsweise sind Zylinder mit 150 mm Durchmesser und etwa 300 mm Höhe zu verwenden. In Sonderfällen kommen auch Probekörper von 100 mm, 150 mm oder 200 mm Durchmesser mit einem Verhältnis von $2 \leq h/d \leq 4$ in Frage. Bei prismatischen Probekörpern mit Seitenlängen der quadratischen Endflächen von 100 mm, 150 mm oder 200 mm beträgt das Verhältnis $3 \leq h/d \leq 4$.

(2) Die Ergebnisse von Prüfungen an unterschiedlich großen Probekörpern aus dem gleichen Beton können voneinander abweichen.

3.6 Wasserundurchlässigkeit

(1) Die Wasserundurchlässigkeit wird bis zu einem Größtkorn von 32 mm vorzugsweise an plattenförmigen Probekörpern von 200 mm × 200 mm × 120 mm geprüft. Es können auch Würfel von 200 mm Kantenlänge oder kreisförmige Platten von 150 mm Durchmesser verwendet werden.

(2) Bei einem Größtkorn > 32 mm sind Platten oder Würfel von 300 mm Kantenlänge bzw. Durchmesser zu verwenden.

(3) Soweit Abschnitt 3.1 eingehalten wird, sind quadratische Platten oder Würfel von 150 mm Kantenlänge in Ausnahmefällen zulässig.

(4) Die Dicke plattenförmiger Probekörper muß für Beton mit einem Größtkorn ≥ 32 mm mindestens 120 mm, sonst mindestens das Vierfache des Größtkorndurchmessers sein.

4 Formen, Hilfsgeräte, Prüfmaschinen

4.1 Formen

(1) Zum Herstellen der Probekörper sind Formen nach DIN 51 229 *) zu verwenden.

(2) Für die Wasserundurchlässigkeitsprüfung können bei der Herstellung quadratischer Platten auch Würfelformen verwendet werden, in die vor dem Einbringen des Betons ein Futter aus nichtsaugendem Werkstoff einzustellen ist.

4.2 Hilfsgeräte

Hilfsgeräte beim Herstellen der Probekörper sind:

- Aufsatzrahmen

  Der Aufsatzrahmen muß unverrückbar und dicht anschließend auf der Form befestigt werden können. Die Höhe des Aufsatzrahmens soll bei Würfeln etwa der Kantenlänge, bei Zylindern etwa dem 1,5fachen des Durchmessers entsprechen und bei Balken 200 mm betragen; im übrigen muß der Aufsatzrahmen DIN 51 229 *) entsprechen.
- Stahllineal
- Rütteltisch nach DIN 4235 Teil 3 oder
- Innenrüttler nach DIN 4235 Teil 2, vorzugsweise mit Flaschendurchmesser ≤ 35 mm
- Stampfer mit einem Gewicht von rund 12 kg, deren Stampffläche rechteckig oder kreisförmig sein soll.

4.3 Prüfmaschinen und -geräte

(1) Für die Festigkeitsprüfungen sind Druckprüfmaschinen nach DIN 51 223 bzw. Biegeprüfmaschinen nach DIN 51 227 zu verwenden. Sie müssen bei Betonprüfstellen E und W für die Eigenüberwachung mindestens der Klasse 3, sonst mindestens der Klasse 2 nach DIN 51 220 entsprechen. Über ihre Zuverlässigkeit muß eine höchstens 2 Jahre alte Bescheinigung einer hierfür anerkannten Prüfanstalt[2]) vorliegen.

(2) Prüfmaschinen, die für Abnahmeprüfungen nach DIN 51 300 eingesetzt werden, müssen bei der Prüfung nach DIN 51 302 Teil 1 mindestens den Anforderungen der Klasse 2 entsprechen. Dies muß durch ein höchstens 2 Jahre altes Prüfzeugnis einer hierfür anerkannten Prüfanstalt[2]) und zusätzlich durch eine vierteljährliche Eigenüberwachung (z. B. mit Hilfe einer Druckmeßdose) nachgewiesen werden. Ohne diese Eigenüberwachung darf das Prüfzeugnis höchstens ein Jahr alt sein.

(3) Für die Bestimmung des Elastizitätsmoduls sind Druckprüfmaschinen nach DIN 51 223 zu verwenden, mit denen eine aufgebrachte Last etwa eine Minute konstant gehalten werden kann. Sie müssen mindestens der Klasse 2 entsprechen.

(4) Die Geräte zum Messen der Längenänderungen (z. B. Meßuhren, Spiegelfeinmeßgeräte, Induktivgeber) oder der Dehnungen (z. B. Dehnungsmeßstreifen) sollen eine Meßstrecke von mindestens dem fünffachen Durchmesser des Größtkorns, jedoch nicht weniger als 80 mm überbrücken. Die Empfindlichkeit der Geräte (siehe DIN 1319 Teil 2) muß so groß sein, daß eine Änderung der Anzeige um 1 mm bzw. einer Digitalanzeige um 1 Ableseeinheit einer Dehnungsänderung von höchstens 5 μm/m entspricht.

---

[1]) Im Straßenbau werden Balken mit 100 mm Höhe, 150 mm Breite und 700 mm Länge verwendet.

[2]) Siehe letzter Absatz der Erläuterungen.

*) Z. Z. Entwurf

(5) Für die Wasserundurchlässigkeitsprüfung kann als Prüfgerät jede Einrichtung dienen, in die Probekörper der angegebenen Maße so eingebaut werden können, daß der Wasserdruck auf die vorgesehene Fläche wirkt, die übrigen Flächen beobachtet werden können (siehe Bild 1) und sich der unter Abschnitt 7.6 beschriebene Prüfvorgang durchführen läßt. Der Wasserdruck darf dabei von unten oder von oben auf die Probekörper einwirken. Der Innendurchmesser des Dichtrings muß im eingespannten Zustand bei der Prüfung von Platten und Würfeln mit ≤ 200 mm Kantenlänge (bzw. Durchmesser) 100 mm, bei Platten und Würfeln mit 300 mm Kantenlänge (bzw. Durchmesser) 150 mm betragen.

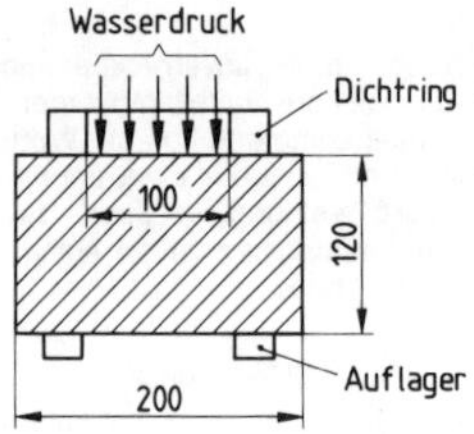

Bild 1. Wasserundurchlässigkeitsprüfung an Platten 200 mm × 200 mm × 120 mm

5 Herstellen der Probekörper

5.1 Allgemeines

(1) Läßt sich ein Transport der Frischbetonprobe nicht vermeiden, so ist sie während des Transportes vor Veränderungen (Wasserverlust, Wasserzutritt, Frost, Hitze usw.) zu schützen. Sie ist dann in geschlossenen Behältern zu transportieren, die aus nicht wassersaugendem Material bestehen und vor Einfüllen des Betons innen leicht angefeuchtet werden müssen.

(2) Mit der Verarbeitung der Frischbetonprobe ist so früh wie möglich zu beginnen. Mit Ausnahme von Beton mit verlängerter Verarbeitbarkeitszeit (verzögerter Beton) soll sie spätestens 90 Minuten nach Zugabe des Wassers beendet sein.

(3) Vor dem Einbringen des Betons sind die Innenflächen der Formen leicht zu fetten, zu ölen oder mit Entschalungsmitteln zu behandeln. Zweckmäßigerweise sind Aufsatzrahmen zu benutzen, vor allem, wenn der Beton durch Rütteln verdichtet wird. Es sollte dann so viel Beton eingefüllt werden, daß er nach dem Verdichten noch etwa 20 bis 30 mm über die Form übersteht. Bei Probekörpern mit $h/d > 2$ ist die Form mit Aufsatzkasten während des Rüttelvorgangs zu füllen.

(4) Bei der Wasserundurchlässigkeitsprüfung werden die Platten stehend hergestellt, so daß der Wasserdruck bei der Prüfung senkrecht zur Einfüllrichtung des Betons wirkt.

5.2 Verdichten

(1) Der Beton soll sofort nach dem Füllen der Formen möglichst bis zum gleichen Verdichtungsgrad wie der Beton des Bauteils verdichtet werden.

(2) Wird zum Verdichten ein Innenrüttler nach Abschnitt 4.2 verwendet, ist dieser bei Würfeln, Platten und Zylindern in der Mitte der Probekörper senkrecht einzutauchen, bei 300-mm-Würfeln zusätzlich in den vier Ecken.

(3) Bei Balken mit 700 mm Länge ist der Innenrüttler an mindestens vier — bei längeren Balken an weiteren Stellen — in der Mittelachse der Balkenform schräg einzusetzen (siehe Bild 2).

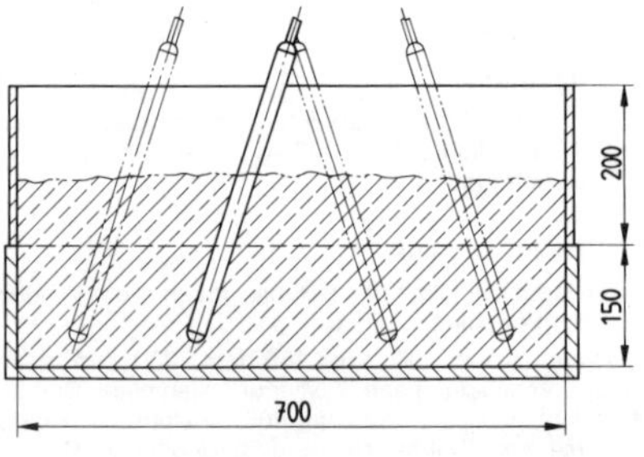

Bild 2. Einsetzstellen des Innenrüttlers bei Balken 150 mm × 150 mm × 700 mm

(4) Der Innenrüttler ist jeweils bis etwa 20 mm über den Boden einzuführen und so lange in dieser Stellung zu belassen, bis das Auftreten von größeren Luftblasen deutlich nachgelassen hat, und dann so langsam aus dem Beton herauszuziehen, daß sich der von der Rüttelflasche erzeugte Hohlraum wieder schließt.

(5) Beton mit Luftporenbildnern darf nur dann mit dem Innenrüttler verdichtet werden, wenn auch der Bauwerksbeton mit einem Innenrüttler verdichtet wird.

(6) Beton der Konsistenz KS kann hilfsweise mit einem Stampfer nach Abschnitt 4.2, Beton der Konsistenz KF durch Stochern verdichtet werden. Beton für die Herstellung von Probekörpern für die Wasserundurchlässigkeitsprüfung ist hiervon abweichend stets durch Rütteln zu verdichten.

(7) Leichtbeton wird zweckmäßig auf Rütteltischen gegebenfalls unter Auflast verdichtet. Leichtbeton mit geschlossenem Gefüge darf nur durch Rütteln oder Stochern, Leichtbeton mit offenem Gefüge nur durch Stochern und nur soweit verdichtet werden, daß keine größere Rohdichte als im Bauwerk entsteht.

(8) Beim Verdichten von Beton mit Zuschlägen stark unterschiedlicher Kornrohdichte, z. B. bei Leichtbeton mit Natursandzusatz, ist darauf zu achten, daß sich der Beton nicht entmischt.

5.3 Behandeln nach dem Verdichten, Kennzeichnen

Sofort nach dem Verdichten ist der überstehende Beton abzustreichen und die Betonoberfläche mit dem Stahllineal bündig mit den Formrändern so abzuziehen, daß sie möglichst eben und glatt wird. Der Probekörper ist deutlich und dauerhaft zu kennzeichnen; die Kennzeichnung muß das Datum des Herstelltages enthalten.

6 Lagern der Probekörper

6.1 Allgemeines

(1) Während des Erstarrens sind die Probekörper vor Erschütterungen (z. B. beim Befördern) zu bewahren.

(2) Nach genügender Erhärtung, in der Regel nicht vor 16 Stunden, sind die Probekörper vorsichtig zu entformen; sie können zunächst noch weiter auf der Bodenplatte belassen werden, um Beschädigungen vorzubeugen.

(3) Für die Eignungs- und Güteprüfung sind die Probekörper sofort nach dem Herstellen vor Zugluft geschützt in einem geschlossenen Raum mit einer Lufttemperatur von 15 bis 22 °C[3]) aufzubewahren. Sie sind dort vor Feuchteverlust zu schützen und nach dem Entformen bei der vorgenannten Temperatur von 15 bis 22 °C[3]) unter Wasser oder in einer Feuchtekammer, jeweils auf einem Lattenrost, zu lagern.

(4) Bei Probekörpern aus Leichtbeton ist eine Feuchteaufnahme während der Dauer der Feuchtlagerung zu verhindern, z. B. durch Abdecken mit einer Folie.

(5) Für die Erhärtungsprüfung sind die Probekörper zunächst in der Form und dann entformt bis zum Prüftag so zu lagern und nachzubehandeln, daß ihr Wärme- und Feuchteaustausch möglichst dem des Bauwerksbetons entspricht, für den sie maßgebend sein sollen.

6.2 Probekörper für die Druckfestigkeits- und Elastizitätsmodulprüfung

Für die Prüfung der Druckfestigkeit (siehe Abschnitt 7.2) und des statischen Elastizitätsmoduls (siehe Abschnitt 7.5) ist die Feuchtlagerung 7 Tage nach Herstellung zu beenden. Die Probekörper sind anschließend trocken und vor Zugluft geschützt bei 15 bis 22 °C[3]) auf einem Lattenrost zu lagern.

6.3 Probekörper für die Biegezug- und Spaltzugfestigkeitsprüfung

(1) Für die Prüfung der Biegezugfestigkeit (siehe Abschnitt 7.3) und Spaltzugfestigkeit (siehe Abschnitt 7.4) müssen die Probekörper bis zur Prüfung unter Wasser bei 15 bis 22 °C[3]) lagern.

(2) Die Probekörper werden aus dem Wasser genommen, mit feuchten Tüchern abgedeckt und spätestens 1 Stunde nach der Entnahme aus dem Wasser geprüft.

6.4 Probekörper für die Wasserundurchlässigkeitsprüfung

Die dem Wasser auszusetzende kreisrunde Fläche (Durchmesser 100 mm oder 150 mm) des Probekörpers ist sofort nach dem Entformen mit einer Drahtbürste aufzurauhen. Die Probekörper müssen dann bis zur Prüfung (siehe Abschnitt 7.6) unter Wasser von 15 bis 22 °C[3]) auf einem Lattenrost lagern.

7 Prüfung

7.1 Rohdichte

(1) Die Rohdichte des Festbetons im Prüfzustand $\varrho_R = m/V$ wird an den für die Festigkeitsprüfungen bestimmten Probekörpern ermittelt.

Hierbei bedeuten:

ϱ_R Rohdichte des Festbetons in kg/m^3.

m Masse (Gewicht) des Probekörpers in kg.

V Rauminhalt des Probekörpers in m^3.

(2) Es sind die Masse auf 20 g (0,02 kg), die Maße des Probekörpers zur Berechnung seines Rauminhalts auf 1 mm gerundet zu ermitteln und die Rohdichte auf 10 kg/m^3 gerundet anzugeben.

(3) Falls Probekörper für die weitere Prüfung abgeglichen werden müssen (siehe Abschnitte 7.2 bis 7.5), ist die Rohdichte vor dem Abgleichen zu ermitteln.

(4) Zur Berechnung der Trockenrohdichte ϱ_{Rd} wird der Feuchtegehalt h nach Abschnitt 7.7 ermittelt. Es ergibt sich dann

$$\varrho_{Rd} = \frac{\varrho_R}{100 + h} \cdot 100 \qquad (1)$$

7.2 Druckfestigkeit

(1) Vor jeder Prüfung ist festzustellen, ob die von der Prüfmaschine zu belastenden Flächen des Probekörpers parallel sind und keine größere Abweichung von der Ebenheit als 0,1 mm aufweisen. Unebene oder nicht parallele Flächen müssen naß abgeschliffen oder mit Abgleichschichten, deren Dicke ≤ 3 mm beträgt, versehen werden.

(2) Für die Abgleichschichten ist in der Regel Zementmörtel aus 1 Volumenteil Zement Z 45 F oder Z 55 nach DIN 1164 Teil 1 und 1 Volumenteil gewaschenem Natursand der Korngruppe 0/1 nach DIN 4226 Teil 1 zu verwenden. Die Abgleichschichten aus diesem Mörtel sind mit Hilfe von ebenen Glas- oder Stahlplatten aufzubringen und so abzugleichen, daß Druckflächen entstehen, die parallel und zu den Seitenflächen rechtwinklig sind. Sie sind bei einer Temperatur von 15 bis 22 °C[3]) 2 Tage feucht zu halten und müssen bei der Prüfung mindestens 3 Tage alt sein.

(3) Die Probekörper sind nach dem Abschleifen bzw. Abgleichen alsbald wieder bis zur Prüfung den jeweils vorgeschriebenen Lagerungsbedingungen auszusetzen. Trocken zu lagernde Probekörper müssen vor der Prüfung noch mindestens 1 Tag trocken lagern.

(4) Werden Probekörper im Alter bis zu 7 Tagen geprüft, so sind die Druckflächen nach der Entnahme aus der Feuchtlagerung, z. B. mit einem Tuch, abzutrocknen und die Probekörper vor der Prüfung ungefähr 1 Stunde an Raumluft zu lagern.

(5) Die Last ist bei Würfeln senkrecht zur Richtung des Einfüllens des Betons, bei Zylindern auf die Stirnflächen des Zylinders aufzubringen.

(6) Der Probekörper ist möglichst mit Hilfe einer Zentriervorrichtung mittig auf die untere Druckplatte der Prüfmaschine zu stellen. Zwischenlagen zwischen den Druckplatten und dem Probekörper sind unzulässig; die Druckplatten müssen frei von Ölresten sein.

(7) Die obere Druckplatte der Prüfmaschine wird so ausgerichtet, daß sie ganzflächig an die obere Druckfläche des Probekörpers anlegt; erst wenn dies erreicht ist, darf mit dem Aufbringen der Last begonnen werden.

(8) Die Last ist dann stetig so zu steigern, daß die Druckspannung um $(0{,}5 \pm 0{,}2)$ N/mm^2 je Sekunde zunimmt. Aus der erreichten Höchstlast ergibt sich die Druckfestigkeit zu

$$\beta_D = F/A \qquad (2)$$

(9) Hierbei bedeuten:

β_D Druckfestigkeit in N/mm^2.

F Höchstlast in N.

A Druckfläche in mm^2.

A ist aus den in halber Höhe des Prüfkörpers auf 1 mm gemessenen Seitenlängen zu errechnen. β_D ist bei Werten ≥ 10 N/mm^2 auf 1 N/mm^2, bei Werten < 10 N/mm^2 auf 0,1 N/mm^2 gerundet anzugeben.

7.3 Biegezugfestigkeit

(1) Die Last ist so auf den Balken zu übertragen, daß die Lastrichtung senkrecht zur Einfüllrichtung liegt.

[3]) Es ist jedoch ein Temperaturbereich von (20 ± 2) °C anzustreben.

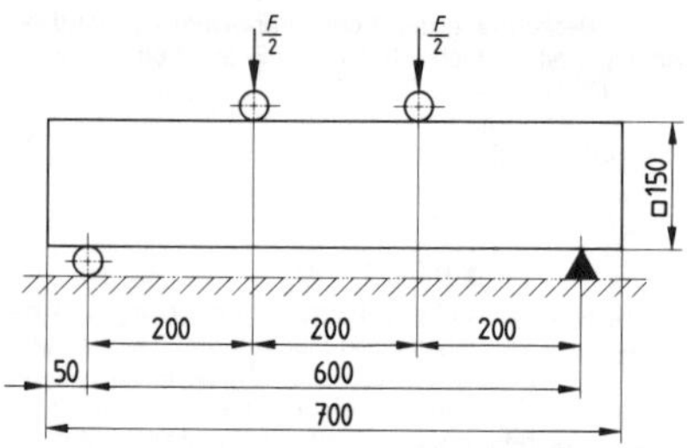

Bild 3. Biegezugfestigkeitsprüfung an Balken 150 mm × 150 mm × 700 mm

(2) Die Auflager- und Lastschneiden der Prüfmaschine sollen einen Durchmesser zwischen 20 mm und 40 mm haben und mindestens 10 mm länger als die Balkenbreite b sein. Sie sind so einzustellen, daß die Stützweite des Balkens 100 mm kleiner ist als die Nennlänge der Balken und daß zwei gleich große Lasten F/2 in den Drittelpunkten der Stützweite wirken (siehe Bild 3)[4]. Balkenachse und Maschinenachse müssen dabei in derselben lotrechten Ebene liegen.

(3) Mit dem Aufbringen der Last darf erst begonnen werden, wenn nach langsamem Ausfahren des Kolbens der Prüfmaschine die Auflager- und Lastschneiden gleichmäßig an dem Balken anliegen.

(4) Die Last ist bis zum Bruch des Balkens so zu steigern, daß die Biegezugspannung im Balken je Sekunde um (0,05 ± 0,02) N/mm² zunimmt. Das entspricht einer Laststeigerung von etwa 280 N in der Sekunde bei Balken 150 mm × 150 mm × 700 mm (und von etwa 500 N in der Sekunde bei Balken 200 mm × 200 mm × 900 mm)[4].

(5) Aus der Höchstlast ergibt sich die Biegezugfestigkeit zu

$$\beta_{BZ} = \frac{F \cdot l}{b \cdot h^2} \qquad (3)$$

Hierbei bedeuten:

β_{BZ} Biegezugfestigkeit in N/mm².

F Höchstlast, gegebenenfalls einschließlich Eigenlast der Lastverteilungseinrichtung in N.

l Stützweite des Balkens in mm.

b Breite des Balkens im Bruchquerschnitt in mm.

h Höhe des Balkens im Bruchquerschnitt in mm.

b und h sind auf 1 mm zu messen; β_{BZ} ist bei Werten $\geq$ 1 N/mm² auf 0,1 N/mm², bei Werten < 1 N/mm² auf 0,01 N/mm² gerundet anzugeben.

7.4 Spaltzugfestigkeit

7.4.1 Prüfen von Zylindern

(1) Zur Prüfung wird der Zylinder in eine Druckprüfmaschine gelegt und längs zweier gegenüberliegender gerader Mantellinien belastet (siehe Bild 4).

(2) Zwischen den Druckplatten der Prüfmaschine und dem Probekörper sind dabei 10 mm breite und 5 mm dicke Lastverteilungsstreifen, vorzugsweise aus Holzfaserplatten mit einer Rohdichte von 850 kg/m³ nach DIN 68 750 oder aus Hartfilz der Härte F 5 oder H 1 nach DIN 61 200 einzulegen.

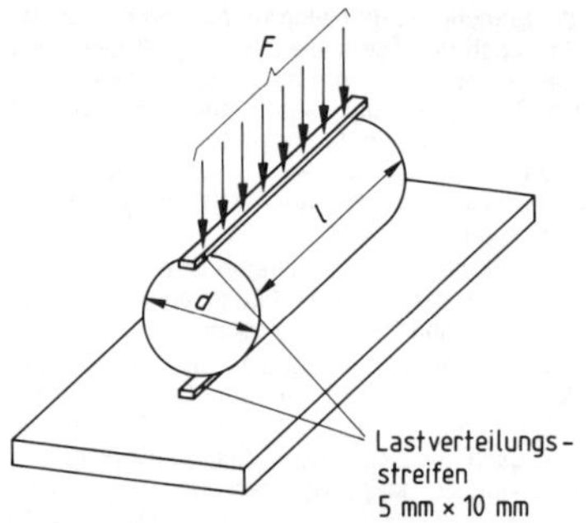

Bild 4. Spaltzugfestigkeitsprüfung an Zylindern

(3) Mit dem Aufbringen der Last darf erst begonnen werden, wenn nach langsamem Ausfahren des Kolbens der Prüfmaschine die Druckplatten, die Streifen und der Probekörper gleichmäßig aneinander anliegen. Die Belastung ist dann so zu steigern, daß die Spannung je Sekunde um (0,05 ± 0,02) N/mm² zunimmt, das entspricht bei Zylindern von 150 mm Durchmesser und 300 mm Länge einer Laststeigerung von etwa 3500 N/s.

(4) Aus der erreichten Höchstlast ergibt sich die Spaltzugfestigkeit zu

$$\beta_{BZ} = \frac{2\,F}{\pi \cdot d \cdot l} = \frac{0{,}64\,F}{d \cdot l} \qquad (5)$$

Hierbei bedeuten:

β_{SZ} Spaltzugfestigkeit in N/mm².

F Höchstlast in N.

d Durchmesser des Probekörpers in mm.

l Länge des Probekörpers in mm.

d und l sind auf 1 mm zu messen; β_{SZ} ist bei Werten $\geq$ 1 N/mm² auf 0,1 N/mm², bei Werten < 1 N/mm² auf 0,01 N/mm² gerundet anzugeben.

---

[4]) Werden für den Straßenbau Balken mit 100 mm Höhe, 150 mm Breite und 700 mm Länge verwendet, so werden diese bei einer Stützweite von 600 mm durch eine mittige Einzellast so belastet, daß die Herstellungsseite des Balkens in der Zugzone liegt.

Die durch Schneiden zu belastenden Lasteintragungsstellen sind durch etwa 30 mm breite Mörtelstreifen planeben abzugleichen; bei kleinen Unebenheiten dürfen anstelle der Abgleichsschichten auch 5 mm dicke und mindestens 20 mm breite Gummistreifen der Härte (50 ± 5) Shore A nach DIN 53505 verwendet werden.

Die Last ist bis zum Bruch des Balkens so zu steigern, daß die Biegezugspannung im Balken je Sekunde um etwa 0,1 N/mm² zunimmt. Das entspricht einer Laststeigerung von etwa 170 N in der Sekunde.

Aus der Höchstlast ergibt sich die Biegezugfestigkeit zu

$$\beta^*_{BZ} = \frac{F \cdot 1{,}5 \cdot l}{b \cdot h^2} \qquad (4)$$

7.4.2 Prüfen von Probekörpern mit rechteckigem Querschnitt

(1) An Probekörpern mit rechteckigem Querschnitt, z. B. Reststücken der Biegezugfestigkeitsprüfung, Würfeln und dergleichen, kann die Spaltzugfestigkeit nach Bild 5 dadurch ermittelt werden, daß die Last über Lastverteilungsstreifen (siehe Abschnitt 7.4.1 (2)) als Streifenlast ausgeübt und bis zum Spalten des Probekörpers gesteigert wird.

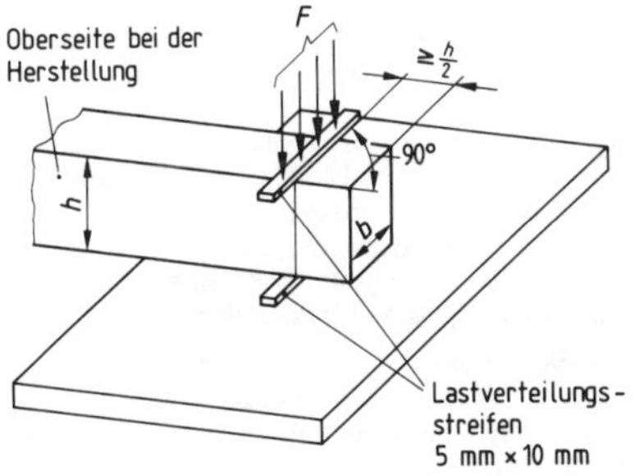

Bild 5. Spaltzugfestigkeitsprüfung an prismatischen Probekörpern

(2) Die Streifenlast muß in ganzer Breite des Probekörpers wirken. Die Lastverteilungsstreifen müssen einander genau gegenüberliegen. Ihr Abstand vom Probekörperende muß mindestens gleich der halben Probekörperhöhe sein. Die Fläche des Probekörpers, die beim Betonieren oben gelegen hat, soll nicht belastet werden.

(3) Die Last ist stetig so zu steigern, daß die Spaltzugspannung im Probekörper je Sekunde um $(0{,}05 \pm 0{,}02)$ N/mm² zunimmt, das entspricht bei einem Balken mit 150 mm × 150 mm Querschnitt einer Laststeigerung von ungefähr 1750 N/s. Aus der erreichten Höchstlast ergibt sich die Spaltzugfestigkeit zu

$$\beta_{SZ} = \frac{2\,F}{\pi \cdot b \cdot h} = \frac{0{,}64\,F}{b \cdot h} \tag{6}$$

Hierbei bedeuten:

β_{SZ} Spaltzugfestigkeit in N/mm².

F Höchstlast in N.

b Breite des Probekörpers nach Bild 5 in mm.

h Höhe des Probekörpers nach Bild 5 in mm.

b und h sind auf 1 mm zu messen; β_{SZ} ist bei Werten ≥ 1 N/mm² auf 0,1 N/mm², bei Werten < 1 N/mm² auf 0,01 N/mm² gerundet anzugeben.

7.5 Statischer Elastizitätsmodul

(1) Als statischer Druck-Elastizitätsmodul gilt der als Sehnenmodul ermittelte Verhältniswert zwischen einer Druckspannungsdifferenz und der ihr entsprechenden sogenannten elastischen Verformung. Die Bestimmung erfolgt in der Regel im Alter von 28 Tagen.

(2) Die obere Prüfspannung σ_o soll bei der Prüfung — soweit nicht anders festgelegt — etwa ein Drittel der zu erwartenden Druckfestigkeit β des Probekörpers betragen. Diese sollte zuvor als Mittelwert der Festigkeit von drei Probekörpern gleicher Art und Maße, Herstellung und Nachbehandlung ermittelt werden. Soll in besonderen Fällen der Elastizitätsmodul bei einer bestimmten Spannung, z. B. bei der rechnerisch nutzbaren Spannung $\sigma = \beta_R/2{,}1$ (β_R nach DIN 1045) gemessen werden, so ist diese Spannung als obere Prüfspannung anzuwenden.

(3) Die Druckflächen der Probekörper müssen eben und parallel sein (siehe Abschnitt 7.2 (1)). Auf wenigstens zwei symmetrisch liegenden Mantellinien der Probekörper sind Meßstrecken anzulegen. Die Mitte der Meßstrecke muß in der halben Höhe des Probekörpers liegen; der Abstand ihrer Endpunkte von den Endflächen des Probekörpers muß bei zylindrischen Probekörpern mindestens die Hälfte ihres Durchmessers, bei prismatischen Probekörpern mindestens die größere Seitenlänge der Endfläche betragen.

(4) Die Probekörper werden zentrisch in die Prüfmaschine eingesetzt. Anschließend wird der Kolben der Prüfmaschine langsam ausgefahren. Die obere Druckplatte der Prüfmaschine wird so ausgerichtet, daß sie sich ganzflächig an die obere Druckfläche des Probekörpers anlegt. Schließlich wird die untere Prüfspannung $\sigma_u \approx 0{,}5$ N/mm² aufgebracht. Die Prüfspannung wird aus der Fläche in halber Höhe des Prüfkörpers und der Last berechnet.

(5) Der Versuch wird entsprechend dem Belastungsdiagramm in Bild 6 mit einer Be- und Entlastungsgeschwindigkeit von $(0{,}5 \pm 0{,}2)$ N/mm² je Sekunde durchgeführt.

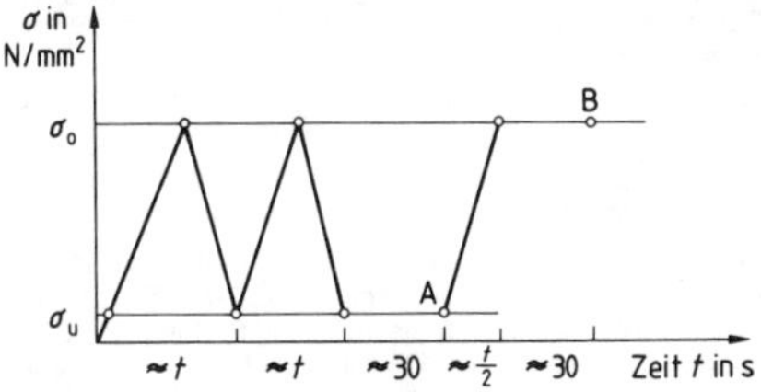

A Ablesung bzw. Registrierung der unteren Spannung σ_u sowie der zugehörigen Dehnung ε_u bzw. der Meßlänge l_u.

B Ablesung bzw. Registrierung der oberen Spannung σ_o sowie der zugehörigen Dehnung ε_o bzw. der Meßlänge l_o.

t Be- und Entlastungszeit, die sich aus der Be- und Entlastungsgeschwindigkeit ergibt.

Bild 6. Belastungs-Zeit-Diagramm für Elastizitätsmodul-Messung

(6) Anschließend ist die Druckfestigkeit β der Probekörper entsprechend Abschnitt 7.2 zu bestimmen. Weicht die Druckfestigkeit um mehr als 20 % von der vorausgesetzten ab, so ist dies im Prüfzeugnis besonders zu vermerken.

(7) Der Elastizitätsmodul wird wie folgt berechnet:

$$E_b = \Delta\sigma / \Delta\varepsilon = \frac{\sigma_o - \sigma_u}{\varepsilon_o - \varepsilon_u} \tag{7}$$

Hierbei bedeuten:

E_b Elastizitätsmodul.

σ_o Die obere Prüfspannung in N/mm² bei der 3. Belastung.

σ_u Die untere Prüfspannung in N/mm² vor der 3. Belastung.

ε_o Die bei σ_o am Punkt B nach Bild 6 gemessene bzw. aus den Meßwerten errechnete Dehnung.

ε_u Die bei σ_u am Punkt A nach Bild 6 gemessene bzw. aus den Meßwerten errechnete Dehnung.

Der Elastizitätsmodul ist auf 100 N/mm^2 gerundet anzugeben.

7.6 Wasserundurchlässigkeit

(1) Bei der Prüfung der Wasserundurchlässigkeit wird der Widerstand gegen Eindringen von drückendem Wasser festgestellt.

(2) Die Prüfung der Probekörper beginnt in der Regel im Alter von mindestens 28 Tagen. 35 Tage dürfen bei Prüfbeginn nicht überschritten werden.

(3) Bei der Prüfung wirkt ein Wasserdruck von 0,5 N/mm^2 3 Tage senkrecht zur Einfüllrichtung des Betons ein. Der Prüfdruck ist während der Prüfdauer konstant zu halten. Bei Wasserdurchtritt kann der Versuch abgebrochen werden; der Probekörper ist zu verwerfen.

(4) Es ist festzustellen, ob und nach welcher Zeit der Probekörper außerhalb der dem Wasser ausgesetzten Fläche feucht wird. Sofort nach der Druckentlastung sind die Probekörper auszubauen und mittig zu spalten. Hierbei soll die Fläche des Probekörpers, die dem Wasserdruck ausgesetzt war, unten liegen. Sobald die Spaltfläche etwas abgetrocknet ist (rund 5 bis 10 min), sind die größte Eindringtiefe in mm, gemessen in Richtung der Plattendicke, und die Verteilung des eingedrungenen Wassers festzustellen.

(5) Als größte Wassereindringtiefe gilt der Mittelwert der größten Eindringtiefen von 3 Probekörpern.

7.7 Feuchtegehalt

Zum Bestimmen des Feuchtegehalts werden Bruchstücke der nach den Abschnitten 7.2 bis 7.5 geprüften Probekörper unmittelbar nach dieser Prüfung gewogen, sodann bei etwa 105 °C getrocknet, bis die Masse (Gewicht) des Probekörpers innerhalb von 24 Stunden um nicht mehr als 1 ‰ abnimmt. Aus dem Masseunterschied vor und nach dem Trocknen ergibt sich der Feuchtegehalt als Masseanteil in %, bezogen auf das getrocknete Gut, zu:

$$h = \frac{m_h - m_d}{m_d} \cdot 100 \qquad (8)$$

Hierbei bedeuten:

m_h Masse (Gewicht) des feuchten Bruchstücks in g.

m_d Masse (Gewicht) des getrockneten Bruchstücks in g.

8 Prüfzeugnis

Das Prüfzeugnis muß alle für die Beurteilung des Prüfergebnisses wichtigen Angaben enthalten:

Angaben des Antragstellers:

- Baustelle;
- Bauteil;
- Tag der Herstellung bzw. gegebenenfalls Art und Ort der Entnahme der Probekörper;
- Kennzeichnung der Probekörper;
- Behandlung der Probekörper bis zur Ablieferung an die Prüfstelle (Feucht- oder Wasserlagerung);
- Angestrebte Eigenschaften des Betons.

Angaben der Prüfstelle:

- Tag der Anlieferung der Probekörper;
- Festgestellte Gestalt und Kennzeichnung der Probekörper;
- Behandlung der Probekörper in der Prüfstelle bis zur Prüfung (Bindemittel beim Abgleichen, Abschleifen, Feucht- oder Wasserlagerung);
- Tag der Prüfung;
- Prüfalter;
- Festgestellte Maße der Probekörper;
- Einzel- und Mittelwerte der Rohdichte der Probekörper zum Zeitpunkt einer Prüfung nach Abschnitt 7.2 bis 7.7;
- Einzel- und Mittelwerte der geprüften Eigenschaften nach Abschnitt 7.2 bis 7.7;
- Vom Üblichen abweichender Befund bei der Prüfung.

Zusätzlich bei der Prüfung des statischen Elastizitätsmoduls:

- Art der Meßgeräte und Länge der Meßstrecke;
- Untere Prüfspannung σ_u;
- Obere Prüfspannung σ_o;
- Ermittelte Dehnung ε_o und ε_u;
- Berechneter Druck-Elastizitätsmodul.

Zitierte Normen

DIN 459	Betonmischer; Begriffe, Größen, Anforderungen
DIN 1045	Beton und Stahlbeton; Bemessung und Ausführung
DIN 1164 Teil 1	Portland-, Eisenportland-, Hochofen- und Traßzement; Begriffe, Bestandteile, Anforderungen, Lieferung
DIN 1319 Teil 2	Grundbegriffe der Meßtechnik; Begriffe für die Anwendung von Meßgeräten
DIN 4226 Teil 1	Zuschlag für Beton; Zuschlag mit dichtem Gefüge; Begriffe, Bezeichnung und Anforderungen
DIN 4232	Wände aus Leichtbeton mit haufwerksporigem Gefüge; Bemessung und Ausführung
DIN 4235 Teil 2	Verdichten von Beton durch Rütteln; Verdichten mit Innenrüttlern
DIN 4235 Teil 3	Verdichten von Beton durch Rütteln; Verdichten bei der Herstellung von Fertigteilen mit Außenrüttlern
DIN 51 220	Werkstoffprüfmaschinen; Allgemeine Richtlinien
DIN 51 223	Werkstoffprüfmaschinen; Druckprüfmaschinen; Anforderungen
DIN 51 227	Werkstoffprüfmaschinen; Biegeprüfmaschinen
DIN 51 229	(z. Z. Entwurf) Formen für Probekörper aus Beton
DIN 51 300	Werkstoffprüfmaschinen; Prüfung von Werkstoffprüfmaschinen; Allgemeines
DIN 51 302 Teil 1	Werkstoffprüfmaschinen; Prüfung von Zug-, Druck- und Biegeprüfmaschinen; Grundsätzliche Prüfbedingungen
DIN 53 505	Prüfung von Kautschuk, Elastomeren und Kunststoffen; Härteprüfung nach Shore A und Shore D
DIN 61 200	Filze; Härte
DIN 68 750	Holzfaserplatten; Poröse und harte Holzfaserplatten, Gütebedingungen

Frühere Ausgaben

DIN 1048: 09.25, 04.32, 10.37, 43x
DIN 1048 Teil 3: 01.75
DIN 1048 Teil 1: 01.72, 12.78

Änderungen

Gegenüber DIN 1048 Teil 1/12.78 wurden folgende Änderungen vorgenommen:

Die Norm ist aufgeteilt worden in

a) DIN 1048 Teil 1 Frischbeton und

b) DIN 1048 Teil 5 Festbeton, gesondert hergestellte Probekörper.

Erläuterungen

(1) Diese Norm, die sich nur noch mit der Prüfung von Festbeton an gesondert hergestellten Probekörpern befaßt, ist in ihrer Aufteilung völlig verändert worden. Während in der früheren Ausgabe die Prüfbedingungen im wesentlichen nach den zu prüfenden Eigenschaften geordnet waren, ist der Normenteil jetzt — auch wenn die Prüfbedingungen für die einzelnen Eigenschaften unterschiedlich sind — nach Probekörpern, Geräten, Herstellen, Lagern und Prüfen unterteilt worden.

(2) Es ist jetzt vorgesehen, den Balken bei der Prüfung der Biegezugfestigkeit entsprechend ISO 4013 : 1978 so zu lagern, daß die Lastrichtung senkrecht zur Einfüllrichtung liegt, d. h., daß die Auflager- und Lastschneiden auf die Seitenflächen des Balkens wirken. Da die Festigkeit in der beim Einfüllen untenliegenden Zone des Balkens im allgemeinen am größten ist, ist bei dieser Prüfanordnung mit einer geringfügig geringeren Biegezugfestigkeit zu rechnen, wodurch aber die daraus ermittelten Bemessungswerte auf der sicheren Seite liegen. Dafür ist die Prüfung aber einfacher, da für die Lasteinleitung keine Mörtel- oder Gummistreifen benötigt werden.

(3) Nach dem derzeitigen Stand der Erkenntnisse ändert sich der statische Elastizitätsmodul als Sekantenmodul nach der dritten Belastung nicht mehr signifikant. Deshalb wird der E-Modul nicht mehr bei der 11. Belastung, sondern bereits bei der 3. Belastung bestimmt.

(4) Auch die Prüfung der Wasserundurchlässigkeit wurde vereinfacht. Anstelle einer Belastung durch Wasserdrücke von 0,1, 0,3 und 0,7 N/mm^2 über insgesamt 4 d soll nun ein konstanter Wasserdruck von 0,5 N/mm^2 über 3 d aufgebracht werden. In einem Ringversuch wurde festgestellt, daß die Wirkung des Wasserdrucks hinsichtlich der Wassereindringtiefe bei beiden Belastungen etwa gleich ist.

(5) Die für eine Prüfung von Werstoffprüfmaschinen nach DIN 51 300 anerkannten Prüfanstalten (siehe Abschnitt 4.3) werden beim Verband der Materialprüfungsämter (VMPA) in einer Liste geführt. Die VMPA-Geschäftsstelle wechselt in gewissen Abständen und befindet sich z.Z. in der Landesgewerbeanstalt Bayern (LGA), Gewerbemuseumsplatz 2, 8500 Nürnberg 1.

Internationale Patentklassifikation

E 04 G 21/02 E 04 G 21/24 G 01 N 33/38

DK 624.21.04-033.3 April 1981

Betonbrücken

Bemessung und Ausführung

DIN 1075

Concrete bridges; design and construction

Ponts en béton; calcul et exécution

Diese Norm ist den obersten Bauaufsichtsbehörden der Länder vom Institut für Bautechnik, Berlin, zur bauaufsichtlichen Einführung empfohlen worden.

Entwurf, Bemessung und Ausführung von Betonbrücken erfordern eine gründliche Kenntnis und Erfahrung. Daher dürfen nur solche Ingenieure und Unternehmer damit betraut werden, die diese Kenntnis und Erfahrung haben, besonders zuverlässig sind und sicherstellen, daß derartige Bauwerke einwandfrei bemessen und ausgeführt werden.

Alle Hinweise in dieser Norm auf DIN 1045 Beton und Stahlbeton; Bemessung und Ausführung, beziehen sich auf die Ausgabe Dezember 1978.

Inhalt

Fortsetzung Seite 2 bis 13

Normenausschuß Bauwesen (NABau) im DIN Deutsches Institut für Normung e. V.

1 Anwendungsbereich

Diese Norm ist anzuwenden für die Über- und Unterbauten sowie Fundamente von Brücken aus Beton, Stahlbeton und Spannbeton.

Sie gilt auch für andere Bauwerke und Bauteile, die nach DIN 1072 oder DS 804 belastet werden (z. B. Stützwände befahrener Hinterfüllungen), wenn nicht für diese Bauwerke eigene Normen bestehen (z. B. Rohre nach DIN 2410 Teil 1).

Soweit nachstehend nichts davon Abweichendes festgelegt wird, gilt DIN 1045, für vorgespannte Bauteile von Brücken zusätzlich DIN 4227 Teil 1 und Teil 5 und für Verbundbrücken die Richtlinien für die Bemessung und Ausführung von Stahlverbundträgern [1]), für Leichtbeton nach DIN 4219 Teil 1 und Teil 2.

2 Bautechnische Unterlagen

2.1 Zeichnungen

Ergänzend zu DIN 1045, Abschnitt 3.2, sind in Schal- und Bewehrungsplänen die Arbeitsfugen darzustellen. Ergänzend zu DIN 1045, Abschnitt 3.1 und 3.4, sind auch Angaben über die Betonierfolge, die Betoniergeschwindigkeit und die Abbindeverzögerung zu machen.

2.2 Statische Berechnung

2.2.1 Jede statische Berechnung muß ein in sich geschlossenes Ganzes bilden und ausreichende Angaben für die Ausführungszeichnungen enthalten.

2.2.2 Für die Ermittlung der Schnittgrößen in Stahlbetonbauteilen im Gebrauchszustand gilt DIN 1045, Abschnitt 3.3 und 15.1.

Abweichend von DIN 1045, Abschnitt 15.5, ist bei der Ermittlung der Schnittgrößen die Torsionssteifigkeit von Trägern (z. B. Balken, Plattenbalken) zu berücksichtigen. Die Aufnahme von Torsionsmomenten ist stets nachzuweisen.

Wird dabei die Biegesteifigkeit entsprechend DIN 1045, Abschnitt 15.1.2 nach Zustand I angesetzt, darf ohne besonderen Nachweis die Torsionssteifigkeit mit 50% des für den reinen Betonquerschnitt nach der Elastizitätstheorie ermittelten Wertes in Rechnung gestellt werden.

2.2.3 Die Berechnung ist in einer Form aufzustellen, die es gestattet, den Einfluß außergewöhnlicher Verkehrslasten auch nachträglich mit einfachen Hilfsmitteln festzustellen (z. B. durch Angabe von Einflußlinien, Einflußflächen, Querschnittswerten).

2.2.4 Werden neuartige Berechnungsverfahren angewandt oder soll die Berechnung durch Modellversuche ergänzt bzw. ganz oder teilweise ersetzt werden, so sind die damit zusammenhängenden Fragen vorher mit der prüfenden Stelle zu klären.

2.2.5 Die statische Berechnung muß vor allem auch ausreichende Angaben enthalten über:

a) Die Lastannahmen;

b) die statischen Systeme;

c) den Baugrund, dessen Setzungsverhalten und die Hinterfüllung bzw. Auflast;

d) die Bauzustände, die Betonier- und Ausrüstungsvorgänge, einschließlich der Formänderungen, soweit für die Formgebung von Bedeutung;

e) die Standsicherheit und Überhöhung der Traggerüste.

---

[1]) Zu beziehen beim Beuth Verlag GmbH, Burggrafenstraße 4-10, 1000 Berlin 30, unter der Best.-Nr 10714.

3 Lastannahmen

Der Berechnung sind entsprechend der vorgesehenen Nutzung die Lastannahmen folgender Berechnungsgrundlagen zugrunde zu legen:

- DIN 1072
- DS 804
- Lastannahmen sonstiger Verkehrsträger

Außergewöhnliche Belastungen sind gesondert zu berücksichtigen (z. B. Sonderlasten, Einflüsse aus Bergbau und Erdbeben).

4 Mindestmaße, Betondeckung der Bewehrung

Sofern sich nach der Bemessung keine größeren Werte ergeben, richten sich die Maße nach den Einbaumöglichkeiten von Beton und Bewehrung sowie nach der erforderlichen Betondeckung.

Werden in DIN 1045, Abschnitt 13.2, nicht höhere Werte verlangt, so gelten für die Betondeckung der Bewehrung die in Tabelle 1 angegebenen Mindestmaße; diese setzen eine ausreichend enge Anordnung von Abstandhaltern voraus.

Für Betone geringerer Festigkeitsklassen als B 25 sind die Maße der Tabelle 1 um 1 cm zu erhöhen. Die Mindestmaße der Tabelle 1 sind bei steinmetzmäßiger feiner Bearbeitung (z. B. Stocken) um 1 cm, bei mittlerer Bearbeitung (z. B. Feinspitzen) um 2 cm, bei grober Bearbeitung (z. B. grobes Spitzen) um mindestens 3 cm zu erhöhen.

Die Mindestmaße der Spalte 3 gelten auch für alle Bauteile, welche weniger als 10 m über oder neben Straßen liegen, die mit Tausalzen behandelt werden. Sie gelten auch für Brücken über Eisenbahnstrecken, die vorwiegend mit Dieselantrieb befahren werden.

5 Tragwerke des Überbaues

5.1 Allgemeines

5.1.1 Begriff

Überbauten geben ihre Lasten direkt oder indirekt auf Stützen, Pfeiler und Widerlager ab (siehe Abschnitt 7).

Für bogenförmige Tragwerke siehe Abschnitt 6.

5.1.2 Systemwahl

Das gewählte statische System einschließlich der Verteilung der Steifigkeiten muß das Tragverhalten hinreichend genau erfassen. Mit dem gewählten System muß der Kraftfluß eindeutig zu beschreiben sein.

Die Durchbiegung von Stahlbetonbauwerken im Zustand II ist nach einem wirklichkeitsnahen, die Möglichkeit der Rißbildung berücksichtigenden Verfahren (z. B. nach Heft 240 DAfStb) zu ermitteln. Dabei darf nur die in den mitwirkenden Breiten b_m enthaltene Bewehrung angesetzt werden.

Bei Anordnung von Schrägen und/oder Querschnittsverstärkungen darf ihre Mitwirkung nicht größer angenommen werden, als sich bei einer Neigung der Schrägen von 1 : 3 ergeben würde.

Tragwerke dürfen nur dann als frei drehbar gelagert berechnet werden, wenn sie gelenkig mit dem stützenden Teil verbunden sind.

5.1.3 Mitwirkende Plattenbreite

5.1.3.1 Mitwirkende Plattenbreite für die Schnittgrößenermittlung

Bei der Ermittlung der Schnittgröße aus Vorspannung an statisch bestimmten und unbestimmten Systemen darf stets von voller mittragender Plattenbreite ausgegangen werden.

Tabelle 1. **Betondeckung der Bewehrung für die Festigkeitsklassen ≥ B 25** (Mindestmaße in cm)

Zeile \ Spalte	1	2	3
	Bauteil	Ortbeton und Fertigteile [1])	
		allgemein (siehe aber Abschnitt 4)	bei besonderen korrosionsfördernden Einflüssen [2])
1	allgemein	3,0	3,5
2	Oberseiten von Fahrbahnplatten (auch Gehwege; auch unter Abdichtungen und unter Kappen) Oberflächen von Kappen	3,5	4,0
3	Erdberührte und/oder wasserberührte Flächen	4,5	5,0

[1]) Bei werkmäßig hergestellten Fertigteilen darf die Betondeckung um 0,5 cm kleiner sein.
[2]) Z. B. häufige Einwirkung angreifender Gase, Tausalze, „starker" chemischer Angriffe nach DIN 4030.

Zeile \ Spalte	1		2	3
	System		Verlauf von $\frac{b_m}{b}$	
1	Einfeldträger		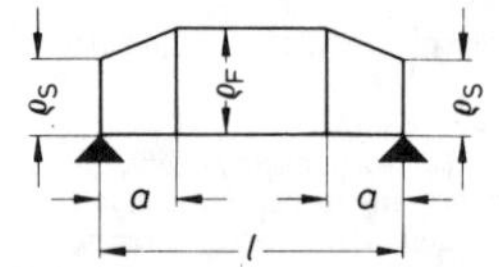	$l_i = l$
2	Durchlaufträger	Endfeld	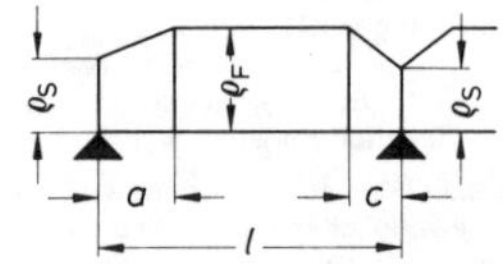	$l_i = 0{,}8\,l$
3		Innenfeld	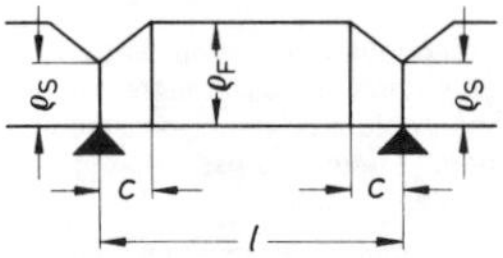	$l_i = 0{,}6\,l$
4	Kragarm		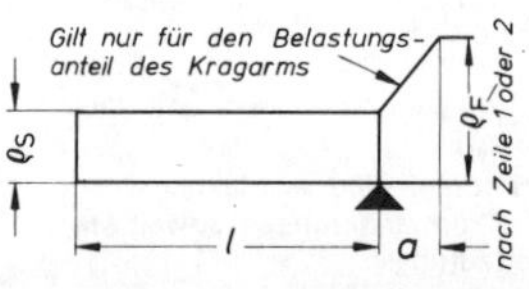	$l_i = 1{,}5\,l$

$a = b$, jedoch nicht größer als $0{,}25\,l$; $c = 0{,}1\,l$

Bild 1. Verlauf der mitwirkenden Plattenbreite b_m

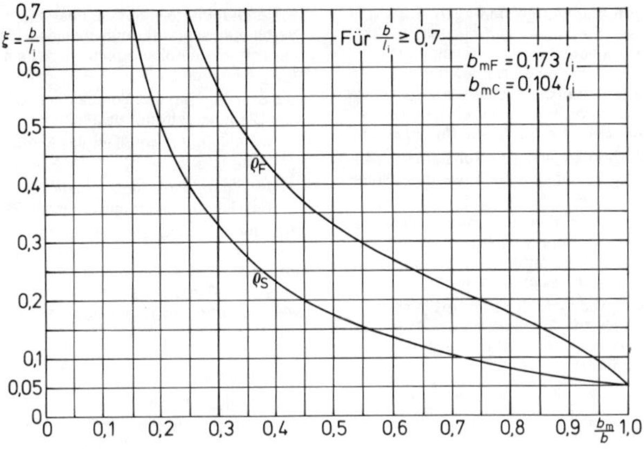

Bild 2. Mitwirkende Plattenbreite, Beiwerte ϱ_F, ϱ_S

a)
b)
c)

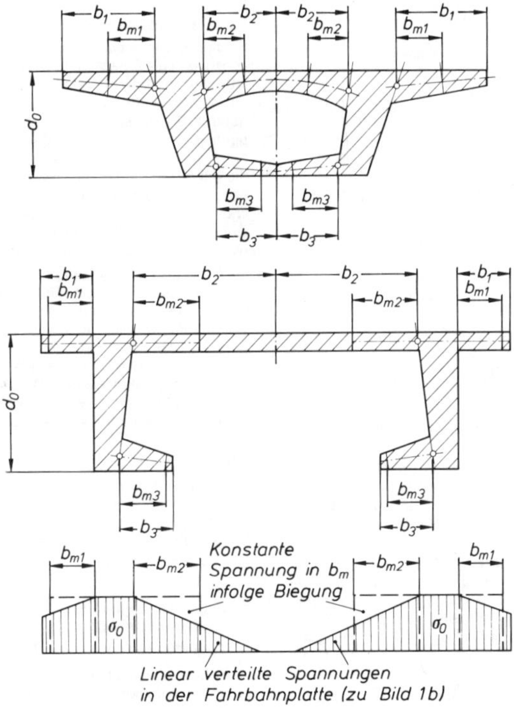

Bild 3. Querschnitte und zugehörige mitwirkende Plattenbreiten bei Biegemoment und Querkraft, Spannungsverteilung

Bei der Ermittlung von Biegeformänderungen sowie entsprechender Einheitsverformungen darf die volle Plattenbreite als mittragend angesetzt werden, solange $b/l_i < 0{,}3$ ist. Hierbei darf l_i Bild 1 entnommen werden. Für $b/l_i > 0{,}3$ darf näherungsweise zwischen den Stützen eine konstante mitwirkende Plattenbreite $b_m = \varrho_F \cdot b$ vorausgesetzt werden (siehe Bild 2), die dem Wert in Feldmitte entspricht.

Bei Kragarmen darf vereinfachend eine konstante mitwirkende Breite $b_m = \varrho_S \cdot b$ angenommen werden (siehe Bild 2).

Die Wirkungen von horizontalen Stegvouten, Veränderungen der Plattendicke und der Steghöhe sowie die Einflüsse aus Querträgern auf die mittragende Plattenbreite können in der Regel vernachlässigt werden.

Die Schnittgrößen infolge Längskraft dürfen im Einleitungsbereich $0 \leq x \leq 2\,b$ nach den Ergebnissen der Scheibentheorie abgeschätzt werden unter der Annahme einer Kraftausbreitung nach Bild 4.

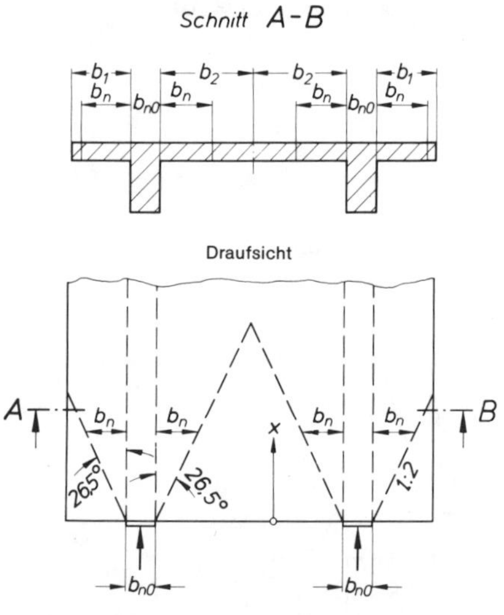

Bild 4. Mitwirkende Breite b_n bei Längskräften am Tragwerksende

5.1.3.2 Mitwirkende Plattenbreite für die Bemessung

Bei der Biege- und Querkraftbemessung von Trägern nach Bild 3, die durch Biegemomente beansprucht werden, ist stets die mitwirkende Plattenbreite zu berücksichtigen. Deren Veränderung durch antimetrische Lastgruppen kann in der Regel vernachlässigt werden.

Für Flansche bis zur Breite $b \leq 0{,}3\,d_0$ darf jedoch stets $b_m = b$ gesetzt werden (d_0 = Steghöhe nach Bild 3). Für $b > 0{,}3\,d_0$ darf die mitwirkende Breite, sofern sie nicht genauer nachgewiesen wird, mit Hilfe von Bild 2 und 1 ermittelt werden. Hierbei ist im Feld $b_{mF} = \varrho_F \cdot b$ und über der Stütze $b_{mS} = \varrho_S \cdot b$. Gegebenenfalls ist ein nicht konstantes b zu berücksichtigen.

Der Bestimmung von ϱ_S ist die größere der an das Auflager anschließenden Stützweiten zugrunde zu legen. Ist in einem Feldbereich $b_{mF} < b_{mS}$, so ist der Verlauf der mitwirkenden Breite innerhalb des gesamten Feldes nach der Verbindungslinie der mitwirkenden Breiten b_{mS} über den benachbarten Auflagerpunkten zu bestimmen; jedoch muß $b_m \leq b$ bleiben.

Die Spannungen aus Vorspannung dürfen für Normalkraft und Biegung getrennt bestimmt werden:

- der Spannungsanteil infolge Normalkraft mit der vollen Plattenbreite,
- der Spannungsanteil infolge Biegemoment unter Berücksichtigung der mitwirkenden Plattenbreite.

Zur Überlagerung der Biegespannungen des Haupttragwerks mit den von örtlichen Lasten erzeugten Plattenbiegespannungen dürfen erstere ohne genaueren Nachweis nach Bild 3 c) als geradlinig verlaufend angenommen werden unter der Bedingung, daß die jeweilige Gurtkraft erhalten bleibt.

5.2 Platten

5.2.1 Allgemeines

Die Beanspruchungen sind nach der Plattentheorie zu ermitteln. Hierbei dürfen hinreichend genaue Näherungsverfahren angewendet werden.

Schnittgrößen und Tragverhalten von Hohlplatten dürfen im allgemeinen (z. B. bei Aussparungen mit annähernd kreisförmigem Querschnitt) näherungsweise wie Vollplatten gleicher Konstruktionshöhe berechnet werden.

Für die Bemessung von einfeldrigen und durchlaufenden Platten dürfen geeignete Tabellenwerke verwendet werden, wenn die Lasteintragungsflächen dem Abschnitt 9.1.2 entsprechen.

5.2.2 Unmittelbar befahrene Platten von Straßenbrücken

Solche Platten werden nur in Ausnahmefällen ausgeführt (z. B. wenn die Einwirkung von Tausalzen nicht zu erwarten ist). Bei der Berechnung ist eine zusätzliche Belastung von $2{,}0\,kN/m^2$ für einen gegebenenfalls später aufzubringenden Belag einschließlich Abdichtung zu berücksichtigen. Bei unmittelbar befahrenen Platten von Straßenbrücken gelten die obersten 1,5 cm als Verschleißschicht, die bei der Betondeckung der Bewehrung nicht angerechnet werden dürfen. Die Bemessung ist sowohl für den Querschnitt mit als auch ohne Verschleißschicht durchzuführen. Rad- und Gehwegbrücken dürfen im allgemeinen ohne die 1,5 cm dicke Verschleißschicht ausgeführt werden.

Für die Zusammensetzung und Herstellung der obersten Schicht des Betons, die mindestens 5 cm dick sein muß und in einem Arbeitsgang frisch auf den übrigen Beton einzubauen ist, gilt DIN 1045, Abschnitte 6.5.7.1, 6.5.7.2, 6.5.7.3 und 6.5.7.5. Abweichend von DIN 1045, Abschnitt 6.5.7.3, darf jedoch der Wasserzementwert von 0,45 nicht überschritten werden. Der Beton ist maschinell mit Betondeckfertiger zu verdichten; bei Wirtschaftswege-, Rad- und Gehwegbrücken darf davon abgesehen werden.

5.3 Kastenträger

Ein- und mehrzellige Kastenträger dürfen hinsichtlich der Längsspannungen und der zugehörigen Schubspannungen näherungsweise nach der Theorie des torsionssteifen Stabes behandelt werden, solange die Maße folgenden Bedingungen genügen:

$$l_a/d \geq 18 \qquad l_a/b \geq 4$$

b mittlere Kastenbreite } Außenmaße
d mittlere Kastenhöhe }

l_a Abstand der Schotte bzw. Querträger

In allen anderen Fällen ist der Anteil der unterschiedlichen Längsspannungen in den Stegen zu verfolgen.

Die Querbiegung, auch infolge Profilverformung, muß nachgewiesen werden.

6 Bogenförmige Tragwerke

6.1 Bogenbrücken

6.1.1 Bemessungsgrundlagen

Bei eingespannten Bogen und Eingelenkbogen sind die Stützweite l und die Pfeilhöhe f nach Bild 5 a) und b) anzunehmen. Bei Zwei- und Dreigelenkbogen ist die Stützweite gleich dem horizontalen Abstand der Kämpfergelenke anzusetzen.

Bogen sollen möglichst nach der Stützlinie für ständige Last geformt werden; sie sind auf der Grundlage der Elastizitätstheorie zu berechnen, wobei auch die Normalkraftverformungen, Schwinden und Kriechen, die Temperatureinflüsse und die Nachgiebigkeit des Baugrundes zu beachten und gegebenenfalls zu berücksichtigen sind. Die aussteifende Wirkung der Fahrbahn darf dabei in Rechnung gestellt werden.

Bei der Ermittlung der Schnittgrößen in der Fahrbahn ist im allgemeinen das Zusammenwirken zwischen Bogen und Fahrbahn zu berücksichtigen.

Bei Stahlbetonbogen ist der Nachweis der Knicksicherheit zu führen. Der Einfluß des Kriechens ist bei $\lambda \geq 45$ zu berücksichtigen. Der dem Knicksicherheitsnachweis zugrunde gelegte Bewehrungsprozentsatz darf in keinem Querschnitt des Bogens unterschritten werden.

6.1.2 Knicksicherheitsnachweis

6.1.2.1 Knicksicherheitsbeiwerte bei Bogen

Die Knicksicherheit muß mindestens betragen

bei ges $\mu_0 \geq 0{,}8\,\%$ $\quad \gamma = 1{,}75$

bei ges $\mu_0 < 0{,}8\,\%$ $\quad \gamma = 3{,}0 - 1{,}56$ ges μ_0

ges μ_0 Gesamt-Bewehrungsgrad in %, bezogen auf den statisch erforderlichen Querschnitt. Es wird symmetrische Bewehrung vorausgesetzt.

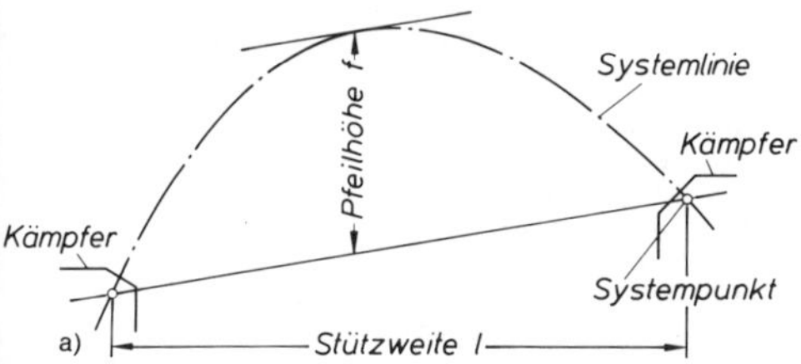

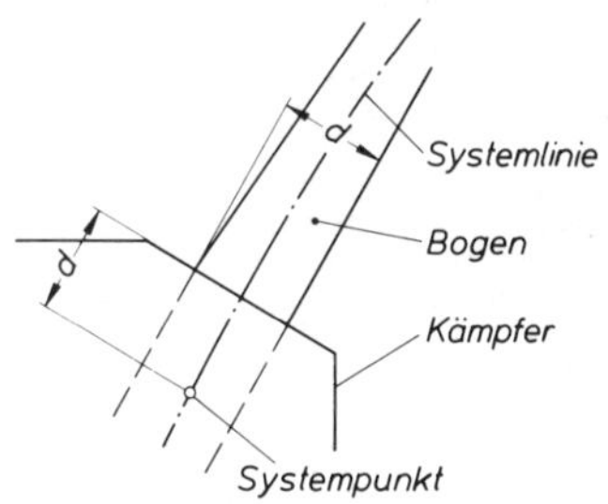

Bild 5. Bogensystem

6.1.2.2 Knicksicherheitsnachweis von Stahlbeton-Bogentragwerken in der Bogenebene

Der Knicksicherheitsnachweis ist bei Bogenbrücken mit einem Bewehrungsgehalt ges $\mu_0 \geq 0{,}8\,\%$ nach DIN 1045, Abschnitt 17.4, zu führen. Dieser Nachweis darf bei Bogen mit $f \geq 0{,}1\, l$ an einem beiderseits gelenkig gelagerten Ersatzstab mit gleich großen und gleich gerichteten Endausmitten und einer Knicklänge s_K nach Gleichung (1) geführt werden.

$$s_K = \psi \cdot l \tag{1}$$

Es bedeuten hierbei:

ges μ_0 gemäß Abschnitt 6.1.2.1

l Bogenstützweite

ψ Ein Beiwert, der für verschiedene Bogenarten und die Pfeilverhältnisse f/l der Tabelle 2 zu entnehmen ist.

Die Ausmitte muß der größten planmäßigen Lastausmitte in der mittleren Hälfte des halben Bogens unter Gebrauchslast zuzüglich der ungewollten Ausmitte nach DIN 1045, Abschnitt 17.4, entsprechen. Der Querschnitt des Ersatzstabes ist über die Stablänge als konstant anzunehmen und mit dem des Bogens in $l/4$ gleichzusetzen.

6.1.2.3 Nachweis von schwach bewehrten und unbewehrten Bogentragwerken in der Bogenebene

Bei Bogenbrücken mit einem Bewehrungsgehalt von ges $\mu_0 < 0{,}8\,\%$ und $\lambda \leq 70$ darf der Knicksicherheitsnachweis nach folgendem Näherungsverfahren geführt werden:

Die Bruchschnittgrößen (M_u, N_u) des untersuchten Querschnittes sind nach DIN 1045, Abschnitt 17.2.1, zu ermitteln, wobei die vorhandene Bewehrung angesetzt und die in DIN 1045, Abschnitt 17.9, Absatz 1, festgelegte Grenze für das Klaffen der Fuge nicht überschritten werden darf. Der Einfluß der Schlankheit und der ungewollten Ausmitte auf die Tragfähigkeit darf näherungsweise durch Verminderung der Bruchschnittgrößen mit dem Beiwert K nach Gleichung (2) erfaßt werden.

$$K = 1 - \frac{\lambda}{160}\,(1 + \eta \cdot e/d) \tag{2}$$

Bei Anwendung der Gleichung (2) darf das Verhältnis e/d nicht größer als 0,2 sein.

Es bedeuten:

λ Schlankheit s_K/i, wobei s_K nach Gleichung (1) und $i = \sqrt{I/A}$ für den Querschnitt in $l/4$ zu ermitteln sind.

η Hilfsgröße: $\eta = 3 - 2{,}5 \cdot$ ges μ_0

ges μ_0 gemäß Abschnitt 6.1.2.1

e/d größte bezogene Ausmitte (Abweichung der resultierenden Längskraft von der Bogenachse) in der mittleren Hälfte des halben Bogens

d Querschnittsmaß in Knickrichtung.

Die zulässigen Schnittgrößen ergeben sich aus den mit dem Faktor K verminderten Bruchschnittgrößen unter Beachtung des in Abschnitt 6.1.2.1 festgelegten Knicksicherheitsbeiwertes.

Bei diesen Tragwerken ist eine Mindestbewehrung nach Abschnitt 10.1 nicht erforderlich.

6.1.2.4 Knicksicherheit senkrecht zur Bogenebene

Bei schmalen Bogen ist die Knicksicherheit nach DIN 1045, Abschnitt 17.4, auch in Richtung rechtwinklig zur Bogenebene zu untersuchen. Für diesen Nachweis dürfen Bogen mit $f \leq 0{,}25\, l$ und ausreichender Torsionssteifigkeit (z. B. Voll-, H- und Kastenquerschnitte) als eine gerade Stütze

Tabelle 2. **Knicklängen-Beiwerte** ψ $s_K = \psi \cdot l$

f/l	0,10	0,15	0,20	0,25	0,30	0,35	0,40	0,45	0,50
	0,356	0,367	0,381	0,399	0,419	0,448	0,480	0,514	0,545
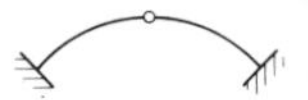	0,478	0,487	0,495	0,507	0,519	0,535	0,550	0,571	0,593
	0,518	0,540	0,572	0,612	0,659	0,706	0,756	0,788	0,890
	0,584	0,597	0,612	0,633	0,657	0,706	0,756	0,824	0,890

betrachtet werden, deren Länge gleich der Bogenstützweite und deren Normalkraft gleich dem Horizontalschub ist.

Der Sicherheitsbeiwert ist gemäß Abschnitt 6.1.2.1 in Abhängigkeit vom Gesamtbewehrungsgrad μ_0 einzuführen.

6.2 Gewölbe

Gewölbe — im Sinne dieser Norm — sind überschüttete Tragwerke, deren Form von der Stützlinie aus ständiger Last und dem Mittel aus aktivem Erddruck und Erdruhedruck bestimmt ist. Hierbei muß $f \geq \frac{l}{3}$ sein.

Die Scheitelüberdeckung bis Straßenoberkante soll mindestens 1 m sein. Bei Gewölben unter Eisenbahnen beträgt dieses Maß mindestens 1,5 m bis Schwellenoberkante.

Gewölbe sind mit der vorgenannten Erddruckannahme unter Berücksichtigung der teilweisen Einschüttung im Bauzustand zu berechnen. Die Beanspruchungen aus Temperatur und Schwinden können dabei vernachlässigt werden. Der Nachweis der Knicksicherheit kann in der Regel entfallen.

Konzentrierte Verkehrslasten sind nach DIN 1072, Ausgabe November 1967, Abschnitt 5.3.7, bzw. nach DS 804 zu verteilen.

Die Hauptbewehrung ist symmetrisch im Querschnitt anzuordnen. Die Bewehrung in Achsrichtung des Gewölbes ist — ebenfalls symmetrisch — mit mindestens 50 % der Hauptbewehrung festzulegen.

Abschnitt 10.2 über Mindestbewehrung gilt nicht für Gewölbe.

Bei der Bemessung ist abweichend von Abschnitt 9.2.1 ein Sicherheitsbeiwert

$$\text{erf}\,\gamma = 3 - 1{,}13 \cdot \text{ges}\,\mu_0 \geq 2{,}1$$

einzuhalten.

ges μ_0 Hauptbewehrung in % des statisch erforderlichen Betonquerschnittes

Gewölbe, bei deren Standsicherheitsnachweis die Überschüttung zur Tragwirkung mit herangezogen wird, fallen nicht unter diese Norm.

7 Stützen, Pfeiler, Widerlager und Fundamente

7.1 Allgemeines

7.1.1 Übertragung der Bremskräfte

Soweit Bremskräfte über den Erdkörper auf das Bauwerk einwirken, ist von einer Lastausbreitung in der Hinterfüllung unter 26,5° (2 : 1) im Grund- und Aufriß, d. h. nach unten und nach den Seiten, auszugehen. Ihre Wirkung braucht im allgemeinen nur in dem direkt betroffenen Bauteil, z. B. der Kammerwand, einschließlich des Anschlusses an die benachbarten Bauteile verfolgt zu werden.

7.1.2 Widerlager in Verbindung mit dem Überbau

Sind die flach gegründeten Widerlager von Platten- und Balkenbrücken aus Stahlbeton mit dem Überbau ausreichend verbunden, so darf vereinfachend für die Bemessung der Widerlager und Fundamente — bei Straßenbrükken mit einer Überbaulänge bis etwa 20 m, bei Eisenbahnbrücken bis etwa 10 m — im Fundament wechselseitig volle Einspannung auf der einen Seite und gelenkige Lagerung auf der anderen Seite angenommen werden, an Widerlager-Oberkante gelenkige Lagerung.

Annähernd gleiche Maße und Erddruckbelastungen beider Widerlager werden hierbei vorausgesetzt.

Zwangsschnittkräfte dürfen vernachlässigt werden.

7.2 Stützen, Pfeiler, Widerlager und Fundamente aus Stahlbeton

7.2.1 Zusätzliche Entwurfsgrundlagen

Bei setzungsempfindlichem Baugrund sind Fundamentverdrehungen und -verschiebungen nach DIN 1072, Ausgabe November 1967, Abschnitt 5.5 und 6.8, zu berücksichtigen.

Bei der Bemessung der Fundamente als einspannende Bauteile gemäß DIN 1045, Abschnitt 17.4.5, sind die Schnittgrößen nach der Theorie II. Ordnung, die sich beim Knicksicherheitsnachweis ergeben, zu beachten. Dies gilt sinngemäß auch für die Bemessung einer eventuellen Pfahlgründung.

Bei Flachgründungen ist nachzuweisen, daß die Bodenfuge für die ungünstigste Lastkombination im Gebrauchszustand unter Berücksichtigung dieser Schnittgrößen nicht über den Schwerpunkt hinaus klafft.

Dagegen brauchen diese Schnittgrößen nicht berücksichtigt zu werden beim Nachweis der Einhaltung von DIN 1054, Ausgabe November 1976, Abschnitt 4.1.3.1, wonach unter ständiger Last keine klaffende Bodenfuge auftreten darf.

Beim Nachweis der Bodenpressung dürfen diese Momente vernachlässigt werden.

Soweit Schnittgrößen im Gebrauchszustand unter Berücksichtigung der Stabverformungen (Theorie II. Ordnung) benötigt werden, sind diese aus den Schnittgrößen des Knicksicherheitsnachweises durch Reduktion mit 1/1,75 abzuleiten.

7.2.2 Nachweis der Knicksicherheit

Der Knicksicherheitsnachweis ist nach DIN 1045, Abschnitt 17.4, zu führen. Für Stahlbetonwände gilt DIN 1045, Abschnitt 25.5.4.

Abweichend von DIN 1045, Abschnitt 17.4.6, darf die ungewollte Ausmitte e_u bei Pfeilern mit einer Höhe $h \geq 30$ m zu $s_k/400$ angenommen werden. Diese Erleichterung ist nur zulässig, wenn durch laufende Kontrollmessungen während des Baues sichergestellt ist, daß die Summe der vorhandenen Bauungenauigkeiten (Lagerversetzfehler, Lotabweichungen des Pfeilerschaftes usw.) nicht größer als $s_k/1200$ ist.

Eine zu erwartende Schiefstellung eines Pfeilerfundamentes unter Dauerlast ist bei der Bestimmung der Lastausmitte zu beachten.

Wenn die Baugrundelastizität einen nennenswerten Einfluß auf die Knicksicherheit hat, ist diese unter Zugrundelegung der Grenzwerte der Steifeziffer für Kurzzeitbelastung zu berücksichtigen.

Für den Nachweis der Knicksicherheit ist bei Pfeilern mit Rollen- oder Gleitlagern die Lagerreibungskraft gleich Null zu setzen, d. h. weder als verformungsbehindernd noch als verformungsfördernd einzuführen, weil sich die Richtung der Reibungskraft umkehrt.

Bei Festpfeilern ist eine z. B. aus Lagerreibung infolge Temperaturdehnung herrührende Pfeilerausbiegung beim Knicksicherheitsnachweis nur als zusätzliche Lastausmitte zu berücksichtigen, während die diese Ausbiegung bewirkende Lagerreibungskraft gleich Null zu setzen ist.

Pfeiler mit Elastomer-Lagern sind wie Festpfeiler zu behandeln, wenn die auftretenden Kräfte im Knickfall aufgenommen werden können.

7.3 Stützen, Pfeiler, Widerlager und Fundamente aus unbewehrtem Beton

Für Stützen, Pfeiler und Widerlager sind Betone mindestens der Festigkeitsklasse B 15, für Fundamente mindestens der Festigkeitsklasse B 10 zu verwenden.

Für diese Bauteile gilt DIN 1045, Abschnitt 17.9.

8 Übertragung von konzentrierten Lasten

8.1 Allgemeines

Die für die Übertragung großer konzentrierter Lasten auf den Beton vorgesehenen Platten (Kopfplatten und Fußplatten von Stützen, Lagerplatten usw.) sollen möglichst rechtwinklig zur Wirkungslinie der Kräfte aus ständigen Lasten angeordnet werden. Ist die ständige Last gering,

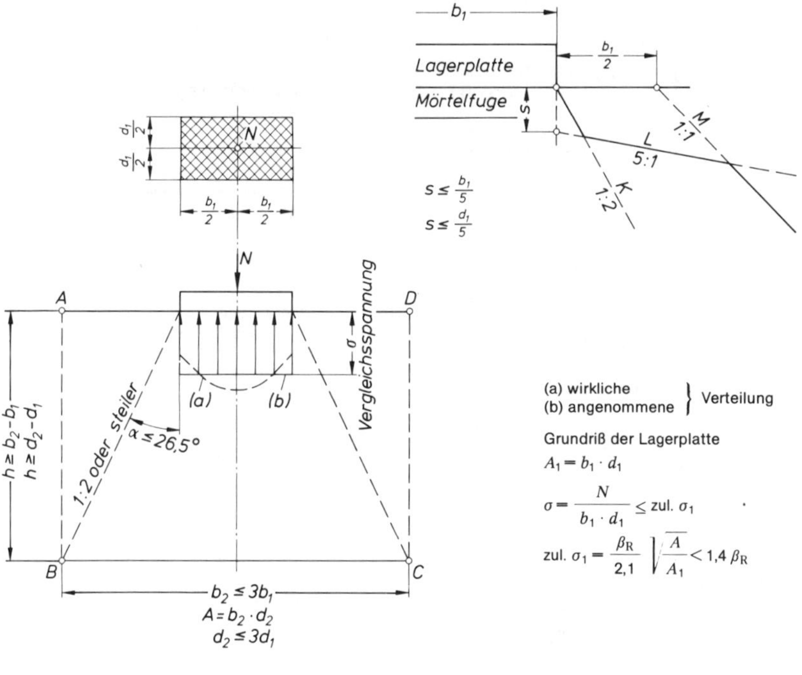

$A_1 = b_1 \cdot d_1$

$\sigma = \dfrac{N}{b_1 \cdot d_1} \leq \text{zul. } \sigma_1$

$\text{zul. } \sigma_1 = \dfrac{\beta_R}{2,1} \sqrt{\dfrac{A}{A_1}} < 1,4\, \beta_R$

Bild 6. Zulässige Spannung σ_1 und Vergleichsspannung σ bei mittig belasteter Lagerplatte

so ist hierfür die Wirkungslinie der häufig auftretenden Größtlast maßgebend.

Für Lager gelten DIN 4141 Teil 1 bis Teil 3 (z. Z. noch Entwürfe) bzw. die jeweils gültigen Zulassungsbescheide.

Bei der Bemessung der unmittelbar an die lastübertragenden Platten angrenzenden Betonteile sind die zu übertragenden Lasten, Verschiebewege, Dreh- und Kippwinkel sowie die dabei auftretenden Verformungswiderstände für alle während der Errichtung und im Gebrauch auftretenden Zustände in der ungünstigsten Zusammenstellung zu berücksichtigen.

8.2 Mittig belastete Übertragungsplatte

An die Übertragungsplatte (Kopf- und Grundplatte) angrenzender Beton muß in einer Höhe, die etwa gleich der Breite der Übertragungsplatte ist, mindestens der Festigkeitsklasse B 25 entsprechen.

Die zulässige Druckspannung im Beton infolge Teilflächenbelastung ist nach DIN 1045, Abschnitt 17.3.3, Gleichung (9), zu ermitteln, wenn im Beton unterhalb der beanspruchten Teilfläche die Spaltzugkräfte aufgenommen werden können (z. B. durch Bewehrung oder vorhandenen Querdruck). Ist die Aufnahme der Spaltzugkräfte nicht gesichert, so muß die Teilflächenspannung

$$\text{für Stahlbeton } \sigma_1 \leq \frac{\beta_R}{2{,}1} \text{ und} \tag{3}$$

$$\text{für Beton } \sigma_1 \leq \frac{\beta_R}{3{,}0} \tag{4}$$

betragen.

Die zur Ermittlung der Vergleichsspannung anzusetzende Fläche A_1 ist von der Bauart der Lager abhängig und ist DIN 4141 Teil 1 bis Teil 3 (z. Z. noch Entwürfe) zu entnehmen.

Das „Übertragungsprisma" A B C D nach Bild 6 muß ganz im Beton liegen. Lediglich am Kopf dürfen die durch die Geraden K, L und M abgeschnittenen Teile fehlen. Die Stufe unter der Lagerplatte einschließlich Mörtelfuge gemäß DIN 1045, Abschnitt 17.3.4, darf nicht höher sein als $b_1/5$ bzw. $d_1/5$; der kleinere Wert ist maßgebend. Die Höhe h des Übertragungsprismas darf nicht größer sein als die halbe Höhe des an die Übertragungsplatte anschließenden Beton-Bauteils. Bei Platten ist erforderlichenfalls die Sicherheit gegen Durchstanzen nachzuweisen.

8.3 Ausmittig belastete Übertragungsplatte

Bei ausmittig belasteter rechteckiger Lagerplatte ist als Ersatzplatte $A_1^* = b_1^* \cdot d_1^*$ anzunehmen (Bild 7). Für andere Formen von Lagerplatten ist sinngemäß zu verfahren.

9 Allgemeine Nachweise

9.1 Ermittlung der Schnittgrößen

9.1.1 Lastfälle

Bei den erforderlichen Nachweisen sind folgende Lastfälle bzw. Lastfallkombinationen nach DIN 1072, DS 804 u. a. zu berücksichtigen.

Lastfall H	Summe der Hauptlasten
Lastfall Z	Summe der Zusatzlasten
Lastfall A	Sonderlasten aus Anprall
Lastfall B	Sonderlasten aus Bauzuständen

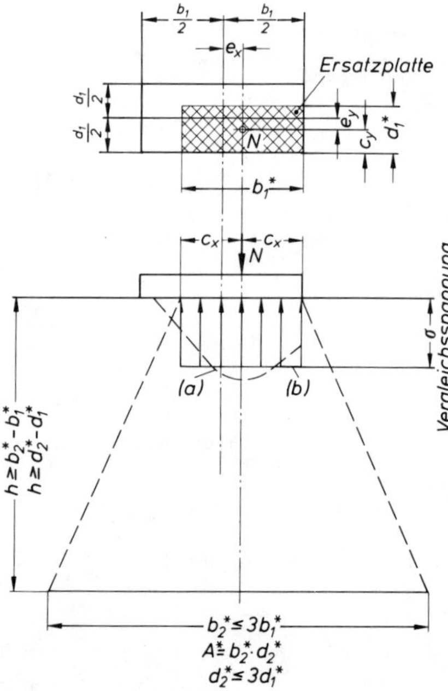

Grundriß der Lagerplatte
$A_1 = b_1 \cdot d_1$

Grundriß der Ersatzplatte
$A_1^* = b_1^* \cdot d_1^*$
$b_1^* = 2\,c_x$
$d_1^* = 2\,c_y$

(a) wirkliche
(b) angenommene } Verteilung

$$\sigma = \frac{N}{b_1^* \cdot d_1^*} \leq \text{zul. } \sigma_1$$

$$\text{zul. } \sigma_1 = \frac{\beta_R}{2{,}1} \cdot \sqrt{\frac{A^*}{A_1}} \leq 1{,}4\,\beta_R$$

Ausmitten e_x und e_y
Abmessungen der Ersatzplatte
$b_1^* = b_1 - 2\,e_x$
$d_1^* = d_1 - 2\,e_y$

Bild 7. Zulässige Spannung σ_1 und Vergleichsspannung σ bei ausmittig belasteter Lagerplatte

Kombination HZ — Summe der Haupt- und Zusatzlasten

Kombination HA — Summe der Haupt- und der Sonderlasten aus Anprall

Kombination HB — Summe der Haupt-, Wind- und der Sonderlasten aus Bauzuständen

Kombination HZB — Summe der Haupt-, Zusatz- und Sonderlasten im Bauzustand

Daraus sind die maßgebenden Schnittgrößenkombinationen zu ermitteln.

Ist in einem Bauteil die Beanspruchung aus **einer** Zusatzlast größer als die Beanspruchung aus den Hauptlasten ohne ständige Last und gegebenenfalls Vorspannung, so bildet diese Zusatzlast zusammen mit der ständigen Last und der eventuellen Vorspannung den Lastfall H.

Bei Bauzuständen gilt die Windlast als Hauptlast.

9.1.2 Lasteintragung

Bei Belastung durch Einzellasten (z. B. Raddruck auf die Fahrbahn) gilt im allgemeinen für die Bestimmung der Lasteintragungsbreite DIN 1045, Abschnitt 20.1.4, bzw. DS 804. Anstelle der Aufstandsflächen der Radlasten nach DIN 1072 dürfen vereinfachend flächengleiche Ersatzflächen verwendet werden (z. B. Quadrate, Kreise).

9.2 Bemessung von Beton- und Stahlbetonbauteilen

9.2.1 Allgemeines

Für die Bemessung von Bauteilen aus Beton und Stahlbeton gilt DIN 1045, Abschnitt 17, sofern in dieser Norm nichts anderes bestimmt wird.

Bei den Schnittgrößen aus den Lastfallkombinationen nach Abschnitt 9.1 betragen die Sicherheitsbeiwerte für Stahlbeton in Anlehnung an DIN 1045, Abschnitt 17.2.2:

Tabelle 3.

Lastfallkombination nach Abschnitt 9.1	Sicherheitsbeiwert bei Versagen des Querschnittes mit Vorankündigung	Sicherheitsbeiwert bei Versagen des Querschnittes ohne Vorankündigung
H HB	1,75	2,10
HZ HZB	0,9 · 1,75	0,9 · 2,10
HA	1,0	1,0

Zwischen den beiden Grenzwerten ist der Sicherheitsbeiwert nach DIN 1045, Abschnitt 17.2, geradlinig einzuschalten.

9.2.2 Querschnittsbemessung für Biegung und Biegung mit Längskraft

Zwangschnittgrößen aus wahrscheinlichen Baugrundbewegungen, Kriech-, Schwind- und Wärmewirkungen dürfen in den Lastfallkombinationen mit einem Sicherheitsbeiwert $\gamma = 1{,}0$ in Rechnung gestellt werden, wenn die Steifigkeit im Zustand I zugrunde gelegt wird. Werden jedoch abgeminderte Steifigkeiten (Übergang nach Zustand II) für die Ermittlung der Zwangschnittgrößen in Ansatz gebracht, so ist $\gamma = 1{,}4$ zu setzen.

Anstelle der Zwangschnittgrößen aus wahrscheinlichen Baugrundbewegungen sind die aus den 0,4fachen möglichen Baugrundbewegungen zu berücksichtigen, falls dies ungünstiger ist.

Für den Knicksicherheitsnachweis gelten die Abschnitte 6.1.2 und 7.2.2.

Beim Nachweis der Knicksicherheit nach der Theorie II. Ordnung darf für die Lastkombinationen HZ und HZB der Sicherheitsbeiwert nicht auf den 0,9fachen Wert herabgesetzt werden.

9.2.3 Querschnittsbemessung für Querkraft und Torsion

9.2.3.1 Hauptlasten sowie Haupt- und Zusatzlasten

Die zulässige Stahlspannung für die Lastfallkombination H ist DIN 1045, Abschnitt 17.5.4, zu entnehmen; bei der Lastfallkombination HZ gelten die 1/0,9fachen Werte.

Ein Nachweis der Schubdeckung ist bei Balken für die Lastfallkombination H erforderlich, wenn $\tau_0 \geq \tau_{011}$ nach DIN 1045, Tabelle 13, Zeile 1a ist.

Bei Stahlbetonbauteilen ist verminderte Schubdeckung nach DIN 1045, Gleichung (17), nur zulässig, wenn sie nach Abschnitt 9.3 als vorwiegend ruhend belastet gelten.

9.2.3.2 Sonderlasten aus Anprall von Fahrzeugen

Bei der Bemessung auf Querkraft und Torsion infolge Lasten nach DIN 1072, Ausgabe November 1967, Abschnitt 7.2, bzw. DS 804 darf für Betonstahl die Stahlspannung β_S in Rechnung gestellt werden; der Rechenwert der Schubspannung darf den doppelten Wert von τ_{02} nicht überschreiten.

9.3 Nachweise für nicht vorwiegend ruhende bzw. ruhende Beanspruchung

9.3.1 Geltungsbereiche

Stahlbetonbauteile gelten nicht als vorwiegend ruhend belastet im Sinne von DIN 1045, Abschnitte 17 und 18, wenn in einem der Bemessungsquerschnitte des Bauteils die Differenz der Grenzschnittgrößen $S_{max} - S_{min}$ aus den Verkehrsregellasten nach DIN 1072 bzw. DS 804 mehr als 25 % der absolut größten Schnittgröße aus Lastfall H beträgt.

Folgende Stahlbetonbauteile gelten in jedem Falle als vorwiegend ruhend belastet:

a) Widerlager, Stützwände und Pfeiler einschließlich Fundamente, soweit sie nicht mit dem Überbau biegesteif verbunden sind, mit Ausnahme von
   - Fahrbahnen von Hohlwiderlagern
   - leichten Stützen bis 300 kN Eigenlast des Schaftes
   - häufig hoch beanspruchten Bauteilen, die nach Abschnitt 9.3.2 mit $\alpha_p = \alpha_s = 1{,}0$ zu bemessen sind.

b) Gewölbe mit einer Mindest-Scheitelüberschüttung nach Abschnitt 6.2 und sonstige Tragwerke mit einer Überschüttungshöhe von min. 2 m.

Für Lasten von Sonderfahrzeugen braucht dieser Nachweis im allgemeinen nicht geführt zu werden, da diese Lasten in der Regel nicht sehr häufig auftreten.

9.3.2 Beschränkung der Schwingbreite unter Gebrauchslast

Bei den unter Abschnitt 9.3.1 genannten vorwiegend nicht ruhend belasteten Bauteilen ist die Schwingbreite $\Delta\sigma_S$ der Stahlspannung aus den Verkehrsregellasten nach DIN 1072, Ausgabe November 1967, Abschnitte 5.3.1, 5.3.4 und 5.3.6, bzw. DS 804 nachzuweisen für die beiden Grenzschnittgrößen

$$S_{max} = \max\,(\alpha_p S_p + \alpha_s S_s) + S_g \qquad (5)$$

$$S_{min} = \min\,(\alpha_p S_p + \alpha_s S_s) + S_g \qquad (6)$$

Aus S_{max} und S_{min} können die Grenzwerte der Stahlspannung $\max\sigma_S$ bzw. $\min\sigma_S$ bei Zug nach DIN 1045, Abschnitt 17.1.3, bei Druck nach Abschnitt 17.8 (letzter Absatz) ermittelt werden.

Die Schwingbreite

$$\Delta\sigma_S = \max\sigma_S - \min\sigma_S \qquad (7)$$

darf die zulässigen Werte nach DIN 1045, Abschnitt 17.8, nicht überschreiten.

Darin bedeuten

S_g Schnittgröße aus ständiger Last

S_p Schnittgrößen aus den Verkehrsregellasten nach DIN 1072 einschließlich Schwingbeiwert

S_s Schnittgrößen aus den Regellasten von Schienenfahrzeugen einschließlich Schwingbeiwert

$\alpha_p = 0{,}5$ für Flächenlasten und für SLW 60

$\alpha_p = 0{,}8$ für SLW 30 und LKW 12

$\alpha_s = 1{,}0$ bei Brücken belastet nach DS 804 oder ähnl.

Bei sonstigen Schienenfahrzeugen wird α_s entsprechend der Häufigkeit der Vollast fallweise festgelegt.

Der vereinfachte Nachweis nach DIN 1045, Abschnitt 17.8, Absatz 6 ff, ist zulässig; dabei dürfen die Teile α_p bzw. α_s der Verkehrsregellast als häufig wechselnde Lastanteile angenommen werden. Die Prozentsätze von ΔM und ΔQ sind auf Lastfall H zu beziehen.

Für häufig hoch beanspruchte Konsolen an Fahrbahnübergängen oder ähnlichen und für quer zur Fahrtrichtung auskragende Konstruktionen, die von Zusatzfahrstreifen belastet werden, ist der Nachweis der Schwingbreite der Stahlspannungen bei allen Brückenklassen und allen Lasten mit $\alpha_p = 1$ zu erbringen.

Bei Straßenbrücken der Brückenklasse 60 ohne Belastung durch Schienenfahrzeuge und bei Geh- und Radwegbrücken kann der Nachweis der Schwingbreite auf die statisch erforderliche Bewehrung aus geschweißten Betonstahlmatten und auf geschweißte Stöße beschränkt werden mit Ausnahme der Bauteile, die für $\alpha_p = 1$ zu bemessen sind.

Weitergehende Forderungen nach DIN 4227 Teil 1 und Teil 5 bleiben unberührt.

9.4 Beschränkung der Rißbreite für Stahlbetonbauteile

Als Anhalt für die zweckmäßige Wahl der Bewehrung ist der Nachweis nach DIN 1045, Abschnitt 17.6.2, für alle bewehrten Bauteile zu führen.

Für Zeile 1, Spalte 2 der Tabelle 1 wird „geringe Rißbreite“, für alle übrigen Betondeckungen „sehr geringe Rißbreite“ verlangt.

Für erdberührte Flächen mit einer dauerhaft geschützten Abdichtung gelten die Werte „zu erwartende Rißbreite normal“. Die Abdichtung kann auch als geeignete Beschichtung ausgeführt werden. Als dauerhafter Schutz gegen ihre Beschädigung können Ortbeton, Fertigplatten oder Formsteine verwendet werden.

Lassen sich größere Temperaturunterschiede infolge Abbindens des Betons nicht durch ausführungstechnische Maßnahmen vermeiden, so sind die daraus entstehenden Spannungen auch in der statischen Berechnung zu berücksichtigen.

9.5 Seitenstoß auf Schrammborde und Schutzeinrichtungen

Für den Nachweis nach DIN 1072, Ausgabe November 1967, Abschnitt 7.3, gelten die Bemessungsannahmen des Lastfalles HA unter Abschnitt 9.2.

9.6 Beanspruchung beim Umkippen

Bei der kritischen Last nach DIN 1072, Ausgabe November 1967, Abschnitt 8.2, gelten für Beton und Stahl die zulässigen Werte des Lastfalles HA nach Abschnitt 9.2, für unbewehrten Beton $0{,}8\,\beta_R$.

10 Zusätzliche Bewehrungsrichtlinien

10.1 Mindestbewehrung von Stahlbetonüberbauten

An den Oberflächen sind zwei sich annähernd rechtwinklig kreuzende Bewehrungslagen anzuordnen.

10.1.1 Ermittlung der Mindestbewehrung

Wenn DIN 1045 keine größere Bewehrung vorschreibt, ist für die Längsbewehrung an jeder Oberfläche die Mindestbewehrung der Tabelle 4 vorzusehen.

Tabelle 4. **Grundwerte der Mindestbewehrung**

Betonfestigkeitsklasse	BSt 220/340	BSt 420/500	BSt 500/550
B 25	0,13 %	0,07 %	0,06 %
B 35	0,17 %	0,09 %	0,08 %
B 45	0,19 %	0,10 %	0,09 %
B 55	0,21 %	0,11 %	0,10 %

Zu den in Tabelle 4 angegebenen Mindestprozentsätzen für die Längsbewehrung gehören die Bezugsflächen der Tabelle 5.

Tabelle 5. **Übersicht zur Mindestbewehrung**

Bauteil		Seite	rechnerische Bezugsfläche A	Längsbewehrung a_s ist anzuordnen auf der Umfangstrecke s
Platte von der Dicke d		Oberseite Unterseite	Plattenquerschnitt $A_b = 100\ d/m$	100 cm
		Plattenrand-Fläche	$d \cdot d$	d
Balken, Stege von Plattenbalken und Kastenträgern Bauhöhe d_0 Breite b_0	$b_0 < d_0$	Seitenflächen	$b_0 \cdot d_0$	d_0
		Oberseite Unterseite	$b_0 \cdot b_0$	b_0
	$b_0 > d_0$	Seitenflächen	$d_0 \cdot d_0$	d_0
		Oberseite Unterseite	$b_0 \cdot d_0$	b_0

Bei nicht konstanter Stegbreite ist b_0 die Breite in der Höhe der Schwerlinie des Gesamtquerschnittes.

Die für eine bestimmte Fläche je Meter Querschnittsumfang ermittelte Mindest l ä n g s bewehrung ist auch als Mindest q u e r bewehrung vorzusehen.

Für die Schubbewehrung von Gurtscheiben und Balkenstegen gilt der doppelte Mindestwert der Tabelle 4.

Bei Hohlplatten mit annähernd kreisförmigen Aussparungen darf die Längsbewehrung auf den reinen Betonquerschnitt bezogen werden; die Querbewehrung ist in der gleichen Größe wie die Längsbewehrung zu wählen. Als Mindestschubbewehrung erhalten die Stege eine Bewehrung wie die Querbewehrung eines Balkens von der Breite b_0 gleich der kleinsten Stegbreite.

Die Querbewehrung der Balken und Stege ist gleichzeitig Bügelbewehrung bzw. Randeinfassungsbewehrung.

Von den zusammenfallenden Mindestbewehrungen für die gleiche Stelle ist nur die größte maßgebend; die Addition mehrerer Mindestbewehrungen ist nicht erforderlich. Längsstäbe an Kanten dürfen für beide Flächen gezählt werden.

Auf der Zugseite von Platten muß die Hauptbewehrung folgende Mindestwerte haben:

- BSt 220/340 0,25 % von A_b
- BSt 420/500 } 0,15 % von A_b
- BSt 500/550 }

In Bereichen, die ständig auf Druck beansprucht sind, genügt ohne Rücksicht auf die Betonfestigkeitsklasse die für B 25 erforderliche Mindestbewehrung der Tabelle 4.

10.1.2 Maximaler Abstand der Bewehrung

Der größte Stababstand soll 20 cm nicht übersteigen.

10.1.3 Kleinster Stabdurchmesser

- bei BSt 220/340 10 mm
- bei BSt 420/500 8 mm

bei geschweißten Betonstahlmatten

- BSt 500/550 6 mm bei $a \leq 150$ mm

10.2 Bewehrung von Stahlbetonstützen für den Anprall von Fahrzeugen

Sind Stahlbetonstützen für Anprall-Lasten nach DIN 1072 oder DS 804 zu bemessen, so ist ihre Längsbewehrung auf mindestens 2 m über die Höhe des Anprallbereichs hinaus zweilagig und ungestoßen nach Bild 8 auszubilden, sofern nachstehend nichts anderes gesagt wird. Mindestens auf diese Höhe ist die innere und die äußere Längsbewehrung mit Bügeln oder Wendel von mindestens 12 mm Durchmesser bei einem Bügelabstand bzw. einer Ganghöhe von höchstens 12 cm zu umschließen. Die Bügelenden müssen sich um mindestens eine Seitenlänge übergreifen oder außerhalb der Zerschellschicht verankert werden; Wendelenden sind in das Innere des Querschnittes zu führen.

Maße in mm

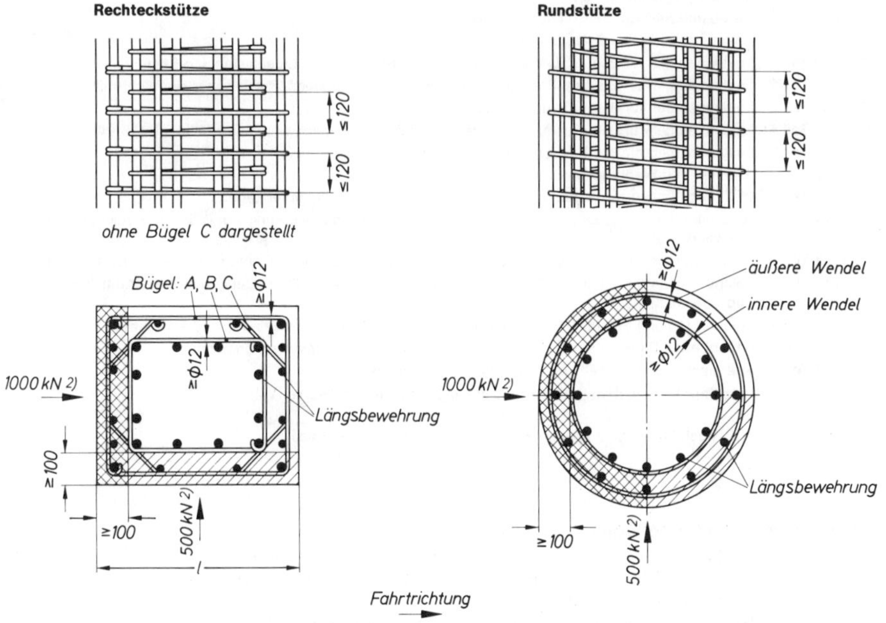

Zerschellschicht XXXX für 1000 kN Anprallast — Zerschellschicht ///// für 500 kN Anprallast

Höhe der Zerschellschicht bis 2,00 m über Fahrbahnoberkante — Länge l der Zerschellschicht bei langen Pfeilern 1,60 m

Bild 8. Bewehrung anprallgefährdeter Stahlbetonstützen

---

[2]) Die Anprallasten 1000 kN bzw. 500 kN sind nicht gleichzeitig anzusetzen.

Wegen der beim Anprall entstehenden örtlichen Zerstörungen ist davon auszugehen, daß im Anprallbereich der Beton zwischen Stützenrand und Außenkante der inneren Bügel, mindestens jedoch 10 cm (Zerschellschicht) und die äußere Lage der Druckbewehrung nicht mitwirken. Zugeinlagen des Anprallbereiches können dagegen in Rechnung gestellt werden (z. B. eingespannte Stütze).

Als Anprallbereiche sind anzunehmen:

a) auf der Seite, auf die 1000 kN Anprallast anzusetzen sind, die ganze Breite und 2 m Höhe;

b) auf der Seite, auf die 500 kN anzusetzen sind, die ganze Länge, jedoch nicht mehr als 1,6 m von der Vorderkante aus gemessen, und 2 m Höhe.

Die Schubdeckung ist nachzuweisen. Hierbei braucht nur die Hälfte des bei voller Schubdeckung erforderlichen Stahlquerschnittes eingelegt zu werden, wenn die Längsbewehrung der Stützen vom Anprallbereich bis zu den Auflagern bzw. bis zur Einspannstelle zweilagig in voller Stärke durchgeführt wird.

Auch unter Vernachlässigung der Zerschellschicht muß die Stütze in der Lage sein, die Hauptlasten und die Haupt- und Zusatzlasten mit einer gegenüber der Tabelle 3 um 10 % herabgesetzten Sicherheit aufzunehmen.

Geht eine Stütze in einen Gründungspfahl über und wird der Anprallstoß nicht durch konstruktive Maßnahmen auf mehrere Pfähle verteilt, so ist die Bewehrung des Anprallbereiches, sofern nicht ein genauerer Nachweis geführt wird, unvermindert vom unteren Rande des Anprallbereichs ab noch 5 m in den Gründungspfahl weiterzuführen.

Als Baustoffe sind Betonstahl BSt 220/340 oder BSt 420/500 und mindestens die Betonfestigkeitsklasse B 35 zu verwenden. Die Bewehrung darf nicht geschweißt werden.

Eine Bemessung für Anprall nach DIN 1072, Ausgabe November 1967, Abschnitt 7.2, und Ergänzungsbestimmungen, und eine zweilagige Bewehrungsführung nach Bild 8 ist nicht erforderlich:

- bei vollen Stahlbetonstützen und -scheiben mit einer Länge l in Fahrtrichtung von mindestens 1,6 m und einer Breite b quer zur Fahrtrichtung von $b = 1{,}6 - 0{,}2\,l \geq 0{,}9$ m,
- bei vollen runden bzw. ovalen Stahlbetonstützen von mindestens $l \geq 1{,}6\,\text{m} + x$, $b \geq 1{,}6\,\text{m} - x$ Kleinstwert $b = 1{,}2$ m,
- bei Stahlbeton-Hohlpfeilern bei einer Mindestwanddicke von 0,60 m.

Bei Hohlpfeilern muß die vorgeschriebene Mindestwanddicke noch 2 m über den oberen Rand des Anprallbereiches hinausgehen.

Zitierte Normen und Unterlagen

DIN 488 Teil 1 bis Teil 6	Betonstahl
DIN 1045	Beton und Stahlbeton; Bemessung und Ausführung
DIN 1054	Baugrund; zulässige Belastung des Baugrunds
DIN 1055 Teil 1	Lastannahmen für Bauten; Lagerstoffe, Baustoffe und Bauteile, Eigenlasten und Reibungswinkel
DIN 1055 Teil 2	Lastannahmen für Bauten; Bodenkenngrößen; Wichte, Reibungswinkel, Kohäsion, Wandreibungswinkel
DIN 1055 Teil 3	Lastannahmen für Bauten; Verkehrslasten
DIN 1055 Teil 4	Lastannahmen für Bauten; Verkehrslasten; Windlasten nicht schwingungsanfälliger Bauwerke
DIN 1055 Teil 5	Lastannahmen für Bauten; Verkehrslasten; Schneelast und Eislast
DIN 1072	Straßen- und Wegbrücken; Lastannahmen
DIN 4141 Teil 1	(z. Z. noch Entwurf) Lager im Bauwesen; Allgemeine Richtlinien für Lager
DIN 4141 Teil 2	(z. Z. noch Entwurf) Lager im Bauwesen; Richtlinien für die Lagerung von Brücken und vergleichbaren Bauwerken
DIN 4141 Teil 3	(z. Z. noch Entwurf) Lager im Bauwesen; Richtlinien für die Lagerung im Hoch- und Industriebau
DIN 4219 Teil 1	Leichtbeton und Stahlleichtbeton mit geschlossenem Gefüge; Anforderungen an den Beton, Herstellung und Überwachung
DIN 4219 Teil 2	Leichtbeton und Stahlleichtbeton mit geschlossenem Gefüge; Bemessung und Ausführung
DIN 4227 Teil 1	Spannbeton; Bauteile aus Normalbeton mit beschränkter oder voller Vorspannung
DIN 4227 Teil 5	Spannbeton; Einpressen von Zementmörtel in Spannkanäle
DS 804	Vorschrift für Eisenbahnbrücken und sonstige Ingenieurbauwerke (VEI) [3]
Beiblatt 1 zu DIN 4141 Teil 3	(z. Z. noch Entwurf) Lager im Bauwesen; Gleitlager im Hochbau

Weitere Normen und Unterlagen

DIN 1076	Straßen- und Wegbrücken; Richtlinien für die Überwachung und Prüfung
DIN 4420 Teil 1	Arbeits- und Schutzgerüste (ausgenommen Leitergerüste); Berechnung und bauliche Durchbildung
Heft 220 des Deutschen Ausschusses für Stahlbeton	Bemessung von Beton- und Stahlbetonteilen nach DIN 1045 (1979) [4]
Heft 240 des Deutschen Ausschusses für Stahlbeton	Hilfsmittel zur Berechnung der Schnittgrößen und Formänderungen von Stahlbetontragwerken (1976) [4]

[3]) Zu beziehen durch das Drucksachenlager der Bundesbahndirektion Hannover in 4950 Minden, Schwarzer Weg 8.

[4]) Zu beziehen beim Deutschen Ausschuß für Stahlbeton, Bundesallee 216-218, 1000 Berlin 15.

DK 624.92.012.4 : 691.32 : 620.1 : 658.56 Dezember 1978

Überwachung (Güteüberwachung) im Beton- und Stahlbetonbau

Beton B II auf Baustellen

DIN 1084 Teil 1

Control (quality control) of plain and reinforced concrete structures; concrete B II on sites

Contrôle (contrôle de la qualité) dans la construction de béton et de béton armé; béton B II aux sites des travaux

Diese Norm wurde im Fachbereich VII Beton und Stahlbeton, Deutscher Ausschuß für Stahlbeton des NABau, ausgearbeitet. Sie ist den obersten Bauaufsichtsbehörden vom Institut für Bautechnik, Berlin, zur bauaufsichtlichen Einführung empfohlen worden.

Die vorliegende Norm wurde gegenüber der Ausgabe Februar 1972 auf die durch das „Gesetz über Einheiten im Meßwesen" vom 2. Juli 1969 festgesetzten Einheiten (Einheiten des Internationalen Einheitensystems (SI)) umgestellt, ohne den sachlichen Inhalt zu ändern.

Im Zuge der Umstellung ist auch eine redaktionelle Überarbeitung zur besseren Klarstellung — besonders um eine Abstimmung mit DIN 1084 Teil 2 und Teil 3 herbeizuführen — sowie die Aufnahme der Anforderungen für Leichtbeton mit geschlossenem Gefüge vorgenommen worden.

Die Benennung „Last" wird für Kräfte verwendet, die von außen auf ein System einwirken; das gleiche gilt auch für zusammengesetzte Wörter mit der Silbe ... „last" (DIN 1080 Teil 1).

Alle Hinweise in dieser Norm auf DIN 1045 „Beton und Stahlbeton; Bemessung und Ausführung" beziehen sich auf die Ausgabe Dezember 1978.

Inhalt

1 Allgemeines, Mitgeltende Normen und Unterlagen

1.1 Nach DIN 1045 und nach den „Richtlinien für Leichtbeton und Stahlleichtbeton mit geschlossenem Gefüge"[1]) ist die Einhaltung der dort festgelegten Anforderungen an die Herstellung und Verarbeitung von Beton B II einschließlich Leichtbeton B II durch eine Überwachung (Güteüberwachung) — bestehend aus Eigen- und Fremdüberwachung — nachzuprüfen.

1.2 Die folgenden Bestimmungen gelten für die Überwachung der Güte von Beton B II auf Baustellen. Diese Norm gilt auch für Transportbeton B II nach dessen Übergabe hinsichtlich der Verarbeitung und der Prüfungen, für die Herstellung und die Prüfungen bis zur Übergabe gelten die Bestimmungen von DIN 1084 Teil 3.

Erfolgt die Übernahme des Transportbetons B II im Transportbetonwerk, so müssen die Fahrzeuge und der Transport in die Überwachung (Güteüberwachung) der Baustelle einbezogen werden.

1.3 Der Vermerk über die Erfüllung der in DIN 1045, Abschnitt 5.2.2, geforderten Voraussetzungen für die Herstellung und Verarbeitung von Beton B II mit Angabe der fremdüberwachenden Stelle ist in die Mitteilungen an den mit der Bauüberwachung Beauftragten nach DIN 1045, Abschnitt 4.2, aufzunehmen.

1.4 Bei Anwendung dieser Norm gelten folgende Normen und Unterlagen mit:

DIN 1045	Beton und Stahlbeton; Bemessung und Ausführung
DIN 1048 Teil 1 bis Teil 4	Prüfverfahren für Beton
DIN 1164 Teil 1 bis Teil 8	Portland-, Eisenportland-, Hochofen- und Traßzement
DIN 4226 Teil 1 bis Teil 3	Zuschlag für Beton
DIN 4227 Teil 1	Spannbeton; Bauteile aus Normalbeton mit beschränkter und voller Vorspannung
DIN 51 043	Traß; Anforderungen, Prüfung
DIN 52 171	Stoffmengen und Mischungsverhältnis im Frisch-Mörtel und Frisch-Beton

Richtlinien für Leichtbeton und Stahlleichtbeton mit geschlossenem Gefüge[1])

2 Eigenüberwachung

2.1 Allgemeine Anforderungen

Die Eigenüberwachung hat das Unternehmen durchzuführen. Verantwortlich dafür ist der Bauleiter des Unternehmens, unbeschadet der weiteren in DIN 1045, Abschnitt 4.1,

[1]) Erhältlich bei der Beuth Verlag GmbH, Berlin; wird demnächst in DIN 4219 überführt.

Fortsetzung Seite 2 bis 10

Normenausschuß Bauwesen (NABau) im DIN Deutsches Institut für Normung e. V.

genannten Aufgaben. Die Eigenüberwachung wird durch das Fachpersonal der Baustelle in Verbindung mit der ständigen Betonprüfstelle (Betonprüfstelle E) durchgeführt (siehe DIN 1045, Abschnitte 5.2.2.6 und 5.2.2.7); dabei darf sich das Unternehmen für die Prüfung der Betondruckfestigkeit und der Wasserundurchlässigkeit an in Formen hergestellten Probekörpern einer dafür geeigneten Betonprüfstelle (z. B. Betonprüfstelle W nach DIN 1045, Abschnitt 2.3.3 [2])) bedienen.

2.2 Prüfungen

2.2.1 Der Umfang und die Häufigkeit der Prüfungen sind in Tabelle 1 festgelegt; bei Unterbrechung der Bauarbeiten verlängern sich die Prüfzeitspannen entsprechend.

2.2.2 Abweichungen von Umfang und Häufigkeit der Prüfungen nach Tabelle 1 sind im Einvernehmen mit der fremdüberwachenden Stelle nach Abschnitt 3.1.1 in begründeten Ausnahmefällen zulässig und wenn die Überprüfung insbesondere der Aufzeichnungen der Eigenüberwachung erweist, daß die Prüfungen im Rahmen der Eigenüberwachung zu keinen Beanstandungen geführt haben und für die betreffende Baustelle ausreichend sind. Dies gilt sinngemäß auch für die Art der Prüfungen, wenn nachgewiesen ist, daß die abweichenden Prüfungen mindestens gleichwertig sind.

Im Bedarfsfalle können weitere Prüfungen notwendig sein.

2.2.3 Auch solche Eigenschaften, die im Rahmen der Überwachung (Güteüberwachung) üblicherweise nicht zu untersuchen sind, wie z. B. die Eigenschaften der Ausgangsstoffe und die Betonzusammensetzung nach DIN 52171, sind in Zweifelsfällen nachzuprüfen.

2.2.4 Nach ungenügendem Prüfergebnis sind vom Unternehmen unverzüglich die erforderlichen Maßnahmen zur Abstellung der Mängel — wenn nötig auch im Bauwerk — zu treffen. Nach Abstellen der Mängel sind — soweit technisch möglich und zum Nachweis der Mängelbeseitigung erforderlich — die betreffenden Prüfungen zu wiederholen.

2.2.5 Für die Prüfungen sind Prüfeinrichtungen nach DIN 1045, Abschnitt 5.2.2.4, zu verwenden. Die Durchführung der Prüfungen von Beton richtet sich nach DIN 1048.

2.2.6 Von den Anforderungen in DIN 1045, Abschnitt 7.4.3.5.2, darf abgewichen werden, wenn durch statistische Auswertung nachgewiesen wurde und für die weiteren Prüfungen laufend nachgewiesen wird, daß die 5 %-Fraktile der Grundgesamtheit der Druckfestigkeitsergebnisse von Beton annähernd gleicher Zusammensetzung und Herstellung die Nennfestigkeit nicht unterschreitet.

Der durch Zufallsproben zu führende Nachweis gilt als erbracht, wenn unter Zugrundelegung einer Annahmekennlinie [3]) folgende Bedingungen erfüllt sind:

a) bei unbekannter Standardabweichung σ der Grundgesamtheit

$$z = \bar{\beta}_{35} - 1{,}64 \cdot s \geqq \beta_{WN}$$

b) bei bekannter Standardabweichung σ der Grundgesamtheit

$$z = \bar{\beta}_{15} - 1{,}64 \cdot \sigma \geqq \beta_{WN}$$

In diesen Gleichungen bedeuten:

z = Prüfgröße

$\bar{\beta}_{35}$ = Mittelwert einer Zufallsstichprobe vom Umfang $n_s = 35$.

s = Standardabweichung der Zufallsstichprobe vom Umfang $n_s = 35$, jedoch mindestens 3 N/mm²

$\bar{\beta}_{15}$ = Mittelwert einer Zufallsstichprobe vom Umfang $n_\sigma = 15$

σ = Standardabweichung der Grundgesamtheit, die aus langfristigen Bestimmungen bekannt sein muß. Hilfsweise kann sie aus mindestens 35 unmittelbar davor liegenden Festigkeitsergebnissen ermittelt werden. Wenn das nicht der Fall ist, kann als Erfahrungswert für die obere Grenze der Standardabweichung σ = 7 N/mm² eingesetzt werden.

β_{WN} = Nennfestigkeit nach DIN 1045, Tabelle 1, Spalte 3.

Die aus w/z-Wert-Bestimmungen ermittelten Festigkeitswerte (siehe DIN 1045, Abschnitt 7.4.3.5.1) dürfen in die statistische Auswertung einbezogen werden. Bei der Auswertung muß jedoch mindestens die Hälfte der Werte aus Druckfestigkeitsprüfungen stammen [4]).

2.2.7 Die Ergebnisse der Prüfungen sind aufzuzeichnen und — wenn möglich statistisch — auszuwerten (Kontrollkarte, Häufigkeitsdiagramm, Mittelwert, Standardabweichung; siehe Abschnitt 2.2.6). Die Aufzeichnungen sind beim Unternehmen mindestens 5 Jahre aufzubewahren und der fremdüberwachenden Stelle auf Verlangen vorzulegen.

Nach Beendigung der Bauarbeiten sind die Ergebnisse aller Druckfestigkeitsprüfungen gegebenenfalls mit statistischer Auswertung (Abschnitt 2.2.6) einschließlich der an ihrer Stelle durchgeführten Prüfungen des Wasserzementwertes der bauüberwachenden Behörde und der fremdüberwachenden Stelle mitzuteilen (siehe auch DIN 1045, Abschnitt 4.4).

3 Fremdüberwachung

3.1 Allgemeines

3.1.1 Die Fremdüberwachung ist durch eine für die Fremdüberwachung von Beton B II auf Baustellen anerkannte Überwachungsgemeinschaft oder Güteschutzgemeinschaft [5]) oder auf Grund eines Überwachungsvertrages durch eine hierfür anerkannte Prüfstelle (Betonprüfstelle F) [5]) durchzuführen.

3.1.2 Vor Aufnahme der Überwachung (Güteüberwachung) eines Unternehmens, das die Herstellung und/oder Verarbeitung von Beton B II aufnehmen will, ist zunächst zu prüfen, ob die personelle und gerätemäßige Ausstattung eine ordnungsgemäße Herstellung und/oder Verarbeitung sicherstellt.

3.1.3 Das Unternehmen hat der fremdüberwachenden Stelle schriftlich mitzuteilen:

a) die ständige Betonprüfstelle (Betonprüfstelle E) mit Angabe des Prüfstellenleiters

b) einen Wechsel des Leiters der Betonprüfstelle E

c) die Inbetriebnahme jeder Baustelle, auf der Beton B II verarbeitet wird, mit Angabe des Bauleiters

d) einen Wechsel des Bauleiters

e) die vorgesehenen Betonsorten — gegebenenfalls Beton mit besonderen Eigenschaften

---

[2]) Ein Verzeichnis der Betonprüfstellen W wird in den Mitteilungen des Instituts für Bautechnik, Berlin, Verlag Wilhelm Ernst & Sohn, geführt.

[3]) Siehe J. Bonzel und W. Manns: Beurteilung der Betondruckfestigkeit mit Hilfe von Annahmekennlinien. „beton" Hefte 7/8, Beton-Verlag, Düsseldorf 1969; dort ist die Annahmekennlinie festgelegt, die bei einem Ausschußprozentsatz von 5 % eine Annahmewahrscheinlichkeit von 50 % (k = 1,64) und bei einem Ausschußprozentsatz von 11 % eine Annahmewahrscheinlichkeit von 5 % hat. Die Annahmekennlinien für $n_s = 35$ und $n_\sigma = 15$ stimmen hier überein.

[4]) Walz, K.: Herstellung von Beton nach DIN 1045, Seite 53/54, Beton-Verlag, Düsseldorf, 1971

[5]) Verzeichnisse der bauaufsichtlich anerkannten Überwachungsgemeinschaften (Güteschutzgemeinschaften) und Betonprüfstellen F werden beim Institut für Bautechnik geführt und in seinen Mitteilungen, zu beziehen durch den Verlag Wilhelm Ernst & Sohn, veröffentlicht.

f) die Betonmengen
g) die voraussichtlichen Betonierzeiten
h) Unterbrechung der Betonarbeiten von mehr als 4 Wochen
i) die Wiederinbetriebnahme einer Baustelle nach einer Unterbrechung von mehr als 4 Wochen.

3.2 Art und Häufigkeit

3.2.1 Die Ergebnisse der Eigenüberwachung sind von der fremdüberwachenden Stelle mindestens zweimal im Jahr zu überprüfen. Dabei ist auch festzustellen, ob die Betonprüfstelle E die Anforderungen von DIN 1045, Abschnitte 5.2.2.6 und 5.2.2.7, erfüllt.

Außerdem ist jede Baustelle, auf der Beton B II verarbeitet wird, mindestens einmal zu überprüfen. Bei länger dauernden Baustellen sind weitere Überprüfungen in angemessenen Zeitabständen durchzuführen; die Häufigkeit dieser Überprüfungen liegt im pflichtgemäßen Ermessen der fremdüberwachenden Stelle und richtet sich nach deren Feststellungen und den Ergebnissen der Eigen- und Fremdüberwachung; dabei sind die Zuverlässigkeit der Eigenüberwachung und die Feststellungen bei der jeweiligen Fremdüberwachung sowie die besonderen Anforderungen an die Herstellung und Verarbeitung des Betons zu berücksichtigen.

3.2.2 Nach wesentlichen Beanstandungen oder unzureichenden Prüfergebnissen ist unverzüglich eine Wiederholungsprüfung durchzuführen. Mängel, die im Rahmen der Eigenüberwachung festgestellt und unverzüglich – wenn nötig auch im Bauwerk – abgestellt worden sind, können unbeanstandet bleiben, sofern den Anforderungen nach Abschnitt 2.2.4 entsprochen ist.

3.3 Umfang

3.3.1 Der mit der Überprüfung Beauftragte hat Einblick zu nehmen insbesondere in:

a) die Aufzeichnungen nach DIN 1045, Abschnitte 4.3 (Bautagebuch) und 5.2.2.7
b) die Aufzeichnungen der Ergebnisse der Eigenüberwachung nach Abschnitt 2.2.7
c) weitere zugehörige Unterlagen, wie genehmigte bautechnische Unterlagen, Zulassungsbescheide, Prüfbescheide
d) die Mischanweisung beim Mischerführer.

3.3.2 Der mit der Überprüfung Beauftragte kann Überprüfungen durchführen bzw. durchführen lassen; insbesondere kommen folgende Überprüfungen in Betracht:

a) Beschaffenheit und Lagerung der Baustoffe
b) maschinelle und gerätemäßige Ausstattung der Baustelle sowie Funktionsfähigkeit der Maschinen und Geräte
c) Frischbetoneigenschaften
d) Probekörperherstellung zur Ermittlung von Festbetoneigenschaften, z. B. Druckfestigkeit, gegebenenfalls Trockenrohdichte bei Leichtbeton
e) Festigkeit des Betons im Bauwerk
f) Kontrolle, ob das Fachpersonal entsprechend DIN 1045, Abschnitt 5.2.2.7, über seine Verpflichtungen regelmäßig unterrichtet worden ist
g) Maßnahmen zum Transport, zur Verarbeitung und Nachbehandlung des Betons.

In Zweifelsfällen hat der mit der Überprüfung Beauftragte weitere Überprüfungen durchzuführen.

3.4 Probenahme

Über die Entnahme der Proben ist von dem mit der Überprüfung Beauftragten ein Protokoll anzufertigen, abzuzeichnen und vom Bauleiter oder seinem Vertreter gegenzuzeichnen.

Das Protokoll muß mindestens folgende Angaben enthalten:

a) Unternehmen und Baustelle
b) Beschreibung des Baustoffes
c) Kennzeichen der Probe
d) Ort und Datum
e) Unterschriften.

3.5 Überwachungsbericht

Die Ergebnisse der Fremdüberwachung sind in einem Überwachungsbericht (Muster siehe Anhang A) festzuhalten. Der Bericht muß mindestens enthalten:

a) Unternehmen, Baustelle und Betonprüfstelle E
b) Beschreibung des Baustoffes, geforderte Festigkeitsklasse des Betons, unter Umständen mit besonderen Eigenschaften, bei Leichtbeton auch Rohdichteklasse
c) Bewertung der Eigenüberwachung
d) gegebenenfalls Angaben über die Probenahme
e) Ergebnisse der durchgeführten Überprüfungen und Vergleich mit den Anforderungen und den Ergebnissen der Eigenüberwachung
f) Gesamtbewertung
g) Ort und Datum
h) Unterschrift und Stempel der fremdüberwachenden Stelle.

Der Bericht ist an der Baustelle und bei der fremdüberwachenden Stelle aufzubewahren und den Beauftragten der bauüberwachenden Behörde auf Verlangen vorzulegen.

4 Kennzeichnung der Baustelle

Baustellen, auf denen Beton B II hergestellt und/oder verarbeitet und nach dieser Norm überwacht wird, sind an deutlich sichtbarer Stelle unter Angabe „DIN 1084 Teil 1" und der fremdüberwachenden Stelle nach Abschnitt 3.1.1 (z.B. durch Zeichen) zu kennzeichnen.

Tabelle 1. **Umfang der Prüfungen im Rahmen der Eigenüberwachung von Beton B II auf Baustellen** [6])

	1	2	3	4
	Gegenstand der Prüfung	Prüfungen	Anforderungen	Häufigkeit
	Ausgangsstoffe			
1	Zement	Lieferschein und Verpackungsaufdruck bzw. Silozettel (gegebenenfalls auch Plomben)	Kennzeichnung (Art, Festigkeitsklasse und Nachweis der Überwachung) nach DIN 1164	Jede Lieferung
2	Betonzuschlag	Lieferschein	Bezeichnung, Nachweis der Überwachung nach DIN 4226	Jede Lieferung
3		Sichtprüfung auf Zuschlagart, Kornzusammensetzung, Gesteinsbeschaffenheit und schädliche Bestandteile (z. B. Ton, Kreide, Kalk, Kohle)	Einhalten der Bestimmungen von DIN 4226 (Übereinstimmung mit der bestellten Korngruppe, Kornform, ausreichende Kornfestigkeit, keine Verschmutzungen)	Jede Lieferung
4		Kornzusammensetzung durch Siebversuch nach DIN 4226 Teil 3	Einhalten der Kornzusammensetzung nach DIN 1045, Abschnitte 6.2.2, 6.5.6.2 und 7.3	Bei der ersten Lieferung, in angemessenen Zeitspannen, bei Wechsel des Herstellwerks
5	Betonzusatzstoffe	Lieferschein und gegebenenfalls Verpackungsaufdruck	Bezeichnung, gegebenenfalls Prüfzeichen oder Zulassung und Nachweis der Überwachung	Jede Lieferung
6	Betonzusatzmittel	Lieferschein und Verpackungsaufdruck	Bezeichnung, Prüfzeichen und Nachweis der Überwachung	Jede Lieferung
7		Sichtprüfung	Keine auffälligen Veränderungen	laufend
8	Zugabewasser	Auf erstarrungs- und erhärtungsstörende Bestandteile	Keine erstarrungs- und erhärtungsstörenden Bestandteile	Nur, wenn kein Leitungswasser verwendet wird und Verdacht auf störende Verunreinigungen besteht
	Baustellenbeton			
9	Beton	Eignungsprüfung nach DIN 1045, Abschnitt 7.4.2	Die jeweils verlangten Betoneigenschaften müssen sicher erreicht sein.	Vor Beginn der Betonarbeiten und wenn sich die Ausgangsstoffe des Betons oder die Verhältnisse auf der Baustelle wesentlich ändern
10	Frischbeton	Konsistenz Sichtprüfung	Einhalten der auf Grund der Eignungsprüfung festgelegten Konsistenz	Jede Mischung
11		Konsistenzmaß nach DIN 1048 Teil 1	Einhalten des auf Grund der Eignungsprüfung festgelegten Konsistenzmaßes	Beim ersten Einbringen jeder Betonsorte; in angemessenen Zeitspannen; bei Herstellung der Probekörper für Festigkeitsprüfungen

[6]) **Hinweis:** Zusätzliche Anforderungen für Leichtbeton siehe Tabelle 1A; zusätzliche Anforderungen für Spannbeton siehe Tabelle 1B.

Tabelle 1. (Fortsetzung)

	1	2	3	4
	Gegenstand der Prüfung	Prüfungen	Anforderungen	Häufigkeit
12	Frischbeton	Wasserzementwert nach DIN 1048 Teil 1	Der Mittelwert dreier aufeinanderfolgender w/z-Wert-Bestimmungen darf den aufgrund der Eignungsprüfung ermittelten und auf β_{WS} (nach DIN 1045, Tabelle 1) umgerechneten w/z-Wert nicht überschreiten; Einzelwerte dürfen diesen Wert um höchstens 10 % überschreiten (siehe DIN 1045, Abschnitt 7.4.3.3).	Beim ersten Einbringen jeder Betonsorte und einmal je Betoniertag. Im Falle der Anrechnung von w/z-Wert-Prüfungen als Ersatz für Festigkeitsprüfungen nach Abschnitt 2.2.6 und DIN 1045, Abschnitt 7.4.3.5.1, ist der w/z-Wert zu bestimmen; es darf für die Ermittlung des Festigkeitswertes der Mittelwert aus zwei zusammengehörigen w/z-Wert-Bestimmungen zugrundegelegt werden.
13		Vorliegen einer Herstellungs-, Förder-, Verarbeitungs- und Nachbehandlungsanweisung	Einhalten der Anforderung nach DIN 1045, Abschnitte 4.3, 9.1 und 10	In angemessenen Zeitspannen
14	Festbeton	Druckfestigkeit nach DIN 1048	Nachweis der Druckfestigkeit nach DIN 1045, Abschnitt 7.4.3.5.2 oder nach Abschnitt 2.2.6 dieser Norm	Für jede Betonsorte 2 Serien von je 3 Probekörpern je 500 m^3 einer Festigkeitsklasse bzw. je Geschoß im Hochbau bzw. je sieben Betoniertage. Die Hälfte der Festigkeitsprüfungen darf durch die doppelte Anzahl von w/z-Wert-Bestimmungen ersetzt werden.
15		Gegebenenfalls besondere Eigenschaften	Gegebenenfalls Nachweis der geforderten besonderen Eigenschaften nach DIN 1045, Abschnitt 6.5.7	Nach Vereinbarung
	Transportbeton bei Verwendung auf der Baustelle			
16	Frischbeton	Lieferschein	Vollständigkeit der Angaben nach DIN 1045, Abschnitt 5.5.3	Jede Lieferung bei Übergabe
17		Konsistenz Sichtprüfung	Einhalten der bestellten Konsistenz	Jede Lieferung bei Übergabe
18		Konsistenzmaß nach DIN 1048 Teil 1	Einhalten des auf dem Lieferschein angegebenen Konsistenzbereichs	Bei Übergabe der ersten Lieferung jeder Betonsorte und bei Herstellung der Probekörper für die Festigkeitsprüfung
19		Wasserzementwert nach DIN 1048 Teil 1 (nur bei Beton B II)	Der Mittelwert dreier aufeinanderfolgender w/z-Wert-Bestimmungen darf den im Betonsortenverzeichnis angegebenen w/z-Wert, der aufgrund der Eignungsprüfung ermittelt und auf β_{WS} (nach DIN 1045, Tabelle 1) umgerechnet wurde, nicht überschreiten; Einzelwerte dürfen diesen Wert um höchstens 10 % überschreiten (siehe DIN 1045, Abschnitt 7.4.3.3).	Im Falle der Anrechnung von w/z-Wert-Prüfungen als Ersatz für Festigkeitsprüfungen nach Abschnitt 2.2.6 und DIN 1045, Abschnitt 7.4.3.5.1, ist der w/z-Wert zu bestimmen; es darf für die Ermittlung des Festigkeitswertes der Mittelwert aus zwei zusammengehörigen w/z-Wert-Bestimmungen zugrundegelegt werden.

Tabelle 1. (Fortsetzung)

	1	2	3	4
	Gegenstand der Prüfung	Prüfungen	Anforderungen	Häufigkeit
20	Festbeton	Druckfestigkeit nach DIN 1048 an den bei der Übergabe des Betons entnommenen Proben. DIN 1045, Abschnitt 7.4.3.5.1, Absatz 3, darf angewendet werden.	Nachweis der Druckfestigkeit nach DIN 1045, Abschnitt 7.4.3.5.2 oder nach Abschnitt 2.2.6 dieser Norm	Für jede Betonsorte 2 Serien von je 3 Probekörpern je 500 m^3 einer Festigkeitsklasse bzw. je Geschoß im Hochbau bzw. je 7 Betoniertage. Die Hälfte der Festigkeitsprüfungen darf durch die doppelte Anzahl von w/z-Wert-Bestimmungen ersetzt werden.
21		Gegebenenfalls besondere Eigenschaften	Gegebenenfalls Nachweis der geforderten besonderen Eigenschaften nach DIN 1045, Abschnitt 6.5.7	Nach Vereinbarung
22		Vorliegen einer Förder-, Verarbeitungs- und Nachbehandlungsanleitung	Einhalten der Anforderungen nach DIN 1045, Abschnitte 9.4 und 10	In angemessenen Zeitspannen
	Technische Einrichtungen			
23	Abmeßvorrichtung für den Zement	Funktionskontrolle	Einwandfreies Arbeiten (Sichtprüfung)	wöchentlich
			Einhalten des Sollgewichts mit einer Genauigkeit von 3 %	Bei Beginn der Betonarbeiten, dann mindestens monatlich
24	Abmeßvorrichtung für den Betonzuschlag	Funktionskontrolle	Einwandfreies Arbeiten (Sichtprüfung)	wöchentlich
			Einhalten des Sollgewichts mit einer Genauigkeit von 3 %	Bei Beginn der Betonarbeiten, dann mindestens monatlich. Bei Zugabe nach Raumteilen je Betoniertag und nach jeder Änderung der Geräteeinstellung.
25	Abmeßvorrichtung für die Betonzusatzstoffe	Funktionskontrolle	Einwandfreies Arbeiten (Sichtprüfung)	wöchentlich
			Einhalten des Sollgewichts mit einer Genauigkeit von 3 %	Bei Beginn der Betonarbeiten, dann mindestens monatlich. Bei Zugabe nach Raumteilen je Betoniertag.
26	Abmeßvorrichtung für die Betonzusatzmittel	Funktionskontrolle	Einhalten des Sollgewichts oder der Sollmenge mit einer Genauigkeit von 3 %	Mindestens je Betoniertag
27	Abmeßvorrichtung für das Zugabewasser	Funktionskontrolle	Einwandfreies Arbeiten (Sichtprüfung)	wöchentlich
			Einhalten der Sollmenge mit einer Genauigkeit von 3 %	Bei Beginn der Betonarbeiten, dann mindestens monatlich
28	Mischwerkzeuge	Funktionskontrolle	Einwandfreies Arbeiten. Im Falle des Mischens in Mischfahrzeugen ausreichende Höhe der Schnecke	Bei Beginn der Betonarbeiten, dann mindestens monatlich
29	Verdichtungsgeräte	Funktionskontrolle	Einwandfreies Arbeiten	Bei Beginn der Betonarbeiten, dann mindestens monatlich
30	Meß- und Laborgeräte	Funktionskontrolle	Ausreichende Meßgenauigkeit	Bei Inbetriebnahme, dann in angemessenen Zeitspannen
31	Gegebenenfalls eigene oder angemietete Fahrzeuge mit Rührwerk oder Mischfahrzeuge für den Transport von Beton	Ausreichende Einweisung der Fahrer durch die Prüfstelle E	Einhalten der Bestimmung von DIN 1045, Abschnitte 5.4.6, 9.3.2 und 9.4	Bei Inbetriebnahme, dann in angemessenen Zeitspannen

Tabelle 1 A. **Zusätzliche Prüfungen bei Leichtbeton zu Tabelle 1**

	1	2	3	4
	Gegenstand der Prüfung	Prüfungen	Anforderungen	Häufigkeit
2 a	Leichtzuschlag	Lieferschein	Bezeichnung, Nachweis der Güteüberwachung nach DIN 4226 Teil 2	Jede Lieferung
			Bei nicht ausreichend erprobtem Leichtzuschlag Nachweis der Prüfung und Beurteilung auf alkalilösliche Kieselsäure nach DIN 4226 Teil 3	Vor erstmaliger Verwendung
4 a		Schüttdichte	Einhalten der der Eignungsprüfung zugrunde liegenden Schüttdichte	Bei der ersten Lieferung in angemessenen Zeitabständen, bei Wechsel des Herstellers
4 a		Feuchtigkeitsgehalt des Zuschlags nach den „Richtlinien für Leichtbeton und Stahlleichtbeton", Abschnitt 5	Berücksichtigung der gewichtsmäßigen Zugabe des Zuschlags und bei der Wasserzugabe	Bei jeder Lieferung des Zuschlags und in angemessenen Zeitabständen je nach Lagerung
9 a	Leichtbeton	Eignungsprüfung nach DIN 1045, Abschnitt 7.4.2. Zusätzlich sind das Konsistenzmaß und die Trockenrohdichte festzustellen (Richtlinien für Leichtbeton und Stahlleichtbeton, Abschnitt 4.2).	Die jeweils verlangten Betoneigenschaften müssen sicher erreicht sein.	Für jede Betonsorte vor Beginn der Herstellung; wenn sich die Ausgangsstoffe des Betons oder die Verhältnisse auf der Baustelle wesentlich ändern
14 a bzw. *20 a*	Festbeton	Druckfestigkeit nach DIN 1048 im Falle von Transportbeton an den bei der Übergabe des Betons entnommenen Proben	Nachweis der Druckfestigkeit nach DIN 1045 Abschnitt 7.4.3.5.2 oder nach DIN 1084, Teil 1 und Teil 2, Abschnitt 2.2.6	Auf der Baustelle: Für jede Betonsorte 2 Serien von je 3 Probekörpern je 500 m^3 bzw. je Geschoß im Hochbau bzw. je sieben Betoniertage
				Im Werk: 2 Serien von je 3 Probekörpern je 500 m^3 je Betonsorte bzw. alle 14 Betoniertage
15 a bzw. *21 a*		Trockenrohdichte nach „Richtlinien für Leichtbeton und Stahlleichtbeton"	Einhalten der aufgrund der Eignungsprüfung festgelegten Trockenrohdichte – kein Einzelwert darf die festgelegte Trockenrohdichte überschreiten [7]), oder – bei 9 und mehr Prüfungen: Höchstens ein Wert darf die festgelegte Trockenrohdichte um höchstens 20% überschreiten, dabei darf kein Mittelwert von drei aufeinanderfolgenden Prüfungen die festgelegte Trockenrohdichte überschreiten, oder – bei statistischer Auswertung: Obere 5%-Fraktile der Trockenrohdichte-Prüfungen darf die festgelegte Trockenrohdichte nicht überschreiten.	Für jede Serie der Druckfestigkeitsprüfung eine Prüfung der Trockenrohdichte
16 a		Einfluß des Transports und Mischvorgangs auf die Eigenschaften nach den „Richtlinien für Leichtbeton und Stahlleichtbeton", Abschnitt 4.4.2	Einhalten der aufgrund der Eignungsprüfung festgelegten Druckfestigkeit, Trockenrohdichte und Verarbeitbarkeit	Vor erstmaliger Auslieferung und bei Wechsel des Leichtzuschlags

[7]) **Hinweis:** Der Nachweis gilt als erbracht, wenn die Trockenrohdichte der Bruchstücke des Würfels mit der höchsten Rohdichte bei der Druckfestigkeitsprüfung aus der Prüfserie die festgelegte Trockenrohdichte nicht überschreitet.

Tabelle 1 B. **Zusätzliche Prüfungen bei Beton für Spannbeton zu Tabelle 1**

	1	2	3	4
	Gegenstand der Prüfung	Prüfungen	Anforderungen	Häufigkeit
1b	Zement (bei Vorspannung mit sofortigem Verbund)	Lieferschein und Verpackungsaufdruck bzw. Silozettel (gegebenenfalls auch Plomben)	Nur Zemente der Festigkeitsklassen Z 45 und Z 55 sowie Portland- und Eisenportlandzement der Festigkeitsklasse Z 35 F dürfen verwendet werden.	Jede Lieferung
2b	Betonzuschlag (bei Vorspannung mit sofortigem Verbund)	Lieferschein und andere Unterlagen	Es darf nur solcher Zuschlag verwendet werden, dessen Gehalt an wasserlöslichem Chlorid (berechnet als Chlor) 0,02 Gew.-% nicht überschreitet.	Jede Lieferung
5b	Betonzusatzstoffe, soweit sie nicht DIN 4226 oder DIN 51 043 entsprechen	Lieferschein und Verpackungsaufdruck	Es dürfen nur solche Betonzusatzstoffe verwendet werden, deren Prüfbescheid (Prüfzeichen) die Anwendung für Spannbeton ausdrücklich gestattet.	Jede Lieferung
6b	Betonzusatzmittel	Lieferschein und Verpackungsaufdruck	Es dürfen nur solche Betonzusatzmittel verwendet werden, deren Prüfbescheid (Prüfzeichen) die Anwendung für Spannbeton ausdrücklich gestattet.	Jede Lieferung
8b	Zugabewasser	Chloridgehalt	Chloridgehalt darf 600 mg Cl je Liter nicht überschreiten.	Sofern kein Leitungswasser verwendet wird – vor erstmaliger Verwendung – danach in angemessenen Zeitspannen

Anhang A
zu DIN 1084 Teil 1:
Muster eines Überwachungsberichtes

Anschrift der fremdüberwachenden Stelle

Überwachungsbericht

Nr

Unternehmen:

Baustelle:

Überwachungsvertrag vom / Befugnis zur Führung des Überwachungs/Gütezeichens erteilt am:

Zuständige Betonprüfstelle E:

Datum der letzten Überprüfung:

Besondere Feststellungen:

Tag der Überprüfung:

Anwesende (Bauleiter oder Vertreter):

Probenahme laut Protokoll vom:

Ergebnis der Überwachung:

Bewertung der Aufzeichnungen nach DIN 1045, Ausgabe Dezember 1978, Abschnitte 4.3 und 5.2.2.8 [8]):

Bewertung der Eigenüberwachung und der entsprechenden Kontrollen (Muster siehe Seite 10):

Vollständigkeit weiterer Unterlagen nach DIN 1045, Abschnitt 8 [8]):

Gesamtbewertung der Überprüfung:

Datum, Unterschrift und Stempel der fremdüberwachenden Stelle

[8]) **Hinweis:** Bei Spannbeton auch nach DIN 4227 Teil 1

Tabelle zum Überwachungsbericht Nr (Muster)

Ergebnisse der Eigenüberwachung und der entsprechenden Kontrollen der fremdüberwachenden Stelle

Festigkeitsklasse: B
Besondere Eigenschaften:
Probenahme laut Protokoll vom:

	1	*2*	*3a*	*3b*	*4a*	*4b*	*5*
	Gegenstand der Prüfung	Prüfung	Eigenüberwachung Anforderungen von DIN 1084 Teil 1, Tabelle 1 [9]), Spalte 3 und 4, erfüllt		Fremdüberwachung Anforderungen von DIN 1084 Teil 1, Abschnitt 3.3.2 und Tabelle 1 [9]), Spalte 3, erfüllt		Bemerkungen
			ja	nein	ja	nein	
	Ausgangsstoffe						
1	Zement	Lieferschein Verpackungsaufdruck bzw. Silozettel					
2	Betonzuschlag	Lieferschein Zuschlagart Kornzusammensetzung Gesteinsbeschaffenheit Schädliche Bestandteile					
3	Betonzusatzstoffe	Lieferschein Verpackungsaufdruck Auffällige Veränderungen					
4	Betonzusatzmittel	Lieferschein Verpackungsaufdruck Auffällige Veränderungen					

Fortsetzung entsprechend DIN 1084 Teil 1, Tabelle 1

9) **Hinweis:** Für Leichtbeton auch Tabelle 1 A; für Spannbeton auch Tabelle 1 B

DK 624.92.012.3 : 691.32 : 620.1 : 658.56 Dezember 1978

Überwachung (Güteüberwachung) im Beton- und Stahlbetonbau
Fertigteile

DIN 1084 Teil 2

Control (quality control) of plain and reinforced concrete structures; prefabricated structural members
Contrôle (contrôle de la qualité) dans la construction de béton et de béton armé; éléments préfabriqués

Diese Norm wurde im Fachbereich VII Beton und Stahlbeton, Deutscher Ausschuß für Stahlbeton des NABau, ausgearbeitet. Sie ist den obersten Bauaufsichtsbehörden vom Institut für Bautechnik, Berlin, zur bauaufsichtlichen Einführung empfohlen worden.

Die vorliegende Norm wurde gegenüber der Ausgabe Februar 1972 auf die durch das „Gesetz über Einheiten im Meßwesen" vom 2. Juli 1969 festgesetzten Einheiten (Einheiten des Internationalen Einheitensystems (SI)) umgestellt, ohne den sachlichen Inhalt zu ändern.

Im Zuge der Umstellung ist auch eine redaktionelle Überarbeitung zur besseren Klarstellung — besonders um eine Abstimmung mit DIN 1084 Teil 1 und Teil 3 herbeizuführen — sowie die Aufnahme der Anforderungen für Leichtbeton mit geschlossenem Gefüge vorgenommen worden.

Die Benennung „Last" wird für Kräfte verwendet, die von außen auf ein System einwirken; das gleiche gilt auch für zusammengesetzte Wörter mit der Silbe ... „last" (DIN 1080 Teil 1).

Alle Hinweise in dieser Norm auf DIN 1045 „Beton und Stahlbeton; Bemessung und Ausführung" beziehen sich auf die Ausgabe Dezember 1978.

Inhalt

1 Allgemeines, Mitgeltende Normen und Unterlagen

1.1 Nach DIN 1045 und nach der „Richtlinie für Leichtbeton und Stahlleichtbeton mit geschlossenem Gefüge" [1]) ist die Einhaltung der dort festgelegten Anforderungen an die Herstellung von Beton- und Stahlbetonfertigteilen durch eine Überwachung (Güteüberwachung) — bestehend aus Eigen- und Fremdüberwachung — nachzuprüfen.

1.2 Die folgenden Bestimmungen gelten für die Überwachung der Güte von Fertigteilen nach DIN 1045, soweit nicht andere Normen oder Richtlinien gelten, in denen abweichende Güte- und Prüfbestimmungen enthalten sind.

Diese Norm gilt auch für die Verarbeitung und Prüfungen von Transportbeton nach seiner Übergabe; für die Herstellung und die Prüfungen bis zur Übergabe gelten die Bestimmungen von DIN 1084 Teil 3.

Erfolgt die Übernahme des Transportbetons im Transportbetonwerk, so müssen die Fahrzeuge und der Transport in die Überwachung (Güteüberwachung) des Fertigteilwerks einbezogen werden.

1.3 Bei Anwendung dieser Norm gelten folgende Normen und Unterlagen mit:

DIN 488 Teil 1 bis Teil 6	Betonstahl
DIN 1045	Beton und Stahlbeton; Bemessung und Ausführung
DIN 1048 Teil 1 bis Teil 4	Prüfverfahren für Beton
DIN 1164 Teil 1 bis Teil 8	Portland-, Eisenportland-, Hochofen- und Traßzement
DIN 4226 Teil 1 bis Teil 3	Zuschlag für Beton
DIN 4227 Teil 1	Spannbeton; Bauteile aus Normalbeton mit beschränkter und voller Vorspannung
DIN 51 043	Traß; Anforderungen, Prüfung
DIN 52 171	Stoffmengen und Mischungsverhältnis im Frisch-Mörtel und Frisch-Beton

Richtlinien für Leichtbeton und Stahlleichtbeton mit geschlossenem Gefüge [1])

[1]) Erhältlich bei der Beuth Verlag GmbH, Berlin; wird demnächst in DIN 4219 überführt.

Fortsetzung Seite 2 bis 12

Normenausschuß Bauwesen (NABau) im DIN Deutsches Institut für Normung e. V.

2 Eigenüberwachung

2.1 Allgemeine Anforderungen

Die Eigenüberwachung hat das Unternehmen durchzuführen. Verantwortlich dafür ist der technische Werkleiter des Unternehmens, unbeschadet der weiteren in DIN 1045, Abschnitt 5.3.2, genannten Aufgaben.

Die Eigenüberwachung wird bei Fertigteilen aus Beton B II und von Fertigteilen aus Beton B I, die als werkmäßig hergestellt gelten sollen, durch das Werkpersonal mit Einrichtungen nach DIN 1045, Abschnitt 5.2.2.4, in Verbindung mit der ständigen Prüfstelle (Betonprüfstelle E) nach DIN 1045, Abschnitt 5.2.2.6, durchgeführt und bei den übrigen Fertigteilen aus Beton B I durch das Werkpersonal mit Einrichtungen nach DIN 1045, Abschnitt 5.2.1.4. Dabei darf sich das Unternehmen für die Prüfung der Betondruckfestigkeit und der Wasserundurchlässigkeit an in Formen hergestellten Probekörpern einer dafür geeigneten Betonprüfstelle (z. B. Betonprüfstelle W nach DIN 1045, Abschnitt 2.3.3) [2]) bedienen.

2.2 Prüfungen

2.2.1 Der Umfang und die Häufigkeit der Prüfungen sind in Tabelle 1 festgelegt; bei Unterbrechung der Herstellung verlängern sich die Prüfzeitspannen entsprechend.

2.2.2 Abweichungen von Umfang und Häufigkeit der Prüfungen nach Tabelle 1 sind im Einvernehmen mit der fremdüberwachenden Stelle nach Abschnitt 3.1.1 in begründeten Ausnahmefällen zulässig und wenn die Überprüfung insbesondere der Aufzeichnungen der Eigenüberwachung erweist, daß die Prüfungen im Rahmen der Eigenüberwachung zu keinen Beanstandungen geführt haben und für das betreffende Werk ausreichend sind. Dies gilt sinngemäß auch für die Art der Prüfungen, wenn nachgewiesen ist, daß die abweichenden Prüfungen mindestens gleichwertig sind.

Im Bedarfsfalle können weitere Prüfungen notwendig sein.

2.2.3 Auch solche Eigenschaften, die im Rahmen der Überwachung (Güteüberwachung) üblicherweise nicht zu untersuchen sind, wie z. B. die Eigenschaften der Ausgangsstoffe und die genaue Betonzusammensetzung nach DIN 52171, sind in Zweifelsfällen nachzuprüfen.

2.2.4 Nach ungenügendem Prüfergebnis sind vom Unternehmen unverzüglich die erforderlichen Maßnahmen zur Abstellung der Mängel — wenn nötig unter Einschaltung des Abnehmers — zu treffen; wenn es zur Vermeidung etwaiger Folgeschäden erforderlich ist, sind die Abnehmer zu benachrichtigen. Nach Abstellen der Mängel sind — soweit technisch möglich und zum Nachweis der Mängelbeseitigung erforderlich — die betreffenden Prüfungen zu wiederholen.

Erzeugnisse, die den Anforderungen nicht entsprechen, sind als solche zu kennzeichnen und auszusondern.

2.2.5 Für die Prüfungen sind Prüfeinrichtungen nach DIN 1045, Abschnitt 5.2.2.4 bzw. 5.2.1.4, zu verwenden. Die Durchführung der Prüfungen richtet sich nach DIN 1048.

2.2.6 Von den Anforderungen in DIN 1045, Abschnitt 7.4.3.5.2, darf abgewichen werden, wenn durch statistische Auswertung nachgewiesen wurde und für die weiteren Prüfungen laufend nachgewiesen wird, daß die 5%-Fraktile der Grundgesamtheit der Druckfestigkeitsergebnisse von Beton annähernd gleicher Zusammensetzung und Herstellung die Nennfestigkeit nicht unterschreitet.

Der durch Zufallsproben zu führende Nachweis gilt als erbracht, wenn unter Zugrundelegung einer Annahmekennlinie [3]) folgende Bedingungen erfüllt sind:

a) bei unbekannter Standardabweichung σ der Grundgesamtheit

$$z = \bar{\beta}_{35} - 1{,}64 \cdot s \geqq \beta_{WN};$$

b) bei bekannter Standardabweichung σ der Grundgesamtheit

$$z = \bar{\beta}_{15} - 1{,}64 \cdot \sigma \geqq \beta_{WN}$$

In diesen Gleichungen bedeuten:

z = Prüfgröße

$\bar{\beta}_{35}$ = Mittelwert einer Zufallsstichprobe vom Umfang $n_s = 35$

s = Standardabweichung der Zufallsstichprobe vom Umfang $n_s = 35$, jedoch mindestens 3 N/mm²

$\bar{\beta}_{15}$ = Mittelwert einer Zufallsstichprobe vom Umfang $n_\sigma = 15$

σ = Standardabweichung der Grundgesamtheit, die aus langfristigen Bestimmungen bekannt sein muß. Hilfsweise kann sie aus mindestens 35 davorliegenden Festigkeitsergebnissen ermittelt werden. Wenn das nicht der Fall ist, kann als Erfahrungswert für die obere Grenze der Standardabweichung $\sigma = 7$ N/mm² eingesetzt werden.

β_{WN} = Nennfestigkeit nach DIN 1045, Tabelle 1, Spalte 3.

Die aus w/z-Wert-Bestimmungen ermittelten Festigkeitswerte (siehe DIN 1045, Abschnitt 7.4.3.5.1) dürfen in die statistische Auswertung einbezogen werden. Bei der Auswertung muß jedoch mindestens die Hälfte der Werte aus Druckfestigkeitsprüfungen stammen [4]).

2.2.7 Die Ergebnisse der Prüfungen sind aufzuzeichnen und — wenn möglich statistisch — auszuwerten (Kontrollkarte, Häufigkeitsdiagramm, Mittelwert, Standardabweichung; siehe Abschnitt 2.2.6 und DIN 1045, Abschnitt 5.3.4). Die Aufzeichnungen sind beim Unternehmen mindestens 5 Jahre aufzubewahren und der fremdüberwachenden Stelle auf Verlangen vorzulegen (siehe auch DIN 1045, Abschnitt 4.4, Absatz 1).

3 Fremdüberwachung

3.1 Allgemeines

3.1.1 Die Fremdüberwachung ist durch eine für die Fremdüberwachung von Fertigteilen anerkannte Überwachungsgemeinschaft oder Güteschutzgemeinschaft [5]) oder auf Grund eines Überwachungsvertrages durch eine hierfür anerkannte Prüfstelle (Betonprüfstelle F) [5]) durchzuführen.

3.1.2 Vor Aufnahme der Überwachung (Güteüberwachung) bei einem Werk, das die Herstellung von Fertigteilen oder eine neue Fertigung, die über den Rahmen der bisherigen Fertigung hinausgeht, aufnehmen will, ist zunächst zu prüfen, ob die personelle und gerätemäßige Ausstattung eine ordnungsgemäße Herstellung sicherstellt; außerdem ist eine umfassende Prüfung nach den Abschnitten 3.2 und 3.3 durchzuführen.

---

[2]) Ein Verzeichnis der Betonprüfstellen W wird in den Mitteilungen des Instituts für Bautechnik, Berlin, Verlag Wilhelm Ernst & Sohn, geführt.

[3]) Siehe J. Bonzel und W. Manns: Beurteilung der Betonfestigkeit mit Hilfe von Annahmekennlinien. „beton" Hefte 7/8, Beton-Verlag, Düsseldorf 1969; dort ist die Annahmekennlinie festgelegt, die bei einem Ausschußprozentsatz von 5 % eine Annahmewahrscheinlichkeit von 50 % ($k = 1{,}64$) und bei einem Ausschußprozentsatz von 11 % eine Annahmewahrscheinlichkeit von 5 % hat. Die Annahmekennlinien für $n_s = 35$ und $n_\sigma = 15$ stimmen hierin überein.

[4]) Walz, K.: Herstellung von Beton nach DIN 1045, Seite 53/54, Beton-Verlag, Düsseldorf, 1971

[5]) Verzeichnisse der bauaufsichtlich anerkannten Überwachungsgemeinschaften (Güteschutzgemeinschaften) und Betonprüfstellen F werden beim Institut für Bautechnik geführt und in seinen Mitteilungen, zu beziehen durch den Verlag Wilhelm Ernst & Sohn, veröffentlicht.

3.1.3 Das Unternehmen hat der fremdüberwachenden Stelle schriftlich mitzuteilen

a) die ständige Betonprüfstelle (Betonprüfstelle E) mit Angabe des Prüfstellenleiters
b) einen Wechsel des Leiters der Betonprüfstelle E
c) die Inbetriebnahme des Fertigteilwerkes mit Angabe des technischen Werkleiters
d) einen Wechsel des technischen Werkleiters
e) die vorgesehenen Betonsorten — gegebenenfalls Beton mit besonderen Eigenschaften
f) wesentliche Änderungen oder Ergänzungen der Betriebseinrichtungen
g) die Aufnahme neuer Betonsorten in die Fertigung
h) die Aufnahme neuer Fertigungen, die über den Rahmen der bisherigen Fertigung hinausgehen.

3.2 Art und Häufigkeit

3.2.1 Die fremdüberwachende Stelle muß mindestens zweimal im Jahr die Ergebnisse der Eigenüberwachung und das Betonwerk überprüfen, bei Werken mit einer kürzeren Produktionsdauer als ein halbes Jahr jedoch mindestens einmal. Dabei ist auch festzustellen, ob die Betonprüfstelle E die Anforderungen von DIN 1045, Abschnitte 5.2.2.6 und sinngemäß 5.2.2.7, erfüllt.

Weitere Überprüfungen der Eigenüberwachung und des Werkes richten sich nach den Feststellungen der fremdüberwachenden Stelle und den Ergebnissen der Eigen- und Fremdüberwachung; dabei sind die Zuverlässigkeit der Eigenüberwachung und die Feststellungen bei der jeweiligen Fremdüberwachung sowie besondere Anforderungen an die Herstellung und Verarbeitung des Betons zu berücksichtigen.

3.2.2 Nach wesentlichen Beanstandungen oder unzureichenden Prüfergebnissen ist unverzüglich eine Wiederholungsprüfung durchzuführen. Mängel, die im Rahmen der Eigenüberwachung festgestellt und unverzüglich abgestellt worden sind, können unbeanstandet bleiben, sofern den Anforderungen nach Abschnitt 2.2.4 entsprochen ist.

3.3 Umfang

3.3.1 Der mit der Überprüfung Beauftragte hat Einblick zu nehmen insbesondere in

a) die Aufzeichnungen nach DIN 1045, Abschnitt 5.3.4
b) die Aufzeichnungen der Ergebnisse der Eigenüberwachung nach Abschnitt 2.2.7
c) weitere zugehörige Unterlagen, wie genehmigte bautechnische Unterlagen, Zulassungsbescheide, Prüfbescheide
d) die Mischanweisungen beim Mischerführer
e) die Lieferscheine.

3.3.2 Der mit der Überprüfung Beauftragte kann Überprüfungen durchführen bzw. durchführen lassen; insbesondere kommen folgende Überprüfungen in Betracht:

a) Beschaffenheit und Lagerung der Baustoffe
b) maschinelle und gerätemäßige Ausstattung des Werkes sowie die Funktionsfähigkeit der Maschinen und Geräte nach DIN 1045, Abschnitt 5.3.3
c) Frischbetoneigenschaften
d) die Maße der Fertigteile
e) die Dicke und Art der einzelnen Schichten bei mehrschichtigem Aufbau der Fertigteile
f) die Bewehrung nach Anzahl der Stäbe, Art, Durchmesser, Lage und Anordnung, Biegeradius, Werkkennzeichen
g) Probekörperherstellung zur Ermittlung von Festbetoneigenschaften, z. B. Druckfestigkeit, gegebenenfalls Trockenrohdichte bei Leichtbeton und in Ergänzung dazu vergleichsweise die Betonfestigkeit der fertigen Teile durch zerstörungsfreie Prüfung
h) die Kennzeichnung der fertigen Teile
i) gegebenenfalls die Prüfung fertiger Teile (Probebelastung)
j) gegebenenfalls Kontrolle, ob das Fachpersonal entsprechend DIN 1045, Abschnitt 5.2.2.7, über seine Verpflichtungen regelmäßig unterrichtet wurde
k) Maßnahmen zur Verarbeitung und Nachbehandlung des Betons und zur Herstellung, Lagerung und zum Transport der Fertigteile.

In Zweifelsfällen hat der mit der Überprüfung Beauftragte weitere Überprüfungen durchzuführen.

3.4 Probenahme

Über die Entnahme der Proben ist von dem mit der Überprüfung Beauftragten ein Protokoll anzufertigen, abzuzeichnen und vom technischen Werkleiter oder seinem Vertreter gegenzuzeichnen.

Das Protokoll muß mindestens folgende Angaben enthalten:

a) Unternehmen und Werk/Feldfabrik
b) gegebenenfalls Entnahmestelle
c) Beschreibung des Baustoffes bzw. des Bauteils
d) Kennzeichen der Proben
e) Ort und Datum
f) Unterschriften.

3.5 Überwachungsbericht

Die Ergebnisse der Fremdüberwachung sind in einem Überwachungsbericht (Muster siehe Anhang A) festzuhalten. Der Bericht muß mindestens enthalten:

a) Unternehmen, Werk/Feldfabrik und Betonprüfstelle E
b) geforderte Festigkeitsklasse des Betons, unter Umständen mit besonderen Eigenschaften, bei Leichtbeton auch Rohdichteklasse
c) Bewertung der Eigenüberwachung
d) gegebenenfalls Angaben über die Probenahme
e) Ergebnisse der durchgeführten Überprüfungen und Vergleich mit den Anforderungen und den Ergebnissen der Eigenüberwachung
f) Gesamtbewertung
g) Ort und Datum
h) Unterschrift und Stempel der fremdüberwachenden Stelle.

Der Bericht ist beim Unternehmen und bei der fremdüberwachenden Stelle mindestens 5 Jahre aufzubewahren und den Beauftragten der bauüberwachenden Behörde auf Verlangen vorzulegen.

4 Kennzeichnung der Fertigteile

Fertigteilwerke, in denen Fertigteile nach DIN 1045 oder den „Richtlinien für Leichtbeton und Stahlleichtbeton mit geschlossenem Gefüge" hergestellt und nach dieser Norm überwacht werden, müssen die Fertigteile mit Lieferscheinen ausliefern unter Angabe „DIN 1084 Teil 2" und der fremdüberwachenden Stelle nach Abschnitt 3.1.1 (z. B. durch Zeichen); im übrigen gilt DIN 1045, Abschnitt 5.5. Soweit möglich, sind diese Kennzeichen auch auf dem Fertigteil anzubringen. Im übrigen gilt DIN 1045, Abschnitt 19.6.

Tabelle 1. **Umfang der Prüfungen im Rahmen der Eigenüberwachung von Fertigteilen**[6])

	1	2	3	4
	Gegenstand der Prüfung	Prüfungen	Anforderungen	Häufigkeit
	Ausgangsstoffe			
1	Zement	Lieferschein und Verpackungsaufdruck bzw. Silozettel (gegebenenfalls auch Plomben)	Kennzeichnung (Art, Festigkeitsklasse und Nachweis der Überwachung) nach DIN 1164	Jede Lieferung
2	Betonzuschlag	Lieferschein	Bezeichnung, Nachweis der Überwachung nach DIN 4226	Jede Lieferung
3		Sichtprüfung auf Zuschlagart, Kornzusammensetzung, Gesteinsbeschaffenheit und schädliche Bestandteile (z. B. Ton, Kreide, Kalk, Kohle)	Einhalten der Bestimmungen von DIN 4226 (Übereinstimmung mit der bestellten Korngruppe, Kornform, ausreichende Kornfestigkeit, keine Verschmutzungen)	Jede Lieferung
4		Kornzusammensetzung durch Siebversuch nach DIN 4226 Teil 3	Einhalten der Kornzusammensetzung nach DIN 1045, Abschnitte 6.2.2, 6.5.5.2 bzw. 6.5.6.2 und 7.3	Bei der ersten Lieferung, in angemessenen Zeitspannen, bei Wechsel des Herstellwerkes
5	Betonzusatzstoffe	Lieferschein und gegebenenfalls Verpackungsaufdruck	Bezeichnung, gegebenenfalls Prüfzeichen oder Zulassung und Nachweis der Überwachung	Jede Lieferung
6	Betonzusatzmittel	Lieferschein und Verpackungsaufdruck	Bezeichnung, Prüfzeichen und Nachweis der Überwachung	Jede Lieferung
7		Sichtprüfung	Keine auffälligen Veränderungen	Laufend
8	Betonstahl	Kennzeichen der Betonstahlsorte, Werkkennzeichen und Lieferschein	Nachweis der Überwachung nach DIN 488	Jede Lieferung
9		Auf Sorte, Art und Durchmesser	Einhalten der Anforderungen von DIN 488 oder Zulassung, keine festigkeitsmindernden Einflüsse und keine zu stark angerosteten Stäbe	Jede Lieferung
10		Lagerung	Übersichtlich getrennte, saubere Lagerung	In angemessenen Zeitspannen
11	Zugabewasser	Auf erstarrungs- und erhärtungsstörende Bestandteile	Keine erstarrungs- und erhärtungsstörenden Bestandteile	Nur, wenn kein Leitungswasser verwendet wird und Verdacht auf störende Verunreinigungen besteht
	Im Werk hergestellter Beton			
12	Beton	Eignungsprüfung nach DIN 1045, Abschnitt 7.4.2	Die jeweils verlangten Betoneigenschaften müssen sicher erreicht sein.	Für jede Betonsorte vor Beginn der Herstellung; wenn sich die Ausgangsstoffe des Betons oder die Verhältnisse im Werk wesentlich ändern

[6]) **Hinweis:** Zusätzliche Anforderungen für Leichtbeton siehe Tabelle 1 A; zusätzliche Anforderungen für Spannbeton siehe Tabelle 1 B

Tabelle 1. (Fortsetzung)

	1	2	3	4
	Gegenstand der Prüfung	Prüfungen	Anforderungen	Häufigkeit
13	Frischbeton	Konsistenz Sichtprüfung	Einhalten der auf Grund der Eignungsprüfung festgelegten Konsistenz	Jede Mischung
14		Konsistenzmaß nach DIN 1048 Teil 1	Einhalten des auf Grund der Eignungsprüfung festgelegten Konsistenzmaßes	Beim ersten Einbringen jeder Betonsorte; in angemessenen Zeitspannen; bei Herstellung der Probekörper für Festigkeitsprüfungen
15		Bindemittelgehalt nach DIN 1048 Teil 1 (nur bei Beton B I)	Einhalten der Bestimmungen von DIN 1045, Abschnitt 6.5.5.1	Beim ersten Einbringen jeder Betonsorte; in angemessenen Zeitspannen
16		Wasserzementwert nach DIN 1048 Teil 1 (nur bei Beton B II)	Der Mittelwert dreier aufeinanderfolgender w/z-Wert-Bestimmungen darf den aufgrund der Eignungsprüfung ermittelten und auf β_{WS} (nach DIN 1045, Tabelle 1) umgerechneten w/z-Wert nicht überschreiten; Einzelwerte dürfen diesen Wert um höchstens 10 % überschreiten (siehe DIN 1045, Abschnitt 7.4.3.3).	Beim ersten Einbringen jeder Betonsorte und einmal je Betoniertag. Im Falle der Anrechnung von w/z-Wert-Prüfungen als Ersatz für Festigkeitsprüfungen nach Abschnitt 2.2.6 und DIN 1045, Abschnitt 7.4.3.5.1, ist der w/z-Wert zu bestimmen; es darf für die Ermittlung des Festigkeitswertes der Mittelwert aus zwei zusammengehörigen w/z-Wert-Bestimmungen zugrundegelegt werden.
17		Vorliegen einer Herstellungs-, Förder-, Verarbeitungs- und Nachbehandlungsanweisung, z. B. auch für die Wärmebehandlung	Einhalten der Anforderungen nach DIN 1045, Abschnitte 4.2, 9.1 und 10	In angemessenen Zeitspannen
18	Festbeton	Druckfestigkeit nach DIN 1048	Nachweis der Druckfestigkeit nach DIN 1045, Abschnitt 7.4.3.5.2 oder nach Abschnitt 2.2.6 dieser Norm	Bei Beton B I: Eine Serie von drei Probekörpern je 500 m^3 je Betonsorte bzw. mindestens alle 14 Betoniertage Bei Beton B II: 2 Serien von je drei Probekörpern je 500 m^3 je Betonsorte bzw. mindestens alle 14 Betoniertage. Die Hälfte der Probekörper darf durch die doppelte Anzahl von w/z-Wert-Bestimmungen ersetzt werden.
19		Gegebenenfalls besondere Eigenschaften	Gegebenenfalls Nachweis der geforderten besonderen Eigenschaften nach DIN 1045, Abschnitt 6.5.7	Nach Vereinbarung

Tabelle 1. (Fortsetzung)

	1	2	3	4
	Gegenstand der Prüfung	Prüfungen	Anforderungen	Häufigkeit
	Transportbeton bei Verwendung im Fertigteilwerk			
20	Frischbeton	Lieferschein	Vollständigkeit der Angaben nach DIN 1045, Abschnitt 5.5.3	Jede Lieferung bei Übergabe
21		Konsistenz Sichtprüfung	Einhalten der bestellten Konsistenz	Jede Lieferung bei Übergabe
22		Konsistenzmaß nach DIN 1048 Teil 1	Einhalten des auf dem Lieferschein angegebenen Konsistenzbereichs	Bei Übergabe der ersten Lieferung jeder Betonsorte und bei Herstellung der Probekörper für die Festigkeitsprüfung
23		Wasserzementwert nach DIN 1048 Teil 1 (nur bei Beton B II)	Der Mittelwert dreier aufeinanderfolgender w/z-Wert-Bestimmungen darf den im Betonsortenverzeichnis angegebenen w/z-Wert, der aufgrund der Eignungsprüfung ermittelt und auf β_{WS} (nach DIN 1045, Tabelle 1) umgerechnet wurde, nicht überschreiten; Einzelwerte dürfen diesen Wert um höchstens 10 % überschreiten (siehe DIN 1045, Abschnitt 7.4.3.3).	Im Falle der Anrechnung von w/z-Wert-Prüfungen als Ersatz für Festigkeitsprüfungen nach Abschnitt 2.2.6 und DIN 1045, Abschnitt 7.4.3.5.1, ist der w/z-Wert zu bestimmen; es darf für die Ermittlung des Festigkeitswertes der Mittelwert aus zwei zusammengehörigen w/z-Wert-Bestimmungen zugrundegelegt werden.
24		Vorliegen einer Förder-, Verarbeitungs- und Nachbehandlungsanweisung	Einhalten der Anforderungen nach DIN 1045, Abschnitte 9.4 und 10	In angemessenen Zeitspannen
25	Festbeton	Druckfestigkeit nach DIN 1048 an den bei der Übergabe des Betons entnommenen Proben. DIN 1045, Abschnitt 7.4.3.5.1, Absätze 3 und 4, dürfen angewendet werden.	Nachweis der Druckfestigkeit nach DIN 1045, Abschnitt 7.4.3.5.2 oder nach Abschnitt 2.2.6 dieser Norm	Bei Beton B I: Eine Serie von drei Probekörpern je 500 m^3 je Betonsorte bzw. mindestens alle 14 Betoniertage Bei Beton B II: 2 Serien von je drei Probekörpern je 500 m^3 je Betonsorte bzw. mindestens alle 14 Betoniertage. Die Hälfte der Probekörper darf durch die doppelte Anzahl von w/z-Wert-Bestimmungen ersetzt werden.
26		Gegebenenfalls besondere Eigenschaften	Gegebenenfalls Nachweis der geforderten besonderen Eigenschaften nach DIN 1045, Abschnitt 6.5.7	Nach Vereinbarung
	Fertigung der Teile			
27	Formen, Schalung, Bewehrung und Einbauteile	der Maßhaltigkeit	Übereinstimmung der Maße der Schalung, der Lage der Dämmschichten, der Einbauteile, der Aussparungen, der Bewehrungen (insbesondere der Betondeckungen, des Durchmessers, Verankerungs- und Übergreifungslängen) mit den Werksunterlagen; ausreichende Anzahl von Abstandhaltern; Stabilität der Schalung; Möglichkeiten des Einbringens und Verdichtens des Betons (Rüttelgassen bei Bewehrungsanhäufungen)	Für jedes Fertigteil
28	Schweißung an der Bewehrung	Zug- und Faltversuche nach DIN 4099 unter den zu erwartenden Bedingungen an Proben der vorgesehenen Schweißverbindungen	Einhalten der Anforderungen nach DIN 488 Teil 1 und DIN 4099	Nach DIN 4099

Tabelle 1. (Fortsetzung)

	1	2	3	4
	Gegenstand der Prüfung	Prüfungen	Anforderungen	Häufigkeit
29	Temperatur	Feststellung der Außentemperatur und der Temperatur im Fertigungs- und Erhärtungsraum	Einhalten der Temperaturen nach DIN 1045, Abschnitt 11.1	Arbeitstäglich
30	Fertigteile	Feuchthaltung (Nachbehandlung)	Verhinderung vorzeitigen Austrocknens nach DIN 1045, Abschnitt 10.3	Arbeitstäglich
31	Wärmebehandlung	Funktionskontrolle	Einhalten des Temperatur- und Druckverlaufs	Arbeitstäglich
	Fertige Erzeugnisse			
32	Fertigteile	Sichtprüfung auf Beschädigungen	Keine Beschädigungen nach DIN 1045, Abschnitt 19.2	Jedes Fertigteil
33	Fertigteile	Zerstörungsfreie Prüfung der Betondruckfestigkeit nach DIN 1048 Teil 2	Gleichmäßigkeit der Betonfestigkeit und Vergleich mit den Ergebnissen an Probekörpern nach den Zeilen *18* und *25*	Eine ausreichende Anzahl von Meßreihen unter gleichzeitigem Vergleich mit den Ergebnissen der Probekörper nach Zeile *18* bzw. *25*. Bei gleichen Betonzusammensetzungen und gleicher Beziehung zwischen den Ergebnissen der Probekörperprüfung und der zerstörungsfreien Prüfung kann die Häufigkeit der Prüfung nach Zeile *18* bzw. *25* im Einvernehmen mit der fremdüberwachenden Stelle vermindert und teilweise durch Prüfungen nach Zeile *16* ersetzt werden.
34		Kennzeichen bzw. Lieferscheine	Erfüllung der Kennzeichnungspflicht, Werkkennzeichen, Überwachungszeichen oder -vermerk, Herstelldatum, gegebenenfalls Einbaulage	Jedes Fertigteil
	Technische Einrichtungen			
35	Abmeßvorrichtung für den Zement	Funktionskontrolle	Einwandfreies Arbeiten	Wöchentlich
			Einhalten des Sollgewichts mit einer Genauigkeit von 3 %	Mindestens monatlich
36	Abmeßvorrichtung für den Betonzuschlag	Funktionskontrolle	Einwandfreies Arbeiten	Wöchentlich
			Einhalten des Sollgewichts mit einer Genauigkeit von 3 %	Mindestens monatlich. Bei Zugabe nach Raumteilen je Betoniertag und nach jeder. Änderung der Geräteeinstellung.
37	Abmeßvorrichtung für die Betonzusatzstoffe	Funktionskontrolle	Einwandfreies Arbeiten	Wöchentlich
			Einhalten des Sollgewichts mit einer Genauigkeit von 3 %	Bei Beginn der Arbeiten, dann mindestens monatlich bei Zugabe nach Raumteilen je Betoniertag

Tabelle 1. (Fortsetzung)

	1	2	3	4
	Gegenstand der Prüfung	Prüfungen	Anforderungen	Häufigkeit
38	Abmeßvorrichtung für die Betonzusatzmittel	Funktionskontrolle	Einhalten des Sollgewichts oder der Sollmenge mit einer Genauigkeit von 3 %	Mindestens je Betoniertag
39	Abmeßvorrichtung für das Zugabewasser	Funktionskontrolle	Einwandfreies Arbeiten	Wöchentlich
			Einhalten der Sollmenge mit einer Genauigkeit von 3 %	Bei Beginn der Arbeiten, dann mindestens monatlich
40	Mischwerkzeuge	Funktionskontrolle	Einwandfreies Arbeiten. Im Falle des Mischens in Mischfahrzeugen ausreichende Höhe der Schnecke	Bei Beginn der Arbeiten, dann mindestens monatlich
41	Verdichtungsgeräte	Funktionskontrolle	Einwandfreies Arbeiten	Bei Beginn der Arbeiten, dann mindestens monatlich
42	Meß- und Laborgeräte	Funktionskontrolle	Ausreichende Meßgenauigkeit	Bei Inbetriebnahme, dann in angemessenen Zeitspannen
43	Gegebenenfalls eigene oder angemietete Fahrzeuge mit Rührwerk oder Mischfahrzeuge für den Transport von Beton	Ausreichende Einweisung der Fahrer durch die Prüfstelle E	Einhalten der Bestimmungen von DIN 1045, Abschnitte 5.4.6, 9.3.2 und 9.4	Bei Inbetriebnahme, dann in angemessenen Zeitspannen

Tabelle 1 A. **Zusätzliche Prüfungen bei Leichtbeton zu Tabelle 1**

	1 Gegenstand der Prüfung	2 Prüfungen	3 Anforderungen	4 Häufigkeit
2 a	Leichtzuschlag	Lieferschein	Bezeichnung, Nachweis der Güteüberwachung nach DIN 4226 Teil 2	Jede Lieferung
			Bei nicht ausreichend erprobtem Leichtzuschlag Nachweis der Prüfung und Beurteilung auf alkalilösliche Kieselsäure nach DIN 4226 Teil 3	Vor erstmaliger Verwendung
4 a		Schüttdichte	Einhalten der der Eignungsprüfung zugrunde liegenden Schüttdichte	Bei der ersten Lieferung in angemessenen Zeitabständen, bei Wechsel des Herstellers
4 a		Feuchtigkeitsgehalt des Zuschlags nach den „Richtlinien für Leichtbeton und Stahlleichtbeton", Abschnitt 5	Berücksichtigung der gewichtsmäßigen Zugabe des Zuschlags und bei der Wasserzugabe	Bei jeder Lieferung des Zuschlags und in angemessenen Zeitabständen je nach Lagerung
12a	Leichtbeton	Eignungsprüfung nach DIN 1045, Abschnitt 7.4.2. Zusätzlich sind das Konsistenzmaß und die Trockenrohdichte festzustellen (Richtlinien für Leichtbeton und Stahlleichtbeton, Abschnitt 4.2).	Die jeweils verlangten Betoneigenschaften müssen sicher erreicht sein.	Für jede Betonsorte vor Beginn der Herstellung; wenn sich die Ausgangsstoffe des Betons oder die Verhältnisse auf der Baustelle wesentlich ändern
18a bzw. *25a*	Festbeton	Druckfestigkeit nach DIN 1048 im Falle von Transportbeton an den bei der Übergabe des Betons entnommenen Proben	Nachweis der Druckfestigkeit nach DIN 1045 Abschnitt 7.4.3.5.2 oder nach DIN 1084, Teil 1 und Teil 2, Abschnitt 2.2.6	Auf der Baustelle: Für jede Betonsorte 2 Serien von je 3 Probekörpern je 500 m^3 bzw. je Geschoß im Hochbau bzw. je sieben Betoniertage
				Im Werk: 2 Serien von je 3 Probekörpern je 500 m^3 je Betonsorte bzw. alle 14 Betoniertage
19a bzw. *26a*		Trockenrohdichte nach „Richtlinien für Leichtbeton und Stahlleichtbeton"	Einhalten der aufgrund der Eignungsprüfung festgelegten Trockenrohdichte – kein Einzelwert darf die festgelegte Trockenrohdichte überschreiten [7]), oder – bei 9 und mehr Prüfungen: Höchstens ein Wert darf die festgelegte Trockenrohdichte um höchstens 20 % überschreiten, dabei darf kein Mittelwert von drei aufeinanderfolgenden Prüfungen die festgelegte Trockenrohdichte überschreiten, oder – bei statistischer Auswertung: Obere 5%-Fraktile der Trockenrohdichte-Prüfungen darf die festgelegte Trockenrohdichte nicht überschreiten.	Für jede Serie der Druckfestigkeitsprüfung eine Prüfung der Trockenrohdichte
20a		Einfluß des Transports und Mischvorgangs auf die Eigenschaften nach den „Richtlinien für Leichtbeton und Stahlleichtbeton", Abschnitt 4.4.2	Einhalten der aufgrund der Eignungsprüfung festgelegten Druckfestigkeit, Trockenrohdichte und Verarbeitbarkeit	Vor erstmaliger Auslieferung und bei Wechsel des Leichtzuschlags

[7]) **Hinweis:** Der Nachweis gilt als erbracht, wenn die Trockenrohdichte der Bruchstücke des Würfels mit der höchsten Rohdichte bei der Druckfestigkeitsprüfung aus der Prüfserie die festgelegte Trockenrohdichte nicht überschreitet.

Tabelle 1 B. **Zusätzliche Prüfungen bei Spannbetonfertigteilen zu Tabelle 1**

	1	2	3	4
	Gegenstand der Prüfung	Prüfungen	Anforderungen	Häufigkeit
1b	Zement (bei Vorspannung mit sofortigem Verbund)	Lieferschein und Verpackungsaufdruck bzw. Silozettel (gegebenenfalls auch Plomben)	Nur Zemente der Festigkeitsklassen Z 45 und Z 55 sowie Portland- und Eisenportlandzement der Festigkeitsklasse Z 35 F dürfen verwendet werden.	Jede Lieferung
2b	Betonzuschlag (bei Vorspannung mit sofortigem Verbund)	Lieferschein und andere Unterlagen	Es darf nur solcher Zuschlag verwendet werden, dessen Gehalt an wasserlöslichem Chlorid (berechnet als Chlor) 0,02 Gew.-% nicht überschreitet.	Jede Lieferung
5b	Betonzusatzstoffe, soweit sie nicht DIN 4226 oder DIN 51 043 entsprechen	Lieferschein und Verpackungsaufdruck	Es dürfen nur solche Betonzusatzstoffe verwendet werden, deren Prüfbescheid (Prüfzeichen) die Anwendung für Spannbeton ausdrücklich gestattet.	Jede Lieferung
6b	Betonzusatzmittel	Lieferschein und Verpackungsaufdruck	Es dürfen nur solche Betonzusatzmittel verwendet werden, deren Prüfbescheid (Prüfzeichen) die Anwendung für Spannbeton ausdrücklich gestattet.	Jede Lieferung
8b	Bewehrung aus Draht gemäß DIN 4227 Teil 1, Abschnitt 3.3, 2. Absatz (bei Fertigteilen)	Werkszeugnis über die Feststellung von Streckgrenze, Zugfestigkeit und Mindestbruchdehnung	Einhalten der entsprechenden Werte nach DIN 4227 Teil 1	Vierteljährlich und bei Wechsel des Stahlherstellers und/oder Lieferers
8b	Spannstahl	Überprüfung der Lieferung nach Güte, Art und Durchmesser gemäß Zulassung (Lieferschein)	Kennzeichnung, Nachweis der Überwachung, keine Beschädigung und unzulässiger Rostanfall	Jede Lieferung
9b		Überprüfung der Transportfahrzeuge	Abgedeckte Wagen, keine Verunreinigungen	Jede Lieferung
10b		Lagerung	Trockene, luftige Lagerung, keine Verunreinigung durch korrosionsfördernde Stoffe	Bei Bedarf
11b	Zugabewasser	Chloridgehalt	Chloridgehalt darf 600 mg Cl je Liter nicht überschreiten	Sofern kein Leitungswasser verwendet wird – vor erstmaliger Verwendung – danach in angemessenen Zeitspannen
20b	Transportbeton	Lieferschein und Sortenverzeichnis	Einhalten der Anforderungen der Zeilen 1a, 2a, 6a, 11a	Jede Lieferung bei Übergabe
27b	Spannverfahren		Zulassung des Spannverfahrens oder des Spannstahls	Jede Anwendung
	Vorspannen	Alle beim Spannen durchgeführten Messungen sind im Spannprotokoll festzuhalten.	Einhalten der im Spannprogramm festgelegten Reihenfolge	Jeder Spannvorgang
	Einrichten für das Vorspannen	Überprüfung der Spanneinrichtung	Einhalten der Toleranzen DIN 4227 Teil 1	Halbjährlich

Anhang A
zu DIN 1084 Teil 2:
Muster eines Überwachungsberichtes

Anschrift der fremdüberwachenden Stelle

Überwachungsbericht

Nr

Unternehmen:

Werk/Feldfabrik:

Überwachungsvertrag vom / Befugnis zur Führung des Überwachungs/Gütezeichens erteilt am:

Zuständige Betonprüfstelle E:

Datum der letzten Überprüfung:

Besondere Feststellungen:

Tag der Überprüfung:

Anwesende (Werkleiter oder Vertreter):

Probenahme laut Protokoll vom:

Ergebnis der Überwachung:

Bewertung der Aufzeichnungen nach DIN 1045, Ausgabe Dezember 1978, Abschnitte 5.3.4 und 5.2.2.8 [8]):

Bewertung der Eigenüberwachung und der entsprechenden Überprüfungen (Muster siehe Seite 12):

Vollständigkeit weiterer Unterlagen nach DIN 1045, Ausgabe Dezember 1978, Abschnitt 3 [8]):

Gesamtbewertung der Überprüfung:

Datum, Unterschrift und Stempel der fremdüberwachenden Stelle

[8]) **Hinweis:** Bei Spannbeton auch nach DIN 4227 Teil 1

Tabelle zum Überwachungsbericht Nr (Muster)

Ergebnisse der Eigenüberwachung und der entsprechenden Kontrollen der fremdüberwachenden Stelle

Gruppe der Fertigteile:
Festigkeitsklasse des Betons: B
Besondere Eigenschaften des Betons:
Probenahme laut Protokoll vom:

	1	2	3a	3b	4a	4b	5
	Gegenstand der Prüfung	Prüfung	Eigenüberwachung Anforderungen von DIN 1084 Teil 2, Tabelle 1 [9]), Spalte 3 und 4, erfüllt		Fremdüberwachung Anforderungen von DIN 1084 Teil 2, Abschnitt 3.3.2 und Tabelle 1 [9]), Spalte 3, erfüllt		Bemerkungen
			ja	nein	ja	nein	
	Ausgangsstoffe						
1	Bindemittel	Lieferschein Verpackungsaufdruck bzw. Silozettel					
2	Betonzuschlag	Lieferschein Zuschlagart Kornzusammensetzung Gesteinsbeschaffenheit Schädliche Bestandteile					
3	Betonzusatzstoffe	Lieferschein Verpackungsaufdruck Auffällige Veränderungen					

Fortsetzung entsprechend DIN 1084 Teil 2, Tabelle 1

[9]) **Hinweis:** Für Leichtbeton auch Tabelle 1 A; für Spannbeton auch Tabelle 1 B

DK 624.92.012.4 : 691.32 : 666.97.052.3
: 620.1 : 658.56

Dezember 1978

Überwachung (Güteüberwachung) im Beton- und Stahlbetonbau

Transportbeton

DIN 1084 Teil 3

Control (quality control) of plain and reinforced concrete structures; readymixed concrete

Contrôle (contrôle de la qualité) dans la construction de béton et de béton armé; béton prêt à l'emploi

Diese Norm wurde im Fachbereich VII Beton und Stahlbeton, Deutscher Ausschuß für Stahlbeton des NABau, ausgearbeitet. Sie ist den obersten Bauaufsichtsbehörden vom Institut für Bautechnik, Berlin, zur bauaufsichtlichen Einführung empfohlen worden.

Die vorliegende Norm wurde gegenüber der Ausgabe Februar 1972 auf die durch das „Gesetz über Einheiten im Meßwesen" vom 2. Juli 1969 festgesetzten Einheiten (Einheiten des Internationalen Einheitensystems (SI)) umgestellt, ohne den sachlichen Inhalt zu ändern.

Im Zuge der Umstellung ist auch eine redaktionelle Überarbeitung zur besseren Klarstellung — besonders um eine Abstimmung mit DIN 1084 Teil 1 und Teil 2 herbeizuführen — sowie die Aufnahme der Anforderungen für Leichtbeton mit geschlossenem Gefüge vorgenommen worden.

Die Benennung „Last" wird für Kräfte verwendet, die von außen auf ein System einwirken; das gleiche gilt auch für zusammengesetzte Wörter mit der Silbe . . . „last" (DIN 1080 Teil 1).

Alle Hinweise in dieser Norm auf DIN 1045 „Beton und Stahlbeton; Bemessung und Ausführung" beziehen sich auf die Ausgabe Dezember 1978.

Inhalt

1 Allgemeines, Mitgeltende Normen und Unterlagen

1.1 Nach DIN 1045 und nach den „Richtlinien für Leichtbeton und Stahlleichtbeton mit geschlossenem Gefüge" [1]) ist die Einhaltung der dort festgelegten Anforderungen an die Herstellung und den Transport von Transportbeton durch eine Überwachung (Güteüberwachung) — bestehend aus Eigen- und Fremdüberwachung — nachzuprüfen.

1.2 Die folgenden Bestimmungen gelten für die Überwachung der Güte von Transportbeton bis zur Übergabe. Nach der Übergabe des Betons gilt bei Verwendung auf der Baustelle für Transportbeton B II einschließlich Leichtbeton B II DIN 1084 Teil 1, bei Verwendung im Betonwerk DIN 1084 Teil 2; für Beton B I einschließlich Leichtbeton B I gilt dann DIN 1045, Abschnitt 7.

1.3 Bei Anwendung dieser Norm gelten folgende Normen und Unterlagen mit:

DIN 1045	Beton und Stahlbeton; Bemessung und Ausführung
DIN 1048 Teil 1 bis Teil 4	Prüfverfahren für Beton
DIN 1164 Teil 1 bis Teil 8	Portland-, Eisenportland-, Hochofen- und Traßzement
DIN 4226 Teil 1 bis Teil 3	Zuschlag für Beton
DIN 4227 Teil 1	Spannbeton; Bauteile aus Normalbeton mit beschränkter und voller Vorspannung
DIN 51 043	Traß; Anforderungen, Prüfung
DIN 52 171	Stoffmengen und Mischungsverhältnis im Frisch-Mörtel und Frisch-Beton

Richtlinien für Leichtbeton und Stahlleichtbeton mit geschlossenem Gefüge [1])

Richtlinien für die Herstellung und Verwendung von Trokkenbeton [1]).

2 Eigenüberwachung

2.1 Allgemeine Anforderungen

Die Eigenüberwachung hat das Transportbetonunternehmen durchzuführen. Verantwortlich dafür ist der technische Werkleiter des Unternehmens, unbeschadet der weiteren in DIN 1045, Abschnitt 5.4.2, genannte Aufgaben.

[1]) Erhältlich bei der Beuth Verlag GmbH, Berlin; die Richtlinien für Leichtbeton und Stahlleichtbeton mit geschlossenem Gefüge werden demnächst in DIN 4219 übergeführt.

Fortsetzung Seite 2 bis 9

Normenausschuß Bauwesen (NABau) im DIN Deutsches Institut für Normung e. V.

Die Eigenüberwachung wird durch das Werkpersonal in Verbindung mit der ständigen Betonprüfstelle (Betonprüfstelle E) durchgeführt (siehe DIN 1045, Abschnitte 5.2.2.6 und 5.2.2.7); dabei darf sich das Unternehmen für die Prüfung der Betondruckfestigkeit und der Wasserundurchlässigkeit an in Formen hergestellten Probekörpern einer dafür geeigneten Betonprüfstelle (z. B. Betonprüfstelle W nach DIN 1045, Abschnitt 2.3.3) [2]) bedienen.

2.2 Prüfungen

2.2.1 Der Umfang und die Häufigkeit der Prüfungen sind in Tabelle 1 festgelegt; bei Unterbrechung der Herstellung verlängern sich die Prüfzeitspannen entsprechend. Die Proben für die Betonprüfungen der Werkseigenüberwachung sind bei der Übergabe zu entnehmen.

2.2.2 Abweichungen von Umfang und Häufigkeit der Prüfungen nach Tabelle 1 sind im Einvernehmen mit der fremdüberwachenden Stelle nach Abschnitt 3.1.1 in begründeten Ausnahmefällen zulässig und wenn die Überprüfung insbesondere der Aufzeichnungen der Eigenüberwachung erweist, daß die Prüfungen im Rahmen der Eigenüberwachung zu keinen Beanstandungen geführt haben und für das betreffende Werk ausreichend sind. Dies gilt sinngemäß auch für die Art der Prüfungen, wenn nachgewiesen ist, daß die abweichenden Prüfungen mindestens gleichwertig sind.

Im Bedarfsfalle können weitere Prüfungen notwendig sein.

2.2.3 Auch solche Eigenschaften, die im Rahmen der Überwachung (Güteüberwachung) üblicherweise nicht zu untersuchen sind, wie z. B. die Eigenschaften der Ausgangsstoffe und die Betonzusammensetzung nach DIN 52171, sind in Zweifelsfällen nachzuprüfen.

2.2.4 Nach ungenügendem Prüfergebnis sind vom Unternehmen unverzüglich die erforderlichen Maßnahmen zur Abstellung der Mängel — wenn nötig unter Einschaltung des Abnehmers — zu treffen; wenn es zur Vermeidung etwaiger Folgeschäden erforderlich ist, sind die Abnehmer zu benachrichtigen. Nach Abstellen der Mängel sind — soweit technisch möglich und zum Nachweis der Mängelbeseitigung erforderlich — die betreffenden Prüfungen zu wiederholen.

2.2.5 Für die Prüfungen sind Prüfeinrichtungen nach DIN 1045, Abschnitt 5.2.2.4, zu verwenden. Die Durchführung der Prüfungen von Beton richtet sich nach DIN 1048.

2.2.6 Von den Anforderungen in DIN 1045, Abschnitt 7.4.3.5.2, darf abgewichen werden, wenn durch statistische Auswertung nachgewiesen wurde und für die weiteren Prüfungen laufend nachgewiesen wird, daß die 5%-Fraktile der Grundgesamtheit der Druckfestigkeitsergebnisse von Beton annähernd gleicher Zusammensetzung und Herstellung die Nennfestigkeit nicht unterschreitet.

Der durch Zufallsproben zu führende Nachweis gilt als erbracht, wenn unter Zugrundelegung einer Annahmekennlinie [3]) folgende Bedingungen erfüllt sind:

a) bei unbekannter Standardabweichung σ der Grundgesamtheit

$$z = \bar{\beta}_{35} - 1{,}64 \cdot s \geqq \beta_{WN}$$

b) bei bekannter Standardabweichung σ der Grundgesamtheit

$$z = \bar{\beta}_{15} - 1{,}64 \cdot \sigma \geqq \beta_{WN}$$

In diesen Gleichungen bedeuten:

z = Prüfgröße

$\bar{\beta}_{35}$ = Mittelwert einer Zufallsstichprobe vom Umfang $n_s = 35$

s = Standardabweichung der Zufallsstichprobe vom Umfang $n_s = 35$, jedoch mindestens 3 N/mm²

$\bar{\beta}_{15}$ = Mittelwert einer Zufallsstichprobe vom Umfang $n_\sigma = 15$

σ = Standardabweichung der Grundgesamtheit, die aus langfristigen Bestimmungen bekannt sein muß. Hilfsweise kann sie aus mindestens 35 unmittelbar davorliegenden Festigkeitsergebnissen ermittelt werden. Wenn das nicht der Fall ist, kann als Erfahrungswert für die obere Grenze der Standardabweichung $\sigma = 7$ N/mm² eingesetzt werden.

β_{WN} = Nennfestigkeit nach DIN 1045, Tabelle 1, Spalte 3.

Die aus w/z-Wert-Bestimmungen ermittelten Festigkeitswerte (siehe DIN 1045, Abschnitt 7.4.3.5.1) dürfen in die statistische Auswertung einbezogen werden. Bei der Auswertung muß jedoch mindestens die Hälfte der Werte aus Druckfestigkeitsprüfungen stammen [4]).

2.2.7 Die Herstellung einer Betonsorte steht unter statistischer Qualitätskontrolle (siehe DIN 1045, Abschnitt 7.4.3.5.1, Absatz 4), wenn über eine Zeitspanne von 12 Monaten bei der statistischen Auswertung von mindestens 100 Würfelergebnissen dieser Betonsorte die Anforderungen des Abschnittes 2.2.6 erfüllt sind. Nachfolgend müssen jährlich wenigstens 50 Würfel geprüft werden.

2.2.8 Die Ergebnisse der Prüfungen sind aufzuzeichnen und — wenn möglich statistisch — auszuwerten (Kontrollkarte, Häufigkeitsdiagramm, Mittelwert, Standardabweichung; siehe Abschnitt 2.2.6 und DIN 1045, Abschnitt 5.4.5). Die Aufzeichnungen sind beim Unternehmen mindestens 5 Jahre aufzubewahren und der fremdüberwachenden Stelle auf Verlangen vorzulegen (siehe auch DIN 1045, Abschnitt 4.4, Absatz 1).

3 Fremdüberwachung

3.1 Allgemeines

3.1.1 Die Fremdüberwachung ist durch eine für die Fremdüberwachung von Transportbeton anerkannte Überwachungsgemeinschaft oder Güteschutzgemeinschaft [5]) oder auf Grund eines Überwachungsvertrages durch eine hierfür anerkannte Prüfstelle (Betonprüfstelle F) [5]) durchzuführen.

3.1.2 Vor Aufnahme der Überwachung (Güteüberwachung) bei einem Werk, das die Lieferung von Transportbeton aufnehmen will, ist zunächst zu prüfen, ob die personelle und gerätemäßige Ausstattung eine ordnungsgemäße Herstellung sicherstellen, außerdem ist eine umfassende Prüfung nach den Abschnitten 3.2 und 3.3 durchzuführen.

---

[2]) Ein Verzeichnis der Betonprüfstellen W wird in den Mitteilungen des Instituts für Bautechnik, Berlin, Verlag Wilhelm Ernst & Sohn, geführt.

[3]) Siehe J. Bonzel und W. Manns: Beurteilung der Betondruckfestigkeit mit Hilfe von Annahmekennlinien. „beton" Hefte 7/8, Beton-Verlag, Düsseldorf 1969; dort ist die Annahmekennlinie festgelegt, die bei einem Ausschußprozentsatz von 5% eine Annahmewahrscheinlichkeit von 50% ($k = 1{,}64$) und bei einem Ausschußprozentsatz von 11% eine Annahmewahrscheinlichkeit von 5% hat. Die Annahmekennlinien für $n_s = 35$ und $n_\sigma = 15$ stimmen hierin überein.

[4]) Walz, K.: Herstellung von Beton nach DIN 1045, Seite 53/54, Beton-Verlag, Düsseldorf, 1971.

[5]) Verzeichnisse der bauaufsichtlich anerkannten Überwachungsgemeinschaften (Güteschutzgemeinschaften) und Betonprüfstellen F werden beim Institut für Bautechnik geführt und in seinen Mitteilungen, zu beziehen durch den Verlag Wilhelm Ernst & Sohn, veröffentlicht.

3.1.3 Das Unternehmen hat der fremdüberwachenden Stelle schriftlich mitzuteilen:

a) die ständige Betonprüfstelle (Betonprüfstelle E) mit Angabe des Prüfstellenleiters

b) einen Wechsel des Leiters der Betonprüfstelle E

c) die Inbetriebnahme des Werkes mit Angabe des technischen Werkleiters

d) einen Wechsel des technischen Werkleiters

e) die vorgesehenen Betonsorten (Betonsortenverzeichnis)

f) wesentliche Änderungen oder Ergänzungen der Betriebseinrichtungen

g) die Aufnahme neuer Betonsorten in das Betonsortenverzeichnis.

3.2 Art und Häufigkeit

3.2.1 Die fremdüberwachende Stelle muß mindestens zweimal im Jahr die Ergebnisse der Eigenüberwachung und das Transportbetonwerk überprüfen. Dabei ist auch festzustellen, ob die Betonprüfstelle E die Anforderungen von DIN 1045, Abschnitte 5.2.2.6 und sinngemäß 5.2.2.7, erfüllt.

Weitere Überprüfungen der Eigenüberwachung und des Werkes richten sich nach den Feststellungen der fremdüberwachenden Stelle und den Ergebnissen der Eigen- und Fremdüberwachung; dabei sind die Zuverlässigkeit der Eigenüberwachung und die Feststellungen bei der jeweiligen Fremdüberwachung zu berücksichtigen.

3.2.2 Nach wesentlichen Beanstandungen oder unzureichenden Prüfergebnissen ist unverzüglich eine Wiederholungsprüfung durchzuführen. Mängel, die im Rahmen der Eigenüberwachung festgestellt und unverzüglich abgestellt worden sind, können unbeanstandet bleiben, sofern den Anforderungen nach Abschnitt 2.2.4 entsprochen ist.

3.3 Umfang

3.3.1 Der mit der Überprüfung Beauftragte hat Einblick zu nehmen insbesondere in:

a) die Aufzeichnungen nach DIN 1045, Abschnitte 5.4.5 und 5.5.3 (Werktagebuch und Lieferscheine)

b) die Aufzeichnungen der Ergebnisse der Eigenüberwachung nach Abschnitt 2.2.8

c) weitere zugehörige Unterlagen, wie Betonsortenverzeichnis, Fahrzeugverzeichnis, Zulassungs- und Prüfbescheide. Das Betonsortenverzeichnis ist auf Vollständigkeit und auf Übereinstimmung mit den Ergebnissen der Eignungsprüfung zu überprüfen

d) die Mischanweisung an der Mischstelle

e) die Lieferscheine.

3.3.2 Der mit der Überprüfung Beauftragte kann Überprüfungen durchführen bzw. durchführen lassen; insbesondere kommen folgende Überprüfungen in Betracht:

a) Beschaffenheit und Lagerung der Baustoffe

b) maschinelle und gerätemäßige Ausstattung des Werkes sowie die Funktionsfähigkeit der Maschinen, Geräte und Transportbetonfahrzeuge

c) Frischbetoneigenschaften

d) Kontrolle, ob das Fachpersonal entsprechend DIN 1045, Abschnitt 5.2.2.7, über seine Verpflichtungen regelmäßig unterrichtet worden ist

e) Probekörperherstellung zur Ermittlung von Festbetoneigenschaften, z. B. Druckfestigkeit, gegebenenfalls Trockenrohdichte bei Leichtbeton.

In Zweifelsfällen hat der mit der Überprüfung Beauftragte weitere Überprüfungen durchzuführen.

3.4 Probenahme

Die Proben für die Betonprüfungen der Werkseigenüberwachung sind bei Übergabe des Transportbetons zu entnehmen. Über die Entnahme der Proben ist von dem mit der Überprüfung Beauftragten ein Protokoll anzufertigen, abzuzeichnen und vom technischen Werkleiter oder seinem Vertreter gegenzuzeichnen.

Das Protokoll muß mindestens folgende Angaben enthalten:

a) Unternehmen und Werk

b) gegebenenfalls Entnahmestelle

c) Beschreibung des Baustoffes

d) Kennzeichen der Proben

e) Ort und Datum

f) Unterschriften.

3.5 Überwachungsbericht

Die Ergebnisse der Fremdüberwachung sind in einem Überwachungsbericht (Muster siehe Anhang A) festzuhalten. Der Bericht muß mindestens enthalten:

a) Unternehmen, Werk und Betonprüfstelle E

b) Beschreibung des Baustoffes

c) Ergebnisse der Eigenüberwachung

d) gegebenenfalls Angaben über die Probenahme

e) Bewertung der durchgeführten Überprüfungen und Vergleich mit den Anforderungen und den Ergebnissen der Eigenüberwachung

f) Gesamtbewertung

g) Ort und Datum

h) Unterschrift und Stempel der fremdüberwachenden Stelle.

Der Bericht ist beim Unternehmen und bei der fremdüberwachenden Stelle mindestens 5 Jahre aufzubewahren und den Beauftragten der bauüberwachenden Behörde auf Verlangen vorzulegen.

4 Kennzeichnung

Transportbeton, der nach DIN 1045 oder den „Richtlinien für Leichtbeton und Stahlleichtbeton mit geschlossenem Gefüge" hergestellt und nach dieser Norm überwacht wird, ist mit Lieferschein auszuliefern unter Angabe „DIN 1084 Teil 3" und der fremdüberwachenden Stelle nach Abschnitt 3.1.1 (z. B. durch Zeichen), im übrigen gilt DIN 1045, Abschnitt 5.5.

Wird eine statistische Qualitätskontrolle nach Abschnitt 2.2.7 durchgeführt, so ist ein entsprechender Vermerk anzubringen.

Tabelle 1. **Umfang der Prüfungen im Rahmen der Eigenüberwachung von Transportbeton** [6])

	1	2	3	4
	Gegenstand der Prüfung	Prüfungen	Anforderungen	Häufigkeit
	Ausgangsstoffe			
1	Zement	Lieferschein und Verpackungsaufdruck bzw. Silozettel (gegebenenfalls auch Plomben)	Kennzeichnung (Art, Festigkeitsklasse und Nachweis der Überwachung) nach DIN 1164	Jede Lieferung
2	Betonzuschlag	Lieferschein	Bezeichnung, Nachweis der Überwachung nach DIN 4226	Jede Lieferung
3		Sichtprüfung auf Zuschlagart, Kornzusammensetzung, Gesteinsbeschaffenheit und schädliche Bestandteile (z. B. Ton, Kreide, Kalk, Kohle)	Einhalten der Bestimmungen von DIN 4226 (Übereinstimmung mit der bestellten Korngruppe, Kornform, ausreichende Kornfestigkeit, keine Verschmutzungen)	Jede Lieferung
4		Kornzusammensetzung durch Siebversuch nach DIN 4226 Teil 3	Einhalten der Kornzusammensetzung nach DIN 1045, Abschnitte 6.2.2, 6.5.5.2 bzw. 6.5.6.2 und 7.3	Bei der ersten Lieferung, in angemessenen Zeitspannen, bei Wechsel des Herstellwerks
5	Betonzusatzstoffe	Lieferschein und gegebenenfalls Verpackungsaufdruck	Bezeichnung, gegebenenfalls Prüfzeichen oder Zulassung und Nachweis der Überwachung	Jede Lieferung
6	Betonzusatzmittel	Lieferschein und Verpackungsaufdruck	Bezeichnung, Prüfzeichen und Nachweis der Überwachung	Jede Lieferung
7		Sichtprüfung	Keine auffälligen Veränderungen	laufend
8	Zugabewasser	Auf erstarrungs- und erhärtungsstörende Bestandteile	Keine erstarrungs- und erhärtungsstörenden Bestandteile	Nur, wenn kein Leitungswasser verwendet wird und Verdacht auf störende Verunreinigungen besteht
	Transportbeton			
9	Beton	Eignungsprüfung nach DIN 1045, Abschnitt 7.4.2	Die jeweils verlangten Betoneigenschaften müssen sicher erreicht sein.	Vor der ersten Lieferung und wenn sich die Ausgangsstoffe des Betons oder die Verhältnisse im Werk wesentlich ändern
10	Frischbeton	Konsistenz-Sichtprüfung	Einhalten der auf Grund der Eignungsprüfung festgelegten Konsistenz	Jede Mischung, bzw. laufend
11		Konsistenzmaß nach DIN 1048 Teil 1	Einhalten des auf Grund der Eignungsprüfung festgelegten Konsistenzbereichs	Bei der ersten Lieferung jeder Betonsorte; in angemessenen Zeitabständen; bei Herstellung der Probekörper für Festigkeitsprüfungen
12		Bindemittelgehalt nach DIN 1048 (nur bei Beton B I)	Einhalten des bei der Eignungsprüfung verwendeten Zementgehaltes	Bei der ersten Anlieferung und in regelmäßigen Zeitspannen
13		Wasserzementwert nach DIN 1048 Teil 1 (nur bei Beton B II) und bei Beton mit besonderen Eigenschaften	Der Mittelwert dreier aufeinanderfolgender w/z-Wert-Bestimmungen darf den aufgrund der Eignungsprüfung ermittelten und auf β_{WS} (nach DIN 1045, Tabelle 1) umgerechneten w/z-Wert nicht überschreiten; Einzelwerte dürfen diesen Wert um höchstens 10 % überschreiten (siehe DIN 1045, Abschnitt 7.4.3.3).	Bei der ersten Anlieferung jeder Betonsorte, einmal je Herstelltag. Im Falle der Anrechnung von w/z-Wert-Prüfungen als Ersatz für Festigkeitsprüfungen nach Abschnitt 2.2.6 und DIN 1045, Abschnitt 7.4.3.5.1, ist der w/z-Wert zu bestimmen; es darf für die Ermittlung des Festigkeitswertes der Mittelwert aus zwei zusammengehörigen w/z-Wert-Bestimmungen zugrunde gelegt werden.

[6]) **Hinweis:** Zusätzliche Anforderungen für Leichtbeton siehe Tabelle 1A; zusätzliche Anforderungen für Spannbeton siehe Tabelle 1B.

Tabelle 1. (Fortsetzung)

	1	2	3	4
	Gegenstand der Prüfung	Prüfungen	Anforderungen	Häufigkeit
14	Festbeton	Druckfestigkeit nach DIN 1048	Nachweis der Druckfestigkeit nach DIN 1045, Abschnitt 7.4.3.5.2 oder nach Abschnitt 2.2.6 dieser Norm	Bei Beton B I: Eine Serie von 3 Probekörpern je 500 m^3 je Betonsorte bzw. mindestens einmal monatlich. Bei Beton B II: Zwei Serien von 3 Probekörpern je 500 m^3 je Betonsorte bzw. mindestens einmal monatlich. Die Hälfte der Festigkeitsprüfungen darf durch die doppelte Anzahl von w/z-Wert-Bestimmungen ersetzt werden.
15		Gegebenenfalls besondere Eigenschaften	Gegebenenfalls Nachweis der geforderten besonderen Eigenschaften nach DIN 1045, Abschnitt 6.5.7	Nach Vereinbarung
	Herstellung und Transport des Betons			
16	Betonsortenverzeichnis	Übereinstimmung mit dem Lieferprogramm und Einhaltung der Anforderungen von DIN 1045, Abschnitt 5.4.4, und Übereinstimmung mit den Werten der Eignungsprüfungen		In angemessenen Zeitspannen
17	Mischanweisung	Vollständigkeit nach DIN 1045, Abschnitt 9.1, und sinngemäße Übereinstimmung mit den Angaben auf dem Lieferschein und im Betonsortenverzeichnis		In angemessenen Zeitspannen
18	Lieferschein	Vollständigkeit der Angaben nach DIN 1045, Abschnitt 5.5.3		In angemessenen Zeitspannen
19	Fahrzeugverzeichnis	Vollständigkeit der Angaben nach DIN 1045, Abschnitt 5.4.6, Absätze 5 und 6		In angemessenen Zeitspannen
	Technische Einrichtungen			
20	Abmeßvorrichtung für den Zement	Funktionskontrolle	Einwandfreies Arbeiten	wöchentlich
			Einhalten des Sollgewichts mit einer Genauigkeit von 3 %	Bei Beginn der Herstellung, dann mindestens monatlich
21	Abmeßvorrichtung für den Betonzuschlag	Funktionskontrolle	Einwandfreies Arbeiten	wöchentlich
			Einhalten des Sollgewichts mit einer Genauigkeit von 3 %	Bei Beginn der Herstellung, dann mindestens monatlich. Bei Zugabe nach Raumteilen je Betoniertag und nach jeder Änderung der Geräteeinstellung
22	Abmeßvorrichtung für die Betonzusatzstoffe	Funktionskontrolle	Einwandfreies Arbeiten	wöchentlich
			Einhalten des Sollgewichts mit einer Genauigkeit von 3 %	Bei Beginn der Herstellung, dann mindestens monatlich, bei Zugabe nach Raumteilen je Betoniertag
23	Abmeßvorrichtung für die Betonzusatzmittel	Funktionskontrolle	Einhalten des Sollgewichts oder der Sollmenge mit einer Genauigkeit von 3 %	Mindestens je Betoniertag
24	Abmeßvorrichtung für das Zugabewasser	Funktionskontrolle	Einwandfreies Arbeiten	wöchentlich
			Einhalten der Sollmenge mit einer Genauigkeit von 3 %	Bei Beginn der Herstellung, dann mindestens monatlich
25	Mischwerkzeuge	Funktionskontrolle	Einwandfreies Arbeiten. Im Falle des Mischens in Mischfahrzeugen ausreichende Höhe der Schnecke	Bei Beginn der Herstellung, dann mindestens monatlich
26	Meß- und Laborgeräte	Funktionskontrolle	Ausreichende Meßgenauigkeit	Bei Inbetriebnahme, dann in angemessenen Zeitspannen
27	Eigene oder gegebenenfalls angemietete Fahrzeuge mit Rührwerk oder Mischfahrzeuge für den Transport von Beton	Ausreichende Anweisung der Fahrer durch die Prüfstelle E	Einhalten der Bestimmungen von DIN 1045, Abschnitte 5.4.6, 9.3.2 und 9.4.3	Bei Inbetriebnahme, dann in angemessenen Zeitspannen

Tabelle 1 A. **Zusätzliche Prüfungen bei Leichtbeton zu Tabelle 1**

	1	2	3	4
	Gegenstand der Prüfung	Prüfungen	Anforderungen	Häufigkeit
2 a	Leichtzuschlag	Lieferschein	Bezeichnung, Nachweis der Güteüberwachung nach DIN 4226 Teil 2	Jede Lieferung
			Bei nicht ausreichend erprobtem Leichtzuschlag Nachweis der Prüfung und Beurteilung auf alkalilösliche Kieselsäure nach DIN 4226 Teil 3	Vor erstmaliger Verwendung
4 a		Schüttdichte	Einhalten der der Eignungsprüfung zugrunde liegenden Schüttdichte	Bei der ersten Lieferung, in angemessenen Zeitabständen, bei Wechsel des Herstellers
4 a		Feuchtigkeitsgehalt des Zuschlags nach den „Richtlinien für Leichtbeton und Stahlleichtbeton", Abschnitt 5	Berücksichtigung der gewichtsmäßigen Zugabe des Zuschlags und bei der Wasserzugabe	Bei jeder Lieferung des Zuschlags und in angemessenen Zeitabständen je nach Lagerung
9 a	Leichtbeton	Eignungsprüfung nach DIN 1045, Abschnitt 7.4.2. Zusätzlich sind das Konsistenzmaß und die Trockenrohdichte festzustellen („Richtlinien für Leichtbeton und Stahlleichtbeton", Abschnitt 4.2)	Die jeweils verlangten Betoneigenschaften müssen sicher erreicht sein.	Für jede Betonsorte vor Beginn der Herstellung; wenn sich die Ausgangsstoffe des Betons oder die Verhältnisse auf der Baustelle wesentlich ändern
9 a		Einfluß des Transports und Mischvorgangs auf die Eigenschaften nach den „Richtlinien für Leichtbeton und Stahlleichtbeton", Abschnitt 4.4.2	Einhalten der aufgrund der Eignungsprüfung festgelegten Druckfestigkeit, Trockenrohdichte und Verarbeitbarkeit	Vor erstmaliger Auslieferung und bei Wechsel des Leichtzuschlags
14 a	Festbeton	Druckfestigkeit nach DIN 1048 im Falle von Transportbeton an den bei der Übergabe des Betons entnommenen Proben	Nachweis der Druckfestigkeit nach DIN 1045, Abschnitt 7.4.3.5.2, oder nach DIN 1084 Teil 1 und Teil 2, Abschnitt 2.2.6	Auf der Baustelle: Für jede Betonsorte 2 Serien von je 3 Probekörpern je 500 m^3 bzw. je Geschoß im Hochbau bzw. je sieben Betoniertage
				Im Werk: 2 Serien von je 3 Probekörpern je 500 m^3 je Betonsorte bzw. alle 14 Betoniertage
15 a		Trockenrohdichte nach „Richtlinien für Leichtbeton und Stahlleichtbeton"	Einhalten der aufgrund der Eignungsprüfung festgelegten Trockenrohdichte – kein Einzelwert darf die festgelegte Trockenrohdichte überschreiten [7]), oder – bei 9 und mehr Prüfungen: Höchstens ein Wert darf die festgelegte Trockenrohdichte um höchstens 20% überschreiten, dabei darf kein Mittelwert von drei aufeinanderfolgenden Prüfungen die festgelegte Trockenrohdichte überschreiten, oder – bei statistischer Auswertung: Obere 5%-Fraktile der Trockenrohdichte-Prüfungen darf die festgelegte Trockenrohdichte nicht überschreiten.	Für jede Serie der Druckfestigkeitsprüfung eine Prüfung der Trockenrohdichte

7) **Hinweis:** Der Nachweis gilt als erbracht, wenn die Trockenrohdichte der Bruchstücke des Würfels mit der höchsten Rohdichte bei der Druckfestigkeitsprüfung aus der Prüfserie die festgelegte Trockenrohdichte nicht überschreitet.

Tabelle 1 B. **Zusätzliche Prüfungen bei Beton für Spannbeton zu Tabelle 1**

	1	2	3	4
	Gegenstand der Prüfung	Prüfungen	Anforderungen	Häufigkeit
1 b	Zement (bei Vorspannung mit sofortigem Verbund)	Lieferschein und Verpackungsaufdruck bzw. Silozettel (gegebenenfalls auch Plomben)	Nur Zemente der Festigkeitsklassen Z 45 und Z 55 sowie Portland- und Eisenportlandzement der Festigkeitsklasse Z 35 F dürfen verwendet werden.	Jede Lieferung
2 b	Betonzuschlag (bei Vorspannung mit sofortigem Verbund)	Lieferschein und andere Unterlagen	Es darf nur solcher Zuschlag verwendet werden, dessen Gehalt an wasserlöslichem Chlorid (berechnet als Chlor) 0,02 Gew.-% nicht überschreitet.	Jede Lieferung
5 b	Betonzusatzstoffe, soweit sie nicht DIN 4226 oder DIN 51 043 entsprechen	Lieferschein und Verpackungsaufdruck	Es dürfen nur solche Betonzusatzstoffe verwendet werden, deren Prüfbescheid (Prüfzeichen) die Anwendung für Spannbeton ausdrücklich gestattet.	Jede Lieferung
6 b	Betonzusatzmittel	Lieferschein und Verpackungsaufdruck	Es dürfen nur solche Betonzusatzmittel verwendet werden, deren Prüfbescheid (Prüfzeichen) die Anwendung für Spannbeton ausdrücklich gestattet.	Jede Lieferung
8 b	Zugabewasser	Chloridgehalt	Chloridgehalt darf 600 mg Cl je Liter nicht überschreiten	Sofern kein Leitungswasser verwendet wird – vor erstmaliger Verwendung – danach in angemessenen Zeitspannen

Anhang A
zu DIN 1084 Teil 3:
Muster eines Überwachungsberichtes

Anschrift der fremdüberwachenden Stelle

Überwachungsbericht

Nr

Unternehmen:

Werk:

Überwachungsvertrag vom / Befugnis zur Führung des Überwachungs-/Gütezeichens erteilt am:

Zuständige Betonprüfstelle E:

Datum der letzten Überprüfung:

Besondere Feststellungen:

Tag der Überprüfung:

Anwesende (Werkleiter oder Vertreter):

Probenahme laut Protokoll vom:

Ergebnis der Überwachung:

Bewertung der Aufzeichnungen nach DIN 1045, Ausgabe Dezember 1978, Abschnitte 5.4.5 und 5.2.2.8[8]):

Bewertung der Eigenüberwachung und der entsprechenden Kontrollen (Muster siehe Seite 9):

Vollständigkeit weiterer Unterlagen nach DIN 1045, Ausgabe Dezember 1978, Abschnitt 3.1[8]):

Gesamtbewertung der Überprüfung:

Datum, Unterschrift und Stempel der fremdüberwachenden Stelle

---

[8]) **Hinweis:** Bei Spannbeton auch nach DIN 4227 Teil 1.

Tabelle zum Überwachungsbericht Nr (Muster)

Ergebnisse der Eigenüberwachung und der entsprechenden Kontrollen der fremdüberwachenden Stelle

Betonsorte Nr
Festigkeitsklasse: B
Besondere Eigenschaften:
Probenahme laut Protokoll vom:

	1	2	3a	3b	4a	4b	5
	Gegenstand der Prüfung	Prüfung	Eigenüberwachung Anforderungen von DIN 1084 Teil 3, Tabelle 1 [9]), Spalte 3 und 4, erfüllt		Fremdüberwachung Anforderungen von DIN 1084 Teil 3, Abschnitt 3.3.2, und Tabelle 1 [9]), Spalte 3, erfüllt		Bemerkungen
			ja	nein	ja	nein	
	Ausgangsstoffe						
1	Bindemittel	Lieferschein Verpackungsaufdruck bzw. Silozettel					
2	Betonzuschlag	Lieferschein Zuschlagart Kornzusammensetzung Gesteinsbeschaffenheit Schädliche Bestandteile					
3	Betonzusatzstoffe	Lieferschein Verpackungsaufdruck Auffällige Veränderungen					
4	Betonzusatzmittel	Lieferschein Verpackungsaufdruck Auffällige Veränderungen					

Fortsetzung entsprechend DIN 1084 Teil 3, Tabelle 1.

[9]) **Hinweis:** Für Leichtbeton auch Tabelle 1 A; für Spannbeton auch Tabelle 1 B.

Portland-, Eisenportland-, Hochofen- und Traßzement
Begriffe, Bestandteile, Anforderungen, Lieferung

DIN 1164 Teil 1

Portland cement, Portland blast furnace cement, blast furnace slag cement and trass cement; Terminology, constituents, requirements, delivery

Ciment Portland, -Portland de fer, -de haut-fourneau, -au trass; définitions, constituants, exigences, livraison

Ersatz für Ausgabe 12.86

Normen über Zement und Prüfverfahren für Zement:

DIN 1164 Teil 1	Portland-, Eisenportland-, Hochofen- und Traßzement; Begriffe, Bestandteile, Anforderungen, Lieferung
DIN 1164 Teil 2	Portland-, Eisenportland-, Hochofen- und Traßzement; Überwachung (Güteüberwachung)
DIN 1164 Teil 8	Portland-, Eisenportland-, Hochofen- und Traßzement; Bestimmung der Hydratationswärme mit dem Lösungskalorimeter
DIN 1164 Teil 31	Portland-, Eisenportland-, Hochofen- und Traßzement; Bestimmung des Hüttensandanteils von Eisenportland- und Hochofenzement und des Traßanteils von Traßzement
DIN 1164 Teil 100	Zement; Portlandölschieferzement; Anforderungen, Prüfungen, Überwachung
DIN EN 196 Teil 1	Prüfverfahren für Zement; Bestimmung der Festigkeit; Deutsche Fassung EN 196-1 : 1987 (Stand 1989)
DIN EN 196 Teil 2	Prüfverfahren für Zement; Chemische Analyse von Zement; Deutsche Fassung EN 196-2 : 1987 (Stand 1989)
DIN EN 196 Teil 3	Prüfverfahren für Zement; Bestimmung der Erstarrungszeiten und der Raumbeständigkeit; Deutsche Fassung EN 196-3 : 1987
DIN EN 196 Teil 5	Prüfverfahren für Zement; Prüfung der Puzzolanität von Puzzolanzementen; Deutsche Fassung EN 196-5 : 1987
DIN EN 196 Teil 6	Prüfverfahren für Zement; Bestimmung der Mahlfeinheit; Deutsche Fassung EN 196-6 : 1989
DIN EN 196 Teil 7	Prüfverfahren für Zement; Verfahren für die Probenahme und Probenauswahl von Zement; Deutsche Fassung EN 196-7 : 1989
DIN EN 196 Teil 21	Prüfverfahren für Zement; Bestimmung des Chlorid-, Kohlenstoffdioxid- und Alkalianteils von Zement; Deutsche Fassung EN 196-21 : 1989

Darüber hinaus liegt die Vornorm

DIN V ENV 196 Teil 4	Prüfverfahren für Zement; Quantitative Bestimmung der Bestandteile; Deutsche Fassung ENV 196-4 : 1989

vor.

In dieser Norm bedeuten % bei Angabe von Gehalten Massenanteile in %.

Fortsetzung Seite 2 bis 6

Normenausschuß Bauwesen (NABau) im DIN Deutsches Institut für Normung e.V.

Inhalt

1 Begriffe

1.1 Zement

Zement ist ein feingemahlenes hydraulisches Bindemittel für Mörtel und Beton, das im wesentlichen aus Verbindungen von Calciumoxid mit Siliciumdioxid, Aluminiumoxid und Eisenoxid besteht, die durch Sintern oder Schmelzen entstanden sind. Zement erhärtet, mit Wasser angemacht, sowohl an der Luft als auch unter Wasser und bleibt unter Wasser fest; er muß raumbeständig sein und nach 28 Tagen eine Druckfestigkeit [1]) von mindestens 25 N/mm² erreichen (Prüfung nach DIN EN 196 Teil 1).

Als Zement nach DIN 1164 Teil 1 dürfen nur solche Zemente benannt werden, die den Festlegungen dieser Norm entsprechen. Zement darf nur in zweckdienlich eingerichteten, fachmännisch geleiteten und überwachten Werken hergestellt werden.

Für die Herstellung von Portlandzementklinker müssen die Rohstoffe im Rohmehl oder Rohschlamm fein aufgeteilt sowie innig gemischt sein und hierzu besonders aufbereitet werden. Bei der Herstellung von Eisenportland-, Hochofen- und Traßzement müssen Portlandzementklinker und Hüttensand bzw. Traß miteinander vermahlen [2]) werden.

1.2 Zementarten

Die Norm umfaßt folgende Zementarten:

Zementarten	Kennbuchstaben
Portlandzement	PZ
Eisenportlandzement	EPZ
Hochofenzement	HOZ
Traßzement	TrZ

Anmerkung: Portlandölschieferzement (PÖZ) ist in DIN 1164 Teil 100 genormt.

Zemente mit besonderen Eigenschaften (siehe Abschnitte 4.5 und 4.6) erhalten zusätzlich die folgenden Kennbuchstaben:

Zementarten	Kennbuchstaben
Zement mit niedriger Hydratationswärme	NW
Zement mit hohem Sulfatwiderstand	HS

1.3 Festigkeitsklassen

Die Zemente werden in Festigkeitsklassen nach Abschnitt 4.4 unterteilt. Als Kennzahl der Festigkeitsklasse gilt die Mindestdruckfestigkeit nach 28 Tagen, gegebenenfalls mit einem nachgestellten zusätzlichen Kennbuchstaben L bzw. F für die Art der Anfangserhärtung (siehe Tabelle 2).

2 Bestandteile des Zements

Hauptbestandteile sind Portlandzementklinker und gegebenenfalls Hüttensand bzw. Traß. Nebenbestandteil ist unter anderem das zur Regelung des Erstarrens zugesetzte Calciumsulfat in Form von Gipsstein $CaSO_4 \cdot 2\,H_2O$ und/oder Anhydrit $CaSO_4$.

2.1 Hauptbestandteile

2.1.1 Portlandzementklinker

Portlandzementklinker besteht hauptsächlich aus Calciumsilicaten. Er wird durch Brennen mindestens bis zur Sinterung [3]) einer jeweils genau festgelegten, fein aufgeteilten, homogenen Mischung von Rohstoffen (Rohmehl oder Rohschlamm) hergestellt, die zum größeren Teil

---

1) Durch die Höhe seiner Druckfestigkeit unterscheidet sich Zement von anderen hydraulischen Bindemitteln, z. B. von hydraulisch erhärtenden Kalken nach DIN 1060 Teil 1 und von Putz- und Mauerbindern nach DIN 4211.

2) Hierauf darf verzichtet werden, wenn die durch kontinuierliche Herstellung in großen Massenströmen und gemeinsames Vermahlen angestrebte hohe Vergleichmäßigung aller Zementeigenschaften durch andere adäquate, sachgerechte Mahl- und Homogenisierungsverfahren sichergestellt wird. Ein entsprechender Nachweis ist im Rahmen der Erstprüfung nach Abstimmung mit dem Fremdüberwacher gegenüber dem Institut für Bautechnik, Berlin, zu führen.

3) Der aus dem Werkbetrieb stammende Anteil an nicht gebrannten Stoffen wird durch die Festlegungen in den Abschnitten 2.2.1 und 2.2.2 begrenzt.

Calciumoxid CaO und Siliciumdioxid SiO_2 und zum geringeren Teil Aluminiumoxid Al_2O_3, Eisenoxid Fe_2O_3 und andere Oxide enthält.

2.1.2 Hüttensand (granulierte Hochofenschlacke)

Hüttensand ist in fein vermahlenem Zustand ein latent hydraulischer Stoff. Er wird aus der beim Eisenhüttenbetrieb anfallenden kalk-tonerde-silicatischen, feuerflüssigen Hochofenschlacke durch schnelles Abkühlen gewonnen. Seine Zusammensetzung in % muß folgender Formel entsprechen:

$$\frac{CaO + MgO + Al_2O_3}{SiO_2} \geq 1$$

2.1.3 Traß

Traß ist ein natürlicher, puzzolanischer Stoff; er muß DIN 51 043 entsprechen.

2.2 Glühverlust, Nebenbestandteile und Zusätze

2.2.1 Glühverlust und Kohlenstoffdioxid (CO_2)

Der Glühverlust von Portlandzement, Eisenportlandzement und Hochofenzement darf insgesamt 5,0 %, der von Traßzement insgesamt 7,0 % nicht überschreiten.

Der Gehalt an Kohlenstoffdioxid darf 2,5 % nicht überschreiten.

2.2.2 Unlöslicher Rückstand

Der nach DIN EN 196 Teil 2 ermittelte unlösliche Rückstand darf 3,0 % nicht überschreiten. Das gilt nicht für Traßzement.

2.2.3 Magnesiumoxid (MgO)

Bei Portlandzementklinker darf der Gehalt an MgO, bezogen auf den glühverlustfreien Portlandzementklinker, 5,0 % nicht überschreiten.

2.2.4 Sulfat (SO_3)

Der Sulfatgehalt (SO_3), bezogen auf den glühverlustfreien Zement, darf die in Tabelle 1 aufgeführten Werte nicht überschreiten.

Tabelle 1. **Höchstzulässiger SO_3-Gehalt der Zemente**

Zementart	Höchstzulässiger SO_3-Gehalt in % bei einer spezifischen Oberfläche [1]) der Zemente	
	von 2000 bis 4000 cm^2/g	über 4000 cm^2/g
Portlandzement Eisenportlandzement Traßzement	3,5	4,0
Hochofenzement mit 36 bis 70 % Hüttensand	4,0	
Hochofenzement mit mehr als 70 % Hüttensand	4,5	
[1]) Siehe Abschnitt 4.1		

2.2.5 Zusätze

Den Zementen nach Abschnitt 3 dürfen zur Verbesserung der physikalischen Eigenschaften bis zu 5 % anorganische mineralische Stoffe zugesetzt werden. Als solche Zusätze dürfen nur Hüttensand, Traß und/oder aus dem Werkbetrieb stammende, ungebrannte oder teilweise gebrannte Grundstoffe der Klinkerproduktion verwendet werden. Diese Zusätze müssen mit dem Zement gemeinsam vermahlen [2]) werden. Ihr Anteil wird durch die Festlegung in den Abschnitten 2.2.1 und 2.2.2 begrenzt.

Andere Zusätze dürfen 1 % nicht überschreiten. Alle Zusätze dürfen nachweislich die Korrosion der Bewehrung nicht fördern [4]).

Chloride dürfen dem Zement nicht zugesetzt werden, jedoch kann der Zement aus den Rohstoffen Spuren von Ghlorid enthalten. Insgesamt darf der Zement nicht mehr als 0,10 % Chlorid (Cl^-) enthalten.

2.3 Bestimmung der chemischen Zusammensetzung

Die Zusammensetzung für die Stoffe nach den Abschnitten 2.1 und 2.2 wird nach DIN EN 196 Teil 2 und Teil 21 bestimmt.

3 Zementarten [5])

3.1 Portlandzement PZ

Portlandzement wird hergestellt durch gemeinsames, werkmäßiges Feinmahlen [2]) von Portlandzementklinker unter Zusatz von Calciumsulfat und gegebenenfalls Zusätzen nach Abschnitt 2.2.5.

3.2 Eisenportland- und Hochofenzement

Eisenportland- und Hochofenzement werden hergestellt durch gemeinsames, werkmäßiges Feinmahlen [2]) von Portlandzementklinker und Hüttensand unter Zusatz von Calciumsulfat und gegebenenfalls Zusätzen nach Abschnitt 2.2.5.

3.2.1 Eisenportlandzement EPZ

Eisenportlandzement enthält 65 bis 94 % Portlandzementklinker und entsprechend 35 bis 6 % Hüttensand. Die Prozentangaben von Portlandzementklinker und Hüttensand beziehen sich auf das Gesamtgewicht von Portlandzementklinker und Hüttensand, einschließlich eines Zusatzes an Hüttensand nach Abschnitt 2.2.5.

3.2.2 Hochofenzement HOZ

Hochofenzement enthält 20 bis 64 % Portlandzementklinker und entsprechend 80 bis 36 % Hüttensand. Die Prozentangaben von Portlandzementklinker und Hüttensand beziehen sich auf das Gesamtgewicht von Portlandzementklinker und Hüttensand, ausschließlich eines Zusatzes an Hüttensand nach Abschnitt 2.2.5.

3.3 Traßzement TrZ

Traßzement wird hergestellt durch gemeinsames, werkmäßiges Feinmahlen [2]) von 60 bis 80 % Portlandzementklinker und entsprechend 40 bis 20 % Traß unter Zusatz von Calciumsulfat und gegebenenfalls Zusätzen nach Abschnitt 2.2.5. Die Prozentangaben von Portlandzementklinker und Traß beziehen sich auf das Gesamtgewicht von Portlandzementklinker und Traß, einschließlich eines Zusatzes an Traß nach Abschnitt 2.2.5.

3.4 Bestimmung der Zementart

Die Zementart (Abschnitte 3.1 bis 3.3), zu der ein Zement gehört, wird nach DIN 1164 Teil 31 bestimmt.

---

[2]) Siehe Seite 2

[4]) Prüfungen zum Nachweis hierfür dürfen nur von solchen Prüfstellen durchgeführt werden, die im Rahmen der Prüfzeichenerteilung für Betonzusatzmittel für diese Prüfungen bauaufsichtlich bestimmt sind.

[5]) Zemente mit besonderen Eigenschaften siehe Abschnitte 4.5 und 4.6.

4 Anforderungen

4.1 Mahlfeinheit

Bei der Prüfung nach DIN EN 196 Teil 6 darf der Zement auf dem Drahtsiebboden 0,2 nach DIN 4188 Teil 1 höchstens 3,0% Rückstand hinterlassen, seine spezifische Oberfläche nach dem Luftdurchlässigkeitsverfahren muß mindestens 2200 cm^2/g betragen. Für Sonderfälle darf auch ein Zement mit einer spezifischen Oberfläche von mindestens 2000 cm^2/g geliefert und verwendet werden.

4.2 Erstarren

Das Erstarren des Zements darf bei der Prüfung mit dem Nadelgerät nach DIN EN 196 Teil 3 frühestens 1 Stunde nach dem Anmachen beginnen und muß spätestens 12 Stunden nach dem Anmachen beendet sein.

4.3 Raumbeständigkeit

Zement muß raumbeständig sein. Er gilt als raumbeständig, wenn bei der Prüfung nach DIN EN 196 Teil 3 das Ausdehnungsmaß 10 mm nicht überschreitet.

4.4 Druckfestigkeit

Zement muß in einer Mörtelmischung aus 1,00 Massenanteil Zement + 3,00 Massenanteilen Normsand + 0,50 Massenanteilen Wasser nach dem Prüfverfahren nach DIN EN 196 Teil 1 folgende Festigkeitsbedingungen erfüllen (Mittel aus der Prüfung von 6 Prismenhälften):

Tabelle 2. **Festigkeitsklassen**

Festigkeitsklasse		Druckfestigkeit in N/mm^2 nach			
		2 Tagen	7 Tagen	28 Tagen	
		min.	min.	min.	max.
Z 25[1]		–	10	25	45
Z 35	L[2]	–	18	35	55
	F[2]	10	–		
Z 45	L[2]	10	–	45	65
	F[2]	20	–		
Z 55		30	–	55	–

[1]) Nur für Zement mit niedriger Hydratationswärme und/oder hohem Sulfatwiderstand (siehe Abschnitte 4.5 und 4.6).

[2]) Portlandzement, Eisenportlandzement, Hochofenzement und Traßzement mit langsamerer Anfangserhärtung erhalten die Zusatzbezeichnung L, solche mit höherer Anfangsfestigkeit die Zusatzbezeichnung F.

4.5 Hydratationswärme

Zement NW mit niedriger Hydratationswärme darf bei der Bestimmung nach dem Lösungswärme-Verfahren nach DIN 1164 Teil 8 in den ersten 7 Tagen eine Wärmemenge von höchstens 270 J je g Zement entwickeln.

4.6 Sulfatwiderstand

Als Zement HS mit hohem Sulfatwiderstand gelten:

4.6.1 Portlandzement mit einem rechnerischen Gehalt an Tricalciumaluminat C_3A[6]) von höchstens 3% und mit einem Gehalt an Aluminiumoxid Al_2O_3 von höchstens 5%,

4.6.2 Hochofenzement mit mindestens 70% Hüttensand und höchstens 30% Portlandzementklinker.

5 Bezeichnung

Bezeichnung eines Portlandzements (PZ) mit einer 28-Tage-Druckfestigkeit von mindestens 35 N/mm^2 und höchstens 55 N/mm^2 sowie mit einer Druckfestigkeit von mindestens 10 N/mm^2 nach 2 Tagen (F):

Zement DIN 1164 – PZ 35 F

Bezeichnung eines Hochofenzements (HOZ) mit einer 28-Tage-Druckfestigkeit von mindestens 25 N/mm^2 und höchstens 45 N/mm^2 sowie mit hohen Sulfatwiderstand (HS):

Zement DIN 1164 – HOZ 25 – HS

6 Lieferung

Zement darf nur in saubere und von Rückständen früherer Lieferungen freie Transportbehälter gefüllt werden. Er darf auch während des Transports nicht verunreinigt werden.

Säcke bzw. Lieferscheine müssen mit folgenden Angaben versehen sein (Reihenfolge der Kennbuchstaben und -zahlen nach Abschnitt 5):

Zementart: Portlandzement PZ, Eisenportlandzement EPZ, Hochofenzement HOZ, Traßzement TrZ

Festigkeitsklasse (in Kurzform): 25, 35 L, 35 F, 45 L, 45 F, 55 nach DIN 1164 Teil 1

Zusatzbezeichnung für besondere Eigenschaften:
NW für Zement mit niedriger Hydratationswärme
HS für Zement mit hohem Sulfatwiderstand

Lieferwerk und gegebenenfalls weitere Kennzeichnung

Kennzeichnung für die Überwachung

Gewicht: Brutto-Gewicht des Sackes[7]) oder Netto-Gewicht des losen Zements

Die Lieferscheine für losen Zement außerdem:
Tag und Stunde der Lieferung,
polizeiliches Kennzeichen des Fahrzeugs,
Auftraggeber, Auftragsnummer und Empfänger.

Säcke müssen farbig nach Tabelle 3 gekennzeichnet sein.

Jeder Lieferung von losem Zement ist außer dem Lieferschein ein farbiges, witterungsfestes Blatt (Format A5 nach DIN 476, Farbe von Blatt und Aufdruck nach Tabelle 3) zum Anheften am Silo mitzugeben, das folgende Angaben enthalten muß:

Zementart (Kurzzeichen), Festigkeitsklasse, gegebenenfalls Zusatzbezeichnung für besondere Eigenschaften, Lieferwerk, Zeichen der Überwachung, Datumstempel des Liefertages.

Tabelle 3. **Kennfarben für die Festigkeitsklassen**

Festigkeitsklasse	Kennfarbe	Farbe des Aufdrucks
Z 25	violett	schwarz
Z 35 L	hellbraun	schwarz
Z 35 F		rot
Z 45 L	grün	schwarz
Z 45 F		rot
Z 55	rot	schwarz

[6]) Der Gehalt an Tricalciumaluminat wird aus der chemischen Analyse nach der Formel

$$C_3A = 2{,}65 \cdot Al_2O_3 - 1{,}69 \cdot Fe_2O_3$$

errechnet (Angaben in %). Al_2O_3 wird als Differenz durch Abzug von Fe_2O_3 von der Summe der Sesquioxide bestimmt.

[7]) Das Brutto-Gewicht eines gefüllten Zementsackes beträgt 50 kg. In technischer Hinsicht, z. B. bei der Nutzung des angegebenen Sackgewichts als Abmeßgröße, können Abweichungen von diesem Bruttogewicht bis zu 2% nicht beanstandet werden.

7 Überwachung (Güteüberwachung)

Die Einhaltung der nach den Abschnitten 2, 3 und 4 geforderten Zusammensetzungen und Eigenschaften des Zements ist durch Eigen- und Fremdüberwachung (Überwachung nach DIN 1164 Teil 2) nachzuprüfen. Die Durchführung der Überwachung und die Kennzeichnung überwachter Zemente richtet sich nach DIN 1164 Teil 2 und den zugehörigen „Ergänzenden Richtlinien für die Überwachung (Güteüberwachung) von Zement nach DIN 1164".

Zitierte Normen und andere Unterlagen

DIN 476	Papier-Endformate
DIN 1060 Teil 1	Baukalk; Begriffe, Anforderungen, Lieferung, Überwachung
DIN 1164 Teil 2	Portland-, Eisenportland-, Hochofen- und Traßzement; Überwachung (Güteüberwachung)
DIN 1164 Teil 8	Portland-, Eisenportland-, Hochofen- und Traßzement; Bestimmung der Hydratationswärme mit dem Lösungskalorimeter
DIN 1164 Teil 31	Portland-, Eisenportland-, Hochofen- und Traßzement; Bestimmung des Hüttensandanteils von Eisenportland- und Hochofenzement und des Traßanteils von Traßzement
DIN 1164 Teil 100	Zement; Portlandölschieferzement; Anforderungen, Prüfungen, Überwachung
DIN 4188 Teil 1	Siebböden; Drahtsiebböden für Analysensiebe; Maße
DIN 4211	Putz- und Mauerbinder; Begriff, Anforderungen, Prüfungen, Überwachung
DIN 51 043	Traß; Anforderungen, Prüfung
DIN EN 196 Teil 1	Prüfverfahren für Zement; Bestimmung der Festigkeit; Deutsche Fassung EN 196-1 : 1987 (Stand 1989)
DIN EN 196 Teil 2	Prüfverfahren für Zement; Chemische Analyse von Zement; Deutsche Fassung EN 196-2 : 1987 (Stand 1989)
DIN EN 196 Teil 3	Prüfverfahren für Zement; Bestimmung der Erstarrungszeiten und der Raumbeständigkeit; Deutsche Fassung EN 196-3 : 1987
DIN EN 196 Teil 6	Prüfverfahren für Zement; Bestimmung der Mahlfeinheit; Deutsche Fassung EN 196-6 : 1989
DIN EN 196 Teil 21	Prüfverfahren für Zement; Bestimmung des Chlorid-, Kohlenstoffdioxid- und Alkalianteils von Zement; Deutsche Fassung EN 196-21 : 1989

Ergänzende Richtlinien für die Überwachung (Güteüberwachung) von Zement nach DIN 1164, Fassung September 1981 [8])

Frühere Ausgaben

DIN 1165: 08.39;
DIN 1166: 10.39;
DIN 1167: 08.40x, 07.59;
DIN 1164: 04.32, 07.42x, 12.58;
DIN 1164 Teil 1: 06.70, 11.78, 12.86

Änderungen

Gegenüber der Ausgabe Dezember 1986 wurden folgende Änderungen vorgenommen:

- Verweis auf die Normen der Reihe DIN EN 196 „Prüfverfahren für Zement"
- Ersatz der Anforderung für Raumbeständigkeit durch das Ausdehnungsmaß bei der Prüfung nach DIN EN 196 Teil 3

---

[8]) Zu beziehen durch: Beuth Verlag GmbH, Postfach 11 45, 1000 Berlin 30.

Erläuterungen

Der Ersatz bisheriger Normen für Prüfverfahren folgt nachstehender Aufstellung:

DIN EN 196 Teil 1	Prüfverfahren für Zement; Bestimmung der Festigkeit	ersetzt	DIN 1164 Teil 7	Portland-, Eisenportland-, Hochofen- und Traßzement; Bestimmung der Festigkeit
DIN EN 196 Teil 2	Prüfverfahren für Zement; Chemische Analyse von Zement	ersetzen	DIN 1164 Teil 3	Portland-, Eisenportland-, Hochofen- und Traßzement; Bestimmung der Zusammensetzung
DIN 1164 Teil 31	Portland-, Eisenportland-, Hochofen- und Traßzement; Bestimmung des Hüttensandanteils von Eisenportland- und Hochofenzement und des Traßanteils von Traßzement			
DIN EN 196 Teil 21	Prüfverfahren für Zement; Bestimmung des Chlorid-, Kohlenstoffdioxid- und Alkalianteils von Zement			
DIN EN 196 Teil 3	Prüfverfahren für Zement; Bestimmung von Erstarrungszeiten und der Raumbeständigkeit	ersetzt	DIN 1164 Teil 5	Portland-, Eisenportland-, Hochofen- und Traßzement; Bestimmung der Erstarrungszeiten mit dem Nadelgerät
			DIN 1164 Teil 6	Portland-, Eisenportland-, Hochofen- und Traßzement; Bestimmung der Raumbeständigkeit mit dem Kochversuch
DIN EN 196 Teil 6	Prüfverfahren für Zement; Bestimmung der Mahlfeinheit	ersetzt	DIN 1164 Teil 4	Portland-, Eisenportland-, Hochofen- und Traßzement; Bestimmung der Mahlfeinheit

Internationale Patentklassifikation

C 04 B 7/00
G 01 B
G 01 L
G 01 N 33/38

DK 666.94 : 691.5 : 001.4

Entwurf Juli 1993

Zement

Zusammensetzung, Anforderungen

DIN 1164 Teil 1

Cement;
Composition, specifications

Ciment;
Composition, spécifications

Einsprüche bis 31. Okt 1993

Anwendungswarnvermerk auf der letzten Seite beachten!

Vorgesehen als Ersatz für Ausgabe 03.90 und DIN 1164 T 100/03.90

Inhalt

Fortsetzung Seite 2 bis 10

Normenausschuß Bauwesen (NABau) im DIN Deutsches Institut für Normung e.V.

Vorwort

Der Arbeitsausschuß "Zement" des Normenausschusses Bauwesen (NABau) hat die derzeit gültigen Zementnormen DIN 1164 Teil 1/03.90 und DIN 1164 Teil 100/03.90 überarbeitet, weil inzwischen eine Europäische Vornorm für Zement von CEN/TC 51 ausgearbeitet und 1992 als ENV 197-1 von den CEN-Mitgliedern angenommen worden ist. Diese Europäische Vornorm ist als DIN V ENV 197 Teil 1/12.92 veröffentlicht worden; sie ersetzt jedoch nicht die Deutschen Normen für Zement DIN 1164 Teil 1 und DIN 1164 Teil 100.

In diesem Norm-Entwurf DIN 1164 Teil 1 sind die Festlegungen der ENV 197-1 weitgehend und wortgetreu mit der Einschränkung übernommen worden, daß der in der Bundesrepublik Deutschland vorliegende Erfahrungsbereich nicht wesentlich überschritten wurde. So wurden nur diejenigen Bestandteile und Zementarten (Zusammensetzung) entsprechend der Unterteilung und Bezeichnung der ENV 197-1 übernommen, die bisher genormt (DIN 1164 Teil 1 und Teil 100) oder bauaufsichtlich zugelassen waren. Von der derzeit gültigen Norm DIN 1164 Teil 1/03.90 sind die Anforderungen an Zemente mit hohem Sulfatwiderstand oder mit niedriger Hydratationswärme weitgehend übernommen worden, weil es hierfür noch keine europäischen Normen oder anderweitigen Regelungen gibt.

Für die Güteüberwachung und Zertifizierung der Zemente gelten weiterhin sinngemäß die Regelungen der DIN 1164 Teil 2 und der "Ergänzenden Richtlinie für die Überwachung (Güteüberwachung) von Zement nach DIN 1164"; eine Überarbeitung dieser Regelungen, bei der auch die sich abzeichnenden europäischen Regelungen berücksichtigt werden, ist eingeleitet worden.

Die in diesem Norm-Entwurf definierten Zemente ermöglichen eine sachgerechte Herstellung von Beton gemäß DIN 1045 und ENV 206. Der Norm-Entwurf liefert ausreichende Informationen, um Festlegungen über die notwendige Zusammensetzung von dauerhaftem Beton bzw. von Beton mit besonderen Eigenschaften treffen zu können.

1 Anwendungsbereich

Diese Norm enthält Anforderungen an die Eigenschaften von Bestandteilen von Zement sowie Angaben über die Zusammensetzung der Anteile, die erforderlich sind, um entsprechende Zementarten und -klassen herzustellen. Sie beinhaltet ferner Festlegungen der mechanischen, physikalischen und chemischen Anforderungen an diese Arten und Klassen.

2 Normative Verweisungen

Diese Norm enthält durch datierte oder undatierte Verweisungen Festlegungen aus anderen Publikationen. Diese normativen Verweisungen sind an den jeweiligen Stellen in Text zitiert und die Publikationen sind nachstehend aufgeführt. Bei starren Verweisungen gehören spätere Änderungen oder Überarbeitungen dieser Publikationen nur zu dieser Norm, falls sie durch Änderung oder Überarbeitung eingearbeitet sind. Bei undatierten Verweisungen gilt die letze Ausgabe der in Bezug genommenen Publikation.

DIN 1060 Teil 1	Baukalk; Begriffe, Anforderungen, Lieferung, Überwachung
DIN 1164 Teil 2	Zement; Überwachung (Güteüberwachung)
DIN 1164 Teil 8	Portland-, Eisenportland-, Hochofen- und Traßzement; Bestimmung der Hydratationswärme mit dem Lösungskalorimeter
DIN 4211	Putz- und Mauerbinder; Begriff, Anforderungen, Prüfungen, Überwachung
DIN 51 043	Traß; Anforderungen, Prüfung
DIN EN 196 Teil 1	Prüfverfahren für Zement; Bestimmung der Festigkeit; Deutsche Fassung EN 196-1:1987 (Stand 1989)
DIN EN 196 Teil 2	Prüfverfahren für Zement; Chemische Analyse von Zement; Deutsche Fassung EN 196-2:1987 (Stand 1989)
DIN EN 196 Teil 3	Prüfverfahren für Zement; Bestimmung der Erstarrungszeiten und der Raumbeständigkeit; Deutsche Fassung EN 196-3:1987
DIN V ENV 196 Teil 4	Prüfverfahren für Zement; Quantitative Bestimmung der Bestandteile; Deutsche Fassung ENV 196-4:1989
DIN EN 196 Teil 6	Prüfverfahren für Zement; Bestimmung der Mahlfeinheit; Deutsche Fassung EN 196-6:1989
DIN EN 196 Teil 7	Prüfverfahren für Zement; Verfahren für die Probenahme und Probenauswahl von Zement; Deutsche Fassung EN 196-7:1989
DIN EN 196 Teil 21	Prüfverfahren für Zement; Bestimmung des Chlorid-, Kohlenstoff- und Alkalianteils von Zement; Deutsche Fassung EN 196-21:1989
DIN V ENV 197 Teil 1	Zement; Zusammensetzung, Anforderungen und Konformitätskriterien; Teil 1: Allgemein gebräuchlicher Zement; Deutsche Fassung ENV 197-1:1992

Ergänzende Richtlinien für die Überwachung (Güteüberwachung) von Zement nach DIN 1164, Fassung September 1981[1])

AFNOR P 18-592	Granulates - Essai au bleu de méthylène[1]) (Granulate - Methylenblauprüfverfahren)
ZEMENT-KALK-GIPS 43	(1990), Nr. 8, S. 409 - 412: Procedures for the determination of total carbon content (TOC) in limestone (Verfahren zur Bestimmung des Gesamtgehalts an organischem Kohlenstoff (TOC) in Kalkstein)

[1]) Zu beziehen durch Beuth-Verlag GmbH Postfach 11 45, 1000 Berlin 30.

3 Zement

Zement ist ein hydraulisches Bindemittel, das heißt, ein anorganischer fein gemahlener Stoff, der, mit Wasser angemacht, Zementleim ergibt, welcher durch Hydratation erstarrt und erhärtet und nach dem Erhärten auch unter Wasser fest und raumbeständig bleibt.

Zement nach dieser Norm muß bei entsprechender Dosierung und nach entsprechendem Mischen mit Zuschlag und Wasser Beton oder Mörtel ergeben, der ausreichend lange verarbeitbar und nach einer bestimmten Zeit ein festgelegtes Festigkeitsniveau erreichen und langfristig raumbeständig sein muß.

Die hydraulische Erhärtung von Zement nach dieser Norm beruht vorwiegend auf der Hydratation von Calciumsilicaten[2]), jedoch können auch andere chemische Verbindungen an der Erhärtung beteiligt sein, wie z. B. Aluminate. Der Massenanteil an reaktionsfähigen Calciumoxid (CaO)[3]) und Siliciumdioxid (SiO_2)[4]) muß in Zementen nach dieser Norm mindestens 50 % betragen.

Zement besteht aus einzelnen kleinen Körnern verschiedener Stoffe, jedoch müssen sie hinsichtlich ihrer Zusammensetzung statistisch betrachtet homogen sein. Eine hohe Vergleichmäßigung aller Zementeigenschaften muß durch eine kontinuierliche Herstellung in großen Massenströmen, insbesondere durch adäquate Mahl- und Homogenisierungsverfahren, erzielt werden. Qualifiziertes und ausgebildetes Personal sowie Einrichtungen für Prüfung, Bewertung und Steuerung der Produktionsqualität sind für die Herstellung von Zementen nach dieser Norm unerläßlich.

Bei der Zementherstellung und ihrer Steuerung muß sichergestellt sein, daß die Zusammensetzung der Zemente den Grenzen, die in dieser Norm festgelegt sind, entspricht.

4 Bestandteile

4.1 Portlandzementklinker (K)

Portlandzementklinker ist ein hydraulischer Stoff, der nach Massenanteilen zu mindestens zwei Dritteln aus Calciumsilicaten ($(CaO)_3 \times SiO_2$ und $(CaO)_2 \times SiO_2$) bestehen muß. Der Rest enthält Aluminiumoxid (Al_2O_3), Eisenoxid (Fe_2O_3) und andere Verbindungen. Das Massenverhältnis (CaO)/(SiO_2) muß mindestens 2,0 betragen. Der Massenanteil an Magnesiumoxid (MgO) darf 5,0 % nicht überschreiten.

Portlandzementklinker wird durch Brennen mindestens bis zur Sinterung einer genau festgelegten Rohstoffmischung (Rohmehl, Paste oder Rohschlamm) hergestellt, die CaO, SiO_2, Al_2O_3, Fe_2O_3 und geringe Mengen anderer Stoffe enthält. Rohmehl, Paste oder Rohschlamm müssen fein aufgeteilt, innig gemischt und dadurch homogen sein.

4.2 Hüttensand (granulierte Hochofenschlacke) (S)

Hüttensand ist ein latent hydraulischer Stoff, das heißt er weist bei geeigneter Anregung hydraulische Eigenschaften auf. Er muß nach Massenanteilen mindestens zwei Drittel glasig erstarrte Schlacke enthalten. Der Hüttensand muß nach Massenanteilen zu mindestens zwei Dritteln aus CaO, MgO und SiO_2 bestehen. Der Rest enthält Al_2O_3 und geringe Anteile anderer Verbindungen. Das Massenverhältnis (CaO + MgO)/ (SiO_2) muß größer als 1,0 sein.

Hüttensand wird durch schnelles Abkühlen einer Schlackenschmelze geeigneter Zusammensetzung hergestellt, die im Hochofen beim Schmelzen von Eisenerz anfällt.

4.3 Puzzolan

4.3.1 Allgemeines

Puzzolane sind natürliche oder industrielle Stoffe, kieselsäurereich oder alumo-silikatisch, oder eine Kombination davon. Obwohl Flugasche puzzolanische Eigenschaften aufweist, wird sie in einem gesonderten Abschnitt (siehe 4.4) behandelt.

Puzzolane erhärten nach dem Anmachen mit Wasser nicht selbständig, sondern reagieren, fein gemahlen und in Gegenwart von Wasser bei üblicher Umgebungstemperatur mit gelöstem Calciumhydroxid ($Ca(OH)_2$) unter Entstehung von festigkeitsbildenden Calciumsilicat- und Calciumaluminatverbindungen. Diese Verbindungen sind denen ähnlich, die bei der Erhärtung hydraulischer Stoffe entstehen. Puzzolane müssen im wesentlichen aus reaktionsfähigem SiO_2[4]) und Al_2O_3 bestehen; der Rest enthält Fe_2O_3 und andere Verbindungen. Der Anteil an reaktionsfähigem CaO[3]) ist unbedeutend. Der Massenanteil an reaktionsfähigem SiO_2 muß mindestens 25 % betragen.

---

[2]) Es gibt auch Zemente, deren Erhärtung überwiegend auf andere Verbindungen zurückzuführen ist, wie z. B. Calciumaluminate in Tonerdezement.

[3]) Als reaktionsfähiges Calciumoxid (CaO) wird nur der Anteil an CaO angesehen, der unter normalen Erhärtungsbedingungen Calciumsilicathydrate bzw. Calciumaluminathydrate bilden kann. Hierfür wird vom Gesamtanteil des CaO derjenige Anteil abgezogen, der anhand des gemessenen Kohlenstoffdioxid(CO_2)-Anteils als Calciumcarbonat ($CaCO_3$) und anhand des gemessenen Schwefeltrioxid(SO_3)-Anteils als Calciumsulfat ($CaSO_4$) errechnet wird, ohne Berücksichtigung des durch Alkalien gebundenen SO_3.

[4]) Reaktionsfähiges Siliciumoxid (SiO_2) ist als der Anteil des Gesamtanteils an SiO_2 definiert, der nach dem Aufschluß in Salzsäure (HCl) beim Sieden in Kaliumhydroxid(KOH)-Lösung in Lösung geht. Der Anteil an reaktionsfähigem SiO_2 wird bestimmt durch Subtraktion des SiO_2, das im unlöslichen Rückstand (siehe DIN EN 196 Teil 2 Abschnitt 10) enthalten ist, vom Gesamt-SiO_2 (siehe DIN EN 196 Teil 2, 13.9), beide im Trockenzustand.

Puzzolane müssen für eine Verwendung als Bestandteile von Zement sachgerecht aufbereitet sein, das heißt, sie müssen je nach Gewinnungs- bzw. Anlieferungszustand ausgewählt, homogenisiert, getrocknet und zerkleinert sein.

4.3.2 Natürliches Puzzolan (P)

Natürliche Puzzolane sind im allgemeinen Stoffe vulkanischen Ursprungs oder Sedimentgestein mit geeigneter chemisch-mineralogischer Zusammensetzung und müssen 4.3.1 entsprechen.

Zu den natürlichen Puzzolanen gehört Traß nach DIN 51 043.

4.4 Flugasche

4.4.1 Allgemeines

Flugasche kann ihrer Natur nach sowohl alumo-silikatisch als auch silikatisch-kalkhaltig sein. Erstere weist puzzolanische Eigenschaften auf; letztere kann zusätzlich hydraulische Eigenschaften aufweisen. Der Glühverlust von Flugasche darf höchstens 5,0 % betragen.

Flugasche erhält man durch die elektrostatische oder mechanische Abscheidung von staubartigen Partikeln aus Rauchgasen von Feuerungen, die mit feingemahlener Kohle befeuert werden. Asche, die durch andere Verfahren erhalten wird, darf in Zement nach dieser Norm nicht verwendet werden.

4.4.2 Kieselsäurereiche Flugasche (V)

Kieselsäurereiche Flugasche ist ein feinkörniger Staub, hauptsächlich aus kugeligen glasigen Partikeln mit puzzolanischen Eigenschaften. Sie muß im wesentlichen aus reaktionsfähigem SiO_2[4]) und Al_2O_3 bestehen. Der Rest enthält Fe_2O_3 und andere Verbindungen. Der Massenanteil an reaktionsfähigem CaO[3]) muß unter 5 % liegen. Der Massenanteil an reaktionsfähigem SiO_2 muß bei der Flugasche nach dieser Norm mindestens 25 % betragen.

4.5 Gebrannter Schiefer (T)

Gebrannter Schiefer, insbesondere gebrannter Ölschiefer, wird in einem speziellen Ofen bei Temperaturen von etwa 800 °C hergestellt. Aufgrund der Zusammensetzung des natürlichen Ausgangsmaterials und des Herstellungsverfahrens enthält gebrannter Schiefer Klinkerphasen, vor allem Dicalciumsilikat und Monocalciumaluminat sowie neben geringen Mengen an freiem CaO und Calciumsulfat[5]) größere Anteile an puzzolanisch reagierenden Oxiden, insbesondere SiO_2. Dementsprechend weist gebrannter Schiefer in feingemahlenem Zustand ausgeprägte hydraulische Eigenschaften wie Portlandzement und daneben puzzolanische Eigenschaften auf.

Feingemahlener gebrannter Schiefer muß - bei Prüfung nach DIN EN 196 Teil 1, mit der in [6]) beschriebenen Ausnahme - nach 28 Tagen eine Druckfestigkeit von mindestens 25,0 N/mm² erreichen.

Das Dehnungsmaß von gebranntem Schiefer muß unter 10 mm liegen, bei Prüfung nach DIN EN 196 Teil 3 unter Verwendung einer Mischung von 30 % fein gemahlenem gebranntem Schiefer und 70 % Referenz-Zement[7]), ausgedrückt als Massenanteil.

4.6 Kalkstein (L)

Zusätzlich zu den Anforderungen nach 4.7 muß Kalkstein, wenn sein Massenanteil mehr als 5 % beträgt, das heißt ein Hauptbestandteil ist, folgende Anforderungen erfüllen:

Kalksteingehalt:	$CaCO_3 \geq 75$ % (ausgedrückt als Massenanteil)
Tongehalt:	Methylenblau-Adsorption[8]) $\leq 1{,}20$ g/100 g
Anteil an organischen Bestandteilen (TOC)[9]):	$\leq 0{,}20$ % (ausgedrückt als Massenanteil)

4.7 Füller (F)

Füller sind besonders ausgewählte, natürliche oder künstliche anorganische mineralische Stoffe, die nach entsprechender Aufbereitung aufgrund ihrer Korngrößenverteilung die physikalischen Eigenschaften von Zement (z. B. Verarbeitbarkeit oder Wasserrückhaltevermögen) verbessern. Sie können inert sein oder schwach ausgeprägt hydraulische, latent hydraulische oder puzzolanische Eigenschaften aufweisen. Diesbezüglich werden jedoch keine Anforderungen an sie gestellt.

---

[3]) Siehe Seite 3.

[4]) Siehe Seite 3.

[5]) Überschreitet der SO_3-Gehalt des gebrannten Schiefers den für Zement zulässigen oberen Grenzwert, so ist dies bei der Zementherstellung durch eine Reduzierung der calciumsulfathaltigen Bestandteile entsprechend zu berücksichtigen.

[6]) Der Mörtel ist nur mit fein gemahlenem gebranntem Schiefer anstelle von Zement herzustellen. Die Mörtelprismen sind 48 h nach der Herstellung zu entschalen und bis zur Prüfung bei einer relativen Luftfeuchte von mindestens 90 % zu lagern.

[7]) Referenz-Zement: Ausgewählter Portlandzement Typ I.

[8]) Das Verfahren zur Bestimmung der Methylenblau-Adsorption ist im einzelnen in der französischen experimentellen Norm AFNOR P 18-592 "Granulate; Methylenblau-Verfahren", Dezember 1990, beschrieben. Für diese Prüfung muß der Kalkstein auf eine Mahlfeinheit von etwa 5 000 cm²/g (spezifische Oberfläche nach DIN EN 196 Teil 6) gemahlen werden.

[9]) Das von einer Arbeitsgruppe der European Cement Association (CEMBUREAU) erarbeitete Verfahren zur Bestimmung des Gesamtanteils an organischem Kohlenstoff (TOC = Total Organic Carbon) im Kalkstein ist veröffentlicht in der Zeitschrift ZEMENT-KALK-GIPS 43 (1990), Nr. 8, S. 409-412.

Füller müssen sachgerecht aufbereitet sein, das heißt, sie müssen je nach Gewinnungs- oder Anlieferungszustand ausgewählt, homogenisiert, getrocknet und zerkleinert sein. Sie dürfen den Wasserbedarf von Zement nicht wesentlich erhöhen sowie die Beständigkeit des Betons oder Mörtels in keiner Weise beeinträchtigen oder den Korrosionsschutz der Bewehrung herabsetzen.

4.8 Calciumsulfat

Calciumsulfat wird den anderen Bestandteilen des Zements bei seiner Herstellung in geringen Mengen zur Regelung des Erstarrungsverhaltens zugegeben. Calciumsulfat kann Gips (Calciumsulfatdihydrat $CaSO_4 \times 2\ H_2O$), Halbhydrat ($CaSO_4 \times 1/2\ H_2O$) oder Anhydrit (kristallwasserfreies Calciumsulfat $CaSO_4$) oder eine Mischung davon sein. Gips und Anhydrit sind als natürliche Stoffe vorhanden. Calciumsulfat fällt auch bei bestimmten industriellen Verfahren an.

4.9 Zementzusatzmittel

Im Sinne dieser Norm sind Zementzusatzmittel in 4.1 bis 4.8 nicht erfaßte Bestandteile, die zur Verbesserung der Herstellung oder der Eigenschaften von Zement verwendet werden, z. B. Mahlhilfsmittel. Die Gesamtmenge dieser Zusatzmittel sollte einen Massenanteil von 1 %, bezogen auf den Zement, nicht überschreiten. Sofern dieser Wert überschritten wird, ist der genaue Wert auf der Verpackung und/oder dem Lieferschein anzugeben.

Diese Zusatzmittel dürfen nicht die Korrosion der Bewehrung fördern oder die Eigenschaften des Zements oder des mit dem Zement hergestellten Betons oder Mörtels nachteilig beeinflussen.

5 Zementarten, Zusammensetzung und Normbezeichnung

5.1 Zementarten

Zemente nach dieser Norm sind in die folgenden drei Hauptarten unterteilt (siehe Tabelle 1):

I Portlandzement

II Portlandkompositzement

III Hochofenzement

5.2 Zusammensetzung

Die Zusammensetzung der Zementarten muß mit den Festlegungen in Tabelle 1 übereinstimmen.

ANMERKUNG:
Der Eindeutigkeit halber sind Calciumsulfat (4.8) und Zementzusatzmittel (4.9) nicht berücksichtigt. Der gebrauchsfertige Zement besteht aus den Haupt- und Nebenbestandteilen, dem erforderlichen Calciumsulfat und den verwendeten Zementzusatzmitteln.

5.3 Normbezeichnung

Zemente (CEM) sind mindestens nach der Zementart (siehe Tabelle 1) und dem Zahlenwert für die Normfestigkeitsklasse (siehe 6.1.1) zu kennzeichnen. Wenn angegeben werden soll, daß der Zement eine hohe Anfangsfestigkeit aufweist, ist der Buchstabe R anzufügen (siehe 6.1.2).

BEISPIEL 1:
Portlandzement der Festigkeitsklasse 42,5 mit hoher Anfangsfestigkeit nach dieser Norm:

Zement DIN 1164 CEM I 42,5 R

BEISPIEL 2:
Portlandhüttenzement A-S der Festigkeitsklasse 32,5 mit üblicher Anfangsfestigkeit nach dieser Norm:

Zement DIN 1164 CEM II/A-S 32,5

Zemente mit besonderen Eigenschaften (siehe 6.5 und 6.6) erhalten zusätzlich die folgenden Kennbuchstaben:

	Kennbuchstabe
Zement mit niedriger Hydratationswärme	NW
Zement mit hohem Sulfatwiderstand	HS

6 Anforderungen

6.1 Festigkeit

6.1.1 Normfestigkeit

Die Normfestigkeit von Zement ist die 28-Tage-Druckfestigkeit, bestimmt nach DIN EN 196 Teil 1. Sie muß den Anforderungen der Tabelle 2 genügen.

Es werden drei Festigkeitsklassen unterschieden: Klasse 32,5, Klasse 42,5 und Klasse 52,5 (siehe Tabelle 2).

Die Kennzeichnung eines Zements nach seiner Normfestigkeit muß durch die Zahlen 32,5, 42,5 bzw. 52,5 in der Normbezeichnung der Zementart (siehe 5.3) angegeben werden.

6.1.2 Anfangsfestigkeit

Die Anfangsfestigkeit von Zement ist die Druckfestigkeit nach 2 Tagen oder 7 Tagen, bestimmt nach DIN EN 196 Teil 1. Sie muß den Anforderungen der Tabelle 2 genügen.

Für jede Klasse der Normfestigkeit sind zwei Klassen für die Anfangsfestigkeit definiert, eine Klasse mit üblicher Anfangsfestigkeit und eine Klasse mit hoher Anfangsfestigkeit, gekennzeichnet mit R (siehe Tabelle 2).

6.2 Erstarrungsbeginn

Der nach DIN EN 196 Teil 3 ermittelte Erstarrungsbeginn muß für alle Zementarten und Festigkeitsklassen die Anforderungen der Tabelle 2 erfüllen.

6.3 Raumbeständigkeit

Das nach DIN EN 196 Teil 3 ermittelte Dehnungsmaß muß für alle Zementarten und Festigkeitsklassen die Anforderung der Tabelle 2 erfüllen.

.4 Chemische Anforderungen

ie Eigenschaften der Zemente der Zementart und Fe-
tigkeitsklasse in den Spalten 3 bzw. 4 von Tabel-
e 3 müssen bei Prüfung nach den in Spalte 2 ange-
ebenen Normen den in Spalte 5 dieser Tabelle ge-
orderten Werten entsprechen.

.5 Hydratationswärme

ement NW mit niedriger Hydratationswärme darf bei
er Bestimmung nach dem Lösungswärme-Verfahren nach
IN 1164 Teil 8 in den ersten 7 Tagen eine Wärme-
enge von höchstens 270 J je g Zement entwickeln.

.6 Sulfatwiderstand

ls Zement HS mit hohem Sulfatwiderstand gelten:

.6.1 Portlandzement mit einem rechnerischen Ge-
alt Tricalciumaluminat C_3A[10]) von höchstens 3 %
nd mit einem Gehalt an Aluminiumoxid Al_2O_3 von
öchstens 5 %.

.6.2 Hochofenzement CEM III/B

Lieferung

ement darf nur in saubere und von Rückständen frü-
erer Lieferungen freie Transportbehälter gefüllt
erden. Er darf auch während des Transports nicht
erunreinigt werden.

äcke bzw. Lieferscheine müssen mit folgenden Anga-
en versehen sein (Reihenfolge der Kennbuchstaben
nd -zahlen nach Abschnitt 5.3):

ementart: Zum Beispiel Portlandzement CEM I, Port-
andhüttenzement CEM II/B-S, Hochofenzement
EM III/A nach DIN 1164 Teil 1

Festigkeitsklasse (in Kurzform): 32,5; 32,5 R;
42,5; 42,5 R; 52,5; 52,5 R nach DIN 1164 Teil 1

Zusatzbezeichnungen für besondere Eigenschaften:

NW für Zement mit niedriger Hydratationswärme
nach DIN 1164 Teil 1
HS für Zement mit hohem Sulfatwiderstand
nach DIN 1164 Teil 1

Lieferwerk und gegebenenfalls weitere Kennzeichnung

Kennzeichnung für die Überwachung

Gewicht: Brutto-Gewicht des Sackes[11]) oder Netto-Gewicht des losen Zements

Die Lieferscheine für losen Zement außerdem:

Tag und Stunde der Lieferung,
polizeiliches Kennzeichen des Fahrzeugs,
Auftraggeber, Auftragsnummer und Empfänger.

Säcke müssen farbig nach Tabelle 4 gekennzeichnet sein.

8 Überwachung (Güteüberwachung)

Die Einhaltung der nach den Abschnitten 5 und 6 geforderten Zusammensetzungen und Eigenschaften des Zements ist durch Eigen- und Fremdüberwachung (Überwachung nach DIN 1164 Teil 2) nachzuprüfen. Die Durchführung der Überwachung und die Kennzeichnung überwachter Zemente richtet sich nach DIN 1164 Teil 2 und den zugehörigen "Ergänzenden Richtlinien für die Überwachung (Güteüberwachung) von Zement nach DIN 1164".

---

0) Der Gehalt an Tricalciumaluminat wird aus der chemischen Analyse nach der Formel

$$C_3A = 2,65 \cdot Al_2O_3 - 1,69 \cdot Fe_2O_3$$

errechnet (Angaben in %).

1) Das Brutto-Gewicht eines gefüllten Zementsackes beträgt 25 kg. In technischer Hinsicht, z. B. bei der Nutzung des angegebenen Sackgewichts als Abmeßgröße, können Abweichungen von diesem Bruttogewicht bis zu 2 % nicht beanstandet werden.

Tabelle 1: Zementarten und Zusammensetzung

Massenanteil in Prozent [1])

Zementart	Bezeichnung	Hauptbestandteile							Nebenbestandteile[2])
		Kennzeichnung	Portlandzementklinker K	Hüttensand S	natürliches Puzzolan P	kieselsäurereiche Flugasche V	Gebrannter Schiefer T	Kalkstein L	
I	Portlandzement	I	95 - 100	—	—	—	—	—	0 - 5
II	Portlandhüttenzement	II/A-S	80 - 94	6 - 20	—	—	—	—	0 - 5
		II/B-S	65 - 79	21 - 35	—	—	—	—	0 - 5
	Portlandpuzzolanzement	II/A-P	80 - 94	—	6 - 20	—	—	—	0 - 5
		II/B-P	65 - 79	—	21 - 35	—	—	—	0 - 5
	Portlandflugaschezement	II/A-V	80 - 94	—	—	6 - 20	—	—	0 - 5
	Portlandschieferzement	II/A-T	80 - 94	—	—	—	6 - 20	—	0 - 5
		II/B-T	65 - 79	—	—	—	21 - 35	—	0 - 5
	Portlandkalksteinzement	II/A-L	80 - 94	—	—	—	—	6 - 20	0 - 5
	Portlandflugasche-hüttenzement	II/B-SV	65 - 79	10 - 20	—	10 - 20	—	—	0 - 5
III	Hochofenzement	III/A	35 - 64	36 - 65	—	—	—	—	0 - 5
		III/B	20 - 34	66 - 80	—	—	—	—	0 - 5

[1]) Die in der Tabelle angegebenen Werte beziehen sich auf die aufgeführten Haupt- und Nebenbestandteile des Zements ohne Calciumsulfat und Zementzusatzmittel.

[2]) Nebenbestandteile können Füller sein oder eine oder mehrere Hauptbestandteile, soweit sie nicht Hauptbestandteile des Zements sind.

Tabelle 2: Mechanische und physikalische Anforderungen

Festigkeitsklasse	Druckfestigkeit N/mm²				Erstarrungsbeginn	Dehnungsmaß
	Anfangsfestigkeit		Normfestigkeit			
	2 Tage	7 Tage	28 Tage		min	mm
32,5	—	≥ 16	≥ 32,5	≤ 52,5	≥ 60	≤ 10
32,5 R	≥ 10	—				
42,5	≥ 10	—	≥ 42,5	≤ 62,5		
42,5 R	≥ 20	—				
52,5	≥ 20	—	≥ 52,5	—	≥ 45	
52,5 R	≥ 30	—				

Tabelle 3: Chemische Anforderungen

1	2	3	4	5
Eigenschaft	Prüfung nach	Zementart	Festigkeitsklasse	Anforderung[1])
Glühverlust	DIN EN 196 T 2	CEM I CEM III	alle Klassen	≤ 5,0 %
Unlöslicher Rückstand	DIN EN 196 T 2	CEM I CEM III	alle Klassen	≤ 5,0 %
Sulfatgehalt (als SO_3)	DIN EN 196 T 2	CEM I CEM II[2])	32,5 32,5 R 42,5	≤ 3,5 %
			42,5 R 52,5 52,5 R	≤ 4,0 %
		CEM III	alle Klassen	
Chloridgehalt	DIN EN 196 T 21	alle Arten	alle Klassen	≤ 0,10 %

[1]) Alle Prozentangaben bezeichnen Massenanteile in Prozent.

[2]) Diese Angabe gilt für alle Zementarten CEM II/A und CEM II/B einschließlich Portlandkompositzemente mit nur einem Hauptbestandteil, z. B. II/A-S außer CEM II/B-T, der in allen Festigkeitsklassen bis zu 4,5 % SO_3 enthalten darf.

Tabelle 4: Kennfarben für die Festigkeitsklassen

Festigkeitsklasse	Kennfarbe	Farbe des Aufdrucks
32,5	hellbraun	schwarz
32,5 R		rot
42,5	grün	schwarz
42,5 R		rot
52,5	rot	schwarz
52,5 R		[1])

[1]) Gelb, orange oder weiß je nach Ergebnis von drucktechnischen Untersuchungen in einer Sackfabrik, die eingeleitet sind.

Änderungen

Gegenüber der Ausgabe März 1990 und DIN 1164 Teil 100/03.90 wurden folgende Änderungen vorgenommen:

- Einarbeitung von Regelungen der DIN V ENV 197 Teil 1

Erläuterungen

Zu Abschnitt 4.9 Zementzusatzmittel:

Zementzusatzmittel im Sinne dieser Norm werden zur Verbesserung der Herstellung von Zement oder der Eigenschaften von Zement verwendet. Zusatzmittel zur Verbesserung oder Veränderung der Eigenschaften von Frischbeton und Festbeton - die sog. Betonzusatzmittel - werden in dieser Norm nicht behandelt.

Zementzusatzmittel dürfen die Korrosion der Bewehrung nicht fördern; sie dürfen daher Chloride, Thiocyanate Nitrate, Nitrite und Formiate als Wirkstoff nicht enthalten. Elektrochemische Prüfungen zum Nachweis hierfü dürfen nur von solchen Prüfstellen durchgeführt werden, die im Rahmen der Prüfzeichenprüfung von Betonzusatzmitteln für diese Prüfungen bauaufsichtlich bestimmt sind.

Zementzusatzmittel dürfen darüberhinaus nicht die Eigenschaften des mit dem Zement hergestellten Betons ode Mörtels nachteilig beeinflussen. Wirkstoffe bei denen man dies nicht unterstellen kann, dürfen als Zementzu satzmittel nicht ohne entsprechende Nachweise, wie z. B. eine bauaufsichtliche Zulassung, verwendet werden. Andere Sulfate als Calciumsulfate, wie z. B. Eisen (II) sulfat, sind daher als Wirkstoffe eines Zementzusatzmittels nicht ohne weiteres zu verwenden, da sie in den Sulfatanteil des Zements eingehen und so das Erstarrungs- und Erhärtungsverhalten des Zements nachteilig verändern können.

Zu Abschnitt 5.2 Zusammensetzung:

Die aus der ENV 197-1 übernommenen Zemente entsprechen im wesentlichen folgenden bisher genormten oder bauaufsichtlich zugelassenen Zementen:

zukünftig	**bisher**
Portlandzement (CEM I)	Portlandzement (PZ)
Portlandhüttenzement (CEM II/A-S, CEM II/B-S)	Eisenportlandzement (EPZ)
Portlandpuzzolanzement (CEMII/A-P, CEM II/B-P)	Traßzement (TrZ)
Portlandflugaschezement (CEM II/A-V)	Flugaschezement (FAZ)
Portlandschieferzement (CEM II/A-T, CEM II/B-T)	Portlandölschieferzement (PÖZ)
Portlandkalksteinzement (CEM II/A-L)	Portlandkalksteinzement (PKZ)
Portlandflugaschehüttenzement (CEM II/B-SV)	Flugaschehüttenzement (FAHZ)
Hochofenzement (CEM III/A, CEM III/B)	Hochofenzement (HOZ)

Zu Abschnitt 6.1 Festigkeit:

Die aus der ENV 197-1 übernommenen Festigkeitsklassen entsprechen im wesentlichen folgenden bisher genormten bzw. im Rahmen von bauaufsichtlichen Zulassungen festgelegten Festigkeitsklassen:

zukünftig	**bisher**
32,5	35 L
32,5 R	35 F
42,5	45 L
42,5 R	45 F
52,5	55 L
52,5 R	55

Zu Abschnitt 8 Überwachung:

Die DIN 1164 Teil 2 und die Ergänzende Richtlinie für die Überwachung (Güteüberwachung) von Zement nach DIN 1164 werden derzeit überarbeitet. Dabei sind insbesondere die neuen Regelungen dieses Norm-Entwurfs bzw. der ENV 197-1 und der europäischen Zementzertifizierung zu berücksichtigen.

Anwendungswarnvermerk

Dieser Norm-Entwurf wird der Öffentlichkeit zur Prüfung und Stellungnahme vorgelegt.

Weil die beabsichtigte Norm von der vorliegenden Fassung abweichen kann, ist die Anwendung dieses Entwurfes besonders zu vereinbaren.

Stellungnahmen werden erbeten an den Normenausschuß Bauwesen (NABau) im DIN Deutsches Institut für Normung e. V., Postfach 11 07, 1000 Berlin 30.

DK 666.94 : 691.5 : 620.1 : 658.562 März 1990

Portland-, Eisenportland-, Hochofen- und Traßzement
Überwachung (Güteüberwachung)

DIN 1164 Teil 2

Portland-, Iron portland-, blast furnace- and trass cement; Control (Quality control)

Ciment Portland, -Portland de fer, -de haut-fourneau, -au trass; contrôle de qualité

Mit DIN EN 196 T 7/03.90
Ersatz für Ausgabe 11.78

Normen über Zement und Prüfverfahren für Zement:

DIN 1164 Teil 1	Portland-, Eisenportland-, Hochofen- und Traßzement; Begriffe, Bestandteile, Anforderungen, Lieferung
DIN 1164 Teil 2	Portland-, Eisenportland-, Hochofen- und Traßzement; Überwachung (Güteüberwachung)
DIN 1164 Teil 8	Portland-, Eisenportland-, Hochofen- und Traßzement; Bestimmung der Hydratationswärme mit dem Lösungskalorimeter
DIN 1164 Teil 31	Portland-, Eisenportland-, Hochofen- und Traßzement; Bestimmung des Hüttensandanteils von Eisenportland- und Hochofenzement und des Traßanteils von Traßzement
DIN 1164 Teil 100	Zement; Portlandölschieferzement; Anforderungen, Prüfungen, Überwachung
DIN EN 196 Teil 1	Prüfverfahren für Zement; Bestimmung der Festigkeit; Deutsche Fassung EN 196-1 : 1987 (Stand 1989)
DIN EN 196 Teil 2	Prüfverfahren für Zement; Chemische Analyse von Zement; Deutsche Fassung EN 196-2 : 1987 (Stand 1989)
DIN EN 196 Teil 3	Prüfverfahren für Zement; Bestimmung der Erstarrungszeiten und der Raumbeständigkeit; Deutsche Fassung EN 196-3 : 1987
DIN EN 196 Teil 5	Prüfverfahren für Zement; Prüfung der Puzzolanität von Puzzolanzementen; Deutsche Fassung EN 196-5 : 1987
DIN EN 196 Teil 6	Prüfverfahren für Zement; Bestimmung der Mahlfeinheit; Deutsche Fassung EN 196-6 : 1989
DIN EN 196 Teil 7	Prüfverfahren für Zement; Verfahren für die Probenahme und Probenauswahl von Zement; Deutsche Fassung EN 196-7 : 1989
DIN EN 196 Teil 21	Prüfverfahren für Zement; Bestimmung des Chlorid-, Kohlenstoffdioxid- und Alkalianteils von Zement; Deutsche Fassung EN 196-21 : 1989

Darüber hinaus liegt die Vornorm

DIN V ENV 196 Teil 4	Prüfverfahren für Zement; Quantitative Bestimmung der Bestandteile; Deutsche Fassung ENV 196-4 : 1989

vor.

Inhalt

Fortsetzung Seite 2 und 3

Normenausschuß Bauwesen (NABau) im DIN Deutsches Institut für Normung e.V.

1 Allgemeines

Die Einhaltung der in DIN 1164 Teil 1 oder DIN 1164 Teil 100 geforderten Zusammensetzung und Eigenschaften des Zements ist durch die Überwachung, bestehend aus Eigen- und Fremdüberwachung, nachzuprüfen. Die dazu erforderlichen Prüfungen sind nach DIN EN 196 Teil 1 bis Teil 3, Teil 5 bis Teil 7, Teil 21 und DIN 1164 Teil 8 und Teil 31 durchzuführen. Die jeweilige Prüfung gilt als bestanden, wenn die in DIN 1164 Teil 1 oder Teil 100 angegebenen Grenzwerte nicht unter- bzw. überschritten werden.

2 Überwachung (Güteüberwachung)

2.1 Allgemeines

Die Einhaltung der in DIN 1164 Teil 1 und Teil 100 festgelegten Anforderungen ist für jeden Zement durch eine Überwachung, bestehend aus Eigen- und Fremdüberwachung, nachzuweisen. Grundlagen für das Verfahren der Überwachung sind die „Ergänzenden Richtlinien für die Überwachung (Güteüberwachung) von Zement nach DIN 1164".

2.2 Probenahme

Für die Probenahme gilt DIN EN 196 Teil 7.

Je Zementart- und Festigkeitsklasse sind eine oder mehrere Stichproben nach DIN EN 196 Teil 7 zu entnehmen, zu kennzeichnen und ein entsprechendes Probenahmeprotokoll anzufertigen.

2.3 Eigenüberwachung

Solange ein Zement hergestellt wird und soweit in DIN 1164 Teil 1 oder Teil 100 ein Grenzwert festgelegt ist, hat der Zementhersteller die Zusammensetzung und die Eigenschaften jeder Zementart und Festigkeitsklasse im Werk zu prüfen und zwar

mindestens einmal täglich:

- Erstarren
- Raumbeständigkeit

mindestens zweimal wöchentlich:

- Glühverlust
- Gehalt an Kohlenstoffdioxid CO_2
- Unlöslicher Rückstand
- Gehalt an Sulfat berechnet als SO_3
- Mahlfeinheit
- Druckfestigkeit bei jeder Altersstufe (siehe DIN 1164 Teil 1)

mindestens einmal monatlich:

- Hauptbestandteile des Zements
- Hydratationswärme
- die für hohen Sulfatwiderstand geforderte Zusammensetzung

Die Ergebnisse der Eigenüberwachung sind aufzuzeichnen und möglichst statistisch auszuwerten. Die Aufzeichnungen sind mindestens fünf Jahre aufzubewahren und der überwachenden Stelle (Fremdüberwachung) auf Verlangen vorzulegen.

2.4 Fremdüberwachung

2.4.1 Umfang

Die Fremdüberwachung ist durch eine für die Überwachung des Zements amtlich anerkannte Überwachungsgemeinschaft oder aufgrund eines Überwachungsvertrages durch eine hierfür anerkannte Prüfstelle[1]) durchzuführen. Die für diese Prüfungen anerkannten Stellen müssen an halbjährlichen Vergleichsprüfungen von jeweils einer homogenisierten Zementprobe teilnehmen, die vom Forschungsinstitut der Zementindustrie veranlaßt und ausgewertet werden.

Der Umfang der Vergleichsprüfungen entspricht den nachfolgend beschriebenen, mindestens alle 2 Monate durchzuführenden Fremdüberwachungsprüfungen.

Die überwachende Stelle hat die Eigenüberwachung des Werks durch Einsichtnahme in die Prüfergebnisse der Eigenüberwachung nachzuprüfen.

Von der überwachenden Stelle sind außerdem je Zementart und Festigkeitsklasse während der Zeit, in der der betreffende Zement hergestellt wird, zur Nachprüfung der in DIN 1164 Teil 1 und Teil 100 festgelegten Bedingungen folgende Prüfungen durchzuführen:

a) mindestens einmal innerhalb von 2 Monaten:
   - Glühverlust
   - Gehalt an Kohlenstoffdioxid CO_2
   - Unlöslicher Rückstand
   - Gehalt an Chlorid
   - Mahlfeinheit
   - Erstarren
   - Raumbeständigkeit
   - Druckfestigkeit bei jeder Altersstufe (siehe DIN 1164 Teil 1)
   - Hauptbestandteile des Zements

b) mindestens einmal halbjährlich:
   - Hydratationswärme
   - die für hohen Sulfatwiderstand geforderte Zusammensetzung

2.4.2 Prüfbericht

Der Prüfbericht muß unter Hinweis auf diese Norm folgende Angaben enthalten:

a) Entnahmestelle und Datum der Probenahme
b) Probenehmer
c) Lieferwerk
d) Zementart, Festigkeitsklasse, gegebenenfalls weitere Kennzeichnung
e) Prüfstelle und Datum der Prüfung
f) Ergebnisse der durchgeführten Prüfungen
g) Feststellung über die Normgerechtheit der Probe

3 Kennzeichnung für die Überwachung

Zement, der nach DIN 1164 Teil 2 überwacht wird und den Anforderungen von DIN 1164 Teil 1 oder Teil 100 entspricht, ist zum Nachweis der Überwachung auf der Verpackung oder bei loser Lieferung auf dem Lieferschein und dem Silozettel durch das einheitliche Überwachungszeichen[2]) unter Angabe der fremdüberwachenden Prüfstelle oder deren Zeichen[1]) dauerhaft zu kennzeichnen.

---

1) Verzeichnisse der für die Fremdüberwachung von Zement und zementartigen Bindemitteln bauaufsichtlich anerkannten Überwachungsgemeinschaften (Güteüberwachungsgemeinschaften) und Prüfstellen werden beim Institut für Bautechnik geführt und in seinen Mitteilungen, zu beziehen beim Verlag Wilhelm Ernst & Sohn, Hohenzollerndamm 170, 1000 Berlin 31, veröffentlicht.

Zur Zeit ist als Überwachungsgemeinschaft der Verein Deutscher Zementwerke e.V. in Düsseldorf mit dem nebenstehenden Zeichen anerkannt.

2) Siehe Mitteilungen des Instituts für Bautechnik, Heft 2, 1982, S. 41. Zu beziehen durch: Verlag Wilhelm Ernst & Sohn, Hohenzollerndamm 170, 1000 Berlin 31.

Zitierte Normen und andere Unterlagen

DIN 1164 Teil 1	Portland-, Eisenportland-, Hochofen- und Traßzement; Begriffe, Bestandteile, Anforderungen, Lieferung
DIN 1164 Teil 8	Portland-, Eisenportland-, Hochofen- und Traßzement; Bestimmung der Hydratationswärme mit dem Lösungskalorimeter
DIN 1164 Teil 31	Portland-, Eisenportland-, Hochofen- und Traßzement; Bestimmung des Hüttensandanteils von Eisenportland- und Hochofenzement und des Traßanteils von Traßzement
DIN 1164 Teil 100	Zement; Portlandölschieferzement; Anforderungen, Prüfungen, Überwachung
DIN EN 196 Teil 1	Prüfverfahren für Zement; Bestimmung der Festigkeit; Deutsche Fassung EN 196-1:1987 (Stand 1989)
DIN EN 196 Teil 2	Prüfverfahren für Zement; Chemische Analyse von Zement; Deutsche Fassung EN 196-2:1987 (Stand 1989)
DIN EN 196 Teil 3	Prüfverfahren für Zement; Bestimmung der Erstarrungszeiten und der Raumbeständigkeit; Deutsche Fassung EN 196-3:1987
DIN EN 196 Teil 5	Prüfverfahren für Zement; Prüfung der Puzzolanität von Puzzolanzementen; Deutsche Fassung EN 196-5:1987
DIN EN 196 Teil 6	Prüfverfahren für Zement; Bestimmung der Mahlfeinheit; Deutsche Fassung EN 196-6:1989
DIN EN 196 Teil 7	Prüfverfahren für Zement; Verfahren für die Probenahme und Probenauswahl von Zement; Deutsche Fassung EN 196-7:1989
DIN EN 196 Teil 21	Prüfverfahren für Zement; Bestimmung des Chlorid-, Kohlenstoffdioxid- und Alkalianteils von Zement; Deutsche Fassung EN 196-21:1989

Mitteilungen des Instituts für Bautechnik, Heft 2, 1982

Ergänzende Richtlinien für die Überwachung (Güteüberwachung) von Zement nach DIN 1164, Fassung September 1981 [3])

Frühere Ausgaben

DIN 1165: 08.39

DIN 1166: 10.39

DIN 1167: 08.40x, 07.59

DIN 1164: 04.32, 07.42x, 12.58

DIN 1164 Teil 2: 06.70, 11.78

Änderungen

Gegenüber der Ausgabe November 1978 wurden folgende Änderungen vorgenommen:

- Erweiterung des Geltungsbereiches auf Portlandölschieferzement nach DIN 1164 Teil 100.
- Verweis auf die Normen der Reihe DIN EN 196 „Prüfverfahren für Zement".

Internationale Patentklassifikation

C 04 B 7/00
G 01 N 33/38

---

[3]) Zu beziehen durch: Beuth Verlag GmbH, Postfach 11 45, 1000 Berlin 30.

DK 666.94 : 691.5 : 620.1 : 666.9.015.45 November 1978

Portland-, Eisenportland-, Hochofen- und Traßzement

Bestimmung der Hydratationswärme mit dem Lösungskalorimeter

DIN 1164 Teil 8

Portland-, blastfurnace-, pozzolanic cement; heat of hydration; solution-calorimeter

Ciment Portland, — Portland de fer, — de haut-fourneau, — au trass; détermination de la chaleur d'hydratation au moyen du calorimètre de solution

Inhalt

0 Mitgeltende Normen

DIN 4188 Teil 1 Siebböden; Drahtsiebböden für Analysensiebe; Maße

1 Grundlage des Verfahrens

Das Verfahren dient zur Bestimmung der spezifischen Wärmemenge in J/g, die bei der Hydratation eines Zements unter isothermen Bedingungen frei wird. Gemessen wird die Lösungswärme der nicht hydratisierten sowie der bei 20 °C hydratisierten Zementprobe (Wasserzementwert W/Z = 0,4) in einem vorgeschriebenen Säuregemisch. Die Differenz dieser Lösungswärme ist die Hydratationswärme.

Für die Überwachung sind auch andere bewährte Verfahren zulässig; in Zweifelsfällen ist das nachstehend beschriebene Verfahren maßgebend.

2 Geräte

Das Lösungskalorimeter besteht aus einem Dewargefäß mit einem Innendurchmesser von etwa 80 mm und einem Inhalt von etwa 650 ml, das sich in einem wärmeisolierten Blechgefäß befindet und von einem Holzkasten umgeben wird. Der Korkstopfen, der das Dewargefäß verschließt, enthält drei Bohrungen für ein Beckmann-Thermometer, einen Rührer und einen Einfülltrichter. Der auf einem Sockel stehende wärmeisolierte Behälter enthält eine mindestens 25 mm dicke Isolierschicht aus Kork, Baumwolle oder ähnlichem Material, die von Pappstreifen gehalten wird. Es können auch andere Stoffe zum Bau des Kalorimeters verwendet werden, wenn sie die Bedingungen für die Wärmeisolierung nachweislich erfüllen.

Die Wärmeisolierung muß folgender Bedingung genügen: Wird das Dewargefäß des Kalorimeters mit 400 ml Wasser gefüllt, dessen Temperatur etwa 5 K über der mit dem Thermometer gemessenen Raumtemperatur liegt, so darf der Temperaturabfall bei geschlossenem Gefäß nach halbstündigem Stehen mit Rühren nicht mehr als 0,002 K/min für je 1 K Temperaturdifferenz zwischen Raumtemperatur und Kalorimetertemperatur betragen.

Es ist ein amtlich geeichtes Beckmann-Thermometer mit einem Ablesebereich von 5 bis 6 K zu verwenden. Das Thermometer wird im Korken so befestigt, daß bei jeder Messung dieselbe Eintauchtiefe im Säuregemisch gewährleistet wird. Das obere Ende des Quecksilbergefäßes des Beckmann-Thermometers soll wenigstens 3 cm unter der Flüssigkeitsoberfläche liegen. Die Temperatur wird mit einer Lupe nach leichtem Klopfen des Thermometers abgelesen.

Der aus Polyvinylchlorid bestehende Rührer besitzt zwei starre Propellerflügel mit einem Gesamtdurchmesser von etwa 38 mm. Der Rührer wird von einem Synchronmotor, der im Leerlauf bei einer Drehzahl von 350 bis 450/min eine Leistungsaufnahme von etwa 2 Watt aufweist, angetrieben.

Der aus Polyäthylen bestehende Einfülltrichter darf auf der Unterseite des Korkstopfens nicht mehr als 6 mm herausragen. Er ist während der Messung zu verschließen.

Das Dewargefäß muß einen gut passenden Polyäthyleneinsatz erhalten. Die Unterseite des Korkstopfens und die Glasteile des Beckmann-Thermometers unterhalb des Korkstopfens sind gegen Säureangriff mit einem Schutzüberzug zu versehen, der z. B. aus

Fortsetzung Seite 2 bis 5

Normenausschuß Bauwesen (NABau) im DIN Deutsches Institut für Normung e.V.

78/18

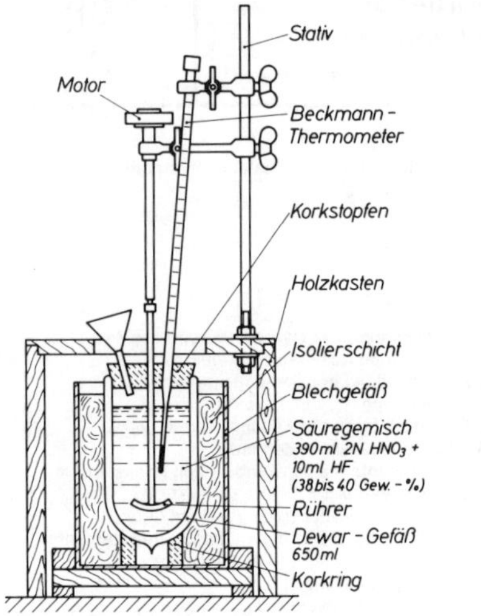

Bild 1. Schematische Skizze des Lösungskalorimeters

150 Gewichtsteilen Rhenania-Bitumen (Schmelzpunkt 95 bis 100 °C)

50 Gewichtsteilen Alpex-Zyklo-Kautschuk 450 J.,

50 Gewichtsteilen Paraffinwachs (Schmelzpunkt 52 bis 53 °C) und

50 Gewichtsteilen Testbenzin (Siedebereich 130 bis 200 °C)

bestehen kann. An Stelle des Polyäthyleneinsatzes kann die innere Oberfläche des Dewargefäßes auch mit diesem Schutzüberzug versehen werden. Die Dichtheit der Schutzüberzüge ist ständig zu überprüfen.

3 Prüflösung

Die Prüflösung besteht aus einem Gemisch von Salpetersäure (2,00 N ± 0,01 N; zur Analyse) und Flußsäure (38 bis 40 Gew.-%, zur Analyse). Für die Bestimmung der Wärmekapazität und der Lösungswärme soll das Säuregemisch das Mischungsverhältnis Flußsäure : Salpetersäure = 1 : 39 (in Volumenteilen) besitzen. Für eine Messung sind 10 ml Flußsäure und 390 ml Salpetersäure (= 400 ml Säuregemisch) notwendig.

4 Prüfbedingungen

Die Raumtemperatur ϑ_R soll während der Versuche möglichst konstant bleiben. Der Nullpunkt ϑ_0 des Beckmann-Thermometers ist so einzustellen, daß er 2,5 bis 3,0 K tiefer liegt als die Raumtemperatur. Die Ausgangstemperatur ϑ_{KA} muß für jede Messung im Bereich des Nullpunktes des Beckmann-Thermometers liegen.

5 Bestimmung der Wärmekapazität

5.1 Allgemeines

Die Wärmekapazität des Kalorimeters wird mit Zinkoxid zur Analyse bestimmt. Bei jeder Veränderung am Kalorimeter – z. B. Austausch des Dewargefäßes, Veränderung der Wärmeisolierung oder der Säureschutzschicht – muß die Wärmekapazität neu bestimmt werden.

5.2 Glühen des Zinkoxids

Etwa 35 bis 40 g Zinkoxid werden eine Stunde lang auf 950 °C oxydierend erhitzt. Nach dem Abkühlen wird diese Menge durch das Sieb mit einem Drahtsiebboden 0,16 nach DIN 4188 Teil 1 gesiebt. Für die eigentliche Bestimmung werden hiervon 7,0 g ± 0,1 g nochmals 5 Minuten lang auf 950 °C erhitzt und anschließend im Exsikkator über Magnesiumperchlorat bis auf Raumtemperatur abgekühlt. Vor dem Lösen wird diese Menge dann auf 0,0001 g eingewogen.

5.3 Lösen des Zinkoxids

Das geglühte und eingewogene Zinkoxid, das Raumtemperatur haben muß, wird im vorgeschriebenen Säuregemisch gelöst. Der Temperaturanstieg wird über Vor-, Lösungs- und Nachperiode gemessen. Alle Temperaturbedingungen erfolgen in 1-Minuten-Intervallen auf 0,001 K (Bild 2 und Tabelle 1).

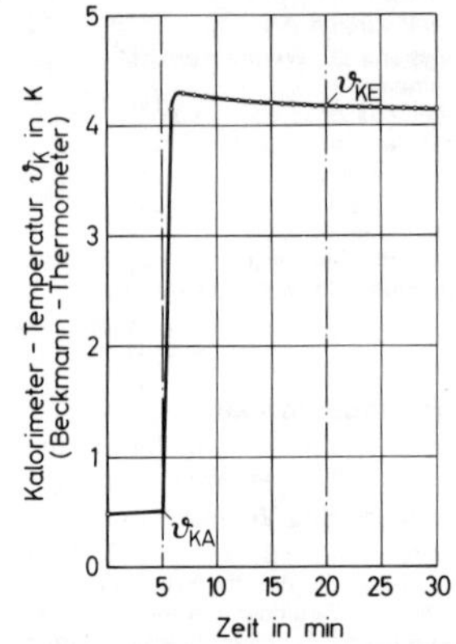

Bild 2. Temperaturverlauf in der Vor-, Lösungs- und Nachperiode im Lösungskalorimeter (Beispiel)

5.3.1 Vorperiode

Nachdem das auf die Ausgangstemperatur temperierte Säuregemisch (Abschnitt 3) im Kalorimeter mindestens 10 Minuten lang gerührt wurde, beginnt das Ablesen der Kalorimeter-Temperaturen ϑ_K. Aus den Temperaturänderungen je Minute über ein Zeitintervall von 5 Minuten wird das Mittel gebildet und auf 0,001 K gerundet.

Weichen fünf aufeinanderfolgende Temperaturänderungen um nicht mehr als 0,001 K von ihrem Mittelwert ab, dann gilt diese Temperaturänderung als Gang der Vorperiode. Mit der zuletzt abgelesenen Kalorimeter-Temperatur ϑ_{KA} beginnt die Lösungsperiode.

5.3.2 Lösungsperiode

Die Lösungsperiode dient zur Feststellung des unkorrigierten Temperaturanstiegs $\Delta\vartheta$. Bei der Festlegung der Anfangs- und Endtemperaturen sind die auf dem Eichschein des Beckmann-Thermometers angegebenen Korrekturen (Kaliberfehler, Gradwert) zu berücksichtigen.

Das Zinkoxid wird gleichmäßig im Laufe von 2 Minuten durch den Trichter in das Dewargefäß geschüttet. Die letzten Reste werden mit einem kleinen Pinsel in das Säuregemisch gebracht.

Das Ende der Lösungsperiode und der Beginn der Nachperiode sind erreicht, wenn die Temperaturänderungen je Minute konstant werden. Die Differenz zwischen Endtemperatur ϑ_{KE} und Anfangstemperatur ϑ_{KA} ergibt den unkorrigierten Temperaturanstieg.

Tabelle 1. **Beispiel einer Berechnung des mittleren Temperaturanstieges in der Vor- und Nachperiode sowie des korrigierten Temperaturanstieges in der Lösungsperiode ($\Delta\vartheta_{korr}$)**

Periode	Zeit min	Kalorimeter-temperatur am Beckmann-Thermometer ϑ_K K	Temperaturänderung in einer Minute K	Korrekturwerte aus Bild 3 K
Vorperiode	0	0,481		
	1	0,482	+ 0,001	
	2	0,483	+ 0,001	
	3	0,484	+ 0,001	
	4	0,485	+ 0,001	
	5	0,486 = ϑ_{KA}	+ 0,001	
			+ 0,0010	
			mittlerer Temperatur-Anstieg (Gang der Vorperiode)	
Lösungsperiode	6	4,150		+ 0,0027
	7	4,285		+ 0,0028
	8	4,262		+ 0,0028
	9	4,242		+ 0,0027
	10	4,228		+ 0,0027
	11	4,218		+ 0,0027
	12	4,210		+ 0,0027
	13	4,203		+ 0,0027
	14	4,195		+ 0,0027
	15	4,190		+ 0,0027
	16	4,187		+ 0,0027
	17	4,182		+ 0,0027
	18	4,178		+ 0,0027
	19	4,173		+ 0,0027
	20	4,169 = ϑ_{KE}		+ 0,0027
				+ 0,0407 Summe
				≈ + 0,041 Gesamtkorrektur
Nachperiode	21	4,166	− 0,003	
	22	4,163	− 0,003	
	23	4,160	− 0,003	
	24	4,157	− 0,003	
	25	4,154	− 0,003	
	26	4,152	− 0,002	
	27	4,149	− 0,003	
	28	4,146	− 0,003	
	29	4,144	− 0,002	
	30	4,141	− 0,003	
			− 0,0028	
			mittlerer Temperatur-Abfall (Gang der Nachperiode)	

Korrigierte Kalorimetertemperatur:

ϑ_{KE} = 4,169
Kaliberkorrektur = − 0,001
$\vartheta_{KE\,korr}$ = 4,168

ϑ_{KA} = 0,486
Kaliberkorrektur = ± 0,000
$\vartheta_{KA\,korr}$ = 0,486

$\vartheta_{KE\,korr}$ = 4,168
− $\vartheta_{KA\,korr}$ = 0,486
$\Delta\vartheta$ = 3,682

berichtigtes $\Delta\vartheta$ = $\Delta\vartheta$ × Gradwert
= 3,682 × 1,0056 = 3,703

berichtigtes $\Delta\vartheta$ = 3,703
+ Gesamtkorrektur = 0,041
$\Delta\vartheta_{korr}$ = 3,744

5.3.3 Nachperiode

Die Nachperiode dauert mindestens 10 Minuten. Sie ist beendet, wenn die Temperaturänderungen während zweier aufeinanderfolgender 5-Minuten-Perioden nicht mehr als 0,001 K von ihrem Mittel abweichen. Das Mittel dieser zehn Ablesungen ist der Gang der Nachperiode.

5.4 Korrigierter Temperaturanstieg

Die Gänge der Vor- und Nachperiode, d. h. die während der Vor- und Nachperiode ermittelten mittleren Temperaturänderungen in K/min, werden mit umgekehrtem Vorzeichen in einem Koordinatensystem als Ordinaten in Abhängigkeit von den entsprechenden Kalorimetertemperaturen aufgetragen und durch eine Gerade verbunden (siehe Bild 3). Alle Punkte auf der Geraden sind dann Korrekturwerte zu den entsprechenden Kalorimetertemperaturen.

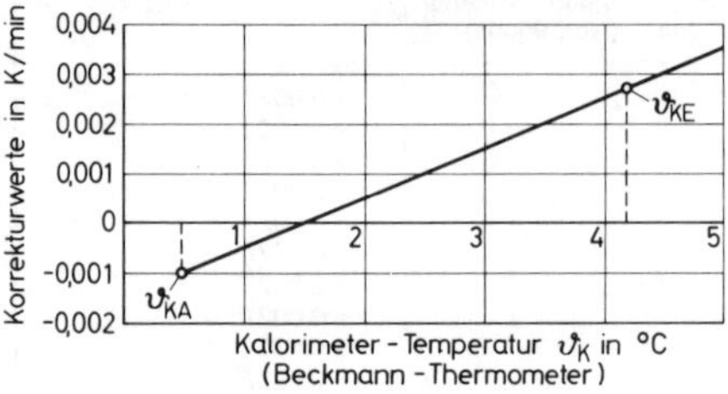

Bild 3. Ermittlung der Gesamtkorrektur für die Temperaturwerte der Lösungsperiode aus den Temperaturgängen der Kalorimetervorperiode und -nachperiode (Beispiel)

Zu jeder abgelesenen Kalorimeter-Temperatur ϑ_K der Lösungsperiode werden die dazugehörigen Korrekturwerte aufgeschrieben, unter Berücksichtigung des Vorzeichens summiert und zum berichtigten Temperaturanstieg $\Delta\vartheta$ addiert. Hierdurch erhält man den korrigierten Temperaturanstieg $\Delta\vartheta_{korr}$ (siehe Tabelle 1).

5.5 Berechnung der Wärmekapazität

Die Wärmekapazität C des Kalorimeters in J/K wird nach folgender Gleichung berechnet:

$$C = \frac{m}{\Delta\vartheta_{korr}} \cdot [1088{,}44 - 0{,}86\,(\vartheta_{KE} + \vartheta_0) + 0{,}50\,\vartheta_R]\ ^{*)} \qquad (1)$$

Es bedeuten

m	Masse des gelösten Zinkoxids in g
$\Delta\vartheta_{korr}$	korrigierter Temperaturanstieg in K
ϑ_R	Temperatur des ZnO beim Einbringen in die Lösung in °C (≙ Raumtemperatur bei Versuchsbeginn)
ϑ_{KE}	auf dem Beckmann-Thermometer abgelesene Kalorimetertemperatur am Ende der Lösungsperiode in °C
$(\vartheta_{KE} + \vartheta_0)$	abgelesene Kalorimetertemperatur + Temperatur am Nullpunkt des Beckmann-Thermometers. Diese Summe ergibt die Temperatur in °C, die in die Gleichungen eingesetzt werden muß.

Aus insgesamt vier Bestimmungen wird das Mittel gebildet, wobei die Standardabweichung nicht größer als 4 J/K sein darf.

6 Bestimmung der Hydratationswärme

6.1 Entfernen des metallischen Eisens

Aus dem noch nicht hydratisierten Zement ist mit einem Magneten alles metallische Eisen zu entfernen. Es ist dafür zu sorgen, daß dabei möglichst keine Feuchtigkeit aus der Luft aufgenommen wird, z. B. durch Schütteln des Zements in einem kleineren Behälter mit eingebauten Magneten.

6.2 Herstellung der Zementleimproben

150 g des von metallischem Eisen befreiten Zements werden mit 60 g destilliertem Wasser (W/Z = 0,40) bei einer Stofftemperatur von (20 ± 2) °C in einer Schale von etwa 200 ml Inhalt 2 Minuten von Hand intensiv gemischt. Für jeden Prüftermin werden vier luftdicht verschließbare Röhren (Durchmesser etwa 18 mm, Länge 90 mm) mit Zementleim gefüllt. Die angegebene Mischung reicht für acht Röhren entsprechend zwei Prüfungen aus.

6.3 Lagerung

Die gefüllten Röhren werden mit einem Stopfen luftdicht verschlossen. Sie werden senkrecht stehend, von einem Maschendrahtgitter gehalten, in einem Wasserbad von (20 ± 0,5) °C gelagert.

6.4 Bestimmung der Lösungswärme Q_0

Zur Bestimmung der Lösungswärme Q_0 des nicht hydratisierten Zements werden zwei Proben von je 3,0 g ± 0,1 g und eine angemessene Menge für die Bestimmung des Glühverlusts oder für die CaO-Bestimmung auf 0,0001 g eingewogen (vgl. auch Abschnitt 6.4.3). Der beim Lösen der Proben auftretende Temperaturanstieg wird den Angaben in den Abschnitten 5.3 und 5.4 entsprechend ermittelt. Dabei sind die Unterschiede im Lösungsverhalten der Zemente zu beachten (Abschnitte 6.4.1 und 6.4.2). Unlösliche Rückstände zählen mit zur Einwaage und dürfen hiervon nicht abgezogen werden.

6.4.1 Normallösliche Zemente

Als normallösliche Zemente gelten solche, deren Lösungsrückstand nach einer Lösungsperiode von 30 Minuten nicht mehr als 1 Gew.-% der Einwaage beträgt. Für sie ist die Lösungsperiode im allgemeinen kleiner als 30 Minuten. Der Temperaturanstieg wird hier nach der Beschreibung in den Abschnitten 5.3 und 5.4 ermittelt.

6.4.2 Zemente mit schwerlöslichen Rückständen

Zemente, deren geglühter Lösungsrückstand (2 Stunden bei 950 °C nach Vortrocknen bei 110 °C) nach einer Lösungsperiode von 30 Minuten mehr als 1 Gew.-% beträgt, zeigen im allgemeinen keinen deutlichen Übergang von der Lösungsperiode zur Nachperiode.

Deshalb wird die Lösungsperiode nach 30 Minuten abgebrochen.

Die Vorperiode wird nach Abschnitt 5.3 bestimmt. Der Gang der Nachperiode wird in einem weiteren Versuch mit Zinkoxid ermittelt. Dazu ist die Einwaage des ZnO so zu

---

*) Neue Messungen von E. S. Newman, Journ. Res. Nat. Bur. Stand. **66 A** (1962), Nr. 5, 381-388, ergaben für die Lösungswärme in dem HNO_3-Säuregemisch 1079,44 J/g (257,82 cal/g) bei 25 °C [= 1077,64 J/g (257,39 cal/g) bei 30 °C] und einem Temperaturkoeffizienten von −0,36 J/(gK) [−0,087 cal/(gK)]. Daraus folgt die Formel (1a):

$$C = \frac{m}{\Delta\vartheta_{korr}} \Big\{1077{,}64 + 0{,}36\,[30 - (\vartheta_{KE} + \vartheta_0)] + 0{,}5\,[\vartheta_R - (\vartheta_{KE} + \vartheta_0)]\Big\}.$$

Dabei ist 0,5 die spezifische Wärme des Zinkoxids in J/(gK). Aus dieser Formel ergibt sich durch Auflösen Formel (1).

wählen, daß vergleichbare Kalorimeterendtemperaturen erreicht werden. Die einzelnen Korrekturwerte können dann nach Abschnitt 5.4 interpoliert werden.

6.4.3 Auswertung

Um die im Abschnitt 6.5 beschriebene hydratisierte Probe auf den Ausgangszustand beziehen zu können, ist entweder eine Bestimmung des CaO-Gehaltes des nicht hydratisierten Zements erforderlich – dieses Verfahren ist stets anwendbar – oder eine Ermittlung seines Glühverlustes, wenn der Zement keine oxydierbaren Bestandteile enthält. Über Ausführung und erlaubte Abweichungen siehe Abschnitt 6.5.2. Die Lösungswärme wird wie folgt errechnet:

$$C_0 = \frac{C\Delta\vartheta_{korr}}{m_0} - 0{,}84 \cdot [\vartheta_R - (\vartheta_{KE} + \vartheta_0)] + 0{,}84\,[(\vartheta_{KE} + \vartheta_0) - 20] \qquad (2)$$

Es bedeuten

Q_0 Lösungswärme des nicht hydratisierten Zements in J/g bei 20 °C

ϑ_R Temperatur der Zementprobe beim Einbringen in die Lösung in °C (Raumtemperatur bei Versuchsbeginn)

m_0 Masse in g des nicht hydratisierten Zements

Alle übrigen Formelzeichen siehe unter Abschnitt 5.5.

Maßgebend ist der Mittelwert Q_0 aus zwei Messungen. Weicht er um mehr als 4 J/g von den Meßwerten ab, so ist eine dritte Bestimmung durchzuführen. Weicht einer der drei Werte um mehr als 8 J/g vom Mittel der drei Werte ab, so ist er zu streichen.

6.5 Bestimmung der Lösungswärme Q_x

6.5.1 Vorbehandlung des hydratisierten Zements

Die hydratisierte Probe wird aus der einen Röhre herausgeklopft oder gedrückt, so schnell wie möglich zerkleinert, durch das Sieb mit dem Drahtsiebboden 0,63 nach DIN 4188 Teil 1 gesiebt und in einem luftdicht verschließbaren Behälter aufbewahrt. Durch eine Vorrichtung ist zu verhindern, daß beim Zerkleinern CO_2-haltige Atemluft auf die Reibschale trifft. Anschließend werden sofort hintereinander 4,2 g ± 0,1 g für die kalorimetrische Bestimmung und eine angemessene Menge für die Bestimmung des CaO-Gehaltes oder des Glühverlustes (siehe Abschnitt 6.4.3) auf 0,0001 g eingewogen. Das Einwägen muß schnell hintereinander erfolgen, da die hydratisierten Proben sonst zu viel Feuchtigkeit abgeben, was die Meßfehler stark vergrößert. Unlösliche Rückstände zählen mit zur Einwaage und dürfen hiervon nicht abgezogen werden.

6.5.2 Durchführung und Auswertung

Der Temperaturanstieg wird nach den Abschnitten 5.3 und 5.4 bestimmt.

Die Bestimmung des CaO-Gehaltes (siehe auch Abschnitt 6.4.3) ist notwendig, um die Einwaage des hydratisierten Zements auf den Ausgangszustand der nicht hydratisierten Probe beziehen zu können. Dieses Verfahren ist stets anwendbar. Es ist ein Analysenverfahren zu wählen, das bei zwei Bestimmungen gewährleistet, daß die Abweichungen des CaO-Gehaltes 0,2 Gew.-% CaO nicht überschreiten.

Wenn der Zement keine oxydierbaren Bestandteile enthält, kann auch über den Glühverlust in Luft (2 Stunden bei 950 °C nach Vortrocknen bei 110 °C) auf den Ausgangszustand umgerechnet werden.

Beim nicht hydratisierten Zement (Ausgangszustand) und beim hydratisierten Zement soll der Unterschied zwischen zwei Glühverlustwerten nicht größer als 0,2 Gew.-% sein. Bei größeren Unterschieden ist eine dritte Bestimmung durchzuführen. Der Wert, welcher um mehr als ± 0,20 Gew.-% vom Mittel der drei Werte abweicht, ist zu streichen.

Für die Berechnung des Faktors f_{Glv} in Gleichung (3) ist der Mittelwert aus den beiden bleibenden Meßwerten zu verwenden.

Die Lösungswärme Q_x wird nach folgender Gleichung berechnet:

$$Q_x = \frac{C \cdot \Delta\vartheta_{korr}}{m_x \cdot f_{(CaO\ od.\ Glv)}} - 1{,}67\,[\vartheta_R - (\vartheta_{KE} + \vartheta_0)] + 1{,}26\,[(\vartheta_{KE} + \vartheta_0) - 20] \qquad (3)$$

Es bedeuten

Q_x Lösungswärme des hydratisierten Zements, bezogen auf die Menge des nicht hydratisierten Zements, in J/g bei 20 °C

ϑ_R Temperatur der Zementprobe (Raumtemperatur bei Beginn des Versuchs)

m_x Gewicht des hydratisierten Zements in g

$$f_{CaO} = \frac{\text{CaO-Gehalt des hydratisierten Zements}}{\text{CaO-Gehalt des nicht hydratisierten Zements}}$$

bei Verwendung des Glühverlustes:

$$f_{Glv} = \frac{\text{100-Glühverlust des hydratisierten Zements}}{\text{100-Glühverlust des nicht hydratisierten Zements}}$$

Alle übrigen Bezeichnungen siehe Abschnitt 5.5.

Aus je zwei Messungen an Proben aus zwei verschiedenen Röhren ist der Mittelwert Q_x zu errechnen. Weicht er um mehr als 4 J/g von den Meßwerten ab, so ist eine Doppelbestimmung an einem dritten Rohr durchzuführen. Die Werte, die um mehr als 8 J/g vom Mittelwert aus 6 Messungen abweichen, sind zu streichen.

6.6 Berechnung der Hydratationswärme H_x

Aus der Differenz der Lösungswärmen des hydratisierten und des nicht hydratisierten Zements ergibt sich die Hydratationswärme des Zements H_x in J/g bei 20 °C

$$H_x = Q_0 - Q_x \qquad (4)$$

7 Prüfbericht

Der Prüfbericht muß unter Hinweis auf diese Norm folgende Angaben enthalten:

a) Entnahmestelle und Datum der Probenahme
b) Probenehmer
c) Lieferwerk
d) Zementart, Festigkeitsklasse, gegebenenfalls weitere Kennzeichnung
e) Prüfstelle und Datum der Prüfung
f) Hydratationswärme auf 1 J/g gerundet
g) Feststellung über die Normgerechtheit der Probe

Weitere Normen

DIN 1164 Teil 1 Portland-, Eisenportland-, Hochofen- und Traßzement; Begriffe, Bestandteile, Anforderungen, Lieferung

DK 666.94:691.5:620.1:543.1 März 1990

Portland-, Eisenportland-, Hochofen- und Traßzement

Bestimmung des Hüttensandanteils von Eisenportland- und Hochofenzement und des Traßanteils von Traßzement

DIN 1164 Teil 31

Portland-, Iron portland-, blast furnace- and trass cement; determination of granulated blast furnace slag content of iron portland cement and blast furnace cement and trass content of trass cement

Ciment Portland,-Portland de fer,-de haut-fourneau,-au trass; détermination de la teneur en laitier du ciment portland de fer et du ciment de haut fourneau et de la teneur en trass du ciment au trass

Mit DIN EN 196 T 2/03.90 und DIN EN 196 T 21/03.90 Ersatz für DIN 1164 T 3/11.78

Normen über Zement und Prüfverfahren für Zement:

DIN 1164 Teil 1	Portland-, Eisenportland-, Hochofen- und Traßzement; Begriffe, Bestandteile, Anforderungen, Lieferung
DIN 1164 Teil 2	Portland-, Eisenportland-, Hochofen- und Traßzement; Überwachung (Güteüberwachung)
DIN 1164 Teil 8	Portland-, Eisenportland-, Hochofen- und Traßzement; Bestimmung der Hydratationswärme mit dem Lösungskalorimeter
DIN 1164 Teil 31	Portland-, Eisenportland-, Hochofen- und Traßzement; Bestimmung des Hüttensandanteils von Eisenportland- und Hochofenzement und des Traßanteils von Traßzement
DIN 1164 Teil 100	Zement; Portlandölschieferzement; Anforderungen, Prüfungen, Überwachung
DIN EN 196 Teil 1	Prüfverfahren für Zement; Bestimmung der Festigkeit; Deutsche Fassung EN 196-1:1987 (Stand 1989)
DIN EN 196 Teil 2	Prüfverfahren für Zement; Chemische Analyse von Zement; Deutsche Fassung EN 196-2:1987 (Stand 1989)
DIN EN 196 Teil 3	Prüfverfahren für Zement; Bestimmung der Erstarrungszeiten und der Raumbeständigkeit; Deutsche Fassung EN 196-3:1987
DIN EN 196 Teil 5	Prüfverfahren für Zement; Prüfung der Puzzolanität von Puzzolanzementen; Deutsche Fassung EN 196-5:1987
DIN EN 196 Teil 6	Prüfverfahren für Zement; Bestimmung der Mahlfeinheit; Deutsche Fassung EN 196-6:1989
DIN EN 196 Teil 7	Prüfverfahren für Zement; Verfahren für die Probenahme und Probenauswahl von Zement; Deutsche Fassung EN 196-7:1989
DIN EN 196 Teil 21	Prüfverfahren für Zement; Bestimmung des Chlorid-, Kohlenstoffdioxid- und Alkalianteils von Zement; Deutsche Fassung EN 196-21:1989

Darüber hinaus liegt die Vornorm

DIN V ENV 196 Teil 4	Prüfverfahren für Zement; Quantitative Bestimmung der Bestandteile; Deutsche Fassung ENV 196-4:1989

vor.

In dieser Norm bedeuten %, sofern nichts anderes angegeben, bei Angabe von Gehalten und Konzentrationen Massenanteile in %.

Inhalt

Fortsetzung Seite 2 bis 4

Normenausschuß Bauwesen (NABau) im DIN Deutsches Institut für Normung e.V.

1 Anwendungsbereich

Es werden die Verfahren aufgeführt, die für die Bestimmung der in DIN 1164 Teil 1 festgelegten Bestandteile erforderlich sind. Für die Überwachung sind auch andere Verfahren zulässig, sofern sie Ergebnisse mit hinreichender Genauigkeit liefern. Wird der Anteil eines Bestandteils nach einem anderen als dem hier angeführten Analysengang ermittelt, so muß nachgewiesen sein, daß die erzielten Ergebnisse beider Verfahren nicht wesentlich voneinander abweichen.

2 Bestimmung des Hüttensandanteils von Eisenportlandzement und Hochofenzement

2.1 Allgemeines

Die Bestimmung des Hüttensandanteils von Eisenportland- und Hochofenzementen wird, sofern die Ausgangsstoffe Portlandzementklinker und Hüttensand nicht vorhanden sind, nach einem kombinierten mikroskopisch-chemischen Verfahren ausgeführt.

Dabei wird der Hüttensandanteil in einem Anschliff der Korngruppe 0,032 bis 0,040 mm ausgezählt. Durch eine zusätzliche chemische Analyse ist die Zusammensetzung der Korngruppe und des Zements zu überprüfen. Unterscheiden sich Korngruppe und Zement in ihrer Zusammensetzung, so ist der ausgezählte Hüttensandanteil zu korrigieren. Hierbei ist der Calciumsulfatanteil des Zements zu berücksichtigen, da sich die Angaben über den Hüttensandanteil nach DIN 1164 Teil 1/03.90, Abschnitt 3.2, auf die Summe von Portlandzementklinker und Hüttensand beziehen.

Sind die Ausgangsstoffe vorhanden, so wird der Hüttensandanteil über die chemische Analyse der Ausgangsstoffe ermittelt.

2.2 Geräte und Hilfsmittel

Luftstrahlsiebgerät und Drahtsiebboden 0,032 nach DIN 4188 Teil 1 zum Absieben der Korngruppe größer 0,032 mm

Handsieb mit Drahtsiebboden 0,040 nach DIN 4188 Teil 1 zum Absieben der Korngruppe 0,032 bis 0,040 mm

Mikroskop mit einer Auflichteinrichtung

Einrichtung zum Herstellen von Anschliffen

Ätzmittel, z. B. Wasser und Dimethylammoniumcitrat oder alkoholische Salpetersäure.

2.3 Verfahren

2.3.1 Absieben der Korngruppe 0,032 bis 0,040 mm

Mit dem Luftstrahlsiebgerät mit Drahtsiebboden 0,032 nach DIN 4188 Teil 1 werden der Korngruppenanteil größer 0,032 mm und anschließend mit dem Handsieb mit Drahtsiebboden 0,040 nach DIN 4188 Teil 1 der Korngruppenanteil größer 0,040 mm abgesiebt. Die Probenmenge der Korngruppe 0,032 bis 0,040 mm sollte mindestens 8 g betragen.

2.3.2 Herstellen des Anschliffs

Eine Probe von etwa 1 g der abgesiebten Korngruppe wird in ein dafür geeignetes Kunstharz (Epoxidharz oder Polymethylmetacrylat) eingebettet und die Oberfläche des Präparates geschliffen, poliert und geätzt. Beim Einbetten ist darauf zu achten, daß sich die Probe nicht entmischt und die Härten des Einbettungsmittels und des Hüttensandes so aufeinander abgestimmt sind, daß beim Schleifen und Polieren eine glatte Oberfläche erreichbar ist. Nach dem Ätzen lassen sich Hüttensand und Portlandzementklinker im Auflicht gut voneinander unterscheiden.

2.3.3 Mikroskopische Untersuchung

Unter dem Mikroskop werden im Auflicht insgesamt mindestens 1000 Hüttensand- und Portlandzementklinkerkörner ausgezählt. Die Gipskörner werden bei der Zählung nicht berücksichtigt.

2.3.4 Berechnung des Hüttensandanteils

Der Anteil an Hüttensand wird nach folgender Gleichung berechnet:

$$H = \frac{n_H \cdot \varrho_H}{n_H \cdot \varrho_H + n_K \cdot \varrho_K} \cdot 100$$

Es bedeuten

H Hüttensandanteil der ausgezählten Korngruppe in %

n_H Anzahl der Hüttensandkörner

ϱ_H Reindichte des Hüttensandes in g/cm^3

n_K Anzahl der Portlandzementklinkerkörner

ϱ_K Reindichte des Portlandzementklinkers in g/cm^3

Für die Reindichte des Hüttensandes kann im allgemeinen 2,85 g/cm^3, für die Reindichte des Portlandzementklinkers 3,15 g/cm^3 eingesetzt werden.

2.3.5 Korrektur

Die Korrektur ist nur unter der vereinfachenden Annahme möglich, daß das gesamte im Zement enthaltene Sulfat als Calciumsulfat vorliegt. Dazu ist durch chemische Bestimmung die Konzentration einer Bezugskomponente im Eisenportlandzement bzw. Hochofenzement und in der Korngruppe zu prüfen. Die Konzentration der Bezugskomponente im Gemisch aus Portlandzementklinker und Hüttensand der ausgezählten Korngruppe ergibt sich dann aus der Konzentration dieser Komponente im Zement oder in der Korngruppe nach folgender Gleichung:

$$C_{ZHK} = C_Z \cdot \frac{100}{100 - S} \quad (1)$$

oder

$$C_{KgrHK} = C_{Kgr} \cdot \frac{100}{100 - S} \quad (2)$$

Es bedeuten

C_{ZHK} Konzentration der Bezugskomponente im Gemisch aus Portlandzementklinker und Hüttensand des Zements in %, glühverlustfrei und sulfatfrei

C_{KgrHK} Konzentration der Bezugskomponente im Gemisch aus Portlandzementklinker und Hüttensand der ausgezählten Korngruppe in %, glühverlustfrei und sulfatfrei

C_Z Konzentration der Bezugskomponente im Zement in %, glühverlustfrei

C_{Kgr} Konzentration der Bezugskomponente in der ausgezählten Korngruppe in %, glühverlustfrei

S Anteil an Calciumsulfat im Zement in %, glühverlustfrei, berechnet aus dem nach DIN EN 196 Teil 2/03.90, Abschnitt 8, bestimmten SO_3-Anteil des Zements durch Multiplikation mit 1,700

Werden keine Unterschiede in der Zusammensetzung festgestellt, so wird der mikroskopisch ausgezählte und nach Abschnitt 2.3.4 berechnete Hüttensandanteil angegeben. Ergibt die chemische Bestimmung eine unterschiedliche Konzentration der Bezugskomponente, so muß der ermittelte Wert für den Hüttensandanteil korrigiert werden.

Für die chemische Bestimmung eignen sich als Bezugskomponente solche Bestandteile, die in möglichst verschiedenen Mengen im Portlandzementklinker und im Hüttensand enthalten sind, z. B. Manganoxid oder Calciumoxid.

Wird als Bezugskomponente ein Bestandteil gewählt, der im Portlandzementklinker nicht oder nur in vernachlässigbar kleiner Menge enthalten ist, z. B. Manganoxid, so wird der korrigierte Hüttensandanteil nach folgender Gleichung berechnet:

$$H_{\text{korr}} = H \cdot \frac{C_{\text{ZHK}}}{C_{\text{KgrHK}}} \qquad (3)$$

Es bedeuten

H_{korr} korrigierter Hüttensandanteil des Gemisches aus Portlandzementklinker und Hüttensand in %

H Hüttensandanteil der ausgezählten Korngruppe in %, nach Abschnitt 2.3.4 berechnet

C_{ZHK} Konzentration der Bezugskomponente im Gemisch aus Portlandzementklinker und Hüttensand in %, glühverlustfrei und sulfatfrei

C_{KgrHK} Konzentration der Bezugskomponente im Gemisch aus Portlandzementklinker und Hüttensand der ausgezählten Korngruppe in %, glühverlustfrei und sulfatfrei

Wird als Bezugskomponente ein Bestandteil gewählt, der im Portlandzementklinker und im Hüttensand enthalten ist, so wird unter der Annahme mittlerer Anteile in Portlandzementklinker und Hüttensand der korrigierte Hüttensandanteil nach folgender Gleichung errechnet:

$$H_{\text{korr}} = H + \frac{100\,(C_{\text{ZHK}} - C_{\text{KgrHK}})}{C_{\text{H}} - C_{\text{K}}} \qquad (4)$$

Es bedeuten

H_{korr} korrigierter Hüttensandanteil des Gemisches aus Portlandzementklinker und Hüttensand in %

H Hüttensandanteil der ausgezählten Korngruppe in %, nach Abschnitt 2.3.4 berechnet

C_{ZHK} Konzentration der Bezugskomponente im Gemisch aus Portlandzementklinker und Hüttensand in %, glühverlustfrei und sulfatfrei

C_{KgrHK} Konzentration der Bezugskomponente im Gemisch aus Portlandzementklinker und Hüttensand der ausgezählten Korngruppe in %, glühverlustfrei und sulfatfrei

C_{H} angenommene Konzentration der Bezugskomponente im Hüttensand in %

C_{K} angenommene Konzentration der Bezugskomponente im Portlandzementklinker in %

Bei Verwendung von Calciumoxid als Bezugskomponente können $C_{\text{H}} = 42\,\%$ und $C_{\text{K}} = 65\,\%$ eingesetzt werden. Für C_{ZHK} und C_{KgrHK} ist der glühverlustfreie Calciumoxidanteil nach Abzug des als Calciumsulfat gebundenen Calciumoxids einzusetzen.

3 Bestimmung des Traßanteils von Traßzement

3.1 Allgemeines

Traß läßt sich im Zement mikroskopisch nur qualitativ nachweisen. Eine quantitative Bestimmung ist mikroskopisch nicht möglich, da der Traß so fein gemahlen ist, daß für eine derartige Untersuchung die geeignete Korngruppe 0,032 bis 0,040 mm keinen repräsentativen Anteil mehr enthält. Die Bestimmung des Traßanteils wird chemisch durchgeführt.

3.2 Durchführung

In dem Traßzement wird der CaO-Anteil bestimmt. Unter der Annahme, daß Portlandzementklinker 65 % CaO enthält, errechnet man den Traßanteil des Zements, auf den glühverlustfreien Zustand bezogen, nach folgender Gleichung:

$$Tr = \frac{65 - C_{\text{TrZ}} \dfrac{100}{100 - S}}{65 - C_{\text{Tr}}} \cdot 100 \qquad (5)$$

Es bedeuten

Tr Traßanteil des Gemisches aus Portlandzementklinker und Traß in %

C_{TrZ} CaO-Anteil des Traßzementes (DIN EN 196 Teil 2/03.90, Abschnitt 13.14) nach Abzug des als Calciumsulfat gebundenen CaO-Anteils in %, glühverlustfrei

S Anteil an Calciumsulfat im Zement in %, glühverlustfrei, berechnet aus dem nach DIN EN 196 Teil 2/03.90, Abschnitt 8, bestimmten SO_3-Anteil des Zements durch Multiplikation mit 1,700

C_{Tr} CaO-Anteil des Trasses in %, glühverlustfrei. Ist der genaue Wert nicht bekannt, so wird für den rheinischen Traß ein CaO-Anteil von 3 %, für den bayerischen Traß ein CaO-Anteil von 5 % angenommen.

Sind die tatsächlichen CaO-Anteile des betreffenden Klinkers und des Trasses bekannt, so sind diese Anteile in die Gleichung einzusetzen.

4 Prüfbericht

Der Prüfbericht muß unter Hinweis auf diese Norm folgende Angaben enthalten:

a) Entnahmestelle und Datum der Probenahme
b) Probenehmer
c) Lieferwerk
d) Zementart, Festigkeitsklasse, gegebenenfalls weitere Kennzeichnung
e) Prüfstelle und Datum der Prüfung
f) Angaben über das Einhalten der in DIN 1164 Teil 1 geforderten Grenzwerte:
   - Hüttensandanteil von Eisenportlandzement und Hochofenzement
   - Traßanteil von Traßzement
g) Feststellung über die Normgerechtheit der Probe

Zitierte Normen

DIN 1164 Teil 1 Portland-, Eisenportland-, Hochofen- und Traßzement; Begriffe, Bestandteile, Anforderungen, Lieferung
DIN 4188 Teil 1 Siebböden; Drahtsiebböden für Analysensiebe; Maße
DIN EN 196 Teil 2 Prüfverfahren für Zement; Chemische Analyse von Zement; Deutsche Fassung EN 196-2:1987 (Stand 1989)

Frühere Ausgaben

DIN 1164 Teil 3: 06.70, 11.78

Änderungen

Gegenüber DIN 1164 T 3/11.78 wurden folgende Änderungen vorgenommen:

- Bezug auf DIN 1164 Teil 1/03.90 aufgenommen, in der auf Prüfverfahren der Normen der Reihe DIN EN 196 verwiesen wird.
- Kürzung der früheren Ausgabe DIN 1164 Teil 3/11.78 um die Inhalte, die den Normen der Reihe DIN EN 196 entgegenstehen.
- Probenmenge nach Abschnitt 2.3.1 auf 8 g vergrößert

Erläuterungen

Verfahren für die quantitative Bestimmung der Bestandteile von Zement sind auch auf europäischer Ebene erarbeitet und in dem Entwurf der europäischen Prüfnorm für Zement EN 196 Teil 4 zusammengestellt worden. Das Technische Komitee TC 51 im CEN war allerdings der Auffassung, daß mit einigen dieser Verfahren noch Erfahrungen in der Praxis gesammelt werden müßten. Im Gegensatz zu den übrigen Teilen von EN 196 wird ENV 196 Teil 4 daher zunächst als europäische Vornorm (ENV) erscheinen. Solange ENV 196 Teil 4 den Status einer Vornorm aufweist, können die dort beschriebenen Verfahren zusätzlich zu den national geltenden Bestimmungsverfahren angewendet werden.

Internationale Patentklassifikation

C 04 B 7/00
G 01 N 33/38

DK 666.94:691.5:620.1 März 1990

Zement

Portlandölschieferzement

Anforderungen, Prüfungen, Überwachung

DIN 1164 Teil 100

Cement; Portland oil shale cement; requirements, testing, inspection

Ciment; ciment Portland aux schiste bitumineux; exigences, essais, contrôle

Ersatz für Ausgabe 01.89

Normen über Zement und Prüfverfahren für Zement:

DIN 1164 Teil 1	Portland-, Eisenportland-, Hochofen- und Traßzement; Begriffe, Bestandteile, Anforderungen, Lieferung
DIN 1164 Teil 2	Portland-, Eisenportland-, Hochofen- und Traßzement; Überwachung (Güteüberwachung)
DIN 1164 Teil 8	Portland-, Eisenportland-, Hochofen- und Traßzement; Bestimmung der Hydratationswärme mit dem Lösungskalorimeter
DIN 1164 Teil 31	Portland-, Eisenportland-, Hochofen- und Traßzement; Bestimmung des Hüttensandanteils von Eisenportland- und Hochofenzement und des Traßanteils von Traßzement
DIN 1164 Teil 100	Zement; Portlandölschieferzement; Anforderungen, Prüfungen, Überwachung
DIN EN 196 Teil 1	Prüfverfahren für Zement; Bestimmung der Festigkeit; Deutsche Fassung EN 196-1:1987 (Stand 1989)
DIN EN 196 Teil 2	Prüfverfahren für Zement; Chemische Analyse von Zement; Deutsche Fassung EN 196-2:1987 (Stand 1989)
DIN EN 196 Teil 3	Prüfverfahren für Zement; Bestimmung der Erstarrungszeiten und der Raumbeständigkeit; Deutsche Fassung EN 196-3:1987
DIN EN 196 Teil 5	Prüfverfahren für Zement; Prüfung der Puzzolanität von Puzzolanzementen; Deutsche Fassung EN 196-5:1987
DIN EN 196 Teil 6	Prüfverfahren für Zement; Bestimmung der Mahlfeinheit; Deutsche Fassung EN 196-6:1989
DIN EN 196 Teil 7	Prüfverfahren für Zement; Verfahren für die Probenahme und Probenauswahl von Zement; Deutsche Fassung EN 196-7:1989
DIN EN 196 Teil 21	Prüfverfahren für Zement; Bestimmung des Chlorid-, Kohlenstoffdioxid- und Alkalianteils von Zement; Deutsche Fassung EN 196-21:1989

Darüber hinaus liegt die Vornorm

DIN V ENV 196 Teil 4 Prüfverfahren für Zement; Quantitative Bestimmung der Bestandteile; Deutsche Fassung ENV 196-4:1989

vor.

In dieser Norm bedeuten % bei Angabe von Gehalten Massenanteile in %.

Inhalt

Fortsetzung Seite 2 und 3

Normenausschuß Bauwesen (NABau) im DIN Deutsches Institut für Normung e.V.

1 Anwendungsbereich

Diese Norm gilt für Portlandölschieferzemente zur Herstellung von Mörtel und Beton.

2 Begriffe

2.1 Portlandölschieferzement PÖZ

Hauptbestandteile des Portlandölschieferzements sind Portlandzementklinker nach DIN 1164 Teil 1 und gebrannter Ölschiefer.

Portlandölschieferzement ist ein feingemahlenes hydraulisches Bindemittel, das im wesentlichen aus Verbindungen von Calciumoxid mit Siliciumoxid, Aluminiumoxid und Eisenoxid besteht. Portlandölschieferzement erhärtet, mit Wasser angemacht, sowohl an der Luft als auch unter Wasser und bleibt unter Wasser fest.

2.2 Gebrannter Ölschiefer

Gebrannter Ölschiefer ist in feinvermahlenem Zustand ein hydraulisch erhärtender Stoff. Er entsteht durch Brennen von Ölschiefer bei etwa 800 °C im Wirbelschichtverfahren. Er besteht überwiegend aus Calciumsilikaten, Calciumaluminaten, Calciumsulfaten und reaktionsfähigem [1]) Siliciumdioxid.

3 Zusammensetzung und Herstellung

3.1 Portlandölschieferzement PÖZ wird aus 65 bis 90 % Portlandzementklinker und 10 bis 35 % gebranntem Ölschiefer hergestellt. Die Prozentangaben von Portlandzementklinker und gebranntem Ölschiefer beziehen sich auf das Gesamtgewicht von Portlandzementklinker und gebranntem Ölschiefer, einschließlich eines Zusatzes an gebranntem Ölschiefer nach DIN 1164 Teil 1/03.90, Abschnitt 2.2.5. Falls erforderlich, können ein Sulfatträger und gegebenenfalls Zusätze nach Abschnitt 3.2 zugegeben werden. Der Portlandölschieferzement PÖZ wird durch gemeinsames werkmäßiges Feinmahlen [2]) dieser Bestandteile hergestellt.

3.2 Portlandölschieferzement dürfen zur Verbesserung der physikalischen Eigenschaften bis 5 % anorganische mineralische Stoffe zugesetzt werden. Als solche Zusätze dürfen nur aus dem Werkbetrieb stammende, ungebrannte oder teilweise gebrannte Grundstoffe der Klinkerproduktion verwendet werden. Ihr Anteil wird durch die Festlegungen in den Abschnitten 4.2.1.1 und 4.2.1.2 begrenzt.

Bezüglich der Zusätze gilt darüber hinaus DIN 1164 Teil 1.

4 Anforderungen

4.1 Gebrannter Ölschiefer

4.1.1 Magnesiumoxid (MgO)

Bei gebranntem Ölschiefer darf der Gehalt an MgO, bezogen auf den glühverlustfreien gebrannten Ölschiefer, 5,0 % nicht überschreiten.

4.1.2 Druckfestigkeit

Gebrannter feingemahlener Ölschiefer muß bei Prüfung nach DIN EN 196 Teil 1, bei der der Zementanteil durch gebrannten Ölschiefer ersetzt wird, eine Druckfestigkeit nach 28 Tagen von mindestens 25 N/mm^2 aufweisen.

Die Probekörper sind 24 Stunden nach ihrer Herstellung zu entformen, abweichend von DIN EN 196 Teil 1 anschließend jedoch bis zur Prüfung in Feuchtluft-Lagerungskästen mit einer relativen Luftfeuchte von mindestens 90 % zu lagern. Die Lagerung erfolgt auf einem Rost, z. B. auf etwa 15 mm hohen Dreikantleisten aus Kunststoff, die im Abstand von etwa 80 mm anzuordnen sind. In die Lagerungskästen wird bis zu einer Höhe von etwa 10 mm Wasser gegeben. Der Deckel muß dicht schließen, eventuelle Filzabdichtungen müssen feucht gehalten werden. Falls die Probekörper nach 24 Stunden noch nicht entformt werden können, ist dies im Prüfbericht anzugeben.

4.2 Portlandölschieferzement

4.2.1 Chemische Kennwerte

4.2.1.1 Glühverlust und Kohlenstoffdioxid (CO_2)

Bei der Prüfung nach DIN EN 196 Teil 2 darf der Glühverlust 5 % nicht übersteigen.

Bei der Prüfung nach DIN EN 196 Teil 21 darf der Gehalt an Kohlenstoffdioxid 2,5 % nicht überschreiten.

4.2.1.2 Unlöslicher Rückstand

Bei der Prüfung nach DIN EN 196 Teil 2 darf der unlösliche Rückstand – bezogen auf den glühverlustfreien Portlandölschieferzement – 8,5 % nicht überschreiten.

4.2.1.3 Sulfat (SO_3)

Bei der Prüfung nach DIN EN 196 Teil 2 darf der Sulfatgehalt (SO_3), bezogen auf den glühverlustfreien Portlandölschieferzement, die Werte der Tabelle 1 nicht überschreiten.

Tabelle 1. **SO_3-Gehalt des Portlandölschieferzements**

Spezifische Oberfläche des Portlandölschieferzements nach DIN EN 196 Teil 6 cm²/g	SO_3-Gehalt %
von 2000 bis 4000	≤ 3,5
über 4000	≤ 4,5

4.2.2 Zusammensetzung

Die in Abschnitt 3.1 für den Portlandölschieferzement angegebene Zusammensetzung muß eingehalten werden (Bestimmung nach Abschnitt 5). Die Prozentangaben von Portlandzementklinker und gebranntem Ölschiefer beziehen sich auf die Summe dieser beiden Bestandteile.

4.2.3 Mechanische und physikalische Eigenschaften

4.2.3.1 Druckfestigkeit

Portlandölschieferzemente werden in die Festigkeitsklassen Z 35 F, Z 35 L, Z 45 F, Z 45 L und Z 55 nach DIN 1164 Teil 1 unterteilt; sie müssen unter Berücksichtigung von Abschnitt 4.1.2 dieser Norm bei der Prüfung nach DIN EN 196 Teil 1 die Anforderungen nach DIN 1164 Teil 1 erfüllen.

4.2.3.2 Mahlfeinheit, Erstarren und Raumbeständigkeit

Portlandölschieferzement muß die entsprechenden Anforderungen nach DIN 1164 Teil 1 an

- Mahlfeinheit (Prüfung nach DIN EN 196 Teil 6),
- Erstarren (Prüfung nach DIN EN 196 Teil 3) und
- Raumbeständigkeit (Prüfung nach DIN EN 196 Teil 3)

erfüllen.

5 Bestimmung der Zusammensetzung

Für die Bestimmung der Zusammensetzung ist es unerläßlich, alle für die Herstellung des Portlandölschieferzements

---

[1]) Siehe DIN EN 197 Teil 1 (z. Z. Entwurf).

[2]) Hierauf darf verzichtet werden, wenn die durch kontinuierliche Herstellung in großen Massenströmen und gemeinsames Vermahlen angestrebte hohe Vergleichmäßigung aller Zementeigenschaften durch andere adäquate, sachgerechte Mahl- und Homogenisierungsverfahren sichergestellt wird. Ein entsprechender Nachweis ist im Rahmen der Erstprüfung nach Abstimmung mit dem Fremdüberwacher gegenüber dem Institut für Bautechnik, Berlin, zu führen.

verwendeten Bestandteile, Portlandzementklinker, gebrannter Ölschiefer sowie gegebenenfalls Sulfatträger und Zusatz nach DIN 1164 Teil 1, zur Verfügung zu haben.

Die Bestimmung der in Abschnitt 3.1 für Portlandölschieferzement angegebenen Zusammensetzung wird durch chemische Analyse über sogenannte Leitbestandteile wie folgt durchgeführt:

Sowohl vom Portlandölschieferzement als auch von den Bestandteilen Portlandzementklinker, gebrannter Ölschiefer und – falls verwendet – Sulfatträger werden die „Leitbestandteile" CaO, SO_3, Al_2O_3 (alle glühverlustfrei) bestimmt. Aus diesen Leitbestandteilen läßt sich die Zusammensetzung hinreichend genau berechnen.

6 Bezeichnung

Bezeichnung von Portlandölschieferzement PÖZ der Festigkeitsklasse Z 35 F (35 F):

Zement DIN 1164 – PÖZ 35 F

7 Lieferung und Kennzeichnung

Hierfür gilt DIN 1164 Teil 1 mit folgenden Abweichungen:

Zementart: Portlandölschieferzement PÖZ

Als Portlandölschieferzemente nach dieser Norm dürfen nur solche Zemente gekennzeichnet werden, die den Festlegungen dieser Norm entsprechen und in zweckdienlich eingerichteten, fachmännisch geleiteten und überwachten Werken hergestellt werden.

8 Überwachung

Für Umfang und Häufigkeit der Eigen- und Fremdüberwachung gelten DIN 1164 Teil 2 sowie die „Ergänzenden Richtlinien für die Überwachung (Güteüberwachung) von Zement nach DIN 1164".

Darüber hinaus ist im Rahmen der Eigenüberwachung nachzuweisen, daß die Druckfestigkeit des gebrannten Ölschiefers die in Abschnitt 4.1.2 gestellte Anforderung erfüllt und mindestens einmal monatlich geprüft wird. Der Nachweis ist in die Fremdüberwachung einzubeziehen.

Zitierte Normen und andere Unterlagen

DIN 1164 Teil 1	Portland-, Eisenportland-, Hochofen- und Traßzement; Begriffe, Bestandteile, Anforderungen, Lieferung
DIN 1164 Teil 2	Portland-, Eisenportland-, Hochofen- und Traßzement; Überwachung (Güteüberwachung)
DIN EN 196 Teil 1	Prüfverfahren für Zement; Bestimmung der Festigkeit; Deutsche Fassung EN 196-1 : 1987 (Stand 1989)
DIN EN 196 Teil 2	Prüfverfahren für Zement; Chemische Analyse von Zement; Deutsche Fassung EN 196-2 : 1987 (Stand 1989)
DIN EN 196 Teil 3	Prüfverfahren für Zement; Bestimmung der Erstarrungszeiten und der Raumbeständigkeit; Deutsche Fassung EN 196-3 : 1987
DIN EN 196 Teil 6	Prüfverfahren für Zement; Bestimmung der Mahlfeinheit; Deutsche Fassung EN 196-6 : 1989
DIN EN 196 Teil 21	Prüfverfahren für Zement; Bestimmung des Chlorid-, Kohlenstoffdioxid- und Alkalianteils von Zement; Deutsche Fassung EN 196-21 : 1989
DIN EN 197 Teil 1	(z. Z. Entwurf) Zement; Zusammensetzung, Anforderungen und Konformitätskriterien; Definitionen und Zusammensetzung; Deutsche Fassung prEN 197-1 : 1986

Ergänzende Richtlinien für die Überwachung (Güteüberwachung) von Zement nach DIN 1164, Fassung September 1981 [3])

Frühere Ausgaben

DIN 1164 Teil 100: 01.89

Änderungen

Gegenüber der Ausgabe Januar 1989 wurden folgende Änderungen vorgenommen:

In der vorliegenden Norm ist auf die Prüfverfahren nach den Normen der Reihe DIN EN 196 sowie die „Ergänzenden Richtlinien für die Überwachung (Güteüberwachung) von Zement nach DIN 1164" Bezug genommen worden.

Internationale Patentklassifikation

C 04 B 7/00
C 04 B 7/30
G 01 L
G 01 N 33/38

---

[3]) Zu beziehen durch: Beuth Verlag GmbH, Postfach 11 45, 1000 Berlin 30.

DK 691.32 : 620.193.2/.5 : 620.193.92 Juni 1991

Beurteilung betonangreifender Wässer, Böden und Gase
Grundlagen und Grenzwerte

DIN 4030 Teil 1

Evaluation of liquids, soils and gases aggressive to concrete; basic requirements and ultimate limits

Evaluation des liquides, sols et gaz nocifs pour le béton; exigences fondamentales et valeurs limites

Mit DIN 4030 T2/06.91
Ersatz für DIN 4030/11.69

Diese Norm wurde vom Fachbereich VII Beton- und Stahlbetonbau/Deutscher Ausschuß für Stahlbeton des NABau ausgearbeitet.

Inhalt

1 Anwendungsbereich und Zweck

1.1 Allgemeines

(1) Diese Norm ist für die Beurteilung des Angriffsvermögens von Wässern vorwiegend natürlicher Zusammensetzung, von Böden und von Gasen anzuwenden, die betonangreifende Stoffe enthalten können und von außen chemisch auf erhärteten Beton nach DIN 1045 einwirken. Sie gilt nicht für konzentrierte Lösungen wie z.B. einige Industrieabwässer. Deshalb ist bei der Bauplanung — spätestens jedoch vor Baubeginn — zu klären, ob eine Beurteilung nach dieser Norm notwendig oder gerechtfertigt ist.

(2) Anforderungen an die Ausführung von Bauten aus Beton und Stahlbeton, die betonangreifenden Wässern, Böden und Gasen ausgesetzt werden, sind in DIN 1045 enthalten.

1.2 Junger Beton [1]

Junger Beton sollte mit betonangreifendem Wasser im allgemeinen nicht in Berührung kommen. Bei einigen Bauteilen, wie z.B. Ortbetonpfählen in betonangreifendem Grundwasser, läßt sich ein Kontakt des jungen Betons mit betonangreifenden Stoffen nicht vermeiden. In diesem Fall kann bei der Beurteilung des Angriffsgrades betonangreifender Stoffe auf jungen Beton [2] von den allgemeinen Beurteilungsgrundlagen dieser Norm ausgegangen werden.

1.3 Stahlbeton

(1) Regeln zur Sicherstellung des Korrosionsschutzes der Bewehrung enthalten die maßgebenden Normen für Stahlbeton und Spannbeton.

(2) Betonangreifende Bestandteile von Wässern und Böden können die Wirksamkeit der Betondeckung zwar vermindern, eine Gefährdung für die Bewehrung stellen sie bei ausreichend dicker Betondeckung und sachgerechtem Beton aber nicht dar. Dagegen können Carbonatisierung des Betons oder eingedrungene Chloride den Korrosionsschutz beeinträchtigen; dies ist durch betontechnische und konstruktive Maßnahmen zu verhindern.

(3) Eine Korrosion der Bewehrung ist nur möglich, wenn gleichzeitig eine genügend große Menge Sauerstoff und Feuchte vorhanden ist. In trockenen Räumen (relative Feuchte $\leq 70\,\%$, für chloridhaltige Betone gelten kleinere Grenzwerte) ist deshalb keine Korrosionsgefahr gegeben, auch wenn die Carbonatisierung die Bewehrung erreicht hat oder wenn die kritischen Chloridgehalte überschritten werden. Wegen des Mangels an Sauerstoff gilt dies auch bei Bauteilen, die dauernd vollständig unter Wasser sind.

Fortsetzung Seite 2 bis 8

Normenausschuß Bauwesen (NABau) im DIN Deutsches Institut für Normung e.V.
Deutscher Ausschuß für Stahlbeton

(4) Die Eindringgeschwindigkeit von Chloriden in den erhärteten Beton hängt neben dem Chloridgehalt des anstehenden Mediums wesentlich von Wassertransportvorgängen ab (Dichtigkeit des Betons). Der kritische Chloridgehalt im Beton, ab dem eine Korrosion der Bewehrung möglich ist, kann in Abhängigkeit von den Umgebungsbedingungen, der Betonzusammensetzung und der Dichtigkeit des Betons in weiten Grenzen schwanken.

(5) Im Bereich von Rissen kann der Korrosionsschutz schneller aufgehoben werden. Der unter den in Absatz (3) genannten Bedingungen entstehende Korrosionsabtrag ist in der Regel jedoch gering, wenn Qualität und Dicke der Betondeckung sowie die Rißbreitenbeschränkung eingehalten worden sind.

(6) Besondere Korrosionsgefahr ist gegeben, wenn durch Risse im Bereich der Bewehrung chloridhaltiges Wasser fließt (z. B. Spaltrisse in Parkdecks).

2 Betonangreifende Stoffe und ihre Wirkung

2.1 Allgemeines

(1) Wässer und Böden können Beton angreifen, wenn sie

- freie Säuren (siehe Abschnitt 2.2),
- Sulfide (siehe Abschnitt 2.2.3),
- Sulfate (siehe Abschnitt 2.3),
- Magnesiumsalze (siehe Abschnitt 2.4),
- Ammoniumsalze (siehe Abschnitt 2.5) oder
- bestimmte organische Verbindungen (siehe Abschnitt 2.7)

enthalten.

(2) Darüber hinaus können Wässer betonangreifend wirken, wenn sie besonders weich sind (siehe Abschnitt 2.6).

(3) Gase können in Verbindung mit Feuchte Beton angreifen, wenn sie beispielsweise

- Dihydrogensulfid (Schwefelwasserstoff) (siehe Abschnitt 2.2.3),
- Schwefeldioxid (siehe Abschnitt 2.2.4) oder
- Hydrogenchlorid (Chlorwasserstoff) (siehe Abschnitt 2.2.5)

enthalten.

2.2 Saure Wässer

2.2.1 Allgemeines

Wässer, die freie Säuren enthalten, wirken lösend auf den Zementstein und auf carbonathaltige Zuschläge. Wässer mit freien Säuren sind an einem pH-Wert kleiner als 7 erkennbar. Als betonangreifend gelten sie bei pH-Werten kleiner als 6,5. Die am häufigsten vorkommenden Säuren und Säurebildner sind in den Abschnitten 2.2.2 bis 2.2.8 aufgeführt.

2.2.2 Mineralsäuren

Mineralsäuren sind im allgemeinen starke Säuren, wie z.B. Schwefel-, Salz- und Salpetersäure. Sie wirken lösend auf den Zementstein und auf carbonathaltige Zuschläge.

2.2.3 Dihydrogensulfid (Schwefelwasserstoff)

Dihydrogensulfid wirkt als schwache Säure und als solche weniger auf den Beton ein. Er kann jedoch gasförmig in trockenen Beton eindringen oder sich im Wasserfilm auf feuchtem Beton lösen und bei Luftzutritt Schwefelsäure (siehe Abschnitt 2.2.2) und Sulfate (siehe Abschnitt 2.3) bilden. Auch wasserunlösliche Sulfide (z. B. Pyrit, Markasit) können bei Zutritt von Luftsauerstoff und Feuchte allmählich zu Sulfaten und Schwefelsäure oxidiert werden.

2.2.4 Schwefeldioxid

Schwefeldioxid kann gasförmig in trockenen Beton eindringen oder sich in feuchtem Beton lösen und schweflige Säure und Sulfite und — in Gegenwart von Sauerstoff — Schwefelsäure (siehe Abschnitt 2.2.2) und Sulfate (siehe Abschnitt 2.3) bilden.

2.2.5 Hydrogenchlorid (Chlorwasserstoff)

Hydrogenchlorid kann gasförmig in trockenen Beton eindringen oder sich in feuchtem Beton lösen und Salzsäure (siehe Abschnitt 2.2.2) bilden.

2.2.6 Kalklösekapazität (Kalklösende Kohlensäure)

Die kalklösende Kohlensäure (siehe Abschnitte 3.1.3 bis 3.1.5) greift Beton vornehmlich durch Lösen des Calciumhydroxids in ähnlicher Weise an wie andere schwache Säuren. Da von der anwesenden Kohlensäure nur ein Teil betonangreifend wirkt, muß dieser Gehalt als Kalklösekapazität gesondert ermittelt werden (siehe DIN 4030 Teil 2/06.91, Abschnitte 4.9 und 5.2.9).

2.2.7 Organische Säuren

Organische Säuren, wie z.B. Essig-, Milch- und Buttersäure (siehe Abschnitt 3.1.7), lösen Calcium aus den Bestandteilen des Zementsteins unter Bildung des entsprechenden Salzes heraus. Der Angriff organischer Säuren ist im allgemeinen weniger stark als der von Mineralsäuren. Organische Säuren, die praktisch unlösliche Kalksalze bilden (z.B. Oxalsäure, Weinsäure), wirken nicht betonangreifend, da Schutzschichten entstehen.

2.2.8 Huminsäuren

Huminsäuren sind für erhärteten Beton im allgemeinen wenig gefährlich; sie können jedoch den Erstarrungsvorgang des Frischbetons beeinträchtigen. Die Huminsäuren tauschen in besonderen Fällen ihre Wasserstoffionen gegen die Kationen neutraler Salze aus und bilden dann Säuren (siehe Abschnitte 3.1.4 und 3.2.3).

2.3 Sulfate

Sulfate setzen sich mit einigen Calcium- und Aluminiumverbindungen des Zementsteins zu Calciumaluminatsulfathydraten oder Gips um, was zu einem Treiben führen kann (siehe Abschnitte 3.1 und 3.2).

2.4 Magnesiumsalze

Magnesiumsalze, z. B. Magnesiumsulfat und -chlorid, lösen Calciumhydroxid aus dem Zementstein, wobei sich unter anderem Magnesiumhydroxid als weiche, gallertartige Masse bildet (siehe Abschnitt 3.1).

2.5 Ammoniumsalze

Ammoniumsalze (ausgenommen Ammoniumcarbonat, -oxalat und -fluorid) lösen vorwiegend Calciumhydroxid aus dem Zementstein, wobei Ammoniak frei wird und sich in Wasser löst. Ammoniak greift den Beton nicht an (siehe Abschnitt 3.1.5).

2.6 Weiche Wässer

(1) Weiche Wässer mit einer Härte unter 30 mg CaO je l, d. h. Wässer, die gar keine oder nur sehr wenig gelöste Calcium- und/oder Magnesiumsalze enthalten, können Calciumhydroxid des Zementsteins lösen. Sie greifen jedoch wasserundurchlässigen Beton mit einem Wasserzementwert von höchstens 0,60 (siehe DIN 1045) praktisch nicht an, falls sie nicht kalklösende Kohlensäure (siehe Abschnitt 2.2.6) oder andere betonangreifende Stoffe in schädlicher Menge enthalten.

(2) Niederschlagswasser kann einen niedrigen pH-Wert aufweisen, greift aber wegen seines geringen Lösungsvermögens Beton für Außenbauteile nach DIN 1045 in der Regel nicht an.

2.7 Fette und Öle

2.7.1 Allgemeines

Fette und Öle wirken je nach ihrer Herkunft, chemischen Zusammensetzung und physikalischen Beschaffenheit verschieden auf den Beton ein.

2.7.2 Pflanzliche und tierische Fette und Öle

Pflanzliche und tierische Fette und Öle können den Beton angreifen, weil sie als Ester der Fettsäuren mit dem Calciumhydroxid des Zementsteins fettsaure Calciumsalze (Kalkseifen) bilden. Ihr Angriffsvermögen auf wasserundurchlässigen Beton mit einem Wasserzementwert von höchstens 0,60 (siehe DIN 1045) ist jedoch zu vernachlässigen.

2.7.3 Mineralöle und -fette

Mineralöle und -fette greifen den Beton nicht an, wenn sie frei von Säuren sind[1]).

2.7.4 Steinkohlenteeröle

Von den Steinkohlenteerölen enthalten im allgemeinen die Mittel- und Schweröle Phenol und dessen Homologe (Phenolabkömmlinge), die den Beton unter Bildung von Phenolaten angreifen können. Ihr Angriffsvermögen auf wasserundurchlässigen Beton mit einem Wasserzementwert von höchstens 0,60 (siehe DIN 1045) ist jedoch zu vernachlässigen.

3 Vorkommen betonangreifender Stoffe

3.1 Wässer

3.1.1 Meerwasser

(1) Meerwasser enthält als betonangreifende Bestandteile vorwiegend Magnesiumverbindungen und Sulfate. Ostsee und Nordsee haben annähernd die in Tabelle 1 angegebene Zusammensetzung.

Tabelle 1. **Zusammensetzung von Meerwasser (Richtwerte)**

1	2	3
Bestandteile	Nordsee (Helgoland) mg/l	Ostsee (Kieler Bucht) mg/l
Na^+	11 000	5000
K^+	400	200
Ca^{2+}	400	200
Mg^{2+}	1300	600
Cl^-	19 900	9000
SO_4^{2+}	2800	1300
pH-Wert	> 8	> 7
Der Gesamtsalzgehalt beträgt in der Nordsee, ähnlich wie im Atlantischen Ozean, etwa 36 000 mg/l, in der Ostsee (Kieler Bucht) im Jahresmittel etwa 16 000 mg/l.		

(2) Die Tabellenwerte wurden aus mehreren Untersuchungsreihen gewonnen. Die Zusammensetzung des Meerwassers kann von den Richtwerten nach Tabelle 1 stark abweichen (siehe auch Abschnitt 3.1.2).

3.1.2 Meerwasser in Mündungsbereichen und Brackwasser

Meerwasser im Bereich von Fluß- und Kanalmündungen und Brackwasser können Zusammensetzungen aufweisen, die von den Werten nach Tabelle 1 erheblich abweichen. Liegen für derartige Gebiete keine mehrjährigen Analysen vor, aus denen auch mögliche Schwankungen des Salzgehalts abgeschätzt werden können, so sind die Wässer in der Regel als stark angreifend nach Tabelle 4 einzustufen; es ist ein HS-Zement (siehe DIN 1164 Teil 1) zu verwenden. Liegen jedoch entsprechende Analysenwerte vor, kann die Wirkung der Wässer auf der Grundlage der Grenzwerte nach Tabelle 4 erfolgen. Entsprechen die Analysenergebnisse den Richtwerten nach Tabelle 1, und dies gilt vor allem auch für den Gesamtsalzgehalt, so kann auf die Verwendung eines HS-Zements verzichtet werden. Das Wasser ist dann als stark angreifend einzustufen.

3.1.3 Gebirgs- und Quellwässer

Gebirgs- und Quellwässer enthalten meist keine betonangreifenden Stoffe (siehe Abschnitt 2.6), gelegentlich jedoch kalklösende Kohlensäure (siehe Abschnitt 2.2.6) und Sulfate (siehe Abschnitt 2.3).

3.1.4 Moorwässer

Moorwässer enthalten als betonangreifende Bestandteile oft kalklösende Kohlensäure (siehe Abschnitt 2.2.6), Sulfate (siehe Abschnitt 2.3) sowie Huminsäuren (siehe Abschnitt 2.2.8).

3.1.5 Grundwasser und andere Bodenwässer

Grundwasser und andere Bodenwässer — im folgenden als Grundwasser bezeichnet — enthalten oft kalklösende Kohlensäure, Sulfate und Magnesiumverbindungen. Dihydrogensulfid (Schwefelwasserstoff), Ammonium und betonangreifende organische Verbindungen kommen in höherer Konzentration nur in solchen Wassern vor, die durch Abwässer oder entsprechende Ablagerungen verunreinigt sind (siehe Abschnitte 3.1.7 und 3.2.4).

3.1.6 Flußwasser

Flußwasser kann sehr rein sein; es kann aber auch die im Abschnitt 2 aufgeführten Stoffe enthalten. Die Konzentrationen liegen jedoch im allgemeinen im nicht betonangreifenden Bereich.

3.1.7 Abwässer

(1) Abwässer können anorganische und organische betonangreifende Bestandteile enthalten, und zwar Mineralsäuren und organische Säuren sowie deren Salze.

(2) Bei häuslichen Abwässern können Ammoniumverbindungen und Dihydrogensulfid (Schwefelwasserstoff) als betonangreifende Stoffe auftreten. Diese Abwässer sind nicht betonangreifend, können aber auch im schwach angreifenden Bereich liegen. Dies ist der Fall, wenn die erforderlichen Betriebsbedingungen (unter anderem genügendes Gefälle der Rohre, ausreichender Füllungsgrad und Belüftung der Abwasserleitung) eingehalten werden (siehe auch DIN 1986 Teil 3). Bei Anlagen mit länger stehenden häuslichen Abwässern ist eine gesonderte Untersuchung des Abwassers und der im Luftraum enthaltenen Gase erforderlich.

---

[1]) Siehe „Vorläufiges Merkblatt über das Verhalten von Beton gegenüber Mineral- und Teerölen"

(3) Der Ammoniumgehalt der Gülle kann den oberen Grenzwert für den starken chemischen Angriff nach Tabelle 4 deutlich übersteigen. Die praktischen Erfahrungen zeigen jedoch, daß Gülle als schwach betonangreifend einzustufen ist [2]).

(4) Innerhalb von Gewerbebetrieben und Industrieanlagen anfallende Abwässer können je nach Art des Betriebes unterschiedliche betonangreifende Stoffe auch in sehr hohen Konzentrationen enthalten. Hierbei ist auch die Temperatur zu beachten.

(5) Abwässer aus Gewerbebetrieben und Industrieanlagen, die den Betriebsbereich verlassen und in öffentliche Anlagen (z. B. Vorfluter oder Kanalnetze) geleitet werden, können trotz Berücksichtigung der Einleitungsbedingungen nach ATV A 115 betonangreifend sein. Hierbei ist auch die Temperatur zu berücksichtigen.

(6) Deponiesickerwässer siehe Abschnitt 3.2.4.

3.2 Böden

3.2.1 Allgemeines

Böden können als betonangreifende Stoffe insbesondere Eisensulfide (Pyrit, Markasit) sowie austauschfähige (säurebildende) Bestandteile enthalten.

3.2.2 Sulfathaltige Böden

Sulfathaltige Böden treten vorwiegend in Zechstein-, Trias-, Jura- und Tertiärformationen auf, deren Ablagerungen Anhydrit und/oder Gips führen. Die leichter löslichen Sulfate, wie z. B. Magnesiumsulfat und Natriumsulfat, kommen vorzugsweise in der Umgebung von Salzlagerstätten vor.

3.2.3 Moorböden

(1) Moorböden (Torf) enthalten im wesentlichen die im Abschnitt 3.1.4 angegebenen Stoffe und können Eisensulfide enthalten.

(2) Faulschlamm (Klärschlamm) enthält Huminsäuren.

3.2.4 Deponien

Aufschüttungen industrieller Abfallprodukte, Schutt, Müll und Kehrricht, sowie Schlacken-, Aschen- und Berghalden können je nach Herkunft einige der im Abschnitt 2 aufgeführten Stoffe in größeren Mengen enthalten. Sikkerwässer aus derartigen Schüttungen können folglich auch betonangreifend sein.

3.3 Gase

3.3.1 Abgase aus Verbrennungsprozessen

(1) Abgase aus Verbrennungs- und industriellen Prozessen können gas- und staubförmige Bestandteile sowie Aerosole enthalten, die sich beim Unterschreiten des Wassertaupunkts ganz oder teilweise im Kondensat lösen. Je nach Art und Menge der im Kondensat gelösten Bestandteile entstehen Mineralsäuren, organische Säuren oder Salzlösungen unterschiedlicher Konzentration. Gelöste Salze können dabei die Säurewirkung abpuffern. Je nach Zusammensetzung und Konzentration wirken die Lösungen im Kamin oder in unmittelbarer Nähe eines Kamins unterschiedlich stark betonangreifend.

(2) Die sich aus der Emission von Abgas und Abluft ergebende Immissionskonzentration gasförmiger Bestandteile ist gering und nimmt mit zunehmender Entfernung von der Emissionsquelle ab. Maßgebend hierfür ist außer dem hohen Verdünnungsgrad die häufig durch Staubimmission hervorgerufene Pufferwirkung. In der Regel ist daher nicht mit einer nennenswerten Einwirkung der gasförmigen Bestandteile oder der im Niederschlag gelösten Bestandteile auf Beton für Außenbauteile nach DIN 1045 zu rechnen.

(3) Zu den in dieser Weise wirksamen Abgasbestandteilen zählen in erster Linie Schwefeloxide (SO_x), Stickstoffoxide (NO_x) und Prozeßstäube mit wasserlöslichen Salzen wie Ammoniumverbindungen, Alkali- und Erdalkalisulfaten, -nitraten und -chloriden. In Abgasen sind Hydrogenhalogenide (Halogenwasserstoffe, z. B. HCl, HF), Dihydrogensulfid (H_2S) und Dämpfe organischer Substanzen in der Regel nur in vergleichsweise geringer Konzentration enthalten. Mit örtlich erhöhten HCl-Gehalten ist in Brandgasen zu rechnen, wenn bei einem Schadensfeuer chlorhaltige Kunststoffe verbrennen.

(4) Das in Verbrennungsgasen in hoher Konzentration vorliegende Kohlenstoffdioxid löst sich praktisch nicht im Kondensat und wirkt daher auch nicht betonangreifend. Gasförmiges Kohlenstoffdioxid in höherer Konzentration kann jedoch die Carbonatisierung des Betons beschleunigen und infolgedessen den Korrosionsschutz der Bewehrung beeinträchtigen.

3.3.2 Faulgase

Gase in Faulbehältern, Abwasserkanälen und -leitungen können Dihydrogensulfid (Schwefelwasserstoff) enthalten, aus dem durch bakterielle Oxidation Schwefelsäure entstehen kann.

4 Beurteilung betonangreifender Wässer, Böden und Gase

4.1 Allgemeines

Zur Beurteilung des betonangreifenden Charakters eines Baugrundes genügt im allgemeinen die Entnahme und Prüfung von Wasserproben (siehe Abschnitt 4.2). Besteht jedoch der Verdacht, daß der Boden betonangreifende Stoffe enthält (siehe Abschnitt 4.3.1), und ist eine Wasserentnahme nicht möglich, aber mit einer zeitweisen Durchfeuchtung des Boden zu rechnen, so sind Bodenproben zu untersuchen (siehe Abschnitt 4.3.2). In bestimmten Fällen sind sowohl Wasser- als auch Bodenproben zu entnehmen (siehe DIN 4030 Teil 2/6.91, Abschnitt 3.3, Absatz (1).

4.2 Wässer

4.2.1 Allgemeine Merkmale

Charakteristische dunkle Färbung, Salzausscheidungen, fauliger Geruch, Aufsteigen von Gasblasen (Sumpfgas, Kohlenstoffdioxid) oder saure Reaktion können Hinweise auf betonangreifende Bestandteile sein. Mit Sicherheit sind die betonangreifenden Bestandteile nur durch die chemische Analyse (siehe DIN 4030 Teil 2) festzustellen.

4.2.2 Chemische Untersuchung

(1) Die chemische Untersuchung von Wässern umfaßt allgemeine Merkmale und die in Tabelle 2 zusammengestellten Untersuchungen. Neben der Kennzeichnung des Wassers nach allgemeinen Merkmalen und durch einige chemische Kennwerte wird der Gehalt der Bestandteile bestimmt, die zur Beurteilung des Angriffsgrads nach Tabelle 4, erforderlich sind.

---

[2]) Siehe „Merkblatt Stahlbeton für Güllebehälter"

Tabelle 2. **Untersuchungsumfang nach DIN 4030 Teil 2**

1	2	3
Merkmale	Schnell-verfahren nach DIN 4030 Teil 2/06.91, Abschnitt 4	Referenz-verfahren nach DIN 4030 Teil 2/06.91, Abschnitt 5
Farbe	+	+
Geruch (unveränderte Probe)	+	+
Temperatur	+	+
Kaliumpermanganatverbrauch		+
Härte	+	+
Härtehydrogencarbonat	+	+
Differenz zwischen Härte und Härtehydrogencarbonat[1])		+
Chlorid (Cl^-)	+	+
Sulfid (S^{2-})		+
pH-Wert	+	+
Kalklösekapazität	+	+
Ammonium (NH_4^+)	+	+
Magnesium (Mg^{2+})	+	+
Sulfat (SO_4^{2-})	+	+

[1]) Wurde in früheren Ausgaben der Norm als Nichtcarbonathärte bezeichnet

(2) Zu den allgemeinen Merkmalen zählen die Farbe, der Geruch, die Temperatur und der Gehalt an oxidierbaren Bestandteilen (Kaliumpermanganatverbrauch). Durch $KMnO_4$ werden Dihydrogensulfid (Schwefelwasserstoff), Sulfide und organische Bestandteile oxidiert. Weist die Geruchsprüfung auf Dihydrogensulfid hin und/oder übersteigt der $KMnO_4$-Verbrauch einen Wert von 50 mg/l in der filtrierten Probe (Ausnahme häusliche Abwässer), ist eine Bestimmung des Sulfid-Gehalts oder gegebenenfalls eine gesonderte Beurteilung durch einen Fachmann erforderlich. Den ungefähren Kaliumpermanganatverbrauch der einzelnen Wasserarten siehe Tabelle 3.

(3) Die Angaben nach Tabelle 3 sind lediglich Anhaltswerte und dürfen nicht verallgemeinert werden. Abhängig von den örtlichen Gegebenheiten können Werte auftreten, die weit über oder unter dem Durchschnitt liegen. Aus der Oxidierbarkeit läßt sich ein Angriffsgrad nicht ableiten.

(4) Die Angaben zur Härte und Härtehydrogencarbonat des Wassers können ergänzend zur Beurteilung des durch die Kalklösekapazität gekennzeichneten Angriffsgrads herangezogen werden. Das in Wässern vorwiegend natürlicher Zusammensetzung enthaltene Chlorid greift den Beton chemisch nicht an.

Tabelle 3. **Kaliumpermanganatverbrauch**

1	2
Wasserart	$KMnO_4$-Verbrauch mg/l
Quellwasser	5 bis 10
Trinkwasser	1 bis 15
Grundwasser	10 bis 50
Flußwasser	10 bis 50
häusliches Abwasser	150 bis 300
industrielles Abwasser	50 bis 50 000

(5) Die Wasserprobe kann am Ort der Probenahme zuerst einer Prüfung nach dem Schnellverfahren nach DIN 4030 Teil 2/06.91, Abschnitt 4 unterzogen werden, wenn es sich um ein Wasser vorwiegend natürlicher Zusammensetzung handelt. Werden alle Beurteilungskriterien (siehe DIN 4030 Teil 2/06.91, Bild 1) einer Prüfung nach dem Schnellverfahren (siehe DIN 4030 Teil 2) unterzogen und liegen keine Besonderheiten hinsichtlich des Geruchs und der Farbe vor, so gilt das Wasser als nicht betonangreifend; weitergehende Untersuchungen können dann entfallen. In allen übrigen Fällen ist die Probenahme zu wiederholen und die Untersuchung der Wasserprobe nach den Referenzverfahren (siehe DIN 4030 Teil 2/06.91, Abschnitt 5) durchzuführen.

4.2.3 Angriffsgrad von Wässern vorwiegend natürlicher Zusammensetzung

(1) Der Angriffsgrad von Wässern vorwiegend natürlicher Zusammensetzung (ausgenommen Niederschlagswasser, siehe Abschnitt 2.6, Absatz (2)) ist nach den in Tabelle 4 genannten Grenzwerten zu beurteilen. Die Grenzwerte gelten für stehendes und schwach fließendes, in großen Mengen vorhandenes, unmittelbar auf Beton einwirkendes Wasser, bei dem die angreifende Wirkung durch die Reaktion mit dem Beton nicht vermindert wird.

(2) Für die Beurteilung des Wassers ist der aus Tabelle 4 entnommene höchste Angriffsgrad maßgebend, auch wenn er nur von einem der Werte der Zeilen 1 bis 5 erreicht wird. Liegen zwei oder mehr Werte im oberen Viertel eines Bereiches (bei pH im unteren Viertel), so erhöht sich der Angriffsgrad um eine Stufe. Diese Erhöhung gilt nicht für Meerwasser nach Tabelle 1.

(3) Mit einem verstärkten Angriff ist unter Umständen zu rechnen bei höherer Temperatur, bei höherem Druck oder wenn der Beton zusätzlich einem mechanischen Abrieb durch schnell strömendes oder bewegtes Wasser unterliegt. Der Angriffsgrad nimmt ab, wenn die Temperatur des Wassers niedrig ist oder wenn das Wasser nur in geringer Menge ansteht und sich praktisch nicht bewegt, so daß sich die betonangreifenden Bestandteile nur langsam erneuern können, wie z.B. in wenig durchlässigen Böden (Durchlässigkeitsbeiwert $k < 10^{-5}$ m/s) [3].

4.3 Böden

4.3.1 Allgemeine Merkmale

(1) Betonangreifende Böden sind meist an ihrer von der braunen bis gelbbraunen Farbe üblicher Böden abweichenden Färbung zu erkennen. Als verdächtig gelten schwarze bis graue Böden, besonders, wenn sie darüber hinaus noch rotbraune Rostflecken aufweisen. Lichtgrau bis weiß gebleichte Schichten unter dunkelbraunen bis schwarzen Humusböden weisen auf einen sauren Charakter des Baugrundes hin.

Tabelle 4. **Grenzwerte zur Beurteilung des Angriffsgrades von Wässern vorwiegend natürlicher Zusammensetzung**

	1	2	3	4
	Untersuchung	Angriffsgrad		
		schwach angreifend	stark angreifend	sehr stark angreifend
1	pH-Wert	6,5 bis 5,5	< 5,5 bis 4,5	< 4,5
2	kalklösende Kohlensäure (CO_2) mg/l (Marmorlöseversuch nach Heyer [4])	15 bis 40	> 40 bis 100	> 100
3	Ammonium (NH_4^+) mg/l	15 bis 30	> 30 bis 60	> 60
4	Magnesium (Mg^{2+}) mg/l	300 bis 1000	> 1000 bis 3000	> 3000
5	Sulfat¹) (SO_4^{2-}) mg/l	200 bis 600	> 600 bis 3000	> 3000

¹) Bei Sulfatgehalten über 600 mg SO_4^{2-} je l Wasser, ausgenommen Meerwasser, ist ein Zement mit hohem Sulfatwiderstand (HS) zu verwenden (siehe DIN 1164 Teil 1/03.90, Abschnitt 4.6 und DIN 1045/07.88, Abschnitt 6.5.7.5).

(2) Außerdem ist dort Vorsicht geboten, wo z.B. auf Grund geologischer Karten oder Bodentypkarten zu vermuten ist, daß der Beton in Bodenschichten kommt, die Gips, Anhydrit oder andere Sulfate enthalten.

4.3.2 Chemische Untersuchung

(1) Die chemische Untersuchung von Böden umfaßt folgende Bestimmungen:

a) Säuregrad nach Baumann-Gully [5],
b) Sulfat in mg SO_4^{2-} je kg lufttrockenen Bodens,
c) Sulfid in mg S^{2-} je kg lufttrockenen Bodens,
d) Chlorid in mg Cl^- je kg lufttrockenen Bodens.

(2) Durch diese Analysen werden die wichtigsten Eigenschaften und Verbindungen des Bodens erfaßt, die zu einem chemischen Angriff führen können. Bei Aufschüttungen industrieller Abfallprodukte (siehe Abschnitt 3.2.4) und bei Böden mit einem Sulfidgehalt von mehr als 100 mg S^{2-} je kg lufttrockenen Bodens (über 0,01 % S^{2-}) ist eine gesonderte Beurteilung durch einen Fachmann erforderlich.

4.3.3 Angriffsgrad von Böden

(1) Der Angriffsgrad von Böden, die häufig durchfeuchtet werden, ist nach den in Tabelle 5 angegebenen Grenzwerten zu beurteilen.

(2) Für die Beurteilung des Bodens ist der aus Tabelle 5 entnommene Angriffsgrad maßgebend. Bei geringer Durchfeuchtung und/oder Durchlässigkeit des Bodens kann sich der Angriffsgrad erniedrigen.

(3) Für die Beurteilung von Sulfid siehe gegebenenfalls Abschnitt 4.3.2 Absatz (2).

Tabelle 5. **Grenzwerte zur Beurteilung des Angriffsgrades von Böden**

	1	2	3
	Untersuchung	Angriffsgrad	
		schwach angreifend	stark angreifend
1	Säuregrad nach Baumann-Gully [5] in ml je kg lufttrockenen Bodens	> 200	—
2	Sulfat¹) (SO_4^{2-}) in mg je kg lufttrockenen Bodens	2000 bis 5000	> 5000

¹) Bei Sulfatgehalten über 3000 mg SO_4^{2-} je kg lufttrockenen Bodens, ist ein Zement mit hohem Sulfatwiderstand (HS) zu verwenden (siehe DIN 1164 Teil 1/03.90, Abschnitt 4.6, und DIN 1045/07.88, Abschnitt 6.5.7.5).

4.4 Gase

Bei ständiger Einwirkung von betonangreifenden Gasen können sich im Laufe der Zeit die angreifenden Bestandteile im Beton anreichern. Sind betonangreifende Gase in höherer Konzentration zu erwarten, ist eine Gasanalyse erforderlich und die Beurteilung des Angriffsvermögens unter Berücksichtigung der örtlichen Verhältnisse durch einen Fachmann durchzuführen.

Zitierte Normen und andere Unterlagen

DIN 1045	Beton- und Stahlbeton; Bemessung und Ausführung
DIN 1164 Teil 1	Portland-, Eisenportland-, Hochofen- und Traßzement; Begriffe, Bestandteile, Anforderungen, Lieferung
DIN 1986 Teil 3	Entwässerungsanlagen für Gebäude und Grundstücke; Regeln für Betrieb und Wartung
DIN 4030 Teil 2	Beurteilung betonangreifender Wässer, Böden und Gase; Entnahme und Analyse von Wasser- und Bodenproben
ATV A 115	Hinweise für das Einleiten von Abwasser in eine öffentliche Abwasseranlage Zu beziehen durch Gesellschaft zur Förderung der Abwassertechnik (GFA e.V.), Markt 71, 5205 St. Augustin 1

„Vorläufiges Merkblatt über das Verhalten von Beton gegenüber Mineral- und Teerölen", erarbeitet vom Arbeitskreis „Öleinwirkungen" des Vereins Deutscher Zementwerke", beton 16 (1966) Heft 11, S. 461–463

„Merkblatt Stahlbeton für Güllebehälter". Landwirtschaftskammer Schleswig-Holstein, Abteilung Landtechnik und landwirtschaftliches Bauwesen, Kiel.

[1] Weigler, H. und Karl, S.: Beton. Verlag für Architektur und technische Wissenschaften, Berlin 1989

[2] Rechenberg, W.: Junger Beton in „stark" angreifendem Wasser, beton **25** (1975) Heft 4, S. 143–145

[3] Grube, H. und Rechenberg, W.: Betonabtrag durch chemisch angreifende saure Wässer, beton **37** (1987) Heft 11, S. 446–451 und Heft 12, S. 495–498

[4] Heyer, C.: Ursache und Beseitigung des Bleiangriffs durch Leitungswasser, chemische Untersuchungen aus Anlaß der Dessauer Bleivergiftungen im Jahre 1886. Verlagsbuchhandlung Paul Baumann, Dessau 1888.

[5] Gessner, H.: Vorschrift zur Untersuchung von Böden auf Zementgefährlichkeit. Diskussionsbericht Nr 29 der Eidgenössischen Materialprüf- und Versuchsanstalt, Zürich 1928

Frühere Ausgaben

DIN 4030: 09.54, 11.69

Änderungen

Gegenüber DIN 4030/11.69 wurden folgende Änderungen vorgenommen:

a) Norminhalt aufgeteilt in
   - DIN 4030 Teil 1 Grundlagen und Grenzwerte

   und
   - DIN 4030 Teil 2 Entnahme und Analyse von Wasser und Bodenproben

b) Neu aufgenommen wurden die Abschnitte
   - 1.2 Junger Beton.
   - 1.3 Stahlbeton.
   - 2.2.5 Hydrogenchlorid.
   - 3.1.1 Brack- und Meerwasser.
   - 3.3.1 Abgase aus Verbrennungsprozessen.
   - 3.3.2 Faulgase.

c) Tabelle 2 ist neu; sie enthält Hinweise auf die Schnell- und Referenzverfahren von DIN 4030 Teil 2.

d) Der Begriff Grundwasser wurde durch Bodenwasser ersetzt.

Erläuterungen

(1) Die vorliegende Norm wurde in mehreren Sitzungen des Arbeitsausschusses „Betonangreifende Stoffe" und seiner Arbeitsgruppen erarbeitet. Dabei wurden das bisherige Vorgehen bei der Beurteilung betonangreifender Wässer und Böden im wesentlichen beibehalten, weil es einfach ist und sich bewährt hat. Zur Erleichterung der Anwendung beschloß der Ausschuß jedoch, den bisherigen Abschnitt 5 „Probenahme und chemische Analyse von Wässern und Böden" aus DIN 4030/11.69 in DIN 4030 Teil 2 unterzubringen. Danach wird die zukünftige Neufassung von DIN 4030 „Beurteilung betonangreifender Wässer, Böden und Gase" aus DIN 4030 Teil 1 mit dem Untertitel „Grundlagen und Grenzwerte" und aus DIN 4030 Teil 2 mit dem Untertitel „Entnahme und Analyse von Wasser- und Bodenproben" bestehen.

(2) Nach eingehender Diskussion sprach sich der Ausschuß dafür aus, in DIN 4030 Teil 1 und Teil 2 auch weiterhin nur die Beurteilung betonangreifender Stoffe zu behandeln. Da dabei aber häufig auch die Frage nach ausreichendem Korrosionsschutz der Bewehrung im Beton zu beantworten ist, wurde in Abschnitt 1 „Anwendungsbereich und Zweck" von DIN 4030 Teil 1 ein kurzer Unterabschnitt „Stahlbeton" mit entsprechenden Angaben vorgesehen. In Abschnitt 1 wurde außerdem ein Unterabschnitt „Junger Beton" mit Angaben über seinen Einsatz bei betonangreifenden Wässern und Böden aufgenommen.

(3) Während der Abschnitt 2 „Betonangreifende Stoffe und ihre Wirkung" im wesentlichen unverändert blieb — der Unterabschnitt „weiche Wässer" wurde jedoch um

einen Absatz über Niederschlagswasser ergänzt —, wurden in Abschnitt 3 „Vorkommen betonangreifender Stoffe" ein Unterabschnitt für Meerwasser in Mündungsbereichen von Flüssen und für Brackwasser, die häufig eine vom Meerwasser deutlich abweichende Zusammensetzung aufweisen, aufgenommen, der Unterabschnitt „Abwässer" auch mit Hinweisen auf Einleitungsvorschriften überarbeitet und der Abschnitt „Gase" wesentlich erweitert. Zur Angleichung an andere Fachbereiche wurde für Aufschüttungen von Abfallprodukten der Begriff „Deponien" eingeführt.

(4) Der Abschnitt 4 „Beurteilung betonangreifender Wässer, Böden und Gase" stimmt im wesentlichen mit der bisherigen Fassung überein. Die dort für Wasser festgelegten Grenzwerte gelten weiterhin für stehendes oder schwach fließendes, in großer Menge vorhandenes Wasser vorwiegend natürlicher Zusammensetzung. In Abschnitt 4.2 und Tabelle 2 wurde für Wasser jedoch zusätzlich die Beurteilung mit Hilfe einer Schnellprüfung, deren Einzelheiten in DIN 4030 Teil 2 geregelt worden sind, vorgesehen. Die Referenzverfahren brauchen demnach in Zukunft nur angewendet werden, wenn bei der Schnellprüfung die dafür festgelegten Anforderungen nicht erfüllt werden. Nach eingehender Erörterung, bei der auch die internationalen Erfahrungen einbezogen worden sind, wurden in Tabelle 4 die Grenzwerte für die kalklösende Kohlensäure und für den Magnesiumgehalt, die bisher sehr auf der sicheren Seite lagen, sowie in der Fußnote 1 von Tabelle 4 der Grenzwert für den Sulfatgehalt je Liter Wasser, bei dessen Überschreiten HS-Zement zu verwenden ist, erhöht.

(5) Die vorliegende Norm wurde den begrifflichen Festlegungen von „Härte" und Wortverbindungen mit dem Begriff „Härte" nach DIN 38409 Teil 6 angepaßt. In diesem Zusammenhang wurden ferner die Einheiten der Angaben für die Härte mit dem Gesetz über Einheiten im Meßwesen[3]) in Einklang gebracht. Dementsprechend ist die Verwendung der Einheit °d (= deutscher Grad Härte) nicht mehr zulässig (siehe dazu auch DIN 38409 Teil 6).

(6) Bisherige Benennungen für chemische Stoffe werden durch Benennung nach DIN 32640 ersetzt; die bisherigen Benennungen werden in Klammern hinter der entsprechenden Benennung nach DIN 32640 geführt.

Internationale Patentklassifikation

E 04 B 1/92

E 04 D 1/06

E 04 G 21/24

G 01 N 33/18

G 01 N 33/38

---

[3]) Gesetz über Einheiten im Meßwesen vom 2. Juli 1969, BGBl. I, Nr 55, 709-712 (1969), in der Fassung vom 6. Juli 1973, BGBl. I, Nr 53, 720-721 (1973).

DK 691.32 : 620.193.2/.5 : 620.193.92 : 620.113

Juni 1991

Beurteilung betonangreifender Wässer, Böden und Gase
Entnahme und Analyse von Wasser- und Bodenproben

DIN 4030 Teil 2

Evaluation of liquids, soils and gases aggressive to concrete; sampling and analysis of water and soil samples

Evaluation des liquides, sols et gaz nocifs pour le béton; prélèvement et analyse des échantillons d'eau et de sol

Mit DIN 4030 T1/06.91 Ersatz für DIN 4030/11.69

Diese Norm wurde vom Fachbereich VII Beton- und Stahlbetonbau/Deutscher Ausschuß für Stahlbeton des NABau ausgearbeitet.

Inhalt

Fortsetzung Seite 2 bis 13

Normenausschuß Bauwesen (NABau) im DIN Deutsches Institut für Normung e.V.
Deutscher Ausschuß für Stahlbeton

1 Anwendungsbereich

(1) Diese Norm beschreibt das Vorgehen und die Anforderungen bei der Entnahme und der analytischen Untersuchung von Wasser- und Bodenproben für die nach DIN 4030 Teil 1, im Regelfall zu prüfenden Eigenschaften und Merkmale.

(2) Für die Probenahme und Untersuchung von Gasen sowie von verunreinigten Wässern und Böden mit betonangreifenden Stoffen, wie sie z.B. in ungeklärten und geklärten Abwässern aus Gewerbebetrieben und Industrieanlagen, in häuslichem Abwasser oder in Böden mit industriellen Abfallstoffen enthalten sein können, müssen die hierfür erarbeiteten Vorschriften beachtet ([1] bis [3]), besondere Fachinstitute beauftragt sowie Fachgutachter herangezogen werden.

2 Grundlagen

(1) Die Entnahme und Untersuchung von repräsentativen Wasser- und Bodenproben ist vor Beginn einer Baumaßnahme bereits im Planungsstadium, in der Regel im Rahmen von Baugrunduntersuchungen, durchzuführen.

(2) Die Entnahme von Wasser- und Bodenproben nach Abschnitt 3 sowie die Prüfung von Wasserproben nach dem Schnellverfahren nach Abschnitt 4 müssen von qualifiziertem Fachpersonal der Fachfirmen für Baugrundaufschlüsse nach DIN 4021, der beteiligten Baufirmen oder der für Untersuchungen nach DIN 1045 eingeschalteten Fachinstitute durchgeführt werden [4]. Das Fachpersonal (z.B. Ingenieure, Laboranten, Baustoffprüfer), muß hierfür über eine besondere Ausbildung verfügen.

(3) Die Vorgehensweise bei Probenahme und Untersuchung von Wasser nach Abschnitt 1 ist schematisch in Bild 1 dargestellt. Die nach Abschnitt 3 entnommene Wasserprobe kann an Ort und Stelle mit den in Abschnitt 4 beschriebenen Schnellverfahren geprüft werden [4], wenn es sich um ein Wasser vorwiegend natürlicher Zusammensetzung handelt. Wasserproben, die in der Nähe von Industrie- und Deponiestandorten entnommen werden, sind unter Beachtung besonderer Vorschriften (siehe [1] bis [3]) nach den Referenzverfahren (siehe Abschnitt 5) zu untersuchen.

(4) Ergibt die Prüfung nach dem Schnellverfahren, daß der pH-Wert und die Inhaltsstoffe des Wassers die in Bild 1 angegebenen Grenzwerte nicht unter- bzw. überschreiten, und weisen nicht andere Merkmale wie z.B. Farbe oder Geruch der Wasserprobe auf die mögliche Anwesenheit anderer betonangreifender Stoffe hin, können in der Regel weitergehende Untersuchungen entfallen. Werden die Beurteilungskriterien nach Bild 1 schon in einem Fall nicht erfüllt, ist erneut eine Wasserprobe zu entnehmen und nach den in Abschnitt 5 beschriebenen Referenzverfahren zu untersuchen [5]. Die Beurteilung erfolgt nach den in DIN 4030 Teil 1 vorgegebenen Grenzwerten. In Sonderfällen, z.B. bei Sulfid, hoher Fließgeschwindigkeit und anderem, ist ein Fachgutachter heranzuziehen.

(5) Die chemisch-analytischen Prüfungen nach dem Schnellverfahren sind als Einzelbestimmung durchzuführen. Die Untersuchung von Wasserproben nach den Referenzverfahren kann als Einfachbestimmung ausgeführt werden, wenn zuvor eine Prüfung nach dem Schnellverfahren durchgeführt wurde. In allen anderen Fällen ist eine Doppelbestimmung erforderlich. Die Festlegungen der Prüfhäufigkeit gelten für jeweils eine Boden- und eine Wasserprobe.

3 Probenahme

3.1 Allgemeines

(1) Zur Probenahme werden Verfahren angewendet, die in DIN 4021 beschrieben sind. Auch für die Auswahl, Anlage und Markierung von Probenahmestellen sind die in dieser Norm getroffenen Festlegungen maßgebend. Die Anzahl der Probenahmestellen ist vom Auftraggeber in Absprache mit den beauftragten Fachfirmen für Baugrundaufschlüsse sowie den eingeschalteten Untersuchungsstellen festzulegen.

(2) Anzahl, Häufigkeit und Zeitpunkt der Probenahme sind auf den Umfang des Bauvorhabens, auf die Baugrundverhältnisse sowie auf die Bedingungen an der Entnahmestelle abzustimmen. Falls eine häufigere Überprüfung des Grundwasserstands oder von Kluftzuflüssen zur Erfassung witterungs- und jahreszeitbedingter Schwankungen vorgesehen ist, sollte auch eine entsprechend größere Anzahl von Wasserproben entnommen und untersucht werden. In der Nähe von Industrieanlagen, von Deponien aller Art oder auf ehemaligen Industriestandorten sind in der Regel an mindestens zwei verschiedenen Stellen des Baugeländes Wasserproben zu entnehmen.

(3) Die Probenahme muß hinsichtlich des Gehalts betonangreifender Bestandteile repäsentativ sein. Hierbei sind sowohl die örtlichen, geologischen und hydrologischen Verhältnisse als auch zeitliche Veränderungen der Probenzusammensetzung zu berücksichtigen. Werden unterschiedliche Bodenschichten und/oder verschiedene Grundwasserstockwerke angetroffen, kann es je nach Gründungstiefe des Bauwerks erforderlich sein, aus jeder Bodenschicht und aus jedem Grundwasserstockwerk gesonderte Proben zu entnehmen und zu untersuchen. Mit einer veränderten Probenzusammensetzung ist auch bei wechselnder Höhe des Wasserspiegels zu rechnen. Die Zusammensetzung von Wasser- und Bodenproben darf darüber hinaus nicht durch die bei Baugrundaufschlüssen und bei der Probenahme angewandten Verfahren verändert werden. Bodenproben müssen den Güteklassen 1 oder 2 nach DIN 4021/10.90, Abschnitt 4.1, Tabelle 4 entsprechen.

(4) Zur Beurteilung des Angriffsgrads von Wässern und Böden sind zusätzliche Angaben über die Höhe des Wasserspiegels, die Fließrichtung, die Fließgeschwindigkeit, den hydrostatischen Druck, die Temperatur und den Durchlässigkeitsbeiwert k des Bodens hilfreich. Die Meßwerte sind bei der Anlage von Grundwassermeßstellen und aus Bodenuntersuchungen zu ermitteln.

(5) Beim Transport von Wasser- und Bodenproben darf sich die Zusammensetzung der Proben infolge eines Temperaturanstiegs nicht verändern (siehe Abschnitt 3.2.1). Der Temperaturanstieg während des Transports von der Entnahme bis zur Untersuchungsstelle soll 5 K nicht übersteigen. Die Zeit zwischen der Entnahme und der Bestimmung der Kalklösekapazität, des pH-Werts, des Kaliumpermanganatverbrauchs und des Sulfids darf 4 h nicht überschreiten.

3.2 Entnahme von Wasserproben

3.2.1 Geräte

(1) Zur Entnahme von Wasserproben sind die in DIN 4021 beschriebenen Geräte (Schöpfgeräte, Entnahmegeräte mit Bodenventil, Pumpen) einzusetzen.

(2) Weitere Geräte, die für die Aufbewahrung, den Transport von Wasserproben und für die Schnellprüfung am Entnahmeort benötigt werden, sind in Tabelle 1 zusammengestellt.

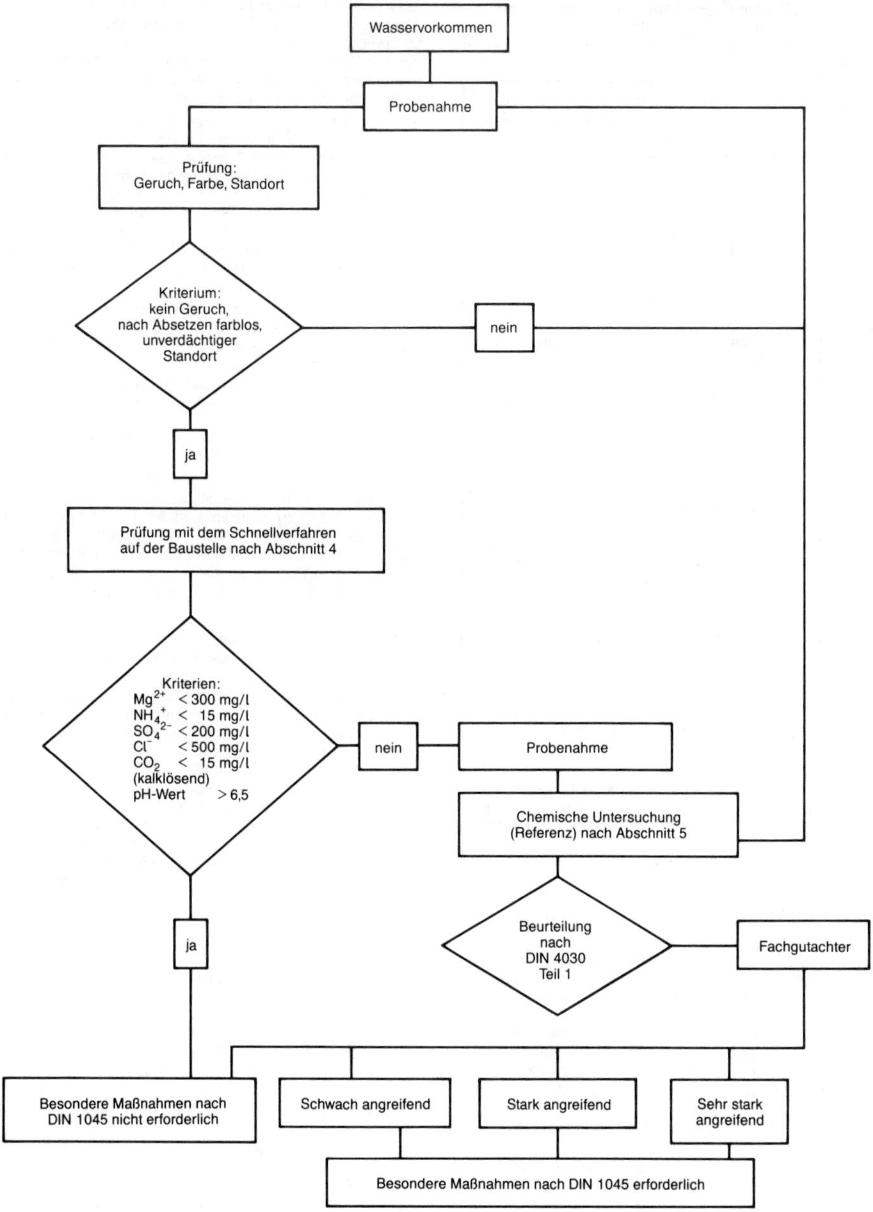
Wasservorkommen
Probenahme
Prüfung: Geruch, Farbe, Standort
Kriterium: kein Geruch, nach Absetzen farblos, unverdächtiger Standort
nein
ja
Prüfung mit dem Schnellverfahren auf der Baustelle nach Abschnitt 4
Kriterien:
Mg2+ < 300 mg/l
NH4+ < 15 mg/l
SO42− < 200 mg/l
Cl− < 500 mg/l
CO2 < 15 mg/l (kalklösend)
pH-Wert > 6,5
nein
Probenahme
Chemische Untersuchung (Referenz) nach Abschnitt 5
ja
Beurteilung nach DIN 4030 Teil 1
Fachgutachter
Besondere Maßnahmen nach DIN 1045 nicht erforderlich
Schwach angreifend
Stark angreifend
Sehr stark angreifend
Besondere Maßnahmen nach DIN 1045 erforderlich

Bild 1.

Tabelle 1. **Geräte für Probenahme, Transport und Untersuchungen von Wasser**

Nr	
1	1 Probenflasche, Volumen 1 l (für Untersuchungen nach Abschnitt 4.2 bis Abschnitt 4.8)
2	1 Probenflasche, Volumen 0,5 l mit 10 g Calciumcarbonatpulver (für Untersuchungen nach Abschnitt 4.9)
3	1 Thermometer, Meßbereich 0 bis 30 °C, Skalenteilungswert 0,2 K
4	1 pH-Meter mit Meßelektrode (Verfahren nach Abschnitt 5.2.2, alternativ zu Abschnitt 4.3)
5	1 Tropfflasche mit verdünnter Phosphorsäure (Verfahren nach Abschnitt 4.2)
6	1 Flasche mit Schraubverschluß für verbrauchte Chemikalien, Volumen 0,5 l
7	1 Schnellanalysenset [1])
8	2 Probenflaschen, Volumen 2 l (für Untersuchungen nach Abschnitt 5.2.1 bis Abschnitt 5.2.8)
9	2 Probenflaschen, Volumen 0,5 l mit 10 g Calciumcarbonatpulver (für Untersuchungen nach Abschnitt 5.2.9)
10	2 Probenflaschen, Volumen 0,5 l mit 3 g Zinkacetat (für Untersuchungen nach Abschnitt 5.2.10)
11	1 Wärmeisolierter Transportkasten für Probenflaschen nach lfd. Nr 8 bis 10

[1]) Beschreibung [4]
Die Beschreibung und Handhabung dieser und anderer gleichwertiger Prüfeinrichtungen ist beim Deutschen Ausschuß für Stahlbeton, Berlin, hinterlegt.

(3) Für den Transport von Wasserproben, die nach dem Schnell- und/oder Referenzverfahren untersucht werden, sind ausschließlich Flaschen aus Polyethylen oder Glas der Säureklasse 1 nach DIN 12116 zu verwenden. Die Flaschen müssen vor der Probenahme sauber und trokken sein. Als Verschlüsse sind Polyethylen- oder Glasstopfen zu verwenden. Für die Prüfungen nach dem Referenzverfahren werden die Flaschen mit den erforderlichen Zusätzen in wärmeisolierten Transportkisten von der Untersuchungsstelle zur Verfügung gestellt.

3.2.2 Grundwasser und andere Bodenwässer

(1) Grund- und Bodenwasserproben, im folgenden als Grundwasser bezeichnet, werden in der Regel aus Wassermeßstellen, Bohrlöchern, Quellbecken oder Schürfen entnommen. Gelöste Gase dürfen nicht verloren gehen.

Verunreinigungen wie z. B. durch Regenwasser, Spülwasser in Bohrlöchern (Fremdwasser), Schmieröl oder durch Wasserzuflüsse aus anderen Grundwasserstockwerken sind auszuschließen. Das in Quellbecken, Schürfen oder Bohrlöchern anstehende Wasser ist daher vor der Probenahme stets vollständig auszuschöpfen bzw. unter Beachtung der zur Sicherung der Funktionsfähigkeit von Grundwassermeßstellen erforderlichen Maßnahmen abzupumpen. Die Probe ist aus dem Neuzufluß des zu prüfenden Wasserhorizonts zu entnehmen. Dabei ist gegebenenfalls auch das abgestandene Wasser aus der Ansaugleitung der Pumpe auszutauschen.

(2) Zur Entnahme von Wasserproben ohne besondere Probenahmevorrichtung, z. B. aus Quellbecken und Schürfgruben, wird die Flasche waagerecht nur so weit eingetaucht, daß das Wasser langsam hineinfließen und die Luft ungehindert ausströmen kann, ohne durch die Wasserprobe zu perlen. Bei der Entnahme von Wasserproben aus Bohrlöchern und Grundwassermeßstellen mit Hilfe von Schöpf- und Entnahmegeräten mit Bodenventil sowie mit Pumpen ist nach DIN 4021 Teil 1/10.90, Abschnitt 7.5.4 zu verfahren.

(3) Bei der Probenahme werden zuerst die 2-l-Flaschen ohne Zusatz, anschließend die 0,5-l-Flaschen langsam gefüllt. Die Zusätze dürfen beim Füllen der Flaschen nicht herausgespült werden. Die Flaschen sind vollständig zu füllen, nach der Entnahme luftdicht zu verschließen und vom Probenehmer unverwechselbar und dauerhaft mit Probennummer, Entnahmeort, Entnahmedatum und Entnahmezeit zu kennzeichnen. Die 0,5-l-Flaschen mit den Zusätzen sind danach kräftig zu schütteln. Die 2-l-Flaschen ohne Zusatz dürfen nicht geschüttelt werden.

(4) Bei der Probenahme ist die Temperatur des Wassers auf 0,2 K zu messen und im Entnahmeprotokoll anzugeben. Der pH-Wert des Wassers wird im Regelfall unmittelbar an der Entnahmestelle im Rahmen der Prüfung mit dem Schnellverfahren nach Abschnitt 4.3 oder mit einem transportablen pH-Meter gemessen.

3.2.3 Oberflächenwasser

(1) Oberflächenwasser steht dauernd mit der Luft in Berührung. Änderungen der Zusammensetzung durch die Probenahme treten daher in der Regel nicht ein. Zur Probenahme darf die Flasche waagerecht nur so weit eingetaucht werden, daß das Wasser langsam hineinfließt und die Luft ungehindert ausströmen kann, ohne durch die Wasserprobe zu perlen. Die Zusätze dürfen dabei nicht herausgespült werden. Die Flaschen sind vollständig zu füllen, nach der Probenahme luftdicht zu verschließen und nach Abschnitt 3.2.2 zu kennzeichnen und zu behandeln. Hinsichtlich der Temperatur- und pH-Wert-Messung, der Durchführung der Schnellprüfung und des Transports zur Untersuchungsstelle gelten die Anforderungen nach den Abschnitten 3.1 und 3.2.2.

(2) Bei einer ausgeprägten Schichtung von stehenden Oberflächenwässern kann eine mehrfache Probenentnahme unter Verwendung von Entnahmegeräten nach Abschnitt 3.2.1 angebracht sein.

3.3 Entnahme von Bodenproben

(1) Wenn bei hohem Durchfeuchtungsgrad eine Wasserprobe entnommen werden kann, wird im allgemeinen nur diese Probe weiter untersucht und beurteilt.

Bodenproben brauchen daher in der Regel nur dann entnommen und untersucht zu werden, wenn mit einer ständigen oder häufigen Durchfeuchtung zu rechnen ist, die darin enthaltene Wassermenge jedoch nicht für eine Probenahme ausreicht. Für Moorböden und Moorwasser gelten die Festlegungen nach DIN 4030 Teil 1/06.91, Abschnitte 3.1.4 und 3.2.3. Aus Bodenschichten, die z. B. durch wechselnden Grundwasserstand häufig durchfeuchtet oder belüftet werden, ist außer der Wasser- zusätzlich eine Bodenprobe zu entnehmen und auf ihren Gehalt an Sulfid zu untersuchen.

(2) Für die Entnahme weniger stark durchfeuchteter Böden gelten sinngemäß die Anforderungen und Hinweise in den Abschnitten 3.1 und 3.2. Die Entnahme repräsentativer Bodenproben für die Beurteilung des chemischen Angriffsgrads ist mit der Probenahme für Baugrunduntersuchungen nach DIN 4021/10.90, Abschnitte 7.1 bis 7.4 zu verbinden. Für die Entnahme von Bodenproben aus Schürfen und durch Bohren ist nach den dort beschriebenen Verfahren vorzugehen. Bodenproben aus Schürfen sind unmittelbar nach dem Freilegen der betreffenden Bodenschichten, Proben aus Bohrungen unmittelbar nach der Förderung nicht gekernter Bohrproben oder nach dem Ziehen der Kerne zu entnehmen.

(3) Die Anzahl der Proben hängt von der Bodenschichtung im Gründungsbereich des Bauwerks ab. Bei ungestörter Schichtung ist für die Untersuchung und Beurteilung nach DIN 4030 Teil 1 in der Regel die Entnahme einer Probe von etwa 1 bis 1,5 kg je Bodenschicht ausreichend. Bodenschichten, die durch frühere Baugrundaufschlüsse, durch Ablagerungen oder durch Aufschüttungen gestört sind, erfordern eine auf den Einzelfall abgestimmte Probenahme, deren Umfang und Häufigkeit zwischen Auftraggeber und Untersuchungsstelle abzustimmen sind.

(4) Die Proben sind sofort nach der Entnahme in luftdicht verschließbare Gefäße (Deckelgläser mit Gummidichtung, Büchsen mit Dichtring und Spannringverschluß) einzufüllen. Die Proben sind mit Angabe der Probennummer, des Entnahmeorts, der Entnahmetiefe, des Entnahmetags und der Entnahmezeit unverwechselbar und dauerhaft zu kennzeichnen und unmittelbar danach zur Untersuchungsstelle zu transportieren.

4 Schnellverfahren zur Prüfung von Wasserproben

4.1 Allgemeines

(1) Die Schnellprüfung an der Probenahmestelle ist nur an Wasserproben möglich. Die Abschnitte 4.2 bis 4.9 enthalten eine prinzipielle Beschreibung der Untersuchungsverfahren. Ausführliche Arbeitsanweisungen, deren Wortlaut beim Deutschen Ausschuß für Stahlbeton, Berlin, hinterlegt ist, finden sich in [4]. Sie sind für die Durchführung der Analyse maßgebend.

(2) Die Ergebnisse sind in dem Bericht über die Probenahme und Schnellprüfung (siehe Anhang A) einzutragen (siehe Abschnitt 6).

(3) Die Wirksamkeit oder das Mindesthaltbarkeitsdatum der Reagenzien sind in angemessenen Zeitabständen zu prüfen.

4.2 Geruch

Der Geruch ist an der unveränderten Probe und nach Ansäuern mit verdünnter Phosphorsäure 1 + 9 (100 ml konzentrierte Phosphorsäure mit $c(H_3PO_4)$ von 850 g/l auf 1 l verdünnt) zu beurteilen.

4.3 pH-Wert

(1) Die Bestimmung des pH-Werts wird mit Indikatorlösungen oder nicht blutenden Indikatorstäben durchgeführt. Der pH-Wert klarer und farbloser Wasserproben ergibt sich nach Zugabe einiger Tropfen der Indikatorlösung aus einem Vergleich mit einer Farbskale.

(2) Bei trübem oder gefärbtem Wasser sind Teststreifen zu verwenden, die bis zum Erreichen einer Farbkonstanz in der Wasserprobe belassen werden. Der pH-Wert ergibt sich aus dem Vergleich mit der zugehörigen Farbskale, die im zu beurteilenden Meßbereich in Stufen von wenigstens 0,5 pH-Einheiten eingeteilt sein muß.

(3) Alternativ kann ein pH-Meter mit Meßelektrode (siehe Tabelle 1) verwendet werden. Hierbei sind die Anforderungen in Abschnitt 5.2.2 zu beachten.

4.4 Härte

4.4.1 Härte aller härtebildenden Ionen

Aus der unveränderten Wasserprobe wird eine Teilmenge von 5 ml abgemessen und mit 3 Tropfen „Gesamthärte-Indikatorlösung" versetzt. Dem Gemisch wird EDTE-Titrierlösung bis zum Farbumschlag von Rot nach Grün zugetropft. Die EDTE-Lösung muß so eingestellt werden, daß sich die Härte in mg CaO/l aus der Anzahl der Tropfen ergibt.

4.4.2 Härtehydrogencarbonat

Aus der unveränderten Wasserprobe wird eine Teilmenge von 5 ml abgemessen und mit 3 Tropfen „Carbonat-Indikatorlösung" versetzt. Dem Gemisch wird eine Titrierlösung Salzsäure bis zum Farbumschlag von Blau über Grau nach Rot zugetropft. Die Salzsäure muß so eingestellt werden, daß sich die Hydrogencarbonathärte in mg CaO/l aus der Anzahl der Tropfen ergibt.

4.5 Magnesium (Mg^{2+})

Aus der unveränderten Wasserprobe wird 1 Tropfen mit einer Tropfpipette abgemessen, in 2 Schritten mit Magnesium-Pufferlösung auf ein Volumen von 5 ml verdünnt und mit Magnesium-Reagenzlösung (Reagenz nach Mann und Yoe [6]) versetzt. Es bildet sich ein roter Farbstoff. Der Mg^{2+}-Gehalt des Wassers ergibt sich aus dem Vergleich mit einer Farbskale in mg Mg^{2+}/l bzw. nach Multiplizieren mit dem Faktor 41,4 in mmol/m^3.

4.6 Ammonium (NH_4^+) und Ammoniak (NH_3)

Aus der unveränderten Wasserprobe wird eine Teilmenge von 5 ml mit 10 Tropfen Natronlauge versetzt und umgeschüttelt. In das Gemisch wird ein Teststab eingetaucht, dessen Papierzone Neßlers Reagenz enthält. In Gegenwart von NH_4^+ und/oder von Ammoniak (NH_3) entsteht eine Gelb/Braun-Färbung, die nach 10 s mit einer Farbskale verglichen wird. Daraus ergibt sich der Gehalt des Wassers an Ammonium und Ammoniak als Summe in mg NH_4^+/l bzw. nach Multiplizieren mit dem Faktor 55,4 in mmol/m^3.

4.7 Sulfat (SO_4^{2-})

(1) Aus der unveränderten Wasserprobe wird eine Teilmenge von 5 ml abgemessen. Der pH-Wert ist gegebenenfalls auf Werte zwischen 4 bis 8 zu korrigieren.

Eine Wasserprobe mit einem pH-Wert kleiner 4 wird hierzu mit Natriumacetat, eine Wasserprobe mit einem pH-Wert größer 8 mit Ascorbinsäure versetzt.

(2) Zur Bestimmung des Sulfatgehalts werden Teststäbe mit Bariumchlorid und Thorin als Indikator in die vorbereitete Probe eingetaucht. In Gegenwart von Sulfat färben sich die Beurteilungszonen des Teststabes nach etwa 2 min hellrot bis gelb. Der Sulfatgehalt ergibt sich aus dem Vergleich mit der mitgelieferten Farbskale in mg SO_4^{2-}/l bzw. nach Multiplizieren mit dem Faktor 10,4 in mmol/m^3.

(3) Bei einer Störung der Bestimmung verfärben sich die Beurteilungszonen nach Orange oder Braun. Störungen sind im Prüfbericht (siehe Anhang A) zu vermerken. Die Bestimmung ist dann nach dem Referenzverfahren (siehe Abschnitt 5.2.7) zu wiederholen.

4.8 Chlorid (Cl^-)

Aus der unveränderten Wasserprobe wird eine Teilmenge von 5 ml mit 2 Tropfen Diphenylcarbazon-Indikator versetzt. Dem Gemisch wird Salpetersäure bis zum Farbumschlag von Blau nach Gelb, anschließend unter Schütteln Quecksilber(II)-nitrat bis zum Farbumschlag von Gelb nach Violett zugetropft. Die Quecksilber(II)-nitratlösung muß so eingestellt werden, daß sich der Chloridgehalt aus der Anzahl der Tropfen, multipliziert mit 25, in mg Cl^-/l bzw. nach Multiplizieren mit dem Faktor 28,2 in mmol/m^3 ergibt.

4.9 Kalklösekapazität

(1) Bei der Schnellprüfung wird die mit Calciumcarbonatpulver versetzte Wasserprobe bis zur Prüfung mindestens 15 min bei der Temperatur gelagert, die das Wasser an der Entnahmestelle aufweist. Zur Untersuchung wird das überschüssige Calciumcarbonat abfiltriert und eine abgemessene Teilmenge des Filtrats von 5 ml mit 3 Tropfen „Carbonat-Indikatorlösung" (siehe Abschnitt 4.4.2) versetzt. Dem Gemisch wird Salzsäure wie nach Abschnitt 4.4.2 bis zum Farbumschlag von Blau über Grau nach Rot zugetropft. Die Kalklösekapazität wird nach folgender Gleichung berechnet:

$$C = f_1 \cdot (A - B \cdot f_2)$$

C Kalklösekapazität in mg CaO/l

A Anzahl der Tropfen bei der Bestimmung der Carbonathärte nach Abschnitt 4.4.2

B Anzahl der Tropfen bei der Bestimmung der Kalklösekapazität

f_1, f_2 Faktoren, die vom Hersteller der verwendeten Salzsäure angegeben werden.

(2) Die Kalklösekapazität in mg CaO/l wird durch Multiplizieren mit dem Faktor 1,5696 in die Konzentration kalklösender Kohlensäure in mg CO_2/l umgerechnet.

5 Referenzverfahren zur Prüfung von Wasser- und Bodenproben

5.1 Allgemeines

(1) Die Abschnitte 5.2 bis 5.10 enthalten eine grundsätzliche Beschreibung der Untersuchungsverfahren einschließlich der erforderlichen Probenvorbereitungen. Eine ausführliche Darstellung der Analysenvorschriften findet sich in [5]. Sie ist für die Durchführung der Analyse maßgebend. In den Vorschriften bedeuten %, sofern nicht anders angegeben, Massenanteil in %. Die Ergebnisse der pH-Wert-Messung und der Bestimmung der Härte sind auf eine Dezimalstelle, die übrigen Ergebnisse gerundet als ganze Zahl anzugeben.

(2) Die Ergebnisse sind in den Bericht über die „Probenahme und Wasseranalyse" (siehe Anhang B) bzw. in den Bericht über die „Probenahme und Bodenanalyse" (siehe Anhang C) einzutragen (siehe Abschnitt 6).

5.2 Wasserproben

5.2.1 Geruch

(1) Der Geruch (z.B. erdig, modrig, faulig) läßt Rückschlüsse darauf zu, ob das Wasser Dihydrogensulfid, Sulfide oder organische Verbindungen enthält. Der Geruch ist an der unveränderten Probe und einer mit verdünnter Phosphorsäure 1 + 9 (100 ml konzentrierte Phosphorsäure mit $c(H_3PO_4)$ von 850 g/l auf 1 l verdünnt) angesäuerten Teilprobe zu beurteilen.

5.2.2 pH-Wert

Der pH-Wert ist elektrometrisch mit einem geeichten pH-Meter an der unveränderten Probe zu bestimmen. Der pH-Meßwert ändert sich mit der Temperatur nur geringfügig, wenn die Temperatur bei der Messung um nicht mehr als 10 K von der Temperatur an der Entnahmestelle abweicht.

5.2.3 Kaliumpermanganatverbrauch

Der Kaliumpermanganatverbrauch wird an einer filtrierten Teilprobe in alkalischer Lösung bestimmt. Dabei wird Sulfid mit erfaßt. Für die Bestimmung wird die Probe mit Natronlauge und einer Kaliumpermanganatlösung mit einer Stoffmengenkonzentration $c(1/500\ KMnO_4) = 0{,}002$ mol/l versetzt und erhitzt. Die siedende Lösung wird mit verdünnter Schwefelsäure angesäuert und mit einer Natriumoxalatlösung mit einer Stoffmengenkonzentration $c(1/200\ Na_2C_2O_4) = 0{,}005$ mol/l versetzt, deren Überschuß mit einer Kaliumpermanganatlösung zurücktitriert wird. Der Kaliumpermanganatverbrauch wird in mg $KMnO_4$/l bzw. nach Multiplizieren mit dem Faktor 0,25 in g O_2/m^3, angegeben.

5.2.4 Härte

(1) Bei der Angabe der Härte ist zwischen der insgesamt vorhandenen Härte, der Härtehydrogencarbonat und der Nichtcarbonathärte[1]) zu unterscheiden. Die Härte wird in mg CaO/l bzw in mmol/l angegeben. Dabei entsprechen 10 mg CaO/l Härte 0,179 mmol Erdalkalien/l und 10 mg CaO/l Härtehydrogencarbonat 0,357 mmol Hydrogencarbonat/l. Die Angabe der Nichtcarbonathärte in mmol/l ist nicht möglich [1].

(2) Ein Teil der zusatzfreien Wasserprobe wird filtriert. Zur Bestimmung der Härte werden 50 ml bis 100 ml des Filtrats abgemessen. Der pH-Wert der Teilprobe wird mit Natronlauge, gegebenenfalls mit Salzsäure, auf etwa 10 eingestellt. Die Lösung wird mit Triethanolaminlösung, Kaliumcyanid und einer Indikator-Puffer-Tablette versetzt. Danach wird mit EDTE-Lösung (Ethylendinitrilotetraessigsäure, Dinatriumsalz) bis zum Umschlag nach Grün titriert. Aus dem Verbrauch der EDTE-Lösung wird die Härte als Summe der Erdalkalien Calcium, Magnesium, Strontium und Barium berechnet.

(3) Das Härtehydrogencarbonat wird an einer weiteren Teilprobe des Filtrats von 100 ml durch elektrometrische Titration bis zu einem pH-Wert von 4,3 bestimmt und aus dem Verbrauch an Salzsäure mit einer Stoffmengenkonzentration von $c(HCl) = 0{,}1$ mol/l berechnet. Die Nichtcarbonathärte ergibt sich als Differenz aus der Härte und dem Härtehydrogencarbonat in mg/l. In Gegenwart von Alkalicarbonaten kann der Meßwert für das Härtehydrogencarbonat den der Härte übersteigen. In diesem Fall entspricht das Härtehydrogencarbonat der insgesamt vorhandenen Härte.

5.2.5 Magnesium (Mg^{2+})

Zur Bestimmung des Magnesiums wird eine Teilprobe von 100 ml des Filtrats nach Abschnitt 5.2.4 bei einem pH-Wert größer 12,5 mit EDTE-Lösung nach Abschnitt 5.2.4 gegen Calconcarbonsäure als Indikator titriert. Bei dieser Titration werden Calcium, Strontium und Barium erfaßt. Der ermittelte Verbrauch an EDTE-Lösung in ml wird von dem Verbrauch bei der Bestimmung der Härte abgezogen. Aus der Differenz ergibt sich der Magnesiumgehalt in mg Mg^{2+}/l bzw. nach Multiplizieren mit dem Faktor 41,4 in mmol Mg^{2+}/m^3.

---

[1]) Siehe Abschnitt 5.2.4 Absatz (3)

5.2.6 Ammonium (NH_4^+)

(1) Vor einer quantitativen Bestimmung kann zunächst halbquantitativ geprüft werden, ob der Gehalt an Ammonium (NH_4^+) und an Ammoniak (NH_3) in der Summe einen Wert von 10 mg NH_4^+/l bzw. 554 mmol NH_4^+/m^3 übersteigt. Dazu wird eine unfiltrierte Teilmenge von 100 ml der zusatzfreien Wasserprobe mit Neßlers Reagenz versetzt. Die in Gegenwart von Ammonium und Ammoniak entstehende gelbbraune Färbung wird mit der einer Lösung verglichen, die 10 mg NH_4^+/l enthält. Ist die Wasserprobe intensiver gefärbt als die Vergleichslösung, muß eine quantitative Bestimmung durchgeführt werden.

(2) Alternativ kann eine Schnellprüfung nach Abschnitt 4.6 durchgeführt werden.

(3) Quantitativ ist nur der betonangreifende Ammoniumanteil zu bestimmen. Das nicht betonangreifende Ammoniak (NH_3) wird daher vor der Bestimmung aus einer unfiltrierten Teilprobe von 500 ml verkocht. Die auf etwa 250 ml eingeengte Wasserprobe wird in einer geschlossenen Destillationsapparatur mit Natronlauge versetzt. Das Ammonium wird als Ammoniak destilliert, das in einer Vorlage aus Schwefelsäure aufgefangen und acidimetrisch bestimmt wird [7].

(4) Bei dieser Bestimmung werden auch Abbauprodukte des Harnstoffs und wasserdampfflüchtige organische Amine, die ebenfalls betonangreifend wirken können, mit erfaßt. Sie werden in der Summe mit Ammonium als NH_4^+ in mg NH_4^+/l bzw. nach Multiplizieren mit dem Faktor 55,4 in mmol NH_4^+/m^3 angegeben.

5.2.7 Sulfat (SO_4^{2-})

Der Sulfatgehalt wird gravimetrisch als Bariumsulfat an einer filtrierten Teilprobe der zusatzfreien Wasserprobe von 100 ml bestimmt und in mg SO_4^{2-}/l, bzw. nach Multiplizieren mit dem Faktor 10,4 in mmol SO_4^{2-}/m^3 angegeben.

5.2.8 Chlorid (Cl^-)

(1) Das Chlorid wird an einer filtrierten Teilprobe von 50 bis 100 ml der zusatzfreien Wasserprobe nach Ansäuern mit Salpetersäure mit Quecksilber(II)-nitratlösung gegen Diphenylcarbazon als Indikator titriert. Eisen(III)-ionen in einer Konzentration größer 5 mg/l, Sulfid und mehr als 50 mg Carbonat/l stören die Bestimmung. Chlorid wird in mg Cl^-/l, bzw. nach Multiplizieren mit dem Faktor 28,2 in mmol Cl^-/m^3 angegeben.

(2) Alternativ kann das Chlorid auch potentiometrisch mit Silbernitratlösung bestimmt werden.

5.2.9 Kalklösekapazität

(1) Die Kalklösekapazität wird mit dem Marmorversuch nach Heyer [8] bestimmt. Dazu ist bereits bei der Probenahme ein Teilvolumen der Wasserprobe von 500 ml mit Calciumcarbonatpulver (gefälltes Calciumcarbonatpulver oder Marmorpulver) zu versetzen. Der Inhalt der gasdicht verschlossenen Probenflasche ist mindestens 2 h zu schütteln oder zu rühren. Die Temperatur darf dabei um nicht mehr als $\pm$ 2 K von der Temperatur abweichen, die bei der Entnahme der Wasserprobe (siehe Abschnitt 3.2.2) gemessen wurde. Zur Temperierung ist ein Wasserbad mit Magnetrührer (siehe DIN 38404 Teil 10) zu verwenden.

(2) Nach der Sedimentation des überschüssigen Calciumcarbonats werden 100 ml der überstehenden klaren Lösung mit Salzsäure mit einer Stoffmengenkonzentration von c(HCl) = 0,1 mol/l elektrometrisch bis zu einem pH-Wert von 4,3 titriert. Die Kalklösekapazität ergibt sich aus der Differenz zum Salzsäureverbrauch nach Abschnitt 5.2.4 (Härtehydrogencarbonat) durch Multiplizieren mit 14 in mg CaO/l. Der Gehalt in mmol CaO/m³ ergibt sich daraus durch Multiplizieren mit dem Faktor 17,8. Durch Multiplizieren mit dem Faktor 1,5696 wird die Kalklösekapazität in mg CaO/l in die Konzentration kalklösender Kohlensäure in mg CO_2/l umgerechnet.

5.2.10 Sulfid (S^{2-})

Für die Bestimmung des Sulfidgehalts ist die Wasserprobe zu verwenden, der bei der Probenahme Zinkacetat zugesetzt wurde (siehe Tabelle 1, Zeile 10). Der als Zinksulfid gebundene Schwefel wird aus dem abfiltrierten Rückstand der Wasserprobe in einer geschlossenen Apparatur mit Salzsäure als Dihydrogensulfid ausgetrieben, in einer Vorlage aus ammoniakalischem Zink- oder Cadmiumchlorid aufgefangen und jodometrisch bestimmt. Der Gehalt an Sulfid wird in mg S^{2-}/l bzw. nach Multiplizieren mit dem Faktor 31 in mmol S^{2-}/m^3 angegeben.

5.3 Bodenproben

5.3.1 Probenvorbereitung

(1) Die nach Abschnitt 3.3 entnommene Bodenprobe wird an Luft bei Normalklima DIN 50014-20/65-2 zur Gewichtskonstanz getrocknet. Eine Vortrocknung bei (105 $\pm$ 5) °C ist nur bei Bodenproben mit hohem Wassergehalt und Wasserrückhaltevermögen zulässig.

(2) Die lufttrockene und krümelig zerfallene Probe wird homogenisiert und mit einem Probenteiler halbiert. Eine Probenhälfte dient als Rückstellprobe.

(3) Von der zweiten Teilprobe wird durch weitere Probenteilung eine Teilmenge von etwa 100 g entnommen und auf einen vollständigen Durchgang durch das Prüfsieb 0,09 mm nach DIN 4188 Teil 1 zerkleinert. Die zerkleinerte Teilprobe dient zur Bestimmung des Sulfats nach Abschnitt 5.3.3, des Sulfids nach Abschnitt 5.3.4 und des Chlorids nach Abschnitt 5.3.5.

(4) Der Rest der zweiten Teilprobe dient der Bestimmung des Säuregrads nach Baumann-Gully (siehe Abschnitt 5.3.2). Zur Vorbereitung der Bestimmung wird der Feinanteil dieser Bodenprobe auf dem Prüfsieb 2 mm nach DIN 4188 Teil 1 abgesiebt. Der Siebrückstand wird gewogen und verworfen. Der Siebdurchgang wird homogenisiert.

5.3.2 Säuregrad nach Baumann-Gully

Der Säuregrad nach Baumann-Gully [9] ist ein Maß für den Gehalt an austauschbaren Wasserstoffionen, die die Humusbestandteile des Bodens abgeben können. 100 g des Siebdurchgangs der unzerkleinerten Teilprobe nach Abschnitt 5.3.1 werden mit 200 ml Natriumacetatlösung mit einer Stoffmengenkonzentration von $c(CH_3COONa)$ = 1 mol/l versetzt und 1 h geschüttelt oder gerührt. Dabei entsteht durch Ionenaustausch Essigsäure. Die Suspension wird über ein trockenes Faltenfilter ohne Nachwaschen filtriert. Ein aliquoter Teil des Filtrats wird mit Natronlauge gegen Phenolphthalein als Indikator titriert. Als Säuregrad nach Baumann-Gully gilt die zur Neutralisation der Essigsäure verbrauchte Natronlauge mit einer Stoffmengenkonzentration von c(NaOH) = 0,1 mol/l in ml/kg Boden (lufttrocken).

5.3.3 Sulfat (SO_4^{2-})

10 g der nach Abschnitt 5.3.1 zerkleinerten Teilprobe werden mit konzentrierter Salzsäure versetzt. Das Gemisch wird zum Sieden erhitzt und zur Gewichtskonstanz bei 110 °C eingedampft. Der Eindampfrückstand wird mit konzentrierter Salzsäure befeuchtet und mit siedendem Wasser aufgenommen. Im Filtrat dieses Auszugs wird das Sulfat gravimetrisch als Bariumsulfat bestimmt und in mg SO_4^{2-}/kg Boden (lufttrocken) angegeben.

5.3.4 Sulfid (S^{2-})

Von der nach Abschnitt 5.3.1 zerkleinerten Teilprobe werden 1 bis 5 g eingewogen. Die in der Bodenprobe enthaltenen Sulfide werden in einer geschlossenen Apparatur mit Salzsäure in Gegenwart von metallischem Chrom als Dihydrogensulfid ausgetrieben. Das Dihydrogensulfid wird in einer Vorlage mit ammoniakalischer Cadmiumchloridlösung aufgefangen, jodometrisch bestimmt und als mg S^{2-}/kg Boden (lufttrocken) angegeben [10].

5.3.5 Chlorid (Cl^-)

(1) 10 g der nach Abschnitt 5.3.1 zerkleinerten Teilprobe werden eingewogen und mit etwa 200 ml Wasser aufgeschlämmt. Das Gemisch wird unter ständigem Rühren zum Sieden erhitzt und 15 min gekocht. Der Rückstand wird unter Nachspülen mit Wasser abfiltriert. Das Filtrat wird zu 250 ml aufgefüllt. Je nach Chloridgehalt werden 5 ml bis 100 ml des aufgefüllten Filtrats mit Salpetersäure angesäuert und mit Quecksilber(II)-nitratlösung mit einer Stoffmengenkonzentration von $c(Hg(NO_3)_2)$ = 0,01 mol/l gegen Diphenylcarbazon als Indikator titriert. Der Chloridgehalt wird in mg Cl^-/kg Boden (lufttrocken) angegeben.

(2) Alternativ kann das Chlorid auch potentiometrisch mit Silbernitratlösung bestimmt werden.

6 Prüfbericht

Über die Entnahme von Wasser- und Bodenproben nach Abschnitt 3, die Untersuchung von Wasserproben nach den Abschnitten 4 (Schnellprüfung) und 5.2 (Referenzverfahren) sowie über die Untersuchung von Bodenproben nach Abschnitt 5.3 sind Prüfberichte anzufertigen. Die Prüfberichte müssen darüber hinaus die Beurteilung des Angriffsgrades enthalten. Für die Erstellung der Prüfberichte sind die als Anhang A bis Anhang C beigefügten Formblätter zu verwenden. Die Prüfberichte sind an den Auftraggeber weiterzuleiten.

Für den Anwender dieser Norm unterliegt der Anhang A nicht dem Vervielfältigungsrandvermerk auf Seite 1

Anhang A

Vordruck für Prüfungen und Beurteilung von Wasser nach dem Schnellverfahren

Prüfbericht über die **Schnellprüfung** und **Beurteilung** von Wasser	Probenahme und Schnellprüfung nach DIN 4030 Teil 2
1. Allgemeine Angaben	
Auftraggeber:	Auftrags-Nr:
Bauvorhaben:	Probe-Nr:
Art des Wassers: ______ (z. B. Grund-, Oberflächen-, Sickerwasser)	Bezeichnung des Wassers:
Entnahmestelle: ______ (z. B. Bohrloch, Schürfgrube, offenes Gewässer)	Entnahmetiefe: m
Temperatur des Wassers: °C | Entnahmezeit: Uhr	Entnahmedatum:
2. Erweiterte Angaben	
Fließrichtung:	Fließgeschwindigkeit: m/s
Höhe des Wasserspiegels: m	Hydrostatischer Druck: m
Beschreibung der Geländeverhältnisse am Entnahmeort: (z. B. Wohnhäuser, Industrie, Deponie, Halden, Ackerland, Wald) ______	
______ Ort, Datum	______ Probenehmer

3. Schnellprüfung	**4. Prüfergebnis**	**5. Grenzwerte**	Kriterium erfüllt ja / nein
Aussehen	(z. B. farblos, schwach/stark gelblich, klar, trübe, dunkel)	nach Absetzen farblos	
Geruch (unveränderte Probe)	(z. B. ohne besonderen Geruch, faulig, H_2S)	kein Geruch	
Geruch (angesäuerte Probe)	(z. B. ohne besonderen Geruch, faulig, H_2S)	kein Geruch	
pH-Wert		> 6,5	
Härte	mg/l	—	—
Härtehydrogencarbonat	mg/l	—	—
Magnesium (Mg^{2+})	mg/l	< 300 mg/l	
Ammonium (NH_4^+)	mg/l	< 15 mg/l	
Sulfat (SO_4^{2-})	mg/l	< 200 mg/l	
Chlorid (Cl^-)	mg/l	< 500 mg/l	
CO_2 (kalkl.)	mg/l	< 15 mg/l	

[1]) Wird ein Kriterium nicht erfüllt, so ist eine erneute Probenahme und Wasseranalyse nach DIN 4030 Teil 2/06.91, Abschnitt 5.1, erforderlich.

6. Beurteilung

Das ______ Wasser wird aufgrund der Schnellprüfung als — nicht — betonangreifend eingestuft.
Eine erneute Probenahme und Wasseranalyse nach DIN 4030 Teil 2/06.91, Abschnitt 5.1, ist — nicht — erforderlich.

______ Ort, Datum	______ Prüfer

Für den Anwender dieser Norm unterliegt der Anhang B nicht dem Vervielfältigungsrandvermerk auf Seite 1

Anhang B

Vordruck für Prüfungen und Beurteilung von Wasser nach dem Referenzverfahren

Prüfbericht über die **Prüfung** und **Beurteilung** von Wasser			Probenahme und Analyse nach DIN 4030 Teil 2
1. Allgemeine Angaben			
Auftraggeber:			Auftrags-Nr:
Bauvorhaben:			Probe-Nr:
Art des Wassers: ______ (z. B. Grund-, Oberflächen-, Sickerwasser)			Bezeichnung des Wassers:
Entnahmestelle: ______ (z. B. Bohrloch, Schürfgrube, offenes Gewässer)			Entnahmetiefe: m
Temperatur des Wassers: °C	Entnahmezeit: Uhr	Entnahmedatum:	
2. Erweiterte Angaben			
Fließrichtung:		Fließgeschwindigkeit: m/s	
Höhe des Wasserspiegels: m		Hydrostatischer Druck: m	
Beschreibung der Geländeverhältnisse am Entnahmeort: (z. B. Wohnhäuser, Industrie, Deponie, Halden, Ackerland, Wald) ______			
______ Ort, Datum		______ Probenehmer	

3. Wasseranalyse		**4. Grenzwerte zur Beurteilung nach DIN 4030 Teil 1**[1])		
Probeneingang	Prüfergebnis	schwach angreifend	stark angreifend	sehr stark angreifend
Aussehen		—	—	—
Geruch (unveränderte Probe)		—	—	—
Geruch (angesäuerte Probe)		—	—	—
pH-Wert		6,5 bis 5,5	< 5,5 bis 4,5	< 4,5
$KMnO_4$-Verbrauch	mg/l	—	—	—
Härte	mg/l	—	—	—
Härtehydrogencarbonat	mg/l	—	—	—
Nichtcarbonathärte	mg/l	—	—	—
Magnesium (Mg^{2+})	mg/l	300 bis 1000	> 1000 bis 3000	> 3000 mg/l
Ammonium (NH_4^+)	mg/l	15 bis 30	> 30 bis 60	> 60 mg/l
Sulfat (SO_4^{2-})	mg/l	200 bis 600	> 600 bis 3000	> 3000 mg/l
Chlorid (Cl^-)	mg/l	—	—	—
CO_2 (kalklösend)	mg/l	15 bis 40	> 40 bis 100	> 100 mg/l
Sulfid (S^{2-})	mg/l	—	—	—

[1]) Für die Beurteilung ist der höchste Angriffsgrad maßgebend, auch wenn er nur von einem der Werte erreicht wird. Liegen zwei oder mehr Werte im oberen Viertel eines Bereiches (bei pH im unteren Viertel), so erhöht sich der Angriffsgrad um eine Stufe (ausgenommen Meerwasser und Niederschlagswasser).

5. Beurteilung

Das -Wasser ist — schwach — stark — sehr stark — betonangreifend.
-Wasser gilt als nicht betonangreifend.

______ Ort, Datum	______ Sachbearbeiter	______ Untersuchungsstelle

Für den Anwender dieser Norm unterliegt der Anhang C nicht dem Vervielfältigungsrandvermerk auf Seite 1

Anhang C

Vordruck für Prüfungen und Beurteilung von Böden

Prüfbericht über die **Prüfung** und **Beurteilung** von betonangreifendem Boden		Probenahme und Bodenanalyse nach DIN 4030 Teil 2
1. Allgemeine Angaben		
Auftraggeber:		Auftrags-Nr:
Bauvorhaben:		Probe-Nr:
Art des Bodens:	Bezeichnung des Bodens:	
Entnahmestelle: ______ (z. B. Bohrloch, Schürfe)		Entnahmetiefe: m Entnahmemenge: kg
Entnahmezeit: Uhr		Entnahmedatum:
Beschreibung der Geländeverhältnisse am Entnahmeort: (z. B. Wohnhäuser, Industrie, Deponie, Halden, Ackerland, Wald) ______		
______ Ort, Datum		______ Probenehmer

Probeneingang:		**Grenzwerte zur Beurteilung nach DIN 4030 Teil 1**	
Bestandteil	Prüfergebnis	schwach angreifend	stark angreifend
Säuregrad nach Baumann-Gully	ml/kg	> 200	—
Sulfat (SO_4^{2-})	mg/kg	2000 bis 5000	> 5000
Sulfid (S^{2-})	mg/kg	—[1])	—
Chlorid (Cl^-)	mg/kg	—	—

[1]) Bei Sulfidgehalten von > 100 mg S^{2-}/kg Boden ist eine gesonderte Beurteilung durch einen Fachmann erforderlich.

3. Beurteilung		
Der Boden ist — schwach — stark — betonangreifend. Der Boden gilt als nicht betonangreifend.		
______ Ort, Datum	______ Sachbearbeiter	______ Untersuchungsstelle

Zitierte Normen und andere Unterlagen

DIN 1045	Beton- und Stahlbeton; Bemessung und Ausführung
DIN 4021	Baugrund; Aufschluß durch Schürfe und Bohrungen sowie Entnahme von Proben
DIN 4030 Teil 1	Beurteilung betonangreifender Wässer, Böden und Gase; Grundlagen und Grenzwerte
DIN 4188 Teil 1	Siebböden; Drahtsiebböden für Analysensiebe; Maße
DIN 12116	Prüfung von Glas; Bestimmung der Säurebeständigkeit (gravimetrisches Verfahren) und Einteilung der Gläser in Säureklassen
DIN 38404 Teil 10	Deutsche Einheitsverfahren zur Wasser-, Abwasser- und Schlammuntersuchung; Physikalische und physikalisch-chemische Kenngrößen (Gruppe C); Calciumcarbonatsättigung eines Wassers (C 10)
DIN 50014	Klimate und ihre technische Anwendung; Normalklimate

[1] Deutsche Einheitsverfahren zur Wasser-, Abwasser- und Schlammuntersuchung. Verlag Chemie, Weinheim 1986

[2] Höll, K., unter Mitwirkung von S. Carlson, D. Lüdemann und H. Rüffer: Wasser. Verlag W. de Gruyter Berlin — New York 1986.

[3] VDI-Handbuch Reinhaltung der Luft, Bd. 1, 4 und 5. Beuth-Verlag GmbH, Berlin.

[4] Knöfel, D., und W. Rechenberg: Prüfung betonangreifender Wässer mit Schnellverfahren (in Vorbereitung).

[5] Rechenberg, W., und E. Siebel: Chemischer Angriff auf Beton. Schriftenreihe der Zementindustrie (in Vorbereitung).

[6] Mann, C. K., und J. H. Yoe: Spectrophotometric determination of magnesium with 1 — azo — 2 hydroxy — 3 — (2,4-dimethyl-carboxanilido-naphthalene -1'- (2-hydroxy-benzone). Anal. Chim. Acta **16** (1957), S. 155/160.

[7] Rechenberg, W.: Die Bestimmung von Ammonium in Wasser. Korresp. Abwasser **32** (1985) H. 7, S. 618-622.

[8] Heyer, C.: Ursache und Beseitigung des Bleiangriffs durch Leitungswasser, chemische Untersuchungen aus Anlaß der Dessauer Bleivergiftungen im Jahre 1886 Verlagsbuchhandlung Paul Baumann, Dessau 1888

[9] Gessner, H.: Vorschrift zur Untersuchung von Böden auf Zementgefährlichkeit. Diskussionsbericht Nr 29 der Eidgenössenschaftlichen Materialprüf- und Versuchsanstalt, Zürich 1928

[10] Rechenberg, W.: Die Bestimmung von Sulfid. Zement-Kalk-Gips **33** (1980) H. 3, S. 126–131

Frühere Ausgaben

DIN 4030 : 09.54, 11.69

Änderungen

Gegenüber DIN 4030/11.69 wurden folgende Änderungen vorgenommen:

a) Norm-Inhalt aufgeteilt in
— DIN 4030 Teil 1 Grundlagen und Grenzwerte
und
— DIN 4030 Teil 2 Entnahme und Analyse von Wasser- und Bodenproben.

b) In DIN 4030 Teil 2 ist eine Aufnahme von Schnellverfahren für die Untersuchung von Wasserproben erfolgt.

c) Die Abschnitte für die Untersuchung der unterschiedlichen chemischen Wasser- und Bodeneigenschaften sind umstrukturiert worden und der Text der technischen Entwicklung angepaßt worden.

Erläuterungen

(1) Eine wesentliche Änderung gegenüber DIN 4030/11.69 stellt DIN 4030 Teil 2 dar. In dieser Norm sind die Anforderungen an die Probenahme von Wässern und Böden, die Durchführung der Probenahme und die Untersuchung der Wasser- und Bodenproben zusammengefaßt beschrieben worden.

(2) Abweichend von früheren Regelungen können Wasserproben unmittelbar an der Entnahmestelle nach Schnellverfahren untersucht werden. Eine prinzipielle Beschreibung der Schnellverfahren wurde neu in die Norm aufgenommen. Die Untersuchung von Wasserproben auf betonangreifende Bestandteile mit Schnellverfahren ermöglicht in vielen Fällen eine Beurteilung des Angriffsgrades bereits auf der Baustelle. Wenn sich die Wasserprobe dabei als nicht betonangreifend erweist (siehe Bild 1), können die aufwendigeren Prüfungen nach den Referenzverfahren entfallen. Dadurch können Zeit und Kosten gespart werden.

(3) Zur Vereinheitlichung der Meß- und Analysendatenerfassung wurden dieser Norm als Anhang Protokollblätter beigefügt. Durch einen Vergleich der Analysenwerte mit den für das Schnellverfahren gültigen Grenzwerten (siehe Bild 1) bzw. mit den Grenzwerten nach DIN 4030 Teil 1 kann der Angriffsgrad von Wässern nach den Schnell- bzw. Referenzverfahren (siehe Anhang A und Anhang B) sowie der Angriffsgrad von Böden (siehe Anhang C) im Regelfall sofort beurteilt und einheitlich protokolliert werden.

(4) Die in dieser Norm enthaltenen prinzipiellen Beschreibungen der Schnell- und Referenzverfahren werden ergänzt durch eine ausführliche Darstellung der Arbeitsanweisungen, deren Veröffentlichung in Zeitschriften vorgesehen ist. Die verbindlichen Texte der Arbeitsanweisungen werden beim Deutschen Ausschuß für Stahlbeton, Berlin, hinterlegt.

(5) Zu den Beurteilungskriterien für den Angriffsgrad von Wässern, die durch Schnellprüfung untersucht wurden, zählen neben Farbe, Geruch und pH-Wert der Gehalt an NH_4^+, Mg^{2+}, SO_4^{2-} und Chloridionen sowie der Gehalt an kalklösender Kohlensäure. Auf eine Beurteilung nach

der Carbonathärte wurde verzichtet, da z. B. ein weiches Wasser mit weniger als 30 mg CaO/l dichten Beton nach DIN 1045 chemisch nicht angreift, wenn nicht gleichzeitig andere betonangreifende Stoffe zugegeben sind. Der Cl^--Gehalt wurde für die Beurteilung mit Hilfe der Schnellprüfung auf höchstens 500 mg/l begrenzt, weil bei höheren Cl-Gehalten bestimmte betonangreifende Stoffe in schädlicher Menge vorhanden sein können und weil daher dann eine Referenzuntersuchung sowie eine Beurteilung durch den Fachmann erforderlich sind. Letzteres trifft auch zu, wenn bei der Schnellprüfung eine der übrigen dafür festgelegten Anforderungen (siehe Bild 1) nicht erfüllt ist.

(6) In die Neufassung der DIN 4030 wurde der Begriff „Kalklösekapazität" anstelle des bisher verwendeten Begriffs „kalklösende Kohlensäure" eingeführt. Bei der Bestimmung der Kalklösekapazität (Kalklösevermögen) eines Wassers wird die frisch entnommene Wasserprobe nach Zugabe von festem Calciumcarbonat (Marmorpulver) längere Zeit gerührt. Hierbei löst sich ein Teil des zugesetzten Calciumcarbonatpulvers auf, wenn das Wasser kalklösende Kohlensäure enthält. Durch Untersuchung des Wassers vor und nach der Behandlung mit Calciumcarbonatpulver läßt sich quantitativ bestimmen, in welchem Ausmaß es kalkaggressiv ist oder nicht.

Das Verfahren zur Bestimmung der Kalklösekapazität in mg CaO/l entspricht dabei im wesentlichen dem in DIN 38404 Teil 10 beschriebenen Vorgehen. Übernommen wurde der $K_{S4,3}$-Wert (Säurekapazität bis pH = 4,3) anstelle des in der DIN 4030/11.69 üblichen m-Werts. Darüber hinaus wurde festgelegt, daß die Kalklösekapazität bei der Temperatur zu bestimmen ist, die das Wasser bei der Probenahme aufwies. Demgegenüber wurde auf eine vorherige Abscheidung von komplexbildenden Inhibitoren verzichtet, da dieses Vorgehen im Hinblick auf die direkte Bestimmung des Angriffs von Wässern auf Beton ohne praktische Bedeutung ist.

Die Kalklösekapazität in mg CaO/l wird mit einem Faktor umgerechnet und vereinfacht als Konzentration kalklösender Kohlensäure in mg CO_2/l angegeben. Der überwiegende Teil der derzeit bekannten nationalen und internationalen Erfahrungs- und Meßwerte, die das Langzeitverhalten von Beton in angreifenden Wässern kennzeichnen, beruht auf der Bestimmung des Gehalts kalklösender Kohlensäure nach dem Marmorversuch von Heyer. Um den Bezug zu diesen Erfahrungswerten zu erhalten, wurde die Umrechnung vorgenommen.

(7) Die Bestimmung des $KMnO_4$-Verbrauchs von Wässern zur Beurteilung des Gehalts oxidierbarer Bestandteile ist wegen des Aufwands nur im Labor möglich. Aus diesem Grund konnte das Verfahren nicht in die Schnellprüfung übernommen werden.

(8) Die vorliegende Norm wurde den begrifflichen Festlegungen von „Härte" und Wortverbindungen mit dem Begriff „Härte" nach DIN 38409 Teil 6 angepaßt. In diesem Zusammenhang wurden ferner die Einheiten der Angaben für die Härte mit dem Gesetz über Einheiten im Meßwesen[2]) in Einklang gebracht. Dementsprechend ist die Verwendung der Einheit °d (= deutscher Grad Härte) nicht mehr zulässig (siehe dazu auch DIN 38409 Teil 6).

Internationale Patentklassifikation

C 02 F 1/00
E 02 D 1/04
E 02 D 1/06
G 01 N 33/18
G 01 N 33/38

[2]) Gesetz über Einheiten im Meßwesen vom 2. Juli 1969, BGBl. I, Nr 55, 709–712 (1969), in der Fassung vom 6. Juli 1973, BGBl. I, Nr 53, 720–721 (1973).

DK 693.554.1 : 621.791 : 620.1 : 658.562 November 1985

Schweißen von Betonstahl

Ausführung und Prüfung

DIN 4099

Welding of reinforcing steel; procedure and tests

Soudage d'aciers d'armature; mode operatoire et contrôle

Ersatz für
DIN 4099 T 1/04.72
und für
DIN 4099 T 2/12.78

Diese Norm wurde im Fachbereich VII Beton- und Stahlbetonbau/Deutscher Ausschuß für Stahlbeton des NABau ausgearbeitet. Sie ist den obersten Bauaufsichtsbehörden vom Institut für Bautechnik, Berlin, zur bauaufsichtlichen Einführung empfohlen worden.

Maße in mm

Inhalt

1 Anwendungsbereich und Zweck

(1) Diese Norm gilt für das Schweißen von Betonstählen nach DIN 488 Teil 1 mittels Lichtbogenhandschweißen (E), Metall-Aktivgasschweißen (MAG), Abbrennstumpfschweißen (RA) und Gaspreßschweißen (GP) auf Baustellen und in Betrieben (z. B. Biegebetriebe und Fertigteilwerke), sowie mittels Widerstands-Punktschweißen (RP) mit Einpunktschweißmaschinen (siehe DIN 44 753) in Betrieben.

(2) Sie gilt ferner für Schweißverbindungen von Betonstählen mit anderen Stahlteilen nach Abschnitt 5.

(3) Sie regelt die Herstellung der Schweißverbindungen, ihre Gütesicherung und die dafür erforderlichen Prüfungen.

(4) Die Verwendung von Werkstoffen sowie Schweißverfahren und Schweißverbindungen, die von dieser Norm abweichen, bedarf nach den bauaufsichtlichen Vorschriften im Einzelfall der Zustimmung der zuständigen obersten Bauaufsichtsbehörde oder der von ihr beauftragten Behörde, sofern nicht eine allgemeine bauaufsichtliche Zulassung erteilt ist.

2 Technische Unterlagen

Die Ausführungszeichnungen müssen alle erforderlichen Angaben zur Ausbildung und Herstellung der Schweißverbindungen enthalten.

Fortsetzung Seite 2 bis 17

Normenausschuß Bauwesen (NABau) im DIN Deutsches Institut für Normung e.V.
Normenausschuß Schweißtechnik (NAS) im DIN

3 Begriffe

3.1 Tragende Schweißverbindungen

Tragende Schweißverbindungen dienen der Kraftübertragung der verbundenen Stäbe; die zulässige Beanspruchung regelt DIN 1045.

3.2 Nichttragende Schweißverbindungen

Nichttragende [1]) Schweißverbindungen zwischen Betonstählen bzw. zwischen Betonstählen und anderen Stahlteilen dienen der Lagesicherung. Die Tragkraft dieser Verbindungen darf nicht in Rechnung gestellt werden (siehe auch DIN 1045).

4 Schweißverbindungen zwischen Betonstählen

4.1 Allgemeines

4.1.1 Arten der Schweißverbindungen

Die mit den in Abschnitt 1, Absatz 1, angegebenen Schweißverfahren herstellbaren Schweißverbindungen und die dabei zulässigen Stabnenndurchmesser sind in Tabelle 1 aufgeführt.

4.1.2 Anforderungen an die Ausführung

(1) Im Bereich der Schweißstellen ist der Stahl von Schmutz, Fett und losem Rost zu befreien und für ausreichende Zugänglichkeit zur Durchführung der Schweißarbeiten zu sorgen.

(2) Die zu schweißenden Stäbe müssen im Bereich der Schweißstelle eine Temperatur von mindestens 0 °C haben und nach dem Schweißen vor schnellem Abkühlen geschützt werden.

(3) Tragende und nichttragende Verbindungen sind mit der gleichen Sorgfalt, mit den gleichen Schweißparametern und, soweit nicht anderes vermerkt ist, mit den gleichen Nahtformen herzustellen.

(4) Bei durch Verwinden verfestigten Betonstählen dürfen die nicht verformten Stabenden nur bei nichttragenden Verbindungen und bei Überlappstößen nach Bild 1 geschweißt werden.

4.1.3 Hinweise für Abbiegungen

(1) Bei Kreuzungsstößen dürfen die Schweißstellen auch in Biegungen angeordnet werden. Die Biegungen müssen vor dem Schweißen hergestellt sein, wobei die Biegerollendurchmesser für die Herstellung der Biegungen nach DIN 1045 nicht unterschritten werden dürfen. Die Schweißstellen dürfen an der Biegungsinnenseite, an der Biegungsaußenseite oder seitlich an den Biegungen liegen. Bei anderen Schweißverbindungen, bei denen die Stäbe vor dem Schweißen gebogen worden sind, muß der Abstand der Schweißstelle vom Beginn der Biegung mindestens 2 d_s betragen.

(2) Sollen geschweißte Bewehrungsstäbe nach dem Schweißen gebogen werden, so sind die entsprechenden Bestimmungen von DIN 1045 zu beachten.

4.2 Lichtbogenhandschweißen (E)

4.2.1 Allgemeines

(1) Das Werkstückkabel muß im Querschnitt so groß sein, daß ein guter Stromfluß sichergestellt ist. Es muß fest an den zu schweißenden Stählen angebracht werden.

(2) Für das Schweißen von Betonstählen sind folgende, amtlich zugelassene [2]) Stabelektroden nach DIN 1913 Teil 1 zu verwenden:

a) Rutiltypen und deren Mischtypen, mitteldick- und dickumhüllt, sowie Hochleistungselektroden bis zu einem Ausbringen von 160 %.

b) Basische Typen und deren Mischtypen, dickumhüllt, jedoch nur nach besonderer Trocknung entsprechend den Liefervorschriften.

4.2.2 Überlappstoß

(1) Der Überlappstoß ist für tragende Stöße nach Bild 1 mit einseitigen unterbrochenen Flankennähten und für nichttragende Stöße nach Bild 2 auszuführen. Liegen die Stäbe in der äußeren Bewehrungslage in bezug auf die Bauteiloberfläche senkrecht übereinander und ist ihr Durchmesser größer als 20 mm, so muß die Stoßlänge $\geq 15\ d_s$ betragen.

(2) Im Stoßbereich sind die Stäbe ohne Abstand aneinander zu legen. Die Schweißnaht ist zügig zu ziehen und darf einlagig ausgeführt werden.

4.2.3 Laschenstoß

(1) Der Laschenstoß ist nach Bild 3 mit einseitigen Flankennähten auszuführen.

(2) Als Laschen sind Betonstähle zu verwenden; werden andere Stähle verwendet, so gilt Abschnitt 5. Der Querschnitt beider Laschen zusammen muß mindestens gleich dem des zu stoßenden Stabes sein, wenn Laschen und Stäbe gleiche

---

[1]) Bezieht sich nur auf die Schweißverbindungen, nicht auf die Betonstähle.

[2]) Die amtliche Zulassungsstelle ist das Bundesbahn-Zentralamt Minden/Westfalen. (Zulassungsverzeichnis DS 920/I, zu beziehen bei der Drucksachenverwaltung der DB Karlsruhe, Hinterm Hauptbahnhof 2a, 7500 Karlsruhe).

Tabelle 1. **Schweißverfahren, Schweißverbindungen und zulässige Stabnenndurchmesser**

	1	2	3	4	5	6
	Schweißverfahren	Arten der Schweißverbindungen [7]	Bereich der Stabnenndurchmesser in mm [1] tragende Verbindung Stäbe	Matten	nichttragende Verbindung Stäbe	Matten
1	Lichtbogenhand-schweißen (E) und Metall-Aktivgas-schweißen (MAG)	Stumpfstoß	20 bis 28	–	–[8]	–
2		Laschenstoß	6 bis 28	8 (6) [1] bis 12	–[8]	–
3		Überlappstoß (Übergreifungsstoß)	6 bis 28	8 (6) [1] bis 12	6 bis 28	8 (6) [1] bis 12 [2]
4		Kreuzungsstoß	6 bis 16 [5]	8 (6) [1] bis 12 [5]	6 bis 28 [6]	8 (6) [1] bis 12 [2] [6]
5		Verbindung mit anderen Stahlteilen	6 bis 28	–	6 bis 28	–
6	Gaspreßschweißen (GP)	Stumpfstoß	14 bis 28 [3]	–	–[8]	–
7	Abbrennstumpf-schweißen (RA)	Stumpfstoß	6 bis 28 [4]	–	–[8]	–
8	Widerstands-Punktschweißen (RP)	Überlappstoß (Übergreifungsstoß)	–	–	6 bis 12	4 bis 12
9		Kreuzungsstoß	6 bis 16 [5]	4 bis 12 [5]	6 bis 28 [6]	4 bis 12 [6]

[1] Soweit in einer Zeile Stäbe und Matten aufgeführt sind, dürfen diese auch miteinander verbunden werden. Die Werte in ( ) gelten für das Verfahren MAG.

[2] Bei Schweißverbindungen mit Stabstählen Nenndurchmesser $\geq$ 16 mm dürfen auch Mattenstäbe ab 5 mm Nenndurchmesser verwendet werden.

[3] Die Differenz der zuverbindenden Stabnenndurchmesser darf bis zu 3 mm betragen.

[4] Es dürfen nur gleiche Stabnenndurchmesser miteinander verbunden werden.

[5] Zulässiges Verhältnis der Nenndurchmesser sich kreuzender Stäbe $\geq$ 0,57, siehe auch Abschnitt 4.1.3.

[6] Zulässiges Verhältnis der Nenndurchmesser sich kreuzender Stäbe $\geq$ 0,28, siehe auch Abschnitt 4.1.3.

[7] Symbolische Darstellung der Verbindungsarten:

– Tragende Verbindungen:

Stumpfstoß  Laschenstoß 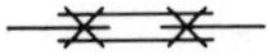

Überlappstoß  Kreuzungsstoß 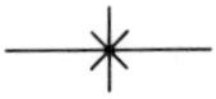

– Nichttragende Verbindungen:

Überlappstoß  Kreuzungsstoß 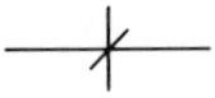

[8] Sofern der Stoß als nichttragend ausgeführt wird, gilt Spalte 3.

Festigkeitseigenschaften haben. Sonst ist der Querschnitt der Laschen entsprechend dem Verhältnis der Nennstreckgrenzen umzurechnen.

(3) Für die Ausführung der Schweißarbeiten gilt Abschnitt 4.2.2, Absatz 2.

4.2.4 Stumpfstoß

(1) Stumpfstöße sind nach Bild 4a bis Bild 4d auszubilden.

(2) Es ist mehrlagig zu schweißen. Zwischen den einzelnen Lagen sind Pausen einzuschalten, um Entfestigungen durch zu große Wärmeeinwirkung zu vermeiden. Badsicherungen sind zulässig.

4.2.5 Kreuzungsstoß

Die Schweißungen sind nach Bild 5 auszuführen.

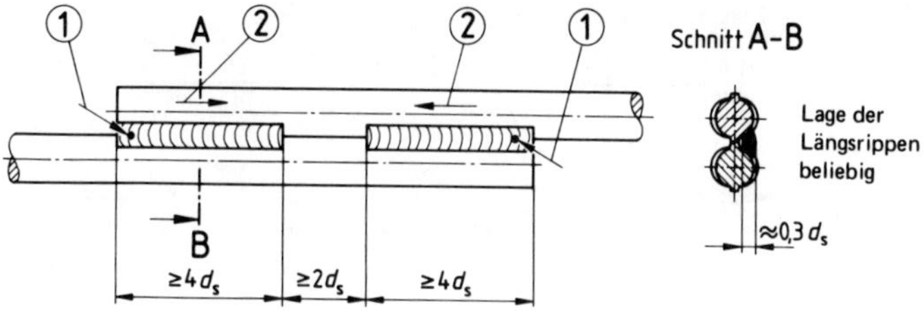

① Stabelektrode zünden; die Zündstelle muß in der Fuge liegen, die später überschweißt wird.

② Schweißrichtungen bei Stabachse waagerecht oder annähernd waagerecht; bei senkrechter Stabachse ist von unten nach oben (steigend) zu schweißen.

Bild 1. Überlappstoß für tragende Verbindungen
(d_s Nenndurchmesser des gegebenenfalls dünneren der gestoßenen Stäbe)

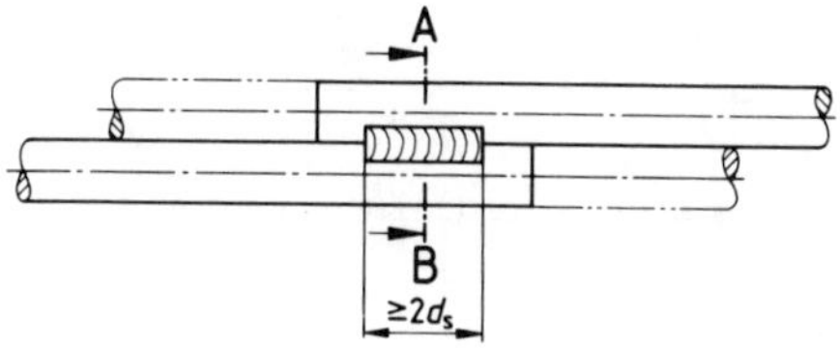

Schnitt A–B (siehe Bild 1)

Bild 2. Überlappstoß als nichttragende Verbindung
(d_s Nenndurchmesser des gegebenenfalls dünneren der gestoßenen Stäbe)

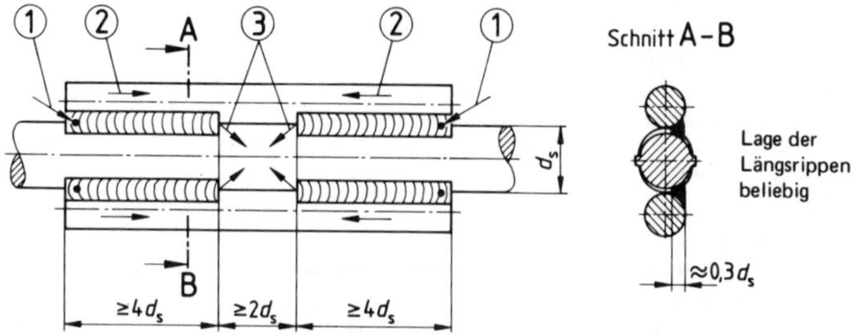

① Stabelektrode zünden; die Zündstelle muß in der Fuge liegen, die später überschweißt wird.

② Schweißrichtungen bei Stabachse waagerecht oder annähernd waagerecht; bei senkrechter Stabachse ist von unten nach oben (steigend) zu schweißen.

③ Stabelektrode abheben.

Bild 3. Laschenstoß
(d_s Nenndurchmesser des gegebenenfalls dünneren der gestoßenen Stäbe)

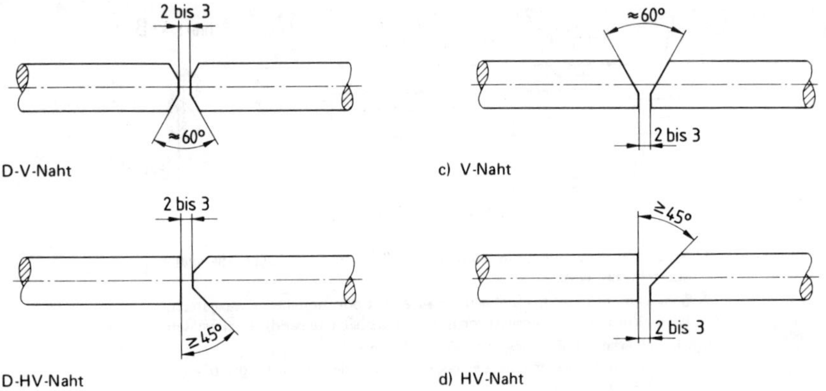

Bild 4. Stumpfstöße

Bild 5. Kreuzungsstoß (Lage der Längsrippen beliebig)

4.3 Metall-Aktivgasschweißen (MAG)

4.3.1 Allgemeines

(1) Als Schutzgase dürfen Mischgase oder Kohlenstoffdioxyd verwendet werden.

(2) Es sind Drahtelektroden nach DIN 8559 Teil 1 und Schutzgase nach DIN 32 526 zu verwenden, die als Draht-Schutzgaskombination amtlich zugelassen [2]) sind.

4.3.2 Schweißverbindungen und Schweißausführung

(1) Für die Ausführung der Schweißverbindungen gelten die entsprechenden Bestimmungen nach Abschnitt 4.2.

(2) Es ist durch geeignete Maßnahmen sicherzustellen, daß äußere Einflüsse, z. B. Wind, die porenfreie Herstellung der Schweißnähte nicht behindern.

4.4 Widerstands-Punktschweißen (RP)

4.4.1 Allgemeines

(1) Es sind nur synchrongesteuerte Schweißmaschinen oder Schweißzangen zu verwenden, damit die Schweißströme, die Zeiten und die Elektrodenkräfte reproduzierbar eingestellt werden können (siehe DIN 44 753). Sie sollten außerdem die Möglichkeit des Nachwärmens besitzen.

(2) In der Regel sind Formelektroden zu verwenden.

4.4.2 Schweißausführung

(1) Die Schweißeinstelldaten sind vor Beginn der Schweißarbeiten und bei Änderung der Herstellbedingungen durch Arbeitsprüfungen nach Abschnitt 7.2, Absatz 2, zu ermitteln.

(2) Beim Überlappstoß als nichttragende Verbindung (siehe Tabelle 1, Zeile 8) muß bei Anordnung mehrerer Schweißpunkte hintereinander ihr Abstand mindestens das Fünffache des größeren Stabnenndurchmessers betragen.

4.5 Abbrennstumpfschweißen (RA)

4.5.1 Allgemeines

(1) Es sind nur Schweißmaschinen nach DIN 44 752 mit einer der Schweißaufgabe angemessenen elektrischen Leistung und den hierzu erforderlichen Stauch- und Spannkräften zu verwenden.

(2) Wo Schwankungen der Netzspannungen auftreten können, ist durch ein eingebautes Meßgerät die Schwankung laufend zu überwachen, um entsprechende Maßnahmen zum Konstanthalten der Sekundärleistung treffen zu können. An

---

[2]) Siehe Seite 2

der Schweißmaschine müssen Tabellen verfügbar sein, aus denen Richtwerte zum Schweißen für die verschiedenen Stabquerschnitte entnommen werden können.

4.5.2 Schweißausführung

(1) Vor Beginn der Schweißarbeiten und bei Änderung der Herstellungsbedingungen sind durch Arbeitsprüfungen nach Abschnitt 7.2, Absatz 2, die Einstelldaten der Schweißmaschine festzulegen; sie sind bei der Fertigung beizubehalten.

(2) Die Stirnflächen der Stäbe sollen möglichst parallel zueinander stehen. Die zu schweißenden Stabenden dürfen nicht verbogen sein. Ausmittigkeiten dürfen bis zu 10 % des Stabnenndurchmessers betragen.

(3) Die Abkühlung der Schweißstelle darf nicht beschleunigt werden.

4.6 Gaspreßschweißen (GP)

4.6.1 Allgemeines

Es sind Schweißmaschinen mit hydraulischer Stauchvorrichtung zu verwenden, die hinsichtlich

- Brennergröße,
- Stauchkraft,
- Stauchweg,
- Stauchgeschwindigkeiten und
- Spannkraft der Klemmbacken

ausreichend ausgelegt sind und gleichbleibende Schweißdaten sicherstellen. Es müssen Vorrichtungen zur Messung des hydraulischen Stauchdruckes vorhanden sein.

4.6.2 Schweißausführung

Es gelten die Bestimmungen nach Abschnitt 4.5.2.

5 Anschweißen von Betonstahl an andere Stahlteile

5.1 Allgemeines

(1) Dieser Abschnitt enthält Bestimmungen für das Anschweißen von Betonstählen nach DIN 488 Teil 1 mittels Lichtbogenhandschweißen oder Metall-Aktivgasschweißen an andere Stahlteile für die in Abschnitt 5.2 beschriebenen Verbindungsarten.

(2) Die Festlegungen für die Schweißnähte gelten für vorwiegend ruhende Belastung und zwar zur Übertragung der vollen Kraft aus den angeschlossenen Betonstählen in ihrer Achsrichtung (Normalkräfte). Die in den Bildern angegebenen Werkstoffdicken der Stahlteile sind unter schweißtechnischen Gesichtspunkten festgelegt; aus statischen Gründen können größere Dicken erforderlich werden. Soll von den Festlegungen im Hinblick auf die Nahtlänge oder die Werkstoffdicke der Stahlteile und gegebenenfalls auch der Stababstände abgewichen werden, so ist der Nachweis der Eignung hierfür durch Versuche zu erbringen [3]).

(3) Für die Überleitung der Kräfte aus den Stahlteilen und aus den Betonstählen in den Beton gilt DIN 1045.

(4) Für die Werkstoffauswahl, Bemessung und Konstruktion der Stahlteile gilt DIN 18 800 Teil 1.

5.2 Verbindungsarten

5.2.1 Verbindungen mit Flankennähten

(1) Die Verbindungen mit Flankennähten sind im Bild 7 für einseitige und im Bild 8 für beidseitige Flankennähte dargestellt. Dabei entspricht die Verbindung mit einseitigen Flankennähten dem Überlappstoß nach Abschnitt 4.2.2 und die Verbindung mit beidseitigen Flankennähten dem Laschenstoß nach Abschnitt 4.2.3.

(2) Die Flankennähte sind nach Bild 6 auszubilden (Maß a); für die Dicken der Stahlteile, die Nahtlängen und die Nahtabstände gelten die Angaben in den Bildern 7 bzw. 8. Die Nahtabstände e und die Abstände zwischen den Nähten und gegebenenfalls anderen angrenzenden Bauteilflächen müssen außerdem so groß sein, daß eine ausreichende Zugänglichkeit zum Schweißen sichergestellt ist.

5.2.2 Verbindungen mit Stirnkehlnähten

(1) Stirnkehlnahtverbindungen dürfen nach den Bildern 9, 10 oder 11 ausgebildet werden. Für die Dicken der Stahlteile gelten die dort angegebenen Maße.

(2) Es dürfen auch mehrere Stäbe an einer Platte angeschweißt werden. Der dabei einzuhaltende lichte Abstand muß unter schweißtechnischen Gesichtspunkten $\geq 2\, d_s$ sein; außerdem richtet er sich nach der Zugänglichkeit zur Herstellung der Schweißnähte und nach den statischen Erfordernissen für die Überleitung der Kräfte.

---

[3]) Ein Hinweis auf Prüfstellen wird zusammen mit den Verzeichnissen nach den Fußnoten 4 und 5 in den Mitteilungen des Instituts für Bautechnik veröffentlicht.

(3) Die Elektrodendurchmesser und Schweißbedingungen sind bei Arbeitsprüfungen vor Beginn der Schweißarbeiten und bei Änderung der Herstellungsbedingungen festzulegen. Dabei ist insbesondere darauf zu achten, daß keine unzulässige Entfestigung oder Aufhärtung der Betonstähle eintritt.

(4) Bei Verbindungen nach Bild 9 und Bild 10 dürfen die Bohrungen nur so groß ausgeführt werden, daß sich die Betonstähle einführen lassen.

(5) Für Stirnkehlnahtverbindungen am aufgesetztem Stab nach Bild 11 ist das Ende des Betonstahles rechtwinklig zur Stabachse abzutrennen. Es ist durch geeignete Maßnahmen während des Schweißens dafür zu sorgen, daß die Stirnfläche des Betonstahles ohne Zwischenraum an dem Stahlteil anliegt. Derartige Stirnkehlnahtverbindungen sind im allgemeinen nur für Endverankerungen nach DIN 1045 geeignet; bei anderen Anwendungsfällen muß die Beanspruchung in Dickenrichtung untersucht werden.

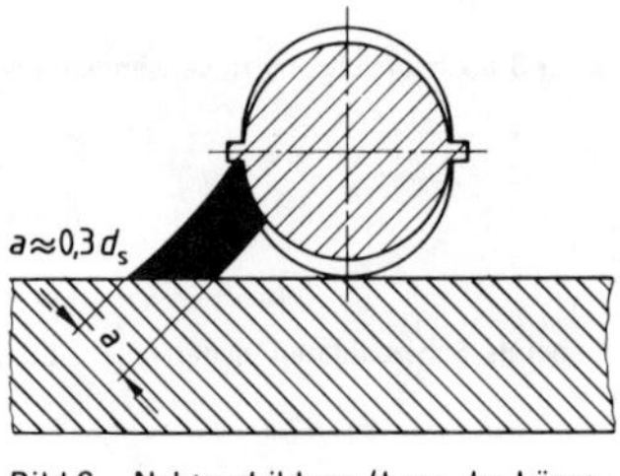

Bild 6. Nahtausbildung (Lage der Längsrippen beliebig)

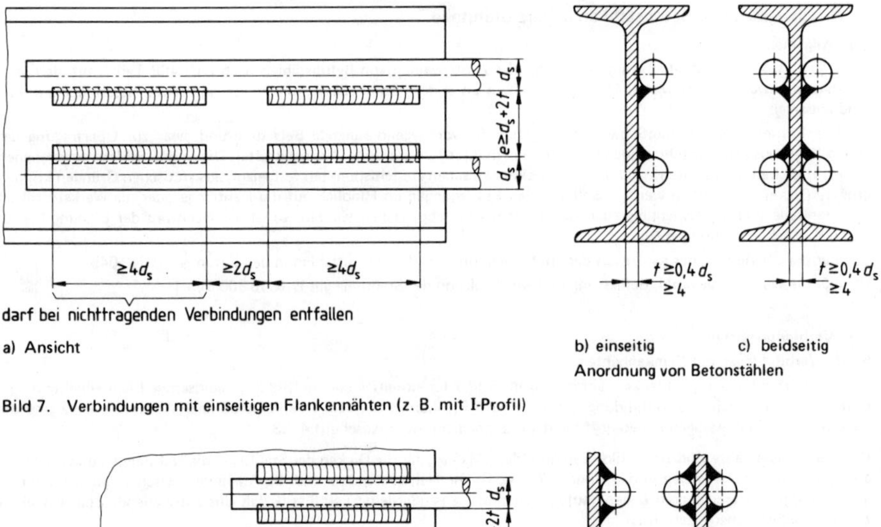

a) Ansicht

b) einseitig c) beidseitig

Anordnung von Betonstählen

Bild 7. Verbindungen mit einseitigen Flankennähten (z. B. mit I-Profil)

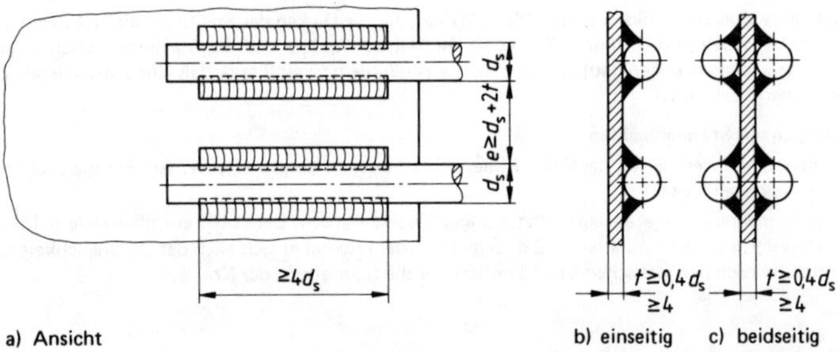

a) Ansicht

b) einseitig c) beidseitig

Anordnung von Betonstählen

Bild 8. Verbindungen mit beidseitigen Flankennähten

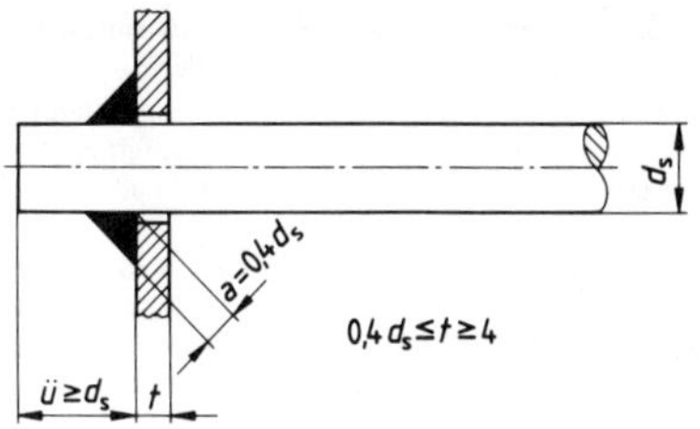

Bild 9. Stirnkehlnaht am durchgeführten Stab

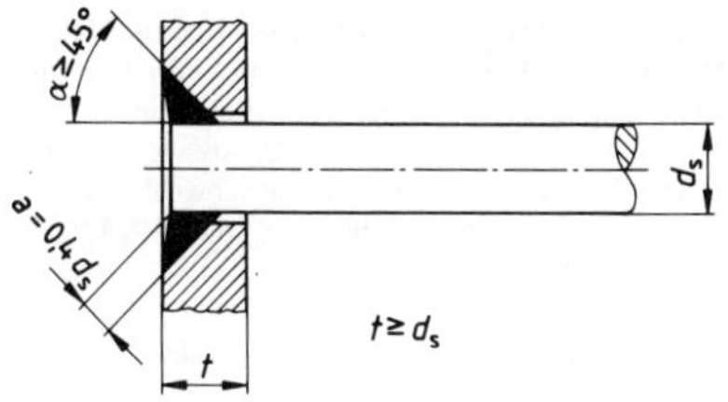

Bild 10. Stirnkehlnaht am versenkten Stab

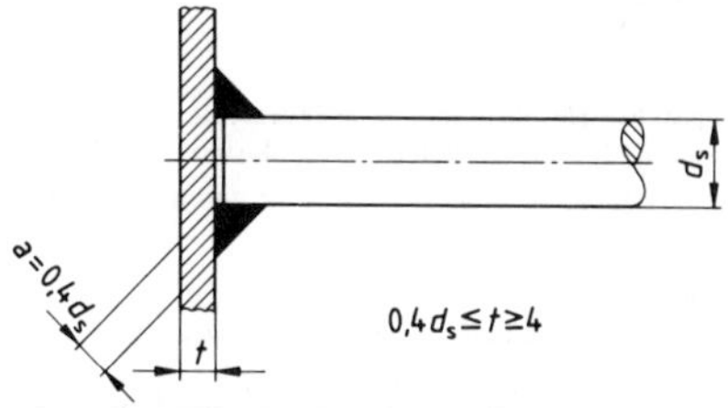

Bild 11. Stirnkehlnaht am aufgesetzten Stab

6 Eignungsnachweis zum Schweißen von Betonstahl

6.1 Allgemeines

(1) Das Herstellen von Schweißverbindungen an Betonstählen erfordert Sachkenntnis und Erfahrung der damit betrauten Personen sowie eine entsprechende Ausstattung der Betriebe mit geeigneten Einrichtungen.

(2) Betriebe, die Schweißarbeiten an Betonstählen in der Werkstatt oder auf der Baustelle ausführen, müssen ihre Eignung nachweisen.

(3) Der Nachweis der Eignung für das Schweißen von Betonstahl richtet sich sinngemäß nach den Bestimmungen für den Kleinen Eignungsnachweis von DIN 18 800 Teil 7, wobei die in Abschnitt 6.2 bis Abschnitt 6.5 aufgeführten Änderungen und Ergänzungen zu beachten sind.

(4) Der Eignungsnachweis kann für ein oder mehrere Schweißverfahren erteilt werden. Je Schweißverfahren ist der Nachweis im allgemeinen für alle Verbindungsarten zu führen. Soll der Eignungsnachweis auch das Anschweißen von Betonstählen an andere Stahlteile beinhalten, so ist er mit den hierfür vorgesehenen Grundwerkstoffen zu führen.

6.2 Schweißaufsicht

(1) Der Betrieb muß für die Schweißaufsicht mindestens über einen dem Betrieb angehörenden Schweißfachmann verfügen. Die Ausbildung und Prüfung[4] der Schweißaufsicht müssen mindestens den Richtlinien des Deutschen Verbandes für Schweißtechnik (DVS) einschließlich einer Zusatzausbildung nach Richtlinie DVS 1175 für das Schweißen von Betonstahl entsprechen. Sie muß hierüber ein Zeugnis besitzen.

(2) Die Schweißaufsicht ist für die Güte der Schweißarbeiten in der Werkstatt oder auf der Baustelle und für die hierzu durchzuführenden Prüfungen (siehe Abschnitt 7) verantwortlich. Dabei hat sie insbesondere auch die richtige Wahl der Werkstoffgüte und die schweißgerechte bauliche Durchbildung zu überprüfen und bei Mängeln für Abhilfe zu sorgen.

(3) Die Schweißaufsicht darf bei betriebszugehörigen, von ihr zu überwachenden Schweißern die Schweißerprüfung für das Schweißen von Betonstahl vornehmen und die entsprechende Prüfbescheinigung ausstellen und verlängern.

(4) Bei der laufenden Beaufsichtigung der Schweißarbeiten darf sich die Schweißaufsicht durch betriebszugehörige schweißtechnisch besonders ausgebildete und von ihr als geeignet befundene Personen unterstützen lassen. Die Verantwortung der Schweißaufsicht nach Abschnitt 6.2, Absatz 2, bleibt davon unberührt.

6.3 Schweißer für Betonstahl

(1) Es dürfen nur solche Schweißer eingesetzt werden, die für das angewendete Schweißverfahren besonders ausgebildet sind und hierfür eine gültige Prüfbescheinigung besitzen[5].

---

[4] Ein Verzeichnis der Ausbildungsstellen für Schweißaufsichtspersonen wird beim Institut für Bautechnik geführt und in seinen Mitteilungen, zu beziehen beim Verlag Wilhelm Ernst & Sohn KG, veröffentlicht.

[5] Ein Verzeichnis der Ausbildungsstellen für Betonstahlschweißer wird beim Institut für Bautechnik geführt und in seinen Mitteilungen, zu beziehen beim Verlag Wilhelm Ernst & Sohn KG, veröffentlicht.

(2) Für das Lichtbogenhandschweißen und das Metall-Aktivgasschweißen ist neben einer gültigen Prüfbescheinigung nach DIN 8560 in der Prüfgruppe B I m eine Ausbildung und Prüfung nach der Richtlinie DVS 1146 erforderlich.

(3) Die Prüfbescheinigung nach der Richtlinie DVS 1146 wird für 1 Jahr ausgestellt; sie wird um jeweils ein weiteres Jahr verlängert (siehe auch Abschnitt 6.2, Absatz 3), wenn zwischenzeitlich mindestens vierteljährlich Arbeitsprüfungen nach Abschnitt 7.2 für das entsprechende Schweißverfahren mit Erfolg durchgeführt wurden. Ist dies nicht der Fall, so ist eine Wiederholungsprüfung nach der Richtlinie DVS 1146 erforderlich.

6.4 Nachweis der Eignung

(1) Die Betriebsprüfung ist durch die für den Großen Eignungsnachweis nach DIN 18 800 Teil 7 anerkannte Stelle durchzuführen.

(2) Im Rahmen der Betriebsprüfung sind neben einer Überprüfung der betrieblichen Einrichtungen und des Personals Schweißproben herzustellen und zu prüfen, deren Umfang sich nach Tabelle 2 richtet. Die Schweißproben sind von den vorhandenen Schweißern, etwa gleichmäßig auf diese aufgeteilt, herzustellen.

6.5 Bescheinigung

(1) Hat die anerkannte Stelle festgestellt, daß der Eignungsnachweis mit Erfolg geführt wurde, so stellt sie eine Bescheinigung über den Eignungsnachweis für das Schweißen von Betonstahl nach DIN 4099 aus.

(2) Die Geltungsdauer der Bescheinigung beträgt höchstens 3 Jahre und kann nach erfolgreicher Wiederholungsprüfung auf jeweils 3 Jahre verlängert werden.

Tabelle 2. **Umfang der Eignungsprüfungen**

	1	2	3	4	5	6	7
	Schweißverfahren	Schweißverbindung	Stabnenndurchmesser in mm oder Stabkombination in mm/mm		Anzahl der Proben je Nenndurchmesser und Probenform für		
			Stabstahl	Matten	Zug-versuch	Biege-versuch	Scher-versuch
1	Lichtbogenhandschweißen (E) und Metall-Aktivgasschweißen (MAG)	Stumpfstoß (siehe Bild 4 a)	20	–	3	3	–
2		Überlappstoß (siehe Bild 1) (Übergreifungsstoß)	28	8 (6) [1] und 12	3	–	–
3		Kreuzungsstoß (siehe Bild 5)	8/28 und 16/16	8 (6) [1] und 12	3 [2]		3 [3]
4		Verbindung mit anderen Stahlteilen	siehe Bilder 14 bis 16		3	–	–
5	Gaspreßschweißen (GP)	Stumpfstoß	mit dem kleinsten und größten vorgesehenen Nenndurchmesser	–	3	3	–
6	Abbrennstumpfschweißen (RA)	Stumpfstoß		–	3	3	–
7	Widerstands-Punktschweißen (RP)	Überlappstoß (Übergreifungsstoß)	–	5 und 12	3	–	–
8		Kreuzungsstoß	je zwei Kombinationen mit den kleinsten und größten vorgesehenen Nenndurchmessern		3 [2]		3 [3]

1) Die Werte in ( ) gelten für das Verfahren MAG.
2) Zugversuch am dünneren Stab, Biegeversuch am dickeren Stab.
3) Bei einem Verhältnis der Stabnenndurchmesser ≥ 0,57 wird am dickeren Stab gezogen, sonst am dünneren.

7 Gütesicherung

7.1 Allgemeine Überprüfung

Vor Beginn der Schweißarbeiten und bei Änderung der Herstellungsbedingungen ist durch die verantwortliche Schweißaufsicht zu prüfen, ob unter den örtlichen Herstellungsbedingungen die vorgesehenen Schweißverbindungen einwandfrei hergestellt werden können. Dabei ist festzustellen, daß

a) die zu schweißenden Betonstähle mit den Angaben in den technischen Unterlagen übereinstimmen;

b) die eingesetzten Schweißeinrichtungen in ordnungsgemäßem und funktionsfähigem Zustand sind;

c) die eingesetzten Schweißer die notwendigen Kenntnisse und Handfertigkeiten im Schweißen von Betonstählen mit den verwendeten Schweißverfahren haben und darüber eine gültige Prüfbescheinigung besitzen.

7.2 Arbeitsprüfungen

(1) Arbeitsprüfungen sind während der Schweißarbeiten (laufende Arbeitsproben) und, soweit in Tabelle 3 gefordert, auch vor Beginn der Schweißarbeiten (vorgezogene Arbeitsproben) durchzuführen.

(2) Mit den vorgezogenen Arbeitsproben sind vor Beginn der Schweißarbeiten die unter den örtlichen Herstellungsbedingungen erforderlichen Schweißparameter zu ermitteln. Für den Mindestumfang der Prüfungen gilt Tabelle 3.

(3) Laufende Arbeitsproben, für deren Umfang ebenfalls Tabelle 3 gilt, sind unter den örtlichen Herstellungsbedingungen arbeitswöchentlich und bei Änderung der Herstellungsbedingungen herzustellen und zu prüfen. Wurden vorgezogene Arbeitsproben hergestellt und geprüft, so dürfen sie auf die Prüfungen für die erste Arbeitswoche angerechnet werden.

(4) Die Prüfung der Schweißproben erfolgt in einer hierfür geeigneten Prüfstelle. Geeignete Prüfstellen sind solche, die über die erforderlichen Einrichtungen und entsprechendes Personal verfügen. Die Durchführung der Prüfung richtet sich nach Abschnitt 8. Die Prüfergebnisse sind in einen Bewertungsbogen nach Anhang A einzutragen und von der Schweißaufsicht gegenzuzeichnen.

(5) Werden die Schweißarbeiten auf einer Baustelle durchgeführt, so sind die Bewertungsbogen zu den Bauakten zu nehmen; werden sie in einer Werkstatt vorgenommen, so verbleiben die Bewertungsbogen in der Regel dort und werden nur auf Anforderung an die Verwendungsstelle der geschweißten Bewehrung weitergegeben.

Tabelle 3. **Umfang der Arbeitsprüfungen**

	1	2	3	4	5	6	7
	Schweißverfahren	Schweißverbindung	Anzahl der Proben je Schweißverbindung [3]				
			tragende Verbindungen			nichttragende Verbindungen	
			Zugversuch	Biegeversuch	Scherversuch	Zugversuch	Biegeversuch
1	Lichtbogenhandschweißen (E) und Metall-Aktivgasschweißen (MAG)	Stumpfstoß [1]	1	1	–	–	–
2		Laschenstoß	1	–	–	–	–
3		Überlappstoß (Übergreifungsstoß)	1	–	–	1	–
4		Kreuzungsstoß	2 [4]		2 [5]	2 [4]	
5		Verbindung mit anderen Stahlteilen [2]	3	–	–	1	–
6	Gaspreßschweißen (GP)	Stumpfstoß [1]	1	3	–	–	–
7	Abbrennstumpfschweißen (RA)	Stumpfstoß [1]	1	3	–	–	–
8	Widerstands-Punktschweißen (RP)	Überlappstoß [1] (Übergreifungsstoß)	–	–	–	3	–
9		Kreuzungsstoß [1]	2 [4]		2 [5]	2 [4]	

1) Eine Probenserie ist vor Beginn der Schweißarbeiten herzustellen und zu prüfen (siehe Abschnitt 7.2, Absatz 2).

2) Es gilt Fußnote 1 soweit Verbindungen nach Bild 10 und Bild 11 hergestellt werden.

3) Sie ist von jedem eingesetzten Schweißer an der am schwierigsten zu schweißenden und in der Fertigung vorkommenden Position zu erbringen.

4) Zugversuch am dünneren Stab, Biegeversuch am dickeren Stab.

5) Am dickeren Stab gezogen.

8 Prüfungen an Schweißproben

8.1 Zugversuch

8.1.1 Probenform

(1) Für den Zugversuch sind unbearbeitete Proben, die in der Regel der vorgesehenen Schweißverbindung entsprechen, zu verwenden. Die Schweißstelle muß etwa in der Probenmitte liegen.

(2) Die Länge der Probe zwischen den Einspannbacken muß mindestens $10 \cdot d_{s1} + 10 \cdot d_{s2}$ + Länge der Schweißung betragen, wobei d_{s1} und d_{s2} die Nenndurchmesser der verbundenen Stäbe sind.

(3) Die Probe für den Überlappstoß mittels der Verfahren E und MAG nach Abschnitt 4.2 und Abschnitt 4.3 muß Bild 12 entsprechen.

Anmerkung: Wird als Probe die vollständige Verbindung nach Bild 1 vorgelegt, so ist einer der Stäbe vor der Prüfung durchzutrennen.

(4) Die Probe für den Überlappstoß als Heftverbindung mittels dem Verfahren RP nach Abschnitt 4.4.2, Absatz 2, muß zwei Schweißpunkte aufweisen.

(5) Beim Anschweißen von Betonstählen an andere Stahlteile mittels Flankennähten nach Bild 7 und Bild 8 wird für Arbeitsproben die Form nach Bild 14 – jedoch mit den zur Anwendung gelangenden Beton- und Baustählen – hergestellt und geprüft.

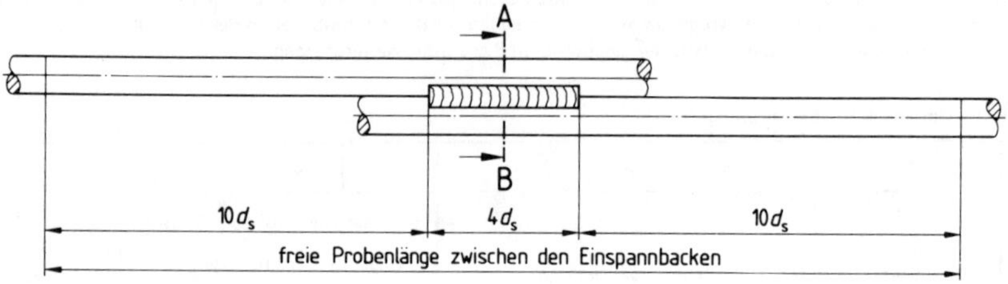

Bild 12. Zugprobe für Baustellenschweißungen (Schnitt A–B siehe Bild 1)

8.1.2 Durchführung

(1) Für die Durchführung des Zugversuches gilt DIN 50 145.

(2) Der Durchmesser der Bohrung in der Auflagerplatte zur Prüfung von Stirnkehlnaht-Verbindungen nach Bild 9 bis Bild 11 soll etwa 2 d_s betragen (siehe hierzu Bilder 15 und 16).

8.1.3 Bewertung der Ergebnisse

(1) Der Zugversuch für tragende Verbindungen – ausgenommen für den Überlappstoß und die Verbindungen mittels Flankennähten nach Bild 7 und Bild 8 (Probenform siehe Bild 14) – gilt als bestanden, wenn

a) durch Beurteilung nach Augenschein die Schweißausführung für ordnungsgemäß befunden wird und

b) der Bruch eines Stabes außerhalb der Schweißstelle aufgetreten ist oder bei einem Bruch im Bereich der Schweißstelle der Zugfestigkeitsabfall gegenüber den ungeschweißten Betonstählen höchstens 10 % beträgt und die Nennzugfestigkeit der Stäbe (gegebenenfalls bezogen auf den Stab mit der kleineren Nenntragfähigkeit) nicht unterschritten ist. Der Vergleichswert für die Ermittlung des Zugfestigkeitsabfalles ist aus den Reststücken der Probe oder aus einem benachbarten Stababschnitt zu bestimmen.

(2) Der Zugversuch für tragende Verbindungen als Überlappstoß und Verbindungen mittels Flankennähten nach Bild 7 und Bild 8 (Probenform siehe Bild 14) gilt als bestanden, wenn

a) durch die Beurteilung nach Augenschein die Schweißausführung für ordnungsgemäß befunden wird und

b) die ertragene Bruchkraft $F_u \geq 0{,}6\, A_s \cdot \beta_Z$ ist mit A_s als Nennwert für den Querschnitt und β_Z als Nennwert der Festigkeit der geschweißten Betonstähle.

(3) Der Zugversuch für nichttragende Verbindungen gilt als bestanden, wenn

a) bei einem Bruch in der Schweißung die Stäbe keine Anrisse zeigen oder

b) beim Bruch eines Stabes die Bedingung nach Absatz 1, Aufzählung b, erfüllt ist.

8.2 Biegeversuch

8.2.1 Probenform

Die Probenlänge für den Biegeversuch beträgt $\geq 30\, d_s$. Die Schweißverbindung bzw. der aufgeschweißte Querstab muß etwa in Probenmitte liegen.

8.2.2 Durchführung

(1) Beim Biegeversuch werden die Stäbe auf Biegemaschinen, wie sie auf Baustellen üblich sind, gebogen. Bei Stumpfstößen ist an der Auflagestelle für die Biegerolle die Schweißnahtüberhöhung abzuarbeiten, oder es ist in der Biegerolle eine entsprechende Aussparung vorzunehmen. Bei Kreuzungsstößen muß die Schweißstelle in der Zugzone liegen. Die Rollen der Biegemaschine müssen frei drehbar sein. Zwischenlagen zur Vermeidung von Quetschungen dürfen nicht angebracht werden. Der Biegeversuch darf auch auf entsprechend umgebauten Werkstoffprüfmaschinen durchgeführt werden. Im übrigen wird hinsichtlich der Durchführung des Versuches auf DIN 50 111 verwiesen.

(2) Der Biegerollendurchmesser beträgt $6 \cdot d_s$ für Nenndurchmesser ≤ 16 mm und $8 \cdot d_s$ für Nenndurchmesser > 16 mm.

8.2.3 Bewertung der Ergebnisse

Der Biegeversuch gilt als bestanden, wenn bis zu einem Biegewinkel von 60° kein verformungsloser Bruch aufgetreten ist; Anrisse müssen vom Grundwerkstoff aufgefangen werden. Bei Kreuzungsstößen sind geringfügige Ablösungen an der Schweißstelle nicht zu beanstanden.

8.3 Scherversuch

8.3.1 Probenform

Die Probenform für den Scherversuch richtet sich nach Bild 13.

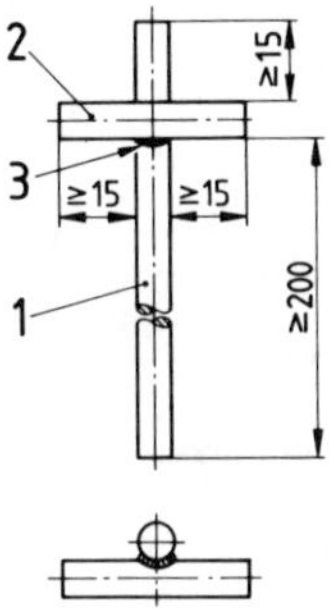

1 Zugstab
2 verankernder Stab
3 Lage der Schweißstelle

Bild 13. Scherprobe von Kreuzungsstößen

8.3.2 Durchführung

Die Scherprobe ist so in die Schervorrichtung einzuspannen, daß der gezogene Stab mittig sitzt und ein Verdrehen des verankernden Querstabes möglichst verhindert wird. Das obere freie Ende des Zugstabes ist so abzustützen (z. B. durch Rollen), daß die gemessene Scherkraft durch Reibungskräfte nicht erhöht wird.

8.3.3 Bewertung der Ergebnisse

Der Scherversuch ist bestanden, wenn bezogen auf den gezogenen Stab die Knotenscherkraft $S = 0{,}3 \cdot A_s \cdot \beta_S$ nicht unterschritten wird mit A_s als Nennquerschnitt und β_S als Nennstreckgrenze des gezogenen Stabes.

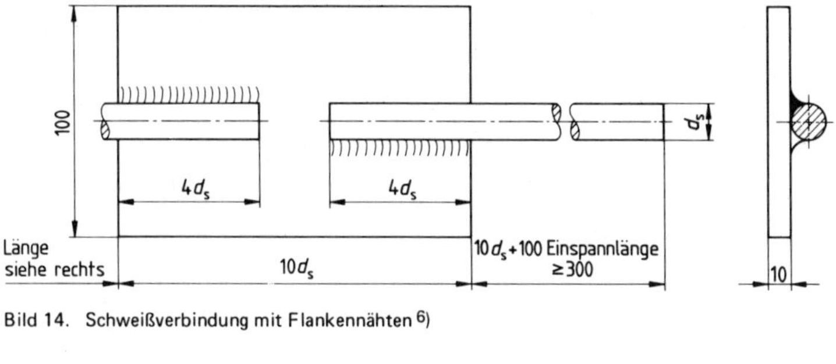

Bild 14. Schweißverbindung mit Flankennähten [6]

[6] Probenformen für Schweißverbindungen zwischen Betonstählen und Stahlteilen (für den Eignungsnachweis nach Abschnitt 6.4, Absatz 2, beträgt d_s = 16 mm).

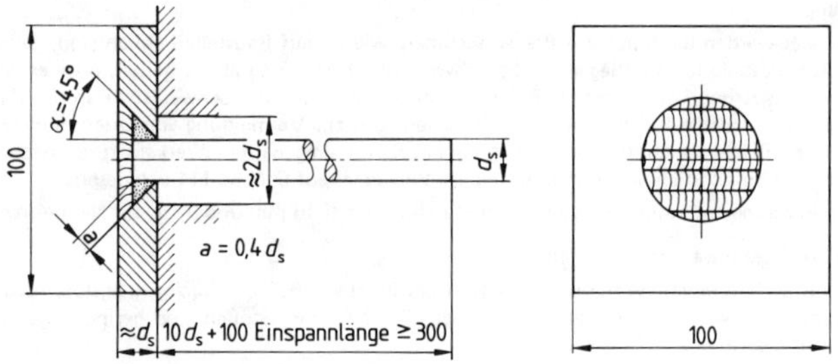

Bild 15. Stirnkehlnaht am versenkten Stab 6)

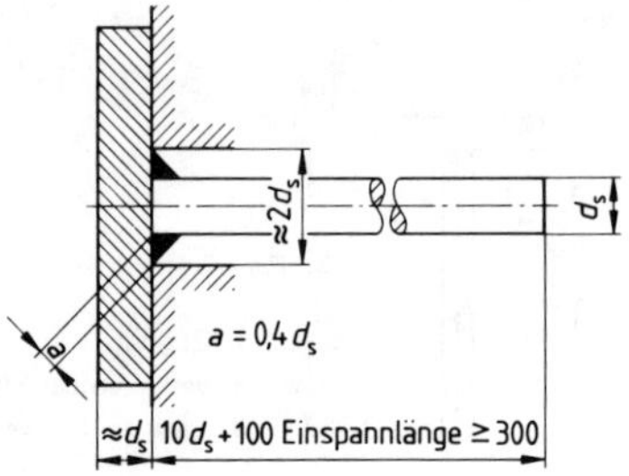

Bild 16. Stirnkehlnaht am aufgesetzten Stab 6)

6) Siehe Seite 12

Anhang A

Bewertungsbogen für Schweißverbindungen nach DIN 4099 Nr Datum der Probenschweißungen:

Eignungsprüfung (siehe Abschnitt 6.4)			Baustelle: (Betrieb)	Schweißer:							
Arbeitsprüfungen (siehe Abschnitt 7.2)				Schweißverfahren:							
				Schweißzusatz:							
Proben-Nr	Proben- nach Bild . . .	Schweiß-position	Stahlsorte (l, q, t) 1)	Proben-dicke (l, q, t)	Naht-dicke a	Zugfestig-keit N/mm^2	Biege-winkel	Scher-kraft kN	Bruch-lage 2) (s, ü, g)	Befund DIN 8524 Teil 1 3)	Bewer-tung 4)

1) l = Längsstab; q = Querstab; t = Stahlteile
2) s = Schweißgut; ü = Übergang; g = Grundwerkstoff
3) Befund nach DIN 8524 Teil 1: Aa = Pore
Ab = Schlauchpore
Ba = Schlackeneinschluß
C = Bindefehler
D = ungenügende Durchschweißung (Wurzelfehler)
E = Riß
F = Einbrandkerbe
4) e = erfüllt
ne = nicht erfüllt

Prüfstelle:
Datum:

Schweißaufsicht:
Datum:

Zitierte Normen und andere Unterlagen

DIN 488 Teil 1	Betonstahl; Sorten, Eigenschaften, Kennzeichen
DIN 1045	Beton und Stahlbeton; Bemessung und Ausführung
DIN 1913 Teil 1	Stabelektroden für das Verbindungsschweißen von Stahl, unlegiert und niedriglegiert; Einteilung, Bezeichnung, Technische Lieferbedingungen
DIN 8524 Teil 1	Fehler an Schmelzschweißverbindungen aus metallischen Werkstoffen; Einteilung, Benennungen, Erklärungen
DIN 8559 Teil 1	Schweißzusätze für das Schutzgasschweißen; Drahtelektroden, Schweißdrähte und Massivstäbe für das Schutzgasschweißen von unlegierten und legierten Stählen
DIN 8560	Prüfung von Stahlschweißern
DIN 18 800 Teil 1	Stahlbauten; Bemessung und Konstruktion
DIN 18 800 Teil 7	Stahlbauten; Herstellen, Eignungsnachweise zum Schweißen
DIN 32 526	Schutzgase zum Schweißen
DIN 44 752	Elektrische Stumpfschweißmaschinen; Begriffe und Bewertungsmerkmale
DIN 44 753	Elektrische Punkt-, Buckel- und Nahtschweißmaschinen sowie Punkt- und Nahtschweißgeräte; Begriffe und Bewertungsmerkmale
DIN 50 111	Prüfung metallischer Werkstoffe; Technologischer Biegeversuch (Faltversuch)
DIN 50 145	Prüfung metallischer Werkstoffe; Zugversuch
Richtlinie DVS 1146 [7])	DVS-Lehrgang; Lichtbogenhandschweißen von Betonstahl nach DIN 4099
Richtlinie DVS 1175 [7])	Schweißaufsicht; Erweiterte Ausbildung für das Schweißen von Betonstahl nach DIN 4099

Weitere Normen und andere Unterlagen

DIN 488 Teil 2	Betonstahl; Betonstabstahl, Abmessungen
DIN 488 Teil 3	Betonstahl; Betonstabstahl, Prüfungen
DIN 488 Teil 4	Betonstahl; Betonstahlmatten, Aufbau
DIN 488 Teil 5	Betonstahl; Betonstahlmatten, Prüfungen
DIN 488 Teil 6	Betonstahl; Überwachung (Güteüberwachung)
DIN 1910 Teil 1	Schweißen; Begriffe, Einteilung der Schweißverfahren
DIN 1910 Teil 2	Schweißen; Schweißen von Metallen, Verfahren
DIN 1910 Teil 4	Schweißen; Schutzgasschweißen, Verfahren
DIN 1910 Teil 5	Schweißen; Schweißen von Metallen, Widerstandsschweißen, Verfahren
DIN 8528 Teil 1	Schweißbarkeit; metallische Werkstoffe, Begriffe
DIN 8551 Teil 1	Schweißnahtvorbereitung; Fugenformen an Stahl; Gasschweißen, Lichtbogenhandschweißen und Schutzgasschweißen
DIN 8563 Teil 1	Sicherung der Güte von Schweißarbeiten; Allgemeine Grundsätze
DIN 17 100	Allgemeine Baustähle; Gütenorm
DASt-Richtlinie 014 [8])	Empfehlungen zur Vermeidung von Terrassenbrüchen in geschweißten Konstruktionen aus Baustahl

Frühere Ausgaben

DIN 4099 Teil 1: 04.72
DIN 4099 Teil 2: 12.78

Änderungen

Gegenüber DIN 4099 T 1/04.72 und DIN 4099 T 2/12.78 wurden folgende Änderungen vorgenommen:

a) Die Aufteilung der Norm in zwei Teile wurde aufgegeben. Dies machte eine vollständige Neugliederung der Norm erforderlich, wobei auf Abschnitte, die mehr informativen Charakter hatten, verzichtet wurde.

b) Im Abschnitt 4.1.1 wurde die Tabelle 1 mit den in der Norm behandelten Schweißverfahren, Schweißverbindungen und den dafür zulässigen Stabdurchmessern aufgenommen. Entsprechend dem Stand der Technik wurde das Schweißen auch dünner Betonstähle berücksichtigt, wobei für einige Schweißverfahren und auch für geschweißte Betonstahlmatten (gilt sinngemäß auch für Bewehrungsdraht) hinsichtlich des kleinsten, für das Schweißen nach dieser Norm zulässigen Stabnenndurchmessers Einschränkungen gemacht werden mußten.

---

[7]) Zu beziehen durch Deutscher Verlag für Schweißtechnik GmbH, Postfach 27 25, 4000 Düsseldorf 1.

[8]) Zu beziehen durch Deutscher Ausschuß für Stahlbau, Ebertplatz 1, 5000 Köln 1.

c) Im Abschnitt 4.3 enthält die Norm nunmehr auch Regelungen für das Metall-Aktivgasschweißen und im Abschnitt 4.6 für das Gaspreßschweißen.

d) Der Übergreifungsstoß mit abgewinkelten Stabenden nach DIN 4099 Teil 1 Bild 2 ist entfallen, weil er nicht hergestellt wurde. Soweit bisher Nahtlängen $\geq 5\,d_s$ gefordert wurden, konnte der Wert auf $\geq 4\,d_s$ reduziert werden.

e) Der bisherige Abschnitt 10 von DIN 4099 Teil 1 wurde in überarbeiteter und um typische Schweißverbindungen erweiterter Form als Abschnitt 5 übernommen.

f) Die Gütesicherung der Schweißarbeiten wurde in den Abschnitten 6 und 7 neu geregelt. Betriebe, die in Werkstätten oder auf Baustellen Betonstähle nach dieser Norm schweißen, müssen zukünftig in der Regel über einen Eignungsnachweis für das Schweißen von Betonstahl in Anlehnung an im Stahlbau übliche Eignungsnachweise verfügen. Die bisher in DIN 4099 Teil 2, Abschnitt 5, geforderte Überwachung, bestehend aus Erstprüfung, Eigen- und Fremdüberwachung, ist entfallen.

Erläuterungen

(1) Im Arbeitsausschuß bestand die einhellige Meinung, DIN 4099 Teil 1 und Teil 2 bei der Neubearbeitung zusammenzufassen und hinsichtlich der Gütesicherung einheitlich zu behandeln. Ein grundsätzlicher Unterschied zu Schweißverbindungen mittels Widerstands-Punktschweißen und den in der bisherigen Norm DIN 4099 Teil 1 enthaltenen Schweißverfahren wird nicht gesehen, obwohl das Widerstands-Punktschweißen aufgrund der erforderlichen maschinellen Einrichtungen nur in Betrieben durchgeführt werden kann, während die anderen Schweißverfahren auch auf Baustellen Anwendung finden. Soweit das Widerstands-Punktschweißen in dieser Norm behandelt wird, gilt es für Einzelpunktschweißungen zur Herstellung ausreichend steifer Bewehrungsgerippe im Sinne von DIN 1045, Ausgabe Dezember 1978, Abschnitt 13.1 sowie für das Anschweißen einzelner Querstäbe als Endverankerungen nach Abschnitt 18.5.1 derselben Norm. Die Norm regelt also nicht die Herstellung von Systembewehrungen in Serienfertigung (z. B. geschweißte Betonstahlmatten, Gitterträger, geschweißte Bewehrungskörbe für Rohre nach DIN 4035), die aufgrund der zumeist erforderlichen weiteren Festlegungen in anderen technischen Baubestimmungen zu regeln sind. Das schließt jedoch nicht aus, daß dort DIN 4099 gegebenenfalls unter Bezug auf bestimmte Abschnitte als mitgeltend zitiert wird.

(2) Die Norm regelt die Herstellung der Schweißverbindungen, ihre Überwachung und die dafür erforderlichen Prüfungen. Sie richtet sich damit an denjenigen, der die Schweißverbindungen herstellt. Die Anwendungsbedingungen selbst, also Anwendungsbereich, zulässige Beanspruchungen und gegebenenfalls zusätzliche Bewehrungen, sind in DIN 1045 enthalten. Der Entwerfer und Konstrukteur wird allerdings nicht ganz ohne DIN 4099 auskommen, insbesondere wenn es darum geht, wie die Schweißverbindungen auszubilden sind.

(3) Die Norm enthält nunmehr auch das Metall-Aktivgasschweißen und das Gaspreßschweißen, die bisher über Zulassungen geregelt waren. Dasselbe gilt für das Lichtbogenhandschweißen von Nenndurchmessern < 14 mm. Tabelle 1 gibt einen Überblick über die Schweißverfahren, Schweißverbindungen und die hierfür zulässigen Stabnenndurchmesser, die durch diese Norm erfaßt werden.

(4) Die in DIN 488 Teil 1 aufgeführten Betonstahlsorten dürfen auch miteinander durch Schweißverbindungen nach dieser Norm verbunden werden. Für die Verbindung von Stabstählen mit Mattenstäben (bzw. Bewehrungsdrähten) sind die Angaben in Tabelle 1 zu beachten.

(5) Tragende Schweißverbindungen nach Abschnitt 3.1 sind so ausgelegt, daß die volle Stabkraft (gegebenenfalls bezogen auf den Stab mit der geringeren Stabkraft) übertragen werden kann. Wie aus den Prüfbedingungen für den Zugversuch nach Abschnitt 8.1.3 hervorgeht, ist nur ein bestimmter Abfall der Tragfähigkeit zulässig, der jedoch nicht zur Unterschreitung der Nenntragfähigkeit führen darf.

(6) Abschnitt 4 der Norm befaßt sich mit der Ausführung von Schweißarbeiten. Die Angaben wurden gegenüber der früheren Ausgabe wesentlich verkürzt. Angaben zu schweißtechnischen Einrichtungen werden, soweit sie in anderen Normen enthalten sind, nicht mehr gemacht. In der Norm sind Richtwerte für Schweißeinstelldaten von Schweißmaschinen entfallen; diese müssen ohnehin im Rahmen von vorgezogenen Arbeitsproben ermittelt werden. Ebenso wurde auf die Angabe von Elektrodendurchmessern in Abhängigkeit der zu schweißenden Stabnenndurchmesser verzichtet, weil diese dem geforderten ausgebildeten Schweißer bekannt sind und ähnliche Angaben z. B. in Stahlbaunormen auch nicht enthalten sind. Nichttragende Verbindungen (Heftverbindungen) wurden in der bisherigen Norm hinsichtlich der Schweißausführung in jeweils getrennten Abschnitten behandelt. In der neuen Norm wurde auf derartige Trennung verzichtet, weil tragende und nichttragende Verbindungen mit der gleichen Sorgfalt und mit den gleichen Schweißparametern herzustellen sind. Unterschiede zwischen tragenden und nichttragenden Verbindungen bestehen selbstverständlich hinsichtlich der Anforderungen an die Tragfähigkeit und damit auch an die Prüfungen sowie gegebenenfalls an die Ausbildung der Schweißstelle.

(7) Mit dem Anschweißen von Betonstahl an andere Stahlteile befaßt sich Abschnitt 5. Er beschränkt sich bewußt auf solche Schweißverbindungen, die im Stahlbetonbau für die Bewehrung von Bedeutung sind. Das sind einmal Verbindungen mit Flankennähten (siehe Bilder 7 und 8), die vergleichbar mit Laschenstößen sind und Verbindungen mit Stirnkehlnähten (siehe Bilder 9 bis 11), mit denen Endverankerungen hergestellt werden. Die Beanspruchung der Betonstähle erfolgt in Achsrichtung durch Normalkräfte; die Schweißnähte sind so dimensioniert, daß die volle zulässige Beanspruchung der Betonstähle auf die Stahlteile übertragen werden kann. Im Arbeitsausschuß war der Wunsch geäußert worden, auch andere Schweißverbindungen bzw. Schweißkonstruktionen in die Norm aufzunehmen, die beispielsweise für die Verankerung von Fassadenelementen, als Konsolen

zur Auflagerung anderer Bauteile und anderes mehr verwendet werden. Bei derartigen Konstruktionen treten in der Regel aber neben Normalkräften auch Querkräfte und Biegemomente auf, bei denen insbesondere eine differenzierte Betrachtung der Schweißnahtbeanspruchung und der Überleitung der Kräfte in den Beton erforderlich werden. Dieser Anregung konnte nicht Folge geleistet werden: Einmal wäre sicherlich der Rahmen der Norm gesprengt worden, zum anderen waren dem Ausschuß für die unterschiedlichen Anwendungsbereiche keine typischen Schweißkonstruktionen bekannt, die beispielhaft hätten angegeben werden können. Es bestand jedoch einmütig die Auffassung, daß durch Forschung und Fachveröffentlichungen dieses Gebiet weiter behandelt werden sollte, um Fehlkonstruktionen zu vermeiden und Leitlinien zu erhalten, wie derartige Schweißkonstruktionen hinsichtlich konstruktiver Gestaltung, Berechnung, Bemessung und gegebenenfalls auch Korrosionsschutz zu behandeln sind.

(8) Die Gütesicherung der Schweißarbeiten wurde in den Abschnitten 6 und 7 neu geregelt. Betriebe, die in Werkstätten oder auf Baustellen Betonstähle nach dieser Norm schweißen, müssen zukünftig in der Regel über einen Eignungsnachweis für das Schweißen von Betonstahl in Anlehnung an im Stahlbau übliche Eignungsnachweise verfügen. Mit dieser Forderung ist keine Erschwernis für die Betriebe gegenüber der bisherigen Regelung verbunden, da die Anforderungen an das Personal und die betrieblichen Einrichtungen, die für die Erteilung eines Eignungsnachweises vorausgesetzt werden, die gleichen geblieben sind. Zwar muß der Eignungsnachweis mit der erforderlichen Betriebsprüfung und nach Ablauf von in der Regel 3 Jahren eine Wiederholungsprüfung erbracht werden, die einen gewissen Aufwand darstellen. Weil mit diesem Verfahren aber auf der anderen Seite ein verbesserter Kenntnisstand über das Schweißen von Betonstahl bei diesen Betrieben erwartet werden kann, konnte auf der anderen Seite der im Rahmen der Überwachung geforderte Prüfumfang erheblich reduziert werden. Vor Beginn der Schweißarbeiten (vorgezogene Arbeitsproben) sind nur dann Proben herzustellen und zu prüfen, wenn es zur Ermittlung der Schweißeinstelldaten für die Schweißmaschinen ohnehin erforderlich ist, bzw. wenn es sich um selten verwendete Schweißverbindungen mit hohen Anforderungen an die Handfertigkeit handelt (Stumpfstöße mittels Lichtbogenhandschweißen und Metall-Aktivgasschweißen). Bei den am meisten verwendeten Laschenstößen und Überlappstößen werden vorgezogene Arbeitsproben nicht mehr verlangt. Darüber hinaus werden die bisher arbeitstäglich geforderten laufenden Arbeitsproben nur noch arbeitswöchentlich gefordert. Durch die Einführung des Eignungsnachweises für das Schweißen von Betonstählen und die damit verbundene Reduzierung des Prüfumfanges ist also eine wesentliche Erleichterung für das Schweißen von Betonstählen gefunden worden; die Tätigkeit der Bauaufsichtsbehörden vereinfacht sich, da Betriebe, die Schweißarbeiten – welcher Art auch immer – durchführen, lediglich den entsprechenden Eignungsnachweis vorlegen müssen und, wie bereits ausgeführt, dürfen die zur Aufrechterhaltung des Eignungsnachweises geforderten Wiederholungsprüfungen bei den Betrieben über ein vertieftes Wissen hinsichtlich des Schweißens von Betonstählen untereinander und mit anderen Stahlteilen führen. Verfügt ein Betrieb in Ausnahmefällen nicht über den Eignungsnachweis für das Schweißen von Betonstahl nach DIN 4099, so kann die zuständige Bauaufsichtsbehörde unter Einschaltung einer geeigneten Prüfstelle für die Überwachung das Schweißen an Betonstählen durchführen lassen.

(9) Für die Durchführung des Eignungsnachweises zum Schweißen von Betonstahl nach DIN 4099 wurden vom Arbeitskreis „Schweißaufsicht" der Fachkommission „Baunormung" der ARGEBAU (Arbeitsgemeinschaft der für das Bau-, Wohnungs- und Siedlungswesen zuständigen Minister der Länder) besondere Richtlinien erarbeitet.

Internationale Patentklassifikation

E 04 C 5/00
B 23 K 5/00
B 23 K 20/00
B 23 K 31/02
B 23 K 9/00
B 23 K 11/10
G 01 N 3/08
G 01 N 3/20
G 01 N 3/24

DK 691.32-4-033.32/.33
: 69.025.22-033.37/.38 : 001.4 : 620.1

Mai 1978

Zwischenbauteile aus Beton für Stahlbeton- und Spannbetondecken

DIN 4158

Mid slabs and mid-beams of concrete for slabs of reinforced and pre-stressed concrete

Elements intermédiares en béton pour planchers en béton armé et pour planchers précontraints

Diese Norm ist den obersten Bauaufsichtsbehörden vom Institut für Bautechnik, Berlin, zur bauaufsichtlichen Einführung empfohlen worden.

Die Benennung „Last" wird für Kräfte verwendet, die von außen auf ein System einwirken; das gilt auch für zusammengesetzte Wörter mit der Silbe ... „Last" (siehe DIN 1080 Teil 1).

Maße in mm

Inhalt

1 Geltungsbereich

Diese Norm gilt für Zwischenbauteile aus Normal- und Leichtbeton, die

a) als statisch nicht mitwirkend für Balken- oder Rippendecken,

b) als statisch mitwirkend für Rippendecken mit Rippen aus Ortbeton oder mit teilweise vorgefertigten Stahlbetonrippen verwendet werden.

2 Mitgeltende Normen

DIN 1055 Teil 3	Lastannahmen für Bauten; Verkehrslasten
DIN 1164 Teil 1	Portland-, Eisenportland-, Hochofen- und Traßzement; Begriffe, Bestandteile, Anforderungen, Lieferung
DIN 4226 Teil 1	Zuschlag für Beton; Zuschlag mit dichtem Gefüge. Begriffe, Bezeichnung, Anforderungen und Überwachung
DIN 4226 Teil 2	Zuschlag für Beton; Zuschlag mit porigem Gefüge (Leichtzuschlag). Begriffe, Bezeichnung, Anforderungen und Überwachung
DIN 51 220	Werkstoffprüfmaschinen; Allgemeine Richtlinien
DIN 51 223	Werkstoffprüfmaschinen; Druckprüfmaschinen
DIN 51 227	Werkstoffprüfmaschinen; Biegeprüfmaschinen

3 Begriff

Zwischenbauteile nach dieser Norm sind mit Hohlräumen versehene Körper und plattenförmige Bauteile aus Normal- oder Leichtbeton mit offenem oder geschlossenem Gefüge unter Verwendung mineralischer Zuschläge nach DIN 4226 Teil 1 und Teil 2 und hydraulischer Bindemittel.

Statisch mitwirkende Zwischenbauteile dürfen nur mit rauher Oberfläche (offenem Gefüge) hergestellt werden.

Fortsetzung Seite 2 bis 7

Normenausschuß Bauwesen (NABau) im DIN Deutsches Institut für Normung e.V.

78/21*

4 Statisch nicht mitwirkende Zwischenbauteile

4.1 Formen

Die bildlichen Darstellungen sind Beispiele. Die angegebenen Mindestmaße sind einzuhalten.

Form A

für Stahlbetonrippendecken aus Ortbeton

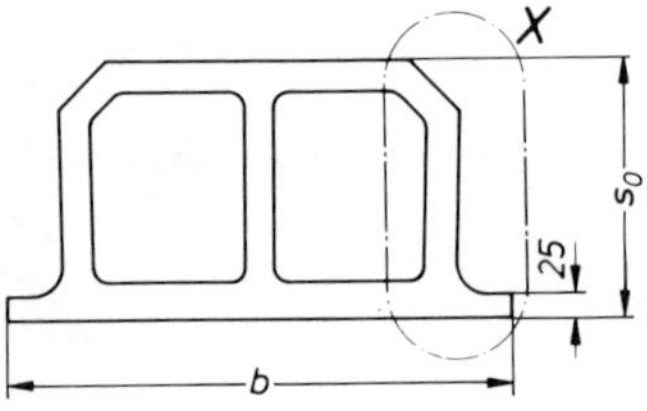

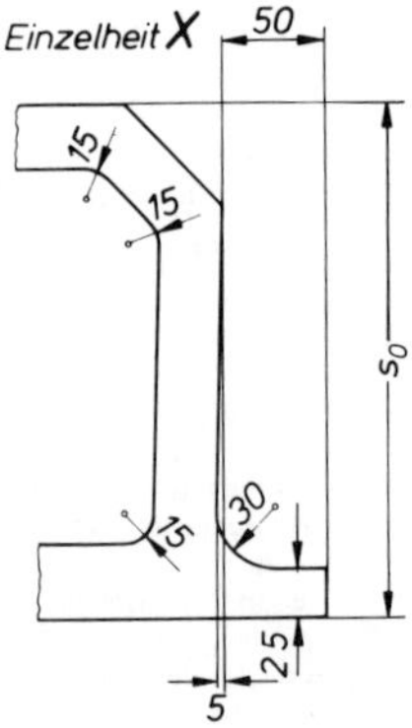

Form B

für Stahlbetonbalkendecken aus Ortbeton mit verbreiterter Druckzone

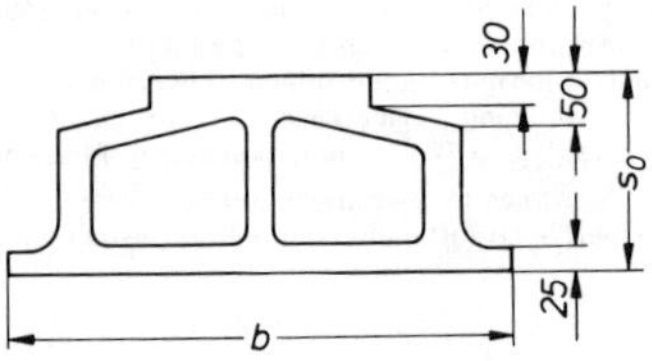

Form C

für Stahlbetonbalkendecken mit verbreiterter Druckzone mit ganz oder teilweise vorgefertigten Balken

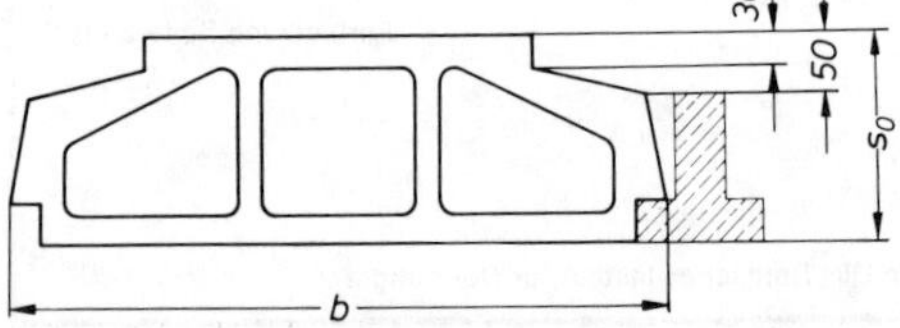

Form D

für Stahlbetonbalken- oder Rippendecken mit ganz oder teilweise vorgefertigten Balken oder Rippen

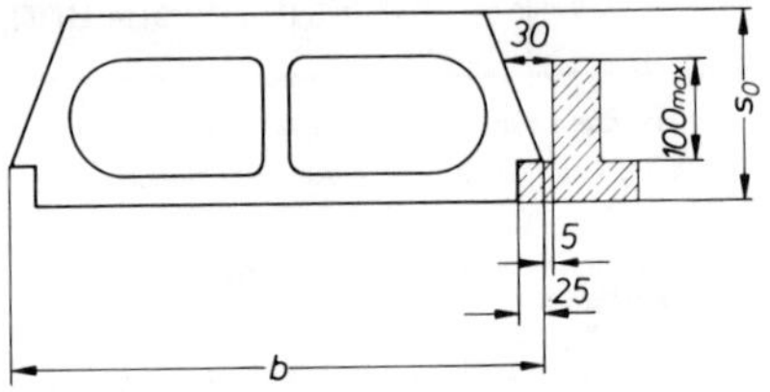

Form E

für Stahlbetonbalken- oder Rippendecken mit ganz oder teilweise vorgefertigten Balken oder Rippen

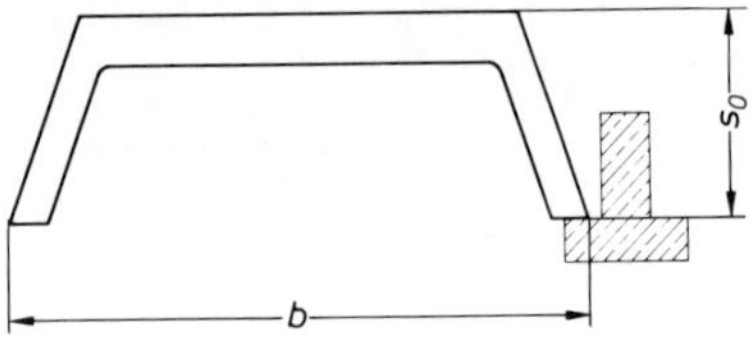

Form F

für Stahlbetonbalken- oder Rippendecken mit ganz oder teilweise vorgefertigten Balken oder Rippen

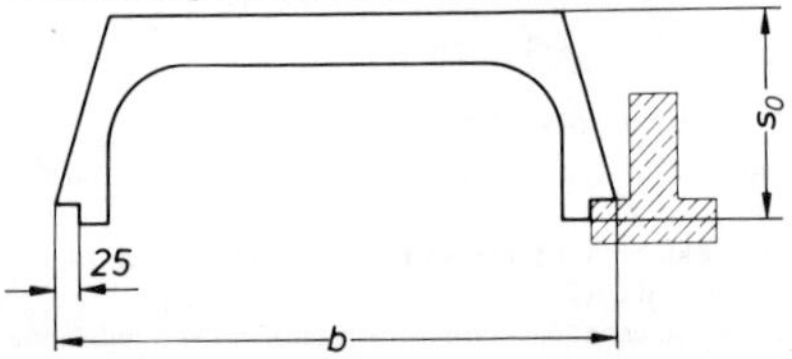

Bild 1. Statisch nicht mitwirkende Zwischenbauteile

4.2 Maße

4.2.1 Breiten

Die Breiten b sollen so gewählt werden, daß sich für die jeweiligen Decken die Balken- oder Rippenachsmaße 333, 500, 625 oder 750 mm, bei bewehrten Zwischenbauteilen für Stahlbetonbalkendecken auch 1000 oder 1250 mm ergeben.

4.2.2 Längen

Die Regellängen l betragen 250 oder 333 mm; bewehrte Zwischenbauteile dürfen länger sein (siehe auch Abschnitt 4.3).

4.2.3 Dicken

Die Dicken s_0 der Zwischenbauteile sollen so gewählt werden, daß sich Dicken der Rohdecken ab 120 mm in Abstufungen von je 20 mm ergeben.

4.2.4 Innenstege

Zwischenbauteile mit Hohlräumen müssen bei Achsabständen der Balken oder Rippen bis 625 mm mindestens einen, bei größeren Achsabständen mindestens zwei möglichst senkrechte Innenstege haben.

4.2.5 Auflagertiefen

Sollen Zwischenbauteile auf andere Bauteile (Balken oder Rippen) aufgelagert werden, sind sie so auszubilden, daß die Auflagertiefe mindestens 25 mm beträgt.

4.2.6 Maßabweichungen

Die zulässigen Abweichungen betragen für die Länge ± 5 mm, für die Breite und die Dicke je $^{+5}_{0}$ mm.

4.2.7 Neigung der Flanken

Zwischenbauteile für Balken- oder Rippendecken müssen an ihren Flanken so ausgebildet sein, daß sie auch ohne Inanspruchnahme der Haftung sich nicht aus dem Ortbeton lösen können (siehe geneigte Seitenflächen nach Form A und Form B). Die Flanken von Zwischenbauteilen, die auf andere Bauteile (Fertigbalken oder -rippen) aufgelagert werden sollen, sind so zu formen, daß der mit Beton auszufüllende Raum an der Unterkante mindestens 5 mm und 100 mm darüber mindestens 30 mm breit ist (siehe Formen C bis F). Die Außenflächen sollen möglichst rauh sein.

4.2.8 Auflager

Auflagerflächen der Zwischenbauteile können waagerecht oder schwach geneigt ausgebildet werden.

Zwischenbauteile für Stahlbetondecken mit biegesteifer Bewehrung müssen so ausgebildet werden, daß sie sich nach dem Verlegen in Richtung der Breite nicht verschieben können.

4.3 Bemessung

Plattenförmige Zwischenbauteile (Form GM ohne Stoßfugenaussparung) sowie andere Zwischenbauteile mit mehr als 750 mm Breite sind für den Einbauzustand der Decken und für die Belastung nach DIN 1055 Teil 3, Ausgabe Juni 1971, Abschnitt 6.1, Tabelle 1, Zeile 3a, Fußnote 2, zu bemessen. Bei Achsabständen bis zu 625 mm und Längen bis 333 mm genügt für plattenförmige Zwischenbauteile eine Bewehrung von 2 × ⌀ 5 mm. Auf eine Querbewehrung solcher Zwischenbauteile kann verzichtet werden.

4.4 Rohdichte des Betons

Bei Prüfung nach Abschnitt 6.2 muß Normalbeton (NB) eine Rohdichte von $\varrho > 2{,}0$ kg/dm³, Leichtbeton (LB) eine Rohdichte von $\varrho \leqq 2{,}0$ kg/dm³ haben.

4.5 Bruchlast

Die Zwischenbauteile – ausgenommen solche, die nach Abschnitt 4.3 bemessen sind – müssen in der Mitte oder an der ungünstigsten Stelle eine Streifenlast von mindestens $F = 12 \cdot l$ unabhängig von ihrer Breite aushalten, d. h. bei Nennmaß l = 250 mm, F = 3000 N und bei Nennmaß l = 333 mm, F = 4000 N.

Dabei ist F in N und l in mm einzusetzen. Die Streifenlast muß jedoch mindestens 2000 N betragen. Diese Anforderungen müssen bei Auslieferung, spätestens jedoch nach 28 Tagen erreicht sein.

4.6 Bezeichnung

Bezeichnung eines nicht mitwirkenden Zwischenbauteils der Form A mit Breite b = 440 mm, Länge l = 250 mm und Dicke s_0 = 160 mm aus Leichtbeton (LB):

Zwischenbauteil
DIN 4158 – A 440 × 250 × 160 – LB

4.7 Kennzeichnung

Die Zwischenbauteile sind mindestens an jedem 30. Stück mit einem Kennzeichen des Herstellers zu versehen.

5 Statisch mitwirkende Zwischenbauteile

Für statisch mitwirkende Zwischenbauteile gelten die Abschnitte 4.2 bis 4.5, soweit im folgenden nichts anderes bestimmt ist.

5.1 Formen

Die bildlichen Darstellungen sind Beispiele. Die angegebenen Mindestmaße sind einzuhalten.

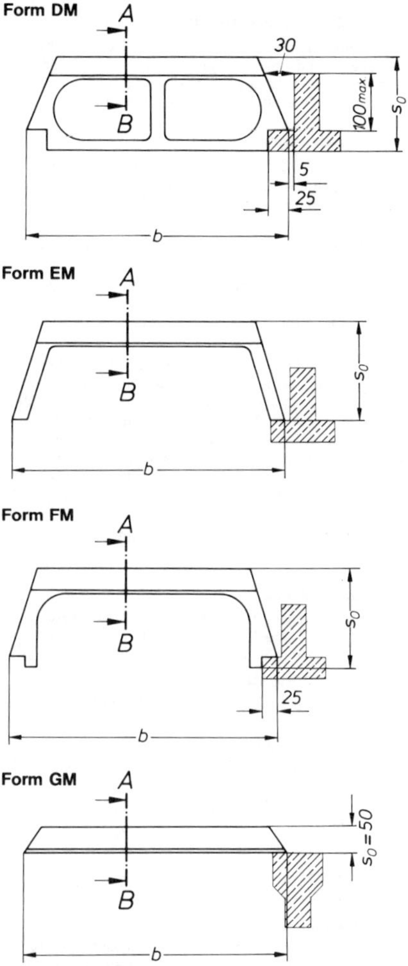

Bild 2. Statisch mitwirkende Zwischenbauteile für Stahlbetonrippendecken mit ganz oder teilweise vorgefertigten Rippen

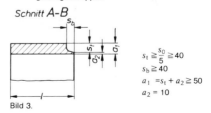

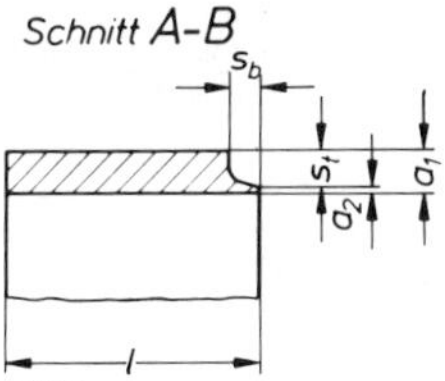

$s_t \geqq \frac{s_0}{5} \geqq 40$

$s_b \geqq 40$

$a_1 = s_t + a_2 \geqq 50$

$a_2 = 10$

Bild 3.

5.2 Wand-, Steg- und Plattendicken

Außenwandungen müssen mindestens 30 mm, notwendige Innenstege mindestens 25 mm und Platten nach Bild 3 mindestens 50 mm dick sein.

5.3 Stoßfugenaussparungen

Zwischenbauteile für Decken ohne Überbeton, aber mit Querbewehrung, müssen Aussparungen nach Bild 3 erhalten, die eine allseitige, mindestens 10 mm dicke Betondeckung der Querbewehrung gewährleisten.

5.4 Druckfestigkeit und Bruchlast

Bei einer Prüfung nach Abschnitt 6.4 muß die mittlere Druckfestigkeit mindestens 20 N/mm² und die Druckfestigkeit jedes einzelnen Zwischenbauteils mindestens 15 N/mm² erreichen.

Diese Anforderungen müssen bei Auslieferung, spätestens jedoch nach 28 Tagen, erreicht sein.

Bei gleichartigen Zwischenbauteilen aus Beton gleicher Zusammensetzung darf jedoch jeweils eins von zehn aufeinanderfolgenden Zwischenbauteilen den Wert von 15 N/mm² um höchstens 3 N/mm² unterschreiten.

Von diesen Festigkeitsforderungen darf abgewichen werden, wenn das Werk durch statistische Auswertung der Ergebnisse wenigstens der 30 zuerst bei der Eigenüberwachung geprüften Zwischenbauteile nachgewiesen hat und für die weiteren Prüfungen laufend nachweist, daß die 5 %-Fraktile aller seiner Prüfergebnisse 15 N/mm² nicht unterschreitet. Dabei dürfen jedoch nur die Ergebnisse von Zwischenbauteilen gleicher Zusammensetzung und Art verglichen werden.

Bezüglich der Bruchlast sind die Festlegungen des Abschnitts 4.5 einzuhalten.

5.5 Bezeichnung

Bezeichnung eines mitwirkenden Zwischenbauteils der Form DM mit Breite b = 440 mm, Länge l = 250 mm und Dicke s_0 = 180 mm aus Leichtbeton (LB):

Zwischenbauteil
DIN 4158 – DM 440 × 250 × 180 – LB

5.6 Kennzeichnung

Jedes 30. Zwischenbauteil ist mit einem Kennzeichen des Herstellers und mit einem schwarzen Farbstrich oder mit einer mindestens 40 mm langen Nut an der Unterfläche zu versehen.

6 Prüfung

6.1 Maße

6.1.1 Meßgeräte

Zu den Messungen ist möglichst ein Meßschieber zu verwenden, dessen Meßschenkel und Meßbereich mindestens so groß ist, wie die größte Abmessung der Probe.

6.1.2 Durchführung

Breite, Länge und Dicke, Mindestwand- und Mindeststegdicken, Auflagertiefen und Stoßfugenaussparungen werden an zwei verschiedenen Stellen der Einzelprobe gemessen.

6.1.3 Auswertung

Die Maße und die Abweichungen vom Nennmaß sind auf ganze Millimeter gerundet anzugeben.

6.2 Beton-Rohdichte

6.2.1 Begriff

Die Rohdichte ϱ ist der Quotient aus der Masse m und dem Volumen V des Betons

$$\varrho = \frac{m}{V}$$

Sie wird für den getrockneten Beton bestimmt.

6.2.2 Durchführung

Das Zwischenbauteil ist bei etwa 105 °C bis zur Massenkonstanz zu trocknen. Die Massenkonstanz gilt als erreicht, wenn die Masse sich innerhalb von 24 Stunden um nicht mehr als 0,1 % ändert. Nach dem Abkühlen wird das Zwischenbauteil auf 0,1 Massenanteil in % gewogen.

Zur Bestimmung des Volumens kann die Querschnittsfläche des Zwischenbauteils (Stirnfläche) durch Auswägen einer Pappschablone ermittet werden. Hierzu wird ein rechteckiges Stück starker, gleichmäßig dicker Pappe (Masse größer als 350 g/m²), das mindestens den ganzen Querschnitt des Zwischenbauteils überdeckt, verwendet. Zunächst werden die Fläche A_1 dieses Pappstückes auf 0,1 cm² und die Masse m_1 auf 0,1 g ermittelt.

Das Zwischenbauteil wird mit der auszumessenden Querschnittsfläche mit einer Stirnseite auf die Pappe gestellt. Der äußere Umriß und die Umrisse der Lochungen werden dann mit einem Bleistift durch Umfahren aufgezeichnet. Die abgebildete Stirnfläche wird ausgeschnitten und die Pappe des ausgeschnittenen Querschnitts gewogen (Masse m_2).

In gleicher Weise wird für die andere Stirnfläche (A_2, m_3, m_4) verfahren. Der mittlere Querschnitt A ergibt sich dann zu

$$A = \frac{1}{2}\left(\frac{A_1 \cdot m_2}{m_1} + \frac{A_2 \cdot m_4}{m_3}\right) \text{ in cm}^2$$

Die Länge l des Zwischenbauteils wird mit dem Meßschieber auf 1 mm ermittelt. Das Betonvolumen V ergibt sich zu $\gamma = A \cdot l$ (in cm³). Das Volumen von Aussparungen in Querrichtung des Zwischenbauteils z. B. für eine Querbewehrung ist abzuziehen.

Andere Verfahren zur Bestimmung der Rohdichte sind zulässig.

6.2.3 Auswertung

Die Rohdichte wird in kg/dm³ auf zwei Dezimalen gerundet angegeben.

6.3 Prüfung der Druckfestigkeit

Diese Prüfung ist nur bei statisch mitwirkenden Zwischenbauteilen erforderlich.

6.3.1 Prüfmaschinen

Zwischenbauteile sind in einer Druckprüfmaschine nach DIN 51 223 mindestens der Klasse 3 nach DIN 51 220 zu prüfen. Über die Zuverlässigkeit der Biegeprüfmaschine muß eine höchstens 2 Jahre alte Bescheinigung einer hierfür anerkannten Prüfstelle vorliegen.

6.3.2 Durchführung

Die Druckfestigkeit ist am lufttrockenen Zwischenbauteil festzustellen. Die Länge der Zwischenbauteile ist durch Sägeschnitt um die Breite der Aussparung an den Stoßfugen zu kürzen. Zwischenbauteile, die länger als 250 mm sind, dürfen auf dieses Maß gekürzt werden.

Die Druckfläche ist sinngemäß nach Abschnitt 6.2.2 zu ermitteln. Die Probekörper sind dazu an den Druckflächen mit Zementmörtel aus 1 Raumteil Zement mindestens der Festigkeitsklasse Z 45 F (450 F) nach DIN 1164 Teil 1 und 1 Raumteil gewaschenen Natursandes 0,1 mm abzugleichen. Die Abgleichschichten sollen eben und planparallel und nicht dicker als 5 mm sein. Es ist dafür Sorge zu tragen, daß die Hohlräume der Zwischenbauteile frei von Mörtel bleiben. Die Abgleichschichten müssen bei der Druckprüfung ausreichend erhärtet und lufttrocken sein. Das Zwischenbauteil ist mit einer Abgleichschicht deshalb wenigstens zwei Tage auf feuchte Tücher zu stellen und die obere mit solchen abzudecken. Vor der Prüfung lagern die Zwischenbauteile mindestens zwei Tage an der Luft in einem Arbeitsraum bei 15 bis 22 °C.

Die Prüfkraft muß im Schwerpunkt der Querschnittsflächen angreifen.

Die Belastung ist langsam und stetig um 0,2 bis 0,3 MN/m^2 je Sekunde zu steigern. Unmittelbar vor dem Bruch darf die Vorschubgeschwindigkeit des Arbeitskolbens der Prüfmaschine nicht mehr willkürlich verändert werden.

6.3.3 Auswertung

Die Druckfestigkeit ist der Quotient aus der Druckkraft und dem Mittel der Querschnittsflächen nach Abschnitt 6.2.2

$$\beta = \frac{F}{A}$$

Sie ist in MN/m^2 auf ganze Zahlen gerundet anzugeben.

6.4 Ermittlung der Bruchlast

6.4.1 Prüfmaschinen

Zwischenbauteile sind in einer Biegeprüfmaschine nach DIN 51 227 mindestens der Klasse 3 nach DIN 51 220 oder einer gleichwertigen Prüfeinrichtung zu prüfen. Über die Zuverlässigkeit der Biegeprüfmaschine muß eine höchstens 2 Jahre alte Bescheinigung einer hierfür anerkannten Prüfstelle vorliegen.

6.4.2 Durchführung

Die Proben sind drehbar auf zwei Stützen, im übrigen mit der in der Decke vorgesehenen Stützweite zu lagern und an der ungünstigsten Stelle mit einer 20 mm breiten Streifenlast F gleichlaufend zum Auflager zu belasten (siehe Bild 4). Steine nach Form A dürfen auf den Randstreifen aufgelagert werden. Die Auflager und die Oberfläche unter der Streifenlast sind dabei nicht mit Mörtel abzugleichen.

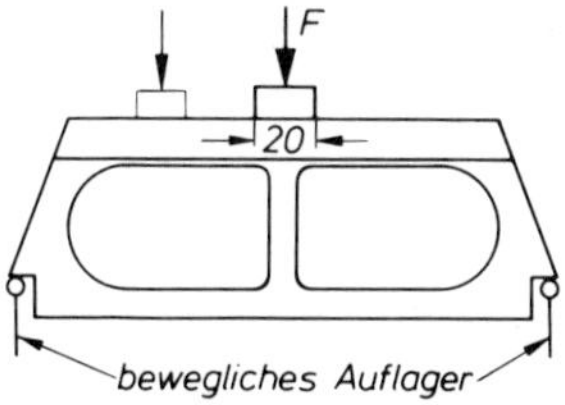

Bild 4. Prüfanordnung zur Bestimmung der Bruchlast

6.4.3 Auswertung

Es sind die Einzelwerte auf 50 N gerundet anzugeben.

7 Überwachung (Güteüberwachung)

Das Einhalten der in Abschnitt 6 genannten Anforderungen ist durch eine Überwachung (Güteüberwachung), bestehend aus Eigen- und Fremdüberwachung, zu prüfen.

7.1 Eigenüberwachung

7.1.1 Der Hersteller hat die Eigenschaften der Zwischenbauteile im Werk zu überwachen.

Im Rahmen der Eigenüberwachung sind die im Abschnitt 6 genannten Prüfungen durchzuführen, und zwar

an 1 Probekörper je Zwischenbauteilart und je Fertigungsmaschine; die Prüfungen der

Abmessungen nach Abschnitt 6.1 einmal je Fertigungstag,

Rohdichte gegebenenfalls (nur Masse) nach Abschnitt 6.2 einmal je Fertigungstag,

Druckfestigkeit nach Abschnitt 6.3 einmal je Fertigungstag,

Bruchlast nach Abschnitt 6.4 einmal je Fertigungswoche.

Falls die Relation zwischen den Ergebnissen der Prüfungen nach den Abschnitten 6.3 und 6.4 genügend bekannt ist, genügt es, die Prüfung nach Abschnitt 6.3 einmal je Fertigungswoche durchzuführen, wenn die Prüfung nach Abschnitt 6.4 täglich durchgeführt wird.

7.1.2 Nach ungenügendem Prüfergebnis sind vom Hersteller unverzüglich die erforderlichen Maßnahmen zur Abstellung der Mängel zu treffen; wenn es zur Vermeidung etwaiger Folgeschäden erforderlich ist, sind die Abnehmer zu benachrichtigen.

Nach Abstellen der Mängel sind – soweit erforderlich – die betreffenden Prüfungen zu wiederholen. Zwischenbauteile, die den Anforderungen nicht entsprechen, sind auszusondern.

7.1.3 Die fremdüberwachende Stelle kann bei geringer oder sehr großer Produktion einen anderen Prüfumfang festlegen. Die Ergebnisse der Eigenüberwachung sind aufzuzeichnen; sie sollen statistisch ausgewertet werden. Die Aufzeichnungen müssen mindestens fünf Jahre aufbewahrt werden und sind der fremdüberwachenden Stelle auf Verlangen vorzulegen.

7.2 Fremdüberwachung

7.2.1 Art, Umfang und Häufigkeit

7.2.1.1 Im Rahmen der Fremdüberwachung sind durch eine hierfür anerkannte Überwachungs-/Güteschutzgemeinschaft oder aufgrund eines Überwachungsvertrages durch eine hierfür anerkannte Prüfstelle [1]) die Eigenüberwachung sowie die personellen und gerätemäßigen Voraussetzungen mindestens zweimal jährlich zu überprüfen.

Die Prüfungen nach den Abschnitten 6.1, 6.3 und 6.4 sind mindestens an drei Probekörpern je Zwischenbauteilart und je Fertigungsmaschine durchzuführen. Die Bestimmung der Beton-Rohdichte nach Abschnitt 6.2 ist nur bei der ersten Fremdüberwachung notwendig, wenn die Rohdichte bei nachfolgenden Prüfungen durch Vergleich der Massen mit dem Ergebnis der ersten Prüfung festgestellt werden kann.

Im Rahmen der Fremdüberwachung sind auch die Ergebnisse der Eigenüberwachung zu überprüfen.

7.2.1.2 Der Hersteller hat der fremdüberwachenden Stelle schriftlich mitzuteilen:

a) die Inbetriebnahme des Werkes,

b) Name des technischen Werkleiters, auch bei Wechsel,

c) die vorgesehenen Festigkeits- und Rohdichteklassen,

d) die Durchführung der Eigenüberwachung.

7.2.1.3 Vor Aufnahme der Fremdüberwachung hat die fremdüberwachende Stelle eine vollständige Erstprüfung durchzuführen und festzustellen, ob die Zwischenbauteile den Anforderungen des Abschnitts 5 entsprechen. Sie hat

[1]) Verzeichnisse der bauaufsichtlich anerkannten Überwachungs-/Güteschutzgemeinschaften und Prüfstellen werden unter Abdruck des Überwachungszeichens (Gütezeichens) beim Institut für Bautechnik – IfBt, Reichpietschufer 72-76, 1000 Berlin 30, geführt.

sich auch davon zu überzeugen, daß die personellen und gerätemäßigen Voraussetzungen für eine ständige ordnungsgemäße Herstellung und Überwachung gegeben sind.

7.2.1.4 Nach wesentlichen Beanstandungen oder unzureichenden Prüfergebnissen sind unverzüglich Wiederholungsprüfungen durchzuführen. Mängel, die im Rahmen der Eigenüberwachung festgestellt und unverzüglich abgestellt worden sind, können unbeanstandet bleiben.

7.2.2 Probenahme

Die Proben sind vom Prüfer oder Beauftragten der fremdüberwachenden Stelle aus einem möglichst großen Vorrat oder aus der Fertigung zu entnehmen; sie sollen dem Durchschnitt der Herstellung entsprechen. Vom Hersteller als fehlerhaft bezeichnete Zwischenbauteile sind nur dann von der Probenahme auszunehmen, wenn sie als solche deutlich gekennzeichnet und getrennt gelagert sind. Die Proben sind sofort unverwechselbar zu kennzeichnen. Über die Entnahme der Proben ist von dem Probenehmer ein Protokoll anzufertigen, abzuzeichnen und vom Werksleiter oder seinem Vertreter gegenzuzeichnen. Das Protokoll muß mindestens folgende Angaben enthalten:

a) Hersteller und Werk,
b) Entnahmestelle,
c) Bezeichnung der Steine und Herstellungsdatum,
d) Angabe über die Kennzeichnung der Proben,
e) Ort und Datum der Entnahme.

7.2.3 Überwachungsbericht

Die Ergebnisse der Fremdüberwachung sind in einem Überwachungsbericht festzuhalten.

Der Überwachungsbericht muß unter Hinweis auf diese Norm folgende Angaben enthalten:

a) Erklärung über die Vollständigkeit des vorgelegten Entnahmeprotokolls sowie Art, Anzahl und Entnahmekennzeichnung der entnommenen Proben,
b) Skizze der Zwischenbauteile mit Maßen,
c) Maße jeder Probe, auch der Wand- und Stegdicken, gegebenenfalls Angabe über die ordnungsgemäße Ausbildung der Stoßfugenaussparung und der Auflagertiefe,
d) Massen, Rohdichten jeder Probe
e) Druckfestigkeit (nur bei mitwirkenden Zwischenbauteilen),
f) Bruchlast, Einzelwerte,
g) Feststellung der Kennzeichnung,
h) Bezeichnung der Zwischenbauteile,
i) Prüfdatum.

Das Muster für ein Prüfzeugnis ist als Anhang abgedruckt.

8 Lieferschein

Jeder Lieferung von Zwischenbauteilen ist ein numerierter Lieferschein beizugeben. Der Lieferschein muß folgende Angaben enthalten:

a) Herstellwerk mit Angabe der Stelle, die die Güteüberwachung (Fremdüberwachung) durchführt,
b) Tag der Lieferung,
c) Empfänger der Lieferung,
d) Bezeichnung der Zwischenbauteile nach Abschnitt 4.6 bzw. Abschnitt 5.5,
e) Masse der Zwischenbauteile

Jeder Lieferschein ist von je einem Beauftragten des Herstellers und des Abnehmers zu unterschreiben. Je eine Ausfertigung ist im Werk und auf der Baustelle während der Bauzeit aufzubewahren.

Weitere Normen und Unterlagen

DIN 1045	Beton- und Stahlbetonbau; Bemessung und Ausführung
DIN 4102 Teil 2	Brandverhalten von Baustoffen und Bauteilen; Bauteile; Begriffe, Anforderungen und Prüfungen
DIN 4102 Teil 3	Brandverhalten von Baustoffen und Bauteilen; Brandwände und nichttragende Außenwände; Begriffe, Anforderungen und Prüfungen
DIN 4102 Teil 4	Brandverhalten von Baustoffen und Bauteilen; Einreihung in die Begriffe
DIN 4108	Wärmeschutz im Hochbau
DIN 4109 Teil 1	Schallschutz im Hochbau; Begriffe
DIN 4109 Teil 2	Schallschutz im Hochbau; Anforderungen
DIN 4109 Teil 3	Schallschutz im Hochbau; Ausführungsbeispiele
DIN 4109 Teil 4	Schallschutz im Hochbau; schwimmende Estriche auf Massivdecken; Richtlinien für die Ausführung
DIN 4109 Teil 5	Schallschutz im Hochbau; Erläuterungen

Richtlinien für Bemessung und Ausführung von Spannbetonteilen.

Anhang A

Muster für einen Überwachungsbericht

Antrag vom | eingegangen am

betr. Prüfung von Zwischenbauteilen aus | nach DIN 4158

Antragstelle:

Inhalt des Antrages

Versuchsmaterial

eingeliefert am

durch

geprüft am:

Prüfalter:

Überwachungsbericht | Ausfertigung

Angaben zur Probenahme:

Kennzeichen und lfd. Nr	Maße				Masse () *)	Beton-Rohdichte	Bruchlast **)	Druckfestigkeit	Sonstige Eigenschaften und Forderungen:
	Breite b	Länge l	Dicke s_0	Auflagerbreite					
–	mm	mm	mm	mm	kg	kg/dm³	N	N/mm²	
									Flankenneigung Aussparungen Wanddicke Stegdicke Plattendicke (siehe Skizze)
Mittelwert	–	–	–	–		–	–		
Nennwert	+5	±5	+5	≧25			≧300		Bewehrung
Anforderung erfüllt									

*) (1) im Anlieferungszustand (2) lufttrocken (3) nach Trocknen bei 105 °C **) bezogen auf 250 mm Länge

Skizze des Zwischenbauteils in Längs- und Querschnitt

Feststellung

Die geprüften Zwischenbauteile entsprechen DIN 4158 und der Bezeichnung:

den (Prüfstelle)

Siegel

Unterschrift

DK 691.421-478 : 69.025.2 : 69.022
: 001.4 : 620.1

April 1978

Ziegel für Decken und Wandtafeln

statisch mitwirkend

DIN 4159

Floor bricks and plasterboards, statically active

Plancher en briques fonctionnant statiquement

Diese Norm ist den obersten Bauaufsichtsbehörden vom Institut für Bautechnik, Berlin, zur bauaufsichtlichen Einführung empfohlen worden.

Die Benennung „Last" wird für Kräfte verwendet, die von außen auf ein System einwirken; das gilt auch für zusammengesetzte Wörter mit der Silbe . . . „Last" (siehe DIN 1080 Teil 1).

Maße in mm

Inhalt

1 Geltungsbereich

Diese Norm gilt für Ziegel, die als statisch mitwirkende Bauteile verwendet werden:

a) als Deckenziegel für Stahlsteindecken,

b) als Deckenziegel für Stahlbetonrippendecken mit Ortbetonrippen,

c) als Zwischenbauteile für Stahlbetonrippendecken mit ganz oder teilweise vorgefertigten Rippen,

d) für vorgefertigte Wandtafeln nach den Richtlinien für Bauten aus großformatigen Ziegelfertigbauteilen.

2 Mitgeltende Normen

DIN 51 220	Werkstoffprüfmaschinen; Allgemeine Richtlinien
DIN 51 223	Werkstoffprüfmaschinen; Druckprüfmaschinen
DIN 51 227	Werkstoffprüfmaschinen; Biegeprüfmaschinen

3 Begriff

Ziegel im Sinne dieser Norm sind aus Ton, Lehm oder tonigen Massen mit oder ohne Zusatz von Magerungsmitteln oder porenbildenden Stoffen geformt und gebrannt. Sie sind im Regelfall mit Hohlräumen versehen.

4 Deckenziegel für Stahlsteindecken

4.1 Formen

Die Ziegel haben an einer oder an beiden Stirnseiten Aussparungen zur Aufnahme des Fugenmörtels (siehe Bilder 1 und 2). Nach der Tiefe der Aussparungen werden unterschieden Ziegel für vollvermörtelbare Stoßfugen mit $s_t = s_0 - 10$ mm (siehe Bild 1) und Ziegel für teilvermörtelbare Stoßfugen mit $s_t = s_1 - 5$ mm (siehe Bild 2).

Ziegel, die zur Druckübertragung im Bereich negativer Momente herangezogen werden, müssen Aussparungen für vollvermörtelbare Stoßfugen haben.

Form und Anordnung der Löcher sind beliebig; jedoch darf der Einzelquerschnitt von Löchern in der vermörtelbaren Zone 6 cm² nicht überschreiten.

Die Ziegel müssen mindestens einen – möglichst senkrechten – Innensteg haben.

Sofern die Ziegel für feuerbeständige Decken verwendet werden sollen, dürfen die Abstände der senkrecht oder geneigt verlaufenden Innenstege (siehe Bild 2a) im Bereich des Anschlusses an die Ziegelunterseite nicht größer als 60 mm sein. Bei anderer Querschnittsausbildung muß die Feuerbeständigkeit durch Prüfung nachgewiesen werden.

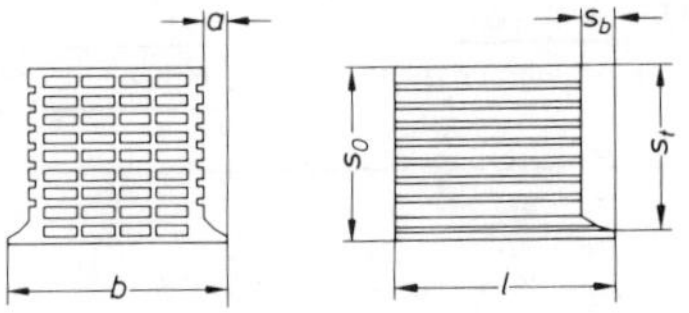

Bild 1. Deckenziegel für vollvermörtelbare Stoßfugen (Beispiel)

Fortsetzung Seite 2 bis 9

Normenausschuß Bauwesen (NABau) im DIN Deutsches Institut für Normung e.V.

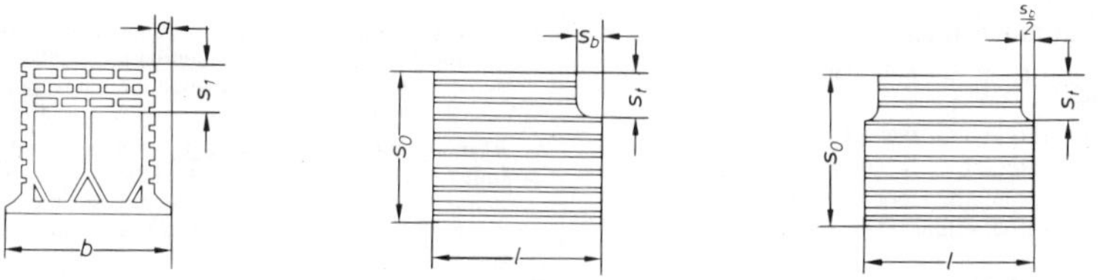

a) Querschnitt

b) Ansicht mit einseitiger Stoßfugenaussparung

c) Ansicht mit beidseitiger Stoßfugenaussparung

Bild 2. Deckenziegel für teilvermörtelbare Stoßfugen (Beispiele)

4.2 Maße

4.2.1 Die Maße der Ziegel für vollvermörtelbare Stoßfugen sind in Tabelle 1, diejenigen der Ziegel für teilvermörtelbare Stoßfugen sind in Tabelle 2 angegeben.

Die für die Breite der Fußleisten, die Stoßfugenaussparung und die Dicke der Druckplatte angegebenen Maße sind Mindestmaße. Werden Stoßfugenaussparungen an beiden Stirnseiten des Ziegels angeordnet, so darf das Maß s_b die Hälfte des angegebenen Wertes betragen.

Tabelle 1. **Maße der Ziegel für vollvermörtelbare Stoßfugen für Stahlsteindecken**

Breite	Länge	Dicke	Breite der Fußleisten	Stoßfugenaussparung	
				Breite	Tiefe
b	l	s_0	a min.	s_b min.	s_t min.
		90	20	40	80
		115	20	40	105
		140	20	40	130
		165	25	40	155
250	**166** **250** **333** **500** [1])	**190**	25	40	180
		215	25	40	205
		240	25	40	230
		265	25	50	255
		290	25	50	280

[1]) Nur bei Decken ohne Querbewehrung.

Alle Außenwandungen müssen mindestens 12 mm dick sein. Die Ziegel müssen an beiden Seitenflächen und können an der Ober- und Unterseite Rillen haben, die etwa 2 mm tief und nicht breiter als 10 mm sein dürfen. Sie sollen die Ziegelflächen so unterteilen, daß die zwischen den Rillen verbleibenden Felder nicht breiter als 30 mm sind. Im Bereich einer Rille muß die Außenwandung noch mindestens 10 mm dick sein.

Die Gesamtdicke aller senkrechten Stege und Wandungen soll mindestens 50 mm betragen.

Die Form der Fußleisten soll Bild 3 entsprechen.

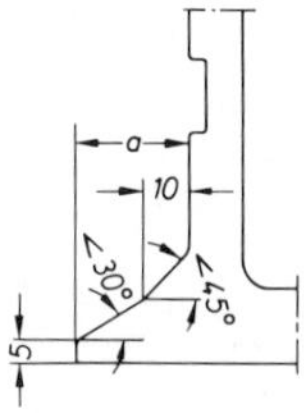

Bild 3. Fußleiste der Ziegel für Stahlsteindecken

4.2.2 Die zulässigen Abweichungen von den Längen- und Breitenmaßen betragen $_{-5}^{\;0}$ %, höchstens jedoch $_{-12}^{\;\;0}$ mm, vom Dickenmaß $^{+5}_{\;0}$ % höchstens jedoch $^{+12}_{\;\;0}$ mm.

Tabelle 2. **Maße der Ziegel für teilvermörtelbare Stoßfugen für Stahlsteindecken**

Breite	Länge	Dicke	Breite der Fußleisten	Stoßfugenaussparung		Dicke der Druckplatte
				Breite	Tiefe	
b	l	s_0	a min.	s_b min.	s_t min.	s_1 min.
		115	20	40	45	50
		140	20	40	50	55
		165	25	40	55	60
250	**166** **250** **333** **500** [1])	**190**	25	40	60	65
		215	25	40	65	70
		240	25	40	70	75
		265	25	50	75	80
		290	25	50	80	85

[1]) Nur bei Decken ohne Querbewehrung.

4.3 Ziegel-Rohdichten

Die Mittelwerte der Ziegel-Rohdichte sind festgelegt mit höchstens

0,60 kg/dm³ (größter Einzelwert 0,65 kg/dm³)

0,80 kg/dm³ (größter Einzelwert 0,85 kg/dm³)

1,00 kg/dm³ (größter Einzelwert 1,10 kg/dm³)

1,20 kg/dm³ (größter Einzelwert 1,30 kg/dm³)

4.4 Druckfestigkeiten

Die Ziegel dürfen keine die Festigkeit mindernden Risse oder Beschädigungen aufweisen. Die Druckfestigkeiten sind in Abhängigkeit von der Rohdichte in Tabelle 3 festgelegt.

Tabelle 3. **Druckfestigkeiten**

Rohdichte in kg/dm³	Druckfestigkeit in N/mm²	
	Mittelwert	kleinster Einzelwert
0,60	22,5	18,0
0,80 1,00 1,20	22,5 30,0	18,0 24,0

4.5 Bezeichnung

Für die verschiedenen Ziegelarten gelten folgende Kurzzeichen:

ZSV – Deckenziegel für vollvermörtelbare Stoßfugen

ZST – Deckenziegel für teilvermörtelbare Stoßfugen

Die Ziegel sind in der Reihenfolge DIN-Nummer, Kurzzeichen, Rohdichte, Druckfestigkeit, Maße (Breite × Länge × Dicke × Gesamtdicke aller senkrechten Stege und Wandungen in mm), zu bezeichnen. Bei Ziegeln für teilvermörtelbare Stoßfugen ist die Gesamtdicke aller senkrechten Stege und Wandungen anzugeben, wenn diese kleiner als 50 mm ist.

Bezeichnung eines Ziegels für teilvermörtelbare Stoßfugen (ZST), der Rohdichte 1,0 kg/dm³, der Druckfestigkeit 22,5 N/mm², der Breite 250 mm, der Länge 333 mm, der Dicke 190 mm und der Gesamtdicke der senkrechten Stege und Wandungen 40 mm:

Ziegel DIN 4159 –
ZST 1,0 – 22,5 – 250 × 333 × 190 – 40

5 Deckenziegel für Stahlbetonrippendecken

5.1 Allgemeines

Für Deckenziegel für Stahlbetonrippendecken gelten für die Maßabweichungen Abschnitt 4.2.2, für die Ziegel-Rohdichte Abschnitt 4.3 und für die Druckfestigkeit Abschnitt 4.4.

5.2 Formen

Die Ziegel haben an einer oder an beiden Stirnseiten Aussparungen für teilvermörtelbare Stoßfugen mit $s_t = s_1 - 5$ mm (siehe Bild 4).

Ziegel, die zur Druckübertragung im Bereich negativer Momente herangezogen werden, müssen vollvermörtelbare Stoßfugen haben (siehe Bild 5).

Form und Anordnung der Löcher sind beliebig; jedoch darf der Einzelquerschnitt von Löchern in der vermörtelbaren Zone 6 cm² nicht überschreiten.

Die Ziegel müssen mindestens einen – möglichst senkrechten – Innensteg haben.

Die Form der Fußleisten soll Bild 6 entsprechen.

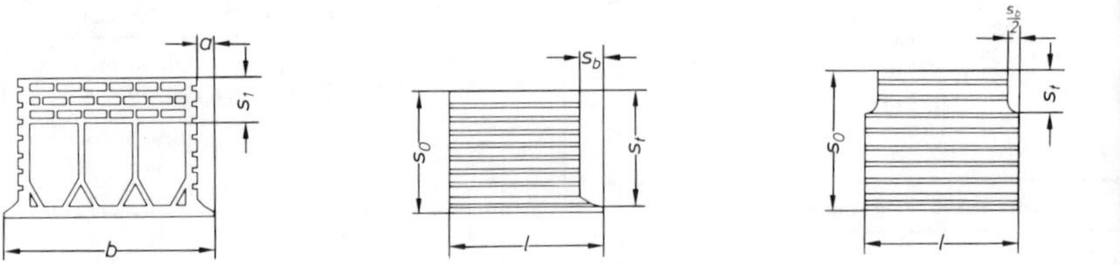

a) Querschnitt

b) Ansicht mit einseitiger Stoßfugenaussparung

c) Ansicht mit beidseitiger Stoßfugenaussparung

Bild 4. Deckenziegel für Stahlbetonrippendecken

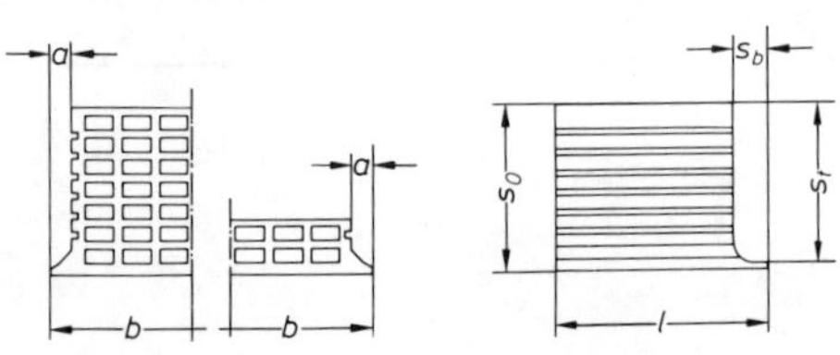

Bild 5. Deckenziegel für den Bereich negativer Momente

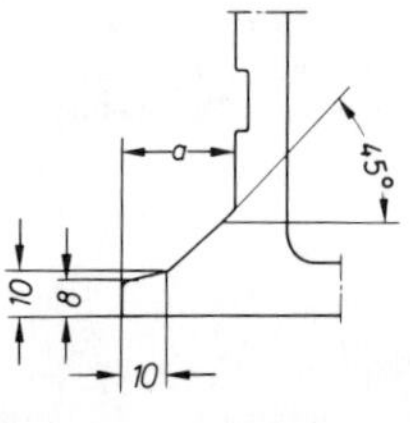

Bild 6. Fußleiste der Deckenziegel für Stahlbetonrippendecken

Tabelle 4. **Maße der Ziegel für Stahlbetonrippendecken**

Breite b	Länge l	Dicke s_0	Breite der Fußleisten a bei b = 333 min.	bei $b \geqq 500$ min.	Stoßfugenaussparung[1]) Breite s_b min.	Tiefe s_t min.	Dicke der Druckplatte s_1 min.
		115	25	35	40	45	50
		140	25	35	40	50	55
		165	25	35	40	55	60
333	**166**	**190**	25	35	40	60	65
500	**250**	**215**	30	40	40	65	70
625	**333**	**240**	30	40	40	70	75
		265	30	40	50	75	80
		290	35	40	50	80	85
		315	35	40	50	85	90
		340	35	40	50	90	95

[1]) Bei Ziegeln, die zur Druckübertragung im Bereich negativer Momente herangezogen werden, muß die Tiefe der Stoßfugenaussparung $s_t = s_0 - 10$ mm betragen entsprechend Tabelle 1.

5.3 Maße

Die Maße der Ziegel für Stahlbetonrippendecken sind in Tabelle 4 angegeben. Die für die Breite der Fußleisten, die Stoßfugenaussparung und die Dicke der Druckplatte angegebenen Maße sind Mindestmaße. Werden Stoßfugenaussparungen an beiden Stirnseiten des Ziegels angeordnet, so darf das Maß s_b die Hälfte des angegebenen Wertes betragen.

Wegen der Ausbildung der Außenwandungen siehe Abschnitt 4.2.1, Absatz 3.

5.4 Bezeichnung

Es gelten folgende Kurzzeichen:

ZRT – Deckenziegel für teilvermörtelbare Stoßfugen

ZRV – Deckenziegel für vollvermörtelbare Stoßfugen

Die Ziegel sind in der Reihenfolge DIN-Nummer, Kurzzeichen, Rohdichte, Druckfestigkeit, Maße (Breite × Länge × Dichte in mm), zu bezeichnen.

Bezeichnung eines Ziegels für teilvermörtelbare Stoßfugen (ZRT), der Rohdichte 1,0 kg/dm³, der Druckfestigkeit 22,5 N/mm², der Breite 333 mm, der Länge 333 mm und der Dicke 190 mm:

Ziegel DIN 4159 –
ZRT 1,0 – 22,5 – 333 × 333 × 190

6 Ziegel für Zwischenbauteile für Stahlbetonrippendecken

6.1 Allgemeines

Für Ziegel als Zwischenbauteile für Stahlbetonrippendecken gelten

für die Ziegel-Rohdichte Abschnitt 4.3 und

für die Druckfestigkeit Abschnitt 4.4

6.2 Formen

Zwischenbauteile werden mit Aussparungen für teilvermörtelbare Stoßfugen nach den in den Bildern 7 und 8 dargestellten Beispielen hergestellt.

Zwischenbauteile, die zur Druckübertragung im Bereich negativer Momente herangezogen werden, müssen vollvermörtelbare Stoßfugen mit einer Tiefe von $s_t = s_0 - 10$ mm haben (siehe Bild 9).

Form und Anordnung der Löcher sind beliebig; jedoch darf der Einzelquerschnitt von Löchern in der vermörtelbaren Zone 6 cm² nicht überschreiten.

Die Ziegel müssen mindestens einen - möglichst senkrechten – Innensteg haben.

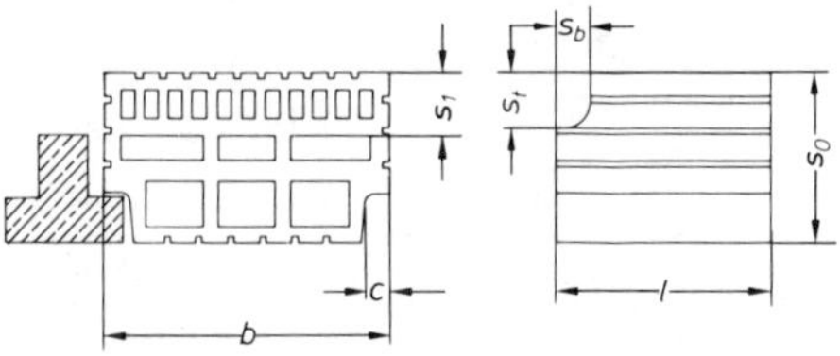

Bild 7. Ziegel als Zwischenbauteil mit senkrechten Seitenflächen für einseitige Stoßfugen (Beispiel)

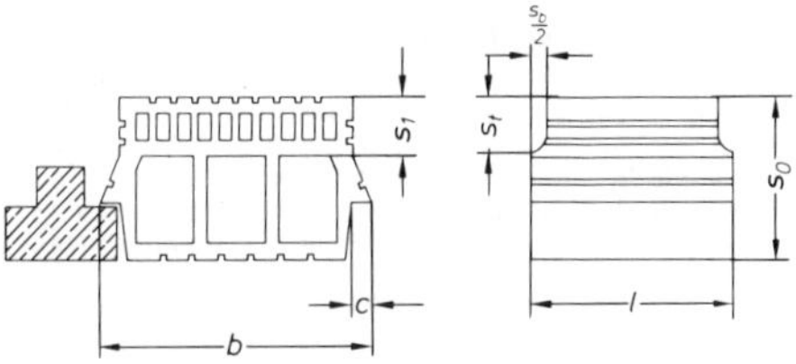

Bild 8. Ziegel als Zwischenbauteil mit geneigten Seitenflächen für beidseitige Stoßfugen (Beispiel)

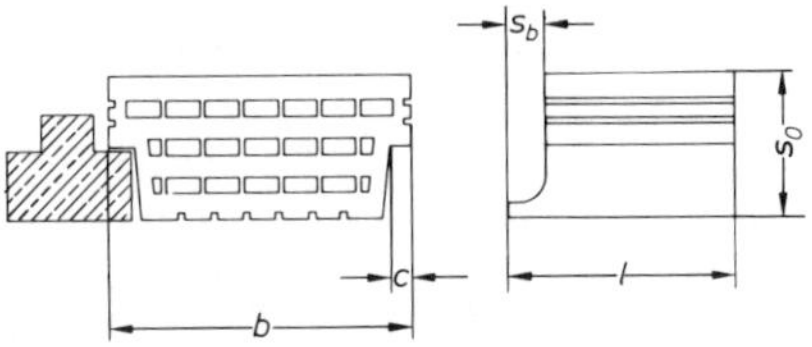

Bild 9. Ziegel als Zwischenbauteil für den Bereich negativer Momente (Beispiel)

6.3 Maße

Die Breiten b sollen so gewählt werden, daß sich die Rippenachsabstände für die jeweiligen Decken zu 333, 500, 625 oder 750 mm ergeben.

Bei der Prüfung der Breiten dürfen die Einzelwerte vom Mittelwert nicht mehr als ± 2,5 % abweichen. Für die Abweichungen der Längen- und Dickenmaße gelten die Angaben des Abschnittes 4.2.2.

Die übrigen Maße der Zwischenbauteile sind in Tabelle 5 angegeben. Die Maße für die Auflagertiefe auf vorgefertigten Rippen, die Stoßfugenaussparungen und die Dicken der Druckplatte sind Mindestmaße.

Werden Stoßfugenaussparungen an beiden Stirnseiten des Ziegels angeordnet, so darf das Maß s_b die Hälfte des angegebenen Wertes betragen.

Tabelle 5. **Abmessungen von Ziegeln als Zwischenbauteile**

Rippenachsabstände [1])	Länge l	Dicke s_0	Auflagertiefe auf vorgefertigten Rippen c min.	Stoßfugenaussparung Breite s_b min.	Stoßfugenaussparung Tiefe s_t min.	Dicke der Druckplatte s_1 min.
		115	25	40	45	50
		140	25	40	50	55
		165	25	40	55	60
333	**166**	**190**	25	40	60	65
500	**250**	**215**	25	40	65	70
625	**333**	**240**	25	40	70	75
750		**265**	25	50	75	80
		290	25	50	80	85
		315	25	50	85	90
		340	25	50	90	95

[1]) Die Breite eines Zwischenbauteils ergibt sich aus dem Rippenachsabstand unter Berücksichtigung der Ausbildung der ganz oder teilweise vorgefertigten Rippen.

6.4 Ausbildung der Flanken

Werden Zwischenbauteile auf vorgefertigte Stahlbetonrippen aufgelagert, so muß bei geneigten Seitenflächen der Zwischenbauteile der mit Beton auszufüllende Raum an der Unterkante mindestens 5 mm und 100 mm darüber mindestens 30 mm breit sein. Bei Zwischenbauteilen mit senkrechten Seitenflächen muß der mit Beton auszufüllende Raum mindestens 30 mm breit sein.

6.5 Bruchlast

Ziegel als Zwischenbauteile müssen vor dem Bruch eine Last von mindestens $F = 12\,l$ unabhängig von ihrer Breite aushalten; dabei sind F in N und l in mm einzusetzen.

Das ergibt bei Nennmaß l = 166 mm F = 2000 N
bei Nennmaß l = 250 mm F = 3000 N und
bei Nennmaß l = 333 mm F = 4000 N.

6.6 Bezeichnung

Für Ziegel, die als Zwischenbauteile verwendet werden, gelten folgende Kurzzeichen:

ZZT – Ziegel als Zwischenbauteile für teilvermörtelbare Stoßfugen

ZZV – Ziegel als Zwischenbauteile für den Bereich negativer Momente

Die Ziegel sind in der Reihenfolge DIN-Nummer, Kurzzeichen, Flankenneigung (N – geneigt, S – senkrecht), Rohdichte, Druckfestigkeit, Breite × Länge × Dicke, zu bezeichnen.

Bezeichnung eines Ziegels als Zwischenbauteil für teilvermörtelbare Stoßfugen (ZZT) mit geneigten Flanken, mit der Rohdichte 1,2 kg/dm³, der Druckfestigkeit 30,0 N/mm², der Breite 440 mm, der Länge 250 mm und der Dicke 240 mm:

Ziegel DIN 4159 –
ZZT – N – 1,2 – 30,0 – 440 × 250 × 240

7 Ziegel für vorgefertigte Wandtafeln

7.1 Formen

Die Ziegel haben an einer oder an beiden Stirnseiten Aussparungen zur Aufnahme des Fugenmörtels (siehe Bilder 1 und 2). Nach der Tiefe der Aussparungen werden unterschieden Ziegel für vollvermörtelbare Stoßfugen mit $s_t = s_0 - 10$ mm (siehe Bild 1) und Ziegel für teilvermörtelbare Stoßfugen mit $s_t = s_1 - 5$ mm (siehe Bild 2).

Ziegel für Außenwandtafeln dürfen an ihrer Außenseite einen statisch nicht mitwirkenden Querschnitt mit durchlaufenden, nicht vermörtelbaren Lochkanälen nach Bild 10 erhalten.

Die Form und Anordnung der Löcher ist beliebig, jedoch darf der Einzelquerschnitt von Löchern im Bereich der vermörtelbaren Zone das Maß von 6 cm² nicht überschreiten.

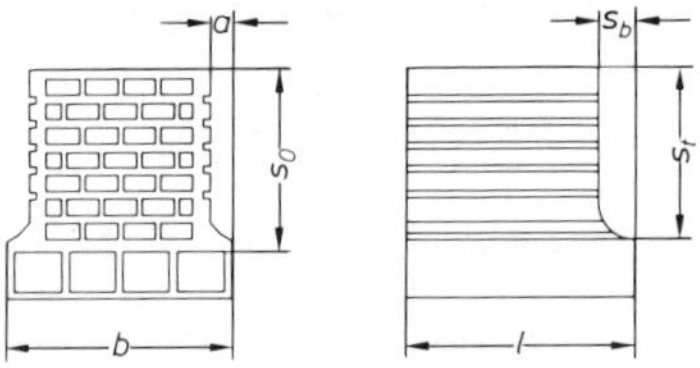

Bild 10. Ziegel für vollvermörtelbare Stoßfugen mit nicht vermörtelbaren Lochkanälen (Beispiel)

7.2 Maße

7.2.1 Die Maße der Ziegel für vollvermörtelbare Stoßfugen sind in Tabelle 6, diejenigen der Ziegel für teilvermörtelbare Stoßfugen sind in Tabelle 7 angegeben.

Tabelle 6. **Maße der Ziegel für vollvermörtelbare Stoßfugen für Wandtafeln**

Breite b	Länge l	Dicke s_0	Breite der Fußleisten a min.	Stoßfugenaussparung Breite s_b min.	Stoßfugenaussparung Tiefe s_t min.
		90	20	40	80
		115	20	40	105
		140	20	40	130
	166	**165**	25	40	155
250	**250**	**190**	25	40	180
	333	**215**	25	40	205
	500	**240**	25	40	230
		265	25	50	255
		290	25	50	280

Tabelle 7. **Maße der Ziegel für teilvermörtelbare Stoßfugen für Wandtafeln**

Breite	Länge	Dicke	Breite der Fußleisten	Stoßfugen-aussparung		Dicke der Druck-platte
				Breite	Tiefe	
b	l	s_0	a	s_b	s_t	s_1
			min.	min.	min.	min.
		115	20	40	45	50
		140	20	40	50	55
	166	165	25	40	55	60
250	250	190	25	40	60	65
	333	215	25	40	65	70
	500	240	25	40	70	75
		265	25	50	75	80
		290	25	50	80	85

Die für die Breite der Fußleisten, die Stoßfugenaussparung und die Dicke der Druckplatte angegebenen Maße sind Mindestmaße. Werden Stoßfugenaussparungen an beiden Stirnseiten des Ziegels angeordnet, so darf das Maß s_b die Hälfte des angegebenen Wertes betragen.

Alle Außenwandungen müssen mindestens 12 mm dick sein. Die Ziegel müssen an beiden Seitenflächen und können an der Ober- und Unterseite Rillen haben, die etwa 2 mm tief und nicht breiter als 10 mm sein dürfen. Sie sollen die Ziegelflächen so unterteilen, daß die zwischen den Rillen verbleibenden Felder nicht breiter als 30 mm sind. Im Bereich einer Rille muß der Außensteg noch mindestens 10 mm dick sein.

Die Form der Fußleisten soll Bild 11 entsprechen.

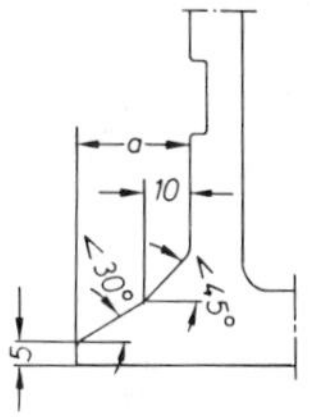

Bild 11. Fußleiste der Ziegel für Wandtafeln

7.2.2 Die zulässigen Abweichungen von den Längen- und Breitenmaßen betragen $_{-5}^{\;0}$ %, höchstens jedoch $_{-12}^{\;0}$ mm, vom Dickenmaß $_{\;0}^{+5}$ %, höchstens jedoch $_{\;0}^{+12}$ mm.

7.3 Ziegel-Rohdichte

Wegen der Ziegel-Rohdichte siehe Abschnitt 4.3.

7.4 Druckfestigkeit

Die Ziegel dürfen keine die Festigkeit mindernden Risse oder Beschädigungen aufweisen. Die Druckfestigkeiten sind in Abhängigkeit von der Rohdichte in Tabelle 8 festgelegt.

7.5 Bezeichnung

Für die verschiedenen Ziegelarten gelten folgende Kurzzeichen:

ZWV – Ziegel für vollvermörtelbare Stoßfugen für Wandtafeln

ZWT – Ziegel für teilvermörtelbare Stoßfugen für Wandtafeln

Tabelle 8. **Druckfestigkeiten**

Rohdichte in kg/dm³	Druckfestigkeit in N/mm²	
	Mittelwert	kleinster Einzelwert
0,60 0,80 1,00	16,0 22,5	12,5 18,0
0,80 1,00 1,20	22,5 30,0	18,0 24,0
1,00 1,20	45,0	38,0

Die Ziegel sind in der Reihenfolge DIN-Nummer, Kurzzeichen, Rohdichte, Druckfestigkeit, Maße (Breite × Länge × Dicke in mm), zu bezeichnen.

Bezeichnung eines Ziegels für teilvermörtelbare Stoßfugen (ZWT), der Rohdichte 1,0 kg/dm³, der Druckfestigkeit 22,5 N/mm², der Breite 250 mm, der Länge 333 mm und der Dicke 190 mm:

Ziegel DIN 4159 –
ZWT 1,0 – 22,5 – 250 × 333 × 190

8 Gehalt an schädlichen Stoffen

Ziegel sollen frei von Stoffen sein, die zu Schäden wie Abblättern, Gefügezerstörung oder schädlichem Ausblühen führen.

Die Prüfung nach Abschnitt 9.5 gilt als bestanden, wenn keine Gefügestörungen, starke Rißbildungen oder je 100 cm² Oberfläche mehr als 5 Absprengungen über Einschlüssen auftreten. Absprengungen dürfen nicht tiefer als 3 mm sein.

Ist keine sichere Beurteilung möglich, so ist der Nachweis zu führen, daß der der Prüfung auf treibende Einschlüsse unterworfene Ziegel den Bedingungen der geforderten Festigkeitsklasse entspricht.

9 Prüfung

9.1 Form und Maße

9.1.1 Meßgeräte

Zu den Messungen ist möglichst ein Meßschieber zu verwenden, dessen Meßschenkel und Meßbereich mindestens so groß ist wie die größte Abmessung der Probe.

9.1.2 Durchführung

Länge, Breite und Dicke der Ziegel, Breite und Tiefe der Stoßfugenaussparungen, Lochquerschnitte, Breite der Fußleisten, Dicke der Druckplatte und bei Zwischenbauteilen die Auflagertiefe werden in je zwei Messungen am einzelnen Ziegel bestimmt. Bei Deckenziegeln für Stahlsteindecken mit teilvermörtelbaren Stoßfugen ist die Gesamtdicke der senkrechten Stege und Wandungen zu prüfen. Die Messungen sind nach Bild 12 auszuführen.

Die Schenkel des Meßschiebers müssen beim Messen über den ganzen Ziegel reichen. Die Mindestwanddicke wird an jeder Ziegelaußenseite je einmal mittels Meßschieber bestimmt.

Die Maße und die Abweichungen vom Nennmaß sind auf ganze Millimeter gerundet anzugeben.

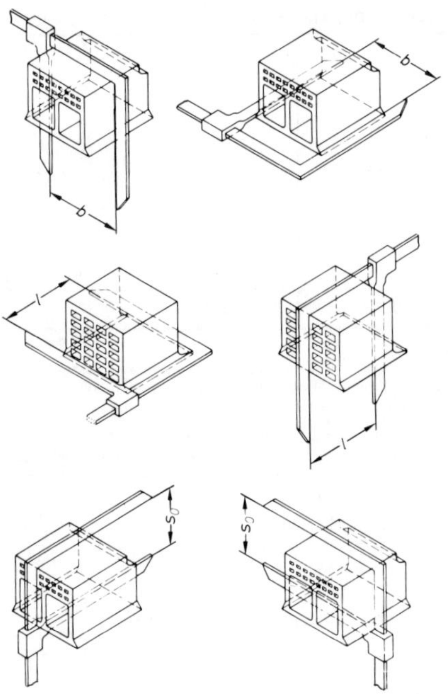

Bild 12. Durchführung der Messungen zur Bestimmung der Maße und der Form

9.2 Ziegel-Rohdichte

9.2.1 Begriff

Die Rohdichte ϱ_z ist der Quotient aus der Masse und dem Volumen des nach Abschnitt 9.2.2 getrockneten Ziegels einschließlich aller durch die Lochung erzeugten Hohlräume.

9.2.2 Durchführung

Der Ziegel ist bei etwa 105 °C bis zur Massenkonstanz zu trocknen. Die Massenkonstanz gilt als erreicht, wenn die Masse sich innerhalb von 24 Stunden um nicht mehr als 0,1 % ändert. Nach dem Abkühlen wird der Ziegel auf etwa 0,1 Massenanteil in % gewogen. Das Ziegelvolumen V_z wird aus den äußeren Maßen des Ziegels bestimmt. Rillen in den Ziegelwandungen dürfen übermessen werden. Der Volumenanteil der Fußleisten (siehe Bilder 3, 6 und 11) und die Volumenminderung infolge der Stoßfugenaussparung und die Flankenneigungen sind zu berücksichtigen.

Bei der Eigenüberwachung kann auf die Trocknung bei 105 °C verzichtet werden, wenn die Rohdichte der lufttrockenen Probeziegel die zulässigen Mittelwerte nicht überschreitet.

9.2.3 Auswertung

Die Ziegel-Rohdichte ϱ_z wird errechnet aus der Trockenmasse m_d (aus Wägung) und dem Ziegelvolumen V_z des nach Abschnitt 9.2.2 getrockneten Ziegels nach der Formel:

$$\varrho_z = \frac{m_d}{V_z}$$

und in kg/dm³ auf zwei Dezimalen angegeben. Im Prüfbericht sind anzugeben:

alle Einzelwerte und

der arithmetische Mittelwert aller Einzelwerte.

9.3 Druckfestigkeit

9.3.1 Allgemeines

Die Druckfestigkeit wird bei Ziegeln in Strangrichtung (parallel zur Lochung) ermittelt. Sie bezieht sich bei Ziegeln mit klein gelochtem Querschnitt (z. B. nach Bild 1) auf den gesamten Querschnitt und bei Ziegeln mit großer Lochung im unteren Bereich (z. B. nach Bild 2) auf den klein gelochten Teil (Dicke s_1) – in beiden Fällen einschließlich der Löcher.

9.3.2 Prüfmaschinen

Die Ziegel sind in einer Druckprüfmaschine nach DIN 51 223 mindestens der Klasse 3 nach DIN 51 220 zu prüfen. Über die Zuverlässigkeit der Biegeprüfmaschine muß eine höchstens 2 Jahre alte Bescheinigung einer hierfür anerkannten Prüfstelle vorliegen.

9.3.3 Durchführung

Die Druckfestigkeit ist am lufttrockenen Ziegel festzustellen. Die Ziegel sind durch Schnitt mit einer Säge um die Breite der Stoßfugenaussparung bzw. bei Ziegeln mit geringer Dicke so zu kürzen, daß die verbleibende Ziegellänge l (Prüfhöhe) gleich der Ziegeldicke s_0 ist.

Die Probekörper sind an den Druckflächen mit Zementmörtel aus

1 Raumteil Zement der Festigkeitsklasse Z 45 F und
1 Raumteil gewaschenem Natursand der Korngruppe 0/1 mm abzugleichen.

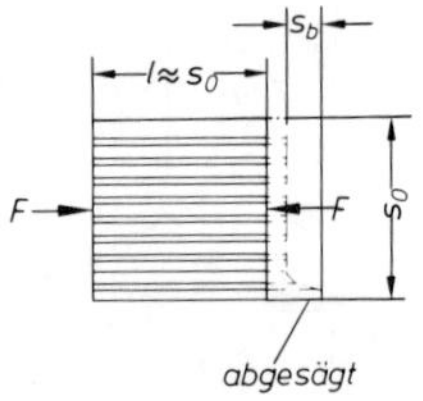

Bild 13. Probekörper zur Bestimmung der Druckfestigkeit

Die Abgleichschichten müssen planparallel und sollen nicht dicker als 5 mm sein. Es ist dafür Sorge zu tragen, daß der Abgleichmörtel nicht zu tief in die Hohlräume der Ziegel eindringt. Die Abgleichschichten müssen bei der Druckfestigkeitsprüfung ausreichend erhärtet und lufttrocken sein.

Vor der Prüfung sind die Ziegel deshalb nach dem Abgleichen mindestens zwei Tage feucht und anschließend mindestens zwei Tage an der Luft bei 15 bis 22 °C zu lagern.

Die Prüfkraft muß auch bei Ziegeln für teilvermörtelbare Stoßfugen im Schwerpunkt der Querschnittsfläche des gesamten Ziegels angreifen. Die Beanspruchung ist langsam und stetig um 0,2 bis 0,3 N/mm² je Sekunde zu steigern. Unmittelbar vor dem Bruch darf die Vorschubgeschwindigkeit des Arbeitskolbens der Prüfmaschine nicht mehr verändert werden.

9.3.4 Auswertung

Im Prüfbericht sind die Einzelwerte und das arithmetische Mittel der Druckfestigkeit aller Einzelwerte in N/mm² auf ganze Zahlen gerundet anzugeben.

9.3.4.1 Die Druckfestigkeit β ist bei Ziegeln für vollvermörtelbare Stoßfugenaussparungen aus der Höchstkraft F und der Querschnittsfläche A einschließlich der Lochquerschnitte zu errechnen:

$$\beta = \frac{F}{A}$$

9.3.4.2 Bei Ziegeln für teilvermörtelbare Stoßfugenaussparungen wird zunächst die Scherbendruckfestigkeit β_s aus der Höchstkraft F und der Scherbenfläche A_s (Querschnitt nach Abzug der Löcher) errechnet:

$$\beta_s = \frac{F}{A_s}$$

Die Scherbenfläche A_s ergibt sich aus der Querschnittsfläche A durch Abzug des Lochquerschnitts.

Stößt die Berechnung der Scherbenfläche infolge unregelmäßiger Lochquerschnitte auf Schwierigkeiten, so kann sie mit Hilfe des Scherbenvolumens (z. B. Tauchverfahren in Wasser oder Quarzsand) oder anderer geeigneter Verfahren ermittelt werden.

Aus der Scherbendruckfestigkeit β_s ergibt sich die kennzeichnende Druckfestigkeit β_t nach der Formel:

$$\beta_t = \frac{\beta_s \cdot A_{sd}}{A_d}$$

Es bedeuten:

A_{sd} Querschnitt der Ziegeldruckplatte ohne Lochquerschnitt (Scherbenquerschnitt)

A_d Gesamtquerschnitt der Ziegeldruckplatte einschließlich Lochquerschnitt

$A_d = (b - 2\,a)\,s_1$

9.4 Bruchlast

9.4.1 Prüfmaschinen

Die Ziegel sind in einer Biegeprüfmaschine nach DIN 51 227 mindestens der Klasse 3 nach DIN 51 220 oder einer gleichwertigen Prüfeinrichtung zu prüfen. Über die Zuverlässigkeit der Biegeprüfmaschine muß eine höchstens 2 Jahre alte Bescheinigung einer hierfür anerkannten Prüfstelle vorliegen.

9.4.2 Durchführung

Die Proben sind entsprechend ihrer Lage während des Einbaus drehbar auf zwei Stützen zu lagern und in der Mitte mit einer 20 mm breiten Streifenlast gleichlaufend zum Auflager zu belasten (siehe Bild 14). Die Auflager und die Oberfläche unter der Streifenlast sind dabei nicht mit Mörtel abzugleichen.

Bild 14. Prüfanordnung zur Bestimmung der Bruchlast

9.4.3 Auswertung

Es sind die Einzelwerte auf 0,05 kN gerundet anzugeben.

9.5 Schädliche Stoffe

Vor der Prüfung sind an den Proben alle äußerlich erkennbaren Schäden festzustellen und zu kennzeichnen.

Die Proben sind unmittelbar nach mindestens 12stündiger Trocknung bei etwa 105 °C Lufttemperatur in noch erhitztem Zustand weitere 6 Stunden einer Behandlung mit Wasserdampf von etwa 100 °C und Atmosphärendruck auszusetzen. Sie werden dazu in einem Behälter mit lose aufgelegtem Deckel auf einem Rost über dauernd siedendes Wasser gelegt.

Nach Abschluß der Prüfung sind die Beschädigungen (Absprengungen, Gefügestörungen und dergleichen) festzustellen und nach Abschnitt 8 zu beurteilen.

10 Überwachung (Güteüberwachung)

10.1 Allgemeines

Die Einhaltung der in den Abschnitten 4 bis 8 genannten Anforderungen ist durch eine Güteüberwachung, bestehend aus einer Eigenüberwachung (siehe Abschnitt 10.2) und einer Fremdüberwachung (siehe Abschnitt 10.3), zu überprüfen.

10.2 Eigenüberwachung

10.2.1 Probenahme

Die Anzahl der Proben richtet sich nach Abschnitt 10.2.2.

Je Ziegelart ist zum Abnahmezeitpunkt die zur Prüfung erforderliche Anzahl der Einzelproben wahllos aus der laufenden Produktion ofentrocken zu entnehmen. Die Proben sind sofort unverwechselbar zu kennzeichnen.

10.2.2 Art und Umfang der Prüfungen

10.2.2.1 Der Hersteller hat die in den Abschnitten 9.1 bis 9.4 und gegebenenfalls 9.5 genannten Prüfungen an jeweils drei Proben je Ziegelart aus 60 000 hergestellten Einheiten, mindestens aber einmal je Fertigungswoche, durchzuführen.

Die Bestimmung der Maße kann sich auf die Länge, Breite und Dicke der Ziegel beschränken.

Anstelle der Rohdichtebestimmung nach Abschnitt 9.2 darf die Masse der Proben ermittelt werden.

Die Prüfung der Druckfestigkeit nach Abschnitt 9.3 darf durch die Prüfung der Bruchlast nach Abschnitt 9.4 ersetzt werden, wenn ein statischer Nachweis über die Beziehungen zwischen den Festigkeitsarten vorliegt.

Die Prüfung auf schädliche Stoffe nach Abschnitt 9.5 ist nur zu Beginn der Produktionsaufnahme und bei einem Wechsel in der Zusammensetzung des Rohmaterials erforderlich.

10.2.2.2 Nach ungenügendem Prüfergebnis sind vom Hersteller unverzüglich die erforderlichen Maßnahmen zur Abstellung der Mängel zu treffen. Wenn es zur Vermeidung etwaiger Folgeschäden erforderlich ist, sind die Abnehmer zu benachrichtigen.

Nach Abstellen der Mängel sind – soweit erforderlich – die betreffenden Prüfungen zu wiederholen.

Ziegel, die den Anforderungen nicht entsprechen, sind auszusondern und als solche deutlich zu kennzeichnen.

10.2.2.3 Die Ergebnisse der Prüfungen sind aufzuzeichnen und – soweit möglich – statistisch auszuwerten. Die Aufzeichnungen sind mindestens fünf Jahre aufzubewahren und der fremdüberwachenden Stelle (siehe Abschnitt 10.3.1.1) auf Verlangen vorzulegen.

10.3 Fremdüberwachung

10.3.1 Art und Umfang der Prüfungen

10.3.1.1 Im Rahmen der Fremdüberwachung sind durch eine hierfür anerkannte Überwachungsgemeinschaft/Güteschutzgemeinschaft oder aufgrund eines Überwachungsvertrages durch eine hierfür anerkannte Prüfstelle[1]) die Eigenschaften der Ziegel durch Prüfungen nach den Abschnitten 9.1 bis 9.4 und gegebenenfalls 9.5 an jeweils 10 Probekörpern je Ziegelart zweimal jährlich festzustellen. Außerdem ist die Eigenüberwachung zu überprüfen.

10.3.1.2 Der Hersteller hat der fremdüberwachenden Stelle schriftlich mitzuteilen:

a) die Inbetriebnahme des Werkes,
b) den Namen des technischen Werkleiters (auch bei Wechsel),
c) die vorgesehenen Ziegelarten,
d) die Durchführung der Eigenüberwachung,
e) die Aufnahme der Fertigung weiterer Ziegelarten.

10.3.1.3 Vor Aufnahme der Fremdüberwachung sind als Erstprüfung alle Prüfungen nach Abschnitt 9 durchzuführen. Dabei ist festzustellen, ob die Ziegel den Anforderungen der Abschnitte 4 bis 8 entsprechen.

Die Proben sind so auszuwählen, daß möglichst der gesamte Streubereich der Produktion erfaßt wird, wobei die Längenmaße zur Orientierung dienen können.

10.3.1.4 Nach wesentlichen Beanstandungen oder unzureichenden Prüfergebnissen sind unverzüglich Wiederholungsprüfungen durchzuführen. Mängel, die im Rahmen der Eigenüberwachung festgestellt und unverzüglich abgestellt worden sind, können unbeanstandet bleiben.

10.3.2 Probenahme

Die Proben sind vom Prüfer oder Beauftragten der fremdüberwachenden Stelle aus einem möglichst großen Vorrat oder aus der Fertigung zu entnehmen; sie sollen dem Durchschnitt der Erzeugung entsprechen. Mindestens ein Ziegel je entnommener Art soll die Kennzeichen nach Abschnitt 11 aufweisen. Die Proben können auch aus dem Händlerlager oder in besonderen Fällen auf einer Baustelle entnommen werden. Vom Hersteller als fehlerhaft bezeichnete Ziegel sind nur dann von der Probenahme auszunehmen, wenn sie als solche deutlich gekennzeichnet und getrennt gelagert sind (siehe Abschnitt 10.2.2.2).

Die Proben sind sofort unverwechselbar zu kennzeichnen. Über die Entnahme der Probe ist von dem Probenehmer ein Protokoll anzufertigen, abzuzeichnen und vom Werkleiter oder seinem Vertreter gegenzuzeichnen. Das Protokoll muß mindestens folgende Angaben enthalten:

a) Hersteller und Werk,
b) Entnahmestelle,
c) Anzahl und Bezeichnung der entnommenen Ziegel,
d) Kennzeichen der Ziegel nach Abschnitt 11b) bis e)
e) Kennzeichen der Ziegel durch den Probenehmer,
f) ungefährer Umfang des Vorrats oder der Lieferung, für die die Probe gilt;
g) Erklärung, daß die Ziegel entsprechend Abschnitt 10.3.2, Absatz 1, entnommen wurden;
h) Name des Probenehmers,
i) Ort und Datum,
k) Unterschriften.

10.3.3 Überwachungsbericht

Die Ergebnisse der Fremdüberwachung sind in einem Überwachungsbericht festzuhalten.

Der Überwachungsbericht muß unter Hinweis auf diese Norm folgende Angaben enthalten:

a) Hersteller und Werk,
b) Bezeichnung der Ziegel,
c) Umfang, Ergebnisse und Bewertung der Eigenüberwachung,
d) Erklärung über die Vollständigkeit des vorgelegten Entnahmeprotokolls sowie Art, Anzahl und Entnahmekennzeichen der entnommenen Proben,
e) Maße jeder Probe, auch der Außenwanddicken und bei Ziegeln für teilvermörtelbare Stoßfugen nach Tabelle 2 die Gesamtdicke aller senkrechten Stege und Wandungen; Angabe über die normgerechte Ausbildung der Stoßfugenaussparungen und der Auflagertiefe;
f) Ergebnisse der bei der Fremdüberwachung durchgeführten Prüfungen und Vergleich mit den Anforderungen,
g) Gesamtbewertung,
h) Ort und Datum,
i) Unterschrift und Stempel der fremdüberwachenden Stelle.

Die Ergebnisse der Fremdüberwachung nach Absatz f) können auch in einem gesonderten Prüfbericht aufgenommen werden.

Der Bericht ist beim Hersteller und bei der fremdüberwachenden Stelle mindestens fünf Jahre aufzubewahren.

11 Kennzeichen und Lieferscheine

Nach dieser Norm hergestellte und überwachte Ziegel sind mit numerierten Lieferscheinen auszuliefern, die von je einem Beauftragten des Herstellers und des Abnehmers zu unterschreiben sind und folgende Angaben enthalten:

a) Herstellwerk oder Werkzeichen
b) Gütezeichen oder fremdüberwachende Stelle,
c) Bezeichnung des Ziegels,
d) Anzahl oder Masse der gelieferten Ziegel
e) Empfänger,
f) Tag der Lieferung.

Das Herstellwerk oder das Kennzeichen sind auf jedem 30. Ziegel oder auf der Verpackung der Ziegel anzugeben.

Die Druckfestigkeit muß durch Eindruck, dauerhaften Aufdruck oder durch Farbmarkierung auf jedem 30. Ziegel gekennzeichnet sein:

ohne:	16,0 N/mm²
weiß:	22,5 N/mm²
grau:	30,0 N/mm²
violett:	45,0 N/mm²

Auf die Kennzeichnung kann verzichtet werden, wenn die Ziegel im Herstellwerk zu Fertigteilen verarbeitet werden.

---

[1]) Verzeichnisse der bauaufsichtlich anerkannten Überwachungs-/Güteschutzgemeinschaften und Prüfstellen werden unter Abdruck des Überwachungszeichens (Gütezeichens) beim Institut für Bautechnik – IfBt, Reichpietschufer 72-76, 1000 Berlin 30, geführt.

DK 691.327 Oktober 1951

Gas- und Schaumbeton
Herstellung, Verwendung und Prüfung
Richtlinien

DIN 4164

Diese Richtlinien gelten für unbewehrten und bewehrten Gas- und Schaumbeton und für tragende und nicht tragende Bauteile.

1 Begriff

Gasbeton und Schaumbeton ist ein durch Gas oder Schaum oder durch andere Mittel aufgelockerter, feinkörniger Beton; er wird für wärmedämmende oder für tragende und wärmedämmende Bauteile verwendet.

Es sind zu unterscheiden:

1.1 Beton, der im gespannten Dampf (in der Regel bis 8 atü) erhärtet,

1.2 Beton, der bei erhöhter Temperatur im nicht gespannten Dampf erhärtet,

1.3 Beton, der an der Luft erhärtet.

2 Herstellung

2.1 Unbewehrte oder bewehrte Bauteile dürfen nur in Werken hergestellt werden, die zweckmäßig eingerichtet sind, von einem erfahrenen Fachmann geleitet werden und sich einer laufenden Überwachung durch eine öffentliche Prüfanstalt oder eine hierfür besonders zugelassene Prüfstelle unterziehen.

2.2 Unbewehrte Dämm- und Ausgleichschichten dürfen an Ort und Stelle hergestellt werden, wenn die zu erwartende Rißbildung unschädlich ist.

3 Zulassung

Alle Erzeugnisse aus Gas- und Schaumbeton mit Ausnahme von unbewehrten Dämm- und Ausgleichschichten bedürfen einer allgemeinen baupolizeilichen Zulassung.

Bei bewehrtem Beton ist als Unterlage für die Zulassung die im Einzelfall erforderliche Güte des Stahls und des Betons auf Grund von Eignungsversuchen festzustellen und die Einhaltung der zulässigen Spannungen (Zugspannung σ_e des Stahls, Druckspannung σ_b des Betons, Schubspannung τ_o des Betons, Gleitspannung τ_1, auch der Leibungsdruck an Haken und Aufbiegungen) und die rostsichere Einbettung der Bewehrung nachzuweisen.

4 Abmessungen

Die Maße der Bauteile aus Gas- und Schaumbeton müssen DIN 4172 „Maßordnung im Hochbau" entsprechen. Für Wandbausteine aus Gas- und Schaumbeton ist DIN 4165 (Entwurf) maßgebend.

5 Kennzeichnung

Teile jeder Lieferung müssen so gekennzeichnet sein, daß die Herkunft der Lieferung und die Betongüte, gegebenenfalls auch die Abmessungen und die Lage der Bewehrung erkennbar sind.

6 Überwachung

6.1 Selbstüberwachung

Jedes Werk hat die Eigenschaften seiner Erzeugnisse fortlaufend zu prüfen oder diese Prüfung zu veranlassen und dafür zu sorgen, daß die Erzeugnisse stets diesen Richtlinien und den Zulassungsbedingungen entsprechen. Die Prüfungen erstrecken sich u. a. auf die Eignung der Betonbestandteile und auf den Herstellungsvorgang, ferner auf die Rohwichte des Betons im versandfertigen und im getrockneten Zustand, auf die Druckfestigkeit und auf das Nachschwinden; auch die Maßhaltigkeit der Erzeugnisse ist zu prüfen. Die Ergebnisse aller Prüfungen sind fortlaufend in Büchern niederzulegen. Die Ergebnisse der Prüfungen der Rohwichte, der Druckfestigkeit, des Nachschwindens und der Maßhaltigkeit sind dem Aufsichtsbeamten auf Verlangen vorzulegen.

6.2 Überwachung durch eine Prüfstelle

Jedes Werk, das Gas- und Schaumbeton herstellt, muß seine Erzeugnisse der laufenden Überwachung durch eine öffentliche Prüfanstalt [1]) oder eine hierfür besonders zugelassene Prüfstelle unterziehen. Diese Überwachung erstreckt sich auf die Rohwichte im getrockneten Zustand, auf die Druckfestigkeit, auf das Nachschwinden und auf die Maßhaltigkeit der Erzeugnisse.

6.3 Die Namen der laufend überwachten Werke werden von der Obersten Baupolizeibehörde des Landes, in dem sie liegen, bekanntgegeben.

7 Prüfung

7.1 Rohwichte

Die Rohwichte der fertigen Erzeugnisse wird an mindestens 5 ganzen Bauteilen oder 6 Teilstücken gleicher Herstellung im Lieferzustand und nach Trocknung bei 105° C ermittelt. Die Teilstücke müssen über die ganze Höhe der Bauteile (in der Gießrichtung gemessen) reichen oder nach Abschnitt 7.2 entnommen werden.

---

[1]) **Prüfanstalten**
Institut für Bauforschung an der Technischen Hochschule **Aachen**,
Staatliches Materialprüfungsamt **Berlin**,
Institut für Baustoffkunde und Materialprüfung an der Technischen Hochschule **Braunschweig**,
Staatl. Materialprüfungsanstalt an der Technischen Hochschule **Darmstadt**,
Deutsches Amt für Material- und Warenprüfung
Prüfdienststelle 371, **Dresden A 24**,
" 372, **Chemnitz 1**,
" 373, **Leipzig C 5**,
" 472, **Magdeburg**,
" 571, **Weimar**,
Baustoffprüfamt der Hansestadt **Hamburg**,
Institut für Bauingenieurwesen an der Technischen Hochschule **Hannover**,
Institut für Beton- und Stahlbeton an der Technischen Hochschule **Karlsruhe**,
Amtliche Materialprüfstelle der Technischen Hochschule **München**,
Materialprüfungsamt der Bayerischen Landesgewerbeanstalt **Nürnberg**,
Institut für Bauforschung und Materialprüfungen des Bauwesens an der Technischen Hochschule **Stuttgart**.

Fortsetzung Seite 2

Fachnormenausschuß Bauwesen im Deutschen Normenausschuß

78/22*

Maßgebend ist die Rohwichte im getrockneten Zustand. Die Rohwichte muß in den Grenzen liegen, die für den betreffenden Verwendungszweck in den Normen oder in der Zulassung festgelegt sind.

7.2 Druckfestigkeit

Die Druckfestigkeit wird nur für tragende Bauteile festgestellt und an mindestens 6 Würfeln mit Kantenlängen von 7 bis 10 cm ermittelt; die Würfel müssen aus mindestens 3 Bauteilen stammen. Diese Proben werden aus den Werkstücken je zur Hälfte nahe den Flächen entnommen, die bei der Herstellung in der Form unten und oben lagen. Die Würfel werden im Lieferzustand geprüft, nachdem ebene und parallele Druckflächen durch Auftragen einer dünnen Zement- oder Gipsschicht geschaffen und diese Ausgleichschichten erhärtet sind. Die Druckrichtung verläuft gleichlaufend zur Beanspruchung im Bauwerk.

Die Druckfestigkeit muß die Werte erreichen, die für den betreffenden Verwendungszweck in den Normen oder in der Zulassung festgelegt sind.

7.3 Nachschwinden

Das Nachschwinden wird an mindestens 3 Prismen 4 cm × 4 cm × 16 cm ermittelt, die aus der Mitte verschiedener Steine oder Platten im Lieferzustand auf trockenem Wege herausgesägt werden. Die Prüfung richtet sich nach DIN 1164, § 18. Die Meßzapfen werden sofort nach dem Heraussägen mit Siegellack oder Stuckgips eingekittet. Die erste Messung wird unmittelbar nach dem Festsitzen der Meßzapfen vorgenommen; dann werden die Probekörper nach DIN 1164, § 26 während 28 Tagen über Pottasche gelagert.

Die Längenänderungen werden nach 28 Tagen festgestellt; diese sollen bei keiner Probe mehr als 0,5 mm/m betragen. Gas- und Schaumbeton dürfen vom Hersteller erst zum Verbrauch ausgeliefert werden, wenn das Schwinden nach der Ablieferung kleiner als 0,5 mm/m bleibt. Dazu gehört bei Gas- und Schaumbeton, der an der Luft erhärtet, eine mindestens zwei- bis dreimonatige Lagerung in locker gesetzten Stapeln an geeigneten Orten oder eine sorgfältig durchgeführte künstliche Trocknung.

DK 666.987 : 666.973.033.55 Juli 1958 ×

Bewehrte Dach- und Deckenplatten aus dampfgehärtetem Gas- und Schaumbeton

Richtlinien für Bemessung, Herstellung, Verwendung und Prüfung

DIN 4223

Inhalt

1. Anwendungsbereich

Bewehrte Platten aus dampfgehärtetem Gas- und Schaumbeton dürfen nur bei vorwiegend ruhender Belastung im Sinne von DIN 1055 Blatt 3 [1]), Abschnitt 1.4 und bei Verkehrslasten bis 350 kg/m² zuzüglich etwaiger Ersatzlasten für leichte Trennwände nach DIN 1055 Blatt 3 [1]), Abschnitt 4, unter Fluren zu Hörsälen und Klassenzimmern auch für Verkehrslasten von 500 kg/m² verwendet werden. Für Decken unter Wohnräumen ist mit einer Verkehrslast von 200 kg/m² nach DIN 1055 Blatt 3 [1]), Abschnitt 6.121 zu rechnen.

Sollen die Platten über Räumen verwendet werden, in denen in größerem Umfang mit Wasserdampf zu rechnen ist, so ist dafür zu sorgen, daß der Zutritt des Wasserdampfes in die Platten durch eine Sperrschicht verhindert und die in den Platten vorhandene Feuchtigkeit schnell und sicher abgeführt wird.

2. Allgemeines

2.1 Maßgebend für Bemessung, Herstellung und Verwendung bewehrter Platten aus Gas- und Schaumbeton sind, soweit in den folgenden Abschnitten nichts anderes gesagt ist, DIN 1045 „Bestimmungen für die Ausführung von Bauwerken aus Stahlbeton" und DIN 4225 „Fertigbauteile aus Stahlbeton, Richtlinien für Herstellung und Anwendung".

2.2 Die Platten bedürfen einer allgemeinen bauaufsichtlichen Zulassung.

2.3 Die Platten dürfen nur in Werken hergestellt werden, die zweckmäßig eingerichtet sind, von einem erfahrenen Fachmann geleitet werden, eine Werksüberwachung nach Abschnitt 11.1 dieser Richtlinien durchführen und sich einer laufenden Überwachung durch eine hierfür amtlich anerkannte Prüfstelle nach Abschnitt 11.22 unterziehen.

1) Ausgabe 2. 1951×

3. Baustoffe

3.1 Gas- und Schaumbeton

3.11 Ausgangsstoffe

Es dürfen nur solche Bindemittel und Zuschlagstoffe verwendet werden, deren Eignung für die Herstellung eines dauerhaften Gas- und Schaumbetons nach diesen Richtlinien und für die Härtung in gespanntem Dampf nachgewiesen ist.

Als Bindemittel sind u. a. geeignet:

Zement oder Kalk in feingemahlener Oxyd- oder Hydratform.

Als Zuschlagstoffe kommen nur mineralische Stoffe in Betracht. Geeignet können u. a. sein: feingemahlener kieselsäurereicher Sand, granulierte Hochofenschlacke, Abbrandrückstände aus Ölschiefer, Steinkohlenfilterasche.

3.12 Güteklassen, Eigenschaften und Rechnungsgewicht.

Der Gas- und Schaumbeton muß beim Verlassen des Herstellerwerks die Bedingungen der Tabelle 1, Spalten 3 bis 5 erfüllen. Wegen der Durchführung der Prüfung vgl. Abschnitte 10 und 11.

Tabelle 1. Güteklassen, Eigenschaften und Rechnungsgewicht des Gas- und Schaumbetons.

1	2	3	4	5	6
Güteklasse	Verwendung für	Druckfestigkeit mindestens kg/cm²	Betonrohwichte höchstens kg/dm³	Nachschwinden höchstens mm/m	Rechnungsgewicht (einschl. Bewehrung) kg/dm³
GSB 35	Dachplatten	35	0,60	0,5	0,72
GSB 50	Dach- und Deckenplatten	50	0,70		0,84

Fortsetzung Seite 2 bis 6

Arbeitsgruppe Beton- und Stahlbetonbau (Deutscher Ausschuß für Stahlbeton) des Fachnormenausschusses Bauwesen im Deutschen Normenausschuß (DNA)

3.2 Bewehrungsstahl

3.21 Als Bewehrung sind punktgeschweißte Bewehrungsmatten aus Betonstahl I oder IV nach DIN 1045 [2]) zu verwenden, soweit diese Stähle auf Grund einer allgemeinen bauaufsichtlichen Zulassung durch Punktschweißen verbunden werden dürfen. Der Durchmesser der Querstäbe darf nicht kleiner als 70% und nicht größer als 150% des Durchmessers der Längsstäbe sein.

3.22 Die Schweißstellen müssen bei Prüfung nach Abschnitt 10.22 mindestens folgende Kraft übertragen:

bei Betonstahl I: $P = 0{,}50 \cdot F_{e1} \cdot \sigma_s$

bei Betonstahl IV: $P = 0{,}35 \cdot F_{e1} \cdot \sigma_s$

dabei ist F_{e1} der Querschnitt des Längsstabes,
σ_s seine Mindeststreckgrenze nach DIN 1045 [2]), § 5, Tafel I.

3.23 Ein Betonwerk darf die Bewehrungsmatten nur dann selber schweißen oder durch Einschweißen zusätzlicher Stäbe ergänzen, wenn dies in der allgemeinen Zulassung (vgl. Abschnitt 2.2) gestattet ist.

4. Form und Abmessung der Platten

4.1 Die Platten müssen rechtwinklig und vollkantig sein und ebene und parallele Flächen haben. Breite und Dicke dürfen von den Sollmaßen höchstens ± 3 mm, die Länge höchstens ± 5 mm abweichen. Die Plattendicke muß mindestens betragen:

Bei Dachplatten: allgemein: $d \geqq 7$ cm
bei Stützweiten bis einschl. 2,0 m: $d \geqq 6$ cm
bei Stützweiten bis einschl. 1,5 m: $d \geqq 5$ cm
bei Deckenplatten: allgemein: $d \geqq 12$ cm
bei Stützweiten bis einschl. 2,0 m: $d \geqq 10$ cm
bei Stützweiten bis einschl. 1,5 m: $d \geqq 7$ cm

4.2 Jede Platte muß oben beidseitig eine Nut erhalten, die (z. B. nach Bild 1 a oder 1 b) so zu gestalten ist, daß sich die mit der Nachbarplatte gebildete Fuge leicht und sicher mit Zementmörtel ausfüllen läßt und nach dem Erhärten des Mörtels Querkräfte von Platte zu Platte übertragen werden können.

Bei Dachplatten ist auch eine Fugenausbildung nach Bild 1c zulässig.

5. Bewehrung der Platten

5.1 Als Hauptbewehrung sind in 50 cm breiten Platten zu verlegen:

bei Stützweiten bis 2 m mindestens 3 Stäbe
bei Stützweiten bis 5 m mindestens 4 Stäbe
bei größeren Stützweiten mindestens 5 Stäbe.

Bei breiteren Platten sind entsprechend mehr Stäbe erforderlich.

5.2 Jede Platte muß wegen der Beanspruchung beim Befördern auch eine ausreichende obere Bewehrung erhalten.

5.3 Die Bewehrung der Zug- und Druckzone muß nach dem Erhärten des Betons so liegen, daß die Betondeckung mindestens 1 cm beträgt und die statische Nutzhöhe in keinem Falle um mehr als 0,5 cm unterschritten wird.

5.4 Die Bewehrung (Bewehrungskorb) ist vor dem Einbau dauerhaft gegen Rost zu schützen. Die Schutzhaut darf beim Einbau nicht beschädigt werden.

6. Kennzeichnung der Platten

Bei jeder Platte sind an einer Stirnfläche durch deutlich lesbare Prägestempel die Güteklasse des Betons (siehe Abschnitt 3.12) und das Herstellerwerk (Firmenzeichen) anzugeben.

Haben Platten bei gleicher Dicke verschiedene Bewehrung, so sind auch Stahlgüte und Stahlquerschnitt oder die zulässige Belastung anzugeben. Statt dessen können auch andere Kennzeichen angebracht werden, wenn ihre Bedeutung an der Verwendungsstelle bekannt ist.

Die Ober- und Unterseite der Platten muß aus der Form der Nuten (vgl. Abschnitt 4.2) einwandfrei erkennbar sein.

7. Lagerung im Werk und auf der Baustelle

Die Platten sind so zu lagern und zu befördern, daß eine Beschädigung, insbesondere der Kanten und Auflagerflächen, und eine Durchfeuchtung vermieden werden.

8. Einbau der Platten

8.1 Platten, deren Tragfähigkeit durch Beschädigungen vermindert ist, dürfen nicht ausgebessert und somit auch nicht verlegt werden.

8.2 Die Tiefe des Auflagers auf Mauerwerk soll im allgemeinen gleich der Plattendicke sein. Kleinere Auflagertiefen als 7 cm sind unzulässig.

Die Tiefe des Auflagers auf Balken muß mindestens 5 cm oder $^1/_{80}$ der Stützweite sein, wobei der größere Wert maßgebend ist.

Die Tiefe des Auflagers auf Stahlträgern muß mindestens $^1/_{80}$ der Stützweite, bei Dachplatten mit Stützweiten bis zu 2,5 m mindestens 3,2 cm (Auflagerbreite bei einem Stahlträger I 14) betragen. Im letzten Falle ist Voraussetzung, daß die Träger beiderseits etwa gleichmäßig belastet oder derart gestützt bzw. verankert sind, daß sie weder seitlich ausweichen noch sich verdrehen können.

8.3 Dach- und Deckenplatten sind mit ihrer Unterstützung und untereinander so zu verbinden, daß sie nicht seitlich verschoben oder abgehoben werden können.

Die Platten sind in Zementmörtel (mindestens 1:4 in Raumteilen) zu verlegen, dem zur Verbesserung der Verarbeitbarkeit Kalkpulver beigefügt werden darf (vgl. DIN 1053, Ausgabe 12.52, Tafel 3, Zeile 7). Platten, die auf dem oberen Flansch von Stahlträgern liegen, brauchen nicht in Mörtel verlegt zu werden, jedoch sind ihre Stoßfugen an den Stirnflächen zu vermörteln.

Die durch die Nuten an den Längsrändern der Platten gebildeten Fugen (vgl. Abschnitt 4.2) sind mit Zementmörtel auszufüllen. Vor dem Vergießen sind die Fugen zu säubern und anzunässen.

[2]) Ausgabe 1943×××

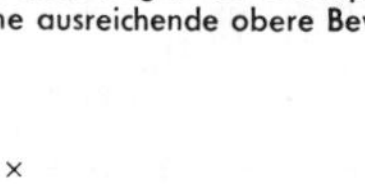

Bild 1 a

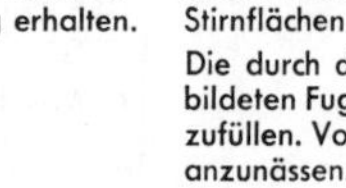

Bild 1 b

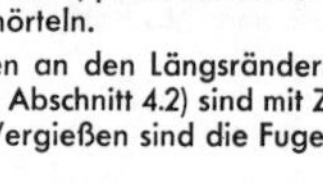

Bild 1 c

9. Bemessung

9.1 Erforderliche Nachweise

Bei der Bemessung sind die Plattendicke (Abschnitt 9.2) und die erforderliche Bewehrung (Abschnitt 9.3) zu ermitteln. Ferner sind die Schubspannungen (Abschnitt 9.4) und die Verankerung der Bewehrung (Abschnitt 9.5) nachzuweisen.

9.2 Ermittlung der Plattendicke

Zur Ermittlung der Plattendicke dient der Bruchsicherheitsnachweis, der für das 1,75fache größte Biegemoment M_{g+p} aus ständiger Last und Verkehrslast zu führen ist.

Beim Bruchsicherheitsnachweis ist von der Annahme ebener Querschnitte auszugehen und die Dehnung des Stahles stets mit 2‰ in Rechnung zu stellen; die Stauchung des Betons am Druckrand darf bis zu 2‰ angenommen werden.

Die Druckkraft D_b, die eine rechteckige Biegedruckzone aufnehmen kann, ist dann:

$$D_b = 0{,}60 \cdot b \cdot x \cdot \frac{2}{3} \cdot W \cdot \frac{\varepsilon_b}{\varepsilon_{b\max}} \qquad (1)$$

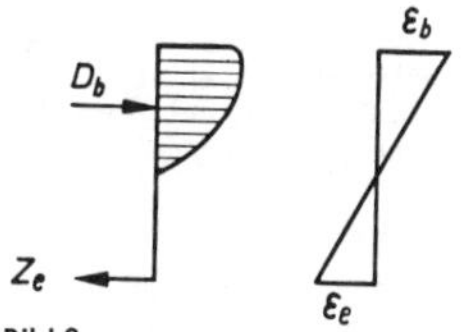

Bild 2.

Dabei ist

- b die Breite der Betondruckzone in cm
- x der Abstand der Nullachse vom Druckrand in cm
- W die Würfelfestigkeit (Druckfestigkeit) des Betons (siehe Tabelle 1, Spalte 3)
- ε_b die in Rechnung gestellte Stauchung des Betons am Druckrand in ‰
- $\varepsilon_{b\max}$ die größte zulässige Stauchung des Betons am Druckrand (= 2‰)

Der Schwerpunkt der Biegedruckzone ist im Abstand $0{,}36x$ vom Druckrand anzunehmen. Damit ergibt sich der Hebelarm der inneren Kräfte zu $z = h - 0{,}36\,x$.

Auf Grund dieser Annahmen sind in Tabelle 2 unter Zugrundelegung einer 1,75fachen Sicherheit beim Stahl und einer um 50% höheren Sicherheit im Beton die Beiwerte k_h und die dazugehörigen Beiwerte k_z in Abhängigkeit von der Betonstauchung zusammengestellt, mit deren Hilfe die Platte nach den Gleichungen (2) und (3) bemessen werden kann.

$$h = k_h \sqrt{\frac{M_{g+p}}{b}} \qquad (2)$$

$$z = k_z \cdot h \qquad (3)$$

Dabei ist

- h die statische Nutzhöhe der Platte in cm
- M_{g+p} das größte Biegemoment (in kg m) aus ständiger Last und Verkehrslast
- b die Breite (in m) der Betondruckzone (einschl. der vermörtelten Fugen)
- z der Hebelarm der inneren Kräfte in cm

Um die Durchbiegung der Platten auf etwa $^1/_{300}$ der Stützweite l zu beschränken, **darf die Stützweite der Platten höchstens betragen:**

bei Güteklasse GSB 35: $l \leqq 160 \cdot d \sqrt[3]{\frac{c}{q}}$

bei Güteklasse GSB 50: $l \leqq 175 \cdot d \sqrt[3]{\frac{c}{q}}$

aber nicht mehr als das 35fache der Nutzhöhe h bei Deckenplatten, bzw. das 40fache der Nutzhöhe h bei Dachplatten.

Dabei ist

- l die Stützweite in cm
- d die Plattendicke in cm
- c ein Beiwert als Funktion der Bewehrung und Plattendicke (gemäß Tabelle 3) und
- q die volle rechnungsmäßige Last in kg/m² (q = Verkehrslast p + ständige Last g)

Tabelle 2. Beiwerte k_h und k_z für die Bemessung der Platten

1	2	3	4	5
$\frac{x}{h}$	k_h GSB 50	k_h GSB 35	k_z	ε_b ‰
0,200	1,373	1,643	0,928	0,5
0,231	1,177	1,403	0,917	0,6
0,259	1,032	1,235	0,907	0,7
0,286	0,921	1,104	0,897	0,8
0,311	0,840	1,008	0,888	0,9
0,333	0,772	0,923	0,880	1,0
0,355	0,715	0,855	0,872	1,1
0,375	0,672	0,803	0,865	1,2
0,394	0,634	0,758	0,858	1,3
0,412	0,597	0,715	0,852	1,4
0,429	0,564	0,675	0,846	1,5
0,444	0,542	0,648	0,840	1,6
0,459	0,517	0,618	0,835	1,7
0,473	0,496	0,594	0,830	1,8
0,488	0,476	0,570	0,825	1,9
0,500	0,461	0,551	0,820	2,0

Tabelle 3. Beiwerte c für den Nachweis der Durchbiegung

1	2	3	4	5	6	7
d in cm	Bewehrungsprozente μ_d *)					
	0,10	**0,20**	**0,30**	**0,40**	**0,50**	**0,60**
5,00	1,06	1,12	1,19	1,25	1,31	1,37
6,25	1,09	1,19	1,29	1,39	1,48	1,58
7,50	1,12	1,25	1,37	1,50	1,62	1,74
10,00	1,16	1,33	1,49	1,65	1,81	1,98
12,50	1,19	1,38	1,57	1,76	1,95	2,13
15,00	1,21	1,41	1,62	1,83	2,04	2,25
17,50	1,22	1,44	1,66	1,88	2,10	2,32
20,00	1,23	1,46	1,70	1,93	2,16	2,39

*) μ_d in % = $100 \cdot (F_e + F'_e) : (b \cdot d)$, wobei
F_e = erforderlicher Querschnitt der Zugbewehrung der Platte gemäß Abschnitt 9.3 und
F'_e = vorhandener Querschnitt der Druckbewehrung der Platte

9.3 Ermittlung der Bewehrung und zulässige Stahlspannungen

Der erforderliche Querschnitt der Zugbewehrung F_e der Platte ergibt sich zu

$$F_e = \frac{M_{g+p}}{z \cdot \sigma_{ezul}} \qquad (4)$$

Dabei ist

M_{g+p} das größte Biegemoment aus ständiger Last und Verkehrslast

z der Hebelarm der inneren Kräfte nach Gleichung (3)

σ_{ezul} die zulässige Stahlspannung nach Tabelle 4.

Tabelle 4.

Plattendicke in cm	$d \leqq 7$	$d > 7$
Betonstahl	Zulässige Stahlspannungen σ_{ezul} in kg/cm²	
I	1200	1400
IV	1600	1800

9.4 Nachweis der Schubspannungen

Die Schubspannung τ_0 in der Platte ist:

$$\tau_0 = \frac{Q}{b \cdot z} \qquad (5)$$

Dabei ist

Q die größte, unter ständiger Last und Verkehrslast auftretende Querkraft in kg

b die Plattenbreite in cm und

z der Hebelarm der inneren Kräfte nach Abschnitt 9.2 in cm

Die Schubspannung nach Gleichung (5) darf höchstens sein:
bei Güteklasse GSB 35 0,8 kg/cm²
bei Güteklasse GSB 50 1,2 kg/cm²

Werden diese Werte überschritten, so ist die Nutzhöhe h zu vergrößern.

9.5 Nachweis der Verankerung

9.51 Die aus dem Querschnitt F_e der Zugbewehrung und der rechnerischen Stahlspannung σ_e ermittelte Zugkraft $Z = \sigma_e \cdot F_e$ jedes einzelnen Stabes der Hauptbewehrung ist auf den Beton zu übertragen.

Die dazu erforderliche Anzahl n der Schweißpunkte bzw. der Querstäbe beträgt

$$n \geqq \frac{Z^2}{2500\, d_1 \cdot W} \qquad (6)$$

Dabei ist:

d_1 der Durchmesser der Querstäbe in cm

W die Druckfestigkeit (Würfelfestigkeit) des Betons in kg/cm² (vgl. Tabelle 1, Spalte 3)

Die von einem Schweißpunkt zu übertragende Kraft $\frac{Z}{n}$ darf außerdem nicht größer angenommen werden als mit einem Drittel der nach Abschnitt 3.22 vorgeschriebenen Kraft P.

9.52 Abstände und Durchmesser der Querstäbe sind so zu wählen, daß mindestens die Hälfte der zu verankernden Zugkraft Z auf einer Strecke auf den Beton übertragen wird, die vom Plattenende an gerechnet höchstens gleich der 4fachen Plattendicke ist. Der erste Querstab darf vom Plattenende keinen größeren Abstand als 4 cm haben, die Längsstäbe müssen bis auf 1,5 cm an das Plattenende heranreichen.

Die zur Übertragung der restlichen Zugkraft nötigen Querstäbe sollen etwa entsprechend dem Verlauf der Querkraft verteilt werden. Dabei soll der letzte für die Verankerung bestimmte Querstab nicht mehr als 50 cm von der Plattenmitte entfernt sein.

Der Abstand der Querstäbe untereinander darf an keiner Stelle der Platte mehr als 50 cm betragen.

10. Prüfverfahren

10.1 Gas- und Schaumbeton

10.11 Abmessungen

Maßgebend ist der Mittelwert, der sich für die Plattenlänge als Mittelwert aus 3 Einzelmessungen, für die Breite (einschließlich der Nute) aus 10 Einzelmessungen und für die Höhe (einschließlich der Nute) ebenfalls aus 10 Einzelmessungen ergibt. Die Maße und Abweichungen vom Sollmaß sind in mm (auf ganze mm gerundet) anzugeben.

10.12 Rohwichte

Die Rohwichte wird als Mittelwert an mindestens 6 Würfeln mit einer Kantenlänge = Plattendicke ≦ 10 cm nach Trocknung bei 105 °C ermittelt, wobei kein Einzelwert um mehr als 0,05 kg/dm³ über dem Mittelwert liegen darf. Die Würfel werden aus mindestens 3 bewehrten oder gleichzeitig hergestellten unbewehrten Platten aus der gleichen Mischung und der gleichen Form je zur Hälfte nahe den Flächen entnommen, die bei der Herstellung in der Form unten bzw. oben lagen.

10.13 Druckfestigkeit (Würfelfestigkeit)

Die Druckfestigkeit ist an 6 lufttrockenen Würfeln (3 bis 10 Vol.-% Feuchtigkeit) festzustellen, die nach Abschnitt 10.12 entnommen werden. Bei der Prüfung ist der Druck gleichlaufend zur Plattenlänge auszuüben. Diese Richtung ist vor der Entnahme der Würfel zu kennzeichnen. Vor der Prüfung müssen die Würfel durch Abschleifen oder durch eine dünne Ausgleichsschicht aus Zement oder Gips ebene und parallele Druckflächen erhalten. Die Druckfestigkeit ist aus der erreichten Höchstlast zu bestimmen. Maßgebend ist der Mittelwert aus der Druckfestigkeit der zusammengehörigen Würfel. Dabei darf kein Einzelwert mehr als 15% unter dem Mittelwert liegen.

10.14 Nachschwinden

Das Nachschwinden wird als Mittelwert an mindestens 3 Prismen 4 cm × 4 cm × 16 cm ermittelt, die aus der Mitte der Platten im Lieferzustand auf trockenem Wege herausgesägt werden.

Die Prüfung richtet sich nach DIN 1164, Ausgabe 7.42×, § 26. Die Meßzapfen werden sofort nach dem Heraussägen mit Siegellack oder Stuckgips eingekittet oder mit anderen geeigneten Mitteln befestigt.

Die erste Messung wird unmittelbar nach dem Festsitzen der Meßzapfen vorgenommen, dann werden die Probekörper nach DIN 1164, § 26, während 28 Tagen über Pottasche gelagert und nach 28 Tagen wird das Nachschwindmaß festgestellt. Dabei darf kein Einzelwert über 0,5 mm/m liegen.

Bei allen Messungen ist auch der Feuchtigkeitsgehalt der Prismen in Vol.-% festzustellen.

10.2 Bewehrung

10.21 Betonstahl

Streckgrenze, bzw. 0,2-Grenze und Zugfestigkeit des Betonstahls der Bewehrungsmatten sind durch den Zugversuch nach DIN 50 146 bzw. DIN 50 144 an Probestäben zu ermitteln, die mindestens eine Schweißstelle enthalten. Wenn im Betonwerk an gelieferten Bewehrungsmatten Stäbe angeschweißt werden (vgl. Abschnitt 3.23), so müssen die Probestäbe neben einer im Herstellerwerk der Matte auch noch eine im Betonwerk hergestellte Schweißstelle haben. Die Bruchdehnung ist auf einer Strecke zu messen, in der keine Schweißstelle enthalten ist.

10.22 Schweißstelle

Die Tragfähigkeit der Schweißstelle wird durch Abscheren des in der Richtung seiner Achse gezogenen Längsstabes vom Querstab festgestellt. Dabei wird der Querstab in zwei Klemmbacken auf einer Länge von mindestens dem 4fachen seines Durchmessers so eingespannt, daß beiderseits des Längsstabes 1 bis 2 mm frei bleiben. Bei der Prüfung ist dafür zu sorgen, daß die Schweißstelle wie später im Bauwerk, nur auf Abscheren beansprucht wird. Dazu ist es notwendig, daß sich der Querstab in den Klemmbacken nicht verdrehen kann und daß sich der Längsstab im Bereich der Schweißstelle auf eine Länge von mindestens dem 10fachen seines Durchmessers senkrecht zur Zugrichtung nicht verschieben kann. Ferner müssen die Achsen des Längsstabes und der Haltevorrichtung der Klemmbacken in der Maschinenachse liegen. Als Tragfähigkeit ist der Mittelwert von 5 Versuchen anzunehmen, wobei der kleinste Einzelwert nicht mehr als um 20% unter dem Mittelwert liegen darf.

10.3 Rostschutzmittel

10.31 Verfahren für die Hauptprüfung

Die Wirkung des Rostschutzmittels wird nach dem Verhalten von ursprünglich rostfreien Stäben beurteilt, die mit dem Rostschutzmittel versehen in mindestens 3 Versuchskörpern aus Gas- oder Schaumbeton mit den Abmessungen von mindestens 40 cm × 40 cm × 10 cm und einer Betondeckung von 1 cm eingebettet sind. Statt dieser Versuchskörper können auch Plattenabschnitte aus der laufenden Herstellung in der Größe von mindestens 40 cm × 40 cm verwendet werden. Bei diesen sind die Flächen, an denen die Bewehrungsstäbe geschnitten sind, durch eine wasserdichte Schicht gegen Feuchtigkeit zu sperren.

Frühestens 2 Tage nach dem Härten in gespanntem Dampf sind die Versuchskörper flachliegend bei einer Stützweite von 30 cm in der Mitte etwa 30 Minuten lang mit einer Einzellast von 100 kg zu belasten und nach Entlastung mindestens ein Jahr lang bei einer relativen Luftfeuchtigkeit von 95% und ungefähr 20 °C Raumtemperatur zu lagern. Nach Ablauf dieser Zeit ist die Bewehrung von Beton zu befreien. Sind die Stäbe frei von Rost oder ist auf einzelnen Stellen, die etwa gleichmäßig über die Stäbe verteilt sind und nicht mehr als 5% der Staboberfläche bedecken, leichter Rostanflug, jedoch kein Blätterrost vorhanden, so kann angenommen werden, daß das Rostschutzmittel für den verwendeten Gas- oder Schaumbeton und das betreffende Herstellungsverfahren geeignet ist.

10.32 Verfahren für die Kurzprüfung

Für die Kurzprüfung werden als Versuchskörper mindestens 9 Plattenabschnitte in der Größe von mindestens 40 cm × 40 cm aus der laufenden Herstellung genommen. Zwei Drittel der Platten werden bei einer Temperatur von 15 bis 20 °C und 40 bis 70% rel. Luftfeuchtigkeit gelagert. Als Verfahren für die Kurzprüfung kommen in Frage:

10.321 Verfahren mittels Kochsalzlösung

Hierbei wird der Rest der Platten nach Belastung gemäß Abschnitt 10.31 insgesamt 10mal in Abständen von 3 Tagen je 2 Stunden lang in eine 3 Gew.-%ige Kochsalzlösung gebracht und anschließend an der Luft getrocknet. Darauf wird bei den so behandelten und bei der Hälfte der unbehandelten Probekörper der Beton von der Bewehrung entfernt und der Rostbefall der Stäbe verglichen. Wird bei den mit der Kochsalzlösung behandelten Probekörpern keine stärkere Rostbildung festgestellt als bei den unbehandelten Proben, bzw. als nach Abschnitt 10.31 zulässig ist, so darf angenommen werden, daß das Rostschutzmittel für den betreffenden Gas- oder Schaumbeton und das betreffende Herstellungsverfahren geeignet ist.

Versagt das Rostschutzmittel bei diesem Kurzzeitversuch, so ist für die endgültige Beurteilung der Versuch nach Abschnitt 10.31 mit den restlichen Probekörpern durchzuführen.

10.322 Verfahren mittels Wechselklima

Hierbei wird der Rest der Platten nach Belastung gemäß Abschnitt 10.31 30 Tage lang in einen automatisch arbeitenden, allseitig gegen Wärmeübertragung geschützten Prüfschrank mit feuchtigkeitsdichten Wänden gebracht und dort in 30maligem Wechsel einem feuchtwarmen Klima gemäß Tabelle 5 ausgesetzt.

Tabelle 5.

Wechsel	Temperatur °C	relative Luftfeuchtigkeit %	Dauer h
Klima I	+ 25 ± 2	90 ± 5	3
Erwärmen	von + 25 auf + 40	steigend bis 100, dann auf 90 abfallend	½
Klima II	+ 40 ± 2	90 ± 5	16½
Abkühlen	von + 40 auf + 25	zunächst abfallend, dann wieder auf 90 ansteigend	4

10.4 Nachweis der Durchbiegung

Beim Nachweis der Durchbiegung ist die Platte mit der in Rechnung gestellten Stützweite als Träger auf 2 Stützen zu lagern und die rechnungsmäßige zusätzliche ständige Last (z. B. Beläge, Putz u. ä. und die Verkehrslast einschließlich Wind- und Schneelast) durch 2 Einzellasten in den äußeren Viertelpunkten der Stützweite aufzubringen.

Die Platte ist zunächst während einer halben Stunde mit der halben rechnungsmäßigen Last zu belasten. Sodann ist ohne Entlastung die volle Last aufzubringen und die Durchbiegung zu messen; diese Messung ist nach einer halben Stunde zu wiederholen.

Die Durchbiegung ist in Feldmitte zu messen und auf die Ebene durch die beiden Auflager zu beziehen. Die Ausgangsmessung muß so vorgenommen werden, daß auch die Durchbiegung infolge Eigengewicht mit erfaßt wird.

Die gemessene größte Durchbiegung unter der vollen rechnungsmäßigen Last darf nicht größer als $^{1}/_{300}$ der Stützweite sein.

Soweit nicht bereits unter der vollen rechnungsmäßigen Last Risse auftreten, ist, wo dies verlangt wird (vgl. Abschnitt 11.2), die Belastung zügig bis zur Rißlast zu steigern und anschließend die Durchbiegung zu messen. Diese Messung ist ebenfalls nach einer halben Stunde zu wiederholen.

11. Überwachung

11.1 Selbstüberwachung

Jedes Werk hat die Eigenschaften seiner Erzeugnisse fortlaufend zu prüfen oder diese Prüfung zu veranlassen und dafür zu sorgen, daß die Erzeugnisse stets diesen Richtlinien und den Zulassungsbedingungen entsprechen. Die Ergebnisse der Selbstüberwachung sind schriftlich niederzulegen und der mit der Überwachung gemäß Abschnitt 11.2 betrauten Stelle auf Verlangen vorzulegen. Dabei sind die in Abschnitt 3 geforderten Eigenschaften jeder Betongüte mindestens in den unten angegebenen Zeitabständen und jedesmal beim Wechsel der verwendeten Stoffe zu prüfen. Beim Anlaufen und nach Unterbrechung des Betriebes ist der Nachweis häufiger zu führen, bis eine gleichbleibende Güte erreicht wird.

Die Häufigkeit der Prüfungen richtet sich nach Abschnitt 11.11 bis 11.18, und zwar:

11.11 die Abmessungen der Platten nach Abschnitt 10.11 einmal wöchentlich an mindestens 3 Platten;

11.12 die Rohwichte des Betons nach Abschnitt 10.12 einmal wöchentlich;

11.13 die Druckfestigkeit des Betons nach Abschnitt 10.12 einmal wöchentlich, mindestens aber einmal für je 500 m^3 fertigen Gas- oder Schaumbetons;

11.14 die Größe des Nachschwindens nach Abschnitt 10.13 halbjährlich;

11.15 soweit ein Werk die Bewehrungsmatten selber schweißt oder nachträglich durch das Aufschweißen zusätzlicher Stäbe ergänzt, sind die in DIN 1045[3]), § 5, Tafel I, festgelegten Festigkeitseigenschaften des Betonstahls nach Abschnitt 10.21 zunächst monatlich zu prüfen und sobald die Prüfung nach Abschnitt 11.16 monatlich durchgeführt werden darf, vierteljährlich, mindestens aber einmal für je 50 t Bewehrungsstahl;

11.16 die Tragfähigkeit der im Werk hergestellten Schweißstellen nach Abschnitt 10.22 wöchentlich, bis eine gleichbleibende Güte der Schweißverbindung gewährleistet ist, dann monatlich, mindestens aber einmal für je 50 t Bewehrungsstahl;

11.17 die Wirksamkeit des verwendeten Rostschutzmittels vor seiner ersten Verwendung nach Abschnitt 10.31, dann wahlweise nach Abschnitt 10.31 oder 10.32 halbjährlich;

11.18 die Durchbiegung gemäß Abschnitt 10.4 ist monatlich für mindestens eine der im Werk hergestellten Plattentypen an 2 Platten für volle rechnungsmäßige Last zu messen.

11.2 Überwachung durch eine Prüfstelle

Jedes Werk, das Dach- und Deckenplatten aus bewehrtem, dampfgehärtetem Gas- und Schaumbeton herstellt, muß seine Erzeugnisse der laufenden Überwachung durch eine dafür anerkannte Prüfstelle unterziehen.

11.21 Erste Überwachungsprüfung

Die Prüfung hat sich zunächst darauf zu erstrecken, ob in dem Werk eine einwandfreie und gleichmäßige Herstellung nach diesen Richtlinien möglich ist, besonders, ob die für eine sorgfältige Herstellung erforderlichen Fachkräfte und Einrichtungen vorhanden sind. Außerdem sind bei der Überwachung auch die Niederschriften über die Ergebnisse der Selbstüberwachung nachzuprüfen.

11.22 Laufende Überwachung

Im Anschluß hieran hat die Prüfstelle alle in Abschnitt 3 bis 6 geforderten Eigenschaften und die Durchbiegung zu prüfen und diese Prüfung im ersten Jahr vierteljährlich zu wiederholen, soweit nicht in Abschnitt 11.1 längere Fristen angegeben sind. Die Durchbiegung ist dabei nach Abschnitt 10.4 an je 2 Platten mit Stützweiten bis zu 3 m, von 3 bis 4 m und von 4 bis 5 m für die volle rechnerische Last und für die Rißlast zu messen.

Später genügt eine halbjährliche Wiederholung der Prüfung der Abmessungen der Platten, der Rohwichte und Druckfestigkeit des Betons und vom Werk geschweißter Bewehrungsmatten sowie einjährige Wiederholung der Prüfung des Nachschwindens nach Abschnitt 10.14, des Rostschutzmittels gemäß Abschnitt 10.31 bzw. 10.32 sowie der Durchbiegung nach Abschnitt 10.4.

Die Prüfstelle hat bei der Überwachung auch die Niederschriften über die Ergebnisse der Selbstüberwachung nachzuprüfen.

---

3) Ausgabe 1943×××

DK 691.322 : 666.972.12 : 001.4 April 1983

Zuschlag für Beton

Zuschlag mit dichtem Gefüge
Begriffe, Bezeichnung und Anforderungen

DIN 4226 Teil 1

Aggregates for concrete; Aggregate of compact structure; terms, designation and requirements

Granulats pour le béton; Granulats de structure compacte; termes, désignation et exigences

Mit DIN 4226 T 4/04.83
Ersatz für
DIN 4226 T 1/12.71

Diese Norm ist den obersten Bauaufsichtsbehörden vom Institut für Bautechnik, Berlin, zur bauaufsichtlichen Einführung empfohlen worden.

Zu den Normen der Reihe DIN 4226 gehören:

DIN 4226 Teil 1 Zuschlag für Beton; Zuschlag mit dichtem Gefüge; Begriffe, Bezeichnung und Anforderungen

DIN 4226 Teil 2 Zuschlag für Beton; Zuschlag mit porigem Gefüge (Leichtzuschlag); Begriffe, Bezeichnung und Anforderungen

DIN 4226 Teil 3 Zuschlag für Beton; Prüfung von Zuschlag mit dichtem oder porigem Gefüge

DIN 4226 Teil 4 Zuschlag für Beton; Überwachung (Güteüberwachung)

Inhalt

Fortsetzung Seite 2 bis 8

Normenausschuß Bauwesen (NABau) im DIN Deutsches Institut für Normung e. V.

1 Anwendungsbereich

Diese Norm gilt für dichten Zuschlag, der – unter Umständen auch unter Zumischung von Zuschlägen mit porigem Gefüge nach DIN 4226 Teil 2 – zur Herstellung von Beton und Mörtel verwendet wird, an deren Festigkeit und Dauerhaftigkeit bestimmte Anforderungen gestellt werden.

2 Begriffe

2.1 Zuschlag

Zuschlag nach dieser Norm ist ein Gemenge (Haufwerk) von ungebrochenen und/oder gebrochenen Körnern aus natürlichen und/oder künstlichen mineralischen Stoffen. Er besteht aus etwa gleich oder verschieden großen Körnern mit dichtem Gefüge.

2.2 Kornklasse

Eine Kornklasse umfaßt alle Korngrößen zwischen zwei benachbarten Prüfkorngrößen. Sie wird durch die untere und obere Prüfkorngröße bezeichnet.

2.3 Korngruppe/Lieferkörnung

Eine Korngruppe/Lieferkörnung umfaßt Korngrößen zwischen zwei Prüfkorngrößen. Dabei kann Über- und Unterkorn vorhanden sein. Die Bezeichnung erfolgt durch die Rundwerte (siehe DIN 323 Teil 1) der begrenzenden Prüfkorngrößen, ohne Berücksichtigung der Über- und Unterkornanteile.

Eine weitere Differenzierung bei den Korngruppen/Lieferkörnungen 0/2 und 0/4 erfolgt durch den Zusatz der Buchstaben a und b.

2.4 Größtkorn und Kleinstkorn

Die obere bzw. untere Prüfkorngröße einer Korngruppe/Lieferkörnung wird Größtkorn bzw. Kleinstkorn genannt.

2.5 Unter- und Überkorn

Unterkorn ist der Anteil, der bei der Prüfsiebung durch das untere Prüfsieb der jeweiligen Korngruppe/Lieferkörnung hindurchfällt. Überkorn der Anteil, der auf dem entsprechenden oberen Prüfsieb liegenbleibt.

2.6 Werkgemischter Betonzuschlag

Werkgemischter Betonzuschlag (im nachfolgenden abgekürzt: WBZ) ist ein Gemisch aus ungebrochenen und/oder gebrochenen Körnern mit einem Größtkorn von höchstens 32 mm und mit einer Sieblinie nach DIN 1045.

3 Bezeichnung

Zuschlag mit dichtem Gefüge ist in folgender Reihenfolge zu bezeichnen:

- Benennung
- DIN 4226
- Korngruppe/Lieferkörnung; die Bezeichnung der Korngruppe/Lieferkörnung erfolgt durch die Angabe der unteren und oberen Prüfkorngröße,
  - für Rundkorn nach Tabelle 1
  - für gebrochenes Korn, nach Tabelle 1 oder nach TL Min 78[1]) Tabelle 5 – Brechsand, Splitt, Schotter und Tabelle 6 – Edelbrechsand, Edelsplitt ausgenommen Gesteinsmehl 0/0,09
- Bei Vorliegen erhöhter und/oder verminderter Anforderungen nach den Abschnitten 7.1.2 und 7.1.3 zusätzlich die in den Abschnitten angegebenen Kennbuchstaben.

Bezeichnungsbeispiele:

Zuschlag mit dichtem Gefüge der Korngruppe/Lieferkörnung 0/4 a, der die Regelanforderungen erfüllt:

Zuschlag DIN 4226 – 0/4 a

Zuschlag mit dichtem Gefüge der Korngruppe/Lieferkörnung 8/16, der über die Regelanforderungen hinaus erhöhte Anforderungen an den Widerstand gegen Frost nach Abschnitt 7.1.2 a (eF) erfüllt:

Zuschlag DIN 4226 – 8/16 – eF

Zuschlag mit dichtem Gefüge der Korngruppe/Lieferkörnung 0/2 b, der die Regelanforderungen hinsichtlich der abschlämmbaren Bestandteile nicht erfüllt (vA) (siehe Abschnitt 7.1.3 d):

Zuschlag DIN 4226 – 0/2 b – vA

Für Zwecke der Bestellung sind zusätzlich folgende Benennungen zu verwenden:

für Korngruppen/Lieferkörnungen mit einem

Größtkorn bis 4 mm	– bei Natursanden	Sand
	– bei gebrochenem Korn	Brechsand, Edelbrechsand
Kleinstkorn > 4 mm	bei Rundkorn	Kies
Größtkorn ≤ 32 mm	bei gebrochenem Korn	Splitt, Edelsplitt
Kleinstkorn > 32 mm	bei Rundkorn	Grobkies
	bei gebrochenem Korn	Schotter

Darüber hinaus kann die Bezeichnung durch Benennung der Zuschlagart nach Abschnitt 4 und Angaben zur Gesteinsart ergänzt werden.

Die Benennungen dürfen auch verwendet werden, wenn abweichend von den vorgenannten Angaben zum Größt- bzw. Kleinstkorn die diesbezüglichen Festlegungen von TL Min 78 [1]) eingehalten werden.

4 Zuschlagart

4.1 Zuschlag aus natürlichem Gestein

Hierzu rechnen ungebrochene und gebrochene dichte Zuschläge aus Gruben, Flüssen, Seen und Steinbrüchen.

4.2 Künstlich hergestellter Zuschlag

Hierzu rechnen die künstlich hergestellten gebrochenen und ungebrochenen dichten Zuschläge, wie kristalline Hochofenstückschlacke und ungemahlener Hüttensand nach DIN 4301 sowie Schmelzkammergranulat mit 4 mm Größtkorn.

4.3 Gesteinsmehl

Gesteinsmehl ist ein weitgehend inerter mehlfeiner Stoff aus natürlichem oder künstlichem mineralischen Gestein (siehe Abschnitt 7.7).

---

1) Technische Lieferbedingungen für Mineralstoffe im Straßenbau, Ausgabe 1978 (TL Min 78), herausgegeben von der Forschunggesellschaft für Straßen- und Verkehrswesen e. V., Alfred-Schütte-Allee 10, 5000 Köln 21.

5 Einteilung in Korngruppen/Lieferkörnungen

Der Zuschlag wird nach den in Tabelle 1 angegebenen Korngruppen/Lieferkörnungen eingeteilt. Der Zuschlag darf abweichend hiervon auch in Lieferkörnungen nach TL Min 78 [1]) eingeteilt werden.

6 Werkgemischter Betonzuschlag

Werkgemischter Betonzuschlag (WBZ) darf mit einem Größtkorn bis 32 mm hergestellt werden. Gemische 0/8 mm sind aus mindestens zwei, Gemische 0/16 und 0/32 mm aus mindestens drei Korngruppen/Lieferkörnungen, von denen jeweils eine im Bereich mit einem Größtkorn bis zu 4 mm liegen muß, werkmäßig so zusammenzusetzen und zu mischen, daß die festgelegte Kornzusammensetzung (Sieblinie) des Gemisches erhalten wird. Die Sieblinie muß im Sieblinienbereich A bis C bzw. U bis C der Bilder 1 bis 3 von 1045 verlaufen. Gemische mit abweichenden Prüfkorngrößen sind sinngemäß zu behandeln.

7 Anforderungen

7.1 Allgemeines

Der Zuschlag darf unter Einwirkung von Wasser nicht erweichen, sich nicht zersetzen und mit dem Zement keine schädlichen Verbindungen eingehen.

Der Korrosionsschutz der Bewehrung, der Erhärtungsverlauf des Betons und die Dauerhaftigkeit des Bauteils unter Berücksichtigung seiner Beanspruchung durch Belastung sowie Gebrauchs- und Umweltbedingungen dürfen durch die Eigenschaften des Zuschlags nicht beeinträchtigt werden.

7.1.1 Regelanforderungen

In den Abschnitten 7.2 bis 7.8 sind Anforderungen, zum Teil für einige Eigenschaften abgestuft, festgelegt. Zuschlag, der ohne jeden einschränkenden oder erweiternden Zusatz als dieser Norm entsprechend geliefert wird, muß folgende Anforderungen erfüllen:

- Kornzusammensetzung (nach Abschnitt 7.2)
- Kornform (nach Abschnitt 7.3)
- Festigkeit (nach Abschnitt 7.4)
- Widerstand gegen Frost bei mäßiger Durchfeuchtung des Betons (nach Abschnitt 7.5.2)
- Schädliche Bestandteile (nach Abschnitt 7.6.1 bis Abschnitt 7.6.5 und Abschnitt 7.6.6 a).

Für natürliche Gesteinsmehle, die als Betonzusatzstoffe nach DIN 1045 verwendet werden sollen, gilt zusätzlich Abschnitt 7.7, für gebrochene Hochofenstückschlacke nach DIN 4301 gilt zusätzlich Abschnitt 7.8.

7.1.2 Erhöhte Anforderungen

Erfordert der Beton aufgrund seiner Beanspruchung durch Gebrauchs- und Umweltbedingungen die Einhaltung zusätzlicher Anforderungen an den Zuschlag, so sind diese durch den Betonhersteller (z. B. Transportbetonwerk, Fertigteilwerk) unter Berücksichtigung der Forderungen des Betonverarbeiters (Baustelle) mit dem Herstellwerk des Zuschlags zu vereinbaren und von diesem sicherzustellen (siehe Abschnitt 10.1).

Dies betrifft erhöhte Anforderungen (e), insbesondere an

a) den Widerstand gegen Frost nach Abschnitt 7.5.3 (eF)

b) den Widerstand gegen Frost und Taumittel nach Abschnitt 7.5.4 (eFT)

c) den Anteil an quellfähigen Bestandteilen organischen Ursprungs nach Abschnitt 7.6.3.3 (eQ)

d) den Gehalt an wasserlöslichem Chlorid nach Abschnitt 7.6.6 für Spannbeton mit sofortigem Verbund nach DIN 4227 Teil 1 und für Einpreßmörtel nach DIN 4227 Teil 5 (eCl)

e) die Kornform nach Abschnitt 7.3 bei Edelsplitt (eK).

7.1.3 Verminderte Anforderungen

Zuschlag, der hinsichtlich bestimmter Eigenschaften die Regelanforderungen nicht erfüllt, darf für gewisse Anwendungen des Betons verwendet werden, wenn der Betonhersteller unter Berücksichtigung der Forderungen des Betonverarbeiters die Eignung des mit solchem Zuschlag hergestellten Betons durch eine Eignungsprüfung nachweist.

Verminderte Anforderungen (v) können betreffen:

a) die Kornform nach Abschnitt 7.3 (vK)

b) die Festigkeit nach Abschnitt 7.4 (vD)

c) den Widerstand gegen Frost nach Abschnitt 7.5.2 (vF)

d) den Gehalt an abschlämmbaren Bestandteilen nach Tabelle 2 (vA)

e) den Anteil an feinverteilten Stoffen organischen Ursprungs nach Abschnitt 7.6.3.2, der bei der Prüfung des Zuschlags mit Natronlauge rötlich bis schwarze Verfärbungen ergibt (vO);

f) den Gehalt an Sulfaten nach Abschnitt 7.6.5 (vS); bei Zuschlägen mit einem gegenüber Abschnitt 7.6.5 erhöhten Sulfatgehalt ist die Brauchbarkeit des Zuschlags durch ein fachkundiges Prüfinstitut zu beurteilen;

g) den Gehalt an wasserlöslichen Chlorid nach Abschnitt 7.6.6 a (vCl);
bei einem gegenüber Abschnitt 7.6.6 a erhöhten Chloridgehalt einer einzelnen Korngruppe/Lieferkörnung ist nachzuweisen, daß durch entsprechend niedrigere Chloridgehalte der übrigen Korngruppen/Lieferkörnungen der auf den Gesamtzuschlag des Betons bezogene Chloridgehalt den Grenzwert von 0,04 Gew.-% nicht überschreitet.

Der Zuschlaghersteller darf in diesen Fällen die Grenzwerte nicht überschreiten, die bei dem für die Eignungsprüfung des Betons verwendeten Zuschlag bzw. die bei der Beurteilung des Zuschlags hinsichtlich eines erhöhten Sulfatgehalts durch ein fachkundiges Prüfinstitut festgelegt wurden und muß dies bei der Lieferung sicherstellen (siehe Abschnitt 10).

7.2 Kornzusammensetzung

Für die Zusammensetzung der Korngruppen/Lieferkörnungen und für den zulässigen Anteil an Unter- und Überkorn gilt Tabelle 1.

Die Prüfung der Kornzusammensetzung erfolgt nach DIN 4226 Teil 3, Ausgabe April 1983, Abschnitt 3.1.

Bei WBZ muß die Kornzusammensetzung der im Sortenverzeichnis festgelegten Sieblinie entsprechen. Sie gilt bei der Prüfung noch als eingehalten, wenn der Durchgang durch das Prüfsieb mit 0,25 mm Maschenweite nicht mehr als 3 Gew.-% und der Durchgang durch die Prüfsiebe mit den größeren Maschen- bzw. Quadratlochweiten nicht mehr als 5 Gew.-% des Gesamtgewichtes von der festgelegten Sieblinie abweicht.

Bei sehr unterschiedlicher Kornrohdichte darf die entsprechende Abweichung des Siebdurchganges von der festgelegten Sieblinie 3 bzw. 5 Stoffraum-% nicht überschreiten.

---

[1]) Siehe Seite 2

Tabelle 1. **Korngruppe/Lieferkörnung und Kornzusammensetzung**

		1	2	3	4	5	6	7	8	9	10	11
	Korngruppe/ Lieferkörnung	Durchgang in Gew.-% durch das Prüfsieb										
		nach DIN 4188 Teil 1					nach DIN 4187 Teil 2					
		mm										
		0,125	0,25	0,5	1	2	4	8	16	31,5	63	90
1	0/1	2)	2)	2)	≥ 85	100						
2	0/2 a	2)	≤25 2)	≤60 2)		≥ 90	100					
3	0/2 b	2)	2)	≤75 2)		≥ 90	100					
4	0/4 a	2)	2)	≤60 2)		55 bis 85 3)	≥ 90	100				
5	0/4 b	2)	2)	≤60 2)			≥ 90	100				
6	0/8		2)				61 bis 85	≥ 90	100			
7	0/16		2)				36 bis 74		≥ 90	100		
8	0/32		2)				23 bis 65			≥ 90	100	
9	0/63		2)				19 bis 59				≥ 90	100
10	1/2		≤5		≤15 5)	≥ 90	100					
11	1/4		≤5		≤15 5)		≥ 90	100				
12	2/4		≤3			≤15 5)	≥ 90	100				
13	2/8		≤3			≤15 5)	10 bis 65 4)	≥ 90	100			
14	2/16		≤3			≤15 5)		25 bis 65 4)	≥ 90	100		
15	4/8		≤3				≤15 5)	≥ 90	100			
16	4/16		≤3				≤15 5)	25 bis 65 4)	≥ 90	100		
17	4/32		≤3				≤15 5)	15 bis 55 4)		≥ 90	100	
18	8/16		≤3					≤15 5)	≥ 90	100		
19	8/32		≤3					≤15 5)	30 bis 60	≥ 90	100	–
20	16/32		≤3						≤15 5)	≥ 90	100	
21	32/63		≤3							≤15 5)	≥ 90	100

2) Auf Anfrage hat das Herstellwerk dem Verwender den vom Fremdüberwacher bestimmten bzw. bestätigten Durchgang durch das Sieb 0,125 mm sowie Mittelwert und Streubereich des Durchgangs durch die Siebe 0,25 und 0,5 mm bekanntzugeben.

3) Der Streubereich eines Herstellwerkes darf 20 Gew.-% nicht überschreiten. Die Lage des Streubereiches eines Herstellwerks ist im Einvernehmen mit dem Fremdüberwacher vom Herstellwerk möglichst für einen längeren Zeitraum festzulegen und ins Sortenverzeichnis aufzunehmen. Auf Anfrage hat der Hersteller dem Verbraucher diesen Wert mitzuteilen.

4) Der Streubereich eines Herstellwerkes darf 30 Gew.-% nicht überschreiten. Die Lage des Streubereiches eines Herstellwerkes ist im Einvernehmen mit dem Fremdüberwacher vom Herstellwerk möglichst für einen längeren Zeitraum festzulegen und ins Sortenverzeichnis aufzunehmen. Auf Anfrage hat der Hersteller dem Verbraucher diesen Wert mitzuteilen.

5) Für Brechsand, Splitt und Schotter darf der Anteil an Unterkorn höchstens 20 Gew.-% betragen. Unterschiede im Anteil an Unterkorn bei Lieferung eines bestimmten Zuschlags aus einem Herstellwerk müssen jedoch innerhalb eines Streubereichs von 15 Gew.-% liegen.

7.3 Kornform

Die Form der Zuschlagkörner soll möglichst gedrungen (kugelig, würfelig) sein. Ein Korn gilt als ungünstig geformt, wenn sein Verhältnis Länge zu Dicke (nicht Breite) größer als 3 : 1 ist. Der Anteil ungünstig geformter Körner (besonders flache oder längliche Körner) soll bei Prüfung nach DIN 4226 Teil 3, Ausgabe April 1983, Abschnitt 3.2 im Zuschlag über 4 mm nicht mehr als 50 Gew.-%, bei Edelsplitt darf er nicht mehr als 20 Gew.-% betragen.

7.4 Festigkeit

Die Körner des Zuschlags müssen so fest sein, daß sie Herstellung von Betonen üblicher Festigkeitsklassen gestatten. Diese Forderung wird von natürlich entstandenem Sand und Kies oder daraus durch Brechen gewonnenem Zuschlag wegen der vorausgegangenen aussondernden Beanspruchung durch die Natur im allgemeinen erfüllt. Zuschlag aus gebrochenem Felsgestein kann ohne weitere Untersuchung als ausreichend fest angenommen werden, wenn das Gestein im durchfeuchteten Zustand eine Druckfestigkeit von 100 N/mm² aufweist (siehe DIN 52 105) oder die Anforderungen der TL Min 78 [1]) Tabelle 3, Spalten 4 und 5 erfüllt. In Zweifelsfällen und stets für künstlich hergestellten Zuschlag, ist die Eignung des Zuschlags nach DIN 4226 Teil 3, Ausgabe April 1983, Abschnitt 4.1 zu prüfen.

7.5 Widerstand gegen Frost

7.5.1 Allgemeines

Der Widerstand eines Zuschlags gegen Frost muß für den vorgesehenen Verwendungszweck ausreichend sein. Dabei ist jedoch das Ausfrieren einzelner Körner an freien Betonflächen möglich.

Anmerkung: Zur Beurteilung des Zuschlags aus gebrochenem Felsgestein kann eine zusätzliche Beachtung von DIN 52 106 zweckmäßig sein.

7.5.2 Widerstand gegen Frost bei mäßiger Durchfeuchtung des Betons

Für Beton, der Frost-Tau-Wechseln bei mäßiger Durchfeuchtung ausgesetzt ist, wie z. B. bei Hochbauten, gilt der Frostwiderstand des Zuschlags als ausreichend, wenn bei Prüfung nach DIN 4226 Teil 3, Ausgabe April 1983, Abschnitt 3.5.2 der Durchgang durch das dort vorgesehene Prüfsieb 4,0 Gew.-% nicht überschreitet. Dieser Nachweis kann entfallen, wenn die Anforderungen nach Abschnitt 7.5.3 oder Abschnitt 7.5.4 erfüllt werden.

7.5.3 Widerstand gegen Frost bei starker Durchfeuchtung des Betons

Für Beton, der häufigen Frost-Tau-Wechseln im stark durchfeuchteten Zustand ausgesetzt ist, wie z. B. bei horizontalen Betonflächen im Freien und Bauwerken des Wasserbaus, gilt der Frostwiderstand des Zuschlags als ausreichend, wenn bei der Prüfung nach DIN 4226 Teil 3, Ausgabe April 1983, Abschnitt 3.5.3 der Durchgang durch das dort vorgesehene Prüfsieb 0,4 Gew.-% nicht überschreitet.

7.5.4 Widerstand gegen Frost bei starker Durchfeuchtung und besonderen Anwendungsgebieten des Betons

Für Beton, der häufigen Frost-Tau-Wechseln und möglichen Einwirkungen von Taumitteln im stark durchfeuchteten Zustand ausgesetzt ist, wie z. B. bei Brückenbauwerken und Stützmauern im Straßenbau, Fahrbahndecken aus Beton und Bauwerken des Wasserbaues in der Wasserwechselzone, gilt der Frostwiderstand des Zuschlags als ausreichend, wenn bei der Prüfung nach DIN 4226 Teil 3, Ausgabe April 1983, Abschnitt 3.5.3 der Durchgang durch das vorgesehene Prüfsieb 2,0 Gew.-% nicht überschreitet.

7.6 Schädliche Bestandteile

7.6.1 Allgemeines

Als schädliche Bestandteile des Zuschlags gelten Stoffe, die das Erstarren oder das Erhärten des Betons oder des Mörtels stören, die Festigkeit oder die Dichtheit des Betons herabsetzen, zu Absprengungen führen oder den Korrosionsschutz der Bewehrung beeinträchtigen.

Der Zuschlag ist zunächst nach Augenschein und unter Umständen auch nach Geruch sowie hinsichtlich Herkunft zu beurteilen (Hinweise auf Verunreinigungen, z. B. bei Gewinnung in der Nähe von Salzlagerstätten, Blei-, Zink-, Gips- oder Anhydrit-Vorkommen oder von bestimmten Industrien, wie z. B. von Zellulose- und Zuckerfabriken).

Bei Vorhandensein von Glimmer im Sand ist die Brauchbarkeit nach DIN 4226 Teil 3, Ausgabe April 1983, Abschnitt 4.1 nachzuweisen.

7.6.2 Abschlämmbare Bestandteile

Abschlämmbare Bestandteile können im Zuschlag fein verteilt oder als Knollen vorhanden sein oder an den Zuschlagkörnern haften. Stofflich handelt es sich dabei im allgemeinen um tonige Substanzen und/oder feines Gesteinsmehl. Abschlämmbare Bestandteile können schädlich wirken, wenn sie in großer Menge vorhanden sind, am Gesteinskorn fest anhaften und sich nicht leicht abreiben lassen oder als Knollen bei der Betonaufbereitung nicht völlig zerrieben werden. Der Gehalt an abschlämmbaren Bestandteilen wird nach DIN 4226 Teil 3, Ausgabe April 1983, Abschnitt 3.6.1.2, als Durchgang durch das Sieb mit 0,063 mm Maschenweite bestimmt. Anhaltswerte für den Gehalt an abschlämmbaren Bestandteilen liefert der Absetzversuch nach DIN 4226 Teil 3, Ausgabe April 1983, Abschnitt 3.6.1.1.

Werte für die Begrenzung des Gehalts an abschlämmbaren Bestandteilen (< 0,063 mm), die im Herstellwerk des Zuschlags nicht überschritten werden dürfen, enthält Tabelle 2.

Tabelle 2. **Gehalt an abschlämmbaren Bestandteilen**

	Korngruppe/Lieferkörnung nach Tabelle 1 [6])	Gehalt an abschlämmbaren Bestandteilen in Gew.-% höchstens
1	0/1, 0/2, 0/4	4,0
2	0/8, 1/2, 1/4, 2/4	3,0
3	0/16, 0/32, 2/8, 4/8	2,0
4	0/63, 2/16, 4/16, 4/32	1,0
5	8/16, 8/32, 16/32, 32/63	0,5 [7])

[6]) Für nicht genannte Korngruppen/Lieferkörnungen der TL Min 78 [1]) gelten die Werte in Tabelle 2 sinngemäß.

[7]) Bei Zuschlägen aus gebrochenem Material sind Gehalte bis 1,0 Gew.-% zulässig.

[1]) Siehe Seite 2

7.6.3 Stoffe organischen Ursprungs

7.6.3.1 Allgemeines

Stoffe organischen Ursprungs können in feinverteilter Form (wie z. B. humose Stoffe) das Erhärten des Betons und Mörtels stören sowie in körniger Form (wie z. B. braunkohleartige Teile) Verfärbungen oder durch Quellen Absprengungen an der Oberfläche des Betons hervorrufen.

7.6.3.2 Fein verteilte Stoffe

Einen Hinweis auf das Vorhandensein von feinverteilten, das Erhärten störenden organischen Stoffen gibt die Untersuchung des Zuschlags mit Natronlauge nach DIN 4226 Teil 3, Ausgabe April 1983, Abschnitt 3.6.2.1. Bei farbloser bis gelber Flüssigkeit gilt der Zuschlag hinsichtlich des Anteils an organischen Stoffen als verwendungsfähig. Bei rötlich bis schwarzer Verfärbung gilt Abschnitt 7.1.3.

Zuckerähnliche Stoffe (siehe Abschnitt 7.6.4) werden dadurch nicht erfaßt.

7.6.3.3 Quellfähige Bestandteile

Besteht bei natürlichem Zuschlag der Verdacht auf Gehalt an Holzresten, kohleartigen oder anderen quellfähigen Bestandteilen organischen Ursprungs, so ist deren Anteil nach DIN 4226 Teil 3, Ausgabe April 1983, Abschnitt 3.6.2.2 festzustellen. Dabei darf der Anteil bei Korngruppen mit einem Größtkorn von bis zu 4 mm 0,5 Gew.-% und bei Korngruppen mit einem Größtkorn über 4 mm 0,1 Gew.-% nicht überschreiten, soweit nicht z. B. für Sichtbeton, für Betondecken im Freien und für Estriche erhöhte Anforderungen notwendig sind (siehe Abschnitt 7.1.2).

7.6.4 Erhärtungsstörende Stoffe

Bei Verdacht auf erhärtungsstörende Stoffe, wie z. B. zuckerähnliche Stoffe, bestimmte andere organische Stoffe oder lösliche Salze, die unter Umständen schon in geringer Menge das Erstarren und/oder Erhärten von Beton und Mörtel verändern oder beeinträchtigen können, sind die Zuschläge nach DIN 4226 Teil 3, Ausgabe April 1983, Abschnitt 3.6.3 zu prüfen. Ist die Druckfestigkeit des Betons mit dem zu untersuchenden Zuschlag dabei um mehr als 15 % geringer als die des Vergleichsbetons, so enthält der untersuchte Zuschlag Bestandteile, die das Erhärten des Betons beeinträchtigen.

7.6.5 Schwefelverbindungen

Schwefelverbindungen können in größerer Menge unter besonderen Bauwerksverhältnissen zu störenden Veränderungen führen. Dabei ist die Art der Schwefelverbindung und ihre Verteilung von Bedeutung. Sulfate (wie z. B. Alkalisulfate, Gips, Anhydrit) und Sulfide, wenn sie z. B. durch Zutritt von Luft und Feuchtigkeit in wenig dichtem Beton oxidieren, können schädlich sein [8]). Bei Verdacht auf Sulfat ist der Zuschlag nach DIN 4226 Teil 3, Ausgabe April 1983, Abschnitt 3.6.4.3 zu prüfen. Dabei darf der Gehalt an Sulfat, berechnet als SO_3, 1 Gew.-% nicht überschreiten. Bei Überschreitung des Sulfatgehaltes gilt Abschnitt 7.1.3.

Bei Vorhandensein von Sulfiden ist eine besondere Beurteilung notwendig. Hierbei sind die Bauwerksverhältnisse zu berücksichtigen.

7.6.6 Stahlangreifende Stoffe

Zuschlag für bewehrten Beton darf keine schädlichen Mengen an Salzen enthalten, die den Korrosionsschutz der Bewehrung beeinträchtigen, wie z. B. Nitrate, Halogenide (außer Fluorid).

Der Gehalt an wasserlöslichem Chlorid (berechnet als Chlor) darf bei Prüfung nach DIN 4226 Teil 3, Ausgabe April 1983, Abschnitt 3.6.4.4 nicht überschreiten:

a) bei Zuschlag für Beton und Stahlbeton nach DIN 1045 und Spannbeton nach DIN 4227 Teil 1 (Vorspannung mit nachträglichem Verbund): 0,04 Gew.-%

b) bei Zuschlag für Spannbeton nach DIN 4227 Teil 1 (Vorspannung mit sofortigem Verbund) und Einpreßmörtel nach DIN 4227 Teil 5: 0,02 Gew.-%.

7.6.7 Alkalilösliche Kieselsäure

Zuschläge mit alkalilöslicher Kieselsäure (z. B. Opalsandstein und poröser Flint), wie sie in bestimmten Teilen Norddeutschlands vorkommen, können in feuchter Umgebung mit den Alkalien im Beton reagieren, was unter ungünstigen Umständen zu einer Raumvermehrung und zu Rissen im Beton führen kann.

Bei noch nicht erschlossenen, und nicht erprobten Vorkommen, die Gestein mit gefährdender, alkalilöslicher Kieselsäure enthalten oder bei denen der Verdacht hierauf besteht, ist der Zuschlag nach der Richtlinie „Vorbeugende Maßnahmen gegen schädigende Alkalireaktionen im Beton" [9]) zu beurteilen (siehe auch DIN 4226 Teil 3, Ausgabe April 1983, Abschnitt 4.2).

7.7 Gesteinsmehl als Betonzusatzstoff nach DIN 1045

Natürliche Gesteinsmehle (ausgenommen tonige Stoffe) können als Betonzusatzstoff nach DIN 1045 verwendet werden, wenn die Regelanforderungen nach Abschnitt 7.6 (mit Ausnahme von Abschnitt 7.6.2) und nach den Abschnitten 8, 9 und 10 erfüllt werden.

Hinsichtlich des Anteils an stahlangreifenden Stoffen (siehe Abschnitt 7.6.6) darf der Gehalt an wasserlöslichem Chlorid 0,02 Gew.-% nicht überschreiten.

7.8 Zusätzliche Anforderungen an gebrochene Hochofenstückschlacke nach DIN 4301

Die Hochofenstückschlacke muß ein gleichbleibend dichtes, kristallines Gefüge aufweisen. Ihre Schüttdichte, gemessen an der Kornklasse 16/32 mm nach DIN 4226 Teil 3, Ausgabe April 1983, Abschnitt 3.3, muß $\geq 0{,}9$ kg/dm³ betragen. Sie muß die zusätzlichen Prüfungen zur Bestimmung der Raumbeständigkeit nach DIN 4226 Teil 3, Ausgabe April 1983, Abschnitt 5 bestehen.

8 Überwachung (Güteüberwachung)

Bei der Herstellung von Zuschlag mit dichtem Gefüge ist eine Überwachung (Güteüberwachung), bestehend aus Eigen- und Fremdüberwachung, nach DIN 4226 Teil 4 durchzuführen.

---

8) Schwerspat ($BaSO_4$) ist in Wasser praktisch unlöslich und kann als Betonzuschlag verwendet werden.

9) Zu beziehen durch Beton-Verlag GmbH, Düsseldorfer Straße 8, 4000 Düsseldorf 11

9 Anforderungen an das Herstellwerk

9.1 Einrichtung

Das Werk muß mindestens über folgende Einrichtungen verfügen; dabei gilt c bis e nur für Werke, die werkgemischten Betonzuschlag herstellen.

a) Anlagen zum Aufbereiten und Lagern des Zuschlags

b) Geräte zur Durchführung der Eigenüberwachung nach DIN 4226 Teil 4

c) Anlagen für die Zugabe der einzelnen Korngruppen des Zuschlags nach Gewicht oder selbsttätige Abmeßvorrichtung für die Zugabe nach Raumteilen, die eine gleichbleibende Zusammensetzung des Zuschlaggemisches sicherstellen

d) Anlagen zum Mischen der Korngruppen für ein gleichbleibendes Zuschlaggemisch

e) Anlagen, die ein Entmischen des fertigen Zuschlaggemisches bei der Abgabe verhindern (z. B. durch Einschalten geeigneter Zwischentrichter).

9.2 Personal

Im Herstellwerk muß während des Betriebs ein Fachmann anwesend sein. Er hat darauf zu achten, daß

a) die erforderlichen Werkseinrichtungen benutzt werden und keine Mängel haben,

b) die verlangten Prüfungen sachgemäß durchgeführt werden,

c) die geforderten Aufzeichnungen ordnungsgemäß geführt und aufbewahrt werden,

d) der Zuschlag nach DIN 4226 Teil 4, Ausgabe April 1983 Abschnitt 5 gekennzeichnet wird,

e) der Lieferschein die nach 10.1 verlangten Angaben enthält.

Alle Personen, die bei der Herstellung, Prüfung oder Auslieferung von Zuschlag mitwirken, müssen über ihren jeweiligen Aufgabenbereich vollständig unterrichtet sein.

9.3 Sortenverzeichnis

In einem im Werk zur Einsichtnahme vorliegenden Sortenverzeichnis sind alle zur Lieferung nach dieser Norm vorgesehenen Sorten aufzuführen.

Die Sorte wird bestimmt durch

a) Bezeichnung der Korngruppe/Lieferkörnung nach Abschnitt 3

b) zusätzliche Angaben zur Zuschlag- und Gesteinsart

c) Angaben der Streubereiche nach Tabelle 1, Fußnoten 3 und 4

d) gegebenenfalls die Einhaltung erhöhter bzw. verminderter Anforderungen nach Abschnitt 7.1.2 und Abschnitt 7.1.3

e) bei werkgemischtem Betonzuschlag zusätzlich Angabe des Sieblinienbereiches nach DIN 1045 und der Sollsieblinie.

9.4 Aufzeichnungen

Im Werk sind fortlaufend in übersichtlicher Form, z. B. auf Vordrucken, Aufzeichnungen über die Herstellung, Prüfung (Eigenüberwachung) und Lieferung aller Sorten zu führen. Die Aufzeichnungen sind dem Fremdüberwacher (siehe DIN 18 200) auf Verlangen vorzulegen und mindestens 3 Jahre aufzubewahren.

10 Lieferung

10.1 Lieferschein

Jeder Lieferung von Zuschlag nach dieser Norm ist ein numerierter Lieferschein mitzugeben. Der Lieferschein muß folgende Angaben enthalten:

a) Herstellwerk

b) Tag der Lieferung bzw. Abgabe durch den Hersteller

c) Abnehmer und – soweit bekannt – Verarbeitungsstelle

d) vollständige Lieferbezeichnung (Menge und Sorte nach Abschnitt 9.3)

e) Kennzeichnung nach DIN 4226 Teil 4, Ausgabe April 1983, Abschnitt 5.

10.2 Lagerung

Bei der Lagerung von Zuschlag ist zu beachten:

a) getrennte Lagerung jeder Sorte

b) Vermeidung von Entmischung

c) Schutz vor Verschmutzung

d) Aussonderung von nicht normgemäßen Mineralstoffen

10.3 Verladung

Entmischungen beim Verladen, insbesondere bei werkgemischtem Betonzuschlag, sind durch geeignete Maßnahmen und Vorrichtungen zu vermeiden. Unterschiedliche Korngruppen/Lieferkörnungen dürfen in ein Fahrzeug nur dann gemeinsam geladen werden, wenn eine wirksame Trennung des Verladegutes sichergestellt ist.

Der für das Transportbehältnis (Fahrzeug, Schiff usw.) Verantwortliche muß dafür Sorge tragen, daß die Ladefläche bzw. der Laderaum vor der Beladung sauber und frei von fremdem Material ist.

Zitierte Normen und andere Unterlagen

DIN 323 Teil 1	Normzahlen und Normzahlreihen; Hauptwerte, Genauwerte, Rundwerte
DIN 1045	Beton und Stahlbeton; Bemessung und Ausführung
DIN 4187 Teil 2	Siebböden; Lochplatten für Prüfsiebe, Quadratlochung
DIN 4188 Teil 1	Siebböden; Drahtsiebböden für Analysensiebe, Maße
DIN 4226 Teil 2	Zuschlag für Beton; Zuschlag mit porigem Gefüge (Leichtzuschlag); Begriffe, Bezeichnung und Anforderungen
DIN 4226 Teil 3	Zuschlag für Beton; Prüfung von Zuschlag mit dichtem oder porigem Gefüge
DIN 4226 Teil 4	Zuschlag für Beton; Überwachung (Güteüberwachung)
DIN 4227 Teil 1	Spannbeton; Bauteile aus Normalbeton, mit beschränkter oder voller Vorspannung
DIN 4227 Teil 5	Spannbeton; Einpressen von Zementmörtel in Spannkanäle
DIN 4301	Eisenhüttenschlacke und Metallhüttenschlacke im Bauwesen
DIN 18 200	Überwachung (Güteüberwachung) von Baustoffen, Bauteilen und Bauarten; Allgemeine Grundsätze
DIN 52 105	Prüfung von Naturstein; Druckversuch
DIN 52 106	Prüfung von Naturstein; Beurteilungsgrundlagen für die Verwitterungsbeständigkeit
TL Min 78	Technische Lieferbedingungen für Mineralstoffe im Straßenbau, Ausgabe 1978 (TL Min 78) [1]

Richtlinie „Vorbeugende Maßnahmen gegen schädliche Alkalireaktionen im Beton" [9]

Weitere Normen

DIN 66 100 Körnungen; Korngrößen zur Kennzeichnung von Kornklassen und Korngruppen

Frühere Ausgaben

DIN 4226: 07.47; DIN 4226 Teil 1: 01.71, 12.71

Änderungen

Gegenüber der Ausgabe Dezember 1971 wurden folgende Änderungen vorgenommen:

a) Erweiterung der Korngruppen/Lieferkörnungen;
b) Aufnahme von natürlichen Gesteinsmehlen als Betonzusatzstoff nach DIN 1045;
c) Präzisierung der Anforderungen an die Kornzusammensetzung;
d) Abstufung der Anforderungen je nach Verwendungszweck;
e) Einführung eines Sortenverzeichnisses als Grundlage für die Überwachung;
f) Herausnahme der Abschnitte 10 (Eignungsnachweis) und 11 (Überwachung) und deren Übertragung in den Teil 4.
g) Norm-Bezeichnung in Abschnitt 3.

Erläuterungen

Unter Berücksichtigung des üblichen Sprachgebrauchs der Anwender dieser Norm wird – z. B. zur Beschreibung des Siebdurchgangs – Gewichtsprozent (Gew.-%) gleichbedeutend mit Massenanteil in % verwendet.

Internationale Patentklassifikation

C 04 B 31/00

---

[1]) Siehe Seite 2
[9]) Siehe Seite 6

DK 691.322 : 666.972.12 : 001.4

April 1983

Zuschlag für Beton

Zuschlag mit porigem Gefüge (Leichtzuschlag)
Begriffe, Bezeichnung und Anforderungen

DIN 4226 Teil 2

Aggregates for concrete; Aggregate of porous structure (light-weight aggregate); terms, designation and requirements

Granulats pour le béton; Granulats de structure poreuse (aggrégat léger); termes, désignation et exigences

Mit DIN 4226 T 4/04.83
Ersatz für
DIN 4226 T 2/12.71

Diese Norm ist den obersten Bauaufsichtsbehörden vom Institut für Bautechnik, Berlin, zur bauaufsichtlichen Einführung empfohlen worden.

Zu den Normen der Reihe DIN 4226 gehören:

DIN 4226 Teil 1 Zuschlag für Beton; Zuschlag mit dichtem Gefüge; Begriffe, Bezeichnung und Anforderungen

DIN 4226 Teil 2 Zuschlag für Beton; Zuschlag mit porigem Gefüge (Leichtzuschlag); Begriffe, Bezeichnung und Anforderungen

DIN 4226 Teil 3 Zuschlag für Beton; Prüfung von Zuschlag mit dichtem oder porigem Gefüge

DIN 4226 Teil 4 Zuschlag für Beton; Überwachung (Güteüberwachung)

Inhalt

Fortsetzung Seite 2 bis 6

Normenausschuß Bauwesen (NABau) im DIN Deutsches Institut für Normung e. V.

78/23*

1 Anwendungsbereich

Diese Norm gilt für porigen Leichtzuschlag, der – unter Umständen auch unter Zumischung von Zuschlägen mit dichtem Gefüge – zur Herstellung von Beton und Mörtel verwendet wird, an deren Festigkeit und Dauerhaftigkeit bestimmte Anforderungen gestellt werden.

Sie gilt nicht für sehr leichte und wenig feste Zuschläge, die für nur wärmedämmenden Beton und Mörtel verwendet werden (z. B. Blähperlit, Blähglimmer, Blähglas).

2 Begriffe

2.1 Leichtzuschlag

Leichtzuschlag nach dieser Norm ist ein Gemenge (Haufwerk) von ungebrochenen und/oder gebrochenen Körnern aus natürlichen und/oder künstlichen mineralischen Stoffen. Er besteht aus etwa gleich oder verschieden großen Körnern mit porigem Gefüge.

2.2 Kornklasse

Eine Kornklasse umfaßt alle Korngrößen zwischen zwei benachbarten Prüfkorngrößen. Sie wird durch die untere und obere Prüfkorngröße bezeichnet.

2.3 Korngruppe/Lieferkörnung

Eine Korngruppe/Lieferkörnung umfaßt Korngrößen zwischen zwei Prüfkorngrößen. Dabei kann Über- und Unterkorn vorhanden sein. Die Bezeichnung erfolgt durch die Rundwerte (siehe DIN 323 Teil 1) der begrenzenden Prüfkorngrößen, ohne Berücksichtigung der Über- und Unterkornanteile.

2.4 Größtkorn und Kleinstkorn

Die obere bzw. untere Prüfkorngröße einer Korngruppe/Lieferkörnung wird Größtkorn bzw. Kleinstkorn genannt.

2.5 Unter- und Überkorn

Unterkorn ist der Anteil, der bei der Prüfsiebung durch das untere Prüfsieb der jeweiligen Korngruppe/Lieferkörnung hindurchfällt, Überkorn der Anteil, der auf dem entsprechenden oberen Prüfsieb liegenbleibt.

3 Bezeichnung

Leichtzuschlag ist in folgender Reihenfolge zu bezeichnen:

- Benennung
- DIN 4226
- Korngruppe/Lieferkörnung
- Bei Vorliegen erhöhter und/oder verminderter Anforderungen nach den Abschnitten 6.1.2 und 6.1.3 zusätzlich die in den Abschnitten angegebenen Kennbuchstaben.

Bezeichnungsbeispiele:

Leichtzuschlag der Korngruppe/Lieferkörung 0/4, der die Regelanforderung erfüllt:

Leichtzuschlag DIN 4226 – 0/4

Leichtzuschlag der Korngruppe/Lieferkörnung 8/16, der über die Regelanforderungen hinaus erhöhte Anforderungen an die Gleichmäßigkeit nach Abschnitt 6.1.2 c (eG) erfüllt:

Leichtzuschlag DIN 4226 – 8/16 – eG

Leichtzuschlag der Korngruppe/Lieferkörnung 0/16, der die Regelanforderungen hinsichtlich der abschlämmbaren Bestandteile nicht erfüllt (vA) (siehe Abschnitt 6.1.3 b):

Leichtzuschlag DIN 4226 – 0/16 – vA

Für den Zweck der Bestellung ist zusätzlich folgende Bezeichnung zu verwenden: eine stoffliche oder Herkunftsbenennung (siehe Abschnitt 4) und der Zusatz „gebrochen" oder „ungebrochen".

4 Zuschlagart

4.1 Zuschlag aus natürlichem Gestein

Hierzu rechnen gebrochene und ungebrochene porige Zuschläge aus Gruben und Steinbrüchen, wie Naturbims, Lavaschlacke und Tuff.

4.2 Künstlich hergestellter Zuschlag

Hierzu rechnen künstlich hergestellte gebrochene und ungebrochene porige Zuschläge, wie Blähton und Blähschiefer, Ziegelsplitt, Hüttenbims nach DIN 4301 und gesinterte Steinkohlenflugasche.

5 Einteilung in Korngruppen/Lieferkörnungen

Der Zuschlag wird nach den in Tabelle 1 angegebenen Korngruppen/Lieferkörnungen eingeteilt. Der Zuschlag darf abweichend hiervon auch in Lieferkörnungen nach TL Min 78 [1]) eingeteilt werden.

6 Anforderungen

6.1 Allgemeines

Der Zuschlag darf unter der Einwirkung von Wasser nicht erweichen, sich nicht zersetzen und mit dem Zement keine schädlichen Verbindungen eingehen.

Der Korrosionsschutz der Bewehrung, der Erhärtungsverlauf des Betons und die Dauerhaftigkeit des Bauteils unter Berücksichtigung seiner Beanspruchung durch Belastung sowie Gebrauchs- und Umweltbedingungen dürfen durch Eigenschaften des Zuschlags nicht beeinträchtigt werden.

6.1.1 Regelanforderungen

In den Abschnitten 6.2 bis 6.5 sind Anforderungen, zum Teil für einige Eigenschaften abgestuft, festgelegt. Zuschlag, der ohne jeden einschränkenden Zusatz als dieser Norm entsprechend geliefert wird, muß folgende Anforderungen erfüllen:

- Kornzusammensetzung (nach Abschnitt 6.2)
- Widerstand gegen Frost bei mäßiger Durchfeuchtung des Betons (nach Abschnitt 6.3)
- Schädliche Bestandteile (nach Abschnitt 6.4)
- Zusätzliche Anforderungen an künstlich hergestellten Leichtzuschlag (nach Abschnitt 6.5).

6.1.2 Erhöhte Anforderungen

Erfordert der Beton aufgrund seiner Beanspruchung durch Gebrauchs- und Umweltbedingungen die Einhaltung zusätzlicher Anforderungen an den Zuschlag, so sind diese durch den Betonhersteller (z. B. Transportbetonwerk, Fertigteilwerk) unter Berücksichtigung der Forderungen des Betonverarbeiters (Baustelle) mit dem Herstellwerk des Zuschlags zu vereinbaren und von diesem sicherzustellen (siehe Abschnitt 9.1).

Dies betrifft erhöhte Anforderungen (e) insbesondere an

a) den Anteil an quellfähigen Bestandteilen organischen Ursprungs nach Abschnitt 6.4.3.3 (eQ),

b) den Gehalt an wasserlöslichem Chlorid nach Abschnitt 6.4.6 für Spannbeton mit sofortigem Verbund nach DIN 4227 Teil 1 (eCl),

---

[1]) Technische Lieferbedingungen für Mineralstoffe im Straßenbau, Ausgabe 1978 (TL Min 78), herausgegeben von der Forschungsgesellschaft für Straßen- und Verkehrswesen e. V., Alfred-Schütte-Allee 10, 5000 Köln 21.

c) die Gleichmäßigkeit des Leichtzuschlags für Leichtbeton der Festigkeitsklassen LB 8 und höher sowie Leichtbeton einer bestimmten Rohdichtklasse nach Abschnitt 6.6 (eG).

6.1.3 Verminderte Anforderungen

Zuschlag, der hinsichtlich bestimmter Eigenschaften die Regelanforderungen nicht erfüllt, darf für gewisse Anwendungen des Betons verwendet werden, wenn der Betonhersteller unter Berücksichtigung der Forderungen des Betonverarbeiters die Eignung des mit solchem Zuschlag hergestellten Betons durch eine Eignungsprüfung nachweist. Bei Zuschlägen mit einem gegenüber Abschnitt 6.4.5 erhöhten Sulfatgehalt ist die Brauchbarkeit des Zuschlags durch ein fachkundiges Prüfinstitut zu beurteilen.

Dies betrifft verminderte Anforderungen (v) an

a) den Widerstand gegen Frost nach Abschnitt 6.3 (vF),
b) den Gehalt an abschlämmbare Bestandteilen nach Tabelle 2 (vA),
c) den Anteil an feinverteilten Stoffen organischen Ursprungs nach Abschnitt 6.4.3.2, der bei der Prüfung des Zuschlags mit Natronlauge rötlich bis schwarze Verfärbungen ergibt (vO),
d) den Gehalt an Sulfaten nach Abschnitt 6.4.5 (vS).

Der Zuschlaghersteller darf in diesen Fällen die Grenzwerte nicht überschreiten, die bei dem für die Eignungsprüfung des Betons verwendeten Zuschlag bzw. die bei der Beurteilung des Zuschlags hinsichtlich eines erhöhten Sulfatgehalts durch ein fachkundiges Prüfinstitut festgelegt wurden und muß dies bei der Lieferung sicherstellen (siehe Abschnitt 9).

6.2 Kornzusammensetzung

Für die Zusammensetzung der Korngruppen/Lieferkörnung sowie für den zulässigen Anteil an Unter- und Überkorn gilt Tabelle 1. Die Prüfung der Kornzusammensetzung erfolgt nach DIN 4226 Teil 3, Ausgabe April 1983, Abschnitt 3.1.

6.3 Widerstand gegen Frost bei mäßiger Durchfeuchtung des Betons

Der Widerstand eines Zugschlags gegen Frost muß für den vorgesehenen Verwendungszweck ausreichend sein. Für Beton, der häufigen Frost-Tau-Wechseln bei mäßiger Durchfeuchtung ausgesetzt ist, wie z. B. bei Hochbauten, gilt der Frostwiderstand des Zuschlags als ausreichend, wenn bei Prüfung nach DIN 4226 Teil 3, Ausgabe April 1983, Abschnitt 3.5.2, der Durchgang durch das dort vorgesehene Prüfsieb 4,0 Gew.-% nicht überschreitet.

6.4 Schädliche Bestandteile

6.4.1 Allgemeines

Als schädliche Bestandteile des Zuschlags gelten Stoffe, die das Erstarren oder das Erhärten des Betons oder des Mörtels stören, die Festigkeit oder die Dichtheit des Betons herabsetzen, zu Absprengungen führen oder den Korrosionsschutz der Bewehrung beeinträchtigen.

Der Zuschlag ist zunächst nach Augenschein und unter Umständen auch nach Geruch sowie hinsichtlich Herkunft zu beurteilen (Hinweise auf Verunreinigungen, z. B. bei Gewinnung in der Nähe von Salzlagerstätten, Blei-, Zink-, Gips-, oder Anhydrit-Vorkommen oder von bestimmten Industrien, wie z. B. von Zellulose- und Zuckerfabriken).

Tabelle 1. **Kornzusammensetzung**

	1	2	3	4	5	6	7	8	9	10	11	12
	Krongruppe/ Lieferkörnung	Durchgang in Gew.-% durch das Prüfsieb										
		nach DIN 4188 Teil 1					nach DIN 4187 Teil 2					
		mm										
		0,125	0,25	0,5	1	2	4	8	16	25	31,5	63
1	0/2	2)	2)	2)	2)	≥ 90	100					
2	0/4	2)	2)	2)	2)		≥90	100				
3	0/8		2)	2)				≥ 90	100			
4	0/16		2)						≥ 90	100		
5	0/25		2)							≥ 90	100	
6	2/4		≤ 5			≤ 15 3)	≥ 90	100				
7	2/8		≤ 5			≤ 15 3)		≥ 90	100			
8	4/8		≤ 5				≤ 15 3)	≥ 90	100			
9	4/16		≤ 5				≤ 15 3)		≥ 90	100		
10	8/16		≤ 5					≤ 15 3)	≥ 90	100		
11	8/25		≤ 5					≤ 15 3)		≥ 90	100	
12	16/25		≤ 5						≤ 15 3)	≥ 90	100	
13	16/32		≤ 5						≤ 15 3)		≥ 90	100

2) Auf Anfrage hat das Herstellwerk dem Verwender den vom Fremdüberwacher bestimmten bzw. bestätigten Durchgang durch das Sieb 0,125 mm sowie Mittelwert und Streubereich des Durchgangs durch die Siebe 0,25, 05 und 1 mm bekannt zu geben.

3) Für Brechsand und Splitt darf der Anteil an Unterkorn höchstens 20 Gew.-% betragen. Unterschiede im Anteil an Unterkorn bei Lieferung eines bestimmten Zuschlags aus einem Herstellwerk müssen jedoch innerhalb eines Streubereiches von 15 Gew.-% liegen.

6.4.2 Abschlämmbare Bestandteile

Abschlämmbare Bestandteile können im Zuschlag fein verteilt oder als Knollen vorhanden sein oder an den Zuschlagkörnern haften. Abschlämmbare Bestandteile können schädlich wirken, wenn sei in großer Menge vorhanden sind, am Gesteinskorn fest anhaften und sich nicht leicht abreiben lassen oder als Knollen bei der Betonaufbereitung nicht völlig zerrieben werden. Der Gehalt an abschlämmbaren Bestandteilen wird nach DIN 4226 Teil 3, Ausgabe April 1983, Abschnitt 3.6.1.2, als Durchgang durch das Sieb mit 0,063 mm Maschenweite bestimmt. Anhaltswerte für den Gehalt an abschlämmbaren Bestandteilen liefert der Absetzversuch nach DIN 4226 Teil 3, Ausgabe April 1983, Abschnitt 3.6.1.1.

Werte für die Begrenzung des Gehalts an abschlämmbaren Bestandteilen (< 0,063 mm), die im Herstellwerk des Zuschlags nicht überschritten werden dürfen, enthält Tabelle 2.

Tabelle 2. **Gehalt an abschlämmbaren Bestandteilen**

Korngruppe/ Lieferkörnung nach Tabelle 1 [4])	Gehalt an abschlämmbaren Bestandteilen in Gew.-% höchstens
0/2, 0/4	5,0
0/8, 2/4, 2/8	4,0
0/16, 0/25, 4/8, 4/16	3,0
8/16, 8/25, 16/25, 16/32	2,0

[4]) Für nicht genannte Korngruppen/Lieferkörnungen der TL Min 78 [1]) gelten die Werte der Tabelle 2 sinngemäß.

6.4.3 Stoffe organischen Ursprungs

6.4.3.1 Allgemeines

Stoffe organischen Ursprungs können in feinverteilter Form (wie z. B. humose Stoffe) das Erhärten des Betons und Mörtels stören sowie in körniger Form (wie z. B. braunkohleartige Teile) Verfärbungen oder durch Quellen Absprengungen an der Oberfläche des Betons hervorrufen.

6.4.3.2 Fein verteilte Stoffe

Einen Hinweis auf das Vorhandensein von feinverteilten, das Erhärten störenden organischen Stoffen gilt die Untersuchung des Zuschlags mit Natronlauge nach DIN 4226 Teil 3, Ausgabe April 1983, Abschnitt 3.6.2.1.

Bei farbloser bis gelber Flüssigkeit gilt der Zuschlag hinsichtlich des Anteils an organischen Stoffen als verwendungsfähig. Bei rötlich bis schwarzer Verfärbung gilt Abschnitt 6.1.3.

Zuckerähnliche Stoffe (siehe Abschnitt 6.4.4) werden dadurch nicht erfaßt.

6.4.3.3 Quellfähige Bestandteile

Besteht bei natürlichem Zuschlag der Verdacht auf Gehalt an Holzresten, kohleartigen oder anderen quellfähigen Bestandteilen organischen Ursprungs, so ist deren Anteil nach DIN 4226 Teil 3, Ausgabe November 1982, Abschnitt 3.6.2.2 festzustellen. Dabei darf der Anteil bei Korngruppen mit einem Größtkorn von bis zu 4 mm 0,5 Gew.-% und bei Korngruppen mit einem Größtkorn über 4 mm 0,1 Gew.-% nicht überschreiten, soweit nicht z. B. für Sichtbeton, für Betondecken im Freien und für Estriche erhöhte Anforderungen notwendig sind (siehe Abschnitt 6.1.2).

6.4.4 Erhärtungsstörende Stoffe

Bei Verdacht auf erhärtungsstörende Stoffe, wie z. B. zuckerähnliche Stoffe, bestimmte andere organische Stoffe oder lösliche Salze, die unter Umständen schon in geringer Menge das Erstarren und/oder Erhärten von Beton und Mörtel verändern oder beeinträchtigen können, sind die Zuschläge nach DIN 4226 Teil 3, Ausgabe April 1983, Abschnitt 3.6.3 zu prüfen. Ist die Druckfestigkeit des Betons mit dem zu untersuchenden Zuschlag dabei um mehr als 15 % geringer als die des Vergleichsbetons, so enthält der untersuchte Zuschlag Bestandteile, die das Erhärten des Betons beeinträchtigen.

6.4.5 Schwefelverbindungen

Schwefelverbindungen können in größerer Menge unter besonderen Bauwerksverhältnissen zu störenden Veränderungen führen. Dabei ist die Art der Schwefelverbindung und ihre Verteilung von Bedeutung. Sulfate (wie z. B. Alkalisulfate, Gips, Anhydrit) und Sulfide, wenn sie z. B. durch Zutritt von Luft und Feuchtigkeit in wenig dichtem Beton oxidieren, können schädlich sein. Bei Verdacht auf Sulfat ist der Zuschlag nach DIN 4226 Teil 3, Ausgabe April 1983, Abschnitt 3.6.4.3 zu prüfen. Dabei darf der Gehalt an Sulfat, berechnet als SO_3, 1 Gew.-%, nicht überschreiten. Bei Überschreitung des Sulfatgehalts gilt Abschnitt 6.1.3.

Bei Vorhandensein von Sulfiden ist eine besondere Beurteilung notwendig. Hierbei sind die Bauwerksverhältnisse zu berücksichtigen.

6.4.6 Stahlangreifende Stoffe

Zuschlag für bewehrten Beton darf keine schädlichen Mengen an Salzen enthalten, die den Korrosionsschutz der Bewehrung beeinträchtigen, wie z. B. Nitrate, Halogenide (außer Fluorid). Der Gehalt an wasserlöslichem Chlorid (berechnet als Chlor) darf bei Prüfung nach DIN 4226 Teil 3, Ausgabe April 1983, Abschnitt 3.6.4.4 nicht überschreiten:

bei Zuschlag für Stahlbeton nach DIN 1045 und Spannbeton nach DIN 4227 Teil 1 (Vorspannung mit nachträglichem Verbund): 0,04 Gew.-%

bei Zuschlag für Spannbeton nach DIN 4227 Teil 1 (Vorspannung mit sofortigem Verbund): 0,02 Gew.-%.

6.4.7 Alkalilösliche Kieselsäure

Zuschläge mit alkalilöslicher Kieselsäure können in feuchter Umgebung mit den Alkalien im Beton reagieren, was unter ungünstigen Umständen zu einer Raumvermehrung und zu Rissen im Beton führen kann.

Bei noch nicht erschlossenen, und noch nicht erprobten Vorkommen, die Gestein mit gefährdender, alkalilöslicher Kieselsäure enthalten oder bei denen der Verdacht hierauf besteht, so ist der Zuschlag nach der Richtlinie „Vorbeugende Maßnahmen gegen schädigende Alkalireaktionen im Beton" [5]) zu beurteilen (siehe auch DIN 4226 Teil 3, Ausgabe April 1983, Abschnitt 4.2).

---

[1]) Siehe Seite 2

[5]) Zu beziehen durch Beton-Verlag GmbH, Düsseldorfer Straße 8, 4000 Düsseldorf 11

6.5 Zusätzliche Anforderungen an künstlich hergestellten Leichtzuschlag

6.5.1 Glühverlust

Der Glühverlust darf bei Prüfung nach DIN 4226 Teil 3, Ausgabe April 1983, Abschnitt 6.1, einen Wert von 5,0 Gew.-% nicht überschreiten.

6.5.2 Raumbeständigkeit

Hüttenbims gilt als raumbeständig, wenn er die Prüfungen auf Kalkzerfall nach DIN 4226 Teil 3, Ausgabe April 1983, Abschnitt 5.1 und aus Eisenzerfall nach DIN 4226 Teil 3, Ausgabe April 1983, Abschnitt 5.2 besteht.

Anderer Zuschlag gilt als raumbeständig, wenn der Anteil an zerfallenen Bestandteilen bei der Prüfung nach DIN 4226 Teil 3, Ausgabe April 1983, Abschnitt 6.2, einen Wert von 0,5 Gew.-% nicht überschreitet.

6.6 Zusätzliche Anforderungen an Leichtzuschlag für Leichtbeton der Festigkeitsklassen LB 8 und höher sowie Leichtbeton einer bestimmten Rohdichteklasse

6.6.1 Allgemeines

Die Gleichmäßigkeit des Zuschlags ist durch Prüfung der Schüttdichte, der Kornrohdichte und gegebenenfalls der Kornfestigkeit nachzuweisen (siehe auch DIN 4219 Teil 1).

6.6.2 Schüttdichte

Die nach DIN 4226 Teil 3, Ausgabe April 1983, Abschnitt 3.3 geprüfte Schüttdichte darf von dem festgelegten Sollwert um nicht mehr als ± 15 % abweichen.

6.6.3 Kornrohdichte

Die nach DIN 4226 Teil 3, Ausgabe April 1983, Abschnitt 3.4.2 geprüfte Kornrohdichte darf von dem festgelegten Sollwert um nicht mehr als ± 15 % abweichen.

6.6.4 Kornfestigkeit

Die Gleichmäßigkeit der Kornfestigkeit des Zuschlags ist entweder durch Prüfung der Druckfestigkeit des Betons nach DIN 4226 Teil 3, Ausgabe April 1983, Abschnitt 7.1 oder durch Prüfung der Kornfestigkeit nach DIN 4226 Teil 3, Ausgabe April 1983, Abschnitt 7.2 festzustellen. Dabei darf die Betonfestigkeit bzw. der Druckwert D den festgelegten Sollwert um nicht mehr als 15 % unterschreiten.

7 Überwachung (Güteüberwachung)

Bei der Herstellung von Leichtzuschlag ist eine Überwachung (Güteüberwachung), bestehend aus Eigen- und Fremdüberwachung, nach DIN 4226 Teil 4 durchzuführen.

8 Anforderungen an das Herstellwerk

8.1 Einrichtung

Das Werk muß mindestens über folgende Einrichtungen verfügen:

a) Anlagen zum Aufbereiten und Lagern des Zuschlags

b) Geräte zur Durchführung der Eigenüberwachung nach DIN 4226 Teil 4.

8.2 Personal

Im Herstellwerk muß während des Betriebs ein Fachmann anwesend sein. Er hat darauf zu achten, daß

a) die erforderlichen Werkseinrichtungen benutzt werden und keine Mängel haben

b) die verlangten Prüfungen sachgemäß durchgeführt werden

c) die geforderten Aufzeichnungen ordnungsgemäß geführt und aufbewahrt werden

d) der Zuschlag nach DIN 4226 Teil 4, Ausgabe April 1983, Abschnitt 5 gekennzeichnet wird

e) der Lieferschein die nach Abschnitt 9.1 verlangten Angaben enthält.

Alle Personen, die bei der Herstellung, Prüfung oder Auslieferung von Zuschlag mitwirken, müssen über ihren jeweiligen Aufgabenbereich vollständig unterrichtet sein.

8.3 Sortenverzeichnis

In einem im Werk zur Einsichtnahme vorliegenden Sortenverzeichnis sind alle zur Lieferung nach dieser Norm vorgesehenen Sorten aufzuführen.

Die Sorte wird bestimmt durch

a) Bezeichnung der Korngruppe/Lieferkörnung nach Abschnitt 3

b) zusätzliche Angaben zur Zuschlagart

c) gegebenenfalls die Einhaltung erhöhter bzw. verminderter Anforderungen nach Abschnitt 6.1.2 und Abschnitt 6.1.3.

8.4 Aufzeichnungen

Im Werk sind fortlaufend in übersichtlicher Form, z. B. auf Vordrucken, Aufzeichnungen über die Herstellung, Prüfung (Eigenüberwachung) und Lieferung aller Sorten zu führen. Die Aufzeichnungen sind dem Fremdüberwacher (siehe DIN 18 200) auf Verlangen vorzulegen und mindestens 3 Jahre aufzubewahren.

9 Lieferung

9.1 Lieferschein

Jeder Lieferung von Zuschlag nach dieser Norm ist ein numerierter Lieferschein mitzugeben. Der Lieferschein muß folgende Angaben enthalten:

a) Herstellwerk

b) Tag der Lieferung bzw. Abgabe durch den Hersteller

c) Abnehmer und – soweit bekannt – Verarbeitungsstelle

d) vollständige Lieferbezeichnung (Menge und Sorte nach Abschnitt 8.3)

e) Kennzeichnung nach DIN 4226 Teil 4, Ausgabe April 1983, Abschnitt 5.

9.2 Lagerung

Bei der Lagerung von Zuschlag ist zu beachten:

a) getrennte Lagerung jeder Sorte,

b) Vermeidung von Entmischung,

c) Schutz vor Verschmutzung,

d) Aussonderung von nicht normgemäßen Mineralstoffen.

9.3 Verladung

Entmischungen beim Verladen sind durch geeignete Maßnahmen und Vorrichtungen zu vermeiden. Unterschiedliche Korngruppen/Lieferkörnungen dürfen in ein Fahrzeug nur dann gemeinsam geladen werden, wenn eine wirksame Trennung des Verladegutes sichergestellt ist.

Der für das Transportbehältnis (Fahrzeug, Schiff usw.) Verantwortliche muß dafür Sorge tragen, daß die Ladefläche bzw. der Laderaum vor der Beladung sauber und frei von fremdem Material ist.

Zitierte Normen und andere Unterlagen

DIN	323 Teil 1	Normzahlen und Normzahlreihen; Hauptwerte, Genauwerte, Rundwerte
DIN	1045	Beton und Stahlbeton; Bemessung und Ausführung
DIN	4187 Teil 2	Siebböden; Lochplatten für Prüfsiebe, Quadratlochung
DIN	4188 Teil 1	Siebböden; Drahtsiebböden für Analysensiebe, Maße
DIN	4219 Teil 1	Leichtbeton und Stahlleichtbeton mit geschlossenem Gefüge – Anforderungen an den Beton; Herstellung und Überwachung
DIN	4226 Teil 3	Zuschlag für Beton; Prüfung von Zuschlag mit dichtem oder porigem Gefüge
DIN	4226 Teil 4	Zuschlag für Beton; Überwachung (Güteüberwachung)
DIN	4227 Teil 1	Spannbeton; Bauteile aus Normalbeton, mit beschränkter oder voller Vorspannung
DIN	4301	Eisenhüttenschlacke und Metallhüttenschlacke im Bauwesen
DIN	18 200	Überwachung (Güteüberwachung) von Baustoffen, Bauteilen und Bauarten; Allgemeine Grundsätze
TL Min 78		Technische Lieferbedingungen für Mineralstoffe im Straßenbau, Ausgabe 1978 (TL Min 78) [1]

Richtlinie „Vorbeugende Maßnahmen gegen schädliche Alkalireaktion im Beton" [5]

Weitere Normen

DIN	4226 Teil 1	Zuschlag für Beton; Zuschlag mit dichtem Gefüge; Begriffe, Bezeichnung und Anforderungen
DIN	66 100	Körnungen; Korngrößen zur Kennzeichnung von Kornklassen und Korngruppen

Frühere Ausgaben

DIN 4226: 07.47; DIN 4226 Teil 2: 01.71, 12.71

Änderungen

Gegenüber der Ausgabe Dezember 1971 wurden folgende Änderungen vorgenommen:

a) Erweiterung und Präzisierung der Anforderungen an die Kornzusammensetzung;

b) Abstufung der Anforderungen in Abhängigkeit vom Verwendungszweck;

c) Aufnahme eines Sortenverzeichnisses als Grundlage der Überwachung;

d) Übernahme der Festlegungen zum Eignungsnachweis und zur Überwachung in die neu geschaffene DIN 4226 Teil 4;

e) Abgestufte Anforderungen an die Begrenzung des Chloridgehalts in Abhängigkeit von der Verwendung des Zuschlags;

f) Beurteilung der Gleichmäßigkeit der Kornfestigkeit auch durch direkte Prüfung der Kornfestigkeit nach der Zylinderdruckmethode;

g) Norm-Bezeichnung in Abschnitt 3.

Erläuterungen

Unter Berücksichtigung des üblichen Sprachgebrauchs der Anwender dieser Norm wird – z. B. zur Beschreibung des Siebdurchgangs – Gewichtsprozent (Gew.-%) gleichbedeutend mit Massenanteil in % verwendet.

Internationale Patentklassifikation

C 04 B 31/00

[1] Siehe Seite 2

[5] Siehe Seite 4

DK 691.322 : 666.972.12 : 620.1 April 1983

Zuschlag für Beton

Prüfung von Zuschlag mit dichtem oder porigem Gefüge

DIN 4226 Teil 3

Aggregates for concrete; testing of aggregate of compact or porous structure

Granulats pour le béton; essais des granulats de structure compacte ou poreuse

Ersatz für Ausgabe 12.71

Zu den Normen der Reihe DIN 4226 gehören:

DIN 4226 Teil 1 Zuschlag für Beton; Zuschlag mit dichtem Gefüge; Begriffe, Bezeichnung und Anforderungen

DIN 4226 Teil 2 Zuschlag für Beton; Zuschlag mit porigem Gefüge (Leichtzuschlag); Begriffe, Bezeichnung und Anforderungen

DIN 4226 Teil 3 Zuschlag für Beton; Prüfung von Zuschlag mit dichtem oder porigem Gefüge

DIN 4226 Teil 4 Zuschlag für Beton; Überwachung (Güteüberwachung)

Maße in mm

Inhalt

Fortsetzung Seite 2 bis 8

Normenausschuß Bauwesen (NABau) im DIN Deutsches Institut für Normung e. V.

1 Anwendungsbereich

Diese Norm gilt für die Prüfung der von Fall zu Fall für Betonzuschlag nach DIN 4226 Teil 1 und DIN 4226 Teil 2 verlangten Eigenschaften.

2 Probenahme

2.1 Allgemeines

Zuschlagproben sind unter Berücksichtigung der Abschnitte 2.2 und 2.3 zu entnehmen.

Über die Probenahme im Rahmen der Fremdüberwachung ist in der Regel ein Protokoll anzufertigen (siehe DIN 4226 Teil 4, Ausgabe April 1983, Abschnitt 4.4).

2.2 Probemenge

Für die Prüfung der Zuschläge auf Kornzusammensetzung und auf abschlämmbare und organische Bestandteile sind insgesamt die Probemengen nach Tabelle 1 bereitzustellen. Sind weitere Prüfungen erforderlich, so sind die Mengen zu vergrößern.

Tabelle 1. **Probemenge**

Korngruppe/ Lieferkörnung mit einem Größtkorn	Probemenge bei Zuschlägen nach	
	DIN 4226 Teil 1	DIN 4226 Teil 2
mm	kg	kg
bis 4	5	3
bis 8	20	10
bis 32	35	15
bis 63	65	–

2.3 Durchführung

Die zunächst zu entnehmende Zuschlagmenge soll mindestens das Vierfache der in Abschnitt 2.2 genannten Probemenge betragen und wird aus zahlreichen Einzelentnahmen zusammengesetzt. Soweit möglich, wird dieser Zuschlag im Herstellwerk vom Band entnommen. Es ist zu beachten, daß z. B. beim Schütten von gemischtkörnigem Gut über Böschungen oder über Kegel sich die groben Bestandteile am Böschungs- oder Kegelfuß und die feineren Bestandteile im oberen Teil der Böschung bzw. oben und in der Mitte des Kegels anreichern können.

Die insgesamt entnommene Zuschlagmenge wird, in der Regel am Entnahmeort, in einem Probenteiler auf die in Abschnitt 2.2 genannte Probemenge vermindert. Andernfalls ist sie auf einer festen, sauberen Unterlage zu einem Haufen zu schütten und dann gleichmäßig hoch auf eine größere Kreisfläche flach zu verziehen (siehe Bild 1). Das ausgebreitete Haufwerk wird dann symmetrisch viergeteilt.

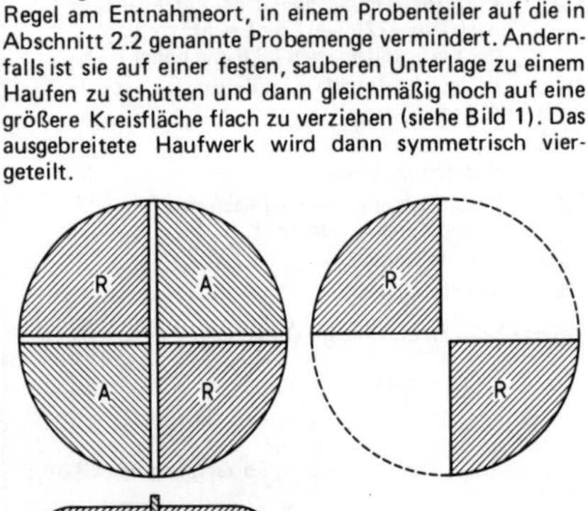

Bild 1. Probenteilung

Aus den zwei gegenüberliegenden Kreisausschnitten A (siehe Bild 1) wird der Zuschlag, einschließlich der Feinstteile, entfernt. Mit dem verbleibenden Rest R wird der gesamte Vorgang nach neuem Durchmischen und kreisförmigem Ausbreiten wiederholt, bis etwa die in Tabelle 1 genannte Probemenge verbleibt.

Die Probe für die Prüfung ist im Entnahmezustand in einen dichten Behälter abzufüllen. Jede Probe ist zu kennzeichnen und mit einem Begleitpapier zu versehen.

Bei der Probenahme und der Probenteilung für die einzelnen Prüfungen im Laboratorium ist darauf zu achten, daß auch die Feinstteile gleichmäßig erfaßt werden.

3 Allgemeine Prüfverfahren

3.1 Kornzusammensetzung

Die Kornzusammensetzung wird durch Sieben (Maschinen- oder Handsiebung) der trockenen Zuschläge geprüft (siehe auch DIN 1996 Teil 14). In Zweifelsfällen ist die Handsiebung maßgebend.

Der Prüfsiebsatz besteht aus den Drahtsiebböden mit 0,125 (nicht erforderlich für die Eigenüberwachung), 0,25, 0,5, 1 und 2 mm Maschenweite nach DIN 4188 Teil 1 und aus den Lochblechen mit Quadratlochung mit 4, 8, 16, 31,5, 63 und 90 mm Lochweite nach DIN 4187 Teil 2 oder einer Sieblehre ab 32 mm Korngröße. Bei Zuschlägen nach DIN 4226 Teil 2 (Leichtzuschlägen) kommt zum Prüfsiebsatz noch das Lochblech mit 25 mm Lochweite nach DIN 4187 Teil 2 hinzu. Bei Prüfung von Zuschlag der Korngruppen/Lieferkörnungen nach TL Min 78 [1]) sind die dort angegebenen Prüfsiebe zu verwenden.

Es sind mindestens 2 Siebungen durchzuführen. Für jede Siebung sind mindestens die Prüfgutmengen nach Tabelle 2 zu verwenden. Maßgebend ist das Mittel aus zwei Einzelwerten. Die Einzelwerte sind anzugeben.

Tabelle 2. **Prüfgutmenge je Siebung**

Korngruppe/ Lieferkörnung mit einem Größtkorn	Prüfgutmenge je Siebung bei Zuschlag nach	
	DIN 4226 Teil 1	DIN 4226 Teil 2
mm	g min.	g min.
bis 4	500	300
bis 8	2 000	1000
bis 16	3 500	2000
bis 32	5 000	2500
bis 63	10 000	–

Zur Bestimmung der Kornanteile < 0,125 mm und für den Fall anhaftender abschlämmbarer Bestandteile oder Klumpen ist eine Siebung nach nassem Abtrennen der Feinanteile mit den vorhergenannten Sieben nach DIN 18 123 vorzunehmen.

3.2 Kornform

Der Anteil ungünstig geformter Körner wird nach Augenschein oder im Zweifelsfall nach DIN 52 114 festgestellt.

1) Technische Lieferbedingungen für Mineralstoffe im Straßenbau, Ausgabe 1978 (TL Min 78), herausgegeben von der Forschungsgesellschaft für Straßen- und Verkehrswesen e. V., Alfred-Schütte-Allee 10, 5000 Köln 21.

3.3 Schüttdichte

Das Prüfgut ist vor dem Versuch 24 Stunden bei (110 ± 5) °C zu trocknen. Danach wird es in Meßgefäße nach DIN 52 110, bei Korngruppen/Lieferkörnungen bis 4 mm Größtkorn von 1 Liter Inhalt und bei Korngruppen/Lieferkörnungen über 4 mm von 10 Liter Inhalt mit einer kleinen Schaufel rundum vom Rand des Gefäßes lose eingefüllt. Anschließend wird der überstehende Zuschlag vorsichtig abgenommen und die eingefüllte Zuschlagmenge gewogen. Als Schüttdichte gilt der Quotient aus Gewicht und Volumen in kg/dm^3. Maßgebend ist das Mittel aus 3 Einzelwerten. Die Einzelwerte sind anzugeben.

3.4 Kornrohdichte

Die Kornrohdichte des Zuschlags wird im allgemeinen an einer Durchschnittsprobe nach einem der nachstehend genannten Verfahren ermittelt.

3.4.1 Ermittlung bei Zuschlag nach DIN 4226 Teil 1

3.4.1.1 Meßzylinder-Verfahren

Je Versuch sind etwa 1000 g des Zuschlags zu prüfen, die aus einer größeren, 24 Stunden bei (110 ± 5) °C getrockneten Durchschnittsprobe entnommen werden. Diese Probemenge m_1 wird auf 1 g gewogen. Nach dem Erkalten wird die Probe wenigstens 1/2 Stunde unter Wasser (von etwa 20 °C) gelagert, damit sie während der folgenden Volumenbestimmung kein Wasser mehr aufnimmt. Nach zweckentsprechendem Entfernen des Wasserfilms auf der Oberfläche der Körner, z. B. durch Abreiben zwischen saugenden Gewebebahnen oder durch rasches Trocknen mittels Warmluftstrahl, werden die Körner langsam in einen Meßzylinder aus Glas von 1000 cm^3 Nenninhalt eingefüllt, der bis zur 500 cm^3-Meßmarke mit Wasser gefüllt ist. Luftblasen an den Zuschlagkörnern sind durch Klopfen an die Zylinderwand und Aufstoßen des Meßzylinders zu entfernen.

Mit dem am Meßzylinder abgelesenen Gesamtvolumen V (cm^3) errechnet sich die Kornrohdichte ϱ in g/cm^3 zu

$$\varrho = \frac{m_1}{V - 500}$$

Maßgebend ist das Mittel aus 3 Einzelwerten. Die Einzelwerte sind anzugeben.

3.4.1.2 Pyknometer-Verfahren für Zuschläge mit einem Größtkorn bis 32 mm

Je Versuch ist mindestens das 50fache des Zahlenwertes der Korngröße des Größtkorns in g, mindestens jedoch 500 g des Zuschlags zu prüfen. Dabei ist die Probe einer größeren, 24 Stunden bei (110 ± 5) °C getrockneten Durchschnittsprobe zu entnehmen. Das Gewicht der Probe ist auf 0,5 g zu bestimmen.

Während des Versuches muß die Prüftemperatur von (25 ± 1) °C konstant gehalten werden. Das Pyknometer (siehe Bild 2) einschließlich Aufsatz mit dünn gefettetem Schliff wird zunächst leer gewogen (Gewicht m_2). Die Probe wird eingefüllt, das Pyknometer mit der Probe auf Raumtemperatur gebracht und erneut mit Schliffaufsatz gewogen (Gewicht m_3). Dann füllt man das Pyknometer mit luftfrei gekochtem Wasser (Prüfflüssigkeit) bis höchstens 30 mm unterhalb des Schliffes und treibt die eingeschlossene Luft durch langsames, kräftiges Umrühren mit einem Rührstab aus. Das Austreiben der Luft kann durch Rollen des Pyknometers oder Rütteln auf dem Rütteltisch unterstützt werden. Nach Herausnehmen des abgespülten Rührstabs wird der Schliffaufsatz aufgesetzt. Anschließend wird das Pyknometer fast bis zur Meßmarke am Schliffaufsatz mit der Prüfflüssigkeit aufgefüllt. Das Pyknometer wird dann mindestens 60 Minuten lang im Wasserbad bei (25 ± 1) °C temperiert. Dabei muß die Badflüssigkeit bis auf 20 mm unterhalb des Randes des Pyknometers reichen. Erst nach dem Temperieren wird das Pyknometer mit der Prüfflüssigkeit bis zur Meßmarke aufgefüllt. Die dazu dienende Prüfflüssigkeit muß mittemperiert worden sein. Das Pyknometer wird anschließend abgetrocknet und erneut gewogen (Gewicht m_3).

Die Rohdichte in g/cm^3 wird nach folgender Gleichung berechnet:

$$\varrho = \frac{m_3 - m_2}{V - \frac{m_4 - m_3}{0,997}}$$

Hierin bedeuten:

m_2 Gewicht des Pyknometers mit Schliffaufsatz in g

m_3 Gewicht des Pyknometers mit Probeteil und Schliffaufsatz in g

m_4 Gewicht des Pyknometers mit Probe, Prüfflüssigkeit und Schliffaufsatz in g

V Volumen des Pyknometers bis zur Meßmarke in cm^3

Maßgebend ist das Mittel aus 2 Einzelwerten. Die Einzelwerte sind anzugeben.

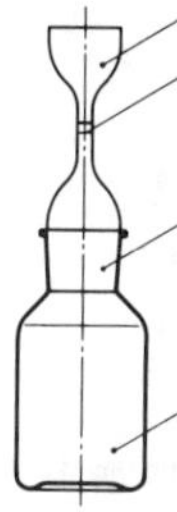

Bild 2. Pyknometer

3.4.1.3 Verfahren für Zuschläge mit einem Größtkorn über 32 mm

Zuschlag mit einem Größtkorn über 32 mm ist nach DIN 52 102 zu prüfen.

3.4.2 Ermittlung bei Zuschlag nach DIN 4226 Teil 2

Bei Leichtzuschlag ist die Bestimmung der Rohdichte wegen der Porigkeit problematisch. Sie kann nach den in Abschnitt 3.4.2.1 und Abschnitt 3.4.2.2 beschriebenen Verfahren bestimmt oder aus der Schüttdichte näherungsweise abgeleitet werden.

3.4.2.1 Meßzylinder-Verfahren

Die Prüfung ist nur bei Zuschlag mit geschlossener Oberfläche anzuwenden.

Die je Versuch erforderliche Probe getrockneten Zuschlags hängt von der Schüttdichte des Zuschlags ab und beträgt:

bei Schüttdichten bis 0,8 kg/dm^3	etwa 150 g
bei Schüttdichten von 0,8 bis 1,2 kg/dm^3	etwa 300 g
bei Schüttdichten über 1,2 kg/dm^3	etwa 500 g

Aus einer größeren, 24 Stunden bei (110 ± 5) °C getrockneten Durchschnittsprobe wird die Probe für den Versuch entnommen und auf 1 g gewogen (Gewicht m_5). Nach dem Erkalten wird sie unter Durchschütteln in einer Schale mit einer wasserabweisenden Flüssigkeit, z. B. Petroleum, besprüht, bis die Oberfläche aller Körner schwach benetzt ist.

Der so vorbereitete Zuschlag wird dann langsam in einen Meßzylinder aus Glas von 1000 cm³ Nenninhalt eingefüllt, der bis zur 500 cm³-Meßmarke mit Wasser gefüllt ist. Luftblasen an den Zuschlagskörnern sind durch Klopfen an die Zylinderwand und Aufstoßen des Meßzylinders zu entfernen. Ein Aufschwimmen des Zuschlags ist durch Auflegen einer ausreichend schweren Scheibe mit bekanntem Volumen V_s zu verhindern.

Mit dem am Meßzylinder abgelesenen Gesamtvolumen V (cm³) errechnet sich die Kornrohdichte ϱ in g/cm³ zu

$$\varrho = \frac{m_5}{V - (V_s + 500)}$$

Maßgebend ist das Mittel aus 3 Einzelwerten. Die Einzelwerte sind anzugeben. Bei der Eigenüberwachung können die Zuschlagkörner anstelle der Behandlung mit einer wasserabweisenden Flüssigkeit auch in Wasser vorgelagert werden.

3.4.2.2 Pyknometer-Verfahren

Bei Leichtzuschlag kann die Rohdichte im Pyknometer in Anlehnung an Abschnitt 3.4.1.2, z. B. unter Verwendung von Paraffinöl als Prüfflüssigkeit, bestimmt werden. Entstehende Luftblasen sind durch Evakuieren zu entfernen.

3.5 Widerstand gegen Frost

3.5.1 Allgemeines

Zuschlag mit einer Korngröße über 4 mm kann mit den Prüfverfahren nach Abschnitt 3.5.2 und Abschnitt 3.5.3 untersucht werden. Bei Zuschlag nach DIN 4226 Teil 1 sind die Korngruppen 8/16 mm und 16/32 mm, bei Leichtzuschlag nach DIN 4226 Teil 2 die Korngruppen 8/16 mm und 16/25 mm zu bevorzugen.

3.5.2 Widerstand gegen Frost bei mäßiger Durchfeuchtung des Betons

Die Prüfung ist nach DIN 52 104 Teil 1, Verfahren P mit 20 Frost-Tau-Wechseln durchzuführen. Maßgebend ist das Mittel aus drei Einzelwerten. Die Einzelwerte sind anzugeben.

3.5.3 Widerstand gegen Frost bei starker Durchfeuchtung des Betons

Die Prüfung ist nach DIN 52 104 Teil 1, Verfahren N mit 10 Frost-Tau-Wechseln durchzuführen. Maßgebend ist das Mittel aus drei Einzelwerten. Die Einzelwerte sind anzugeben.

3.6 Schädliche Bestandteile

3.6.1 Abschlämmbare Bestandteile

3.6.1.1 Absetzversuch

Der Absetzversuch gibt einen Anhalt für die Menge der abschlämmbaren Bestandteile in Korngruppen bis 4 mm. Dazu werden 500 g mäßig feuchter oder lufttrockener Zuschlag nach DIN 4226 Teil 1, 250 g trockener Zuschlag nach DIN 4226 Teil 2 und etwa 3/4 Liter Wasser in einen 1000 cm³ -Meßzylinder gegeben, der verschlossen dreimal im Abstand von 20 Minuten kräftig geschüttelt wird. Nach dem letzten kräftigen Schütteln wird der Meßzylinder ohne nachfolgende Erschütterungen abgestellt. Die Dicke der Schicht der aus der Aufschlämmung abgesetzten Bestandteile wird nach einer Stunde abgelesen. Dabei wird der mit dem bloßen Auge noch erkennbare „scharfe" Feinsand nicht zur Schlämmeschicht gerechnet. Das Gewicht der abgesetzten Bestandteile ergibt sich als Produkt aus dem Volumen der Schlämmeschicht in cm³ und dem Trockengewicht der in 1 cm³ der Schlämmeschicht enthaltenen abschlämmbaren Bestandteile. Das Trockengewicht von 1 cm³ der Schlämmeschicht kann für natürliche Zuschläge bei Messungen nach einer Stunde Absetzzeit mit etwa 0,6 g angenommen werden [2]). Je Absetzversuch sind 2 Meßzylinder anzusetzen. Maßgebend ist das Mittel aus beiden Versuchen. Die Einzelwerte sind anzugeben.

Ist die überstehende Flüssigkeit nach 1 Stunde Absetzdauer noch nicht klar, so ist die Dicke der abgesetzten Schicht nach 24 Stunden abzulesen. Das Trockengewicht der in 1 cm³ der Schlämmeschicht enthaltenen abschlämmbaren Bestandteile kann dann für natürlichen Zuschlag mit etwa 0,9 g angenommen werden [2]).

3.6.1.2 Auswaschversuch

Mit dem Auswaschversuch wird der Gehalt an abschlämmbaren Bestandteilen bis zur Korngröße 0,063 mm ermittelt.

Die vierfache Menge nach Tabelle 2 wird als Probe aufgeteilt (siehe Abschnitt 2.3). Ein Probeteil dient der Bestimmung des Wassergehalts, zwei weitere Probeteile werden zum Auswaschen der abschlämmbaren Bestandteile verwendet. Der vierte Probeteil wird als Reservemenge zurückgestellt. Alle Probeteile werden nach der Teilung gewogen.

Am 1. Probeteil wird der Wassergehalt durch 24stündiges Trocknen bei (110 ± 5) °C ermittelt. Dieser ist bei der Berechnung des Trockengewichts m_4 der anderen Probeteile zu berücksichtigen.

Zwei Probeteile werden im Anlieferungszustand für den Auswaschversuch in einem Behälter im allgemeinen mindestens 12 Stunden unter Wasser (von etwa 20 °C) gelagert, bei feuchtem Zuschlag kann die Wasserlagerung auf 4 Stunden verkürzt werden. Vor der Prüfung wird die Probe 5 Minuten lang kräftig durchgerührt. Sie wird dann einschließlich des Wassers auf das oberste der drei übereinanderstehenden Prüfsiebe 8, 1 und 0,063 mm geschüttet. Der auf den Sieben zurückgehaltene Zuschlag wird – beginnend auf dem größten Sieb – so lange mit einem Wasserstrahl ausgewaschen (beim Sieb 0,063 mm durch gleichzeitiges Überstreichen mit einem Haarpinsel), bis der Rückstand frei von abschlämmbaren Bestandteilen und das durchtretende Wasser klar ist.

Der gesamte Rückstand auf den drei Sieben – vom feinen Sieb zweckmäßig durch Abspülen mit Wasser gewonnen – wird anschließend 24 Stunden bei (110 ± 5) °C getrocknet (Gewicht m_7). Aus der Differenz des Trockengewichts der Ausgangsprobe (Gewicht m_6) und des Gewichts m_7 errechnet sich der Anteil abschlämmbarer Bestandteile bis 0,063 mm, in % des Gewichts der Ausgangsprobe (Gewicht m_4).

$$\text{Gehalt an abschlämmbaren Bestandteilen in Gew.-\%} = \frac{m_6 - m_7}{m_6} \cdot 100$$

Es kann zweckmäßig sein, zusätzlich das Gewicht der abgeschlämmten Bestandteile zu bestimmen. Bei Anwendung geeigneter Flockungsmittel kann der Auswaschversuch zeitlich verkürzt werden.

---

[2]) Das Trockengewicht der in 1 cm³ der Schlämmeschicht enthaltenen abschlämmbaren Bestandteile kann von den genannten Zahlenwerten abweichen. Statt der angegebenen Zahlenwerte kann deshalb für ein bestimmtes Zuschlagvorkommen auch das einmal ermittelte Verhältnis zwischen dem Gehalt an abschlämmbaren Bestandteilen 0/0,063 mm in g, bestimmt mit dem Auswaschversuch nach Abschnitt 3.6.1.2, und dem betreffenden Volumen der Schlämmeschicht in cm³ benutzt werden, wenn bei beiden Kennzahlen von der gleichen Zuschlagmenge ausgegangen wird.

Das Auswaschen wird zweimal durchgeführt. Ist der Unterschied zwischen den Einzelwerten beider Versuche bei dichten Zuschlägen größer als 0,2 Gew.-% (absolut) und bei porigen Zuschlägen größer als 0,1 Gew.-% (absolut), so ist ein dritter Versuch mit der Reservemenge notwendig. Für die Beurteilung des Gehalts an abschlämmbaren Bestandteilen ist das Mittel aus 2 bzw. 3 Versuchen maßgebend. Die Einzelwerte sind anzugeben.

3.6.2 Stoffe organischen Ursprungs

3.6.2.1 Prüfung mit Natronlauge

Diese Prüfung wird nur am Zuschlag mit einem Größtkorn bis 8 mm durchgeführt. Dazu dient eine Flasche aus farblosem Glas, deren Durchmesser 65 bis 70 mm und deren Volumen etwa 250 bis 300 cm³ beträgt. Sie ist bei 130 und 200 cm³ mit Meßmarken versehen und oben mit einem Stopfen dicht verschließbar. Der Zuschlag wird im Einlieferungszustand bis etwa zur Meßmarke 130 cm³ eingefüllt und mit 3%iger Natronlauge bis zur Meßmarke 200 cm³ übergossen. Die Flasche wird mit dem Stopfen verschlossen und der Inhalt gründlich durchgeschüttelt. Falls bald nach dem Abstellen der Flasche aus dem Zuschlag wolkige, dunkle Verfärbungen auftreten, ist nochmals durchzuschütteln. Es sind zwei Versuche anzusetzen. Nach Ablauf von 24 Stunden wird die Färbung der überstehenden Flüssigkeit festgestellt.

Bei farbloser bis gelber Flüssigkeit sind mit großer Wahrscheinlichkeit keine wesentlichen Mengen fein verteilter Stoffe organischen Ursprungs vorhanden. Rötliche bis schwarze Farbe deutet auf die Wahrscheinlichkeit erhöhter Anteile hin, sofern die Färbung nicht zweifelsfrei von wenigen gröberen organischen Teilchen herrührt.

3.6.2.2 Quellfähige Bestandteile

Quellfähige Stoffe organischen Ursprungs weisen meist eine geringere Rohdichte auf als der eigentliche Zuschlag. Sofern derartige Stoffe durch Auslesen nach Augenschein nicht ausreichend erfaßt werden können, ist ihr Anteil z. B. durch ein Aufschwimmverfahren zu ermitteln. Dies kann bei dichten Zuschlägen durch eine Schwereflüssigkeit wie z. B. gesättigte Zinkchlorid-Lösung (Dichte etwa 2,0 kg/dm³) geschehen. Je Versuch ist mindestens das 50fache des Zahlenwertes der Korngröße des Größtkorns in g zu verwenden. Die 24 Stunden bei (110 ± 5) °C getrocknete Probe wird hierzu in die Flüssigkeit eingebracht und aufgerührt.

Die in oder auf der Lösung schwimmenden Teile werden abgetrennt, gewaschen, getrocknet und auf 0,1 g gewogen. Der Gehalt ist auf die Einwaage zu beziehen. Maßgebend ist das Mittel von 2 Prüfungen. Die Einzelwerte sind anzugeben.

3.6.3 Erhärtungsstörende Stoffe

Bei Zuschlag mit einem Größtkorn bis 8 mm werden Prismen 40 mm × 40 mm × 160 mm aus 1,0 Gew.-Teil Zement PZ 35F nach DIN 1164 Teil 1 und 3,0 Gew.-Teilen oberflächentrockenem Zuschlag bei einem Wasserzementwert von 0,50 nach DIN 1164 Teil 7 hergestellt.

Das Zuschlaggemisch soll etwa der Sieblinie B 8 nach DIN 1045 entsprechen. Soweit nur einzelne Korngruppen zu beurteilen sind oder mit dem fraglichen Zuschlag die Sieblinie B 8 nicht erhalten wird, ist das Zuschlaggemisch durch Zuschlag, der als einwandfrei bekannt ist, entsprechend zu ergänzen.

Die Prismen sind nach DIN 1164 Teil 7 zu lagern und zu prüfen.

Bei Zuschlag mit einem Größtkorn über 8 mm werden Würfel von 150 oder 200 mm Kantenlänge aus Beton mit 300 kg Zement PZ 35F nach DIN 1164 Teil 1 je m³ Beton und einem Wasserzementwert von 0,60 nach DIN 1048 Teil 1 hergestellt, gelagert und auf Druckfestigkeit geprüft. Das Zuschlaggemisch soll etwa der Sieblinie B 32 nach DIN 1045 entsprechen; soweit nötig, ist das Zuschlaggemisch durch anderen, einwandfreien Zuschlag zu ergänzen.

Je 3 Prismen bzw. Würfel werden nach 2 Tagen und nach 28 Tagen auf Druckfestigkeit geprüft.

Zum Vergleich dient die Festigkeit von Prismen aus Mörtel bzw. Würfel aus Beton sonst gleicher Zusammensetzung, jedoch mit anderem Zuschlag, der erfahrungsgemäß keine Mängel aufweist. Dieser Zuschlag soll hinsichtlich Gestein und Kornform dem fraglichen Zuschlag ähnlich sein, bei Leichtzuschlag darf nur einwandfreier Zuschlag derselben Sorte verwendet werden.

Maßgebend ist das Mittel aus 6 (Prismen) bzw. 3 (Würfel) Einzelwerten. Die Einzelwerte sind anzugeben.

3.6.4 Sulfat und Chlorid

3.6.4.1 Allgemeines

Der Sulfatgehalt wird an einer zerkleinerten Probe gravimetrisch als Bariumsulfat bestimmt, der Chloridgehalt wird potentiometrisch ermittelt.

3.6.4.2 Probenvorbereitung

Eine 24 Stunden bei (110 ± 5) °C getrocknete Durchschnittsprobe von etwa 1 kg wird so weit vorzerkleinert, daß kein Rückstand auf einem Prüfsieb mit Drahtsiebboden 2 mm nach DIN 4188 Teil 1 verbleibt. Hiervon wird eine Durchschnittsprobe von mindestens 120 g so weit gemahlen, daß sie vollständig durch ein Prüfsieb mit Drahtsiebboden 0,25 mm nach DIN 4188 Teil 1 hindurchgeht.

3.6.4.3 Sulfat

1 g der nach Abschnitt 3.6.4.2 vorbereiteten Probe wird auf 1 mg eingewogen, in einem 250 ml-Becherglas mit 10 ml konzentrierter Salzsäure versetzt und auf einer Heizplatte bei einer Temperatur von etwa 110 °C zur Trockne eingedampft. Nach Zugabe weiterer 10 ml konzentrierter Salzsäure wird nochmals zur Trockne eingedampft. Der Rückstand wird mit 10 ml konzentrierter Salzsäure aufgenommen, auf der Heizplatte etwa 5 min lang erhitzt, nach Zugabe von 50 ml heißem destilliertem Wasser durch ein doppeltes Weißbandfilter filtriert und fünfmal mit heißem destillierten Wasser ausgewaschen.

Im Filtrat wird der Sulfatgehalt nach DIN 1164 Teil 3 als Bariumsulfat bestimmt.

Der Sulfatgehalt des Zuschlags in Gew.-%, bezogen auf den 24 Stunden bei (110 ± 5) °C getrockneten Zuschlag, wird nach folgender Gleichung berechnet:

$$SO_3\text{-Gehalt in Gew.-\%} = \frac{0{,}343 \cdot A \cdot 100}{E}$$

Hierin bedeuten:

A Auswaage $BaSO_4$ in g

E Einwaage des Zuschlags in g

3.6.4.4 Chlorid

100 g der nach Abschnitt 3.6.4.2 vorbereiteten Durchschnittsprobe werden mit 200 ml destilliertem Wasser 10 Minuten lang gekocht und anschließend 30 Minuten lang ruhig stehengelassen. Nach dem Absetzen werden 150 ml der überstehenden Lösung durch ein Schwarzbandfilter abdekantiert. Vom Filtrat werden 100 ml abpipettiert, mit Salpetersäure HNO_3 auf einen pH-Wert von 2 bis 3 angesäuert und, wie nachstehend beschrieben, der Gehalt an Chlorid Cl potentiometrisch ermittelt.

Für die potentiometrische Ermittlung des Chloridgehalts der salpetersauren Lösung wird Silbernitratlösung (c ($AgNO_3$) = 0,02 mol/l) verwendet. Als Indikator dient eine Silber/Silberchlorid-Elektrode. Der Probelösung werden 5 ml Natriumchloridlösung (c (NaCl) = 0,02 mol/l) und 50 ml Aceton p. A. zugesetzt. Anschließend wird mit einem Potentiographen eine Potentialkurve aufgenommen. Der dem Wendepunkt der Potentialkurve zugehörige Verbrauch an Silbernitratlösung entspricht – nach Abzug der zur besseren Endpunktserkennung zugesetzten Natriumchloridmenge – dem Gehalt der Lösung an Chlorid.

Der Chloridgehalt, bezogen auf den 24 Stunden bei (110 ± 5) °C getrockneten Zuschlag, wird nach folgender Gleichung berechnet:

$$\text{Cl-Gehalt in Gew.-\%} = \frac{0{,}000709 \cdot A \cdot 100}{E}$$

Hierin bedeuten:

A Verbrauch an Silbernitratlösung in ml – 5 ml Zugabe an Natriumchloridlösung

E Einwaage in g

4 Zusätzliche Prüfverfahren für Zuschlag nach DIN 4226 Teil 1

4.1 Festigkeit

Die Druckfestigkeit des Gesteins kann bei Felsgestein nach DIN 52 105 ermittelt und bei gekörnt vorliegendem Zuschlag annähernd über eine petrographische Bestimmung der vertretenen Gesteine und ihres Erhaltungszustandes entsprechend beurteilt werden.

Bei Gestein, das gleichzeitig im Straßenbau verwendet wird, kann zur Beurteilung der Festigkeit auch der Schlagzertrümmerungswert nach TL Min 78 [1]) verwendet werden.

In Zweifelsfällen ist mit dem betreffenden Zuschlag eine Eignungsprüfung nach DIN 1045 und DIN 1048 Teil 1 für Beton der geforderten Festigkeitsklasse durchzuführen.

4.2 Alkalilösliche Kieselsäure

Der Zuschlag ist unter Berücksichtigung der in Frage kommenden Beton- und Bauwerksverhältnisse durch ein fachkundiges Prüfinstitut gegebenenfalls nach der Richtlinie „Vorbeugende Maßnahmen gegen schädigende Alkalireaktion im Beton" [3]) zu prüfen.

5 Zusätzliche Prüfverfahren zur Bestimmung der Raumbeständigkeit von gebrochener Hochofenstückschlacke

5.1 Kalkzerfall (Zerfall von Dicalciumsilikat)

Die Prüfung auf Kalkzerfall wird im ultravioletten Licht (Analysenquarzlampe mit Filter) durchgeführt. Beobachtet werden frische Bruchflächen von 30 gewaschenen Schlackenstücken.

Als zerfallverdächtig gelten Schlacken, die auf violettem Untergrund zahlreiche oder zu Nestern vereinigte größere und kleinere helleuchtende Punkte oder Flecken von gelber, bronzener oder zimtgleicher Farbe aufweisen.

Als beständig gelten Schlacken, die einheitlich violett in verschiedenen Tönungen leuchten, und solche, die helleuchtende Punkte in nur geringer Anzahl und gleichmäßiger Verteilung aufweisen. Die Untersuchung ist durch ein fachkundiges Prüfinstitut durchzuführen.

5.2 Eisenzerfall

Mindestens 30 Schlackenstücke werden 2 Tage lang in Wasser von 20 °C gelagert. Die Schlackenstücke dürfen in dieser Zeit nicht zerfallen oder rissig werden.

6 Zusätzliche Prüfverfahren für künstlich hergestellten Zuschlag nach DIN 4226 Teil 2

6.1 Glühverlust

5 g der nach Abschnitt 3.6.4.2 vorbereiteten Durchschnittsprobe werden auf 1 mg eingewogen und 30 Minuten lang bei (1000 ± 25) °C geglüht. Der Glühverlust ist in Gew.-% bezogen auf die Einwaage anzugeben.

6.2 Raumbeständigkeit

Die Raumbeständigkeit des Zuschlags über 4 mm Korngröße kann mit dem Autoklavversuch beurteilt werden. Von einer engbegrenzten Korngruppe ohne Unter- und Überkorn werden die in Tabelle 3 genannten Prüfgutmengen des 24 Stunden bei (110 ± 5) °C getrockneten Zuschlags geprüft. Die Probe wird mindestens 3 Tage lang unter Wasser gelagert und dann in den Autoklav eingebracht. Dieser wird anschließend in etwa 1 Stunde so aufgeheizt, daß ein Überdruck von 20 bar entsteht (Temperatur etwa 210 bis 220 °C). Dieser Druck wird 3 Stunden lang gehalten und dann die Temperatur langsam in etwa 1,5 Stunden durch Abkühlen auf etwa 20 bis 40 °C gesenkt. Danach wird die Probe 24 Stunden bei (110 ± 5) °C getrocknet, gewogen und der Durchgang durch das nächstkleinere Prüfsieb, daß auf die untere Prüfkorngröße folgt, ermittelt. Der Durchgang wird in Gew.-% der getrockneten Prüfgutmenge angegeben. Maßgebend ist das Mittel von 2 Prüfungen. Die Einzelwerte sind anzugeben.

Tabelle 3. **Prüfgutmenge für die Prüfung der Raumbeständigkeit**

Korngruppe/Lieferkörnung	Prüfgutmenge g
4/8	500
8/16	1000
16/25	2000

7 Zusätzliche Prüfverfahren bei Zuschlag nach DIN 4226 Teil 2 für Leichtbeton der Festigkeitsklassen LB 8 und höher

7.1 Prüfen des Zuschlags im Beton

Die Auswirkungen von Schwankungen der Kornfestigkeit und der Kornrohdichte des Zuschlags auf die Druckfestigkeit und die Rohdichte des Betons wird im Alter von 28 Tagen an 3 Betonwürfeln von 150 mm bzw. 200 mm Kantenlänge nach DIN 1048 Teil 1 geprüft. Der Beton kann nach Abschnitt 7.1.1 oder 7.1.2 oder nach einer mit dem Fremdüberwacher zu vereinbarenden Rezeptur zusammengesetzt werden.

7.1.1 Betonzusammensetzung

7.1.1.1 Betonzusammensetzung mit stetiger Sieblinie

Das Zuschlaggemisch wird volumetrisch nach Sieblinie B 16 oder B 32 (bei Größtkorn 25 mm) nach DIN 1045 zusammengesetzt.

Der Zementgehalt je m^3 verdichteten Betons beträgt 350 kg PZ 45F nach DIN 1164 Teil 1 mit einer nicht wesentlich von 55 N/mm^2 abweichenden Normdruckfestigkeit.

[1]) Siehe Seite 2

[3]) Zu beziehen durch Beton-Verlag GmbH, Düsseldorfer Straße 8, 4000 Düsseldorf 11

Ein wirksamer Wasserzementwert von 0,50 ist anzustreben (siehe Merkblatt 2 für Leichtbeton und Stahlleichtbeton mit geschlossenem Gefüge; Zusammensetzung und Eignungsprüfung [3]). Die Wasseraufnahme des Leichtzuschlags ist deshalb in Vorversuchen zu bestimmen und bei der Wasserzugabe zu berücksichtigen.

7.1.1.2 Betonzusammensetzung nach dem Korngruppenverfahren

Das Zuschlaggemisch besteht nur aus Natursand 0/2 mm und jeweils aus einer Korngruppe, Leichtzuschlag (2/8 oder 4/8 oder 8/16 oder 16/25 mm). Die Prüfmischung hat je m³ verdichteten Frischbetons einen Mörtelanteil von 560 Stoffraumliter und einen Anteil von 440 Stoffraumliter für die zu prüfende Korngruppe des Leichtzuschlags.

Der Zementgehalt je m³ verdichteten Frischbetons beträgt 350 kg PZ 45F nach DIN 1164 Teil 1.

Der Wasserzusatz ist so zu bemessen, daß die Prüfmischung nach 15 Minuten Standzeit ein Verdichtungsmaß von 1,15 bis 1,20 nach DIN 1048 Teil 1 aufweist.

7.1.2 Durchführung

Am frischen Beton sind die Temperatur, die Rohdichte und die Konsistenz nach DIN 1048 Teil 1 festzustellen. Die Betonwürfel sind nach DIN 1048 Teil 1 herzustellen und zu lagern. Maßgebend für die Rohdichte und die Druckfestigkeit ist das Mittel von drei aus einer Mischung stammenden Würfeln. Die Einzelwerte sind anzugeben.

7.2 Kornfestigkeit

Die Gleichmäßigkeit der Kornfestigkeit der Korngruppen über 4 mm wird nach dem Zylinderverfahren bestimmt. Dabei wird der Zuschlag nach Entfernen von Unter- und Überkorn lose in den Stahlzylinder nach Bild 3 mit glatter Innenoberfläche und 113 mm Innendurchmesser 100 mm hoch eingefüllt. Mit Hilfe eines den Innenquerschnitt voll überdeckenden Stempels wird in einer Presse der Zuschlag innerhalb von etwa 100 s um 20 mm zusammengedrückt. Die Kraft, die für diese Stauchung erforderlich ist, wird als Druckwert D bezeichnet und in kN angegeben. Maßgebend ist das Mittel von 3 Einzelwerten für jede Korngruppe. Die Einzelwerte sind anzugeben.

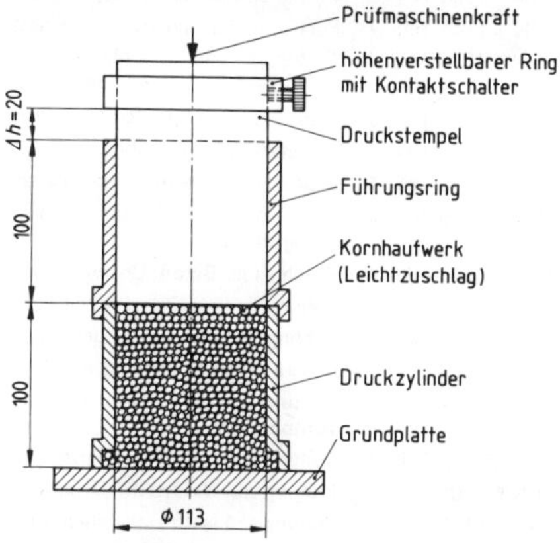

Bild 3. Druckzylinder mit 100 cm² Grundfläche, 9 mm Wanddicke [4])

---

[3]) Siehe Seite 6

[4]) Lieferant:
Firma Kleinfeld, Leisewitzstraße 27, 3000 Hannover

Zitierte Normen und andere Unterlagen

DIN 1045	Beton und Stahlbeton; Bemessung und Ausführung
DIN 1048 Teil 1	Prüfverfahren für Beton; Frischbeton, Festbeton gesondert hergestellter Probekörper
DIN 1164 Teil 1	Portland-, Eisenportland-, Hochofen- und Traßzement; Begriffe, Bestandteile, Anforderungen, Lieferung
DIN 1164 Teil 3	Portland-, Eisenportland-, Hochofen- und Traßzement; Bestimmung der Zusammensetzung
DIN 1164 Teil 7	Portland-, Eisenportland-, Hochofen- und Traßzement; Bestimmung der Festigkeit
DIN 1996 Teil 14	Prüfung bituminöser Massen für den Straßenbau und verwandte Gebiete; Bestimmung der Korngrößenverteilung von Mineralstoffen
DIN 4187 Teil 2	Siebböden; Lochplatten für Prüfsiebe, Quadratlochung
DIN 4188 Teil 1	Siebböden; Drahtsiebböden für Analysensiebe, Maße
DIN 4226 Teil 1	Zuschlag für Beton; Zuschlag mit dichtem Gefüge; Begriffe, Bezeichnung und Anforderungen
DIN 4226 Teil 2	Zuschlag für Beton; Zuschlag mit porigem Gefüge (Leichtzuschlag) Begriffe, Bezeichnung und Anforderungen
DIN 4226 Teil 4	Zuschlag für Beton; Überwachung (Güteüberwachung)
DIN 12 039	Laborgeräte aus Glas; Weithals-Standflaschen mit Kegelschliff und Stopfen
DIN 12 242 Teil 1	Laborgeräte aus Glas; Kegelschliffe für austauschbare Verbindungen; Maße, Toleranzen
DIN 18 123	Baugrund; Untersuchung von Bodenproben, Bestimmung der Korngrößenverteilung
DIN 52 102	Prüfung von Naturstein; Bestimmung der Dichte, Rohdichte, Reindichte, Dichtigkeitsgrad, Gesamtporosität
DIN 52 104 Teil 1	Prüfung von Naturstein; Frost-Tau-Wechsel-Versuch; Verfahren A bis Q
DIN 52 105	Prüfung von Naturstein; Druckversuch
DIN 52 110	Prüfung von Naturstein; Raummetergewicht und Gehalt von Steingekörn
DIN 52 114	Bestimmung der Kornform bei Schüttgütern, mit der Kornform-Schieblehre

Merkblatt 2 für Leichtbeton und Stahlleichtbeton mit geschlossenem Gefüge; Zusammensetzung und Eignungsprüfung [3])

TL Min 78 Technische Lieferbedingungen für Mineralstoffe im Straßenbau, Ausgabe 1978 (TL Min 78) [1])

Richtlinie „Vorbeugende Maßnahmen gegen schädigende Alkalireaktion im Beton" [3])

Frühere Ausgaben

DIN 4226: 07.47; DIN 4226 Teil 3: 01.71, 12.71

Änderungen

Gegenüber der Ausgabe Dezember 1971 wurden folgende Änderungen vorgenommen:

Die Norm wurde überarbeitet. Hinsichtlich der Prüfung des Frostwiderstands wurde auf die in DIN 52 104 Teil 1 enthaltenen Prüfverfahren verwiesen. Neue Prüfverfahren wurden aufgenommen für:

- Chloridgehalt
- Kornrohdichte
- Kornfestigkeit bei Leichtzuschlag.

Erläuterungen

Unter Berücksichtigung des üblichen Sprachgebrauchs der Anwender dieser Norm wird – z. B. zur Beschreibung des Siebdurchgangs – Gewichtsprozent (Gew.-%) gleichbedeutend mit Massenanteil in % verwendet.

Internationale Patentklassifikation

C 04 B 31/00
C 01 N 33/38

---

1) Siehe Seite 2

3) Siehe Seite 6

DK 691.322 : 666.972.12 : 620.1 : 658.562 April 1983

Zuschlag für Beton

Überwachung (Güteüberwachung)

DIN 4226 Teil 4

Aggregates for concrete; Supervision (quality control)

Granulats pour le béton; Contrôle (contrôle de qualité)

Mit DIN 4226 T 1/04.83 Ersatz für DIN 4226 T 1/12.71 und mit DIN 4226 T 2/04.83 Ersatz für DIN 4226 T 2/12.71

Diese Norm ist den obersten Bauaufsichtsbehörden vom Institut für Bautechnik, Berlin, zur bauaufsichtlichen Einführung empfohlen worden.

Zu den Normen der Reihe DIN 4226 gehören:

DIN 4226 Teil 1 Zuschlag für Beton; Zuschlag mit dichtem Gefüge; Begriffe, Bezeichnung und Anforderungen

DIN 4226 Teil 2 Zuschlag für Beton; Zuschlag mit porigem Gefüge (Leichtzuschlag); Begriffe, Bezeichnung und Anforderungen

DIN 4226 Teil 3 Zuschlag für Beton; Prüfung von Zuschlag mit dichtem oder porigem Gefüge

DIN 4226 Teil 4 Zuschlag für Beton; Überwachung (Güteüberwachung)

Inhalt

1 Anwendungsbereich

Diese Norm gilt für die Überwachung von Zuschlag nach DIN 4226 Teil 1 und Teil 2.

Sie enthält Angaben darüber, wie die in DIN 4226 Teil 1 und Teil 2 festgelegten Anforderungen durch eine Überwachung (Güteüberwachung) – bestehend aus Eigen- und Fremdüberwachung – nachzuprüfen und wie die Erzeugnisse zu kennzeichnen sind.

2 Allgemeines

Die Einhaltung der in DIN 4226 Teil 1, Ausgabe April 1983, Abschnitte 7, 9 und 10 und DIN 4226 Teil 2, Ausgabe April 1983, Abschnitte 6, 8 und 9 festgelegten Anforderungen ist in jedem Herstellwerk durch eine Überwachung, bestehend aus Eigen- und Fremdüberwachung, zu prüfen. Grundlage für das Verfahren der Überwachung ist DIN 18 200.

Es sind in der Regel die in DIN 4226 Teil 3 genormten Prüfverfahren anzuwenden. In Sonderfällen, insbesondere bei Zuschlägen, die gleichzeitig für den Straßenbau geliefert werden, können mit Zustimmung des Fremdüberwachers auch andere Prüfverfahren zur Anwendung kommen.

Für Umfang, Art und Häufigkeit der Eigen- und Fremdüberwachung sind die folgenden Festlegungen maßgebend.

3 Eigenüberwachung

3.1 Allgemeines

Die Eigenüberwachung ist nach DIN 18 200 die vom Hersteller vorzunehmende kontinuierliche Überwachung der Einhaltung der für das Erzeugnis festgelegten Anforderungen.

Fortsetzung Seite 2 bis 5

Normenausschuß Bauwesen (NABau) im DIN Deutsches Institut für Normung e. V.

3.2 Umfang

Alle im Sortenverzeichnis aufgeführten und als überwacht nach dieser Norm gekennzeichneten Erzeugnisse sind in die Eigenüberwachung einzubeziehen.

3.3 Probenahme

Die Proben zur Prüfung im Rahmen der Eigenüberwachung sind möglichst aus der laufenden Produktion zu entnehmen.

3.4 Art und Häufigkeit der Überwachungsprüfungen

Die Art und die Mindesthäufigkeit der Prüfungen sind in den Tabellen 1 und 2 festgelegt. Abweichungen von der Art und der Häufigkeit der Prüfungen sind nach Zustimmung des Fremdüberwachers in begründeten Ausnahmefällen zulässig, insbesondere, wenn die Art des Vorkommens und die Ergebnisse von Prüfungen über einen längeren Zeitraum die Berechtigung zur Änderung erweisen.

4 Fremdüberwachung

4.1 Allgemeines

Die Fremdüberwachung ist von einer für die Fremdüberwachung von Zuschlag für Beton anerkannten Überwachungsgemeinschaft (Güteschutzgemeinschaft) oder einer anerkannten Prüfstelle aufgrund eines Überwachungsvertrages durchzuführen [1]).

4.2 Umfang

Alle im Sortenverzeichnis des überwachten Werkes aufgeführten und als überwacht nach dieser Norm gekennzeichneten Erzeugnisse sind in die Fremdüberwachung einzubeziehen.

4.3 Durchführung

Die Durchführung erfolgt nach DIN 18 200 durch

- Erstprüfung
- Regelprüfungen
- gegebenenfalls Sonderprüfungen.

Zur Festlegung des Fremdüberwachers über Art und Häufigkeit von Eigen- und Fremdüberwachungs-Prüfungen ist die Schriftform zu wählen.

4.4 Probenahme

In Ergänzung zu DIN 18 200 muß das Entnahme-Protokoll mindestens folgende Angaben enthalten:

a) Hersteller und Werk,

b) Entnahmestelle,

c) gegebenenfalls Vorratsmenge,

d) Anzahl und Menge der Proben,

e) Sorte des Zuschlags,

f) gegebenenfalls Handelsbezeichnung,

g) Kennzeichnung der Probe durch den Probenehmer,

h) zu prüfende Eigenschaften und Prüfstelle,

i) Ort und Datum,

j) Unterschriften.

Proben können in besonderen Fällen auch aus einem Händlerlager oder auf einer Baustelle in Gegenwart des Händlers oder des Bauleiters oder deren Vertreter entnommen werden. Hierbei muß sichergestellt sein, daß die Proben aus der Lieferung des überwachten Herstellwerks stammen. Dem Hersteller ist Gelegenheit zu geben, bei der Probenahme vertreten zu sein.

4.5 Art und Häufigkeit

Die Art und Häufigkeit der Prüfungen sind in den Tabellen 1 und 2 festgelegt.

4.6 Maßnahmen bei Nichterfüllung der Anforderungen

In Ergänzung zu den Festlegungen in DIN 18 200 kann zur Bestätigung von Prüfergebnissen, die eine Nichteinhaltung einzelner Anforderungen ergeben haben, unverzüglich eine neue Probenahme und Prüfung der betroffenen Erzeugnisse erfolgen, bevor eine Regelprüfung endgültig bewertet wird.

5 Kennzeichnung

In Ergänzung zu DIN 18 200 ist als Nachweis der Überwachung auf dem Lieferschein das einheitliche Überwachungszeichen [2]) zu führen. Liefert der Hersteller auch Erzeugnisse, die nicht einer Überwachung unterliegen, so muß ein Bezug auf die Überwachung zweifelsfrei ausgeschlossen sein.

---

1) Verzeichnissse der bauaufsichtlich anerkannten Überwachungsgemeinschaften (Güteschutzgemeinschaften) und Prüfstellen werden beim Institut für Bautechnik, Berlin, geführt und in seinen Mitteilungen (zu beziehen beim Verlag Wilhelm Ernst & Sohn, Berlin) veröffentlicht.

2) Siehe z. B. Erlaß Nordrhein-Westfalen „Überwachung der Herstellung von Baustoffen und Bauteilen; Einheitliches Überwachungszeichen" vom 31.07.1980, veröffentlicht im MBl. NW 1980, S. 1901

Tabelle 1. **Überwachungsprüfungen für Zuschlag nach DIN 4226 Teil 1**

	1		2	3	4	5	6	7	8	9	10
					Mindesthäufigkeit						
					Eigenüberwachung			Fremdüberwachung			
Zeile	Eigenschaft bzw. Gegenstand		Anforderungen nach DIN 4226 Teil 1, Ausgabe April 1983	Prüfverfahren nach DIN 4226 Teil 3, Ausgabe April 1983	je Produktionstag	je Produktionswoche	vom Fremdüberwacher festzulegen	1X im Jahr	2X im Jahr	festzulegen [2]	Erstprüfung
	A Anforderungen nach DIN 4226 Teil 1, Ausgabe April 1983, Abschnitt 7.1.1 und Abschnitt 7.1.3										
1	Kornzusammensetzung	Korngruppen 0/1, 0/2, 0/4	7.2, Tabelle 1	3.1		X			X		X
		andere Korngruppen und WBZ				X		X			X
2	Kornzusammensetzung, Streubereiche		Streubereiche nach 7.2, Tabelle 1, Fußnote 3 und 4	statistische Auswertung					X		
3	Kornform		7.3	3.2		X [1]	X		X [1]	X	X
4	Festigkeit		7.4	4.1						X	X
5	Widerstand gegen Frost, allgemein		7.5.1	DIN 52 106						X [1]	
6	Widerstand gegen Frost bei mäßiger Durchfeuchtung des Betons		7.5.2	3.5.2			X			X	X
7	Abschlämmbare Bestandteile	Korngruppen 0/1, 0/2, 0/4	7.6.2	3.6.1.1 oder 3.6.1.2			X		X		X
		andere Korngruppen					X	X			X
8	Stoffe organischen Ursprungs, fein verteilte Stoffe	Korngruppen 0/1, 0/2, 0/4	7.6.3.2	3.6.2.1			X		X		X
		andere Korngruppen					X	X			X
9	Stoffe organischen Ursprungs, quellfähige Bestandteile		7.6.3.3	3.6.2.2			X			X	X
10	Erhärtungsstörende Stoffe		7.6.4	3.6.3			X			X	X
11	Schwefelverbindungen		7.6.5	3.6.4.3						X	X
12	Stahlangreifende Stoffe		7.6.6	3.6.4.4						X	X
13	Alkalilösliche Kieselsäure		7.6.7	4.2			[3]			[3]	X
14	dichtes, kristallines Gefüge	nur bei gebrochener Hochofenstückschlacke nach DIN 4301	7.8	Augenschein	X				X		X
15	Schüttdichte		7.8	3.3		X			X		X
16	Kalkzerfall		7.8	5.1			X		X		X
17	Eisenzerfall		7.8	5.2			X		X		X
18	Einrichtung		9.1	Augenschein	X				X		X
19	Sortenverzeichnis		9.3	–					X		X
20	Aufzeichnungen		9.4, 10.1	–	X				X		X
	B Anforderungen nach DIN 4226 Teil 1, Ausgabe April 1983, Abschnitt 7.1.2										
21	Widerstand gegen Frost, bei starker Durchfeuchtung des Betons		7.5.3 und 7.5.4	3.5.3			X			X	X
22	begrenzte Anteile quellfähiger Bestandteile organischen Ursprungs		zu vereinbaren	3.6.2.2			X			X	X
23	begrenzte Anteile Chloride		7.6.6	3.6.4.4				X			X
24	günstigere Kornform [1]		7.3	3.2		X			X		X

[1] Nur bei gebrochenem Korn

[2] Der Fremdüberwacher hat festzulegen, ob und mit welcher Mindesthäufigkeit Überwachungen durchzuführen sind.

[3] Die Mindesthäufigkeit ist gegebenenfalls nach der Richtlinie „Vorbeugende Maßnahmen gegen schädliche Alkalireaktion im Beton" (zu beziehen durch Beton-Verlag GmbH, Düsseldorfer Straße 8, 4000 Düsseldorf 11) festzulegen.

Tabelle 2. **Überwachungsprüfungen für Zuschlag gemäß DIN 4226 Teil 2**

Zeile	1 Eigenschaft bzw. Gegenstand		2 Anforderungen nach DIN 4226 Teil 2, Ausgabe April 1983	3 Prüfverfahren nach DIN 4226 Teil 3, Ausgabe April 1983	4 Mindesthäufigkeit: Eigenüberwachung: je Produktionstag	5 Eigenüberwachung: je Produktionswoche	6 Eigenüberwachung: vom Fremdüberwacher festzulegen	7 Fremdüberwachung: 1X im Jahr	8 Fremdüberwachung: 2X im Jahr	9 Fremdüberwachung: festzulegen 1)	10 Fremdüberwachung: Erstprüfung
	A Anforderungen nach DIN 4226 Teil 2, Ausgabe April 1983, Abschnitt 6.1.1 und Abschnitt 6.1.3										
1	Kornzusammensetzung	Korngruppen 0/2, 0/4,	6.2, Tabelle 1	3.1		X			X		X
		andere Korngruppen		3.1		X		X			X
2	Kornzusammensetzung, Streubereiche		Streubereiche nach 6.2, Tabelle 1, Fußnote 2	statistische Auswertung					X		
3	Widerstand gegen Frost bei mäßiger Durchfeuchtung des Betons		6.3	3.5.2			X			X	X
4	Abschlämmbare Bestandteile	Korngruppen 0/2, 0/4	6.4.2	3.6.1.1 oder 3.6.1.2			X		X		X
		andere Korngruppen					X	X			X
5	Stoffe organischen Ursprungs, feinverteilte Stoffe	Korngruppen 0/2, 0/4	6.4.3.2	3.6.2.1			X		X		X
		andere Korngruppen					X	X			X
6	Stoffe organischen Ursprungs, quellfähige Bestandteile	nur bei natürlichem Zuschlag	6.4.3.3	3.6.2.2			X			X	X
7	Erhärtungsstörende Stoffe		6.4.4	3.6.3			X			X	X
8	Schwefelverbindungen		6.4.5	3.6.4.3						X	X
9	Stahlangreifende Stoffe		6.4.6	3.6.4.4						X	X
10	Alkalilösliche Kieselsäure		6.4.7	4.2			2)			2)	X
11	Glühverlust	nur bei künstlichem Zuschlag	6.5.1	6.1			X	X			X
12	Raumbeständigkeit		6.5.2	5 bzw. 6.2			X		X		X
13	Einrichtung		8.1	Augenschein	X				X		X
14	Sortenverzeichnis		8.3	–					X		X
15	Aufzeichnungen		8.4, 9.1	–	X				X		X
	B Anforderungen nach DIN 4226 Teil 2, Ausgabe April 1983, Abschnitt 6.1.2										
16	begrenzte Anteile quellfähiger Bestandteile organischen Ursprungs		zu vereinbaren	3.6.2.2			X			X	X
17	Schüttdichte		6.6.2	3.3	X				X		X
18	Kornrohdichte		6.6.3	3.4.2		X		X			X
19	Kornfestigkeit		6.6.4	7.1 oder 7.2			X		X		X
20	begrenzte Anteile Chloride		6.4.6	3.6.4.4						X	X

1) Der Fremdüberwacher hat festzulegen, ob und mit welcher Mindesthäufigkeit Überwachungen durchzuführen sind.

2) Die Mindesthäufigkeit ist gegebenenfalls nach der Richtlinie „Vorbeugende Maßnahmen gegen schädliche Alkalireaktion im Beton" (zu beziehen durch Beton-Verlag GmbH, Düsseldorfer Straße 8, 4000 Düsseldorf 11) festzulegen.

Zitierte Normen und andere Unterlagen

DIN 4226 Teil 1	Zuschlag für Beton; Zuschlag mit dichtem Gefüge; Begriffe, Bezeichnung und Anforderungen
DIN 4226 Teil 2	Zuschlag für Beton; Zuschlag mit porigem Gefüge (Leichtzuschlag); Begriffe, Bezeichnung und Anforderungen
DIN 4226 Teil 3	Zuschlag für Beton; Prüfung von Zuschlag mit dichtem oder porigem Gefüge
DIN 4301	Eisenhüttenschlacke und Metallhüttenschlacke im Bauwesen
DIN 18 200	Überwachung (Güteüberwachung) von Baustoffen, Bauteilen und Bauarten; Allgemeine Grundsätze
TL Min 78	Technische Lieferbedingungen für Mineralstoffe im Straßenbau, Ausgabe 1978 (TL Min 78) [3]

Richtlinie „Vorbeugende Maßnahmen gegen schädliche Alkalireaktion im Beton" [4]

Frühere Ausgaben

DIN 4226: 07.47, DIN 4226 Teil 1: 01.71, 12.71; DIN 4226 Teil 2: 01.71, 12.71

Änderungen

Gegenüber der Ausgabe Dezember 1971 wurden folgende Änderungen vorgenommen:

Es erfolgte eine Anpassung an die allgemeinen Festlegungen zur Überwachung (Güteüberwachung) in DIN 18 200; Abschnitt 11 (Überwachung (Güteüberwachung)) von DIN 4226 Teil 1, Ausgabe Dezember 1971, und Abschnitt 10 (Überwachung (Güteüberwachung)) von DIN 4226 Teil 2, Ausgabe Dezember 1971 sind in überarbeiteter Form in dieser Norm zusammengefaßt worden.

Um die Übersichtlichkeit zu erhöhen, wurden die Art und Häufigkeit der im Rahmen der Eigen- und Fremdüberwachung durchzuführenden Prüfungen in Tabellenform zusammengefaßt.

Erläuterungen

Unter Berücksichtigung des üblichen Sprachgebrauchs der Anwender dieser Norm wird – z. B. zur Beschreibung des Siebdurchgangs – Gewichtsprozent (Gew.-%) gleichbedeutend mit Massenanteil in % verwendet.

Internationale Patentklassifikation

C 04 B 31/00
G 01 N 33/38

---

[3] Zu beziehen durch:
Forschungsgesellschaft für Straßen- und Verkehrswesen e. V., Alfred-Schütte-Allee 10, 5000 Köln 21.

[4] Zu beziehen durch:
Beton-Verlag GmbH, Düsseldorfer Straße 8, 4000 Düsseldorf 11.

DK 693.564.4/.6 : 691.328.2
: 624.92.012.3/.4 : 666.982.4

Juli 1988

Spannbeton

Bauteile aus Normalbeton mit beschränkter oder voller Vorspannung

DIN 4227 Teil 1

Prestressed concrete; structural members made of normal-weight concrete, with limited concrete tensile stresses or with concrete tensile stresses

Béton précontraint; éléments structuraux en béton normal avec tension dans le béton ou avec tension limitée dans le béton

Ersatz für Ausgabe 12.79

Diese Norm wurde im Fachbereich VII Beton- und Stahlbetonbau/Deutscher Ausschuß für Stahlbeton des NABau ausgearbeitet.

Die Benennung „Last" wird für Kräfte verwendet, die von außen auf ein System einwirken; dies gilt auch für zusammengesetzte Wörter mit der Silbe ... „Last" (siehe DIN 1080 Teil 1).

Die Normen der Reihe DIN 4227 umfassen folgende Teile:

DIN 4227 Teil 1 Spannbeton; Bauteile aus Normalbeton mit beschränkter oder voller Vorspannung
DIN 4227 Teil 2 Spannbeton; Bauteile mit teilweiser Vorspannung
DIN 4227 Teil 3 Spannbeton; Bauteile in Segmentbauart, Bemessung und Ausführung der Fugen
DIN 4227 Teil 4 Spannbeton; Bauteile aus Spannleichtbeton
DIN 4227 Teil 5 Spannbeton; Einpressen von Zementmörtel in Spannkanäle
DIN 4227 Teil 6 Spannbeton; Bauteile mit Vorspannung ohne Verbund

Inhalt

Fortsetzung Seite 2 bis 27

Normenausschuß Bauwesen (NABau) im DIN Deutsches Institut für Normung e.V.

Entwurf und Ausführung von baulichen Anlagen und Bauteilen aus Spannbeton erfordern eine gründliche Kenntnis und Erfahrung in dieser Bauart. Deshalb dürfen bauliche Anlagen und Bauteile aus Spannbeton nur von solchen Ingenieuren und Unternehmern entworfen und ausgeführt werden, die diese Kenntnis und Erfahrung haben, besonders zuverlässig sind und sicherstellen, daß derartige Bauwerke einwandfrei bemessen und ausgeführt werden.

1 Allgemeines

1.1 Anwendungsbereich und Zweck

(1) Diese Norm gilt für die Bemessung und Ausführung von Bauteilen aus Normalbeton, bei denen der Beton durch Spannglieder beschränkt oder voll vorgespannt wird und die Spannglieder im Endzustand im Verbund vorliegen.

(2) Die sinngemäße Anwendung dieser Norm auf Bauteile, bei denen die Vorspannung auf andere Art erzeugt wird, ist jeweils gesondert zu überprüfen.

(3) Vorgespannte Verbundträger werden in den Richtlinien für die Bemessung und Ausführung von Stahlverbundträgern (vorläufiger Ersatz für DIN 1078 und DIN 4239) behandelt.

1.2 Begriffe

1.2.1 Querschnittsteile

(1) Bei vorgespannten Bauteilen unterscheidet man:

(2) **Druckzone.** In der Druckzone liegen die Querschnittsteile, in denen ohne Vorspannung unter der gegebenen Belastung infolge von Längskraft und Biegemoment Druckspannungen entstehen würden. Werden durch die Vorspannung in der Druckzone Druckspannungen erzeugt, so liegt der Sonderfall einer **vorgedrückten Druckzone** vor (siehe Abschnitt 15.3).

(3) **Vorgedrückte Zugzone.** In der vorgedrückten Zugzone liegen die Querschnittsteile, in denen unter der gegebenen Belastung infolge von Längskraft und Biegemoment ohne Vorspannung Zugspannungen entstehen würden, die durch Vorspannung stark abgemindert oder ganz aufgehoben werden.

(4) Unter Einwirkung von Momenten mit wechselnden Vorzeichen kann eine Druckzone zur vorgedrückten Zugzone werden und umgekehrt.

(5) **Spannglieder.** Das sind die Zugglieder aus Spannstahl, die zur Erzeugung der Vorspannung dienen; hierunter sind auch Einzeldrähte, Einzelstäbe und Litzen zu verstehen. Fertigspannglieder sind Spannglieder, die nach Abschnitt 6.5.3 werkmäßig vorgefertigt werden.

1.2.2 Grad der Vorspannung [1])

(1) Bei **voller Vorspannung** treten rechnerisch im Beton im Gebrauchszustand (siehe Abschnitt 9.1), mit Ausnahme der in Abschnitt 10.1.1 angegebenen Fälle, keine Zugspannungen infolge von Längskraft und Biegemoment auf.

(2) Bei **beschränkter Vorspannung** treten dagegen rechnerisch im Gebrauchszustand (siehe Abschnitt 9.1) Zugspannungen infolge von Längskraft und Biegemoment im Beton bis zu den in den Abschnitten 10.1.2 und 15 angegebenen Grenzen auf.

1.2.3 Zeitpunkt des Spannens der Spannglieder

(1) Beim **Spannen vor dem Erhärten des Betons** werden die Spannglieder von festen Punkten aus gespannt und dann einbetoniert (Spannen im Spannbett).

(2) Beim **Spannen nach dem Erhärten des Betons** dienen die schon erhärteten Betonbauteile als Abstützung.

1.2.4 Art der Verbundwirkung von Spanngliedern [2])

(1) Bei **Vorspannung mit sofortigem Verbund** werden die Spannglieder nach dem Spannen im Spannbett so in den Beton eingebettet, daß gleichzeitig mit dem Erhärten des Betons eine Verbundwirkung entsteht.

(2) Bei **Vorspannung mit nachträglichem Verbund** wird der Beton zunächst ohne Verbund vorgespannt; später wird für alle nach diesem Zeitpunkt wirksamen Lastfälle eine Verbundwirkung erzeugt.

[1]) Teilweise Vorspannung; siehe DIN 4227 Teil 2.

[2]) Vorspannung ohne Verbund im Endzustand siehe DIN 4227 Teil 6.

2 Bauaufsichtliche Zulassungen, Zustimmungen, bautechnische Unterlagen, Bauleitung und Fachpersonal

2.1 Bauaufsichtliche Zulassungen, Zustimmungen

(1) Entsprechend den allgemeinen bauaufsichtlichen Bestimmungen ist eine Zulassung bzw. eine Zustimmung im Einzelfall unter anderem erforderlich für:

- den Spannstahl (siehe Abschnitt 3.2)
- das Spannverfahren.

(2) Die Bescheide müssen auf der Baustelle vorliegen.

2.2 Bautechnische Unterlagen, Bauleitung und Fachpersonal

2.2.1 Bautechnische Unterlagen

Zu den bautechnischen Unterlagen gehören neben den Anforderungen nach DIN 1045/07.88, Abschnitte 3 bis 5, die Angaben über Grad, Zeitpunkt und Art der Vorspannung, das Herstellungsverfahren sowie das Spannprogramm.

2.2.2 Bauleitung und Fachpersonal

Bei der Herstellung von Spannbeton dürfen auf Baustellen und in Werken nur solche Führungskräfte (Bauleiter, Werkleiter) eingesetzt werden, die über ausreichende Erfahrungen und Kenntnisse im Spannbetonbau verfügen. Bei der Ausführung von Spannarbeiten und Einpreßarbeiten muß der hierfür zuständige Fachbauleiter stets anwesend sein.

3 Baustoffe

3.1 Beton

3.1.1 Vorspannung mit nachträglichem Verbund

(1) Bei Vorspannung mit nachträglichem Verbund ist Beton der Festigkeitsklassen B 25 bis B 55 nach DIN 1045/07.88, Abschnitt 6.5 zu verwenden.

(2) Bei üblichen Hochbauten (Definition nach DIN 1045/07.88, Abschnitt 2.2.4) darf für die nachträgliche Ergänzung vorgespannter Fertigteile auch Ortbeton der Festigkeitsklasse B 15 verwendet werden.

(3) Der Chloridgehalt des Anmachwassers darf 600 mg Cl^- je Liter nicht überschreiten. Die Verwendung von Meerwasser und anderem salzhaltigen Wasser ist unzulässig. Es darf nur solcher Betonzuschlag verwendet werden, der hinsichtlich des Gehaltes an wasserlöslichem Chlorid (berechnet als Chlor) den Anforderungen nach DIN 4226 Teil 1/04.83, Abschnitt 7.6.6b) genügt (Chlorgehalt mit einem Massenanteil $\leq$ 0,02 %).

(4) **Betonzusatzmittel** dürfen nur verwendet werden, wenn für sie ein Prüfbescheid (Prüfzeichen) erteilt ist, in dem die Anwendung für Spannbeton geregelt ist.

3.1.2 Vorspannung mit sofortigem Verbund

(1) Bei Vorspannung mit sofortigem Verbund gelten die Festlegungen nach Abschnitt 3.1.1; jedoch muß der Beton mindestens der Festigkeitsklasse B 35 entsprechen. Dabei ist nur werkmäßige Herstellung nach DIN 1045/07.88, Abschnitt 5.3 zulässig.

(2) Alle **Zemente** der Normen der Reihe DIN 1164 der Festigkeitsklassen Z 45 und Z 55 sowie Portland- und Eisenportlandzement der Festigkeitsklasse Z 35 F dürfen verwendet werden.

(3) **Betonzusatzstoffe** dürfen nicht verwendet werden.

3.1.3 Verwendung von Transportbeton

Bei Verwendung von Transportbeton müssen aus dem Betonsortenverzeichnis (siehe DIN 1045/07.88, Abschnitt 5.4.4) die

- Eignung für Spannbeton mit nachträglichem Verbund

bzw. die

- Eignung für Spannbeton mit sofortigem Verbund

hervorgehen.

3.2 Spannstahl

Spanndrähte müssen mindestens 5,0 mm Durchmesser oder bei nicht runden Querschnitten mindestens 30 mm^2 Querschnittsfläche haben. Litzen müssen mindestens 30 mm^2 Querschnittsfläche haben, wobei die einzelnen Drähte mindestens 3,0 mm Durchmesser aufweisen müssen. Für Sonderzwecke, z. B. für vorübergehend erforderliche Bewehrung oder Rohre aus Spannbeton, sind Einzeldrähte von mindestens 3,0 mm Durchmesser bzw. bei nicht runden Querschnitten von mindestens 20 mm^2 Querschnittsfläche zulässig.

3.3 Hüllrohre

Es sind Hüllrohre nach DIN 18 553 zu verwenden.

3.4 Einpreßmörtel

Die Zusammensetzung und die Eigenschaften des Einpreßmörtels müssen DIN 4227 Teil 5 entsprechen.

4 Nachweis der Güte der Baustoffe

(1) Für den Nachweis der Güte der Baustoffe gilt DIN 1045/07.88, Abschnitt 7. Darüber hinaus sind für den Spannstahl und das Spannverfahren die entsprechenden Abschnitte der Zulassungsbescheide zu beachten. Für die Güteüberwachung von Beton B II auf der Baustelle, von Fertigteilen und Transportbeton gelten DIN 1084 Teil 1 bis Teil 3.

(2) Im Rahmen der Eigenüberwachung auf Baustellen und in Werken sind zusätzlich die in Tabelle 1 enthaltenen Prüfungen vorzunehmen.

(3) Die Protokolle der Eigenüberwachung sind zu den Bauakten zu nehmen.

(4) Über die Lieferung des Spannstahles ist anhand der vom Lieferwerk angebrachten Anhänger Buch zu führen; außerdem ist festzuhalten, in welche Bauteile und Spannglieder der Stahl der jeweiligen Lieferung eingebaut wurde.

5 Aufbringen der Vorspannung

5.1 Zeitpunkt des Vorspannens

(1) Der Beton darf erst vorgespannt werden, wenn er fest genug ist, um die dabei auftretenden Spannungen einschließlich der Beanspruchungen an den Verankerungsstellen der Spannglieder aufnehmen zu können. Für die endgültige Vorspannung gilt dies als erfüllt, wenn durch Erhärtungsprüfung nach DIN 1045/07.88, Abschnitt 7.4.4, nachgewiesen ist, daß die Würfeldruckfestigkeit β_{Wm} mindestens die Werte der Tabelle 2, Spalte 3, erreicht hat.

(2) Eine frühzeitige Teilvorspannung (z. B. zur Vermeidung von Schwind- und Temperaturrissen) ist zu empfehlen. Durch Erhärtungsprüfung ist dann nach DIN 1045/07.88, Abschnitt 7.4.4, nachzuweisen, daß die Würfeldruckfestigkeit β_{Wm} des Betons die Werte nach Tabelle 2, Spalte 2, erreicht hat. In diesem Fall dürfen die Spannkräfte einzelner Spannglieder und die Betonspannungen im übrigen Bauteil nicht mehr als 30 % der für die Verankerung zugelassenen Spannkraft bzw. der nach Abschnitt 15 zulässigen Spannungen betragen. Liegt die durch Erhärtungsprüfung festgestellte Würfeldruckfestigkeit zwischen den Werten nach Tabelle 2, Spalten 2 und 3, so darf die zulässige Teilspannkraft linear interpoliert werden.

Tabelle 1. **Eigenüberwachung**

	1	2	3	4
	Prüfgegenstand	Prüfart	Anforderungen	Häufigkeit
1a	Spannstahl	Überprüfung der Lieferung nach Sorte und Durchmesser nach der Zulassung	Kennzeichnung; Nachweis der Güteüberwachung; keine Beschädigung; kein unzulässiger Rostanfall	Jede Lieferung
1b		Überprüfung der Transportfahrzeuge	Abgedeckte trockene Ladung; keine Verunreinigungen	Jede Lieferung
1c		Überprüfung der Lagerung	Trockene, luftige Lagerung; keine Verunreinigung; keine Übertragung korrosionsfördernder Stoffe (siehe Abschnitt 6.5.1)	Bei Bedarf
2	Fertigspannglieder	Überprüfung der Lieferung	Einhalten der Bestimmungen von Abschnitt 6.5.3	Jede Lieferung
3	Spannverfahren	–	Einhalten der Zulassung	Jede Anwendung
4	Vorrichtungen für das Spannen	Überprüfung der Spanneinrichtung	Einhalten der Toleranzen nach Abschnitt 5.2	Halbjährlich
5	Vorspannen	Messungen laut Spannprogramm (siehe Abschnitt 5.3)	Einhalten des Spannprogramms	Jeder Spannvorgang
6	Einpreßarbeiten	Überprüfung des Einpressens	Einhalten von DIN 4227 Teil 5	Jedes Spannglied

Tabelle 2. **Mindestbetonfestigkeiten beim Vorspannen**

	1	2	3
	Zugeordnete Festigkeitsklasse	Würfeldruckfestigkeit β_{Wm} beim Teilvorspannen N/mm^2	Würfeldruckfestigkeit β_{Wm} beim endgültigen Vorspannen N/mm^2
1	B 25	12	24
2	B 35	16	32
3	B 45	20	40
4	B 55	24	48

Anmerkung:
Die „zugeordnete Festigkeitsklasse" ist die laut Zulassung für das jeweilige Spannverfahren erforderliche Festigkeitsklasse des Betons.

5.2 Vorrichtungen für das Spannen

(1) Vorrichtungen für das Spannen sind vor ihrer ersten Benutzung und später in der Regel halbjährlich mit kalibrierten Geräten darauf zu prüfen, welche Abweichungen vom Sollwert die Anzeigen der Spannvorrichtungen aufweisen. Soweit diese Abweichungen von äußeren Einflüssen abhängen (z. B. bei Öldruckpressen von der Temperatur), ist dies zu berücksichtigen.

(2) Vorrichtungen, deren Fehlergrenze der Anzeige im Bereich der endgültigen Vorspannkraft um mehr als 5 % vom Prüfdiagramm abweicht, dürfen nicht verwendet werden.

5.3 Verfahren und Messungen beim Spannen

(1) Die Vorspannung ist entsprechend einem Spannprogramm aufzubringen. Dieses muß für jedes Spannglied neben der zeitlichen Folge des Spannens Angaben über Spannkraft und Spannweg unter Berücksichtigung der Zusammendrückung des Betons, der Reibung, des Schlupfes und des Zeitpunktes des Lehrgerüstabsenkens enthalten. Im Falle von Teilvorspannung sind die bis zum endgültigen Vorspannen eingetretenen Spannkraftverluste zu berücksichtigen. Das Spannprogramm ist so aufzustellen, daß keine unzulässigen Beanspruchungen des Betons entstehen.

(2) Über das Spannen ist ein Spannprotokoll zu führen, in das alle beim Spannen durchgeführten Messungen einschließlich etwaiger Unregelmäßigkeiten einzutragen sind. Die Messungen müssen mindestens Spannkraft und Spannweg umfassen. Wenn die Summe aus den Absolutwerten der prozentualen Abweichung von der Sollspannkraft und der prozentualen Abweichung vom Sollspannweg bei einem einzelnen Spannglied mehr als 15 % beträgt, muß die zuständige Bauaufsicht unverzüglich verständigt werden. Ist die Abweichung von der Sollspannkraft oder vom Sollspannweg bei der Summe aller in einem Querschnitt liegenden Spannglieder größer als 5 %, so ist gleichfalls die Bauaufsicht zu verständigen.

(3) Schlagartige Übertragung der Vorspannkraft ist zu vermeiden.

6 Grundsätze für die bauliche Durchbildung und Bauausführung

6.1 Bewehrung aus Betonstahl

(1) Für die Bewehrung gilt DIN 1045/07.88, Abschnitte 13 und 18.

(2) Als glatter Betonstahl BSt 220 (Kennzeichen I) darf nur warmgewalzter Rundstahl nach DIN 1013 Teil 1 aus St 37-2

nach DIN 17 100 in den Nenndurchmessern $d_s = 8, 10, 12, 14, 16, 20, 25$ und 28 mm verwendet werden[3]).

(3) **Druckbeanspruchte Bewehrungsstäbe** in der äußeren Lage sind je m^2 Oberfläche an mindestens vier verteilt angeordneten Stellen gegen Ausknicken zu sichern (z.B. durch S-Haken oder Steckbügel), wenn unter Gebrauchslast die Betondruckspannung 0,2 β_{WN} überschritten wird. Die Sicherung kann bei höchstens 16 mm dicken Längsstäben entfallen, wenn die Betondeckung mindestens gleich der doppelten Stabdicke ist. Eine statisch erforderliche Druckbewehrung ist nach DIN 1045/07.88, Abschnitt 25.2.2.2, zu verbügeln.

6.2 Spannglieder

6.2.1 Betondeckung von Hüllrohren

Die Betondeckung von Hüllrohren für Spannglieder muß mindestens gleich dem 0,6fachen Hüllrohr-Innendurchmesser sein; sie darf 4 cm nicht unterschreiten.

6.2.2 Lichter Abstand der Hüllrohre

Der lichte Abstand der Hüllrohre muß mindestens gleich dem 0,8fachen Hüllrohr-Innendurchmesser sein, er darf 2,5 cm nicht unterschreiten.

6.2.3 Betondeckung von Spanngliedern mit sofortigem Verbund

(1) Die Betondeckung von Spanngliedern mit sofortigem Verbund wird durch die Anforderungen an den Korrosionsschutz, an das ordnungsgemäße Einbringen des Betons und an die wirksame Verankerung bestimmt; der Höchstwert ist maßgebend.

(2) Der Korrosionsschutz ist im allgemeinen sichergestellt, wenn für die Spannglieder die Mindestmaße der Betondeckung nach DIN 1045/07.88, Tabelle 10, Spalte 3, um 1,0 cm erhöht werden.

(3) In den folgenden Fällen genügt es, für die Spannglieder die Mindestmaße der Betondeckung nach DIN 1045/07.88, Tabelle 10, Spalte 3, um 0,5 cm zu erhöhen:

a) bei Platten, Schalen und Faltwerken, wenn die Spannglieder innerhalb der Betondeckung nicht von Betonstahlbewehrung gekreuzt werden,

b) an den Stellen der Fertigteile, an die mindestens eine 2,0 cm dicke Ortbetonschicht anschließt,

c) bei Spanngliedern, die für die Tragfähigkeit der fertig eingebauten Teile nicht von Bedeutung sind, z.B. Transportbewehrung.

(4) Mit Rücksicht auf das ordnungsgemäße Einbringen des Betons soll die Betondeckung größer als die Korngröße des überwiegenden Teils des Zuschlags sein.

(5) Für die wirksame Verankerung runder gerippter Einzeldrähte und Litzen mit $d_v \leq 12$ mm sowie nichtrunder gerippter Einzeldrähte mit $d_v \leq 8$ mm gelten folgende Mindestbetondeckungen:

$c = 1{,}5\ d_v$ bei profilierten Drähten und bei Litzen aus glatten Einzeldrähten (1)

$c = 2{,}5\ d_v$ bei gerippten Drähten (2)

Darin ist für d_v zu setzen:

a) bei Runddrähten der Spanndrahtdurchmesser,

b) bei nichtrunden Drähten der Vergleichsdurchmesser eines Runddrahtes gleicher Querschnittsfläche,

c) bei Litzen der Nenndurchmesser.

[3]) Die bisherigen Regelungen der DIN 4227 Teil 1/12.79 für den Betonstahl I sind in das DAfStb-Heft 320 übernommen.

6.2.4 Lichter Abstand der Spannglieder bei Vorspannung mit sofortigem Verbund

(1) Der lichte Abstand der Spannglieder bei Vorspannung mit sofortigem Verbund muß größer als die Korngröße des überwiegenden Teils des Zuschlags sein; er soll außerdem die aus den Gleichungen (1) und (2) sich ergebenden Werte nicht unterschreiten.

(2) Bei der Verteilung von Spanngliedern über die Breite eines Querschnitts dürfen innerhalb von Gruppen mit 2 oder 3 Spanngliedern mit $d_v \leq 10$ mm die lichten Abstände der einzelnen Spannglieder bis auf 1,0 cm verringert werden, wenn die Gesamtanzahl in einer Lage nicht größer ist als bei gleichmäßiger Verteilung zulässig.

6.2.5 Verzinkte Einbauteile

Zwischen Spanngliedern und verzinkten Einbauteilen muß mindestens 2,0 cm Beton vorhanden sein; außerdem darf keine metallische Verbindung bestehen.

6.2.6 Mindestanzahl

(1) In der vorgedrückten Zugzone tragender Spannbetonbauteile muß die Anzahl der Spannglieder bzw. bei Verwendung von Bündelspanngliedern die Gesamtanzahl der Drähte oder Stäbe mindestens den Werten der Tabelle 3, Spalte 2, entsprechen. Die Werte gelten unter der Voraussetzung, daß gleiche Stab- bzw. Drahtdurchmesser verwendet werden.

(2) Bei Verwendung von Stäben bzw. Drähten unterschiedlicher Querschnitte ist stets der Nachweis nach den Absätzen (3) und (4) zu führen.

Tabelle 3. **Anzahl der Spannglieder**

	1	2	3
	Art der Spannglieder	Mindestanzahl nach Absatz (1)	Anzahl der rechnerisch ausfallenden Stäbe bzw. Drähte [1])
1	Einzelstäbe bzw. -drähte	3	1
2	Stäbe bzw. Drähte bei Bündelspanngliedern	7	3
3	7drähtige Litzen Einzeldrahtdurchmesser $d_v \geq 4$ mm [2])	1	–

[1]) Bei Verwendung von Stäben bzw. Drähten unterschiedlicher Querschnitte sind die jeweils dicksten Stäbe bzw. Drähte in Ansatz zu bringen.

[2]) Werden in Ausnahmefällen Litzen mit geringerem Drahtdurchmesser verwendet, so beträgt die Mindestanzahl 2.

(3) Eine Unterschreitung der Werte nach Tabelle 3, von Spalte 2, Zeilen 1 und 2, ist zulässig, wenn der Nachweis geführt wird, daß bei Ausfall von Stäben bzw. Drähten entsprechend den Werten von Spalte 3 die Beanspruchung aus 1,0fachen Einwirkungen aus Last und Zwang aufgenommen werden können. Dieser Nachweis ist auf der Grundlage der für rechnerischen Bruchzustand getroffenen Festlegungen (siehe Abschnitte 11, 12.3, 12.4) zu führen, wobei anstelle von $\gamma = 1{,}75$ jeweils $\gamma = 1{,}0$ gesetzt werden darf.

(4) Tragreserven, z. B. aus Querabtragung der Lasten, sowie mögliche Umlagerungen der Schnittgrößen aus Änderungen des statischen Systems dürfen berücksichtigt werden. Werden bei diesem Nachweis auch Stahlbetonbauteile nach DIN 1045 in Rechnung gestellt, so darf anstelle der in DIN 1045/07.88, Abschnitt 17.2.2, genannten Sicherheitsbeiwerte einheitlich $\gamma = 1{,}0$ gesetzt werden. Bei der Bemessung für Querkraft und Torsion dürfen dabei die Grundwerte der Schubspannung nach DIN 1045/07.88, Abschnitt 17.5, auf das 1,75fache vergrößert werden.

6.3 Schweißen

(1) Für das Schweißen von Betonstahl gilt DIN 1045/07.88, Abschnitte 6.6 und 7.5.2 sowie DIN 4099. Das Schweißen an Spannstählen ist unzulässig; dagegen ist Brennschneiden hinter der Verankerung zulässig.

(2) Spannstahl und Verankerungen sind vor herunterfallendem Schweißgut zu schützen (z. B. durch widerstandsfähige Ummantelungen).

6.4 Einbau der Hüllrohre

(1) Hüllrohre dürfen keine Knicke, Eindrückungen oder andere Beschädigungen haben, die den Spann- oder Einpreßvorgang behindern. Hierfür kann es erforderlich werden, z. B. in Hochpunkten Verstärkungen nach DIN 18 553, anzuordnen.

(2) Hüllrohre müssen so gelagert, transportiert und verarbeitet werden, daß kein Wasser oder andere für den Spannstahl schädliche Stoffe in das Innere eindringen können. Hüllrohrstöße und -anschlüsse sind durch besondere Maßnahmen, z. B. durch Umwicklung mit geeigneten Dichtungsbändern, abzudichten. Die Hüllrohre sind so zu befestigen, daß sie sich während des Betonierens nicht verschieben.

6.5 Herstellung, Lagerung und Einbau der Spannglieder

6.5.1 Allgemeines

(1) Der Spannstahl muß bei der Spanngliedherstellung sauber und frei von schädigendem Rost sein und darf hierbei nicht naß werden.

(2) Spannstähle mit leichtem Flugrost dürfen verwendet werden. Der Begriff „leichter Flugrost" gilt für einen gleichmäßigen Rostansatz, der noch nicht zur Bildung von mit bloßem Auge erkennbaren Korrosionsnarben geführt hat und sich im allgemeinen durch Abwischen mit einem trockenen Lappen entfernen läßt. Eine Entrostung braucht jedoch auf diese Weise nicht vorgenommen zu werden.

(3) Beim Ablängen und Einbau der Spannstähle sind Knicke und Verletzungen zu vermeiden. Fertige Spannglieder sind bis zum Einbau in das Bauwerk bodenfrei und trocken zu lagern und vor Berührung mit schädigenden Stoffen zu schützen. Spannstahl ist auch in der Zeitspanne zwischen dem Verlegen und der Herstellung des Verbundes vor Korrosion und Verschmutzung zu schützen.

(4) Die Spannstähle für ein Spannglied sollen im Regelfall aus einer Lieferposition (Schmelze) entnommen werden. Die Zuordnung von Spanngliedern zur Lieferposition ist in den Aufzeichnungen nach Abschnitt 4 zu vermerken.

(5) Ankerplatten und Ankerkörper müssen rechtwinklig zur Spanngliedachse liegen.

6.5.2 Korrosionsschutz bis zum Einpressen

(1) Die Zeitspanne zwischen Herstellen des Spanngliedes und Einpressen des Zementmörtels ist eng zu begrenzen. Im Regelfall ist nach dem Vorspannen unverzüglich Zementmörtel in die Spannkanäle einzupressen. Zulässige Zeitspannen sind unter Berücksichtigung der örtlichen Gegebenheiten zu beurteilen.

(2) Wenn das Eindringen und Ansammeln von Feuchte (auch Kondenswasser) vermieden wird, dürfen ohne besonderen Nachweis folgende Zeitspannen als unschädlich für den Spannstahl angesehen werden:

bis zu 12 Wochen zwischen dem Herstellen des Spanngliedes und dem Einpressen,

davon bis zu 4 Wochen frei in der Schalung

und bis zu etwa 2 Wochen in gespanntem Zustand.

(3) Werden diese Bedingungen nicht eingehalten, so sind besondere Maßnahmen zum vorübergehenden Korrosionsschutz der Spannstähle vorzusehen; andernfalls ist der Nachweis zu führen, daß schädigende Korrosion nicht auftritt.

(4) Als besondere Schutzmaßnahme ist z. B. ein zeitweises Spülen der Spannkanäle mit vorgetrockneter und erforderlichenfalls gereinigter Luft geeignet.

(5) Die ausreichende Schutzwirkung und die Unschädlichkeit der Maßnahmen für den Spannstahl, für den Einpreßmörtel und für den Verbund zwischen Spanngliedern und Einpreßmörtel sind nachzuweisen.

6.5.3 Fertigspannglieder

(1) Die Fertigung muß in geschlossenen Hallen erfolgen.

(2) Die für den Spannstahl nach Zulassungsbescheid geltenden Bedingungen für Lagerung und Transport sind auch für die fertigen Spannglieder zu beachten; diese dürfen das Werk nur in abgedichteten Hüllrohren verlassen.

(3) Bei Auslieferung der Spannglieder sind folgende Unterlagen beizufügen:

- Lieferschein mit Angabe von Bauvorhaben, Spanngliedtyp, Positionsnummer der Spannglieder, Fertigungs- und Auslieferungsdatum und der Bestätigung, daß die Spannglieder güteüberwacht sind. Der Lieferschein muß auch die Angaben der Anhängeschilder der jeweils verwendeten Spannstähle enthalten;
- bei Verwendung von Restmengen oder Verschnitt Angaben über die Herkunft;
- Lieferzeugnisse für den Spannstahl und Lieferscheine für die Zubehörteile mit Angabe der hierfür fremdüberwachenden Stelle.

(4) Die Spannglieder sind durch den Bauleiter des Unternehmens oder dessen fachkundigen Vertreter bei Anlieferung auf Transportschäden (sichtbare Schäden an Hüllrohren und Ankern) zu überprüfen.

6.6 Herstellen des nachträglichen Verbundes

(1) Das Einpressen von Zementmörtel in die Spannkanäle erfordert besondere Sorgfalt.

(2) Es gilt DIN 4227 Teil 5. Es muß sichergestellt sein, daß die Spannstähle mit Zementmörtel umhüllt sind.

(3) Das Einpressen in jeden einzelnen Spannkanal ist im Protokoll unter Angabe etwaiger Unregelmäßigkeiten zu vermerken. Die Protokolle sind zu den Bauakten zu nehmen.

6.7 Mindestbewehrung

6.7.1 Allgemeines

(1) Sofern sich nach der Bemessung oder aus konstruktiven Gründen keine größere Bewehrung ergibt, ist eine Mindestbewehrung nach den nachstehenden Grundsätzen anzuordnen. Dabei sollen die Stababstände 20 cm nicht überschreiten. Bei Vorspannung mit sofortigem Verbund dürfen die Spanndrähte als Betonstabstahl IV S auf die Mindestbewehrung angerechnet werden. In jedem Querschnitt ist nur der Höchstwert von Oberflächen- oder Längs- oder Schubbewehrung maßgebend. Eine Addition der verschiedenen Arten von Mindestbewehrung ist nicht erforderlich.

Tabelle 4. **Mindestbewehrung und erhöhte Mindestbewehrung (Werte in Klammern)**

	1	2	3	4	5
		Platten/Gurtplatten oder breite Balken ($b_0 > d_0$)		Balken mit $b_0 \leq d_0$ Stege von Plattenbalken	
		Für alle Bauteile außer solchen von Brücken und vergleichbaren Bauwerken	Bei Brücken und vergleichbaren Bauwerken	Für alle Bauteile außer solchen von Brücken und vergleichbaren Bauwerken	Bei Brücken und vergleichbaren Bauwerken
1a	Bewehrung je m an der Ober- und Unterseite (jede der 4 Lagen), siehe auch Abschnitt 6.7.2	0,5 μd	1,0 μd	–	–
1b	Längsbewehrung je m in Gurtplatten (obere und untere Lage je für sich)	0,5 μd	1,0 μd (5,0 μd)	–	–
2a	Längsbewehrung je m bei Balken an jeder Seitenfläche, bei Platten an jedem gestützten oder nicht gestützten Rand	0,5 μd	1,0 μd	0,5 μb_0	1,0 μb_0
2b	Längsbewehrung bei Balken jeweils oben und unten	–	–	0,5 $\mu b_0\, b_0$	1,0 $\mu \cdot b_0\, d_0$ (2,5 $\mu \cdot b_0\, d_0$)
3	Lotrechte Bewehrung je m an jedem gestützten oder nicht gestützten Rand (siehe auch DIN 1045/07.88, Abschnitt 18.9.1)	1,0 μd	1,0 μd	–	–
4	Schubbewehrung für Scheibenschub (Summe der Lagen)	a) 1,0 μd (in Querrichtung vorgespannt) b) 2,0 μd (in Querrichtung nicht vorgespannt)	2,0 μd	–	–
5	Schubbewehrung von Balkenstegen (Summe der Bügel)	2,0 μb_0 (nur bei breiten Balken, wenn σ_1 größer ist als die Werte der Tabelle 9, Zeile 51)		2,0 μb_0	2,0 μb_0

Die Werte für μ sind der Tabelle 5 zu entnehmen.

b_0 Stegbreite in Höhe der Schwerlinie des gesamten Querschnitts, bei Hohlplatten mit annähernd kreisförmiger Aussparung die kleinste Stegbreite

d_0 Balkendicke

d Plattendicke

(2) Bei Brücken und vergleichbaren Bauwerken (das sind Bauwerke im Freien unter nicht vorwiegend ruhender Belastung) dürfen die Bewehrungsstäbe bei Verwendung von Betonstabstahl III S und Betonstabstahl IV S den Stabdurchmesser 10 mm und bei Betonstahlmatten IV M den Stabdurchmesser 8 mm bei 150 mm Maschenweite nicht unterschreiten.

(3) Bei Brücken und vergleichbaren Bauwerken ist eine erhöhte Mindestbewehrung in gezogenen bzw. weniger gedrückten Querschnittsteilen (siehe Tabelle 4, Zeilen 1b und 2b, Werte in Klammern) anzuordnen, wenn im Endzustand unter Haupt- und Zusatzlasten die nach Zustand I ermittelte Betondruckspannung am Rand dem Betrag nach kleiner als 2 N/mm^2 ist. Dabei dürfen Spannglieder unter Berücksichtigung der unterschiedlichen Verbundeigenschaften angerechnet werden[4]). In Gurtplatten sind Stabdurchmesser $\leq$ 16 mm zu verwenden, sofern kein genauer Nachweis erfolgt[4]).

6.7.2 Oberflächenbewehrung von Spannbetonplatten

(1) An der Ober- und Unterseite sind Bewehrungsnetze anzuordnen, die aus zwei sich annähernd rechtwinklig kreuzenden Bewehrungslagen mit einem Querschnitt nach Tabelle 4, Zeilen 1a und 1b, bestehen. Die einzelnen Bewehrungen können in mehrere oberflächennahe Lagen aufgeteilt werden.

[4]) Nachweise siehe DAfStb-Heft 320

(2) Abweichend davon ist bei statisch bestimmt gelagerten Platten des üblichen Hochbaues (nach DIN 1045/07.88, Abschnitt 2.2.4) eine obere Mindestbewehrung nicht erforderlich. Bei Platten mit Vollquerschnitt und einer Breite $b \leq 1{,}20$ m darf außerdem die untere Mindestquerbewehrung entfallen. Bei rechnerisch nicht berücksichtigter Einspannung ist jedoch die Mindestbewehrung in Einspannrichtung über ein Viertel der Plattenstützweite einzulegen.

Tabelle 5. **Grundwerte μ der Mindestbewehrung in %**

	1	2	3
	Vorgesehene Betonfestigkeitsklasse	III S	IV S IV M
1	B 25	0,07	0,06
2	B 35	0,09	0,08
3	B 45	0,10	0,09
4	B 55	0,11	0,10

(3) Bei Hohlplatten mit annähernd kreisförmigen Aussparungen darf die Längsbewehrung auf den reinen Betonquerschnitt bezogen werden. Die Querbewehrung ist in gleicher Größe wie die Längsbewehrung zu wählen. Die Stege müssen hierbei eine Schubbewehrung nach Abschnitt 6.7.5 erhalten. Hohlplatten mit annähernd rechteckigen Aussparungen sind wie Kastenträger zu behandeln.

(4) Bei Platten mit veränderlicher Dicke darf die Mindestbewehrung auf die gemittelte Plattendicke d_m bezogen werden.

6.7.3 Schubbewehrung von Gurtscheiben

(1) Wirkt die Platte gleichzeitig als Gurtscheibe, muß die Mindestbewehrung zur Aufnahme des Scheibenschubs auf die örtliche Plattendicke bezogen werden.

(2) Für die Schubbewehrung von Gurtscheiben gilt Tabelle 4, Zeile 4.

6.7.4 Längsbewehrung von Balkenstegen

Für die Längsbewehrung von Balkenstegen gilt Tabelle 4, Zeilen 2a und 2b. Mindestens die Hälfte der erhöhten Mindestbewehrung muß am unteren und/oder oberen Rand des Steges liegen, der Rest darf über das untere und/oder obere Drittel der Steghöhe verteilt sein.

6.7.5 Schubbewehrung von Balkenstegen

Für die Schubbewehrung von Balkenstegen gilt Tabelle 4, Zeile 5.

6.7.6 Längsbewehrung im Stützenbereich durchlaufender Tragwerke bei Brücken und vergleichbaren Bauwerken

(1) Im Stützenbereich durchlaufender Tragwerke bei Brücken und vergleichbaren Bauwerken – mit Ausnahme massiver Vollplatten – ist eine Längsbewehrung im unteren Drittel der Stegfläche und in der unteren Platte vorzusehen, wenn die Randdruckspannungen dem Betrag nach kleiner als 1 N/mm^2 sind. Diese Längsbewehrung ist aus der Querschnittsfläche des gesamten Steges und der unteren Platte zu ermitteln. Der Bewehrungsprozentsatz darf bei Randdruckspannungen zwischen 0 und 1 N/mm^2 linear zwischen 0,2 % und 0 % interpoliert werden.

(2) Die Hälfte dieser Bewehrung darf frühestens in einem Abstand $(d_0 + l_0)$, der Rest in einem Abstand $(2\,d_0 + l_0)$ von der Lagerachse enden (d_0 Balkendicke, l_0 Grundmaß der Verankerungslänge nach DIN 1045/07.88, Abschnitt 18.5.2.1).

6.8 Beschränkung von Temperatur und Schwindrissen

(1) Wenn die Gefahr besteht, daß die Hydratationswärme des Zements in dicken Bauteilen zu hohen Temperaturspannungen und dadurch zu Rissen führt, sind geeignete Gegenmaßnahmen zu ergreifen (z. B. niedrige Frischbetontemperatur durch gekühlte Ausgangsstoffe, Verwendung von Zementen mit niedriger Hydratationswärme, Aufbringen einer Teilvorspannung, Kühlen des erhärtenden Betons durch eingebaute Kühlrohre, Schutz des warmen Betons vor zu rascher Abkühlung).

(2) Auch beim abschnittsweisen Betonieren (z. B. Bodenplatte – Stege – Fahrbahnplatte bei einer Brücke) können Maßnahmen gegen Risse infolge von Temperaturunterschieden oder Schwinden erforderlich werden.

7 Berechnungsgrundlagen

7.1 Erforderliche Nachweise

Es sind folgende Nachweise zu erbringen:

a) Im Gebrauchszustand (siehe Abschnitt 9) der Nachweis, daß die hierfür zugelassenen Spannungen nach Abschnitt 15, Tabelle 9, nicht überschritten werden. Dieser Nachweis ist unter der Annahme eines linearen Zusammenhanges zwischen Spannung und Dehnung zu führen.

b) Der Nachweis zur Beschränkung der Rißbreite nach Abschnitt 10.

c) Der Nachweis der Sicherheit gegen Versagen nach Abschnitt 11 (rechnerischer Bruchzustand).

d) Der Nachweis der schiefen Hauptspannungen und der Schubdeckung nach Abschnitt 12.

e) Der Nachweis der Beanspruchung des Verbundes nach Abschnitt 13.

f) Der Nachweis der Zugkraftdeckung sowie der Verankerung und Kopplung der Spannglieder nach den Abschnitten 14 und 15.9.

7.2 Formänderung des Betonstahles und des Spannstahles

Für alle Nachweise im Gebrauchszustand darf mit elastischem Verhalten des Beton- und Spannstahles gerechnet werden. Für den Betonstahl gilt DIN 1045/07.88, Abschnitt 16.2.1. Für Spannstähle darf als Rechenwert des Elastizitätsmoduls bei Drähten und Stäben $2{,}05 \cdot 10^5$ N/mm^2, bei Litzen $1{,}95 \cdot 10^5$ N/mm^2 angenommen werden. Bei der Ermittlung der Spannwege ist der Elastizitätsmodul des Spannstahles stets der Zulassung zu entnehmen.

7.3 Formänderung des Betons

(1) Bei allen Nachweisen im Gebrauchszustand und für die Berechnung der Schnittgrößen oberhalb des Gebrauchszustandes darf mit einem für Druck und Zug gleich großen Elastizitätsmodul E_b bzw. Schubmodul G_b nach Tabelle 6 gerechnet werden. Diese Richtwerte beziehen sich auf Beton mit Zuschlag aus überwiegend quarzitischem Kiessand (z. B. Rheinkiessand). Unter sonst gleichen Bedingungen können stark wassersaugende Sedimentgesteine (häufig bei Sandsteinen) einen bis zu 40 % niedrigeren, dichte magmatische Gesteine (z. B. Basalt) einen bis zu 40 % höheren Elastizitätsmodul und Schubmodul bewirken.

(2) Soll der Einfluß der Querdehnung berücksichtigt werden, darf dieser mit $\mu = 0{,}2$ angesetzt werden.

(3) Zur Berechnung der Formänderung des Betons oberhalb des Gebrauchszustandes siehe DIN 1045/07.88, Abschnitt 16.3.

Tabelle 6. **Elastizitätsmodul und Schubmodul des Betons** (Richtwerte)

	1	2	3
	Betonfestigkeitsklasse	Elastizitätsmodul E_b N/mm²	Schubmodul G_b N/mm²
1	B 25	30 000	13 000
2	B 35	34 000	14 000
3	B 45	37 000	15 000
4	B 55	39 000	16 000

7.4 Mitwirkung des Betons in der Zugzone

Bei Berechnungen im Gebrauchszustand darf die Mitwirkung des Betons auf Zug berücksichtigt werden. Für die Rissebeschränkung siehe jedoch Abschnitt 10.2.

7.5 Nachträglich ergänzte Querschnitte

Bei Querschnitten, die nachträglich durch Anbetonieren ergänzt werden, sind die Nachweise nach Abschnitt 7.1 sowohl für den ursprünglichen als auch für den ergänzten Querschnitt zu führen. Beim Nachweis für den rechnerischen Bruchzustand des ergänzten Querschnitts darf so vorgegangen werden, als ob der Gesamtquerschnitt von Anfang an einheitlich hergestellt worden wäre. Für die erforderliche Anschlußbewehrung siehe Abschnitt 12.7.

7.6 Stützmomente

Die Momentenfläche muß über den Unterstützungen parabelförmig ausgerundet werden, wenn bei der Berechnung eine frei drehbare Lagerung angenommen wurde (siehe DIN 1045/07.88, Abschnitt 15.4.1.2).

8 Zeitabhängiges Verformungsverhalten von Stahl und Beton

8.1 Begriffe und Anwendungsbereich

(1) Mit Kriechen wird die zeitabhängige Zunahme der Verformungen unter andauernden Spannungen und mit Relaxation die zeitabhängige Abnahme der Spannungen unter einer aufgezwungenen Verformung von konstanter Größe bezeichnet.

(2) Unter Schwinden wird die Verkürzung des unbelasteten Betons während der Austrocknung verstanden. Dabei wird angenommen, daß der Schwindvorgang durch die im Beton wirkenden Spannungen nicht beeinflußt wird.

(3) Die folgenden Festlegungen gelten nur für übliche Beanspruchungen und Verhältnisse. Bei außergewöhnlichen Verhältnissen (z. B. hohe Temperaturen, auch kurzzeitig wie bei Wärmebehandlung) sind zusätzliche Einflüsse zu berücksichtigen.

8.2 Spannstahl

Zeitabhängige Spannungsverluste des Spannstahles (Relaxation) müssen entsprechend den Zulassungsbescheiden des Spannstahles berücksichtigt werden.

8.3 Kriechzahl des Betons

(1) Das Kriechen des Betons hängt vor allem von der Feuchte der umgebenden Luft, den Maßen des Bauteiles und der Zusammensetzung des Betons ab. Das Kriechen wird außerdem vom Erhärtungsgrad des Betons beim Belastungsbeginn und von der Dauer und der Größe der Beanspruchung beeinflußt.

(2) Mit der Kriechzahl φ_t wird der durch das Kriechen ausgelöste Verformungszuwachs ermittelt. Für konstante Spannung σ_0 gilt:

$$\varepsilon_k = \frac{\sigma_0}{E_b} \varphi_t \tag{3}$$

Bei veränderlicher Spannung gilt Abschnitt 8.7.2. Für E_b gilt Abschnitt 7.3.

(3) Da im allgemeinen die Auswirkungen des Kriechens nur für den Zeitpunkt $t = \infty$ zu berücksichtigen sind, kann vereinfachend mit den Endkriechzahlen φ_∞ nach Tabelle 7 gerechnet werden.

(4) Ist ein genauerer Nachweis erforderlich oder sind die Auswirkungen des Kriechens zu einem anderen als zum Zeitpunkt $t = \infty$ zu beurteilen, so kann φ_t aus einem Fließanteil und einem Anteil der verzögert elastischen Verformung ermittelt werden:

$$\varphi_t = \varphi_{f0} \cdot (k_{f,t} - k_{f,t0}) + 0{,}4\, k_{v,(t-t0)} \tag{4}$$

Hierin bedeuten:

φ_{f0} Grundfließzahl nach Tabelle 8, Spalte 3.

k_f Beiwert nach Bild 1 für den zeitlichen Ablauf des Fließens unter Berücksichtigung der wirksamen Körperdicke d_{ef} nach Abschnitt 8.5, der Zementart und des wirksamen Alters.

t Wirksames Betonalter zum untersuchten Zeitpunkt nach Abschnitt 8.6.

t_0 Wirksames Betonalter beim Aufbringen der Spannung nach Abschnitt 8.6.

k_v Beiwert nach Bild 2 zur Berücksichtigung des zeitlichen Ablaufes der verzögert elastischen Verformung.

(5) Wenn sich der zu untersuchende Kriechprozeß über mehr als 3 Monate erstreckt, darf vereinfachend $k_{v,(t-t0)} = 1$ gesetzt werden.

8.4 Schwindmaß des Betons

(1) Das Schwinden des Betons hängt vor allem von der Feuchte der umgebenden Luft, den Maßen des Bauteiles und der Zusammensetzung des Betons ab.

(2) Ist die Auswirkung des Schwindens vom Wirkungsbeginn bis zum Zeitpunkt $t = \infty$ zu berücksichtigen, so kann mit den Endschwindmaßen $\varepsilon_{s\infty}$ nach Tabelle 7 gerechnet werden.

(3) Sind die Auswirkungen des Schwindens zu einem anderen als zum Zeitpunkt $t = \infty$ zu beurteilen, so kann der maßgebende Teil des Schwindmaßes bis zum Zeitpunkt t nach Gleichung (5) ermittelt werden:

$$\varepsilon_{s,t} = \varepsilon_{s0} \cdot (k_{s,t} - k_{s,t0}) \tag{5}$$

Hierin bedeuten:

ε_{s0} Grundschwindmaß nach Tabelle 8, Spalte 4.

k_s Beiwert zur Berücksichtigung der zeitlichen Entwicklung des Schwindens nach Bild 3.

t Wirksames Betonalter zum untersuchten Zeitpunkt nach Abschnitt 8.6.

t_0 Wirksames Betonalter nach Abschnitt 8.6 zu dem Zeitpunkt, von dem ab der Einfluß des Schwindens berücksichtigt werden soll.

Tabelle 7. **Endkriechzahl und Endschwindmaß in Abhängigkeit vom wirksamen Betonalter und der mittleren Dicke des Bauteiles** (Richtwerte)

Kurve	Lage des Bauteiles	Mittlere Dicke $d_m = 2\,\frac{A\,^{1)}}{u}$	Endkriechzahl φ_∞	Endschwindmaße ε_∞
1	feucht, im Freien (relative Luftfeuchte ≈ 70 %)	klein (≤ 10 cm)	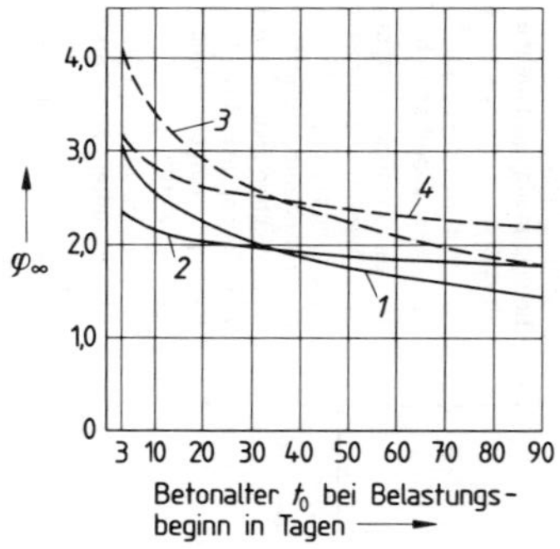4,0 3,0 2,0 1,0 0 φ_∞ 1 2 3 4 3 10 20 30 40 50 60 70 80 90 Betonalter t_0 bei Belastungs-beginn in Tagen	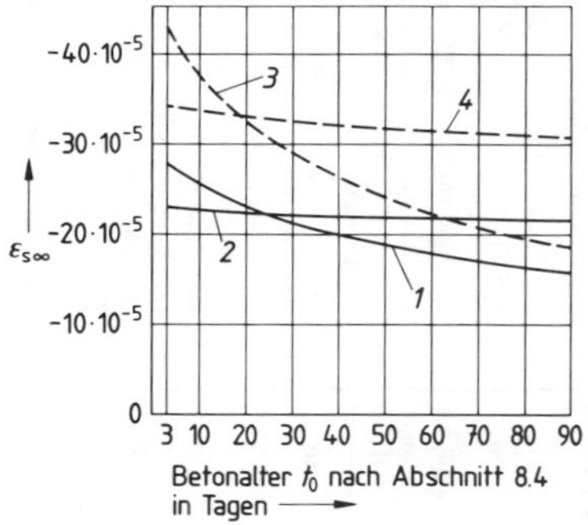-40·10⁻⁵ -30·10⁻⁵ -20·10⁻⁵ -10·10⁻⁵ 0 $\varepsilon_{s\infty}$ 1 2 3 4 3 10 20 30 40 50 60 70 80 90 Betonalter t_0 nach Abschnitt 8.4 in Tagen
2		groß (≥ 80 cm)		
3	trocken, in Innenräumen (relative Luftfeuchte ≈ 50 %)	klein (≤ 10 cm)		
4		groß (≥ 80 cm)		

Anwendungsbedingungen:

Die Werte dieser Tabelle gelten für den Konsistenzbereich KP. Für die Konsistenzbereiche KS bzw. KR sind die Werte um 25 % zu ermäßigen bzw. zu erhöhen. Bei Verwendung von Fließmitteln darf die Ausgangskonsistenz angesetzt werden.

Die Tabelle gilt für Beton, der unter Normaltemperatur erhärtet und für den Zement der Festigkeitsklassen Z 35 F und Z 45 F verwendet wird. Der Einfluß auf das Kriechen von Zement mit langsamer Erhärtung (Z 25, Z 35 L, Z 45 L) bzw. mit sehr schneller Erhärtung (Z 55) kann dadurch berücksichtigt werden, daß die Richtwerte für den halben bzw. 1,5fachen Wert des Betonalters bei Belastungsbeginn abzulesen sind.

[1]) A Fläche des Betonquerschnitts; u der Atmosphäre ausgesetzter Umfang des Bauteiles.

Tabelle 8. **Grundfließzahl und Grundschwindmaß in Abhängigkeit von der Lage des Bauteiles** (Richtwerte)

	1	2	3	4	5
	Lage des Bauteiles	Mittlere relative Luftfeuchte in % etwa	Grundfließzahl φ_{f0}	Grundschwindmaß ε_{s0}	Beiwert k_{ef} nach Abschnitt 8.5
1	im Wasser		0,8	$+10 \cdot 10^{-5}$	30
2	in sehr feuchter Luft, z. B. unmittelbar über dem Wasser	90	1,3	$-13 \cdot 10^{-5}$	5,0
3	allgemein im Freien	70	2,0	$-32 \cdot 10^{-5}$	1,5
4	in trockener Luft, z. B. in trockenen Innenräumen	50	2,7	$-46 \cdot 10^{-5}$	1,0
Anwendungsbedingungen siehe Tabelle 7					

8.5 Wirksame Körperdicke

Für die wirksame Körperdicke gilt die Gleichung

$$d_{ef} = k_{ef} \frac{2 \cdot A}{u} \tag{6}$$

Hierin bedeuten:

k_{ef} Beiwert nach Tabelle 8, Spalte 5, zur Berücksichtigung des Einflusses der Feuchte auf die wirksame Dicke.

A Fläche des gesamten Betonquerschnitts

u Die Abwicklung der der Austrocknung ausgesetzten Begrenzungsfläche des gesamten Betonquerschnitts. Bei Kastenträgern ist im allgemeinen die Hälfte des inneren Umfanges zu berücksichtigen.

8.6 Wirksames Betonalter

(1) Wenn der Beton unter Normaltemperatur erhärtet, ist das wirksame Betonalter gleich dem wahren Betonalter. In den übrigen Fällen tritt an die Stelle des wahren Betonalters das durch Gleichung (7) bestimmte wirksame Betonalter.

$$t = \sum_i \frac{T_i + 10\,°\mathrm{C}}{30\,°\mathrm{C}} \Delta t_i \tag{7}$$

Hierin bedeuten:

t Wirksames Betonalter

T_i Mittlere Tagestemperatur des Betons in °C

Δt_i Anzahl der Tage mit mittlerer Tagestemperatur T_i des Betons in °C

(2) Bei der Bestimmung von t_0 ist sinngemäß zu verfahren.

8.7 Berücksichtigung der Auswirkung von Kriechen und Schwinden des Betons

8.7.1 Allgemeines

(1) Der Einfluß von Kriechen und Schwinden muß berücksichtigt werden, wenn hierdurch die maßgebenden Schnittgrößen oder Spannungen wesentlich in die ungünstigere Richtung verändert werden.

(2) Bei der Abschätzung der zu erwartenden Verformung sind die Auswirkungen des Kriechens und Schwindens stets zu verfolgen.

(3) Der rechnerische Nachweis ist für alle dauernd wirkenden Beanspruchungen durchzuführen. Wirkt ein nennenswerter Anteil der Verkehrslast dauernd, so ist auch der durchschnittlich vorhandene Betrag der Verkehrslast als Dauerlast zu betrachten.

(4) Bei der Berechnung der Auswirkungen des Schwindens darf sein Verlauf näherungsweise affin zum Kriechen angenommen werden.

8.7.2 Berücksichtigung von Belastungsänderungen

Bei sprunghaften Änderungen der dauernd einwirkenden Spannungen gilt das Superpositionsgesetz. Ändern sich die Spannungen allmählich, z. B. unter Einfluß von Kriechen und Schwinden, so darf an Stelle von genaueren Lösungen näherungsweise als kriecherzeugende Spannung das Mittel zwischen Anfangs- und Endwert angesetzt werden, sofern die Endspannung nicht mehr als 30 % von der Anfangsspannung abweicht.

8.7.3 Besonderheiten bei Fertigteilen

(1) Bei Spannbetonfertigteilen ist der durch das zeitabhängige Verformungsverhalten des Betons hervorgerufene Spannungsabfall im Spannstahl in der Regel unter der ungünstigen Annahme zu ermitteln, daß eine Lagerungszeit von einem halben Jahr auftritt. Davon darf abgewichen werden, wenn sichergestellt ist, daß die Fertigteile in einem früheren Betonalter eingebaut und mit der maßgebenden Dauerlast belastet werden.

(2) Bei nachträglich durch Ortbeton ergänzten Deckenträgern unter 7 m Spannweite mit einer Verkehrslast $p \leq 3{,}5$ kN/m² brauchen die durch unterschiedliches Kriechen und Schwinden von Fertigteil und Ortbeton hervorgerufenen Spannungsumlagerungen nicht berücksichtigt zu werden.

(3) Ändern sich die klimatischen Bedingungen zu einem Zeitpunkt t_i nach Aufbringen der Beanspruchung erheblich, so muß dies beim Kriechen und Schwinden durch die sich abschnittsweise ändernden Grundfließzahlen φ_{f0} und zugehörigen Schwindmaße ε_{s0} erfaßt werden.

9 Gebrauchszustand, ungünstigste Laststellung, Sonderlastfälle bei Fertigteilen, Spaltzugbewehrung

9.1 Allgemeines

Zum Gebrauchszustand gehören alle Lastfälle, denen das Bauwerk während seiner Errichtung und seiner Nutzung unterworfen ist. Ausgenommen sind Beförderungszustände für Fertigteile nach Abschnitt 9.4.

9.2 Zusammenstellung der Beanspruchungen

9.2.1 Vorspannung

In diesem Lastfall werden die Kräfte und Spannungen zusammengefaßt, die allein von der ursprünglich eingetragenen Vorspannung hervorgerufen werden.

9.2.2 Ständige Last

Wird die ständige Last stufenweise aufgebracht, so ist jede Laststufe als besonderer Lastfall zu behandeln.

9.2.3 Verkehrslast, Wind und Schnee

Auch diese Lastfälle sind unter Umständen getrennt zu untersuchen, vor allem dann, wenn die Lasten zum Teil vor, zum Teil erst nach dem Kriechen und Schwinden auftreten.

9.2.4 Kriechen und Schwinden

In diesem Lastfall werden alle durch Kriechen und Schwinden entstehenden Umlagerungen der Kräfte und Spannungen zusammengefaßt.

9.2.5 Wärmewirkungen

(1) Soweit erforderlich, sind die durch Wärmewirkungen[5]) hervorgerufenen Spannungen nachzuweisen. Bei Hochbauten ist DIN 1045/07.88, Abschnitt 16.5, zu beachten.

(2) Beim Spannungsnachweis im Bauzustand brauchen bei durchlaufenden Balken und Platten Temperaturunterschiede nicht berücksichtigt zu werden, siehe jedoch Abschnitt 15.1. (3).

(3) Bei Brücken nach DIN 1072 und vergleichbaren Bauwerken mit Wärmewirkung darf beim Spannungsnachweis im Endzustand auf den Nachweis des vollen Temperaturunterschiedes bei 0,7facher Verkehrslast verzichtet werden.

9.2.6 Zwang aus Baugrundbewegungen

Bei Brücken und vergleichbaren Bauwerken ist Zwang aus wahrscheinlichen Baugrundbewegungen nach DIN 1072 zu berücksichtigen.

9.2.7 Zwang aus Anheben zum Auswechseln von Lagern

Der Lastfall Anheben zum Auswechseln von Lagern bei Brükken und vergleichbaren Bauwerken ist zu berücksichtigen. Die beim Anheben entstehende Zwangbeanspruchung darf bei der Spannungsermittlung unberücksichtigt bleiben.

9.3 Lastzusammenstellungen

Bei Ermittlung der ungünstigsten Beanspruchungen müssen in der Regel nachfolgende Lastfälle untersucht werden:

- Zustand unmittelbar nach dem Aufbringen der Vorspannung,
- Zustand mit ungünstigster Verkehrslast und teilweisem Kriechen und Schwinden,
- Zustand mit ungünstigster Verkehrslast nach Beendigung des Kriechens und Schwindens.

9.4 Sonderlastfälle bei Fertigteilen

(1) Zusätzlich zu DIN 1045/07.88, Abschnitte 19.2, 19.5.1 und 19.5.2, gilt folgendes:

(2) Für den Beförderungszustand, d. h. für alle Beanspruchungen, die bei Fertigteilen bis zum Versetzen in die für den Verwendungszweck vorgesehene Lage auftreten können, kann auf die Nachweise der Biegedruckspannungen in der Druckzone und der schiefen Hauptspannungen im Gebrauchszustand verzichtet werden. Die Zugkraft in der Zugzone muß durch Bewehrung abgedeckt werden. Der Nachweis ist nach Abschnitt 10.2 zu führen; der Stabdurchmesser d_s darf jedoch die Werte nach Gleichung (8) überschreiten.

(3) Für den Beförderungszustand darf bei den Nachweisen im rechnerischen Bruchzustand nach den Abschnitten 11, 12.3 und 12.4, der Sicherheitsbeiwert $\gamma = 1{,}75$ auf $\gamma = 1{,}3$ abgemindert werden (siehe DIN 1045/07.88, Abschnitt 19.2).

[5]) Siehe DIN 1072

(4) Bei dünnwandigen Trägern ohne Flansche bzw. mit schmalen Flanschen ist auf eine ausreichende Kippstabilität zu achten.

9.5 Spaltzugspannungen und Spaltzugbewehrung im Bereich von Spanngliedern

(1) Die zur Aufnahme der Spaltzugspannungen im Verankerungsbereich anzuordnende Bewehrung ist dem Zulassungsbescheid für das Spannverfahren zu entnehmen.

(2) Im Bereich von Spanngliedern, deren zulässige Spannkraft gemäß Tabelle 9, Zeile 65, mehr als 1500 kN beträgt, dürfen die Spaltzugspannungen außerhalb des Verankerungsbereiches den Wert

$$0{,}35 \cdot \sqrt[3]{\beta_{WN}^2} \text{ in N/mm}^2$$

nur überschreiten, wenn die Spaltzugkräfte durch Bewehrung aufgenommen werden, die für die Spannung $\beta_S/1{,}75$ bemessen ist[6]). Die Bewehrung ist in der Regel je zur Hälfte auf beiden Seiten jeder Spanngliedlage anzuordnen. Der Abstand der quer zu den Spanngliedern verlaufenden Stäbe soll 20 cm nicht überschreiten. Die Bewehrung ist an den Enden zu verankern.

10 Rissebeschränkung

10.1 Zulässigkeit von Zugspannungen

10.1.1 Volle Vorspannung

(1) Im Gebrauchszustand dürfen in der Regel keine Zugspannungen infolge von Längskraft und Biegemoment auftreten.

(2) In folgenden Fällen sind jedoch solche Zugspannungen zulässig:

a) Im Bauzustand, also z. B. unmittelbar nach dem Aufbringen der Vorspannung vor dem Einwirken der vollen ständigen Last, siehe Tabelle 9, Zeilen 15 bis 17 bzw. Zeilen 33 bis 35.

b) Bei Brücken und vergleichbaren Bauwerken unter Haupt- und Zusatzlasten, siehe Tabelle 9, Zeilen 30 bis 32; bei anderen Bauwerken unter wenig wahrscheinlicher Häufung von Lastfällen siehe Tabelle 9, Zeilen 12 bis 14.

c) Bei wenig wahrscheinlichen Laststellungen, siehe Tabelle 9, Zeilen 12 bis 14 bzw. Zeilen 30 bis 32; als wenig wahrscheinliche Laststellungen gelten z. B. die gleichzeitige Wirkung mehrerer Kräne und Kranlasten in ungünstigster Stellung oder die Berücksichtigung mehrerer Einflußlinien-Beitragsflächen gleichen Vorzeichens, die durch solche entgegengesetzten Vorzeichens voneinander getrennt sind.

(3) Gleichgerichtete Zugspannungen aus verschiedenen Tragwirkungen (z. B. Wirkung einer Platte als Gurt eines Hauptträgers bei gleichzeitiger örtlicher Lastabtragung in der Platte) sind zu überlagern; dabei dürfen die Spannungen die Werte der Tabelle 9, Zeilen 12 bis 14 bzw. Zeilen 30 bis 32, nicht überschreiten. Für Lastfallkombinationen unter Einschluß der möglichen Baugrundbewegungen nach DIN 1072 sind Nachweise der Betonzugspannungen nicht erforderlich.

10.1.2 Beschränkte Vorspannung

(1) Im Gebrauchszustand sind die in Tabelle 9, Zeilen 18 bis 26 bzw. bei Brücken und vergleichbaren Bauwerken Zeilen 36 bis 44 angegebenen Zugspannungen infolge von Längskraft und Biegemoment zulässig.

[6]) Ansätze für die Ermittlung können den Mitteilungen des Instituts für Bautechnik, Berlin, Heft 4/1979, Seiten 98 und 99, entnommen werden.

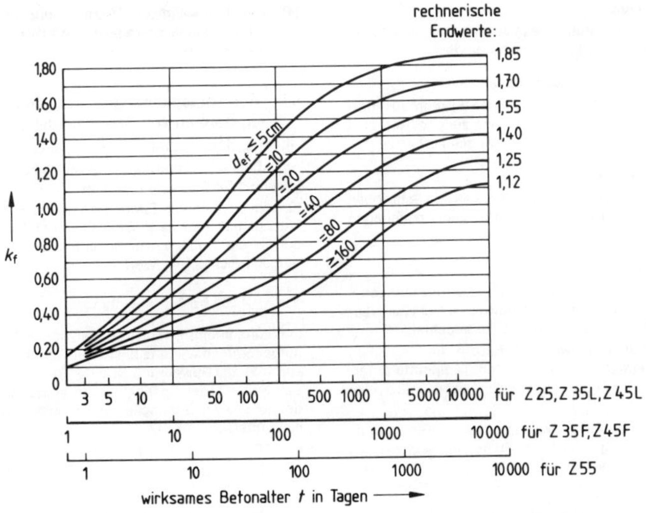

Bild 1. Beiwert k_f

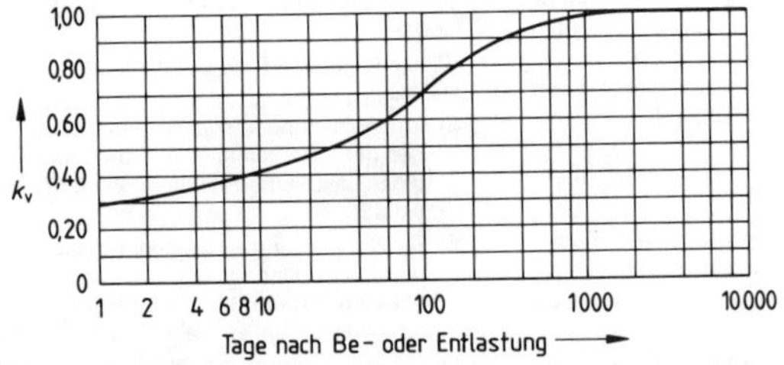

Bild 2. Verlauf der verzögert elastischen Verformung

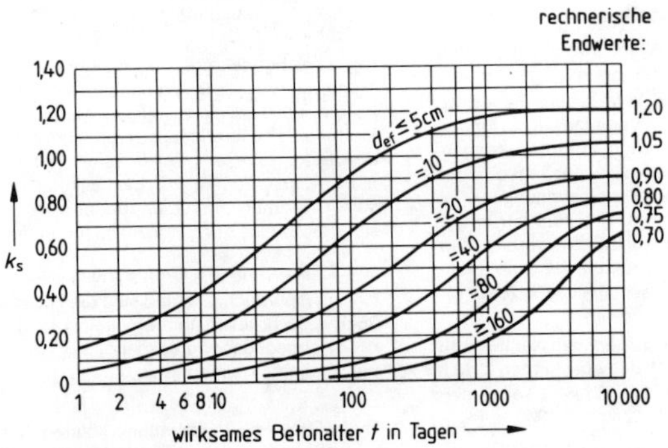

Bild 3. Beiwerte k_s

(2) Bei Bauteilen im Freien oder bei Bauteilen mit erhöhtem Korrosionsangriff gemäß DIN 1045/07.88, Tabelle 10, Zeile 4, dürfen jedoch keine Zugspannungen aus Längskraft und Biegemoment auftreten infolge des Lastfalles Vorspannung plus ständige Last plus Verkehrslast, die während der Nutzung ständig oder längere Zeit im wesentlichen unverändert wirkt (bei Brücken die halbe Verkehrslast), plus Kriechen und Schwinden. In dem vorgenannten Lastfall sind an Stelle der Verkehrslast die wahrscheinlichen Baugrundbewegungen zu berücksichtigen, wenn sich dadurch ungünstigere Werte ergeben. Für Lastfallkombinationen unter Einschluß der möglichen Baugrundbewegungen nach DIN 1072 sind Nachweise der Betonzugspannungen nicht erforderlich.

(3) Gleichgerichtete Zugspannungen aus verschiedenen Tragwirkungen (z. B. Wirkung einer Platte als Gurt eines Hauptträgers bei gleichzeitiger örtlicher Lastabtragung in der Platte) sind zu überlagern; dabei sind die Werte nach Tabelle 9, Zeilen 21 bis 23 bzw. 39 bis 41, einzuhalten.

10.2 Nachweis zur Beschränkung der Rißbreite

(1) Zur Sicherung der Gebrauchsfähigkeit und Dauerhaftigkeit der Bauteile ist die Rißbreite durch geeignete Wahl von Bewehrungsgehalt, Stahlspannung und Stabdurchmesser in dem Maß zu beschränken, wie es der Verwendungszweck erfordert.

(2) Die Betonstahlbewehrung zur Beschränkung der Rißbreite muß aus geripptem Betonstahl bestehen. Bei Vorspannung mit sofortigem Verbund dürfen im Querschnitt vorhandene Spannglieder zur Beschränkung der Rißbreite herangezogen werden. Die Beschränkung der Rißbreite gilt als nachgewiesen, wenn folgende Bedingung eingehalten ist:

$$d_s \leq r \cdot \frac{\mu_z}{\sigma_s^2} \cdot 10^4 \qquad (8)$$

Hierin bedeuten:

d_s größter vorhandener Stabdurchmesser der Längsbewehrung in mm (Betonstahl oder Spannstahl in sofortigem Verbund)

r Beiwert nach Tabelle 8.1[7])

μ_z der auf die Zugzone A_{bz} bezogene Bewehrungsgehalt 100 $(A_s + A_v)/A_{bz}$ ohne Berücksichtigung der Spannglieder mit nachträglichem Verbund (Zugzone = Bereich von rechnerischen Zugdehnungen des Betons unter der in Absatz (5) angegebenen Schnittgrößenkombination, wobei mit einer Zugzonenhöhe von höchstens 0,80 m zu rechnen ist). Dabei ist vorausgesetzt, daß die Bewehrung A_s annähernd gleichmäßig über die Breite der Zugzone verteilt ist. Bei stark unterschiedlichen Bewehrungsgehalten μ_z innerhalb breiter Zugzonen muß Gleichung (8) auch örtlich erfüllt sein.

A_s Querschnitt der Betonstahlbewehrung der Zugzone A_{bz} in cm^2

A_v Querschnitt der Spannglieder in sofortigem Verbund in der Zugzone A_{bz} in cm^2

σ_s Zugspannung im Betonstahl bzw. Spannungszuwachs sämtlicher im Verbund liegender Spannstähle in N/mm^2 nach Zustand II unter Zugrundelegung linear-elastischen Verhaltens für die in Absatz (5) angegebene Schnittgrößenkombination, jedoch höchstens β_s (siehe auch Erläuterungen im DAfStb-Heft 320)

(3) Im Bereich eines Quadrates von 30 cm Seitenlänge, in dessen Schwerpunkt ein Spannglied mit nachträglichem Verbund liegt, darf die nach Absatz (2) nachgewiesene Betonstahlbewehrung um den Betrag

$$\Delta A_s = u_v \cdot \xi \cdot d_s/4 \qquad (9)$$

abgemindert werden.

Hierin bedeuten:

d_s nach Gleichung (8), jedoch in cm

u_v Umfang des Spanngliedes im Hüllrohr
Einzelstab: $u_v = \pi\, d_v$
Bündelspannglied, Litze: $u_v = 1{,}6 \cdot \pi \cdot \sqrt{A_v}$

d_v Spanngliеddurchmesser des Einzelstabes in cm

A_v Querschnitt der Bündelspannglieder bzw. Litzen in cm^2

ξ Verhältnis der Verbundfestigkeit von Spanngliedern im Einpreßmörtel zur Verbundfestigkeit von Rippenstahl im Beton
- Spannglieder aus glatten Stäben $\xi = 0{,}2$
- Spannglieder aus profilierten Drähten oder aus Litzen $\xi = 0{,}4$
- Spannglieder aus gerippten Stählen $\xi = 0{,}6$

(4) Ist der betrachtete Querschnittsteil nahezu mittig auf Zug beansprucht (z. B. Gurtplatte eines Kastenträgers), so ist der Nachweis nach Gleichung (8) für beide Lagen der Betonstahlbewehrung getrennt zu führen. Anstelle von μ_z tritt dabei jeweils der auf den betrachteten Querschnittsteil bezogene Bewehrungsgehalt des betreffenden Bewehrungsstranges.

(5) Bei überwiegend auf Biegung beanspruchten stabförmigen Bauteilen und Platten ist für den Nachweis nach Gleichung (8) von folgender Beanspruchungskombination auszugehen:
- 1,0fache ständige Last,
- 1,0fache Verkehrslast (einschließlich Schnee und Wind),
- 0,9- bzw. 1,1fache Summe aus statisch bestimmter und statisch unbestimmter Wirkung der Vorspannung unter Berücksichtigung von Kriechen und Schwinden; der ungünstigere Wert ist maßgebend,
- 1,0fache Zwangschnittgröße aus Wärmewirkung (auch im Bauzustand), wahrscheinlicher Baugrundbewegung, Schwinden und aus Anheben zum Auswechseln von Lagern,

Tabelle 8.1. **Beiwerte r zur Berücksichtigung der Verbundeigenschaften**

Bauteile mit Umweltbedingungen nach DIN 1045/07.88, Tabelle 10, Zeile(n)	1	2	3 und 4 [1])
zu erwartende Rißbreite	normal	normal	sehr gering
gerippter Betonstahl und gerippte Spannstähle in sofortigem Verbund	200	150	100
profilierter Spannstahl und Litzen in sofortigem Verbund	150	110	75

[1]) Auch bei Bauteilen im Einflußbereich bis zu 10 m von
- Straßen, die mit Tausalzen behandelt werden

oder
- Eisenbahnstrecken, die vorwiegend mit Dieselantrieb befahren werden.

[7]) Bei unterschiedlichen Verbundeigenschaften darf der Ermittlung der Bewehrung ein mittlerer Wert r zugrunde gelegt werden, siehe z. B. DAfStb-Heft 320.

- 1,0fache Schnittgröße aus planmäßiger Systemänderung,
- Zusatzmoment ΔM_1 mit

$$\Delta M_1 = \pm 5 \cdot 10^{-5} \cdot \frac{EI}{d_0}$$

Hierin bedeuten:

EI Biegesteifigkeit im Zustand I im betrachteten Querschnitt,

d_0 Querschnittsdicke im betrachteten Querschnitt (bei Platten ist $d_0 = d$ zu setzen).

Soweit diese Beanspruchungskombination ohne den statisch bestimmten Anteil der Vorspannung örtlich geringere Biegemomente als den Mindestwert

$$M_2 = \pm 15 \cdot 10^{-5} \cdot \frac{EI}{d_0}$$

ergibt, so ist dieses Moment M_2 in den durch Bild 3.1 gekennzeichneten Bereichen mit dem dort angegebenen Verlauf anzunehmen. Für den Nachweis nach Gleichung (8) ist dabei von der mit M_2 ermittelten Grenzlinie und dem statisch bestimmten Anteil der 0,9- bzw. 1,1fachen Vorspannung als Beanspruchungskombination auszugehen.

(6) Für Beanspruchungskombinationen unter Einschluß der möglichen Baugrundbewegungen sind Nachweise zur Beschränkung der Rißbreiten nicht erforderlich.

(7) Bei Platten mit Umweltbedingungen nach DIN 1045/07.88, Tabelle 10, Zeilen 1 und 2, braucht der Nachweis nach den Absätzen (2) bis (5) nicht geführt zu werden, wenn eine der folgenden Bedingungen a) oder b) eingehalten ist:

a) Die Ausmitte $e = |M/N|$ bei Lastkombinationen nach Absatz (5) entspricht folgenden Werten:

$e \leq d/3$ bei Platten der Dicke $d \leq 0{,}40$ m

$e \leq 0{,}133$ m bei Platten der Dicke $d > 0{,}40$ m

b) Bei Deckenplatten des üblichen Hochbaues mit Dicken $d \leq 0{,}40$ m sind für den Wert der Druckspannung $|\sigma_N|$ in N/mm^2 aus Normalkraft infolge von Vorspannung und äußerer Last und den Bewehrungsgehalt μ in % für den Betonstahl in der vorgedrückten Zugzone – bezogen auf den gesamten Betonquerschnitt – folgende drei Bedingungen erfüllt:

$$\mu \geq 0{,}05$$

$$|\sigma_N| \geq 1{,}0$$

$$\frac{\mu}{0{,}15} + \frac{|\sigma_N|}{3} \geq 1{,}0$$

(8) Bei anderen Tragwerken (wie z. B. Behälter, Scheiben- und Schalentragwerke) sind besondere Überlegungen zur Erfüllung von Absatz (1) erforderlich.

10.3 Arbeitsfugen annähernd rechtwinklig zur Tragrichtung

(1) Arbeitsfugen, die annähernd rechtwinklig zur betrachteten Tragrichtung verlaufen, sind im Bereich von Zugspannungen nach Möglichkeit zu vermeiden. Es ist nachzuweisen, daß die größten Zugspannungen infolge von Längskraft und Biegemoment an der Stelle der Arbeitsfuge die Hälfte der nach den Abschnitten 10.1.1 oder 10.1.2, jeweils zulässigen Werte nicht überschreiten und daß infolge des Lastfalles Vorspannung plus ständige Last plus Kriechen und Schwinden keine Zugspannungen auftreten.

(2) Wird nicht nachgewiesen, daß die infolge Schwindens und Abfließens der Hydratationswärme im anbetonierten Teil auftretenden Zugkräfte durch Bewehrung aufgenommen werden können, so ist im anbetonierten Teil auf eine Länge $d_0 \leq 1{,}0$ m die parallel zur Arbeitsfuge laufende Bewehrung auf die doppelten Werte der Mindestbewehrung nach Abschnitt 6.7 – mit Ausnahme von Abschnitt 6.7.6 – anzuhe-

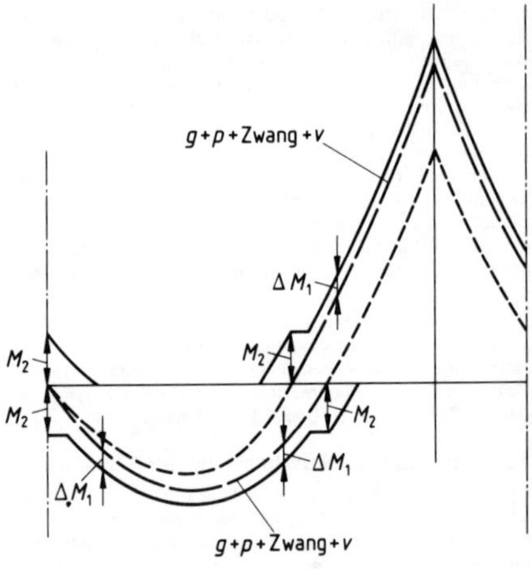

Bild 3.1. Abgrenzung der Anwendungsbereiche von M_2 (Grenzlinie der Biegemomente einschließlich der 0,9- bzw. 1,1fachen statisch unbestimmten Wirkung der Vorspannung v und Ansatz von ΔM_1

ben. Diese Werte gelten auch als Mindestquerschnitt der obersten und untersten Lage der die Fuge kreuzenden Bewehrung, die beiderseits der Fuge auf einer Länge $d_0 + l_0 \leq 4{,}0$ m vorhanden sein muß (d_0 Balkendicke bzw. Plattendicke; l_0 Grundmaß der Verankerungslänge nach DIN 1045/07.88, Abschnitt 18.5.2.1). Bei Brücken und vergleichbaren Bauwerken ist außerdem die Regelung über die erhöhte Mindestbewehrung nach Abschnitt 6.7.1 (3) zu beachten.

10.4 Arbeitsfugen mit Spanngliedkopplungen

(1) Werden in einer Arbeitsfuge mehr als 20 % der im Querschnitt vorhandenen Spannkraft mittels Spanngliedkopplungen oder auf andere Weise vorübergehend verankert, gelten für die die Fuge kreuzende Bewehrung über die Abschnitte 10.2, 10.3, 14 und 15.9, hinaus die nachfolgenden Absätze (2) bis (5); dabei sollen die Stababstände nicht größer als 15 cm sein.

(2) Bei Brücken und vergleichbaren Bauwerken ist die erhöhte Mindestbewehrung nach Tabelle 4 grundsätzlich einzulegen.

(3) Ist bei Bauwerken nach Tabelle 4, Spalten 2 und 4, in der Fuge am jeweils betrachteten Rand unter ungünstigster Überlagerung der Lastfälle nach Abschnitt 9 (unter Berücksichtigung auch der Bauzustände) eine Druckrandspannung nicht vorhanden, so sind für die die Fuge kreuzende Längsbewehrung folgende Mindestquerschnitte erforderlich:

a) Für den Bereich des unteren Querschnittsrandes, wenn dort keine Gurtscheibe vorhanden ist:

0,2 % der Querschnittsfläche des Steges bzw. der Platte (zu berechnen mit der gesamten Querschnittsdicke; bei Hohlplatten mit annähernd kreisförmigen Aussparungen darf der reine Betonquerschnitt zugrunde gelegt werden). Mindestens die Hälfte dieser Bewehrung muß am unteren Rand liegen; der Rest darf über das untere Drittel der Querschnittsdicke verteilt sein.

b) Für den Bereich des unteren bzw. oberen Querschnittsrandes, wenn dort eine Gurtscheibe vorhanden ist (die folgende Regel gilt auch für Hohlplatten mit annähernd rechteckigen Aussparungen):

0,8 % der Querschnittsfläche der unteren bzw. 0,4 % der Querschnittsfläche der oberen Gurtscheibe einschließlich des jeweiligen (mit der gemittelten Scheibendicke zu bestimmenden) Durchdringungsbereiches mit dem Steg. Die Bewehrung muß über die Breite von Gurtscheibe und Durchdringungsbereich gleichmäßig verteilt sein.

(4) Bei Bauwerken nach Absatz (3) dürfen die vorstehenden Werte für die Mindestlängsbewehrung auf die doppelten Werte nach Tabelle 4 ermäßigt werden, wenn die Druckrandspannung am betrachteten Rand mindestens 2 N/mm² beträgt. Bei Mindest-Druckrandspannungen zwischen 0 und 2 N/mm² darf der Querschnitt der Mindestlängsbewehrung zwischen den jeweils maßgebenden Werten linear interpoliert werden.

(5) Bewehrungszulagen dürfen nach Bild 4 gestaffelt werden.

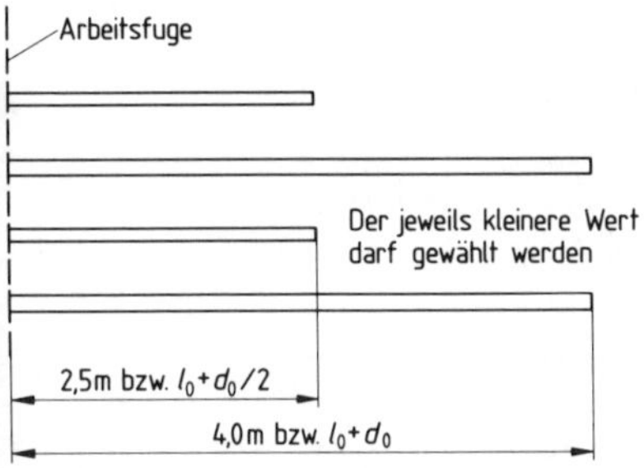

Bild 4. Staffelung der Bewehrungszulagen

11 Nachweis für den rechnerischen Bruchzustand bei Biegung, bei Biegung mit Längskraft und bei Längskraft

11.1 Rechnerischer Bruchzustand und Sicherheitsbeiwerte

(1) Für den rechnerischen Bruchzustand ist bei statisch bestimmt gelagerten Spannbetontragwerken die 1,75fache Summe der äußeren Lasten (nach den Abschnitten 9.2.2 und 9.2.3) in ungünstigster Stellung anzusetzen ($\gamma = 1{,}75$). Bei statisch unbestimmt gelagerten Tragwerken sind darüber hinaus – sofern diese ungünstig wirken – die 1,0fache Zwangbeanspruchung infolge von Schwinden, Wärmewirkungen und wahrscheinlicher Baugrundbewegung[8]) und Anheben zum Auswechseln von Lagern sowie die 1,0fache Schnittgröße am Gesamtquerschnitt aus Vorspannung (unter Berücksichtigung von Kriechen und Schwinden) zu berücksichtigen. Bei Zwangbeanspruchung infolge Baugrundbewegung darf das Kriechen berücksichtigt werden. Die Schnittgrößen aus den einzelnen Lastfällen sind im allgemeinen wie im Gebrauchszustand anzusetzen.

(2) Die Sicherheit ist ausreichend, wenn die Schnittgrößen, die vom Querschnitt im Bruchzustand rechnerisch aufgenommen werden können, mindestens gleich den mit den in Absatz (1) angebenen Sicherheitsbeiwerten jeweils vervielfachten Schnittgrößen im Gebrauchszustand sind.

8) Bei Brücken ist die Zwangbeanspruchung aus der 0,4fachen möglichen Baugrundbewegung zu berücksichtigen, falls dies ungünstiger ist.

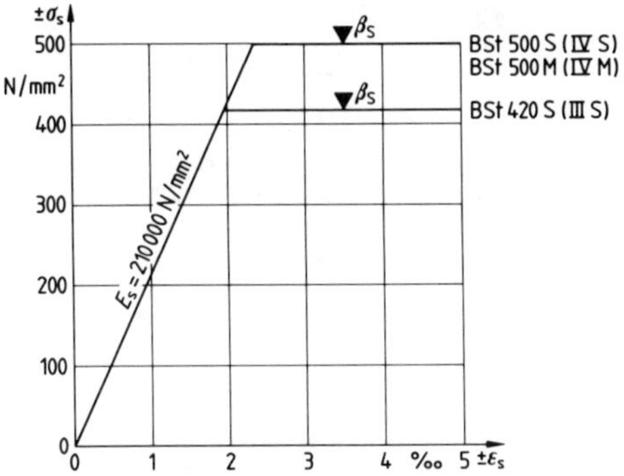

Bild 5. Rechenwerte für die Spannungsdehnungslinien der Betonstähle

(3) Bei gleichgerichteten Beanspruchungen aus mehreren Tragwirkungen (Hauptträgerwirkung und örtliche Plattenwirkung im Zugbereich) braucht nur der Dehnungszustand jeweils einer Tragwirkung berücksichtigt zu werden.

(4) Die Schnittgrößen im rechnerischen Bruchzustand dürfen auch unter Berücksichtigung der Steifigkeitsverhältnisse im Zustand II ermittelt werden. Dabei sind für Betonstahl und Spannstahl die Elastizitätsmoduln nach Abschnitt 7.2, für druckbeanspruchten Beton die Elastizitätsmoduln nach Abschnitt 7.3 zugrunde zu legen. Als Sicherheitsbeiwert γ ist hierbei für die Vorspannung (unter Berücksichtigung des Spannungsverlustes infolge Kriechens und Schwindens) sowie für Zwang aus planmäßiger Systemänderung $\gamma = 1{,}0$, für alle übrigen Lastfälle $\gamma = 1{,}75$, anzusetzen. Wird hiervon Gebrauch gemacht, so ist die Schubdeckung zusätzlich im Gebrauchszustand nachzuweisen (siehe Abschnitt 12.4).

11.2 Grundlagen

11.2.1 Allgemeines

Die folgenden Bestimmungen gelten für Querschnitte, bei denen vorausgesetzt werden kann, daß sich die Dehnungen der einzelnen Fasern des Querschnitts wie ihre Abstände von der Nullinie verhalten. Eine Mitwirkung des Betons auf Zug darf nicht in Rechnung gestellt werden.

11.2.2 Spannungsdehnungslinie des Stahles

(1) Die Spannungsdehnungslinie des Spannstahles ist der Zulassung zu entnehmen, wobei jedoch anzunehmen ist, daß die Spannung oberhalb der Streck- bzw. der $\beta_{0,2}$-Grenze nicht mehr ansteigt.

(2) Für Betonstahl gilt Bild 5.

(3) Bei druckbeanspruchtem Betonstahl tritt an die Stelle von β_S bzw. $\beta_{0,2}$ der Rechenwert $1{,}75/2{,}1 \cdot \beta_S$ bzw. $1{,}75/2{,}1 \cdot \beta_{0,2}$.

11.2.3 Spannungsdehnungslinie des Betons

(1) Für die Bestimmung der Betondruckkraft gilt die Spannungsdehnungslinie nach Bild 6.

(2) Zur Vereinfachung darf auch Bild 7 angewendet werden.

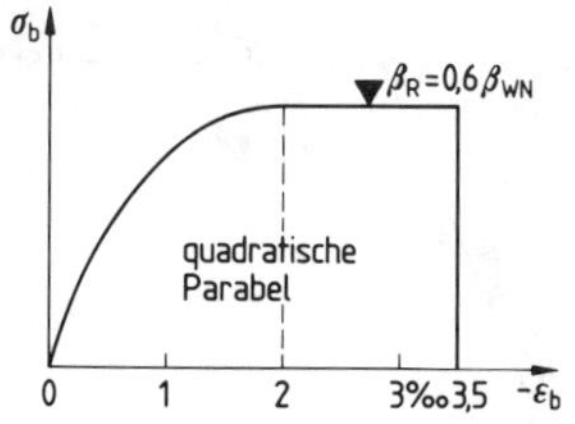

Bild 6. Rechenwerte für die Spannungsdehnungslinie des Betons

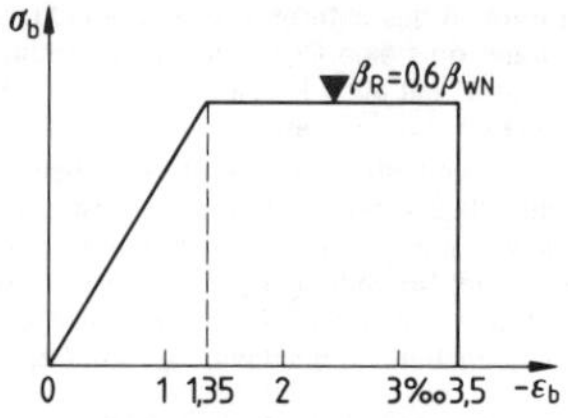

Bild 7. Vereinfachte Rechenwerte für die Spannungsdehnungslinie des Betons

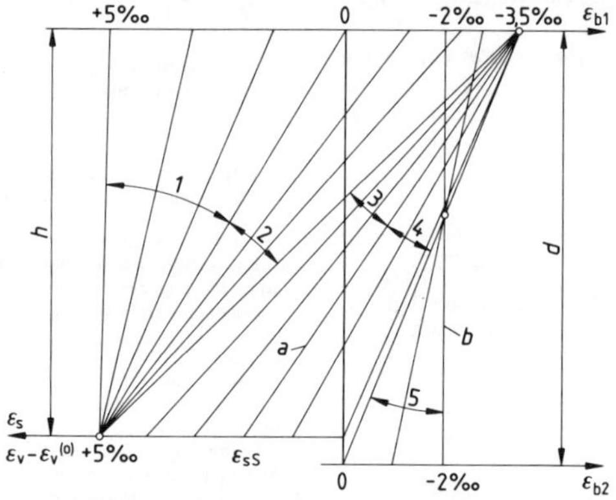

Bild 8. Dehnungsdiagramme (nach DIN 1045/07.88, Bild 13 oberer Teil)

11.2.4 Dehnungsdiagramm

(1) Bild 8 zeigt die im rechnerischen Bruchzustand je nach Beanspruchung möglichen Dehnungsdiagramme.

(2) Die Dehnung ε_s bzw. $\varepsilon_v - \varepsilon_v^{(0)}$ darf in der äußersten, zur Aufnahme der Beanspruchung im rechnerischen Bruchzustand herangezogenen Bewehrungslage 5 ‰ nicht überschreiten. Im gleichen Querschnitt dürfen verschiedene Stahlsorten (z. B. Spannstahl und Betonstahl) entsprechend den jeweiligen Spannungsdehnungslinien gemeinsam in Rechnung gestellt werden.

(3) Eine geradlinige Dehnungsverteilung über den Gesamtquerschnitt darf nur angenommen werden, wenn der Verbund zwischen den Spanngliedern und dem Beton nach Abschnitt 13 gesichert ist. Die durch Vorspannung im Spannstahl erzeugte Vordehnung ergibt sich als Dehnungsunterschied zwischen Spannglied und umgebendem Beton im Gebrauchszustand nach Kriechen und Schwinden. In Sonderfällen, z. B. bei vorgespannten Druckgliedern, kann die Spannung vor Kriechen und Schwinden maßgebend sein.

11.3 Nachweis bei Lastfällen vor Herstellen des Verbundes

(1) Ein Nachweis ist erforderlich, sofern die Lastschnittgrößen, die vor Herstellung des Verbundes auftreten, 70 % der Werte nach Herstellung des Verbundes überschreiten.

(2) Vor dem Herstellen des Verbundes können sich die Spannglieder auf ihrer ganzen Länge frei dehnen. Das Verhalten im rechnerischen Bruchzustand hängt deshalb von dem Formänderungsverhalten des gesamten Tragwerks ab. Die in den Spanngliedern wirkende Spannung darf wie folgt angenommen werden, sofern kein genauerer Nachweis geführt wird:

- bei annähernd gleichmäßig belasteten Trägern auf 2 Stützen:

$$\sigma_{vu} = \sigma_v^{(0)} + 110\ \text{N/mm}^2 \leq \beta_{Sv}, \qquad (10a)$$

- bei Kragträgern unabhängig vom Belastungsbild, falls die Spannglieder im anschließenden Feld zumindest jenseits des Momentennullpunktes im Verbund liegen:

$$\sigma_{vu} = \sigma_v^{(0)} + 50\ \text{N/mm}^2 \leq \beta_{Sv}, \qquad (10b)$$

- bei Durchlaufträgern:

$$\sigma_{vu} = \sigma_v^{(0)} \qquad (10c)$$

Hierin bedeuten:

$\sigma_v^{(0)}$ Spannung im Spannglied im Bauzustand

β_{Sv} Streckgrenze bzw. $\beta_{0,2}$-Grenze des Spannstahls

(3) Bewehrung aus Betonstahl darf berücksichtigt werden.

12 Schiefe Hauptspannungen und Schubdeckung

12.1 Allgemeines

(1) Der Spannungsnachweis ist für den Gebrauchszustand nach Abschnitt 12.2 und für den rechnerischen Bruchzustand nach Abschnitt 12.3 zu führen. Hierbei brauchen Biegespannungen aus Quertragwirkung (aus Plattenwirkung einzelner Querschnittsteile) nicht berücksichtigt zu werden, sofern nachfolgend nichts anderes angegeben ist (Begrenzung der Biegezugspannung aus Quertragwirkung im Gebrauchszustand siehe Abschnitt 15.6).

(2) Es ist nachzuweisen, daß die jeweils zulässigen Werte der Tabelle 9 nicht überschritten werden. Der Nachweis darf bei unmittelbarer Stützung im Schnitt 0,5 d_0 vom Auflagerrand geführt werden.

(3) Bei Lastfallkombinationen unter Einschluß möglicher Baugrundbewegungen kann auf den Nachweis der schiefen Hauptzugspannungen im Gebrauchszustand verzichtet werden. Der Nachweis der Hauptdruckspannungen bzw. Schubspannungen im rechnerischen Bruchzustand[9]) nach den Abschnitten 12.3.2 und 12.3.3 und der Schubbewehrung nach Abschnitt 12.4 ist jedoch zu führen.

(4) Bei Balkentragwerken mit gegliederten Querschnitten, z. B. bei Plattenbalken und Kastenträgern, sind die Schubspannungen aus Scheibenwirkung der einzelnen Querschnittsteile nicht mit den Schubspannungen aus Plattenwirkung zu überlagern.

(5) Als maßgebende Schnittkraftkombinationen kommen in Frage:

- Höchstwerte der Querkraft mit zugehörigem Torsions- und Biegemoment,
- Höchstwerte des Torsionsmomentes mit zugehöriger Querkraft und zugehörigem Biegemoment,
- Höchstwerte des Biegemomentes mit zugehöriger Querkraft und zugehörigem Torsionsmoment.

(6) Ungünstig wirkende Querkräfte, die sich aus einer Neigung der Spannglieder gegen die Querschnittsnormale ergeben, sind zu berücksichtigen; günstig wirkende Querkräfte infolge Spanngliedneigung dürfen berücksichtigt werden.

(7) Vor Herstellen des Verbundes sind bei den Spannungsnachweisen im Gebrauchszustand nach Abschnitt 12.2 die Spanngliedkräfte und gegebenenfalls die Umlenkkräfte als äußere Last mit ihrem 1,0fachen Wert, im rechnerischen Bruchzustand nach Abschnitt 12.3 mit der Spannungszunahme nach Abschnitt 11.3 einzusetzen. Die Hauptdruckspannungen sind unter Berücksichtigung der abzuziehenden Querschnittsflächen der nicht verpreßten Spannkanäle nach Tabelle 9, Zeile 63, zu begrenzen. Dabei darf mit gleichmäßiger Spannungsverteilung über die verbleibende Querschnittsfläche gerechnet werden. Bei der Bemessung der Schubbewehrung kann die Spannungszunahme in den Längsspanngliedern ebenfalls nach Abschnitt 11.3 ermittelt werden. Eine zur Schubaufnahme notwendige, im Verbund liegende Längsbewehrung ist unter Zugrundelegung der Fachwerkanalogie zu ermitteln. Für Spannglieder als Schubbewehrung gilt Abschnitt 12.4.1, Absatz (3).

12.2 Spannungsnachweise im Gebrauchszustand

(1) Die nach Zustand I berechneten schiefen Hauptzugspannungen dürfen im Bereich von Längsdruckspannungen sowie in der Mittelfläche von Gurten und Stegen (soweit zugbeanspruchte Gurte anschließen) auch im Bereich von Längszugspannungen die Werte der Tabelle 9, Zeilen 46 bis 49, nicht überschreiten.

(2) Unter ständiger Last und Vorspannung dürfen auch unter Berücksichtigung der Querbiegespannungen die nach Zustand I berechneten schiefen Hauptzugspannungen die Werte der Tabelle 9, Zeilen 46 bis 49, nicht überschreiten.

12.3 Spannungsnachweise im rechnerischen Bruchzustand

12.3.1 Allgemeines

(1) Längs des Tragwerks sind zwei das Schubtragverhalten kennzeichnende Zonen zu unterscheiden:

- Zone a, in der Biegerisse nicht zu erwarten sind,
- Zone b, in der sich die Schubrisse aus Biegerissen entwickeln.

(2) Ein Querschnitt liegt in Zone a, wenn in der jeweiligen Lastfallkombination die größte nach Zustand I im rechnerischen Bruchzustand ermittelte Randzugspannung die nachstehenden Werte nicht überschreitet:

B 25	B 35	B 45	B 55
2,5 N/mm^2	2,8 N/mm^2	3,2 N/mm^2	3,5 N/mm^2

(3) Werden diese Werte überschritten, liegt der Querschnitt in Zone b.

12.3.2 Nachweise der schiefen Hauptdruckspannungen in Zone a

(1) Sofern nicht in Zone a vereinfachend wie in Zone b verfahren wird, ist nachzuweisen, daß die nach Ausfall der schiefen Hauptzugspannungen des Betons auftretenden schiefen Hauptdruckspannungen die Werte der Tabelle 9, Zeilen 62 bzw. 63, nicht überschreiten.

(2) Auf diesen Nachweis darf bei druckbeanspruchten Gurten verzichtet werden, wenn die maximale Schubspannung im rechnerischen Bruchzustand kleiner als 0,1 β_{WN} ist.

(3) Die schiefen Hauptdruckspannungen sind nach der Fachwerkanalogie zu ermitteln. Die Neigung der Druckstreben ist nach Gleichung (11) anzunehmen.

(4) Für Zustände nach Herstellen des Verbundes darf im Steg der Nachweis vereinfachend in der Schwerlinie des Trägers geführt werden, wenn die Stegdicke über die Trägerhöhe konstant ist oder wenn die minimale Stegdicke eingesetzt wird. Ein von Spanngliedern als Schubbewehrung erzeugter Spannungszustand ist zu berücksichtigen.

(5) Eine Torsionsbeanspruchung ist bei der Ermittlung der schiefen Hauptdruckspannung zu berücksichtigen; dabei ist die Druckstrebenneigung nach Abschnitt 12.4.3 unter 45° anzunehmen. Bei Vollquerschnitten ist dabei ein Ersatzhohlquerschnitt nach Bild 9 anzunehmen, dessen Wanddicke $d_1 = d_m/6$ des in die Mittellinie eingeschriebenen größten Kreises beträgt.

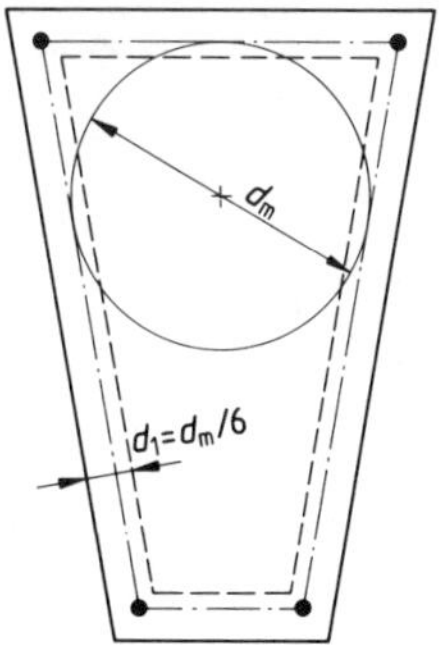

Bild 9. Ersatzhohlquerschnitt für Vollquerschnitte

[9]) Bei Brücken ist die Zwangbeanspruchung aus der 0,4fachen möglichen Baugrundbewegung zu berücksichtigen, falls dies ungünstiger ist.

12.3.3 Nachweis der Schub- und schiefen Hauptdruckspannungen in Zone b

(1) Als maßgebende Spannungsgröße in Zone b gilt der Rechenwert der Schubspannung τ_R

- aus Querkraft nach Zustand II (siehe Abschnitt 12.1);
- aus Torsion nach Zustand I;

er darf die in Tabelle 9, Zeilen 56 bis 61, angegebenen Werte nicht überschreiten.

(2) Sofern die Größe des Hebelarmes der inneren Kräfte nicht genauer nachgewiesen wird, darf sie bei der Ermittlung von τ_R infolge Querkraft dem Wert gleichgesetzt werden, der beim Nachweis nach Abschnitt 11 im betrachteten Schnitt ermittelt wurde. Bei Trägern mit konstanter Nutzhöhe h darf mit jenem Hebelarm gerechnet werden, der sich an der Stelle des maximalen Momentes im zugehörigen Querkraftbereich ergibt.

(3) Ein von Spanngliedern als Schubbewehrung erzeugter Spannungszustand bleibt beim Nachweis der Schubspannung unberücksichtigt. Bei zugbeanspruchten Gurten ist die Schubspannung aus Querkraft für Zustand II aus der Zugkraftänderung der vorhandenen Gurtlängsbewehrung zwischen zwei benachbarten Querschnitten zu ermitteln, falls sie nicht nach Zustand I berechnet wird.

(4) In druckbeanspruchten Gurten und bei Einschnürungen der Druckzone sind die schiefen Hauptdruckspannungen nachzuweisen und wie in Zone a zu begrenzen. Auf diesen Nachweis darf verzichtet werden, wenn die maximale Schubspannung im rechnerischen Bruchzustand kleiner als 0,1 β_{WN} ist (siehe Abschnitt 12.3.2).

(5) Bei Anwendung von Abschnitt 11.2.3 ...

(7) Bei dicken Platten sind die in Tabelle 9, Zeile 51, angegebenen Werte nach der in DIN 1045/07.88, Abschnitt 17.5.5, getroffenen Regelung zu verringern. Diese Abminderung gilt jedoch nicht, wenn die rechnerische Schubspannung vorwiegend aus Einzellasten resultiert (z. B. Fahrbahnplatten von Brücken).

(8) Überschreiten die Hauptzugspannungen aus Querkraft und Querkraft plus Torsion die 0,6fachen Werte der Tabelle 9, Zeile 56, so dürfen für die Schubbewehrung nur Betonrippenstahl oder Spannglieder mit Endverankerung verwendet werden. Für die Abstände von Schrägstäben und Schrägbügeln gilt DIN 1045/07.88, Abschnitt 18.

(9) Bei gleichzeitigem Auftreten von Schub und Querbiegung darf in der Regel vereinfachend eine symmetrisch zur Mittelfläche von Stegen verteilte Schubbewehrung auf die zur Aufnahme der Querbiegung erforderliche Bewehrung voll angerechnet werden. Diese Vereinfachung gilt nicht bei geneigten Bügeln und bei Spanngliedern als Schubbewehrung. In Gurtscheiben darf sinngemäß verfahren werden.

12.4 Bemessung der Schubbewehrung

12.4.1 Allgemeines

(1) Die Schubdeckung durch Bewehrung ist für Querkraft und Torsion im rechnerischen Bruchzustand (siehe Abschnitt 12.1) in den Bereichen des Tragwerks und des Querschnitts nachzuweisen, in denen die Hauptzugspannung σ_I (Zustand I) bzw. die Schubspannung τ_R (Zustand II) eine der Nachweisgrenzen der Tabelle 9, Zeilen 50 bis 55, überschreitet.

(2) Die erforderliche Schubbewehrung ist für die in den Zugstreben eines gedachten Fachwerks wirkenden Kräfte zu bemessen (Fachwerkanalogie). Bezüglich der Neigung der Fachwerkstreben siehe Abschnitte 12.4.2 (Querkraft) und 12.4.3 (Torsion); die Bewehrungen sind getrennt zu ermitteln und zu addieren. Auf die Mindestschubbewehrung nach den Abschnitten 6.7.3 und 6.7.5 wird hingewiesen. Für die Bemessung der Bewehrung aus Betonstahl gelten die in Tabelle 9, Zeile 69, angegebenen Spannungen.

(3) Spannglieder als Schubbewehrung dürfen mit den in Tabelle 9, Zeile 65, angegebenen Spannungen zuzüglich β_S des Betonstahles, jedoch höchstens mit ihrer jeweiligen Streckgrenze bemessen werden.

(4) Bei unmittelbarer Stützung gilt:

Die Schubbewehrung am Auflager darf für einen Schnitt ermittelt werden, der 0,5 $\cdot\, d_0$ vom Auflagerrand entfernt ist.

(5) Der Querkraftanteil aus einer auflagernahen Einzellast F im Abstand $a \leq 2 \cdot d_0$ von der Auflagerachse darf auf den Wert $a \cdot Q_F/2\ d_0$ abgemindert werden. Dabei ist d_0 die Querschnittsdicke.

(6) Bei Berücksichtigung von Abschnitt 11.1, Absatz (4), ist die Schubdeckung zusätzlich im Gebrauchszustand nach den Grundsätzen der Zone a nachzuweisen. Dabei ist die Neigung der Druckstreben gegen die Querschnittsnormale gleich der Neigung der Hauptdruckspannungen im Zustand I anzunehmen. Für die Bemessung der Schubbewehrung aus Betonstahl gelten die in Tabelle 9, Zeile 68, angegebenen zulässigen Spannungen.

12.4.2 Schubbewehrung zur Aufnahme der Querkräfte

(1) Bei der Bemessung der Schubbewehrung nach der Fachwerkanalogie darf die Neigung der Zugstreben gegen die Querschnittsnormale im allgemeinen zwischen 90° (Bügel) und 45° (Schrägstäbe, Schrägbügel) gewählt werden.

(2) Schrägstäbe, die flacher als 35° gegenüber der Trägerachse geneigt sind, dürfen als Schubbewehrung nicht herangezogen werden.

(3) In **Zone a** ist die Neigung ϑ der Druckstreben gegen die Querschnittsnormale im Trägersteg und in den Druckgurten nach Gleichung (11) anzunehmen:

$$\tan\vartheta = \tan\vartheta_I \left(1 - \frac{\Delta\tau}{\tau_u}\right) \qquad (11)$$

$$\tan\vartheta \geq 0{,}4$$

Hierin bedeuten:

$\tan\vartheta_I$ Neigung der Hauptdruckspannungen gegen die Querschnittsnormale im Zustand I in der Schwerlinie des Trägers bzw. in Druckgurten am Anschnitt

τ_u der Höchstwert der Schubspannung im Querschnitt aus Querkraft im rechnerischen Bruchzustand (nach Abschnitt 12.3), ermittelt nach Zustand I ohne Berücksichtigung von Spanngliedern als Schubbewehrung

$\Delta\tau$ 60 % der Werte nach Tabelle 9, Zeile 50.

(4) Zone a darf auch wie Zone b behandelt werden. Für den Schubanschluß von Zuggurten gelten die Bestimmungen von Zone b.

(5) In **Zone b** ist die Neigung ϑ der Druckstreben gegen die Querschnittsnormale anzunehmen:

$$\tan\vartheta = 1 - \frac{\Delta\tau}{\tau_R} \qquad (12)$$

$$\tan\vartheta \geq 0{,}4$$

Hierin bedeuten:

τ_R der für den rechnerischen Bruchzustand nach Zustand II ermittelte Rechenwert der Schubspannung

$\Delta\tau$ 60 % der Werte nach Tabelle 9, Zeile 50.

(6) Beim Schubanschluß von Druckgurten gelten die für Zone a gemachten Angaben.

12.4.3 Schubbewehrung zur Aufnahme der Torsionsmomente

(1) Die Schubbewehrung zur Aufnahme der Torsionsmomente ist für die Zugkräfte zu bemessen, die in den Stäben

eines gedachten räumlichen Fachwerkkastens mit Druckstreben unter 45° Neigung zur Trägerachse ohne Abminderung entstehen.

(2) Bei Vollquerschnitten verläuft die Mittellinie des gedachten Fachwerkkastens wie in Bild 9.

(3) Erhalten einzelne Querschnittsteile des gedachten Fachwerkkastens Druckbeanspruchungen aus Längskraft und Biegemoment, so dürfen die in diesen Druckbereichen entstehenden Druckkräfte bei der Bemessung der Torsionsbewehrung berücksichtigt werden.

(4) Hinsichtlich der Neigung der Zugstreben gilt Abschnitt 12.4.2.

12.5 Indirekte Lagerung

Es gilt DIN 1045/07.88, Abschnitt 18.10.2. Für die Aufhängebewehrung dürfen auch Spannglieder herangezogen werden, wenn ihre Neigung zwischen 45° und 90° gegen die Trägerachse beträgt. Dabei ist für Spannstahl die Streckgrenze β_S anzusetzen, wenn der Spannungszuwachs kleiner als 420 N/mm^2 ist.

12.6 Eintragung der Vorspannung

(1) An den Verankerungsstellen der Spannglieder darf erst im Abstand e vom Ende der Verankerung (Eintragungslänge) mit einer geradlinigen Spannungsverteilung infolge Vorspannung gerechnet werden.

(2) Bei Spanngliedern mit Endverankerung ist diese Eintragungslänge e gleich der Störungslänge s, die zur Ausbreitung der konzentriert angreifenden Spannkräfte bis zur Einstellung eines geradlinigen Spannungsverlaufes im Querschnitt nötig ist.

(3) Bei Spanngliedern, die nur durch Verbund verankert werden, gilt für die Eintragungslänge e:

$$e = \sqrt{s^2 + (0{,}6\; l_{ü})^2} \geq l_{ü} \qquad (13)$$

$l_{ü}$ Übertragungslänge aus Gleichung (17)

(4) Zur Aufnahme der im Bereich der Eintragungslänge e auftretenden Spaltzugkräfte muß stets eine Querbewehrung angeordnet werden. Sie ist bei Verankerung durch Verbund unter Zugrundelegung einer kürzeren Eintragungslänge zu bemessen und entsprechend zu verteilen. Für gerippte Drähte ist diese verkürzte Eintragungslänge mit der Hälfte, bei gezogenen profilierten Drähten bzw. Litzen mit ¾ des Ausgangswertes anzunehmen. Zugkräfte aus Schub und Spaltzug brauchen nicht addiert zu werden, wenn örtlich die jeweils größere Zugkraft durch Bügel abgedeckt wird.

12.7 Nachträglich ergänzte Querschnitte

(1) Schubkräfte zwischen Fertigteilen und Ortbeton bzw. in Arbeitsfugen (siehe DIN 1045/07.88, Abschnitte 10.2.3 und 19.4), die in Richtung der betrachteten Tragwirkung verlaufen, sind stets durch Bewehrung abzudecken. Die Bewehrung ist nach DIN 1045/07.88, Abschnitt 19.7.3, auszubilden. Die Fuge zwischen dem zuerst hergestellten Teil und der Ergänzung muß rauh sein. Dabei ist die Neigung der Druckstreben gegen die Querschnittsnormale wie folgt anzunehmen:

$$\tan \vartheta = \tan \vartheta_I \left(1 - 0{,}25 \frac{\Delta\tau}{\tau_u}\right) \geq 0{,}4 \text{ (Zone a)} \qquad (14)$$

$$\tan \vartheta = 1 - \frac{0{,}25\; \Delta\tau}{\tau_R} \geq 0{,}4 \text{ (Zone b)} \qquad (15)$$

Erklärung der Formelzeichen siehe Abschnitt 12.4.2.

(2) Wird Ortbeton B 15 verwendet, so ist $\Delta\tau$ gleich 0,6 N/mm^2 zu setzen.

(3) Sind die Fugen verzahnt oder wird die Oberfläche nachträglich verzahnt, so darf die Druckstrebenneigung nach Abschnitt 12.4.2 angenommen werden. Die Mindestschubbewehrung nach Tabelle 4 muß die Fuge durchdringen.

12.8 Arbeitsfugen mit Kopplungen

In Arbeitsfugen mit Spanngliedkopplungen darf an Stelle des Nachweises nach den Abschnitten 12.3 und 12.4 der Nachweis der Schubdeckung unter Annahme eines Ersatzfachwerks geführt werden, wenn die Fuge konstruktiv entsprechend ausgebildet wird (im allgemeinen verzahnte Fuge). Die Bewehrung ist unter Zugrundelegung des angenommenen Fachwerks zu bemessen. Die Richtung der Druckstrebe darf dabei höchstens 15° von der Normalen derjenigen Fugenteilfläche abweichen, von der die Druckkraft aufzunehmen ist. Die Druckspannung auf die Teilflächen darf im rechnerischen Bruchzustand den Wert β_R nicht überschreiten.

12.9 Durchstanzen

(1) Der Nachweis der Sicherheit gegen Durchstanzen ist nach DIN 1045/07.88, Abschnitte 22.5 bis 22.7, zu führen.

(2) Bei der Ermittlung der maßgebenden größten Querkraft max. Q_r im Rundschnitt zum Nachweis der Sicherheit gegen Durchstanzen von punktförmig gestützten Platten darf eine entlastende und muß eine belastende Wirkung von Spanngliedern, die den Rundschnitt kreuzen, berücksichtigt werden. In den nach DIN 1045, zu führenden Nachweisen sind die Schnittgrößen aus Vorspannung mit dem Faktor 1/1,75 abzumindern.

(3) Dabei dürfen in den Gleichungen für $\varkappa_1$ und $\varkappa_2$

$a_s = 1{,}3$ und für

μ_g die Summe der Bewehrungsprozentsätze

$\mu_g = \mu_s + \mu_{vi}$

eingesetzt werden.

Hierin bedeuten:

μ_g vorhandener Bewehrungsprozentsatz, mit nicht mehr als 1,5 % in Rechnung zu stellen

μ_s Bewehrungsgrad in % der Bewehrung aus Betonstahl

$\mu_{vi} = \dfrac{\sigma_{bv,N}}{\beta_S} \cdot 100$ ideeller Bewehrungsgrad in % infolge Vorspannung

$\sigma_{bv,N}$ Längskraftanteil der Vorspannung der Platte zur Zeit $t = \infty$

β_S Streckgrenze des Betonstahls.

(4) Der Prozentsatz der Bewehrung aus Betonstahl im Bereich des Durchstanzkegels $d_k = d_{st} + 3\; h_m$ muß mindestens 0,3 % und daneben innerhalb des Gurtstreifens mindestens 0,15 % betragen.

Hierin bedeuten:

d_{st} nach DIN 1045/07.88, Abschnitt 22.5.1.1

h_m analog DIN 1045/07.88, Abschnitt 22.5.1.1, unter Berücksichtigung der den Rundschnitt kreuzenden Spannglieder.

13 Nachweis der Beanspruchung des Verbundes zwischen Spannglied und Beton

(1) Im Gebrauchszustand erübrigt sich ein Nachweis der Verbundspannungen. Die maximale Verbundspannung τ_1 ist im rechnerischen Bruchzustand nachzuweisen.

(2) Näherungsweise darf sie bestimmt werden aus:

$$\tau_1 = \frac{Z_u - Z_v}{u_v \cdot l'} \qquad (16)$$

Hierin bedeuten:

Z_u Zugkraft des Spanngliedes im rechnerischen Bruchzustand beim Nachweis nach Abschnitt 11

Z_v zulässige Zugkraft des Spanngliedes im Gebrauchszustand

u_v Umfang des Spanngliedes nach Abschnitt 10.2

l' Abstand zwischen dem Querschnitt des maximalen Momentes im rechnerischen Bruchzustand und dem Momentennullpunkt unter ständiger Last.

(3) τ_1 darf die folgenden Werte nicht überschreiten:

bei glatten Stählen:	zul τ_1 = 1,2 N/mm²,
bei profilierten Stählen und Litzen:	zul τ_1 = 1,8 N/mm²,
bei gerippten Stählen:	zul τ_1 = 3,0 N/mm².

(4) Ergibt Gleichung (16) höhere Werte, so ist der Nachweis nach Abschnitt 11.2 für die mit zul τ_1 bestimmte Zugkraft Z_u neu zu führen.

14 Verankerung und Kopplung der Spannglieder, Zugkraftdeckung

14.1 Allgemeines

Die Spannglieder sind durch geeignete Maßnahmen so im Beton des Bauteiles zu verankern, daß die Verankerung die Nennbruchkraft des Spanngliedes erträgt und im Gebrauchszustand keine schädlichen Risse im Verankerungsbereich auftreten. Für Spannglieder mit Endverankerung und für Kopplung sind die Angaben den Zulassungen zu entnehmen.

14.2 Verankerung durch Verbund

(1) Bei Spanngliedern, die nur durch Verbund verankert werden, ist für die volle Übertragung der Vorspannung vom Stahl auf den Beton im Gebrauchszustand eine Übertragungslänge $l_ü$ erforderlich.

Dabei ist

$$l_ü = k_1 \cdot d_v \qquad (17)$$

(2) Bei Einzelspanngliedern aus Runddrähten oder Litzen ist d_v der Nenndurchmesser, bei nicht runden Drähten ist für d_v der Durchmesser eines Runddrahtes gleicher Querschnittsfläche einzusetzen. Der Verbundbeiwert k_1 ist den Zulassungen für den Spannstahl zu entnehmen.

(3) Die ausreichende Verankerung im rechnerischen Bruchzustand ist nachgewiesen, wenn die Bedingungen nach a) oder b) erfüllt sind:

a) Die Verankerungslänge l der Spannglieder muß in einem Bereich liegen, der im rechnerischen Bruchzustand frei von Biegezugrissen (Zone a nach Abschnitt 12.3.1) und frei von Schubrissen ($\sigma_I \leq$ Werte der Tabelle 9, Zeile 49, bei vorwiegend ruhender oder Zeile 50 bei nicht vorwiegend ruhender Belastung) ist.

Die Hauptzugspannung σ_I braucht nur in einem Abstand von 0,5 d_0 vom Auflagerrand nachgewiesen zu werden.

Die Verankerungslänge beträgt

$$l = \frac{Z_u}{\sigma_v \cdot A_v} \cdot l_ü \qquad (18)$$

Hierin bedeuten:

$$Z_u = \frac{M_u}{z} + Q_u \cdot \frac{v}{h} \qquad (19)$$

σ_v die zulässige Vorspannung des Spannstahles (siehe Tabelle 9, Zeile 65)

A_v Querschnittsfläche des Spanngliedes

v Versatzmaß nach DIN 1045

Der Anteil $Q_u \cdot v/h$ der Gleichung (19) braucht nur berücksichtigt zu werden, wenn anschließend an die Verankerungslänge Schubrisse vorausgesetzt werden müssen (Überschreitung der oben genannten Grenzwerte).

b) Der rechnerische Überstand der im Verbund liegenden Spannglieder über die Auflagervorderkante muß betragen:

$$l_1 = \frac{Z_{Au}}{\sigma_v \cdot A_v} \cdot l_ü \qquad (20)$$

Bei direkter Lagerung genügt ein Überstand von ⅔ l_1.

Hierin bedeuten:

$Z_{Au} = Q_u \cdot \frac{v}{h}$ am Auflager zu verankernde Zugkraft; sofern ein Teil dieser Zugkraft nach DIN 1045 durch Längsbewehrung aus Betonstahl verankert wird, braucht der Überstand der Spannglieder nur für die nicht abgedeckte Restzugkraft $\Delta Z_{Au} = Z_{Au} - A_s \cdot \beta_S$ nachgewiesen zu werden.

Q_u die Querkraft am Auflager im rechnerischen Bruchzustand

A_v der Querschnitt der über die Auflager geführten unten liegenden Spannglieder

14.3 Nachweis der Zugkraftdeckung

(1) Bei gestaffelter Anordnung von Spanngliedern ist die Zugkraftdeckung im rechnerischen Bruchzustand nach DIN 1045/07.88, Abschnitt 18.7.2, durchzuführen. Bei Platten ohne Schubbewehrung ist v = 1,5 h in Rechnung zu stellen.

(2) In der Zone a erübrigt sich ein Nachweis der Zugkraftdeckung, wenn die Hauptzugspannungen im rechnerischen Bruchzustand

- bei vorwiegend ruhender Belastung die Vergleichswerte der Tabelle 9, Zeile 49,
- bei nicht vorwiegend ruhender Belastung die Werte der Tabelle 9, Zeile 50,

nicht überschreiten.

(3) Werden am Auflager Spannglieder von der Trägerunterseite hochgeführt, so muß die Wirkung der vollen Trägerhöhe für die Schubtragfähigkeit durch eine Mindestgurtbewehrung zur Deckung einer Zuggurtkraft von Z_u = 0,5 Q_u gesichert werden. Im Zuggurt verbleibende Spannglieder dürfen mit ihrer anfänglichen Vorspannkraft V_0 angesetzt werden.

(4) Im Bereich von Zwischenauflagern ist diese untere Gurtbewehrung in Richtung des Auflagers um v = 1,5 h über den Schnitt hinaus zu führen, der bei der sich ergebenden Lastfallkombination einschließlich ungünstig wirkender Zwangbeanspruchungen (z. B. aus Temperaturunterschied oder Stützensenkung) noch Zug erhalten kann.

(5) Entsprechendes gilt auch für die obere Gurtbewehrung.

14.4 Verankerungen innerhalb des Tragwerks

(1) Wenn ein Teil des Querschnitts mit Ankerkörpern (Verankerungen, Spanngliedkopplungen) durchsetzt ist, sind Querschnittsschwächungen zu berücksichtigen infolge von:

a) Ankerkörpern, bei denen zwischen Stirnfläche des Ankerkörpers und Beton bzw. Einpreßmörtel eine nachgiebige Zwischenlage angeordnet ist, bei allen Nachweisen im Gebrauchszustand und im rechnerischen Bruchzustand;

b) Ankerkörper, die im Bereich von Längszugspannungen liegen, bei Nachweisen im Gebrauchszustand.

(2) Bei Verankerungen innerhalb von flächenhaften Tragwerksteilen müssen mindestens 25 % der eingetragenen Vorspannkraft durch Bewehrung nach rückwärts, d. h. über das Spanngliedende hinaus, verankert werden.

(3) Dabei darf nur jener Teil der Bewehrung berücksichtigt werden, der nicht weiter als in einem Abstand von $1{,}5\sqrt{A_1}$ von der Achse des endenden Spanngliedes liegt und dessen resultierende Zugkraft etwa in der Achse des endenden Spanngliedes liegt. Dabei ist A_1 die Aufstandsfläche des Ankerkörpers des Spanngliedes. Im Verbund liegende Spannglieder dürfen dabei mitgerechnet werden.

(4) Als zulässige Stahlspannung der Bewehrung aus Betonstahl gelten hierbei die Werte der Tabelle 9, Zeile 68. Für die Spannglieder darf die vorhandene Spannungsreserve bis zur zulässigen Spannstahlspannung nach Tabelle 9, Zeile 65, aber keine höhere Zusatzspannung als 240 N/mm² angesetzt werden.

(5) Sind hinter einer Verankerung Betondruckspannungen σ vorhanden, so darf die sich daraus ergebende kleinste Druckkraft abgezogen werden:

$$D = 5 \cdot A_1 \cdot \sigma \qquad (21)$$

15 Zulässige Spannungen

15.1 Allgemeines

(1) Die bei den Nachweisen nach den Abschnitten 9 bis 12 und 14 zulässigen Beton- und Stahlspannungen sind in Tabelle 9 angegeben. Zwischenwerte dürfen nicht eingeschaltet werden. In der Mittelfläche von Gurtplatten sind die Spannungen für mittigen Zug einzuhalten.

(2) Bei nachträglicher Ergänzung von vorgespannten Fertigteilen durch Ortbeton B 15 (siehe Abschnitte 3.1.1 und 12.7) beträgt die zulässige Randdruckspannung 6 N/mm².

(3) Bei Brücken nach DIN 1072 und vergleichbaren Bauwerken gelten die zulässigen Betonzugspannungen von Tabelle 9, Zeilen 42, 43 und 44, nur, sofern im Bauzustand keine Zwangschnittgrößen infolge von Wärmewirkungen auftreten. Treten jedoch solche Zwangschnittgrößen auf, so sind die Zahlenwerte der Tabelle 9, Zeilen 42, 43 und 44, um 0,5 N/mm² herabzusetzen.

15.2 Zulässige Spannung bei Teilflächenbelastung

Es gelten DIN 1045/07.88, Abschnitt 17.3.3, und für Brücken DIN 1075/04.81, Abschnitt 8.

15.3 Zulässige Druckspannungen in der vorgedrückten Druckzone

Der Rechenwert der Druckspannung, der den zulässigen Spannungen nach Tabelle 9, Zeilen 1 bis 4, gegenüberzustellen ist, beträgt

$$\sigma = 0{,}75\ \sigma_v + \sigma_q \qquad (22)$$

Hierin bedeuten:

σ_v Betondruckspannung aus Vorspannung

σ_q Betondruckspannung aus ungünstigster Lastzusammenstellung nach den Abschnitten 9.2.2 bis 9.2.7.

15.4 Zulässige Spannungen in Spanngliedern mit Dehnungsbehinderung (Reibung)

Bei Spanngliedern, deren Dehnung durch Reibung behindert ist, darf nach Tabelle 9, Zeile 66, die zulässige Spannung am Spannende erhöht werden, wenn die Bereiche der maximalen Momente hiervon nicht berührt werden und die Erhöhung auf solche Bereiche beschränkt bleibt, in denen der Einfluß der Verkehrslasten gering ist.

15.5 Zulässige Betonzugspannungen für die Beförderungszustände bei Fertigteilen

Die zulässigen Betonzugspannungen betragen das Zweifache der zulässigen Werte für den Bauzustand.

15.6 Querbiegezugspannungen in Querschnitten, die nach DIN 1045 bemessen werden

(1) In Querschnitten, die nach DIN 1045 bemessen werden (z. B. Stege oder Bodenplatten bei Querbiegebeanspruchung), dürfen die nach Zustand I ermittelten Querbiegezugspannungen die Werte der Tabelle 9, Zeile 45, nicht überschreiten. Bei Brücken wird dieser Nachweis nur für den Lastfall H verlangt.

(2) Außerdem dürfen für den Lastfall ständige Last plus Vorspannung die nach Zustand I ermittelten Querbiegezugspannungen die Werte der Tabelle 9, Zeile 37, nicht überschreiten.

15.7 Zulässige Stahlspannungen in Spanngliedern

(1) Beim Spannvorgang darf die Spannung im Spannstahl vorübergehend die Werte nach Tabelle 9, Zeile 64, erreichen; der kleinere Wert ist maßgebend.

(2) Nach dem Verankern der Spannglieder gelten die Werte der Tabelle 9, Zeilen 65 bzw. 66 (siehe auch Abschnitt 15.4).

(3) Bei Spannverfahren, für die in den Zulassungen eine Abminderung der Spannkraft vorgeschrieben ist, muß die gleiche prozentuale Abminderung sowohl beim Spannen als auch nach dem Verankern der Spannglieder berücksichtigt werden.

15.8 Gekrümmte Spannglieder

In aufgerollten oder gekrümmt verlegten, gespannten Spanngliedern dürfen die Randspannungen den Wert $\beta_{0,01}$ nicht überschreiten. Die Randspannungen für Litzen dürfen mit dem halben Nenndurchmesser ermittelt werden.

15.9 Nachweise bei nicht vorwiegend ruhender Belastung

15.9.1 Allgemeines

(1) Mit Ausnahme der in den Abschnitten 15.9.2 und 15.9.3 genannten Fälle sind Nachweise der Schwingbreite für Betonstahl und Spannstahl nicht erforderlich.

(2) Für die Verwendung von Betonstahlmatten gilt DIN 1045/07.88, Abschnitt 17.8; für die Schubsicherung bei Eisenbahnbrücken dürfen jedoch Betonstahlmatten nicht verwendet werden.

15.9.2 Endverankerungen mit Ankerkörpern und Kopplungen

(1) An Endverankerungen mit Ankerkörpern sowie an festen und beweglichen Kopplungen der Spannglieder ist der Nachweis zu führen, daß die Schwingbreite das 0,7fache des im Zulassungsbescheid für das Spannverfahren angegebenen Wertes der ertragenen Schwingbreite nicht überschreitet.

(2) Dieser Nachweis ist, sofern im Querschnitt Zugspannungen auftreten, nach Zustand II zu führen. Hierbei sind nur die durch häufige Lastwechsel verursachten Spannungsschwankungen zu berücksichtigen.

(3) In diesen Querschnitten ist auch die Schwingbreite im Betonstahl nachzuweisen. Die ermittelten Schwingbreiten dürfen die Werte von DIN 1045/07.88, Abschnitt 17.8; nicht überschreiten.

(4) Bei diesem Nachweis sind in Querschnitten mit festen oder beweglichen Kopplungen außer den ständigen Lasten und der Vorspannung nach Kriechen und Schwinden

folgende Beanspruchungen als ständig wirkend zu berücksichtigen, soweit sie hinsichtlich der Spannungsschwankungen ungünstig wirken:

- Wahrscheinliche Baugrundbewegungen nach Abschnitt 9.2.6.
- Temperaturunterschiede nach Abschnitt 9.2.5. Bei Straßen- und Wegbrücken sind die Temperaturunterschiede nach DIN 1072/12.85, Tabelle 3, Spalten 4 bzw. 6, ohne Abminderung einzusetzen.
- Zusatzmoment $\Delta M = \pm \frac{EI}{10^4\, d_0}$ (23)

Hierin bedeuten:

EI Biegesteifigkeit im Zustand I

d_0 Querschnittsdicke des jeweils betrachteten Querschnitts

(5) ΔM nach Gleichung (23) ist ausschließlich bei diesem Nachweis zu berücksichtigen.

15.9.3 Endverankerung von Spanngliedern mit sofortigem Verbund

Es ist nachzuweisen, daß die Änderung der Spannung aus häufigen Lastwechseln (siehe Abschnitt 15.9.2) am Ende der Übertragungslänge bei gerippten und profilierten Drähten nicht größer als 70 N/mm^2, bei Litzen nicht größer als 50 MN/m^2 ist.

Tabelle 9. **Zulässige Spannungen**

Beton auf Druck infolge von Längskraft und Biegemoment im Gebrauchszustand						
	1	2	3	4	5	6
	Querschnittsbereich	Anwendungsbereich	Zulässige Spannungen N/mm^2			
			B 25	B 35	B 45	B 55
1	Druckzone	Mittiger Druck in Säulen und Druckgliedern	8	10	11,5	13
2		Randspannung bei Voll- (z. B. Rechteck-) Querschnitt (einachsige Biegung)	11	14	17	19
3		Randspannung in Gurtplatten aufgelöster Querschnitten (z. B. Plattenbalken und Hohlkastenquerschnitte)	10	13	16	18
4		Eckspannungen bei zweiachsiger Biegung	12	15	18	20
5	vorgedrückte Zugzone	Mittiger Druck	11	13	15	17
6		Randspannung bei Voll- (z. B. Rechteck-) Querschnitten (einachsige Biegung)	14	17	19	21
7		Randspannung in Gurtplatten aufgelöster Querschnitte (z. B. Plattenbalken und Hohlkastenquerschnitte)	13	16	18	20
8		Eckspannung bei zweiachsiger Biegung	15	18	20	22

Tabelle 9. (Fortsetzung)

Beton auf Zug infolge von Längskraft und Biegemoment im Gebrauchszustand						
Allgemein (nicht bei Brücken)						
	1	2	3	4	5	6
	Vorspannung	Anwendungsbereich	Zulässige Spannungen N/mm^2			
			B 25	B 35	B 45	B 55
	volle Vorspannung	allgemein:				
9		Mittiger Zug	0	0	0	0
10		Randspannung	0	0	0	0
11		Eckspannung	0	0	0	0
		unter unwahrscheinlicher Häufung von Lastfällen:				
12		Mittiger Zug	0,6	0,8	0,9	1,0
13		Randspannung	1,6	2,0	2,2	2,4
14		Eckspannung	2,0	2,4	2,7	3,0
		Bauzustand:				
15		Mittiger Zug	0,3	0,4	0,4	0,5
16		Randspannung	0,8	1,0	1,1	1,2
17		Eckspannung	1,0	1,2	1,4	1,5
	beschränkte Vorspannung	allgemein:				
18		Mittiger Zug	1,2	1,4	1,6	1,8
19		Randspannung	3,0	3,5	4,0	4,5
20		Eckspannung	3,5	4,0	4,5	5,0
		unter unwahrscheinlicher Häufung von Lastfällen:				
21		Mittiger Zug	1,6	2,0	2,2	2,4
22		Randspannung	4,0	4,4	5,0	5,6
23		Eckspannung	4,4	5,2	5,8	6,4
		Bauzustand:				
24		Mittiger Zug	0,8	1,0	1,1	1,2
25		Randspannung	2,0	2,2	2,5	2,8
26		Eckspannung	2,2	2,6	2,9	3,2

Tabelle 9. (Fortsetzung)

Bei Brücken und vergleichbaren Bauwerken nach Abschnitt 6.7.1						
	1	2	3	4	5	6
	Vorspannung	Anwendungsbereich	Zulässige Spannungen N/mm²			
			B 25	B 35	B 45	B 55
	volle Vorspannung	unter Hauptlasten:				
27		Mittiger Zug	0	0	0	0
28		Randspannung	0	0	0	0
29		Eckspannung	0	0	0	0
		unter Haupt- und Zusatzlasten:				
30		Mittiger Zug	0,6	0,8	0,9	1,0
31		Randspannung	1,6	2,0	2,0	2,4
32		Eckspannung	2,0	2,4	2,7	3,0
		Bauzustand:				
33		Mittiger Zug	0,3	0,4	0,4	0,5
34		Randspannung	0,8	1,0	1,1	1,2
35		Eckspannung	1,0	1,2	1,4	1,5
	beschränkte Vorspannung	unter Hauptlasten:				
36		Mittiger Zug	1,0	1,2	1,4	1,6
37		Randspannung	2,5	2,8	3,2	3,5
38		Eckspannung	2,8	3,2	3,6	4,0
		unter Haupt- und Zusatzlasten:				
39		Mittiger Zug	1,2	1,4	1,6	1,8
40		Randspannung	3,0	3,6	4,0	4,5
41		Eckspannung	3,5	4,0	4,5	5,0
		Bauzustand:				
42		Mittiger Zug [1])	0,8	1,0	1,1	1,2
43		Randspannung [1])	2,0	2,2	2,5	2,8
44		Eckspannung [1])	2,2	2,6	2,9	3,2
Biegezugspannungen aus Quertragwirkung beim Nachweis nach Abschnitt 15.6						
45			3,0	4,0	5,0	6,0
Beton auf Schub						
Schiefe Hauptzugspannungen im Gebrauchszustand						
46	volle Vorspannung	Querkraft, Torsion Querkraft plus Torsion in der Mittelfläche	0,8	0,9	0,9	1,0
47		Querkraft plus Torsion	1,0	1,2	1,4	1,5
48	beschränkte Vorspannung	Querkraft, Torsion Querkraft plus Torsion in der Mittelfläche	1,8	2,2	2,6	3,0
49		Querkraft plus Torsion	2,5	2,8	3,2	3,5

[1]) Abschnitt 15.1, (3), ist zu beachten.

Tabelle 9. (Fortsetzung)

Schiefe Hauptzugspannungen bzw. Schubspannungen im rechnerischen Bruchzustand ohne Nachweis der Schubbewehrung (Zone a und Zone b)

	1	2	3	4	5	6
	Beanspruchung	Bauteile	Zulässige Spannungen N/mm²			
			B 25	B 35	B 45	B 55
50	Querkraft	bei Balken	1,4	1,8	2,0	2,2
51		bei Platten [2]) (Querkraft senkrecht zur Platte)	0,8	1,0	1,2	1,4
52	Torsion	bei Vollquerschnitten	1,4	1,8	2,0	2,2
53		in der Mittelfläche von Stegen und Gurten	0,8	1,0	1,2	1,4
54	Querkraft plus Torsion	in der Mittelfläche von Stegen und Gurten	1,4	1,8	2,0	2,2
55		bei Vollquerschnitten	1,8	2,4	2,7	3,0
Grundwerte der Schubspannung im rechnerischen Bruchzustand in Zone b und in Zuggurten der Zone a						
56	Querkraft	bei Balken	5,5	7,0	8,0	9,0
57		bei Platten (Querkraft senkrecht zur Platte)	3,2	4,2	4,8	5,2
58	Torsion	bei Vollquerschnitten	5,5	7,0	8,0	9,0
59		in der Mittelfläche von Stegen und Gurten	3,2	4,2	4,8	5,2
60	Querkraft plus Torsion	in der Mittelfläche von Stegen und Gurten	5,5	7,0	8,0	9,0
61		bei Vollquerschnitten	5,5	7,0	8,0	9,0
Beton auf Schub						
Schiefe Hauptdruckspannungen im rechnerischen Bruchzustand in Zone a und in Zone b						
62	Querkraft, Torsion, Querkraft plus Torsion	in Stegen	11	16	20	25
63	Querkraft, Torsion, Querkraft plus Torsion	in Gurtplatten	15	21	27	33

Stahl auf Zug

Stahl der Spannglieder

	1	2	
	Beanspruchung	Zulässige Spannungen	
64	vorübergehend, beim Spannen (siehe auch Abschnitte 9.3 und 15.7)	0,8 β_S bzw. 0,65 β_Z	
65	im Gebrauchszustand	0,75 β_S bzw. 0,55 β_Z	
66	im Gebrauchszustand bei Dehnungsbehinderung (siehe Abschnitt 15.4)	5% mehr als nach Zeile 65	
67	Randspannungen in Krümmungen (siehe auch Abschnitt 15.8)	$\beta_{0,01}$	
Betonstahl			
68	Zur Aufnahme der im Gebrauchszustand auftretenden Zugspannung	BSt 420 S (III S) BSt 500 S (IV S) BSt 500 M (IV M)	β_S/1,75
69	Beim Nachweis zur Beschränkung der Rißbreite, zur Aufnahme der Zugkräfte bei Biegung im rechnerischen Bruchzustand und zur Bemessung der Schubbewehrung	BSt 420 S (III S) BSt 500 S (IV S) BSt 500 M (IV M)	β_S

[2]) Für dicke Platten ($d > 30$ cm) siehe Abschnitt 12.4.1

Zitierte Normen und andere Unterlagen

DIN 1013 Teil 1	Stabstahl; Warmgewalzter Rundstahl für allgemeine Verwendung, Maße, zulässige Maß- und Formabweichungen
DIN 1045	Beton und Stahlbeton, Bemessung und Ausführung
DIN 1072	Straßen- und Wegbrücken; Lastannahmen
DIN 1075	Betonbrücken; Bemessung und Ausführung
DIN 1084 Teil 1	Überwachung (Güteüberwachung) im Beton- und Stahlbetonbau; Beton II auf Baustellen
DIN 1084 Teil 2	Überwachung (Güteüberwachung) im Beton- und Stahlbetonbau; Fertigteile
DIN 1084 Teil 3	Überwachung (Güteüberwachung) im Beton- und Stahlbetonbau; Transportbeton
Normen der Reihe	
DIN 1164	Portland-, Eisenportland-, Hochofen- und Traßzement
DIN 4099	Schweißen von Betonstahl; Anforderungen und Prüfungen
DIN 4226 Teil 1	Zuschlag für Beton; Zuschlag mit dichtem Gefüge, Begriffe, Bezeichnung und Anforderungen
DIN 4227 Teil 2	Spannbeton; Bauteile mit teilweiser Vorspannung
DIN 4227 Teil 5	Spannbeton; Einpressen von Zementmörtel in Spannkanäle
DIN 4227 Teil 6	Spannbeton; Bauteile mit Vorspannung ohne Verbund
DIN 17 100	Allgemeine Baustähle; Gütenorm
DIN 18 553	Hüllrohre aus Bandstahl für Spannglieder; Anforderungen, Prüfungen
DAfStb-Heft 320 [10])	Richtlinien für die Bemessung und Ausführung von Stahlverbundträgern (vorläufiger Ersatz für DIN 1078 und DIN 4239).

Mitteilungen des Instituts für Bautechnik, Berlin

Weitere Normen

DIN 488 Teil 1	Betonstahl; Sorten, Eigenschaften, Kennzeichen
DIN 488 Teil 3	Betonstahl; Betonstabstahl, Prüfungen
DIN 488 Teil 4	Betonstahl; Betonstahlmatten und Bewehrungsdraht, Aufbau, Maße und Gewichte
DIN 1055 Teil 1	Lastannahmen für Bauten; Lagerstoffe, Baustoffe und Bauteile, Eigenlasten und Reibungswinkel
DIN 1055 Teil 2	Lastannahmen für Bauten; Bodenkenngrößen, Wichte, Reibungswinkel, Kohäsion, Wandreibungswinkel
DIN 1055 Teil 3	Lastannahmen für Bauten; Verkehrslasten
DIN 1055 Teil 4	Lastannahmen für Bauten; Verkehrslasten; Windlasten bei nicht schwingungsanfälligen Bauwerken
DIN 1055 Teil 5	Lastannahmen für Bauten; Verkehrslasten; Schneelast und Eislast
DIN 1055 Teil 6	Lastannahmen für Bauten; Lasten in Silozellen
DIN 4102 Teil 1	Brandverhalten von Baustoffen und Bauteilen; Baustoffe, Begriffe, Anforderungen und Prüfungen
DIN 4102 Teil 2	Brandverhalten von Baustoffen und Bauteilen; Bauteile, Begriffe, Anforderungen und Prüfungen
DIN 4102 Teil 3	Brandverhalten von Baustoffen und Bauteilen; Brandwände und nichttragende Außenwände, Begriffe, Anforderungen und Prüfungen
DIN 4102 Teil 4	Brandverhalten von Baustoffen und Bauteilen; Zusammenstellung und Anwendung klassifizierter Baustoffe, Bauteile und Sonderbauteile
DIN 4102 Teil 5	Brandverhalten von Baustoffen und Bauteilen; Feuerschutzabschlüsse, Abschlüsse in Fahrschachtwänden und gegen Feuerwiderstandsfähige Verglasungen, Begriffe, Anforderungen und Prüfungen
DIN 4102 Teil 6	Brandverhalten von Baustoffen und Bauteilen; Lüftungsleitungen, Begriffe, Anforderungen und Prüfungen
DIN 4102 Teil 7	Brandverhalten von Baustoffen und Bauteilen; Bedachungen, Begriffe, Anforderungen und Prüfungen
DIN 4226 Teil 2	Zuschlag für Beton; Zuschlag mit porigem Gefüge (Leichtzuschlag), Begriffe, Bezeichnung und Anforderungen
DIN 4226 Teil 3	Zuschlag für Beton; Prüfung von Zuschlag mit dichtem oder porigem Gefüge

Frühere Ausgaben

DIN 4227: 10.53x; DIN 4227 Teil 1: 12.79

Änderungen

Gegenüber der Ausgabe Dezember 1979 wurden folgende Änderungen vorgenommen:

a) Erweiterung der Regelungen für den Einbau von Hüllrohren.
b) Erhöhung der Mindestbewehrung bei Brücken und vergleichbaren Bauwerken.
c) Konstruktive Regelungen für die Längsbewehrung von Balkenstegen.
d) Nachweis für die Gebrauchsfähigkeit vorgespannter Konstruktionen (Beschränkung der Rißbreite).
e) Angleichung an DIN 1072 hinsichtlich Zwangbeanspruchung, insbesonders aus Wärmewirkung.

Allgemeine redaktionelle Anpassungen an die zwischenzeitliche Normenfortschreibung.

Internationale Patentklassifikation

C 04 B 28/04 E 04 B 1/22 E 04 C 5/08 E 01 D 7/02 E 04 G 21/12 G 01 L 5/00 G 01 N 3/00 G 01 N 33/38

---

[10]) Herausgeber: Deutscher Ausschuß für Stahlbeton, Berlin.
Zu beziehen über: Beuth Verlag GmbH, Burggrafenstraße 6, 1000 Berlin 30.

DK 691.328.2 : 693.564.4/.6 : 624.92.012.3/.4
: 666.982.4 : 001.4

Mai 1984

	# Spannbeton Bauteile mit teilweiser Vorspannung	Vornorm DIN 4227 Teil 2

Prestressed concrete; structural members with partial prestress
Béton précontraint; éléments structuraux sous précontrainte partielle

Eine Vornorm ist eine Norm, zu der noch Vorbehalte hinsichtlich der Anwendung bestehen und nach der versuchsweise gearbeitet werden kann.
Im vorliegenden Falle handelt es sich darum, daß die Vorbehalte nicht Fragen der Sicherheit und Dauerhaftigkeit der nach dieser Vornorm bemessenen Bauteile betreffen, sondern es sollen die Zweckmäßigkeit und Handhabbarkeit der Festlegungen unter den Bedingungen der Praxis erprobt werden.
Es wird gebeten, Erfahrungen mit dieser Vornorm spätestens bis zum 31. Dezember 1986 mitzuteilen an den Normenausschuß Bauwesen (NABau) im DIN Deutsches Institut für Normung e.V., Burggrafenstraße 4–10, 1000 Berlin 30.

Diese Vornorm wurde vom Fachbereich VII Beton- und Stahlbetonbau/Deutscher Ausschuß für Stahlbeton des NABau ausgearbeitet. Sie ist den obersten Bauaufsichtsbehörden vom Institut für Bautechnik, Berlin, zur bauaufsichtlichen Einführung empfohlen worden.
Die Benennung „Last" wird für Kräfte verwendet, die von außen auf ein System einwirken; dies gilt auch für zusammengesetzte Wörter mit der Silbe . . . „Last" (siehe DIN 1080 Teil 1).
Alle Hinweise auf DIN 1045, DIN 4227 Teil 1 und Teil 6 beziehen sich jeweils auf folgende Ausgaben:
- DIN 1045, Ausgabe Dezember 1978
- DIN 4227 Teil 1, Ausgabe Dezember 1979
- DIN 4227 Teil 6, Ausgabe Mai 1982

Die Normen der Reihe DIN 4227 umfassen folgende Teile:

DIN 4227 Teil 1	Spannbeton; Bauteile aus Normalbeton mit beschränkter oder voller Vorspannung
DIN 4227 Teil 2	Spannbeton; Bauteile mit teilweiser Vorspannung
DIN 4227 Teil 3	Spannbeton; Bauteile in Segmentbauart, Bemessung und Ausführung der Fugen
DIN 4227 Teil 4*)	Spannbeton; Bauteile aus Spannleichtbeton
DIN 4227 Teil 5	Spannbeton; Einpressen von Zementmörtel in Spannkanäle
DIN 4227 Teil 6	Spannbeton; Bauteile mit Vorspannung ohne Verbund

*) Z. Z. Entwurf

Fortsetzung Seite 2 bis 7

Normenausschuß Bauwesen (NABau) im DIN Deutsches Institut für Normung e.V.

Inhalt

1 Anwendungsbereich

(1) Diese Norm gilt für die Bemessung und Ausführung von Bauteilen aus Normalbeton, bei denen Bauteilabschnitte durch Spannglieder mit nachträglichem Verbund im Sinne von Absatz 2 teilweise vorgespannt sind. Es dürfen also auch Abschnitte eines solchen Bauteils, in denen die zulässigen Zugspannungen für volle oder für beschränkte Vorspannung eingehalten sind, nach dieser Norm bemessen werden.

(2) Teilweise vorgespannte Bauteile sind vorgespannte Bauteile, bei denen im Gebrauchszustand die Betonzugspannungen in der vorgedrückten Zugzone und in der Druckzone infolge Biegung, Biegung mit Längskraft und Längskraft nicht begrenzt sind. Bauteile, bei denen sich unter der Wirkung von weniger als 10 % der ungünstigsten Gebrauchslasten (einschließlich Zwangbeanspruchung infolge von Kriechen und Schwinden, Wärmewirkung und Baugrundbewegung) und unter Berücksichtigung der Vorspannung am Rand der vorgedrückten Zugzone rechnerisch Zugspannungen ergeben, sind jedoch nicht Gegenstand von DIN 4227 Teil 2.

(3) Für Bauteile mit teilweiser Vorspannung aus Leichtbeton gilt DIN 4227 Teil 4 *).

(4) Bauteile mit teilweiser Vorspannung mit Spanngliedern ohne Verbund werden in DIN 4227 Teil 6 behandelt.

(5) Bauteile mit teilweiser Vorspannung mit Spanngliedern in sofortigem Verbund in der vorgedrückten Zugzone sind nicht Gegenstand von DIN 4227 Teil 2 und werden auch in den anderen Teilen von DIN 4227 nicht behandelt.

(6) Bauteile mit teilweiser Vorspannung mit Umweltbedingungen nach DIN 1045, Tabelle 10, Zeile 4, dürfen nur verwendet werden, wenn sie nach DIN 1045 Abschnitt 13.3 dauerhaft gegen Korrosionsangriff geschützt sind. Bei Deckbrücken unter direkter Tausalzeinwirkung bezieht sich diese Anforderung nur auf die Deckfläche, bei Trogbrücken unter direkter Tausalzeinwirkung auch auf die Steginnenseiten.

(7) Für Bauteile mit teilweiser Vorspannung gelten – soweit nachfolgend nichts anderes bestimmt wird – die Festlegungen nach DIN 4227 Teil 1. In DIN 4227 Teil 1 sind die weiteren in dieser Norm verwendeten Begriffe definiert.

*) Z. Z. Entwurf

2 Bautechnische Unterlagen, Bauleitung und Fachpersonal

Es gilt DIN 4227 Teil 1, Abschnitt 2.2 und Abschnitt 2.3.

3 Baustoffe

Es gilt DIN 4227 Teil 1, Abschnitt 3.

4 Nachweis der Güte der Baustoffe

Es gilt DIN 4227 Teil 1, Abschnitt 4.

5 Aufbringen der Vorspannung

Es gilt DIN 4227 Teil 1, Abschnitt 5.

6 Grundsätze für die bauliche Durchbildung

6.1 Betonstahlbewehrung

Es gilt DIN 1045, Abschnitt 13 und Abschnitt 18, weiterhin für druckbeanspruchte Bewehrungsstäbe DIN 4227 Teil 1, Abschnitt 6.1, Absatz 2.

6.2 Spannglieder

Es gilt DIN 4227 Teil 1, Abschnitt 6.2 bis Abschnitt 6.6.

6.3 Mindestbewehrung

(1) Für Brücken und vergleichbare Bauwerke ist eine Mindestbewehrung entsprechend DIN 4227 Teil 1, Abschnitt 6.7, anzuordnen.

(2) Die Mindestbewehrung im Stützenbereich punktförmig gestützter Platten richtet sich nach DIN 4227 Teil 1, Abschnitt 12.9, Absatz 4.

(3) Die Mindestbewehrung in Arbeitsfugen mit Spanngliedkopplungen richtet sich nach Abschnitt 10.4.

(4) Bei anderen Bauwerken oder Bauteilen gilt für die Mindestbewehrung DIN 1045; bei Balkenstegen ist jedoch eine Mindestschubbewehrung nach DIN 4227 Teil 1, Tabelle 4, Zeile 5, anzuordnen.

7 Berechnungsgrundlagen

7.1 Erforderliche Nachweise

Anstelle der in DIN 4227 Teil 1, Abschnitt 7.1 geforderten Nachweise sind folgende rechnerische Nachweise zu erbringen:

- Nachweis der Spannstahlspannungen im Gebrauchszustand nach Abschnitt 9.1
- Nachweis der Stahlspannungen bei nicht vorwiegend ruhender Belastung nach Abschnitt 9.2
- Nachweis zur Beschränkung der Rißbreite nach Abschnitt 10
- Nachweis für den rechnerischen Bruchzustand bei Biegung, Biegung mit Längskraft und Längskraft nach Abschnitt 11
- Nachweis für die schiefen Hauptdruckspannungen bzw. Schubspannungen und für die Schubdeckung im rechnerischen Bruchzustand nach Abschnitt 12
- Nachweis gegen Durchstanzen nach DIN 4227 Teil 1, Abschnitt 12.9
- Nachweis der Beanspruchung des Verbundes zwischen Spannglied und Beton nach DIN 4227 Teil 1, Abschnitt 13
- Nachweis der Zugkraftdeckung nach DIN 4227 Teil 1, Abschnitt 14.3
- Nachweis für Verankerungen innerhalb des Tragwerks nach DIN 4227 Teil 1, Abschnitt 14.4.

7.2 Ermittlung der Schnittgrößen und der Formänderungen

Für die Ermittlung der Schnittgrößen und der Formänderungen gilt DIN 1045, Abschnitt 15 und Abschnitt 16. Die Werte für die Elastizitätsmoduln des Spannstahls sind im allgemeinen DIN 4227 Teil 1, Abschnitt 7.2, für die Berechnung der Spannwege, den Zulassungen des Spannstahls zu entnehmen.

8 Zeitabhängiges Verformungsverhalten

Für das zeitabhängige Verformungsverhalten des Betons und des Spannstahls gilt DIN 4227 Teil 1, Abschnitt 8.

9 Nachweis der Stahlspannungen im Gebrauchszustand

9.1 Nachweis der Spannstahlspannungen allgemein

(1) Unter den Beanspruchungen nach DIN 4227 Teil 1, Abschnitt 9, dürfen die Spannstahlspannungen die zulässigen Werte nach DIN 4227 Teil 1, Abschnitt 15, Tabelle 9, Zeilen 64 bis 67, nicht überschreiten. Dabei ist der sich im Zustand II ergebende Spannungszuwachs zu berücksichtigen, wobei von einem vollkommenen Verbund zwischen Beton und Stahl, einem linear-elastischen Verhalten der Baustoffe und bei Trägern und Platten mit $l_0/h \geq 2$ bzw. bei Kragträgern und Kragplatten mit $l_k/h \geq 1$ von einer geradlinigen Dehnungsverteilung auszugehen ist.

(2) Bei aufgerollten oder gekrümmt verlegten, gespannten Spanngliedern gilt DIN 4227 Teil 1, Abschnitt 15.8.

9.2 Nachweis der Stahlspannungen im Gebrauchszustand bei nicht vorwiegend ruhender Belastung

(1) An Endverankerungen mit Ankerkörpern sowie an festen und beweglichen Kopplungen der Spannglieder ist der Nachweis zu führen, daß die Schwingbreite das 0,7-fache des im Zulassungsbescheid für das Spannverfahren angegebenen Wertes der ertragenden Schwingbreite nicht überschreitet. Im übrigen Bereich der Spannglieder darf die Schwingbreite das 0,4fache der in der Spannstahlzulassung angegebenen Dauerschwingfestigkeit des freien Spannstahles und den Wert von 140 MN/m^2 nicht überschreiten, sofern nicht in Zulassungsbescheiden für den Spannstahl im einbetonierten Zustand abweichende Werte angegeben sind.

(2) Im Betonstahl ist die Schwingbreite auf der gesamten Bauteillänge nach DIN 1045, Abschnitt 17.8, zu begrenzen. Beim Nachweis der Schwingbreite in der Schubbewehrung sind die Spannungen nach der Fachwerkanalogie zu ermitteln, wobei die Neigung tan ϑ der Druckstreben gegen die Querschnittsnormale nach DIN 4227 Teil 1, Abschnitt 12.4.2, aber nicht kleiner als 0,6 anzusetzen ist.

(3) Bei diesem Nachweis sind außer den ständigen Lasten und der Vorspannung nach Kriechen und Schwinden folgende Beanspruchungen als ständig wirkend zu berücksichtigen, soweit sie hinsichtlich der Spannungsschwankungen ungünstig wirken:

- Wahrscheinliche Baugrundbewegungen nach DIN 4227 Teil 1, Abschnitt 9.2.6
- Temperaturunterschiede nach DIN 4227 Teil 1, Abschnitt 9.2.5
- Zusatzmoment $\Delta M = \pm\, 10 \cdot 10^{-5} \cdot \dfrac{EI}{d_0}$

Hierin bedeuten:

EI Biegesteifigkeit im Zustand I

d_0 Querschnittsdicke des betrachteten Querschnittes (bei Platten ist $d_0 = d$ zu setzen).

(4) Dieser Nachweis ist, sofern im Querschnitt Zugspannungen auftreten, nach Zustand II zu führen. Hierbei sind nur die durch häufige Lastwechsel verursachten Spannungsschwankungen zu berücksichtigen, wie z. B. durch nicht vorwiegend ruhende Lasten nach DIN 1055 Teil 3; bei Verkehrsregellasten von Brücken dürfen die in DIN 1075, Ausgabe April 1981, Abschnitt 9.3[1]) genannten Abminderungsfaktoren α berücksichtigt werden.

[1]) Die darin enthaltenen Festlegungen werden später durch entsprechende Festlegungen in DIN 1072 (z. Z. Entwurf) ersetzt werden.

10 Beschränkung der Rißbreite im Gebrauchszustand

10.1 Allgemeines

(1) Zur Sicherung der Gebrauchsfähigkeit und Dauerhaftigkeit der Bauteile ist die Rißbreite durch geeignete Wahl von Bewehrungsgehalt, Stahlspannung und Stabdurchmesser in dem Maß zu beschränken, wie es der Verwendungszweck erfordert.

(2) Bei Bauteilen mit Umweltbedingungen nach DIN 1045, Tabelle 10, Zeilen 1 und 2, ist der Nachweis nach Abschnitt 10.2 nur zu führen, wenn die Bedingungen nach Absatz 5 nicht eingehalten sind.

(3) Bei Bauteilen mit Umweltbedingungen nach DIN 1045, Tabelle 10, Zeile 3, und bei Bauteilen, die weniger als 10 m über oder neben Straßen, die mit Tausalzen behandelt werden, sowie Eisenbahnstrecken, die vorwiegend mit Dieselantrieb befahren werden, liegen, ist zusätzlich zu Abschnitt 10.2 nachzuweisen, daß alle Spannglieder (auch die betrachtete Tragwirkung kreuzende Spannglieder) unter dauernd wirkendem Lastanteil (bei Brücken unter Einschluß der halben Verkehrslast) mit ihrem vollen Querschnitt im überdrückten Bereich des nach Zustand II gerechneten Querschnittes liegen. Gleichgerichtete, aber verschiedene Tragwirkungen (z. B. Wirkung einer Platte als Gurt eines Trägers bei gleichzeitiger örtlicher Plattenbiegung parallel zum Träger) brauchen bei diesem Nachweis nicht überlagert zu werden.

(4) Bei Bauteilen mit Umweltbedingungen nach DIN 1045, Tabelle 10, Zeile 4 (mit Korrosionsschutzmaßnahmen, siehe Abschnitt 1, Absatz 6), dürfen im allgemeinen die Umweltbedingungen nach DIN 1045, Tabelle 10, Zeile 2, angenommen werden (siehe Absatz 2). Bei Brücken unter direkter Tausalzeinwirkung (siehe Abschnitt 1, Absatz 6) ist von Umweltbedingungen nach DIN 1045, Tabelle 10, Zeile 3, auszugehen (siehe Absatz 3).

(5) Bei Platten mit Umweltbedingungen nach DIN 1045, Tabelle 10, Zeilen 1 und 2, braucht der Nachweis nach Abschnitt 10.2 nicht geführt zu werden, wenn die folgenden Bedingungen a) oder b) eingehalten sind:

a) Die Ausmitte $e = |M/N|$ bei Lastkombinationen nach Abschnitt 10.2, Absatz 4, – wobei die 0,9- bzw. 1,1-fache Wirkung der Vorspannung bei den Schnittgrößen M, N zu berücksichtigen ist – entspricht folgenden Werten:

$e \leq d/3$ bei Platten der Dicke $d \leq$ 0,40 m

e = 0,133 m bei Platten der Dicke $d >$ 0,40 m

b) Bei Deckenplatten des üblichen Hochbaues mit Dicken $d \leq$ 0,40 m sind für den Wert der Druckspannung $|\sigma_N|$ in MN/m² aus Normalkraft infolge von Vorspannung und äußerer Last und den Bewehrungsgehalt μ in % für den Betonstahl in der vorgedrückten Zugzone – bezogen auf den gesamten Betonquerschnitt – folgende drei Bedingungen erfüllt:

$$\mu \geq 0{,}05$$

$$|\sigma_N| \geq 1{,}0$$

$$\frac{\mu}{0{,}15} + \frac{|\sigma_N|}{3} \geq 1$$

10.2 Nachweis der Beschränkung der Rißbreite

(1) Die Bewehrung zur Beschränkung der Rißbreite soll aus Betonrippenstahl (als Einzelstab und für Betonstahlmatten) bestehen. Die Beschränkung der Rißbreite gilt als nachgewiesen, wenn folgende Bedingung eingehalten ist:

$$d_s \leq r \cdot \frac{\mu_z}{\sigma_s^2} \cdot 10^4 \qquad (1)$$

Hierin bedeuten:

d_s größter vorhandener Stabdurchmesser der Längsbewehrung in mm

r Beiwert zur Berücksichtigung der Umweltbedingungen:

- Bauteile mit Umweltbedingungen nach DIN 1045, Tabelle 10, Zeile 1 (normale Rißbreite):

  $r = 200$

- Bauteile mit Umweltbedingungen nach DIN 1045, Tabelle 10, Zeile 2 (geringe Rißbreite):

  $r = 150$

- Bauteile mit Umweltbedingungen nach DIN 1045, Tabelle 10, Zeile 3, und bei Bauteilen, welche weniger als 10 m über oder neben Straßen, die mit Tausalzen behandelt werden, sowie Eisenbahnstrecken, die vorwiegend mit Dieselantrieb befahren werden, liegen (sehr geringe Rißbreite):

  $r = 100$

μ_z der auf die Zugzone A_{bz} bezogene Bewehrungsgehalt $100\,A_s/A_{bz}$ ohne Berücksichtigung des Spannstahlquerschnitts (Zugzone = Bereich von rechnerischen Betonzugdehnungen unter der in Absatz 4 angegebenen Schnittgrößenkombination, wobei mit einer Zugzonenhöhe von höchstens 0,80 m zu rechnen ist). Dabei ist vorausgesetzt, daß die Bewehrung A_s annähernd gleichmäßig über die Breite der Zugzone verteilt ist. Bei stark unterschiedlichen Bewehrungsgehalten μ_z innerhalb breiter Zugzonen muß Gleichung (1) auch örtlich erfüllt sein.

σ_s Spannung im Betonstahl in MN/m² nach Zustand II unter Zugrundelegung linear-elastischen Verhaltens (siehe Abschnitt 9.1, Absatz 1) für die in Absatz 4 angegebene Schnittgrößenkombination, jedoch höchstens β_S.

(2) Der im Nachweis nach Absatz 1 angesetzte Betonstahlquerschnitt A_s darf in der Umgebung von Spanngliedern um ΔA_s entsprechend DIN 4227 Teil 1, Abschnitt 10.2.1, Absatz 5, unter Einhaltung der Mindestbewehrung abgemindert werden.

(3) Ist der betrachtete Querschnittsteil nahezu mittig auf Zug beansprucht (z. B. Gurtplatte eines Kastenträgers), so ist der Nachweis nach Gleichung (1) für beide Bewehrungsstränge getrennt zu führen. Anstelle von μ_z tritt dabei jeweils der auf den betrachteten Querschnittsteil bezogene Bewehrungsgehalt des betreffenden Bewehrungsstranges.

(4) Für den Nachweis nach Gleichung (1) ist von folgender Beanspruchungskombination auszugehen:

- 1,0fache ständige Last g
- 1,0fache Verkehrslast p (einschließlich Schnee und Wind)

- 0,9- bzw. 1,1fache statisch bestimmte und statisch unbestimmte Wirkung der Vorspannung unter Berücksichtigung von Kriechen und Schwinden; der ungünstigere Wert ist maßgebend
- 1,0fache Zwangschnittgröße aus wahrscheinlicher Baugrundbewegung, Schwinden und Wärmewirkung
- 1,0fache Schnittgröße aus planmäßiger Systemänderung
- Zusatzmoment $\Delta M = \Delta M_1$ bzw. ΔM_2 mit

$$\Delta M_1 = \pm 5 \cdot 10^{-5} \cdot \frac{EI}{d_0}$$

$$\Delta M_2 = \pm 15 \cdot 10^{-5} \cdot \frac{EI}{d_0}$$

Hierin bedeuten:

EI Biegesteifigkeit im Zustand I

d_0 Querschnittsdicke im betrachteten Querschnitt (bei Platten ist $d_0 = d$ zu setzen)

Das Zusatzmoment ΔM_2 braucht nur in den Bereichen berücksichtigt zu werden, in denen die unter Berücksichtigung von ΔM_1 ermittelten Biegemomente der Beanspruchungskombination (ohne die statisch bestimmte Wirkung der Vorspannung) dem Betrage nach kleiner sind als der Wert ΔM_2; in diesen Bereichen braucht aber für die Biegemomente der Beanspruchungskombination kein größerer Wert als ΔM_2 angesetzt zu werden (siehe Bild 1). Zur Vereinfachung darf bei der Ermittlung der Bereiche, in denen ΔM_2 anzusetzen ist, die 1,0fache statisch unbestimmte Wirkung der Vorspannung angenommen werden.

Für Lastkombinationen unter Einschluß der möglichen Baugrundbewegungen sind Nachweise zur Beschränkung der Rißbreiten nicht erforderlich.

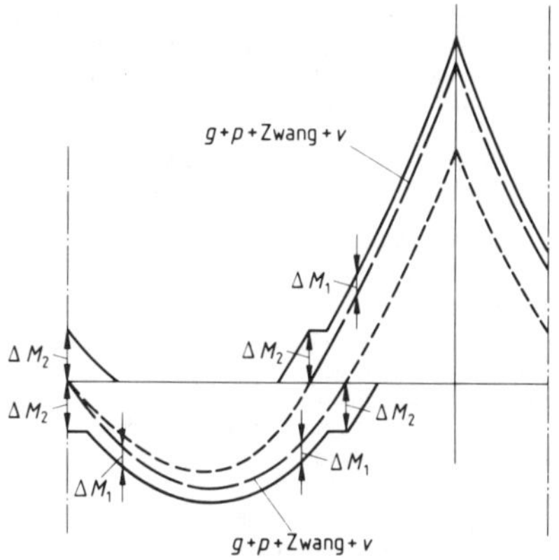

Bild 1. Grenzlinien der Biegemomente einschließlich der 0,9- bzw. 1,1fachen statisch unbestimmten Wirkung v der Vorspannung für den Nachweis der Beschränkung der Rißbreite

10.3 Arbeitsfugen annähernd rechtwinklig zur Tragrichtung

Es gilt DIN 4227 Teil 1, Abschnitt 10.3, mit Ausnahme von Absatz 1.

10.4 Arbeitsfugen mit Spanngliedkopplungen

(1) Werden in einer Arbeitsfuge mehr als 20 % der im Querschnitt vorhandenen Spannkraft mittels Spanngliedkopplungen oder auf andere Weise vorübergehend verankert, gilt ergänzend zu den Bestimmungen der Abschnitte 9.2, 10.3 und 14 folgendes:

Die die Fuge kreuzende Bewehrung muß aus Betonrippenstahl bestehen; die Stababstände sollen nicht größer als 15 cm sein.

(2) Ist in der Fuge am jeweils betrachteten Rand unter ungünstigster Überlagerung der Lastfälle nach DIN 4227 Teil 1, Abschnitt 9 (unter Berücksichtigung auch der Bauzustände), eine Druckrandspannung nicht vorhanden, so muß die die Fuge kreuzende Längsbewehrung folgende Mindestquerschnitte haben:

a) für den Bereich des unteren Querschnittrandes, wenn dort keine Gurtscheibe vorhanden ist:

   0,2 % der Querschnittsfläche des Steges bzw. der Platte (zu berechnen mit der gesamten Querschnittsdicke; bei Hohlplatten mit annähernd kreisförmigen Aussparungen darf der reine Betonquerschnitt zugrunde gelegt werden). Mindestens die Hälfte dieser Bewehrung muß am unteren Rand liegen; der Rest darf über das untere Drittel der Querschnittsdicke verteilt sein.

b) Für den Bereich des unteren bzw. oberen Querschnittrandes, wenn dort eine Gurtscheibe vorhanden ist (die folgende Regel gilt auch für Hohlplatten mit annähernd rechteckigen Aussparungen):

   0,8 % der Querschnittsfläche der unteren bzw. 0,4 % der Querschnittsfläche der oberen Gurtscheibe einschließlich des jeweiligen (mit der gemittelten Scheibendicke zu bestimmenden) Durchdringungsbereiches mit dem Steg. Bei dicken Gurtscheiben ist es zulässig, dabei eine Gurtscheibendicke von nicht mehr als 0,40 m zugrunde zu legen. Die Bewehrung muß über die Breite von Gurtscheibe und Durchdringungsbereich gleichmäßig verteilt sein.

(3) Die vorstehenden Werte für die Mindestlängsbewehrung dürfen auf die doppelten Werte nach DIN 4227 Teil 1, Tabelle 4, ermäßigt werden, wenn die Druckrandspannung am betrachteten Rand mindestens 2 MN/m^2 beträgt. Bei Mindest-Druckrandspannungen zwischen 0 und 2 MN/m^2 darf der Querschnitt der Mindestlängsbewehrung zwischen den jeweils maßgebenden Werten geradlinig interpoliert werden. Bewehrungszulagen dürfen nach DIN 4227 Teil 1, Bild 4, gestaffelt werden.

11 Nachweis für den rechnerischen Bruchzustand bei Biegung, Biegung mit Längskraft und Längskraft

11.1 Grundlagen

Die Grundlagen des Nachweises für den rechnerischen Bruchzustand bei Biegung, Biegung mit Längskraft und Längskraft sind DIN 4227 Teil 1, Abschnitt 11.2, zu entnehmen.

11.2 Rechnerischer Bruchzustand und Sicherheitsbeiwerte

(1) Für den rechnerischen Bruchzustand sind die Nachweise nach Gleichung (2) zu führen. Die dort angegebenen Faktoren sind so zu kombinieren, daß die für den unter-

suchten Querschnittsteil (Beton in der Druckzone, der vorgedrückten Zugzone oder der vorgedrückten Druckzone; Bewehrung) ungünstigste Beanspruchung ermittelt wird:

$$\left\{\begin{matrix}1{,}75\\ \text{bzw.}\\ 1{,}25\end{matrix}\right\} S_g + 1{,}75\, S_p + \left\{\begin{matrix}1{,}0\\ \text{bzw.}\\ 1{,}5\end{matrix}\right\} S_v \leq R \qquad (2)$$

Hierin bedeuten:

S_g Schnittgröße aus ständiger Last im Gebrauchszustand

S_p Schnittgröße aus Verkehrs-, Wind- und Schneelast im Gebrauchszustand

S_v Schnittgröße aus Vorspannung

a) bei Lastfällen nach Herstellen des Verbundes ist für S_v nur die statisch unbestimmte Wirkung infolge Vorspannung anzusetzen,

b) bei Lastfällen vor Herstellen des Verbundes siehe Abschnitt 11.3

R Schnittgröße, die vom Gesamtquerschnitt im rechnerischen Bruchzustand aufgenommen werden kann. Bei Lastfällen nach Herstellen des Verbundes ist die Vordehnung der im Bereich von Betondehnungen ($\varepsilon > 0$) liegenden Spannglieder bei der Ermittlung der aufnehmbaren Schnittgrößen 1,0fach zu berücksichtigen. Sind Spannglieder im Bereich von Betonstauchungen ($\varepsilon < 0$) angeordnet, so ist deren Vordehnung 1,5fach anzusetzen. Verbundbedingte Dehnungsminderungen der Spannglieder dürfen in diesem Fall nur bis 1,5 ‰ in Ansatz gebracht werden. Für Lastfälle vor Herstellen des Verbundes siehe Abschnitt 11.3.

(2) Schnittgrößen bei planmäßiger Systemänderung, die ursächlich nur mit den Auswirkungen aus ständiger Last bzw. Vorspannung zusammenhängen, sind mit denselben Faktoren wie die Schnittgrößen aus ständiger Last bzw. Vorspannung zu berücksichtigen. Die Einflüsse des Kriechens und der Relaxation müssen dabei berücksichtigt werden.

(3) Schnittgrößen aus Zwang infolge von wahrscheinlicher Baugrundbewegung[2]), Schwinden und Wärmewirkung sind – sofern sie ungünstig wirken – mit dem Beiwert 1,0 zu berücksichtigen. Der Einfluß des Kriechens darf in Ansatz gebracht werden.

(4) Abweichend von Absatz 1 dürfen die Schnittgrößen aus ständiger Last, Verkehrslast und Vorspannung auch bei planmäßiger Systemänderung mit den Steifigkeiten im Zustand II ermittelt werden, die sich unter den mit den Faktoren nach Gleichung (2) vervielfachten Lasten und unter Berücksichtigung der 1,0fachen Vordehnung ergeben. Dabei sind für Betonstahl und Spannstahl die Elastizitätsmoduln nach DIN 4227 Teil 1, Abschnitt 7.2, für druckbeanspruchten Beton die Elastizitätsmoduln nach DIN 4227 Teil 1, Abschnitt 7.3, zugrunde zu legen. Die Zwangursachen infolge von wahrscheinlicher Baugrundbewegung, Schwinden und Wärmewirkung sind 1,75fach zu berücksichtigen. Die Schubdeckung ist dann zusätzlich nach DIN 4227 Teil 1, Abschnitt 12.4.1, Absatz 6, nachzuweisen.

(5) Bei gleichgerichteten Beanspruchungen aus mehreren Tragwirkungen (Hauptträgerwirkung und örtliche Plattenwirkung im Zugbereich) braucht nur der Dehnungszustand jeweils einer Tragwirkung berücksichtigt zu werden.

(6) Anstelle des Nachweises für die vorgedrückte Zugzone entsprechend Absatz 1 darf auch ein Nachweis im Gebrauchszustand nach DIN 4227 Teil 1 geführt werden. Dafür dürfen die Betonspannungen die Werte nach DIN 4227 Teil 1, Tabelle 9, nicht überschreiten:

a) Beton auf Druck in der vorgedrückten Zugzone:
   - bei Lastfällen vor Herstellen des Verbundes: DIN 4227 Teil 1, Tabelle 9, Zeilen 1 bis 4
   - bei Lastfällen nach Herstellen des Verbundes: DIN 4227 Teil 1, Tabelle 9, Zeilen 5 bis 8

b) Beton auf Zug in der Druckzone: DIN 4227 Teil 1, Tabelle 9, Zeilen 18 bis 26 bzw. 36 bis 44.

Die Aufnahme der Kräfte aus dem Zugkeil durch Bewehrung ist nachzuweisen; dabei dürfen die Stahlspannungen die Werte nach DIN 4227 Teil 1, Tabelle 9, Zeile 65 und Zeilen 68 und 69, nicht überschreiten.

11.3 Nachweis für Lastfälle vor Herstellen des Verbundes

(1) Beim Nachweis für die ungünstigste Beanspruchung der vorgedrückten Zugzone vor Herstellen des Verbundes ist für S_v in Gleichung (2) sowohl der statisch bestimmte als auch der statisch unbestimmte Anteil der Vorspannung einzusetzen. Bei der Ermittlung von R in Gleichung (2) entfällt dann die Berücksichtigung der Spannglieder. Anstelle dieses Nachweises darf auch nach Abschnitt 11.2, Absatz 6, verfahren werden.

(2) Nachweise für die ungünstigste Beanspruchung der Druckzone und der Biegezugbewehrung vor Herstellen des Verbundes sind erforderlich, sofern die Lastschnittgrößen, die vor Herstellen des Verbundes auftreten, 70 % der Werte nach Herstellen des Verbundes überschreiten. In diesem Fall ist für S_v sowohl der statisch bestimmte als auch der statisch unbestimmte Anteil der Vorspannung einzusetzen. Außerdem darf auch der durch Laststeigerung bedingte Anstieg der Spannstahlspannung berücksichtigt werden, wobei die in DIN 4227 Teil 1, Abschnitt 11.3, Absatz 2, angegebene Näherung verwendet werden darf. Bei der Ermittlung von R in Gleichung (2) entfällt dann die Berücksichtigung der Spannglieder.

12 Schiefe Hauptspannungen und Schubdeckung

(1) Für den Gebrauchszustand sind Spannungsnachweise nicht zu führen mit Ausnahme des Nachweises der Querbiegezugspannungen bei gleichzeitigem Auftreten von Schub und Querbiegung. Für letzteren Fall gilt DIN 4227 Teil 1, Abschnitt 15.6. Bei nicht vorwiegend ruhender Last ist außerdem Abschnitt 9.2, Absatz 2, zu beachten.

(2) Für die Nachweise im rechnerischen Bruchzustand gilt DIN 4227 Teil 1, Abschnitt 12. Dabei ist ausschließlich die Beanspruchungskombination $1{,}75\, S_g + 1{,}75\, S_p + 1{,}0\, S_v$ gegebenenfalls unter Einschluß der 1,0fachen Schnittgrößen aus Zwang infolge von wahrscheinlicher Baugrundbewegung, Schwinden und Wärmewirkung anzusetzen.

---

[2]) Bei Brücken sind die Schnittgrößen aus der 0,4fachen möglichen Baugrundbewegung zu berücksichtigen, falls dies ungünstiger ist.

13 Nachweis der Beanspruchung des Verbundes zwischen Spannglied und Beton

Es gilt DIN 4227 Teil 1, Abschnitt 13.

14 Verankerungen und Kopplungen der Spannglieder, Zugkraftdeckung

Es gilt DIN 4227 Teil 1, Abschnitt 14, mit Ausnahme des Abschnittes 14.2.

Zitierte Normen

DIN 1045	Beton und Stahlbeton; Bemessung und Ausführung
DIN 1055 Teil 3	Lastannahmen für Bauten; Verkehrslasten
DIN 1072	(z. Z. Entwurf) Straßen- und Wegbrücken; Lastannahmen
DIN 1075	Betonbrücken; Bemessung und Ausführung
DIN 4227 Teil 1	Spannbeton; Bauteile aus Normalbeton mit beschränkter oder voller Vorspannung
DIN 4227 Teil 4	(z. Z. Entwurf) Spannbeton; Bauteile aus Spannleichtbeton
DIN 4227 Teil 6	Spannbeton; Bauteile mit Vorspannung ohne Verbund

Internationale Patentklassifikation

E 04 G 21-12

DK 693.566 : 624.92.012.3/.4 : 666.982.4 Dezember 1979

Spannbeton

Einpressen von Zementmörtel in Spannkanäle

DIN 4227 Teil 5

Prestressed concrete; injection of cement mortar into prestressing ducts

Béton précontraint; injection du mortier de ciment dans des canaux de précontrainte

Die vorliegende Norm wurde im Fachbereich VII Beton- und Stahlbetonbau/Deutscher Ausschuß für Stahlbeton des NABau ausgearbeitet. Sie ist den obersten Bauaufsichtsbehörden vom Institut für Bautechnik, Berlin, zur bauaufsichtlichen Einführung empfohlen worden.

Die Benennung „Last" wird für Kräfte verwendet, die von außen auf ein System einwirken; das gleiche gilt auch für zusammengesetzte Wörter mit der Silbe ... „Last" (siehe DIN 1080 Teil 1).

Die Norm DIN 4227 wird folgende Teile umfassen:

DIN 4227 Teil 1 Spannbeton; Bauteile aus Normalbeton mit beschränkter oder voller Vorspannung
DIN 4227 Teil 2*) Spannbeton; Bauteile mit teilweiser Vorspannung
DIN 4227 Teil 3*) Spannbeton; Bauteile in Segmentbauart
DIN 4227 Teil 4*) Spannbeton; Bauteile aus Spannleichtbeton
DIN 4227 Teil 5 Spannbeton; Einpressen von Zementmörtel in Spannkanäle
DIN 4227 Teil 6*) Spannbeton; Bauteile mit Vorspannung ohne Verbund

Inhalt

*) Z. Z. noch Entwurf

Fortsetzung Seite 2 bis 6

Normenausschuß Bauwesen (NABau) im DIN Deutsches Institut für Normung e. V.

Der für das Einpressen von Zementmörtel in Spannkanäle verantwortliche Ingenieur (Fachbauleiter) oder sein Vertreter hat das Fachpersonal mit den Festlegungen dieser Norm und den Auflagen des Zulassungsbescheides für das angewendete Spannverfahren und des Prüfbescheides für das verwendete Zusatzmittel vertraut zu machen sowie die Erfüllung dieser Aufgabe schriftlich (im Arbeitsprotokoll) zu bestätigen. Im Hinblick auf die besondere Bedeutung der Einpreßarbeiten für die Dauerhaftigkeit von Spannbetonbauteilen ist der Beginn dieser Arbeiten der bauüberwachenden Behörde bzw. dem von ihr mit der Bauüberwachung Beauftragten rechtzeitig (möglichst 48 Stunden) vor Beginn anzuzeigen.

1 Allgemeines

1.1 Geltungsbereich und Zweck

Diese Norm gilt für das Einpressen von Zementmörtel in Spannkanäle von Bauteilen aus Spannbeton mit nachträglichem Verbund. Sie legt die Mindestanforderungen an den Einpreßmörtel, die Durchführung der Einpreßarbeiten sowie die durchzuführenden Prüfungen und Prüfverfahren fest.

1.2 Mitgeltende Normen

DIN 1164 Teil 1	Portland-, Eisenportland-, Hochofen- und Traßzement; Begriffe, Bestandteile, Anforderungen, Lieferung
DIN 4227 Teil 1	Spannbeton; Bauteile aus Normalbeton mit beschränkter oder voller Vorspannung
DIN 1048 Teil 1	Prüfverfahren für Beton; Frischbeton, Festbeton gesondert hergestellter Probekörper
DIN 4226 Teil 1	Zuschlag für Beton; Zuschlag mit dichtem Gefüge; Begriffe, Bezeichnung, Anforderungen und Überwachung

2 Anforderungen an Einpreßmörtel

2.1 Allgemeines

Einpreßmörtel muß so zusammengesetzt, hergestellt und eingepreßt werden, daß er durch Umhüllen der Spannstähle und Ausfüllen der Hohlräume des Spannkanals den Spannstahl gegen Korrosion schützt und den nachträglichen Verbund zwischen den Spanngliedern und dem Baukörper herstellt.

2.2 Fließvermögen

Das Fließvermögen des Einpreßmörtels muß bis zur Beendigung des Einpressens ausreichend sein; es wird mit dem Eintauchversuch beurteilt (siehe Abschnitt 8.1).

Sofort nach dem Mischen muß die Tauchzeit mindestens 30 Sekunden betragen; 30 Minuten nach dem Abschluß des Mischens darf die Tauchzeit im allgemeinen 80 Sekunden nicht überschreiten.

2.3 Raumänderung (Absetzen bzw. Quellen)

Der Einpreßmörtel darf sich nur in geringem Umfang absetzen; die Raumänderung wird mit dem Absetzversuch (siehe Abschnitt 8.2) ermittelt.

Das Absetzmaß (die Differenz zwischen der Ausgangsfüllhöhe und der Höhe der Mörteloberfläche nach dem Absetzen) darf bei der Güteprüfung nicht mehr als 2% der ursprünglichen Höhe der Mörtelfüllung betragen. Auf den Proben darf nach 28 Tagen kein Wasser stehen.

2.4 Druckfestigkeit

Die Druckfestigkeit von Einpreßmörtel muß bei der Güteprüfung die Anforderungen von Tabelle 1 erfüllen; sie ist an jeweils 3 zylindrischen Probekörpern (siehe Abschnitt 8.3) zu ermitteln.

Tabelle 1. **Anforderungen an die Druckfestigkeit**

1	2	3
Prüfalter	Druckfestigkeit in N/mm^2	
	Mindestwert für jeden Probekörper	Mindestwert für jede Probeserie
28 Tage	27	30

Sollen Verankerungskräfte auf den Einpreßmörtel übertragen werden, ist für das betreffende Spannverfahren die im Zulassungsbescheid unter dem Abschnitt „Besondere Bedingungen" dafür geforderte Mindestdruckfestigkeit nachzuweisen, z. B. durch eine Erhärtungsprüfung (siehe Abschnitt 7.3).

2.5 Frostbeständigkeit

Erhärteter Einpreßmörtel muß frostbeständig sein.

Die Frostbeständigkeit des erhärteten Einpreßmörtels ist gegeben, wenn die Anforderungen der Abschnitte 2.2 bis 2.4 eingehalten werden.

Einpreßmörtel ist im Regelfall auch in jungem Alter gegen mögliche Frosteinwirkung beständig, wenn die Anforderungen der Abschnitte 2.2 bis 2.4 eingehalten und die Maßnahmen des Abschnitts 6 durchgeführt werden.

3 Ausgangsstoffe und Zusammensetzung von Einpreßmörtel

Der Einpreßmörtel wird aus Zement, Wasser, Zusatzmittel und gegebenenfalls Zusatzstoff und Zuschlag in der Regel unmittelbar vor dem Einpressen hergestellt. Die Eignung der Zusammensetzung und die Verwendbarkeit der Ausgangsstoffe ist durch eine Eignungsprüfung nach Abschnitt 7.1 nachzuweisen.

Vorgefertigter Einpreß-Trockenmörtel darf nur verwendet werden, wenn er bauaufsichtlich zugelassen ist [1]).

3.1 Zement

Es dürfen nur Portlandzemente Z 35 F, Z 45 F und Z 55 nach DIN 1164 Teil 1 verwendet werden.

Soll Zement in Säcken verwendet werden, muß das Sackgewicht (50 ± 1) kg betragen. Zement darf bei der Verarbeitung – vom Tage der Werkslieferung gerechnet – nicht älter als 3 Wochen sein; er muß bis zur Verwendung in einem geschlossenen Raum, gegen Feuchtigkeit geschützt, gelagert werden. Es darf nur soviel Zement an der Einbaustelle gelagert werden, wie in der jeweiligen Schicht verarbeitet wird.

3.2 Wasser

Der Chloridgehalt des Anmachwassers darf nicht größer als 600 mg Cl^- je Liter sein. Trinkwasser aus öffentlichen Versorgungsleitungen ist im allgemeinen zur Aufbereitung von Einpreßmörtel geeignet. Bei Verwendung anderer Wässer ist der Nachweis zu führen, daß sie nicht die Korrosion des Spannstahls fördern.

3.3 Zusatzmittel

Als Zusatzmittel dürfen nur Einpreßhilfen (EH) mit einem gültigen Prüfbescheid [1]) verwendet werden.

[1]) Prüfbescheide und Zulassungen erteilt das Institut für Bautechnik, Reichpietschufer 72-76, 1000 Berlin 30.

3.4 Zusatzstoff

Zusatzstoff darf dem Einpreßmörtel nur zugegeben werden, wenn er nicht latent hydraulisch ist und wenn im Zulassungsbescheid für das Spannverfahren seine Verwendung ausdrücklich gestattet ist.

Der Zusatzstoff muß DIN 4226 Teil 1 entsprechen.

3.5 Zuschlag

Zuschlag darf dem Einpreßmörtel nur zugegeben werden, wenn im Zulassungsbescheid für das Spannverfahren seine Verwendung ausdrücklich gestattet ist.

Der Zuschlag muß DIN 4226 Teil 1 entsprechen.

3.6 Wasserzementwert

Der Wasserzementwert (w/z-Wert) darf 0,44 nicht überschreiten. Sofern die Verhältnisse es zulassen, ist die Wasserzugabe auf einen w/z-Wert $< 0{,}44$ zu verringern.

4 Abmessen, Mischen und Einpressen

4.1 Abmessen

Sämtliche Stoffe des Einpreßmörtels sind mit einer Genauigkeit von 2% nach Masse zuzugeben.

4.2 Mischen

In der Regel sind die Ausgangsstoffe in der Reihenfolge Wasser, Zement, Einpreßhilfe sowie anschließend gegebenenfalls Zusatzstoffe und Zuschlag in den laufenden Mischer zu geben. Der Zement ist hierbei langsam einzufüllen, ferner muß die Einpreßhilfe so zugegeben werden, daß eine gleichmäßige Durchmischung des Einpreßmörtels und die Wirksamkeit der Einpreßhilfe gewährleistet sind. Das Mischen muß spätestens nach etwa 4 Minuten beendet sein. Der Einpreßmörtel ist anschließend maschinell so zu bewegen, daß Entmischung und Klumpenbildung vermieden werden. Die Temperatur des Frischmörtels soll nach dem Mischvorgang 35 °C nicht übersteigen.

4.3 Spannkanäle

Die Spannkanäle sind vor dem Einpressen auf freien Durchgang zu prüfen. Nicht durchgängige Spannkanäle sind durch Aufstemmen, Anbohren oder andere geeignete Maßnahmen für das Einpressen vorzubereiten.

Wird mit Wasser gespült, so ist das in den Spannkanälen verbliebene Wasser mit Druckluft auszublasen, da tiefliegende Spannkanalöffnungen für die vollständige Entfernung des Wassers in der Regel allein nicht ausreichen. Das Spülwasser muß Abschnitt 3.2 entsprechen.

Spannkanäle ohne Hüllrohre sind vor dem Einpressen so zu durchfeuchten, daß der Beton dem Einpreßmörtel nicht zuviel Wasser entzieht. Nach dem Durchfeuchten ist überschüssiges Wasser durch Ausblasen mit Druckluft zu entfernen.

4.4 Einpressen

Die Spannkanäle sind von ihrem tiefer liegenden Ende oder von einem Tiefpunkt aus zu füllen.

Zum Einpressen ist eine Pumpe (keine Druckluft) zu benutzen, die ein gleichmäßiges Fließen des Einpreßmörtels gewährleistet. Der Pumpendruck und damit die Fließgeschwindigkeit sind auf die Erfordernisse der Spannglieder abzustimmen.

Jeder Spannkanal ist ohne Unterbrechung vollzupressen. Das Einpressen darf erst beendet werden, wenn am anderen Ende des Spannkanals genügend Einpreßmörtel einwandfreier Beschaffenheit, jedoch keinesfalls mit einer Tauchzeit unter 30 Sekunden ausgeflossen ist. Spannkanäle sind dann nachzupressen, wenn in großen Querschnitten oder in Spanngliedern mit nicht horizontaler Lage abgesondertes Anmachwasser durch frischen Einpreßmörtel verdrängt werden muß.

Es ist sicherzustellen, daß der Einpreßmörtel im Spannkanal quellen und gegebenenfalls freies Wasser verdrängen kann. Zu diesem Zweck dürfen Öffnungen des Spannkanals, an denen sich freies Wasser ansammeln kann, offen bleiben. Aus dem Spannkanal ausgeflossener Einpreßmörtel und Einpreßmörtel, der 30 Minuten nach seiner Herstellung nicht verbraucht werden konnte, dürfen nicht mehr verarbeitet werden.

5 Vorübergehender Korrosionsschutz

Wenn zu vorübergehendem Korrosionsschutz des Stahls besondere Maßnahmen angewendet werden, ist DIN 4227 Teil 1 zu beachten.

6 Schutzmaßnahmen und Einpressen bei niedrigen Temperaturen

Bei Bauwerkstemperaturen unter + 5 °C ist das Einpressen zu unterlassen. Die Bauwerkstemperatur im Bereich der Spannkanäle muß bis 5 Tage nach dem Einpressen ebenso wie die Temperatur des Mörtels beim Einpressen mindestens + 5 °C betragen. Bei niedrigen Lufttemperaturen können daher besondere Maßnahmen zum Warmhalten der betroffenen Bauwerksbereiche und der Geräte erforderlich werden. Bei Bauwerkstemperaturen unter + 10 °C oder Lufttemperaturen unter + 5 °C muß eine zusätzliche Prüfung nach Abschnitt 7.1 hinsichtlich Fließvermögen und Raumänderung durchgeführt worden sein, bei der die Mörteltemperatur auf + 5 °C gehalten wurde. Im allgemeinen wird es zweckmäßig sein, die Eignung der für das Einpressen bei niedrigen Temperaturen vorgesehenen Zemente vor Beginn der kühlen Witterung zu überprüfen.

7 Prüfung des Einpreßmörtels

7.1 Eignungsprüfung

Eine Eignungsprüfung ist für jeden einzelnen Bauabschnitt möglichst kurzfristig vor den Einpreßarbeiten mit den für die Ausführung vorgesehenen Stoffen durchzuführen. Güteprüfungen von entsprechenden Einpreßarbeiten können als Eignungsprüfungen anerkannt werden, wenn die Einpreßarbeiten nicht länger als 2 Monate zurückliegen und von demselben Unternehmen mit gleicher Mörtelzusammensetzung und mit den gleichen Geräten durchgeführt wurden und die Prüfergebnisse den Anforderungen an eine Eignungsprüfung entsprechen. Die Geräte-, Mörtel- und Lagerungstemperatur muß bei der Eignungsprüfung zwischen 15 und 22 °C liegen. Ist zu erwarten, daß bei höheren oder tieferen Temperaturen eingepreßt wird, so sind zusätzlich Untersuchungen bei entsprechenden Temperaturverhältnissen durchzuführen.

Bei einer Eignungsprüfung sind zu ermitteln:

a) Fließvermögen nach Abschnitt 8.1
b) Raumänderung (Absetzen bzw. Quellen) nach Abschnitt 8.2
c) Druckfestigkeit nach 7 und/oder 28 Tagen nach Abschnitt 8.3.

Die Ergebnisse der Eignungsprüfung müssen sicherstellen, daß bei der Güteprüfung der betreffenden Baustelle die Anforderungen der Abschnitte 2.2, 2.3 und 2.4 sicher erfüllt werden: Es darf kein Absetzen entstehen. Die Druckfestigkeiten im Alter von 28 Tagen müssen über den Werten der Tabelle 1 liegen. Wenn von der 7-Tage-Festigkeit auf die 28-Tage-Festigkeit geschlossen werden soll, müssen die Druckfestigkeiten im Alter von 7 Tagen mindestens 90% der Werte der Tabelle 1 erreichen.

7.2 Güteprüfung

Die Güteprüfung dient dem Nachweis, daß der verwendete Einpreßmörtel die geforderten Eigenschaften nach den Abschnitten 2.2 und 2.3 besitzt und daß seine Druckfestigkeit im Alter von 28 Tagen die Anforderungen der Tabelle 1 erfüllt. Bei der Güteprüfung sind zu ermitteln

a) Fließvermögen nach Abschnitt 8.1

b) Raumänderung (Absetzen bzw. Quellen) nach Abschnitt 8.2

c) Druckfestigkeit nach Abschnitt 8.3.

Das Fließvermögen ist mit dem Eintauchversuch im Verlauf der Einpreßarbeiten mehrmals täglich zu überprüfen. Der Mörtel ist hierzu am Einlauf und Auslauf eines Spannkanals zu entnehmen.

Die Raumänderung und die Druckfestigkeit sind für jeden Tag des Einpressens an 3 Proben zu prüfen. Die Proben hierzu sind zufällig, verteilt über die Zeit des Einpressens, am Auslauf des Spannkanals zu entnehmen. Wird die Zusammensetzung des Einpreßmörtels geändert, sind jeweils 3 weitere Proben zu entnehmen und zu prüfen. Die Lagerungstemperatur der Proben muß dabei zwischen 15 und 22 °C liegen.

Für später etwa durchzuführende Nachuntersuchungen sind von jeder Lieferung 20 kg Zement in luftdicht zu verschließenden Gefäßen, 500 g Einpreßhilfe sowie gegebenenfalls eine entsprechende Menge Zuschlag und Zusatzstoffe bis zum Vorliegen einwandfreier und vollständiger Prüfzeugnisse zurückzustellen.

7.3 Erhärtungsprüfung

Eine Erhärtungsprüfung dient dem Nachweis der Druckfestigkeit von Einpreßmörtel zu einem bestimmten Zeitpunkt (siehe Abschnitt 2.4) unter den Temperaturverhältnissen des Bauwerks.

Die Prüfung erfolgt jeweils an 3 Probekörpern. Die Proben sind, vor Sonnenstrahlung geschützt, unmittelbar neben oder auf dem Bauteil (gegebenenfalls im Wasserbad) bis zur Vorbereitung für die Prüfung erschütterungsfrei zu lagern. Es sollten mindestens 2 Serien zu je 3 Probekörpern angefertigt werden, damit die Erhärtungsprüfung wiederholt werden kann, wenn bei der ersten Prüfung eine noch nicht ausreichende Druckfestigkeit festgestellt wurde.

8 Prüfverfahren

8.1 Eintauchversuch zur Ermittlung des Fließvermögens

Für den Eintauchversuch muß der Einpreßmörtel aus den vorgesehenen Ausgangsstoffen nach den Abschnitten 4.1 und 4.2 hergestellt werden. Für Eignungsprüfungen verwendete Labormischer müssen in ihrer Wirkung den auf der Baustelle eingesetzten Mischgeräten gleichkommen.

Das Eintauchgerät muß Bild 1 entsprechen. Die Grundeinstellung der Eintauchgeräte ist vor Inbetriebnahme und später mindestens einmal im Jahr und nach Beschädigung zu prüfen [2]).

Unmittelbar vor dem Versuch ist die Innenseite des Zylinders des Eintauchgerätes und der Tauchkörper leicht anzufeuchten. Der Zylinder wird mit etwa 1,9 Liter Einpreßmörtel bis etwa 26 cm unter dem Rand gefüllt, so daß der Tauchkörper beim Einführen gerade voll eintaucht, wenn sein Anschlag an der Führungsstange auf dem oben am Rohr aufgestellten Abstandhalter aufliegt. Der Abstandhalter wird dann weggezogen, der Tauchkörper sinkt bis zum Anschlag am Rohr. Danach wird der Tauchkörper wieder in die Ausgangsstellung gehoben, der Abstandhalter eingesetzt, erneut weggezogen und die Zeit gemessen, bis der Anschlag am Rohr aufliegt. Der Versuch wird mit der gleichen Füllung hintereinander insgesamt dreimal durchgeführt. Das Mittel der Tauchzeit aus dem zweiten und dritten Eintauchen ist maßgebend, weil das erste Eintauchen im allgemeinen längere Tauchzeiten liefert.

Die Tauchzeiten des Einpreßmörtels sind unmittelbar nach dem Mischvorgang und nach 30 Minuten zu messen. Für die Prüfung nach 30 Minuten ist nicht benutzter Einpreßmörtel aus der gleichen Mischung wie für den Eintauchversuch unmittelbar nach dem Mischvorgang zu verwenden; der Mörtel ist bis zur Durchführung des Versuches nach 30 Minuten in Bewegung zu halten (Rührholz).

8.2 Absetzversuch zur Ermittlung der Raumänderung (Absetzmaß bzw. Quellmaß) und Herstellen der Probekörper für die Druckfestigkeitsprüfung

8.2.1 Allgemeines

Für einen Absetzversuch zur Ermittlung der Raumänderung werden jeweils 3 Proben, die auch zur Prüfung der Druckfestigkeit des Einpreßmörtels (siehe Abschnitt 8.3) dienen, in 1-kg-Konservendosen von etwa 120 mm Höhe und von etwa 99 mm Innendurchmesser hergestellt, die mit Deckel und Spannring verschließbar sein müssen. Bei einer Probenherstellung im Rahmen einer Güte- und Erhärtungsprüfung ist jede Dose durch einen Aufkleber mit Angaben über Baustelle, Bauteil, Herstelldatum, Uhrzeit und Probenehmer zu kennzeichnen.

Um die Absetz- bzw. Quellmaße zuverlässig ermitteln zu können, sind die Dosen vor der Füllung mit Einpreßmörtel an einem erschütterungsfreien Platz aufzustellen. Der nach Abschnitt 4.2 hergestellte Einpreßmörtel wird mit Hilfe eines Füllmaßes 100 mm hoch, gemessen über der Mitte des Bodens, in die Dosen eingebracht. Die Dosen sind nach der Füllung und während der Nullmessung nach Abschnitt 8.2.2 vor Erschütterung und vor Wärmestrahlung geschützt dort etwa 24 Stunden zu belassen, bis der Einpreßmörtel erhärtet ist und ohne nachteilige Veränderung seines Gefüges in den Dosen transportiert werden kann.

Proben für eine Druckfestigkeitsprüfung im Rahmen einer Eignungs- oder Güteprüfung sind bei Temperaturen zwischen 15 und 22 °C zu lagern, hierbei dürfen die Dosen auch bis zur Einfüllhöhe des Mörtels in Wasser stehen (Wasserbad). Proben für eine Druckfestigkeitsprüfung im Rahmen einer Erhärtungsprüfung sind vor Sonnenstrahlen geschützt, unmittelbar neben oder auf dem Bauteil (gegebenenfalls im Wasserbad) bis zur Vorbereitung für die Prüfung erschütterungsfrei zu lagern.

8.2.2 Ermittlung der Raumänderung mit dem Tiefenmaß

Bei der Ermittlung der Raumänderung mit dem Tiefenmaß wird unmittelbar nach dem Einfüllen des Mörtels in die Dosen der Abstand der Mörteloberfläche vom Dosenrand an mindestens 6 Stellen mit Anschlagplatte und Tiefenmaß gemessen (Nullmessung), wobei sich die Markierung mit der Dosennaht decken soll (Bezugspunkt). Danach werden die Dosen bis zur Kontrollmessung mit Spannring und Deckel verschlossen oder mit dem mit etwa 300 g beschwerten Deckel bedeckt. Die Kontrollmessung soll im Regelfall 24 Stunden nach dem Füllen der Dosen erfolgen; sie wird wiederum mit Anschlagplatte und Tiefenmaß durchgeführt. Bei der Kontrollmessung wird an den

[2]) Wegen der Schwierigkeit der Überprüfung empfiehlt es sich, eine Materialprüfanstalt damit zu beauftragen. Prüfanstalten mit besonderen Erfahrungen werden in einer Liste beim Institut für Bautechnik, Berlin, geführt.

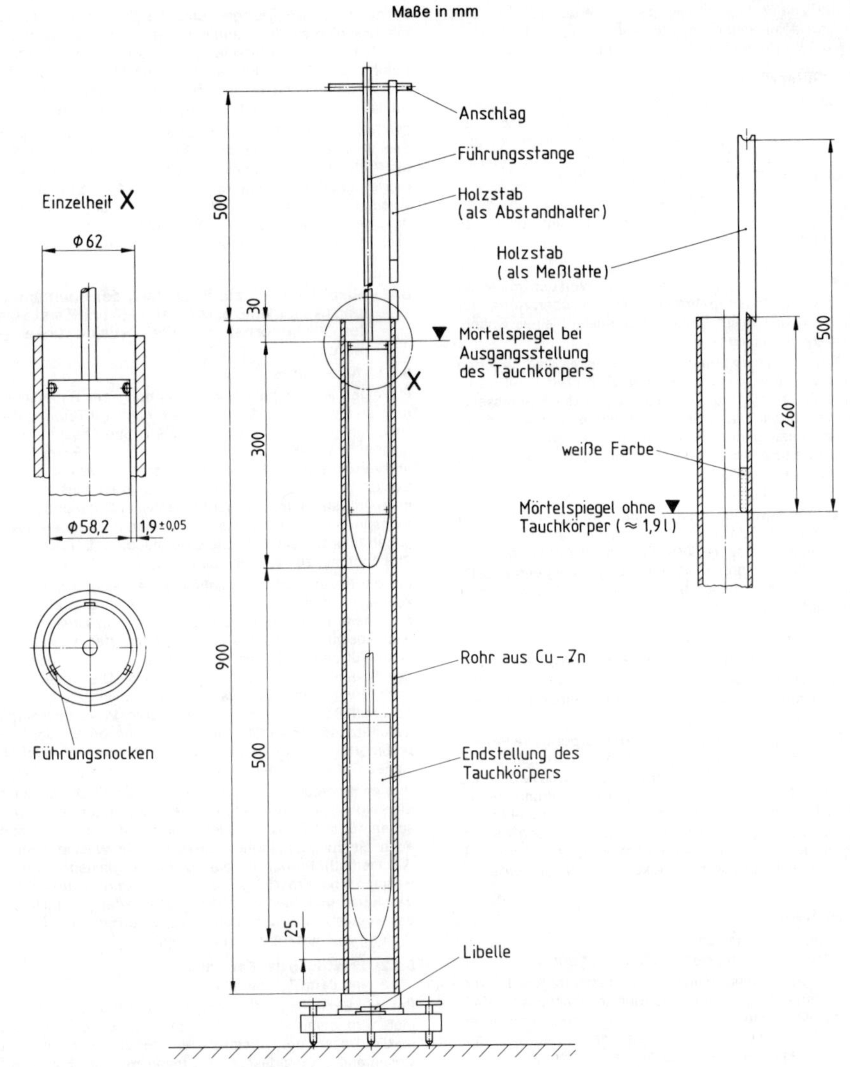

Bild 1. Eintauchgerät zur Bestimmung der Tauchzeit

gleichen 6 Stellen wie bei der Nullmessung der Abstand der festen Mörteloberfläche vom Dosenrand ermittelt. Die Differenz der Mittelwerte zwischen Null- und Kontrollmessung in mm entspricht bei 100 mm Einfüllhöhe der Raumänderung in Vol.-% (+ entspricht Quellen, − entspricht Absetzen). Nach der Kontrollmessung werden die Dosen mit Deckel und Spannring verschlossen.

8.2.3 Ermittlung der Raumänderung mit der Doppelmeßbrücke

Bei der Ermittlung der Raumänderung mit der Doppelmeßbrücke wird beim Einfüllen des Einpreßmörtels in die Dosen als Füllmaß die Meßbrücke mit nach unten ragender langer Marke „Füllen" benutzt. Danach werden die Dosen bis zur Kontrollmessung mit Spannring und Deckel verschlossen oder mit dem mit etwa 300 g beschwerten Deckel bedeckt. Die Kontrollmessung soll im Regelfall 24 Stunden nach dem Füllen der Dosen erfolgen, sie wird wiederum mit der Doppelmeßbrücke durchgeführt. Wenn sich Wasser abgesondert hat, wird es vor der Messung abgegossen. Nach Auflegen der Meßbrücke mit nach unten ragender kürzerer Marke „Messen" wird auf die Mörteloberfläche so viel Wasser aufgegossen, daß der Wasserspiegel die Spitze der Marke gerade berührt. Aus der zugegebenen Wassermenge kann mit Hilfe des Diagramms nach Bild 2 die Raumänderung ermittelt werden. Nachdem das zugegebene Wasser wieder abgeschüttet wurde, wird das gegebenenfalls abgesonderte Wasser wieder auf den Mörtel aufgebracht; danach werden die Dosen mit Deckel und Spannring verschlossen.

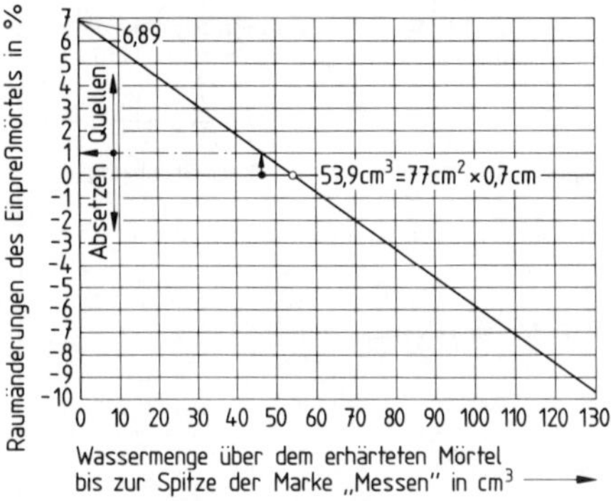

(Beispiel: Wassermenge bis Marke „Messen", 46 cm^3 entspricht 1 % Quellen).

Bild 2. Ermittlung der Raumänderung mit der Doppelmeßbrücke

8.3 Druckfestigkeitsprüfung

Die Proben werden im Regelfall am Prüfungstag, jedoch nicht früher als 2 Tage vorher ausgeformt. Hierbei ist festzustellen, ob auf den Proben noch Wasser steht. Die Probekörper werden durch Absägen der Zylinder an der Oberseite und Abschleifen an beiden Stirnflächen auf 80 mm Höhe hergestellt. Die Druckflächen müssen parallel und vollkommen eben sein. Bis zum Zeitpunkt der Prüfung sind die Probekörper ständig feucht zu halten.

Die Prüfungen sind in Anlehnung an DIN 1048 Teil 1 durchzuführen.

9 Aufzeichnungen

Die Ergebnisse der Eignungs-, Güte- und Erhärtungsprüfungen sind aufzuzeichnen. Die Aufzeichnungen müssen während der Bauzeit auf der Baustelle und nach Abschluß der Bauarbeiten mit den zugehörigen Lieferscheinen mindestens 5 Jahre vom Unternehmer aufbewahrt werden.

Die Aufzeichnungen müssen — soweit zutreffend — folgende Angaben enthalten:

Allgemeine Angaben für jede Baumaßnahme:

- Name des für die Einpreßarbeiten Verantwortlichen (Fachbauleiter),
- Bauherr,
- Bauunternehmen,
- Bauwerk, Bauteil,
- Spannverfahren,
- Bezeichnung der Spannglieder,
- Länge der Spannglieder und erforderliche Füllmenge,
- Aufstellung der Einpreßtage mit Angaben über Wetter, Lufttemperatur, Bauwerktemperatur, ausgepreßte Spannkanäle, Menge des eingepreßten Mörtels, Anzahl der Mörtelmischungen und besondere Vorkommnisse.

Allgemeine Angaben zum Einpreßmörtel:

- Zement (Art, Festigkeitsklasse und Hersteller),
- Einpreßhilfe (Name, Hersteller und Zugabemenge in g je kg Zement), gegebenenfalls Zuschlag und Zusatzstoffe (Art und Zugabemenge),
- Anmachwasser,
- Wasserzementwert,
- Mörtelaufbereitung mit Angaben über Mischertyp und Mischdauer (Mischdauer vor Zugabe der Einpreßhilfe und Gesamtmischdauer).

Angaben für jede Eignungs-, Güte- und Erhärtungsprüfung:

- Temperatur der Mörtelbestandteile (Zement, Wasser und gegebenenfalls Zuschlag),
- Temperatur des Einpreßmörtels (nach Beendigung des Mischens und nach Durchfließen des Spannkanals),
- Fließvermögen (Tauchzeit unmittelbar nach dem Mischen, Tauchzeit nach Durchfließen des Spannkanals, Tauchzeit 30 Minuten nach dem Mischen),
- Herstell- und Lagerungsbedingungen für die Proben zur Bestimmung der Raumänderung (Absetzen, Quellen) und der Druckfestigkeit,
- Raumänderung (Absetzen, Quellen) mit Angabe des Prüfverfahrens,
- Druckfestigkeit mit Angabe der Maße und Rohdichte der Prüfkörper.

DK 691.328.2 : 693.56 : 624.92.012.3/.4
: 666.982.4

Mai 1982

Vornorm

DIN 4227 Teil 6

Spannbeton

Bauteile mit Vorspannung ohne Verbund

Prestressed concrete; structural members with unbonded tendons

Béton précontraint; éléments structuraux avec armatures de précontrainte non adhérentes

Eine Vornorm ist eine Norm, zu der noch Vorbehalte hinsichtlich der Anwendung bestehen und nach der versuchsweise gearbeitet werden kann.

In vorliegendem Falle betreffen die Vorbehalte nicht Fragen der Sicherheit und Dauerhaftigkeit der nach dieser Vornorm bemessenen Bauteile. Vielmehr beziehen sie sich auf die Zweckmäßigkeit und Handhabbarkeit der neuen Nachweise für den rechnerischen Bruchzustand und für die Rißbreitenbeschränkung.

Es wird gebeten, Erfahrungen mit dieser Vornorm spätestens bis zum 31. Dezember 1984 mitzuteilen an den Normenausschuß Bauwesen (NABau) im DIN, Deutsches Institut für Normung e.V., Postfach 11 07, 1000 Berlin 30.

Diese Vornorm wurde vom Fachbereich VII Beton- und Stahlbetonbau/Deutscher Ausschuß für Stahlbeton des NABau ausgearbeitet.

Die Benennung ,,Last'' wird für Kräfte verwendet, die von außen auf ein System einwirken; dies gilt auch für zusammengesetzte Wörter mit der Silbe . . . ,,Last'' (siehe DIN 1080 Teil 1).

Die Norm DIN 4227 umfaßt folgende Teile:

Teil 1 Spannbeton; Bauteile aus Normalbeton mit beschränkter oder voller Vorspannung
Teil 2 *) Spannbeton; Bauteile mit teilweiser Vorspannung
Teil 3 *) Spannbeton; Bauteile in Segmentbauart
Teil 4 *) Spannbeton; Bauteile aus Spannleichtbeton
Teil 5 Spannbeton; Einpressen von Zementmörtel in Spannkanäle
Teil 6 Spannbeton; Bauteile mit Vorspannung ohne Verbund

Inhalt

*) Z. Z. Entwurf

Fortsetzung Seite 2 bis 7

Normenausschuß Bauwesen (NABau) im DIN Deutsches Institut für Normung e.V.

1 Anwendungsbereich

(1) Diese Norm gilt für die Bemessung und Ausführung von Bauteilen aus Normalbeton [1]), bei denen der Beton durch Spannglieder vorgespannt wird, die nicht im Verbund mit dem Beton sind. Sie darf nicht angewendet werden auf Bauteile, bei denen eine Verbundwirkung nachträglich hergestellt wird; für diese gelten DIN 4227 Teil 1, Teil 2 *), Teil 3 *) oder Teil 4 *) und stets Teil 5.

(2) Die Spannglieder können innerhalb oder außerhalb des Betonquerschnitts liegen.

(3) In dieser Norm wird nicht unterschieden zwischen voll vorgespannten, beschränkt vorgespannten oder teilweise vorgespannten Bauteilen.

(4) Soweit in dieser Norm nichts anderes bestimmt ist, sind auf Bauteile mit Spanngliedern ohne Verbund die einschlägigen Festlegungen von DIN 4227 Teil 1 anzuwenden. In DIN 4227 Teil 1 sind die in dieser Norm verwendeten Begriffe definiert.

2 Bautechnische Unterlagen, Bauleitung und Fachpersonal

(1) Entsprechend den allgemeinen bauaufsichtlichen Bestimmungen ist eine Zulassung bzw. eine Zustimmung im Einzelfall unter anderem erforderlich für:

- den Spannstahl,
- das Spannverfahren unter besonderer Berücksichtigung des Korrosionsschutzes.

(2) Die Zulassungs- bzw. Zustimmungsbescheide müssen auf der Baustelle vorliegen.

(3) Im übrigen gilt DIN 4227 Teil 1, Ausgabe Dezember 1979, Abschnitt 2.3.

3 Baustoffe

3.1 Beton

Es gelten die Anforderungen von DIN 4227 Teil 1, Ausgabe Dezember 1979, Abschnitt 3.1.1.

3.2 Spannstahl

(1) Es gilt DIN 4227 Teil 1, Ausgabe Dezember 1979, Abschnitt 3.2.

(2) Der K o r r o s i o n s s c h u t z d e r S p a n n g l i e d e r bedarf – mit Ausnahme der im Absatz (6) genannten Fälle – der Zulassung oder der Zustimmung im Einzelfall.

(3) Der Korrosionsschutz soll unter werkmäßigen Bedingungen aufgebracht werden. Die Oberflächen der Spannstähle müssen entsprechend den Eigenschaften des Korrosionsschutzmittels vorbehandelt werden. Die Oberflächenbehandlung darf die mechanischen Eigenschaften des Spannstahls nicht verschlechtern.

(4) Der Korrosionsschutz im Bereich der Verankerungen und gegebenenfalls der Stöße (insbesondere der Gewinde von Spannstählen) muß ebenfalls sichergestellt sein.

(5) Der Korrosionsschutz der Spannglieder soll beim Transport, beim Einbau und beim Spannen nicht beschädigt werden. Sofern doch Beschädigungen festgestellt werden, muß der Korrosionsschutz fachgerecht so wiederhergestellt werden, daß er dem ursprünglichen Zustand gleichwertig ist.

(6) Bei Bauteilen in geschlossenen Räumen, in denen keine korrosionsfördernden Bedingungen herrschen und auch für die Zukunft ausgeschlossen werden, sind Beschichtungssysteme als Korrosionsschutz für außenliegende Spannglieder ausreichend. Brandschutzbeschichtungen stellen im allgemeinen keinen Korrosionsschutz dar. Beschichtungen müssen nach technischen Baubestimmungen ausgeführt und müssen gewartet werden.

4 Nachweis der Güte der Baustoffe

(1) Es gilt DIN 4227 Teil 1, Ausgabe Dezember 1979, Abschnitt 4.

(2) Die Herstellung der Spannglieder im Werk einschließlich des werkmäßigen Aufbringens des Korrosionsschutzes bedarf der Güteüberwachung, bestehend aus Eigen- und Fremdüberwachung. Auf der Baustelle ist jedes Spannglied im Rahmen der Eigenüberwachung daraufhin zu prüfen, ob der Korrosionsschutz unverletzt ist.

5 Aufbringen der Vorspannung

Es gilt DIN 4227 Teil 1, Ausgabe Dezember 1979, Abschnitt 5.

6 Grundsätze für die bauliche Durchbildung

6.1 Betonstahlbewehrung

Es gilt DIN 1045, Ausgabe Dezember 1978, Abschnitt 13 und Abschnitt 18; für druckbeanspruchte Bewehrungsstäbe gilt DIN 4227 Teil 1, Ausgabe Dezember 1979, Abschnitt 6.1 Absatz (2).

6.2 Spannglieder

(1) Die Betondeckung der Hüllrohre oder einer anderen Hülle von innenliegenden Spanngliedern muß mindestens 2 cm betragen, sofern sich nicht aus Gründen des Brandschutzes oder wegen der nach DIN 1045 oder DIN 1075 geforderten Betondeckung der Betonstahlbewehrung ein größerer Wert ergibt.

(2) Der lichte Abstand der Hüllrohre oder anderer Hüllen von Spanngliedern im Innern des Betonquerschnitts soll mindestens gleich dem 0,8fachen Außendurchmesser der Spannglieder sein; er darf 2,5 cm nicht unterschreiten. Abweichend davon dürfen Spannglieder aus Einzellitzen in Gruppen von höchstens 4 nebeneinanderliegenden Spanngliedern angeordnet werden, bei Platten unter Fahrzeugverkehr jedoch nur, wenn im Bereich auftretender Radlasten die Spanngliedgruppen mindestens 4 cm unter der befahrenen Oberfläche liegen. Innerhalb der Gruppe soll zwischen den Litzen ein kleiner Abstand zum Entweichen der Luft beim Betonieren belassen werden.

(3) Angaben über kleinste zulässige Krümmungshalbmesser, gegebenenfalls über die Möglichkeit des plastischen Vorbiegens der Spannstähle, und die konstruktive Ausbildung von Umlenkstellen der Spannglieder sind den Zulassungen zu entnehmen.

---

*) Z. Z. Entwurf

[1]) Die Anwendung der Vorspannung ohne Verbund auf Bauteile aus konstruktivem Leichtbeton bedarf der Zustimmung im Einzelfall.

(4) Sofern die Spannglieder außerhalb des Betonquerschnitts liegen, ist ihre Sollage im Gebrauchszustand und im rechnerischen Bruchzustand zu sichern, z. B. durch eine ausreichende Anzahl von Abstützungen bzw. Abhängungen. Solche Spannglieder sind sorgfältig vor vorzeitiger übermäßiger Erwärmung zu schützen, falls sie Teil eines Tragwerkes sind, für das eine Feuerwiderstandsklasse F 30 oder höher verlangt wird. Der Nachweis der erforderlichen Feuerwiderstandsdauer ist durch einen Brandversuch nach DIN 4102 Teil 2 zu erbringen, sofern die Ausführung nicht DIN 4102 Teil 4 entspricht.

6.3 Mindestbewehrung

(1) Für Brücken und vergleichbare Bauwerke ist eine Mindestbewehrung entsprechend DIN 4227 Teil 1, Ausgabe Dezember 1979, Abschnitt 6.7 einzulegen.

(2) Für die Mindestbewehrung im Stützenbereich punktförmig gestützter Platten gilt DIN 4227 Teil 1, Ausgabe Dezember 1979, Abschnitt 12.9.

(3) Bei Balkenstegen ist eine Mindestbügelbewehrung nach DIN 4227 Teil 1, Ausgabe Dezember 1979, Tabelle 4 Zeile 5 einzulegen.

(4) Bei anderen Bauwerken als nach den Absätzen (1) und (2) werden – wie in DIN 1045 – keine darüberhinausgehenden Anforderungen an die Mindestlängsbewehrung gestellt.

7 Rechengrundlagen

7.1 Erforderliche rechnerische Nachweise

Anstelle der in DIN 4227 Teil 1, Ausgabe Dezember 1979, Abschnitt 7.1 geforderten Nachweise sind folgende rechnerische Nachweise zu erbringen:

- Nachweis der Spannstahlspannungen im Gebrauchszustand nach Abschnitt 9
- Nachweis bei nicht vorwiegend ruhender Belastung nach Abschnitt 9.2
- Nachweis zur Beschränkung der Rißbreite nach Abschnitt 10
- Nachweis für den rechnerischen Bruchzustand bei Biegung, Biegung mit Längskraft und Längskraft nach Abschnitt 11
- Nachweis der schiefen Hauptdruckspannungen bzw. der Schubspannungen und der Schubdeckung nach Abschnitt 12
- Nachweis für Verankerungen innerhalb des Tragwerks nach Abschnitt 13
- Nachweis des Durchstanzens nach DIN 4227 Teil 1, Ausgabe Dezember 1979, Abschnitt 12.9
- Nachweis der Zugkraftdeckung nach DIN 4227 Teil 1, Ausgabe Dezember 1979, Abschnitt 14.3

7.2 Ermittlung der Schnittgrößen und der Formänderungen

(1) Es gelten für die Ermittlung der Schnittgrößen und der Formänderungen DIN 1045, Ausgabe Dezember 1978, Abschnitt 15 und Abschnitt 16, für die Elastizitätsmoduln des Spannstahls DIN 4227 Teil 1, Ausgabe Dezember 1979, Abschnitt 7.2, für die Spannwegberechnung die Zulassungen des Spannstahls.

(2) Die Aufnahme der Schnittgrößen ist unter der Annahme des Ebenbleibens der Querschnitte nachzuweisen, jedoch unter Beachtung der Relativverschiebungen zwischen Spannglied und Beton auf ganzer Spanngliedlänge.

8 Zeitabhängiges Verformungsverhalten

Für das zeitabhängige Verformungsverhalten des Betons und des Spannstahls gilt DIN 4227 Teil 1, Ausgabe Dezember 1979, Abschnitt 8.

9 Nachweis der Stahlspannungen im Gebrauchszustand

9.1 Nachweis der Spannstahlspannungen allgemein

(1) Die Spannstahlspannungen für im Innern des Betonquerschnitts liegende Spannglieder sind abweichend von DIN 4227 Teil 1 wie folgt zu begrenzen:

- vorübergehend beim Spannen: $0{,}85\,\beta_S$ bzw. $0{,}75\,\beta_Z$
- im Gebrauchszustand: $0{,}80\,\beta_S$ bzw. $0{,}70\,\beta_Z$
- Randspannungen in Krümmungen: $\beta_{0{,}01}$ (bei Litzen siehe jedoch Zulassung)

(2) Die zulässigen Spannstahlspannungen für außenliegende Spannglieder sind DIN 4227 Teil 1 zu entnehmen.

9.2 Nachweise bei nicht vorwiegend ruhender Belastung

(1) Der Nachweis der Schwingbreite im Spannglied ist nach DIN 4227 Teil 1, Ausgabe Dezember 1979, Abschnitt 15.9 zu führen. Zusätzlich ist der Nachweis zu führen, daß die Spannstahlspannung bei der Oberlast (einschließlich ΔM) zum Zeitpunkt der Ingebrauchnahme des Bauwerks $0{,}65\,\beta_Z$ nicht überschreitet.

(2) Die Spannungsschwankungen im Betonstahl sind abweichend von DIN 4227 Teil 1, Ausgabe Dezember 1979, Abschnitt 15.9 auf ganze Bauteillänge auf die Werte von DIN 1045, Ausgabe Dezember 1978, Abschnitt 17.8 zu begrenzen.

(3) Auf die Möglichkeit des Auftretens von mehrwelligen Querschwingungen freigespannter Spannglieder bei Windeinwirkung infolge Karmannscher Wirbelstraßen wird hingewiesen. Diese müssen durch geeignete konstruktive Maßnahmen weitgehend gedämpft werden.

10 Beschränkung der Rißbreite im Gebrauchszustand

10.1 Grundlagen

(1) Zur Sicherung der Gebrauchsfähigkeit und des Korrosionsschutzes der Betonstahlbewehrung ist die Rißbreite in dem Maße zu beschränken, wie es der Verwendungszweck erfordert.

(2) Diese Anforderung kann erfüllt werden:

a) Durch geeignete Wahl von Bewehrungsgehalt, Stahlspannung und Stabdurchmesser der Betonstahlbewehrung und Nachweis nach Abschnitt 10.2.

b) Bei Deckenplatten des üblichen Hochbaus mit Dicken $d \leq 0{,}40$ m durch eine Betonstahlbewehrung mit vorgegebenem Bewehrungsgehalt nach Abschnitt 10.3.

c) Bei Platten ohne Betonstahlbewehrung, sofern die Ausmitte des Lastangriffs e bei der Beanspruchungskombination nach Abschnitt 10.2 Absatz (2) (einschließlich der 0,9- bzw. 1,1fachen Spannkraft) den nachfolgenden Werten entspricht:

$e = |M/N| \leq d/3$ bei Platten der Dicke $d \leq 0{,}4$ m

$e \leq d/6$ bei Platten der Dicke $d = 0{,}8$ m

Zwischenwerte dürfen linear interpoliert werden.

10.2 Nachweis der Beschränkung der Rißbreite

(1) Der Stabdurchmesser d_s der Bewehrung aus Betonrippenstahl (als Einzelstab und für Betonstahlmatten) darf die Werte nach Gleichung (1) nicht überschreiten

$$d_s \leq r \cdot \frac{\mu_z}{\sigma_s^2} \cdot 10^4 \qquad (1)$$

Hierin bedeuten:

d_s größter Stabdurchmesser in mm

r Beiwert zur Berücksichtigung der Verbundeigenschaften

Bauteile mit Umweltbedingungen nach DIN 1045, Ausgabe Dezember 1978, Tabelle 10 Zeile 1: $r = 200$

Bauteile mit Umweltbedingungen nach DIN 1045, Ausgabe Dezember 1978, Tabelle 10 Zeile 2: $r = 150$

Bauteile mit Umweltbedingungen nach DIN 1045, Ausgabe Dezember 1978, Tabelle 10 Zeilen 3 und 4 und Bauteile, welche weniger als 10 m über oder neben Straßen liegen, die mit Tausalzen behandelt werden, sowie Eisenbahnstrecken, die vorwiegend mit Dieselantrieb befahren werden: $r = 100$

$\mu_z = 100\, A_s/A_{bz}$ der auf die Zugzone A_{bz} bezogene Bewehrungsgehalt in % ohne Berücksichtigung des Spannstahlquerschnitts (Zugzone = Bereich von Betonzugdehnungen unter unten angegebener Beanspruchungskombination, wobei bei hohen Querschnitten mit einer Zugzonenhöhe von maximal 80 cm zu rechnen ist). Dabei ist vorausgesetzt, daß die Bewehrung A_s annähernd gleichmäßig über die Breite der Zugzone verteilt ist. Bei stark unterschiedlichen Bewehrungsgehalten μ_z innerhalb breiter Zugzonen muß Gleichung (1) auch örtlich erfüllt sein.

σ_s Spannung im Betonstahl in MN/m² nach Zustand II unter Zugrundelegen elastischen Verhaltens für die Beanspruchungskombination nach Absatz (2), jedoch stets kleiner als β_S.

(2) Der Nachweis nach Gleichung (1) ist für folgende Beanspruchungskombination zu führen:

- 1,0fache Schnittgröße aus ständiger Last
- 1,0fache Schnittgröße aus Verkehrs-, Wind- und Schneelast
- 1,0fache Zwangschnittgrößen aus wahrscheinlicher Baugrundbewegung, Wärmewirkung und Schwinden
- 1,0fache Schnittgröße aus planmäßiger Systemänderung
- Zusatzmoment ΔM_1 bzw. ΔM_2 nach Bild 1

Zusätzlich ist die 0,9- bzw. 1,1fache statisch bestimmte und statisch unbestimmte Wirkung aus Vorspannung unter Berücksichtigung von Kriechen und Schwinden zu berücksichtigen. Der ungünstigere Wert ist maßgebend.

(3) Ist der betrachtete Querschnittsteil (z. B. Gurtplatte eines Kastenträgers) nahezu mittig auf Zug beansprucht, so ist der Nachweis nach Gleichung (1) für beide Bewehrungsstränge getrennt zu führen. Anstelle von μ_z tritt dabei jeweils der auf den betrachteten Querschnittsteil bezogene Bewehrungsgehalt des betreffenden Bewehrungsstranges.

10.3 Beschränkung der Rißbreite ohne Nachweis

Ein Nachweis nach Abschnitt 10.2 braucht bei Deckenplatten des üblichen Hochbaus (siehe DIN 1045, Ausgabe Dezember 1978, Abschnitt 2.2.4) mit Dicken $d \leq 0{,}40$ m in folgenden Fällen nicht geführt zu werden:

a) Allgemein im Feld, sofern die nachstehenden Wertepaare für die Spannung σ_N aus Normalkraft infolge Vorspannung und äußerer Last sowie für den Bewehrungsgehalt μ in der vorgedrückten Zugzone — bezogen auf den gesamten Betonquerschnitt — eingehalten werden:

$\sigma_N = -1{,}0$ MN/m² $\quad \mu = 0{,}1$ %

$\sigma_N = -2{,}0$ MN/m² $\quad \mu = 0{,}05$ %

Zwischenwerte dürfen linear interpoliert werden.

b) An der Unterseite (der Druckzone) von punktgestützten Platten allseits der Stütze, wenn in den Fällen, in denen die Umlenkkräfte $u = u_x + u_y$ aus Vorspannung nach dem Anhang A zu dieser Norm größer sind als die 1,2fachen Lasten, die zum Zeitpunkt des Vorspannens wirksam sind, ein Bewehrungsgehalt $\mu = 0{,}1$ % nicht unterschritten wird. Wenn die Umlenkkräfte aus Vorspannung kleiner als die 1,2fachen Lasten sind, braucht der Nachweis nach Abschnitt 10.2 auch bei im Stützenbereich fehlender unterer Bewehrung nicht geführt zu werden.

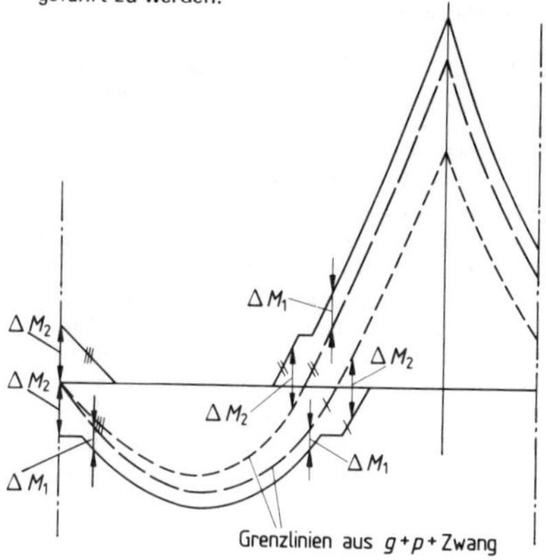

$$\Delta M_1 = 5 \cdot 10^{-5} \cdot \frac{EI}{d_0}$$

$$\Delta M_2 = 15 \cdot 10^{-5} \cdot \frac{EI}{d_0}$$

EI Biegesteifigkeit im Zustand I

d_0 Querschnittsdicke im betrachteten Querschnitt

Bild 1. Biegemomente für den Nachweis zur Beschränkung der Rißbreite

11 Nachweis für den rechnerischen Bruchzustand bei Biegung, bei Biegung mit Längskraft und bei Längskraft

11.1 Grundlagen

Die Grundlagen des Nachweises für den rechnerischen Bruchzustand bei Biegung, bei Biegung mit Längskraft und bei Längskraft sind DIN 4227 Teil 1, Ausgabe

Dezember 1979, Abschnitt 11.1 und Abschnitt 11.2 zu entnehmen (siehe jedoch Abschnitt 7.2 der vorliegenden Norm).

11.2 Rechnerischer Bruchzustand und Sicherheitsbeiwerte

(1) Für den rechnerischen Bruchzustand sind Nachweise nach Gleichung (2) zu führen. Die Beiwerte sind so zu kombinieren, daß die für den untersuchten Querschnittsteil (Beton in der Druckzone, der vorgedrückten Zugzone oder der vorgedrückten Druckzone; Betonstahlbewehrung) ungünstigste Beanspruchung ermittelt wird.

$$\left\{\begin{matrix}1{,}75\\ \text{bzw.}\\ 1{,}25\end{matrix}\right\} S_g + 1{,}75\, S_p + \left\{\begin{matrix}1{,}0\\ \text{bzw.}\\ 1{,}5\end{matrix}\right\} S_v \leq R \qquad (2)$$

Hierin bedeuten:

S_g Schnittgröße aus ständiger Last im Gebrauchszustand

S_p Schnittgröße aus Verkehrs-, Wind- und Schneelast im Gebrauchszustand

S_v Schnittgröße aus dem statisch bestimmten und statisch unbestimmten Anteil der Vorspannung. Die Vorspannkraft ist demnach als äußere Einwirkung anzusetzen. Der durch Laststeigerung bedingte Anstieg der Spannstahlspannung muß berücksichtigt werden, wenn er ungünstig wirkt; er darf berücksichtigt werden, wenn er günstig wirkt. Eine größere Spannstahlspannung als β_S darf bei der Ermittlung von S_v nicht angesetzt werden [2]).

R Schnittgröße, die vom Querschnitt im rechnerischen Bruchzustand ohne Berücksichtigung der Spannglieder aufgenommen werden kann.

(2) Schnittgrößen bei planmäßiger Systemänderung, die ursächlich nur mit den Auswirkungen aus ständiger Last oder Vorspannung zusammenhängen, sind mit denselben Sicherheitsbeiwerten wie für ständige Last bzw. Vorspannung zu multiplizieren. Der Einfluß des Kriechens und der Relaxation muß dabei berücksichtigt werden.

(3) Schnittgrößen aus Zwang infolge wahrscheinlicher Baugrundbewegungen [3]), Wärmewirkung und Schwinden sind 1,0fach zu berücksichtigen, sofern sie mit den Steifigkeiten des Gebrauchszustandes ermittelt werden. Der Einfluß des Kriechens und der Relaxation darf berücksichtigt werden.

(4) Abweichend von Abschnitt 7.2 dürfen die Schnittgrößen aus ständiger Last, Verkehrslast und Vorspannung – auch bei planmäßiger Systemänderung – mit den Steifigkeiten im Zustand II ermittelt werden, die sich unter den mit den Sicherheitsbeiwerten nach Gleichung (2) vervielfachten Lasten ergeben. Dabei sind die Elastizitätsmoduln nach Abschnitt 7.2 anzusetzen. Die Zwangursachen infolge wahrscheinlicher Baugrundbewegungen, Wärmewirkung und Schwinden sind 1,75fach anzusetzen. Die Schubdeckung ist dann zusätzlich nach DIN 4227 Teil 1, Ausgabe Dezember 1979, Abschnitt 12.4 Absatz (6) nachzuweisen.

(5) Bei gleichgerichteten Beanspruchungen aus mehreren Tragwirkungen (Hauptträgerwirkung und örtliche Plattenwirkung im Zugbereich) braucht nur der Dehnungszustand jeweils einer Tragwirkung berücksichtigt zu werden.

(6) Anstelle des Nachweises für die vorgedrückte Zugzone im rechnerischen Bruchzustand darf auch ein Nachweis im Gebrauchszustand geführt werden. Dabei dürfen die Betonspannungen die Werte nach folgenden Zeilen der Tabelle 9 von DIN 4227 Teil 1, Ausgabe Dezember 1979, nicht überschreiten:

– Beton auf Druck in der vorgedrückten Zugzone:
  vor Aufbringen aller ständigen Lasten: Zeilen 5 bis 8
  nach Aufbringen aller ständigen Lasten: Zeilen 1 bis 4
– Beton auf Zug: Zeilen 18 bis 26 bzw. 36 bis 44.

Dabei ist die Aufnahme der Kräfte aus dem Zugkeil durch Bewehrung nach DIN 4227 Teil 1, Ausgabe Dezember 1979, Abschnitt 10.2.2 nachzuweisen.

12 Schiefe Hauptspannungen, Schubdeckung

(1) Für den Gebrauchszustand sind keine Spannungsnachweise zu führen.

(2) Für die Nachweise im rechnerischen Bruchzustand gilt DIN 4227 Teil 1, Ausgabe Dezember 1979, Abschnitt 12. Dabei ist ausschließlich die Beanspruchungskombination $1{,}75\, S_g + 1{,}75\, S_p + 1{,}0\, S_v$ gegebenenfalls unter Einbeziehung der 1,0fachen Schnittgröße aus Zwang infolge wahrscheinlicher Baugrundbewegungen, Wärmewirkung und Schwinden anzusetzen.

(3) Bei Spanngliedern ohne Verbund als Schubbewehrung (Schubnadeln) sind jedoch sowohl für den Gebrauchs- als auch für den rechnerischen Bruchzustand alle Nachweise nach DIN 4227 Teil 1, Ausgabe Dezember 1979, Abschnitt 12 zu führen. Im rechnerischen Bruchzustand darf bei Spanngliedern ohne Verbund als Schubbewehrung mit einer Spannungszunahme von 420 MN/m² gerechnet werden, jedoch nicht mit einer höheren Spannung als β_S. Ein Viertel der Querkraft ist stets durch Umschließungsbügel aus Rippenstahl aufzunehmen.

(4) Die Spannungen und die Schubbewehrung dürfen auch auf der Grundlage eines Bogen-Zugband- bzw. Sprengwerk-Modells (anstelle eines Fachwerk-Modells) ermittelt werden, wobei darauf zu achten ist, daß der Querschnitt des Druckgurts annähernd konstant bis zu den Verankerungen der Spannglieder geführt wird. Auch in diesem Fall darf die Hauptdruckspannung unter Berücksichtigung des Hüllrohr- (bzw. Hohlraum-)Abzugs die Werte nach DIN 4227 Teil 1, Ausgabe Dezember 1979, Tabelle 9 Zeile 63 nicht überschreiten.

13 Verankerungen innerhalb des Tragwerks

Es gilt DIN 4227 Teil 1, Ausgabe Dezember 1979, Abschnitt 14.4 mit Ausnahme von Absatz (1). Die Zulassungsbescheide für Spannglieder ohne Verbund geben Auskunft, wenn Ankerkörper als Querschnittschwächungen anzusehen sind.

---

2) $1{,}5\, S_v$ führt im allgemeinen zu fiktiven Spannungen $\sigma_v > \beta_S$.

3) Bei Brücken sind die Schnittgrößen aus der 0,4fachen möglichen Baugrundbewegung zu berücksichtigen, falls dies ungünstiger ist.

14 Plattenartige Bauteile, Decken

14.1 Schnittgrößenermittlung, Gebrauchsfähigkeit

(1) Für die Ermittlung der Schnittgrößen sind auf der sicheren Seite liegende Näherungsverfahren zulässig.

(2) Das Verhältnis Stützweite zu Plattendicke soll 40 nicht überschreiten.

(3) Bei schlanken Platten sind gesonderte Überlegungen hinsichtlich der Durchbiegung und der Schwingungsanfälligkeit anzustellen.

14.2 Nachweis für den rechnerischen Bruchzustand

(1) Der Nachweis für den rechnerischen Bruchzustand ist nach Abschnitt 11 zu führen, bei punktgestützten Platten getrennt für Gurt- und Feldstreifen. Bei Platten mit einem Verhältnis Spannweite zu Plattendicke von mindestens 15 darf bei der Bestimmung von S_v vereinfachend der Spannungsanstieg der Spannglieder beim Erreichen des rechnerischen Bruchzustandes unter der Annahme ermittelt werden, daß bei Feldmomenten das untersuchte Feld, bei Stützmomenten die beiden dem untersuchten Querschnitt benachbarten Felder sich um $f = l/50$ durchbiegen; dabei ist die Betondehnung in Höhe der Biegezugbewehrung mit 5 ‰ anzunehmen.

(2) Näherungsweise darf die Spanngliedlängung Δl in einem Feld ermittelt werden zu:

$$\Delta l = \frac{3fh}{l} = \frac{h}{17} \qquad (3)$$

Hierin bedeutet:

h statische Höhe an der Stelle des größten Feldmoments.

(3) Der Spannungszuwachs im Spannglied im rechnerischen Bruchzustand beträgt dann:

bei Feldquerschnitten

$$\Delta\sigma_u = \frac{\Delta l}{L} \cdot E \qquad (4)$$

bei Stützenquerschnitten

$$\Delta\sigma_u = (\Delta l_1 + \Delta l_2) \cdot \frac{E}{L} \qquad (5)$$

Hierin bedeuten:

L Länge des Spanngliedes zwischen den Verankerungspunkten

E Elastizitätsmodul des Spannstahls laut Zulassung

Eine größere Spannung als β_S darf nicht berücksichtigt werden.

14.3 Schutz gegen Folgeschäden

Örtliche Schäden an einem Plattenfeld infolge unvorhergesehener, katastrophaler Einwirkungen (extremer Brand, Explosionen usw.) dürfen nicht zum Einsturz der Gesamtkonstruktion führen. Geeignete Mittel zur Verhinderung dessen sind z. B. die Anordnung von Zwischenverankerungen von Spanngliedern, der Einbau einer im Verbund liegenden Bewehrung. Spannglieder ohne Verbund sollen nicht ohne Zwischenverankerung über benachbarte Brandabschnitte laufen.

Anhang A

Hinweise zur vereinfachten Schnittgrößenermittlung für vorgespannte, punktförmig gestützte Platten

A1 Vorgespannte, punktförmig gestützte Platten mit rechteckigem Stützenraster, einem Verhältnis der Stützweiten $0{,}75 \leq l_x/l_y \leq 1{,}33$ und einem Verhältnis der Umlenkpressungen aus Vorspannung in x- und y-Richtung $0{,}5 \leq \frac{u_x}{u_y} \leq 2{,}0$ dürfen unter gleichmäßig verteilten Belastungen nach DIN 1055 Teil 3, Ausgabe Juni 1971, Abschnitt 6.1 nach dem im folgenden angegebenen Näherungsverfahren berechnet werden, wenn in beiden Richtungen eine zentrische Vorspannung von mindestens 1,0 MN/m² nach Abschluß von Kriechen und Schwinden vorhanden ist.

A2 Die Biegemomente infolge äußerer Lasten sind auf der Grundlage von DIN 1045, Ausgabe Dezember 1978, Abschnitt 22.3.1 unter Beachtung von Bild A2 zu ermitteln. Die Biegemomente aus Vorspannung dürfen ebenfalls nach Bild A2 ermittelt werden, wenn für jede Richtung die gesamte Umlenkpressung $u = u_x + u_y$ nach Bild A1e angesetzt wird und die folgenden Voraussetzungen erfüllt sind:

- Die Umlenkpressungen werden durch zwei sich kreuzende, parallel zu den Plattenrändern verlaufende Scharen von Spanngliedern nach Bild A1a erzeugt.
- Durch eine dem Tragverhalten der Platte entsprechende Anordnung der Spannglieder in Stützstreifen und in Bereichen zwischen den Stützstreifen nach Bild A1b wird eine annähernd gleichförmige Verteilung der Umlenkpressungen u über die gesamte Platte gewährleistet.

  Hierzu müssen die Spannglieder in den Stützstreifen entsprechend Bild A1d sowohl die zusätzlichen Umlenkpressungen der kreuzenden Spannglieder nach Bild A1c aufnehmen als auch die erforderlichen Umlenkpressungen u nach Bild A1e erzeugen.

A3 Die Normalspannungen aus der Horizontalkomponente N der Vorspannkraft nach Bild A1c dürfen außerhalb der Krafteinleitungsbereiche für jede Spannrichtung als gleichmäßig über die gesamte Deckenbreite verteilt angenommen werden.

A4 Die Verwendung entsprechender Näherungsverfahren für andere Verhältnisse als in A1 und A2 festgelegt ist zulässig, wenn nachgewiesen wird, daß die Ergebnisse der Näherungsverfahren mit denen einer Schnittgrößenermittlung nach der Elastizitätstheorie hinreichend übereinstimmen (z. B. für punktförmig gestützte Platten mit Spanngliedern nur in den Stützstreifen).

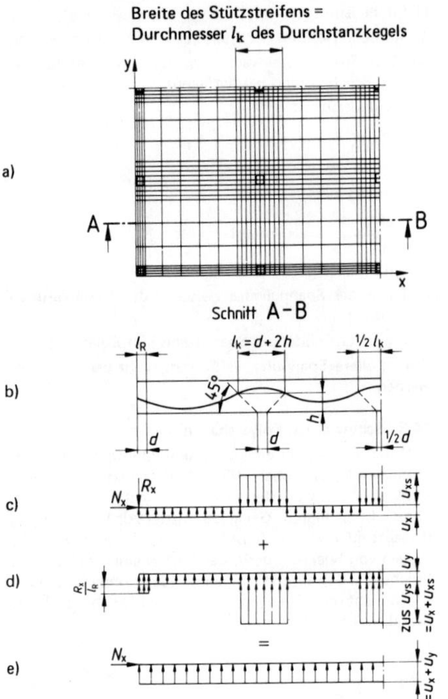

Bild A1.

a) Ausschnitt einer Flachdecke (Draufsicht)
b) Spanngliedführung mit Anordnung der Wendepunkte auf dem Rand des Durchstanzkegels
c) Kräfte im Schnitt A–B infolge Vorspannung der x-Richtung
d) Kräfte im Schnitt A–B infolge Vorspannung der y-Richtung
e) Summe der Umlenk- und Endverankerungskräfte im Schnitt A–B

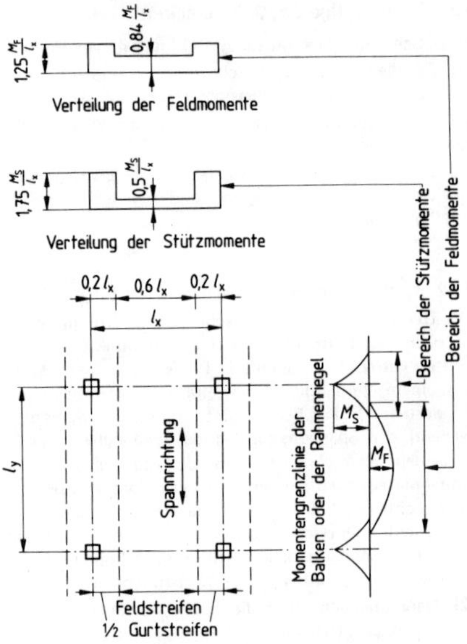

M_S, M_F	Momente nach der E-Theorie an einem Balken der Stützweite l_y unter der Streckenlast $q \cdot l_x$
q	gleichförmig verteilte Last auf der Flachdecke

Bild A2.

Verteilung der Schnittgrößen in vorgespannten Flachdecken nach dem Näherungsverfahren

Zitierte Normen

DIN 1045	Beton und Stahlbeton; Bemessung und Ausführung
DIN 1075	Betonbrücken; Bemessung und Ausführung
DIN 1080 Teil 1	Begriffe, Formelzeichen und Einheiten im Bauingenieurwesen; Grundlagen
DIN 4102 Teil 2	Brandverhalten von Baustoffen und Bauteilen; Bauteile, Begriffe, Anforderungen und Prüfungen
DIN 4102 Teil 4	Brandverhalten von Baustoffen und Bauteilen; Zusammenstellung und Anwendung klassifizierter Baustoffe; Bauteile und Sonderbauteile
DIN 4227 Teil 1	Spannbeton; Bauteile aus Normalbeton mit beschränkter oder voller Vorspannung
DIN 4227 Teil 2	(z. Z. Entwurf) Spannbeton; Bauteile mit teilweiser Vorspannung
DIN 4227 Teil 3	(z. Z. Entwurf) Spannbeton; Bauteile in Segmentbauart
DIN 4227 Teil 4	(z. Z. Entwurf) Spannbeton; Bauteile aus Spannleichtbeton
DIN 4227 Teil 5	Spannbeton; Einpressen von Zementmörtel in Spannkanäle

Internationale Patentklassifikation

B 28 B 23/04
E 04 B 1/06
E 04 G 21/12

DK 692.23-033.33:691.327.3:666.973.4 September 1987

Wände aus Leichtbeton mit haufwerksporigem Gefüge

Bemessung und Ausführung

DIN 4232

Walls of no fines lightweight concrete; design and construction

Murs en béton léger de structure poreuse; dimensionnement et exécution

Ersatz für Ausgabe 12.78

Diese Norm wurde vom Fachbereich VII Beton- und Stahlbetonbau/Deutscher Ausschuß für Stahlbeton des NABau ausgearbeitet.

Die Benennung „Last" wird für Kräfte verwendet, die von außen auf ein System einwirken; dies gilt auch für zusammengesetzte Wörter mit der Silbe ... „last" (siehe DIN 1080 Teil 1).

Inhalt

Fortsetzung Seite 2 bis 9

Normenausschuß Bauwesen (NABau) im DIN Deutsches Institut für Normung e.V.

1 Anwendungsbereich

Diese Norm gilt für unbewehrte [1]) Wände aus Leichtbeton mit haufwerksporigem Gefüge. Die Wände werden als geschoßhohe und großformatige Fertigteile werkmäßig hergestellt. Sie dürfen nur bei vorwiegend ruhenden Lasten nach DIN 1055 Teil 3/06.71, Abschnitt 1.4, in Gebäuden bis zu vier Vollgeschossen, unter Umweltbedingenen nach DIN 1045/ 12.78, Tabelle 10, Zeilen 1 bis 3, verwendet werden.

2 Begriff

Leichtbeton mit haufwerksporigem Gefüge nach dieser Norm ist Beton mit Zuschlag mit porigem und/oder dichtem Gefüge, der nur soviel Feinmörtel besitzt, daß dieser die Zuschlagkörner umhüllt, jedoch die Hohlräume zwischen den Körnern nach dem Verdichten nicht ausfüllt.

3 Werke

Für Personal und Ausstattung von Werken, die Leichtbeton herstellen und/oder verarbeiten, gilt DIN 1045/12.78, Abschnitt 5, sinngemäß.

4 Baustoffe

4.1 Zement

Bei der Betonherstellung ist Zement nach DIN 1164 Teil 1 zu verwenden.

4.2 Zuschlag

Der Zuschlag muß DIN 4226 Teil 1 oder Teil 2 entsprechen. Das zulässige Größtkorn richtet sich nach der Wanddicke. Bei Wanddicken bis 18 cm soll das Größtkorn des Zuschlags 16 mm nicht überschreiten.

4.3 Zugabewasser

Das Zugabewasser muß den Anforderungen nach DIN 1045/ 12.78, Abschnitt 6.4 entsprechen.

4.4 Leichtbeton

4.4.1 Allgemeines

Der Leichtbeton wird nach seiner Zuordnung zu einer Festigkeitsklasse nach Abschnitt 4.4.2, zu einer Rohdichteklasse nach Abschnitt 4.4.3 und erforderlichenfalls durch den Rechenwert der Wärmeleitfähigkeit nach DIN 4108 Teil 4 bezeichnet.

4.4.2 Festigkeitsklassen und ihre Anwendung

(1) Der Leichtbeton wird nach seiner bei der Güteprüfung (siehe DIN 1045) im Alter von 28 Tagen an Würfeln von 200 mm Kantenlänge ermittelten Druckfestigkeit in Festigkeitsklassen LB 2 bis LB 8 eingeteilt (siehe Tabelle 1).

(2) Werden zum Nachweis der Druckfestigkeit Würfel mit 150 mm Kantenlänge verwendet, so darf die Beziehung $\beta_{W200} = 0{,}95\ \beta_{W150}$ benutzt werden.

4.4.3 Rohdichteklassen

Der Leichtbeton wird nach Tabelle 2 in die Rohdichteklassen 0,5 bis 2,0 eingeteilt. Für die Zuordnung des Leichtbetons zu einer der Rohdichteklassen ist seine Trockenrohdichte ϱ_d maßgebend.

[1]) Abgesehen von Bewehrung nach den Abschnitten 6.4, 6.7, 6.8, 6.15 und 7.2.4.2.

Tabelle 1. **Festigkeitsklassen**

Spalte	1	2	3
Zeile	Festigkeitsklasse	Nennfestigkeit β_{WN} (Mindestwert für die Druckfestigkeit β_{W28} jedes Würfels) N/mm²	Serienfestigkeit β_{WS} (Mindestwert für die mittlere Druckfestigkeit β_{Wm} jeder Würfelserie) N/mm²
1	LB 2	2,0	4,0
2	LB 5	5,0	8,0
3	LB 8	8,0	11,0

Tabelle 2. **Rohdichteklassen**

Spalte	1	2
Zeile	Rohdichteklasse	Grenzen des Mittelwertes der Beton-Trockenrohdichte ϱ_d kg/dm³
1	0,5	0,41 bis 0,50
2	0,6	0,51 bis 0,60
3	0,7	0,61 bis 0,70
4	0,8	0,71 bis 0,80
5	0,9	0,81 bis 0,90
6	1,0	0,91 bis 1,00
7	1,2	1,01 bis 1,20
8	1,4	1,21 bis 1,40
9	1,6	1,41 bis 1,60
10	1,8	1,61 bis 1,80
11	2,0	1,81 bis 2,00

4.4.4 Betonzusammensetzung

Die für die jeweilige Festigkeitsklasse bzw. Rohdichteklasse erforderliche Betonzusammensetzung ist aufgrund einer Eignungsprüfung nach Abschnitt 8.1.2 festzulegen.

4.5 Betonstahl

Es ist Betonstahl nach DIN 488 Teil 1 zu verwenden.

5 Herstellen und Verarbeiten des Leichtbetons

5.1 Herstellen

(1) Die Bestandteile müssen so zugegeben werden, daß die aufgrund der Eignungsprüfung festgelegte Zusammensetzung eingehalten wird. Wird der Zuschlag durch Wägung abgemessen, so sind sein Feuchtegehalt und seine Dichte (Kornrohdichte oder Schüttdichte) in angemessenen Abständen nachzuprüfen und Veränderungen beim Abmessen zu berücksichtigen. Schwankungen im Feuchtegehalt des Zuschlags sind auch bei der Wasserzugabe zu berücksichtigen.

(2) Die Verwendung von Transportbeton ist nur zulässig, wenn der Leichtbeton als werkgemischter Beton in Mischfahrzeugen zum Fertigteilwerk gebracht wird.

(3) Beton aus wenig festem und leicht abreibbarem Zuschlag (z. B. Naturbims und weicher Ziegelsplitt) darf wegen der Gefahr des Abriebes während der Fahrt nicht gerührt werden. Die Fahrdauer ist auf 45 min zu beschränken.

5.2 Verarbeiten

5.2.1 Einbringen und Verteilen

Der Leichtbeton ist in gleichmäßigen, waagerechten Lagen in die Schalung zu schütten. Bei stehender Fertigung dürfen diese Lagen höchstens 30 cm dick sein und müssen auch unter Fenstern und anderen Öffnungen ohne Unterbrechung durchlaufen. Die Anordnung von Beobachtungsöffnungen kann zweckmäßig sein.

5.2.2 Verdichten

Der Beton ist so zu verdichten, daß ein möglichst gleichmäßiges Betongefüge entsteht, das dem bei der Eignungsprüfung vorhandenen entspricht und das ausreichende und möglichst gleichmäßige Festigkeiten erwarten läßt, ohne daß die Haufwerksporigkeit verlorengeht. Ein besonders sorgfältiges Einbringen des Betons ist in Schalungsecken und entlang der Schalung notwendig.

6 Bauliche Durchbildung

6.1 Mindestmaße von Wänden und Pfeilern

6.1.1 Mindestdicke von Wänden

(1) Sofern mit Rücksicht auf die Standsicherheit, die Montage, den Wärme-, Schall- oder Brandschutz keine dickeren Wände erforderlich sind, richtet sich die Mindestdicke d von Wänden nach Tabelle 3.

(2) Wände, die nach Abschnitt 7.2.2 als drei- oder vierseitig gehalten gelten sollen, müssen jedoch den Anforderungen nach Tabelle 4 entsprechen.

(3) Die Anforderungen nach Tabelle 4 müssen auch erfüllt sein, wenn nach Abschnitt 7.1 auf den Nachweis der räumlichen Steifigkeit und Stabilität verzichtet werden darf.

Tabelle 3. **Mindestdicke d von Wänden**

Spalte	1	2	3
Zeile	Wandart		d cm min.
1	tragende Wände	allgemein	12
2		nur zur Knickaussteifung tragender Wände	10
3	nichttragende Wände	leichte Trennwände	8

6.1.2 Mindestquerschnitte von Tür- und Fensterpfeilern

Es muß ein Mindestquerschnitt von 500 cm^2 vorhanden sein, wobei eine Mindestbreite von 25 cm nicht unterschritten werden darf.

6.2 Knickaussteifung

(1) Je nach der Anzahl der rechtwinklig zur Wandebene unverschieblich gehaltenen Ränder (z. B. durch Decken und Wandscheiben) wird zwischen zwei-, drei- und vierseitig gehaltenen Wänden unterschieden.

(2) Bei dreiseitig gehaltenen Wänden darf der Abstand des freien Randes der tragenden Wand von der Mittelebene der aussteifenden Wand höchstens gleich der Geschoßhöhe h_s, aber nicht mehr als 4 m sein.

(3) Bei vierseitig gehaltenen Wänden darf der Mittenabstand der aussteifenden Querwände höchstens das zweifache der Geschoßhöhe h_s, aber nicht mehr als 8 m betragen.

(4) Haben vierseitig gehaltene Wände Öffnungen, deren lichte Höhe größer als 1/3 der Geschoßhöhe oder deren Gesamtfläche größer als 1/10 der Wandfläche ist, so sind die Wandteile zwischen Öffnungen und aussteifender Wand als dreiseitig gehalten anzusehen. Für die Wandteile zwischen den Öffnungen gilt Abschnitt 7.2.2 Absatz 3.

Tabelle 4. **Anforderungen an tragende Wände, die nach Abschnitt 7.2.2 als drei- oder vierseitig gehalten gelten sollen oder die nach Abschnitt 7.1 zur Gebäudeaussteifung herangezogen werden**

Spalte	1	2	3	4
Zeile	Wandarten	Wanddicke d cm	Abstand der aussteifenden Querwände m	Anforderungen an die Geschoßdecke l m
1	einschalige Außenwände	20	$\leq$ 8,0	keine
2	Innenschale zweischaliger Außenwände	17,5	$\leq$ 6,0	keine
3		15	$\leq$ 6,0	$l \leq 4{,}5$
4	tragende Innenwände	20	$\leq$ 8,0	keine
5		17,5	$\leq$ 6,0	keine
6		15	$\leq$ 6,0	$l \leq 4{,}5$
7		12	$\leq$ 4,5	$l \leq 4{,}5$ durchlaufend: $0{,}7 \leq l_1/l_2 \leq 1{,}42$

l Stützweite der belastenden Deckenplatte; bei kreuzweise gespannten Deckenplatten die kleinere Stützweite
l_1, l_2 Stützweiten der beiden angrenzenden Deckenplatten rechtwinklig zur Wand

(5) Die Länge aussteifender Wände muß mindestens 1/5 der Geschoßhöhe h_s, darf jedoch nicht weniger als 0,5 m betragen. Bei aussteifenden Querwänden mit Öffnungen müssen Öffnungen einen Abstand von mindestens 1/5 ihrer lichten Höhe h'_s (siehe Bild 1) von der auszusteifenden Wand haben.

(6) Die aussteifende Wand ist mit den auszusteifenden Wänden nach Abschnitt 6.15.1 zu verbinden.

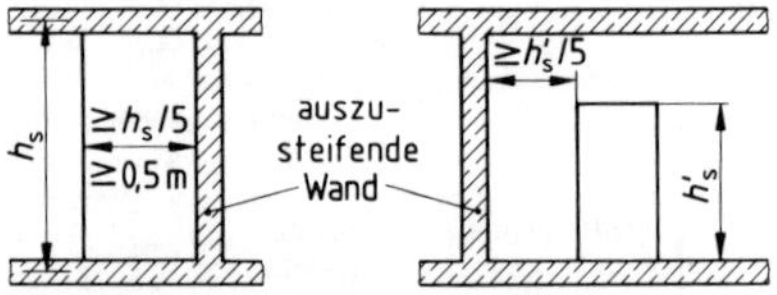

Bild 1. Mindestlänge aussteifender Wände

6.3 Querschnittsschwächungen

(1) In tragenden Wänden, deren Dicke $d \leq 15$ cm ist, sind Schlitze unzulässig.

(2) Schlitze sind durch Einlegen von Leisten auszusparen.

(3) Ein nachträgliches Einstemmen von Schlitzen ist unzulässig.

(4) Das nachträgliche Einfräsen ist nur bei lotrechten Schlitzen zulässig.

(5) Schlitze müssen von den Rändern der Wandtafeln einen Abstand von mindestens 1,5 d haben.

(6) In tragenden Wänden sind waagerechte und schräge Schlitze bei der Bemessung nach Abschnitt 7.2.3 zu berücksichtigen.

(7) Lotrechte Schlitze dürfen bei der Bemessung unberücksichtigt bleiben, wenn ihre Tiefe höchstens 1/6 der Wanddicke, aber nicht mehr als 3 cm, ihre Breite höchstens gleich der Wanddicke ist und ihr gegenseitiger Abstand mindestens 1 m beträgt.

6.4 Tür- und Fensterstürze

(1) Stürze über Türen und Fenstern mit einer lichten Weite bis zu 1,5 m dürfen in Gebäuden mit Verkehrslasten bis zu 2,75 kN/m^2 (einschließlich der dazugehörigen Flure) aus Leichtbeton mit haufwerksporigem Gefüge hergestellt werden, wenn sie innerhalb eines Wandelementes liegen und gleichzeitig mit diesem betoniert werden. Eine Belastung von Leichtbetonstürzen durch Einzellasten von zusammen mehr als 10 kN ist nicht zulässig.

(2) Die Höhe der Stürze richtet sich nach Tabelle 5.

Tabelle 5. **Höhe von Tür- und Fensterstürzen aus haufwerksporigem Leichtbeton**

Spalte	1	2	3
Zeile	lichte Weite der Wandöffnung m	Belastung	Mindesthöhe cm
1	$\leq 1,00$	nach Absatz 1	20
2	$\leq 1,50$		40
3		parallel gespannte Decken	30

(3) In Stürzen sind mindestens 2 Stäbe mit $d_s = 14$ mm oder eine gleichwertige Bewehrung anzuordnen.

(4) Die Stürze dürfen nicht zur Übertragung von Schubkräften aus Scheibenwirkung herangezogen werden.

6.5 Kellerwände

Für Umfassungswände des Kellergeschosses und des Sockels dürfen bis mindestens 30 cm über dem angrenzendem Gelände nur die Festigkeitsklassen LB 5 und LB 8 verwendet werden.

6.6 Maßnahmen gegen Schwind- und Temperaturrisse

Zur Vermeidung grober Schwind- und Temperaturrisse sind Maßnahmen nach DIN 1045/12.78, Abschnitt 14.4, vorzusehen.

6.7 Ringanker

(1) In die Außen- und Querwände, die zur Gebäudeaussteifung dienen, sind als Ringanker in Höhe jeder Decke zwei den Gebäudeteil umlaufende Bewehrungsstäbe mit $d_s \geq 12$ mm zu legen.

(2) Kann eine Unterbrechung der Ringanker (z. B. im Bereich von Treppenhäusern) nicht vermieden werden, so ist die Ringankerwirkung auf andere Weise sicherzustellen.

(3) Die Ringanker dürfen mit den Massivdecken oder etwaigen Stahlbetonfensterstürzen vereinigt und in Wänden, die mit der Hauptbewehrung der Massivdecken gleichlaufen, weggelassen werden, wenn diese Decken und ihre Bewehrung auf der ganzen Länge der Umfassungswand oder zwischen den Trennfugen ohne Unterbrechung ihrer Bewehrung durchlaufen und außerdem bis nahe zur Außenkante dieser Wände reichen. Stahlsteindecken und Hohlsteine anderer Decken sind dabei innerhalb der Wände durch Vollbetonstreifen zu ersetzen.

(4) Bei eingeschossigen Gebäuden und über dem obersten Geschoß zweigeschossiger Gebäude dürfen Holzbalkendecken verwendet werden, deren Scheibensteifigkeit in beiden Hauptachsrichtungen (längs und quer zur Spannrichtung) durch geeignete Maßnahmen sicherzustellen ist. In diesem Falle dürfen ausreichend zugfest ausgebildete Holzbalken als Ringanker herangezogen werden. Eine ausreichende Verankerung mit der Wand und der Decke muß in der statischen Berechnung nachgewiesen werden.

(5) Bei Verbindungen nach Bild 2 sind je Ankerschraube folgende Lasten zulässig

- waagerechte Lasten quer zur Wandebene:
  $F_{Hq} = 1$ kN
- waagerechte Lasten in Wandebene:
  $F_{Hl} = 2$ kN
- senkrechte Lasten:
  $F_V = 5$ kN

6.8 Öffnungen

Ränder von Öffnungen in Wänden sind durch Bewehrung von mindestens 2 Stäben $d_s = 10$ mm oder eine gleichwertige Bewehrung einzufassen. Die Sturzbewehrung nach Abschnitt 6.4 darf hierbei angerechnet werden.

6.9 Korrosionsschutz der Bewehrung

6.9.1 Allgemeines

(1) Die nach den Abschnitten 6.4, 6.7, 6.8, 6.15 und 7.2.4.2 erforderlichen Bewehrungsstäbe müssen dauerhaft gegen Korrosion geschützt werden.

(2) Transportbewehrung muß nicht gegen Korrosion geschützt werden, wenn sie im mittleren Drittel der Wanddicke angeordnet ist.

(3) Der Korrosionsschutz kann durch Einbetten in Beton mit geschlossenem Gefüge, durch Überzüge auf Zementbasis oder durch andere geeignete Überzüge auf den Bewehrungsstäben erreicht werden.

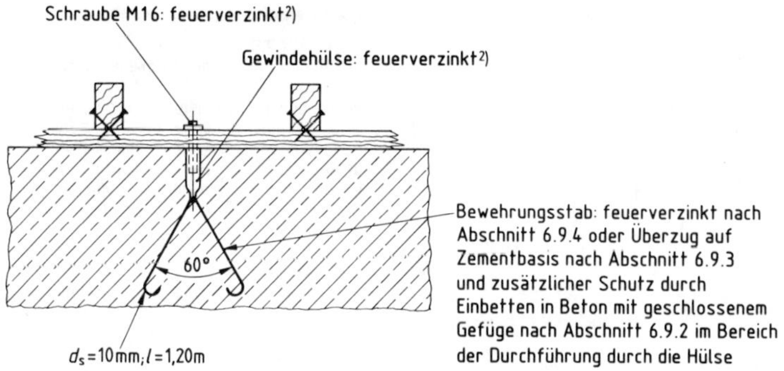

Bild 2. Deckenanschluß

6.9.2 Korrosionsschutz durch Einbetten in Beton mit geschlossenem Gefüge

Die Bewehrungsstäbe sind unmittelbar vor dem Einbringen des Betons mit dicksämigem Zementleim zu umhüllen und beim Betonieren allseits in Beton mit geschlossenem Gefüge einzubetten. Die Mindestdicke der Einbettung in Beton mit geschlossenem Gefüge muß nach allen Seiten bei Umweltbedingungen nach DIN 1045/12.78, Tabelle 10, Zeilen 1 und 2, 20 mm und bei Umweltbedingungen nach Zeile 3 mindestens 25 mm betragen. Der wirksame Wasser-Zement-Wert des zur Einbettung verwendeten Betons darf nicht größer als 0,60 sein.

6.9.3 Korrosionsschutz durch Überzüge auf Zementbasis

Bewehrungsstäbe, die nicht nach Abschnitt 6.9.2 in Beton mit geschlossenem Gefüge eingebettet werden, sind, sofern sie nicht nach Abschnitt 6.9.4 gegen Korrosion geschützt werden, vor dem Einbau mit einem korrosionsschützenden Überzug auf Zementbasis zu versehen. Vor dem Aufbringen der Schutzmasse dürfen die Bewehrungsstäbe auf ihrer gesamten Oberfläche nur leichten Rostanflug aufweisen. Bewehrungsstäbe mit Blätterrost oder Rostnarben dürfen nicht verwendet werden. Die Eignung des Korrosionsschutzüberzuges ist von der fremdüberwachenden Stelle nach Abschnitt 8.2 zu beurteilen.

6.9.4 Korrossionsschutz durch Kunststoffüberzüge oder Verzinkung

Bei Korrosionsschutz durch Kunststoffüberzüge oder durch Verzinkung ist der Nachweis der Brauchbarkeit zu erbringen (z.B. durch Vorlegen einer allgemeinen bauaufsichtlichen Zulassung).

6.10 Betondeckung

Das Mindestmaß der Betondeckung muß zur Sicherstellung des Verbundes allseits 20 mm betragen.

6.11 Verankerung der Bewehrung

Im haufwerksporigen Leichtbeton sind alle Bewehrungsstäbe durch Haken zu verankern. Dabei müssen die Biegerollendurchmesser d_{br} mindestens 4,0 d_s, der Biegewinkel α mindestens 150° und die freie Schenkellänge $\ddot{u}$ mindestens 5 d_s betragen (siehe DIN 1045/12.78, Tabelle 20, Zeile 2).

6.12 Schutz gegen Durchfeuchtung

(1) Bei Außenwänden oder bei Umweltbedingungen nach DIN 1045/12.78, Tabelle 10, Zeile 3, ist ein Feuchteschutz erforderlich, z.B. durch einen Putz nach DIN 18 550 Teil 1/01.85, Tabelle 3 bzw. Tabelle 5, oder durch Verblendmauerwerk nach DIN 1053 Teil 1/11.74, Abschnitt 5.2.1.

(2) Kellerwände sind nach DIN 18 195 Teil 4, Teil 5 oder Teil 6 gegen das Eindringen von Feuchte abzudichten.

6.13 Vergußnuten

Die Wandtafeln tragender Wände sind an den vertikalen Stirnseiten mit Vergußnuten auszuführen, deren Breite mindestens gleich der halben Wanddicke ist und deren Tiefe mindestens 40 mm beträgt.

6.14 Einbau der Wandtafeln

(1) Die Wandtafeln müssen in ihrer ganzen Länge und Dicke in ein waagerechtes Mörtelbett aus Zementmörtel nach DIN 1045/12.78, Abschnitt 6.7.1, versetzt werden. Die senkrechten Vergußnuten zwischen den Wandtafeln sind mit einem Leichtbeton mit geschlossenem Gefüge, mindestens der Festigkeitsklasse LB 15 nach DIN 4219 Teil 1 mit einem Größtkorndurchmesser von 4 mm auszufüllen.

(2) Die Verbindung der Wandtafeln untereinander sowie der Wandtafeln mit den Decken muß nach Abschnitt 6.15 erfolgen.

(3) Wandtafeln, deren statische Wirksamkeit durch Beschädigungen beeinträchtigt ist, dürfen nicht eingebaut werden.

6.15 Verbindungen

6.15.1 Verbindung der Wandtafeln untereinander

(1) Die Wandtafeln sind untereinander mindestens in den Drittelpunkten der Wandhöhe (Höchstabstand 1,0 m) durch Betonstahlschlaufen mit $d_s \geq 6$ mm und einer Schenkellänge von mindestens 30 cm zu verbinden.

(2) In den vertikalen Vergußfugen ist zur Aufnahme der Spaltzugkräfte im Vergußbeton eine Querbewehrung von mindestens 1 Stab mit $d_s \geq 8$ mm anzuordnen, der durch die sich überlappenden Schlaufen gesteckt wird.

6.15.2 Verbindung von Wänden und Decken

(1) Die Verbindung zwischen den Wandtafeln und der darüberliegenden Decke muß durch rechtwinklig gebogene Bewehrungsstäbe mit $d_s \geq 6$ mm und einer Schenkellänge von mindestens 50 cm im Abstand von höchstens 1 m oder durch eine gleichwertige Verbindung (z.B. nach Bild 3) erfolgen. Bei der obersten Decke ist die Sicherheit gegen Windsog nachzuweisen.

(2) Bei Holzbalkendecken gilt Abschnitt 6.7, Absätze 4 und 5.

---

[2]) Mindestzinkschichtdicke 50 µm (örtlich) bzw. 400 g/m² (im Mittel).

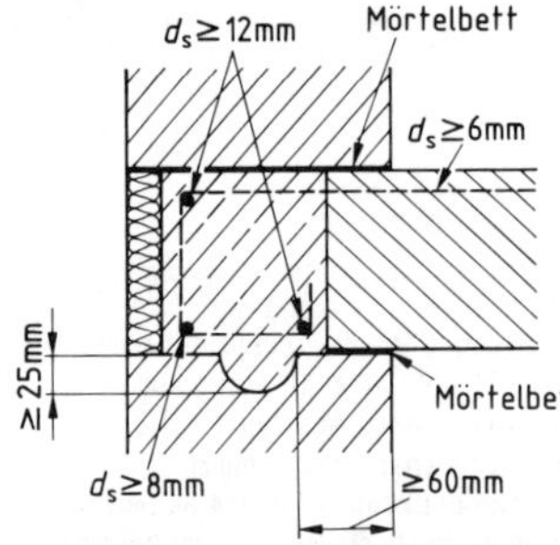

Bild 3. Beispiel für die Verbindung von Wänden und Decken

7 Nachweis der Standsicherheit

7.1 Räumliche Steifigkeit und Stabilität

(1) Für den Nachweis der räumlichen Steifigkeit und Stabilität gilt DIN 1045/12.78, Abschnitt 15.8, sinngemäß.

(2) Bei großer Nachgiebigkeit der aussteifenden Bauteile muß der Einfluß der Formänderungen bei der Ermittlung der Schnittgrößen berücksichtigt werden. Dieser Nachweis darf bei Gebäuden mit Geschoßhöhen bis zu 3 m entfallen, wenn die Bedingungen nach Absatz 4 eingehalten sind. Dieser Nachweis darf weiterhin entfallen, wenn die Bedingung nach Gleichung (1) erfüllt ist:

$$\alpha = h \cdot \sqrt{\frac{N}{EI}} \leq 0{,}2 + 0{,}1\, n \qquad (1)$$

Hierin bedeuten:

h Gebäudehöhe über der Einspannebene für lotrechte aussteifende Bauteile

N Summe aller lotrechten Lasten des Gebäudes

EI Summe der Biegesteifigkeiten aller lotrechten aussteifenden Bauteile, wobei das Flächenmoment 2. Grades (Trägheitsmoment) mit 50% des rechnerischen Trägheitsmomentes im Zustand I anzusetzen ist, sofern kein genauerer Nachweis geführt wird

n Anzahl der Geschosse ($\leq$ vier, siehe Abschnitt 1)

(3) Rechenwerte für den Elastizitätsmodul des Leichtbetons können für diesen Nachweis Tabelle 6 entnommen werden.

Tabelle 6. **Rechenwerte für den Elastizitätsmodul des Leichtbetons beim Nachweis nach Absatz 2**

Spalte	1	2
Zeile	Festigkeitsklasse des Betons	Elastizitätsmodul E_{lb} MN/m^2
1	LB 2	2000
2	LB 5	4000
3	LB 8	6000

(4) Bei Gebäuden mit Geschoßhöhen bis zu 3 m braucht der Nachweis der räumlichen Stabilität nicht geführt zu werden, wenn die Dicken und Abstände der aussteifenden Wände den Bedingungen nach Tabelle 4 und ihre Längen Abschnitt 6.2 entsprechen.

7.2 Berechnungsgrundlagen

7.2.1 Ausmitte des Lastangriffs

Bei Innenwänden, die beidseitig durch Decken belastet werden, darf die Ausmitte von Deckenlasten unberücksichtigt bleiben. Bei Wänden, die einseitig durch Decken belastet sind, ist am Kopfende der Wand eine dreieckförmige Spannungsverteilung unter der Auflagertiefe der Decke in Rechnung zu stellen. Für die Wand darf angenommen werden, daß sie am unteren Fußpunkt gelenkig gelagert ist. Das Gelenk ist dabei in der Mitte der Aufstandsfläche anzunehmen.

7.2.2 Knicklänge

(1) Es wird zwischen drei- und vierseitig gehaltenen Wänden (siehe Tabelle 4 und Abschnitt 6.2) und zweiseitig gehaltenen Wänden und Pfeilern unterschieden. Die Schlankheit von zweiseitig gehaltenen Wänden oder Pfeilern darf $h_k/d = 14$ (h_k Knicklänge, d Wanddicke), diejenige drei- oder vierseitig gehaltener Wände darf $h_k/d = 20$ nicht überschreiten.

(2) Je nach Art der Halterung ist die Knicklänge h_k in Abhängigkeit von der Geschoßhöhe h_s nach Gleichung (2) in Rechnung zu stellen:

$$h_k = \beta \cdot h_s \qquad (2)$$

Für den Beiwert β ist einzusetzen bei

a) zweiseitig gehaltenen Wänden $\beta = 1{,}0$

b) dreiseitig gehaltenen Wänden $\beta = 0{,}9$

c) vierseitig gehaltenen Wänden $\beta = 0{,}8$

(3) Gehen in vierseitig gehaltenen Wänden bei Fensterpfeilern Brüstung und Sturz oder bei Türpfeilern der Sturz in voller Wanddicke durch, so darf als Knicklänge h_k für diese Pfeiler angenommen werden:

$$h_k = h'_s + r(h_s - h'_s) \geq 0{,}8\, h_s \qquad (3)$$

Dabei ist h_s die Geschoßhöhe, h'_s die lichte Fenster- oder Türhöhe (siehe Bild 4) und r ein Beiwert nach Tabelle 7.

(4) Liegen beiderseits eines Pfeilers Öffnungen mit verschiedener lichter Höhe h'_s, so ist der größere Wert von h'_s in Rechnung zu stellen.

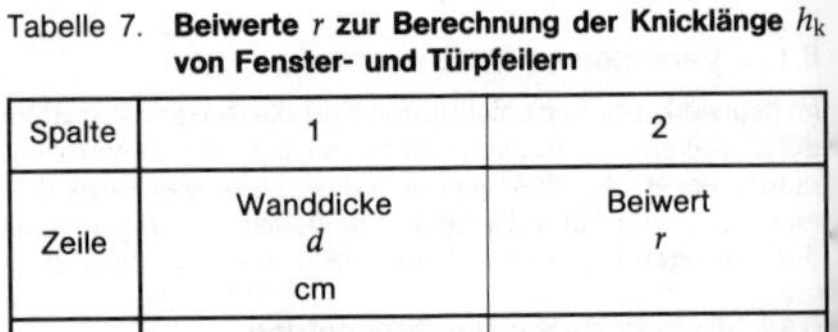

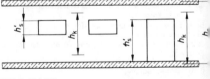

Bild 4. Knicklängen

Tabelle 7. **Beiwerte r zur Berechnung der Knicklänge h_k von Fenster- und Türpfeilern**

Spalte	1	2
Zeile	Wanddicke d cm	Beiwert r
1	12 bis < 20	1,0
2	20 bis < 25	0,8
3	$\geq$ 25	0,6

7.2.3 Zulässige Druckspannungen

(1) Die in Tabelle 8 in Abhängigkeit von h_k/d festgelegten zulässigen Spannungen (Kantenpressungen) dürfen auch im Bereich von Querschnittsschwächungen nicht überschritten werden.

(2) Für die Berechnung der Spannungen ist von einer gradlinigen Spannungsverteilung auszugehen. Die Mitwirkung des Betons auf Zug darf nicht in Rechnung gestellt werden. Dabei darf unter Gebrauchslast eine klaffende Fuge höchstens bis zum Schwerpunkt des Gesamtquerschnittes entstehen.

7.2.4 Aufnahme der Schubkräfte

7.2.4.1 Schubspannungen in den Wandtafeln

Die Schubspannungen sind nach der technischen Biegelehre zu ermitteln, wobei Querschnittsbereiche, in denen Zugspannungen auftreten, nicht in Rechnung gestellt werden dürfen. Die Schubspannung unter Gebrauchslast darf 0,05 MN/m^2 nicht überschreiten.

7.2.4.2 Wandscheiben

Werden mehrere Wandtafeln zu einer für die Steifigkeit des Bauwerks notwendigen Scheibe zusammengefügt, so ist auch die Übertragung der in den lotrechten Fugen zwischen den Wandtafeln und in den waagerechten Fugen zwischen den Wandtafeln und den Decken bzw. der Bodenplatte auftretenden Schubkräfte nachzuweisen. Dabei ist die Zugkomponente der Schubkraft, die sich bei einer Zerlegung der Schubkraft in eine horizontale Zugkomponente und eine unter 45° gegen die Stoßfuge geneigte Druckkomponente ergibt, durch eine über die Höhe der Scheibe verteilte Bewehrung aufzunehmen. Diese darf in Höhe der Decken zusammengefaßt werden, wenn die Gesamtbreite der Scheibe mindestens gleich der Geschoßhöhe ist.

7.2.4.3 Zulässige Schubspannungen in den waagerechten Fugen zwischen den Wandtafeln und den Decken

(1) Die zulässige Schubspannung beträgt

$$\text{zul}\ \tau_H = 0{,}05 + 0{,}15\ \sigma_o \leq 0{,}2\ \text{MN/m}^2 \qquad (4)$$

σ_o ist die kleinste dem gleichen Lastfall zugeordnete mittlere lotrechte Druckspannung im gedrückten Bereich.

(2) Als Scherfläche gilt der rechnerische Querschnitt im gedrückten Bereich des zugehörigen Lastfalls.

7.2.4.4 Zulässige Schubspannungen in den lotrechten Fugen

(1) Die zulässige Schubspannung beträgt zul $\tau_V = 0{,}05$ MN/m^2.

(2) Als Scherfläche ist das Produkt aus Tafelhöhe und Breite der Vergußnut anzunehmen.

(3) Die zulässige Schubspannung τ_V darf verdoppelt werden, wenn die Fugenflächen gleichmäßig gewellt oder verzahnt ausgeführt werden.[3]

8 Nachweis der Güte

8.1 Nachweis der Festigkeitsklasse und der Rohdichteklasse

8.1.1 Grundlage und Prüfungen

(1) Die Herstellung und Lagerung der Probekörper und die Durchführung der Druckfestigkeitsprüfung richten sich nach DIN 1048 Teil 1 und Teil 2. Abweichend davon dürfen die Würfel nicht unter Wasser gelagert werden.

(2) Zur Bestimmung der Beton-Trockenrohdichte werden die auf Druckfestigkeit geprüften Probekörper als Ganzes oder von jedem Probekörper mehrere Bruchstücke aus dem Kern und aus den Randbereichen bei 105°C so lange getrocknet, bis ihre Masse konstant bleibt.

8.1.2 Eignungsprüfung

(1) Für Leichtbeton sind stets Eignungsprüfungen nach DIN 1045/12.78, Abschnitt 7.4.2, durchzuführen, bei denen außer der Druckfestigkeit auch die Beton-Trockenrohdichte zu ermitteln ist.

(2) Bei der Eignungsprüfung sind eine solche Druckfestigkeit und Beton-Trockenrohdichte anzustreben, daß bei der Güteprüfung die Anforderungen an die betreffende Festigkeitsklasse und Rohdichteklasse sicher erfüllt werden.

8.1.3 Güteprüfung

8.1.3.1 Nachweis der Druckfestigkeit und der Beton-Trockenrohdichte

(1) Zum Nachweis der Druckfestigkeit des Leichtbetons ist stets die in DIN 1084 Teil 2/12.78, Tabelle 1, Zeile 18, für Beton B II angegebene Anzahl Probewürfel zu prüfen. Die Druckfestigkeit in einem früheren Alter (nicht unter 7 Tagen) darf dann zum Nachweis der Festigkeitsklasse des Leichtbetons benutzt werden, wenn der Zusammenhang zwischen der Druckfestigkeit in früherem Alter und der im Alter von 28 Tagen bei der Eignungsprüfung festgestellt wurde.

(2) Die Güteprüfung schließt auch die Bestimmung der Beton-Trockenrohdichte nach Abschnitt 8.1.1 ein.

8.1.3.2 Anforderungen an die Druckfestigkeit

Die in Tabelle 1 genannten Festigkeiten sind nach DIN 1045/12.78, Abschnitt 7.4.3.5.2 nachzuweisen.

Tabelle 8. **Zulässige Druckspannungen**

Spalte	1	2	3	4	5	6
Zeile	Festigkeitsklasse des Leichtbetons	Zulässige Druckspannungen bei Wänden und Pfeilern in Abhängigkeit von h_k/d MN/m^2				örtliche Pressung (z. B. unter Balkenauflagern) MN/m^2
		≤ 5	10	15	20	
1	LB 2	0,50	0,45	0,35	0,20	0,70
2	LB 5	1,20	1,00	0,80	0,50	1,70
3	LB 8	1,90	1,65	1,25	0,80	2,65
Zwischenwerte sind linear zu interpolieren.						

[3] Bezüglich der Wellung oder der Verzahnung siehe Heft 288 des Deutschen Ausschusses für Stahlbeton.

8.1.3.3 Anforderungen an die Beton-Trockenrohdichte

Die Anforderungen an die Beton-Trockenrohdichte gelten als erfüllt, wenn die mittlere Beton-Trockenrohdichte jeder Würfelserie innerhalb der in Tabelle 2 angegebenen Grenzen für die betreffende Rohdichteklasse liegt. In jeder Serie darf ein Einzelwert um bis zu 0,05 kg/dm^3 außerhalb der zugehörigen Klassengrenzen liegen.

8.2 Nachweis des Korrosionsschutzes bei Überzügen auf Zementbasis

8.2.1 Allgemeines

Wird der Korrosionsschutz nach Abschnitt 6.9.3 durch Überzüge auf Zementbasis bewirkt, so ist die Eignung des Korrosionsschutzüberzuges nach den Abschnitten 8.2.2 und 8.2.3 zu überprüfen. Kurzzeitprüfung und Langzeitprüfung müssen bestanden werden.

8.2.2 Probenherstellung und -vorbereitung

(1) Im Werk mit Korrosionsschutzmittel überzogene Stäbe werden in Probekörper aus haufwerksporigem Leichtbeton der niedrigsten im betreffenden Werk hergestellten Rohdichteklasse mit den Maßen von mindestens 400 mm × 400 mm × 100 mm einbetoniert. In jeden Probekörper sind von allen im Werk verwendeten Durchmessern mindestens zwei Stäbe einzulegen. Die nicht mit Korrosionsschutzmittel überzogenen Stabenden sind vor dem Einbetonieren mit einem wasserdichten Überzug (z. B. Bitumenspachtelmasse) zu versehen.

(2) Der Abstand der Bewehrungsstäbe vom unteren Rand soll 20 mm betragen. Für die Kurzzeitprüfung nach Abschnitt 8.2.3 und für die Langzeitprüfung nach Abschnitt 8.2.4 werden je fünf solcher Probekörper benötigt. Davon dienen jeweils drei für die eigentliche Prüfung und zwei für Vergleichszwecke.

(3) Frühestens im Alter von 28 Tagen sind die für die Kurzzeit- und die Langzeitprüfung bestimmten Probekörper bei einer Stützweite von 300 mm mit einer auf der Oberseite rechtwinklig zur Richtung der Bewehrungsstäbe aufgebrachten Streifenlast zu belasten, bis auf der Unterseite ein oder mehrere Risse mit einer Breite von etwa 0,35 mm entstehen. Anschließend werden die Probekörper wieder entlastet.

(4) Die vier für Vergleichszwecke bestimmten Probekörper werden in einem trockenen Raum an der Luft gelagert und zwar zwei bis zum Ende der Kurzzeitprüfung und zwei bis zum Ende der Langzeitprüfung.

8.2.3 Kurzzeitprüfung

(1) Drei Probekörper von den Probekörpern, die nach Abschnitt 8.2.2 Absatz 3 belastet wurden, werden insgesamt 30mal abwechselnd 24 Stunden in Leitungswasser (Trinkwasser) von 18 bis 23°C gelagert und danach 24 Stunden bei 40°C getrocknet (1 Wechsel). Dabei muß der Trocknungsraum mindestens 20mal so groß sein wie das Probenvolumen und die Luft mindestens 2mal in der Stunde erneuert werden.

(2) An arbeitsfreien Tagen sind die Probekörper an der Luft bei Raumtemperatur ohne Einhalten einer bestimmten Luftfeuchte zu lagern.

(3) Nach 30 Wechseln werden der Beton und der Korrosionsschutzüberzug von der Bewehrung entfernt und der Rostbefall der Stäbe festgestellt. Dabei bleibt ein gegebenenfalls vorhandener Rostbefall im Endbereich bis zu einem Abstand von 50 mm von den Stabenden unberücksichtigt.

(4) Auf die gleiche Art und Weise wird auch der Zustand der Bewehrung bei unbehandelten Vergleichsproben nach Abschnitt 8.2.2 Absatz 4 festgestellt.

(5) Wird bei den Probekörpern, die der Wechsellagerung ausgesetzt waren, ein deutlich stärkerer Rostbefall festgestellt als bei den unbehandelten Vergleichsproben, so ist das angewendete Korrosionschutzverfahren unzureichend.

8.2.4 Langzeitprüfung

(1) Drei Probekörper von den Probekörpern, die nach Abschnitt 8.2.2 Absatz 3 belastet waren, werden mindestens 1 Jahr lang in feuchtegesättigter Luft (relative Feuchte etwa 95 %) bei ungefähr 20 °C gelagert.

(2) Nach Ablauf der Auslagerungszeit wird bei den drei Probekörper, die ausgelagert waren, und den beiden nach Abschnitt 8.2.2 Absatz 4 gelagerten Vergleichsproben die Bewehrung freigelegt.

(3) Wird bei den Probekörpern, die der Langzeit-Feuchtlagerung ausgesetzt waren, ein deutlich stärkerer Rostbefall der Bewehrung festgestellt als bei den unbehandelten Vergleichsproben, so ist das angewendete Korrosionsschutzverfahren unzureichend.

9 Überwachung

9.1 Allgemeines

Das Einhalten der in den Abschnitten 4 bis 6 genannten Anforderungen ist durch eine Überwachung, bestehend aus Eigen- und Fremdüberwachung, zu prüfen. Hierfür gilt DIN 1084 Teil 2/12.78, Abschnitte 2 und 3, soweit in den Abschnitten 9.2 und 9.3 nichts anderes bestimmt ist.

9.2 Eigenüberwachung

(1) Bei den Prüfungen nach Abschnitt 9.1 brauchen die in DIN 1084 Teil 2/12.78, Tabelle 1, Zeilen 14 bis 16 und Zeile 33, genannten Prüfungen nicht durchgeführt zu werden.

(2) Die Beton-Trockenrohdichte ist abweichend von DIN 1084 Teil 2/12.78 Tabelle 1A, Zeile 19a bzw. 26a, nach Abschnitt 8.1.1 an jedem der auf Druckfestigkeit geprüften Probekörper zu ermitteln. Für die Anforderungen an die Beton-Trockenrohdichte ist Abschnitt 8.1.3 Absatz 3 maßgebend.

9.3 Fremdüberwachung

Abweichend von DIN 1084 Teil 2/12.78, Abschnitte 3.2 und 3.3, sind von der fremdüberwachenden Stelle stets folgende Prüfungen durchzuführen:

a) Betondruckfestigkeit nach Abschnitt 8.1.3 Absatz 1 je Festigkeitsklasse,
b) Beton-Trockenrohdichte nach den Abschnitten 8.1.1 und 8.1.3 Absatz 3 je Rohdichteklasse,
c) Wanddicke an mindestens drei Wandtafeln,
d) Korrosionsschutz nach Abschnitt 8.2 bei Verwendung von Überzügen auf Zementbasis,
e) Kennzeichnung nach Abschnitt 10.

10 Kennzeichnung und Lieferschein

(1) Jede Wandtafel ist gut lesbar und dauerhaft wie folgt zu kennzeichnen:

a) Name des Herstellers
b) Herstellwerk und Herstelldatum
c) Positionsnummer bzw. Typbezeichnung
d) Überwachungszeichen

(2) Die Wandtafeln sind mit Lieferschein auszuliefern, der folgende Angaben enthalten muß:

a) Wandtafel DIN 4232
b) Festigkeitsklasse
c) Beton-Rohdichteklasse
d) Maße (Länge × Breite × Dicke)
e) Herstellwerk mit Angabe der fremdüberwachenden Stelle oder des Überwachungszeichens
f) Tag der Lieferung
g) Empfänger
h) Verwendungszweck
i) zulässige Umweltbedingungen nach DIN 1045/12.78, Tabelle 10
k) Positionsnummern nach Positionsliste und Verlegeplan bzw. Typbezeichnungen.

Zitierte Normen und andere Unterlagen

DIN 488 Teil 1	Betonstahl; Sorten, Eigenschaften, Kennzeichen
DIN 1045	Beton und Stahlbeton; Bemessung und Ausführung
DIN 1048 Teil 1	Prüfverfahren für Beton; Frischbeton, Festbeton gesondert hergestellter Probekörper
DIN 1048 Teil 2	Prüfverfahren für Beton; Bestimmung der Druckfestigkeit von Festbeton in Bauwerken und Bauteilen, Allgemeines Verfahren
DIN 1053 Teil 1	Mauerwerk; Berechnung und Ausführung
DIN 1055 Teil 3	Lastannahmen für Bauten; Verkehrslasten
DIN 1084 Teil 2	Überwachung (Güteüberwachung) im Beton- und Stahlbetonbau; Fertigteile
DIN 1164 Teil 1	Portland-, Eisenportland-, Hochofen- und Traßzement; Begriffe, Bestandteile, Anforderungen, Lieferung
DIN 4108 Teil 4	Wärmeschutz im Hochbau; Wärme- und feuchteschutztechnische Kennwerte
DIN 4219 Teil 1	Leichtbeton und Stahlleichtbeton mit geschlossenem Gefüge; Anforderungen an den Beton, Herstellung und Überwachung
DIN 4226 Teil 1	Zuschlag für Beton; Zuschlag mit dichtem Gefüge; Begriffe, Bezeichnung und Anforderungen
DIN 4226 Teil 2	Zuschlag für Beton; Zuschlag mit porigem Gefüge (Leichtzuschlag); Begriffe, Bezeichnung und Anforderungen
DIN 18 195 Teil 4	Bauwerksabdichtungen; Abdichtungen gegen Bodenfeuchtigkeit; Bemessung und Ausführung
DIN 18 195 Teil 5	Bauwerksabdichtungen; Abdichtungen gegen nichtdrückendes Wasser; Bemessung und Ausführung
DIN 18 195 Teil 6	Bauwerksabdichtungen; Abdichtungen gegen von außen drückendes Wasser; Bemessung und Ausführung
DIN 18 550 Teil 1	Putz; Begriffe und Anforderungen

Heft 288 des Deutschen Ausschusses für Stahlbeton

Weitere Normen

DIN 18 550 Teil 2 Putz; Putze aus Mörteln mit mineralischen Bindemitteln; Ausführung

Frühere Ausgaben

DIN 4232: 09.49, 04.50, 10.55, 01.72, 12.78

Änderungen

Gegenüber der Ausgabe Dezember 1978 wurden folgende Änderungen vorgenommen:

a) Beschränkung des Anwendungsbereiches auf Fertigteilwände
b) Erweiterung der Anzahl der anwendbaren Rohdichteklassen im unteren Bereich
c) Aufnahme einer Tabelle mit Aussteifungskriterien
d) Erweiterung der Regelungen für die konstruktive Durchbildung der einzelnen Wandelemente und der Wandelemente im Bauwerksverband
e) Erweiterung der Regelungen für den Korrosionsschutz der konstruktiven Bewehrung
f) Anhebung der zulässigen Druckspannungen in den einzelnen Festigkeitsklassen des Leichtbetons beim Knicknachweis in Abhängigkeit von der Schlankheit
g) Regelungen für Schubkräfte in Wandtafeln und deren Stoßfuge
h) Regelungen für den Gütenachweis
i) Regelungen für die Güteüberwachung

Internationale Patentklassifikation

E 04 B 2/72
G 01 N 33/38

DK 691.618.5 : 693.5 : 001.4 : 620.1 März 1978

Betongläser

Anforderungen Prüfung

DIN 4243

Glasses for floors of reinforced concrete; requirements and tests

Pavés de verre; demandes vérification

Diese Norm ist den obersten Bauaufsichtsbehörden vom Institut für Bautechnik, Berlin, zur bauaufsichtlichen Einführung empfohlen worden.

Maße in mm

1 Anwendungsbereich

Betongläser dienen zur Herstellung von Bauteilen aus Glasstahlbeton nach DIN 1045. Nur Betongläser, die den Anforderungen dieser Norm entsprechen, dürfen Betongläser nach DIN 4243 genannt werden.

2 Mitgeltende Normen

DIN 1045 Beton- und Stahlbetonbau; Bemessung und Ausführung

DIN 12111 Prüfung von Glas; Gießverfahren zur Prüfung der Wasserbeständigkeit von Glas als Werkstoff bei 98 °C und Einteilung der Gläser in hydrolytische Klassen

DIN 52321 Prüfung von Glas; Abschreckversuch für Hohlglaskörper insbesondere Glasbehältnisse; Temperaturunterschied unter 100 K.

3 Begriff

Betongläser sind im Preßverfahren erzeugte Glaskörper, die in einem Stück oder aus zwei durch Verschmelzen fest verbundenen Teilen hergestellt werden.

4 Maße

Bei den Betongläsern sind die in der Tabelle angegebenen Maße einzuhalten; im übrigen brauchen sie der bildlichen Darstellung nicht zu entsprechen.

Fortsetzung Seite 2 bis 4

Normenausschuß Bauwesen (NABau) im DIN Deutsches Institut für Normung e. V.

Form A quadratisch, voll

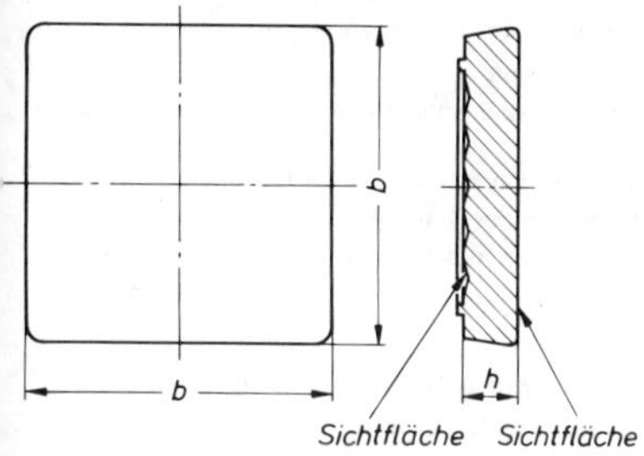

Form B quadratisch, hohl

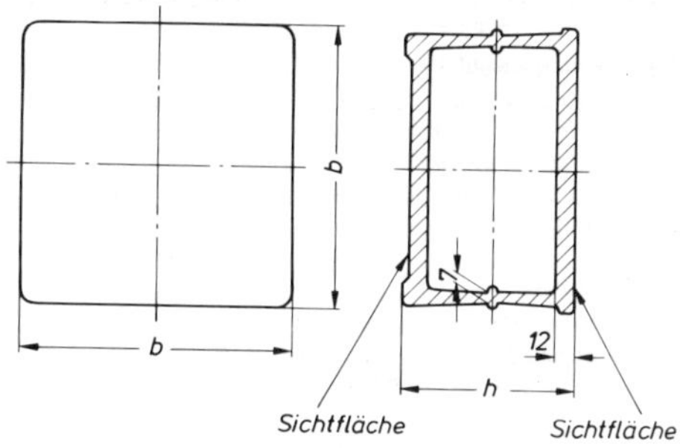

Form C quadratisch, offen

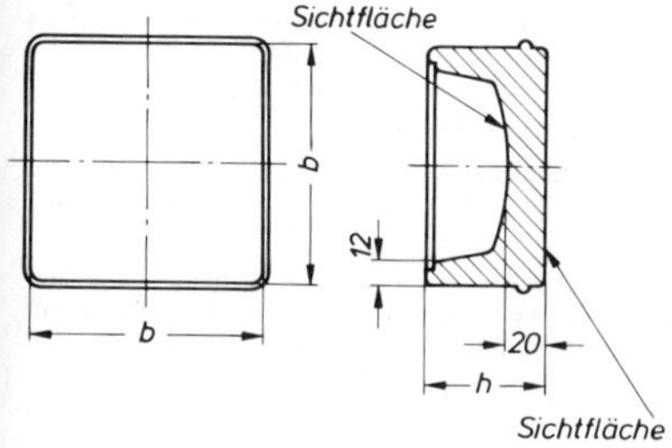

Form D kreisförmig, rund

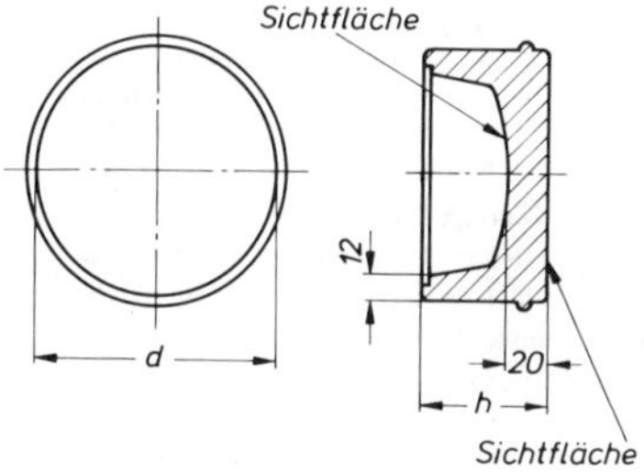

Tabelle. **Maße, Mindestmasse, Temperaturdifferenz beim Abschreckversuch**

	1	2	3	4	5	6	7	8
	Form	Format	Seitenlänge b	Durchmesser d	Höhe h	Zulässige Abweichungen für b, d und h	Masse kg min.	Temperaturdifferenz beim Abschreckversuch (siehe Abschnitt 8.2.3) K
1	**A**	**A 160 × 30**	160	–	30	± 1	1,6	35
2		**A 200 × 22**	200	–	22	± 1	1,8	35
3	**B**	**B 220 × 100**	220	–	100	± 2	4,4	25
4	**C**	**C 117 × 60**	117	–	60	± 1	1,2	35
5	**D**	**D 117 × 60**	–	117	60	± 1	0,9	35

5 Anforderungen

5.1 Werkstoff

Betongläser müssen mit Rücksicht auf die Witterungsbeständigkeit aus Glas mindestens der hydrolytischen Klasse 4 nach DIN 12 111 bestehen.

5.2 Aussehen und Beschaffenheit

5.2.1 Einschlüsse und andere Erscheinungen

Das Aussehen der Betongläser soll einwandfrei sein. Herstellungsbedingte Erscheinungen, wie Gispen (kleine Bläschen), Blasen, Fäden, Scherenschnitte, Preßfalten, sind zulässig, wenn sie das Aussehen nur unwesentlich beeinträchtigen.

5.2.2 Witterungsbeständigkeit und schädliche Spannungen

Die Betongläser müssen witterungsbeständig und frei von schädlichen Spannungen sein.

5.3 Form und Maßhaltigkeit

Die Sichtflächen dürfen Einsenkungen oder Ausbeulungen und die Kanten Einbuchtungen bis je 1,5 mm aufweisen. Bei Betonhohlgläsern dürfen die beiden verschmolzenen Hälften an keiner Stelle der Schweißnaht mehr als 1,5 mm gegeneinander versetzt sein.

6 Bezeichnung

Die Betongläser werden in der Reihenfolge DIN-Nummer und Format bezeichnet.

Bezeichnungsbeispiel:

Betonglas DIN 4243 — A160 × 30

7 Kennzeichnung

Jedes Betonglas muß ein eingepreßtes Zeichen des Herstellers tragen.

8 Prüfung

8.1 Probenahme

Die Proben sind dem Stapel oder der Lieferung so zu entnehmen, daß sie dem Durchschnitt der Herstellung oder Lieferung entsprechen.

8.2 Aussehen und Beschaffenheit

8.2.1 Einschlüsse und andere Erscheinungen

Anzahl der Proben: 10 Betongläser

Die Betongläser sind in diffusem Licht aus 2 m Entfernung rechtwinklig zur Sichtfläche des Glases zu betrachten. Dabei dürfen bei 8 von 10 Gläsern keine Erscheinungen nach Abschnitt 5.2.1 erkennbar sein.

8.2.2 Witterungsbeständigkeit

Die hydrolytische Klasse des Glases ist zum Nachweis der Witterungsbeständigkeit nach DIN 12111 zu bestimmen.

8.2.3 Schädliche Spannungen

Anzahl der Proben: 20 Betongläser

Durch eine Abschreckprüfung in Anlehnung an DIN 52321 ist festzustellen, ob schädliche Spannungen vorhanden sind. Bei der Prüfung müssen alle 20 Proben den in der Tabelle, Spalte 8, angegebenen Abschrecktemperaturen (Temperaturdifferenzen) standhalten. Wenn nur eine Probe die Prüfung nicht besteht, darf die Prüfung einmal an anderen 20 Proben wiederholt werden. Sie gilt als bestanden, wenn dann alle Gläser standhalten.

8.3 Form und Maßhaltigkeit

Anzahl der Proben: 10 Betongläser

Bei Betongläsern mit quadratischem Grundriß sind alle Kantenlängen zu messen. Bei Betongläsern mit kreisförmigem Grundriß sind zwei sich rechtwinklig kreuzende Durchmesser und an ihren Endpunkten die Höhe zu messen. Die Messungen werden mit einer Schieblehre ausgeführt. Einsenkungen und Ausbeulungen der Sichtflächen und die Einbuchtungen der Kanten werden mit aufgesetztem Stahllineal und Meßkeilen gemessen. Beim Messen von Ausbeulungen bleibt die Höhe von Randprägungen unberücksichtigt.

Für die Nachprüfung, ob bei Betonhohlgläsern die verschmolzenen Teile gegeneinander versetzt sind, ist z. B. die Anordnung nach untenstehendem Bild geeignet.

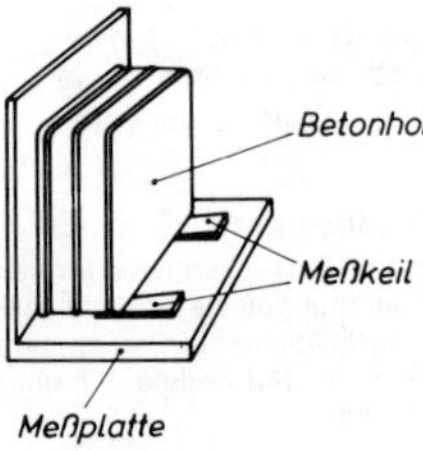

Bild. Meßanordnung für Prüfung bei Betonhohlgläsern

8.4 Masse

Anzahl der Proben: 10 Betongläser

Die Betongläser werden einzeln auf 10 g gewogen.

8.5 Prüfzeugnis

Im Prüfzeugnis sind unter Hinweis auf diese Norm anzugeben:

a) Angabe des Herstellers und sein Zeichen,
b) Bezeichnung der Betongläser nach Abschnitt 6,
c) Angaben über die Probenahme nach Abschnitt 8.1,
d) Ergebnisse der Prüfungen nach den Abschnitten 8.2 bis 8.4.

9 Überwachung (Güteüberwachung)

9.1 Zweck und Durchführung

Die ordnungsgemäße Beschaffenheit der Betongläser nach Abschnitt 4 und Abschnitt 5 ist durch eine Güteüberwachung, die aus Eigen- und Fremdüberwachung besteht, nachzuprüfen. Die dazu erforderlichen Prüfungen sind nach Abschnitt 8 durchzuführen. Die jeweilige Prüfung gilt als bestanden, wenn die in den Abschnitten 4 und 5 angegebenen Grenzwerte eingehalten worden sind.

9.2 Eigenüberwachung

9.2.1 Der Hersteller hat sich laufend davon zu überzeugen, daß die festgelegten Eigenschaften (siehe Abschnitt 4 und Abschnitt 5) eingehalten werden.

9.2.2 Die Ergebnisse der Eigenüberwachung sind aufzuzeichnen und möglichst statistisch auszuwerten. Die Aufzeichnungen sind mindestens 5 Jahre aufzubewahren und der überwachenden Stelle (Fremdüberwachung) auf Verlangen vorzulegen.

9.3 Fremdüberwachung

9.3.1 Umfang

Aufgrund eines Überwachungsvertrages durch eine anerkannte Prüfstelle ist die Eigenüberwachung nachzuprüfen. Die überwachende Stelle hat sich davon zu überzeugen, daß die Anforderungen der Abschnitte 4 und 5 dieser Norm eingehalten werden. Die Fremdüberwachung ist mindestens einmal während des Herstellzeitraumes durchzuführen. Der jeweilige Beginn der Herstellung ist der mit der Fremdüberwachung beauftragten Stelle rechtzeitig mitzuteilen.

9.3.2 Probenahme

Die Proben sind vom Prüfer oder Beauftragten der überwachenden Stelle zu entnehmen. Probemenge und Probenahme haben dem Abschnitt 8 zu entsprechen.

Über die Entnahme für die Fremdüberwachung ist von dem Probenehmer ein Protokoll anzufertigen und durch den Betriebsleiter oder seinen Vertreter gegenzuzeichnen. Das Protokoll muß folgende Angaben enthalten:

a) Datum und Ort der Probenahme und Entnahmestelle,
b) Lieferwerk,
c) etwaige Größe des Vorrats, für den die Probe gilt,
d) Probenehmer,
e) Bezeichnung der Probe.

9.3.3 Prüfbericht

Für die Fremdüberwachung ist ein Prüfbericht auszustellen, der unter Hinweis auf diese Norm folgende Angaben enthalten soll:

a) Angabe des Herstellers und sein Zeichen,
b) Beurteilung der Eigenüberwachung,
c) gegebenenfalls Erklärung über die Vollständigkeit des Entnahmeprotokolls nach Abschnitt 9.3.2 einschließlich Datum der Probenahme und Bezeichnung der entnommenen Proben,

d) Feststellung der Normgerechtheit der Proben,
e) Ergebnisse der durchgeführten Prüfungen,
f) Gesamtbeurteilung der Überprüfung,
g) Prüfdatum,
h) Fremdüberwachende Stelle.

9.3.4 Überwachungsvermerk

Betongläser, die güteüberwacht werden und den Anforderungen dieser Norm entsprechen, tragen auf ihren Lieferscheinen als Überwachungsvermerk das Gütezeichen der anerkannten Güteschutzgemeinschaft bzw. die Bezeichnung der überwachenden Prüfstelle.

10 Lieferschein

Jeder Lieferung von Betongläsern ist ein numerierter Lieferschein beizugeben. Dieser muß die Versicherung enthalten, daß die Betongläser den Festlegungen dieser Norm entsprechen.

Dazu ist anzugeben:

a) das Herstellwerk mit Angabe der Stelle, die die Güteüberwachung durchführt,
b) Bezeichnung nach Abschnitt 6,
c) Tag der Lieferung,
d) Empfänger der Lieferung.

DK 69 : 624 : 621.753.1 : 001.4 : 620.1 **Dezember 1984**

Toleranzen im Bauwesen

Begriffe, Grundsätze, Anwendung, Prüfung

DIN 18 201

Tolerances in building; terminology, principles, application, testing
Tolérances dans le bâtiment; terminologie, principes, application, essais

Ersatz für Ausgabe 04.76

Inhalt

1 Anwendungsbereich

Diese Norm gilt für die in DIN 18 202 (z. Z. Entwurf) und DIN 18 203 Teil 1, Teil 2 (z. Z. Entwurf) und Teil 3 festgelegten Toleranzen. Sie gilt sowohl für die Herstellung von Bauteilen als auch für die Ausführung von Bauwerken.

2 Zweck

Diese Norm hat den Zweck, Grundlagen für Toleranzen und Grundsätze für ihre Prüfung festzulegen.

Sie ist erforderlich, um trotz unvermeidlicher Ungenauigkeiten beim Messen, bei der Fertigung und bei der Montage das funktionsgerechte Zusammenfügen von Bauteilen des Roh- und Ausbaus ohne Anpaß- und Nacharbeiten zu ermöglichen.

3 Begriffe

3.1 Nennmaß (Sollmaß)

Das Nennmaß ist ein Maß, das zur Kennzeichnung von Größe, Gestalt und Lage eines Bauteils oder Bauwerks angegeben und in Zeichnungen eingetragen wird.

3.2 Istmaß

Das Istmaß ist ein durch Messung festgestelltes Maß.

3.3 Istabmaß[1])

Das Istabmaß ist die Differenz zwischen Ist- und Nennmaß.

1) In der Praxis gebräuchlich ist der Begriff „Abmaß".

3.4 Größtmaß

Das Größtmaß ist das größte zulässige Maß.

3.5 Kleinstmaß

Das Kleinstmaß ist das kleinste zulässige Maß.

3.6 Grenzabmaß

Das Grenzabmaß ist die Differenz zwischen Größtmaß und Nennmaß oder Kleinstmaß und Nennmaß.

3.7 Maßtoleranz

Die Maßtoleranz ist die Differenz zwischen Größtmaß und Kleinstmaß.

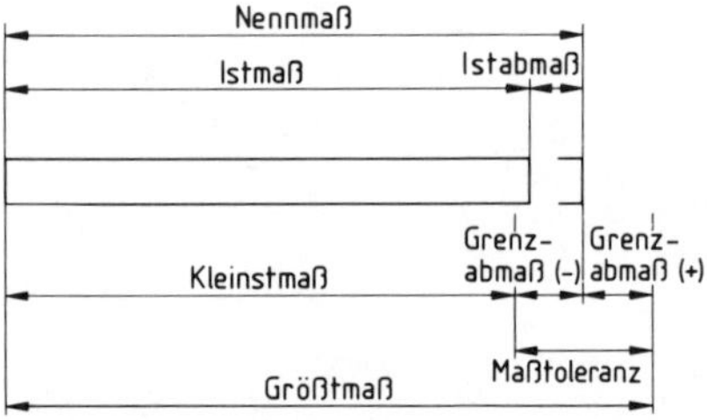

Bild 1. Anwendung der Begriffe nach den Abschnitten 3.1 bis 3.7

3.8 Ebenheitstoleranz

Die Ebenheitstoleranz ist der Bereich für die zulässige Abweichung einer Fläche von der Ebene.

Fortsetzung Seite 2 und 3

Normenausschuß Bauwesen (NABau) im DIN Deutsches Institut für Normung e.V.

3.9 Winkeltoleranz

Die Winkeltoleranz 2) ist der Bereich für die zulässige Abweichung eines Winkels vom Nennwinkel.

3.10 Stichmaß

Das Stichmaß ist ein Hilfsmaß zur Ermittlung der Istabweichungen von der Ebenheit und der Winkligkeit. Das Stichmaß ist der Abstand eines Punktes von einer Bezugslinie (siehe Bild 2).

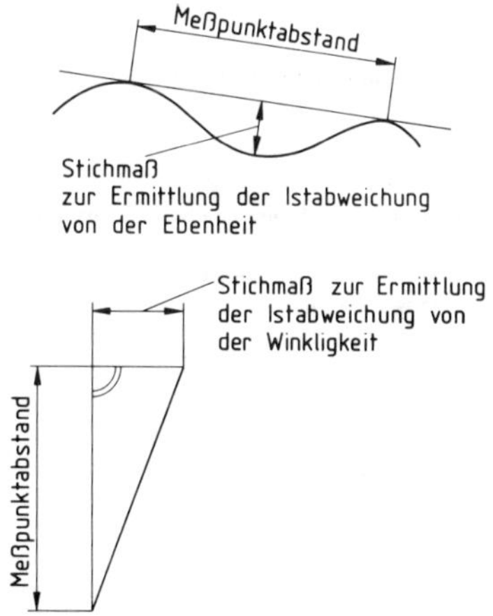

Bild 2. Stichmaße (Beispiele)

4 Grundsätze

4.1 Toleranzen sollen die Abweichungen von den Nennmaßen der Größe, Gestalt und der Lage von Bauteilen und Bauwerken begrenzen.

Für zeit- und lastabhängige Verformungen gilt die Begrenzung der Abweichungen durch die Festlegung von Toleranzen im Sinne dieser Norm nicht.

4.2 Die in DIN 18 202 (z. Z. Entwurf) und DIN 18 203 Teil 1, Teil 2 (z. Z. Entwurf) und Teil 3 angegebenen Toleranzen sollen in der Regel angewendet werden. Sind jedoch für Bauteile oder Bauwerke andere Genauigkeiten erforderlich, so sollen sie nach wirtschaftlichen Maßstäben vereinbart werden. Die dazu erforderlichen Maßnahmen sind rechtzeitig festzulegen und die Kontrollmöglichkeiten während der Ausführung sicherzustellen.

4.3 Toleranzen nach DIN 18 202 (z. Z. Entwurf) und DIN 18 203 Teil 1, Teil 2 (z. Z. Entwurf) und Teil 3 stellen die Grundlagen von Passungsberechnungen im Bauwesen dar.

In die Passungsberechnung müssen zeit- und lastabhängige Verformungen (siehe Abschnitt 4.1) und funktionsbezogene Anforderungen, z. B. Grenzwerte für die zulässige Dehnung einer Fugendichtung, einbezogen werden.

5 Anwendung

5.1 Die in DIN 18 202 (z. Z. Entwurf) und DIN 18 203 Teil 1, Teil 2 (z. Z. Entwurf) und Teil 3 festgelegten Toleranzen stellen die im Rahmen üblicher Sorgfalt zu erreichende Genauigkeit dar. Sie gelten stets, soweit nicht andere Genauigkeiten vereinbart werden.

Werden andere Genauigkeiten vereinbart, so müssen sie in den Vertragsunterlagen, z. B. Leistungsverzeichnis, Zeichnungen, angegeben werden.

5.2 Notwendige Bezugspunkte sind vor der Bauausführung festzulegen.

6 Prüfung

6.1 Die Einhaltung von Toleranzen soll nur geprüft werden, wenn es erforderlich ist.

Die Prüfungen sind so früh wie möglich durchzuführen, um die zeit- und lastabhängigen Verformungen weitgehend auszuschalten, spätestens jedoch bei der Übernahme der Bauteile oder des Bauwerks durch den Folgeauftragnehmer bzw. spätestens bis zur Bauabnahme.

6.2 Die Wahl des Meßverfahrens bleibt dem Prüfer überlassen. Das angewandte Meßverfahren und die damit verbundene Meßunsicherheit sind anzugeben und bei der Beurteilung zu berücksichtigen.

Maße in mm

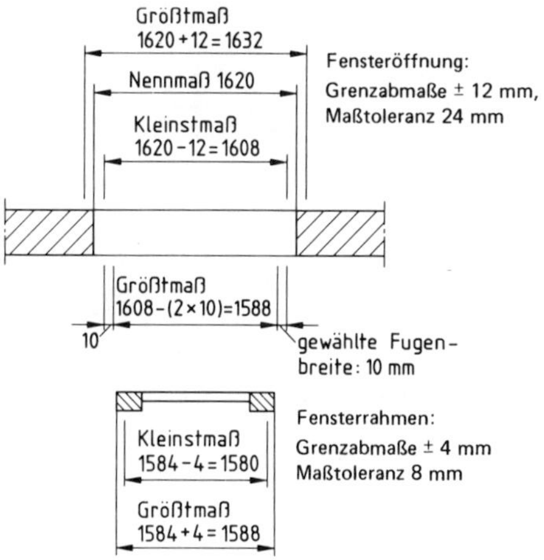

Bild 3. Anwendung der Begriffe und der Passung am Beispiel eines Fensters

2) Siehe auch Erläuterungen

Zitierte Normen

DIN 18 202	(z. Z. Entwurf) Toleranzen im Hochbau; Bauwerke
DIN 18 203 Teil 1	Toleranzen im Hochbau; Vorgefertigte Teile aus Beton, Stahlbeton und Spannbeton
DIN 18 203 Teil 2	(z. Z. Entwurf) Toleranzen im Hochbau; Vorgefertigte Teile aus Stahl
DIN 18 203 Teil 3	Toleranzen im Hochbau; Bauteile aus Holz und Holzwerkstoffen

Frühere Ausgaben

DIN 18 201: 06.74, 04.76

Änderungen

Gegenüber der Ausgabe April 1976 wurden folgende Änderungen vorgenommen:

Vollständige Überarbeitung bedingt durch die Neu- und Zusammenfassung von DIN 18 202 Teil 1, Teil 4 und Teil 5 zu DIN 18 202 (z. Z. Entwurf) und der Neufassung der DIN 18 203 Teil 1, Teil 2 (z. Z. Entwurf) und Teil 3.

Erläuterungen

Die in dieser Norm festgelegten Begriffe und ihre Definitionen entsprechen denen auf internationaler Ebene in ISO 1803 „Tolerances for building – Vocabulary" getroffenen Vereinbarungen.

Der Begriff „Winkeltoleranz" in Abschnitt 3.9 wurde als Oberbegriff für „Rechtwinkligkeitstoleranz" und „Neigungstoleranz" verwendet; eine ausführliche Definition dieser Begriffe enthält DIN 7184 Teil 1.

Internationale Patentklassifikation

E 04 B 1-00

DK 69.03:72:621.753.1 Mai 1986

Toleranzen im Hochbau
Bauwerke

DIN 18 202

Dimensional tolerances in building construction; buildings
Tolérances dimensionelles dans la construction immobilière; bâtiments

Ersatz für
DIN 18 202 T 1/03.69,
DIN 18 202 T 4/06.74,
Beiblatt 1 zu
DIN 18 202 T 4/08.77,
DIN 18 202 T 5/10.79

Maße in mm

Inhalt

1 Anwendungsbereich

Die in dieser Norm festgelegten Toleranzen gelten baustoffunabhängig für die Ausführung von Bauwerken auf der Grundlage von DIN 18201.

Es werden festgelegt:

- Grenzabmaße,
- Winkeltoleranzen,
- Ebenheitstoleranzen.

Für Zahlenwerte, die von dieser Norm abweichen, gilt DIN 18 201/12.84, Abschnitt 4.2.

2 Grenzabmaße für Bauwerksmaße

Die in Tabelle 1 festgelegten Grenzabmaße gelten für

- Längen, Breiten, Höhen, Achs- und Rastermaße,
- Öffnungen, z. B. für Fenster, Türen, Einbauelemente.

Fortsetzung Seite 2 bis 7

Normenausschuß Bauwesen (NABau) im DIN Deutsches Institut für Normung e.V.

Tabelle 1. **Grenzabmaße**

Spalte	1	2	3	4	5	6
Zeile	Bezug	Grenzabmaße in mm bei Nennmaßen in m				
		bis 3	über 3 bis 6	über 6 bis 15	über 15 bis 30	über 30
1	Maße im Grundriß, z. B. Längen, Breiten, Achs- und Rastermaße (siehe Abschnitt 5.1.1)	± 12	± 16	± 20	± 24	± 30
2	Maße im Aufriß, z. B. Geschoßhöhen, Podesthöhen, Abstände von Aufstandsflächen und Konsolen (siehe Abschnitt 5.1.2)	± 16	± 16	± 20	± 30	± 30
3	Lichte Maße im Grundriß, z. B. Maße zwischen Stützen, Pfeilern usw. (siehe Abschnitt 5.1.3)	± 16	± 20	± 24	± 30	–
4	Lichte Maße im Aufriß, z. B. unter Decken und Unterzügen (siehe Abschnitt 5.1.4)	± 20	± 20	± 30	–	–
5	Öffnungen, z. B. für Fenster, Türen, Einbauelemente (siehe Abschnitt 5.1.5)	± 12	± 16	–	–	–
6	Öffnungen wie vor, jedoch mit oberflächenfertigen Leibungen	± 10	± 12	–	–	–

Durch Ausnutzen der Grenzabmaße der Tabelle 1 dürfen die Grenzwerte für Stichmaße der Tabelle 2 nicht überschritten werden.

3 Winkeltoleranzen

In Tabelle 2 sind Stichmaße als Grenzwerte für Winkeltoleranzen festgelegt; diese gelten für

- vertikale, horizontale und geneigte Flächen, auch für Öffnungen.

Tabelle 2. **Winkeltoleranzen**

Spalte	1	2	3	4	5	6	7
Zeile	Bezug	Stichmaße als Grenzwerte in mm bei Nennmaßen in m					
		bis 1	von 1 bis 3	über 3 bis 6	über 6 bis 15	über 15 bis 30	über 30
1	Vertikale, horizontale und geneigte Flächen	6	8	12	16	20	30

Durch Ausnutzen der Grenzwerte für Stichmaße der Tabelle 2 dürfen die Grenzabmaße der Tabelle 1 nicht überschritten werden.

4 Ebenheitstoleranzen

In Tabelle 3 sind Stichmaße als Grenzwerte für Ebenheitstoleranzen festgelegt; diese gelten für

- Flächen von Decken (Ober- und Unterseite), Estrichen, Bodenbelägen und Wänden.

Sie gelten nicht für Spritzbetonoberflächen.

Die Ebenheitstoleranzen gelten unabhängig von der Lage einer Fläche.

Werden nach Tabelle 3, Zeile 2, 4 oder 7 „erhöhte Anforderungen" an die Ebenheit von Flächen gestellt, so ist dies im Leistungsverzeichnis zu vereinbaren.

Bei Mauerwerk, dessen Dicke gleich einem Steinmaß ist, gelten die Ebenheitstoleranzen nur für die bündige Seite.

Bei flächenfertigen Wänden, Decken, Estrichen und Bodenbelägen sollen Sprünge und Absätze vermieden werden. Hierunter ist aber nicht die durch Flächengestaltung bedingte Struktur zu verstehen.

Absätze und Höhensprünge zwischen benachbarten Bauteilen sind gesondert zu regeln.

Die bei Baustoffen für die Ebenheit zulässigen Abweichungen sind in den Ebenheitstoleranzen nicht enthalten und daher zusätzlich zu berücksichtigen.

Tabelle 3. **Ebenheitstoleranzen**

Spalte	1	2	3	4	5	6
Zeile	Bezug	Stichmaße als Grenzwerte in mm bei Meßpunktabständen in m bis				
		0,1	1 [1])	4 [1])	10 [1])	15 [1])
1	Nichtflächenfertige Oberseiten von Decken, Unterbeton und Unterböden	10	15	20	25	30
2	Nichtflächenfertige Oberseiten von Decken, Unterbeton und Unterböden mit erhöhten Anforderungen, z. B. zur Aufnahme von schwimmenden Estrichen, Industrieböden, Fliesen- und Plattenbelägen, Verbundestrichen Fertige Oberflächen für untergeordnete Zwecke, z. B. in Lagerräumen, Kellern	5	8	12	15	20
3	Flächenfertige Böden, z. B. Estriche als Nutzestriche, Estriche zur Aufnahme von Bodenbelägen Bodenbeläge, Fliesenbeläge, gespachtelte und geklebte Beläge	2	4	10	12	15
4	Flächenfertige Böden mit erhöhten Anforderungen, z. B. mit selbstverlaufenden Spachtelmassen	1	3	9	12	15
5	Nichtflächenfertige Wände und Unterseiten von Rohdecken	5	10	15	25	30
6	Flächenfertige Wände und Unterseiten von Decken, z. B. geputzte Wände, Wandbekleidungen, untergehängte Decken	3	5	10	20	25
7	Wie Zeile 6, jedoch mit erhöhten Anforderungen	2	3	8	15	20

[1]) Zwischenwerte sind den Bildern 1 und 2 zu entnehmen und auf ganze mm zu runden.

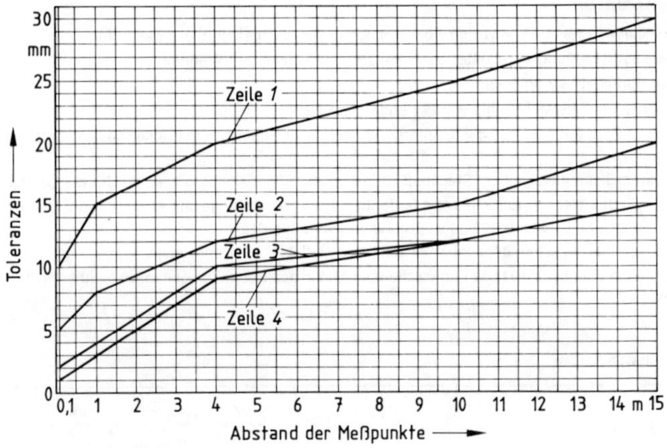

Bild 1. Ebenheitstoleranzen von Oberseiten von Decken, Estrichen und Fußböden (Angabe der Zeilen nach Tabelle 3)

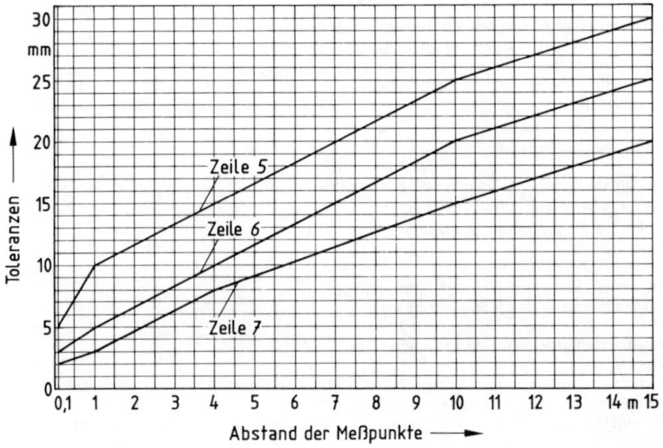

Bild 2. Ebenheitstoleranzen von Wandflächen und Unterseiten von Decken (Angabe der Zeilen nach Tabelle 3)

5 Prüfung

Die Prüfung erfolgt nach DIN 18201/12.84, Abschnitt 6.

Die Wahl der Meßpunkte für die Prüfung soll nach den Abschnitten 5.1 und 5.2 erfolgen, wenn nicht anderes vereinbart oder im Einzelfall erforderlich ist.

5.1 Bauwerksmaße

5.1.1 Maße im Grundriß (Tabelle 1, Zeile 1)

Die Maße werden zwischen Gebäudeecken und/oder Achsschnittpunkten an der Bauwerksteiloberseite (Deckenoberfläche) gemessen (siehe Bild 3).

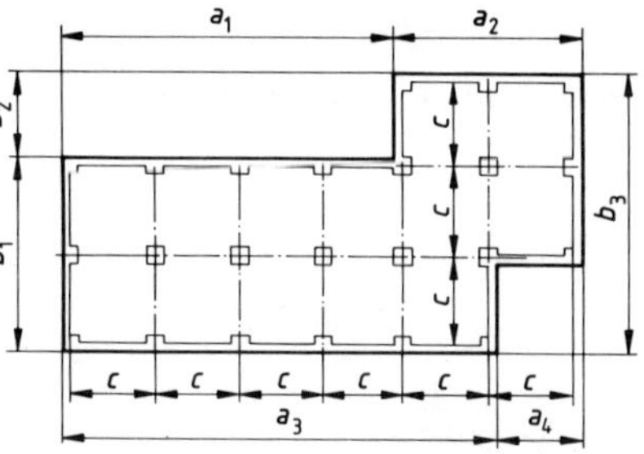

a, b = Maße des Bauwerks
c = Achsmaße der Stützen und Pfeiler

Bild 3. Bauwerksmaße und Achsmaße

5.1.2 Maße im Aufriß (Tabelle 1, Zeile 2)

Die Maße werden an übereinanderliegenden Meßpunkten an markanten Stellen des Bauwerks gemessen, z. B. Deckenkanten, Brüstungen, Unterzüge usw.

5.1.3 Lichte Maße im Grundriß (Tabelle 1, Zeile 3)

Die Maße sind jeweils in 10 cm Abstand von den Ecken und in Raummitte zu nehmen. Bei der Prüfung von Winkeln wird von den gleichen Meßpunkten ausgegangen. Bei nicht rechtwinkligen Räumen ist die Meßlinie senkrecht zu einer Bezugslinie anzuordnen.

Die Messungen sind in 3 Höhen vorzunehmen (Bild 4):
- in 10 cm Abstand vom Fußboden,
- in halber Raumhöhe,
- in 10 cm Abstand von der Decke.

5.1.4 Lichte Maße im Aufriß (Tabelle 1, Zeile 4)

Die Maße sind jeweils
- in 10 cm Abstand von den Ecken

und
- in Raummitte

zu nehmen.

Bei der Prüfung von Winkeln wird von den gleichen Meßpunkten ausgegangen. Bei nicht lotrechten Wänden oder Stützen ist die Meßlinie senkrecht zu einer Bezugslinie anzuordnen.

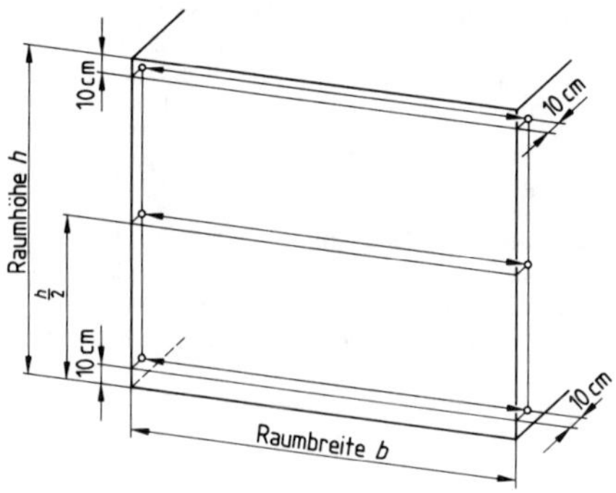

Bild 4. Prüfung einer Raumbreite in einem rechtwinkligen Raum
Lage der 6 Meßpunkte und 3 Meßstrecken

Die Messungen eines Raumes sind für jede Wandseite an 3 Stellen in 10 cm Abstand von der Wand vorzunehmen (Bild 5).

Lichte Höhen unter Unterzügen sind an beiden Kanten in 10 cm Abstand von der Auflagerkante und in Unterzugsmitte zu messen.

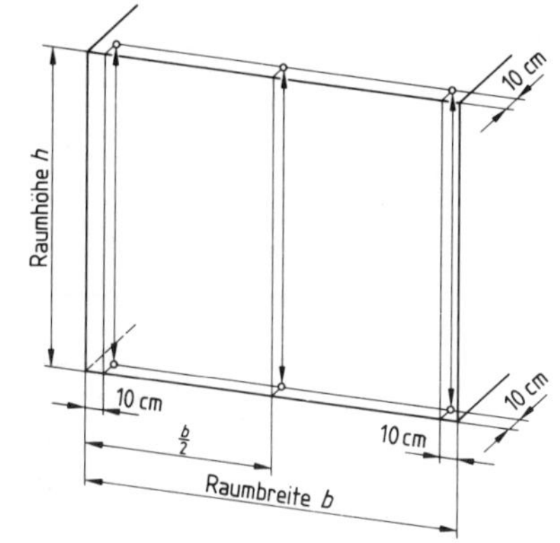

Bild 5. Prüfung einer Raumhöhe
Lage der 6 Meßpunkte und 3 Meßstrecken

5.1.5 Öffnungen (Tabelle 1, Zeilen 5 und 6)

Die Messungen sind entsprechend den Abschnitten 5.1.3 und 5.1.4 an den Kanten

- in 10 cm Abstand von den Ecken

und

- in Mitte der Öffnungsseiten

vorzunehmen.

5.2 Ebenheitstoleranzen

Die Ebenheit wird durch Einzelmessungen, z. B. durch Stichprobenüberprüfung nach Bild 7, oder durch ein Flächennivellement eines Rasters geprüft; das Raster ist einzumessen.

Die Meßpunktabstände werden nach den Bildern 6 und 7 zugeordnet.

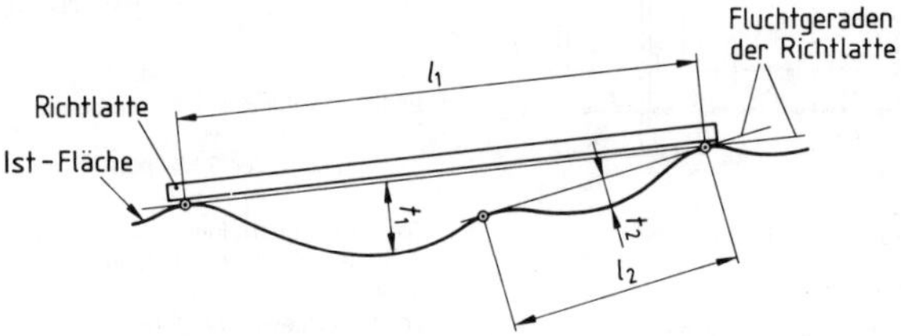

Bild 6. Zuordnung der Stichmaße zum Meßpunktabstand bei Überprüfung, z. B. durch Meßlatte und Meßkeil

Die Richtlatte wird auf den Hochpunkten der Fläche aufgelegt und das Stichmaß an der tiefsten Stelle bestimmt.

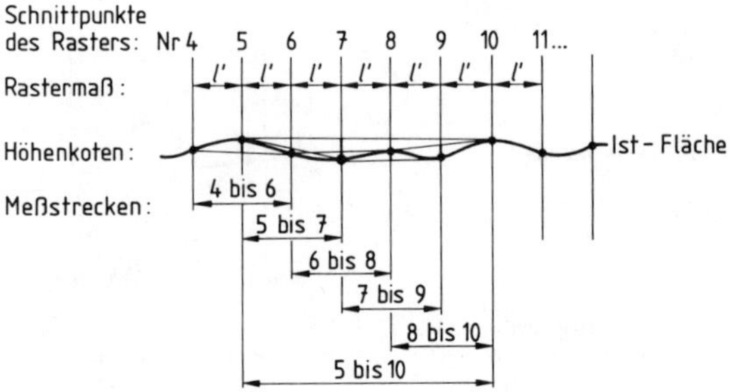

Bild 7. Ermittlung der Istabweichungen durch ein Flächennivellement

Beim Flächennivellement wird die Fläche durch ein Raster unterteilt, z. B. mit Rasterlinienabständen von 10 cm, 50 cm, 1 m, 2 m usw. Auf den Rasterschnittpunkten werden die Messungen vorgenommen. Auswertung der Meßergebnisse der Strecken 4 bis 6 an der Höhenkote Nr 5, 5 bis 10 an der Höhenkote Nr 7.

Zitierte Normen

DIN 18 201 Toleranzen im Bauwesen; Begriffe, Grundsätze, Anwendung, Prüfung

Weitere Normen

DIN 18 203 Teil 1 Toleranzen im Hochbau; Vorgefertigte Teile aus Beton, Stahlbeton und Spannbeton
DIN 18 203 Teil 2 Toleranzen im Hochbau; Vorgefertigte Teile aus Stahl
DIN 18 203 Teil 3 Toleranzen im Hochbau; Bauteile aus Holz und Holzwerkstoffen

Frühere Ausgaben

DIN 18 202 Teil 1: 02.59, 03.69
DIN 18 202 Teil 2: 06.74
DIN 18 202 Teil 3: 09.70
DIN 18 202 Teil 4: 06.74
Beiblatt 1 zu DIN 18 202 Teil 4: 08.77
DIN 18 202 Teil 5: 10.79

Änderungen

Gegenüber DIN 18 202 T 1/03.69, DIN 18 202 T 4/06.74, Beiblatt 1 zu DIN 18 202 T 4/08.77 und DIN 18 202 T 5/10.79 wurden folgende Änderungen vorgenommen:

Straffe Zusammenfassung der DIN 18 202 T 1/03.69, DIN 18 202 T 4/06.74, Beiblatt 1 zu DIN 18 202 Teil 4/08.77 und DIN 18 202 T 5/10.79 zu einem einheitlichen Teil auf der Grundlage von DIN 18 201.

Erläuterungen

Istabmaße für Bauwerksmaße; Erläuterung zum Bezugsverfahren

Das vermessungstechnische Bezugssystem des Gebäudes kann von Festpunkten nach Lage und Höhe festgelegt werden. Damit sich die damit verbundenen vermessungstechnischen Abweichungen nicht auf das Koordinationssystem [1]) des Bauwerkes und die bauwerksbedingten Istabmaße auswirken, muß ein Punkt des vermessungstechnischen Bezugssystems als absoluter Ausgangspunkt mit 0 in Grundriß und Höhe vereinbart werden. Dieser Punkt sollte in der Regel ein Schnittpunkt sein.

In jedem Fall muß seine Lage so gewählt werden, daß er auch nach Fertigstellung des Bauwerkes noch vermessungstechnisch eindeutig vermarkt, gesichert und zugänglich ist. Die Orientierung des vermessungstechnischen Bezugssystems wird durch einen zweiten vereinbarten Punkt festgelegt, der möglichst auf einer durch den Ausgangspunkt verlaufenden Linie des vermessungstechnischen Bezugssystems liegen sollte (siehe Bild 8). An ihn sind die gleichen Anforderungen wie an den Ausgangspunkt zu stellen. Für die Messung der Istabmaße des Gebäudes und seiner Teile sind der Ausgangspunkt und die Orientierung des vermessungstechnischen Bezugsystems maßgebend.

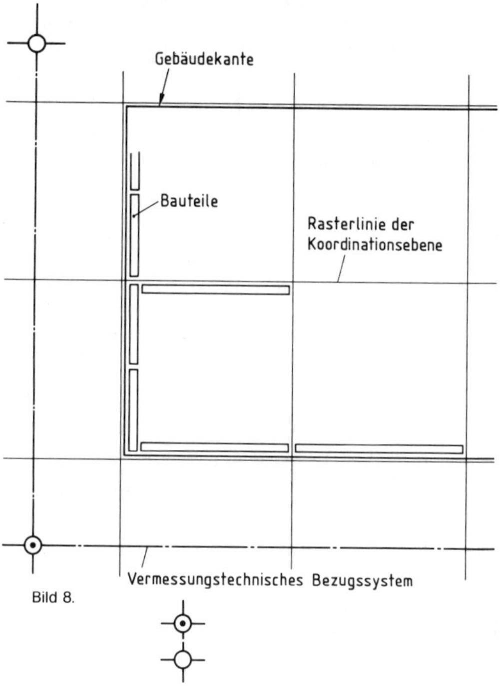

Bild 8.

Internationale Patentklassifikation

E 04 B 1/00
E 04 H 1/00

[1]) Siehe DIN 18 000

DK 691.32 : 666.97 : 624.9 : 621.753.1 : 620.1 **Februar 1985**

Toleranzen im Hochbau

Vorgefertigte Teile aus Beton, Stahlbeton und Spannbeton

DIN 18 203 Teil 1

Tolerances in building construction; prefabricated components made of concrete, reinforced concrete and prestressed concrete

Tolérances dans la construction immobilière; composants préfabriqués en béton, béton armé et béton précontraint

Ersatz für Ausgabe 06.74

1 Anwendungsbereich

Die Toleranzen dieser Norm gelten für vorgefertigte Bauteile aus Beton, Stahlbeton und Spannbeton wie Stützen, Wandtafeln, Decken- und Dachplatten, Binder, Pfetten und Unterzüge.

2 Grenzabmaße und Winkeltoleranzen

Die in den Tabellen 1 und 2 genannten Grenzabmaße und die in Tabelle 3 angegebenen Winkeltoleranzen dürfen an keinem Teil überschritten werden; wegen Berücksichtigung der zeit- und lastabhängigen Verformungen siehe DIN 18 201/12.84, Abschnitt 4.1 und Abschnitt 4.3, zweiter Absatz.

2.1 Grenzabmaße der Längen- und Breitenmaße

Tabelle 1.

Zeile	Bauteile	Grenzabmaße in mm bei Nennmaßen in m							
		bis 1,5	über 1,5 bis 3	über 3 bis 6	über 6 bis 10	über 10 bis 15	über 15 bis 22	über 22 bis 30	über 30
1	Längen stabförmiger Bauteile (z. B. Stützen, Binder, Unterzüge)	± 6	± 8	± 10	± 12	± 14	± 16	± 18	± 20
2	Längen und Breiten von Deckenplatten und Wandtafeln	± 8	± 8	± 10	± 12	± 16	± 20	± 20	± 20
3	Längen vorgespannter Bauteile	–	–	–	± 16	± 16	± 20	± 25	± 30
4	Längen und Breiten von Fassadentafeln	± 5	± 6	± 8	± 10	–	–	–	–

2.2 Grenzabmaße der Querschnittsmaße

Tabelle 2.

Zeile	Bauteile	Grenzabmaße in mm bei Nennmaßen in m					
		bis 0,15	über 0,15 bis 0,3	über 0,3 bis 0,6	über 0,6 bis 1,0	über 1,0 bis 1,5	über 1,5
1	Dicken von Deckenplatten	± 6	± 8	± 10	–	–	–
2	Dicken von Wand- und Fassadentafeln	± 5	± 6	± 8	–	–	–
3	Querschnittsmaße stabförmiger Bauteile (z. B. Stützen, Unterzüge, Binder, Rippen)	± 6	± 6	± 8	± 12	± 16	± 20

Fortsetzung Seite 2 und 3

Normenausschuß Bauwesen (NABau) im DIN Deutsches Institut für Normung e.V.

2.3 Winkeltoleranzen

Tabelle 3.

Zeile	Bauteile	Winkeltoleranzen als Stichmaße in mm bei Längen L in m					
		bis 0,4	über 0,4 bis 1,0	über 1,0 bis 1,5	über 1,5 bis 3,0	über 3,0 bis 6,0	über 6,0
1	Nicht oberflächenfertige Wandtafeln und Deckenplatten	8	8	8	8	10	12
2	Oberflächenfertige Wandtafeln und Fassadentafeln	5	5	5	6	8	10
3	Querschnitte stabförmiger Bauteile (z. B. Stützen, Unterzüge, Binder, Rippen)	4	6	8	–	–	–

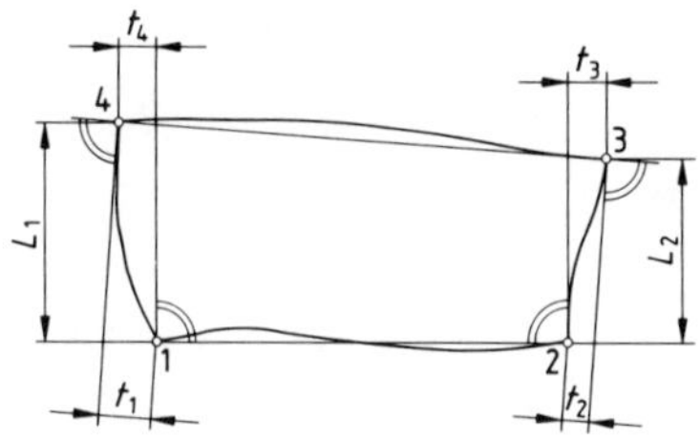

1, 2, 3, 4	Ist-Eckpunkte
L_1, L_2	Maße in m der kürzeren Seiten eines Bauteils
t_1, t_2, t_3, t_4	Stichmaße in mm
Linie vom Ist-Eckpunkt 1 zum Ist-Eckpunkt 2	Bezugslinie zur Messung des Stichmaßes t_3 des Ist-Eckpunktes 3 und des Stichmaßes t_4 des Ist-Eckpunktes 4
Linie vom Ist-Eckpunkt 3 zum Ist-Eckpunkt 4	Bezugslinie zur Messung des Stichmaßes t_1 des Ist-Eckpunktes 1 und des Stichmaßes t_2 des Ist-Eckpunktes 2.

Bild 1. Beispiel für die Ermittlung der Abweichung vom rechten Winkel

3 Prüfung

Die Prüfung erfolgt nach DIN 18 201/12.84, Abschnitt 6.

Zitierte Normen

DIN 18 201	Toleranzen im Bauwesen; Begriffe, Grundsätze, Anwendung, Prüfung

Weitere Normen

DIN 18 202	(z. Z. Entwurf) Toleranzen im Hochbau; Bauwerke
DIN 18 203 Teil 2	(z. Z. Entwurf) Toleranzen im Hochbau; Vorgefertigte Teile aus Stahl
DIN 18 203 Teil 3	Toleranzen im Hochbau; Bauteile aus Holz und Holzwerkstoffen

Frühere Ausgaben

DIN 18 203 Teil 1: 06.74

Änderungen

Gegenüber der Ausgabe Juni 1974 wurden folgende Änderungen vorgenommen:

a) Herausnahme der Genauigkeitsgruppen A und B

b) Zusammenfassung der „Grenzabmaße" von
- Längen von Stützen, Bindern, Unterzügen usw.
- Längen von vorgespannten Bauteilen
- Längen und Breiten von Deckenplatten und Wandtafeln
- Längen und Breiten von Fassadentafeln

in Tabelle 1.

c) Zusammenfassung der „Grenzabmaße" von
- Dicken von Deckenplatten
- Dicken von Wand- und Fassadentafeln
- Querschnittsmaße von Stützen, Unterzügen, Bindern, Rippen usw.

in Tabelle 2.

d) Korrektur aller „Grenzabmaße".

e) Zusätzliche Angabe von „Winkeltoleranzen" in Tabelle 3.

Internationale Patentklassifikation

E 04 B 1-00

DK 666.94 : 691.54 : 620.173 März 1990

Prüfverfahren für Zement
Bestimmung der Festigkeit
Deutsche Fassung EN 196-1 : 1987 (Stand 1989)

DIN EN 196 Teil 1

Methods of testing cement; Determination of strength; German version EN 196-1 : 1987 (status as of 1989)

Méthodes d'essais des ciments; Détermination des résistances mécaniques; Version Allemande EN 196-1 : 1987 (mise à jour 1989)

Ersatz für DIN 1164 T 7/11.78

Die Europäische Norm EN 196-1 : 1987 hat den Status einer Deutschen Norm.

Nationales Vorwort

Diese Europäische Norm wurde vom CEN/TC 51 „Zement und Baukalk" (Sekretariat: Belgien) ausgearbeitet. Im DIN Deutsches Institut für Normung e.V. war hierfür der Arbeitsausschuß 06.04 „Zement" des Normenausschusses Bauwesen (NABau) zuständig.

Normen über Zement und Prüfverfahren für Zement:

DIN 1164 Teil 1	Portland-, Eisenportland-, Hochofen- und Traßzement; Begriffe, Bestandteile, Anforderungen, Lieferung
DIN 1164 Teil 2	Portland-, Eisenportland-, Hochofen- und Traßzement; Überwachung (Güteüberwachung)
DIN 1164 Teil 8	Portland-, Eisenportland-, Hochofen- und Traßzement; Bestimmung der Hydratationswärme mit dem Lösungskalorimeter
DIN 1164 Teil 31	Portland-, Eisenportland-, Hochofen- und Traßzement; Bestimmung des Hüttensandanteils von Eisenportland- und Hochofenzement und des Traßanteils von Traßzement
DIN 1164 Teil 100	Zement; Portlandölschieferzement; Anforderungen, Prüfungen, Überwachung
DIN EN 196 Teil 1	Prüfverfahren für Zement; Bestimmung der Festigkeit; Deutsche Fassung EN 196-1 : 1987 (Stand 1989)
DIN EN 196 Teil 2	Prüfverfahren für Zement; Chemische Analyse von Zement; Deutsche Fassung EN 196-2 : 1987 (Stand 1989)
DIN EN 196 Teil 3	Prüfverfahren für Zement; Bestimmung der Erstarrungszeiten und der Raumbeständigkeit; Deutsche Fassung EN 196-3 : 1987
DIN EN 196 Teil 5	Prüfverfahren für Zement; Prüfung der Puzzolanität von Puzzolanzementen; Deutsche Fassung EN 196-5 : 1987
DIN EN 196 Teil 6	Prüfverfahren für Zement; Bestimmung der Mahlfeinheit; Deutsche Fassung EN 196-6 : 1989
DIN EN 196 Teil 7	Prüfverfahren für Zement; Verfahren für die Probenahme und Probenauswahl von Zement; Deutsche Fassung EN 196-7 : 1989
DIN EN 196 Teil 21	Prüfverfahren für Zement; Bestimmung des Chlorid-, Kohlenstoffdioxid- und Alkalianteils von Zement; Deutsche Fassung EN 196-21 : 1989

Darüber hinaus liegt die Vornorm

DIN V ENV 196 Teil 4	Prüfverfahren für Zement; Quantitative Bestimmung der Bestandteile; Deutsche Fassung ENV 196-4 : 1989

vor.

Die Prüfverfahren der Norm DIN EN 196 Teil 1 ersetzen die Prüfverfahren, die in DIN 1164 Teil 7 festgelegt waren.

DIN EN 196 Teil 1 enthält den nationalen Anhang NA, der die technische Beschreibung des Alternativ-Verdichtungsgerätes „Vibrationstisch" und die Beschreibung des Verdichtungsverfahrens dazu enthält.

Zu den regionalen und internationalen Normen im Abschnitt 2 wird auf die folgenden Normen hingewiesen:

EN 197-1 siehe DIN EN 197 Teil 1 (z. Z. Entwurf)
ISO 409/1 siehe DIN ISO 409 Teil 1
ISO 1101 siehe DIN ISO 1101
ISO 1302 siehe DIN ISO 1302
ISO 4200 siehe DIN ISO 4200
ISO 6507/1 siehe DIN 50 133

Fortsetzung Seite 2 bis 16

Normenausschuß Bauwesen (NABau) im DIN Deutsches Institut für Normung e.V.

EUROPÄISCHE NORM
EUROPEAN STANDARD
NORME EUROPÉENNE

EN 196
Teil 1

Mai 1987

DK 666.94 : 691.54 : 620.1

Enthält: Änderung AC 1 : 1989
Änderung AC 2 : 1989

Deskriptoren: Zement, Mörtel, Zusammensetzung, Prüfung, Druckfestigkeit, Biegezugfestigkeit, Übereinstimmungsprüfung, Herstellung der Prüfkörper, Prüfgerät, Bescheinigung.

Deutsche Fassung

Prüfverfahren für Zement

Bestimmung der Festigkeit

Methods of testing cement; Determination of strength

Méthodes d'essais des ciments; Détermination des résistances mécaniques

Diese Europäische Norm wurde von CEN am 1985-11-15 angenommen. Die CEN-Mitglieder sind gehalten, die Forderungen der Gemeinsamen CEN/CENELEC-Regeln zu erfüllen, in denen die Bedingungen festgelegt sind, unter denen dieser Europäischen Norm ohne jede Änderung der Status einer nationalen Norm zu geben ist.

Auf dem letzten Stand befindliche Listen dieser nationalen Normen mit ihren bibliographischen Angaben sind beim CEN-Zentralsekretariat oder bei jedem CEN-Mitglied auf Anfrage erhältlich.

Diese Europäische Norm besteht in drei offiziellen Fassungen (Deutsch, Englisch, Französisch). Eine Fassung in einer anderen Sprache, die von einem CEN-Mitglied in eigener Verantwortung durch Übersetzung in die Landessprache gemacht und dem CEN-Zentralsekretariat mitgeteilt worden ist, hat den gleichen Status wie die offiziellen Fassungen.

CEN-Mitglieder sind die nationalen Normenorganisationen von Belgien, Dänemark, Deutschland, Finnland, Frankreich, Griechenland, Irland, Island, Italien, Luxemburg, Niederlande, Norwegen, Österreich, Portugal, Schweden, Schweiz, Spanien und dem Vereinigten Königreich.

CEN

EUROPÄISCHES KOMITEE FÜR NORMUNG
European Committee for Standardization
Comité Européen de Normalisation

Zentralsekretariat: Rue Bréderode 2, B-1000 Brüssel

Ref. Nr. EN 196-1 : 1987 + AC 1 : 1989 D
+ AC 2 : 1989 D

Entstehungsgeschichte

Diese Europäische Norm wurde von dem Technischen Komitee CEN/TC 51 „Zement", mit dessen Sekretariat IBN betraut ist, ausgearbeitet.

Entsprechend den Gemeinsamen CEN/CENELEC-Regeln sind folgende Länder gehalten, diese Europäische Norm zu übernehmen:

Belgien, Dänemark, Deutschland, Frankreich, Griechenland, Irland, Italien, Norwegen, Spanien, Schweden.

Vorwort

Die Europäische Norm EN 196 über Prüfverfahren für Zement besteht aus folgenden Teilen:

Teil 1: Bestimmung der Festigkeit
Teil 2: Chemische Analyse von Zement
Teil 3: Bestimmung der Erstarrungszeiten und der Raumbeständigkeit
Teil 4: Quantitative Bestimmung der Bestandteile
Teil 5: Prüfung der Puzzolanität von Puzzolanzementen
Teil 6: Bestimmung der Mahlfeinheit
Teil 7: Verfahren für die Probenahme und Probenauswahl von Zement
Teil 21: Bestimmung des Chlorid-, Kohlenstoffdioxid- und Alkaligehalts von Zement

Inhalt

1 Zweck und Anwendungsbereich

Diese Europäische Norm beschreibt ein Verfahren zur Bestimmung der Biegezug- und Druckfestigkeit von Zementmörtel.

Diese Norm beschreibt das Referenzverfahren; andere Verfahren dürfen nur in genau festgelegten Fällen angewendet werden, wenn sie – wie in Abschnitt 11 beschrieben – die Ergebnisse nicht signifikant beeinflussen. Im Streitfall ist das in dieser Norm beschriebene Referenzverfahren und kein anderes, davon abweichendes Verfahren maßgebend.

Das Verfahren ist für die in EN 197-1 definierten Zementarten anwendbar. Es ist möglicherweise für andere Zementarten, z. B. aufgrund ihres Erstarrungsbeginns, nicht anwendbar.

2 Verweisungen auf andere Normen

EN 197-1	Zement; Zusammensetzung, Anforderungen und Konformitätskriterien; Definitionen und Zusammensetzung [1])
ISO 409/1 – 1982	Metallische Werkstoffe; Härteprüfung; Tabellen zur Ermittlung der Vickershärte von Proben mit ebener Oberfläche. Teil 1: HV 5 bis HV 100
ISO 565 – 1983	Analysensiebe; Drahtsiebgewebe, Lochplatten und Mikrosiebe; Öffnungsnennweiten

1) Z. Z. Entwurf

ISO 1101-1983	Technische Zeichnungen; Geometrische Tolerierung, Form-, Richtungs-, Orts- und Lauftoleranzen; Allgemeines, Definitionen, Symbole, Zeichnungseintragungen
ISO 1302-1978	Technische Zeichnungen; Angabe der Oberflächenbeschaffenheit in Zeichnungen
ISO 2591-1973	Siebanalyse
ISO 3310/1-1982	Analysensiebe; Technische Anforderungen und Prüfung. Teil 1: Analysensiebe aus Drahtsiebgewebe
ISO 4200-1981	Nahtlose und geschweißte Stahlrohre mit glatten Enden; Übersicht über Maße und längenbezogene Masse
ISO 6507/1-1982	Metallische Werkstoffe; Härteprüfung; Verfahren nach Vickers. Teil 1: HV 5 bis HV 100

3 Grundlagen des Verfahrens

Das Verfahren umfaßt die Bestimmung der Druckfestigkeit und, falls gewünscht, der Biegezugfestigkeit an prismenförmigen Prüfkörpern mit den Maßen 40 mm × 40 mm × 160 mm.

Diese Prüfkörper werden aus einer Mörtelmischung von plastischer Konsistenz hergestellt und enthalten nach Massenanteilen 1 Teil Zement und 3 Teile Normsand bei einem Wasserzementwert von 0,50. Es dürfen Normsande aus verschiedenen Quellen und Ländern für die Festigkeitsprüfung verwendet werden, vorausgesetzt, daß sie nachweislich Zementfestigkeiten erbringen, die nicht signifikant von denen abweichen, die man bei der Verwendung des CEN-Referenzsandes (siehe Abschnitt 11) erhält.

Der Mörtel wird durch maschinelles Mischen gemischt und in der Form mit Hilfe eines genormten Schocktisches verdichtet. Andere Verdichtungsgeräte und -techniken können verwendet werden, vorausgesetzt, daß sie nachweislich Zementfestigkeiten erbringen, die nicht signifikant von denen abweichen, die man bei Verwendung des Norm-Schocktisches erhält (siehe Abschnitt 11).

Die Prüfkörper werden in den Formen 24 Stunden in feuchter Luft und dann die entformten Prüfkörper bis zur Prüfung der Festigkeit in Wasser gelagert.

Zum vorgesehenen Zeitpunkt werden die Prüfkörper aus dem Wasser entnommen und durch Biegebelastung in zwei Hälften gebrochen; jede dieser Prüfkörperhälften wird auf Druckfestigkeit geprüft.

4 Laboratorium und Ausrüstung

4.1 Laboratorium

Das Laboratorium, in dem die Prüfkörper hergestellt werden, muß eine Temperatur von (20 ± 2) °C und eine relative Luftfeuchte von mindestens 50 % haben.

Ein Feuchtluftraum oder ein großer Kasten für die Lagerung der Prüfkörper in der Form muß ständig eine Temperatur von (20 ± 1) °C und eine relative Luftfeuchte von mindestens 90 % aufweisen.

Die Temperatur des Wassers in den Lagerungsbehältern muß (20 ± 1) °C betragen.

Die Temperatur und die relative Luftfeuchte in den Arbeitsräumen und in den Wasserlagerungsbecken sind mindestens einmal täglich während der Arbeitsstunden aufzuzeichnen.

Die Temperatur und die relative Luftfeuchte des Feuchtraums oder -kastens sind mindestens alle 4 Stunden aufzuzeichnen. Wenn Bereiche für die Temperatur angegeben sind, muß die Solltemperatur, auf die die Regelung eingestellt wird, der Mittelwert des Schwankungsbereichs sein.

4.2 Allgemeine Anforderungen an die Ausrüstung

Die aus den Zeichnungen ersichtlichen Toleranzen sind für die korrekte Arbeitsweise der Ausrüstung während der Prüfung von Bedeutung. Wenn die regelmäßigen Kontrollmessungen zeigen, daß die Toleranzen nicht mehr eingehalten werden, muß die Ausrüstung ausgesondert werden oder, wenn möglich, berichtigt oder instandgesetzt werden. Die Aufzeichnungen über die Kontrollmessungen sind aufzubewahren.

Abnahmeprüfungen von neuer Ausrüstung schließen Masse, Volumen und Maße soweit mit ein, wie diese in der Norm angegeben sind, wobei auf die kritischen Maße, für die Toleranzen festgelegt sind, besonders zu achten ist.

In den Fällen, in denen das Material der Ausrüstung Einfluß auf die Prüfungsergebnisse haben kann, ist das zu verwendende Material vorgeschrieben.

4.3 Prüfsiebe

Die Drahtsiebgewebe, die die Anforderungen nach ISO 2591 und ISO 3310/1 erfüllen, müssen die in Tabelle 1 angegebenen Maschenweiten nach ISO 565 haben (Reihe R 20).

Tabelle 1. **Maschenweiten der Prüfsiebe**

Quadratische Maschenweiten mm
2,00
1,60
1,00
0,50
0,16
0,08

4.4 Mischer

Der Mischer hat im wesentlichen zu bestehen aus:

a) einem Trog aus nichtrostendem Stahl mit einem Fassungsvermögen von etwa 5 l und der üblichen Form und den Maßen, wie sie im Bild 1 gezeigt sind. Er muß mit Vorrichtungen versehen sein, mit denen er starr während des Mischens am Mischergestell befestigt werden kann und durch welche die Höhe des Trogs in bezug auf die Schaufel und, in gewissem Umfang auch der Abstand zwischen der Schaufel und der Trogwand, fein eingestellt und fixiert werden können;

b) einer Schaufel aus nichtrostendem Stahl und der ungefähren Form, den Maßen und Toleranzen wie in Bild 1 dargestellt, die sich um ihre eigene Achse drehend von einem Elektromotor mit festgelegter Geschwindigkeit in einer Planetenbewegung rund um die Trogachse bewegt wird. Die beiden Drehrichtungen müssen gegenläufig sein, und das Verhältnis zwischen den beiden Drehzahlen darf nicht ganzzahlig sein.

Wenn mehr als ein Mischer benutzt wird, müssen die Schaufeln und die Tröge Einheiten bilden, die stets zusammen benutzt werden.

Das in Bild 1 eingetragene Maß für den Spalt zwischen Schaufel und Trog ist jeden Monat zu überprüfen.

Anmerkung: Der in Bild 1 angegebene Abstand (3,0 mm ± 1,0 mm) bezieht sich auf die Stellung, bei der die Schaufel in dem leeren Mischtrog so nah wie möglich an die Trogwand gebracht wurde. Einfache Lehren zur Bestimmung des Abstandes (Fühlerlehren) sind zweckmäßig, wo direkte Messungen schwierig sind.

Der Mischer muß mit den in Tabelle 2 angegebenen Drehzahlen arbeiten.

Maße in mm

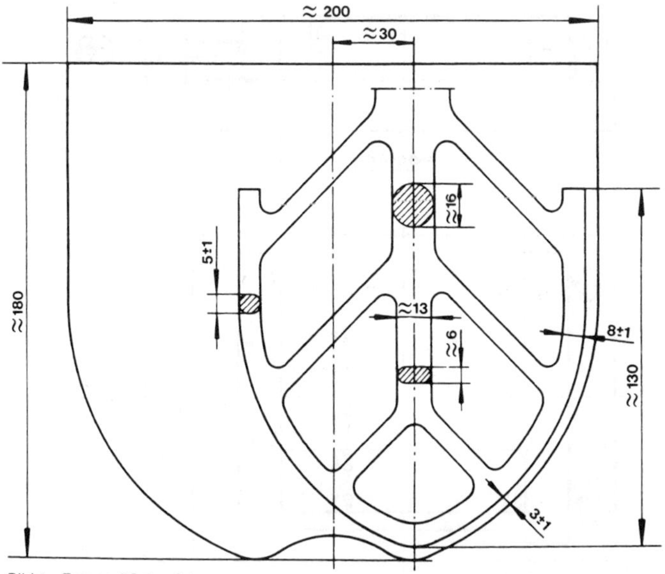

Bild 1. Trog und Schaufel

Tabelle 2. **Drehzahlen der Schaufel**

	Rotation [min⁻¹]	Planetenbewegung [min⁻¹]
niedrigere Geschwindigkeit	140 ± 5	62 ± 5
hohe Geschwindigkeit	285 ± 10	125 ± 10

4.5 Formen

Die Form muß aus drei waagerechten Fächern bestehen, damit gleichzeitig 3 prismenförmige Prüfkörper mit einem Querschnitt von 40 mm × 40 mm und einer Länge von 160 mm hergestellt werden können.

Eine typische Ausführung wird im Bild 2 gezeigt.

Die Form mit Wänden von mindestens 10 mm Dicke muß aus Stahl gefertigt sein. Die Oberfläche jeder Innenseite muß eine Vickershärte von mindestens 200 HV aufweisen (siehe ISO 409/1 und ISO 6507/1).

Anmerkung: Eine Vickershärte von mindestens 400 HV wird empfohlen.

Die Form muß derartig gefertigt sein, daß die Prüfkörper ohne Beschädigung leicht entschalt werden können. Jede Form muß mit einer maschinell bearbeiteten stählernen oder gußeisernen Grundplatte ausgerüstet sein. Die Teile der Form müssen nach dem Zusammenbau genau und starr zusammengehalten und auf der Grundplatte befestigt sein. Der Zusammenbau muß derartig sein, daß keine Verformungen oder Flüssigkeitsverluste auftreten. Die Grundplatte muß ausreichenden Kontakt mit dem Tisch des Verdichtungsgeräts haben und steif genug sein, um die Erzeugung von Sekundär-Vibrationen zu vermeiden.

In jedes Einzelteil der Form muß ein Kennzeichen gestanzt werden, um so den Zusammenbau zu erleichtern und die Einhaltung der angegebenen Toleranzen sicherzustellen. Gleichartige Einzelteile verschiedener Formen dürfen nicht untereinander ausgewechselt werden.

Die zusammengesetzte Form muß folgenden Anforderungen entsprechen:

a) Die Innenmaße und Toleranzen jedes Formfaches müssen, gegründet auf vier symmetrisch angesetzten Messungen, wie folgt sein:
   Länge: (160,0 ± 0,8) mm
   Breite: (40,0 ± 0,2) mm
   Höhe: (40,1 ± 0,1) mm
b) Die Toleranz für die Ebenheit (siehe ISO 1101, 14.2) muß über die ganze Länge jeder inneren Seitenfläche 0,03 mm betragen.
c) Die zulässige lotrechte Abweichung (siehe ISO 1101, 14.8) darf für jede Innenfläche gegenüber der Bodenfläche und der angrenzenden Innenfläche als Bezugsfläche höchstens 0,2 mm betragen.
d) Die Oberflächenrauhigkeit (siehe ISO 1302) jeder Innenseite darf nicht rauher sein als N 8.

Die Formen sind zu ersetzen, wenn irgendeine der angegebenen Toleranzen überschritten wird. Die Masse der Form muß der Anforderung für die gesamte Masse nach 4.6 entsprechen.

Wenn die gereinigte Form zum Gebrauch zusammengesetzt wird, ist ein geeignetes Dichtungsmittel zu verwenden, um die äußeren Fugen abzudichten. Auf die inneren Flächen der Form ist ein dünner Film von Schalöl aufzutragen.

Um das Füllen der Form zu erleichtern, ist ein dichtsitzender Metallkasten mit senkrechten, 20 bis 40 mm hohen Wänden zu verwenden. Im Grundriß dürfen die Wände des Aufsatzkastens die Innenwände der Form nicht mehr als 1 mm

Maße in mm

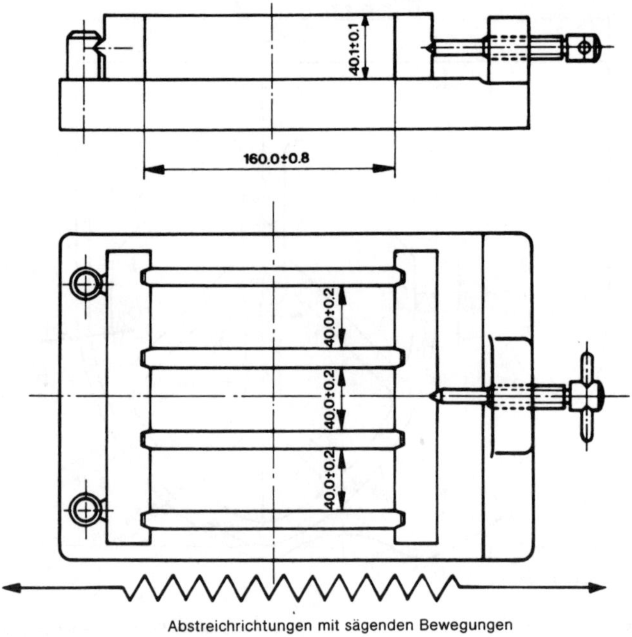

Bild 2. Beispiel für eine Form

Anmerkung: Da die Formen und die Schocktische verschiedener Hersteller in ihren Außenmaßen und Massen unterschiedlich und nicht aufeinander abgestimmt sein können, hat der Käufer selbst die notwendige Abstimmung sicherzustellen.

überragen. Die Außenwände des Aufsatzkastens müssen mit Halterungen versehen sein, um die korrekte Lage auf der Form sicherzustellen.

Zum Verteilen und Abstreichen des Mörtels sind zwei Verteiler und ein scharfes metallisches Abstreichlineal von dem im Bild 3 gezeigten Aussehen zu verwenden.

4.6 Schocktisch

Der Schocktisch (ein typisches Modell ist in Bild 4 dargestellt) muß den folgenden Anforderungen entsprechen:

Der Apparat besteht im wesentlichen aus einem rechteckigen Tisch, der durch zwei leichte Arme starr mit einer 800 mm von der Tischmitte entfernten Achse verbunden ist. Der Tisch ist in der Mitte seiner Unterseite mit einem vorstehenden Ansatz mit gerundeter Oberfläche zu versehen. Unter diesem vorstehenden Ansatz muß ein kleiner Anschlag mit einer ebenen oberen Fläche sein. In der Ruhestellung muß die gemeinsame Achse des Ansatzes und des Anschlages durch den Berührungspunkt senkrecht sein. Wenn der vorstehende Ansatz auf dem Anschlag ruht, muß die obere Tischoberfläche waagerecht sein, so daß die Höhe jeder Ecke nicht um mehr als 1,0 mm von der mittleren Höhe abweicht. Der Tisch muß mindestens ebenso groß oder größer als die Grundfläche der Form sein und eine ebene maschinell bearbeitete Oberfläche haben. Klammern sind für eine starre Befestigung der Form auf dem Tisch anzubringen.

Die gesamte Masse des Tisches einschließlich der Arme, leerer Form, Aufsatzkasten und Klammern muß (20 ± 0,5) kg betragen.

Die Arme, die den Tischteil mit der Achse verbinden, müssen steif und aus rundem Rohr mit einem äußeren Durchmesser zwischen 17 und 22 mm, ausgewählt aus den in der Norm ISO 4200 genannten Rohrmaßen, hergestellt sein. Die gesamte Masse der beiden Arme einschließlich Querverstrebungen muß (2,25 ± 0,25) kg betragen. Die Achslager müssen Kugel- oder Walzenlager sein, die gegen den Zutritt von Sand oder Staub geschützt sind. Die horizontale Verschiebung der Tischmitte infolge Spiel im Achslager darf 1,0 mm nicht überschreiten.

Ansatz und Anschlag müssen aus durchgehärtetem Stahl mit einer Vickershärte von mindestens 500 HV (siehe ISO 409/1) gefertigt sein. Die Krümmung des Ansatzes muß etwa 0,01 mm^{-1} betragen.

Im Betrieb wird der Tisch durch einen Exzenternocken gehoben und aus einer Höhe von (15,0 ± 0,3) mm frei fallen gelassen, bevor der Ansatz auf den Anschlag auftrifft.

Der Exzenternocken muß aus Stahl mit einer Vickershärte von mindestens 400 HV bestehen und seine kugelgelagerte Welle so konstruiert sein, daß die Bedingung des freien Falls von (15,0 ± 0,3) mm stets eingehalten wird. Der Nockenstößel muß so konstruiert sein, daß er die geringstmögliche Abnutzung des Nockens gewährleistet. Die Nokkenwelle muß durch einen Elektromotor von etwa 250 Watt über ein Reduktionsgetriebe mit einer gleichmäßigen Geschwindigkeit von einer Umdrehung in der Sekunde angetrieben werden. Ein Kontrollmechanismus und ein Zähler, die dafür sorgen, daß eine Schockserie genau 60 Schocks beträgt, sind anzubringen.

Maße in mm

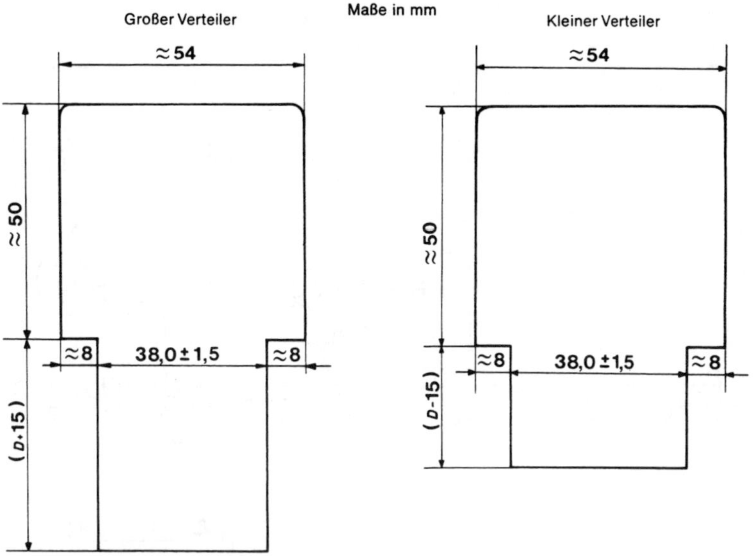

D: Höhe des Aufsatzkastens

Abstreichlineal (ungefähre Maße)

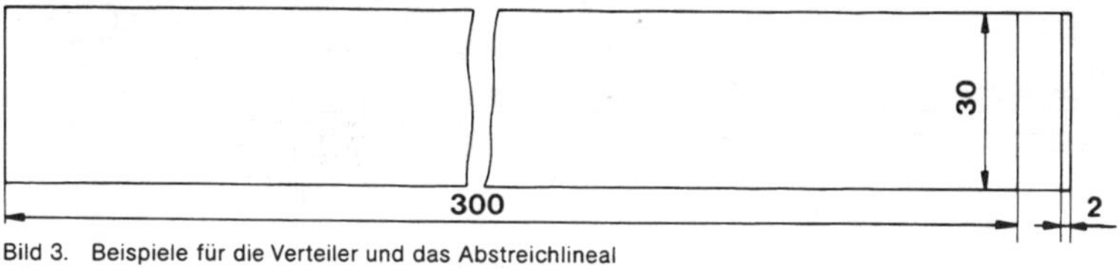

Bild 3. Beispiele für die Verteiler und das Abstreichlineal

Die Lage der Form auf dem Tisch muß so sein, daß die Längsachse der Fächer parallel mit der Richtung der Arme und senkrecht zur Drehachse der Nockenwelle ist. Geeignete Markierungen sind anzubringen, die es erleichtern, die Form so zu befestigen, daß die Mitte des mittleren Faches zentrisch über der Aufschlagstelle liegt.

Der Schocktisch muß auf einem etwa 600 kg schweren bzw. etwa 0,25 m^3 großen Betonblock starr befestigt werden, dessen Maße so sind, daß sich eine geeignete Arbeitshöhe für die Formen ergibt. Die gesamte Grundfläche des Betonblocks muß auf einer elastischen Unterlage, z. B. aus Naturgummi, aufgelagert sein, deren Dämmwirkung ausreicht, mögliche die Verdichtung beeinflussende Vibrationen von außen abzuschirmen.

Die Grundplatten des Schocktisches sind mit Hilfe von Ankerschrauben waagerecht auf dem Betonblock zu befestigen; eine dünne Mörtelschicht zwischen den Grundplatten und dem Betonblock hat einen vollständigen und vibrationsfreien Verbund sicherzustellen.

4.7 Prüfmaschine für die Biegezugfestigkeit

Die Prüfmaschine für die Bestimmung der Biegezugfestigkeit muß Lasten bis zu 10 kN mit einer Fehlergrenze von ± 1 % der aufgebrachten Last in den oberen 4/5 ihres Prüfbereichs und über eine Laststeigerung von (50 ± 10) N/s verfügen. Die Prüfmaschine muß mit einer Biegevorrichtung versehen sein, bestehend aus zwei Auflagern aus Stahlrollen von (10,0 ± 0,5) mm Durchmesser im Abstand von (100,0 ± 0,5) mm voneinander und einer dritten belastenden Stahlrolle desselben Durchmessers in der Mitte zwischen den beiden anderen. Die Länge „a" dieser Rollen muß zwischen 45 bis 50 mm liegen. Die Belastungsanordnung ist im Bild 5 dargestellt.

Die drei Vertikalebenen durch die Achsen der drei Stahlrollen müssen parallel sein und während des Versuchs parallel, gleich weit entfernt und senkrecht zur Längsachse des eingespannten Prüfkörpers bleiben. Eines der Auflager und die Lastschneide müssen ein wenig schwenkbar sein, so daß die Last gleichmäßig auf die Breite des Prüfkörpers verteilt werden kann, ohne ihn Torsionsspannungen auszusetzen.

4.8 Prüfmaschine für die Druckfestigkeit

Die Prüfmaschine für die Ermittlung der Druckfestigkeit muß einen geeigneten Lastbereich für die Prüfung haben (siehe Anmerkung 1); sie muß eine Fehlergrenze von ± 1,0 % der aufgebrachten Last in den oberen 4/5 ihres Prüfbereichs haben und über eine Laststeigerung von (2400 ± 200) N/s verfügen. Sie muß über eine Anzeigevorrichtung verfügen, bei der der beim Bruch des Prüfkörpers angezeigte Wert auch nach der Entlastung der Prüfmaschine angezeigt bleibt. Das kann durch Schleppzeiger bei Manometeranzeige oder Speicherung bei digitaler Anzeige

Maße in mm

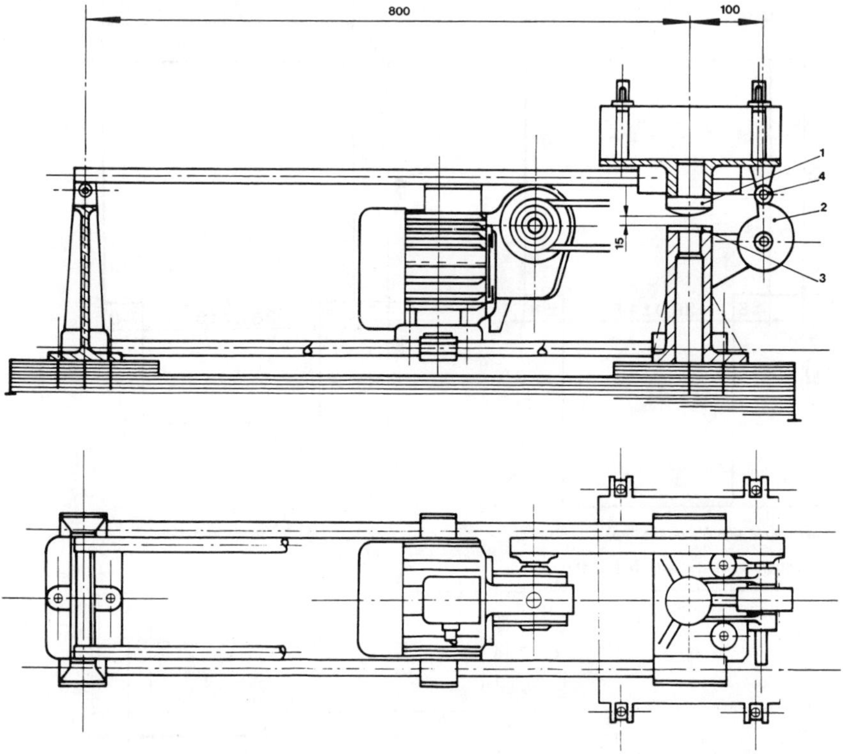

1 Ansatz 2 Nocken 3 Anschlag 4 Nockenstößel

Bild 4. Beispiel für einen Schocktisch

Anmerkung: Da die Formen und die Schocktische verschiedener Hersteller in ihren Außenmaßen und Massen unterschiedlich und nicht aufeinander abgestimmt sein können, hat der Käufer selbst die notwendige Abstimmung sicherzustellen.

geschehen. Prüfmaschinen mit Handbedienung müssen mit einem Schrittmacher zur Kontrolle der Laststeigerung ausgerüstet sein.

Die vertikale Achse des hydraulischen Kolbens muß mit der vertikalen Achse der Prüfmaschine übereinstimmen, und während der Belastung muß sich der hydraulische Kolben in der Richtung der vertikalen Achse der Prüfmaschine bewegen. Ferner muß die Resultierende der aufgebrachten Lasten durch den Mittelpunkt der Prüfkörper gehen. Die Oberfläche der unteren Druckplatte muß senkrecht zur Prüfmaschinenachse sein und während der Belastung senkrecht bleiben.

Der Mittelpunkt der kugeligen Lagerung der oberen Platte muß mit dem Schnittpunkt der vertikalen Prüfmaschinenachse mit der Ebene der unteren Fläche der oberen Druckplatte auf ± 1 mm übereinstimmen. Die obere Druckplatte muß so beweglich sein, daß sie sich bei Kraftschluß anlegen kann, jedoch muß während der Belastung die Stellung der oberen und unteren Platte gegeneinander starr bleiben.

Die Prüfmaschine muß mit Platten aus gehärtetem Stahl mit einer Vickershärte von mindestens 600 HV (siehe ISO 409/1) oder vorzugsweise aus Wolframcarbid ausgerüstet sein. Diese Platten müssen mindestens 10 mm dick, (40,0 ± 0,1) mm breit und mindestens 40,0 mm lang sein. Die Ebenheitstoleranz der Druckplatten nach ISO 1101, 14.2, muß über die ganze Kontaktfläche mit dem Prüfkörper 0,01 mm betragen. Die Rauhigkeit nach ISO 1302 darf nicht glatter als N 3 und nicht rauher als N 6 sein.

Alternativ dazu können zwei Hilfsplatten aus gehärtetem Stahl oder vorzugsweise aus Wolframcarbid mit einer Mindestdicke von 10 mm, die die Anforderungen an die Platten erfüllen, verwendet werden. Es muß eine Vorrichtung vorhanden sein, die die Hilfsplatten mit einer Genauigkeit von ± 0,5 mm gegenüber der Achse des Belastungssystems zentriert.

Sofern die Prüfmaschine nicht mit einer kugeligen Lagerung ausgerüstet ist, oder wenn die kugelige Lagerung blockiert ist oder wenn ihr Durchmesser größer als 120 mm ist, muß ein Prüfeinsatz nach 4.9 verwendet werden.

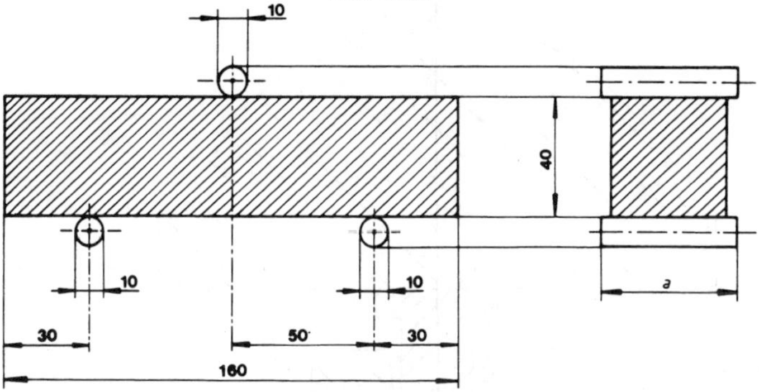

Bild 5. Belastungsanordnung zur Bestimmung der Biegezugfestigkeit

Anmerkung: Die Bestimmung der Biegezugfestigkeit darf in einer Druckprüfmaschine ausgeführt werden. In diesem Fall ist eine Einrichtung zu benutzen, die den Anforderungen dieses Abschnitts entspricht.

Anmerkung 1: Die Prüfmaschine darf mit zwei oder mehr Lastbereichen ausgerüstet sein. Die Höchstlast des niedrigeren Lastbereiches sollte ungefähr ⅕ der Höchstlast des nächsthöheren Lastbereiches sein.

Anmerkung 2: Es wird als zweckmäßig angesehen, die Prüfmaschine mit einer automatischen Regelung der Laststeigerung und einem Gerät für die Registrierung der Ergebnisse auszurüsten.

Anmerkung 3: Die kugelige Lagerung der Prüfmaschine darf zur Erleichterung des Anlegens an den Prüfkörper geschmiert werden, jedoch nur so weit, daß sie sich unter Last während der Prüfung nicht bewegen kann. Schmiermittel, die unter hohem Druck wirksam sind, sind nicht geeignet.

Anmerkung 4: Die Bezeichnungen „vertikal", „unten", „oben" beziehen sich auf herkömmliche Prüfmaschinen. Zugelassen sind aber auch Maschinen, deren Achse nicht vertikal ist, sofern sie die Bedingungen eines Annahmeverfahrens entsprechend 11.7 und die anderen Anforderungen nach 4.8 erfüllen.

4.9 Einsatz für die Druckfestigkeitsprüfmaschine

Wenn nach 4.8 ein Einsatz (siehe Bild 6) erforderlich ist, muß er zwischen die Druckplatten der Maschine gestellt werden, um die Last auf die Druckflächen des Prüfkörpers zu übertragen.

In diesem Prüfeinsatz muß eine untere Druckplatte verwendet werden, die in seine Bodenfläche eingelassen sein kann. Die obere Druckplatte erhält die Last von der oberen Druckplatte der Prüfmaschine über eine dazwischenliegende kugelige Lagerung. Diese Lagerung ist Bestandteil einer Anordnung, die in der Lage sein muß, ohne wesentliche Reibung in senkrechter Richtung in dem Prüfeinsatz zu gleiten, der ihre Bewegung führt. Der Prüfeinsatz muß saubergehalten werden, und die kugelige Lagerung muß so leicht drehbar sein, daß die Druckplatte sich anfänglich an die Form des Prüfkörpers anlegt und dann während der Prüfung starr bleibt. Alle in 4.8 festgelegten Anforderungen gelten genauso, wenn ein Prüfeinsatz verwendet wird.

Anmerkung 1: Die kugelige Lagerung des Prüfeinsatzes darf geschmiert werden, jedoch nur so weit, daß sie sich unter Last während der Prüfung nicht bewegen kann. Schmiermittel, die unter hohem Druck wirksam sind, sind nicht geeignet.

Anmerkung 2: Es ist wünschenswert, daß die Druckvorrichtung nach dem Zerdrücken des Prüfkörpers automatisch in die Ausgangsstellung zurückkehrt.

5 Bestandteile des Mörtels

5.1 Sand

5.1.1 Einleitung

Um die Festigkeiten von Zement nach dieser Norm zu bestimmen, sind CEN-Normsande, die in verschiedenen Ländern hergestellt werden, zu verwenden. „CEN-Normsand, EN 196-1" muß mit den in 5.1.3 angeführten Anforderungen übereinstimmen. Es muß ihm auch ein CEN-Zertifikat durch die nationale Normungsorganisation erteilt worden sein, in deren Zuständigkeitsbereich er hergestellt wurde. Weiterhin muß diese Organisation sicherstellen, daß der CEN-Normsand während seiner späteren Herstellung laufend in Übereinstimmung mit dieser Norm überwacht wird.

Im Hinblick auf die Schwierigkeiten, einen CEN-Normsand vollständig und eindeutig zu spezifizieren, ist es erforderlich, den Sand während der Zulassungs- und der Überwachungsprüfungen gegenüber dem CEN-Referenzsand zu normen. „CEN-Referenzsand, EN 196-1" ist in 5.1.2 [2]) beschrieben.

5.1.2 CEN-Referenzsand

Der CEN-Referenzsand ist ein natürlicher Quarzsand mit gerundeten Körnern und einem Massenanteil an Siliciumdioxid von mindestens 98 %.

Seine Korngrößenverteilung liegt innerhalb der in der Tabelle 3 festgelegten Grenzwerte.

Die Prüfung der Korngrößenverteilung hat an einer repräsentativen Probe zu erfolgen. Die Siebung ist solange fortzusetzen, bis die Menge des Sandes, die durch jedes Sieb fällt, weniger als 0,5 g/min beträgt.

Der Feuchtigkeitsgehalt, ausgedrückt als Massenanteil (in %) der getrockneten Probe muß geringer als 0,2 % sein. Er ist durch den Massenverlust einer repräsentativen Probe des Sandes nach Trocknung während 2 Stunden bei 105 °C bis 110 °C zu bestimmen.

---

[2]) Auskunft über Bezugsquellen dieses Referenzsandes gibt das DIN Deutsches Institut für Normung e.V., Burggrafenstraße 6, D-1000 Berlin 30.

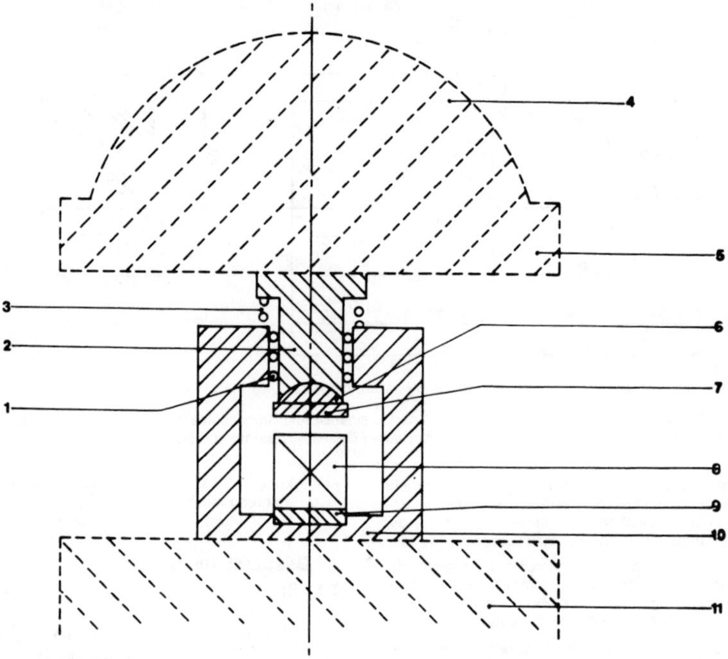

1 Kugellager
2 beweglicher Teil
3 Rückholfeder
4 kugelige Lagerung der Prüfmaschine
5 obere Druckplatte der Prüfmaschine
6 kugelige Lagerung des Einsatzes
7 obere Druckplatte des Einsatzes
8 Prüfkörper
9 untere Druckplatte
10 untere Druckplatte des Einsatzes
11 untere Druckplatte der Prüfmaschine

Bild 6. Beispiel für den Einsatz für die Druckfestigkeitsprüfung

Tabelle 3. **Korngrößenverteilung des CEN-Referenzsandes**

Quadratische Maschenweite mm	Kumulierter Siebrückstand in %
2,00	0
1,60	7 ± 5
1,00	33 ± 5
0,50	67 ± 5
0,16	87 ± 5
0,08	99 ± 1

5.1.3 CEN-Normsand

CEN-Normsand muß hinsichtlich Korngrößenverteilung und Feuchtigkeitsgehalt den in 5.1.2 festgelegten Anforderungen entsprechen. Während der Herstellung sind diese Bestimmungen mindestens einmal täglich durchzuführen. Diese Anforderungen sind nicht ausreichend, um sicherzustellen, daß der Normsand dem Referenzsand gleichwertig ist. Diese Gleichwertigkeit wird durch ein Zulassungsprüfprogramm, das einen Vergleich des Normsandes mit dem Referenzsand einschließt, sichergestellt. Dieses Programm und die zugehörige Auswertung ist in 11.6 beschrieben.

Der CEN-Normsand kann in getrennten Fraktionen oder vorgemischt in Kunststoff-Portionsbeuteln mit (1350 ± 5) g Inhalt geliefert werden; das Material, das für die Portionsbeutel verwendet wird, darf keinen Einfluß auf die Ergebnisse der Festigkeitsprüfung haben.

5.2 Zement

Liegen zwischen Probenahme und Prüfung mehr als 24 h, ist der zu prüfende Zement in Behältern aufzubewahren, die aus einem Material bestehen, das nicht mit dem Zement reagiert; die Behälter sind vollständig zu füllen und luftdicht zu verschließen.

5.3 Anmachwasser

Für die Referenzprüfung ist destilliertes Wasser zu verwenden. Für andere Prüfungen darf Trinkwasser verwendet werden.

6 Herstellung des Mörtels

6.1 Zusammensetzung des Mörtels

Die Massenteile müssen ein Teil Zement (5.2), drei Teile des Normsandes (5.1) und ein halber Teil Wasser (5.3) sein (Wasserzementwert = 0,50).

Jede Mischung für die drei Prüfkörper besteht aus (450 ± 2) g Zement, (1350 ± 5) g Sand und (225 ± 1) g Wasser.

6.2 Herstellungsbedingungen

Der Zement, der Sand, das Wasser und das Gerät müssen die Labortemperatur haben (4.1). Die Wägungen sind mit einer Waage, die eine Genauigkeit von ± 1 g aufweist, durchzuführen.

Anmerkung: Wenn Wasser mit automatischen 225-ml-Pipetten zugegeben wird, müssen diese eine Genauigkeit von ± 1 ml aufweisen.

6.3 Mischvorgang

Jede Mischung muß maschinell mit dem in 4.4 beschriebenen Mischer hergestellt werden. Bei betriebsbereitem Mischer ist

a) das Wasser in den Trog zu schütten und der Zement zuzugeben;

b) unmittelbar danach der Mischer bei langsamer Geschwindigkeit (siehe Tabelle 2) zu starten; nach 30 s [3]) ist der Sand gleichmäßig während der nächsten 30 s hinzuzufügen. Wenn Sand in getrennten Fraktionen verwendet wird, sind die erforderlichen Mengen jeder Fraktion, beginnend mit der gröbsten, einzeln zuzugeben. Danach ist der Mischer auf die höhere Geschwindigkeit zu stellen (siehe Tabelle 2) und das Mischen während weiterer 30 s fortzusetzen;

c) der Mischer danach für 1 min und 30 s anzuhalten. Während der ersten 15 s ist aller Mörtel, der an der Wand und am unteren Teil des Troges klebt, mit einem Gummischrapper zu entfernen und in die Mitte des Troges zu geben;

d) das Mischen während 60 s bei der höheren Mischgeschwindigkeit fortzusetzen.

Der Zeitplan für die verschiedenen Mischabschnitte muß auf ± 1 s eingehalten werden.

7 Herstellung der Prüfkörper

7.1 Maße der Prüfkörper

Als Prüfkörper sind Prismen von 40 mm × 40 mm × 160 mm herzustellen.

7.2 Verdichten der Prüfkörper

Die Prüfkörper sind unmittelbar nach dem Mischen des Mörtels herzustellen. In die auf dem Schocktisch befestigte Form mit Aufsatzkasten ist mit einer geeigneten Kelle in einer oder mehreren Teilmengen direkt aus dem Trog die erste von 2 Mörtellagen (jede etwa 300 g) in jede Abteilung der Form zu geben. Der Mörtel ist gleichmäßig unter Benutzung des größeren Verteilers (siehe Bild 3) zu verteilen, der senkrecht gehalten – wobei seine Schultern mit dem oberen Rand des Aufsatzkastens Berührung haben – in jedem Abteil der Form je einmal vorwärts und rückwärts zu führen ist. Danach ist die erste Mörtellage mit 60 Stößen zu verdichten. Dann ist die zweite Mörtellage einzufüllen und mit dem kleinen Verteiler (siehe Bild 3) zu verteilen und mit weiteren 60 Stößen zu verdichten.

Die Form ist vorsichtig von dem Schocktisch zu heben und der Aufsatzkasten zu entfernen. Der überstehende Mörtel ist unmittelbar danach mit einem geraden Metallineal (siehe Bild 3) abzustreichen, das dabei fast senkrecht gehalten und langsam in einer horizontalen, sägenden Bewegung (siehe Bild 2) je einmal in jeder Richtung geführt wird. Die Oberfläche der Prüfkörper ist mit dem gleichen Lineal zu glätten, wobei es fast flach gehalten wird.

Die Formen sind mit Etiketten oder einer Beschriftung zu kennzeichnen, um die Lage der Prüfkörper gegenüber dem Schocktisch festzuhalten.

8 Lagerung der Prüfkörper

8.1 Handhabung und Lagerung vor dem Entformen

Der auf dem Rand der Form durch das Abstreichen zurückgebliebene Mörtel ist wegzuwischen.

Es ist eine ebene Glasplatte von 6 mm Dicke und 210 mm × 185 mm Größe auf die Form zu legen. Es kann auch eine Platte aus Stahl oder anderem undurchlässigem Material von gleichen Maßen benutzt werden.

Anmerkung: Im Interesse der Sicherheit sind Glasplatten mit abgeschliffenen Kanten zu benutzen.

Jede bedeckte Form ist geeignet gekennzeichnet unverzüglich in einem Feuchtluftraum oder in einem großen Kasten (siehe 4.1) auf eine waagerechte Unterlage zu stellen. Die feuchte Luft muß zu allen Seiten der Form freien Zutritt haben. Die Formen dürfen nicht aufeinander gestellt werden. Jede Form wird zu passender Zeit zum Entformen aus der Lagerung entnommen.

8.2 Entformen der Prüfkörper

Das Entformen ist mit aller gebotenen Vorsicht vorzunehmen [4]).

Die Prüfkörper für die Prüfung nach 24 Stunden dürfen erst 20 Minuten vor der Prüfung entformt werden [4]).

Für Prüfungen in einem Alter von mehr als 24 Stunden ist 20 bis 24 Stunden nach der Herstellung zu entformen [5]).

Anmerkung: Das Entformen darf 24 Stunden verzögert werden, wenn der Mörtel nach 24 Stunden noch keine ausreichende Festigkeit für die Handhabung ohne Beschädigungsgefahr erreicht hat. Verzögertes Entformen ist im Prüfbericht zu vermerken [4]).

Die Prüfkörper, die für die Prüfung nach 24 Stunden (oder nach 48 Stunden, wenn eine Verzögerung des Entformens nötig war) ausgewählt wurden, sind bis zur Prüfung mit einem feuchten Tuch zu bedecken.

Die für die Wasserlagerung ausgewählten Prüfkörper sind in geeigneter Weise, z. B. mit wasserbeständiger Tinte oder Kreide, für eine spätere Identifikation zu kennzeichnen.

8.3 Lagerung der Prüfkörper in Wasser

Die gekennzeichneten Prüfkörper sind ohne Verzögerung in geeigneter Weise entweder waagerecht oder senkrecht in Wasser von (20 ± 1)°C in geeigneten Behältern zu lagern (siehe 4.1). Bei waagerechter Lagerung sind die bei der Herstellung senkrecht stehenden Flächen auch senkrecht zu lagern, und die abgestrichenen Flächen müssen oben liegen.

Die Prüfkörper sind auf nicht korrodierende Roste zu legen, und zwar so weit voneinander, daß das Wasser zu allen 6 Seiten der Prüfkörper freien Zutritt hat. Während der Lagerung dürfen die Abstände zwischen den Prüfkörpern und die Tiefe des Wassers über den Prüfkörpern niemals weniger als 5 mm betragen.

Anmerkung: Holzroste sind nicht geeignet.

In jedem Behälter sind nur Prüfkörper, die mit Zement gleichartiger chemischer Zusammensetzung hergestellt wurden, zu lagern.

Für die erste Füllung der Behälter und zum Nachfüllen zur Einhaltung der erforderlichen einheitlichen Wasserhöhe ist Leitungswasser zu benutzen. Die vollständige Erneuerung des Wassers während der Lagerung der Prüfkörper ist nicht zulässig.

---

[3]) Automatische Geräte können zur Steuerung dieser Arbeitsgänge und zur Einhaltung des Zeitplans verwendet werden.

[4]) Plastik- oder Gummihämmer oder auch besondere Einrichtungen können zum Entformen verwendet werden.

[5]) Zur Kontrolle der Misch- und Verdichtungsvorgänge und des Luftgehalts des Mörtels wird empfohlen, die Prüfkörper aus jeder Form zu wiegen.

Die zu irgendeiner Altersstufe zur Prüfung benötigten Prüfkörper (außer denjenigen nach 24 oder 48 Stunden bei verzögerter Entformung) dürfen frühestens 15 Minuten vor der Durchführung der Prüfung dem Wasser entnommen werden. Jede Ablagerung auf den zu prüfenden Flächen ist zu entfernen. Die Prüfkörper sind bis zur Prüfung mit einem feuchten Tuch zu bedecken.

8.4 Alter der Prüfkörper für die Festigkeitsprüfungen

Das Alter der Prüfkörper ist vom Zeitpunkt des Mischens von Zement und Wasser bei Beginn der Prüfung an zu rechnen.

Festigkeitsprüfungen in den verschiedenen Altersstufen sind innerhalb folgender Zeitgrenzen durchzuführen:

24 Stunden	±	15 Minuten
48 Stunden	±	30 Minuten
72 Stunden	±	45 Minuten
7 Tage	±	2 Stunden
≥ 28 Tage	±	8 Stunden

9 Prüfung der Prüfkörper

9.1 Die Prüfverfahren

Zur Bestimmung der Biegezugfestigkeit ist das Verfahren der mittigen Belastung mit Hilfe des in 4.7 beschriebenen Geräts anzuwenden.

Die Teile der bei der Biegezugprüfung gebrochenen Prismen sind auf den Seitenflächen auf einer Fläche von 40 mm × 40 mm auf Druckfestigkeit zu prüfen.

Sofern die Biegezugfestigkeit nicht verlangt wird, kann diese Prüfung entfallen, aber die Druckfestigkeitsprüfung ist an den zwei Hälften des Prismas durchzuführen, das durch ein geeignetes Verfahren gebrochen wurde, das die Prismenhälften keinen schädlichen Spannungen aussetzt.

9.2 Biegezugfestigkeit

Das Prisma ist in die Prüfmaschine (4.7) mit einer der Seitenflächen so auf die Stützrollen zu legen, daß seine Längsachse senkrecht zu den Stützrollen ist. Die Last ist mit Hilfe der Belastungsrolle senkrecht auf die gegenüberliegende Seitenfläche des Prismas aufzubringen und gleichmäßig mit einer Laststeigerung von (50 ± 10) N/s bis zum Bruch zu erhöhen.

Die Prismenhälften sind bis zur Prüfung auf Druckfestigkeit feucht zu halten.

Die Biegezugfestigkeit R_f wird berechnet nach

$$R_f = \frac{1{,}5 \cdot F_f \cdot l}{b^3} \text{ in N/mm}^2 \qquad (1)$$

Hierin bedeuten:

b Seitenlänge des Querschnitts des Prismas in mm

F_f auf die Mitte des Prismas aufgebrachte Bruchlast in N

l Abstand zwischen den Auflagern in mm

9.3 Druckfestigkeit

Die Prismenhälften sind auf den Seitenflächen mit Hilfe der in 4.8 und 4.9 beschriebenen Prüfmaschinen auf Druckfestigkeit zu prüfen.

Die Prismenhälften sind seitlich innerhalb ± 0,5 mm auf den Prüfplatten der Prüfmaschine auszurichten und in Längsrichtung so, daß die Endfläche des Prismas ungefähr 10 mm über die Platten bzw. die Hilfsplatten hinausragt.

Die Last ist während der gesamten Belastungsdauer gleichmäßig mit einer Laststeigerung von (2400 ± 200) N/s bis zum Bruch zu erhöhen.

Wenn die Laststeigerung von Hand reguliert wird, muß eine Anpassung der Laststeigerung bei Annäherung an die Höchstlast erfolgen.

Die Druckfestigkeit R_c ergibt sich nach der Gleichung

$$R_c = \frac{F_c}{1600} \text{ in N/mm}^2 \qquad (2)$$

Hierin bedeuten:

F_c Höchstlast im Bruchzustand in N

1600 (= 40 mm × 40 mm) = Fläche der Platten bzw. Hilfsplatten in mm²

10 Güteprüfung für Zement

10.1 Allgemeines

Das Verfahren der Druckfestigkeitsbestimmung hat zwei hauptsächliche Anwendungen, nämlich die Güteprüfung und die Annahmeprüfung.

Dieser Abschnitt beschreibt die Güteprüfung, mit deren Hilfe ein Zement dahingehend beurteilt wird, ob er den Anforderungen an die Druckfestigkeit entspricht.

Die Annahmeprüfung wird in Abschnitt 11 behandelt.

10.2 Begriffsbestimmung des Prüfergebnisses

Ein Prüfergebnis ist das arithmetische Mittel von 6 Druckfestigkeitswerten, die an einem Satz von 3 Prismen ermittelt worden sind.

Wenn ein Einzelwert aus den 6 Bestimmungen mehr als ± 10 % vom Mittelwert aus den 6 Einzelwerten abweicht, ist dieser Einzelwert zu verwerfen und der Mittelwert aus den verbleibenden 5 Einzelwerten zu bestimmen. Wenn ein weiterer Einzelwert aus diesen 5 Bestimmungen mehr als ± 10 % von deren Mittelwert abweicht, ist das gesamte Prüfergebnis zu verwerfen.

10.3 Berechnung des Prüfergebnisses

Aus den einzelnen an Prismenhälften ermittelten und jeweils auf 0,1 N/mm² angegebenen Festigkeiten ist der Mittelwert in Übereinstimmung mit 10.2 zu berechnen und auf 0,1 N/mm² anzugeben.

10.4 Darstellung der Ergebnisse

Alle Einzelwerte sind anzugeben. Ferner ist der berechnete Mittelwert anzugeben und ob ein Einzelwert in Übereinstimmung mit Abschnitt 10.2 verworfen wurde.

10.5 Beurteilung der Präzision des Prüfverfahrens

Die Präzision des Prüfverfahrens wird anhand seiner Wiederholbarkeit (siehe 11.5) und Vergleichbarkeit (siehe 10.6) beurteilt.

Die Präzision des Prüfverfahrens für die Güteprüfung wird anhand seiner Vergleichbarkeit beurteilt.

Die Präzision des Prüfverfahrens für die Annahmeprüfung und für Zwecke der Produktionsüberwachung wird anhand seiner Wiederholbarkeit beurteilt.

10.6 Vergleichbarkeit

Die Vergleichbarkeit des Verfahrens zur Druckfestigkeitsbestimmung gibt den zahlenmäßigen Fehler, der mit den Prüfergebnissen verbunden ist, die an namentlich gleichartigen Zementproben durch verschiedene Laboranten erhalten werden, die in verschiedenen Laboratorien zu verschiedenen Zeiten unter Verwendung von Normsand verschiedenen Ursprungs und verschiedenen Gerätegarnituren arbeiten.

Für die 28-Tage-Druckfestigkeit kann die Vergleichbarkeit zwischen sachkundigen Laboratorien, ausgedrückt als Variationskoeffizient, unter diesen Bedingungen mit weniger als 6 % erwartet werden.

Das hat zur Folge, daß die Differenz zwischen zwei entsprechenden Prüfungsergebnissen aus verschiedenen Laboratorien mit einer Wahrscheinlichkeit von 95 % mit weniger als 15 % erwartet werden kann.

11 Annahmeprüfung für Normsand und für alternative Ausstattung

11.1 Allgemeines

Nach Abschnitt 3 kann sich die Prüfung von Zement nach dieser Norm nicht auf die Verwendung eines einzigen, überall verfügbaren Sandes stützen; daher ist es notwendig, daß mehrere Prüfsande, die als CEN-Normsande ausgewiesen sind, zur Verfügung stehen.

Ähnlich, jedoch aus einem anderen Grund, verlangt die Norm vom Prüflaboratorium nicht, eine bestimmte Art von Verdichtungsgerät zu verwenden. Der Hinweis auf „alternative Materialien und Ausrüstungen" wurde daher eingeführt. Natürlich muß die Freiheit der Wahl, verbunden mit den unvermeidlichen Anforderungen an eine Europäische Norm, zu bestimmten Begrenzungen hinsichtlich der Alternativen führen. Infolgedessen ist es ein wichtiger Grundsatz dieser Norm, daß die Alternativen einem Prüfprogramm unterworfen werden, das sicherstellt, daß die bei der Güteprüfung erhaltenen Prüfungsergebnisse durch deren Einsatz anstelle der genormten Referenz-Materialien oder -Geräte nicht signifikant beeinflußt werden.

Diese Annahmeprüfung sollte eine Zulassungsprüfung einschließen, die nachweist, daß die neue vorgeschlagene Alternative den Anforderungen der Norm entspricht und Überwachungsprüfungen, die sicherstellen, daß die zugelassene Alternative in Übereinstimmung mit dieser Norm bleibt.

Da die beiden bedeutendsten Alternativen der Sand und das Verdichtungsgerät sind, ist deren Prüfung im einzelnen zur Illustration des allgemeinen Verfahrens der Annahmeprüfung in 11.6 und 11.7 beschrieben.

11.2 Begriffsbestimmung des Prüfergebnisses

Ein Prüfergebnis ist das arithmetische Mittel von 6 Druckfestigkeitswerten, die an den 3 Prismen aus einer Mörtelmischung ermittelt werden.

11.3 Berechnung des Prüfergebnisses

Siehe 10.3.

11.4 Präzision des Prüfverfahrens

Die Präzision des Prüfverfahrens für die Annahmeprüfung und die Produktionsüberwachung wird anhand der Wiederholbarkeit beurteilt (hinsichtlich der Vergleichbarkeit siehe 10.6).

11.5 Wiederholbarkeit

Die Wiederholbarkeit des Verfahrens zur Druckfestigkeitsbestimmung gibt den zahlenmäßigen Fehler, der mit den Prüfergebnissen verbunden ist, die in einem Laboratorium an namentlich gleichartigen Zementproben unter namentlich gleichartigen Bedingungen (gleicher Laborant, gleiche Ausrüstung, gleicher Sand, kurzer Zeitabstand usw.) erhalten werden.

Für die 28-Tage-Druckfestigkeit kann erwartet werden, daß die Wiederholbarkeit unter diesen Bedingungen in einem sachkundigen Laboratorium, ausgedrückt als Variationskoeffizient, zwischen 1% und 3% liegt.

11.6 CEN-Normsande

11.6.1 Zulassungsprüfung für Sand

Ein Sand, der nach dieser Norm als Prüfsand verwendet wird, muß zugelassen und dann als „CEN-Normsand, EN 196-1" gekennzeichnet sein.

Die Zulassungsprüfung während des anfänglichen Herstellungszeitraums (mindestens 3 Monate) eines vorgesehenen neuen CEN-Normsandes ist erforderlich, um seine Brauchbarkeit nachzuweisen (darüber hinaus ist eine jährliche Überwachungsprüfung erforderlich, um seine Gleichmäßigkeit über einen längeren Zeitraum sicherzustellen – siehe 11.6.2). Die Zulassungsprüfung stützt sich auf ein genormtes Verfahren für den Vergleich des vorgeschlagenen CEN-Normsandes mit dem CEN-Referenzsand (siehe 11.6.3).

Die Zulassungsprüfung stützt sich auf die Druckfestigkeitsprüfung im Alter von 28 Tagen und ist von solchen Laboratorien durchzuführen, die von der zuständigen nationalen Normenorganisation für diesen Zweck anerkannt wurden.

Die die Zulassungsprüfungen durchführenden Stellen müssen international zusammenarbeiten und an gemeinsamen Prüfungen [6]) teilnehmen, um sicherzustellen, daß die Eigenschaften der Normsande von Herstellern in verschiedenen Ländern hinsichtlich der internationalen Annahmekriterien vergleichbar sind.

11.6.2 Überwachungsprüfung von Sand

Das Überwachungsprüfungsverfahren, das für die jährliche Erneuerung der Zulassung gefordert wird, umfaßt die jährliche Prüfung einer zufällig entnommenen Sandprobe durch die Zulassungsstelle und einer Überprüfung der Aufzeichnungen des Sandherstellers über seine Überwachungsprüfungen durch diese Stelle.

Das Programm für die Überwachungsprüfung gründet sich auf die gleichen Richtlinien wie für die Zulassungsprüfung (siehe 11.6.4).

Die Überwachungsprüfungen des Sandherstellers sind regelmäßig durch das Laboratorium des Herstellers oder durch ein Dienstleistungslaboratorium durchzuführen (monatlich bei ständiger Herstellung). Die Aufzeichnung der Ergebnisse der Überwachungsprüfungen von mindestens 3 Jahren stehen der Zulassungsstelle für eine Überprüfung als Teil des Überwachungsverfahrens zur Verfügung.

11.6.3 Verfahren für die Zulassungsprüfung von CEN-Normsand

11.6.3.1 Allgemeines

Während des anfänglichen Herstellungszeitraums von mindestens 3 Monaten sind 3 unabhängige Proben von dem Sand, für den eine Zulassung als CEN-Normsand beantragt wurde, durch die Zulassungsstelle für eine Zulassungsprüfung zu entnehmen.

Eine Vergleichsprüfung mit dem CEN-Referenzsand ist mit jeder dieser 3 Proben unter jeweiliger Verwendung einer anderen der 3 verschiedenen Zementproben, die für diesen Zweck von der Zulassungsstelle ausgewählt wurden, durchzuführen.

Wenn jede dieser Vergleichsprüfungen im Alter von 28 Tagen zur Annahme der jeweiligen Probe führt, wird der vorgeschlagene Sand als CEN-Normsand angenommen.

11.6.3.2 Annahmekriterium

Diese Norm basiert auf dem Annahmekriterium, daß ein Sand, der auf die Dauer eine 28-Tage-Druckfestigkeit erbringen würde, die etwa 5% von der mit dem CEN-Referenzsand erhaltenen abweicht, die Wahrscheinlichkeit von mindestens 95% hätte, abgelehnt zu werden.

11.6.3.3 Durchführung jeder einzelnen Vergleichsprüfung

Unter Verwendung des für diesen Zweck ausgewählten Zementes sind 20 Paar Mörtelmischungen herzustellen, und zwar unter Verwendung des vorgeschlagenen CEN-Normsandes für die eine Mischung und des CEN-Referenzsandes für die andere. Die zwei Mischungen jeden Paares sind in Übereinstimmung mit dieser Norm unmittelbar nacheinander in einer zufälligen Reihenfolge herzustellen. Nach einer Lagerungszeit von 28 Tagen müssen alle 6 Prismen des Mischungspaares auf Druckfestigkeit geprüft und

---

[6]) Die Anforderungen für diese Prüfungen werden Bestandteil des künftigen Zulassungsrahmenplans sein.

das Prüfungsergebnis für jeden Sand nach 10.3 berechnet werden, und zwar als x für den vorgeschlagenen CEN-Normsand und als y für den CEN-Referenzsand.

11.6.3.4 Auswertung jeder einzelnen Vergleichsprüfung

Es sind die nachstehenden Parameter zu berechnen:

a) die mittlere Druckfestigkeit ($\bar{y}$) aller 20 Mischungen, die mit dem CEN-Referenzsand hergestellt wurden;

b) die mittlere Druckfestigkeit ($\bar{x}$) aller 20 Mischungen, die mit dem vorgeschlagenen CEN-Normsand hergestellt wurden.

Der Wert $D = \frac{100\,(\bar{x} - \bar{y})}{\bar{y}}$ ist auf 0,1 ohne Berücksichtigung des Vorzeichens zu berechnen.

11.6.3.5 Behandlung von Ausreißern

Wenn ein Ausreißer bei den Differenzen vermutet wird, sind die nachstehenden Parameter zu berechnen:

a) die rechnerische Differenz ($d = x - y$) zwischen jedem Paar der Prüfungsergebnisse;

b) der Mittelwert der 20 Differenzen ($\bar{d} = \bar{x} - \bar{y}$);

c) die Standardabweichung der 20 Differenzen (s);

d) der Wert 3 s;

e) die arithmetische Differenz zwischen dem größten Wert für d (d_{max}) und $\bar{d}$ und zwischen dem niedrigsten Wert für d (d_{min}) und $\bar{d}$. Wenn eine dieser Differenzen größer als 3 s ist, ist der betreffende Wert (d_{max} oder d_{min}) zu verwerfen und die Berechnung für die verbleibenden 19 Differenzen zu wiederholen.

11.6.3.6 Anforderungen für die Annahme

Der vorgeschlagene CEN-Normsand ist für die Zulassung geeignet, wenn jeder der 3 nach 11.6.3.4 berechneten Werte für $D < 5{,}0$ ist. Wenn einer oder mehrere der berechneten Werte für $D \geq 5{,}0$ ist, ist der Sand nicht für die Annahme geeignet.

11.6.4 Verfahren für die Überwachungsprüfung von CEN-Normsand

11.6.4.1 Jährliche Überprüfung durch die Zulassungsstelle

Eine einzelne Zufallsstichprobe des Sandes ist durch die Zulassungsstelle nach 11.6.2 zu entnehmen und nach dem allgemeinen in 11.6.3 beschriebenen Verfahren zu prüfen, wobei einer der für diesen Zweck von der Zulassungsstelle ausgewählten Zemente zu verwenden ist.

Wenn der nach 11.6.3.4 berechnete Wert $D < 5{,}0$ ist, ist die Probe als mit den Anforderungen der Überwachung übereinstimmend zu betrachten. Wenn der Wert $D \geq 5{,}0$ ist, sind 3 weitere Zufallsstichproben nach dem in 11.6.3 beschriebenen vollständigen Zulassungsverfahren zu prüfen.

11.6.4.2 Monatliche Prüfung durch den Sandhersteller

Der Sandhersteller hat eine monatliche Prüfung in der gleichen Art wie für die Überwachungsprüfung nach 11.6.4.1 durchzuführen – allerdings mit mindestens 10 Vergleichen –, wobei eine Zufallsstichprobe des in diesem Monat hergestellten Sandes mit einem zugelassenen CEN-Normsand unter Verwendung eines von der Zulassungsstelle für diesen Zweck ausgewählten Zements verglichen wird.

Wenn der nach 11.6.3.4 berechnete Wert D mehr als zweimal innerhalb der 12 aufeinanderfolgenden monatlichen Vergleichsprüfungen $> 2{,}5$ ist, ist die Zulassungsstelle zu benachrichtigen, die dann eine neue Zulassungsprüfung an 3 Zufallsstichproben nach 11.6.3 durchzuführen hat.

11.7 Annahmeprüfung für ein Alternativ-Verdichtungsgerät

11.7.1 Allgemeines

Wenn die Annahmeprüfung eines Alternativ-Verdichtungsgeräts gefordert ist, wählt die Zulassungsstelle 3 im Handel erhältliche Geräte aus, die im Laboratorium der Zulassungsstelle neben einem Schocktisch nach 4.6 aufzustellen sind.

Dem zu prüfenden Gerät ist beizufügen:

a) eine vollständige technische Beschreibung und eine Konstruktionszeichnung;

b) eine Wartungsanleitung;

c) eine Checkliste, um einwandfreies Funktionieren sicherzustellen;

d) eine vollständige Beschreibung des vorgeschlagenen Verdichtungsverfahrens.

Die Zulassungsstelle hat sorgfältig zu prüfen, ob die technischen Eigenschaften des zu prüfenden Geräts mit der technischen Beschreibung übereinstimmen. Sie hat dann drei Vergleichsversuche durchzuführen, wobei für jeden ein anderer der drei von der Zulassungsstelle für diesen Zweck ausgewählten Zemente und der CEN-Referenzsand zu verwenden sind.

Wenn jeder dieser drei Vergleiche zur Annahme des Alternativ-Geräts führt, ist das vorgeschlagene Verdichtungsgerät als geeignetes Alternativ-Gerät anzusehen.

11.7.2 Prüfung eines Alternativ-Geräts

11.7.2.1 Annahmekriterium

Diese Norm basiert auf dem Annahmekriterium, daß ein Gerät unter Anwendung eines Verdichtungsverfahrens, das auf die Dauer eine 28-Tage-Druckfestigkeit erbringen würde, die um 5 % von der abweicht, die mit dem in dieser Norm beschriebenen Verfahren erhalten wird, die Wahrscheinlichkeit von mindestens 95 % hat, abgelehnt zu werden.

11.7.2.2 Durchführung jeder einzelnen Vergleichsprüfung

Unter Verwendung von für diesen Zweck ausgewähltem Zement sind 20 Paar Mörtelmischungen herzustellen und unter Verwendung des vorgeschlagenen Alternativ-Verfahrens für die einen Mischungen und des Normverfahrens für die anderen Mischungen zu verdichten.

Die zwei Mischungen jeden Paares sind in zufälliger Reihenfolge unmittelbar nacheinander herzustellen. Die Weiterbehandlung der Prismen nach der Verdichtung erfolgt nach dieser Norm. Nach einer Lagerungszeit von 28 Tagen sind alle 6 Prismen eines jeden Paares auf Druckfestigkeit zu prüfen; das Prüfungsergebnis für jede Verdichtungsart ist nach Abschnitt 11.3 zu berechnen, wobei das Ergebnis des vorgeschlagenen Alternativ-Verfahrens mit x bezeichnet wird und das des Norm-Schocktisches mit y.

11.7.2.3 Auswertung jeder einzelnen Vergleichsprüfung

Es sind die nachstehenden Parameter zu berechnen:

a) die mittlere Druckfestigkeit ($\bar{y}$) aller 20 Mischungen, die mit dem genormten Gerät verdichtet wurden;

b) die mittlere Druckfestigkeit ($\bar{x}$) aller 20 Mischungen, die mit dem vorgeschlagenen Alternativ-Gerät verdichtet wurden.

Der Wert $D = \frac{100\,(\bar{x} - \bar{y})}{\bar{y}}$ ist auf 0,1 ohne Berücksichtigung des Vorzeichens zu berechnen.

11.7.2.4 Behandlung von Ausreißern

Siehe 11.6.3.5.

11.7.2.5 Anforderungen für die Annahme des vorgeschlagenen Alternativ-Geräts

Das Alternativ-Gerät ist als geeignet anzusehen, wenn jeder der 3 nach 11.7.2.3 berechneten Werte für $D < 5{,}0$ ist.

In diesem Fall ist die technische Beschreibung des Geräts als Anhang zu 4.6 und die Beschreibung des Verdichtungsverfahrens als Anhang zu 7.2 anzusehen.

Wenn einer oder mehrere der berechneten Werte für $D \geq 5{,}0$ ist, ist das Alternativ-Gerät nicht geeignet.

Ende der Deutschen Fassung

Nationaler Anhang NA (normativ)

„Alternativ-Verdichtungsgerät"

Vorbemerkung: Aufgrund der Festlegungen des Abschnittes 11.7 der Norm hat das Deutsche Institut für Normung e. V. (DIN) an dem im folgenden beschriebenen Vibrationstisch Prüfungen zur Eignung als Alternativ-Verdichtungsgerät vorgenommen. Der Vibrationstisch erfüllt die Annahmekriterien und ist daher für Anwendung des im Anhang ebenfalls beschriebenen Verdichtungsverfahrens als Alternativ-Verdichtungsgerät geeignet.

NA.1 Zu Abschnitt 4.6 „Schocktisch"

Technische Beschreibung des Alternativ-Verdichtungsgerätes „Vibrationstisch"

Antrieb	Magnetvibrator
Schwingungsart	sinusförmig
Schwingfrequenz konstant	50 Hz
Minimaler Einstellbereich der Schwingbreite (stufenlos einstellbar)	0,4 mm bis 1,0 mm
Maximale schwingende Masse (einschließlich aufgespannter leerer Form)	35 kg
Schwingplatte	einschichtig aus nichtrostendem austenitischen Stahl [7]) (Mindestdicke 10 mm) oder zweischichtig aus Metall (Mindestdicke 20 mm) mit mindestens 1,0 mm dicker, dauerhaft kraft- und formschlüssig mit der Unterlage verbundener Auflage aus nichtrostendem austenitischen Stahl [7]).
Mindestmaße der Schwingplatte B × T	400 mm × 300 mm
Formhalterung	Spannvorrichtung, passend zu Prismenform 40 mm × 40 mm × 160 mm mit aufgesetztem Aufsatzkasten
Gewicht des Tisches	≥ 100 kg

Der Vibrationstisch ist mit den an der Unterseite angebrachten Stellschrauben so aufzustellen, daß die Schwingplattenarbeitsfläche von der Horizontalen nicht mehr als 1 mm/m abweicht.

Die Schwingplatte darf nur einachsige, lotrechte Schwingungen ausführen. Die Arbeitsfläche muß eben geschliffen sein.

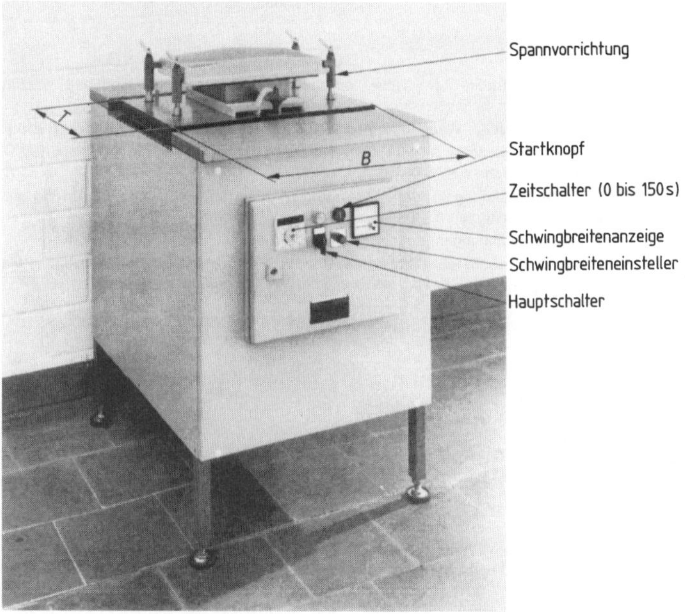

Bild NA.1. Alternativ-Verdichtungsgerät „Vibrationstisch" (Beispiel)

7) Z. B. nach DIN 17 440 – X 10 CrNiS 18 9 (1.4305)

Die bei eingespannter, leerer Form auf den mittleren Stegen und auf den äußeren Ecken der Form gemessene Schwingbreite (doppelte Amplitude) muß 0,75 mm $\pm$ 0,10 mm betragen.

Die Schwingbreite muß stufenlos zwischen etwa 0,4 mm und 1,0 mm einstellbar sein und angezeigt werden.

Der Tisch muß mit Führungen oder ähnlichem so ausgerüstet sein, daß die Form etwa in der Mitte der Arbeitsfläche gehalten wird.

Die Form mit aufgesetztem Aufsatzkasten muß durch eine Spannvorrichtung fest aufgespannt werden können.

Die Dauer der Vibration muß mit einer Schaltuhr auf $\pm$ 1 s genau eingestellt werden können.

NA.2 Zu Abschnitt 7.2 „Verdichten der Prüfkörper"

Beschreibung des Verdichtungsverfahrens mit dem Alternativ-Verdichtungsgerät „Vibrationstisch"

Die Prüfkörper sind unmittelbar nach dem Mischen des Mörtels herzustellen.

Der Mörtel ist mit einem Vibrationstisch nach Abschnitt NA.1.1 zu verdichten.

Die Form ist fest aufzuspannen. Nach Einschalten des Vibrators sind die Fächer der Form innerhalb von höchstens 45 Sekunden mit dem Mörtel in 2 Lagen nach folgendem Zeitablauf zu füllen:

Mit der ersten Lage Mörtel sind die Fächer der Form mit einem Löffel von rechts beginnend innerhalb 15 Sekunden bis ungefähr zur Hälfte zu füllen. Ohne Abschaltung des Vibrators ist dann nach einer Einfüllpause von 15 Sekunden innerhalb der nächsten 15 Sekunden die zweite Lage wiederum von rechts beginnend einzubringen. Die gesamte Mörtelmenge nach 6.1 muß eingefüllt werden. Nach insgesamt 120 Sekunden $\pm$ 1 s muß sich der Vibrator automatisch abschalten.

Die Form ist möglichst erschütterungsfrei von dem Vibrationstisch zu heben und der Aufsatzkasten zu entfernen. Der überstehende Mörtel ist unmittelbar danach mit einem geraden Metallineal (siehe Bild 3) abzustreichen, das dabei fast senkrecht gehalten und langsam in einer horizontalen, sägenden Bewegung (siehe Bild 2) je einmal in jeder Richtung geführt wird. Die Oberfläche der Prüfkörper ist mit dem gleichen Lineal zu glätten, wobei es fast flach gehalten wird.

Die Form ist so zu kennzeichnen, daß beim Entformen eine eindeutige Zuordnung (z. B. Art des Bindemittels und Hersteller) der Prüfkörper möglich ist.

Zitierte Normen

– in der Deutschen Fassung:

Siehe Abschnitt 2

– in nationalen Zusätzen:

DIN 17 440	Nichtrostende Stähle; Technische Lieferbedingungen für Blech, Warmband, Walzdraht, gezogenen Draht, Stabstahl, Schmiedestücke und Halbzeug
DIN 50 133	Prüfung metallischer Werkstoffe; Härteprüfung nach Vickers; Bereich 0,2 bis HV 100
DIN ISO 409 Teil 1	Metallische Werkstoffe; Härteprüfung, Tabellen zur Bestimmung der Vickershärte bei der Prüfung an ebenen Oberflächen; HV 5 bis HV 100
DIN ISO 1101	Technische Zeichnungen; Form- und Lagetolerierung; Form-, Richtungs-, Orts- und Lauftoleranzen; Allgemeines, Definitionen, Symbole, Zeichnungseintragungen
DIN ISO 1302	Technische Zeichnungen; Angabe der Oberflächenbeschaffenheit in Zeichnungen
DIN ISO 4200	Nahtlose und geschweißte Stahlrohre; Übersicht über Maße und längenbezogene Massen

Übrige zitierte Normen siehe Nationales Vorwort

Frühere Ausgaben

DIN 1165: 08.39

DIN 1166: 10.39

DIN 1167: 08.40x, 07.59

DIN 1164: 04.32, 07.42x, 12.58

DIN 1164 Teil 7: 06.70, 11.78

Änderungen

Gegenüber DIN 1164 T 7/11.78 wurden folgende Änderungen vorgenommen:

– Europäische Norm EN 196-1 : 1987 (Stand 1989) übernommen.

Internationale Patentklassifikation

C 04 B 7/00
G 01 N 33/38

DK 666.94 : 691.54 : 620.1 März 1990

Prüfverfahren für Zement
Chemische Analyse von Zement
Deutsche Fassung EN 196-2 : 1987 (Stand 1989)

DIN EN 196 Teil 2

Methods of testing cement; Chemical analysis of cement; German version EN 196-2 : 1987 (Status as of 1989)

Méthodes d'essais des ciments; Analyse chimique des ciments; Version Allemande EN 196-2 : 1987 (mise à jour 1989)

Mit DIN 1164 T31/03.90 und DIN EN 196 T21/03.90 Ersatz für DIN 1164 T3/11.78

Die Europäische Norm EN 196-2 : 1987 hat den Status einer Deutschen Norm.

Nationales Vorwort

Diese Europäische Norm wurde vom CEN/TC 51 „Zement und Baukalk" (Sekretariat: Belgien) ausgearbeitet. Im DIN Deutsches Institut für Normung e.V. war hierfür der Arbeitsausschuß 06.04 „Zement" des Normenausschusses Bauwesen (NABau) zuständig.

Normen über Zement und Prüfverfahren für Zement:

DIN 1164 Teil 1	Portland-, Eisenportland-, Hochofen- und Traßzement; Begriffe, Bestandteile, Anforderungen, Lieferung
DIN 1164 Teil 2	Portland-, Eisenportland-, Hochofen- und Traßzement; Überwachung (Güteüberwachung)
DIN 1164 Teil 8	Portland-, Eisenportland-, Hochofen- und Traßzement; Bestimmung der Hydratationswärme mit dem Lösungskalorimeter
DIN 1164 Teil 31	Portland-, Eisenportland-, Hochofen- und Traßzement; Bestimmung des Hüttensandanteils von Eisenportland- und Hochofenzement und des Traßanteils von Traßzement
DIN 1164 Teil 100	Zement; Portlandölschieferzement; Anforderungen, Prüfungen, Überwachung
DIN EN 196 Teil 1	Prüfverfahren für Zement; Bestimmung der Festigkeit; Deutsche Fassung EN 196-1 : 1987 (Stand 1989)
DIN EN 196 Teil 2	Prüfverfahren für Zement; Chemische Analyse von Zement; Deutsche Fassung EN 196-2 : 1987 (Stand 1989)
DIN EN 196 Teil 3	Prüfverfahren für Zement; Bestimmung der Erstarrungszeiten und der Raumbeständigkeit; Deutsche Fassung EN 196-3 : 1987
DIN EN 196 Teil 5	Prüfverfahren für Zement; Prüfung der Puzzolanität von Puzzolanzementen; Deutsche Fassung EN 196-5 : 1987
DIN EN 196 Teil 6	Prüfverfahren für Zement; Bestimmung der Mahlfeinheit; Deutsche Fassung EN 196-6 : 1989
DIN EN 196 Teil 7	Prüfverfahren für Zement; Verfahren für die Probenahme und Probenauswahl von Zement; Deutsche Fassung EN 196-7 : 1989
DIN EN 196 Teil 21	Prüfverfahren für Zement; Bestimmung des Chlorid-, Kohlenstoffdioxid- und Alkalianteils von Zement; Deutsche Fassung EN 196-21 : 1989

Darüber hinaus liegt die Vornorm

DIN V ENV 196 Teil 4	Prüfverfahren für Zement; Quantitative Bestimmung der Bestandteile; Deutsche Fassung ENV 196-4 : 1989

vor.

Die Prüfverfahren der Norm DIN EN 196 Teil 2 ersetzen mit DIN 1164 Teil 31 und DIN EN 196 Teil 21 die Prüfverfahren, die in DIN 1164 Teil 3 festgelegt waren.

Zu der im Abschnitt 2 angegebenen Norm ISO 3534 wird auf die Normen der Reihe DIN 55 350 hingewiesen.

Anmerkung: Fußnote [1]), Seite 3, entspricht nicht mehr dem derzeitigen Stand (siehe dazu „Nationales Vorwort"). Darüber hinaus muß in Abschnitt 2 dieser Norm der Titel von EN 196-7 dem im Vorwort angegebenen entsprechen.

Fortsetzung Seite 2 bis 18

Normenausschuß Bauwesen (NABau) im DIN Deutsches Institut für Normung e.V.

EUROPÄISCHE NORM
EUROPEAN STANDARD
NORME EUROPÉENNE

EN 196
Teil 2

Mai 1987

DK 666.94 : 691.54 : 620.1

Enthält Änderung AC 1 : 1989

Deskriptoren: Zement, Chemische Analyse, Bestimmung des Gehalts, Glühverlust, Sulfate, Sulfide, Mangan, Siliciumdioxid, Eisenoxid, Aluminiumoxid, Calciumoxid, Magnesiumoxid, Abrauchrückstand, Gravimetrische Bestimmung, Spektralphometrische Methode, EDTE.

Deutsche Fassung

Prüfverfahren für Zement

Chemische Analyse von Zement

Methods of testing cement; Chemical analysis of ciment

Méthodes d'essais des ciments; Analyse chimique des ciments

Diese Europäische Norm wurde von CEN am 1985-11-15 angenommen. Die CEN-Mitglieder sind gehalten, die Forderungen der Gemeinsamen CEN/CENELEC-Regeln zu erfüllen, in denen die Bedingungen festgelegt sind, unter denen dieser Europäischen Norm ohne jede Änderung der Status einer nationalen Norm zu geben ist.

Auf dem letzten Stand befindliche Listen dieser nationalen Normen mit ihren bibliographischen Angaben sind beim CEN-Zentralsekretariat oder bei jedem CEN-Mitglied auf Anfrage erhältlich.

Diese Europäische Norm besteht in drei offiziellen Fassungen (Deutsch, Englisch, Französisch). Eine Fassung in einer anderen Sprache, die von einem CEN-Mitglied in eigener Verantwortung durch Übersetzung in die Landessprache gemacht und dem CEN-Zentralsekretariat mitgeteilt worden ist, hat den gleichen Status wie die offiziellen Fassungen.

CEN-Mitglieder sind die nationalen Normenorganisationen von Belgien, Dänemark, Deutschland, Finnland, Frankreich, Griechenland, Irland, Island, Italien, Luxemburg, Niederlande, Norwegen, Österreich, Portugal, Schweden, Schweiz, Spanien und dem Vereinigten Königreich.

CEN

EUROPÄISCHES KOMITEE FÜR NORMUNG
European Committee for Standardization
Comité Européen de Normalisation

Zentralsekretariat: Rue Bréderode 2, B-1000 Brüssel

Ref. Nr. EN 196-2 : 1987 + AC 1 : 1989 D

Entstehungsgeschichte

Die vorliegende Europäische Norm wurde von dem Technischen Komitee CEN/TC 51 „Zement", mit dessen Sekretariat IBN betraut ist, ausgearbeitet.

Entsprechend den Gemeinsamen CEN/CENELEC-Regeln sind folgende Länder gehalten, diese Europäische Norm zu übernehmen:

Belgien, Dänemark, Deutschland, Frankreich, Griechenland, Italien, Niederlande, Norwegen, Spanien, Schweden.

Vorwort

Die Europäische Norm EN 196 über Prüfverfahren für Zement besteht aus folgenden Teilen:

Teil 1: Bestimmung der Festigkeit
Teil 2: Chemische Analyse von Zement
Teil 3: Bestimmung der Erstarrungszeiten und der Raumbeständigkeit
Teil 4: Quantitative Bestimmung der Bestandteile
Teil 5: Prüfung der Puzzolanität von Puzzolanzementen
Teil 6: Bestimmung der Mahlfeinheit
Teil 7: Verfahren für die Probenahme und Probenauswahl von Zement
Teil 21: Bestimmung des Chlorid-, Kohlenstoffdioxid- und Alkalianteils von Zement

Inhalt

1 Zweck und Anwendungsbereich

Diese Europäische Norm beschreibt die Verfahren zur Durchführung der chemischen Analyse von Zement.

Die Norm beschreibt die Referenzverfahren und in einigen Fällen ein Alternativverfahren, dessen Ergebnisse denen des Referenzverfahrens entsprechen.

Werden andere Verfahren angewendet, so ist nachzuweisen, daß ihre Ergebnisse den Ergebnissen der Referenzverfahren entsprechen. Im Streitfall sind die Referenzverfahren maßgebend.

Diese Norm gilt für alle Zemente sowie für deren Bestandteile, wie z. B. Klinker und Hüttensand.

In den Anwendungsnormen ist festgelegt, welche Verfahren anzuwenden sind.

2 Verweisungen auf andere Normen

EN 196-7	Prüfverfahren für Zement; Probenahme[1])
ISO 3534 – 1977	Statistik; Begriffe und Zeichen

3 Allgemeine Prüfanforderungen

3.1 Anzahl der Bestimmungen

Zur Bestimmung der verschiedenen Bestandteile (siehe Abschnitte 7 bis 13) sind zwei Analysen durchzuführen (siehe auch 3.3).

3.2 Wiederholbarkeit und Vergleichbarkeit

Die Wiederholstandardabweichung gibt an, wie gut aufeinanderfolgende Ergebnisse übereinstimmen, die mit demselben Verfahren am gleichen Material und unter übereinstimmenden Prüfbedingungen erhalten werden (gleicher Laborant (Prüfer), dasselbe Gerät, gleiches Labor und kurze Zeitspanne)[2]).

Die Vergleichstandardabweichung gibt an, wie gut die einzelnen Ergebnisse übereinstimmen, die mit demselben Verfahren am gleichen Material, aber unter unterschiedlichen

---

1) Z. Z. in Vorbereitung

2) Definition nach ISO 3534

Bedingungen erhalten werden (verschiedene Laboranten (Prüfer), unterschiedliche Geräte, verschiedene Labors und/oder verschiedene Zeiten)[2]).

Die Wiederhol- und Vergleichstandardabweichung werden in % absolut[3]) angegeben.

3.3 Angabe von Massen, Volumina, Faktoren und Gehalten

Massen sind in Gramm auf 0,0001 g, mit Büretten abgemessene Volumina in Milliliter auf 0,05 ml anzugeben.

Als Faktoren eingestellter Lösungen gilt das Mittel aus drei Bestimmungen. Sie sind auf drei Dezimalen anzugeben.

Als Gehalt gilt das Mittel aus zwei Bestimmungen. Er ist im allgemeinen in % auf zwei Dezimalen anzugeben.

Weichen die Ergebnisse einer Doppelbestimmung um mehr als die zweifache Wiederholstandardabweichung voneinander ab, ist die Bestimmung zu wiederholen. Als Ergebnis gilt dann das Mittel aus den beiden Ergebnissen mit der geringsten Abweichung.

3.4 Glühverfahren

Zum Glühen werden Filter und Inhalt in einen zuvor geglühten und gewogenen Tiegel übergeführt und getrocknet. Dann werden sie langsam in oxidierender Atmosphäre vollständig verascht, wobei sie sich nicht entzünden dürfen. Anschließend wird bei der vorgeschriebenen Temperatur geglüht. Tiegel und Inhalt werden in einem Exsikkator auf Raumtemperatur abgekühlt und gewogen.

3.5 Bestimmung der Massenkonstanz

Zum Erreichen der Massenkonstanz ist die Probe mehrmals 15 Minuten zu glühen, abzukühlen und danach jedes Mal zu wiegen. Die Massenkonstanz gilt als erreicht, wenn die Differenz zwischen zwei aufeinanderfolgenden Wägungen kleiner als 0,0005 g ist.

3.6 Nachweis der Chloridfreiheit (Prüfen mit Silbernitratlösung)

Nach dem Waschen eines Niederschlags, das im allgemeinen fünf- oder sechsmal durchgeführt wird, wird der Ablauf des Trichters mit einigen Wassertropfen abgespült. Filter und Inhalt werden mit einigen Millilitern Wasser gewaschen, die in einem Reagenzglas aufgefangen und mit einigen Tropfen Silbernitratlösung (4.33) versetzt werden. Tritt keine Trübung und kein Niederschlag in der Lösung auf, ist kein Chlorid vorhanden. Anderenfalls ist der Waschvorgang zu wiederholen, bis die Prüfung mit Silbernitrat negativ ist.

4 Reagenzien

4.0 Allgemeine Anforderungen

Es sind für die Analyse nur Reagenzien einer Qualität „zur Analyse" sowie destilliertes Wasser oder Wasser gleichen Reinheitsgrades zu verwenden.

Sofern nicht anders angegeben, bedeutet „%" stets Massenanteil in %.

In dieser Norm wird bei den für die Reagenzien verwendeten konzentrierten Flüssigkeiten jeweils von folgenden Dichten (ϱ) ausgegangen (in g/cm³ bei 20 °C):

– Salzsäure	1,18 bis 1,19
– Flußsäure	1,13
– Salpetersäure	1,40 bis 1,42
– Schwefelsäure	1,84
– Phosphorsäure	1,71 bis 1,75
– Essigsäure	1,05 bis 1,06
– Ammoniumhydroxid	0,88 bis 0,91
– Triethanolamin	1,12

Verdünnungen werden stets als Volumensumme angegeben. So bedeutet z. B. verdünnte Salzsäure 1 + 2, daß 1 Volumenteil konzentrierte Salzsäure mit 2 Volumenteilen Wasser zu vermischen ist.

4.1 Salzsäure, konzentriert (HCl)

4.2 Salzsäure, verdünnt 1 + 1

4.3 Salzsäure, verdünnt 1 + 2

4.4 Salzsäure, verdünnt 1 + 3

4.5 Salzsäure, verdünnt 1 + 9

4.6 Salzsäure, verdünnt 1 + 11

4.7 Salzsäure, verdünnt 1 + 19

4.8 Salzsäure, verdünnt 1 + 99

4.9 Salzsäure, verdünnt von pH 1,60

2 l Wasser werden mit 5 oder 6 Tropfen konzentrierter Salzsäure versetzt. Der pH-Wert wird unter Verwendung eines pH-Meters eingestellt. Die Lösung ist in einer Polyethylenflasche aufzubewahren.

4.10 Flußsäure, konzentriert (HF)

4.11 Flußsäure, verdünnt 1 + 3

4.12 Salpetersäure (HNO_3)

4.13 Schwefelsäure, konzentriert (H_2SO_4)

4.14 Schwefelsäure, verdünnt 1 + 1

4.15 Phosphorsäure (H_3PO_4)

4.16 Borsäure (H_3BO_3)

4.17 Essigsäure (CH_3COOH)

4.18 Aminoessigsäure (NH_2CH_2COOH)

4.19 Chrom metallisch, gepulvert (Cr)

4.20 Ammoniumhydroxid, konzentriert (NH_4OH)

4.21 Ammoniumhydroxid, verdünnt 1 + 1

4.22 Ammoniumhydroxid, verdünnt 1 + 10

4.23 Ammoniumhydroxid, verdünnt 1 + 16

4.24 Natriumhydroxid (NaOH)

4.25 Natriumhydroxidlösung 4 mol/l

160 g Natriumhydroxid werden in Wasser zu 1000 ml gelöst. Die Lösung ist in einer Polyethylenflasche aufzubewahren.

4.26 Natriumhydroxidlösung 2 mol/l

80 g Natriumhydroxid werden in Wasser zu 1000 ml gelöst. Die Lösung ist in einer Polyethylenflasche aufzubewahren.

4.27 Ammoniumchlorid (NH_4Cl)

4.28 Zinn(II)-chlorid ($SnCl_2 \cdot 2\,H_2O$)

4.29 Kaliumperiodat (KIO_4)

4.30 Natriumperoxid, gepulvert (Na_2O_2)

---

[2]) Siehe Seite 3

[3]) Die Werte für die Wiederhol- und Vergleichstandardabweichung in dieser Norm sind als vorläufig zu betrachten. Die Werte werden dann endgültig festgelegt, wenn entsprechende Erfahrungen in den Laboratorien vorliegen.

4.31 Natriumcarbonat/Natriumchlorid

7 g Natriumcarbonat (Na_2CO_3, wasserfrei) werden mit 1 g Natriumchlorid (NaCl) vermischt.

4.32 Bariumchloridlösung

120 g Bariumchlorid ($BaCl_2 \cdot 2\,H_2O$) werden mit Wasser zu 1000 ml gelöst.

4.33 Silbernitratlösung

5 g Silbernitrat ($AgNO_3$) werden in Wasser gelöst, mit 10 ml konzentrierter Salpetersäure (HNO_3) versetzt und mit Wasser zu 1000 ml verdünnt.

4.34 Natriumcarbonatlösung

50 g Natriumcarbonat (Na_2CO_3, wasserfrei) werden mit Wasser zu 1000 ml gelöst.

4.35 Kaliumhydroxidlösung

250 g Kaliumhydroxid (KOH) werden mit Wasser zu 1000 ml gelöst.

4.36 Ammoniakalische Zinksulfatlösung

50 g Zinksulfat ($ZnSO_4 \cdot 7\,H_2O$) werden in 150 ml Wasser gelöst und mit 350 ml konzentriertem Ammoniumhydroxid (NH_4OH) versetzt. Die Lösung wird stehengelassen und frühestens nach 24 Stunden filtriert.

4.37 Bleiacetatlösung

Etwa 0,2 g Bleiacetat ($Pb(CH_3COO)_2 \cdot 3\,H_2O$) werden mit Wasser zu 100 ml gelöst.

4.38 Stärkelösung

1 g Stärke (wasserlöslich) wird mit 1 g Kaliumiodid (KI) versetzt und mit Wasser zu 100 ml gelöst.

4.39 Polyethylenoxidlösung

In 100 ml Wasser werden 0,25 g Polyethylenoxid $(\text{-}CH_2\text{-}CH_2\text{-}O\text{-})_n$ von mittlerer Molekularmasse 200 000 bis 600 000 unter heftigem Rühren gelöst.

Diese Lösung ist etwa 2 Wochen beständig.

4.40 Borsäurelösung, gesättigt

Etwa 50 g Borsäure (H_3BO_3) werden mit Wasser zu 1000 ml gelöst.

4.41 Zitronensäurelösung

10 g Zitronensäure ($C_6H_8O_7 \cdot H_2O$) werden mit Wasser zu 100 ml gelöst.

4.42 Ammoniummolybdatlösung

10 g Ammoniummolybdat ($(NH_4)_6Mo_7O_{24} \cdot 4\,H_2O$) werden in Wasser zu 100 ml gelöst.

Die Lösung ist in einer Polyethylenflasche aufzubewahren. Sie ist etwa 1 Woche haltbar.

4.43 Kupfersulfatlösung

0,45 g Kupfersulfat ($CuSO_4 \cdot 5\,H_2O$) werden in einem 50-ml-Meßkolben in Wasser gelöst und bis zur Marke aufgefüllt.

4.44 Ammoniumacetat

250 g Ammoniumacetat (CH_3COONH_4) werden in Wasser zu 1000 ml gelöst.

4.45 Triethanolaminlösung 1 + 4 ($N(CH_2CH_2OH)_3$)

4.46 Reduktionslösung

In Wasser werden der Reihe nach 0,15 g 1-Amino2-hydroxynaphthalinsulfonsäure-(4) ($C_{10}H_9NO_4S$), 0,7 g Natriumsulfit (Na_2SO_3, wasserfrei) und 9,0 g Natriumdisulfit ($Na_2S_2O_5$) zu 100 ml gelöst.

Die Lösung ist höchstens 1 Woche lang beständig.

4.47 Pufferlösung pH 1,40

7,505 g Aminoessigsäure (NH_2CH_2COOH) und 5,850 g Natriumchlorid (NaCl) werden in Wasser zu 1000 ml gelöst. 300 ml dieser Lösung werden mit Salzsäure 1 + 99 zu 1000 ml verdünnt.

4.48 Kaliumiodat-/-iodid-Lösung, eingestellt, etwa 0,0166 mol/l [4])

In frisch ausgekochtem und abgekühltem Wasser werden der Reihe nach in einem 1000-ml-Meßkolben (3,6 ± 0,1) g (m_1) Kaliumiodat (KIO_3 bei 120 °C getrocknet), 2 Plätzchen Natriumhydroxid (NaOH) und 25 g Kaliumiodid (KI) gelöst. Die Lösung wird mit frisch ausgekochtem und abgekühltem Wasser bis zur Marke aufgefüllt.

Der Faktor F der Lösung wird nach folgender Gleichung berechnet:

$$F = \frac{m_1}{3{,}5668} \qquad (1)$$

Hierin bedeutet:

m_1 Einwaage an Kaliumiodat

4.49 Natriumthiosulfatlösung, etwa 0,1 mol/l [4])

4.49.1 Herstellen

24,82 g Natriumthiosulfat ($Na_2S_2O_3 \cdot 5\,H_2O$) werden mit Wasser zu 1000 ml gelöst. Vor jeder Prüfungsreihe ist der Faktor f dieser Lösung nach 4.49.2 zu bestimmen.

4.49.2 Einstellen

4.49.2.1 Das Einstellen der Lösung erfolgt vorzugsweise mit der eingestellten Kaliumiodat-/-iodid-Lösung (4.48).

Dazu werden in einen 500-ml-Erlenmeyerkolben 20 ml der eingestellten Kaliumiodat-/-iodid-Lösung pipettiert, mit etwa 150 ml Wasser verdünnt, mit 25 ml Salzsäure 1+1 angesäuert und mit der einzustellenden, etwa 0,01 mol/l Natriumthiosulfatlösung bis Hellgelb titriert.

Danach werden 2 ml Stärkelösung (4.38) zugegeben und zum Umschlag von Blau nach Farblos weitertitriert.

Der Faktor f dieser Lösung wird nach folgender Gleichung berechnet:

$$f = \frac{20 \cdot 0{,}01667 \cdot 214{,}01 \cdot F}{3{,}5668 \cdot V_1} = 20\,\frac{F}{V_1} \qquad (2)$$

Hierin bedeuten:

F Faktor der eingestellten Kaliumiodat-/-iodid-Lösung (4.48) in mol/l

V_1 Verbrauch der beim Titrieren verwendeten etwa 0,1 mol/l Natriumthiosulfatlösung

3,5668 Masse des Kaliumiodats entsprechend einer Kaliumiodat-/-iodid-Lösung von genau 0,01667 mol/l

214,01 Molekularmasse von Kaliumiodat

4.49.2.2 Das Einstellen kann auch mit einer bekannten Menge Kaliumiodat erfolgen.

Hierfür werden (0,07 ± 0,005) g Kaliumiodat (m_2) in einen 500-ml-Erlenmeyerkolben gegeben und mit etwa 150 ml in Wasser gelöst.

Der Inhalt wird mit etwa 1 g Kaliumiodid versetzt, mit 25 ml Salzsäure 1+1 angesäuert und mit der etwa 0,1 mol/l Natriumthiosulfatlösung bis Hellgelb titriert. Danach werden 2 ml Stärkelösung (4.38) zugegeben und zum Umschlag von Blau nach Farblos weitertitriert.

---

[4]) Bei niedrigem Sulfidgehalt (< 0,1 %) ist es zweckmäßig, die Lösungen auf ein Zehntel der Konzentration zu verdünnen. Hierfür werden 100 ml der Lösungen nach 4.48 und 4.49 jeweils in 1000-ml-Meßkolben pipettiert und mit Wasser zur Marke aufgefüllt.

Der Faktor f der Lösung wird nach folgender Gleichung berechnet:

$$f = \frac{1000 \cdot m_2}{3{,}5668 \cdot V_2} = 280{,}3634 \, \frac{m_2}{V_2} \quad (3)$$

Hierin bedeuten:

m_2 Einwaage an Kaliumiodat

V_2 Verbrauch der beim Titrieren verwendeten etwa 0,1 mol/l Natriumthiosulfatlösung

3,5668 Masse des Kaliumiodats entsprechend einer Kaliumiodat-/-iodid-Lösung von genau 0,01667 mol/l

4.50 Mangan-Stammlösung

4.50.1 Mangansulfat, wasserfrei

Wasserhaltiges Mangansulfat ($MnSO_4 \cdot xH_2O$) wird bei (250 ± 10) °C zur Massenkonstanz getrocknet. Die Substanz hat danach eine Zusammensetzung, die der Formel $MnSO_4$ entspricht.

4.50.2 Herstellen

Etwa 2,75 g getrocknetes Mangansulfat werden in einen 1000-ml-Meßkolben auf 0,0001 g eingewogen, in Wasser gelöst und bis zur Marke aufgefüllt. Der Gehalt G dieser Lösung an Mangan(II)ionen in mg Mn^{2+}/ml ergibt sich nach folgender Gleichung:

$$G = \frac{m_3}{2{,}7485} \quad (4)$$

Hierin bedeutet:

m_3 Einwaage an Mangansulfat

4.50.3 Aufstellen der Bezugskurve

Zur Aufstellung der Bezugskurve werden von der Mangan-Stammlösung je 20 ml in je einen 500-ml- (Nr 1) und 1000-ml-Meßkolben (Nr 2) pipettiert und mit Wasser zur Marke aufgefüllt. Von der Lösung im Meßkolben Nr 2 werden je 100 ml in je einen 200-ml- (Nr 3), 500-ml- (Nr 4) und 1000-ml-Meßkolben (Nr 5) pipettiert und mit Wasser zur Marke aufgefüllt.

Von den in den Meßkolben Nr 1 bis Nr 5 befindlichen Lösungen werden je 100 ml in je einen 400-ml-Becher pipettiert, mit 20 ml Salpetersäure angesäuert, mit 1,5 g Kaliumperiodat (4.29) und 10 ml Phosphorsäure (4.15) versetzt, zum Sieden erhitzt und 30 Minuten schwach siedend gehalten. Danach wird auf 20 °C abgekühlt und der Inhalt eines jeden Bechers in einen 200-ml-Meßkolben übergeführt. Kolben und Inhalt werden auf 20 °C abgekühlt und mit Wasser zur Marke aufgefüllt. Die Extinktion dieser Lösungen wird mit einem Photometer (5.9) bei einer Wellenlänge von etwa 525 nm gegen Wasser in einer oder mehreren Küvetten geeigneter Dicke gemessen (5.10). Die Extinktion ist auf drei Dezimalen zu ermitteln.

Die Extinktion dieser Bezugslösungen E 1 bis E 5 werden für jede Küvettendicke getrennt über den zugehörigen Mangankonzentrationen in mg Mn/200 ml aufgetragen. Die entsprechenden Mangankonzentrationen sind in Tabelle 1 aufgeführt. Sie können unmittelbar verwendet werden, sofern der nach 4.50.2 ermittelte Gehalt G den Zahlenwert 1,0000 aufweist. Andernfalls sind die in Tabelle 1 angegebenen Mangankonzentrationen mit G zu multiplizieren.

Tabelle 1. **Mangankonzentration der Bezugslösungen**

Bezugslösung	E 1	E 2	E 3	E 4	E 5
Mangankonzentration in mg Mn/200 ml	4,0	2,0	1,0	0,4	0,2

4.51 SiO_2-Bezugslösung

4.51.1 Siliciumdioxid (SiO_2), nach dem Glühen wenigstens 99,9%ig

4.51.2 Natriumcarbonat, wasserfrei (Na_2CO_3)

4.51.3 Stammlösung

0,2000 g bei (1175 ± 25) °C frisch geglühtes Siliciumdioxid werden in einen Platintiegel eingewogen, der bereits 2,0 g Natriumcarbonat enthält.

Das Gemisch wird erhitzt und wenigstens 15 Minuten bei heller Rotglut geschmolzen. Nach dem Abkühlen auf Raumtemperatur wird die Schmelze in einem Polyethylenbecher in Wasser gelöst und in einen 200-ml-Meßkolben übergeführt und zur Marke aufgefüllt.

Die Lösung ist in einer Polyethylenflasche aufzubewahren. Sie enthält 1 mg SiO_2 je ml.

4.51.4 Bezugslösung

Von der Siliciumdioxid-Stammlösung werden 5 ml in einen 250-ml-Meßkolben pipettiert und mit Wasser bis zur Marke aufgefüllt. Die Lösung wird in einer Polyethylenflasche aufbewahrt. Sie enthält 0,02 mg Siliciumdioxid je ml. Diese Lösung ist höchstens eine Woche lang beständig.

4.51.5 Ausgleichslösungen

Die Ausgleichslösungen werden in Übereinstimmung mit dem Verfahren zur Bestimmung von Siliciumdioxid (13.3 bis 13.5) hergestellt. Dabei sind die in Tabelle 2 angegebenen Reagenzmengen zu 500 ml mit Wasser aufzufüllen.

Tabelle 2. **Zusammensetzung der Ausgleichslösungen für ein Volumen von 500 ml**

		Abscheiden mit Polyethylenoxid (13.3)	Abscheiden durch doppeltes Eindampfen (13.4)	Aufschluß mit HCl und NH_4Cl (13.5)
HCl, konz.	ml	70	75	15
H_2SO_4 1+1	ml	1	1	–
HNO_3, konz.	ml	–	–	1
Polyethylenoxidlösung	ml	5	–	–
NH_4Cl	g	–	–	1
Na_2CO_3	g	1,75	1,75	1,75
NaCl	g	0,25	0,25	0,25
Na_2O_2	g	3	3	–

4.51.6 Aufstellen der Bezugsgeraden

In 100-ml-Polyethylenbechern, in denen sich bereits je ein Rührmagnet befindet, werden die in Tabelle 3 aufgeführten Volumina an SiO_2-Bezugslösungen bürettiert, mit 20 ml Ausgleichslösung (Pipette) versetzt und mit Wasser aus einer Bürette zu 40 ml ergänzt. Die dazu erforderlichen Volumina sind ebenfalls in Tabelle 3 aufgeführt. Unter Rühren mit einem Magnetrührer wird die Lösung mit 15 Tropfen Flußsäure 1 + 3 versetzt und wenigstens 1 Minute gerührt. Danach werden 15 ml Borsäurelösung (4.40) in die Lösung pipettiert.

Der pH-Wert der Lösung wird durch tropfenweise Zugabe von Natriumhydroxidlösung (4.25) bzw. Salzsäure 1 + 2 auf 1,15 ± 0,05 eingestellt. Der pH-Wert ist mit einem pH-Meter zu prüfen, das zuvor mit einem geeigneten Puffer, z. B. 1,40 (4.47), kalibriert worden ist. Danach werden 5 ml Ammonium-Molybdatlösung (4.42) in die Lösung pipettiert (Nullzeit). Anschließend wird der pH-Wert der Lösung durch tropfenweise Zugabe von Natriumhydroxidlösung (4.25) bzw. Salzsäure in einen 100-ml-Meßkolben übergeführt. Dabei ist mit verdünnter Salzsäure (pH=1,60) (4.9) nachzuspülen.

Nach 20 Minuten werden 5 ml Zitronensäurelösung (4.41) in den Meßkolben pipettiert, umgeschüttelt und 5 Minuten stehengelassen.

Danach werden 2 ml der Reduktionslösung (4.46) in den Meßkolben pipettiert. Die Lösung wird mit verdünnter Salzsäure (pH=1,60) (4.9) zur Marke aufgefüllt und umgeschüttelt. Genau 30 Minuten nachdem die Ammoniummolybdatlösung pipettiert wurde (Nullzeit + 30 Minuten), wird die Extinktion in einem Photometer (5.9) gegen eine in gleicher Weise hergestellte Blindlösung bei der Wellenlänge größter Extinktion nahe 815 nm in einer 1-cm-Küvette gemessen. Die ermittelten Extinktionen werden über die zugehörigen SiO_2-Gehalte nach Tabelle 3 aufgetragen.

Als Blindlösung kann die für die Aufstellung der Bezugsgeraden verwendete Blindlösung benutzt werden. Aus der Bezugsgeraden ergibt sich der Siliciumdioxidgehalt der Lösung in mg SiO_2/100 ml.

4.52 Calciumionen-Bezugslösung, etwa 0,01 mol/l

4.52.1 Bei 200 °C getrocknetes Calciumcarbonat ($CaCO_3$), wenigstens 99,9%ig

4.52.2 Bezugslösung

Etwa 1 g Calciumcarbonat wird zusammen mit etwa 100 ml Wasser in einen 400-ml-Becher gegeben. Der Becher wird mit einem Uhrglas abgedeckt und mit etwa 10 ml Salzsäure 1+2 vorsichtig versetzt. Nachdem das Calciumcarbonat vollständig gelöst worden ist, wird das Kohlenstoffdioxid verkocht. Dann läßt man die Lösung abkühlen und füllt sie in einem Meßkolben zu 1000 ml auf.

4.53 EDTE-Lösung, etwa 0,03 mol/l

4.53.1 Ethylendiamintetraessigsäure, Dinatriumsalz, Dihydrat (EDTE)

4.53.2 Herstellen

11,17 g EDTE werden in Wasser zu 1000 ml gelöst. Die Lösung ist in einer Polyethylenflasche aufzubewahren.

4.53.3 Einstellen

In einen für das Meßgerät (5.11) passenden Becher werden 50 ml der Calciumionen-Bezugslösung (4.52) pipettiert und mit Wasser zu einem für die Messung geeigneten Volumen verdünnt.

Der pH-Wert dieser Lösung wird unter Verwendung eines pH-Meters mit Natriumhydroxidlösung(en) (4.25 und 4.26) auf 12,5 eingestellt.

Die Titration ist nach einem der beiden folgenden Verfahren durchzuführen:

a) Photometrische Titration (Referenzverfahren)

Die Lösung wird mit etwa 0,1 g Murexidindikator (4.57) oder Mischindikator (4.63) versetzt. Danach wird der Becher in ein auf eine Wellenlänge von 620 nm bei Murexid bzw. 520 nm bei Mischindikator eingestelltes Meßgerät (5.11) eingesetzt. Die Lösung wird unter Rühren mit 0,03 mol/l EDTE-Lösung titriert. Die Meßwerte der Extinktion in der Nähe des Umschlags werden in Abhängigkeit des zugegebenen EDTE-Volumens in ein Diagramm eingetragen. Das verbrauchte Volumen V_3 ist durch den Schnittpunkt der Geraden mit der größten Steigung in der Nähe des Umschlagpunkts mit der Geraden, die eine nahezu konstante Extinktion nach dem Umschlag hat, zu bestimmen.

Der Faktor f_D dieser Lösung wird nach folgender Gleichung berechnet:

$$f_D = \frac{50 \cdot m_4}{100,09 \cdot 0,03 \cdot V_3} = 16,65 \frac{m_4}{V_3} \qquad (5)$$

Hierin bedeuten:

m_4 Einwaage an Calciumcarbonat bei der Herstellung der Calciumionen-Bezugslösung (4.52)

V_3 Verbrauch an EDTE-Lösung bei der Titration

b) Visuelle Titration (Alternativverfahren)

Die Lösung wird mit etwa 0,1 g Calcon-Indikator (4.59) versetzt und unter Rühren mit 0,03 mol/l EDTE-Lösung bis zum Umschlag von Rosa nach Blau titriert. Der Endpunkt ist erreicht, wenn ein weiterer Tropfen die Blaufärbung nicht weiter vertieft. Das verbrauchte Volumen V_3 dient zur Berechnung des Faktors f_D nach Gleichung (5).

4.54 Kupfer-EDTE-Lösung

In einen 400-ml-Becher werden 25 ml Kupfersulfatlösung (4.43) pipettiert und aus einer Bürette mit der äquivalenten Menge an 0,03 mol/l EDTE-Lösung (4.53) versetzt. Das erforderliche Volumen an EDTE-Lösung ist wie folgt zu bestimmen:

Von der Kupfersulfatlösung (4.43) werden 10 ml in einen 600-ml-Becher pipettiert, mit Wasser zu etwa 200 ml aufgefüllt, mit 10 ml konzentriertem Ammoniumhydroxid und mit etwa 0,1 g Murexid-Indikator (4.57) versetzt. Die Lösung wird mit 0,03 mol/l EDTE-Lösung (4.53) bis zum Umschlag von Rosa nach Violett titriert.

Aus dem Verbrauch V_4 ergibt sich das Volumen V_5 an 0,03 mol/l EDTE-Lösung, dem 25 ml Kupfersulfatlösung zuzusetzen ist, um die Kupfer-EDTE-Lösung herzustellen, nach folgender Gleichung:

$$V_5 = 2,5 \cdot V_4 \qquad (6)$$

4.55 EGTE-Lösung, etwa 0,03 mol/l

4.55.1 Ethylenglycol-bis(2-aminoethyl)-tetraessigsäure (EGTE)

4.55.2 Herstellen

In einen 600-ml-Becher werden etwa 11,4 g EGTE eingewogen, mit etwa 400 ml Wasser und 10 ml Natriumhydroxidlösung (4.26) versetzt. Das Gemisch wird erhitzt, bis das EGTE vollständig in Lösung gegangen ist. Danach läßt man auf Raumtemperatur abkühlen. Der pH-Wert dieser Lösung wird unter Verwendung eines pH-Meters durch Zutropfen

Tabelle 3. **Zusammensetzung der SiO_2-Bezugslösungen und ihr SiO_2-Gehalt**

Lfd. Nr der Lösung	Blindlösung	1	2	3	4	5	6	7	8
SiO_2-Bezugslösung in ml	0	2	4	5	6	8	10	15	20
Wasser in ml	20	18	16	15	14	12	10	5	0
Gehalt der Meßlösung in mg SiO_2/100 ml	0	0,04	0,08	0,10	0,12	0,16	0,20	0,30	0,40

von verdünnter Salzsäure 1 + 2 auf 7 eingestellt. Die Lösung wird vollständig in einen 1000-ml-Meßkolben übergeführt und mit Wasser zur Marke aufgefüllt. Die Lösung ist in einer Polyethylenflasche aufzubewahren.

4.55.3 Einstellen

In einen für das Gerät (5.11) passenden Becher werden 50 ml der Calciumionen-Bezugslösung (4.52) pipettiert, mit Wasser zu einem für die Messung geeigneten Volumen verdünnt und mit 25 ml der Triethanolaminlösung 1 + 4 (4.45) versetzt.

Der pH-Wert dieser Lösung wird unter Verwendung eines pH-Meters mit Natriumhydroxidlösung(en) (4.25 und 4.26) auf 12,5 eingestellt.

Die Lösung wird mit etwa 0,1 g Murexidindikator (4.57) bzw. Calcein-Indikator (4.58) versetzt. Der Becher wird in ein auf eine Wellenlänge von 620 nm bei Murexid bzw. 520 nm Calcein eingestelltes Meßgerät (5.11) eingesetzt. Die Lösung wird unter Rühren mit der 0,03 mol/l EGTE-Lösung titriert.

In der Nähe des Umschlagpunkts werden die Meßwerte der Extinktionen in Abhängigkeit vom zugegebenen Volumen der EGTE-Lösung in einem Diagramm dargestellt. Das verbrauchte Volumen V_6 ist durch den Schnittpunkt der Geraden mit der größten Steigung in der Nähe des Umschlagpunkts mit der Geraden, die eine nahezu konstante Extinktion nach dem Umschlag hat, zu bestimmen.

Der Faktor f_G wird nach folgender Gleichung berechnet:

$$f_G = \frac{50 \cdot m_5}{100{,}09 \cdot 0{,}03 \cdot V_6} = 16{,}65 \frac{m_5}{V_6} \qquad (7)$$

Hierin bedeuten:

m_5 Einwaage an Calciumcarbonat bei der Herstellung der Calciumionen-Bezugslösung (4.52)

V_6 Verbrauch an EGTE-Lösung bei der Titration von 50 ml der Calciumionen-Bezugslösung (4.52)

4.56 DCTE-Lösung, etwa 0,01 mol/l

4.56.1 Trans-1,2-Diamino-cyclohexantetraessigsäure (DCTE) Monohydrat

4.56.2 Herstellen

In einen 600-ml-Becher werden 3,64 g DCTE eingewogen, mit etwa 400 ml Wasser und 10 ml Natriumhydroxidlösung (4.26) versetzt. Das Gemisch wird erwärmt, bis das DCTE vollständig in Lösung gegangen ist. Danach läßt man auf Raumtemperatur abkühlen. Der pH-Wert dieser Lösung wird unter Verwendung eines pH-Meters durch Zutropfen von verdünnter Salzsäure 1 + 2 auf 7 eingestellt. Die Lösung wird vollständig in einen 1000-ml-Meßkolben übergeführt und mit Wasser zur Marke aufgefüllt. Sie ist in einer Polyethylenflasche aufzubewahren.

4.56.3 Einstellen

In einen für das Meßgerät (5.11) passenden Becher werden 50 ml Calciumionen-Bezugslösung (4.52) pipettiert und mit Wasser zu einem für die Messung geeigneten Volumen verdünnt.

Der pH-Wert dieser Lösung wird unter Verwendung eines pH-Meters mit konzentriertem Ammoniumhydroxid auf 10,5 eingestellt.

Danach wird etwa 0,1 g Murexid-Indikator (4.57) oder Calcein-Indikator (4.58) zugesetzt. Der Becher wird in ein auf eine Wellenlänge von 620 nm bei Murexid bzw. 520 nm bei Calcein eingestelltes Meßgerät (5.11) eingesetzt. Die Lösung wird unter Rühren mit der DCTE-Lösung titriert. In der Nähe des Umschlagpunkts werden die Meßwerte der Extinktionen in Abhängigkeit vom zugegebenen Volumen der DCTE-Lösung in einem Diagramm dargestellt. Das verbrauchte Volumen V_7 ist durch den Schnittpunkt der Geraden mit der größten Steigung in der Nähe des Umschlagpunkts mit der Geraden, die eine nahezu konstante Extinktion nach dem Umschlag hat, zu bestimmen.

Der Faktor f_c wird nach folgender Gleichung berechnet:

$$f_c = \frac{50 \cdot m_6}{100{,}09 \cdot 0{,}01 \cdot V_7} = 49{,}955 \frac{m_6}{V_7} \qquad (8)$$

Hierin bedeuten:

m_6 Einwaage an Calciumcarbonat bei der Herstellung der Calciumionen-Bezugslösung (4.52)

V_7 Verbrauch an DCTE-Lösung bei der Titration

4.57 Murexid-Indikator

1 g Murexid (Purpursäure, Ammoniumsalz) wird mit 100 g Natriumchlorid (NaCl) vermahlen.

4.58 Calcein-Indikator

4.58.1 Calcein

Bis-[bis (carboxymethyl)-aminomethyl]-2′-7′-fluorescein

4.58.2 Herstellen

1 g Calcein wird mit 99 g Kaliumnitrat (KNO_3) vermahlen.

4.59 Calcon-Indikator

4.59.1 Calcon

2-Hydroxy-1-(2-hydroxynaphthyl-1-azo)naphthalinsulfonsäure-(4), Natriumsalz

4.59.2 Herstellen

1 g Calcon wird mit 100 g wasserfreiem Natriumsulfat (Na_2SO_4) vermahlen.

4.60 Sulfosalicylsäure-Indikator

Salicylsulfonsäure-(5), Dihydrat

4.61 PAN-Indikator

4.61.1 PAN

1-(Pyridyl-2′-azo)-naphthol-2

4.61.2 Herstellen

0,1 g PAN werden in 100 ml Ethanol (C_2H_5OH, $\varrho = 0{,}79\ g/cm^3$) gelöst.

4.62 Methylthymolblau-Indikator

4.62.1 Methylthymolblau

3′, 3″-bis-[bis(carboxymethyl)-aminomethyl]-thymol-sulfonphthalein, Natriumsalz

4.62.2 Herstellen

1 g Methylthymolblau wird mit 100 g Kaliumnitrat (KNO_3) vermahlen.

4.63 Calcein-Methylthymolblau-Mischindikator

0,2 g Calcein und 0,1 g Methylthymolblau werden mit 100 g Kaliumnitrat (KNO_3) vermahlen.

5 Geräte

5.1 Waage(n) mit einer Fehlergrenze von 0,0001 g

5.2 Porzellan- und/oder Platintiegel von 20 bis 25 ml Inhalt mit Deckel

5.3 Tiegelunterlage(n) aus feuerfestem keramischem Material

Die Unterlage verhindert eine Überhitzung des Tiegels. Sie muß sich bei Einsetzen des Tiegels im Temperaturgleichgewicht mit dem Ofen befinden.

5.4 Porzellanschale von etwa 200 ml Inhalt

5.5 Elektroofen(-öfen) mit natürlicher Belüftung, einstellbar auf folgende Temperaturen: 500, 925, 975 und 1175 °C

5.6 Exsikkator(en) mit getrocknetem Magnesiumperchlorat [$Mg(ClO_4)_2$]

5.7 Kugelkühler

5.8 Gerät zur Bestimmung des Sulfidgehalts

Das Gerät ist in Bild 1 dargestellt.

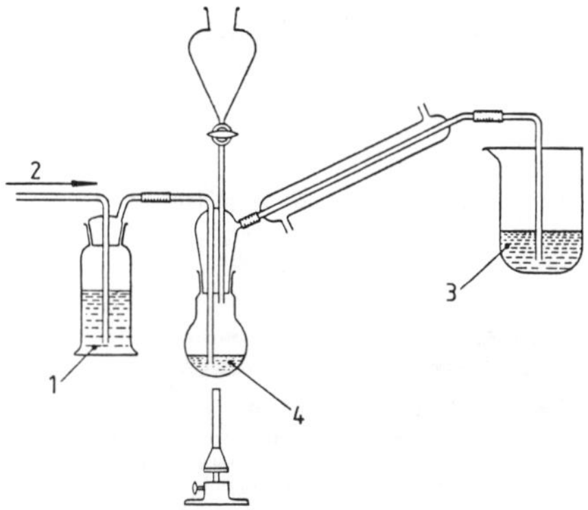

1 Bleiacetatlösung (4.37)
2 Luft, Stickstoff oder Argon
3 ammoniakalische Zinksulfatlösung (4.36)
4 Zersetzungskolben

Bild 1. Beispiel eines Geräts zur Bestimmung des Sulfids

Dem Gerät kann eine Woulfesche Flasche zur Regulierung des Gasstroms vorgeschaltet werden.

Als Schlauchverbindung ist schwefelfreies Material zu wählen (Polyvinylchlorid, Polyethylen o. ä.).

5.9 Ein oder mehrere Photometer, mit dem (denen) die optische Dichte einer Lösung bei etwa 525 nm und 815 nm gemessen werden kann

5.10 Photometerküvetten

5.11 Gerät, mit dem die optische Dichte einer Lösung in einem Becher unter Rühren mit einem Magnetrührer bei 520 nm und 620 nm gemessen werden kann

5.12 Magnetrührer mit PTFE-ummanteltem Rührmagneten

5.13 Wärmebad, einstellbar auf (105 ± 3) °C

5.14 Sandbad oder Heizplatte, einstellbar auf etwa 400 °C

5.15 Papierfilter

Es sind aschefreie Papierfilter zu verwenden. Papierfilter mit Poren von etwa 2 µm Durchmesser werden als feinporig, mit Poren von etwa 7 µm Durchmesser als mittelporig und mit Poren von etwa 20 µm Durchmesser als grobporig bezeichnet.

5.16 Volumenmeßgeräte aus Glas

Die Volumenmeßgeräte aus Glas müssen Analysengenauigkeit aufweisen, das heißt sie müssen der Klasse A der ISO-Normen für Laborgeräte aus Glas entsprechen.

6 Vorbereitung der Zementprobe

Vor der chemischen Analyse wird aus der nach EN 196-7 entnommenen Probe eine Prüfprobe hergestellt.

Dazu wird die entnommene Probe mit einem Probeteiler oder durch Vierteln auf eine Teilprobe von etwa 100 g reduziert. Die Teilprobe wird auf einem Sieb mit einer Maschenweite von 150 oder 125 µm gesiebt, bis sich der Rückstand nicht mehr verändert. Aus dem Siebrückstand wird mit einem Magneten das metallische Eisen entfernt. Der dann verbleibende eisenfreie Rückstand wird auf einem Durchgang durch ein 150- oder 125-µm-Sieb gemahlen. Die Probe wird in eine saubere, trockene und luftdicht schließende Flasche gefüllt und kräftig geschüttelt.

Alle Arbeitsgänge sind so schnell wie möglich auszuführen, damit die Probe der Luft nur kurze Zeit ausgesetzt ist.

Anmerkung: Die Probe wird in dem Zustand analysiert, in dem sie angeliefert wird. Sofern sie Partikel metallischen Eisens enthält, die durch das Mahlen in den Zement gelangen können, ist eine vollständige Abscheidung dieser Eisenpartikel mit einem Magnetrührer in einer Suspension, z. B. in Cyclohexan, durchzuführen.

7 Bestimmung des Glühverlustes

7.1 Grundzüge des Verfahrens

Der Glühverlust wird durch Glühen in oxidierender Atmosphäre (Luft) bestimmt. Durch Glühen an Luft bei (975 ± 25) °C werden Kohlenstoffdioxid und Wasser ausgetrieben und gegebenenfalls vorhandene oxidierbare Bestandteile oxidiert. Gegebenenfalls ist eine Korrektur vorzunehmen, die den Einfluß einer Sauerstoffaufnahme zur Berücksichtigung der Oxidationswirkung auf den Glühverlust berücksichtigt.

7.2 Durchführung

In einen zuvor geglühten und gewogenen Tiegel werden (1 ± 0,05) g Zement (m_7) eingewogen. Der Tiegel wird mit einem Deckel verschlossen und in einen auf (975 ± 25) °C vorgeheizten Elektroofen (5.5) eingesetzt. Nach 5 Minuten wird der Deckel entfernt und der offene Tiegel weitere 10 Minuten geglüht. Danach läßt man den Tiegel in einem Exsikkator auf Raumtemperatur abkühlen, wiegt ihn und bestimmt die Massenkonstanz nach 3.5.

Anmerkung: Bei sulfidhaltigen Zementen ist der Sulfatgehalt vor und nach der Bestimmung des Glühverlustes zu ermitteln, um eine genaue Bestimmung des Glühverlustes sicherzustellen. Die dann erforderlichen Korrekturen sind in 7.4 angegeben.

7.3 Auswertung

Der unkorrigierte Glühverlust wird nach folgender Gleichung berechnet:

$$\text{Glühverlust, unkorrigiert} = \frac{(m_7 - m_8)}{m_7} \cdot 100 \quad \text{in \%} \qquad (8)$$

Hierin bedeuten:

m_7 Einwaage

m_8 Auswaage der geglühten Probe

7.4 Fehlerursachen und Korrekturen

Bei Anwesenheit von Kohlenstoff, Sulfid, metallischem Eisen, zweiwertigem Eisen und zweiwertigem Mangan treten Fehler auf. Der durch die Oxidation dieser Bestandteile hervorgerufene Fehler läßt sich korrigieren. Eine Korrektur ist jedoch nur bei Anwesenheit von Sulfid erforderlich. Die anderen Fehler können im allgemeinen vernachlässigt werden.

Für Sulfid beträgt die Korrektur 1,996 · % S^{2-}, dementsprechend ist

korrigierter Glühverlust = unkorrigierter Glühverlust + 1,996 · % S^{2-}.

Wenn der Sulfatgehalt vor und nach der Bestimmung des Glühverlustes bestimmt wird, gilt die Gleichung:

SO_3 (nach Glühen) − SO_3 (vor Glühen) = SO_3 aus Sulfidoxidation.

Als Korrektur ergibt sich dann:

Sauerstoffaufnahme beim Glühen = 0,8 · SO_3 aus Sulfidoxidation in %

und

korrigierter Glühverlust = unkorrigierter Glühverlust + Sauerstoffaufnahme beim Glühen.

Alle vorgenommenen Korrekturen sind in den Prüfbericht aufzunehmen.

Im Streitfall ist die Korrektur für Sulfid zu verwenden.

7.5 Wiederholbarkeit und Vergleichbarkeit

Die Wiederholstandardabweichung beträgt 0,04 %, die Vergleichstandardabweichung 0,08 %.

8 Gravimetrische Bestimmung des Sulfats

8.1 Grundzüge des Verfahrens

Die Sulfationen des Zements werden durch Salzsäure gelöst und in der Siedehitze bei einem pH-Wert von 1 bis 1,5 mit einer Bariumchloridlösung entsprechend folgender Gleichung gefällt:

$$SO_4^{2-} + Ba^{2+} \rightarrow BaSO_4.$$

Die Bestimmung wird gravimetrisch durchgeführt; der Sulfatgehalt wird als SO_3 angegeben.

8.2 Durchführung

In einen 250-ml-Becher werden (1 ± 0,05) g Zement (m_9) eingewogen, mit 90 ml kaltem Wasser und unter kräftigem Rühren mit 10 ml konzentrierter Salzsäure versetzt. Die Lösung wird vorsichtig erhitzt und die Probe mit dem abgeflachten Ende eines Glasstabs solange zerstoßen, bis der Zement sich augenscheinlich vollständig zersetzt hat. Danach läßt man die Probe 15 Minuten bei einer Temperatur dicht unterhalb des Siedepunkts digerieren.

Der Rückstand wird durch ein mittelporiges Filter in einen 400-ml-Becher filtriert und mit heißem Wasser chloridfrei gewaschen. Hierzu wird mit Silbernitratlösung nach 3.6 geprüft.

Die Lösung wird mit Wasser auf etwa 250 ml verdünnt; gegebenenfalls wird sie mit Salzsäure 1 + 11 oder Ammoniumhydroxid 1 + 16 auf einen pH-Wert von 1,0 bis 1,5 eingestellt.

Die Lösung wird 5 Minuten gekocht. Bleibt sie dabei trüb, ist die Bestimmung mit einer neuen Probe zu wiederholen. Der kochenden Lösung werden unter kräftigem Rühren 10 ml Bariumchloridlösung (4.32) tropfenweise zugesetzt, die zuvor fast zum Sieden erhitzt worden ist. Danach läßt man weiter 15 Minuten sieden, damit sich der Niederschlag gut ausbilden kann. Anschließend läßt man die Lösung 12 bis 24 Stunden bei einer Temperatur unterhalb der Siedetemperatur, jedoch oberhalb einer Temperatur von 60 °C, stehen. Dabei ist sicherzustellen, daß die Lösung nicht eindampft. Der Niederschlag wird durch ein feinporiges Filter filtriert und mit siedendem Wasser chloridfrei gewaschen. Hierzu wird mit Silbernitratlösung nach 3.6 geprüft.

Anschließend wird bei (925 ± 25) °C zur Massenkonstanz (3.5) geglüht (3.4). Im allgemeinen reicht eine Glühdauer von 15 Minuten aus, um die Massenkonstanz zu erreichen.

8.3 Auswertung

Der Gehalt an Sulfat, ausgedrückt als SO_3, wird nach folgender Gleichung berechnet:

$$SO_3 = \frac{m_{10} \cdot 0{,}343 \cdot 100}{m_9} = 34{,}3 \frac{m_{10}}{m_9} \qquad (10)$$

Hierin bedeuten:

m_9 Einwaage

m_{10} Auswaage an $BaSO_4$.

8.4 Wiederholbarkeit und Vergleichbarkeit

Die Wiederholstandardabweichung beträgt 0,07 %, die Vergleichstandardabweichung 0,08 %.

9 Bestimmung des in Salzsäure und Natriumcarbonat unlöslichen Rückstands

9.1 Grundzüge des Verfahrens

Es handelt sich um ein herkömmliches Verfahren, bei dem der unlösliche Rückstand von Zement dadurch bestimmt wird, daß die Zementprobe mit Salzsäure gelöst wird, die so stark verdünnt ist, daß ein Ausfallen von Siliciumdioxid weitgehend vermieden wird. Der Rückstand wird mit siedender Natriumcarbonatlösung behandelt, um Spuren ausgefallenen Siliciumdioxids zu lösen. Nach dem Glühen wird der Rückstand gravimetrisch bestimmt.

9.2 Durchführung

In einen 250-ml-Becher werden (1 ± 0,05) g Zement eingewogen (m_{11}), mit 90 ml kaltem Wasser und unter kräftigem Rühren mit 10 ml konzentrierter Salzsäure versetzt.

Die Lösung wird vorsichtig erhitzt und die Probe mit dem abgeflachten Ende eines Glasstabs solange zerstoßen, bis der Zement sich augenscheinlich vollständig zersetzt hat. Danach läßt man die Probe 15 Minuten bei einer Temperatur dicht unterhalb des Siedepunkts digerieren.

Der Rückstand wird durch ein mittelporiges Filter filtriert und mit heißem, fast siedendem Wasser gründlich gewaschen. Filter und Inhalt werden in denselben Becher zurückgegeben, in dem die Zementprobe gelöst worden ist, mit 100 ml Natriumcarbonatlösung (4.34) versetzt und 15 Minuten gekocht. Danach wird durch ein mittelporiges Filter filtriert. Der Rückstand wird mit fast siedendem Wasser anschließend viermal mit heißer verdünnter Salzsäure 1 + 19 bis zu einem pH-Wert von < 2 und dann mindestens zehnmal mit fast siedendem Wasser chloridfrei gewaschen. Hierzu wird mit Silbernitratlösung nach 3.6 geprüft.

Anschließend wird bei (975 ± 25) °C zur Massenkonstanz (3.5) geglüht (3.4). Im allgemeinen reicht eine Glühdauer von 30 Minuten aus, um die Massenkonstanz zu erreichen.

Anmerkung: Sofern das Filtrat getrübt ist, wird nochmals durch ein feinporiges Filter filtriert und gründlich mit heißem Wasser gewaschen. Die beiden Rückstände auf den Filtern werden vereint weiter verarbeitet. Bleibt trotzdem eine Trübung des Filtrats bestehen, so darf ihre Auswirkung auf den unlöslichen Rückstand vernachlässigt werden.

9.3 Auswertung

Der Gehalt an unlöslichem Rückstand wird nach folgender Gleichung berechnet:

$$\text{unlöslicher Rückstand} = \frac{m_{12}}{m_{11}} \cdot 100 \quad \text{in \%} \qquad (11)$$

Hierin bedeuten:

m_{11} Einwaage

m_{12} Auswaage des geglühten unlöslichen Rückstands

9.4 Wiederholbarkeit und Vergleichbarkeit

Die Wiederholstandardabweichung beträgt 0,04 %, die Vergleichstandardabweichung 0,06 %.

10 Bestimmung des in Salzsäure und Kaliumhydroxid unlöslichen Rückstands

10.1 Grundzüge des Verfahrens

Es handelt sich um ein herkömmliches Verfahren, bei dem die Zementprobe mit verdünnter Salzsäure gelöst wird. Der Rückstand wird mit siedender Kaliumhydroxidlösung behandelt, geglüht und anschließend gravimetrisch bestimmt.

10.2 Durchführung

In eine Porzellanschale (5.4) werden (1 ± 0,05) g Zement (m_{13}) eingewogen, mit 25 ml kaltem Wasser versetzt und mit einem Glasstab fein verteilt. Danach werden 40 ml konzentrierter Salzsäure zugegeben. Die Lösung wird vorsichtig erhitzt und die Probe mit dem abgeflachten Ende eines Glasstabs solange zerstoßen, bis der Zement sich augenscheinlich vollständig zersetzt hat. Danach wird das Gemisch auf einem Wasserbad zur Trockne eingedampft. Dies wird zweimal nach Zugabe von 20 ml konzentrierter Salzsäure wiederholt.

Der Eindampfungsrückstand wird mit 100 ml verdünnter Salzsäure 1 + 3 aufgenommen, erwärmt, durch ein mittelporiges Filter filtriert und mit fast siedendem Wasser wenigstens zehnmal chloridfrei gewaschen. Hierzu wird mit Silbernitratlösung nach 3.6 geprüft.

Filter und Inhalt werden in einen 250-ml-Erlenmeyerkolben mit Kugelkühler übergeführt und mit 100 ml Kaliumhydroxidlösung (4.35) versetzt. Das Gemisch läßt man 16 Stunden bei Raumtemperatur stehen. Danach wird es zum Sieden erhitzt und 4 Stunden am Rückfluß gekocht.

Das Gemisch wird anschließend durch ein mittelporiges Filter filtriert, zunächst mit Wasser, dann mit 100 ml verdünnter Salzsäure 1 + 9 und danach nochmals mit nahezu siedendem Wasser chloridfrei gewaschen. Hierzu wird mit Silbernitratlösung nach 3.6 geprüft.

Der Rückstand wird bei (975 ± 25) °C zur Massenkonstanz (3.5) geglüht (3.4). Im allgemeinen reicht eine Glühdauer von 30 Minuten aus, um die Massenkonstanz zu erreichen.

10.3 Auswertung

Der Gehalt an unlöslichem Rückstand wird nach folgender Gleichung berechnet:

$$\text{unlöslicher Rückstand} = \frac{m_{14}}{m_{13}} \cdot 100 \quad \text{in \%} \qquad (12)$$

Hierin bedeuten:

m_{13} Einwaage

m_{14} Auswaage des geglühten unlöslichen Rückstands

10.4 Wiederholbarkeit und Vergleichbarkeit

Die Wiederholstandardabweichung beträgt 0,15 %, die Vergleichstandardabweichung 0,18 %.

11 Bestimmung des Sulfids

11.1 Grundzüge des Verfahrens

Sulfid wird unter reduzierten Bedingungen mit Salzsäure als Schwefelwasserstoff ausgetrieben und mit einem Gasstrom in eine ammoniakalische Zinksulfatlösung eingeleitet. Das ausgefällte Zinksulfid wird iodometrisch titriert.

11.2 Durchführung

Es ist das in 5.8 beschriebene Gerät zu verwenden. In einem 250-ml-Rundkolben mit Schliff wird (1 ± 0,05) g [5]) der Probe (m_{15}) eingewogen, mit etwa 2,5 g Zinn(II)-chlorid (4.28) und 0,1 g Chrom [6]) (4.19) versetzt und mit 50 ml Wasser aufgeschlämmt. Der Kolben wird am Schliff des Tropftrichters befestigt. Das Einleitungsrohr, das in die Vorlage taucht, die 15 ml ammoniakalische Zinksulfatlösung (4.36) und 285 ml Wasser enthält, wird an den Kühler angeschlossen. Danach wird der Gasstrom (Luft, Stickstoff oder Argon) angestellt und auf etwa 10 ml je Minute eingestellt. Anschließend wird der Gasstrom abgestellt. Aus dem Tropftrichter werden 50 ml Salzsäure 1 + 1 in den Kolben gegeben, wobei ein Rest an Säure als Sperrflüssigkeit im Tropftrichter verbleiben muß. Darauf wird der Gasstrom erneut angestellt, der Inhalt des Kolbens zum Sieden erhitzt und 10 Minuten gekocht. Das Einleitungsrohr wird von dem Gerät genommen. Es dient beim Titrieren als Rührstab.

Die Vorlage wird auf 20 °C abgekühlt, mit 10 ml Kaliumiodat-/-iodid-Lösung (4.48) versetzt, mit 25 ml konzentrierter Salzsäure angesäuert und mit etwa 0,1 mol/l Natriumthiosulfatlösung (4.49) bis Hellgelb titriert. Danach werden 2 ml Stärkelösung (4.38) hinzugegeben und bis zum Umschlag von Blau nach Farblos weitertitriert.

11.3 Auswertung

Der Sulfidgehalt wird nach folgender Gleichung berechnet:

$$S^{2-} = \frac{(V_8 \cdot F - V_9 \cdot f) \cdot 1{,}603 \cdot 100}{1000 \cdot m_{15}}$$

$$= 0{,}1603 \; \frac{(V_8 \cdot F - V_9 \cdot f)}{m_{15}} \quad \text{in \%} \qquad (13)$$

Hierin bedeuten:

V_8 Volumen an Kaliumiodat-/-iodid-Lösung

F Faktor der Kaliumiodat-/-iodid-Lösung nach 4.48

V_9 Verbrauch an Natriumthiosulfatlösung bei der Titration

f Faktor der Natriumthiosulfatlösung nach 4.49

m_{15} Einwaage nach 11.2

11.4 Wiederholbarkeit und Vergleichbarkeit

Die Wiederholstandardabweichung beträgt 0,02 %, die Vergleichstandardabweichung 0,04 %.

12 Photometrische Bestimmung des Mangans

12.1 Grundzüge des Verfahrens

Das in der Probe enthaltene Mangan wird mit Kaliumperiodat zu Permanganat (MnO_4^-) oxidiert. Die optische Dichte der violetten Lösung wird bei 525 nm gemessen. Die Eisen(III)-ionen werden mit Phosphorsäure maskiert, die außerdem die Bildung des Permanganats begünstigt und die Farbe der Lösung stabilisiert.

---

[5]) Bei niedrigem Sulfidgehalt (< 0,10 %) ist die Einwaage entsprechend zu erhöhen.

[6]) Die Zugabe von Chrom trägt zur Lösung von Pyrit (FeS_2) bei, der im Zement enthalten sein kann.

12.2 Durchführung

Von der zu untersuchenden Probe werden entsprechend dem zu erwartenden Mangangehalt[7]) 0,1 g bis 1,0 g in einen 250-ml-Becher eingewogen, mit etwa 75 ml Wasser aufgeschlämmt und vorsichtig mit 15 ml konzentrierter Salpetersäure versetzt. Das Gemisch wird zum Sieden erhitzt und gekocht, bis gegebenenfalls vorhandener Schwefelwasserstoff (H_2S) vollständig ausgetrieben und die Probe sich augenscheinlich vollständig zersetzt hat[8]).

Danach wird das Gemisch durch ein mittelporiges Filter in einen 400-ml-Becher filtriert. Der Rückstand wird mit heißem Wasser gewaschen, bis die Filtratmenge 120 ml beträgt. Das Filtrat wird mit 10 ml Phosphorsäure (4.15) und nach Umschütteln mit 1,5 g Kaliumperiodat (4.29) versetzt. Die Lösung wird zum Sieden erhitzt, bis die rosa Färbung des Permanganats erscheint. Falls die Färbung nicht auftritt, wird der Säuregehalt durch Zusatz einiger Tropfen konzentriertem Ammoniakhydroxid vermindert. Nach Erscheinung der Färbung wird die Lösung noch 30 Minuten schwach siedend gehalten. Nach dem Abkühlen wird der Inhalt des Bechers in einen 200-ml-Meßkolben übergeführt.

Danach wird auf 20 °C abgekühlt und mit Wasser zur Marke aufgefüllt.

Die Extinktion dieser Lösung wird in einem Photometer (5.9 und 5.10) bei einer Wellenlänge von etwa 525 nm gegen Wasser gemessen. Die Extinktion ist auf drei Dezimalen zu ermitteln.

Aus der für die verwendete Küvettendicke maßgeblichen Bezugskurve ergibt die abgelesene Extinktion die Mangankonzentration C der Lösung in mg Mn/200 ml. Die Mangankonzentration der Lösung ist auf drei Dezimalen zu ermitteln.

12.3 Auswertung

Der Mangangehalt wird nach folgender Gleichung berechnet:

$$\text{Mn} = \frac{C \cdot 100}{1000 \cdot m_{16}} = 0{,}1\,\frac{C}{m_{16}} \text{ in \%} \qquad (14)$$

Hierin bedeuten:

C Mangankonzentration der Lösung in mg/200 ml

m_{16} Einwaage nach 12.2

Der Gehalt an Mangan in % kann nach den folgenden Gleichungen in Mangan(II)- oder Mangan(III)-oxid umgerechnet werden:

$$MnO = 1{,}2912 \cdot Mn \text{ in \%} \qquad (15)$$

$$Mn_2O_3 = 1{,}4368 \cdot Mn \text{ in \%} \qquad (16)$$

12.4 Wiederholbarkeit und Vergleichbarkeit

Die Wiederholstandardabweichung beträgt 0,003 %, die Vergleichstandardabweichung 0,03 %.

13 Bestimmung der Hauptbestandteile

13.1 Grundzüge des Verfahrens

Die Analyse wird nach vollständigem Aufschluß der Probe durchgeführt.

Die Zementprobe wird durch Sintern mit Natriumperoxid oder durch Behandlung mit Salzsäure in Gegenwart von Ammoniumchlorid aufgeschlossen. Im ersten Fall wird nach Lösen des Aufschlusses mit Salzsäure die Hauptmenge an Siliciumdioxid entweder mit Salzsäure in Gegenwart von Polyethylenoxid oder durch zweimaliges Eindampfen abgeschieden. Im zweiten Fall wird die Hauptmenge an Siliciumdioxid beim Lösen abgeschieden. Das ausgefällte verunreinigte Siliciumdioxid wird mit Flußsäure und Schwefelsäure abgeraucht, der Rückstand mit einer Mischung aus Natriumcarbonat und Natriumchlorid aufgeschlossen, mit Salzsäure gelöst und mit dem Filtrat des Siliciumdioxids vereinigt.

Wenn beim Lösen mit Salzsäure in Gegenwart von Ammoniumchlorid der nach Abrauchen des verunreinigten Siliciumdioxids mit Flußsäure und Schwefelsäure erhaltene Rückstand 0,5 % übersteigt, ist dieses Verfahren nicht geeignet. Der Zement ist dann mit Natriumperoxid aufzuschließen.

In der vereinigten, auf 500 ml aufgefüllten Lösung wird das gelöste Siliciumdioxid photometrisch, Eisen(III)-oxid, Aluminiumoxid, Calciumoxid und Magnesiumoxid komplexometrisch bestimmt.

Der Analysengang ist schematisch in Bild 2 dargestellt.

Das in Bild 2 dargestellte Verfahren führt unabhängig von der Art der Bestimmung zum gleichen Ergebnis für das gesamte Siliciumdioxid.

13.2 Aufschluß mit Natriumperoxid

In einen Platintiegel (5.2) werden (1 ± 0,05) g Zement (m_{17}) und 2 g Natriumperoxid (4.30) eingewogen und mit einem Spatel innig vermischt. Anhaftende Teile werden vom Spatel in das Gemisch zurückgepinselt. Danach wird das Gemisch mit 1 g Natriumperoxid überschichtet. Der Platintiegel wird mit Deckel am Ofeneinlaß (5.5) vorsichtig etwa 2 Minuten lang erwärmt und dann auf die feuerfeste Unterlage (5.3) in die Zone gleichmäßiger Temperatur (500 ± 10) °C gesetzt.

Nach 30 Minuten nimmt man den Platintiegel aus dem Ofen und läßt ihn auf Raumtemperatur abkühlen. Die gesinterte Aufschlußmasse darf nicht an den Tiegelwandungen haften. Anderenfalls ist der Aufschluß bei einer um etwa 10 K niedrigeren Temperatur zu wiederholen.

Der gesinterte Inhalt des Platintiegels wird in einen 400-ml-Becher übergeführt, und der Tiegel wird mit 150 ml kaltem Wasser ausgespült.

Der Becher wird mit einem Uhrglas bedeckt und solange erwärmt, bis sich die Festsubstanz vollständig gelöst hat. Danach werden 50 ml Salzsäure vorsichtig hinzugegeben. Die Lösung muß danach vollständig klar sein. Anderenfalls ist sie zu verwerfen und der Aufschluß mit Natriumperoxid mit einer um 10 K höheren Temperatur zu wiederholen, oder die Verweilzeit im Ofen ist zu verdoppeln. Die Lösung wird mit 1 ml verdünnter Schwefelsäure 1 + 1 versetzt, zum Sieden erhitzt und 30 Minuten lang gekocht.

Diese Lösung ist gebrauchsfertig. Sie dient zur Abscheidung des Siliciumdioxids nach 13.3 oder 13.4.

13.3 Abscheiden und Bestimmen des Siliciumdioxids – Verfahren mit Polyethylenoxid (Referenzverfahren)

13.3.1 Durchführung

Die nach 13.2 vorbereitete Lösung wird zur Trockne eingedampft.

Nach Abkühlen des Bechers wird der Rückstand mit 5 ml Wasser und 10 ml konzentrierter Salzsäure aufgenommen. Unter Rühren werden dem Gemisch einige aschefreie Filterpapierflocken und danach 5 ml Polyethylenoxidlösung (4.39) zugesetzt. Es ist darauf zu achten, daß insbesondere auch der an den Wandungen haftende Niederschlag mit dem Polyethylenoxid gut vermischt wird. Nachdem das Gemisch gut durchgerührt worden ist, werden 10 ml Wasser hinzugegeben, danach wird kurz umgerührt und 5 Minuten stehengelassen.

---

[7]) Für Manganoxidgehalte von etwa 0,01 % ist eine Einwaage von etwa 1 g zweckmäßig, für andere Gehalte sind entsprechende Einwaagen zu wählen.

[8]) Bei Zementen mit einem hohen unlöslichen Rückstand kann ein Schmelzaufschluß mit einer anderen Probe erforderlich sein, um die Probe vollständig zu lösen. Dazu wird das für die Bestimmung der Hauptbestandteile vorgeschriebene Verfahren des Sinterns mit Natriumperoxid angewandt (siehe 13.2).

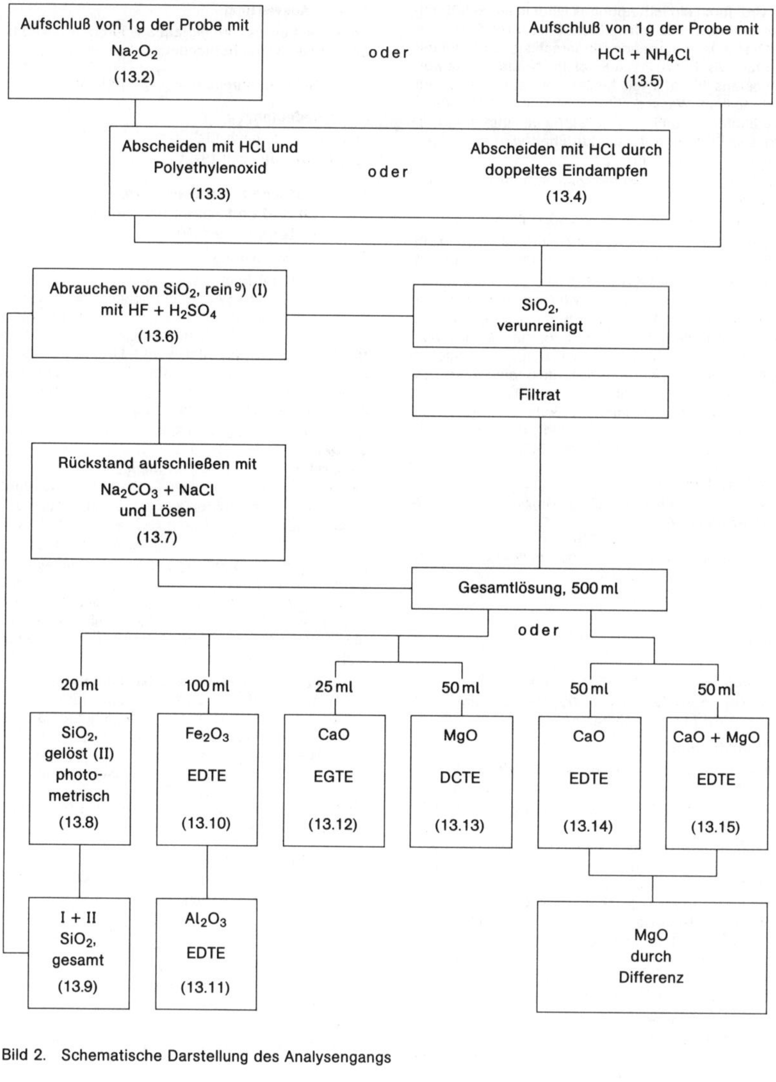

Bild 2. Schematische Darstellung des Analysengangs

9) Überschreitet der unlösliche Rückstand in Salzsäure und Natriumcarbonat 1,5 %, ist das Aufschlußverfahren mit Natriumperoxid zu verwenden. Wenn Ammoniumchlorid verwendet wird und der Rückstand nach dem Abrauchen mit Flußsäure und Schwefelsäure mehr als 0,5 % beträgt, ist die Analyse mit einem Aufschluß mit Natriumperoxid zu wiederholen.

Danach wird durch ein mittelporiges Filter in einen 500-ml-Meßkolben filtriert und mit heißer verdünnter Salzsäure 1 + 19 nachgespült. Anhaftende Niederschlagsteile sind mit einem Gummiwischer zu lösen. Filter und Niederschlag werden wenigstens fünfmal mit heißer Salzsäure 1 + 19 und dann mit heißem Wasser chloridfrei gewaschen, wobei darauf zu achten ist, daß der Rückstand im Filter aufgewirbelt wird. Die Prüfung auf Chloridfreiheit wird mit Silbernitrat nach 3.6 durchgeführt.

Das Waschwasser wird in demselben 500-ml-Meßkolben aufgefangen.

Filter und Rückstand werden in einen Platintiegel bei (1175 ± 25) °C zur Massenkonstanz (3.5) geglüht (3.4). Im allgemeinen reicht eine Glühdauer von 60 Minuten aus, um die Massenkonstanz zu erreichen (m_{18}).

Der Rückstand des Aufschlusses wird abgeraucht (13.6). Dem in einem 500-ml-Meßkolben befindlichen, mit dem Waschwasser vereinigten Filtrat wird der aufgeschlossene Abrauchrückstand nach 13.7 zugesetzt. Die vereinigten Lösungen dienen zur photometrischen Bestimmung des nicht abgeschiedenen Siliciumdioxids (13.8) sowie zur komplexometrischen Bestimmung von Eisen(III)-oxid (13.10), Aluminiumoxid (13.11), Calciumoxid (13.12 oder 13.14) und Magnesiumoxid (13.13 oder 13.15).

13.3.2 Auswertung

Der Gehalt an verunreinigtem Siliciumdioxid wird nach folgender Gleichung berechnet:

$$SiO_2\text{, verunreinigt} = \frac{m_{18}}{m_{17}} \cdot 100 \quad \text{in \%} \qquad (17)$$

Hierin bedeuten:

m_{17} Einwaage nach 13.2

m_{18} Auswaage nach 13.3.1

13.4 Abscheiden und Bestimmen des Siliciumdioxids – Verfahren mit doppeltem Eindampfen (Alternativverfahren)

13.4.1 Durchführung

Die nach 13.2 vorbereitete Lösung wird auf einem Wärmebad bei (105 ± 3) °C (5.13) zur Trockne eingedampft, mit einigen Tropfen konzentrierter Salzsäure angefeuchtet und 1 Stunde geröstet.

Nach Abkühlen auf Raumtemperatur wird der Rückstand mit 10 ml Salzsäure aufgenommen, nach einigen Minuten mit 50 ml Wasser verdünnt, zum Sieden erhitzt und heiß durch ein mittelporiges Filter in einen 500-ml-Meßkolben filtriert. Filter und Rückstand werden dreimal mit heißem Wasser gewaschen. Filtrat und Waschwasser werden in gleicher Weise eingedampft, mit 10 ml Salzsäure aufgenommen, mit 50 ml Wasser verdünnt, gekocht und danach durch dasselbe Filter in einen 500-ml-Meßkolben filtriert.

Filter und Rückstand werden mit heißem Wasser chloridfrei gewaschen. Hierzu wird mit Silbernitratlösung nach 3.6 geprüft. Das Waschwasser wird in demselben 500-ml-Meßkolben aufgefangen.

Anschließend werden Filter und Rückstand in einem Platintiegel bei (1175 ± 25) °C zur Massenkonstanz (3.5) geglüht (3.4). Im allgemeinen reicht eine Glühdauer von 60 Minuten aus, um die Massenkonstanz zu erreichen (m_{19}). Das Siliciumdioxid des Rückstands wird abgeraucht (13.6). Dem in einem 500-ml-Meßkolben befindlichen, mit dem Waschwasser vereinigten Filtrat wird der aufgeschlossene Abrauchrückstand nach 13.7 zugesetzt.

Die vereinigten Lösungen dienen zur photometrischen Bestimmung des nicht abgeschiedenen Siliciumdioxids (13.8) sowie zur komplexometrischen Bestimmung von Eisen(III)-oxid (13.10), Aluminiumoxid (13.11), Calciumoxid (13.12 oder 13.14) und Magnesiumoxid (13.13 oder 13.15).

13.4.2 Auswertung

Der Gehalt an verunreinigtem Siliciumdioxid wird nach folgender Gleichung berechnet:

$$SiO_2\text{, verunreinigt} = \frac{m_{19}}{m_{17}} \cdot 100 \quad \text{in \%} \qquad (18)$$

Hierin bedeuten:

m_{17} Einwaage nach 13.2

m_{19} Auswaage nach 13.4.1

13.5 Aufschluß mit Salzsäure und Ammoniumchlorid und Fällen des Siliciumdioxids (Alternativverfahren)

13.5.1 Durchführung

In einen 100-ml-Becher werden (1 ± 0,05) g Zement eingewogen (m_{20}), mit 1 g Ammoniumchlorid (4.27) versetzt und mit einem Glasstab innig vermischt. Der Becher wird mit einem Uhrglas bedeckt und vorsichtig mit 10 ml konzentrierter Salzsäure versetzt, wobei darauf zu achten ist, daß sie an der Becherwand herabläuft. Nach Beendigung der heftigen Reaktion werden 10 Tropfen Salpetersäure zugesetzt und mit dem Glasstab umgerührt.

Der bedeckte Becher wird 30 Minuten auf einem siedenden Wasserbad erhitzt. Der Inhalt wird durch ein grobporiges Papierfilter in einen 500-ml-Meßkolben filtriert. Dabei ist die gelartige Masse möglichst vollständig ohne Verdünnen in das Filter zu überführen, wobei man die Lösung durch das Filter ablaufen läßt. Alle am Becher anhaftenden Niederschläge werden mit einem Gummiwischer abgelöst.

Becher und Niederschlag werden mit heißer verdünnter Salzsäure 1 + 99 gespült. Danach werden Niederschlag und Filter zwölfmal mit kleinen Mengen heißen Wassers chloridfrei gewaschen. Hierzu wird mit Silbernitratlösung nach 3.6 geprüft. Das Waschwasser wird in demselben 500-ml-Meßkolben aufgefangen.

Filtrat und Waschwasser werden aufbewahrt und dienen zusammen mit dem nach 13.7 aufgeschlossenen Abrauchrückstand zur photometrischen Bestimmung des gelösten Siliciumdioxids nach 13.8. Anschließend werden Filter und Rückstand in einem Platintiegel bei (1175 ± 25) °C zur Massenkonstanz (3.5) geglüht (3.4). Im allgemeinen reicht eine Glühdauer von 60 Minuten aus, um die Massenkonstanz zu erreichen (m_{21}). Das Siliciumdioxid des Rückstands wird abgeraucht (13.6).

13.5.2 Auswertung

Der Gehalt an verunreinigtem Siliciumdioxid wird nach folgender Gleichung berechnet:

$$SiO_2\text{, verunreinigt} = \frac{m_{21}}{m_{20}} \cdot 100 \quad \text{in \%} \qquad (19)$$

Hierin bedeuten:

m_{20} Einwaage nach 13.5.1

m_{21} Auswaage nach 13.5.1

13.6 Bestimmung von reinem Siliciumdioxid

13.6.1 Durchführung

Der Rückstand nach 13.3.1 (m_{18}), 13.4.1 (m_{19}) oder 13.5.1 (m_{21}) wird mit etwa 0,5 bis 1 ml Wasser angefeuchtet, mit etwa 10 ml Flußsäure und 2 Tropfen Schwefelsäure versetzt. Das Gemisch wird im Abzug auf einem Sandbad oder einer Heizplatte (5.14) eingedampft und darüber hinaus erhitzt, bis keine weißen Schwefelsäuredämpfe mehr auftreten.

Tiegel und Abrauchrückstand werden in einem Laborofen (5.5) 10 Minuten bei (1175 ± 25) °C geglüht, in einem Exsikkator auf Raumtemperatur abgekühlt und gewogen (m_{22}).

Der Abrauchrückstand wird nach 13.7 aufgeschlossen. Übersteigt der nach diesem Verfahren erhaltene Abrauchrückstand 0,5 %, so ist der Zement mit Natriumperoxid (13.2) aufzuschließen.

13.6.2 Auswertung

Der Gehalt an reinem Siliciumdioxid wird nach folgender Gleichung berechnet:

$$SiO_2, \text{rein} = \frac{m_{24} - m_{22}}{m_{23}} \cdot 100 \quad \text{in \%} \qquad (20)$$

Hierin bedeuten:

m_{22} Auswaage nach 13.6.1

m_{23} Einwaage nach 13.2 (m_{17}) oder 13.5.1 (m_{20})

m_{24} Auswaage nach 13.3.1 (m_{18}) oder 13.4.1 (m_{19}) oder 13.5.1 (m_{21})

13.7 Aufschließen des Abrauchrückstands

Der Abrauchrückstand nach 13.6.1 wird mit etwa 2 g Natriumcarbonat/Natriumchlorid-Mischung (4.31) versetzt und mit einem Laborgasbrenner bei heller Rotglut geschmolzen. Die Schmelze ist häufig umzuschwenken. Das Erhitzen wird beendet, sobald der Abrauchrückstand von der Schmelze vollständig aufgenommen worden ist. Durch Augenschein überzeugt man sich, daß keine Reste des Abrauchrückstands am Boden des Platintiegels verbleiben. Tiegel und Inhalt läßt man abkühlen, überführt beides in einen 250-ml-Becher, versetzt mit etwa 100 ml Wasser und säuert mit einigen Millilitern konzentrierter Salzsäure an.

Nachdem sich die Aufschlußmasse vollständig gelöst hat, wird der Tiegel aus der Lösung genommen und mit Wasser abgespült.

Die Lösung muß vollständig klar sein. Anderenfalls ist durch ein mittelporiges Papierfilter zu filtrieren, zu waschen, zu veraschen, zu glühen und erneut wie zuvor beschrieben aufzuschließen. Die Lösung wird in den 500-ml-Meßkolben übergeführt, der das Filtrat und das Waschwasser der Siliciumdioxidfällung nach 13.3.1, 13.4.1 oder 13.5.1 enthält. Der Meßkolben wird danach mit Wasser zur Marke aufgefüllt. Die Lösung ist nach Umschütteln gebrauchsfertig.

Sie dient zur photometrischen Bestimmung des nicht abgeschiedenen Siliciumdioxids (13.8) sowie zur komplexometrischen Bestimmung von Eisen(III)-oxid (13.10), Aluminiumoxid (13.11), Calciumoxid (13.12 oder 13.14) und Magnesiumoxid (13.13 oder 13.15).

13.8 Bestimmung von gelöstem Siliciumdioxid

13.8.1 Durchführung

Von der nach 13.7 vorbereiteten Lösung in einem 500-ml-Meßkolben werden 20 ml in einem Polyethylenbecher, in dem sich bereits ein Rührmagnet befindet, pipettiert und mit 20 ml Wasser versetzt. Unter Rühren mit einem Magnetrührer wird das Gemisch mit 15 Tropfen verdünnter Flußsäure 1+3 versetzt und danach wenigstens 1 Minute gerührt. Danach werden 15 ml Borsäure (4.40) in die Lösung pipettiert. Der pH-Wert der Lösung wird durch tropfenweise Zugabe von Natriumhydroxidlösung (4.25) bzw. Salzsäure 1+2 auf 1,15 ± 0,05 eingestellt. Der pH-Wert ist mit einem pH-Meter zu überprüfen, das zuvor mit einem geeigneten pH-Puffer, z. B. 1,40 (4.47) kalibriert worden ist. Danach werden 5 ml Molybdatlösung (4.42) in die Lösung pipettiert (Nullzeit). Anschließend wird der pH-Wert der Lösung durch tropfenweise Zugabe von Natriumhydroxidlösung (4.25) bzw. Salzsäure 1+2 auf 1,60 eingestellt. Die Lösung wird in einen 100-ml-Meßkolben übergeführt. Dabei ist mit verdünnter Salzsäure (pH = 1,60) (4.9) nachzuspülen. Nach 20 Minuten werden 5 ml Zitronensäurelösung (4.41) in die Lösung pipettiert. Nach Umschwenken bleibt die Lösung 5 Minuten stehen. Danach werden 2 ml Reduktionslösung (4.46) in die Lösung pipettiert, die danach mit verdünnter Salzsäure (pH = 1,60) zur Marke aufgefüllt und umgeschüttelt wird. 30 Minuten nach dem Pipettieren der Ammoniummolybdatlösung (Nullzeit + 30 Minuten) wird die Extinktion in einem Photometer (5.9) gegen eine in gleicher Weise hergestellte Blindlösung bei derselben Wellenlänge und mit derselben Küvettendicke gemessen, die zum Aufstellen der Bezugsgeraden (4.51) verwendet wurde. Aus der Bezugsgeraden ergibt sich die Konzentration der Lösung in mg SiO_2/100 ml.

13.8.2 Auswertung

Der Gehalt an gelöstem Siliciumdioxid wird nach folgender Gleichung berechnet:

$$SiO_2, \text{gelöst} = \frac{500 \cdot m_{25} \cdot 100}{20 \cdot 1000 \cdot m_{23}} = 2{,}5 \, \frac{m_{25}}{m_{23}} \cdot 100 \quad \text{in \%} \qquad (21)$$

Hierin bedeuten:

m_{23} Einwaage nach 13.2 (m_{17}) oder 13.5.1 (m_{20})

m_{25} Gehalt der Lösung an Siliciumdioxid in mg SiO_2/100 ml nach 13.8.1

13.9 Siliciumdioxid-Gesamtgehalt

13.9.1 Auswertung

Der Gesamtgehalt an Siliciumdioxid ist die Summe des Gehalts an reinem Siliciumdioxid (13.6) und des Gehalts an Siliciumdioxid in der Lösung (13.8).

13.9.2 Wiederholbarkeit und Vergleichbarkeit

Die Wiederholstandardabweichung beträgt 0,10 %, die Vergleichstandardabweichung 0,25 %.

13.10 Bestimmung von Eisen(III)-oxid

13.10.1 Durchführung

Von der nach 13.7 vorbereiteten Lösung von insgesamt 500 ml werden 100 ml in einen für das Meßgerät (5.11) passenden Becher pipettiert und mit Wasser zu einem für die Messung geeigneten Volumen verdünnt.

Die Lösung wird mit 0,5 g Aminoessigsäure (4.18) und 0,3 bis 0,4 g Sulfosalicylsäure-Indikator (4.60) versetzt.

Der pH-Wert dieser Lösung wird unter Verwendung eines pH-Meters mit Ammoniumhydroxid 1+1 (4.21) und 1+10 (4.22) auf 1,5 ± 0,1 eingestellt.

Die Lösung wird auf (47,5 ± 2,5) °C erwärmt. Danach wird der Becher in ein auf eine Wellenlänge von 520 nm eingestelltes Meßgerät (5.11) eingesetzt. Die Lösung wird unter Rühren mit 0,03 mol/l EDTE-Lösung (4.53) titriert. Die Meßwerte der Extinktion werden in der Nähe des Umschlagpunkts in Abhängigkeit vom zugegebenen Volumen der EDTE-Lösung in einem Diagramm dargestellt. Das verbrauchte Volumen V_{10} ist durch den Schnittpunkt der Geraden mit der größten Steigung in der Nähe des Umschlagpunkts mit der Geraden, die eine nahezu konstante Extinktion der Lösung nach dem Umschlag hat, zu bestimmen.

Während der Titration darf die Temperatur der Lösung 50 °C nicht übersteigen; anderenfalls ist die Bestimmung zu wiederholen.

Die titrierte Lösung dient zur Bestimmung des Gehalts an Aluminiumoxid nach 13.11.1. TiO_2 kann in Gegenwart von Peroxid die Bestimmung von Fe_2O_3 stören. Daher muß Peroxid vollständig zerstört werden.

Anmerkung: TiO_2 beeinflußt die Geschwindigkeit der Eisentitration mit EDTE. Fehler, die sich dadurch ergeben können, lassen sich vermeiden, wenn die Titration langsam, z. B. mit einer automatischen Bürette, ausgeführt wird. Das TiO_2 kann auch durch Zusatz von 2 ml Schwefelsäure 1+1 vor der Titration maskiert werden.

13.10.2 Auswertung

Der Gehalt an Eisen(III)-oxid wird nach folgender Gleichung berechnet:

$$Fe_2O_3 = \frac{0{,}03 \cdot 159{,}692 \cdot 500 \cdot V_{10} \cdot f_D}{2 \cdot 1000 \cdot 100 \cdot m_{23}} \cdot 100 = 1{,}1977 \frac{V_{10} \cdot f_D}{m_{23}} \text{ in \%} \qquad (22)$$

Hierin bedeuten:

V_{10} Verbrauch an 0,03 mol/l EDTE-Lösung bei der Titration

f_D Faktor der 0,03 mol/l EDTE-Lösung nach 4.53.3

m_{23} Einwaage nach 13.2 (m_{17}) oder 13.5.1 (m_{20})

13.10.3 Wiederholbarkeit und Vergleichbarkeit

Die Wiederholstandardabweichung beträgt 0,08 %, die Vergleichstandardabweichung 0,15 %.

13.11 Bestimmung von Aluminiumoxid

13.11.1 Durchführung

Die nach 13.10.1 austitrierte Lösung wird auf Raumtemperatur abgekühlt und mit 5 ml Essigsäure (4.17) versetzt. Durch Zutropfen von Ammoniumacetatlösung (4.44) wird der pH-Wert der Lösung auf 3,05 ± 0,05 eingestellt. Dieser Bereich ist genau einzuhalten und mit einem pH-Meter zu kontrollieren. Der pH-Wert von 3,1 darf auf keinen Fall überschritten werden. Die Lösung wird zum Sieden erhitzt und mit 3 Tropfen Kupfer-EDTE-Lösung (4.54) und 10 Tropfen PAN-Indikator-Lösung (4.61) versetzt.

Während des Titrierens muß die Lösung ständig leicht sieden (Ausführung der Bestimmung im Abzug). Die Lösung wird mit 0,03 mol/l EDTE-Lösung (4.53) bis zum Umschlag von Rosaviolett nach Strohgelb titriert. Wenn die Lösung danach wieder rosa wird, muß tropfenweise 0,03 mol/l EDTE-Lösung zugegeben werden, bis die Gelbfärbung mindestens 1 Minute sichtbar bleibt.

13.11.2 Auswertung

Der Gehalt des Zements an Aluminiumoxid wird nach folgender Gleichung berechnet:

$$Al_2O_3 = \frac{0{,}03 \cdot 101{,}961 \cdot 500 \cdot V_{11} \cdot f_D}{2 \cdot 1000 \cdot 100 \cdot m_{23}} \cdot 100 = 0{,}7647 \frac{V_{11} \cdot f_D}{m_{23}} \text{ in \%} \qquad (23)$$

Hierin bedeuten:

V_{11} Verbrauch an 0,03 mol/l EDTE-Lösung bei der Titration

f_D Faktor der 0,03 mol/l EDTE-Lösung nach 4.53.3

m_{23} Einwaage nach 13.2 (m_{17}) oder 13.5.1 (m_{20})

13.11.3 Wiederholbarkeit und Vergleichbarkeit

Die Wiederholstandardabweichung beträgt 0,10 %, die Vergleichstandardabweichung 0,25 %.

13.12 Bestimmung von Calciumoxid mit EGTE (Referenzverfahren)

13.12.1 Durchführung

Von der nach 13.7 vorbereiteten Lösung von insgesamt 500 ml werden 25 ml in einen für das Meßgerät (5.11) passenden Becher pipettiert, mit Wasser auf das Volumen verdünnt, das auch beim Einstellen der 0,03 mol/l EGTE-Lösung (4.55.3) gewählt worden ist, und mit 25 ml Triethanolaminlösung 1 + 4 (4.45) versetzt. Der pH-Wert wird unter Verwendung eines pH-Meters mit Natriumhydroxidlösung (4.25) auf 12,5 eingestellt. Die Lösung wird mit etwa 0,1 g Murexid-Indikator (4.57) oder Calceinindikator (4.58) versetzt. Nach Einsetzen des Bechers in ein auf eine Wellenlänge von 620 nm bei Murexid bzw. 520 nm bei Calcein eingestelltes Meßgerät (5.11) wird unter Rühren mit der 0,03 mol/l EGTE-Lösung (4.55) titriert. In der Nähe des Umschlagpunkts wird der Meßwert des Meßgeräts in Abhängigkeit vom zugegebenen Volumen der EGTE-Lösung in einem Diagramm dargestellt. Das verbrauchte Volumen V_{12} ist durch den Schnittpunkt der Geraden mit der größten Steigung in der Nähe des Umschlagpunkts mit der Geraden, die eine nahezu konstante Extinktion der Lösung nach dem Umschlag hat, zu bestimmen.

13.12.2 Auswertung

Der Gehalt des Zements an Calciumoxid wird nach folgender Gleichung berechnet:

$$CaO = \frac{0{,}03 \cdot 56{,}08 \cdot 500 \cdot V_{12} \cdot f_G}{1000 \cdot 25 \cdot m_{23}} \cdot 100 = 3{,}3648 \frac{V_{12} \cdot f_G}{m_{23}} \text{ in \%} \qquad (24)$$

Hierin bedeuten:

V_{12} Verbrauch an 0,03 mol/l EGTE-Lösung bei der Titration

f_G Faktor der 0,03 mol/l EGTE-Lösung nach 4.55.3

m_{23} Einwaage nach 13.2 (m_{17}) oder 13.5.1 (m_{20})

Anmerkung: Strontiumoxid wird mitbestimmt und als CaO angegeben.

13.12.3 Wiederholbarkeit und Vergleichbarkeit

Die Wiederholstandardabweichung beträgt 0,18 %, die Vergleichstandardabweichung 0,37 %.

13.13 Bestimmung von Magnesiumoxid mit DCTE (Referenzverfahren)

13.13.1 Durchführung

Von der nach 13.7 vorbereiteten Lösung von insgesamt 500 ml werden 50 ml in einen für das Meßgerät (5.11) passenden Becher pipettiert und mit 50 ml Triethanolaminlösung 1 + 4 (4.45) und mit einem Volumen V_{13} an EGTE-Lösung versetzt.

Das dafür erforderliche Volumen V_{13} wird nach folgender Gleichung berechnet:

$$V_{13} = 2\, V_{12} + 1{,}5 \text{ ml} \qquad (25)$$

Hierin bedeuten:

V_{12} Verbrauch an EGTE-Lösung bei der Titration nach 13.12.1

V_{13} Volumen der EGTE-Lösung

Nach Zugabe des berechneten Volumens der EGTE-Lösung wird mit Wasser zu einem für die Messung geeigneten Volumen verdünnt.

Der pH-Wert dieser Lösung wird unter Verwendung eines pH-Meters mit konzentrierter Ammoniumhydroxidlösung auf 10,5 eingestellt.

Nach Zusatz von etwa 0,1 g Methylthymolblau-Indikator (4.62) wird der Becher in das auf eine Wellenlänge von 620 nm eingestellte Meßgerät (5.11) eingesetzt. Die Lösung wird unter Rühren mit 0,01 mol/l DCTE-Lösung (4.56) titriert. In der Nähe des Umschlagpunkts werden die Meßwerte der Extinktionen in Abhängigkeit vom zugegebenen Volumen der DCTE-Lösung in einem Diagramm dargestellt. Das verbrauchte Volumen V_{14} ist durch den Schnittpunkt der Geraden mit der größten Steigung in der Nähe des Umschlagpunkts mit der Geraden, die eine nahezu konstante Extinktion nach dem Umschlag hat, zu bestimmen.

13.13.2 Auswertung

Der Gehalt des Zements an Magnesiumoxid wird nach folgender Gleichung berechnet:

$$MgO = \frac{0{,}01 \cdot 40{,}311 \cdot 500 \cdot V_{14} \cdot f_C}{1000 \cdot 50 \cdot m_{23}} \cdot 100$$

$$= 0{,}4031 \frac{V_{14} \cdot f_C}{m_{23}} \text{ in \%} \qquad (26)$$

Hierin bedeuten:

V_{14} Verbrauch an 0,01 mol/l DCTE-Lösung bei der Titration

f_C Faktor der 0,03 mol/l DCTE-Lösung nach 4.56.3

m_{23} Einwaage nach 13.2 (m_{17}) oder 13.5.1 (m_{20})

13.13.3 Wiederholbarkeit und Vergleichbarkeit

Die Wiederholstandardabweichung beträgt 0,15 %, die Vergleichstandardabweichung 0,15 %.

13.14 Bestimmung von Calciumoxid mit EDTE (Alternativverfahren)

13.14.1 Anwendbarkeit des Verfahrens

Vor Anwendung dieses Verfahrens muß die Bestimmung des Mangangehalts durchgeführt werden (siehe 13.15.1).

13.14.2 Durchführung

Von der nach 13.7 vorbereiteten Lösung von insgesamt 500 ml werden 50 ml in einen für das Meßgerät (5.11) passenden Becher pipettiert, mit Wasser zu einem für die Messung geeigneten Volumen verdünnt und mit 50 ml der verdünnten Triethanolaminlösung 1 + 4 (4.45) versetzt.

Der pH-Wert dieser Lösung wird unter Verwendung eines pH-Meters mit Natriumhydroxidlösung (4.25) auf 12,5 eingestellt.

In diese Lösung werden etwa 0,1 g Murexid-Indikator (4.57) oder Calcein-Indikator (4.58) gegeben. Danach wird der Becher in ein auf eine Wellenlänge von 620 nm bei Murexid bzw. 520 nm bei Calcein eingestelltes Meßgerät (5.11) eingesetzt. Die Lösung wird unter Rühren mit 0,03 mol/l EDTE-Lösung (4.53) titriert. Die Meßwerte der Extinktionen werden in der Nähe des Umschlagpunkts in Abhängigkeit vom zugegebenen Volumen der EDTE-Lösung in einem Diagramm dargestellt. Das verbrauchte Volumen V_{15} ist durch den Schnittpunkt der Geraden mit der größten Steigung in der Nähe des Umschlagpunkts mit der Geraden, die eine nahezu konstante Extinktion der Lösung nach dem Umschlag hat, zu bestimmen.

13.14.3 Auswertung

Der Gehalt des Zements an Calciumoxid wird nach folgender Gleichung berechnet:

$$CaO = \frac{0{,}03 \cdot 56{,}08 \cdot 500 \cdot V_{15} \cdot f_D}{1000 \cdot 50 \cdot m_{23}} \cdot 100$$

$$= 1{,}6824 \frac{V_{15} \cdot f_D}{m_{23}} \text{ in \%} \qquad (27)$$

Hierin bedeuten:

V_{15} Verbrauch an 0,03 mol/l EDTE-Lösung bei der Titration

f_D Faktor der 0,03 mol/l EDTE-Lösung nach 4.53.3

m_{23} Einwaage nach 13.2 (m_{17}) oder 13.5.1 (m_{20})

Anmerkung: Strontiumoxid wird mitbestimmt und als CaO angegeben.

13.14.4 Wiederholbarkeit und Vergleichbarkeit

Die Wiederholstandardabweichung beträgt 0,15 %, die Vergleichstandardabweichung 0,43 %.

13.15 Bestimmung von Magnesiumoxid mit EDTE (Alternativverfahren)

13.15.1 Anwendbarkeit des Verfahrens

Wenn – was selten vorkommt – der Mn_2O_3-Gehalt 0,5 % übersteigt, ist zur Bestimmung des MgO das Verfahren mit DCTE nach 13.13 anzuwenden, da das nachstehend beschriebene Alternativverfahren mit EDTE in diesem Fall zu hohe Werte liefert, sofern die Hydroxide nicht zuvor abgetrennt wurden.

13.15.2 Durchführung

Von der nach 13.7 vorbereiteten Lösung von insgesamt 500 ml werden 50 ml in einen für das Meßgerät (5.11) passenden Becher pipettiert, mit Wasser zu einem für die Messung geeigneten Volumen verdünnt und mit 50 ml der verdünnten Triethanolaminlösung 1 + 4 (4.45) versetzt.

Der pH-Wert der Lösung wird mit verdünntem Ammoniumhydroxid 1 + 1 unter Verwendung eines pH-Meters auf einen Wert von 10,5 eingestellt.

Aus einer Bürette wird dann die Menge V_{15} der EDTE-Lösung zugegeben, die bei der CaO-Bestimmung nach 13.14.2 verbraucht wurde.

Danach werden der Lösung etwa 0,1 g Methylthymolblau (4.62) zugesetzt.

Der Becher wird in ein auf eine Wellenlänge von 620 nm eingestelltes Meßgerät (5.11) eingesetzt. Die Lösung wird unter ständigem Rühren mit 0,03 mol/l EDTE-Lösung (4.53) titriert. Die Meßwerte der Extinktionen werden in der Nähe des Umschlagpunkts in Abhängigkeit vom zugegebenen Volumen der EDTE-Lösung in einem Diagramm dargestellt. Das verbrauchte Volumen V_{16} ist durch den Schnittpunkt der Geraden mit der größten Steigung in der Nähe des Umschlagpunkts mit der Geraden, die eine nahezu konstante Extinktion der Lösung nach dem Umschlag hat, zu bestimmen.

13.15.3 Auswertung

Der Gehalt an Magnesiumoxid wird nach folgender Gleichung berechnet:

$$MgO = \frac{0{,}03 \cdot 40{,}311 \cdot 500 \cdot (V_{16} - V_{15}) \cdot f_D}{1000 \cdot 50 \cdot m_{23}} \cdot 100$$

$$= 1{,}2093 \frac{(V_{16} - V_{15}) \cdot f_D}{m_{23}} \text{ in \%} \qquad (28)$$

Hierin bedeuten:

V_{15} Verbrauch an 0,03 mol/l EDTE-Lösung für die Bestimmung von Calciumoxid nach 13.14.2

V_{16} Verbrauch an 0,03 mol/l EDTE-Lösung für die Bestimmung von Calciumoxid und Magnesiumoxid nach 13.15.2

f_D Faktor nach 4.53.3

m_{23} Einwaage nach 13.2 (m_{17}) oder 13.5.1 (m_{20})

13.15.4 Wiederholbarkeit und Vergleichbarkeit

Die Wiederholstandardabweichung beträgt 0,21 %, die Vergleichstandardabweichung 0,25 %.

13.16 Bemerkungen zur visuellen Titration für die Bestimmung von Calciumoxid und Magnesiumoxid

Bei den in 13.12, 13.13, 13.14 und 13.15 beschriebenen Verfahren werden photometrische Bestimmungen angewendet.

Diese Bestimmungen können auch visuell, jedoch mit geringerer Genauigkeit durchgeführt werden, sofern ein Photometer nicht verfügbar ist.

Die dafür gebräuchlichsten Indikatoren sind z. B.:

a) für die Bestimmung von Calciumoxid mit EGTE:
Mischindikator: Calcein und Methylthymolblau
(Umschlag von Hellgrün nach Rosa)
Dieser Indikator eignet sich auch für die photometrische Titration.

b) für die Bestimmung von Magnesiumoxid mit DCTE:
Methylthymolblau-Indikator (4.62)
(Umschlag von Blau nach Grau)

c) für die Bestimmung von Calciumoxid mit EDTE:
Calcon-Indikator (4.59)
(Umschlag von Rosa nach Blau)

d) für die Bestimmung von Magnesiumoxid mit EDTE:
Gemisch von 1 g Phthaleinpurpur mit 100 g festem Natriumchlorid
(Umschlag von Violett nach Hellrosa)

Ende der Deutschen Fassung

Zitierte Normen

– in der Deutschen Fassung:

Siehe Abschnitt 2

– in den nationalen Zusätzen:

Normen der Reihe DIN 55 350 Begriffe der Qualitätssicherung und Statistik

Übrige zitierte Normen siehe Nationales Vorwort

Frühere Ausgaben

DIN 1164 Teil 3: 06.70, 11.78

Änderungen

Gegenüber DIN 1164 T 3/11.78 wurden folgende Änderungen vorgenommen:

– Europäische Norm EN 196-2 : 1987 (Stand 1989) übernommen.

Internationale Patentklassifikation

C 04 B 7/00
G 01 N 33/38

DK 666.94-691.54 : 620.1 : 543.7

März 1990

Prüfverfahren für Zement

Bestimmung der Erstarrungszeiten und der Raumbeständigkeit
Deutsche Fassung EN 196-3 : 1987

DIN EN 196 Teil 3

Methods of testing cement; Determination of setting time and soundness; German version EN 196-3 : 1987

Méthodes d'essais des ciments; Détermination du temps de prise et de la stabilité; Version Allemande EN 196-3 : 1987

Ersatz für
DIN 1164 T 5/11.78 und
DIN 1164 T 6/11.78

Die Europäische Norm EN 196-3 : 1987 hat den Status einer Deutschen Norm.

Nationales Vorwort

Diese Europäische Norm wurde vom CEN/TC 51 „Zement und Baukalk" (Sekretariat: Belgien) ausgearbeitet. Im DIN Deutsches Institut für Normung e.V. war hierfür der Arbeitsausschuß 06.04 „Zement" des Normenausschusses Bauwesen (NABau) zuständig.

Normen über Zement und Prüfverfahren für Zement:

DIN 1164 Teil 1	Portland-, Eisenportland-, Hochofen- und Traßzement; Begriffe, Bestandteile, Anforderungen, Lieferung
DIN 1164 Teil 2	Portland-, Eisenportland-, Hochofen- und Traßzement; Überwachung (Güteüberwachung)
DIN 1164 Teil 8	Portland-, Eisenportland-, Hochofen- und Traßzement; Bestimmung der Hydratationswärme mit dem Lösungskalorimeter
DIN 1164 Teil 31	Portland-, Eisenportland-, Hochofen- und Traßzement; Bestimmung des Hüttensandanteils von Eisenportland- und Hochofenzement und des Traßanteils von Traßzement
DIN 1164 Teil 100	Zement; Portlandölschieferzement; Anforderungen, Prüfungen, Überwachung
DIN EN 196 Teil 1	Prüfverfahren für Zement; Bestimmung der Festigkeit; Deutsche Fassung EN 196-1 : 1987 (Stand 1989)
DIN EN 196 Teil 2	Prüfverfahren für Zement; Chemische Analyse von Zement; Deutsche Fassung EN 196-2 : 1987 (Stand 1989)
DIN EN 196 Teil 3	Prüfverfahren für Zement; Bestimmung der Erstarrungszeiten und der Raumbeständigkeit; Deutsche Fassung EN 196-3 : 1987
DIN EN 196 Teil 5	Prüfverfahren für Zement; Prüfung der Puzzolanität von Puzzolanzementen; Deutsche Fassung EN 196-5 : 1987
DIN EN 196 Teil 6	Prüfverfahren für Zement; Bestimmung der Mahlfeinheit; Deutsche Fassung EN 196-6 : 1989
DIN EN 196 Teil 7	Prüfverfahren für Zement; Verfahren für die Probenahme und Probenauswahl von Zement; Deutsche Fassung EN 196-7 : 1989
DIN EN 196 Teil 21	Prüfverfahren für Zement; Bestimmung des Chlorid-, Kohlenstoffdioxid- und Alkalianteils von Zement; Deutsche Fassung EN 196-21 : 1989

Darüber hinaus liegt die Vornorm

DIN V ENV 196 Teil 4 Prüfverfahren für Zement; Quantitative Bestimmung der Bestandteile; Deutsche Fassung ENV 196-4 : 1989

vor.

Die Prüfverfahren der Norm DIN EN 196 Teil 3 ersetzen die Prüfverfahren, die in DIN 1164 Teil 5 und Teil 6 festgelegt waren.

Fortsetzung Seite 2 bis 8

Normenausschuß Bauwesen (NABau) im DIN Deutsches Institut für Normung e.V.

EUROPÄISCHE NORM
EUROPEAN STANDARD
NORME EUROPÉENNE

EN 196
Teil 3

Mai 1987

DK 666.94-691.54 : 620.1 : 543.7

Deskriptoren: Zement, Prüfung, Bestimmung, Abbindezeit, Konsistenz, Raumbeständigkeit.

Deutsche Fassung

Prüfverfahren für Zement

Bestimmung der Erstarrungszeiten und der Raumbeständigkeit

Methods of testing cement; Determination of setting time and soundness

Méthodes d'essais des ciments; Détermination du temps et prise et de la stabilité

Diese Europäische Norm wurde von CEN am 1985-11-15 angenommen. Die CEN-Mitglieder sind gehalten, die Forderungen der Gemeinsamen CEN/CENELEC-Regeln zu erfüllen, in denen die Bedingungen festgelegt sind, unter denen dieser Europäischen Norm ohne jede Änderung der Status einer nationalen Norm zu geben ist.

Auf dem letzten Stand befindliche Listen dieser nationalen Normen mit ihren bibliographischen Angaben sind beim CEN-Zentralsekretariat oder bei jedem CEN-Mitglied auf Anfrage erhältlich.

Diese Europäische Norm besteht in drei offiziellen Fassungen (Deutsch, Englisch, Französisch). Eine Fassung in einer anderen Sprache, die von einem CEN-Mitglied in eigener Verantwortung durch Übersetzung in die Landessprache gemacht und dem CEN-Zentralsekretariat mitgeteilt worden ist, hat den gleichen Status wie die offiziellen Fassungen.

CEN-Mitglieder sind die nationalen Normenorganisationen von Belgien, Dänemark, Deutschland, Finnland, Frankreich, Griechenland, Irland, Island, Italien, Luxemburg, Niederlande, Norwegen, Österreich, Portugal, Schweden, Schweiz, Spanien und dem Vereinigten Königreich.

CEN

EUROPÄISCHES KOMITEE FÜR NORMUNG
European Committee for Standardization
Comité Européen de Normalisation

Zentralsekretariat: Rue Bréderode 2, B-1000 Brüssel

Ref. Nr. EN 196-3 : 1987 D

Entstehungsgeschichte

Die vorliegende Europäische Norm wurde von dem Technischen Komitee CEN/TC 51 „Zement", mit dessen Sekretariat IBN betraut ist, ausgearbeitet.

Entsprechend den Gemeinsamen CEN/CENELEC-Regeln sind folgende Länder gehalten, diese Europäische Norm zu übernehmen:

Belgien, Dänemark, Deutschland, Frankreich, Griechenland, Irland, Italien, Niederlande, Norwegen, Spanien, Schweden.

Vorwort

Die Europäische Norm EN 196 über Prüfverfahren für Zement besteht aus folgenden Teilen:

Teil 1: Bestimmung der Festigkeit
Teil 2: Chemische Analyse von Zement
Teil 3: Bestimmung der Erstarrungszeiten und der Raumbeständigkeit
Teil 4: Quantitative Bestimmung der Bestandteile
Teil 5: Prüfung der Puzzolanität von Puzzolanzementen
Teil 6: Bestimmung der Mahlfeinheit
Teil 7: Verfahren für die Probenahme und Probenauswahl von Zement
Teil 21: Bestimmung des Chlorid-, Kohlenstoffdioxid- und Alkalianteils von Zement

Inhalt

1 Zweck und Anwendungsbereich

Diese Europäische Norm beschreibt die Verfahren zur Bestimmung der Erstarrungszeiten und der Raumbeständigkeit von Zement.

Diese Norm gilt für alle Zemente, die in der Norm EN 197-1 beschrieben werden.

Diese Norm beschreibt das Referenzverfahren; andere Verfahren dürfen – soweit in Anmerkungen darauf hingewiesen ist – angewendet werden, wenn sie die Ergebnisse nicht signifikant beeinflussen. Im Streitfall ist das Referenzverfahren und kein anderes, davon abweichendes Verfahren maßgebend.

2 Verweisungen auf andere Normen

EN 196-1 Prüfverfahren für Zement; Bestimmung der Festigkeit

EN 197-1 Zement; Zusammensetzung, Anforderungen und Konformitätskriterien; Definitionen und Zusammensetzung [1])

3 Grundlagen des Verfahrens

Als Erstarrungszeit gilt der Zeitraum, nach dem eine Nadel bis zu einer bestimmten Tiefe in einen Zementleim von Normsteife eingedrungen ist.

Die Raumbeständigkeit wird durch Messen der Volumenänderung des Zementleims von Normsteife bestimmt, die durch die Änderung des Abstands zwischen zwei Nadeln angegeben wird.

Ein Zementleim von Normsteife weist einen bestimmten Widerstand gegen das Eindringen eines Normtauchstabes auf. Die Ermittlung der zur Erzielung der Normsteife erforderlichen Wassermenge erfolgt anhand mehrerer Eindringversuche an Zementleimen mit unterschiedlich hohem Wassergehalt.

4 Allgemeine Prüfanforderungen

4.1 Laborraum

Der Laborraum, in dem Prüfkörper hergestellt und geprüft werden, muß eine konstante Temperatur von (20 ± 2) °C und eine relative Luftfeuchte von mindestens 65 % aufweisen.

4.2 Geräte

4.2.1 Waage mit einer Fehlergrenze von 1 g

4.2.2 Meßzylinder oder Bürette mit einer Fehlergrenze von 1 %, bezogen auf das abgemessene Volumen

4.2.3 Mischer nach EN 196-1:1987, Abschnitt 4.4

4.3 Ausgangsstoffe

4.3.1 Für die Herstellung, die Lagerung und das Kochen der Proben ist destilliertes oder entionisiertes Wasser zu verwenden.

Anmerkung: Jedes andere Wasser darf unter der Voraussetzung verwendet werden, daß damit nachweislich die gleichen Prüfergebnisse erzielt werden.

4.3.2 Zement, Wasser und Geräte, die zur Herstellung und Prüfung der Probekörper benötigt werden, müssen eine Temperatur von (20 ± 2) °C aufweisen.

5 Prüfung der Normsteife

5.1 Geräte

Das Nadelgerät nach Vicat (Bilder 1 a und 1 b) ist mit einem Tauchstab (Bild 1 c) zu verwenden, der aus korrosionsbeständigem Metall besteht und die Form eines geraden Kreiszylinders mit einer wirksamen Länge von (50 ± 1) mm und einem Durchmesser von $(10{,}00 \pm 0{,}05)$ mm besitzt. Die

[1]) Z. Z. Entwurf

Gesamtmasse der beweglichen Teile muß (300 ± 1) g betragen; sie müssen sich senkrecht und ohne nennenswerte Reibung bewegen lassen. Ihre Achse muß mit der Achse des Tauchstabes übereinstimmen.

Der Vicat-Ring (Bild 1a), in dem sich der zu prüfende Zementleim befindet, muß aus Hartgummi bestehen. Der Hartgummiring muß eine konische Form haben und bei einer Tiefe von (40,0 ± 0,2) mm einen inneren Durchmesser von (70 ± 5) mm oben und von (80 ± 5) mm unten aufweisen. Er muß genügend starr sein und mit einer ebenen Glasplatte als Boden versehen werden, die größer als der Ring und mindestens 2,5 mm dick ist.

Anmerkung: Vicat-Ringe aus Metall oder aus Kunststoff oder Vicat-Ringe mit zylindrischer Form dürfen unter der Voraussetzung verwendet werden, daß sie die vorgeschriebene Tiefe haben und nachweislich zu den gleichen Prüfergebnissen führen wie die vorgeschriebenen konischen Hartgummiringe.

5.2 Durchführung

5.2.1 Herstellen des Zementleims

Es sind 500 g Zement auf 1 g einzuwiegen. Eine bestimmte Menge Wasser, beispielsweise 125 g, muß entweder in die Schale des Mischers eingewogen oder aus einem Meßzylinder bzw. einer Bürette eingefüllt werden.

Die Zementmenge muß dem Wasser sorgfältig zugegeben werden, um einen Verlust von Wasser oder Zement zu vermeiden. Die Zeit für die Zugabe des Zements muß mindestens 5 s betragen und darf 10 s nicht überschreiten. Der Zeitpunkt nach Beendigung der Zementzugabe gilt als Nullpunkt für die späteren Zeitmessungen (Nullzeit). Anschließend ist der Mischer für die Dauer von 90 s bei der niedrigen Geschwindigkeitsstufe in Betrieb zu nehmen.

Nach 90 s ist der Mischer für 15 s anzuhalten. In dieser Zeit wird der Zementleim, der an den Seitenwänden der Mischschale außerhalb der Mischzone haftet, mit einem geeigneten Spachtel entfernt und wieder der Mischung zugefügt. Anschließend ist der Mischer für weitere 90 s Mischdauer bei niedriger Geschwindigkeit zu betreiben. Die gesamte Mischdauer beträgt 3 min.

Anmerkung: Andere Verfahren zum Mischen des Zementleims, mit Hilfe einer Maschine oder von Hand, dürfen unter der Voraussetzung angewendet werden, daß sie nachweislich zu den gleichen Prüfergebnissen führen wie das vorgeschriebene Mischverfahren.

5.2.2 Füllen des Ringes

Der gemischte Zementleim ist sofort und ohne übermäßiges Verdichten oder Rütteln bis zum Überlaufen in den Vicat-Ring einzufüllen, der vorher auf eine leicht eingefettete Glasplatte gestellt worden ist. Der überschüssige Zementleim wird vorsichtig durch Hin- und Herbewegen eines geeigneten geradkantigen Werkzeuges auf der oberen Fläche des Ringes so abgestrichen, daß der Zementleim im Ring eine glatte Oberfläche aufweist.

5.2.3 Eindringversuch

Das Vicat-Gerät ist mit dem zugehörigen Tauchstab (Bild 1c) vor dem Versuch zu justieren; hierzu wird der Tauchstab auf die untergelegte Glasplatte aufgesetzt und der Zeiger auf den Nullpunkt der Skale eingestellt. Anschließend wird der Tauchstab in die Ausgangsstellung angehoben.

Der Vicat-Ring und die Glasplatte sind sofort nach dem Abstreichen des Zementleims mittig unter den Tauchstab des Vicat-Geräts zu setzen. Der Tauchstab ist anschließend vorsichtig soweit herabzulassen, daß er die Oberfläche des Zementleims berührt. Er muß für 1 bis 2 s in dieser Stellung bleiben, um eine zusätzliche Beschleunigung beim Eindringen oder eine erhöhte Beschleunigung der beweglichen Teile zu vermeiden. Anschließend sind die beweglichen Teile schnell loszulassen, so daß der Tauchstab senkrecht in die Mitte des Zementleims eindringt. Der Eindringversuch mit dem Tauchstab muß 4 min nach dem Ende der Zementzugabe in den Mischer (Nullzeit) durchgeführt werden. Auf der Skale wird die Eindringtiefe abgelesen, sobald der Tauchstab nicht mehr tiefer in den Zementleim eindringt, spätestens jedoch nach 30 s.

Der abgelesene Meßwert, der den Abstand zwischen dem unteren Ende des Tauchstabs und der Glasplatte angibt, ist zusammen mit dem Wassergehalt des Zementleims in Prozent, bezogen auf die Zementmasse, im Prüfbericht anzugeben. Nach jedem Eindringversuch ist der Tauchstab sofort zu reinigen.

Der Versuch ist mit Zementleim, der unterschiedlich große Wassermengen enthält, so oft zu wiederholen, bis sich ein Abstand von (6 ± 1) mm zwischen Tauchstab und Glasplatte ergibt. Der auf 0,5 % gerundete und im Prüfbericht anzugebende Wassergehalt dieses Zementleims ist der Wassergehalt, der zur Erzielung der Normsteife erforderlich ist.

6 Bestimmung der Erstarrungszeiten

6.1 Geräte

6.1.1 Prüfraum oder ausreichend großer Feuchtkasten mit einer Temperatur von (20 ± 1) °C und einer relativen Luftfeuchte von mindestens 90 %.

Anmerkung: Die gefüllten Vicat-Ringe dürfen auch in einem Wasserbad bei (20 ± 1) °C unter der Voraussetzung gelagert werden, daß das Wasserbad nachweislich zu den gleichen Prüfergebnissen führt.

6.1.2 Vicat-Gerät zur Bestimmung des Erstarrungsbeginns

Der Tauchstab ist durch eine Stahlnadel (Bild 1d) zu ersetzen, die eine zylindrische Form bei einer wirksamen Länge von (50 ± 1) mm und bei einem Durchmesser von (1,13 ± 0,05) mm aufweist. Die Gesamtmasse der beweglichen Teile muß (300 ± 1) g betragen; sie müssen sich senkrecht und ohne nennenswerte Reibung bewegen lassen. Ihre Achse muß mit der Achse der Nadel übereinstimmen.

6.2 Bestimmung des Erstarrungsbeginns

Das mit der Nadel (Bild 1d) ausgerüstete Vicat-Gerät ist vor der Prüfung zu justieren; hierzu wird die Nadel auf die untergelegte Glasplatte aufgesetzt und der Zeiger auf den Nullpunkt der Skale eingestellt. Anschließend wird die Nadel in die Ausgangsstellung angehoben.

Der Vicat-Ring ist mit Zementleim von Normsteife nach 5.2.1 und 5.2.2 zu füllen und abzustreichen.

Der gefüllte Vicat-Ring wird anschließend auf der Glasplatte im Prüfraum oder im Feuchtkasten nach 6.1.1 gelagert. Nach einer bestimmten Zeit wird der gefüllte Vicat-Ring unter die Nadel des Vicat-Geräts gestellt, die vorsichtig soweit herabzulassen ist, bis sie die Oberfläche des Zementleims berührt. Die Nadel muß für 1 bis 2 s in dieser Stellung bleiben, um eine zusätzliche Beschleunigung beim Eindringen oder eine erhöhte Beschleunigung der beweglichen Teile zu vermeiden. Anschließend sind die beweglichen Teile schnell loszulassen, so daß die Nadel senkrecht in den Zementleim eindringt. Auf der Skale wird die Eindringtiefe abgelesen, sobald die Nadel nicht mehr tiefer in den Zementleim eindringt, spätestens jedoch nach 30 s.

Der abgelesene Meßwert, der den Abstand zwischen dem Nadelende und der Glasplatte angibt, ist zusammen mit der Zeit, die seit der Zementzugabe in den Mischer vergangen ist (Nullzeit), im Prüfbericht anzugeben. Der Eindringversuch ist an der gleichen Zementleimprobe in passend gewählten Zeitabständen, z. B. von 10 min, und an geeigneten Stellen, die mindestens 10 mm von der Kante des Ringes und von

Maße in mm

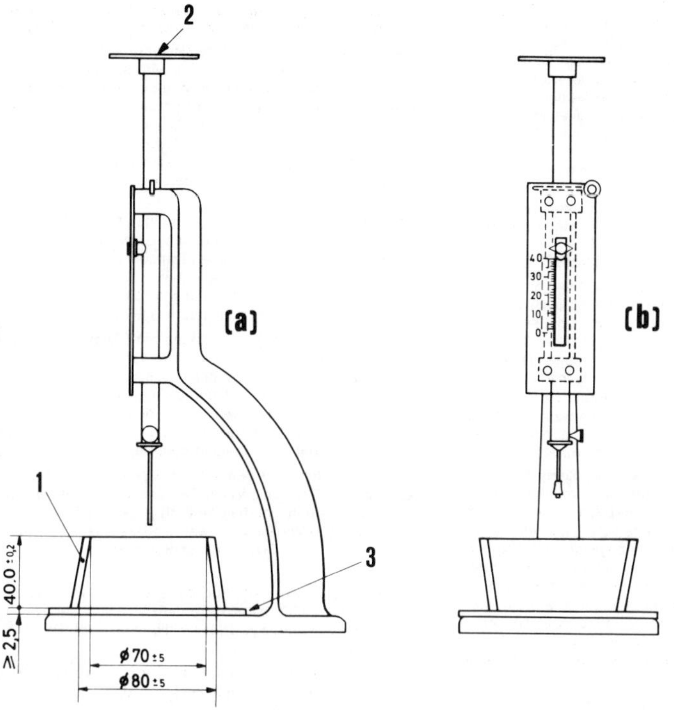

1 Hartgummiring
2 Platte für Zusatzgewichte
3 Glasplatte

a) Seitenansicht mit aufrecht stehendem Vicat-Ring zur Bestimmung des Erstarrungsbeginns

b) Vorderansicht mit umgekehrtem Vicat-Ring zur Bestimmung des Erstarrungsendes

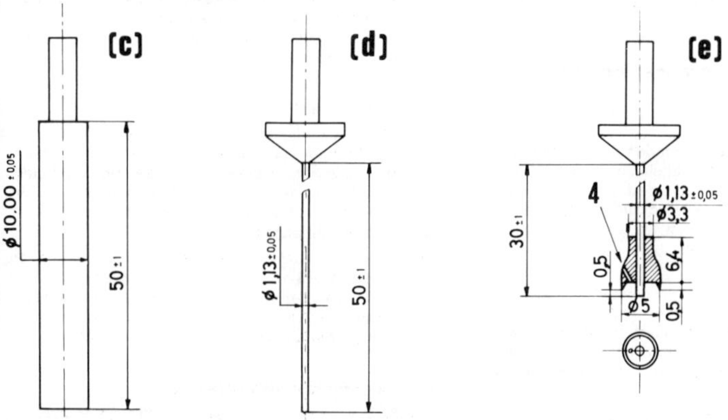

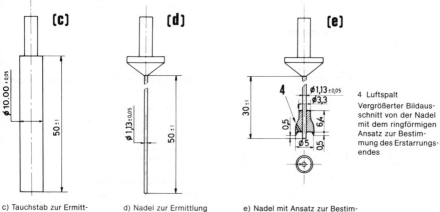

4 Luftspalt
Vergrößerter Bildausschnitt von der Nadel mit dem ringförmigen Ansatz zur Bestimmung des Erstarrungsendes

c) Tauchstab zur Ermittlung der Normsteife

d) Nadel zur Ermittlung des Erstarrungsbeginns

e) Nadel mit Ansatz zur Bestimmung des Erstarrungsendes

Anmerkung: Die angegebenen Maße müssen eingehalten werden. Wenn der Tauchstab und die Nadel mit und ohne Ansatzteil stets die gleiche Masse, z. B. von (9 ± 0,5) g aufweisen, ist nur eine Zusatzmasse für jedes Vicat-Gerät erforderlich.

Bild 1. Vicat-Gerät zur Bestimmung der Normsteife und der Erstarrungszeiten von Zement

der letzten Einstichstelle entfernt sind, zu wiederholen. Zwischen den einzelnen Eindringversuchen ist der gefüllte Vicat-Ring im Prüfraum oder im Feuchtkasten nach 6.1.1 zu lagern. Nach jedem Eindringversuch ist die Vicat-Nadel sofort zu reinigen. Die Zeitspanne, die vom Einfüllen des Zements in den Mischer (Nullzeit) bis zu dem Zeitpunkt vergeht, in dem der Abstand zwischen Nadel und Glasplatte (4 ± 1) mm beträgt, gilt als Erstarrungsbeginn des Zements und ist auf 5 min im Prüfbericht anzugeben. Die erforderliche Genauigkeit kann dadurch sichergestellt werden, daß der Zeitabstand zwischen den einzelnen Eindringversuchen in der Nähe des Erstarrungsbeginns des Zementleims verkürzt wird und beachtet wird, daß die aufeinanderfolgenden Meßergebnisse nicht übermäßig voneinander abweichen.

6.3 Bestimmung des Erstarrungsendes

Der gefüllte und nach 6.2 bereits zur Bestimmung des Erstarrungsbeginns verwendete Vicat-Ring ist auf der Glasplatte umzudrehen, damit die Versuche zur Bestimmung des Erstarrungsendes auf der ursprünglich der Glasplatte zugekehrten Seite durchgeführt werden können. Die hierfür verwendete Nadel ist mit einem ringförmigen Ansatz zu versehen (Bild 1 e), mit dem geringe Eindringtiefen leichter und genau erfaßt werden können; es ist nach 6.2 zu verfahren. Die Zeitspanne zwischen den einzelnen Eindringversuchen darf zum Beispiel auf 30 min verlängert werden.

Die Zeitspanne, die vom Einfüllen des Zements in den Mischer (Nullzeit) bis zu dem Zeitpunkt vergeht, in dem die Nadel nur noch 0,5 mm in den erhärteten Zementleim eindringt, gilt als Erstarrungsende des Zements und ist, auf 15 min gerundet, im Prüfbericht anzugeben. Der Zeitpunkt für das Erstarrungsende gilt als erreicht, wenn der ringförmige Ansatz der Nadel keinen Eindruck mehr auf der Prüfkörperfläche hinterläßt. Er kann genau festgelegt werden, wenn die Zeitspanne zwischen den Eindringversuchen in der Nähe des Endpunktes verkürzt wird und beachtet wird, daß die aufeinanderfolgenden Prüfergebnisse nicht übermäßig voneinander abweichen.

Anmerkung: Im Handel erhältliche Geräte zur automatischen Bestimmung der Erstarrungszeit dürfen unter der Voraussetzung angewendet werden, daß sie nachweislich zu den gleichen Prüfergebnissen führen wie die angegebenen Geräte und Bestimmungsverfahren.

7 Bestimmung der Raumbeständigkeit

7.1 Geräte

7.1.1 Le-Chatelier-Ring

Der Ring besteht aus einem federnden Blechstreifen aus Kupfer-Zink-Legierung mit Meßnadeln und muß die im Bild 2 a genannten Maße aufweisen. Die Federkraft des Ringes muß so groß sein, daß – wie im Bild 2 c dargestellt – die Kraft einer an einer Nadel befestigten Masse von 300 g die Nadelspitzen um $(17{,}5 \pm 2{,}5)$ mm ohne bleibende Verformung auseinanderbiegt.

Zu dem Ring gehört ein Paar ebener Glasplatten, die jeweils eine größere Grundfläche aufweisen müssen als der Le-Chatelier-Ring. Die Abdeckplatte muß mindestens 75 g wiegen. Bei Verwendung einer leichteren Platte darf auch eine Zusatzmasse aufgelegt werden, um die Anforderung zu erfüllen.

7.1.2 Wasserbad mit einer Heizvorrichtung, in dem die Le-Chatelier-Ringe unter Wasser gelagert und innerhalb von (30 ± 5) min von (20 ± 2) °C auf Kochtemperatur des Wassers aufgeheizt werden können.

7.1.3 Feuchtkasten von ausreichender Größe, in dem eine Temperatur von (20 ± 1) °C und eine relative Luftfeuchte von mindestens 98 % eingehalten werden können.

7.2 Durchführung

Die Prüfung ist gleichzeitig an zwei aus derselben Zementleimmischung hergestellten Prüfkörpern durchzuführen.

Hierfür ist Zementleim von Normsteife herzustellen. Der leicht eingeölte Le-Chatelier-Ring wird auf die leicht eingeölte Grundplatte gestellt und sofort von Hand ohne übermäßiges Verdichten oder Rütteln gefüllt und, falls erforderlich, mit einem geradkantigen Werkzeug abgestrichen. Während des Füllens muß entweder durch leichten Druck mit den Fingern oder durch Zubinden oder mittels eines geeigneten Gummirings verhindert werden, daß sich der Ring öffnet.

Der Ring wird mit einer leicht eingeölten Glasplatte abgedeckt. Falls erforderlich, muß die Glasplatte mit einer Zusatzmasse beschwert werden. Danach ist der Ring sofort in den Feuchtkasten zu stellen und für die Dauer von $(24 \pm 0{,}5)$ h bei einer Temperatur von (20 ± 1) °C und einer relativen Luftfeuchte von mindestens 98 % zu lagern.

Anmerkung: Der von beiden Seiten mit Glasplatten abgedeckte Ring darf alternativ für die Dauer von $(24 \pm 0{,}5)$ h auch in einem Wasserbad bei (20 ± 1) °C unter der Voraussetzung gelagert werden, daß das Wasserbad nachweislich zu den gleichen Prüfergebnissen führt. Falls erforderlich, muß die Abdeckplatte mit einer Zusatzmasse beschwert werden.

Nach $(24 \pm 0{,}5)$ h ist die Entfernung A zwischen den Nadelspitzen auf 0,5 mm zu messen. Der Ring ist anschließend in einem Wasserbad innerhalb von (30 ± 5) min auf die Kochtemperatur des Wassers zu erwärmen. Das Wasserbad muß anschließend 3 h $\pm$ 5 min lang auf dieser Temperatur gehalten werden.

Anmerkung: Eine kürzere Kochdauer darf gewählt werden, wenn nachgewiesen wird, daß die Ausdehnung nach der verkürzten Kochdauer die gleiche ist wie nach 3 h Kochen.

Nach dem Kochen kann die Entfernung B zwischen den Nadelspitzen auf 0,5 mm gemessen werden.

Anschließend muß der Ring auf (20 ± 2) °C abkühlen. Danach ist der Abstand C zwischen den Nadelspitzen auf 0,5 mm zu messen.

Für jeden Prüfkörper sind die Abstände A und C im Prüfbericht zu vermerken und die Differenz $C - A$ zu berechnen. Das arithmetische Mittel der Meßwertdifferenz $C - A$ ist auf 0,5 mm zu berechnen.

7.3 Auswertung

Das Ziel des Raumbeständigkeitsversuchs ist es, die mögliche Gefahr einer späteren Ausdehnung des erhärteten Zements abzuschätzen, die auf der Hydratation von freiem Calciumoxid und/oder von freiem Magnesiumoxid beruht. Diesem Zweck dient die mittlere Meßwertdifferenz $C - A$, die im Prüfbericht angegeben werden muß.

Anmerkung: Zur Abkürzung der Versuchsdauer darf auch die Meßdifferenz $B - A$ verwendet werden, wenn nachgewiesen wird, daß die gewählten Versuchsbedingungen keine nennenswerten Unterschiede zwischen den Meßwerten B und C hervorrufen.

7.4 Wiederholung des Versuchs

Falls der frische Zement der Anforderung des Prüfverfahrens hinsichtlich seiner Raumbeständigkeit nicht entspricht, darf er nach einer Lagerung erneut geprüft werden. Zu diesem Zweck wird der Zement in einer Schicht von 7 cm Dicke 7 Tage lang an Luft mit einer Temperatur von (20 ± 2) °C und mit einer relativen Luftfeuchte von mindestens 65 % gelagert. Anschließend ist der Zement erneut nach 7.2 zu prüfen.

Maße in mm

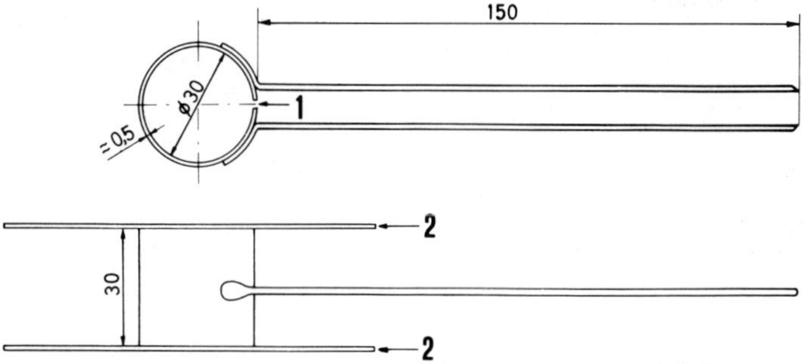

(a)

1 Spalt
2 Glasplatte

a) Le-Chatelier-Ring

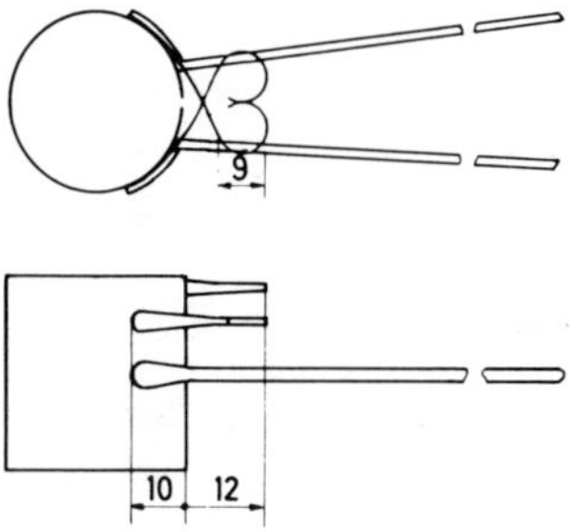

(b)

b) Anordnung der Drahtschleifen zum Entfernen des erhärteten Zementleims

Anmerkung: Die beiden Drahtschleifen, die auf der oberen Hälfte des Ringes zu beiden Seiten des zentralen Spaltes angelötet sind, erleichtern das Entfernen des erhärteten Zementleims nach dem Versuch.

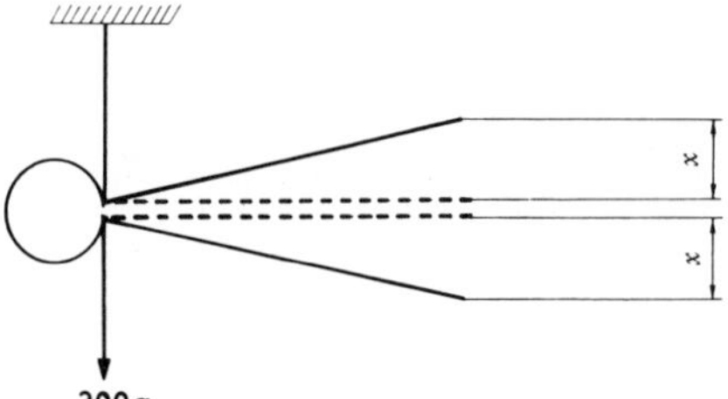

(c)

Zunahme des Abstands der Nadelspitzen:
$2x \leq 17{,}5\,\text{mm} \pm 2{,}5\,\text{mm}$

c) Anordnung zur Messung der Federkraft

Bild 2. Le-Chatelier-Gerät zur Bestimmung der Raumbeständigkeit des Zements

Ende der Deutschen Fassung

Zitierte Normen

Siehe Abschnitt 2 und Nationales Vorwort.

Frühere Ausgaben

DIN 1165: 08.39
DIN 1166: 10.39
DIN 1167: 08.40x, 07.59
DIN 1164: 04.32, 07.42x, 12.58
DIN 1164 Teil 5: 06.70, 11.78
DIN 1164 Teil 6: 06.70, 11.78

Änderungen

Gegenüber DIN 1164 T 5/11.78 und DIN 1164 T 6/11.78 wurden folgende Änderungen vorgenommen:

- Normen zusammengefaßt und durch Europäische Norm EN 196-3 : 1987 ersetzt.

Internationale Patentklassifikation

B 28 C 5/00
C 04 B 7/00
G 01 N 33/38

DK 666.944 : 691.54 : 620.1 : 543.7 : 546.41-36

März 1990

Prüfverfahren für Zement

Prüfung der Puzzolanität von Puzzolanzementen
Deutsche Fassung EN 196-5 : 1987

DIN EN 196 Teil 5

Methods of testing cement; Pozzolanicity test for pozzolanic cement; German version EN 196-5 : 1987

Méthodes d'essais des ciments; Essai de pouzzolanicité des ciments pouzzolaniques; Version Allemande EN 196-5 : 1987

Die Europäische Norm EN 196-5 : 1987 hat den Status einer Deutschen Norm.

Nationales Vorwort

Diese Europäische Norm wurde vom CEN/TC 51 „Zement und Baukalk" (Sekretariat: Belgien) ausgearbeitet. Im DIN Deutsches Institut für Normung e.V. war hierfür der Arbeitsausschuß 06.04 „Zement" des Normenausschusses Bauwesen (NABau) zuständig.

Normen über Zement und Prüfverfahren für Zement:

DIN 1164 Teil 1	Portland-, Eisenportland-, Hochofen- und Traßzement; Begriffe, Bestandteile, Anforderungen, Lieferung
DIN 1164 Teil 2	Portland-, Eisenportland-, Hochofen- und Traßzement; Überwachung (Güteüberwachung)
DIN 1164 Teil 8	Portland-, Eisenportland-, Hochofen- und Traßzement; Bestimmung der Hydratationswärme mit dem Lösungskalorimeter
DIN 1164 Teil 31	Portland-, Eisenportland-, Hochofen- und Traßzement; Bestimmung des Hüttensandanteils von Eisenportland- und Hochofenzement und des Traßanteils von Traßzement
DIN 1164 Teil 100	Zement; Portlandölschieferzement; Anforderungen, Prüfungen, Überwachung
DIN EN 196 Teil 1	Prüfverfahren für Zement; Bestimmung der Festigkeit; Deutsche Fassung EN 196-1 : 1987 (Stand 1989)
DIN EN 196 Teil 2	Prüfverfahren für Zement; Chemische Analyse von Zement; Deutsche Fassung EN 196-2 : 1987 (Stand 1989)
DIN EN 196 Teil 3	Prüfverfahren für Zement; Bestimmung der Erstarrungszeiten und der Raumbeständigkeit; Deutsche Fassung EN 196-3 : 1987
DIN EN 196 Teil 5	Prüfverfahren für Zement; Prüfung der Puzzolanität von Puzzolanzementen; Deutsche Fassung EN 196-5 : 1987
DIN EN 196 Teil 6	Prüfverfahren für Zement; Bestimmung der Mahlfeinheit; Deutsche Fassung EN 196-6 : 1989
DIN EN 196 Teil 7	Prüfverfahren für Zement; Verfahren für die Probenahme und Probenauswahl von Zement; Deutsche Fassung EN 196-7 : 1989
DIN EN 196 Teil 21	Prüfverfahren für Zement; Bestimmung des Chlorid-, Kohlenstoffdioxid- und Alkalianteils von Zement; Deutsche Fassung EN 196-21 : 1989

Darüber hinaus liegt die Vornorm

DIN V ENV 196 Teil 4	Prüfverfahren für Zement; Quantitative Bestimmung der Bestandteile; Deutsche Fassung ENV 196-4 : 1989

vor.

Zu Abschnitt 2: ISO 3534 siehe Normen der Reihe DIN 55 350.

Für die Prüfung der Puzzolanität von Puzzolanzementen gab es bisher keine Deutschen Normen.

Anmerkung: Fußnote [1]), Seite 3, entspricht bezüglich EN 196-2 nicht dem derzeitigen Stand. Fußnote [2]), Seite 3, entspricht nicht dem derzeitigen Stand.

Fortsetzung Seite 2 bis 6

Normenausschuß Bauwesen (NABau) im DIN Deutsches Institut für Normung e.V.

EUROPÄISCHE NORM
EUROPEAN STANDARD
NORME EUROPÉENNE

EN 196
Teil 5

Mai 1987

DK 666.944 : 691.54 : 620.1 : 543.7 : 546.41-36

Deskriptoren: Zement, Puzzolan, Chemische Prüfung, Bestimmung des Gehalts, Calciumhydroxid, EDTE, Chemische Reagenzien, Gerät.

Deutsche Fassung

Prüfverfahren für Zement

Prüfung der Puzzolanität von Puzzolanzementen

Methods of testing cement; Pozzolanicity test for pozzolanic cement

Méthodes d'essais des ciments; Essai de pouzzolanicité des ciments pouzzolaniques

---

Diese Europäische Norm wurde von CEN am 1985-11-15 angenommen. Die CEN-Mitglieder sind gehalten, die Forderungen der Gemeinsamen CEN/CENELEC-Regeln zu erfüllen, in denen die Bedingungen festgelegt sind, unter denen dieser Europäischen Norm ohne jede Änderung der Status einer nationalen Norm zu geben ist.

Auf dem letzten Stand befindliche Listen dieser nationalen Normen mit ihren bibliographischen Angaben sind beim CEN-Zentralsekretariat oder bei jedem CEN-Mitglied auf Anfrage erhältlich.

Diese Europäische Norm besteht in drei offiziellen Fassungen (Deutsch, Englisch, Französisch). Eine Fassung in einer anderen Sprache, die von einem CEN-Mitglied in eigener Verantwortung durch Übersetzung in die Landessprache gemacht und dem CEN-Zentralsekretariat mitgeteilt worden ist, hat den gleichen Status wie die offiziellen Fassungen.

CEN-Mitglieder sind die nationalen Normenorganisationen von Belgien, Dänemark, Deutschland, Finnland, Frankreich, Griechenland, Irland, Island, Italien, Luxemburg, Niederlande, Norwegen, Österreich, Portugal, Schweden, Schweiz, Spanien und dem Vereinigten Königreich.

CEN

EUROPÄISCHES KOMITEE FÜR NORMUNG
European Committee for Standardization
Comité Européen de Normalisation

Zentralsekretariat: Rue Bréderode 2, B-1000 Brüssel

Ref. Nr. EN 196-5 : 1987 D

Entstehungsgeschichte

Die vorliegende Europäische Norm wurde von dem Technischen Komitee CEN/TC 51 „Zement", mit dessen Sekretariat IBN betraut ist, ausgearbeitet.

Entsprechend den Gemeinsamen CEN/CENELEC-Regeln sind folgende Länder gehalten, diese Europäische Norm zu übernehmen:

Belgien, Dänemark, Deutschland, Frankreich, Griechenland, Italien, Niederlande, Norwegen, Schweden.

Vorwort

Die Europäische Norm EN 196 über Prüfverfahren für Zement besteht aus folgenden Teilen:

Teil 1: Bestimmung der Festigkeit
Teil 2: Chemische Analyse von Zement
Teil 3: Bestimmung der Erstarrungszeiten und der Raumbeständigkeit
Teil 4: Quantitative Bestimmung der Bestandteile
Teil 5: Prüfung der Puzzolanität von Puzzolanzementen
Teil 6: Bestimmung der Mahlfeinheit
Teil 7: Verfahren für die Probenahme und Probenauswahl von Zement
Teil 21: Bestimmung des Chlorid-, Kohlenstoffdioxid- und Alkalianteils von Zement

Inhalt

1 Zweck und Anwendungsbereich

Diese Europäische Norm beschreibt das Verfahren zur Prüfung der Puzzolanität von Puzzolanzementen, die der Begriffsbestimmung in der Europäischen Norm EN 197-1 entsprechen. Die Norm gilt nicht für Portlandpuzzolanzemente und nicht für Puzzolane.

Dieses Verfahren ist das Referenzverfahren.

2 Verweisungen auf andere Normen

EN 196-2	Prüfverfahren für Zement; Chemische Analyse von Zement [1])
EN 196-7	Prüfverfahren für Zement; Probenahme [2])
EN 197-1	Zement; Zusammensetzung; Anforderungen und Konformitätskriterien; Definitionen und Zusammensetzung [1])
ISO 3534 – 1977	Statistik; Begriffe und Zeichen

3 Allgemeine Prüfanforderungen

3.1 Massen, Volumina, Faktoren

Massen sind in Gramm auf 0,0001 g, mit Büretten abgemessene Volumina in Milliliter auf 0,05 ml anzugeben. Als Faktoren eingestellter Lösungen gilt das Mittel aus drei Bestimmungen. Sie sind auf drei Dezimalen anzugeben.

3.2 Anzahl der Bestimmungen

Es sind zwei Bestimmungen durchzuführen.

3.3 Angabe der Ergebnisse

Die Ergebnisse der Bestimmungen sind in Millimol pro Liter auf 0,1 mmol/l anzugeben.

Als Ergebnis gilt das Mittel aus zwei Bestimmungen. Es ist auf eine Dezimale anzugeben.

Weichen die Ergebnisse von zwei Bestimmungen um mehr als die zweifache Wiederholstandardabweichung voneinander ab, ist die Bestimmung zu wiederholen. Als Ergebnis gilt dann das Mittel aus den beiden Ergebnissen mit der geringsten Abweichung.

3.4 Wiederholbarkeit und Vergleichbarkeit

Die Wiederholstandardabweichung gibt an, wie gut aufeinanderfolgende Ergebnisse übereinstimmen, die mit demselben Verfahren am gleichen Material und unter übereinstimmenden Prüfbedingungen erhalten werden (gleicher Laborant (Prüfer), dasselbe Gerät, gleiches Labor und kurze Zeitspanne) [3]).

Die Vergleichstandardabweichung gibt an, wie gut die einzelnen Ergebnisse übereinstimmen, die mit demselben Verfahren am gleichen Material, aber unter unterschiedlichen Bedingungen erhalten werden (verschiedene Laboranten (Prüfer), unterschiedliche Geräte, verschiedene Labors und/oder verschiedene Zeiten) [3]).

Die Wiederhol- und Vergleichstandardabweichung werden in % absolut angegeben.

4 Vorbereitung der Zementprobe

Von der nach EN 196-7 entnommenen Probe wird eine Prüfprobe nach EN 196-2 : 1987, Abschnitt 6 hergestellt.

5 Grundzüge des Verfahrens

Zur Beurteilung der Puzzolanität vergleicht man den Calciumhydroxidgehalt, der sich in einer wässerigen Aufschlämmung des Puzzolanzements nach einer bestimmten Zeit einstellt, mit dem Calciumhydroxidgehalt einer gesättigten Lösung mit gleicher Alkalität. Die Prüfung gilt als

[1]) Z. Z. Entwurf
[2]) Z. Z. Entwurfsvorschlag
[3]) Definitionen nach ISO 3534

bestanden, wenn die Konzentration an gelöstem Calciumhydroxid geringer ist als die Sättigungskonzentration.

Erfahrungsgemäß stellt sich das Gleichgewicht bei 40 °C mit einer Einwaage von 20 g Zement in 100 ml Wasser nach einer Zeitspanne von 8 bzw. 15 Tagen [4]) ein.

Zur Beurteilung der Prüfergebnisse muß daher die Löslichkeit des Calciumhydroxids in Wasser von 40 °C bei Alkalitäten von 35 bis etwa 100 mmol OH^-/l bekannt sein.

6 Reagenzien

Es sind Reagenzien „zur Analyse" sowie frisch ausgekochtes, destilliertes Wasser oder Wasser gleichen Reinheitsgrades zu verwenden.

6.1 Salzsäure, konzentriert

(HCl), etwa 12 mol/l (ϱ = 1,18 bis 1,19 g/cm^3)

6.2 Salzsäure, verdünnt

etwa 0,1 mol/l; mit einer geeichten 50-ml-Bürette (7.8) werden 8,5 ml konzentrierte Salzsäure (6.1) in einen 1-l-Meßkolben (7.10) übergeführt, der bereits etwa 500 ml Wasser enthält; dann wird mit Wasser zur Marke aufgefüllt.

6.3 Salzsäure, verdünnt

1+2; 250 ml konzentrierte Salzsäure werden in 500 ml Wasser gegeben.

6.4 Methylorange

Dimethylaminoazobenzolsulfonsäure-(4), Natriumsalz

6.5 Methylorangeindikator

0,02 g Methylorange werden mit Wasser zu 1000 ml gelöst.

6.6 Natriumhydroxid

NaOH

6.7 Natriumhydroxidlösung

100 g Natriumhydroxid werden in Wasser zu 1000 ml gelöst.

6.8 Calciumcarbonat

$CaCO_3$ bei 110 °C getrocknet

6.9 Kaliumchlorid

KCl, bei 110 °C getrocknet

6.10 Murexid

Purpursäure, Ammoniumsalz

6.11 Murexindikator

1 g Murexid wird mit 100 g Kaliumchlorid vermahlen.

6.12 EDTE

Ethylendiamintetraessigsäure, Dinatriumsalz, Dihydrat

6.13 EDTE-Lösung

etwa 0,025 mol/l; 9,306 g EDTE werden in Wasser zu 1000 ml gelöst.

6.14 Natriumcarbonat

Na_2CO_3, bei 260 °C getrocknet

7 Geräte

7.1 500-ml-Polyethylenflasche zylindrischer Form

mit einem Durchmesser von etwa 70 mm, mit druckdichtem, durch Schraubverschluß gesichertem Stopfen

7.2 Weithalstrichter

7.3 Porzellan-Büchner-Trichter, 60 mm Innendurchmesser

7.4 Feinporiges Papierfilter, Porendurchmesser etwa 2 μm

7.5 250-ml-Absaugflasche

7.6 250-ml- und 400-ml-Becher

7.7 50-ml- und 100-ml-Pipetten, geeicht (Klasse A nach ISO)

7.8 50-ml-Bürette, geeicht (Klasse A nach ISO)

7.9 Temperaturkonstanter Raum oder Schrank mit konstanter Temperatur von (40 ± 0,5) °C

7.10 500-ml- und 1000-ml-Meßkolben

7.11 250-ml-Erlenmeyerkolben

8 Einstellen der Lösungen

8.1 Einstellen der EDTE-Lösung

Etwa 1 g Calciumcarbonat (6.8) werden auf 0,0001 g in den 250-ml-Becher (7.6) eingewogen, mit etwa 100 ml Wasser und vorsichtig mit 50 ml verdünnter Salzsäure (6.3) versetzt. Der Becher wird mit einem Uhrglas abgedeckt.

Das Gemisch wird mit einem Glasstab umgerührt. Dabei ist sicherzustellen, daß das Calciumcarbonat vollständig gelöst wird. Die Lösung wird in den 500-ml-Meßkolben (7.10) übergeführt. Becher und Uhrglas werden sorgfältig mit Wasser gewaschen. Das Waschwasser wird mit der Lösung in dem 500-ml-Meßkolben vereinigt. Danach wird mit Wasser zur Marke aufgefüllt.

Von der Lösung werden 50 ml in einen 400-ml-Becher (7.6) pipettiert (7.7), mit etwa 150 ml Wasser verdünnt und mit Natriumhydroxidlösung (6.7) auf einen pH-Wert von 13 eingestellt (pH-Wert-Kontrolle mit pH-Meter oder pH-Papier).

Anschließend wird nach Zugabe von etwa 50 mg Murexidindikator (6.11) mit EDTE-Lösung (6.13) mit der Bürette (7.8) bis zum bleibenden Umschlag von Purpurrot nach Violett titriert. Der Faktor der EDTE-Lösung (f_1) wird aus dem Verbrauch an EDTE-Lösung nach folgender Gleichung berechnet:

$$f_1 = \frac{m_1}{100{,}9} \cdot \frac{1000}{10 \cdot 0{,}025 \cdot V_1} = \frac{m_1}{V_1} \cdot 39{,}96 \qquad (1)$$

Hierin bedeuten:

m_1 Einwaage an Calciumcarbonat

V_1 Verbrauch an EDTE-Lösung bei der Titration

100,09 Molmasse von Calciumcarbonat

8.2 Einstellen der 0,1 mol/l-Salzsäure-Lösung

In den 250-ml-Erlenmeyerkolben (7.11) werden etwa 0,2 g Natriumcarbonat (6.14) eingewogen und mit 50 bis 75 ml Wasser gelöst. Die Lösung wird mit 5 Tropfen Methylorangeindikator (6.5) versetzt und mit 0,1 mol/l verdünnter Salzsäure (6.2) bis zum Umschlag von Gelb nach Orange titriert. Der Faktor (f_2) der Salzsäure-Lösung wird nach folgender Gleichung berechnet:

$$f_2 = \frac{2 \cdot m_2}{105{,}989} \cdot \frac{1000}{0{,}1 \cdot V_2} = \frac{m_2}{V_2} \cdot 188{,}70 \qquad (2)$$

Hierin bedeuten:

m_2 Einwaage an Natriumcarbonat

V_2 Verbrauch an verdünnter Salzsäure bei der Titration

105,989 Molmasse des Natriumcarbonats

[4]) 8 Tage genügen, wenn die Prüfung nach diesem Zeitraum bestanden wird (siehe 10.2).

9 Durchführung

9.1 Lagerung und Filtration

In eine Polyethylenflasche (7.1) werden 100 ml frisch ausgekochtes Wasser pipettiert (7.7). Die Polyethylenflasche wird dicht verschlossen und zum Temperaturausgleich (etwa 1 Stunde) in einen temperaturkonstanten Raum (7.9) gestellt. Nach Herausnahme der Flasche aus dem temperaturkonstanten Raum werden mit einem Weithalstrichter (7.2) (20 ± 0,01) g des zu prüfenden Zements eingefüllt. Die Flasche ist unmittelbar danach luftdicht zu verschließen.

Sie ist zur Vermeidung von Klumpenbildungen 20 Sekunden stark zu schütteln. Dabei wird sie in eine kreisende, waagerechte Bewegung versetzt, um zu verhindern, daß Teile der Probe oder der Flüssigkeit nach oben geschleudert werden und sich nicht mit der Hauptmenge der Suspension vereinigen.

Die Flasche wird danach erneut in den temperaturkonstanten Raum eingesetzt. Dabei ist sicherzustellen, daß sie vollkommen waagerecht steht, so daß sich die absetzende Zementschicht in gleichmäßiger Dicke ausbilden kann. Um einen wesentlichen Temperaturabfall des Flascheninhalts zu vermeiden, sind alle Arbeiten außerhalb des temperaturkonstanten Raums so schnell wie möglich durchzuführen (in höchstens 1 Minute).

Nach 8- bzw. 15tägiger Lagerung [4]) im temperaturkonstanten Raum wird die Flasche entnommen und ihr Inhalt in höchstens 30 Sekunden (zur Vermeidung von Kohlenstoffdioxid-Absorption aus der Luft und wesentlichem Temperaturabfall der Lösung) durch einen Büchner-Trichter (7.3) mit einem trockenen Doppelfilter (7.4) in eine trockene Saugflasche (7.5) abgesaugt. Unmittelbar danach werden die Öffnungen der Saugflasche verschlossen und der Inhalt auf Raumtemperatur abgekühlt.

9.2 Bestimmung der Hydroxylionen-Konzentration

Das Filtrat wird durch Schütteln der Saugflasche (7.5) homogenisiert. Danach werden 50 ml der Lösung in den 250-ml-Becher (7.6) pipettiert (7.7), mit 5 Tropfen Methylorangeindikator (6.5) versetzt und mit Salzsäure (6.2) zur Bestimmung der Gesamtalkalität bis zum Farbumschlag von Gelb nach Orange titriert.

Die Hydroxylionen-Konzentration [OH⁻] wird nach folgender Gleichung berechnet:

$$[\mathrm{OH^-}] = \frac{1000 \cdot 0{,}1 \cdot V_3 \cdot f_2}{50}$$

$$= 2 \cdot V_3 \cdot f_2 \quad \text{in mmol/l OH}^-\text{/l} \qquad (3)$$

Hierin bedeuten:

V_3 Verbrauch an 0,1 mol/l Salzsäure-Lösung bei der Titration

f_2 Faktor der 0,1 mol/l Salzsäure-Lösung

9.3 Bestimmung der Calciumoxid-Konzentration

Die gleiche, nach 9.2 austitrierte Lösung wird mit 5 ml Natriumhydroxidlösung (6.7) und etwa 50 g Murexidindikator (6.11) versetzt und mit EDTE-Lösung (6.13) aus der Bürette (7.8) bis zum bleibenden Farbumschlag von Purpurrot nach Violett titriert.

Der pH-Wert der Lösung muß vor und nach dem Titrieren mindestens 13 betragen; anderenfalls ist die Natriumhydroxidmenge entsprechend zu erhöhen.

Die Calciumoxid-Konzentration [CaO] wird nach folgender Gleichung berechnet:

$$[\mathrm{CaO}] = \frac{1000 \cdot 0{,}025 \cdot V_4 \cdot f_1}{50}$$

$$= 0{,}5 \cdot V_4 \cdot f_1 \quad \text{in mmol/l CaO/l} \qquad (4)$$

Hierin bedeuten:

V_4 Verbrauch an EDTE-Lösung bei der Titration

f_1 Faktor der EDTE-Lösung

10 Ergebnisse

10.1 Darstellung

Die sich nach 9.2 und 9.3 ergebenden Mittel der Konzentrationen (siehe 3.3) an Hydroxylionen und an Calciumoxid legen einen Punkt in Bild 1 fest, der die Löslichkeit von Calciumoxid in Abhängigkeit vom Hydroxylionen-Gehalt in der Lösung bei einer Temperatur von 40 °C angibt.

10.2 Auswertung der Ergebnisse

Der Zement hat die Prüfung der Puzzolanität bestanden, wenn der Punkt unter der Sättigungsisotherme für Calciumoxid in Bild 1 liegt.

10.3 Wiederholbarkeit und Vergleichbarkeit

Die Wiederholstandardabweichung beträgt
für die Calciumoxid-Konzentration: 0,2 mmol/l
für die Hydroxylionen-Konzentration: 0,5 mmol/l.

Die Vergleichstandardabweichung beträgt
für die Calciumoxid-Konzentration: 0,5 mmol/l
für die Hydroxylionen-Konzentration: 1,0 mmol/l.

---

[4]) Siehe Seite 4

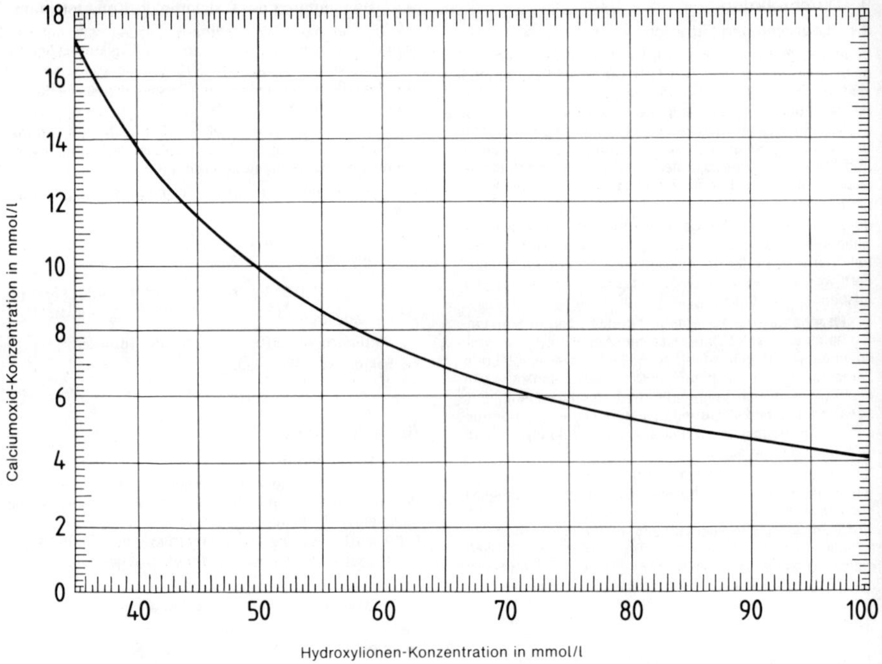

Bild 1. Diagramm zur Beurteilung der Puzzolanität

Ende der Deutschen Fassung

Zitierte Normen

– in der Deutschen Fassung:

Siehe Abschnitt 2

– in nationalen Zusätzen:

Normen der Reihe DIN 55 350 Begriffe der Qualitätssicherung und Statistik

Übrige zitierte Normen siehe Nationales Vorwort.

Internationale Patentklassifikation

B 23 K 7/00
B 28 C 5/00
G 01 N 33/38

DK 666.94 : 691.54 : 620.1 : 539.215

März 1990

Prüfverfahren für Zement

Bestimmung der Mahlfeinheit

Deutsche Fassung EN 196-6 : 1989

DIN EN 196 Teil 6

Methods of testing cement; Determination of fineness; German version EN 196-6 : 1989

Méthodes d'essais des ciments; Détermination de la finesse; Version Allemande EN 196-6 : 1989

Ersatz für DIN 1164 T 4/11.78

Die Europäische Norm EN 196-6 : 1989 hat den Status einer Deutschen Norm.

Nationales Vorwort

Diese Europäische Norm wurde vom CEN/TC 51 „Zement und Baukalk" (Sekretariat: Belgien) ausgearbeitet. Im DIN Deutsches Institut für Normung e.V. war hierfür der Arbeitsausschuß 06.04 „Zement" des Normenausschusses Bauwesen (NABau) zuständig.

Normen über Zement und Prüfverfahren für Zement:

DIN 1164 Teil 1	Portland-, Eisenportland-, Hochofen- und Traßzement; Begriffe, Bestandteile, Anforderungen, Lieferung
DIN 1164 Teil 2	Portland-, Eisenportland-, Hochofen- und Traßzement; Überwachung (Güteüberwachung)
DIN 1164 Teil 8	Portland-, Eisenportland-, Hochofen- und Traßzement; Bestimmung der Hydratationswärme mit dem Lösungskalorimeter
DIN 1164 Teil 31	Portland-, Eisenportland-, Hochofen- und Traßzement; Bestimmung des Hüttensandanteils von Eisenportland- und Hochofenzement und des Traßanteils von Traßzement
DIN 1164 Teil 100	Zement; Portlandölschieferzement; Anforderungen, Prüfungen, Überwachung
DIN EN 196 Teil 1	Prüfverfahren für Zement; Bestimmung der Festigkeit; Deutsche Fassung EN 196-1 : 1987 (Stand 1989)
DIN EN 196 Teil 2	Prüfverfahren für Zement; Chemische Analyse von Zement; Deutsche Fassung EN 196-2 : 1987 (Stand 1989)
DIN EN 196 Teil 3	Prüfverfahren für Zement; Bestimmung der Erstarrungszeiten und der Raumbeständigkeit; Deutsche Fassung EN 196-3 : 1987
DIN EN 196 Teil 5	Prüfverfahren für Zement; Prüfung der Puzzolanität von Puzzolanzementen; Deutsche Fassung EN 196-5 : 1987
DIN EN 196 Teil 6	Prüfverfahren für Zement; Bestimmung der Mahlfeinheit; Deutsche Fassung EN 196-6 : 1989
DIN EN 196 Teil 7	Prüfverfahren für Zement; Verfahren für die Probenahme und Probenauswahl von Zement; Deutsche Fassung EN 196-7 : 1989
DIN EN 196 Teil 21	Prüfverfahren für Zement; Bestimmung des Chlorid-, Kohlenstoffdioxid- und Alkalianteils von Zement; Deutsche Fassung EN 196-21 : 1989

Darüber hinaus liegt die Vornorm

DIN V ENV 196 Teil 4 Prüfverfahren für Zement; Quantitative Bestimmung der Bestandteile; Deutsche Fassung ENV 196-4 : 1989

vor.

Diese Europäische Norm ersetzt die Prüfverfahren, die in DIN 1164 Teil 4 „Portland-, Eisenportland-, Hochofen- und Traßzement; Bestimmung der Mahlfeinheit" festgelegt waren.

Es wird ausdrücklich darauf hingewiesen, daß es im Entwurf der Europäischen Vornorm über Zement prENV 197 „Zement; Zusammensetzung, Anforderungen und Konformitätskriterien" *) derzeit nicht vorgesehen ist, Anforderungen an die Mahlfeinheit des Zements festzulegen. In der vorliegenden Norm, Abschnitt 1 „Zweck und Anwendungsbereich", ist dargelegt, daß das Siebverfahren sich in erster Linie für die Kontrolle und Steuerung des Herstellungsprozesses eignet. Das Luftdurchlässigkeitsverfahren zur Bestimmung der spezifischen Oberfläche dient in erster Linie der Kontrolle der Gleichmäßigkeit des Mahlprozesses in einem Werk; eine Beurteilung der Gebrauchseigenschaften des Zements ist mit diesem Verfahren nur in begrenztem Umfange möglich.

Die in der Europäischen Norm beschriebenen Prüfverfahren sind weitestgehend identisch mit dem Prüfverfahren, das in DIN 1164 Teil 4 festgelegt war. Das Luftdurchlässigkeitsverfahren basiert auf dem Prüfverfahren, wie es in ASTM C 204-79 a „Fineness of portland cement by air-permeability apparatus" beschrieben ist.

Zu Abschnitt 2:

ISO 383 siehe DIN 12 242 Teil 1

ISO 4803 siehe DIN 12 217

Die Anschrift der in Fußnote 3, Seite 6, genannten Institution hat sich wie folgt geändert:
National Institute of Standards and Technology, Gaithersburg, MD. 20899, U.S.A. (Tel. 001 301/975 20 00).

---

*) Der Europäische Vornorm-Entwurf prEN 197 wurde bei der formellen Abstimmung im CEN 1989 nicht angenommen. Derzeit liegen daher nur die Entwürfe DIN EN 197 Teil 1, Teil 2 und Teil 3 vor.

Fortsetzung Seite 2 bis 9

Normenausschuß Bauwesen (NABau) im DIN Deutsches Institut für Normung e.V.

EUROPÄISCHE NORM
EUROPEAN STANDARD
NORME EUROPÉENNE

EN 196
Teil 6

Dezember 1989

DK 666.94 : 691.54 : 620.1 : 539.215

Deskriptoren: Zement, Bestimmung, Feinheit, Prüfverfahren, Siebverfahren, Luftdurchlässigkeit.

Deutsche Fassung

Prüfverfahren für Zement

Bestimmung der Mahlfeinheit

Methods of testing cement; Determination of fineness

Méthodes d'essais des ciments; Détermination de la finesse

Diese Europäische Norm wurde von CEN am 1989-06-16 angenommen. Die CEN-Mitglieder sind gehalten, die Forderungen der Gemeinsamen CEN/CENELEC-Regeln zu erfüllen, in denen die Bedingungen festgelegt sind, unter denen dieser Europäischen Norm ohne jede Änderung der Status einer nationalen Norm zu geben ist.

Auf dem letzten Stand befindliche Listen dieser nationalen Normen mit ihren bibliographischen Angaben sind beim CEN-Zentralsekretariat oder bei jedem CEN-Mitglied auf Anfrage erhältlich.

Diese Europäische Norm besteht in drei offiziellen Fassungen (Deutsch, Englisch, Französisch). Eine Fassung in einer anderen Sprache, die von einem CEN-Mitglied in eigener Verantwortung durch Übersetzung in die Landessprache gemacht und dem CEN-Zentralsekretariat mitgeteilt worden ist, hat den gleichen Status wie die offiziellen Fassungen.

CEN-Mitglieder sind die nationalen Normenorganisationen von Belgien, Dänemark, Deutschland, Finnland, Frankreich, Griechenland, Irland, Island, Italien, Luxemburg, Niederlande, Norwegen, Österreich, Portugal, Schweden, Schweiz, Spanien und dem Vereinigten Königreich.

CEN

EUROPÄISCHES KOMITEE FÜR NORMUNG
European Committee for Standardization
Comité Européen de Normalisation

Zentralsekretariat: Rue Bréderode 2, B-1000 Brüssel

Ref. Nr. EN 196-6 : 1989 D

Entstehungsgeschichte

Die vorliegende Europäische Norm wurde von dem Technischen Komitee CEN/TC 51 „Zement", mit dessen Sekretariat IBN betraut ist, ausgearbeitet.

Entsprechend den Gemeinsamen CEN/CENELEC-Regeln sind folgende Länder gehalten, diese Europäische Norm zu übernehmen:

Belgien, Dänemark, Deutschland, Finnland, Frankreich, Griechenland, Irland, Island, Italien, Luxemburg, Niederlande, Norwegen, Österreich, Portugal, Schweden, Schweiz, Spanien und das Vereinigte Königreich.

Vorwort

Die Europäische Norm EN 196 über Prüfverfahren für Zement besteht aus folgenden Teilen:

Teil 1: Bestimmung der Festigkeit
Teil 2: Chemische Analyse von Zement
Teil 3: Bestimmung der Erstarrungszeiten und der Raumbeständigkeit
Teil 4: Quantitative Bestimmung der Bestandteile
Teil 5: Prüfung der Puzzolanität von Puzzolanzementen
Teil 6: Bestimmung der Mahlfeinheit
Teil 7: Verfahren für die Probenahme und Probenauswahl von Zement
Teil 21: Bestimmung des Chlorid-, Kohlenstoffdioxid- und Alkalianteils von Zement

Inhalt

1 Zweck und Anwendungsbereich

Diese Europäische Norm beschreibt zwei Verfahren zur Bestimmung der Mahlfeinheit des Zements.

Das Siebverfahren dient nur dem Nachweis von groben Zementpartikeln. Dieses Prüfverfahren eignet sich in erster Linie für die Kontrolle und Steuerung des Herstellungsprozesses.

Mit dem Luftdurchlässigkeitsverfahren (Blaine) wird die spezifische Oberfläche (massenbezogene Oberfläche) im Vergleich zur Oberfläche eines Eichstandards gemessen. Die Bestimmung der spezifischen Oberfläche dient in erster Linie der Kontrolle der Gleichmäßigkeit des Mahlprozesses in einem Werk. Eine Beurteilung der Gebrauchseigenschaften des Zements ist hiermit nur in begrenztem Umfang möglich.[1])

Die Verfahren sind für alle in ENV 197[2]) angegebenen Zemente anwendbar.

2 Verweisungen auf andere Normen

ENV 197	Zement; Zusammensetzung, Anforderungen und Konformitätskriterien[2])
ISO 383 - 1976	Laborgeräte aus Glas – Austauschbare Kegelschliffverbindungen
ISO 565 - 1983	Analysensiebe – Drahtsiebgewebe, Lochplatten und Mikrosiebe – Öffnungsnennweiten
ISO 3310/1 - 1982	Analysensiebe – Technische Anforderungen und Prüfungen Teil 1: Drahtsiebgewebe
ISO 4803 - 1978	Laborgeräte aus Glas – Rohre aus Borosilikatglas

3 Siebverfahren

3.1 Grundlagen des Verfahrens

Die Mahlfeinheit des Zements wird durch Siebung mit genormten Sieben bestimmt. Auf diese Weise wird der Gehalt an Bestandteilen des Zements ermittelt, deren Körnung größer ist als die gegebene Maschenweite.

Zur Überprüfung des Siebes ist eine Referenzprobe mit einem gegebenen Gehalt an gröberen Bestandteilen als die angegebene Maschenweite zu verwenden.

3.2 Gerät

3.2.1 Prüfsieb

Das Prüfsieb muß aus einem festen, dauerhaften, nichtrostenden, zylindrischen Rahmen mit einem Nenndurchmesser von 150 bis 200 mm, einer Höhe von 40 bis 100 mm und einem 90 µm Siebgewebe aus rostfreiem Stahl oder einem anderen abriebfesten und nichtrostenden Draht bestehen.

---

[1]) Das Luftdurchlässigkeitsverfahren kann gegebenenfalls zu nicht signifikanten Ergebnissen führen, wenn der Zement ultrafeine Stoffe enthält.

[2]) Z. Z. Entwurf

Das Siebgewebe muß den in ISO 565–1983, Tabelle 1, und ISO 3310/1 angegebenen Anforderungen entsprechen und darf bei der optischen Überprüfung nach den in ISO 3310/1 angegebenen Verfahren keine sichtbaren Unregelmäßigkeiten der Maschenweite aufweisen. Um den Verlust an Zement während der Siebung zu vermeiden, muß unterhalb des Rahmens ein Siebblech und oberhalb des Rahmens eine Abdeckplatte vorhanden sein.

3.2.2 Waage

Es muß eine Waage mit einem Wägebereich von mindestens 10 g auf 10 mg genau vorhanden sein.

3.3 Materialien für die Überprüfung des Siebes

Für die Überprüfung des Siebes ist Referenzmaterial mit einem bekannten Siebrückstand bereitzustellen.

Das Referenzmaterial ist in luftdichten Behältern aufzubewahren, um eine Materialveränderung aufgrund atmosphärischer Absorption oder atmosphärischen Niederschlags zu vermeiden. Auf den Behältern ist der Siebrückstand der Standardprobe anzugeben.

3.4 Verfahren

3.4.1 Bestimmung des Zementrückstandes

Die zu prüfende Zementprobe wird 2 Minuten lang in einem verschlossenen Gefäß geschüttelt, um Agglomerate zu zerkleinern. Das Gefäß bleibt 2 Minuten stehen. Das Pulver wird mit einem sauberen, trockenen Stab vorsichtig umgerührt, um den Feinanteil gleichmäßig im Zement zu verteilen.

Das Siebblech wird unter dem Sieb angeordnet. Etwa 10 g Zement werden auf 0,01 g gewogen und ohne Verschütten auf das Sieb gebracht. Vorhandene Klumpen werden beseitigt. Dann wird die Abdeckplatte auf dem Sieb befestigt. Das Sieb wird solange waagerecht kreisend bewegt, bis keine Partikel mehr durchgesiebt werden. Das Sieb wird abgenommen und der Rückstand gewogen. Das Gewicht wird in Prozent (R_1), bezogen auf die auf das Sieb gebrachte Menge, auf 0,1 % angegeben. Restliche feine Partikel werden vorsichtig durch das Sieb auf das Siebblech gebürstet.

Mit einer neuen Einwaage von 10 g wird das gesamte Verfahren zur Bestimmung von R_2 wiederholt. Der Rückstand des Zements R wird als Mittel aus R_1 und R_2 in Prozent auf 0,1 % angegeben.

Weichen die Ergebnisse um mehr als 1 % absolut voneinander ab, ist eine dritte Siebung durchzuführen. Als Ergebnis gilt das Mittel aus diesen drei Werten.

Das Siebverfahren wird von einem geübten und erfahrenen Prüfer durchgeführt.

Anmerkung: Alternativ hierzu kann eine Maschinensiebung vorgenommen werden, wenn diese zu den gleichen Ergebnissen führt.

3.4.2 Überprüfung des Siebes

Die zu prüfende Zementprobe wird 2 Minuten lang in einem verschlossenen Gefäß geschüttelt, um Agglomerate zu zerkleinern. Das Gefäß bleibt 2 Minuten stehen. Das Pulver wird mit einem sauberen, trockenen Stab vorsichtig umgerührt, um den Feinanteil gleichmäßig im Zement zu verteilen.

Das Siebblech wird unter dem Sieb angeordnet; etwa 10 g des Referenzmaterials (3.3) werden auf 0,01 g gewogen und ohne Verlust auf das Sieb gegeben. Es wird das in 3.4.1 angegebene Siebverfahren einschließlich der Doppelbestimmung des Rückstandes durchgeführt; die erzielten Werte P_1 und P_2 werden auf 0,1 % angegeben. Bei einem den Anforderungen entsprechenden Sieb sollten die beiden Werte (P_1 und P_2) um nicht mehr als 0,3 % voneinander abweichen. Ihr Mittel P ist ein Maß für den Zustand des Siebes.

Bei einem gegebenen Rückstand des Referenzmaterials R_0 auf einem 90 µm Maschendrahtsiebgewebe wird der Siebfaktor F als R_0/P berechnet und auf 0,01 angegeben. Der nach 3.4.1 bestimmte Rückstand R muß durch Multiplikation mit dem Faktor F korrigiert werden, der einen Wert von 1,00 ± 0,20 annehmen kann.

Jedes Sieb ist nach 100 Siebanalysen zu überprüfen.

Anmerkung: Es können auch andere Überprüfungsverfahren, wie z. B. die in ISO 3310/1 beschriebenen optischen Verfahren, angewandt werden. Alle Siebe unterliegen einer allmählichen Abnutzung; somit ändert sich auch ihr Siebfaktor F.

3.5 Auswertung

Der Wert R ist auf 0,1 % als der Rückstand des geprüften Zements auf einem 90 µm Sieb (ISO 565) im Prüfbericht anzugeben.

Die Wiederholstandardabweichung beträgt ungefähr 0,2 %, die Vergleichstandardabweichung beträgt ungefähr 0,3 %.

Anmerkung: Stehen keine ISO-Siebe zur Verfügung, kann das Verfahren auch mit einem anderen genormten, dem ISO-Sieb weitestgehend entsprechenden Sieb durchgeführt werden. In diesem Fall muß jedoch vermerkt werden, mit welchem genormten Drahtsiebboden der Zementrückstand bestimmt worden ist.

4 Luftdurchlässigkeitsverfahren (Blaine)

4.1 Grundlagen des Verfahrens

Die Mahlfeinheit von Zement wird als spezifische Oberfläche ausgedrückt, indem die Zeit gemessen wird, die eine bestimmte Luftmenge zum Durchströmen eines zusammengedrückten Zementbettes gegebener Größe und Porosität benötigt. Unter genormten Bedingungen ist die spezifische Oberfläche des Zements proportional $\sqrt{t}$, wobei t die angegebene Zeit ist, die eine bestimmte Luftmenge zum Durchströmen des verdichteten Zementbettes benötigt. Anzahl und Größe der Poren im gegebenen Zementbett werden durch die Korngrößenverteilung der Zementpartikel vorgegeben, wobei diese wiederum die für den Luftdurchgang benötigte Zeit bestimmt.

Da es sich eher um ein vergleichendes als um ein absolutes Verfahren handelt, ist für die Kalibrierung des Geräts eine Referenzprobe mit gegebener spezifischer Oberfläche erforderlich.

4.2 Gerät

4.2.1 Durchlässigkeitszelle

Die als fester, gerader Zylinder mit den in Bild 1 (a) angegebenen Maßen und Toleranzen hergestellte Zelle besteht aus austenitischem, rostfreiem Stahl oder anderem abriebfesten, nichtrostenden Material. Die obere und untere Seite müssen eben und senkrecht zur Achse des Zylinders sein, ebenso wie die Innenseite der Oberfläche des vorspringenden Randes am Fuße der Zelle. Die Außenseite des Zylinders muß trichterförmig verlaufen, um mit der konischen Hülse des Manometers luftdicht abzuschließen (ISO 383, Verbindung 19/34).

4.2.2 Siebplatte

Die aus nichtrostendem Metall bestehende Siebplatte mit 30 bis 40 Löchern mit einem Durchmesser von 1 mm muß den in Bild 1 (b) angegebenen Maßen und Toleranzen entsprechen. Wenn die Siebplatte auf dem vorspringenden Rand im Innern der Zelle liegt, müssen ihre ebenen Flächen senkrecht zur Achse der Zelle verlaufen.

4.2.3 Tauchkolben

Der Tauchkolben besteht aus einem Kolben, der in der Zelle ungehindert hin- und hergleiten kann. Wenn die Kappe des Tauchkolbens auf der Oberseite der verwendeten Zelle aufliegt, muß der Kolben so lang sein, daß der Abstand zwischen der Unterseite des Kolbens und der Oberseite der Zellscheibe (15 ± 1) mm beträgt. Der Kolben muß mit einem Schlitz bis zur Einkerbung im Tauchkolbenkopf versehen sein, der das Entweichen der Luft ermöglicht.

Der Tauchkolben muß aus austenitischem, rostfreiem Stahl oder anderem abriebfesten und nichtrostenden Material bestehen und den in Bild 1 (c) angegebenen Maßen und Toleranzen entsprechen. Ein Tauchkolben darf nur zusammen mit der entsprechenden Zelle verwendet werden, deren Maße innerhalb der zulässigen Toleranzen liegen.

4.2.4 Manometer

Das Manometer muß aus einem, wie in Bild 1 (d) dargestellten, standfesten, senkrecht zusammengebauten U-Rohr aus Borosilikatglas (ISO 4803) bestehen und den in diesem Bild angegebenen Maßen und Toleranzen entsprechen.

Ein Rohrteil des Manometers muß am oberen Ende mit einer konischen Hülse (ISO 383, Verbindung 19/34) versehen sein, um mit der konischen Oberfläche der Durchlässigkeitszelle luftdicht abzuschließen. Dasselbe Rohrteil muß auch über vier eingeätzte, ringförmige Marken und eine T-Verbindung verfügen, deren Anordnung den in Bild 1 (d) angegebenen Maßen und Toleranzen entsprechen muß. Die T-Verbindung muß mit einem luftdichten Absperrhahn versehen sein, an den eine geeignete Saugvorrichtung, wie z. B. der in Bild 1 (d) dargestellte Gummischlauch und Ballon, angeschlossen werden.

Das Manometerrohr wird mit der Flüssigkeit (4.2.5) gefüllt, um die innere Oberfläche anzufeuchten. Das Rohr wird geleert und erneut bis zur niedrigsten Marke (Nr 11 in Bild 1 (d)) gefüllt. Diese Manometerflüssigkeit muß nach jeder Überholung oder vor einer erneuten Kalibrierung gewechselt (oder gereinigt) werden.

Anmerkung: Es können auch andere Durchlässigkeitszellen oder Tauchkolben oder andere Arten von Verbindungen zwischen Durchlässigkeitszelle und Manometer verwendet werden, wenn nachgewiesen werden kann, daß diese zu den gleichen Ergebnissen führen.

4.2.5 Manometerflüssigkeit

Das Manometer ist bis zur niedrigsten, ringförmigen Marke (Nr 11 in Bild 1 (d)) mit einer nichtflüchtigen und nichthygroskopischen Flüssigkeit von geringer Viskosität und Dichte, z.B. mit Dibutylphthalat oder mit leichtem Mineralöl, zu füllen.

4.2.6 Stoppuhr

Die Stoppuhr mit einer direkten An- und Ausschaltvorrichtung muß eine Ablesung auf mindestens 0,2 s ermöglichen; die Abweichung darf bei Zeiten bis zu 300 s nicht mehr als 1 % betragen.

4.2.7 Waage(n) mit einem Wiegebereich von 3 g auf 1 mg genau (für Zement) und einem Wiegebereich zwischen 50 und 110 g auf 10 mg genau (für Quecksilber).

4.2.8 Pyknometer oder entsprechende Vorrichtungen zur Bestimmung der Dichte des Zements.

4.3 Materialien

4.3.1 Quecksilber, wenigstens chemisch rein

4.3.2 Referenzzement[3]) mit bekannter spezifischer Oberfläche

4.3.3 Leichtöl zur Verhinderung der Bildung von Quecksilberamalgam am Zelleninnern

4.3.4 Runde Filterpapierscheiben mit glattem Rand; sie müssen so geschnitten sein, daß sie paßgerecht in die Zelle eingelegt werden können. Das Filterpapier muß ein mittleres Wasserrückhaltevermögen aufweisen (mittlerer Porendurchmesser 7 μm).

4.3.5 Leichtes Schmierfett zur Sicherstellung einer luftdichten Verbindung zwischen Zelle und Manometer und im Absperrhahn.

4.4 Prüfbedingungen

Der Laborraum, in dem die Prüfung mit dem Luftdurchlässigkeitsgerät durchgeführt wird, muß eine Temperatur von (20 ± 2) °C und eine relative Luftfeuchte von nicht mehr als 65 % aufweisen. Alle bei der Prüfung und Kalibrierung verwendeten Materialien müssen Laborraumtemperatur aufweisen und während der Lagerung vor einer Aufnahme von Feuchtigkeit geschützt werden.

4.5 Zusammengedrücktes Zementbett

4.5.1 Grundlagen

Das zusammengedrückte Zementbett dient der wiederholbaren Bereitstellung einer Anordnung von Zementpartikeln mit einem gegebenen Volumen eingeschlossener Luft. Dieses Luftvolumen wird als Teil des Gesamtvolumens des Zementbettes definiert und als Porosität e bezeichnet.

Hieraus ergibt sich, daß der Volumenanteil der Zementpartikel $(1 - e)$ beträgt. Wenn V das Gesamtvolumen des Zementbettes ist, beträgt das absolute Zementvolumen $V(1-e)$ (cm^3), und die Zementmasse m wird als $\varrho V(1-e)$ (g) bezeichnet, wobei ϱ die Kornrohdichte der Zementpartikel (g/cm^3) ist.

Bei gegebenem ϱ kann eine Zementmasse somit gewogen werden, um in einem zusammengedrückten Zementbett mit dem Gesamtvolumen V eine gewünschte Porosität e herzustellen. Die Bestimmung von ϱ wird in 4.5.3 und die Bestimmung von V in 4.7.1 erläutert.

4.5.2 Vorbereitung der Probe

Die zu prüfende Zementprobe wird 2 Minuten lang in einem verschlossenen Gefäß geschüttelt, um Agglomerate zu zerkleinern. Das Gefäß bleibt 2 Minuten stehen. Das Pulver wird mit einem sauberen, trockenen Stab vorsichtig umgerührt, um den Feinanteil gleichmäßig im Zement zu verteilen.

4.5.3 Dichtebestimmung

Die Dichte des Zements wird z. B. mit einem Pyknometer (4.2.8) bestimmt. Für die Bestimmung ist eine nichtreagierende Flüssigkeit zu verwenden. Die zu verwendende Zementmenge hängt von der Art des Gerätes ab, sie muß jedoch einen auf 0,01 g/cm^3 bestimmten Wert für ϱ ergeben. Diese Genauigkeit ist durch eine erneute Bestimmung zu überprüfen; die Dichte ist als Mittel aus zwei Bestimmungen auf 0,01 g/cm^3 anzugeben.

4.5.4 Herstellung des Zementbettes

Es wird eine Zementmenge (m_1) eingewogen, um ein Zementbett mit einer Porosität von $e = 0{,}500$ herzustellen.

$$m_1 = 0{,}500 \cdot \varrho \cdot V \text{ (g)} \qquad (1)$$

Hierin bedeuten:

ϱ Dichte des Zements (g/cm^3) nach 4.5.3

V Volumen des Zementbettes (cm^3) nach 4.7.1

Diese entsprechend zusammengedrückte Menge wird ein Zementbett mit einer Porosität von $e = 0{,}500$ ergeben. Die Siebplatte (4.2.2) wird auf den Rand am Boden der Zelle (4.2.1) gelegt und mit einer neuen Filterpapierscheibe (4.3.4) bedeckt. Die Filterpapierscheibe wird mit einem sauberen, trockenen Stab angedrückt, bis sie flach aufliegt und die Siebplatte vollständig bedeckt. Die gewogene Zementmenge m_1 wird ohne Zement zu verschütten in die Zelle gefüllt. Durch Klopfen an die Zellenwand wird die Fläche

[3]) Referenzzemente können zur Zeit bezogen werden beim National Bureau of Standards, Office of Standard Reference Materials, Chemistry Bldg., Washington, D.C. 20234, USA

des Zementbettes geebnet. Dann wird eine neue Filterpapierscheibe auf den geebneten Zement gelegt. Der Tauchkolben (4.2.3) wird eingeführt, bis er die Filterpapierscheibe berührt. Der Tauchkolben wird vorsichtig aber fest heruntergedrückt, bis die untere Seite der Kappe die Zelle berührt. Der Kolben wird langsam um 5 mm angehoben, um 90° gedreht und wiederum vorsichtig aber fest auf das Zementbett gedrückt, bis die Kappe die Zelle berührt. Das Zementbett ist nun verdichtet und für die Durchlässigkeitsprüfung vorbereitet. Der Tauchkolben wird langsam herausgezogen.

Anmerkung: Zu schnelles und heftiges Verdichten kann zur Veränderung der Kornverteilung des Zements führen und deshalb die spezifische Oberfläche des Bettes verändern. Der höchste Druck sollte ohne Anstrengung durch Daumendruck auf den Tauchkolben erzielt werden.

4.6 Luftdurchlässigkeitsprüfung

4.6.1 Grundlage

Die spezifische Oberfläche S wird nach 4.9.1 berechnet; sie wird jedoch zweckmäßigerweise nach folgender Gleichung berechnet:

$$S = \frac{K}{\varrho} \cdot \frac{\sqrt{e^3}}{(1-e)} \cdot \frac{\sqrt{t}}{\sqrt{0{,}1\,\eta}} \;(\mathrm{cm^2/g}) \qquad (2)$$

Hierin bedeuten:

K Konstante des Geräts nach 4.7.2

e Porosität des Zementbettes

t gemessene Zeit (s)

ϱ Dichte des Zements (g/cm^3) nach 4.5.3

η Viskosität der Luft bei Prüftemperatur (Pa · s) (Tabelle 1)

Bei einer gegebenen Porosität von $e = 0{,}500$ und einer Temperatur von (20 ± 2) °C gilt:

$$S = \frac{524{,}2 \cdot K \cdot \sqrt{t}}{\varrho} \;(\mathrm{cm^2/g}) \qquad (3)$$

4.6.2 Prüfverfahren

Die konische Oberfläche der Durchlässigkeitszelle wird in die Hülse am oberen Ende des Manometers eingeführt, wobei gegebenenfalls leichtes Schmierfett (4.3.5) verwendet wird, um eine luftdichte Verbindung sicherzustellen. Es ist darauf zu achten, daß das Zementbett nicht zerstört wird.

Das obere Ende des Zylinders wird mit einem entsprechenden Stopfen verschlossen. Der Absperrhahn wird geöffnet, und durch leichtes Saugen wird die Manometerflüssigkeit bis zur obersten Marke (Nr 8 in Bild 1 (d)) geführt. Der Absperrhahn wird geschlossen; es ist darauf zu achten, daß der Stand der Manometerflüssigkeit konstant bleibt. Wenn die Flüssigkeit fällt, ist die Verbindung zwischen Zelle und Manometer zu erneuern und der Absperrhahn zu überprüfen. Diese Überprüfung des Systems ist solange vorzunehmen, bis die Undichtheit beseitigt und der Flüssigkeitsstand konstant ist. Der Absperrhahn wird geöffnet, und durch leichtes Saugen wird die Manometerflüssigkeit bis zur obersten Marke geführt. Dann wird der Absperrhahn geschlossen und der Stopfen vom oberen Ende des Zylinders abgenommen. Die Manometerflüssigkeit beginnt zu sinken. Die Stoppuhr wird eingeschaltet, wenn die Flüssigkeit die zweite Marke (Nr 9 in Bild 1 (d)) erreicht und abgeschaltet, wenn die Flüssigkeit die dritte Marke (Nr 10 in Bild 1 (d)) erreicht hat.

Die Zeit t wird auf 0,2 s und die Temperatur auf 1 °C aufgezeichnet.

Das Verfahren wird mit demselben Zementbett wiederholt, und die neuen Werte für die Zeit und die Temperatur werden aufgezeichnet. Dann wird ein neues Zementbett aus dem gleichen Zement mit einer zweiten Probe vorbereitet oder, wenn nur eine geringe Zementmenge zur Verfügung steht, das erste Zementbett, wie in 4.5.2 angegeben, aufgelockert und, wie in 4.5.4 beschrieben, neu vorbereitet. Das zweite Bett wird ebenfalls zweimal der Durchlässigkeitsprüfung unterzogen, und die Werte für Zeit und Temperatur werden aufgezeichnet.

4.7 Kalibrierung des Geräts

4.7.1 Bestimmung des Volumens des Zementbettes

Aufgrund der Notwendigkeit eines Abstandes zwischen Zelle und Tauchkolben ergeben sich je nach Zellen/Tauchkolben-Kombination unterschiedliche Volumina des verdichteten Zementbettes. Das Volumen des verdichteten Zementbettes ist für eine gegebene Zellen-Kolben-Kombination zu ermitteln. Dieses Volumen ist wie folgt zu bestimmen:

Ein sehr dünner Mineralölfilm (4.3.3) wird auf das Zelleninnere aufgetragen. Die Siebplatte wird auf den Rand im Innern der Zelle gelegt. Zwei neue Filterpapierscheiben werden auf die Siebplatte gelegt und mit einem Stab gedrückt, damit sie am Boden der Meßzelle flach aufliegen. Die Zelle wird mit Quecksilber (4.3.1) gefüllt. Vorhandene Luftblasen werden mit einem sauberen, trockenen Stab beseitigt. Um sicherzustellen, daß die Zelle vollständig gefüllt ist, wird eine Glasplatte auf die Quecksilberoberfläche gedrückt, bis sie eine Ebene mit dem Zellenrand bildet. Die Zelle wird geleert, das Quecksilber auf 0,01 g gewogen (m_2) und die Temperatur aufgezeichnet. Dann wird eine Filterpapierscheibe entfernt. Nach dem in 4.5.4 angegebenen Verfahren wird ein verdichtetes Zementbett hergestellt, und auf dieses Zementbett wird eine neue Filterpapierscheibe gelegt. Die Zelle wird mit Quecksilber gefüllt, Luftblasen werden entfernt und der Rand wird wie oben erwähnt begradigt. Das Quecksilber wird entfernt, auf 0,01 g gewogen (m_3) und die Temperatur aufgezeichnet. V wird nach folgender Gleichung berechnet:

$$V = \frac{m_2 - m_3}{\varrho_{\mathrm{H}}} \;(\mathrm{cm^3}) \qquad (4)$$

Hierin bedeutet:

ϱ_{H} Quecksilberdichte bei Prüftemperatur (Tabelle 1)

Das Verfahren wird mit neuen Zementbetten solange wiederholt, bis zwei Werte für V um weniger als 0,005 cm^3 voneinander abweichen. Das Mittel dieser beiden Werte wird als Wert für V aufgezeichnet.

Anmerkung: Es ist darauf zu achten, daß kein Quecksilber verschüttet oder verspritzt und Haut und Augen des Prüfers nicht mit Quecksilber in Berührung kommen.

4.7.2 Bestimmung der Konstante des Geräts

Aus einer Lieferung Referenzzement mit gegebener spezifischer Oberfläche (4.3.2) wird ein verdichtetes Zementbett hergestellt, dessen Durchlässigkeit nach den in 4.5.2, 4.5.3, 4.5.4 und 4.6.2 angegebenen Verfahren gemessen wird. Die Zeit t und die Temperatur der Prüfung werden aufgezeichnet. Das Verfahren (4.6.2) wird an zwei weiteren Proben desselben Referenzzements wiederholt. Für jede dieser drei Proben wird das Mittel der drei Zeiten und Temperaturen berechnet. Für jede Probe wird K nach folgender Gleichung berechnet:

$$K = S_{\mathrm{o}}\,\varrho_{\mathrm{o}} \frac{(1-e)}{\sqrt{e^3}} \cdot \frac{\sqrt{0{,}1\,\eta_{\mathrm{o}}}}{\sqrt{t_{\mathrm{o}}}} \qquad (5)$$

Hierin bedeuten:

S_{o} spezifische Oberfläche des Referenzzements (cm^2/g)

t_{o} Mittel aus drei Durchlaufzeiten (s)

η_{o} Viskosität der Luft beim Mittel der drei Temperaturen (Pa · s) nach Tabelle 1

ϱ_{o} Dichte des Referenzzements (g/cm^3)

Bei einer gegebenen Porosität von $e = 0{,}500$ ist

$$K = 1{,}414 \cdot S_0\, \varrho_0 \frac{\sqrt{0{,}1\,\eta_0}}{\sqrt{t_0}} \quad (6)$$

Die Gerätekonstante K ergibt sich als Mittel der drei Werte.

4.7.3 Rekalibrierung

Der wiederholte Gebrauch des Geräts kann zu Änderungen des Volumens des Zementbettes und der Gerätekonstante führen (aufgrund der Abnutzung der Zelle, des Tauchkolbens und der Siebplatte). Diese Änderungen können durch Prüfung eines zusätzlichen Normzements, dessen spezifische Oberfläche gemessen wurde, festgestellt werden.

Das Volumen des Zementbettes und die Gerätekonstante sind mit einem Normzement zu rekalibrieren:

a) nach 1000 Prüfungen
b) bei Änderung der
   - Manometerflüssigkeit
   - der Qualität des Filterpapiers
   - des Manometerrohrs
c) bei systematischen Abweichungen des zusätzlichen Normzements.

4.8 Besondere Zemente

Bei einigen Zementen, die eine ungewöhnliche Korngrößenverteilung aufweisen und insbesondere bei feinen Zementen mit hoher Festigkeit kann die Herstellung eines verdichteten Zementbettes mit einer Porosität von $e = 0{,}500$ nach dem in 4.5.4 angegebenen Verfahren Schwierigkeiten bereiten. Wenn die Kappe durch Daumendruck nicht an das obere Ende der Zelle gedrückt werden kann oder wenn der Tauchkolben nach Berührung der Zelle und Nachlassen des Druckes nach oben steigt, kann davon ausgegangen werden, daß die Porosität von $e = 0{,}500$ nicht erreichbar ist.

In diesen Fällen ist die erforderliche Porosität eines vollständig verdichteten Zementbettes durch Versuch zu bestimmen. Die für die in 4.5.4 angegebene Herstellung des Zementbettes gewogene Zementmenge (m_4) beträgt

$$m_4 = (1 - e_1)\, \varrho_1 V \text{ (g)} \quad (7)$$

wobei e_1 die durch das Annäherungsverfahren bestimmte Porosität bezeichnet.

4.9 Vereinfachte Berechnungen

4.9.1 Ausgangsgleichung

Die spezifische Oberfläche S des zu prüfenden Zements wird nach folgender Gleichung berechnet:

$$S = \frac{\varrho_0}{\varrho} \cdot \frac{(1-e_0)}{(1-e)} \cdot \frac{\sqrt{e^3}}{\sqrt{e_0{}^3}} \cdot \frac{\sqrt{0{,}1\,\eta_0}}{\sqrt{0{,}1\,\eta}} \cdot \frac{\sqrt{t}}{\sqrt{t_0}} \cdot S_0 \text{ (cm}^2\text{/g)} \quad (8)$$

Hierin bedeuten:

S_0 spezifische Oberfläche des Referenzzements (cm²/g) nach 4.3.2

e Porosität des Zementbettes bei der Prüfung

e_0 Porosität des Referenzzementbettes nach 4.7.2

t bei der Prüfung gemessene Zeit (s)

t_0 Mittelwert der drei Einzelwerte der Durchlaufzeit des Referenzzements (s) nach 4.7.2

ϱ Dichte des Zements bei der Prüfung (g/cm³) nach 4.5.3

ϱ_0 Dichte des Referenzzements (g/cm³) nach 4.7.2

η Viskosität der Luft (Pa·s) bei Prüftemperatur nach Tabelle 1

η_0 Viskosität der Luft (Pa·s) nach Tabelle 1 beim Mittel der drei Temperaturen für den Referenzzement

4.9.2 Auswirkungen der gegebenen Porosität

Bei Anwendung der gegebenen Porosität $e = 0{,}500$ sowohl für den Referenzzement als auch für die zu prüfenden Zemente vereinfacht sich Gleichung 8; es ergibt sich dann folgende Gleichung:

$$S = \frac{\varrho_0}{\varrho} \cdot \frac{\sqrt{0{,}1\,\eta_0}}{\sqrt{0{,}1\,\eta}} \cdot \frac{\sqrt{t}}{\sqrt{t_0}} \cdot S_0 \text{ (cm}^2\text{/g)} \quad (9)$$

Bei der Verwendung von Zementen, die eine andere Porosität als $e = 0{,}500$ erfordern, kann Gleichung 9 nur angewandt werden, wenn ein Referenzzement bei dieser Porosität geprüft worden ist.

4.9.3 Auswirkungen einer konstanten Temperatur

Aus Tabelle 1 ist zu ersehen, daß der Wert für $\sqrt{0{,}1\,\eta}$ im Bereich zwischen 0,001345 bei 18 °C und 0,001353 bei 22 °C liegt. Unter den festgelegten Laborbedingungen kann ein Wert von 0,001349 als der Wert angenommen werden, der einem extremen Fehler von 0,5 % und einem wahrscheinlicheren Fehler von 0,3 % oder weniger entspricht. Bei dieser weiteren Vereinfachung ergibt sich folgende Gleichung:

$$S = \frac{\varrho_0}{\varrho} \cdot \frac{\sqrt{t}}{\sqrt{t_0}} \cdot S_0 \text{ (cm}^2\text{/g)} \quad (10)$$

4.9.4 Auswirkungen der Dichte des Zements

Eine weitere Vereinfachung ist die Kürzung der ϱ-Faktoren. Diese Kürzung wurde bisher auch vorgenommen, da nur reine Portlandzemente verwendet wurden, für die eine Dichte von $\varrho = 3{,}15$ angenommen wurde. Diese Annahme führt bekanntlich zu Fehlern bis zu 1 %. Bei einer vermehrten Verwendung von CEN-Zementen der Zementarten CE II, III und IV nach ENV 197-1 [2]) werden größere Fehler auftreten. Die Anforderungen dieser Norm beinhalten deshalb die Bestimmung der Dichte des Zements und deren Verwendung bei der Berechnung der spezifischen Oberfläche.

4.10 Auswertung

Wenn die Porosität $e = 0{,}500$ beträgt, sind die vier Zeiten und Temperaturen als Ergebnisse des Verfahrens nach 4.6.2 dahingehend zu überprüfen, ob alle Temperaturen im angegebenen Bereich von (20 ± 2) °C liegen. Ist dies der Fall, ist das Mittel der vier Zeiten in Gleichung 3 oder 10 einzusetzen, und der erzielte Wert für S ist auf 10 cm²/g als spezifische Oberfläche des Zements aufzuzeichnen.

Eine Abweichung von 1 % zwischen den mittleren Werten der Feinheitsmessungen, ausgeführt auf zwei verschiedenen Pulverbetten, die beide aus ein und derselben Probe stammen, ist zulässig.

Die Wiederholstandardabweichung beträgt ungefähr 50 cm²/g, die Vergleichstandardabweichung beträgt ungefähr 100 cm²/g.

Wenn die Porosität nicht $e = 0{,}500$ beträgt, ist Gleichung 8 anzuwenden und das Ergebnis auf 10 cm²/g als spezifische Oberfläche des Zements anzugeben.

Wenn die vier Temperaturen aufgrund eines Bedienungsausfalls oder aus anderen Gründen nicht im Bereich von (20 ± 2) °C liegen, ist der Wert für S für jedes Zeit-Temperaturverhältnis nach Gleichung 2 oder 8 zu berechnen. Das Mittel der vier Werte für S ist auf 10 cm²/g als spezifische Oberfläche des Zements aufzuzeichnen.

---

[2]) Siehe Seite 3

Maße in mm

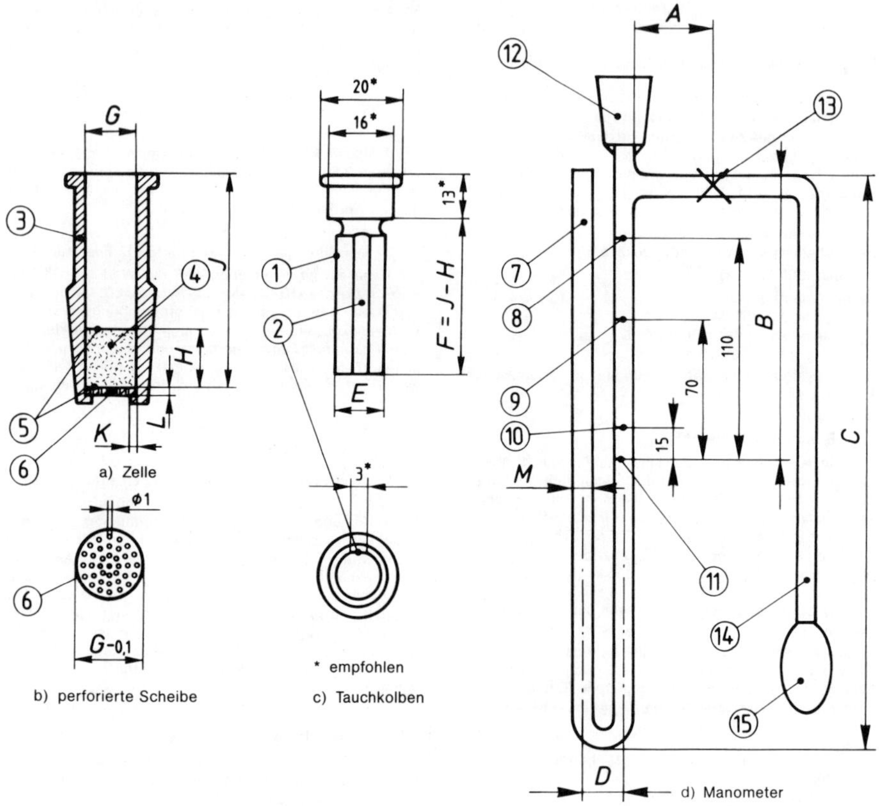

Bild 1. Luftdurchlässigkeitsgerät nach Blaine

Nr	Bezeichnung
1	Kolben
2	Luftschlitz
3	Zelle
4	zusammengedrücktes Zementbett
5	Filterpapierscheibe
6	perforierte Scheibe
7	Manometer
8, 9, 10, 11	Marken
12	konische Verbindung für die Zelle
13	Absperrhahn
14	Gummischlauch
15	Gummiballon

empfohlen (mm)	obligatorisch (mm)
A ≤ 50	G = 12,7 ± 0,1 E = G − 0,1 H = 15 ± 1
B = 135 ± 10	
C = 275 ± 25	
D = 23 ± 1	
J = 50 ± 15	
K = 0,8 ± 0,2	
L = 0,9 ± 0,1	
M = 9,0 ± 0,4	

Tabelle 1. **Dichte des Quecksilbers ϱ_H, Viskosität der Luft η und $\sqrt{0,1\,\eta}$ in Abhängigkeit von der Temperatur**

Raumtemperatur °C	Dichte des Quecksilbers g/cm³	Viskosität der Luft (Pa · s) η	Viskosität der Luft (Pa · s) $\sqrt{0,1\,\eta}$
16	13,560	0,00001800	0,001342
17	13,560	0,00001805	0,001344
18	13,550	0,00001810	0,001345
19	13,550	0,00001815	0,001347
20	13,550	0,00001819	0,001349
21	13,540	0,00001824	0,001351
22	13,540	0,00001829	0,001353
23	13,540	0,00001834	0,001354
24	13,540	0,00001839	0,001356

Anmerkung: Zwischenwerte sind durch lineare Interpolation zu ermitteln.

Ende der Deutschen Fassung

Zitierte Normen und andere Unterlagen

– in der deutschen Fassung
Siehe Abschnitt 2

– in den nationalen Zusätzen:

DIN 12217 Laborgeräte aus Glas; Rohre aus Borosilicatglas 3.3; Außendurchmesser 4 mm bis 100 mm
DIN 12242 Teil 1 Laborgeräte aus Glas; Kegelschliffe für austauschbare Verbindungen; Maße, Toleranzen
prENV 197 Zement; Zusammensetzung, Anforderungen und Konformitätskriterien *)
DIN EN 197 Teil 1 Zement; Zusammensetzung, Anforderungen und Konformitätskriterien; Definitionen und Zusammensetzung. Deutsche Fassung prEN 197-1 : 1986 +)
DIN EN 197 Teil 2 Zement; Anforderungen. Deutsche Fassung prEN 197-2 : 1986 +)
DIN EN 197 Teil 3 Zement; Konformitätskriterien. Deutsche Fassung prEN 197-3 : 1987 +)
ASTM C 204-79 a „Fineness of portland cement by air-permeability apparatus“

Übrige zitierte Normen siehe Nationales Vorwort.

Frühere Ausgaben

DIN 1165: 08.39
DIN 1166: 10.39
DIN 1167: 08.40x, 07.59
DIN 1164: 04.32, 07.42x, 12.58
DIN 1164 Teil 4: 06.70, 11.78

Änderungen

Gegenüber DIN 1164 T 4/11.78 wurden folgende Änderungen vorgenommen:
– Europäische Norm EN 196-6 : 1989 übernommen

Internationale Patentklassifikation

B 23 K 7/00
B 28 C 5/00
G 01 N 15/00
G 01 N 33/38

---

*) Siehe Seite 1
+) Z. Z. Entwurf

DK 666.94:691.54:620.11 März 1990

Prüfverfahren für Zement

Verfahren für die Probenahme und Probenauswahl von Zement

Deutsche Fassung EN 196-7 : 1989

DIN EN 196 Teil 7

Methods of testing cement; Methods of taking and preparing samples of cement; German version EN 196-7 : 1989

Méthodes d'essais des ciments; Méthodes de prélèvement et d'echantillonage de ciment; Version Allemande EN 196-7 : 1989

Mit DIN 1164 T 2/03.90
Ersatz für DIN 1164 T 2/11.78

Die Europäische Norm EN 196-7 : 1989 hat den Status einer Deutschen Norm.

Nationales Vorwort

Diese Europäische Norm wurde vom CEN/TC 51 „Zement und Baukalk" (Sekretariat: Belgien) ausgearbeitet. Im DIN Deutsches Institut für Normung e.V. war hierfür der Arbeitsausschuß 06.04 „Zement" des Normenausschusses Bauwesen (NABau) zuständig.

Normen über Zement und Prüfverfahren für Zement:

DIN 1164 Teil 1	Portland-, Eisenportland-, Hochofen- und Traßzement; Begriffe, Bestandteile, Anforderungen, Lieferung
DIN 1164 Teil 2	Portland-, Eisenportland-, Hochofen- und Traßzement; Überwachung (Güteüberwachung)
DIN 1164 Teil 8	Portland-, Eisenportland-, Hochofen- und Traßzement; Bestimmung der Hydratationswärme mit dem Lösungskalorimeter
DIN 1164 Teil 31	Portland-, Eisenportland-, Hochofen- und Traßzement; Bestimmung des Hüttensandanteils von Eisenportland- und Hochofenzement und des Traßanteils von Traßzement
DIN 1164 Teil 100	Zement; Portlandölschieferzement; Anforderungen, Prüfungen, Überwachung
DIN EN 196 Teil 1	Prüfverfahren für Zement; Bestimmung der Festigkeit; Deutsche Fassung EN 196-1 : 1987 (Stand 1989)
DIN EN 196 Teil 2	Prüfverfahren für Zement; Chemische Analyse von Zement; Deutsche Fassung EN 196-2 : 1987 (Stand 1989)
DIN EN 196 Teil 3	Prüfverfahren für Zement; Bestimmung der Erstarrungszeiten und der Raumbeständigkeit; Deutsche Fassung EN 196-3 : 1987
DIN EN 196 Teil 5	Prüfverfahren für Zement; Prüfung der Puzzolanität von Puzzolanzementen; Deutsche Fassung EN 196-5 : 1987
DIN EN 196 Teil 6	Prüfverfahren für Zement; Bestimmung der Mahlfeinheit; Deutsche Fassung EN 196-6 : 1989
DIN EN 196 Teil 7	Prüfverfahren für Zement; Verfahren für die Probenahme und Probenauswahl von Zement; Deutsche Fassung EN 196-7 : 1989
DIN EN 196 Teil 21	Prüfverfahren für Zement; Bestimmung des Chlorid-, Kohlenstoffdioxid- und Alkalianteils von Zement; Deutsche Fassung EN 196-21 : 1989

Darüber hinaus liegt die Vornorm

DIN V ENV 196 Teil 4	Prüfverfahren für Zement; Quantitative Bestimmung der Bestandteile; Deutsche Fassung ENV 196-4 : 1989

vor.

Wie in der vorliegenden Europäischen Norm Abschnitt 1 „Zweck und Anwendungsbereich" ausgeführt ist, enthält diese nur eine Beschreibung der Geräte sowie der anzuwendenden Verfahren bei der Probenahme selbst. Die Norm wurde von Arbeitsgruppe 7 „Probenahme" des CEN/TC 51 unter deutscher Mitarbeit erstellt. In die Arbeiten sind die umfangreichen deutschen Erfahrungen auf dem Gebiet der Probenahme eingeflossen. Es sei ausdrücklich darauf hingewiesen, daß alle Fragen zu Umfang und Häufigkeit der Probenahme nicht Gegenstand dieser Europäischen Norm sind.

Anmerkung: Der in den Abschnitten 1, 2 und anderen genannte Europäische Vornorm-Entwurf prENV 197 wurde bei der formellen Abstimmung im CEN 1989 nicht angenommen. Derzeit liegen daher nur die Entwürfe DIN EN 197 Teil 1, Teil 2 und Teil 3 vor.

Fortsetzung Seite 2 bis 12

Normenausschuß Bauwesen (NABau) im DIN Deutsches Institut für Normung e.V.

EUROPÄISCHE NORM
EUROPEAN STANDARD
NORME EUROPÉENNE

EN 196
Teil 7

Dezember 1989

DK 666.94 : 691.54 : 620.11

Deskriptoren: Zement, Prüfverfahren, Probenahmen, Probe, Packung.

Deutsche Fassung

Prüfverfahren für Zement

Verfahren für die Probenahme und Probenauswahl von Zement

Methods of testing cement; Methods of taking and preparing samples of cement

Méthodes d'essais des ciments; Méthodes de prélèvement et d'echantillonnage du ciment

Diese Europäische Norm wurde von CEN am 1989-06-16 angenommen. Die CEN-Mitglieder sind gehalten, die Forderungen der Gemeinsamen CEN/CENELEC-Regeln zu erfüllen, in denen die Bedingungen festgelegt sind, unter denen dieser Europäischen Norm ohne jede Änderung der Status einer nationalen Norm zu geben ist.

Auf dem letzten Stand befindliche Listen dieser nationalen Normen mit ihren bibliographischen Angaben sind beim CEN-Zentralsekretariat oder bei jedem CEN-Mitglied auf Anfrage erhältlich.

Diese Europäische Norm besteht in drei offiziellen Fassungen (Deutsch, Englisch, Französisch). Eine Fassung in einer anderen Sprache, die von einem CEN-Mitglied in eigener Verantwortung durch Übersetzung in die Landessprache gemacht und dem CEN-Zentralsekretariat mitgeteilt worden ist, hat den gleichen Status wie die offiziellen Fassungen.

CEN-Mitglieder sind die nationalen Normenorganisationen von Belgien, Dänemark, Deutschland, Finnland, Frankreich, Griechenland, Irland, Island, Italien, Luxemburg, Niederlande, Norwegen, Österreich, Portugal, Schweden, Schweiz, Spanien und dem Vereinigten Königreich.

CEN

EUROPÄISCHES KOMITEE FÜR NORMUNG
European Committee for Standardization
Comité Européen de Normalisation

Zentralsekretariat: Rue Bréderode 2, B-1000 Brüssel

Ref. Nr. EN 196-7 : 1989 D

Entstehungsgeschichte

Die vorliegende Europäische Norm wurde von dem Technischen Komitee CEN/TC 51 „Zement", mit dessen Sekretariat IBN betraut ist, ausgearbeitet.

Entsprechend den Gemeinsamen CEN/CENELEC-Regeln sind folgende Länder gehalten, diese Europäische Norm zu übernehmen:

Belgien, Dänemark, Deutschland, Finnland, Frankreich, Griechenland, Irland, Island, Italien, Luxemburg, Niederlande, Norwegen, Österreich, Portugal, Schweden, Schweiz, Spanien und das Vereinigte Königreich.

Vorwort

Die Europäische Norm EN 196 über Prüfverfahren für Zement besteht aus folgenden Teilen:

Teil 1: Bestimmung der Festigkeit
Teil 2: Chemische Analyse von Zement
Teil 3: Bestimmung der Erstarrungszeiten und der Raumbeständigkeit
Teil 4: Quantitative Bestimmung der Bestandteile
Teil 5: Prüfung der Puzzolanität von Puzzolanzementen
Teil 6: Bestimmung der Mahlfeinheit
Teil 7: Verfahren für die Probenahme und Probenauswahl von Zement
Teil 21: Bestimmung des Chlorid-, Kohlenstoffdioxid- und Alkalianteils von Zement

Inhalt

1 Zweck und Anwendungsbereich

Gegenstand dieser Europäischen Norm sind nur die zu verwendenden Geräte, die anzuwendenden Verfahren sowie die zu berücksichtigenden Bestimmungen für die Entnahme von Zementproben, um repräsentative Proben aus definierten Prüflosen zu erhalten, für Prüfungen zur Überwachung der Güte des Zements vor, während oder nach dem Versand.

Die Festlegungen dieser Norm gelten ausschließlich für die Entnahme von Zementproben

a) entweder zum Nachweis der Übereinstimmung mit der Norm zu einem beliebigen Zeitpunkt der laufenden Produktion (zum Beispiel für die Eigenüberwachung des Herstellers oder auch um die Anforderungen im Rahmen eines Zertifizierungsverfahrens zu erfüllen)

b) oder zum Nachweis der Übereinstimmung einer Lieferung oder eines Loses mit einer Norm, mit den Festlegungen in einem Vertrag oder den Anforderungen in einer Bestellung.

Die Norm gilt für die Probenahme aller Zemente[1]) nach ENV 197[2]):

c) in Silos;

d) in Säcken, Fässern, Kanistern oder sonstigen Behältern;

e) oder lose befördert, z. B. in Lastkraftwagen, Eisenbahnwaggons, Schiffen, usw.

---

[1]) Die Festlegungen dieser Norm dürfen bei Einvernehmen zwischen den Parteien auch für die Annahmeprüfung jedes nicht genormten hydraulischen Bindemittels angewendet werden.

[2]) Z. Z. Entwurf

2 Verweisungen auf andere Normen

EN 196 Teil 1	Prüfverfahren für Zement; Bestimmung der Festigkeit
EN 196 Teil 2	Prüfverfahren für Zement; Chemische Analyse von Zement
EN 196 Teil 3	Prüfverfahren für Zement; Bestimmung der Erstarrungszeiten und der Raumbeständigkeit
ENV 196 Teil 4	Prüfverfahren für Zement; Quantitative Bestimmung der Bestandteile
EN 196 Teil 5	Prüfverfahren für Zement; Prüfung der Puzzolanität von Puzzolanzementen
EN 196 Teil 6	Prüfverfahren für Zement; Bestimmung der Mahlfeinheit
EN 196 Teil 21	Prüfverfahren für Zement; Bestimmung des Chlorid-, Kohlenstoffdioxid- und Alkalianteils von Zement
ENV 197	Zement; Zusammensetzung, Anforderungen und Konformitätskriterien[2])

3 Definitionen

Im Rahmen dieser Norm gelten für die nachstehend aufgeführten Begriffe folgende Definitionen:

3.1 Bestellung

Eine Zementmenge, die Gegenstand eines Auftrages eines Herstellers (oder einer Vertriebsstelle) ist. Sie kann eine oder mehrere Lieferungen in einer bestimmten Zeit umfassen.

3.2 Lieferung

Eine Zementmenge, die von einem Hersteller (oder einer Vertriebsstelle) zu einem bestimmten Zeitpunkt geliefert wird. Sie kann aus einem oder mehreren Losen bestehen.

3.3 Los

Eine bestimmte Zementmenge, die unter als gleich angesehenen Bedingungen hergestellt wurde. Nach den vorgesehenen Prüfungen (insbesondere nach ENV 197 [2])) wird diese Menge als Ganzes den Normen oder vertraglichen Festlegungen entsprechend oder nicht entsprechend angesehen.

3.4 Zugriffsmenge

Eine Zementmenge, die mit dem verwendeten Probenahmegerät in einem Arbeitsgang entnommen wird.

3.5 Probe

Allgemeiner Begriff für jede Zementmenge, deren Umfang für die vorgesehenen Prüfungen ausreicht und die zufällig oder nach einem Prüfplan aus einer größeren Menge (Silo, Sackvorrat, Eisenbahnwaggon, Lastkraftwagen, usw.) oder einem bestimmten Los entnommen wird. Eine Probe kann aus einer oder mehreren Zugriffsmengen bestehen.

3.6 Stichprobe

Eine Probe, deren Umfang für die vorgesehenen Prüfungen ausreicht und die zu einem Zeitpunkt an der gleichen Stelle entnommen wird. Sie kann aus einer oder mehreren unmittelbar aufeinanderfolgenden Zugriffsmengen bestehen.

3.7 Durchschnittsprobe

Homogene Mischung von Stichproben, die

a) an verschiedenen Stellen oder

b) zu verschiedenen Zeitpunkten

einer größeren Menge des gleichen Zements entnommen wurden. Die Durchschnittsprobe erhält man durch Homogenisieren von zu einer Menge vereinigter Stichproben und gegebenenfalls Verkleinerung der sich so ergebenden Mischung.

3.8 Laborprobe

Eine durch Homogenisieren – und gegebenenfalls Verkleinerung – aufbereitete Probe, entnommen aus einer größeren Probe (Stich- oder Durchschnittsprobe), die für die mit den Prüfungen beauftragten Laboratorien bestimmt ist. Diese Laboratorien sind grundsätzlich die des Herstellers oder diejenigen, die im Rahmen der Bestellung oder in den Bestimmungen für die Zertifizierung dafür festgelegt sind.

3.9 Gegenprobe

Eine Probe, die für mögliche spätere Prüfungen, z. B. in Zweifelsfällen oder bei Anfechtung der an den Laborproben erzielten Prüfergebnisse aufzubewahren ist. Die Gegenprobe ist im allgemeinen der verbleibende Teil einer Laborprobe nach einer ersten Prüfreihe.

3.10 Rückstellprobe

Eine Probe, die systematisch während regelmäßiger Lieferungen (z. B. für Großbaustellen) – gegebenenfalls in Anwesenheit aller beteiligten Parteien – für eine Rückstellung für eventuelle Prüfungen in Zweifelsfällen oder bei Anfechtung oder bei späteren Schäden entnommen wird.

Anmerkung: Die Definitionen 3.1, 3.2, 3.3 und 3.10 gelten nur im Falle der Überprüfung einer Annahme einer Lieferung.

4 Allgemeines

4.1 Ziel der Probenahme ist die Entnahme einer oder mehrerer begrenzter Mengen aus einer größeren Zementmenge (aus einem Silo, einem Sacklager, einem Lastkraftwagen, usw. oder aus einem bestimmten Los), die von allen Beteiligten als repräsentativ für die Zementmenge, deren Qualität zu beurteilen ist, angesehen werden.

4.2 Die zu verwendenden Geräte, die anzuwendenden Verfahren und die zu treffenden Maßnahmen können entsprechend den vorhandenen Einrichtungen und den Umständen der Probenahme unterschiedlich sein.

4.3 Für Prüfungen, die im Rahmen eines Zertifizierungsverfahrens durchgeführt werden, liegen die Maßnahmen, um den repräsentativen Charakter der Proben sicherzustellen, sofern sie von den weiter unten genannten abweichen, im Aufgabenbereich der zertifizierenden Stelle (siehe Abschnitt 7).

4.4 Bei Abnahme einer Lieferung muß die Probenahme grundsätzlich in Gegenwart des Herstellers (oder Verkäufers) und des Abnehmers (oder Käufers) oder ihrer jeweiligen Vertreter erfolgen. Die Abwesenheit eines der beiden Beteiligten kann die Probenahme nicht verhindern, in diesem Fall ist dies jedoch im Probenahmeprotokoll zu vermerken (siehe Abschnitt 10).

Die Probenahme ist im allgemeinen vor oder während der Auslieferung durchzuführen. Jedoch kann sie gegebenenfalls auch noch danach vorgenommen werden, dann aber höchstens 24 Stunden später. In diesem Fall müssen die Prüfergebnisse mit besonderer Sorgfalt interpretiert werden.

Tatsächlich könnte der beprobte Zement – aus verschiedenen Gründen – nicht mehr repräsentativ für den Zement zum Zeitpunkt der Auslieferung sein. Aus diesem Grund ist der Probenahmezeitpunkt sorgfältig im Probenahmeprotokoll zu vermerken (siehe Abschnitt 10).

Im Falle einer Probenahme nach Auslieferung bleiben die Festlegungen des ersten Absatzes gültig.

5 Probenahmegeräte

Aufgrund der Vielgestaltigkeit der Werkseinrichtungen und der unterschiedlichen Umstände, unter denen Probenahmen durchgeführt werden müssen, ist es nicht möglich, ein Referenzprobenahmegerät anzugeben, mit dem andere Geräte durch Versuchsreihen verglichen werden können, bevor sie verwendet werden dürfen. Deshalb enthält diese Norm im Anhang A als Beispiel nur eine vereinfachte Darstellung der üblicherweise verwendeten Geräte, die sich in der Praxis bewährt haben. Diese Geräte sind entweder tragbar (Löffel, Entnahmerohre, Schneckenprobenehmer, usw.) oder fest installiert (fest installierte Schneckenprobenehmer oder andere am Behälter dauerhaft installierte Geräte).

Bei der Wahl und bei der Anwendung der Probenahmegeräte ist folgendes zu beachten:

Die Geräte müssen

a) von allen Beteiligten genehmigt sein;

b) aus einem Werkstoff bestehen, der nicht korrodiert und der nicht mit dem Zement reagiert;

c) ständig betriebsbereit und sauber sein. Daher ist darauf zu achten, daß die Geräte nach jeder Probenahme[3]) sorgfältig gereinigt werden. Darüber hinaus ist darauf zu achten, daß sie nicht durch die Schmiermittel anderer verwendeter Geräte verunreinigt sind.

---

[2]) Siehe Seite 3.

[3]) Eine Reinigung zwischen mehreren unmittelbar hintereinanderfolgenden Entnahmen des gleichen Produkts für eine Probe ist jedoch nicht erforderlich.

Fest installierte Probenahmegeräte sind an Stellen einzubauen, an denen keine Ansätze auftreten und das Zementfließverhalten homogen ist (keine Entmischung). Insbesondere ist eine Entnahme während einer Auflockerung mit Druckluft unzulässig. Ist eine Auflockerung erforderlich, darf die Probe frühestens eine halbe Minute nach Beendigung der Druckluftzugabe erfolgen (Zement in Ruhe).

6 Probenahmeverfahren und je nach Verfahren zu ergreifende Vorsichtsmaßnahmen

6.1 Allgemeines

Für die Probenahme ist im allgemeinen das unter den jeweiligen Gegebenheiten am besten geeignete Gerät unter Berücksichtigung der nachfolgenden Maßnahmen zu verwenden.

6.2 Probenahme aus Säcken, Fässern und anderen Behältern vergleichbarer Größe

Falls der Zement in Säcken, Fässern oder sonstigen Behältern mit kleinen Abmessungen abgepackt ist, ist die Probe nach 8.1, 2. Absatz durch die Entnahme aus einem zufällig ausgewählten Sack bzw. Behälter aus einem ausreichend großen Lagerbestand zu ziehen.

6.3 Aus Behältern mit großem Fassungsvermögen

Die Probenahmen sind während des Füllens oder während des Entleerens aus den Behältern durchzuführen, wobei zu beachten ist, daß

a) die Probe nicht bei Anfall von Staub oder sonstigen verschmutzten Stoffen entnommen wird,

b) so viele Entnahmen durchzuführen sind, wie erforderlich sind, um die in 8.1, 2. Absatz vorgeschriebene Menge zu erhalten,

c) der entnommene Zement in einen sauberen, trockenen und dichten Behälter eingefüllt wird, ehe die in Abschnitt 8 vorgeschriebenen Maßnahmen durchgeführt werden.

6.4 Bei Loseversand (nach dem Beladen oder vor dem Entladen [4]))

Unabhängig von dem verwendeten Probenahmegerät ist darauf zu achten, die Probe nicht aus den unteren oder oberen Zementschichten zu entnehmen. Die diesbezüglich zu berücksichtigende Schichtdicke muß mindestens 15 cm betragen.

Es sind die in 6.3 unter a), b) und c) beschriebenen Vorsichtsmaßnahmen zu beachten.

6.5 Während des Befüllens eines Silofahrzeuges oder eines Silos

Proben können nur entnommen werden, wenn ein geeignetes Gerät zur Verfügung steht und eine Zugriffmöglichkeit zu homogenem Zement besteht.

Es sind die in 6.3 unter b) und c) beschriebenen Vorsichtsmaßnahmen zu beachten.

6.6 Aus Silos

Falls kein fest installiertes Probenahmegerät zur Verfügung steht (Abschnitt 5, letzter Absatz), ist zunächst im Augenblick der Entleerung eine bestimmte Menge Zement zu verwerfen, um Ablagerungen oder unerwünschte Vermischungen unterschiedlicher Zementarten im Fördersystem auszuschließen. Diese Menge ist von dem bei der Probenahme anwesenden Vertreter des Herstellers abzuschätzen. Anschließend ist die in 8.1, 2. Absatz angegebene Menge in einen sauberen und trockenen Behälter zu füllen.

6.7 Aus Packmaschinen

Die Entnahmemenge entspricht einem Sack Zement, der im üblichen Arbeitsgang auf der Packmaschine abgefüllt wird. Die Entnahme kann ebenfalls aus einer entsprechenden Menge bestehen (siehe 8.1, 2. Absatz), die mit einer im Fülltrichter unmittelbar über dem Füllstutzen eingebauten mechanischen Vorrichtung entnommen wird. Falls mit der Packmaschine mehrere Zementarten abgesackt werden, muß sie von der vorher abgesackten Zementart ausreichend gereinigt werden, bis der zu beprobende Zement ausläuft. Je nach Packmaschine kann die zu verwerfende Menge erheblich sein. Sie ist von dem bei der Probenahme anwesenden Repräsentanten des Herstellers abzuschätzen.

7 Häufigkeit der Probenahmen und Wahl der Probenart

Die Häufigkeit der Probenahmen und die Art der Proben (Stichprobe oder Durchschnittsprobe) hängt von den Bestimmungen ab, die enthalten sind:

- in den Vereinbarungen zwischen Hersteller und Abnehmer,
- in nationalen, europäischen (wie z. B. in ENV 197 [2])) oder internationalen Normen,
- in Zertifizierungsverfahren.

8 Größe und Aufbereitung der Proben

8.1 Größe der Proben – Für eine Konformitätsbeurteilung zu entnehmende Menge

Jede Laborprobe (oder Gegenprobe oder Rückstellprobe) muß so groß sein, daß an ihr alle vertraglich vereinbarten oder alle in den dem Vertrag zugrundegelegten Normen oder nach dem Zertifizierungsverfahren geforderten Prüfungen zweimal durchgeführt werden können. Soweit keine anderweitigen Festlegungen bestehen, muß daher die Masse dieser Proben einheitlich mindestens 5 kg betragen (oder gegebenenfalls mehr, um nach 9.2 den Behälter vollständig zu füllen).

Die zur Durchführung einer Konformitätsbeurteilung zu entnehmende Gesamtmenge (Stichprobe oder Durchschnittsprobe) muß größer oder mindestens gleich der Menge sein, die erforderlich ist, um den beteiligten Laboratorien alle Proben nach dem ersten Absatz liefern zu können. Diese Menge ist mit einem Probenahmegerät nach Abschnitt 5 und nach den in Abschnitt 6 angegebenen Verfahren zu entnehmen. Im allgemeinen ist eine Probenahme von 40 bis 50 kg ausreichend.

8.2 Homogenisieren

8.2.1 Allgemeine Festlegungen

Sofort nach der Entnahme ist die nach 8.1, 2. Absatz erforderliche Menge von 40 bis 50 kg sorgfältig (möglichst im Labor) mit trockenen, sauberen Geräten, die nicht mit dem Zement reagieren, zu homogenisieren.

Das Homogenisieren ist vorzugsweise mit einem Mischgerät durchzuführen, dessen Wirksamkeit vorher nachgewiesen sein muß (siehe 8.2.2). Unabhängig vom gewählten Verfahren ist der Nachweis schnellstmöglich durchzuführen, um den Zement nur begrenzt der Luft auszusetzen.

Steht kein Homogenisiergerät zur Verfügung, ist nach folgenden Verfahren vorzugehen:

Die auf die einzelnen Labors aufzuteilende Zementmenge (nach 8.1, 2. Absatz) wird auf ein sauberes und trockenes

---

[2]) Siehe Seite 3.

[4]) Mit den in dieser Norm beschriebenen Geräten (siehe Anhang A) ist eine Probenahme während des Entladevorgangs nicht möglich.

Tuch (oder eine Kunststoffolie) geschüttet, dann ist der Zement sorgfältig mit einer Schaufel zu mischen. Dieses Verfahren darf nur angewendet werden, wenn:

a) die relative Luftfeuchte kleiner als 85% ist,

b) jedes Risiko der Beeinflussung der Probe durch Wind, Regen, Schnee oder Staub ausgeschaltet ist.

8.2.2 Prüfung der Wirksamkeit des gewählten Homogenisierverfahrens

Man nehme zwei Zemente mit unterschiedlichen Merkmalen (insbesondere die Mahlfeinheit nach Blaine – EN 196-6 – und zusätzlich Farbe) etwa gleicher Menge. Die Zemente werden nach einem der in 8.2.1 genannten Verfahren gemischt, wobei die Zeit zwischen Beginn und Ende des Mischens festzuhalten ist.

Wenn der Mischvorgang beendet ist, entnimmt man 15 „Mikroproben" von jeweils etwa 12 bis 20 g gleichmäßig verteilt aus der Gesamtmenge, deren Homogenität zu prüfen ist [5]).

An jeder dieser Mikroproben bestimmt man dreimal die spezifische Oberfläche nach Blaine.

Das Homogenisieren ist als ausreichend anzusehen, wenn die Varianzanalyse für die 15 Mikroproben keinen signifikanten Unterschied ergibt. Diese Analyse wird nach den im Fachschrifttum über statistische Kontrollen angegebenen Verfahren durchgeführt [6]).

Im Falle eines negativen Ergebnisses ist nochmals zu mischen, wobei die Mischzeit für den ersten Versuch zu verdoppeln ist.

Wenn sich nach dieser Wiederholung keine signifikanten Unterschiede zwischen den 15 Mikroproben ergeben, kann das Verfahren mit doppelter Mischzeit als geeignet angesehen werden; wenn jedoch keine deutliche Verbesserung im Vergleich zum ersten Versuch erreicht worden ist, ist das gewählte Verfahren nicht geeignet. Bei einer für eine Entscheidung nicht ausreichenden Verbesserung ist unter Berücksichtigung der dafür erforderlichen Zeit zu prüfen, ob eine Wiederholung der Prüfung mit noch längerer Mischzeit zweckmäßig ist.

8.2.3 Wahl des Verfahrens

Die in 8.2.2 beschriebene Prüfung der Wirksamkeit des Homogenisierverfahrens braucht nur bei der Auswahl des Verfahrens durchgeführt zu werden. Diese Auswahl bleibt dem Hersteller überlassen, jedoch muß dieser durch Vorlage eines hierzu aufgestellten Berichts nachweisen (z. B. einem Fachmann, der den Abnehmer oder die zertifizierende Stelle vertritt), daß er die oben beschriebene Prüfung durchgeführt hat.

8.3 Teilung der für eine Konformitätsbeurteilung erforderlichen Menge

Nach dem Homogenisieren (8.2) der Probe nach 8.1, 2. Absatz ist diese in die erforderliche Zahl von Labor- und Rückstellproben aufzuteilen, entweder unter Verwendung eines Probenteilers oder, nach Viertelung der zu verteilenden Menge, durch Entnahme von jeweils etwa 0,5 kg aus jedem Viertel mit einem „Löffel", wobei die Entnahmemengen nacheinander in die für die Laborproben (oder Rückstellproben) vorbereiteten Behälter zu füllen sind. Dies ist solange fortzusetzen, bis jeder Behälter die erforderliche Menge (siehe 8.1, 1. Absatz) enthält.

Die Reihenfolge der Verteilung der Löffelinhalte, aus denen jede Laborprobe nach und nach gebildet wird, ist wie folgt:

Man füllt in jeden der für die Laboratorien X, Y, Z, usw. vorgesehenen Behälter

zuerst einen Löffel von A,

dann einen Löffel von B,

dann einen Löffel von C,

dann einen Löffel von D.

Dies stellt eine Folge der Verteilung dar; die gleiche Folge ist sooft zu wiederholen, wie es erforderlich ist, um die nach 8.1, 1. Absatz vorgeschriebene Menge zu erhalten (siehe Bild 1).

Jede auf diese Weise hergestellte Laborprobe (oder Rückstellprobe) ist wie in Abschnitt 9 angegeben zu verpacken und möglichst schnell zu versenden. Es ist dann Aufgabe des Bestimmungslabors, die Probe gemäß ihrer weiteren Verwendung zu lagern, aufzubereiten und zu verarbeiten [7]).

---

[5]) Um eine erste schnelle Information zu erhalten, kann man die Farbe dieser Mikroproben vergleichen, wenn man zuvor darauf geachtet hat, zwei Zemente mit deutlich unterschiedlicher Farbe auszuwählen.

[6]) Jedes CEN-Mitglied kann hierzu entsprechendes Schrifttum angeben.

[7]) Dabei ist die Durchführung im Labor im allgemeinen durch die Prüfnormen festgelegt (insbesondere EN 196 Teile 1 bis 6 und 21).

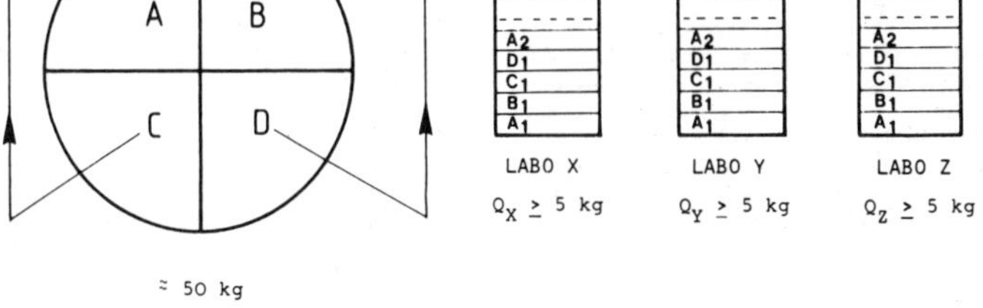

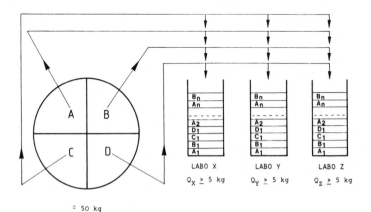

Bild 1. Zusammensetzung der Laborproben

8.4 Fremdkörper in der Probe

Fremdkörper, die während obiger Herstellung der Proben im Zement festgestellt werden, sind grundsätzlich im Probenahmeprotokoll (siehe Abschnitt 10) zu beschreiben.

Falls sie gleichmäßig im Zement verteilt sind (z. B. pulverförmiger Stoff, der nicht Zement ist, Klümpchen), können sie nicht aus der Probe entfernt werden. Anderenfalls sind diese Fremdkörper zu entfernen und aufzubewahren:

a) durch eine der beiden beteiligten Parteien (Hersteller, Abnehmer) unter Zustimmung der anderen Partei bei Abnahme einer Lieferung;

b) durch die mit der Überwachung beauftragte Institution im Rahmen einer Probenahme gemäß Zertifizierungsvorschrift.

9 Verpackung und Lagerung

9.1 Prinzip

Die Verpackung der Proben und die Art ihrer Aufbewahrung müssen stets eine einwandfreie Beschaffenheit des beprobten Zements hinsichtlich seiner Merkmale sicherstellen. Alle Umstände, die dem abträglich sind, sind anzugeben.

9.2 Behälter

Die Proben sind in ausreichend festen Säcken, Dosen oder Behältern zu verpacken, zu versenden und zu lagern. Diese müssen aus einem Werkstoff bestehen, der nicht mit dem Zement reagiert und nicht korrodiert. Die Probenbehälter müssen trocken, dicht (gegenüber Luft und Feuchtigkeit) und sauber sein. Aus diesem Grund dürfen sie vorher nicht zur Aufbewahrung von Stoffen verwendet worden sein, durch die die Proben verändert werden könnten.

Um einen Einfluß durch die Luft auszuschließen, sind die Behälter so voll wie möglich zu füllen und ihr Verschluß ist durch ein Klebeband abzudichten [8]).

Behälter oder Säcke aus Kunststoff dürfen nur unter folgenden Einschränkungen verwendet werden:

a) Die Lagerungsdauer darf nicht mehr als 3 Monate betragen.

b) Die Folie, aus denen sie bestehen, muß eine Mindestdicke von 100 µm aufweisen.

c) Auf keinen Fall darf der verwendete Kunststoff „Luftporen" im Zement erzeugen aufgrund dieses Materials oder infolge einer Oberflächenbehandlung. Um zu prüfen, ob in dieser Hinsicht kein Risiko besteht, sind gegebenenfalls geeignete Prüfungen durchzuführen.

d) Auch die Behälter müssen entsprechend verschlossen werden, erforderlichenfalls mit einem geeigneten Band.

9.3 Lagerungsbedingungen

Die Proben müssen möglichst bei einer Temperatur von weniger als 30 °C aufbewahrt werden.

9.4 Kennzeichnung der Proben

Zur eindeutigen Identifizierung der Proben sind die Behälter (Säcke oder Dosen) an mindestens einer Stelle eindeutig und nicht ablösbar zu kennzeichnen. Erfolgt die Kennzeichnung nur an einer Stelle, so ist sie auf dem Behälter selbst und nicht auf dem Deckel anzubringen.

Darüber hinaus ist ein Exemplar des Probenahmeprotokolls nach Abschnitt 10, gegebenenfalls in einem Schutzumschlag, in den Behälter miteinzulegen.

9.5 Versiegelung

Wenn es vertraglich oder durch die Zertifizierungsvorschrift gefordert ist, muß der Behälter mit einem vereinbarten Siegel versehen werden, um die Echtheit der Probe sicherzustellen. Dieses Siegel ist so anzubringen, daß jedes nicht autorisierte Öffnen des Behälters verhindert wird.

10 Probenahmeprotokoll

10.1 Allgemeines

Von der für die Probenahme verantwortlichen Person ist für jede Probe ein Probenahmeprotokoll zu erstellen. Kopien sind allen Laborproben (oder Rückstellproben), die entsprechend den vertraglichen Regelungen oder einer Zertifizierungsvorschrift herzustellen und zu verteilen sind, beizufügen.

10.2 Angaben

10.2.1 Mindestangaben

Soweit keine anderweitige Vereinbarung zwischen den Parteien getroffen wird, muß das Probenahmeprotokoll folgende Angaben enthalten:

a) Name und Adresse des Probenehmers;

b) Name und Adresse des Abnehmers (bei einer Abnahmeprüfung);

c) vollständige Normbezeichnung des Zements siehe ENV 197 [2]) [9]);

d) Angabe des Lieferwerks;

e) Ort, Datum und Uhrzeit der Probenahmen;

f) Probenart (Stichprobe oder Durchschnittsprobe, bestehend aus n Stichproben);

g) Kennzeichnung des Probenbehälters;

h) alle Feststellungen, insbesondere:
   - Vorhandensein von Fremdkörpern;
   - Umstände der Durchführung, die einen Einfluß auf die Qualität der Zementprobe haben können, z. B. die Transportbedingungen;
   - alle Angaben, die eine genauere Identifikation der Zementprobe erlauben, z. B. die Silonummer.

10.2.2 Zusätzliche Angaben

Darüber hinaus kann das Probenahmeprotokoll folgende erläuternde Angaben enthalten, wie z. B.

a) zur Losbeschreibung, z. B. ungefähre Zementmenge, aus der die Probe entnommen wurde und Art der Lagerung (Beispiel: 3000 t in Säcken im Lager);

b) Art des für die Laborproben verwendeten Behälters.

10.3 Unterzeichnung des Protokolls

Das Probenahmeprotokoll und seine Durchschriften sind von den bei der Probenahme anwesenden Vertretern der Parteien oder (und) jedem von den Parteien anerkannten Verantwortlichen zu unterzeichnen.

10.4 Übergabe des Protokolls

Die Protokolle sind den betroffenen Parteien unverzüglich zuzustellen. Darüber hinaus ist nach 9.4 ein Protokoll jeweils in den Behälter jeder Laborprobe und jeder Rückstellprobe einzulegen.

---

[2]) Siehe Seite 3.

[8]) Dabei muß berücksichtigt werden, daß auch eine noch so dichte Verpackung auf Dauer einen Luftzufluß nicht vollkommen verhindern kann, dessen Einfluß von gewissen Merkmalen der verschiedenen Zementarten abhängen kann.

[9]) Bei nicht genormten hydraulischen Bindemitteln (siehe Fußnote 1, Seite 3) ist das Produkt eindeutig zu kennzeichnen.

Anhang A

Beispiele für übliche Probenahmegeräte

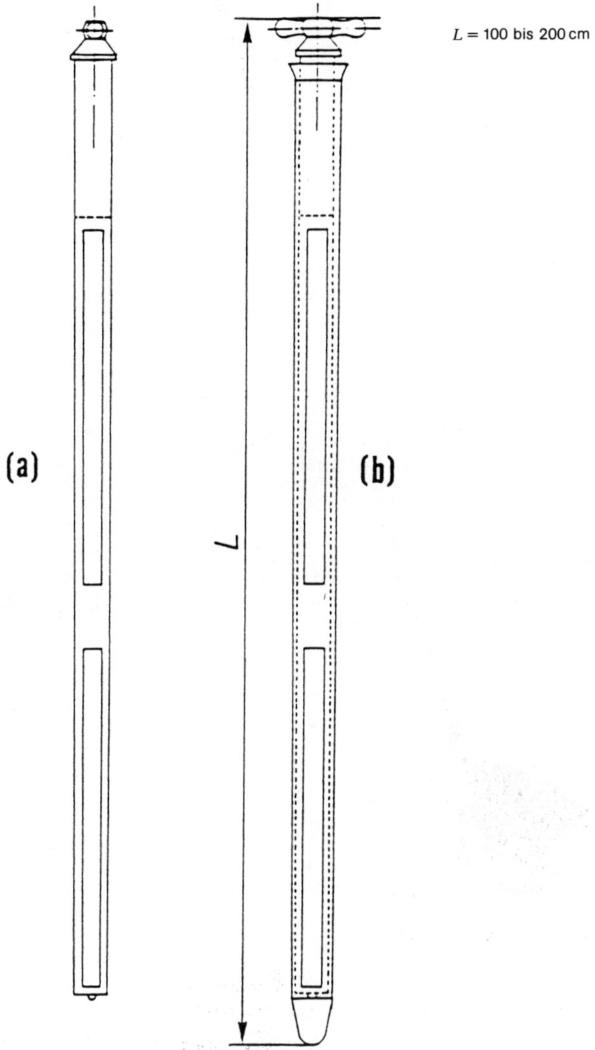

(a) inneres Rohr
(b) zusammengesetztes Probenahmegerät

Bild 2. Probenahmerohr

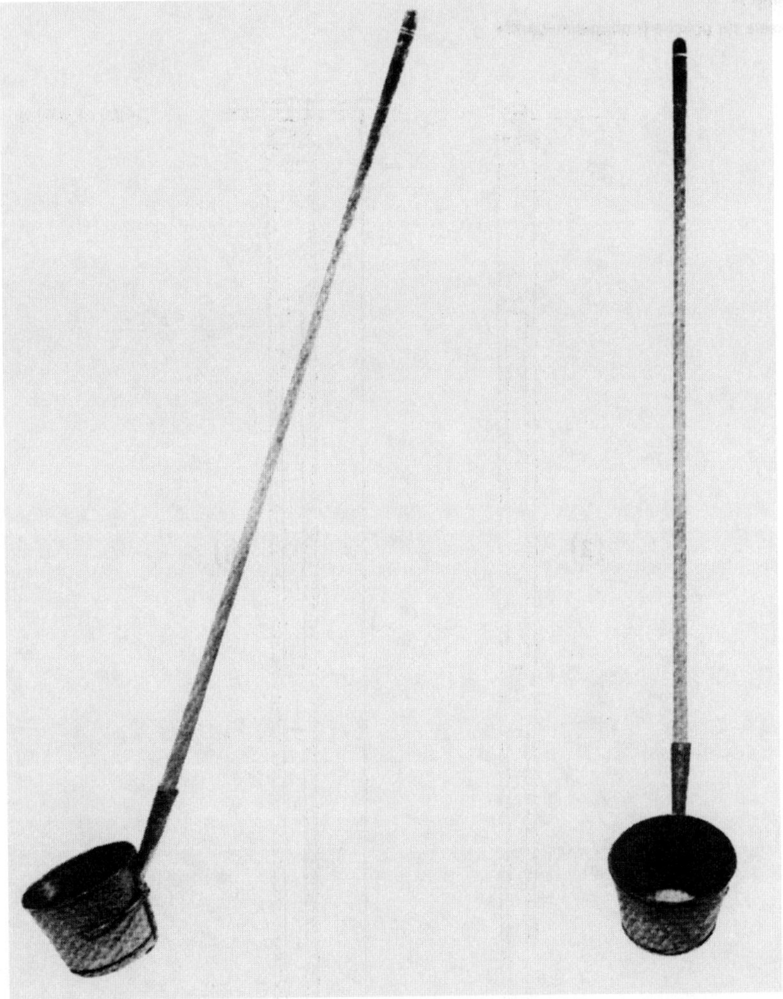

(a) (b)

(a) Seitenansicht
(b) Frontansicht

ungefähre Abmessungen:

Durchmesser	20 cm
Tiefe	15 cm
Grifflänge	180 cm

Bild 3. Beispiel eines Probenahmelöffels

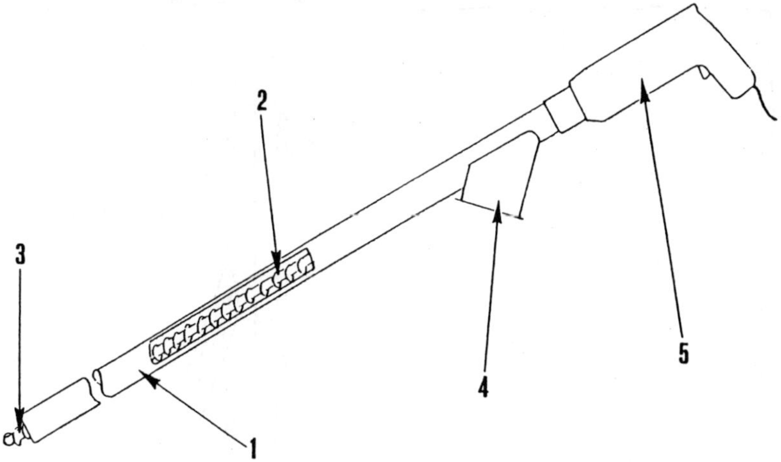

1 Rohr, ∅ etwa 6 cm
2 Schnecke
3 Ende der Schnecke, die beim Eintauchen in den Zement wie eine Punktsonde wirkt
4 Auslauf
5 Elektromotor

Bild 4. Beispiel eines mechanischen Schneckenprobenehmers (Gesamtlänge etwa 200 cm)

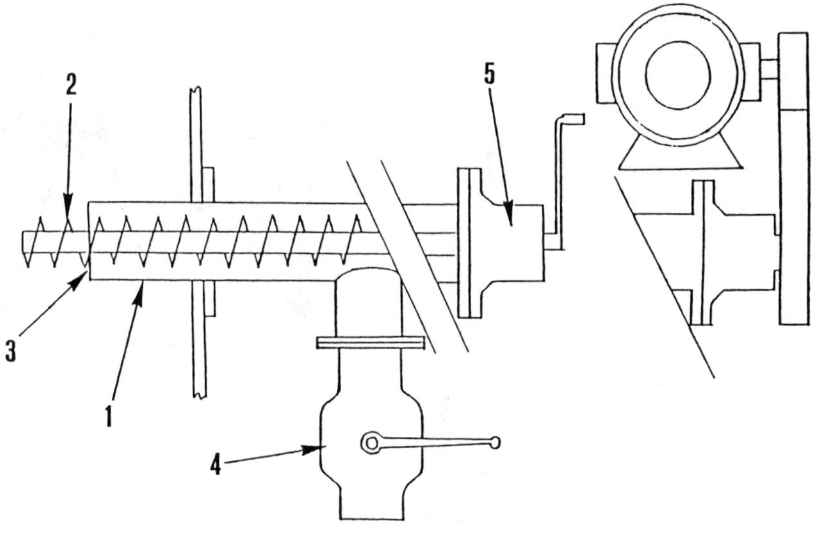

1 Rohr
2 Schnecke
3 Zementeintrittsöffnung
4 Auslauf
5 Handkurbel (oder alternativ Motorantrieb)

Bild 5. Beispiel eines fest installierten mechanischen Schneckenprobenehmers

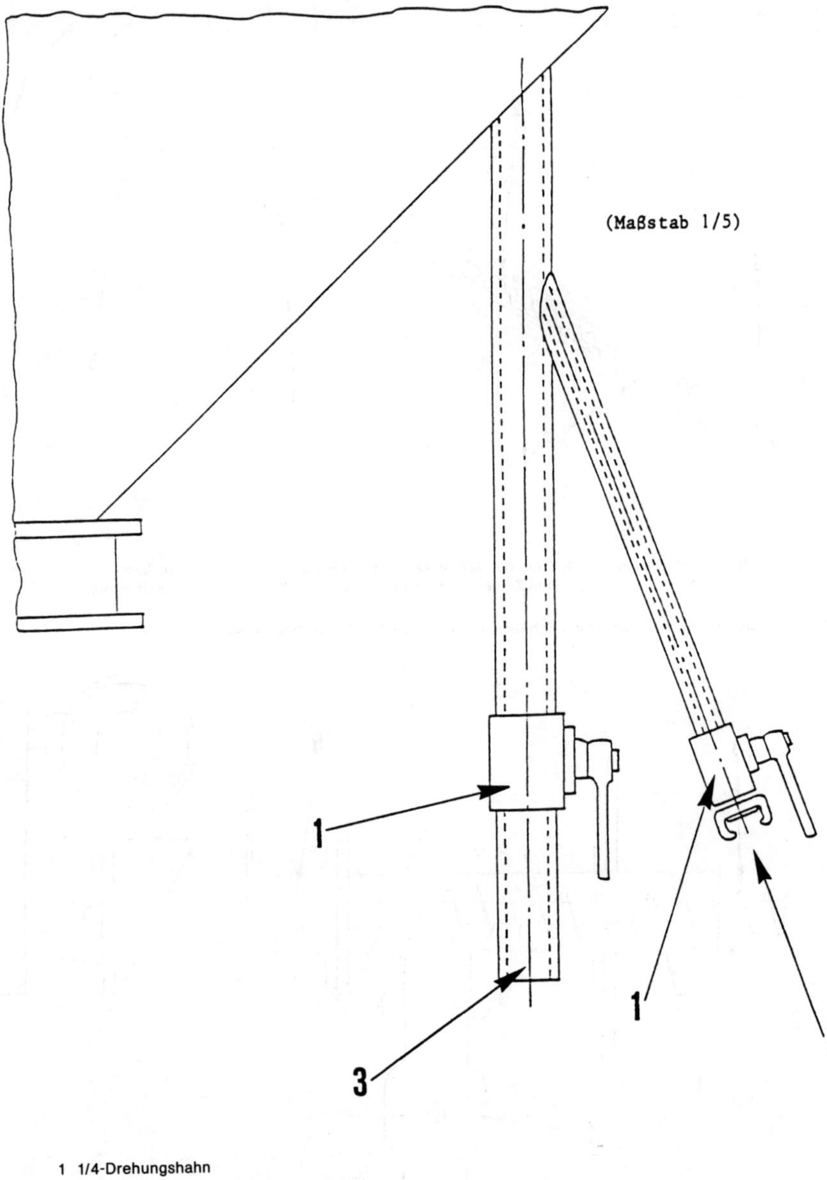

1 1/4-Drehungshahn
2 Gummianschlußstutzen für Druckluft (3 bar)
3 Auslauf

Bild 6. Probenahmegerät

Ende der Deutschen Fassung

Zitierte Normen

– in der deutschen Fassung:

Siehe Abschnitt 2

– in den nationalen Zusätzen:

Siehe Nationales Vorwort und

DIN EN 197 Teil 1 Zement; Zusammensetzung, Anforderungen und Konformitätskriterien; Definitionen und Zusammensetzung. Deutsche Fassung prEN 197-1 : 1986 +)

DIN EN 197 Teil 2 Zement; Anforderungen. Deutsche Fassung prEN 197-2 : 1986 +)

DIN EN 197 Teil 3 Zement; Konformitätskriterien. Deutsche Fassung prEN 197-3 : 1987 +)

Frühere Ausgaben

DIN 1165: 08.39

DIN 1166: 10.39

DIN 1167: 08.40x, 07.59

DIN 1164: 04.32, 07.42x, 12.58

DIN 1164 Teil 2: 06.70, 11.78

Änderungen

Gegenüber DIN 1164 T 2/11.78 wurden folgende Änderungen vorgenommen:

– Europäische Norm EN 196-7 : 1989 übernommen

Internationale Patentklassifikation

B 23 K 7/00
B 28 C 5/00
G 01 N 1/00
G 01 N 33/38

+) Z. Z. Entwurf

DK 666.94:691.54:620.1:543.84 März 1990

Prüfverfahren für Zement

Bestimmung des Chlorid-, Kohlenstoffdioxid- und Alkalianteils von Zement
Deutsche Fassung EN 196-21:1989

DIN EN 196 Teil 21

Methods of testing cement; Determination of the chloride, carbon dioxide and alkali content of cement; German version EN 196-21:1989

Méthodes d'essais des ciments; Détermination de la teneur en chlorures, en dioxide de carbone et en alcalins dans les ciments; Version Allemande EN 196-21:1989

Mit DIN EN 196 T 2/03.90
und DIN 1164 T 31/03.90
Ersatz für DIN 1164 T 3/11.78

Die Europäische Norm EN 196-21:1989 hat den Status einer Deutschen Norm.

Nationales Vorwort

Diese Europäische Norm wurde vom CEN/TC 51 „Zement und Baukalk" (Sekretariat: Belgien) ausgearbeitet. Im DIN Deutsches Institut für Normung e.V. war hierfür der Arbeitsausschuß 06.04 „Zement" des Normenausschusses Bauwesen (NABau) zuständig.

Normen über Zement und Prüfverfahren für Zement:

DIN 1164 Teil 1	Portland-, Eisenportland-, Hochofen- und Traßzement; Begriffe, Bestandteile, Anforderungen, Lieferung
DIN 1164 Teil 2	Portland-, Eisenportland-, Hochofen- und Traßzement; Überwachung (Güteüberwachung)
DIN 1164 Teil 8	Portland-, Eisenportland-, Hochofen- und Traßzement; Bestimmung der Hydratationswärme mit dem Lösungskalorimeter
DIN 1164 Teil 31	Portland-, Eisenportland-, Hochofen- und Traßzement; Bestimmung des Hüttensandanteils von Eisenportland- und Hochofenzement und des Traßanteils von Traßzement
DIN 1164 Teil 100	Zement; Portlandölschieferzement; Anforderungen, Prüfungen, Überwachung
DIN EN 196 Teil 1	Prüfverfahren für Zement; Bestimmung der Festigkeit; Deutsche Fassung EN 196-1:1987 (Stand 1989)
DIN EN 196 Teil 2	Prüfverfahren für Zement; Chemische Analyse von Zement; Deutsche Fassung EN 196-2:1987 (Stand 1989)
DIN EN 196 Teil 3	Prüfverfahren für Zement; Bestimmung der Erstarrungszeiten und der Raumbeständigkeit; Deutsche Fassung EN 196-3:1987
DIN EN 196 Teil 5	Prüfverfahren für Zement; Prüfung der Puzzolanität von Puzzolanzementen; Deutsche Fassung EN 196-5:1987
DIN EN 196 Teil 6	Prüfverfahren für Zement; Bestimmung der Mahlfeinheit; Deutsche Fassung EN 196-6:1989
DIN EN 196 Teil 7	Prüfverfahren für Zement; Verfahren für die Probenahme und Probenauswahl von Zement; Deutsche Fassung EN 196-7:1989
DIN EN 196 Teil 21	Prüfverfahren für Zement; Bestimmung des Chlorid-, Kohlenstoffdioxid- und Alkalianteils von Zement; Deutsche Fassung EN 196-21:1989

Darüber hinaus liegt die Vornorm

DIN V ENV 196 Teil 4	Prüfverfahren für Zement; Quantitative Bestimmung der Bestandteile; Deutsche Fassung ENV 196-4:1989

vor.

Zu Abschnitt 2: ISO 3534 siehe Normen der Reihe DIN 55350

Die in dieser Europäischen Norm festgelegten Prüfverfahren stellen eine Ergänzung der Europäischen Norm EN 196 Teil 2 „Prüfverfahren für Zement; Chemische Analyse von Zement" dar.

Bei einer späteren Überarbeitung von DIN EN 196 Teil 2 ist vorgesehen, die in der vorliegenden Norm festgelegten Prüfverfahren in DIN EN 196 Teil 2 zu integrieren.

Die Norm enthält ein Prüfverfahren für die Bestimmung des Chloridgehalts sowie jeweils ein Referenz- und ein Alternativprüfverfahren zur Bestimmung des Kohlenstoffdioxid- und Alkaligehalts. Dabei ist darauf hinzuweisen, daß die Alternativverfahren, die zur Bestimmung des Kohlenstoffdioxid- und des Alkaligehalts in der vorliegenden Norm angegeben sind, identisch sind mit den diesbezüglichen Prüfverfahren, die in DIN 1164 Teil 3 „Portland-, Eisenportland-, Hochofen- und Traßzement; Bestimmung der Zusammensetzung", Ausgabe November 1978, Abschnitte 2.2.9 und 2.2.14 festgelegt waren.

Die Norm DIN EN 196 Teil 21 ersetzt mit DIN EN 196 Teil 2 und DIN 1164 Teil 31 die frühere Norm DIN 1164 Teil 3.

Fortsetzung Seite 2 bis 11

Normenausschuß Bauwesen (NABau) im DIN Deutsches Institut für Normung e.V.

EUROPÄISCHE NORM
EUROPEAN STANDARD
NORME EUROPÉENNE

EN 196
Teil 21

Dezember 1989

DK 666.94 : 691.54 : 620.1 : 543.84

Deskriptoren: Zement, Prüfverfahren, chemische Analyse, Bestimmung des Gehalts, Chlorid, Kohlenstoffdioxid, Alkali

Deutsche Fassung

Prüfverfahren für Zement

Bestimmung des Chlorid-, Kohlenstoffdioxid- und Alkalianteils von Zement

Methods of testing cement; Determination of the chloride, carbon dioxide and alkali content of cement

Méthodes d'essais des ciments; Détermination de la teneur en chlorures, en dioxide de carbone et en alcalins dans les ciments

---

Diese Europäische Norm wurde von CEN am 1989-06-16 angenommen. Die CEN-Mitglieder sind gehalten, die Forderungen der Gemeinsamen CEN/CENELEC-Regeln zu erfüllen, in denen die Bedingungen festgelegt sind, unter denen dieser Europäischen Norm ohne jede Änderung der Status einer nationalen Norm zu geben ist.

Auf dem letzten Stand befindliche Listen dieser nationalen Normen mit ihren bibliographischen Angaben sind beim CEN-Zentralsekretariat oder bei jedem CEN-Mitglied auf Anfrage erhältlich.

Diese Europäische Norm besteht in drei offiziellen Fassungen (Deutsch, Englisch, Französisch). Eine Fassung in einer anderen Sprache, die von einem CEN-Mitglied in eigener Verantwortung durch Übersetzung in die Landessprache gemacht und dem CEN-Zentralsekretariat mitgeteilt worden ist, hat den gleichen Status wie die offiziellen Fassungen.

CEN-Mitglieder sind die nationalen Normenorganisationen von Belgien, Dänemark, Deutschland, Finnland, Frankreich, Griechenland, Irland, Island, Italien, Luxemburg, Niederlande, Norwegen, Österreich, Portugal, Schweden, Schweiz, Spanien und dem Vereinigten Königreich.

CEN

EUROPÄISCHES KOMITEE FÜR NORMUNG
European Committee for Standardization
Comité Européen de Normalisation

Zentralsekretariat: Rue Bréderode 2, B-1000 Brüssel

Ref. Nr. EN 196-21 : 1989 D

Entstehungsgeschichte

Die vorliegende Europäische Norm wurde von dem Technischen Komitee CEN/TC 51 „Zement", mit dessen Sekretariat IBN betraut ist, ausgearbeitet.

Es ist beabsichtigt, bei einer Überarbeitung der Europäischen Norm EN 196 Teil 2 die der Öffentlichkeit mit dieser Norm vorgelegten Prüfverfahren in EN 196 Teil 2 zu übernehmen, so daß dann diese Norm alle erforderlichen Prüfverfahren zur chemischen Analyse von Zement enthalten wird.

Entsprechend den Gemeinsamen CEN/CENELEC-Regeln sind folgende Länder gehalten, diese Europäische Norm zu übernehmen:

Belgien, Dänemark, Deutschland, Finnland, Frankreich, Griechenland, Irland, Island, Italien, Luxemburg, Niederlande, Norwegen, Österreich, Portugal, Schweden, Schweiz, Spanien und das Vereinigte Königreich.

Vorwort

Die Europäische Norm EN 196 über Prüfverfahren für Zement besteht aus folgenden Teilen:

Teil 1: Bestimmung der Festigkeit
Teil 2: Chemische Analyse von Zement
Teil 3: Bestimmung der Erstarrungszeiten und der Raumbeständigkeit
Teil 4: Quantitative Bestimmung der Bestandteile
Teil 5: Prüfung der Puzzolanität von Puzzolanzementen
Teil 6: Bestimmung der Mahlfeinheit
Teil 7: Verfahren für die Probenahme und Probenauswahl von Zement
Teil 21: Bestimmung des Chlorid-, Kohlenstoffdioxid- und Alkalianteils von Zement

Inhalt

1 Zweck und Anwendungsbereich

Diese Europäische Norm legt die Verfahren zur Bestimmung des Anteils an Chlorid, Kohlenstoffdioxid und Alkalien von Zement fest.

Die Norm beschreibt die Referenzverfahren und in einigen Fällen ein Alternativverfahren, dessen Ergebnisse denen des Referenzverfahrens entsprechen.

Werden andere Verfahren angewendet, so ist nachzuweisen, daß ihre Ergebnisse den Ergebnissen der Referenzverfahren entsprechen. Im Streitfall sind die Referenzverfahren maßgebend.

Diese Norm gilt für alle Zemente sowie für deren Bestandteile, wie z. B. Klinker und Hüttensand.

2 Verweisungen auf andere Normen

EN 196-2	Prüfverfahren für Zement; Chemische Analyse von Zement
EN 196-7	Prüfverfahren für Zement; Verfahren für die Probenahme und Probenauswahl von Zement
ISO 3534 – 1977	Statistik; Begriffe und Zeichen

3 Allgemeine Prüfanforderungen

3.1 Anzahl der Bestimmungen

Für die verschiedenen Bestimmungen (siehe Abschnitte 4 bis 8) sind jeweils zwei Analysen durchzuführen (siehe auch 3.3).

3.2 Wiederholpräzision und Vergleichpräzision

Die Wiederholstandardabweichung gibt an, wie gut aufeinanderfolgende Ergebnisse übereinstimmen, die mit demselben Verfahren am gleichen Material und unter übereinstimmenden Prüfbedingungen erhalten werden (derselbe Laborant (Prüfer), dasselbe Gerät, dasselbe Labor und kurze Zeitspanne) [1]).

Die Vergleichstandardabweichung gibt an, wie gut die einzelnen Ergebnisse übereinstimmen, die mit demselben Verfahren am gleichen Material, aber unter unterschiedlichen Bedingungen erhalten werden (verschiedene Laboranten (Prüfer), unterschiedliche Geräte, verschiedene Labors und/oder verschiedene Zeiten) [1]).

Die Wiederhol- und Vergleichstandardabweichung werden in % absolut angegeben.

3.3 Angabe von Massen, Volumina und Ergebnissen

Massen sind in Gramm auf 0,0001 g, mit Büretten abgemessene Volumina in Milliliter auf 0,05 ml anzugeben.

Als Ergebnis gilt das Mittel aus zwei Bestimmungen. Es ist im allgemeinen in % auf zwei Dezimalen anzugeben.

Weichen die Ergebnisse einer Doppelbestimmung um mehr als die zweifache Wiederholstandardabweichung voneinander ab, ist die Bestimmung zu wiederholen. Als Ergebnis gilt dann das Mittel aus den beiden Ergebnissen mit der geringsten Abweichung.

3.4 Bestimmung der Massenkonstanz

Zum Erreichen der Massenkonstanz ist die Probe mehrmals 15 Minuten zu glühen, abzukühlen und danach jedes Mal zu wägen. Die Massenkonstanz gilt als erreicht, wenn die Differenz zwischen zwei aufeinanderfolgenden Wägungen kleiner als 0,0005 g ist.

3.5 Vorbereitung der Zementprobe

Vor der chemischen Analyse wird aus der nach EN 196-7 entnommenen Probe eine Prüfprobe hergestellt.

Dazu wird die entnommene Probe mit einem Probenteiler oder durch Vierteln auf eine Teilprobe von etwa 100 g reduziert. Die Teilprobe wird auf einem Sieb mit einer Maschenweite von 150 oder 125 µm gesiebt, bis sich der Rückstand nicht mehr verändert. Aus dem Siebrückstand wird mit einem Magneten das metallische Eisen entfernt. Der dann verbleibende eisenfreie Rückstand wird auf einen Durchgang durch ein 150- oder 125-µm-Sieb gemahlen. Sofern diese Probe Partikel metallischen Eisens enthält, die durch das Mahlen in den Zement gelangen können, ist eine vollständige Abscheidung dieser Eisenpartikel mit einem Magnetrührer in einer Suspension, z. B. in Cyclohexan, durchzuführen. Die Probe wird in eine saubere, trockene und luftdicht schließende Flasche gefüllt und kräftig geschüttelt, um sie sorgfältig zu mischen.

Alle Arbeitsgänge sind so schnell wie möglich auszuführen, damit die Probe der Luft nur kurze Zeit ausgesetzt ist.

3.6 Reagenzien

Es sind für die Analyse nur Reagenzien der Qualität „zur Analyse" sowie destilliertes Wasser oder Wasser gleichen Reinheitsgrades zu verwenden.

Sofern nicht anders angegeben, bedeutet „%" stets Massenanteil in %.

In dieser Norm wird bei den für die Reagenzien verwendeten konzentrierten Flüssigkeiten jeweils von folgenden Dichten (ϱ) ausgegangen (in g/cm^3 bei 20 °C):

- Salzsäure 1,18 bis 1,19
- Flußsäure 1,13
- Salpetersäure 1,40 bis 1,42
- Perchlorsäure 1,60 bis 1,67
- Phosphorsäure 1,71 bis 1,75
- Schwefelsäure 1,84

Verdünnungen werden stets als Volumensumme angegeben. So bedeutet z. B. verdünnte Salzsäure 1 + 2, daß 1 Volumenteil konzentrierte Salzsäure mit 2 Volumenteilen Wasser zu vermischen ist.

3.7 Volumenmeßgeräte aus Glas

Die Volumenmeßgeräte aus Glas müssen Analysengenauigkeit aufweisen, das heißt sie müssen der Klasse A der ISO Normen für Laborgeräte aus Glas entsprechen.

4 Bestimmung des Chloridanteils

4.1 Grundlage des Verfahrens

Mit diesem Verfahren werden alle Halogene außer Fluorid erfaßt und als Cl^- angegeben. Die Zementprobe wird mit kochender, verdünnter Salpetersäure aufgeschlossen. Die Sulfide werden zu Sulfaten oxydiert und verursachen keine störende Einwirkung. Das gelöste Chlorid wird mit einem bestimmten Volumen einer eingestellten Silbernitratlösung gefällt. Nach Aufkochen wird der Niederschlag mit verdünnter Salpetersäure gewaschen und verworfen. Das Filtrat und die Waschlösungen werden auf weniger als 25 °C abgekühlt. Das überschüssige Silbernitrat wird mit einer eingestellten Ammoniumthiocyanatlösung gegen ein Eisen(III)-salz als Indikator titriert.

4.2 Reagenzien

4.2.1 Salpetersäure, konzentriert

HNO_3

4.2.2 Salpetersäure, verdünnt

1 + 2

4.2.3 Salpetersäure, verdünnt

1 + 100

4.2.4 Silbernitrat

$AgNO_3$, bei 150 °C getrocknet

4.2.5 Silbernitratlösung

0,05 mol/l; in einen 1000-ml-Meßkolben werden 8,494 g Silbernitrat eingewogen und mit Wasser zur Marke aufgefüllt. Die Lösung ist in einer Braunglasflasche aufzubewahren und vor Lichteinwirkung zu schützen.

4.2.6 Ammoniumthiocyanat

NH_4SCN

4.2.7 Ammoniumthiocyanatlösung

etwa 0,05 mol/l; 3,8 g Ammoniumthiocyanat werden mit Wasser zu 1000 ml gelöst.

4.2.8 Eisen(III)-ammoniumsulfat

$FeNH_4(SO_4)_2 \cdot 12H_2O$

4.2.9 Indikatorlösung

100 ml kalt gesättigte, wäßrige Eisen(III)-ammoniumsulfatlösung werden mit 10 ml verdünnter Salpetersäure 1 + 2 versetzt.

---

[1]) Definition nach ISO 3534

4.3 Geräte

4.3.1 Waage mit einer Fehlergrenze von 0,0001 g

4.3.2 10-ml-Bürette mit einer 0,1-ml-Teilung

4.3.3 Exsikkator mit getrocknetem Magnesiumperchlorat ($Mg(ClO_4)_2$)

4.3.4 Papierfilter, grobporig (Porendurchmesser etwa 20 µm)

4.3.5 5-ml-Pipette

4.4 Durchführung

In einem 250-ml-Becher werden (5 ± 0,05) g Zement mit 50 ml Wasser und unter Rühren mit einem Glasstab mit 50 ml verdünnter Salpetersäure 1 + 2 versetzt. Das Gemisch wird unter gelegentlichem Rühren zum Sieden erhitzt und 1 Minute gekocht. In die siedende Lösung werden 5 ml Silbernitratlösung (4.2.5) pipettiert (4.3.5). Danach wird noch höchstens 1 Minute gekocht und durch ein Papierfilter (4.3.4), das vor dem Gebrauch mit verdünnter Salpetersäure 1 + 100 (4.2.3) gewaschen wurde, in einem 500-ml-Meßkolben filtriert. Becher, Glasstab und Papierfilter werden mit verdünnter Salpetersäure 1 + 100 gewaschen, bis das Filtrat und die Waschlösungen ein Volumen von 200 ml ergeben. Filtrat und Waschrückstände werden unter 25 °C abgekühlt und mit 5 ml Indikatorlösung (4.2.9) versetzt.

Danach wird mit der Ammoniumthiocyanatlösung (4.2.7) unter kräftigem Schütteln titriert, bis ein Tropfen dieser Lösung eine leichte, rötlichbraune Färbung erzeugt, die auch bei weiterem Schütteln erhalten bleibt. Das Volumen (V_1) ist abzulesen.

Sofern der Chloridgehalt des Zements 0,17 % übersteigt, ist die Einwaage entsprechend zu verringern.

In gleicher Weise ist eine Blindbestimmung durchzuführen, die alle Reagenzien in gleicher Menge, jedoch keine Zementprobe enthält. Das dabei verbrauchte Volumen an Ammoniumthiocyanatlösung ist abzulesen (V_2).

4.5 Auswertung

Der Chloridanteil in % wird nach folgender Gleichung berechnet:

$$Cl^- = \frac{1{,}773}{1000} \cdot (V_2 - V_1) \cdot \frac{100}{m_1} = 0{,}1773 \cdot \frac{(V_2 - V_1)}{m_1} \qquad (1)$$

Hierin bedeuten:

m_1 Einwaage an Zement

V_1 Verbrauch an Ammoniumthiocyanatlösung bei der Titration der Probelösung

V_2 Verbrauch an Ammoniumthiocyanatlösung bei der Titration der Blindlösung

Das Mittel der beiden Ergebnisse ist in % auf 0,01 % anzugeben.

4.6 Wiederholpräzision und Vergleichpräzision

Die Wiederholstandardabweichung beträgt 0,005 %. Die Vergleichstandardabweichung beträgt 0,010 %.

5 Bestimmung des Kohlenstoffdioxidanteils (Referenzverfahren)

5.1 Grundlage des Verfahrens

Die Zementprobe wird mit Phosphorsäure behandelt, um das vorhandene Carbonat aufzuschließen. Das freiwerdende Kohlenstoffdioxid wird mit einem kohlenstoffdioxidfreien Gas- oder Luftstrom über eine Reihe von Absorptionsrohren geleitet, mit denen Schwefelwasserstoff und Wasser abgetrennt werden.

Das Kohlenstoffdioxid wird dann in zwei Absorptionsrohren absorbiert, die jeweils ein grobkörniges Absorptionsmittel für das Kohlenstoffdioxid und getrocknetes Magnesiumperchlorat zur Aufnahme des bei der Absorption entstehenden Wassers enthalten. Zur Bestimmung der Masse des freigesetzten Kohlenstoffdioxids werden diese Absorptionsrohre gewogen.

5.2 Reagenzien

5.2.1 Kupfersulfat

$CuSO_4 \cdot 5\,H_2O$

5.2.2 Kupfersulfatlösung

gesättigt

5.2.3 Absorptionsmittel für Schwefelwasserstoff

Eine gewogene Menge trockenen Bimssteins mit einer Korngröße zwischen 1,2 mm und 2,4 mm wird in eine flache Schale gegeben und mit einem Volumen gesättigter Kupfersulfatlösung bedeckt, so daß das Kupfersulfat etwa der halben Masse des Bimssteins entspricht. Die Mischung wird unter häufigem Rühren mit einem Glasstab zur Trockne eingedampft. Der Inhalt der Schale wird wenigstens fünf Stunden in einem Trockenschrank mit einer Temperatur von (155 ± 5) °C getrocknet. Das feste Gemisch wird in einem Exsikkator auf Raumtemperatur abgekühlt und in einer luftdichten Flasche aufbewahrt.

5.2.4 Absorptionsmittel für Wasser

Getrocknetes Magnesiumperchlorat ($Mg(ClO_4)_2$) mit einer Korngröße zwischen 0,6 mm und 1,2 mm.

5.2.5 Absorptionsmittel für Kohlenstoffdioxid

Synthetische, mit Natriumhydroxid (NaOH) [2]) imprägnierte Silicate einer Korngröße zwischen 0,6 mm und 1,2 mm.

5.2.6 Phosphorsäure, konzentriert

H_3PO_4

5.2.7 Schwefelsäure, konzentriert

H_2SO_4

5.3 Geräte

5.3.1 Gerät zur Bestimmung des Kohlenstoffdioxidanteils

Bild 1 zeigt ein typisches Gerät, das entweder mit einem zylindrischen Druckbehälter, einer kleinen elektrischen Pumpe oder mit einer passenden Ansaugvorrichtung versehen sein kann, die für einen gleichmäßigen Gas- bzw. Luftstrom sorgen. Das in das Gerät eintretende Gas (Luft oder Stickstoff) wird zuvor von Kohlenstoffdioxid befreit, indem es zunächst durch ein Absorptionsrohr oder einen Trockenturm streicht, der das Absorptionsmittel für Kohlenstoffdioxid (5.2.5) enthält. Das Gerät besteht aus einem 100-ml-Reaktionskolben A mit dreiarmigem Aufsatz. Anschluß B_1 ist mit einem Tropftrichter O verbunden, Anschluß B_2 mit einem Verbindungsrohr und Anschluß C mit einem Wasserkühler. Der Trichter und das Verbindungsrohr sind durch ein Y-Stück P miteinander verbunden, wobei das CO_2-freie Gas durch die Verwendung einer Mohrschen Schelle N entweder durch das Verbindungsrohr oder durch den Trichter strömen kann. Nach dem Kühler L wird das Gas durch konzentrierte Schwefelsäure D, dann durch Absorptionsrohre, die Absorptionsmittel für Schwefelwasserstoff (5.2.3) (E) und für Wasser (5.2.4) (F) enthalten und danach durch zwei wägbare Absorptionsrohre G und H geleitet, die je zu drei Vierteln mit dem Absorptionsmittel für Kohlenstoffdioxid (5.2.5) und zu einem Viertel mit dem Absorptionsmittel für Wasser (5.2.4) gefüllt sind. Das Absorptionsmittel für Kohlenstoffdioxid (5.2.5) wird in bezug auf den Gasstrom vor das Absorptionsmittel für Wasser (5.2.4)

---

[2]) Das Absorptionsmittel kann gebrauchsfertig bezogen werden.

gefüllt. Dem Absorptionsrohr H wird ein zusätzliches Absorptionsrohr I nachgeschaltet, das ebenfalls das Absorptionsmittel für Kohlenstoffdioxid und Wasser enthält, um das Absorptionsrohr H vor dem Zutritt von Kohlenstoffdioxid und Wasser aus der Luft zu schützen.

Die zu wägenden Absorptionsrohre G und H können z. B. folgende Abmessungen haben:

Abstand der Außenseiten der Rohrschenkel	45 mm
Innendurchmesser	20 mm
Abstand zwischen dem unteren Teil des Rohrs und dem oberen Teil des Schliffs	75 mm
Dicke der Rohrwand	1,5 mm

5.3.2 Waage mit einer Fehlergrenze von 0,0001 g

5.3.3 Trockenschrank, einstellbar auf (105 ± 5) °C und (155 ± 5) °C

5.3.4 Exsikkator mit getrocknetem Magnesiumperchlorat ($Mg(ClO_4)_2$)

5.4 Durchführung

In einen trockenen 100-ml-Destillationskolben werden (1 ± 0,05) g Zement eingewogen. Der Kolben wird, wie in Bild 1 dargestellt, mit dem Gerät (5.3.1), jedoch ohne die beiden Absorptionsrohre G und H verbunden. Mit dem Verbindungsrohr an Anschluß B_2 (Abzweig B_1, Mohrsche Schelle geschlossen) wird ein CO_2-freier Gasstrom mit etwa 3 Blasen pro Sekunde (Blasenzähler) 15 Minuten durch das Gerät geleitet. Die Mohrsche Schelle wird gelöst und die Gaszuleitung vom Trichter O abgenommen. 30 ml konzentrierte Phosphorsäure werden in den Tropftrichter gefüllt und die Gaszuleitung wird wieder am Trichter O befestigt.

Die verschlossenen Absorptionsrohre G und H werden 15 Minuten im Wägeraum einer Waage zum Temperaturausgleich aufbewahrt. Danach wird jedes Rohr gesondert gewogen. Der Gasstrom wird abgestellt und die Rohre werden, wie in Bild 1 dargestellt, am Gerät befestigt.

Dabei sind Schutzhandschuhe zu tragen.

Danach wird der Gasstrom wieder angestellt. Nach 10 Minuten werden die Absorptionsrohre G und H verschlossen, abgenommen, 15 Minuten in den Wägeraum einer Waage gestellt und dann einzeln gewogen. Das Durchströmen, Abnehmen und Wiegen der Absorptionsrohre G und H wird so lange wiederholt, bis die Ergebnisse von zwei aufeinanderfolgenden Wägungen eines Rohrs um nicht mehr als 0,0005 g voneinander abweichen.

Sofern die Massenänderung der Absorptionsrohre G und H größer als 0,0005 g bleibt, sind die Absorptionsmittel in den Rohren E und F zu erneuern.

Die gewogenen Absorptionsrohre G und H werden, wie in Bild 1 dargestellt, am Gerät befestigt.

Der Trichterhahn wird geöffnet, und die Phosphorsäure tropft in den Destillationskolben A. Nachdem die Reaktion abgeklungen ist, wird der Inhalt des Destillationskolbens zum Sieden erhitzt und 5 Minuten schwach siedend gehalten. Danach läßt man den Destillationskolben auf Raumtemperatur abkühlen, wobei der Gasstrom aufrechterhalten wird.

Die Absorptionsrohre G und H werden verschlossen, abgenommen und 15 Minuten in den Wägeraum einer Waage gelegt. Danach wird jedes Rohr gesondert gewogen. Die Massenzunahme beider Rohre dient zur Berechnung des Anteils an Kohlenstoffdioxid (siehe 5.5).

Das Kohlenstoffdioxid wird praktisch vollständig im Rohr G absorbiert. Übersteigt die Massenzunahme im Rohr H 0,0005 g, so ist das Absorptionsmittel im Rohr G zu erneuern und die Prüfung ist noch einmal durchzuführen.

[2]) Siehe Seite 5

5.5 Auswertung

Der Kohlenstoffdioxidanteil des Zements in % wird nach folgender Gleichung berechnet:

$$CO_2 = \frac{m_3 + m_4}{m_3} \cdot 100 \qquad (2)$$

Hierin bedeuten:

m_2 Einwaage an Zement

m_3 Massenzunahme des Rohres G

m_4 Massenzunahme des Rohres H

Das Mittel der beiden Ergebnisse ist in % auf 0,01 % anzugeben.

Ist der nach Gleichung 2 berechnete Anteil an Kohlenstoffdioxid kleiner als 0,5 %, so ist die Bestimmung mit einer Einwaage von 2 g zu wiederholen.

5.6 Wiederholpräzision und Vergleichpräzision

Die Wiederholstandardabweichung beträgt 0,07 %. Die Vergleichstandardabweichung beträgt 0,10 %.

6 Bestimmung des Kohlenstoffdioxidanteils (Alternativverfahren)

6.1 Grundlage des Verfahrens

Das Kohlenstoffdioxid wird mit Schwefelsäure ausgetrieben, mit Natriumhydroxid gebunden und gravimetrisch bestimmt. Störender Schwefelwasserstoff wird mit Quecksilber(II)-chlorid gebunden.

6.2 Reagenzien

6.2.1 Quecksilber(II)-chlorid

$HgCl_2$

6.2.2 Absorptionsmittel für Kohlenstoffdioxid

Synthetische, mit Natriumhydroxid (NaOH) [2]) imprägnierte Silicate einer Korngröße zwischen 0,6 mm und 1,2 mm

6.2.3 Schwefelsäure, konzentriert

H_2SO_4

6.2.4 Schwefelsäure, verdünnt

1 + 4

6.2.5 Absorptionsmittel für Wasser

Getrocknetes Magnesiumperchlorat ($Mg(ClO_4)_2$) mit einer Korngröße zwischen 0,6 mm und 1,2 mm.

6.3 Geräte

6.3.1 Gerät zur Bestimmung des Kohlenstoffdioxidanteils

Das Gerät ist in Bild 2 dargestellt. Zur Erzeugung eines Unterdrucks im Gerät wird eine kleine Vakuumpumpe verwendet.

6.3.2 Waage mit einer Fehlergrenze von 0,0001 g

6.4 Durchführung

In einen 100-ml-Destillationskolben A des Geräts (6.3.1) werden 1 ± 0,05 g Zement gegeben. Diese Zementmenge wird mit etwas (ungefähr 50 mg) Quecksilber(II)-chlorid (6.2.1) mit Hilfe eines Spatels vermischt. Dann wird eine genügende Menge Wasser hinzugefügt, um einen Brei zu erzeugen. Der Kolben wird luftdicht am Schliff des Tropftrichters O befestigt. Anschließend wird 15 Minuten Luft durch das Gerät gesaugt, wobei die angesaugte Luft vor dem Eintritt in den Kolben einen mit Absorptionsmittel (6.2.2) gefüllten Absorptionsturm J durchströmt und von Kohlenstoffdioxid befreit wird.

Nach Unterbrechen des Luftstroms werden aus dem Tropftrichter O 25 bis 30 ml Schwefelsäure (6.2.4) in den Kolben gegeben. Dabei ist darauf zu achten, daß ein Rest der Säure als Sperrflüssigkeit im Tropftrichter verbleibt.

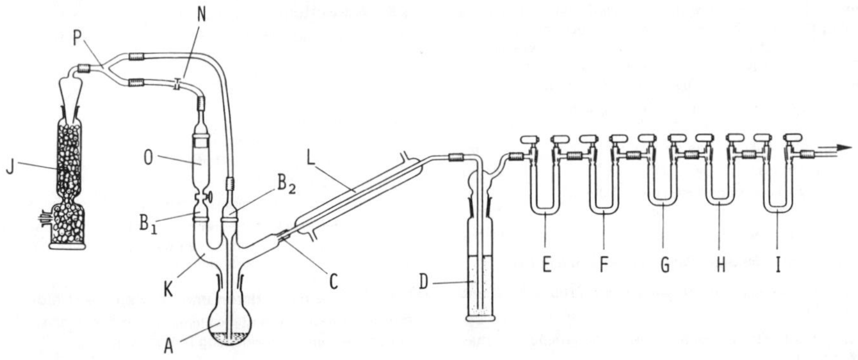

A: 100-ml-Destillationskolben

B_1: Anschluß des Tropftrichters

B_2: Anschluß des Verbindungsrohres

C: Anschluß des Wasserkühlers

D: Waschflasche mit konzentrierter Schwefelsäure (5.2.7)

E: Absorptionsrohr mit Absorptionsmittel für Schwefelwasserstoff (5.2.3)

F: Absorptionsrohr mit Absorptionsmittel (Magnesiumperchlorat) für Wasser (5.2.4)

G, H und I: Absorptionsrohre mit Absorptionsmitteln für Kohlenstoffdioxid (5.2.5) und Wasser (5.2.4)

J: Absorptionsturm mit Absorptionsmittel für Kohlenstoffdioxid (5.2.5)

K: Dreiarmiger Aufsatz

L: Kühler

N: Mohrsche Schelle

O: Tropftrichter

P: Y-Stück

Bild 1. Gerät zur Bestimmung des Kohlenstoffdioxidanteils (Referenzverfahren)

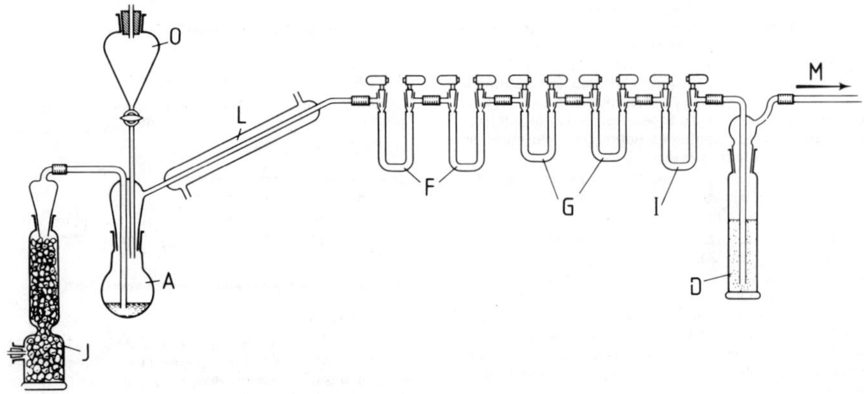

A: 100-ml-Destillationskolben

D: Waschflasche mit konzentrierter Schwefelsäure (6.2.3)

F: Absorptionsrohre mit Magnesiumperchlorat (6.2.5)

G: Absorptionsrohre mit Absorptionsmittel für Kohlenstoffdioxid (6.2.2)

I: Absorptionsrohr mit Absorptionsmittel für Kohlenstoffdioxid (6.2.2) und Magnesiumperchlorat (6.2.5)

J: Absorptionsturm mit Absorptionsmittel für Kohlenstoffdioxid (6.2.2)

L: Kühler

M: zur Vakuumpumpe

O: Tropftrichter für Schwefelsäure (6.2.3)

Bild 2. Gerät zur Bestimmung des Kohlenstoffdioxidanteils (Alternativverfahren)

Nach erneutem Anstellen der Vakuumpumpe befördert der Luftstrom das freigesetzte Kohlenstoffdioxid über den Kühler L und die ersten beiden zum Trocknen dienenden, mit Magnesiumperchlorat (6.2.5) gefüllten und gewogenen Absorptionsrohre F zu den beiden mit Absorptionsmittel (6.2.2) gefüllten Absorptionsrohren G. Um ein Eindringen von Kohlenstoffdioxid und Wasser aus der Luft zu unterbinden, ist ein mit Magnesiumperchlorat (6.2.5) und Absorptionsmittel (6.2.2) gefülltes Absorptionsrohr I nachgeschaltet. Daran schließt sich eine mit Schwefelsäure (6.2.3) gefüllte Gaswaschflasche D als Blasenzähler an.

Nach etwa 10 Minuten wird der Kolbeninhalt zum Sieden erhitzt und 5 Minuten schwach siedend gehalten. Das Durchsaugen der Luft wird fortgesetzt, bis der Destillationskolben erkaltet ist. Anschließend werden die Hähne geschlossen und die Absorptionsrohre G abgenommen, die dann zum Ausgleich der Temperatur 15 Minuten in den Wägeraum einer Waage gelegt und anschließend gewogen werden.

6.5 Auswertung

Der Kohlenstoffdioxidanteil in % wird nach folgender Gleichung berechnet:

$$CO_2 = \frac{m_6 \cdot 100}{m_5} \quad (3)$$

Hierin bedeuten:

m_5 Einwaage an Zement

m_6 Massenzunahme der Absorptionsrohre G nach der Absorption

Das Mittel der beiden Ergebnisse ist in % auf 0,01 % anzugeben.

6.6 Wiederholpräzision und Vergleichpräzision

Die Wiederholstandardabweichung beträgt 0,07 %. Die Vergleichstandardabweichung beträgt 0,10 %.

7 Bestimmung des Alkalianteils (Referenzverfahren)

7.1 Grundlage des Verfahrens

Mit einer Butan- oder Propanflamme werden die Alkalien angeregt, ihr charakteristisches Spektrum im sichtbaren Bereich auszusenden. Die Emission ist bei geringen Konzentrationen dem Alkalianteil proportional. Der Einfluß großer Calciummengen auf die Natriumbestimmung wird mit Phosphorsäure unterdrückt.

7.2 Reagenzien

7.2.1 Allgemeine Anforderungen

Unter der Angabe Wasser ist destilliertes Wasser oder Wasser gleichen Reinheitsgrades mit einer elektrischen Leitfähigkeit von etwa 2 µS/cm zu verstehen. Es sind Reagenzien der Qualität „zur Analyse" zu verwenden (siehe auch 3.6); ihr Anteil an Alkalien ist mit diesem Verfahren zu prüfen. Übersteigt der Alkalianteil eines Reagenzes 0,01 %, so ist die betreffende Charge ungeeignet und daher durch eine andere zu ersetzen, die in gleicher Weise zu prüfen ist.

7.2.2 Salzsäure, konzentriert

HCl

7.2.3 Salzsäure, verdünnt

1 + 19

7.2.4 Phosphorsäure, konzentriert

H_3PO_4

7.2.5 Phosphorsäure, verdünnt

1 + 19; diese Lösung ist in einer Polyethylenflasche aufzubewahren.

7.2.6 Salpetersäure, konzentriert

HNO_3

7.2.7 Perchlorsäure, konzentriert

$HClO_4$

7.2.8 Flußsäure, konzentriert

HF

7.2.9 Natriumchlorid

NaCl, bei 105 °C zur Massenkonstanz getrocknet

7.2.10 Kaliumchlorid

KCl, bei 105 °C zur Massenkonstanz getrocknet

7.2.11 Alkalistammlösung

In einen 1000-ml-Meßkolben werden etwa 0,566 g Natriumchlorid und etwa 0,475 g Kaliumchlorid eingewogen und mit 100 ml verdünnter Salzsäure 1 + 19 und 100 ml verdünnter Phosphorsäure 1 + 19 versetzt. Die Lösung wird dann mit Wasser zur Marke aufgefüllt. Diese Lösung enthält je etwa 0,300 g Na_2O und K_2O. Der tatsächliche Anteil ergibt sich aus den Einwaagen nach folgenden Gleichungen:

K_2O in g/l = 0,6318 · tatsächliche Einwaage an Kaliumchlorid in g (4)

Na_2O in g/l = 0,5303 · tatsächliche Einwaage an Natriumchlorid in g (5)

7.3 Geräte

7.3.1 Waage mit einer Fehlergrenze von 0,0001 g

7.3.2 Büretten, geeicht

7.3.3 Flammenphotometer, mit dem die Intensitäten der Natriumlinie bei 589 nm und der Kaliumlinie bei 768 nm gemessen werden können; es ist ein Gerät ausreichender Konstanz zu verwenden

7.3.4 Platinschale

7.3.5 Papierfilter, mittelporig (Porendurchmesser etwa 7 µm)

7.3.6 Platinrührer

7.4 Herstellen von Bezugslösungen und Eichkurven

Die für die Herstellung von Bezugslösungen erforderlichen Volumina an Alkalistammlösung, verdünnter Salzsäure 1 + 19 und verdünnter Phosphorsäure 1 + 19 sind in Tabelle 1 aufgeführt. Die in den Zeilen 1 bis 8 aufgeführten Volumina werden mit Wasser zu 1000 ml verdünnt. Diese Bezugslösungen sind in Polyethylenflaschen aufzubewahren.

Die Bezugslösungen werden in die Flamme des Flammenphotometers (7.3.3) gesprüht. Dabei ist zunächst die Blindlösung (Tabelle 1, Zeile 1) zu versprühen, wobei die Anzeige des Gerätes zu Null zu setzen ist. Anschließend sind die anderen Bezugslösungen in der Reihenfolge steigender Konzentration zu versprühen (Zeilen 2 bis 8). Die dabei erhaltenen Intensitäten werden für Na_2O bei 589 nm und für K_2O bei 768 nm gemessen.

Die gemessenen Intensitäten sind über den zugehörigen Na_2O- und K_2O-Konzentrationen graphisch aufzutragen.

7.5 Aufschluß der Prüfmenge

7.5.1 Säurelösliche Zemente (Gehalt an unlöslichem Rückstand < 3 %)

In einen 50-ml-Becher werden 0,1 g Zement eingewogen, mit 10 ml Wasser aufgeschlämmt und mit 10 ml verdünnter Salzsäure 1 + 19 versetzt. Das Gemisch wird erwärmt, bis sich der Zement gelöst hat, wobei Klumpen mit einem Glasstab zerstoßen werden. Die Suspension wird unter Nachspülen mit siedendem Wasser durch ein Papierfilter (7.3.5)

Tabelle 1. **Volumina an Lösungen für die Herstellung von Bezugslösungen sowie deren Konzentrationen an Natriumoxid und Kaliumoxid**

Zeile	Alkalistammlösung (7.2.11) in ml	verdünnte Salzsäure 1+19 in ml	verdünnte Phosphorsäure 1+19 in ml	Na_2O- und K_2O-Konzentrationen in mg/l
1	–	100,0	100,0	Blindlösung
2	3,3	99,6	99,6	1,0
3	8,3	99,1	99,1	2,5
4	16,7	98,3	98,3	5,0
5	25,0	97,5	97,5	7,5
6	33,3	96,6	96,6	10,0
7	41,7	95,8	95,8	12,5
8	50,0	95,0	95,0	15,0

in einen 100-ml-Meßkolben filtriert. Papierfilter und Rückstand werden mit siedendem Wasser gewaschen, bis sich in dem 100-ml-Meßkolben ein Volumen von etwa 80 ml eingestellt hat. Danach läßt man das mit dem Waschwasser vereinigte Filtrat auf Raumtemperatur abkühlen. Die Lösung wird mit 10 ml verdünnter Phosphorsäure 1+19 versetzt, zur Marke aufgefüllt und umgeschüttelt.

7.5.2 Unvollständig lösliche Zemente

Das nachstehend beschriebene Verfahren ist anzuwenden, sofern der nach EN 196-2, Abschnitt 9, ermittelte Gehalt an unlöslichem Rückstand 3 % übersteigt.

In eine Platinschale werden 0,2 g Zement eingewogen und mit 5 ml konzentrierter Salpetersäure (7.2.6) versetzt. Das Gemisch wird z. B. auf einer Heizplatte erhitzt und zur Trockne eingedampft. Der Eindampfrückstand wird in 5 ml Wasser dispergiert, mit 2 ml konzentrierter Perchlorsäure [3]) (7.2.7) und anschließend mit 10 ml konzentrierter Flußsäure (7.2.8) versetzt. Das Gemisch wird erhitzt und zur Trockne abgeraucht. Dabei ist eine Überhitzung durch häufiges Umrühren mit einem Platinrührer (7.3.6) zu vermeiden. Der Abrauchrückstand wird mit 40 ml Wasser und 20 ml verdünnter Salzsäure 1+19 aufgenommen und erwärmt, bis sich der Rückstand gelöst hat. Die Suspension wird unter Nachspülen mit heißem Wasser durch ein Papierfilter (7.3.5) in einen 200-ml-Meßkolben filtriert. Papierfilter und Rückstand werden mit heißem Wasser gewaschen, bis sich in dem 200-ml-Meßkolben ein Volumen von etwa 150 ml eingestellt hat. Danach läßt man das mit dem Waschwasser vereinigte Filtrat auf Raumtemperatur abkühlen. Die Lösung wird mit 20 ml verdünnter Phosphorsäure 1+19 versetzt, mit Wasser zur Marke aufgefüllt und umgeschüttelt.

7.6 Durchführung der Messung

Die nach Abschnitt 7.5.1 bzw. 7.5.2 hergestellte Meßlösung wird in die Flamme des Flammenphotometers (7.3.3) eingesprüht. Dabei wird die Intensität der Natriumlinie bei 589 nm und der Kaliumlinie bei 768 nm gemessen. Der Anteil der Lösung an Natriumoxid bzw. Kaliumoxid ergibt sich durch lineare Interpolation aus den Intensitäten und den zugehörigen Konzentrationen der Bezugslösungen nach Abschnitt 7.4. Für die Konzentration der Lösung an Natriumoxid bzw. Kaliumoxid in mg/l wird die nach 7.4 aufgestellte graphische Darstellung verwendet oder die Intensitäten und die zugehörigen Konzentrationen der Bezugslösungen mit der nächsthöheren und der nächstniedrigeren Intensität werden für die Berechnung wie folgt herangezogen:

Die Konzentration der Probe an Na_2O (C_{Na_2O}) bzw. an K_2O (C_{K_2O}) wird aus den gemessenen Intensitäten I_{Na_2O} bzw. I_{K_2O} nach folgenden Gleichungen berechnet:

$$C_{Na_2O} = C_{Bn} + (C_{Bh} - C_{Bn}) \cdot \frac{I_{Na_2O} - I_{Bn}}{I_{Bh} - I_{Bn}} \quad (6)$$

$$C_{K_2O} = C_{Bn} + (C_{Bh} - C_{Bn}) \cdot \frac{I_{K_2O} - I_{Bn}}{I_{Bh} - I_{Bn}} \quad (7)$$

Hierin bedeuten:

C_{Bn} Konzentration der Bezugslösung an Na_2O bzw. K_2O mit einer niedrigeren Konzentration als die Meßlösung in mg/l

C_{Bh} Konzentration der Bezugslösung an Na_2O bzw. K_2O mit einer höheren Konzentration als die Meßlösung in mg/l

I_{Bn} Intensität der Bezugslösung mit einer niedrigeren Konzentration als die Meßlösung

I_{Bh} Intensität der Bezugslösung mit einer höheren Konzentration als die Meßlösung

7.7 Auswertung

Der Anteil des Zements an Natriumoxid bzw. Kaliumoxid in Prozent wird aus den entsprechenden Konzentrationen nach 7.6 nach folgenden Gleichungen berechnet:

$$Na_2O = 0{,}1\ C_{Na_2O} \quad (8)$$

$$K_2O = 0{,}1\ C_{K_2O} \quad (9)$$

Hierin bedeuten:

C_{Na_2O} Konzentration der Meßlösung an Natriumoxid nach Gleichung (6) in mg/l

C_{K_2O} Konzentration der Meßlösung an Kaliumoxid nach Gleichung (7) in mg/l

Das Mittel der beiden Ergebnisse ist für jedes Oxid in % auf 0,01 % anzugeben.

Der Gesamt-Alkalianteil, A, ergibt sich durch Umrechnung des Anteils an Kaliumoxid in den äquivalenten Natriumanteil nach folgender Gleichung:

$$A = Na_2O + 0{,}658\ K_2O \quad (10)$$

[3]) Perchlorsäuredämpfe können mit organischen Stoffen explosive Gemische bilden. Daher sind beim Arbeiten mit Perchlorsäure besondere Vorsichtsmaßnahmen zu ergreifen: Verwendung wassergespülter Abzugsschächte und generelles Verbot der Verwendung organischer Substanzen im gleichen Abzug.

7.8 Wiederholpräzision und Vergleichpräzision

Die Wiederholstandardabweichung beträgt
für die Na_2O-Bestimmung 0,01 %
für die K_2O-Bestimmung 0,02 %.

Die Vergleichstandardabweichung beträgt
für die Na_2O-Bestimmung 0,02 %
für die K_2O-Bestimmung 0,03 %.

8 Bestimmung des Alkalianteils (Alternativverfahren)

8.1 Grundlage des Verfahrens

Vollständig lösliche Zemente werden mit Salzsäure behandelt. Unvollständig lösliche Zemente werden zuerst mit Flußsäure/Schwefelsäure abgeraucht. In den Aufschlußlösungen werden die Alkalianteile flammenphotometrisch bestimmt.

8.2 Reagenzien

8.2.1 Salzsäure, konzentriert

HCl

8.2.2 Salzsäure, verdünnt

1+9

8.2.3 Flußsäure, konzentriert

HF

8.2.4 Schwefelsäure, konzentriert

H_2SO_4

8.2.5 Lithiumchlorid

LiCl; bei 120 °C zur Massenkonstanz getrocknet

8.2.6 Natriumchlorid

NaCl; bei 105 °C zur Massenkonstanz getrocknet

8.2.7 Kaliumchlorid

KCl; bei 105 °C zur Massenkonstanz getrocknet

8.2.8 Stammlösung [4])

In einem 1000-ml-Meßkolben werden 0,610 g Lithiumchlorid, 0,2542 g Natriumchlorid und 0,1907 g Kaliumchlorid in Wasser gelöst. Die Lösung wird dann mit Wasser zur Marke aufgefüllt.

8.2.9 Caesiumchlorid

CsCl

8.2.10 Aluminiumnitrat

$Al(NO_3)_3 \cdot 9H_2O$

8.2.11 Pufferlösung [4])

In einem 1000-ml-Meßkolben werden 50 g Caesiumchlorid und 250 g Aluminiumnitrat in Wasser gelöst. Die Lösung wird dann mit Wasser zur Marke aufgefüllt.

8.3 Geräte

8.3.1 Waage mit einer Fehlergrenze von 0,0001 g

8.3.2 Trockenschrank, einstellbar auf (105 ± 5) °C und (120 ± 5) °C

8.3.3 Flammenphotometer, mit dem die Intensitäten der Natriumlinie bei 589 nm und der Kaliumlinie bei 768 nm gemessen werden können. Um eine Störung der Bestimmung durch Erdalkalien zu vermeiden, ist das Flammenphotometer mit einer Propan-Luft-Flamme mit verhältnismäßig niedriger Temperatur zu betreiben.

8.3.4 Papierfilter, mittelporig (Porendurchmesser etwa 7 µm)

8.3.5 Platinschale

8.3.6 Oberflächenverdampfer

8.3.7 Bürette, geeicht

8.4 Aufstellen der Bezugskurve

Zur Herstellung der Bezugslösungen werden für jeden Kalibrierungspunkt bei in Salzsäure völlig löslichen Zementen 20 ml Salzsäure 1+9 und bei nicht vollständig löslichen Zementen 15 ml Flußsäure (8.2.3) und 5 ml Schwefelsäure (8.2.4) eingedampft.

In beiden Fällen wird der Abdampfrückstand mit 2 ml Salzsäure 1 + 9 und 3 ml Wasser aufgenommen. Die Lösung wird in einen 100-ml-Meßkolben übergeführt und mit 10 ml Pufferlösung (8.2.11) versetzt. Den einzelnen Meßkolben werden aus einer geeichten Bürette (8.3.7) folgende Mengen der Stammlösung (8.2.8) zugesetzt:

Meßkolben	1	2	3	4	5	6	7
Stammlösung in ml	0	1	3	5	10	20	30

Danach werden die Meßkolben mit destilliertem Wasser zur Marke aufgefüllt.

Bei einer Einwaage von 0,2000 g entsprechen die Meßwerte der Kolben 1 bis 7 einem Anteil an Na_2O und K_2O von:

Meßkolben	1	2	3	4	5	6	7
Na_2O-Anteil in %	0	0,07	0,20	0,34	0,67	1,35	2,02
K_2O-Anteil in %	0	0,06	0,18	0,30	0,60	1,20	1,81

Die Bezugslösungen werden in die Flamme des Flammenphotometers (8.3.3) eingesprüht. Dabei ist zunächst die Blindlösung 1 zu versprühen, wobei die Anzeige des Geräts zu Null zu setzen ist. Anschließend sind die anderen Bezugslösungen in der Reihenfolge steigender Konzentration (2 bis 7) zu versprühen. Die dabei erhaltenen Intensitäten werden für Na_2O bei 589 nm und für K_2O bei 768 nm gemessen. Die gemessenen Intensitäten sind über den zugehörigen Konzentrationen graphisch aufzutragen.

Wird ein Photometer ausreichender Konstanz verwendet, so ist eine vollständige Aufnahme der Bezugskurven nur gelegentlich notwendig. Bei jeder Analyse sind jedoch die Meßwerte der Kolben 1 und 7 zu überprüfen.

8.5 Durchführung

8.5.1 In Säure vollständig lösliche Zemente (Gehalt an unlöslichem Rückstand < 3 %)

0,2 g Zement werden in eine Platinschale (8.3.5) eingewogen, mit 3 ml Wasser aufgeschlämmt und nach Zugabe von 20 ml verdünnter Salzsäure 1 + 9 zur Trockne eingedampft. Der Rückstand wird mit heißem Wasser und 2 ml Salzsäure 1+9 aufgenommen und durch ein Papierfilter (8.3.4) in einen 100-ml-Meßkolben filtriert, der bereits 10 ml der Pufferlösung (8.2.11) enthält. Der Rückstand wird mit heißem Wasser gewaschen, bis der Meßkolben fast bis zur Marke gefüllt ist. Danach wird auf 20 °C abgekühlt und mit Wasser zur Marke aufgefüllt.

Die Lösung wird im Flammenphotometer (8.3.3) vermessen. Der abgelesene Skalenwert ergibt anhand der Bezugskurve (8.4) die Konzentration an Na_2O bzw. K_2O.

---

[4]) Diese Lösungen können auch gebrauchsfertig bezogen werden.

8.5.2 In Säure unvollständig lösliche Zemente

0,2 g Zement werden in eine Platinschale (8.3.5) eingewogen. Es wird mit 3 ml Wasser aufgeschlämmt und nach Zusatz von 5 ml Schwefelsäure (8.2.4) und 15 ml Flußsäure (8.2.3) abgeraucht. Unter einem Oberflächenverdampfer (8.3.6) wird zur Trockne eingedampft. Der Rückstand wird mit heißem Wasser und 2 ml Salzsäure 1 + 9 nach 8.5.1 aufgenommen und weiterbehandelt.

8.6 Auswertung

Bei einer Einwaage von 0,2000 g ergibt sich der Anteil an Alkalien in %.

Das Mittel der beiden Ergebnisse ist für jedes Oxid in % auf 0,01 % anzugeben.

Der Anteil an Kaliumoxid ist in den äquivalenten Natriumoxidanteil nach Gleichung (10) umzurechnen. Die Summe der Natriumoxidwerte ist als Gesamtanteil A an Alkalien anzugeben.

8.7 Wiederholpräzision und Vergleichpräzision

Die Wiederholstandardabweichung beträgt

für die Na_2O-Bestimmung 0,01 %
für die K_2O-Bestimmung 0,02 %.

Die Vergleichstandardabweichung beträgt

für die Na_2O-Bestimmung 0,02 %
für die K_2O-Bestimmung 0,03 %.

Ende der Deutschen Fassung

Zitierte Normen

– in der deutschen Fassung:

Siehe Abschnitt 2

– in nationalen Zusätzen:

Normen der Reihe DIN 55 350 Begriffe der Qualitätssicherung und Statistik

Übrige zitierte Normen siehe Nationales Vorwort.

Frühere Ausgaben

DIN 1164 Teil 3: 06.70, 11.78

Änderungen

Gegenüber DIN 1164 T 3/11.78 wurden folgende Änderungen vorgenommen:

– Europäische Norm EN 196-21 : 1989 übernommen

Internationale Patentklassifikation

B 23 K 7/00
B 28 C 5/00
G 01 N 33/38

Druckfehlerberichtigungen abgedruckter DIN-Normen

Folgende Druckfehlerberichtigungen wurden in den DIN-Mitteilungen + elektronorm zu den in diesem DIN-Taschenbuch enthaltenen Normen veröffentlicht.

Die abgedruckten Normen entsprechen der Originalfassung und wurden nicht korrigiert. In Folgeausgaben werden die aufgeführten Druckfehler berichtigt.

DIN 1045

In der o. g. Norm sind mehrere Druckfehler, die wie folgt korrigiert werden:

Zu Abschnitt 6.5.7.4
Absatz (1), Zeile 8: Hinter dem Wort „Frost" entfällt der Bindestrich
Absatz (4), Zeile 1, muß lauten:
„Für Beton, der einem starken Frost- und Tausalzangriff, ..."

Zu Tabelle 4
Die Fußnote 15 muß ebenfalls an die Bezeichnung KS gesetzt werden.
Zu Abschnitt 9.3.1 (3)
Der relative Nebensatz muß mit „das" beginnen und mit „ist" enden.

Zu Abschnitt 17.5.5.2 (4)
Zeile 2 muß lauten: „... und der Querkraft..."

Zu Abschnitt 17.5.5.3, Gleichung (17)
Statt „vorh τ_0^2" muß es „τ_0^2" lauten.

Zu Abschnitt 17.6
Die Fußnote 25 muß lauten: „Grundlagen für Konstruktionsregeln und weitere Hinweise enthält das DAfStb-Heft 400."

Zu Abschnitt 17.8
Absatz (1), 2. Spiegelstrich: Die Eingrenzung des Biegerollendurchmessers muß lauten:
$25 d_s > d_{br} > 10 d_s$
Absatz (1), 3. Spiegelstrich: Die Begrenzung des Biegerollendurchmessers muß lauten:
$d_{br} \leq 10 d_s$
Absatz (3): Hinter dem Wort „Verbindungen" ist einzufügen „nach Tabelle 24, Zeilen 5 bis 7".
Absätze (5), (6) und (7): Die Absätze (5), (6) und (7) sind zu streichen und durch den folgenden neuen Absatz (5) zu ersetzen: „Ein vereinfachtes Verfahren für den Nachweis der Beschränkung der Stahlspannung unter Gebrauchslast bei nicht vorwiegend ruhender Belastung kann DAfStb-Heft 400 entnommen werden." Die Absätze (6) und (7) entfallen und der alte Absatz (8) wird neuer Absatz (6).

Zu Tabelle 18
In Fußnote 28, Zeilen 1 und 2, muß „bei vorwiegend ruhender Beanspruchung" entfallen.

Zu Abschnitt 18.6.4.3 (1)
Die Klammer „(siehe Abschnitt 17.6.1)" entfällt.

Zu Abschnitt 18.9.3. (2)
Zeile 3: Hinter dem Wort „höher" muß „ausgeführt werden" eingefügt werden.

Zu Abschnitt 20.1.6.2 (3)
In Formel (36) muß es heißen: $s = 25\,\text{cm}$ und $s = 15\,\text{cm}$.

Zu Abschnitt 20.1.6.3 (5)
In Zeile 10 muß es „Betonstabstahl IV S" lauten.

Zu Abschnitt 21.2.2.1
In Zeile 5 muß es „Betonstabstahl IV S" lauten.

Zu Abschnitt 24.5 (2)
In Zeile 6 muß es „$d \leq 6\,\mathrm{cm}$“ lauten.

Zu Abschnitt 25.5.1 (1)
In der ersten Zeile von Unterpunkt b) muß „werden“ entfallen.

DIN 4226 T 1

In Abschnitt 7.5.3 muß es in der vorletzten Zeile statt „0,4 Gew.-%“ richtig „4,0 Gew.-%“ heißen.

DIN 4226 T 2

Analog zu den Formulierungen in DIN 4226 T 1/04.83 muß es lauten:

in Abschnitt 6.1.1, 9. Zeile
„– Schädliche Bestandteile (nach Abschnitt 6.4.1 bis 6.4.5 und Abschnitt 6.4.6a)“

in Abschnitt 6.4.6 unter Einfügung der Worte „Beton und“ in der 8. Zeile und unter Berücksichtigung einer klareren Gliederung (wie in DIN 4226 T 1, Abschnitt 7.6.6) ab der 8. Zeile

„a) bei Zuschlag für Beton und Stahlbeton nach DIN 1045 und Spannbeton nach DIN 4227 Teil 1 (Vorspannung mit nachträglichem Verbund): 0,04 Gew.-%
b) bei Zuschlag für Spannbeton nach DIN 4227 Teil 1 (Vorspannung mit sofortigem Verbund): 0,02 Gew.-%“

in der Tabelle 1, Seite 3, in der Kopfleiste von Spalte 1: „Korngruppe/Lieferkörnung“.

DIN 4226 T 3

In Abschnitt 3.6.1.2 muß es im 3. Absatz, 3. Zeile, und im 5. Absatz, 8. Zeile, statt „m_4“ richtig „m_6“ heißen.

Im Abschnitt 3.6.4.4 muß die Formel zur Ermittlung des Chloridgehaltes wie folgt lauten:

$$\text{CL-Gehalt in Gew.-\%} = \frac{0{,}000709 \cdot A \cdot 100}{E/2}$$

Stichwortverzeichnis

Die hinter den Stichwörtern stehenden Nummern sind die DIN-Nummern (ohne die Buchstaben DIN) der abgedruckten Normen bzw. der Norm-Entwürfe

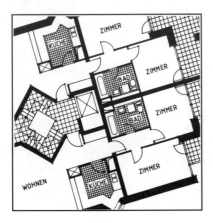